Motorwagen und Fahrzeugmaschinen
für flüssigen Brennstoff

Ein Lehrbuch
für den Selbstunterricht und für den Unterricht
an technischen Lehranstalten

von

Dr.-techn. A. Heller

Berlin

Zweite, vermehrte und verbesserte Auflage

Erster Band
Motoren und Zubehör

Mit 811 Textabbildungen

Berlin
Verlag von Julius Springer
1925

ISBN 978-3-642-51216-2   ISBN 978-3-642-51335-0 (eBook)
DOI 10.1007/978-3-642-51335-0

Alle Rechte, insbesondere das der
Übersetzung in fremde Sprachen, vorbehalten.
Copyright 1925 by Julius Springer in Berlin.
Softcover reprint of the hardcover 2nd edition 1925

Vorwort zur ersten Auflage.

Als das Ergebnis einer fast zehnjährigen Tätigkeit als Berichterstatter der Zeitschrift des Vereins deutscher Ingenieure auf dem Gebiete des Motorfahrzeugwesens übergebe ich das vorliegende Werk der Öffentlichkeit. Nicht ohne das gewisse Zögern, das wohl jeder empfindet, wenn er sich von einer wichtigen Arbeit trennt, allein dennoch mit der Hoffnung, daß schon in diesem ersten Versuche derjenige Gedanke verwirklicht ist, welcher mich bei meiner Arbeit hauptsächlich geleitet hat.

Dieser Gedanke war, zu beweisen, daß es nicht mehr angängig ist, Bücher über das Motorfahrzeug in der Form von weitgehenden Systembeschreibungen zu verfassen, sondern daß sich dieses Gebiet in seiner heutigen Entwicklung schon ebenso wie andere Zweige der Technik gut für die Behandlung in einer der allgemein-theoretischen Vorbildung unserer Ingenieure angepaßten, wissenschaftlich-kritischen Art eignet. Damit war der naheliegende Wunsch verbunden, eine Grundlage zu schaffen, worauf sich Vorträge an technischen Lehranstalten aufbauen lassen.

Das Bedürfnis nach einem solchen Werk scheint vorhanden zu sein, seit der Motorwagen über den Rahmen des ausgesprochenen Sportfahrzeuges hinausgewachsen und ein Fahrzeug von allgemeiner Bedeutung für den Straßenverkehr geworden ist. Damit hat der Motorwagen die Rolle, die er etwa 15 Jahre lang als Sportfahrzeug gespielt hatte, teilweise aufgegeben, um Gemeingut der Technik im gewerblichen Sinne zu werden. Bezeichnend für diesen Umschwung in der Stellung des Motorwagens in der Technik ist es, daß in den letzten Jahren die meisten technischen Hochschulen diesem Fachgebiet Aufmerksamkeit widmen, also seine Kenntnis als wichtigen Bestandteil der allgemeinen Ausbildung unserer Ingenieure ansehen.

Es kann jetzt nicht mehr der Zweck eines für solche Bedürfnisse zugeschnittenen Lehrbuches über Motorwagen sein, dem Leser, wie es bisher fast ohne Ausnahme geschehen ist, einen mehr als oberflächlichen Begriff von der Wirkungsweise der Maschine und anderen Teilen eines Motorwagens beizubringen, und ihn im übrigen durch Wiedergabe aller erreichbaren Abbildungen in den Stand zu setzen, Erzeugnisse in- oder ausländischer Fabriken womöglich schon von der Ferne zu unterscheiden. Vielmehr müssen die zumeist ganz ungewöhnlichen Anforderungen, die an die zahlreichen Wagenteile gestellt werden, untersucht, Rechnungsgrundlagen — soweit solche dafür vorhanden sind — zusammengestellt und ausgeführte Bauarten auf ihren Wert hin kritisch beleuchtet werden, damit ein brauchbarer Behelf — nicht so sehr für die Kenntnis — als für den Entwurf des Motorwagens geschaffen wird.

Diese Richtlinien sind bei der Bearbeitung der nachfolgenden Abschnitte befolgt worden. Die Art der Behandlung des Stoffes entspricht derjenigen, welche bei den Aufsätzen der Zeitschrift des Vereines deutscher Ingenieure üblich ist, d. h. es sind allgemeine Maschinenbaukenntnisse vorausgesetzt und nur solche Gebiete eingehender erklärt, die erfahrungsgemäß dem Maschineningenieur etwas ferner liegen. Das trifft insbesondere zu für die Abschnitte über Brennstoffe und Zündvorrichtungen, die in ihrem Zusammenhang mit dem Motorwagenbetrieb bis jetzt noch nicht ausführlich besprochen worden sind.

Rücksichten auf den Umfang des Buches und auf den gegenwärtigen Stand des Motorwagenbaues haben es angezeigt erscheinen lassen, den Inhalt ausschließlich auf Wagen mit Verbrennungsmaschinen zu beschränken. Aber auch innerhalb dieses Rahmens mußten Beschreibungen ausgeführter Wagenbauarten oder Erörterungen über allgemeine Fragen, z. B. über die Aussichten und die Wirtschaftlichkeit der Anwendung von Motorfahrzeugen auf verschiedenen Zweigen des Verkehrswesens, ausgeschaltet werden, denn solche Fragen sind in der einschlägigen Literatur vielfach behandelt, und feste Regeln lassen sich hier in Ermangelung weit zurückliegender Betriebserfahrungen noch nicht aufstellen. Einen Ersatz hierfür bieten wohl die an geeigneten Stellen eingefügten Quellennachweise.

Auch eine umfassende Besprechung der Verfahren bei Messungen an Motorwagen sowie der heute vorliegenden Arbeiten auf dem Gebiete der Normalisierung von Motorwagenteilen ist für eine spätere Zeit, wo diese Fragen weiter als bisher gediehen sein werden, zurückgestellt worden.

An Unterlagen haben mir eine umfangreiche Literatur, hierunter einige Versuchsarbeiten, sowie Zeichnungen zur Verfügung gestanden, die von mir bei Veröffentlichungen in der Zeitschrift des Vereines deutscher Ingenieure benutzt worden sind. Ich habe es unterlassen, an die Fabriken wegen neuerer Zeichnungen heranzutreten, weil die von mir gewählte Art, den Stoff zu behandeln, mir gestattet hat, auf die Wiedergabe der „neuesten Typen" zunächst zu verzichten. Indem ich aber diesen Anlaß benutze, den Fabriken meinen Dank für ihre Beihilfe auszusprechen, darf ich wohl hoffen, daß sie, wie bisher, auch weiterhin bereit sein werden, mich in meiner Tätigkeit zu fördern.

Dem Vorstande des Vereines deutscher Ingenieure, mit dessen Genehmigung ich dieses Werk verfaßt habe, und der Verlagsbuchhandlung Julius Springer, die alles getan hat, um meinem Buche die bewährte, gediegene Ausstattung der Lehrbücher dieses Verlages zu geben, und die alle meine dahingehenden Wünsche bereitwilligst erfüllt hat, bin ich zu besonderem Danke verpflichtet.

Berlin, im März 1912.

Dr. techn. **A. Heller.**

Vorwort zur zweiten Auflage.

Die günstige Aufnahme, die mein Buch gerade in den Kreisen gefunden hat, für die es geschrieben war, hat mich mit großer Dankbarkeit erfüllt. Daß es mir erst heute möglich war, die Arbeiten an der 2. Auflage, und auch dies erst zu einem Teil, zu vollenden, haben Umstände verschuldet, unter denen die Behinderungen von Veröffentlichungen während des Krieges nicht der geringste war.

Der hier vorliegende 1. Band der neuen Auflage entspricht dem Inhalt von S. 1 bis S. 276 der ersten Auflage und enthält außer den vorangestellten Abschnitten über Baustoffe, Brennstoffe, Vergaser und Zündvorrichtungen alles, was in den Bereich des Baues der Motoren fällt. Obgleich die Einteilung des Stoffes in den Hauptzügen beibehalten werden konnte, lehrt schon ein kurzer Blick in die neue Auflage, daß das meiste neu bearbeitet worden ist, wie es übrigens die neuere Entwicklung der Automobiltechnik, namentlich die erst allmählich nach dem Kriege bekannt gewordene des Auslandes, verständlich macht. Schon bei den Baustoffen waren u. a. die Forschungen über das Verhalten der vergüteten Stähle, bei den Brennstoffen die Ersatzmöglichkeiten für das früher in unbeschränktem Maße verfügbare Benzin, bei den Vergasern die Anpassung an den Betrieb mit schwer verdampfbaren Brennstoffen, bei allen Teilen der Motoren die Ergebnisse wissenschaftlich wertvoller Untersuchungen zu berücksichtigen, mit denen man erst nach dem Erscheinen der 1. Auflage eigentlich angefangen hatte, sich planmäßig zu befassen.

Einen entscheidenden Einfluß auf die Entwicklung der neueren Motorentechnik hat ferner die ausgedehnte Erfahrung mit Flugmotoren gebracht, die, namentlich in diesem Zusammenhang, in der neuen Auflage verwertet worden ist.

Den zahlreichen Fachgenossen, die mir mit Anregungen bei der Bearbeitung der neuen Auflage behilflich waren, insbesondere Herrn Dipl.-Ing. Aders, Nürnberg, gebührt an dieser Stelle mein wärmster Dank. Nicht geringeren Dank schulde ich der Verlagsbuchhandlung Julius Springer für die verständnisvolle Geduld, womit sie den Abschluß meiner Arbeiten an der Neuauflage gefördert und so zum Gelingen eines wirklich abgeschlossenen Werkes beigetragen hat. Meine Hoffnung ist es, dem ersten Band nunmehr in nicht allzu langer Frist den zweiten folgen lassen zu können.

Berlin, im Juni 1925.

Dr. techn. **A. Heller.**

Inhaltsverzeichnis.

	Seite
Einleitung	1
Entwicklung des Motorfahrzeugwesens	1
Gottlieb Daimler	6
Normalbauarten	7
Die Förderung mit Motorwagen auf Straßen	11
Rollwiderstand	11
Widerstand auf Steigungen	20
Luftwiderstand	21
Adhäsion	23
Beispiele	25
Die Baustoffe	28
Stahl	34
Die Brennstoffe	44
Benzin	44
Ersatz von Benzin	51
Benzol	54
Spiritus	58
Sonstige Ersatzbrennstoffe	60
Azetylen	60
Leuchtgas	61
Naphthalin	61
Treiböle	62
Das „Klopfen" der Fahrzeugmaschinen	64
Heizwert	67
Eigenschaften der Dämpfe	69
Die Geschwindigkeit der Verdampfung	77
Zündfähigkeit der Brennstoffgemische	79
Die Vergaser	80
Vergaser mit selbsttätiger Regelung	86
Vergaser mit Handregelung	89
Die Theorie der Vergaser	92
Einfluß von Druckschwankungen	106
Einfluß der Temperatur	107
Die Zerstäubung des Brennstoffes im Vergaser	109
Die Verdampfung im Vergaser	113
Verdampfung schwerer Brennstoffe	115
Berechnung der Vergaser	123
Bauteile und Zubehör der Vergaser	128
Die Zündung	135
Batterie-Kerzenzündung	135
Magnetische Unterbrecher mit hoher Schwingungszahl	140
Vorschalt-Funkenstrecken	141
Batterie-Abreißzündung	142
Zündung mit Magnetdynamo	143
Hochspannungsdynamo	144
Doppelzündungen	151
Andere dynamo-elektrische Zündmaschinen	154
Zündkerzen	157
Bau der Zündvorrichtungen	161
Der Zündzeitpunkt	165
Die Fahrzeug-Verbrennungsmaschine	171
Allgemeines	171
Berechnung der Hauptabmessungen	172
Wahl der Zylinderzahl	180
Dynamik der Fahrzeugmaschine	182
Anordnung der Zylinder	194
Anordnung der Steuerventile	199
Zylinder	209
Die Arbeitsvorgänge im Zylinder	215
Ansaugen	216
Verdichten	220
Zündung und Expansion	228
Auspuff	231
Verteilung der Arbeitsvorgänge	234
Bauteile des Triebwerkes	237
Kolben	237
Kolben aus Aluminium	240
Bauteile der Kolben	243
Kurbelwelle	249
Pleuelstangen	270
Kurbelgehäuse	279
Bauteile der Steuerung	290
Steuerdaumen	300
Antrieb der Steuerwelle	314
Ventilfedern	317
Kolbenschiebersteuerungen	321
Regelung	327
Schmierung	333
Kühlung	345
Unmittelbare Kühlung	351
Mittelbare Kühlung	361
Kühlwasser	362
Umlaufpumpen	365
Kühlung mit selbsttätigem Umlauf	368
Kühler	370
Berechnung der Kühlfläche	374
Anlassen	381
Schalldämpfer	390
Allgemeine Anordnung der Zubehörteile	392
Zweitaktmaschinen	396
Anhang	402
Gesetz über den Verkehr mit Kraftfahrzeugen	402
Verordnung über Kraftfahrzeugverkehr	405
Anweisung über die Prüfung der Führer von Kraftfahrzeugen	412
Anweisung über die Prüfung von Kraftfahrzeugen	414
Aus der Groß-Berliner Polizeiverordnung über die Einrichtung von Kraftwagenräumen vom 17. April 1917	419
Einbürgerung des Lastkraftwagenbetriebes im Deutschen Reiche	420
Einheitliche Bezeichnung von Kraftfahrzeugteilen	429
Sachverzeichnis	433

Einleitung.

Entwicklung des Motorfahrzeugwesens.

Im letzten Abschnitt des neunzehnten Jahrhunderts, der für die Entwicklung der gesamten Technik so außerordentlich segensreich war, ist förmlich aus einem Nichts heraus eine völlig neue Industrie geschaffen worden, die nicht allein schon heute einen der hervorragendsten Teile unserer gesamten Maschinenindustrie bildet, sondern auch wegen der Aussichten auf die Zukunft, die sie bietet, als eine der segensreichsten bezeichnet zu werden verdient. In einer verhältnismäßig kurzen Zeit hat es der Motorwagen verstanden, das Interesse der weitesten Schichten der Bevölkerung zu fesseln, der er die Aussicht auf ein neues schnelles, bequemes und trotzdem verhältnismäßig billiges Beförderungsmittel eröffnet hat.

Das Wachstum des Motorfahrzeugverkehrs im Deutschen Reich gestattet die nachstehende auf Grund der amtlichen Statistiken[1]) zusammengestellte Zahlentafel zu beurteilen. Die Zahl der Motorfahrzeuge hat sich demnach allein in dem kurzen Zeitraum von 16 Jahren, der hier betrachtet ist, auf mehr als das Fünffache erhöht und ihre heutige Gesamtzahl von 152 068 zeigt, in wie weite Kreise die Benutzung dieses Fahrzeuges gedrungen ist.

Bestand an Motorfahrzeugen im Deutschen Reich.

	Kraftfahrzeuge ohne Kraftfahrräder	Berlin und Prov. Brandenburg	Preußen	Bayern	Sachsen	Württemberg	Baden	Deutsches Reich
für Personenbeförderung	1907	4028	16084	2264	2173	949	1079	25185
	1908	4600	18701	4163	3158	1439	1510	34224
	1909	5419	20990	4825	3925	1736	1726	39475
	1910	6547	24737	5607	4969	2150	2033	46922
	1911	8884	29201	5607	5626	2352	2236	53478
	1912	11667	34737	6210	6919	2620	2554	63162
	1913	9874	37375	7367	7367	3011	2796	70085
	1914	11314	45072	8523	8523	3412	3247	83333
	1921	8855	38888	5868[2])	6894	2105	1885	60611
	1922	12308	50080	7926	9337	2988	2718	82505
	1923	15675	60811	9822	11233	3628	3527	100329
für Güterbeförderung	1907	515	858	92	38	65	38	1211
	1908	675	1152	192	53	103	53	1778
	1909	784	1372	271	69	116	69	2252
	1910	965	1782	410	109	155	109	3019
	1911	1336	2461	625	142	231	142	4327
	1912	2580	4220	897	187	325	187	6844
	1913	1674	3905	1408	252	452	252	7704
	1914	1945	4916	1718	368	544	368	9739
	1921	3791	17810	4131[2])	2943	1395	1011	30267
	1922	5391	25431	5702	4373	2020	1601	43587
	1923	6021	30859	6518	5024	2367	1982	51739
insgesamt	1907	4543	16942	2356	2222	1014	1117	27026
	1908	5275	19853	4355	3255	1542	1563	36022
	1909	6203	22362	5096	4062	1852	1795	41727
	1910	7512	26519	6017	5167	2305	2142	49941
	1911	10220	31662	6230	5978	2583	2378	57805
	1912	14247	38957	7107	7419	2955	2741	70006
	1913	11548	41280	8775	8370	3463	3048	77789
	1914	13259	49988	10241	10083	3956	3615	93072
	1921	12146	56698	9999	9837	3500	2896	90878
	1922	17699	75511	13628[2])	13710	5008	4319	126092
	1923	21696	91670	16340	16257	5995	5509	152068

[1]) Die Statistik wird alljährlich in den „Vierteljahrsheften zur Statistik des Deutschen Reiches" veröffentlicht.
[2]) Ohne das Saargebiet.

Einleitung.

Es ist demnach nicht zu viel gesagt, wenn man die Motorfahrzeugindustrie als einen der hervorragendsten Teile unserer gesamten Maschinenindustrie bezeichnet; man bedenke hierbei auch noch, daß z. B. schon im Jahre 1905 dem Werte nach annähernd ebensoviel an Motorfahrzeugen aus Deutschland ausgeführt worden ist, wie Lokomotiven oder Lokomobilen, oder wie elektrische oder Dampfmaschinen. Die Einfuhr von Motorfahrzeugen nach Deutschland in dem gleichen Jahre ist annähernd doppelt so groß gewesen, wie diejenige von Lokomotiven, Lokomobilen, elektrischen und Dampfmaschinen zusammengenommen und sie hat trotz der Entwicklung der heimischen Motorfahrzeugindustrie im Laufe der Jahre nicht abgenommen.

Die Entwicklung auf diesem Gebiete wird am besten durch die folgende Übersicht über den Außenhandel des Deutschen Reiches mit Motorfahrzeugen gekennzeichnet.

Werte in Millionen Mark.

Jahr	Einfuhr			Ausfuhr		
	Personenmotorwagen	Lastmotorwagen	Motorfahrräder	Personenmotorwagen	Lastmotorwagen	Motorfahrräder
1903	5,028	0,172	0,443	5,288	0,973	0,585
1904	6,938	0,208	0,638	10,469	1,392	1,121
1905	13,200	0,313	0,581	13,841	2,378	1,560
1906/07	18,974	0,242	0,193	17,691	3,419	1,595
1907	17,421	0,414	0,146	13,737	3,437	1,338
1908	10,924	0,433	0,144	15,836	2,055	1,022
1909	9,756	0,597	0,173	27,610	2,284	1,318
1910	9,987	0,811	0,157	45,575	3,228	1,241
1911	10,899	1,639	0,250	60,093	4,118	1,668
1912	13,670	2,549	0,229	90,485	7,773	2,492
1913	13,315	1,953	0,391	77,767	13,177	2,664

Die angeführten Zahlen umfassen aber noch nicht den ganzen Handel auf diesem Gebiete. Rechnet man nämlich die Ersatzteile, insbesondere die gesondert versandten Maschinen und Gummireifen dazu, die teilweise noch fortgelassen sind, so ergeben sich Ausfuhrziffern, die schon im Jahre 1910 den Wert von 100 Mill. Mark noch übersteigen.

Wie sich die deutschen Motorfahrzeugfabriken entwickelt haben, zeigt eine amtliche Erhebung über die Erzeugung und die wirtschaftlichen Verhältnisse der Motorfahrzeugfabriken, die leider nicht über das Jahr 1909 hinaus fortgesetzt worden ist. Aus den Ergebnissen sind die nachstehenden Erzeugungsziffern entnommen. Es wurden im Deutschen Reiche jährlich hergestellt:

im Jahre	1901	1903	1906	1907	1908	1909
Motorfahrräder	41	2991	3923	3776	3164	3703
Personenwagen und Untergestelle	845	1311	4866	4647	5118	8723
hiervon bis zu 6 PS Leistung	481	217	1356	1304	2038	4269
,, über 6 bis zu 10 PS Leistung . .	306	598	873	744	1048	2422
,, ,, 10 ,, ,, 25 ,, ,, . .	37	407	1460	1908	1746	1568
,, ,, 25 PS Leistung	21	89	1177	691	286	464
Lastwagen und Untergestelle	39	140	352	504	493	721

Der Wert der Erzeugnisse unserer Motorfahrzeugfabriken hat demnach im Jahre 1909 etwa 50 bis 60 Mill. M. betragen, wobei Wagenteile und Maschinen nicht eingerechnet sind. Der Wert der Erzeugung von Zubehörteilen im Jahre 1909 wird auf annähernd 100 Mill. M. beziffert[1]).

Noch mehr als für Deutschland bedeutet das Motorfahrzeugwesen für Frankreich, die Wiege des neuzeitlichen Motorwagens. Hier kann man gegenwärtig die Erzeugung von Motorwagen mit Sicherheit überhaupt als den größten Industriezweig ansehen, und die Ausfuhrziffer Frankreichs auf diesem Gebiete, die schon 1906 die Summe von 100 Mill. M. überschritten hat, mag im Vergleich zu der Tatsache, daß Deutschland damals im ganzen nur für etwa 500 Mill. M. Maschinen ausführte, als Maßstab dafür gelten, welchen Umfang die französische Motorwagenerzeugung heute besitzt.

---

[1]) Vgl. auch Dr. Sperling: Zur volkswirtschaftlichen Bedeutung der Motorfahrzeugindustrie. Der Motorwagen 1911, S. 219.

Nach den amtlich veröffentlichten Angaben hat Frankreich in den Jahren 1908, 1909 und 1910 für 102,00, 117,5 und 141,5 Mill. M. allein an Personenmotorwagen ausgeführt, während die Einfuhr auch im Jahre 1910 noch nicht die Summe von 8 Mill. M. erreicht hat.

Über den Umfang des Motorfahrzeugverkehrs in Frankreich sind genaue Angaben wie im Deutschen Reiche nicht vorhanden, da die amtlichen Statistiken nur die zum Privatgebrauch bestimmten, besteuerten Fahrzeuge, nicht aber die Fahrzeuge im öffentlichen Verkehr und die Lastfahrzeuge umfassen. Von solchen Privatfahrzeugen wurden gezählt:

am 1. Januar	Fahrzeuge bis zu 2 Sitzplätzen	Fahrzeuge mit mehr als 2 Sitzplätzen	insgesamt
1899	726	946	1672
1900	1259	1638	2897
1901	2493	2893	5386
1902	3404	5803	9207
1903	3849	9138	12987
1904	4394	12713	17107
1905	4767	16556	21323
1906	5253	21109	26362
1907	6069	25226	31295
1908	7580	30006	37586
1909	9414	35355	44769
1910	11617	42052	53669

Die Gesamtzahl der auf französischen Straßen verkehrenden Motorfahrzeuge kann hiernach für das Jahr 1910 auf annähernd 72000 bis 75000 veranschlagt werden, und sie war Ende 1912 auf rd. 107000 gestiegen.

In England hat sich der Bau von Motorwagen mit Antrieb durch Verbrennungsmaschinen erst nach dem Jahre 1896, d. h. nach der Aufhebung der „Locomotives on high-ways"-Akte[1]), zu entwickeln begonnen. Man hat aber hier verstanden, durch geschickte Nachahmung festländischer Konstruktionen und durch Vermeidung der in Frankreich und Deutschland gemachten Fehler das Versäumte in kürzester Frist nachzuholen, so daß die englischen ebenso wie die italienischen, belgischen und österreichischen Motorwagen, die noch später in die Öffentlichkeit getreten sind, bei guter Ausführung den deutschen und den französischen heute als ebenbürtig gelten dürfen. Der Verkehr mit Kraftfahrzeugen in England hat dabei so schnell zugenommen, daß Anfang 1915 rd. 246000 Kraftfahrzeuge gezählt wurden.

Anders die Vereinigten Staaten von Amerika: hier, wo der auf die Massenerzeugung zugeschnittene Maschinenbau sozusagen Tradition geworden ist, hat man sich im Gegensatz zu Europa von Anfang an auf den Bau von kleinen, billigen Wagen verlegt, insbesondere der auch bei uns bekannten runabouts, daneben aber auch gute europäische Erzeugnisse für die Reichen eingeführt. Hierbei sind eine Reihe von geradezu kennzeichnend amerikanischen Wagenbauarten, die Oldsmobile-, Pope-, Ford-Wagen usw. geschaffen worden, die, wenn sie auch der Entwicklung des Motorfahrzeugbaues in Amerika nicht viel nützten, für uns dennoch in gewisser — hauptsächlich negativer — Hinsicht vorbildlich gewesen sind, als sich das Bestreben herausstellte, den Absatz unserer Motorwagenfabriken durch Herstellung von billigen Wagen im Preise von 3000 bis 5000 M. zu erweitern. In den letzten Jahren hat man allerdings auch in den Vereinigten Staaten die Herstellung von Sonderbauarten von Motorwagen beinahe ganz zugunsten derjenigen aufgegeben, die sich bei uns eingeführt haben. Man hat eingesehen, daß die aus Frankreich, Deutschland und Italien eingeführten Wagen trotz ihrer viel höheren Preise den Bedürfnissen der Käufer viel besser entsprechen, als die einheimischen Erzeugnisse und ist selbst bei den billigen Wagen, in deren Massenherstellung die amerikanischen Fabriken immer noch unerreicht geblieben sind, im wesentlichen auch den Richtlinien gefolgt, die sich bei uns herausgebildet haben.

Wie die nachstehende Zahlentafel[2]) zeigt, hat der Motorwagenverkehr der Vereinigten Staaten eine ungeheure Entwicklung erlangt; begünstigt durch die wirtschaftlich bevorzugte Stellung, welche die Vereinigten Staaten während des Weltkrieges einnehmen konnten, und durch den verhältnismäßigen Mangel an Eisenbahnen und Straßenbahnen, hat hier der Motorwagen auch als Verkehrsmittel eine Bedeutung wie in keinem anderen Lande gewonnen. Die

---

[1]) Auch „red flag"-Akte genannt, weil jedem auf Straßen verkehrenden Maschinenfahrzeug ein Mann mit einer roten Fahne vorangehen mußte.

[2]) Automotive Industries 21. Februar 1924.

Staat	1912	1913	1914	1915	1916	1917	1918	1919	1920	1921	1922	1923
Kalifornien	88699	60000	123516	163795	232440	306916	364800	477450	568892	673830	842663	1100183
Illinois	68073	94656	131140	180832	248429	340292	389620	478438	568759	670434	786190	969331
Indiana	54334	47000	66400	96915	139317	192192	227160	277255	332707	400342	472000	583342
Jowa	47188	75088	112134	152134	198602	254317	278313	363857	437300	460528	499446	576398
Kansas	22000	34366	49374	72520	112122	159343	189163	227752	265396	291309	327185	375594
Massachusetts	50132	62660	77246	102633	136809	174274	193497	247183	304631	360732	449838	476150
Michigan	39579	54366	76389	114845	160052	247006	262125	325813	412717	477037	578980	730658
Minnesota	29000	37800	67862	93269	146000	154009	204458	259743	265517	328700	380525	448187
Missouri	24379	38140	54468	76462	103587	147528	188040	244363	296919	346437	391669	476373
Nebraska	33861	25617	40929	59140	100534	148101	175409	192000	223000	238704	256654	286053
New York	107262	134405	169966	234032	317866	411567	463758	571662	669290	812031	1000732	1214642
Ohio	63066	86054	122504	181332	252431	346772	412775	511031	615397	720632	861000	1068700
Pennsylvanien	59357	76178	112854	160137	230578	325153	394186	482117	570164	689589	829737	1064624
Texas	35187	54362	64732	90000	197687	213334	251118	331310	427693	467616	526670	688899
Wisconsin	24578	34646	53161	79791	115637	164531	196844	236981	293298	341841	388044	457271
Vereinigte Staaten	1033096	1287558	1768720	2479742	3584567	4992152	6105974	7596503	8932458	10505660	12357376	15222658

angeführten Zahlen, welche die gesamten amtlichen Eintragungen von Personen- und Lastkraftwagen umfassen, mögen auch als Maßstab dafür gelten, bis zu welchem Grade eine Bevölkerung für Motorfahrzeuge aufnahmefähig ist, wenn man bedenkt, daß z. B. im Staate Süd-Dakota im Jahre 1920 auf nur 5,24 Einwohner 1 Motorwagen entfällt, trotzdem in obiger Zählung die Motorfahrräder, deren Gesamtbestand im Jahre 1919 auf rd. 200 000 veranschlagt werden kann, noch nicht enthalten war.

Der Bestand an Kraftfahrzeugen der ganzen Welt beträgt, wie die beigefügte Zahlentafel zeigt, auf Grund der Zählungen zu Ende des Jahres 1923[1]), abgesehen von den Motorrädern, insgesamt 18 241 477, wovon nicht weniger als 15 222 658 auf die Vereinigten Staaten entfallen. Von dem verbleibenden Rest kommen 1 690 931 Fahrzeuge, d. h. über die Hälfte, auf Europa, wo die Zunahme gegenüber dem Jahre 1922 mit 29,8 v. H. verhältnismäßig sogar stärker als in den Vereinigten Staaten war. Besonders zu beachten ist hierbei, daß auch der Anteil der Lastkraftwagen mit 28 v. H. mehr als doppelt so groß wie in den Vereinigten Staaten ist, wo er nur 11,6 v. H. beträgt.

Weltbestand an Kraftwagen.

Vereinigte Staaten	15 222 658
Übriges Nord- und Südamerika	916 402
Deutsches Reich	152 068
Frankreich	460 000
Großbritannien	655 318
Italien	82 357
Übriges Europa	341 188
Asien	161 385
Afrika	74 697
Australien und Neu-Seeland	175 404
zus.	18 241 477

Die Zunahme des Bestandes an Automobilen auf der ganzen Erde hat im Jahr 1923 insgesamt 3 562 616 betragen. Davon entfallen nicht weniger als 2 922 888 auf die Vereinigten Staaten und von dem Rest 328 999 auf solche Wagen, die von Firmen der Union ins Ausland verkauft wurden. Von der Gesamtzunahme der Kraftwagen sind somit über 91 v. H. Erzeugnisse der amerikanischen Industrie. Diese hat, wie sich aus der Statistik ergibt, im Jahre 1923 im ganzen 4 012 856 Kraftwagen, darunter 376 257 Lastkraftwagen herausgebracht, die einen Wert von rd 2500 Mill. $ darstellen. Von den Personenwagen kosteten 81,6 v. H. weniger als je 1000 $ und 16,4 v. H. zwischen 1000 und 2000 $. Die Gefahr des amerikanischen Wettbewerbes erscheint damit für alle anderen Länder mit Automobilfabriken fast unabwendbar. Sie zeigt sich schon heute daran, daß von der französischen Gesamterzeugung, die rd 125 000 beträgt, wenigstens 10 000 auf das Fordwerk in Bordeaux und von der englischen Gesamterzeugung mit rd 75 000 Wagen etwa 16 000 auf das Fordwerk in Manchester entfallen. Neben Personen- und Lastkraftwagen hat die Industrie der Vereinigten Staaten aber im Jahre 1923 auch noch rd 125 000 Mo-

---
[1]) Automotive Industries 21. Februar 1924.

torschlepper (101 000 hiervon stammen von Ford) und rd 40 000 000 Gummireifen erzeugt, während die Erzeugung an Motorrädern mit 45 000, wovon die Hälfte noch ins Ausland ging, für amerikanische Begriffe verschwindend gering erscheint, zumal England allein etwa 60 000 Motorräder erzeugt haben soll. Daß das Motorfahrrad im amerikanischen Kraftverkehr eine unwesentliche Rolle spielt, drückt sich auch darin aus, daß der Bestand an Motorfahrrädern in den Vereinigten Staaten stetig abnimmt und heute nicht mehr als 176 630, dagegen z. B. in England 430 138 beträgt. Die Möglichkeit, sich einen billigen Wagen zu verschaffen, hält offenbar die Amerikaner vom Kauf der jedenfalls unbequemeren Motorräder stark ab.

Riesenhaft, wie ihre Erzeugung, ist natürlich auch der Verbrauch der amerikanischen Automobilindustrie an Rohstoffen. Von der gesamten amerikanischen Stahlerzeugung, die im abgelaufenen Jahre etwa 31,58 Mill. t betragen hat, wurden nicht weniger als 3,47 Mill. t, d. h. mehr als 10 v. H., in Automobilen verarbeitet, so daß die Automobilindustrie als Stahlverbraucher überhaupt nur noch von der Eisenbahn- und der Bauindustrie übertroffen wird. Da es sich vorwiegend um hochwertiges Material handelt, hat der Wert der von der Automobilindustrie verbrauchten Stahlerzeugnisse rd 16 v. H. des Gesamtwertes der amerikanischen Stahlerzeugung erreicht. Auf manchen Gebieten der Stahlerzeugung ist die Automobilindustrie sogar noch weit größerer Verbraucher. Stangenmaterial, wovon z. B. im ganzen 5,86 Mill. t erzeugt wurden, wanderten zu rd 27,4 v. H., Bleche, wovon 3,36 Mill. t erzeugt wurden, zu rd 30,8 v. H. in Automobile. Wenn man bedenkt, daß das Automobil das Ergebnis einer feinmechanischen Verarbeitung darstellt, so kommt die ungeheure Größe ihres Verbrauches gegenüber dem im wesentlichen rohe Stahlwerkserzeugnisse verwendenden Eisenbahn- und Bauwesen noch stärker zur Geltung.

An Glasscheiben hat die Automobilindustrie rd 4,18 Mill. m^2 oder 36 v. H. des Gesamtverbrauches, an Preßgußteilen 14 700 t oder 68 v. H., an Leder und Kunstleder rd 28,8 Mill. m^2 für sich in Anspruch genommen.

In technischer Beziehung sind die von der Zeitschrift „Automotive Industries" veröffentlichten umfangreichen Zusammenstellungen baulicher Einzelheiten fast aller Arten von Fahrzeugen, die in den verschiedenen Ländern erzeugt werden, nicht allein für die Kenntnis der Typen, die man in dieser Weise an keiner anderen Stelle vereinigt finden kann, sondern auch für die Beurteilung gewisser Konstruktionsrichtungen wertvoll. Allerdings darf man Schlüsse aus solchen Übersichten, die man schon längst gelegentlich der Automobilausstellungen aufzustellen pflegte, immer nur mit gewisser Vorsicht ziehen, weil gerade die Neuerungen, die auf die spätere technische Entwicklung hindeuten, zunächst nur von wenigen besonders fortschrittlichen Fabriken aufgenommen werden. Am sichersten kann man daher aus solchen Statistiken nur erkennen, ob sie eine bestimmte Neuerung eingeführt hat oder ob man sie aufzugeben beginnt.

Daneben liefert eine solche Statistik aber auch ein zuverlässiges Bild der sogenannten „Durchschnittsbauart", d. h. der Bauart, welche von den meisten Fabriken angewandt wird, obgleich auch dies wegen der Unterschiede in der Produktion der einzelnen Fabriken durchaus kein Beweis dafür zu sein braucht, daß die Durchschnittsbauart auch die am stärksten verbreitete Bauart ist. Sieht man aber von dieser Beschränkung ab, so stellt sich die Durchschnittsbauart der amerikanischen Personenwagen, von denen 120 Typen durch 95 Fabriken auf den Markt gebracht werden, etwa folgendermaßen: Sechszylindermotor (70,3 v. H. der Gesamtzahl) mit einseitig stehenden Ventilen (61,3 v. H.), Gußeisenkolben (73,3 v. H.), Pumpenkühlung (75,4 v. H.), Druckschmierung (78,8 v. H.) und angebautem Wechselgetriebe (85,6 v. H.). Hub und Bohrung der Motorzylinder halten sich schon seit einigen Jahren fast unverändert auf dem Verhältnis von 122 : 87 mm. Ketten- und Zahnräderantrieb für die Steuerwelle sowie Einscheiben- und Lamellenkupplung halten sich ungefähr die Wage, während die Anordnung beider Bremsvorrichtungen auf der Hinterachse (60,2 v. H.) gegenüber der Vorderradbremsung noch stark überwiegt. Diese und die Verwendung von Ballonreifen haben jedoch wesentliche Fortschritte gemacht. Bei den Lastkraftwagen, wovon die Hälfte auf den Bereich von 2 bis 4,5 t Tragfähigkeit entfällt, sind namentlich die Verwendung von Kupplungen mit mehreren trockenen Scheiben, die Verwendung des Schneckenantriebes für die Hinterachse und die Anordnung beider Bremsen auf der Hinterachse als Durchschnittsmerkmale hervorzuheben. Eine größere Anzahl von Fabriken stellt ferner besondere Untergestelle für Motoromnibusse her, die gleichfalls vorzugsweise trockene Mehrscheibenkupplungen, Schneckenübertragung und nur Hinterachsbremsen erhalten sowie überwiegend (79 v. H.) auf Luftreifen laufen.

Beim Vergleich dieser Angaben mit den entsprechenden Merkmalen europäischer Erzeugnisse fällt in erster Linie die im Verhältnis viel größere Zahl von Erzeugern und Typen ins Auge. In Frankreich, dessen Gesamterzeugung noch nicht einmal $1/_{30}$ der amerikanischen erreicht, gibt es 79 bekanntere Fabriken mit nicht weniger als 201 Typen von Personenwagen-Untergestellen, in Deutschland 91 Fabriken mit 156 Typen. Nur ganz vereinzelt haben sich bis jetzt europäische Automobilfabriken auf den Gedanken eingestellt, daß das Ziel wirtschaftlichster Erzeugung der Bau einer einzigen Wagengröße in großen Reihen ist. Die Durchführung dieses Gedankens, der schon wiederholt angeregt worden ist, schließt aber durchaus nicht die Möglichkeit aus, jene Überlegenheit in bezug auf Fahreigenschaften, Verläßlichkeit und Dauerhaftigkeit aufrechtzuerhalten, die noch heute das europäische gegenüber dem amerikanischen Erzeugnis kennzeichnet.

Nach den im vorstehenden gemachten Angaben steht die industrielle Bedeutung des Motorwagens außer Frage. Für die Wichtigkeit dieses neuen Zweiges der Technik in volkswirtschaftlicher Hinsicht kann man weiter anführen, daß der Kreis der auf diesem Gebiete beschäftigten Arbeiter, Meister, Wagenführer usw., ungerechnet alle Arbeiter und Beamten der vielen Nebenindustrien, die erst durch den Motorfahrzeugbau groß geworden sind, schon annähernd ebenso ausgedehnt ist, wie derjenige unserer hochentwickelten elektrotechnischen Industrie. Haben doch die Löhne der Arbeiter allein im Jahre 1909 bereits 22,5 Mill. M. betragen. Daneben kommt aber dem Motorwagen auch eine ungewöhnliche Bedeutung in kultureller Hinsicht zu. Je mehr seine Anwendung zunimmt, je weiteren Kreisen der Bevölkerung seine Vorteile zugänglich gemacht werden können, desto mehr ergibt sich, daß der Motorwagen einen Fortschritt im Verkehrswesen bedeutet, da er uns gestattet, unsere täglich kostbarer werdende Zeit besser auszunützen, als es mit den bisherigen Mitteln möglich war, und in absehbarer Zukunft unserem ganzen Straßenverkehr einen neuen Stempel aufdrücken wird. Hierin liegt auch die Gewähr dafür, daß der Motorwagen im Gegensatz zu den früheren Versuchen jetzt nicht mehr von der Bildfläche verschwinden wird.

Gottlieb Daimler.

An der Entwicklung des Motorwagens ist seine Antriebsmaschine, die Fahrzeugmaschine für flüssigen Brennstoff, in hervorragender Weise beteiligt. Mit gewissem Recht führt man die Entstehung des Motorwagens, wie wir ihn uns heute vorstellen, auf die Erfindung der kleinen schnellaufenden, mit flüssigem Brennstoff betriebenen und mit Hilfe eines Glührohres gezündeten Viertakt-Verbrennungsmaschine durch Gottlieb Daimler — das D.R.P. Nr. 28022 vom 16. Dezember 1883 — zurück, die es zum ersten Male möglich machte, die Geschwindigkeit solcher Maschinen von etwa 150 bis 180 Uml./min bei den früheren Viertaktmaschinen auf 500 bis 800 Uml./min zu steigern und dadurch das Gewicht im Verhältnis zur Leistung wesentlich zu verringern. Die erste für den Wagenbetrieb gedachte Zwillingsbauart dieser Maschine, Abb. 1 und 2[1]), bei der die beiden schräg gegeneinander gestellten Zylinder mit einem Zündabstand von etwa einer vol-

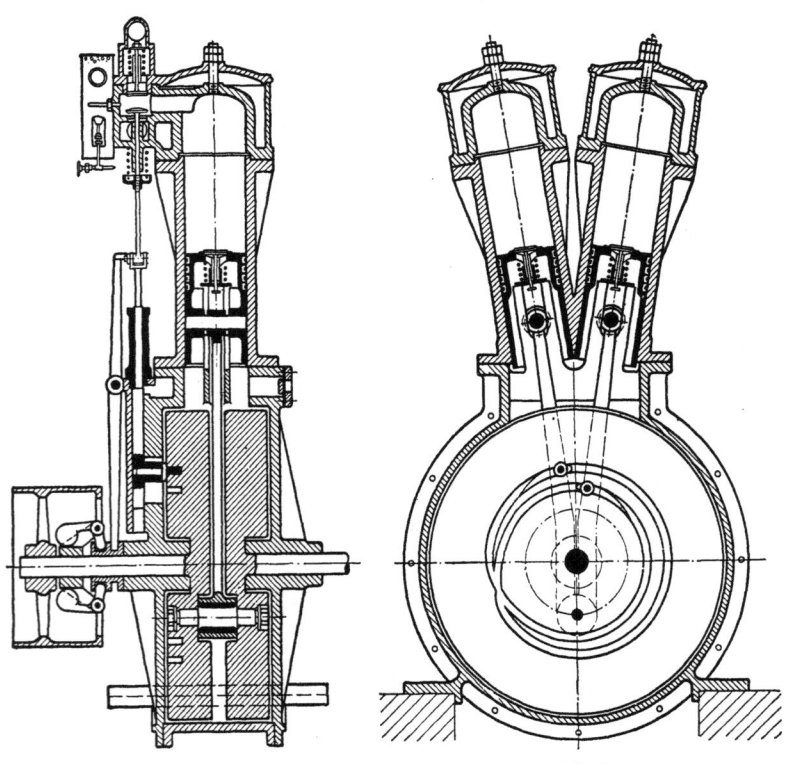

Abb. 1. Abb. 2.
Abb. 1 und 2. Erste schnellaufende Wagenmaschine von Gottlieb Daimler.
D.R.P. Nr. 28022.

---

[1]) Güldner: Verbrennungsmotoren. 2. Aufl., S. 114.; 3. Aufl., S. 676.

len Umdrehung auf einen gemeinsamen Kurbelzapfen einwirken, läßt die Anordnung und alle wesentlichen Teile schon so erkennen, wie wir sie noch heute bei Maschinen für Motorfahrräder und kleinere Wagen finden, insbesondere das gesteuerte Auslaßventil und das selbsttätige Einlaßventil, die beiden schweren Schwungscheiben, die das als Ölbehälter ausgebildete Kurbelgehäuse fast vollständig ausfüllen usw. Was eigentlich den Erfolg dieser Maschine begründet hat, ist nicht leicht zu sagen. Die Viertaktmaschine war als Erfindung von Otto damals schon bekannt. Auch die Verwendung von flüssigem Brennstoff war nicht mehr neu. Anscheinend ist die Ursache des Erfolges nur der Umstand, daß Daimler das Gemisch bis zur Selbstentzündung im Zylinder verdichtete und nicht, etwa wie sein Vorgänger Markus bei seinen ersten Versuchen, gezwungen war, es

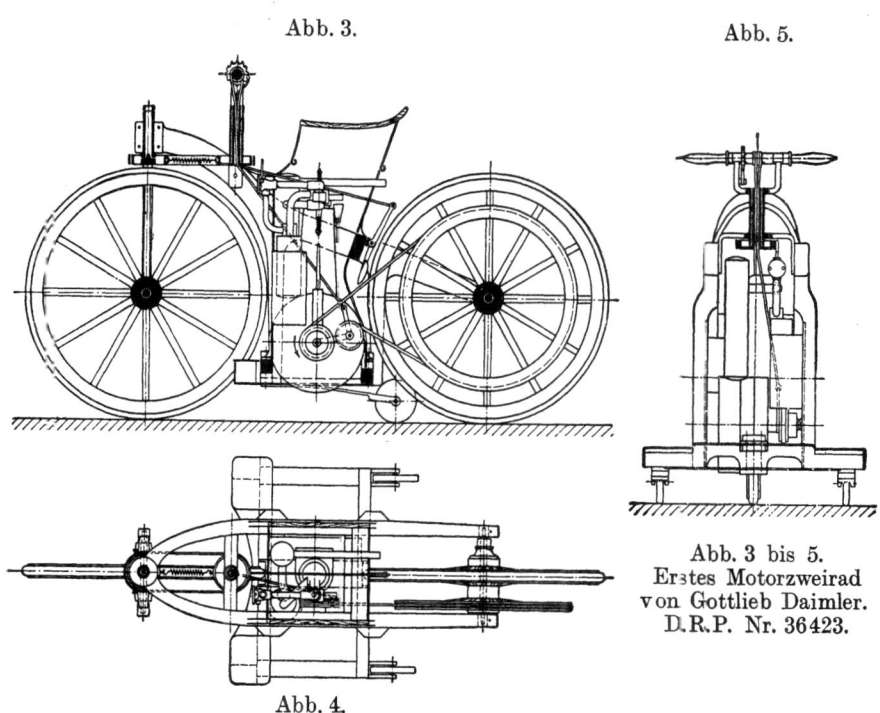

Abb. 3 bis 5. Erstes Motorzweirad von Gottlieb Daimler. D.R.P. Nr. 36423.

mit Hilfe von Druckluft herzustellen, was in einem besonderen Behälter geschehen mußte. Auch die Glührohrzündung, auf die in dem ersten Daimler-Patent ebenfalls Wert gelegt wird, war zu dieser Zeit durch elektrische Zündvorrichtungen, sogar durch magnetisch-elektrische, eigentlich schon überholt. Sie diente im übrigen nach dem Wortlaut der Patentschrift nur zur Aushilfe, nämlich nur im Anfang des Betriebes, solange die Zylinderwände noch nicht genügend erwärmt waren.

Daimler hat seine Maschine zum erstenmal in einem Motorzweirad eingebaut, Abb. 3 bis 5[1]), das er am 10. November 1886 zum erstenmal durch die Straßen von Cannstatt gesteuert hat. Den Ruhm, den ersten Motorwagen gebaut zu haben, nimmt die Fabrik von Benz für sich in Anspruch, deren dreirädriger Wagen aus dem Jahre 1887 gemäß dem D. R. P. Nr. 43826 vom 8. April 1887 in Abb. 6 und 7 wiedergegeben ist. Aus diesen Anfängen heraus hat sich in der zweiten Hälfte der 90er Jahre die heutige Normalbauart des Motorwagens entwickelt, an der sich, solange nicht grundsätzliche Umwälzungen eintreten, in der nächsten Zeit kaum vieles ändern dürfte, und von der man ohne besondere zwingende Gründe nicht abgehen sollte.

Normalbauarten.

Die kennzeichnenden Merkmale dieser Normalbauart, die in ihren beiden Hauptformen durch die Abb. 8 bis 11 veranschaulicht wird, sind angesichts der heutigen Popularität des Automobils ziemlich allgemein bekannt. Auf dem aus Blech gepreßten, eigentümlich geschweiften Grundrahmen a, der auch zur Aufnahme des Wagenkastens (Karosserie) dient und ⊏-förmigen Querschnitt besitzt, ist vorn die vier- oder auch sechszylindrige Maschine b mit ihren unmittelbaren Zubehörteilen gelagert, nämlich dem ganz vorn oder (bei den Renault-Wagen) auch hinter der Maschine befindlichen Kühler c, gegebenenfalls der Pumpe, die das Kühlwasser in Umlauf zu setzen hat (Wagen mit Thermosyphon-Kühlung brauchen keine Umlaufpumpe), dem Vergaser und der Zünddynamo. An die Maschine schließt sich die Kupplung d, die früher fast ausschließlich als Lederreibkupplung mit kegelförmigen Eingriffsflächen aus-

---
[1]) D. R. P. Nr. 36423 vom 29. August 1885.

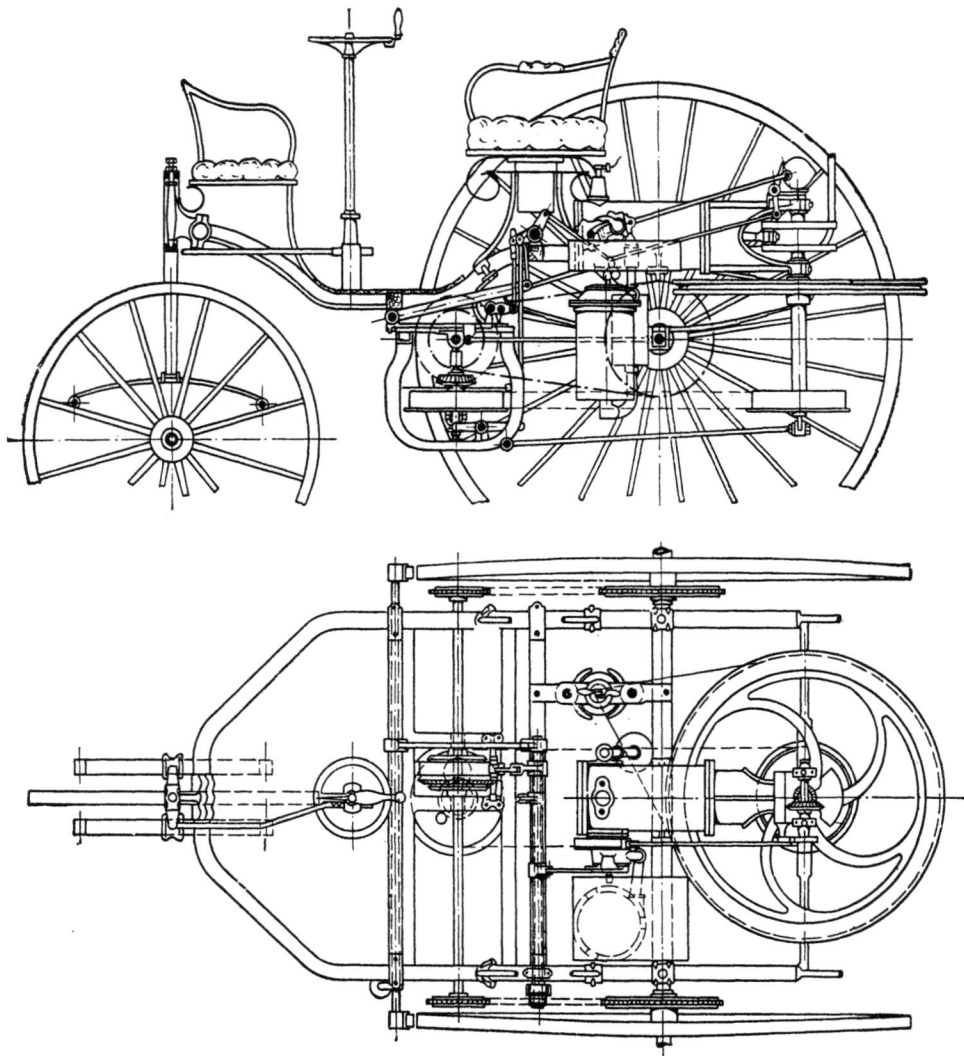

Abb. 6 und 7. Erster Motorwagen von Benz. D.R.P. Nr. 43 826.

gebildet wurde, in neuerer Zeit dagegen wegen der größeren Widerstandsfähigkeit gegen Abnutzung mehr und mehr durch irgendeine Metallkupplung, die ganz in Öl läuft, vorzugsweise durch die Lamellenkupplung oder die trockene Einscheiben-Kupplung, ersetzt wird. Diese Kupplung überträgt die Bewegung der im allgemeinen mit hoher Geschwindigkeit (1600 bis 2400 Uml./min und mehr) umlaufenden Maschinenwelle auf das Wechselgetriebe e, ein in einem öldichten Gehäuse eingeschlossenes Zahnräderwerk, dessen Übersetzungsverhältnis während der Fahrt veränderlich ist, und das dazu bestimmt ist, bei ziemlich gleichbleibender Geschwindigkeit der Maschinenwelle die Fahrgeschwindigkeit des Wagens regeln zu können. Von dem Wechselgetriebe wird die Bewegung entweder (bei den Kardan-Wagen, Abb. 8 und 9) durch eine an beiden Enden (bei kleineren Wagen auch nur an einem Ende) mit Kreuzgelenkkupplungen versehene Längswelle f auf das in der Mitte der Hinterachse sitzend Ausgleichgetriebe g (Differential) und hierdurch auf die Hinterräder übertragen, oder (bei den Kettenwagen, s. Abb. 10 und 11) das Ausgleichgetriebe, das dann gewöhnlich im Getriebekasten mit eingeschlossen ist, sitzt auf einer Hilfswelle f, an deren Enden zwei Ketten zum Antrieb der Hinterräder angreifen. Die Aufgabe des Ausgleichgetriebes besteht darin, den Hinterrädern oder den beiden Teilen der Hilfswelle beim Befahren von Krümmungen unbeschadet des gemeinschaftlichen Antriebes voneinander unabhängige Bewegungen zu gestatten.

Wie aus diesen kurzen Kennzeichnungen hervorgeht, unterscheidet sich der Kettenwagen von dem Kardan-Wagen nur hinsichtlich der Anwendung einer Hilfswelle, die zusammen mit den gelenkigen Ketten den Antrieb der Hinterräder etwas unabhängiger von den unvermeidlichen senkrechten Schwingungen der Hinterachse während der Fahrt gestaltet. Dagegen werden die Wagen mit Kettenantrieb schwerer als die Kardan-Wagen, auch laufen sie niemals so geräuschlos wie diese. Anderseits spricht der Umstand, daß bei den Kardan-Wagen das Gehäuse des Ausgleichgetriebes als Achse dienen muß, während die treibende Hinterradwelle geteilt ist, und daß hierbei das ganze Gewicht dieses Gehäuses unabgefedert von den Luftreifen der Hinterräder getragen werden muß, gegen den Kardan-Antrieb. Nichtsdestoweniger macht er bei leichten und in der letzten Zeit auch bei schwereren Wagen immer weitere Fortschritte, insbesondere seit man es sogar zuwege gebracht hat, die Hinterachsbrücken, die das Ausgleichsgetriebe einschließen, aus zwei Blechhälften im Gesenk zu pressen. Nur bei den schwersten Wagen ist der Kettenantrieb heute noch beibehalten.

Die Gesamtheit der vorstehend erwähnten Wagenteile einschließlich der in der Regel elliptisch gebogenen Blattfedern und der mit Holzspeichen und einer aus Blech gebogenen Felge versehenen Räder wird von dem Begriff Fahrgestell oder Untergestell (Chassis) umfaßt,

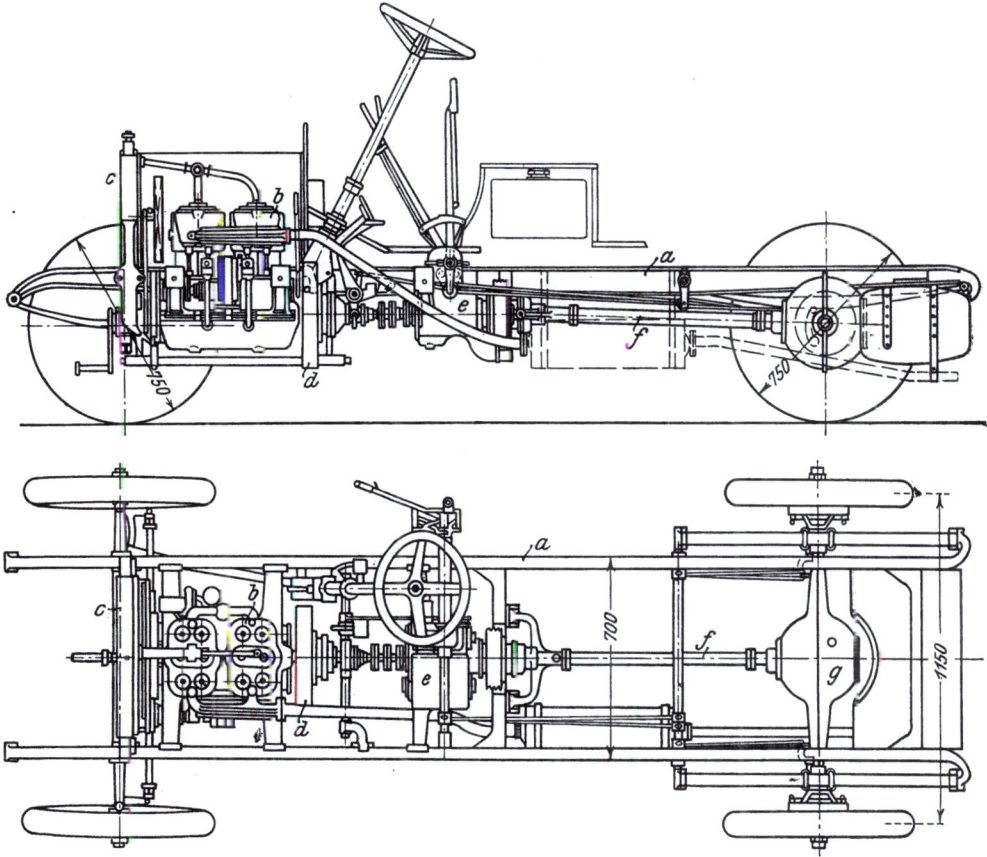

Abb. 8 und 9. Normalbauart eines Motorwagens mit Kardanantrieb.

und dieser Teil des Wagens ist es, der den Ingenieur in erster Linie angeht. Daß die Ausstattung und namentlich auch die Formgebung des Wagenkastens einen großen Einfluß auf das kaufende Publikum, heute noch immer meist Liebhaber, besitzen, ist bekannt; beim Entwurf eines modernen Vergnügungswagens müssen daher Ingenieur und Wagenbauer Hand in Hand arbeiten, wenn etwas Vollkommenes zustande kommen soll.

Eine Einteilung der Bauarten der heutigen Motorfahrzeuge, die vielfach gebräuchlich ist, ergibt sich zunächst aus dem Umstande, daß der Motorwagen ein Beförderungsmittel für Personen und Güter sein soll. Diese Einteilung in Personenwagen und Güterwagen ist aber ebensowenig wie die ebenfalls vorkommende Einteilung in Luxus- oder Sportwagen und Nutzwagen für die Kennzeichnung der verschiedenen Konstruktionen geeignet. Wesentlichen Einfluß auf die Konstruktion des Wagens üben, wenn man von Sonderkonstruktionen, z. B. für Rennzwecke, absieht, heute nur mehr die Maschinenleistung und das zu befördernde Gewicht, mit dem das Gewicht des Wagens stets in gewissem Zusammenhang steht. Beschränkt man sich auf Wagen mit vier Rädern, so kann man, von dem kleinsten Wagengewicht und der kleinsten Maschinenleistung ausgehend, das ganze Gebiet der Motorwagen einteilen in die kleinen Motorwagen, die heute aussichtsvollste Form der Personenmotorwagen für den Privatgebrauch, die sich auch als schnellfahrende städtische Lieferungswagen für den Bestelldienst größerer Geschäftsbetriebe eignen, sodann

die Wagen mittlerer Leistung, die in der Form von Personenwagen als Reisewagen für Vergnügungszwecke oder als Motordroschken für gewerbliche Zwecke dienen, und die mit entsprechend geändertem Aufbau ebenfalls als Lieferungswagen oder Stückgutwagen für größere Entfernungen benutzt werden.

Von den schweren Motorwagen, deren Tragfähigkeit 3000 bis 6000 kg betragen kann, sind die Personenwagen als Motoromnibusse, die Güterwagen in verschiedener Ausführung als Lastwagen in Anwendung. Sie bilden auch die Grundlage für die Ausbildung besonderer Motorfahrzeuge, z. B. Wagen für Gesellschaftsfahrten, Feuerwehrwagen usw.

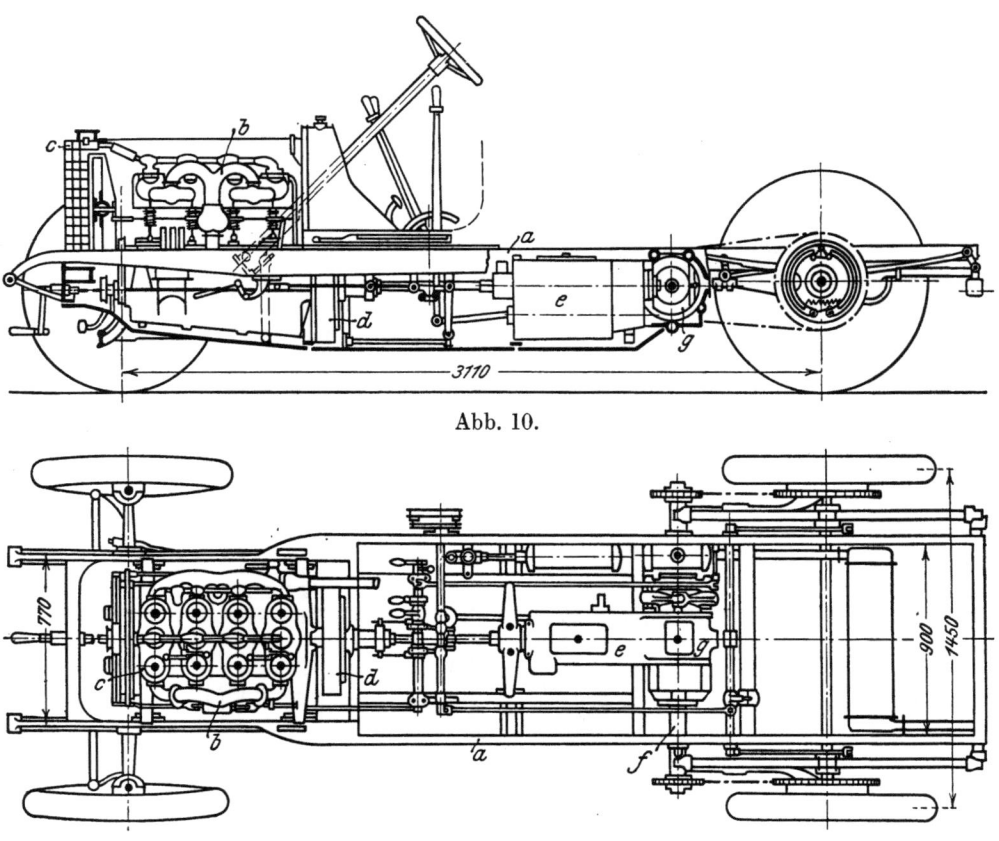

Abb. 10.

Abb. 11.

Abb. 10 und 11. Normalbauart eines Motorwagens mit Kettenantrieb.

In eine Erörterung der allgemeinen Gesichtspunkte für den Bau und die Anwendung der obigen Gattungen von Motorfahrzeugen sei an dieser Stelle nicht eingetreten. Gerade diese Gegenstände sind in der vorhandenen Zeitschriften- und Buchliteratur bis jetzt fast ausschließlich behandelt worden, so daß hierauf verwiesen werden kann[1]). Zudem kommen hierbei noch vielfach Ansichten in Frage, die keineswegs allgemein anerkannt und durch Versuche im praktischen Betriebe erwiesen worden sind, so daß man wohl zweckmäßig erst eine Klärung der Meinungen abwartet. Soweit übrigens die Gattung des Motorwagens die baulichen Einzelheiten beeinflußt, ist darauf in den nachfolgenden Abschnitten Bezug genommen.

---

[1]) Der Einfachheit wegen sei nur eine Reihe von einschlägigen Aufsätzen aus der Zeitschrift des Vereins deutscher Ingenieure angeführt, die allerdings zumeist von mir selbst verfaßt sind:

Über kleine Motorwagen s. Z. V. d. I. 1905, S. 451; 1910, S. 916.

Über Motordroschken s. Z. V. d. I. 1906, S. 2038.

Über Motoromnibusse und andere schwere Motorwagen s. Z. V. d. I. 1906, S. 688; 1907, S. 1423; 1908, S. 1951.

Über Eisenbahnmotorwagen s. Z. V. d. I. 1905, S. 1541; 1906, S. 860; 1909, S. 1090.

Die Förderung mit Motorwagen auf Straßen.

Die Berechnung der Widerstände, die ein mit einer größeren Geschwindigkeit und mit eigener Kraft auf einer Straße von beliebigem Zustand fahrender Wagen zu überwinden hat, läßt sich nach dem gegenwärtigen Stande unserer Kenntnisse beim Motorwagen ebensowenig wie bei einem Eisenbahnfahrzeug genau durchführen. Man kennt wohl die Arten dieser Widerstände, die durch die Verluste bei der Übertragung der Antriebskraft auf die Straßenoberfläche, die rollende und die Zapfenreibung der Räder, durch den Widerstand der Luft sowie durch etwaige Steigungen oder Krümmungen verursacht werden, ist aber bei ihrer Bewertung ausschließlich auf die Ergebnisse zahlreicher, aber unvollkommener Versuche angewiesen und gezwungen, sich bei der Berechnung der erforderlichen Leistung mit Näherungswerten zu begnügen. Bei der Mehrzahl dieser Versuche sind die reinen Fahrwiderstände, die man durch Abschleppen des Fahrzeuges und Messen der erforderlichen Zugkraft oder durch Auslaufversuche bestimmen kann, von den Verlusten, die beim Übertragen der Antriebskraft auf die Fahrbahn eintreten, nicht getrennt, z. B. bei den Meßfahrten mit elektrischen Motorwagen. Ihre Ergebnisse können daher nicht mit denen von Schleppversuchen, sondern nur mit denen ähnlicher Meßfahrten einwandfrei verglichen werden.

Rollwiderstand.

Reibungsziffern des Gesamt-Fahrwiderstandes $f = \dfrac{P}{G}$, worin P die Zugkraft und G das Gesamtgewicht eines abgeschleppten Straßenfahrzeuges in kg sind, und die von Morin herrühren, finden sich bereits in der „Hütte"[1]). Neuere Zahlen, als die dort angegebenen haben ähnliche Versuche von Résal geliefert, deren Ergebnisse für gewisse Sonderfälle brauchbar sein dürften.

Werte von f für Straßenfahrzeuge nach Résal.

Art des Bodens	f
natürlicher, unbefestigter, tonhaltiger und trockener Boden	0,250
natürlicher, unbefestigter, sandhaltiger oder kalkhaltiger Boden	0,165
festgestampfter, gleichmäßiger Boden	0,040
neu geschotterte Landstraße	0,125
steinige Landstraße mittlerer Beschaffenheit	0,080
steinige Landstraße sehr guter Beschaffenheit	0,033
gepflasterte Landstraße, Wagen abgefedert, im Schritt (1,5 m/s) fahrend	0,030
gepflasterte Landstraße, Wagen abgefedert, im schnellen (5 m/s) Trab fahrend	0,070
gepflasterte Landstraße, in sehr gutem Zustand, abgefederter Wagen, Schritt	0,025
gepflasterte Landstraße, in sehr gutem Zustand, abgefederter Wagen, schneller Trab	0,060
mit ungehobelten Eichenbohlen belegte Straße	0,022
Straße mit gußeisernen, flachen Gleisen oder sehr harten Granitspuren	0,010
Eisenbahn mit guten Schienen	0,007
Eisenbahn mit sehr gutem Oberbau und geschmierten Achsen	0,005

Watson[2]) gibt folgende, in erster Linie wohl für schwere Wagen mit Eisenreifen bestimmte Werte für f an:

---

[1]) Vgl. z. B. „Hütte" 19. Aufl., I, S. 213.   [2]) American Machinist (Europ. Ausg.) 1907, S. 806.

Werte von f nach Watson.

Art der Straße	f
Eisenbahnschienen	0,0046
Guter Asphalt	0,0067
Mittlerer Asphalt	0,0098
Schlechter Asphalt	0,0129
Straßenbahnschienen	0,0134
Holzpflaster	0,0134
Gutes Kopfsteinpflaster	0,0156
Beste Makadamstraße	0,0192 bis 0,0206
Gewöhnliche Makadamstraße	0,0224 bis 0,0268
Weiche Makadamstraße	0,0433
Beste Schotterstraße	0,0254
Guter Steinweg	0,0268
Gewöhnlicher Steinweg	0,0580
Sehr schlechter Steinweg	0,107
Bester Lehmweg	0,049
Harter trockener Lehmweg	0,046
Sandweg	0,161
Loser Sand	0,250

Die Werte der vorstehenden Zahlentafeln sind aber mit genügender Annäherung nur für Fahrzeuge anwendbar, deren Räder die für Pferdefuhrwerke üblichen Durchmesser besitzen, mit Eisenreifen versehen sind und die auch nicht viel schneller fahren als Pferdefuhrwerke. Für Motorfahrzeuge, bei denen im allgemeinen die Vorder- und Hinterräder im Gegensatze zu Pferdefuhrwerken gleich groß bemessen werden und bei denen außerdem hauptsächlich Radreifen aus Gummi in Betracht kommen, treffen diese Zahlen nicht mehr zu.

Daß die Raddurchmesser einen Einfluß auf den Rollwiderstand haben, ist schon lange bekannt. Man sieht dies auch sofort ein, wenn man berücksichtigt, wie verschieden sich Räder von verschiedenen Durchmessern gegenüber einer Straße von gleichbleibender Oberflächenbeschaffenheit verhalten.

Betrachtet man in Abb. 12 zwei Räder A und B von verschiedener Größe bei ihrem Rollen über die Unebenheiten a und b einer Straße, so findet man, daß das kleine Rad, nachdem es ebenso wie das große über das Hindernis a hinweggerollt ist, zwischen den beiden Hindernissen a und b die Straße nochmals berührt, während das große sie überbrückt, also um den Betrag h weniger gesenkt und wieder gehoben zu werden braucht. Diese Erkenntnis hatte schon Coulomb[1]) veranlaßt, den Rollwiderstand dem Raddurchmesser verkehrt proportional zu setzen. Die Gültigkeit dieses Gesetzes ist aber von anderen bald bestritten worden, z. B. von Hele-Shaw, der den Rollwiderstand nur der Wurzel aus dem Raddurchmesser verkehrt proportional setzt.

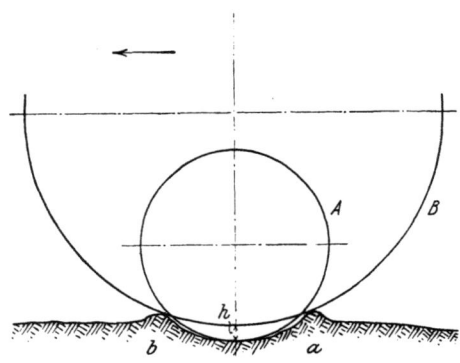

Abb. 12. Verhalten verschieden großer Räder beim Rollen.

In Wirklichkeit dürfte in den meisten Fällen, wo Motorwagen auf Straßen verkehren, von den Vorteilen, die die großen Räder bieten würden, überhaupt kein Gebrauch gemacht werden können, weil bei großen Rädern die durch Steine usw. verursachten Stöße bei schneller Fahrt erheblich stärker ausfallen, als bei kleinen Rädern, und weil ferner auch die Adhäsion und die Übersetzungsverhältnisse ungünstiger ausfallen. Nur bei solchen langsam fahrenden Motorwagen, die mit sehr ungünstigen Straßenverhältnissen zu rechnen haben, z. B. den schweren Motorlastwagen der Heeresverwaltung, der landwirtschaftlichen Betriebe usw. wird man zu größeren Raddurchmessern greifen dürfen, um den Rollwiderstand zu vermindern, aber auch da nicht über 850 bis 1060 mm gehen.

Die Wahl der Radgröße bei Motorwagen wird übrigens heute weniger durch Rücksichten auf den Rollwiderstand, als durch andere Rücksichten bestimmt. Bei den Personenwagen wird der Raddurchmesser, der für alle vier Räder gleich sein soll, dadurch begrenzt, daß sich die Vorderräder ausreichend weit ablenken lassen müssen; bei Lastkraftwagen sind vor allem die Rück-

---

[1]) In einem 1871 von der Akademie der Wissenschaften in Paris preisgekrönten Werk.

sichten auf die Gesamtübersetzung und die Höhe der Plattform maßgebend. Dazu kommt, daß die Reifenabmessungen normalisiert sind.

Insofern mit abnehmender Breite des Radkranzes die Tiefe des Einsinkens eines Rades in die Straßendecke und damit auch der Rollwiderstand zunimmt, wird man der Kranzbreite ebenfalls einen Einfluß auf den Widerstand beizumessen haben, obgleich auf fester Straße wegen der größeren Oberflächenberührung der Rollwiderstand mit der Kranzbreite der Räder zunimmt.

Endlich wird der Rollwiderstand auch davon beeinflußt, ob das Gewicht, das auf dem Rade lastet, abgefedert ist, oder nicht. Während ein Rad, auf dem eine unabgefederte Last ruht, beim Fahren über eine abfallende Stufe, von der Höhe y, siehe Abb. 13[1]), nach dem bekannten Gesetz von der wagerechten Bewegung mit gegebener Anfangsgeschwindigkeit auf einem Stück x den Boden verlassen und dann wieder aufstoßen muß, bevor es aus der Stellung A in die Stellung B gelangt, wird diese Sprungweite, wenn zwischen die Last Q des Wagens und das Rad eine Feder von gleicher Spannung eingeschaltet ist, dadurch vermindert, daß beim Verlassen der Stufe y das Rad außer durch die Schwerkraft noch durch die Kraft Q nach unten beschleunigt wird, also den festen Boden viel schneller erreicht. Hierbei wird zunächst an der Höhenlage des Gesamtschwerpunktes nichts geändert und das bei unabgefederter Last erforderliche wiederholte Heben fällt fort.

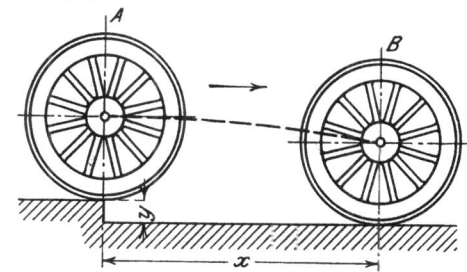

Abb. 13. Verhalten eines Rades bei unabgefederter Wagenlast.

Im Zusammenhang hiermit steht schließlich der Einfluß der Nachgiebigkeit der Bereifung auf den Rollwiderstand. Da der nachgiebige Reifen nur immer an der Berührungsstelle zwischen Rad und Fahrbahn zusammengedrückt wird, bleibt er mit dem Boden in Berührung, sogar dann noch, wenn ein Rad mit abgefederter Last und starrem Reifen den Boden bereits verlassen würde; der nachgiebige Reifen verhindert also in noch höherem Maße, daß beim Auftreffen des Rades ein fühlbarer Stoß entsteht. Umgekehrt wird der nachgiebige Laufreifen beim Auffahren auf eine Erhöhung verhindern können, daß sich das Rad über diese Erhöhung hinaus erhebt und hinterher wieder zurückfällt.

Alle diese Einflüsse bringen es mit sich, daß man den in den vorstehenden Zahlentafeln angeführten Werten des Rollwiderstandes von Résal und Watson bei Motorwagen keine sehr große Anwendbarkeit beimessen kann.

Dagegen scheinen die Werte, die bei Versuchen von Arnoux und Genossen im Jahre 1904 in Paris erhalten worden sind, brauchbar zu sein. Bei diesen Versuchen hat man Gummireifen verschiedener Art auf die Räder von 1020 mm Durchmesser und 120 mm Breite einer elektrischen Droschke von 1800 kg Betriebsgewicht aufgezogen und bei Geschwindigkeiten von 10 bis 30 km/h die Gesamt-Fahrwiderstände durch Ablesen der Stromstärke und der Spannung bestimmt. Nebenbei wurde noch bei den Luftreifen der Einfluß des Druckes im Innern des Reifens auf den Fahrwiderstand untersucht. Die in der nachstehenden Zahlentafel wiederge-

Versuche über den Gesamt-Fahrwiderstand von Wagen mit verschiedenen Gummireifen (einschließlich der Verluste bei der Übertragung der Antriebskraft auf die Fahrbahn).

Luftdruck im Innern der Luftreifen . . . . . . at	2		5	6		
Fahrgeschwindigkeit . . . . km/h	20	30	20	10	20	30
Luftreifen { Boland	37,5	49,3	36,0	26,6	36,0	42,8
Samson mit Lederg leitschutz	38,6	57,8	35,5	27,3	35,2	49,3
Hérault	40,0	57,7	38,1	31,4	38,1	56,3
Falconnet (Trapezquerschnitt)	38,6	55,1	35,6	28,6	36,0	51,4
„ (abgerundeter Trapezquerschnitt) .	34,6	52,5	32,2	25,1	32,5	49,1
„ (gewöhnlicher Querschnitt)	33,8	46,9	32,2	23,4	30,5	44,6
„ mit Lempereur-Gleitschutz	40,5	55,5	38,5	33,4	37,7	49,2
Gallus mit vollem Gleitschutz	36,4	51,9	33,0	26,8	34,5	49,2
„ „ halbem „	41,8	57,8	—	31,7	37,2	55,7
Vollreifen von Torilhon	—	—	—	23,0	31,4	44,8

[1]) Motorwagen 1907. S. 454.

gebenen Hauptergebnisse sind Mittelwerte aus Hin- und Rückfahrten auf der Versuchstrecke und geben in kg/t die gesamten Fahrwiderstände einschließlich des Luftwiderstandes, aber abzüglich der Stromverluste in den Motoren und Leitungen an.

Diese Zahlen lassen das Anwachsen der Antriebsverluste mit zunehmender Kraft auf dem Umfang der Wagentreibräder und trotz der verhältnismäßig niedrigen Fahrgeschwindigkeiten auch schon einen Einfluß des Luftwiderstandes auf den Gesamt-Fahrwiderstand erkennen.

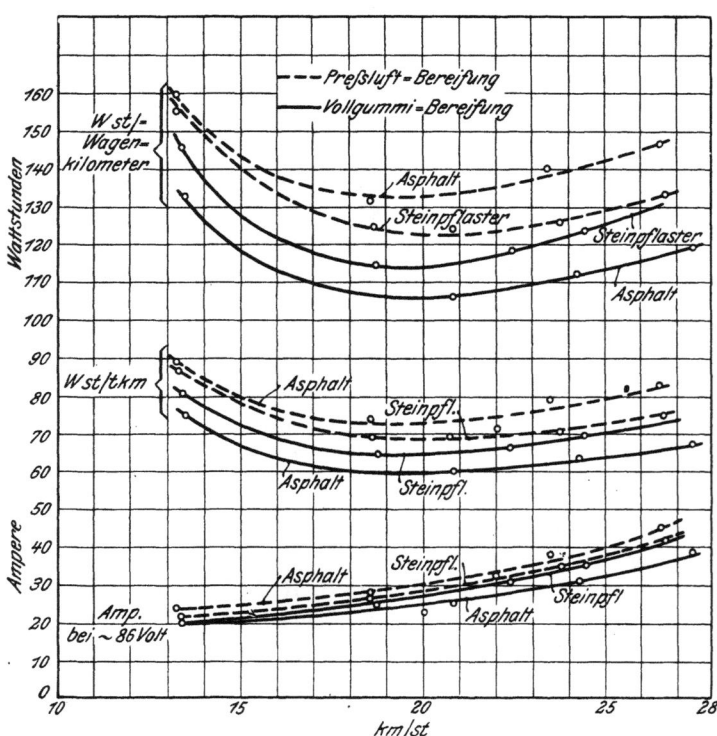

Abb. 14. Ergebnisse der Versuche von W. A. Th. Müller.

Auf das angegebene Betriebsgewicht von 1800 kg bezogen, kann man als Mittelwerte von f für den Fahrwiderstand (ohne den Luftwiderstand bei höheren Geschwindigkeiten) aus diesen Ergebnissen folgende Zahlen ansehen:

bei Vollgummireifen $f = 0{,}012$
„ Luftreifen $f = 0{,}014$
„ Gleitschutzreifen $f = 0{,}018$.

Auf allgemeine Anwendbarkeit kann man aber auch bei diesen Zahlen nicht rechnen. Das beweist allein schon der Umstand, daß es noch immer von der Art und dem Zustande der Straße abhängen wird, ob ein und dasselbe Fahrzeug mit Luftreifen einen größeren Fahrwiderstand als mit Vollgummireifen hat.

Die durch die obigen Mittelwerte angedeutete, scheinbare Überlegenheit der Vollgummireifen wird auch von deutschen Quellen bestätigt.

W. A. Th. Müller[1]) hat z. B. bei seinen Versuchen mit einer elektrischen Droschke der Siemens-Schuckert-Werke die in Abb. 14 dargestellten Ergebnisse erzielt, die, selbst auf unebenem Steinpflaster, für Vollgummireifen geringere Werte des Kraftverbrauches als für Luftreifen zeigen.

E. Sieg[2]) gibt als Ergebnis seiner mit Berliner elektrischen Droschken angestellten Versuchsfahrten folgende Zahlen an:

Bereifung vorne	Bereifung hinten	Stromverbrauch Wh/km
Vollgummi, Sorte I	Luftreifen mit Gleitschutz	179
Luftreifen	„ „ „	162
Vollgummi, Sorte I	Vollgummi, Sorte II	148
„ „ II	Luftreifen	131
„ „ II	Vollgummi, Sorte II	116

Auch diese Werte sprechen scheinbar zugunsten des Vollreifens, obgleich hier der Unterschied mehr in der besonderen Art der benutzten Vollreifen als in grundsätzlichen Eigenschaften aller Vollreifen begründet zu sein scheint.

Auf einem den vorstehenden Ergebnissen gänzlich widersprechenden Standpunkt steht aber Michelin. Nach seiner Meinung bilden die bei der Fahrt auf nicht ganz glattem Pflaster unvermeidlichen Erschütterungen einen wesentlichen Teil des Rollwiderstandes, da hierbei ebenso wie beim vollständigen Fehlen einer nachgiebigen Bereifung ein unaufhörliches Heben und Fallenlassen der belasteten Wagenräder stattfindet. Diese Erschütterungen sind bei Reifen

---

[1]) Motorwagen 1908, S. 184. [2]) ETZ 1908, S. 1261.

aus Vollgummi deshalb so wesentlich stärker als bei Luftreifen, weil die Luftreifen die Eigenschaft besitzen, sich dem Hindernis auf der Straße teilweise anzuschmiegen, was bei den viel weniger zusammendrückbaren Vollreifen so gut wie ausgeschlossen ist.

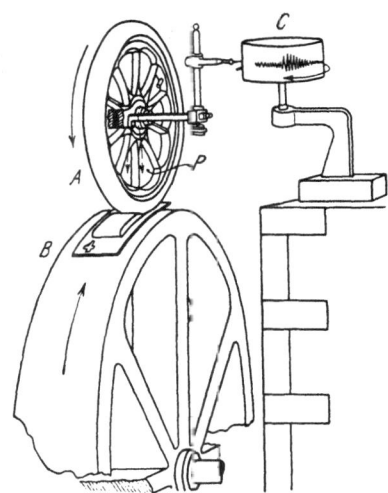

Michelin hat diese Anschauung durch einige beachtenswerte Versuche bekräftigt[2]), die er mit der in Abb. 15 dargestellten Einrichtung angestellt hat. Diese Einrichtung besteht aus einem Rad B mit breitem Kranz, das mit Hilfe eines Elektromotors oder sonstwie mit einer Umfangsgeschwindigkeit von 25 km/h angetrieben wird. Auf dem Umfange dieses Rades läßt man das Laufrad A eines Motorwagens abrollen, das hierbei dauernd mit $P = 500$ kg belastet und in einem Gestell so gelagert ist, daß man seine senkrechten Bewegungen während des Abrollens auf einer von einem Uhrwerk gleichförmig bewegten Schreibtrommel C unmittelbar aufzeichnen kann.

Abb. 15. Versuchseinrichtung von Michelin.

Die Linien, die man erhält, zeigen auffallenderweise, schon ohne daß auf dem abgedrehten Umfange des Rades B irgendwelche Unebenheiten vorhanden wären, bei den Vollreifen eine größte Höhe der Schwingungen von 6 bis 7 mm, bei Luftreifen dagegen nur eine größte Höhe von $1/_2$ mm.

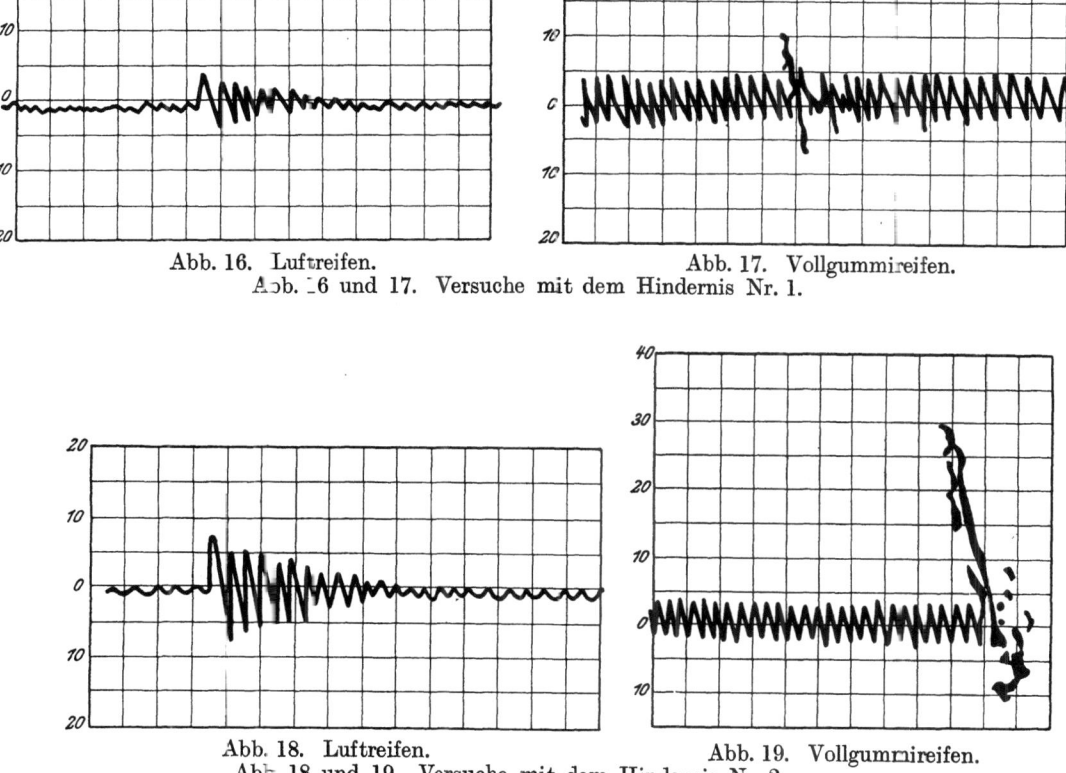

Abb. 16. Luftreifen. Abb. 17. Vollgummireifen.
Abb. 16 und 17. Versuche mit dem Hindernis Nr. 1.

Abb. 18. Luftreifen. Abb. 19. Vollgummireifen.
Abb. 18 und 19. Versuche mit dem Hindernis Nr. 2.

Noch schärfer aber zeigt sich das gänzlich verschiedene Verhalten von Vollgummireifen und Luftreifen, wenn man auf dem Umfange des Rades B künstliche Hindernisse in der Form von aufschraubbaren Platten mit Erhöhungen anbringt.

Die Abb. 16 und 17 zeigen z. B. die Ergebnisse eines Versuches mit dem Hindernis Nr. 1, einem 20 mm hohen Eisen von (halbkreisförmigem) ⌒-Querschnitt. Abb. 18 und 19 beziehen

---

[1]) Mém. Soc. Ing. Civ. France, April 1908.

sich auf die Versuche mit dem Hindernis Nr. 2, einem 20 mm hohen Eisen von (halbelliptischem) ⌢-Querschnitt, siehe auch Abb. 15, während die Abb. 20 und 21, bzw. 22 und 23 die Ergebnisse der Versuche mit entsprechenden, aber 30 mm hohen Hindernissen Nr. 3 und Nr. 4 darstellen.

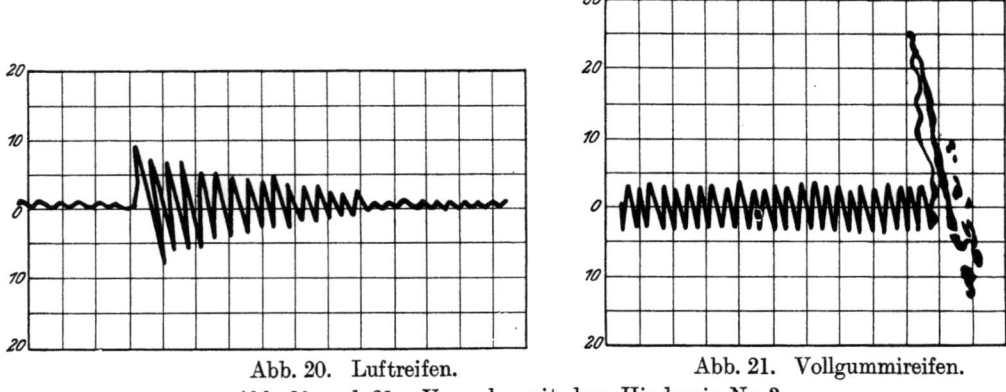

Abb. 20. Luftreifen.　　　　　　　Abb. 21. Vollgummireifen.
Abb. 20 und 21. Versuche mit dem Hindernis Nr. 3.

Es ist ersichtlich, daß das 20 mm hohe Hindernis von halbkreisförmigem Querschnitt bei Luftreifen einen größten Hub der Radnabe von etwa 4 mm, bei Vollreifen dagegen einen Hub von 10 mm bewirkt. Der Luftreifen nimmt also $4/5$ der Höhe des Hindernisses allein auf, ohne die Schwingung an die Radnabe weiterzugeben, der Vollgummireifen nimmt demgegenüber nur die Hälfte der Höhe des Hindernisses in sich auf.

Das bereits schwierigere Hindernis Nr. 2 von halbelliptischem Querschnitt und ebenfalls 20 mm größter Höhe zeigt ein noch weniger günstiges Verhalten des Vollgummireifens, nämlich eine größte Erhebung der Nabe von 29 mm. Nicht nur also, daß der Vollgummireifen in diesem Falle nichts von der Höhe des Hindernisses in sich aufnimmt, der Sprung, womit das Rad über das Hindernis hinweg gelangt, ist

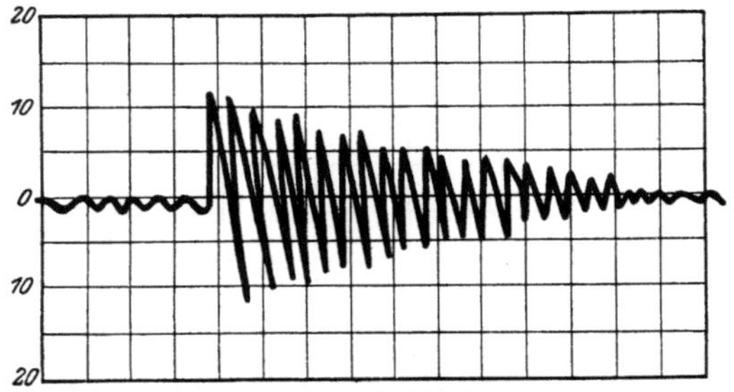

Abb. 22. Luftreifen.　　　　　　　Abb. 23. Vollgummireifen.
Abb. 22 und 23. Versuche mit dem Hindernis Nr. 4.

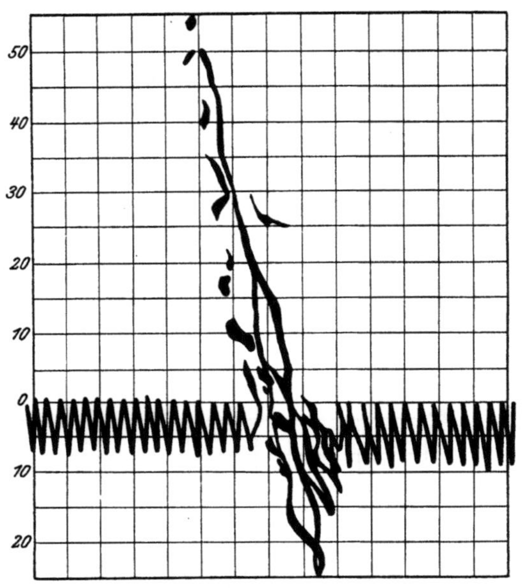

sogar höher als das Hindernis selbst. Demgegenüber beträgt bei Luftreifen die größte Erhebung der Radnabe nur 9 mm.

Das gleiche Verhalten kann man bei den 30 mm hohen Hindernissen Nr. 3 und Nr. 4 beobachten: das halbkreisförmige Hindernis Nr. 3 gibt bei Luftreifen nur 7 mm, bei Vollreifen 26 mm größte Nabenerhebung (s. Abb. 20 und 21); das halbelliptische Hindernis Nr. 4 bei Luftreifen 11 mm, bei Vollreifen 59 mm größte Erhebung.

Der von Michelin aus diesen Tatsachen gezogene Schluß, daß sich der Vollgummireifen auch bezüglich des Rollwiderstandes ungünstiger verhalten müsse als der Luftreifen, wird durch Zugversuche Michelins bestätigt[1].

---

[1] Rodier, H.: Automobiles, 1905.

Diese mit einem leichten Wagen von 570 kg Leergewicht sowie von 920 mm Durchmesser der Vorder- und 1120 mm Durchmesser der Hinterräder angestellten dynamometrischen Schleppversuche haben folgende Werte für die Widerstandziffer (einschließlich des Luftwiderstandes) ergeben:

Art der Straße	Fahrgeschwindigkeit km/h	Art der Bereifung		
		Eisen	Vollgummi	Luftreifen
Gute, trockene, staubige Makadamstraße	11,7 . . . gegen den Wind	0,0272	0,0245	0,0223
	11,7 . . . mit dem Wind	0,0253	0,0228	0,0208
	19,7 . . . gegen den Wind	0,0344	0,0299	0,0248
	19,7 . . . mit dem Wind	0,0276	0,0252	0,0238
Gute, harte, aber feuchte Makadamstraße	11,0	0,0274	0,0265	0,0240
	20,0	0,0399	0,0356	0,0318
Gute, aufgeweichte Makadamstraße	21,0	0,0456	0,0426	0,0350
Etwas aufgefahrene Makadamstraße	22,0	0,0338	0,0280	0,0225

Eine Erklärung für den offenbaren Widerspruch zwischen diesen Werten und den Ergebnissen der Müllerschen Versuche (die Zahlenwerte sind, wie schon erwähnt, nicht unmittelbar vergleichbar) wird man wohl nur in dem Einfluß der Straßenoberfläche zu suchen haben; während z. B. bei den Versuchen von Müller der Einfluß des Arbeitsaufwandes beim Zusammendrücken des Luftreifens gegenüber den sonstigen Ursachen des Rollwiderstandes überwiegt, tritt dieser bei den Versuchen von Michelin, die auf einer viel unregelmäßigeren Fahrbahn stattgefunden haben, gegenüber dem Arbeitsaufwand für das häufige Heben und Widerfallenlassen des Wagengewichts zurück. Es ist demnach nicht ohne Einfluß auf die Zahlenwerte geblieben, daß die Versuche, die zugunsten des Vollgummireifens sprechen, vornehmlich auf Asphalt- oder Steinpflaster, und die Versuche, die zugunsten der Luftreifen ausgefallen sind, nur auf Makadamstraßen angestellt worden sind.

Immerhin gestattet dies bereits, je nach dem Zweck, für den ein bestimmtes Fahrzeug ausersehen ist, unter den vorhandenen die Auswahl einer annähernden Ziffer für den Rollwiderstand zu treffen. Für Stadtbetriebe mit Droschken, Omnibussen, kleinen Geschäftswagen usw. wird man bei Vollgummireifen, für Reisewagen u. dgl. wird man dagegen unter sonst gleichen Verhältnissen bei Luftreifen auf geringere Rollwiderstände rechnen können. Im übrigen kommen die kennzeichnenden Unterschiede im Verhalten von Luftreifen und Vollgummireifen auch in den Ergebnissen der Müllerschen Versuche zum Ausdruck, insofern als, wie aus Abb. 14 ersichtlich, der Kraftverbrauch bei Luftreifen auf dem Asphaltpflaster größer ist, während bei Vollgummireifen auf Steinpflaster mehr Kraft verbraucht wird. Leider lassen sich aus den Versuchen die Ziffern des Gesamtwiderstandes zum Vergleich mit denjenigen von Michelin nicht berechnen, weil die Verluste des Wagengetriebes und bei der Übertragung auf die Fahrbahnoberfläche bei verschiedenen Geschwindigkeiten nicht bekannt sind.

Dagegen läßt sich aus den Angaben des Diagramms in Abb. 14 wenigstens berechnen, welche Kraft in Kilogramm einschließlich aller Verluste des Motors und des Antriebes auf je 1000 kg des Wagengewichts im Schwerpunkt des Wagens aufgewendet werden muß, um den Wagen unter den verschiedenen Geschwindigkeits-, Straßen- und Reifenverhältnissen anzutreiben. Diese Zahlen ermöglichen dann, die Ergebnisse der Müllerschen Versuche untereinander leichter zu vergleichen.

Hierfür muß man berücksichtigen, daß

$$1 \text{ Wattstunde} = 3600 \text{ Wattsekunden} = 3600 \times 0{,}102 \text{ mkg}$$

ist. Die gesuchte Vergleichzahl ergibt sich also aus:

$$\frac{\text{Abgelesene Wattstunden/tkm} \cdot 3600 \cdot 0{,}102}{1000} \text{ in kg/t}.$$

Unter Benutzung der in Abb. 14 durch kleine Kreise angedeuteten genauen Werte erhält man dann

für Vollgummireifen:

auf Asphaltpflaster bei	13,5	20,8	24,3	27,4 km/h
Gesamt-Zugkraft	27,54	22,03	23,13	24,60 kg/t
auf Steinpflaster bei	13,4	18,75	22,4	24,45 km/h
Gesamt-Zugkraft	29,74	23,68	24,60	25,34 kg/t

für Luftreifen:

auf Asphaltpflaster bei	13,25	18,5	23,5	26,5 km/h
Gesamt-Zugkraft	32,68	26,81	28,27	30,48 kg/t
auf Steinpflaster bei	13,3	18,6	23,8	26,6 km/h
Gesamt-Zugkraft	31,95	25,34	26,07	29,17 kg/t

Bei der Benutzung dieser Zahlen ist darauf zu achten, daß darin auch alle elektrischen und Reibungsverluste von den Spannungs- und Strommessern bis zu den Radumfängen enthalten sind.

In neuerer Zeit hat man auf den inzwischen eingerichteten Rollprüfständen das Verhalten von Voll- und Luftreifen noch genauer untersucht, wobei sich aber auch noch keine endgültige Entscheidung der Frage ergeben hat. So zeigen in Abb. 24 die Ergebnisse der Versuche von Bobeth[1]) bei 40 km/h Geschwindigkeit auf den glatten Laufrollen des Prüfstandes in der Technischen Hochschule Dresden, daß die Vollgummibereifung offenbar infolge der geringeren Verluste an Walkarbeit bei allen Leistungen den Luftreifen überlegen waren. Entsprechende Versuche mit künstlichen Unebenheiten auf den Laufrollen hat aber Bobeth nicht ausgeführt. Seine diesbezüglichen Versuche erstrecken sich nur auf Luftreifen und führen zu dem leicht verständlichen Ergebnis, daß hier Unebenheiten der Fahrbahn gegenüber andern Einflüssen, z. B. denjenigen des Luftdruckes im Schlauch, selbst bei 30 mm Höhe des Hindernisses den Wirkungsgrad der Kraftübertragung auf die Fahrbahn nur unwesentlich verschlechtern. Demgegenüber geht aus den Messungen von Becker[2]), Abb. 25, die Überlegenheit der Kraftübertragung mit Luftreifen allen Betriebsarten unwiderleglich hervor. Nach diesen Versuchen betragen nämlich für 40 km/h Fahrgeschwindigkeit die Rollverluste der Triebräder allein bei Vollgummibereifung (Doppelreifen 930 × 120 mm) 9,6 PS, dagegen bei Luftreifen (Einfachreifen 1075 × 225 mm) nur 7,4 PS für den mittleren Innendruck von 7 at. Bei Leerlauf sind die Rollverluste der Vollgummireifen etwas geringer, wie die gestrichelte Linie andeutet. Auch diese Messungen sind auf einem Rollprüfstand ohne künstliche Fahrbahnhindernisse durchgeführt worden.

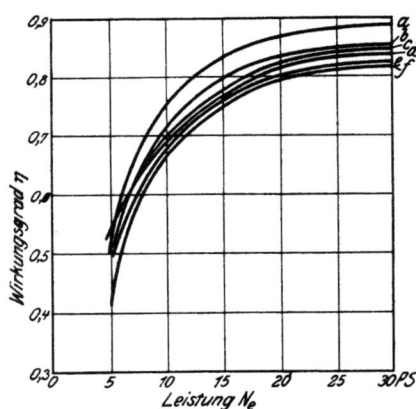

Abb. 24. Rollverluste von Luftreifen und Vollreifen.

a Vollgummi 900×100 mm; b Luftreifen, flach 800×120 mm; c Luftreifen, flach 895×135 u. 935×155 mm; d Type course extra stark 895×135 mm; e Ledergleitschutzreifen mit Stahlnieten 895×135 mm; f Gummigleitschutzreifen mit Stahlnieten 895×135 mm.

Der Vollständigkeit halber sind ferner die Versuche zur Bestimmung des Rollwiderstandes zu erwähnen, die von einem Ausschuß der British Association unter dem Vorsitze von Sir J. J. Thornycroft in den Jahren 1902 und 1903 angestellt worden sind. Bei diesen Versuchen hat man eine verschieden belastete, abgefederte Achse mit Eisen- und Luftreifenrädern von verschiedenen Durchmessern durch einen vorgespannten Motorwagen mit verschiedenen Geschwindigkeiten auf Kopfstein- und Makadampflaster geschleppt und die Zugkraft dynamometrisch bestimmt[3]). Aus dem Schlußbericht[4]) dieses Ausschusses seien folgende Zahlen mitgeteilt.

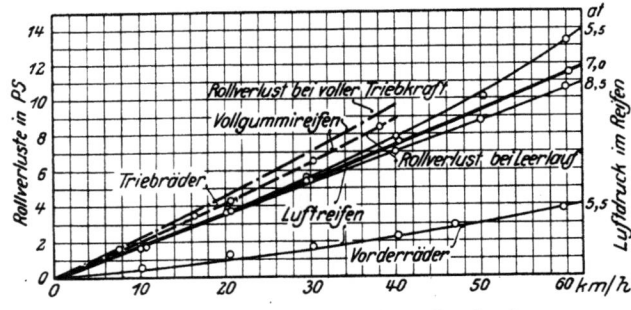

Abb. 25. Rollverluste des Daag-Schnellastkraftwagens.

1. Versuche mit zwei Lastwagenrädern von 1016 mm Durchmesser mit seitlich abgerundeten eisernen Laufreifen von 76,2 mm Breite auf Kopfsteinpflaster von 152 × 76 mm Steingröße.

---

[1]) Die Leistungsverluste und die Abfederung von Kraftfahrzeugen. Berlin: M. Krayn 1913.
[2]) Schnellastwagen mit Riesenluftreifen. München u. Berlin: R. Oldenbourg 1923.
[3]) Die Einrichtungen für diese Versuche sind in der Zeitschrift Engg. vom 3. Oktober 1902 beschrieben.
[4]) Engg. vom 25. September 1903.

Fahr-geschwindigkeit km/h	Zugkraft in Kilogramm bei		
	178 kg Achs-belastung	305 kg Achs-belastung	432 kg Achs-belastung
14,4	10,45	14,95	19,05
16,0	10,90	16,10	20,40
17,6	11,35	17,00	21,80
19,2	11,80	17,70	22,70

2. Versuche mit Luftreifen von 610 mm × 70 mm, 864 mm × 89 mm und 864 mm × 114 mm auf Makadampflaster und auf Kopfsteinpflaster. Diese Versuche haben ergeben, daß der Fahrwiderstand unter sonst gleichen Verhältnissen auf Makadampflaster größer als auf Kopfpflaster ist, daß er ferner mit zunehmendem Raddurchmesser annähernd proportional abnimmt und daß er ferner bei gleichen Raddurchmessern mit dem Durchmesser des Luftreifens wächst. Für Luftreifen von 610 mm × 70 mm ergeben sich auf Makadampflaster:

bei 11,2 12,8 14,4 16,0 17,6 19,2 20,8 22,4 24,0 25,6 km/h
     57,1 58,0 59,2 59,8 60,4 61,3 62,0 62,7 63,4 63,7 kg/t

als Gesamtwiderstand einschließlich des Luftwiderstandes und der Zapfenreibung.

Die vorstehenden Zahlen lassen sich mit den früher angeführten nicht unmittelbar vergleichen, sollen aber nach dem Ausspruch des Ausschusses mit den Versuchsergebnissen von Morin, Dupuit und Michelin gut übereinstimmen.

Von neueren Versuchen auf diesem Gebiete seien endlich die Fahrversuche mit einem elektrischen $1/2$ t-Lieferungswagen erwähnt, über die A. E. Kenelly und O. R. Schurig dem American Institute of Electrical Engineers berichtet haben und die namentlich über die Kraftverluste beim Fahren auf verschiedenen Arten von Straßen gute Vergleichswerte liefern. Die in der nachstehenden Zahlentafel enthaltenen Werte der erforderlichen Antriebskraft in kg/t umfassen, wie die übrigen Fahrversuche, wieder alle Verluste, einschließlich desjenigen bei der Übertragung der Antriebskraft auf die Fahrbahn, und sind, da in dieser Hinsicht auch nicht einmal das Verhalten verschiedener Arten von Vollgummireifen gleich ist, wieder nur untereinander vergleichbar. Im übrigen sind die angegebenen Zahlen die Mittelwerte aus verschiedenen Messungen, durch welche u. a. auch der Einfluß des Ladezustandes und der hierdurch bewirkten geringen Spannungsänderung der Akkumulatorenbatterie ausgeschaltet werden sollte.

Straße		Erforderliche Antriebskraft			
		16 km/h	20 km/h	bezogen auf die von Asphaltstraßen	
Art	Zustand	kg/t	kg/t	16 km/h v. H.	20 km/h v. H.
Asphalt	gut	9,3	9,7	100	100
Asphalt	schlecht	10,3	11,6	111	120
Holzwürfel	gut	11,0	11,5	118	118
Ziegel	gut	11,2	12,1	120	125
Ziegel	etwas abgenutzt	11,4	12,7	123	131
Gew. Granit	gut	18,3	21,6	197	223
Granit mit Zement	gut	11,6	13,7	125	141
Gew. Makadam	hart und trocken	10,6	11,7	114	120
Gew. Makadam	gut, stark geölt	16,3	17,6	175	182
Gew. Makadam	schlecht, naß, Löcher	16,5	18,9	178	195
Teer-Makadam	gut	11,7	12,7	126	131
Teer-Makadam	sehr weich	16,7	17,6	180	181
Teer-Makadam	schlecht, weich, Löcher	23,8	27,5	255	285
Asche	gut, hart	12,5	13,9	135	143
Schotter	gut, staubig	13,7	15,0	147	155

Riedler[1]) hat zuerst den Versuch unternommen, die Leistung, welche für die Vorwärtsbewegung eines Kraftwagens bei verschiedenen Geschwindigkeiten benötigt wird, in getrennten Teilen zu messen, aus denen man auf den Kraftverbrauch bei der Übertragung der Antriebskraft schließen könnte. Der von ihm im Laboratorium für Kraftfahrzeuge an der Technischen Hochschule Berlin eingerichtete Rollprüfstand, dessen Bauart sich im wesentlichen an die vorhandenen amerikanischen Lokomotiven-Prüfstände anschließt, gestattet, durch Abbremsen der von den

---

[1]) Wissenschaftliche Automobil-Wertung. München: R. Oldenbourg 1911.

Treibrädern des Kraftwagens angetriebenen Rollen die auf die Fahrbahn gelangende Nutzleistung und umgekehrt durch Antreiben der Hinter- oder Vorderräder des Wagens mittels der Rollen die inneren Reibungsverluste dieser Teile zu messen, so daß man ein Fahrdiagramm, Abb. 26, erhält, dem man u. a. die Leistungsverluste zwischen Hinterrädern und Fahrbahn sowie zwischen Vorderrädern und Fahrbahn getrennt entnehmen kann. Bei diesem Verfahren werden allerdings die Verluste in den Radlagerungen den Rollverlusten zugeschlagen, doch

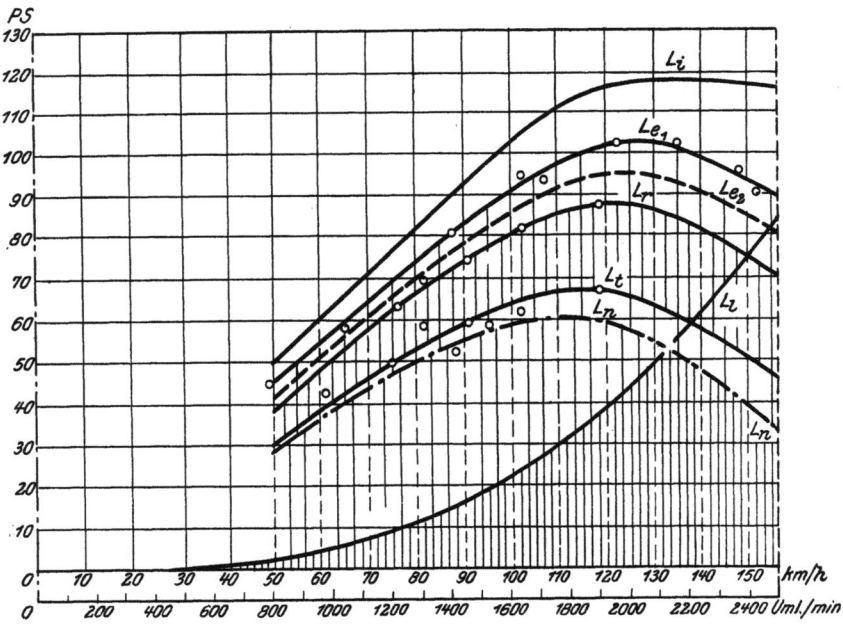

Abb. 26. L_l = Luftwiderstandsleistung; L_i = Motor-Nennleistung; L_{e1} = Motor-Nutzleistung auf dem Motor-Prüfstand; L_i-L_{e1} = Motor-Reibungsverlust; L_{e2} = Motor-Nutzleistung auf dem Wagen-Prüfstand; L_r = Radfelgenleistung; $L_{e2}-L_r$ = Getriebeverlust; L_t = Trommel-Leistung; L_r-L_t = Hinterrad-Rollverlust; L_n = Wagen-Nutzleistung; L_t-L_n = Vorderrad-Rollverlust.

spielen diese höchstens bei schweren Lastkraftwagen, die nicht auf Kugellagern laufen können, eine größere Rolle. Anderseits wird der Einfluß der wechselnden Art und Güte der Fahrbahn ausgeschaltet, der die Höhe des Fahrwiderstandes in weitem Maße bestimmt. Somit ist das Verfahren in bezug auf Rollwiderstandmessungen nur insofern ein Fortschritt, als es ermöglicht, z. B. verschiedene Arten von Bereifungen in bezug auf die Rollverluste oder auf die Verluste bei der Übertragung der Antriebskraft auf eine gegebene Fahrbahn zu vergleichen.

Widerstand auf Steigungen.

Zu den Widerständen auf der Fahrbahn gehören ferner die auf Steigungen auftretenden Widerstände, die sich bekanntlich durch

$$w = Q \cdot \sin \alpha$$

ausdrücken lassen, wenn α der Steigungswinkel ist. Da aber die Steigung von Straßen in der Regel in v.T. der wagerechten Länge angegeben zu werden pflegt, so kann man, vgl. Abb. 27, die auf einer Steigung von der Länge l und der Höhe h geleistete Arbeit auch annähernd ausdrücken durch

$$w_s \cdot l = Q \cdot h \text{ oder}$$
$$w_s = Q \cdot \frac{h}{l}, \text{ wobei für } Q = 1000 \text{ kg}$$
$$h = 1 \text{ m}$$
$$l = 1000 \text{ m}$$
$$w_s = 1 \text{ kg}$$

wird; für jedes v. T. Steigung und für je 1000 kg Wagengewicht hat man daher annähernd 1 kg Widerstand zu rechnen.

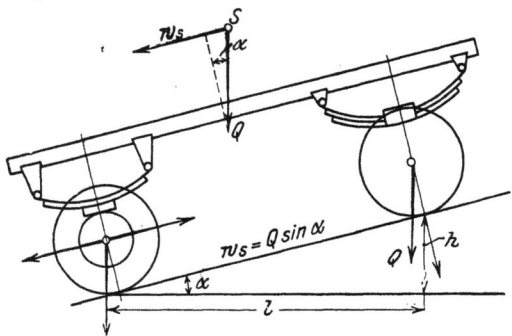

Abb. 27. Widerstand auf Steigungen.

Luftwiderstand.

Bei stärkeren Steigungen werden aber die Unterschiede zwischen sin α und tang α zu groß, um vernachlässigt werden zu können.

Luftwiderstand.

Bei den hohen Geschwindigkeiten, die Motorfahrzeuge auf gewöhnlichen Straßen und nicht ausschließlich bei Rennen erzielen können, ist schließlich auch der Luftwiderstand zu berücksichtigen. Unterlagen für die Berechnung dieses Widerstandes sind in den Berichten über die Schnellfahrten der Studiengesellschaft für elektrische Schnellbahnen[1]) in einem für die Bedürfnisse des Motorfahrzeugbaues vollkommen ausreichenden Maße gegeben, so daß sich ein Eingehen auf die älteren Versuche von Poncelet, Thibault usw. wohl erübrigt. Nach der „Hütte" ist der spezifische Luftwiderstand

$$p = \frac{P}{F} = \psi \cdot \gamma \cdot \frac{v^2}{2g}, \text{ worin}$$

F die senkrecht zur Richtung des Windes stehende Fläche in Quadratmetern,
P den Winddruck in Kilogramm,
ψ eine zwischen 1 und 3 schwankende Erfahrungszahl,
g die Erdbeschleunigung,
v die Windgeschwindigkeit in m/s und
γ das Gewicht von 1 m³ Luft in Kilogramm (für trockene Luft bei 0° und 760 mm ist $\gamma = 1{,}239$ kg/m³).

Auch die Schnellbahnversuche haben das bereits von Newton aufgestellte Gesetz von der Zunahme des spezifischen Luftwiderstandes (bzw. des Winddruckes auf die Flächeneinheit) mit dem Quadrate der Geschwindigkeit bestätigt. Die große Zahl von Messungen hat hierbei unter Berücksichtigung der gleichzeitig gemessenen Windstärken für den Luftwiderstand die einfache Formel

$$p = 0{,}0052 \, V^2 \quad (V \text{ in km/h})$$

ergeben, der sich alle Ablesungen ohne Rücksicht auf die etwa vorhandenen Druck- und Temperaturschwankungen ziemlich genau anschließen.

Was die Bestimmung der Fläche F anbelangt, die als senkrecht zum Wind bewegte Fläche anzusehen ist, so genügt es, hierfür, wie bereits von Güldner[2]) vorgeschlagen worden ist, für überschlägliche Berechnungen das Produkt aus Spurweite und größter Höhe des Wagens über die Mitte der Vorderachse einzusetzen.

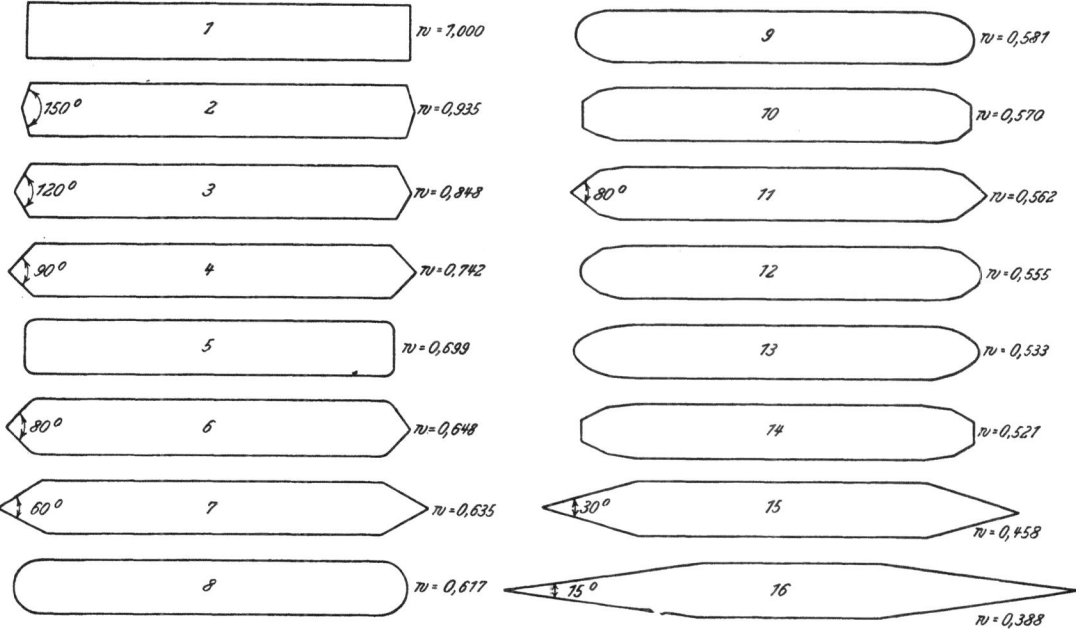

Abb. 28 bis 43. Luftwiderstandsziffern verschiedener Wagenformen.

---

[1]) Vgl. z. B. Glasers Ann. vom 15. Juni 1906.   [2]) Z. V. d. I. 1900, S. 1046.

Immerhin sind aber beim Entwurf des Wagens die Ergebnisse der Versuche mit verschiedenen Wagenformen zu beachten, die ebenfalls von der Studiengesellschaft angestellt worden sind, und bei denen sich einige auch für Motorwagen brauchbare Grundrißformen ergeben haben.

Die von der Studiengesellschaft für ihre Pendelversuche verwendeten Modelle mit den ihnen entsprechenden Verhältniszahlen w für den Luftwiderstand sind in Abb. 28 bis 43 wiedergegeben. Wagenformen, wie etwa das Modell 10, die nur 57 v. H. des Luftwiderstandes einer rechteckigen Wagenform ergeben, werden somit stets anzustreben sein.

Auch seitliche Vorsprünge, die wenn auch nur wenig vortreten, tragen stets zur Erhöhung des Luftwiderstandes bei, wie weitere Versuche der Studiengesellschaft bewiesen haben, s. Abb. 44 bis 53. Lassen sich solche bei Motorwagen auch nicht ganz vermeiden, so

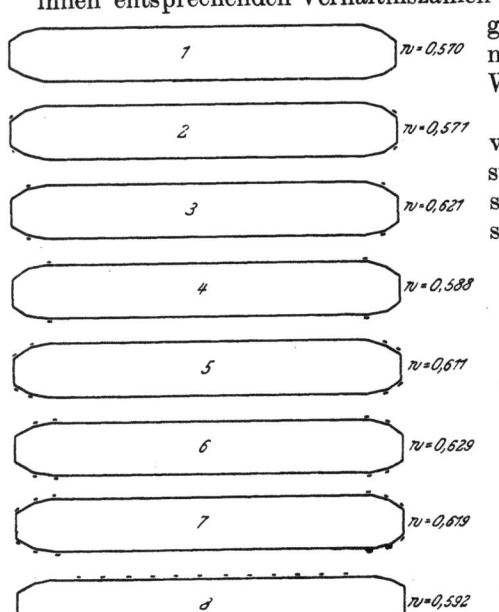

Abb. 44 bis 54. Einfluß von seitlichen Vorsprüngen auf die Luftwiderstandziffer.

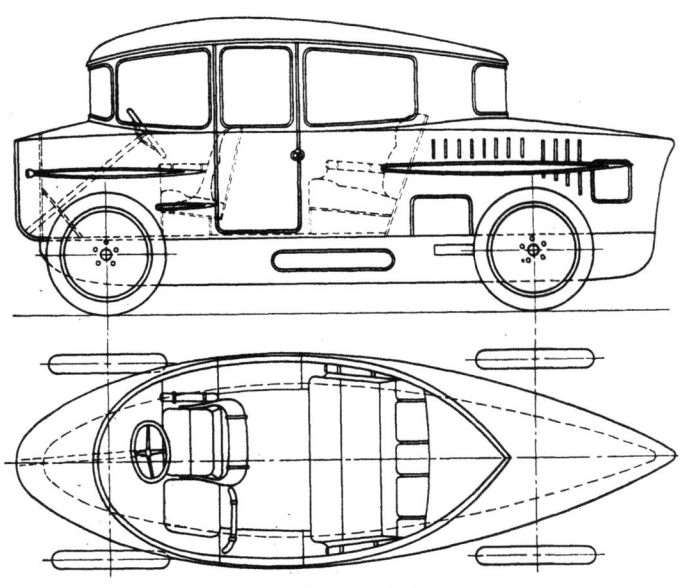

Abb. 54 und 55. Tropfenwagen von Rumpler.

wird man dennoch stets trachten müssen, die Wagenform den aus diesen Versuchen folgenden Gesetzen möglichst anzupassen.

Die neueren Vorschläge zur Ausbildung von Wagenaufbauten mit möglichst geringem Luftwiderstand, die in dem Tropfenwagen von Rumpler[1]) und in Entwürfen von Jaray verkörpert worden sind, s. Abb. 54 und 55, haben Anlaß gegeben, sich mit dem Einfluß der Wagenform auf den Luftwiderstand genauer zu befassen. Dabei haben Versuche von Klemperer[2]) im Windkanal zu Friedrichshafen, die übrigens die Proportionalität von Luftwiderstand und Geschwindigkeit sehr genau bestätigt haben, gezeigt, daß die Ersparnis an Kraftbedarf bei höheren Fahrgeschwindigkeiten durch geschickte Formgebung des Wagenaufbaues recht erheblich werden kann, s. nachstehende Zahlentafel:

Luftwiderstand verschiedener Kraftwagenaufbauten.

Bauart	Querschnitt m²	Widerstandsfläche m²	Luftwiderstand bei 100 km/h PS
offener Sechssitzer mit Windschutzscheibe	2,15	1,95	34,85
geschlossener Sechssitzer	2,99	1,915	34,22
offener Viersitzer mit Windschutzscheibe	2,14	1,80	32,17
geschlossener Viersitzer	2,72	1,81	32,34
geschlossener Stromlinien-Wagen mit 6 Sitzen nach Jaray	2,86	0,83	14,83

[1]) Z. V. d. I. 1921, S. 1011. [2]) Z. Flugtechn. 1922, S. 201.

Auch bei kleineren Fahrgeschwindigkeiten kann man daher den Kraftbedarf für die Überwindung des Luftwiderstandes durch geschickte Formgebung des Wagens und namentlich durch Vermeidung zu weit ausladender Anbauten, z. B. die Ersatzreifen, in einem Maße beeinflussen, das bei den Brennstoffkosten fühlbar werden kann.

Nach dem Vorstehenden bereitet die annähernde Berechnung der Widerstände, die bei der Bewegung eines gegebenen Fahrzeuges auf einer gegebenen Straße mit einer gegebenen Geschwindigkeit auftreten können, keine wesentlichen Schwierigkeiten mehr. Man bestimmt an der Hand der angeführten Zahlenwerte zunächst diejenige Ziffer des gesamten Rollwiderstandes, die den vorliegenden Verhältnissen am meisten zu entsprechen scheint, und schlägt zu dem sich hieraus ergebenden Rollwiderstand diejenigen Widerstände, die bei der Überwindung von etwaigen Steigungen sowie durch die Luft und den Wind verursacht werden, wobei man, um etwaigem Gegenwind Rechnung zu tragen, die gegebene Fahrgeschwindigkeit um 5 bis 6 m erhöhen kann.

Den so erhaltenen Gesamtwiderstand hat man sich an der Achse der Treibräder wagerecht angreifend zu denken. Von der vorhandenen Adhäsion hängt es ab, ob es überhaupt möglich ist, das Fahrzeug mit dem ausreichend großen Drehmoment anzutreiben, daß der Widerstand überwunden werden kann.

Adhäsion.

Bekanntlich vollzieht sich der Antriebsvorgang des Motorwagens in der Regel derart, daß ein von der Maschine herrührendes Drehmoment M_d die in der Regel hinten befindlichen Treibräder vom Halbmesser r zu drehen versucht. Damit sich die Treibräder nicht unter dem stillstehenden Wagen drehen, sondern unter Vorwärtsbewegung des Wagens auf dem Boden abrollen, muß die treibende Umfangskraft $P = \dfrac{M_d}{r}$ kleiner sein als die Adhäsion oder Gegenstützkraft der gleitenden Reibung, nämlich kleiner als jene Kraft, die, an dem Umfang der Treibräder angreifend, das Gleiten dieser Räder unter dem stillstehenden Wagen verhindert. Diese Stützkraft ist das Produkt aus dem Reibungsgewicht Q_r des Wagens und der Reibungsziffer μ für gleitende Reibung.

Beim Antrieb eines Wagens hat man sich somit folgende Kräfte und Momente in der Hinterachse zu denken:

1. Adhäsion . . . $\mu \cdot Q_r$ am Radumfang,
2. Umfangskraft . $P = \dfrac{M_d}{r}$ am Radumfang und vorwärts drehendes Moment M_d,
3. Widerstand . . W an der Achse, oder
4. Widerstand . . W am Radumfang und rückwärts drehendes Moment M_d'.

Der Antrieb wird erst dann möglich, wenn ein Überschuß $P - W$ vorhanden ist, der zum Beschleunigen des Wagens dient, also
$$P > W,$$
die Vorwärtsfahrt hingegen nur dann, wenn
$$\mu \cdot Q_r > P > W.$$

Auch über die Größe von μ sind wir verhältnismäßig schlecht unterrichtet. Während für Eisenbahnfahrzeuge im Mittel mit
$$\mu = 0{,}14 \text{ bis } 0{,}154$$
gerechnet werden kann, kommen bei Motorfahrzeugen, die auf gewöhnlicher rauher Straße und in der Regel auf Gummireifen fahren, bedeutend höhere Werte in Frage.

Jeanteaud[1]) gibt folgende, anscheinend aber für Räder mit Eisenbereifung geltende Werte an:

auf trockenem Holzpflaster . . . . $\mu = 0{,}20$
auf feuchtem Holzpflaster . . . . $\mu = 0{,}25$
auf trockenem Steinpflaster . . . . $\mu = 0{,}30$
auf feuchtem Steinpflaster . . . . $\mu = 0{,}35$
auf trockener Makadamstraße . . . . $\mu = 0{,}25$ bis $0{,}40$
     (je nach dem Gewicht des Wagens)
auf feuchter Makadamstraße . . . . $\mu = 0{,}42$
     (für sehr schwere Wagen).

---

[1]) Rodier, H.: Automobiles. 1905.

Bei Wagen mit Gummibereifung, insbesondere solchen mit Lufreifen, pflegt man sich um die Frage der Adhäsion wenig zu kümmern, weil diese in der Regel mehr als ausreichend ist. Daß allerdings auch hier Ausnahmen vorkommen, denen man aber überhaupt nicht Rechnung tragen kann, läßt sich an nebeligen Herbsttagen, wo die Straßen mit einem weichen, klebrigen Schmutz bedeckt zu sein pflegen, vielfach beobachten.

Arnoux[1]) behauptet, daß unter solchen Verhältnissen der Wert von μ, der für Luftreifen auf trockener Makadamstraße 0,67, auf trockenem Asphaltpflaster 0,715 und auf nassem Asphaltpflaster 0,81 betragen kann, bis auf 0,17, auf Asphaltpflaster sogar bis auf 0,062 sinken kann.

In solchen Fällen läßt sich also überhaupt nicht verhindern, daß die Treibräder so lange gleiten, bis sie wieder größeren Widerstand finden.

Von ausschlaggebender Bedeutung wird die Frage der Adhäsion nur bei Motorlastwagen oder anderen schweren Motorwagen, insbesondere solchen, die ansteigende Strecken befahren oder noch angehängte Wagen ziehen sollen. Wegen der außerordentlichen Veränderlichkeit von μ empfiehlt es sich hierbei, mit möglichst geringen Werten, etwa $\mu = 0,15$ zu rechnen, wenn man vermeiden will, daß der Betrieb zu häufig versagt. Da die Adhäsion außer von μ auch von dem Druck Q_r auf die Treibräder abhängig ist, so wird man trachten, diesen Druck so groß zu wählen, wie es die Bauart der zu befahrenden Straße gestattet (bei öffentlichen Straßen laut Gesetz nur bis 6000 kg auf einer Achse). Häufig werden die zulässigen Achsdrücke auch durch Brücken usw., auf deren Tragfähigkeit Rücksicht genommen werden muß, beschränkt. Endlich kann, wenn die erforderliche Adhäsion auf keine andere Weise erreichbar ist, in Erwägung gezogen werden, beide Achsen eines Motorwagens anzutreiben, wodurch das ganze Gewicht des Wagens zur Erzeugung der Adhäsion herangezogen wird.

Für Wagen mit einer angetriebenen Achse, also von normaler Bauart, kann man bei überschlägigen Berechnungen zur Ermittlung des auf die Adhäsion entfallenden Teiles Q_r des Gesamtgewichts Q folgende Zahlen von Lutz[2]) anwenden:

bei normalen Personenwagen ist $\frac{Q_r}{Q} = 0,56$ bis $0,62$,

bei mittleren Lieferungswagen $\frac{Q_r}{Q} = 0,60$ bis $0,64$,

bei Motoromnibussen $\frac{Q_r}{Q} = 0,64$ bis $0,68$,

bei schweren Motorlastwagen $\frac{Q_r}{Q} = 0,66$ bis $0,68$.

In jedem gegebenen Falle ist es aber leicht, wo es sich als notwendig erweist, entweder diejenige Reibungsziffer μ zu bestimmen, bei der z. B. eine vorhandene Steigung gerade noch befahren werden kann, oder diejenige Nutzlast, die unter gegebenen Adhäsions- und Steigungsverhältnissen bewältigt werden kann, usw. Leider sind zumeist die Reibungsziffern, mit denen unter ungünstigen Verhältnissen gerechnet werden muß, die Unbekannten. Daraus ergeben sich die Schwierigkeiten, die früher bei den Versuchsfahrten mit Motorlastwagen, insbesondere auch bei denjenigen der Heeresverwaltungen, vorgekommen sind.

Wichtiger und heute allein wichtig ist der Gebrauch der Reibungszahl für die Berechnung der Festigkeit des Wagentriebwerkes. Hierfür kann bei Gummibereifung $\mu = 0,6$ als Grenze der erreichbaren Reibung gelten, obschon in Sand auch bis zu $\mu = 1$ erreicht werden kann.

Ein Mittel, die Reibungsziffer von Radreifen künstlich zu erhöhen, bilden die eisernen Stollen, die in der Form von ganz niedrigen, flachköpfigen Stahlnieten bei den Gleitschützern für Gummireifen fast allgemein Verwendung finden, in der Form von einschraubbaren Spitzen oder aufschraubbaren U-Eisenschuhen aber auch für Lastwagen mit Eisenbereifung geeignet sind. In den zuletzt genannten Ausbildungen sind die Stollen allerdings nur dann verwendbar, wenn, z. B. bei den militärischen Übungen, auf die Erhaltung der Straße keine große Rücksicht genommen zu werden braucht. Ihre Wirksamkeit ist außerdem von dem Zustand der Straße auch nicht unabhängig. Ist nämlich die Straße sehr glatt und fest, z. B. sehr stark gefroren, so daß der Raddruck die Stollen nicht in die Straßendecke eindrücken kann, so tritt auch hier das Gleiten ein.

Eis und Schnee bringen überhaupt große Veränderungen in den Adhäsionsverhältnissen hervor. Am ungünstigsten sind sie für eiserne Radreifen, weniger ungünstig aber für Gummi-

---

[1]) Périssé: Automobiles à pétrole. S. 10.
[2]) Automobiltechnisches Handbuch 1909, S. 259.

reifen. Hier muß das Rad schon bis zur Achse eingesunken sein, ohne festen Grund gefunden zu haben, bevor es anfängt zu gleiten. Ein guter Notbehelf beim Gleiten der Treibräder ist endlich eine nicht zu dünne Kette, die schraubenförmig um den Reifen herumgeschlungen wird.

Beispiele.

Die Anwendbarkeit der vorstehenden Angaben auf die praktische Rechnung zeigen folgende für Lehrzwecke geeignete Beispiele:

Zu berechnen sei ein zweiachsiger Wagen von $Q = 1000$ kg Gesamtgewicht mit einer senkrecht zur Fahrt gemessenen Widerstandsfläche von $F = 3$ m², der auf vollkommen wagerecht verlaufender Straße eine Geschwindigkeit von $V = 60$ km/h besitzt. Der Gesamt-Rollwiderstand in der Ebene sei mit 20 kg/t gegeben.

Dann ist

$$w_r = \frac{20 \cdot 1000}{1000} = 20 \text{ kg}$$

und
$$w_l = 3 \cdot 0,0052 \cdot 60^2 = 56,16 \text{ kg}$$

und
$$W = w_r + w_l = 76,16 \text{ kg}.$$

Zur Überwindung dieses Widerstandes ist ein Drehmoment an der Treibachse erforderlich, das einer Nutzleistung von

$$N_e = \frac{W \cdot V \cdot 1000}{3600 \cdot 75} = 16,92 \text{ PS}_e$$

entspricht.

Hat der Wagen die angegebene Geschwindigkeit auf einer Steigung von 15 v. T. zu erreichen, so erhöht sich der Gesamtwiderstand um w_s, das annähernd, oder, da im vorliegenden Falle $\tang \alpha = \sin \alpha = 0,015$ ($\alpha = 0°\,51'\,34''$),

genau
$$w_s = \frac{15 \cdot 1000}{1000} = 15 \text{ kg}$$

beträgt.

Das erforderliche Drehmoment entspricht sodann einer Nutzleistung von

$$N_e = \frac{W \cdot V \cdot 1000}{3600 \cdot 75} = 20,2 \text{ PS},$$

während sich die mit dem früheren Drehmoment erreichbare Geschwindigkeit aus

$$\frac{V\,[w_r + w_s + 3 \cdot 0,0052\, V^2]\, 1000}{3600 \cdot 75} = 16,92 \text{ mit annähernd } 55,25 \text{ km/h}$$

berechnen läßt.

Entfällt von dem oben angegebenen Wagengewicht ein Teil $Q_r = 700$ kg auf die Treibachse, so ist die bei einer Reibungsziffer $\mu = 0,16$ der gleitenden Reibung erreichbare Adhäsion $= 700 \cdot 0,16 = 112$ kg, und es kann von dem Wagen mit $w_r + w_s = 35$ kg eigenem Bahnwiderstand auf einem Anhänger Nutzlast von $w_r' + w_s' = 112 - 35 = 77$ kg Gesamtwiderstand mitgeführt werden, bevor die Treibräder gleiten.

Das hieraus folgende Gewicht Q' von Anhänger und Nutzlast zusammengenommen beträgt bei gleichen Rollwiderständen

$$Q' = \frac{77 \cdot 1000}{20 + 15} \approx 2220 \text{ kg}.$$

Dabei ist allerdings wegen der zu erwartenden geringen Fahrgeschwindigkeit von dem Luftwiderstand abgesehen.

Mit einer an der Treibachse verfügbaren Leistung von $N_e = 16,92$ PS$_e$ würde aber auf der Steigung von 15 v. T. dann — wieder abgesehen vom Luftwiderstand — nur eine Geschwindigkeit von

$$V = \frac{16,92 \cdot 3600 \cdot 75}{112 \cdot 1000} = 20,38 \text{ km/h}$$

erreicht werden können.

Die vorstehende Rechnung nimmt noch keine Rücksicht auf den Wirkungsgrad des Wagens selbst, gibt also noch keine unmittelbare Unterlage für die Bestimmung der Leistung der Wagenmaschine.

Für die Berechnung des Kraftbedarfes von Motorlastwagen und Lastzügen dürfte sich auch nachstehender Vorgang empfehlen[1]):

Die an den Hinterrädern verfügbare Zugkraft der Maschine

$$Z = \frac{N \cdot 75}{v} \cdot \mu$$

(N = Bremsleistung in PS$_e$, v = Fahrgeschwindigkeit in m/s,
μ = Gesamtwirkungsgrad des Getriebes)

muß ausreichen, um den Fahrwiderstand

$$F = 1000 \cdot Q \cdot f$$

(Q = Wagengewicht in t, f = Fahrwiderstand in kg/kg)

zu überwinden und außerdem noch einen gewissen Kraftüberschuß für die Bewältigung des Steigungswiderstandes zu liefern. Für eine Steigung von s Meter Höhe auf a Meter Länge gilt dann folgende Beziehung

$$1000\, Q \cdot s = \left(\frac{N \cdot 75}{v} \cdot \mu - 1000\, Q \cdot f\right) \cdot a.$$

Setzt man hierin $a = 100$, so daß s in v. H. ausgedrückt wird,

$v = \dfrac{V}{3{,}6}$, so daß V in km/h erscheint,

ferner $\mu = 0{,}7$ als guten Mittelwert,
$f = 0{,}02$,, ,, ,,

so ergibt sich die in v. H. ausgedrückte Steigung

$$s = \frac{18{,}9 \cdot N}{Q \cdot V} - 2$$

und daraus durch Umrechnen die erforderliche Leistung in PS

$$N = \frac{Q \cdot V}{18{,}9}(s + 2)$$

oder die erreichbare Fahrgeschwindigkeit in km/h

$$V = \frac{18{,}9 \cdot N}{Q \cdot (s + 2)}.$$

Diese Gleichungen sind aber an die Bedingungen geknüpft, daß die Zugkraft die verfügbare Adhäsion nicht übersteigt.

$$\frac{N \cdot 75}{v} \cdot \mu \leq 1000\, Q_r \cdot \varphi$$

(Q_r = Adhäsionsgewicht in t, φ = Reibungsziffer der gleitenden Reibung.)

Tritt dieser Fall ein, so ist in den obigen Gleichungen an Stelle der vollen Zugkraft nur die Adhäsion zu setzen. Die größte zulässige Steigung beträgt dann

$$s = \frac{100\, Q_r \cdot \varphi}{Q} - 2.$$

Für die Verhältnisse in den deutschen Bundesstaaten darf Q den Wert von 9 t nicht überschreiten, während mit Rücksicht auf die Gummireifen (größte Breite 170 mm doppelt) Q_r höchstens 7 t betragen darf.

Setzt man für Gummibereifung $\varphi = 0{,}3$
und für Eisenbereifung $\varphi = 0{,}23$,

so kann man für alle Verhältnisse die erforderlichen Maschinenleistungen berechnen. Zu berücksichtigen ist hierbei, daß für deutsche Verhältnisse die Höchstgeschwindigkeit in der Ebene

bei Gummibereifung $v = 16$ km/h
bei Eisenbereifung $v = 12$ km/h

betragen darf und daß auf den höchsten Steigungen nur mit dem 1. Gang, d. h. mit einer im Verhältnis von annähernd 1:4,5 verminderten Geschwindigkeit gefahren wird.

Die Berechnung ergibt dann, daß für einen Motorlastwagen von 9000 kg Gesamt- und 7000 kg Adhäsionsgewicht mit Gummibereifung die Adhäsion noch zum Befahren einer Stei-

---

[1]) Vgl. Filehr: Motorwagen. 1910, S. 684.

gung von
$$s = \frac{100 \cdot 7 \cdot 0{,}3}{9} - 2 \simeq 21{,}3 \text{ v. H.}$$
ausreicht, daß hierfür bei einer kleinsten Geschwindigkeit von $\frac{16}{4{,}5} = 3{,}55$ km/h eine Maschinenleistung von
$$N = \frac{9 \cdot 3{,}55\,(21{,}3 + 2)}{18{,}9} = \sim 39{,}4 \text{ oder } 40 \text{ PS}$$
erforderlich ist, die ausreicht, um eine Steigung von
$$s = \frac{18{,}9 \cdot 40}{9 \cdot 16} - 2 = 3{,}25 \text{ v. H.}$$
mit voller Geschwindigkeit zu befahren. Das stimmt mit den praktischen Anforderungen, die man an die Leistungsfähigkeit schwerer Motorlastwagen stellt, durchaus überein.

Bei Eisenbereifung beträgt die höchste befahrbare Steigung wegen der verminderten Adhäsion nur
$$s = \frac{100 \cdot 7 \cdot 0{,}23}{9} - 2 \simeq 16 \text{ v. H.},$$
wobei die Fahrgeschwindigkeit $\frac{12}{4{,}5} = 2{,}66$ km/h

beträgt, und hierfür ist eine Maschinenleistung von
$$N = \frac{9 \cdot 2{,}66\,(16 + 2)}{18{,}9} \simeq 22{,}8 \text{ PS}$$
erforderlich, die man aber, damit ebenso wie bei Gummibereifung Steigungen bis zu 3,25 v. H. mit voller Geschwindigkeit befahren werden können, zweckmäßigerweise auf
$$N = \frac{9 \cdot 12}{18{,}9}\,(3{,}25 + 2) \simeq 30 \text{ PS}$$
erhöhen wird.

Durch Mitführen eines 1500 kg schweren Anhängers für 5000 kg Nutzlast erhöht sich das insgesamt zu bewegende Gewicht auf 15,5 t.

Mit Gummibereifung reicht dann die unverändert bleibende Adhäsion nur mehr für eine Steigung von
$$s = \frac{100 \cdot 7 \cdot 0{,}3}{15{,}5} - 2 = 11{,}5 \text{ v. H.}$$
aus, während die hierfür erforderliche Maschinenleistung
$$N = \frac{15{,}5 \cdot 3{,}55}{18{,}9}\,(11{,}5 + 2) = 39{,}4,$$
also wieder 40 PS beträgt. Bei Eisenbereifung vermindert sich die größte zulässige Steigung auf
$$s = \frac{100 \cdot 7 \cdot 0{,}23}{15{,}5} - 2 \simeq 8{,}5 \text{ v. H.},$$
wobei auch hier die Maschinenleistung unverändert bleibt.

Die in vorstehenden Rechnungen benutzten Werte für μ, f und φ sind gute Mittelwerte und dürfen nur dort verwendet werden, wo keine ungünstigen Verhältnisse zu erwarten sind, also bei gut instand gehaltenen Wagen, Straßen und bei günstigen Wetterverhältnissen. Welchen außerordentlichen Schwankungen φ ausgesetzt ist, ist schon weiter oben betont worden.

Bei der Anstellung von Rechnungen dieser Art darf man niemals übersehen, daß die Beziehungen zwischen Nutzlast und Maschinenleistung bei Lastkraftwagen oder zwischen Geschwindigkeit und Maschinenleistung bei Personenkraftwagen nicht eindeutig festliegen, sondern je nach den Umständen durch andere Rücksichten, z. B. auf geringsten Zeitverlust bei der Güterbeförderung oder auf geringsten Brennstoffverbrauch bei Personenkraftwagen beeinflußt werden können. Insofern sind sie stets das Ergebnis gewisser Kompromisse, welche die Erbauer von Kraftwagen mit ihren Abnehmern zu schließen haben und die durch die jahrelange Kenntnis des Bedarfes festgelegt sind.

Die Baustoffe.

Die hohen Beanspruchungen, denen die Teile eines Motorwagens ausgesetzt sind, die sozusagen unberechenbaren Stöße, die sie beim Betriebe auf unebenen Straßen aushalten müssen, und die unerläßliche Forderung nach möglichst weitgehender Einschränkung des Wagengewichtes bringen es mit sich, daß die dem allgemeinen Maschinenbau geläufigen Baustoffe — Gußeisen, Flußeisen, Siemens-Martinstahl — in dieser einfachen Handelsform bei Motorwagen fast gar nicht verwendet werden können. Bei der Entscheidung über den in einem gegebenen Fall zu wählenden Baustoff muß man auch prüfen, ob man nicht durch Verwendung eines leichteren Metalls trotz der geringeren spezifischen Festigkeit an Gesamtgewicht sparen kann. Beispielsweise ist Holz bis jetzt im Flugzeugbau vielen Metallen insofern überlegen, als es bei gleichem Gewicht und gleicher Stablänge bei weitem höhere Festigkeit als Stahl aufweist[1]).

Von Einfluß auf die Wahl des Baustoffes ist unter gewissen Umständen auch ihr Verhalten bei starker Erwärmung, also ihre Fähigkeit, Wärme aufzunehmen sowie ihr Wärmeleitvermögen, ferner die Änderung der Festigkeitseigenschaften und des Gefüges bei Dauererwärmung. Geringe Wärmeaufnahme und große Wärmeleitfähigkeit kennzeichnen namentlich die leichten Aluminiumlegierungen, woraus sich ihre Vorteile bei Kolben und Zylindern herleiten, hohe Festigkeit bei Glühtemperaturen zeichnet gewisse legierte Stähle aus, die daher bei stark beanspruchten Auspuffventilen bevorzugt werden.

Gußeisen hat man bis jetzt außer bei den Kolbenringen nur bei den Maschinenzylindern beibehalten, obgleich auch hier, namentlich im Flugmotorenbau, zahlreiche Versuche vorliegen, statt des Gußeisens Stahl einzuführen, um an Gewicht zu sparen, oder Aluminium zu verwenden, um zugleich die Wärmeableitung zu verbessern. Aber auch das im Motorwagenbau verwendete Gußeisen muß, wenn es möglich sein soll, die außerordentlich dünnwandigen Gußstücke fehlerfrei herzustellen, von besonderer Gußfähigkeit, insbesondere von recht niedrigem Kohlenstoffgehalt sein, ebenso wie an seine Festigkeit und die Dichtheit des Gefüges große Ansprüche gestellt werden. Im allgemeinen setzt guter Zylinderguß etwa 2,6 bis 3 v. H. Kohlenstoffgehalt und bei unbearbeiteten Stäben 37 bis 42 kg/mm² Zugfestigkeit voraus. Höhere Werte, namentlich Zugfestigkeit von rd. 38 bis 40 kg/mm² bei bearbeiteten Stäben, erzielt man durch Zusatz von Stahl und Schmelzen des Eisens in Tiegelöfen. Solches Gußeisen kommt z. B. für Kolbenringe durchweg in Betracht[2]).

Neben Gußeisen kommt für stark beanspruchte Bauteile, soweit man sie nicht als Preßstücke aus Schmiedestahl herstellen kann, z. B. für Hinterachsgehäuse, Lagerböcke u. dgl., Stahlguß in Betracht. Die Anforderungen an die chemische Zusammensetzung eines guten Stahles dieser Art lassen sich etwa folgendermaßen zusammenfassen: Der Kohlenstoffgehalt soll zwischen 0,25 und 0,35 v. H., der Mangangehalt etwa 0,6 bis 1,0 v. H., der Siliziumgehalt etwa 0,2 bis 0,3 v. H. betragen. Die Zugfestigkeit, die bei dem rohen Gußstück 53 bis 60 kg/mm² beträgt, steigert sich bedeutend, wenn man die Stücke drei Stunden lang bei 850° C glüht und dann langsam abkühlen läßt, ein Verfahren, das auch die inneren Gußspannungen beseitigt. Noch besser ist es, die Stücke nach dem Glühen in kalter Luft abzuschrecken und dann wieder auf 550° C anzulassen. Bei solcher Vergütung kann man mit Sicherheit auf 60 kg/mm² Zugfestigkeit, 44 kg/mm² Streckgrenze, 25 v. H. Dehnung und 40 v. H. Kontraktion rechnen[3]).

Andre Teile, wie Getriebegehäuse, Kurbelgehäuse, verschiedene Lagerböcke usw. sucht man von anderen Beanspruchungen als solchen, die von ihrem Eigengewicht herrühren, möglichst zu entlasten, um sie dann aus den weit weniger widerstandsfähigen, aber wesentlich leichteren Aluminiumlegierungen gießen zu können, wo immer es sich mit dem Preis vereinbaren läßt. Die üblichen Legierungen hierfür sind:

Gießbare Aluminiumlegierungen:

Legierung Nr.	62	63	64	65
Kupfer . . . . v. H.	8	12	2,75	1,9— 2,2
Zink . . . . „	—	—	13,5	9,0—11
Aluminium . . . . . . „	92	88	83,75	86,8—89,1
Zugfestigkeit . . . kg/qmm	14	14,3	17,5	12,5—17,2
Dehnung . . . . . . v. H.	1,5	0,5	1,5	—
Spez. Gewicht	2,84	2,9	2,92	—

[1]) Z. Flugtechn. 1923, S. 2. Automot. Ind. 19. April 1923.
[2]) Zusammensetzung des Eisens für Kolbenringe s. Stahl u. Eisen 1921, S. 727.
[3]) Chem. Metallurg. Engg. 19. Januar 1921.

Die angegebenen Festigkeitswerte sind ohne Gußhaut zu verstehen. Neben der an erster Stelle erwähnten führt sich neuerdings in den Vereinigten Staaten eine Legierung mit 7,5 v. H. Kupfer, 1,5 v. H. Zink und 1,2 v. H. Eisen ein, die etwas höhere Zugfestigkeit und Dehnung liefert. Anderseits kann man die Dehnung auch bis auf 3 v. H. steigern, indem man mit dem Kupferzusatz bis auf 5 v. H. zurückgeht; dagegen erhöhen sich hierbei die Gußschwierigkeiten infolge der höheren Schwindung. Die an zweiter Stelle angeführte Legierung ist zwar sehr spröde, aber sehr dicht im Gefüge, ist also für Pumpengehäuse gut geeignet.

Die Verwendung von Zink als Zusatz zu Aluminiumlegierungen hat sich hauptsächlich in europäischen Gießereien, vielleicht infolge der Kupfernot der letzten Jahre, eingeführt, bietet aber, wie der Vergleich zeigt, auch in der Festigkeit manche Vorteile. Man hat sogar mit ganz kupferfreien Legierungen dieser Art gute Erfahrungen gemacht, da der geringe Verlust an Bruchdehnung, der bei Fehlen des Kupferzusatzes auftritt, bei den Gehäusen keine wichtige Rolle spielt.

Neben den obigen Legierungen, die für Sandformen bestimmt sind, haben in den letzten Jahren die für Kokillenguß geeigneten Legierungen infolge der Zunahme der Verwendung von Kolben aus Aluminiumguß große Bedeutung erlangt. Durch geringe Zusätze, insbesondere von Eisen und Magnesium, und sorgfältige Überwachung der Gießtemperaturen ist es hierbei gelungen, die Zugfestigkeit auf rd. 19,6 kg/mm² und die Dehnung auf 4,5 v. H. zu steigern, also einen verhältnismäßig zähen Baustoff herzustellen, der auch Biegungsbeanspruchungen aufnehmen kann[1]).

Beachtung verdient in allen Fällen die Neigung der Aluminiumlegierungen, beim Gießen Blasen zu bilden, die es in der Regel unmöglich macht, einen völlig porenfreien Guß zu erhalten. Wo die Blasen größer sind, können sie daher leicht die Festigkeit so stark beeinträchtigen, daß der betreffende Teil im Betriebe versagt. Ein kennzeichnendes Beispiel dieser Art zeigen die Aufnahmen eines Flugmotorenkolbens vor und nach einer Dauerprobe, Abb. 56 und 57, bei welcher die blasige Schicht in der Mitte des Kolbenbodens ganz durchgeschlagen ist.

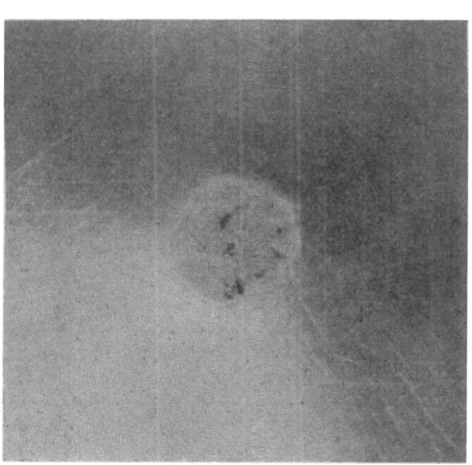 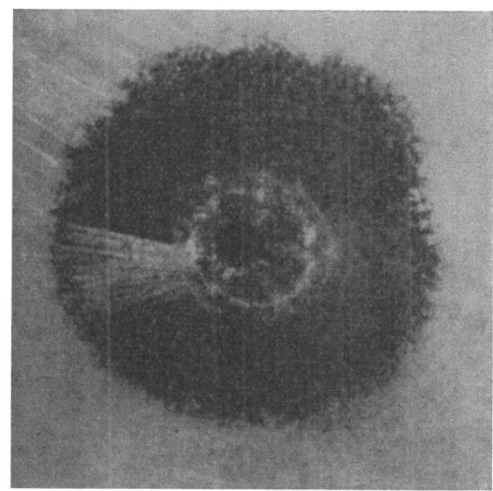

Vor dem Dauerlauf.   Nach dem Dauerlauf.
Abb. 56 und 57. Poröser Boden eines Aluminiumkolbens.

Bei Kolben und Gehäusen aus Aluminiumlegierungen empfiehlt es sich daher, besonders die beanspruchten Stellen, wie die Kolbenböden, Bolzenaugen und Tragarme auf etwa zu starke Verschwächung durch Blasen genau zu prüfen.

Eine neuartige Aluminiumlegierung dieser Art ist ferner das Silumin, das auf der Deutschen Automobil-Ausstellung Berlin 1921 von Rud. Rautenbach, Solingen, vorgeführt wurde und an dessen Erforschung die Metallbank und Metallurgische Gesellschaft A.-G., Frankfurt a. M., wesentlich beteiligt ist. Im Gegensatz zu den sonst gebräuchlichen leichten Aluminiumlegierungen ist Silumin nur aus Aluminium und 11 bis 14 v. H. Silizium zusammengesetzt. Das spezifische Gewicht beträgt 2,5 bis 2,65, die Zerreißfestigkeit 20 kg/mm² bei einer

---

[1]) Mech. Engg. September 1920.

Dehnung von 5 bis 10 v. H. Das spezifische Gewicht ist somit um etwa 10 v. H. geringer als das der üblichen Aluminiumgußlegierungen mit Kupfer und Zink und bleibt auch unter demjenigen des Reinaluminiums. Die Festigkeit ist um 25 bis 30 v. H. höher als bei den genannten Legierungen, während die Dehnung im Mittel mehr als doppelt so groß ist. Auch bei höheren Temperaturen ist Silumin hierin gegenüber den gebräuchlichen Gußlegierungen im Vorteil. Die Festigkeitszahlen nehmen mit steigender Temperatur anfänglich langsam, dann etwas schneller ab. Die Härte beträgt bei Zimmertemperatur 60 kg/mm² (bei 500 kg Belastung und Verwendung einer 10-mm-Kugel), bei 350° 20 bis 25 kg/mm². Von Naßdampf wird Silumin ähnlich wie Reinaluminium fast gar nicht angegriffen. Verdünnte Salpetersäure (25 v. H.) sowie konzentrierte Säure greifen es weniger stark an als Reinaluminium. Den übrigen Säuren und Alkalien gegenüber verhält es sich etwa wie Reinaluminium. Silumin leitet die Wärme besser als die übrigen bekannten Aluminiumgußlegierungen. Seine Wärmeleitfähigkeit verhält sich zu derjenigen des Reinaluminiums wie 4:4,7, während im gleichen Maß gemessen die Wärmeleitfähigkeit der bekannten Aluminiumgußlegierungen 3,2 bis 3,6 beträgt. Die Wärmeausdehnungsziffer beträgt 0,88, wenn man diejenige von Reinaluminium 1 setzt.

Auch beanspruchte Teile lassen sich, wenn die Anforderungen nicht hoch sind, aus Aluminium herstellen, sobald man einen geringen Teil Kupfer zusetzt und die Legierung warm bearbeitet. Die Vorteile dieses Zusatzes, der das spezifische Gewicht nicht wesentlich erhöht, läßt die nachstehende Zusammenstellung[1]) erkennen.

Festigkeit von Aluminium und Al-Cu-Legierungen.

Bezeichnung des Stoffes	Spez. Gew.	Streckgrenze kg/qmm	Zugfestigkeit kg/qmm	Dehnung v. H.
Reines Aluminium, 5 mm-Blech, hart	2,96 bis 2,99	13,4	13,8	3,5
„ „ 2 mm-Blech, hart		15,9	16,5	2,5
Aluminium mit 2 v. H. Kupfer, 8 mm-Blech, hart. .		23,0	24,5	3,5
„ „ 3 v. H. „ „ „ „ . .		26,1	27,6	2,5
„ „ 4 v. H. „ „ „ „ . .		27,5	29,5	2,5

Bei einem Zusatz von 4 v. H. Kupfer erhöht sich demnach die Zugfestigkeit des Aluminiums bereits auf mehr als das Doppelte. Zu erwähnen sind hier insbesondere die Bestrebungen von Basse & Selve, Altena, die Festigkeit der Legierung durch Warmpressen zu steigern, wobei man bereits Werte von 36 bis 40 kg/mm² erreicht haben soll.

Anderseits lassen sich dort, wo bisher gewöhnliche Bronze verwendet wurde, durch Zusatz von Aluminium ebenfalls Vorteile in bezug auf Festigkeit bei gleichzeitiger Verminderung des spezifischen Gewichtes erzielen, wobei gleichzeitig schmiedbare und walzbare Legierungen erhalten werden.

Festigkeit von Bronze-Aluminium-Legierungen.

Bezeichnung des Stoffes	Spez. Gew.	Streckgrenze kg/mm²	Zugfestigkeit kg/mm²	Dehnung v. H.
Bronze mit 5 v. H. Aluminium, geschmiedet	8,320	13,0	38,0	50,0
„ „ 5 v. H. „ gewalzt	8,320	14,5	45,5	74,5
„ „ 7 v. H. „ geschmiedet	7,917	15,5	42,5	53,0
„ „ 8 v. H. „ „	7,749	20,0	47,7	43,0
„ „ 9 v. H. „ „	7,651	30,0	53,7	17,5
„ „ 10 v. H. „ „	7,522	32,5	57,8	15,7

Die Fortschritte auf diesem Gebiete, an denen bisher hauptsächlich die Aluminium-Industrie A.-G. zu Neuhausen (Schweiz) beteiligt gewesen ist, sind im übrigen noch lange nicht abgeschlossen. In den letzten Jahren ist unter dem Namen „Elektronmetall" eine angeblich aus Aluminium und Magnesium bestehende Legierung aufgetaucht, die von der Chemischen Fabrik in Griesheim hergestellt wird, und die im gegossenen Zustande 22 kg/mm² Zugfestigkeit bei 8 v. H. Dehnung, im verdichteten Zustande aber sogar 32 bis 36 kg/mm² Zugfestigkeit bei 13 bis 16 v. H. Dehnung besitzen soll und dabei nur ein spezifisches Gewicht von 1,8 aufweist, also noch wesentlich leichter als Aluminium ist. Neuere Mitteilungen[2]) geben allerdings die Zugfestigkeit der Elektron-Gußteile nur mit 12 bis 15 kg/mm², die Dehnung

---

[1]) Z. Mitteleurop. Motorwagen-Vereins 1909, S. 457.   [2]) Stahl u. Eisen 26. Februar 1920.

nur mit 3 bis 4 v. H. an. Es scheint große Schwierigkeiten bereitet zu haben, die Herstellung solcher Teile technisch möglich zu machen. Die große Empfindlichkeit gegen Anfressungen, namentlich durch Seewasser, hat man noch nicht beseitigen können. Auch das von dem Hütteningenieur A. Wilm, Berlin-Schlachtensee, herrührende „Duraluminium" von 2,8 spezifischem Gewicht, das ursprünglich schmied- und preßbare Stücke mit 15 bis 20 kg/mm² Streckgrenze und 15 bis 18 v. H. Bruchdehnung herzustellen gestatten soll, gehört hierher. Es wird jetzt in Deutschland von den Dürener Metallwerken und in England von Vickers Sons & Maxim hergestellt[2]) und besteht zu 90 v. H. aus Aluminium, während im übrigen darin 0,5 v. H. Magnesium, 3,5 bis 5,5 v. H. Kupfer und 0,5 bis 0,8 v. H. Mangan enthalten sind. Sein spezifisches Gewicht beträgt 2,75 bis 2,84, sein Schmelzpunkt liegt bei etwa 650° C und seine Festigkeitseigenschaften kommen denjenigen des Flußstahles nahe. Zusätze von Blei, Zinn und Zink, die die Beständigkeit anderer Aluminiumlegierungen so ungünstig beeinflussen, sind hier vermieden. Je nach dem Verwendungszweck kann man die Zusammensetzung sowie die Wärmebehandlung so verändern, daß man entweder ein weiches, schmiedbares, walzbares und ziehbares Material oder ein hartes, entsprechend weniger dehnbares erhält. Die Schwankungen, die sich hierbei ergeben, sind

Spez. Gewicht   2,75 bis 2,84   Dehnung   23 bis 18   v. H.
Streckgrenze   18,82 „ 25,75 kg/mm² Kontraktion   34 „ 26   „
Zerreißfestigkeit   34,72 „ 45,28   „   Härte nach Brinell   98 „ 125   „

Diese Werte beziehen sich auf 7 mm dicke gewalzte Bleche. Die Elastizitätsziffer beträgt 730000 bis 700000 kg/cm².

Festigkeitseigenschaften der Duraluminium-Legierungen H, 681 A, 681 B, 681 C und 681 D in verschiedenen Härtestufen.

Härtestufen	Legierung H (spez. Gew. 2,750)					Legierung 681 A (spez. Gew. 2,789)					Legierung 681 B				
	Streckgrenze	Bruchgrenze	Dehnung	Kontraktion	Kugeldruckhärte	Streckgrenze	Bruchgrenze	Dehnung	Kontraktion	Kugeldruckhärte	Streckgrenze	Bruchgrenze	Dehnung	Kontraktion	Kugeldruckhärte
	kg/mm²	kg/mm²	v. H.	v. H.		kg/mm²	kg/mm²	v. H.	v.H.		kg/mm²	kg/mm²	v. H.	v.H.	
Weiche Bleche, 7 mm dick	19,0	36,0	25,0	34	98	24,7	41,8	21,1	29,5	113	28,1	43,5	17,6	21,7	121
Gewalzt auf 6 mm Stärke	—	38,0	10,0	22	118	41,0	47,6	9,0	21,5	134	47,0	50,0	8,0	16,3	141
Gewalzt auf 5 mm Stärke	—	42,0	6,3	18	118	—	—	—	—	—	52,7	—	5,3	12,7	149
Gewalzt auf 4 mm Stärke	—	43,5	5,0	13	131	48,6	52,7	5,0	14,5	149	—	55,0	4,0	9,7	156
Gewalzt auf 3 mm Stärke	—	45,5	5,0	14	139	—	—	—	—	—	—	56,6	3,4	7,3	159
Gewalzt auf 2 mm Stärke	—	47,5	4,0	12	139	53,0	56,0	4,0	13,2	157	—	58,5	2,5	6,6	163

Härtestufen	Legierung 681 C					Legierung 681 D (spez. Gew. 2,833)				
	Streckgrenze	Bruchgrenze	Dehnung	Kontraktion	Kugeldruckhärte	Streckgrenze	Bruchgrenze	Dehnung	Kontraktion	Kugeldruckhärte
	kg/mm²	kg/mm²	v. H.	v. H.		kg/mm²	kg/mm²	v. H.	v. H.	
Weiche Bleche, 7 mm dick	28,6	45,2	17,6	22,0	124	25,9	45,9	17,5	21,0	125
Gewalzt auf 6 mm Stärke	47,7	51,5	7,4	14,5	147	41,2	52,2	8,6	18,0	144
Gewalzt auf 5 mm Stärke	—	54,0	5,2	12,5	155	45,2	55,2	6,6	15,0	—
Gewalzt auf 4 mm Stärke	—	56,2	4,5	8,7	161	—	—	—	—	—
Gewalzt auf 3 mm Stärke	—	58,0	3,5	8,0	165	53,0	59,0	4,6	11,0	166
Gewalzt auf 2 mm Stärke	—	60,3	3,1	6,3	168	54,1	62,1	3,0	11,0	174

---
[2]) Verhandl. d. Ver. z. Beförd. d. Gewerbefl., Dezember 1910; Engg. vom 7. Okt. 1910 u. Techn. Ber. d. Flugzeugmeisterei, Bd. III, S. 251.

Die Festigkeitseigenschaften der Legierung ändern sich übrigens auch während der Bearbeitung ganz erheblich. In der vorstehenden Zahlentafel sind Versuche an verschieden zusammengesetzten Proben angegeben, deren Festigkeit mit fortschreitender Verdünnung beim Auswalzen gemessen wurde. Die Zahlen lassen erkennen, in welcher Weise mit fortschreitender Bearbeitung die Festigkeit zu- und die Dehnung abnimmt.

Eine Aluminiumlegierung der Aluminium Co. of America, die von der Franklin Mfg. Co. für Pleuelstangen verwendet wird und neben 3,5 v. H. Kupfer 0,2 v. H. Mangan, 0,25 v. H. Magnesium und nicht über 0,75 v. H. Eisen sowie 0,75 v. H. Silizium enthält, soll eine Streckgrenze von 21 bis 24,5 kg/mm² und eine Zugfestigkeit von 35 bis 38,5 kg/mm² bei 15 bis 25 v. H. Dehnung aufweisen[1]). Allerdings ist diese Festigkeit nur dadurch zu erzielen, daß die geschmiedete Stange bei rd. 490° C geglüht und dann in kochendem Wasser abgeschreckt wird.

Auch den Phosphorbronzen, die bei einem Gehalt von mehr als 0,7 v. H. Phosphor sehr günstige Reibungsziffern aufweisen und trotzdem wegen ihrer Härte sehr widerstandsfähig gegen Abnutzung sind, wird bei der Bemessung von Lagerschalen, Kolbenbolzen und Stopfbüchsen usw. Aufmerksamkeit geschenkt, soweit man nicht aus Rücksicht auf die Kosten gewöhnliches oder warmgepreßtes Messing verwendet. Sie bieten bei den Flugmotoren die Möglichkeit, die Abmessungen der Pleuelstangenköpfe zu verringern. Untersuchungen von A. Philips[2]), die dem Institute of Metals vorgelegt worden sind, haben gezeigt, daß für Lagermetalle mit 0,8 bis 1,0 v. H. Phosphor Zugfestigkeiten von 28 bis 35 kg/mm² erreichbar sind, und zwar entsprechend dem zunehmenden Gehalt an Kupfer und der Abnahme des Gehaltes an Zinn. Im allgemeinen enthalten jedoch die praktisch gebräuchlichen Phosphorbronzen nicht mehr als 0,2 v. H. Phosphor. Bei 10 bis 11,5 v. H. Zinn- und 2 bis 3 v. H. Zinkgehalt (Rest Kupfer bis auf 0,2 v. H. Verunreinigungen) rechnet man mit 13,3 kg/mm² Streckgrenze und 24,5 kg/mm² Zerreißfestigkeit, wobei die Güte der Legierung namentlich auch nach der Gleichmäßigkeit des Gefüges beurteilt wird. Eine andere Legierung dieser Art enthält 11 v. H. Zinn und 0,6 v. H. Blei und keinen Zinkzusatz.

Angaben über verschiedene Zahnradbronzen, die in die Normalien der American Gear Manufacturers Associations aufgenommen worden sind[3]), enthält nachstehende Zahlentafel:

Normale amerikanische Zahnradbronzen.

	Legierung Nr.			
	62	63	64	65
Kupfer . . . . v. H.	86—89	86—89	78,5—81,5	88—90
Zinn . . . . ,,	9—11	9—11	9—11	10—12
Phosphor . . . . ,,	—	0,25	0,05—0,25	1—3
Zink . . . . ,,	1—3	0,5	0,75	5
Eisen (max.) . . . . . ,,	0,06	—	0,25	—
Blei (max.) . . . . . . ,,	0,2	1—2,5	9—11	—
Zugfestigkeit . . . kg/mm²	21	21	17,5	24,5
Streckgrenze . . . ,,	10,5	8,4	8,4	14
Dehnung . . . . . . v. H.	14	10	8	10

Für schwer beanspruchte Teile, z. B. Schneckenräder, die mit gehärteten Teilen zusammenarbeiten, abert trozdem bei hoher Festigkeit geringe Abnutzung aufweisen sollen, ist ferner die von der Skodawerke A.-G. in Pilsen (Böhmen) hergestellte Rübel-Bronze geeignet[4]), die insbesondere große Widerstandsfähigkeit gegen hohe Temperaturen besitzt. Diese Bronze, deren Festigkeit an die Werte von Stahl herankommt und die diesem gegenüber den Vorzug hat, daß sie sich gießen läßt, ist keine Legierung, sondern eine Verbindung von Kupfer, Eisen, Nickel und Aluminium, die im Verhältnis der Atomgewichte zusammengestellt ist. Von den 5 Marken A, B, C, D und H dieser Bronze, die heute hergestellt werden, kommt die Sorte A nur für Gußstücke in Betracht. Sie läßt sich in jeder gewünschten Form und Wandstärke gießen, wobei der Guß außerordentlich scharfkantig und porenfrei ausfällt, und ergibt roh gegossen eine Festigkeit von 83 kg/mm² bei 3 v. H. Dehnung. In jedem Falle kann man, unabhängig von der Abkühlung auf 75,7 kg/mm² Zugfestigkeit rechnen, während die Bruchdehnung bei plötzlicher Abkühlung nur 3 v. H. beträgt. Die Schmelztemperatur dieser Bronze liegt bei etwa 1400° C. Der Bruch ist rötlich, an den bearbeiteten Stellen zeigt

---

[1]) Am. Mach. (Europ. Ed.) 30. Jan. 1923.   [2]) Vgl. Engg. vom 18. Dezember 1908.
[3]) Am. Mach. (Europ. Ed.) 4. März 1922, S. 71.   [4]) S. a. Z. öst. Ing.-V., 29. Mai 1908.

sie aber die Farbe des Nickels. Diese Bronze ist somit in hohem Grade geeignet, einen Ersatz für das Gußeisen bei Maschinenzylindern zu liefern.

Eine weichere, ebenfalls gießbare Bronze, die als Ersatz für Phosphor- und Aluminiumbronzen, sowie von Durana- oder Deltametall gedacht ist, ist die Sorte B, die durch Zusammenschmelzen der Kupfer-Zinklegierung Cu_3Zn mit der reinen Atomgewichtverbindung $Cu_2Fe_3Ni_3Al$ erhalten und in zwei Sorten „hart" und „weich" hergestellt wird. Diese Bronze, die bei mittlerer Temperatur eine Festigkeit von 43,6 bis 44,7 kg/mm^2 bei 41,5 bis 39 v. H. Dehnung aufweist, ist auch gegenüber dauernd hohen Temperaturen sehr widerstandsfähig. Warmzerreißversuche mit 300 mm langen Stäben von 20 mm Durchmesser haben z. B. folgende Werte ergeben:

Dauertemperatur °C	Streckgrenze kg/mm^2	Zerreißgrenze kg/mm^2	Bruchdehnung v. H.
190	17,2	38,5	44,5
290	18,0	34,19	43,5
380	15,7	30,2	31,1
485	13,7	20,44	11,9

Wie günstig diese Werte sind, erkennt man noch besser, wenn man sie mit den Ergebnissen der Versuche von Stribeck[1]) an Durana-Metallstäben und derjenigen von v. Bach[2]) an Bronzestäben vergleicht (s. weiter unten). Abgesehen davon, daß diese Bronze ebenso leicht gießbar ist, wie die Sorte A, hat sie noch den Vorteil, daß sie durch eine leichte Wärmebehandlung an den fertigen Gußstücken in ihrer Festigkeit bis auf 55 kg/mm^2 verbessert werden kann.

Vergleichende Zusammenstellung von Warmzerreißversuchen mit Bronzen.

Versuche mit Rübel-Bronze Marke B „weich"			Versuche von Stribeck mit Durana-Metallstäben			Versuche von v. Bach mit Bronzestäben		
Dauertemperatur °C	Zugfestigkeit kg/mm^2	Dehnung v. H.	Dauertemperatur °C	Zugfestigkeit kg/mm^2	Dehnung v. H.	Dauertemperatur °C	Zugfestigkeit kg/mm^2	Dehnung v. H.
200	43,68	28	22	40,8	31,8	20	24,91	17,4
400	34,24	25,2	207	31,2	40,8	200	20,67	13,1
500	27,35	19,3	414	7,5	57,0	400	11,13	1,4
			470	2,84	52,9	500	6,93	0,3

Von den übrigen Rübel-Bronzen hat ferner doch die Marke H für den Motorwagenbauer Interesse. Diese hat 55 bis 65 kg/mm^2 Festigkeit bei 30 bis 15 v. H. Dehnung und kann zu Schmiede- oder Walz- oder Preßstücken verarbeitet werden. Rohre aus dieser Bronze haben z. B. bei 35 mm Durchmesser und 1,5 mm Drücke von 550 at bei gewöhnlicher Temperatur und von 400 at bei 250° C ohne Formänderung ausgehalten.

Auch dem Weißmetall, als dessen übliche Bestandteile 78 v. H. Zinn, 10 v. H. Kupfer und 12 v. H. Antimon angesehen werden können, wird neuerdings sowohl in bezug auf die Möglichkeiten des Ersatzes des teuren Zinns, als auch in bezug auf die Wärmebehandlung größere Aufmerksamkeit geschenkt. Wegen der hohen Beanspruchungen, denen die Weißmetallager im Kraftwagenbau ausgesetzt sind, haben die bisherigen Versuche mit stark bleihaltigen Legierungen oder andern Ersatzmetallen höchstens Einzelerfolge gehabt. Gewöhnlich hat der übermäßige Zusatz von Blei die Wirkung, daß die Legierung zu weich bleibt, nicht den für Weißmetall kennzeichnenden Lagerspiegel erlangt, und daß sich infolgedessen die Schmiernuten mit abgeschabten Metallteilchen so stark zusetzen, daß die Schmierung versagt. Andere Ersatzmetalle liefern wieder zu harte Lagerflächen, deren Nachteile sich in unverhältnismäßig starker Abnützung der Kurbelwellenzapfen äußern können. So hat man z. B. festgestellt, daß es technisch durchaus möglich ist, Kurbelwellen in gegossenen Lagerschalen aus der üblichen Aluminiumlegierung laufen zu lassen, wenn man über die verstärkte Abnützung der Zapfen hinwegsieht.

Besondere Schwierigkeiten bereiten in dieser Hinsicht die Lager von Flugmotoren, weil man aus Rücksichten auf das Gewicht die Abmessungen des Weißmetallausgusses und der

---

[1]) Z. V. d. I. 1904, S. 897.   [2]) Z. V. d. I. 1900, S. 1745.

Lagerschalen selbst weitgehend einschränken muß. Namentlich bei den Pleuelstangenlagern hat man beobachtet, daß sich infolge der großen Kolbenkräfte und des Unterschiedes in der Festigkeit von Lagerschale und Ausguß das Weißmetall leicht von der Schale loslöst und das Lager unbrauchbar wird. Dabei sind die für Lagerschale und für Weißmetall benützten Legierungen weniger wichtig als das Verhältnis der Dicke der beiden Metallschichten, die Art des Gießens und Abbindens und die Gleichmäßigkeit der Druckverteilung über die Lagerfläche, also Fragen, die mit der Güte der Herstellung zusammenhängen und Ergebnisse von praktischen Erfahrungen sind. Bewährt hat sich ein Weißmetall mit 85 bis 87 v. H. Zinn, 6,5 bis 7,5 v. H. Antimon, 6,5 bis 7,5 v. H. Kupfer und höchstens 0,2 v. H. Phosphor in Verbindung mit einer Lagerschalenbronze aus 79 bis 81 v. H. Kupfer, 9 bis 11 v. H. Zinn, 9 bis 11 v. H. Blei und 0,1 bis 0,3 v. H. Phosphor, bei welcher man namentlich auf die Gleichförmigkeit der Mischung im fertigen Guß achten muß[1]).

Eine Übersicht über die Zusammensetzung normalisierter Lagerlegierungen in fertig vergossenem Zustand nach den Vorschriften der Society of Automotive Engineers[2]) enthält die nachstehende Zahlentafel.

Normalisierte Lagerlegierungen.

	Legierung Nr.				
	10	11	12	13	14
Zinn . . . . v. H.	mind. 90	mind. 86	mind. 59,5	4,5 bis 5,5	9,25 bis 10,75
Kupfer . . . „	4 bis 5	5 bis 6,5	2,25 bis 3,75	höchst. 0,50	0,50
Antimon . . „	4 bis 5	6 bis 7,5	9,5 bis 11,5	9,25 bis 10,75	14 bis 16
Blei . . . . . „	höchst. 0,35	höchst. 0,35	höchst. 26	höchst. 86	höchst. 76
Eisen . . . . „	„ 0,08	„ 0,08	„ 0,08	—	—
Arsen . . . . „	„ 0,10	„ 0,10	—	höchst. 0,20	höchst. 0,20
Wismut . . . „	„ 0,08	„ 0,08	0,08	—	—
Zink u. Alumin. „	—	—	—	—	—
Eigenschaften	leichtflüssig, für dünne Futter bei Flugmotorenlagern geeignet	harte Legierung für Pleuellager u. stark belastete Hauptlager	billige Legierung für weniger beanspruchte Lager	billige Legierung für große Lager. Kein Weißmetallersatz!	Billige Legierung. Kein Ersatz für Weißmetall mit hoh. Zinngehalt!

Stahl.

Der wichtigste Baustoff für Motorfahrzeuge, über den wir heute verfügen, ist aber der durch Hinzufügen von verschiedenen Metallen legierte, hochwertige Stahl. Obgleich die Kenntnis dieser Stähle im Schiffbau oder im Geschützbau schon sehr weit zurückreicht, haben sie dennoch ihre heutige allgemeine Bedeutung fast nur durch den Motorwagenbau erlangt. Der ungewöhnlich schnell wachsende Bedarf auf diesem Gebiete, vereint mit der Bereitwilligkeit, große Mittel für Versuche aufzubringen, die dem damals neuen Sport zugute kommen sollten, hat bewirkt, daß heute fast alle Hüttenwerke in der Lage sind, Sonderstähle für Motorwagenteile zu liefern. Die Kenntnis dieser Stähle sowie ihres sehr verschiedenen, nicht leicht zu beherrschenden Verhaltens bei der Wärmebehandlung bildet heute sozusagen eine Wissenschaft für sich. Was davon in den Rahmen eines Lehrbuches für den Motorwagenbau hineingehört, ist etwa folgendes:

Von den Metallen, die geeignet sind, den Kohlenstoff zu ersetzen, um bessere Festigkeitseigenschaften hervorzubringen, ist an erster Stelle das Nickel zu erwähnen.

Nach Thallner[3]) kommen bei den reinen Nickelstählen für die Praxis Nickelgehalte zwischen 2 und 6 v. H. und von 25 v. H. in Betracht. Unter 2 v. H. ist der Nickelgehalt von so unbedeutendem Einfluß, daß ein praktischer Nutzen daraus nicht erwächst, oberhalb 6 v. H. wird der Stahl martensitisch, schwer zu bearbeiten und unnötig teuer. Von 12 bis 25 v. H. sinkt die Zerreißfestigkeit zugunsten der Zähigkeit, die bei 25 v. H. Nickelgehalt ihren Höchstwert erreicht. Außerdem soll dieser Nickelstahl etwas widerstandsfähiger gegen Säuren sein als gewöhnlicher Stahl. Für praktische Verhältnisse ist allerdings Stahl mit 25 v. H. Nickelgehalt bei weitem zu teuer. Zu beachten ist, daß Nickelstahl ungewöhnlich hohe Festigkeitswerte erst bei der Wärmebehandlung liefert.

---

[1]) Am. Mach. (Europ. Ed.) 17. Januar 1920. [2]) Machinery, Februar 1923.
[3]) Motorwagen 1907, S. 461.

Longmuir[1]) hat für unbehandelte Stähle folgende Werte angegeben:

Nickelgehalt v. H.	Streckgrenze kg/mm²	Bruchgrenze kg/mm²	Dehnung auf 50 mm Länge v. H.	Kontrakiton v. H.
0,00	32,3	58,7	25,0	51,73
1,27	36,8	63,0	21,0	42,80
2,15	36,4	64,0	24,5	51,83
4,25	44,8	73,6	20,0	33,06
4,95	52,2	92,4	2,0	3,71

Bei diesem Stahl, der neben Nickel auch 0,40 v. H. Kohlenstoff und 0,8 bis 1,0 v. H. Mangan enthält, tritt also, wenn der Nickelgehalt zwischen 4,25 und 4,95 v. H. liegt, ein sehr spröder Zustand ein, der natürlich zu meiden ist.

Ungleich höher sind aber die Werte, die man erzielt, wenn man den Nickelstahl der Wärmebehandlung unterwirft. Ein gewöhnlicher Handelsnickelstahl mit 2,95 v. H. Nickel- und 0,20 v. H. Kohlenstoffgehalt ergibt bei verschiedener Behandlung folgende Werte:

Art der Behandlung	Streckgrenze kg/mm²	Bruchgrenze kg/mm²	Dehnung auf 50 mm v. H.	Kontraktion v. H.
Unbehandelt	41,4	61,8	29,0	56,3
Von 800° C an der Luft abgekühlt	44,7	60,1	30,0	58,3
„ 900° C „ „ „ „	42,3	60,3	30,5	55,9
„ 950° C „ „ „ „	45,5	60,2	27,5	56,6
In Öl bei 760° C abgeschreckt und bei 435° C angelassen	43,9	64,5	27,0	59,3
„ „ „ 760° C „ „ „ 530° C „	49,0	67,3	27,5	57,2
„ „ „ 760° C „ „ „ 630° C „	49,9	66,3	23,5	59,1
„ „ „ 760° C „ „ „ 670° C „	48,3	63,3	23,0	59,1
In Wasser bei 780° C abgeschreckt und bei 420° C angelassen	107,5	120,0	10,0	42,1
„ „ „ 780° C „ „ „ 600° C „	77,0	86,0	17,5	57,9
„ „ „ 780° C „ „ „ 660° C „	58,0	73,0	21,5	54,1
„ „ „ 920° C „ „ „ 460° C „	79,3	92,4	10,5	26,6
„ „ „ 920° C „ „ „ 500° C „	93,2	98,2	19,5	51,1
„ „ „ 920° C „ „ „ 550° C „	90,6	95,3	15,0	53,4

Der Einfluß des Abschreckens ist also insbesondere bei Abschrecken in Wasser ganz beträchtlich und steigt mit steigenden Abschrecktemperaturen.

Aus den beiden angeführten Versuchsreihen kann man schließen, daß unter normalen Bedingungen die durchschnittlichen Eigenschaften des Nickelstahls mit geringem Kohlenstoff- und etwa 3 v. H. Nickelgehalt nach dem Abschrecken in Öl folgende sein werden:

Streckgrenze . . . . 46,1 kg/mm²
Bruchgrenze . . . . 61,5 „
Dehnung auf 50 mm . . . . 24 v. H.

Ein weiteres zur Erhöhung der Festigkeitseigenschaften des Stahles dienendes Metall ist das Chrom, und zwar nicht allein für sich, sondern in Anwesenheit von Nickel mit dem Stahl legiert. Chrom erhöht die Härtbarkeit und zugleich die Festigkeitseigenschaften des Nickelstahls und wird in der Praxis in Mengen von 0,25 bis 3 v. H. zugesetzt. Das Höchstmaß der Einwirkung auf die Härtbarkeit wird bei 1 bis 5 v. H. Chromzusatz, das Höchstmaß der Einwirkung auf die Festigkeit bei 2 bis 2,5 v. H. Chromzusatz unter gleichzeitiger Anwesenheit eines Kohlenstoffgehaltes von höchstens 1 v. H. erzielt. Übermäßiger Chromzusatz kann in bestimmten Fällen schädlich wirken.

Nach Guillet[2]) erhält man bei

Stahl mit 0,25 bis 0,45 v. H. Kohlenstoff,
2,5 bis 2,75 v. H. Nickel,
0,275 bis 0,60 v. H. Chrom:

Behandlung	Streckgrenze kg/mm²	Bruchgrenze kg/mm²	Dehnung auf 50 mm Länge v. H.
Bei 900° C ausgeglüht und langsam abgekühlt	34,6 bis 48,8	53,8 bis 73,0	15 bis 20
Bei 850° C abgeschreckt und bei 350° C angelassen	58,4 bis 97,7	78,0 bis 107,7	8 bis 12

[1]) Metallurgie 1909, S. 378.   [2]) J. Iron Steel Inst. 1904, II, S. 166.

und bei Stahl mit 0,25 bis 0,45 v. H. Kohlenstoff,
5 bis 6 v. H. Nickel,
0,5 bis 1,0 v. H. Chrom:

Behandlung	Streckgrenze kg/mm²	Bruchgrenze kg/mm²	Dehnung auf 50 mm Länge v. H.
Bei 900° C ausgeglüht und langsam abgekühlt . . .	53,8 bis 73,0	64,2 bis 85,0	20 bis 25
In Wasser abgeschreckt u. nicht wieder angelassen .	63,8 bis 107,7	78,0 bis 122,5	11 bis 18

Gegenüber dem Nickelstahl läßt sich also bei dem Chromnickelstahl bei guter Dehnung eine höhere Streckgrenze und Bruchgrenze erreichen.

Ähnlich liegen die Verhältnisse bei dem Vanadiumstahl und dem Chrom-Vanadiumstahl, der allerdings nach den eingehenden Untersuchungen von Sankey und Smith[1]) nebenbei auch noch eine hohe Widerstandsfähigkeit gegen dynamische Beanspruchungen aufweist und daher in erster Linie für Achsen und Wellen in Frage kommt, wenn der Preis kein Hindernis bildet.

In neuerer Zeit hat auch das Molybdän als Mittel zur Verbesserung der Festigkeitseigenschaften von Stahl insofern eine gewisse Bedeutung erlangt[2]), als es für uns leichter als Wolfram zu beschaffen ist und auch gegenüber den Chrom- und den Chromnickelstählen gewisse Vorzüge aufweist. Am deutlichsten erkennt man dies aus einem Vergleich der nachstehenden drei Stahlanalysen:

	Chromstahl	Chromnickelstahl	Molybdänstahl
Kohlenstoff . . . . v. H.	0,27	0,35 bis 0,45	0,26
Mangan . . . . „	0,63	0,5 bis 0,8	0,64
Chrom . . . . „	0,99	0,7 bis 0,9	0,76
Molybdän . . . . „	—	—	—
Silizium . . . . „	—	0,1 bis 0,2	—
Nickel . . . . „	—	1,75 bis 2,25	—
Streckgrenze . . . . kg/mm²	91	91	100
Zugfestigkeit . . . . „	98	101	106
Dehnung . . . . „	16,5	17,2	18,5
Kontraktion . . . . „	58	53,7	62

Der geringe Zusatz von Molybdän an Stelle eines Teiles des Chromgehaltes steigert somit nicht nur die Festigkeit, sondern er liefert auch einen wesentlich zäheren Stahl, wie man aus einem Vergleich der Dehnungs- und Kontraktionszahlen entnehmen kann. Nimmt man noch hinzu, daß die Molydänstähle weite Schwankungen in der Abschrecktemperatur vertragen, die im vorliegenden Beispiel zwischen 820 und 930° liegen darf, so daß die Warmbehandlung erleichtert wird, so ist man zu dem Schluß berechtigt, daß diese Stähle eine wertvolle Bereicherung auf dem Gebiete der Baustoffe bilden dürften.

Das vorstehend Angeführte dürfte zur allgemeinen Kenntnis der neuen Baustoffe für den Motowagenbau genügen.

Da aber dem Konstrukteur nicht so sehr Angaben über Streckgrenze, Bruchfestigkeit und Dehnung, sondern darüber erwünscht sind, wie weit er bei den verschiedenen im Handel vorkommenden Sonderstählen bei vernünftiger Sicherheit in der zulässigen Beanspruchung gehen darf, so sind nach den Angaben von Ewerding[3]) nachstehend diese zulässigen Beanspruchungen in kg/mm² für verschiedene Arten der Belastung sowie für Beanspruchung auf Zug, Druck, Biegung, Schub und Drehung angeführt, und zwar gelten

I für ruhende Belastung,
II für eine zwischen 0 und einem Höchstwert (P) und
III für eine zwischen $-P$ und $+P$ wechselnde Belastung, während
die zulässige Beanspruchung für Zug mit k_z,
„ „ „ „ Druck „ k_d,
„ „ „ „ Biegung „ k_b,
„ „ „ „ Schub „ k_s, und
„ „ „ „ Drehung „ k_t
in kg/mm² bezeichnet werden.

---
[1]) Proc. of the Institution of Mechanical Engineers 1904, S. 1235.
[2]) Z. Metallkunde, 1. Januar 1921.   [3]) Motorwagen 1908, S. 628.

Kruppsche Spezial-Automobilstähle.

		$\frac{A\,7\,J}{Z}$ naturhart		$\frac{A\,12\,P}{Z}$ naturhart		$\frac{C\,46\,O}{Z}$ naturhart		$\frac{E\,F\,36\,O}{Z}$ schwach gehärtet		$\frac{E\,F\,36\,O}{Z}$ stärker gehärtet		$\frac{E\,F\,60\,O}{Z}$ gehärtet		$\frac{A\,4\,J}{Z}$ gehärtet		$\frac{E\,112\,O}{Z}$ gehärtet		$\frac{E\,120\,O}{Z}$ gehärtet		$\frac{S\,J\,H}{Z}$ gehärtet	
		von	bis	von	bis	von	bis	von	bis	von	bis	von	bis	von	bis	von	bis	von	bis	von	bis
k_z	I	13,5	16,5	16,5	19,5	22,0	25,0	27,0	30,0	40,0	43,0	41,0	44,0	13,5	16,5	18,0	21,0	19,5	22,5	40,0	60,0
	II	9,0	11,0	11,0	13,0	14,6	16,6	18,0	20,0	26,6	28,6	27,2	29,2	9,0	11,0	12,0	14,0	13,0	15,0	26,6	40,0
	III	4,5	5,5	5,5	6,5	7,3	8,3	9,0	10,0	13,3	14,3	14,6	13,6	4,5	5,5	6,0	7,0	6,5	7,5	13,3	20,0
k_d	I	13,5	16,5	16,5	19,5	22,0	25,0	27,0	30,0	40,0	43,0	41,0	44,0	13,5	16,5	18,0	21,0	19,5	22,5	40,0	60,0
	II	9,0	11,0	11,0	13,0	14,6	16,6	18,0	20,0	26,6	28,6	27,2	29,2	9,0	11,0	12,0	14,0	13,0	15,0	26,6	40,0
k_b	I	13,5	16,5	16,5	19,5	22,0	25,0	27,0	30,0	40,0	43,0	41,0	44,0	13,5	16,5	18,0	21,0	19,5	22,5	40,0	60,0
	II	9,0	11,0	11,0	13,0	14,6	16,6	18,0	20,0	26,6	28,6	27,2	29,2	9,0	11,0	12,0	14,0	13,0	15,0	26,6	40,0
	III	4,5	5,5	5,5	6,5	7,3	8,3	9,0	11,0	13,3	14,3	13,6	14,6	4,5	5,5	6,0	7,0	6,5	7,5	13,3	20,0
k_s	I	10,8	13,2	13,2	15,6	17,6	20,0	21,6	24,0	32,0	34,4	32,8	35,2	10,8	13,2	14,4	16,8	15,6	18,0	32,0	48,0
	II	7,2	8,8	8,8	10,4	11,6	13,2	14,4	16,0	21,4	23,0	21,8	23,4	7,2	8,8	9,6	11,2	10,4	12,0	21,3	32,0
	III	3,6	4,4	4,4	5,1	5,8	6,6	7,2	8,0	10,7	11,5	10,9	11,7	3,6	4,4	4,8	5,6	5,2	6,0	10,65	16,0
k_t	I	10,2	12,6	12,4	14,8	16,5	18,9	20,0	22,4	30,0	32,4	30,7	33,1	10,0	12,4	13,5	15,9	14,6	17,0	30,0	45,0
	II	6,8	8,4	8,2	9,8	11,0	12,6	13,2	14,8	20,0	21,6	20,4	22,0	6,6	8,2	9,0	10,6	9,6	11,2	20,0	30,0
	III	3,4	4,2	4,1	4,9	5,5	6,3	6,6	7,4	10,0	10,8	10,2	11,0	3,3	4,1	4,5	5,3	4,8	5,6	10,0	15,0

Die angegebenen zulässigen Belastungen liegen zwischen 0,3 und 0,4 der Elastizitätsgrenze. Auf die Bruchgrenze der ruhenden Belastung bezogen, bewegen sich die Sicherheitszahlen zwischen 5 und 15 je nach der Art der Beanspruchung. Die Stähle kommen für alle hoch beanspruchten Teile eines Motorwagens, z. B. Achsen, Wellen, Stangen usw. in Betracht und sind je nach dem verfügbaren Preis auszuwählen. Als schweißbarer Stahl wird insbesondere die Marke $\frac{A\,12\,P}{Z}$, als Stahl für Rahmenteile die Sorte $\frac{C\,46\,O}{Z}$, als Stähle für die im Einsatz zu härtenden Zahnräder werden die Sorten $\frac{E\,F\,60\,O}{Z}$ und $\frac{A\,4\,J}{Z}$ bezeichnet usw.

Die verhältnismäßig hohe Inanspruchnahme, die hier zugelassen werden muß, erklärt sich aus der Rücksicht auf das Gewicht. Sie ist im übrigen bei diesen überaus zähen Baustoffen nicht so bedenklich, weil diese gelegentlich auch über die Streckgrenze hinaus beansprucht werden dürfen, ohne daß deshalb der betreffende Teil schon gefährdet wäre. Bei wiederholter Inanspruchnahme über die Streckgrenze hinaus tritt allerdings an der betreffenden Stelle eine Ermüdung ein, die den Bruch zur Folge hat.

In ähnlicher Weise sind nachstehend auch die zulässigen Beanspruchungen für Stähle des Krefelder Stahlwerkes und der Bismarckhütte zum unmittelbaren Gebrauch angeführt:

Krefelder Automobil-Spezialstähle.

		K. St. 3 naturhart		Z. R. 2 naturhart		K. St. 2 naturhart		K. St. 1 im Einsatz härtbar		Z. R. 1 im Einsatz härtbar	
		von	bis	von	bis	von	bis	von	bis	von	bis
k_z	I	16,25	19,25	14,0	17,0	22,0	25,0	11,25	14,25	14,0	17,0
	II	10,8	12,8	9,4	11,4	14,6	16,6	7,5	9,5	9,4	11,4
	III	5,4	6,4	4,7	5,7	7,3	8,3	3,75	4,75	4,7	5,7
k_d	I	16,25	19,25	14,0	17,0	22,0	25,0	11,25	14,25	14,0	17,0
	II	10,8	12,8	9,4	11,4	14,6	16,6	7,5	9,5	9,4	11,4
k_b	I	16,25	19,25	14,0	17,0	22,0	25,0	11,25	14,25	14,0	17,0
	II	10,8	12,8	9,4	11,4	14,6	16,6	7,5	9,5	9,4	11,4
	III	5,4	6,4	4,7	5,7	7,3	8,3	3,75	4,75	4,7	5,7
k_s	I	11,3	15,4	11,2	13,6	17,6	20,0	9,0	11,4	11,2	13,6
	II	8,6	10,2	7,4	9,0	11,7	13,3	6,0	7,6	7,4	9,0
	III	4,3	5,1	3,7	4,5	5,85	6,65	3,0	3,8	3,7	4,5
k_t	I	12,2	14,2	10,5	12,9	16,5	8,9	8,45	10,85	10,5	12,9
	II	8,2	9,8	7,0	8,6	11,0	12,6	5,6	7,2	7,0	8,6
	III	4,1	4,9	3,5	4,3	5,5	6,3	2,8	3,6	3,5	4,3

Die Baustoffe.

Bismarckhütte-Automobil-Spezialstähle.

		F. A. E. im Einsatz härtbar, roh		N. C. 6 roh		N. C. 4 roh		N. 4 E. im Einsatz gehärtet		N. C. 4 im Einsatz gehärtet	
		von	bis	von	bis	von	bis	von	bis	von	bis
k_z	I	12,5	15,5	22,5	30,0	18,75	25,0	25,0	30,0	37,5	50,5
	II	8,3	10,3	15,0	20,0	12,5	16,6	16,6	20,0	25,0	33,0
	III	4,15	5,15	7,5	10,0	6,25	8,3	8,3	10,0	12,5	16,5
k_d	I	12,5	15,5	22,5	30,0	18,75	25,0	25,0	30,0	37,5	50,0
	II	8,3	10,3	15,0	20,0	12,5	16,6	16,6	20,0	25,0	33,0
k_b	I	12,5	15,5	22,5	30,0	18,75	25,0	25,0	30,0	37,5	50,0
	II	8,3	10,3	15,0	20,0	12,5	16,6	16,6	20,0	25,0	33,0
	III	4,15	5,15	7,5	10,0	6,25	8,3	8,3	10,0	12,5	16,5
k_s	I	10,0	12,4	18,0	24,0	15,0	17,4	20,0	24,0	30,0	40,0
	II	6,6	8,2	12,0	16,0	10,0	11,6	13,3	16,0	20,0	26,0
	III	3,3	4,1	6,0	8,0	5,0	5,8	6,65	8,0	10,0	13,0
k_t	I	9,4	11,8	16,0	22,0	14,1	18,75	18,75	22,0	28,0	37,5
	II	6,2	7,8	11,2	15,0	9,4	12,5	12,5	15,0	18,6	25,0
	III	3,1	3,9	5,6	7,5	4,7	6,25	6,25	7,5	9,3	12,5

Die Auswahl unter den hier angeführten Baustoffen wird, worauf schon mehrfach hingewiesen worden ist, durch die Rücksicht auf den Preis bestimmt. Es ist daher nicht angängig, von irgendeinem bestimmten zu sagen, daß er sich z. B. für Wellen in erster Linie eignet, besser als irgendein anderer. Da es heute nicht mehr wie zur Zeit der großen Rennen Aufgabe des Konstrukteurs sein kann, den Wagen um jeden Preis so leicht wie möglich herzustellen, so ist die Wahl der geeigneten Baustoffe fast nur mehr Sache der Kalkulation[1]). In der Tat kann man aus allen hier angeführten Stoffen brauchbare Wagenteile erhalten. Um nur ein Beispiel herauszugreifen:

Revillon[2]) hat eine Untersuchung veröffentlicht, in der er nachweist, daß für die Herstellung von Zahnrädern ganz verschiedene Arten von Stählen in Betracht kommen können, wenn sie nur die Eigenschaften aufweisen, daß sie sich leicht bearbeiten und gut härten lassen. Die Untersuchung erstreckt sich auf 26 verschiedene Stähle, die in vier Gruppen geteilt sind:

1. Stähle ohne Nickel oder Chrom, die wegen ihres geringen Herstellungspreises gebraucht werden,

2. Nickel-Chromstähle mit wenig Kohlenstoff, in Wasser mit oder ohne darauffolgendes Anlassen härtbar,

3. Nickel-Chromstähle mit geringem Gehalt an Nickel und Chrom, in Öl oder Wasser gehärtet,

4. Nickelstähle mit hohem Nickelgehalt und mit oder ohne Chrom.

Aus jeder Stahlsorte wurden Zahnräder hergestellt, die in einem 15 PS-Getriebe 70 Std. lang laufen mußten. Das Ergebnis der Versuche war:

In jeder der 4 Gruppen finden sich Stähle, die mehr oder weniger zur Herstellung von Getrieben geeignet sind.

Stähle ohne Nickelgehalt sind billige Handelserzeugnisse, aus denen wohl harte Getriebe gemacht werden können, aber diese sind sehr spröde. Sie können vielfach verwendet werden, erfordern aber eine schwierige, ihrer Zusammensetzung angepaßte Wärmebehandlung.

Weiche Nickelstähle, die in Wasser abgeschreckt werden, sind ungenügend hart, geben aber im Einsatz gehärtet hochwertige Zahnräder.

Mit wachsendem Kohlenstoffgehalt finden sich Stähle, die sich an der Luft oder in Öl abschrecken lassen und deren Eigenschaften in bezug auf Schlagfestigkeit und Dehnung mit wachsendem Nickelgehalt besser werden.

Das Ausglühen muß immer sorgfältig durchgeführt werden, damit der Stahl für die Bearbeitung weich genug gemacht wird; nach der Bearbeitung des Stückes genügt es, den Stahl an der Luft abzukühlen, um genügende Härte und Schlagfestigkeit zu erreichen.

Der große Nachteil dieser Stähle ist ihre hohe Empfindlichkeit gegen den geringsten Wechsel in der Zusammensetzung, der sie — z. B. bei zu großem Gehalt an Nickel oder Kohlenstoff — entweder unbearbeitbar oder an der Luft unhärtbar machen kann. In solchen Fällen

---

[1]) Vgl. Motorwagen 1910, S. 635. [2]) Metallurgie 1909, S. 400.

hilft das Härten in Öl, aber man ist dann nicht mehr dagegen geschützt, daß sich die Stücke beim Härten verziehen. Stähle mit hohem Gehalt an Nickel sind außerdem sehr teuer.

Ähnliche Ergebnisse würde auch eine Untersuchung geliefert haben, die sich auf die Verwendbarkeit dieser Stähle für andere Maschinenteile erstreckt hätte.

In der Erforschung des Verhaltens der Chromnickelstähle bei der Wärmebehandlung hat man insbesondere unter dem Einfluß der gesteigerten Erzeugung der Kraftwagen und Flugmotoren im Laufe der letzten Jahre große Fortschritte gemacht. Abb. 58 und 59[1]) zeigen z. B. die Ergebnisse von planmäßigen Versuchen über den Einfluß der Anlaßtemperatur bei zwei Arten von Chromnickelstahl, aus denen man je nach dem gerade in Betracht kommenden Zweck die geeignete Art der Vergütung entnehmen kann.

Daneben hat man für die verschiedenen Teile der Maschinen und des Getriebes gewisse allgemeine Richtlinien geschaffen, welche die Auswahl unter den verfügbaren Stahlarten erleichtern. Zum Teil sind diese Richtlinien von dem Mangel an Nickel beeinflußt, der im Laufe der letzten Jahre aufgetreten war, und von dem Bestreben geleitet, hier geeigneten Ersatz eintreten zu lassen. Man kann danach für die Wahl der Stahlart folgende allgemeine Gesichtspunkte aufstellen:

Bei reinem Kohlenstoffstahl richtet sich die Zusammensetzung ganz nach der Art der Stücke, zu denen es verarbeitet werden soll. Für die Herstellung gewöhnlicher Schrauben eignet sich z. B. ein kalt gezogener Siemens-Martin-Stahl mit 0,15 bis 0,25 v. H. Kohlenstoff- und 0,5 bis 0,8 v. H. Mangangehalt, der bei 50 mm Prüflänge 35 kg/mm² Streckgrenze, 10 v. H. Dehnung und 35 v. H. Kontraktion liefert. Sollen gehärtete Teile aus reinem Kohlenstoffstahl hergestellt werden, wie

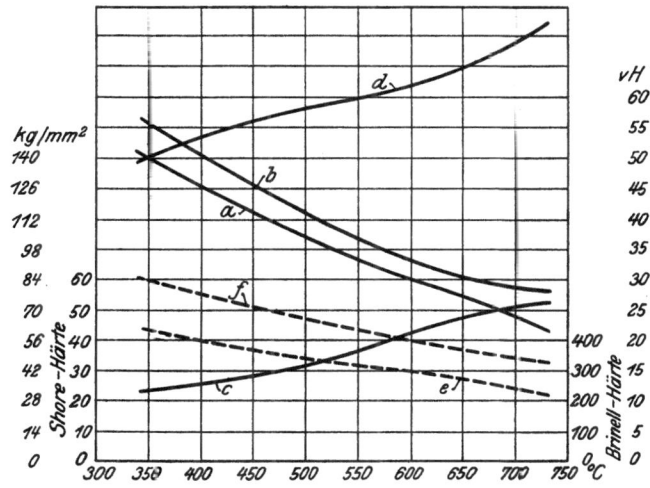

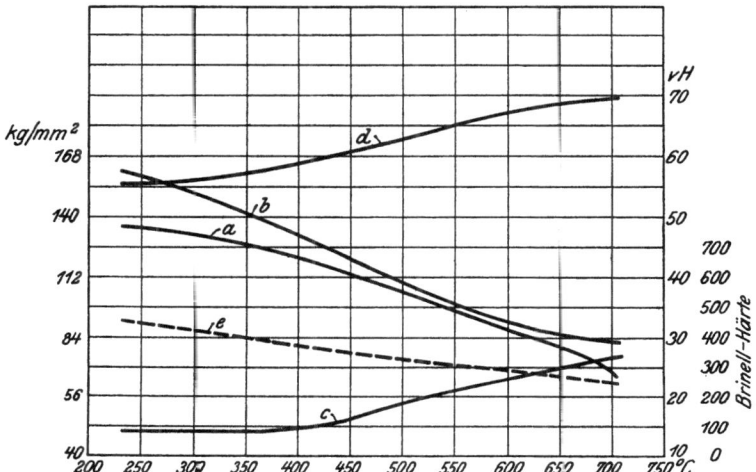

a Streckgrenze, b Zerreißfestigkeit, c Dehnung auf 50,8 mm Länge, d Kontraktion, e Brinellhärte, f Shore-Härte.
Abb. 58 und 59. Einfluß der Anlaßtemperatur auf zwei Arten von Chromnickelstahl.

Steuerwellen von Maschinen oder Zapfen für die Gestänge von Bremsen, so kann man die gleiche Stahlart verwenden, wobei man die zu härtenden Teile bei 900 bis 930° C auf die erforderliche Tiefe zementiert, langsam abkühlen läßt oder abschreckt, dann wieder auf 750 bis 780° erhitzt, um das Korn zu verfeinern, und in Wasser abschreckt. Zu beachten ist dabei, daß man bei größeren Teilen nicht zu schnell abkühlen darf, obgleich dies für das Gefüge vorteilhaft wäre, weil sich die Stücke so stark verziehen, daß sie nicht mehr gerade gerichtet werden können.

Vor der Verwendung von Bessemerstahl wird vielfach gewarnt, da er Einschlüsse von starkem Phosphor- und Schwefelgehalt aufweisen kann, die das bearbeitete Stück unverwendbar machen, und überhaupt in der Zusammensetzung nicht jene Gleichförmigkeit erreicht, die notwendig ist, wenn Störungen in der geregelten Massenerzeugung vermieden werden sollen. Auch für Schmiedeteile empfiehlt es sich daher, selbst wenn keine besonderen Ansprüche

---

[1]) Mech. Engg., September 1920, S. 502.

an sie gestellt werden, Siemens-Martin-Stahl zu verwenden, wobei man den Gehalt an Kohlenstoff auf 0,25 bis 0,35 v. H. steigern kann. Bei der Verarbeitung ist namentlich auf die Gefahr der Verbrennung oder Überhitzung während des Schmiedens sowie auf das Auftreten von harten Stellen zu achten, die man vermeiden kann, wenn man die ausgeschmiedeten Teile bei 860 bis 885° ausglüht, in Wasser abschreckt, auf 535 bis 590° anläßt und dann nochmals abschreckt oder langsam abkühlen läßt.

Wichtigere Schmiedeteile werden aus Stahl mit höherem Kohlenstoffgehalt hergestellt. Z. B. wird für Vorderachsen und Pleuelstangen von Lastkraftwagen ein Stahl mit 0,28 bis 0,33 v. H. Kohlenstoff- und 0,50 bis 0,65 v. H. Mangangehalt benützt, der nach dem Vergüten 62 bis 72 kg/mm² Zugfestigkeit, 44 bis 50 kg/mm² Streckgrenze und 20 bis 25 v. H. Dehnung bei 55 bis 65 v. H. Kontraktion aufweist. Für Zylinder, Naben usw. kommt ein Stahl von 0,4 bis 0,5 v. H. Kohlenstoff- und 0,5 bis 0,8 v. H. Mangangehalt in Betracht, der nach dem Vergüten 49 kg/mm² Streckgrenze und 10 v. H. Dehnung bei 45 v. H. Kontraktion erreicht. Anderseits kann man für Bleche, namentlich solche, die weitgehende Preßarbeit erfahren, wie z. B. die Kühlwassermäntel von Stahlzylindern, nur einen Stahl mit sehr niedrigem Kohlenstoffgehalt (0,05 bis 0,15 v. H.) brauchen, wobei man darauf achten muß, daß die Oberfläche des Bleches beim Verarbeiten nicht verletzt wird, weil solche Stellen den Ausgang für Ermüdungsbrüche bilden können. Ausglühen der fertig gepreßten Teile ist in jedem Fall zweckmäßig.

Wo es aus Rücksichten auf die Kosten zweckmäßig erscheint, kann man heute bei manchen Teilen, die hoch beansprucht werden, durch Anwendung der Ersatzstähle[1]) die teuren legierten Stähle vielfach vermeiden. So zeigt die nachstehende Zahlentafel einige nickelfreie Stähle der bekannteren Hüttenwerke zum Vergleich neben den entsprechenden Chromnickelstählen.

Hüttenwerk		Marke	Zugfestigkeit kg/mm²	Streckgrenze kg/mm²	Dehnung v. H.	Kontraktion v. H.
Bergische Stahlindustrie Remscheid	C	KWD	90—100	75—85	12—15	50—60
	E	BSJ	80— 90	55—65	10—15	40—50
Poldihütte Kladno	C	Victrix	110	100	9	60
	E	MNW	75	50	14	55
Bismarckhütte Berlin	C	NKH	90	70	12	50
	E	SK	90	65	15	45
Krefelder Stahlwerk	C	NHC	90—95	85—90	14—10	50—55
	E	CSH	85—95	70—80	14—10	45

C = Chromnickelstahl. E = Ersatzstahl.

Durch Versuche ist nachgewiesen worden, daß man hinsichtlich der Festigkeit an die Ersatzstähle ziemlich die gleichen Ansprüche wie an die entsprechenden legierten Stähle stellen darf, wenn auch wahrscheinlich ihre Widerstandsfähigkeit gegen Ermüdung nicht so groß sein wird.

Als die gebräuchlichsten Arten von legierten Stählen kann man heute ansehen:

1. Reiner Nickelstahl mit 3,25 bis 3,75 v. H. Nickelgehalt,
2. Chromnickelstahl mit 1,0 bis 1,5 v. H. Nickel- und 0,45 bis 0,75 v. H. Chromgehalt,
3. Chromvanadiumstahl mit 0,8 bis 1,1 v. H. Chrom und mindestens 0,15 bis 0,25 v. H. Vanadium (besonders in den Vereinigten Staaten verbreitet).

Alle diese Stähle erreichen nach dem Vergüten mindestens 70 kg/mm² Streckgrenze, 16 v. H. Dehnung und 45 v. H. Kontraktion, wenn sie bei 830 bis 860° in Öl abgeschreckt und auf 495 bis 525° angelassen werden. Hinsichtlich der Bearbeitbarkeit steht an erster Stelle der Chromvanadiumstahl, an zweiter Stelle der reine Nickelstahl. Schrauben, z. B. zum Verbinden der Pleuelstangenköpfe, werden möglichst vor dem Schneiden fertig vergütet, damit sie genau bleiben, bei anderen Teilen kann man die letzte Stufe des Vergütens vor die letzte Bearbeitungsstufe einschalten, um die Kosten der Bearbeitung zu verringern.

Neben diesen allgemeinen Regeln sind noch besondere Erfahrungen zu berücksichtigen, die sich auf bestimmte Einzelteile beziehen.

So verwendet man für hochbeanspruchte Pleuelstangen von schnellaufenden Wagenmaschinen oder Flugmotoren entweder Chromnickelstahl mit 2,75 bis 3,25 v. H. Nickel- und 0,7 bis 0,95 v. H. Chromgehalt oder einen Chromvanadiumstahl mit 0,8 bis 1,1 v. H. Chrom- und 0,15 v. H. Vanadiumgehalt, die beide etwa 0,3 bis 0,4 v. H. Kohlenstoff enthalten sollen. Nach der fertigen Vergütung erzielt dieser Stahl mindestens 73,5 kg/mm² Streckgrenze bei

---

[1]) „Rohstoffersatz", Verlag des V. d. I., Berlin 1920.

17,5 v. H. Dehnung und 50 v. H. Kontraktion, wobei man, um die Bearbeitung zu erleichtern, das endgültige Härten erst nach der Bearbeitung vornimmt. Allerdings muß dann jedes Stück zweimal abgeschreckt werden, was namentlich Chromnickelstahl schlecht verträgt. Störend für die Vergütung ist auch, daß man die Pleuelstangen beim Einbau immer noch kalt biegen muß, wodurch Risse entstehen können.

Für die Kurbelwellen, wohl die am höchsten beanspruchten Bauteile eines Motorwagens, ist ein Stahl mit 1,75 v. H. Nickel- und 0,7 bis 0,9 v. H. Chromgehalt geeignet, der auf eine Streckgrenze von 81,2 kg/mm² vergütet wird. Bei der Wärmebehandlung ist namentlich auch darauf zu achten, daß das Stück leicht Risse erhält, wenn es beim Abschrecken zu weit abgekühlt wird, und daß scharfe Querschnittänderungen oder Verletzungen der Oberfläche wiederholt den Ausgang von Ermüdungsrissen gebildet haben. Bei der Prüfung der fertig geschliffenen Wellenzapfen unter der Lupe bemerkt man oft feine Haarrisse, die scheinbar nur an der Oberfläche liegen. Diese Risse sind vermutlich durch nichtmetallische Einschlüsse (Mangansulfid) verursacht und von durchgehenden Fehlern, deren Ursachen Lunker oder andere Blasen sind, genau zu unterscheiden. Sie sind erfahrungsgemäß auch ungefährlich, wenn sie in der Richtung der Fasern des Stahles und nicht in den stark beanspruchten Hohlkehlen liegen. Da sie bei Wellen aus hochlegiertem Chromnickelstahl häufiger auftreten, ist der angeführte Stahl mit niedrigerem Nickelgehalt für Kurbelwellen vorzuziehen.

Kolbenbolzen stellt man aus einem Nickelstahl mit 3,25 bis 3,75 v. H. Nickel- und 0,1 bis 0,2 v. H. Kohlenstoffgehalt her, der die erforderliche Widerstandsfähigkeit gegen Abnützung und Ermüdung erlangt, wenn man die fertig gebohrten Bolzen nach zweimaligem Abschrecken bei 830 bis 860° und bei 725 bis 750° auf 190 bis 205° anläßt. Gelegentlich werden auch Bolzen aus wesentlich weicherem Stahl in Verbindung mit Kolbenbolzenbüchsen aus Gußeisen verwendet, die, ähnlich den Patentachsbüchsen gebohrt und lose im Pleuelstangenauge gelagert sind, so daß sie auf beiden Seiten laufen können.

Sehr schwierig ist auch die Wahl der Stahlart für Zahnräder, weil dabei die Art der Verwendung berücksichtigt werden muß. Für die Zahnräder der Steuerwellenantriebe von Maschinen ist z. B. die Sicherheit gegen Brüche infolge von Stößen wichtiger als die Widerstandsfähigkeit gegen Abnützung; daher geht man beim Vergüten der Schmiedestücke, die aus Chromnickelstahl von 2,75 bis 3,25 v. H. Nickel- und 0,7 bis 0,95 v. H. Chromgehalt oder aus Chromvanadiumstahl von 0,8 bis 1,1 v. H. Chrom- und 0,15 v. H. Vanadiumgehalt hergestellt werden, mit dem Anlassen bis auf 345 bis 370°, so daß die Oberflächenhärte nur 55 bis 65 Skleroskopgrade erreicht. Handelt es sich dagegen um Zahnräder für den Wagenantrieb, bei denen aus Rücksicht auf etwaiges Fahrgeräusch die Abnützung möglichst gering bleiben soll, so soll die Härte 72 bis 80 Skleroskopgrade betragen. Bei der Wahl der Stahlart spielt außerdem die Bearbeitbarkeit, die Neigung zur Blasen- und Lunkerbildung, endlich auch die Neigung zum Verziehen beim Härten der fertig bearbeiteten Zahnräder eine wichtige Rolle. Hier richten sich die Erfahrungen unter Umständen auch nach der besonderen Eigenart des Betriebes, so daß die Urteile über eine und dieselbe Stahlart auch ganz verschieden ausfallen können, vgl. die beigefügte Zahlentafel[1]).

Amerikanische Stähle für Getrieberäder.

Nr.	C v. H.	Mn v. H.	Si v. H.	P v. H.	S v. H.	Cr v. H.	Ni v. H.	El.-Gr. kg/mm²	Festigk. kg/mm²	Dehn. v. H.	Kontr. v. H.	Brinell-Härte	Skleroskophärte		Kerbschlag-Ziffer
													innen	außen	
I. für Oberflächenhärtung																
1	0,20	0,50	0,20	0,04	0,04	—	—	35	52,5	20	55	190	30	90	18
2	0,20	0,60	0,20	0,04	0,04	0,40	1,25	70	105	12	40	287	40	90	10
3	0,20	0,60	0,20	0,04	0,04	—	3,50	73,5	112	13	45	302	50	90	11
4	0,15	0,40	0,20	0,04	0,04	—	4,75	87,5	122,5	15	50	321	54	90	10
5	0,17	0,40	0,20	0,03	0,03	1,00	1,75	98	126	13	50	340	58	90	11
6	0,12	0,40	0,20	0,03	0,03	1,25	4,00	105	140	13	52	375	60	90	10
II. für durchgehende Härtung																
7	0,50	0,40	0,20	0,03	0,03	1,00	1,75	182	210	6	16	495	76	—	5
8	0,50	0,40	0,20	0,03	0,03	0,70	3,00	164,5	182	7	18	444	74	—	5
9	0,40	0,40	0,20	0,03	0,03	1,25	3,50	17,5	199,5	6	18	490	76	—	5
10	0,30	0,40	0,20	0,03	0,03	1,50	4,50	154	183,5	9	22	460	70	—	7

Nr. 1—3 ganz allgemein im Gebrauch. — Nr. 7—10 zu teuer, bei uns überhaupt nicht üblich, anscheinend aber in Amerika, wo man durchgehend gleiche Härte der Zähne manchmal vorzieht. — Nr. 10 lufterhärtender Stahl.

---

[1]) Machinery, Mai 1919.

Zahnräder, über die Ketten laufen, sollen im allgemeinen nicht gehärtet werden, damit sich die Ketten nicht zu schnell abnützen. Das gilt namentlich auch für die Räder der Kettenantriebe bei Lastkraftwagen, während die Schnecken für Schneckenantriebe im Einsatz gehärtet werden.

Für Preßblechrahmen verwendet man, wenn man auf geringes Gewicht Wert legt, Nickelstahl mit rd. 3 v. H. Nickel. Stahl für Federn enthält allgemein 0,55 bis 0,6 v. H. Kohlenstoff, 0,96 bis 1,15 v. H. Silizium, 0,35 bis 0,5 v. H. Mangan und 0,65 bis 0,8 v. H. Chrom und muß seine Widerstandsfähigkeit gegen Annahme von dauernden Formänderungen durch Dauerproben erweisen.

Bei den Ventilen endlich spielt die Hitzebeständigkeit des Stahles eine große Rolle. Wie außerordentlich verschieden das Verhalten verschiedener Stahlarten in dieser Hinsicht sein kann, zeigt Abb. 60[1]), worin die Ergebnisse einiger Abbrandmessungen zusammengestellt sind. Im übrigen wird die Wahl der Stahlart auch durch die anderen Anforderungen an die Ventile bestimmt, da neben der Sicherheit gegen Abbrand auch die Abnutzungen der Spindel in der Führung und an dem gehärteten Kopf, das Auftreten von bleibenden Verbiegungen der Spindel oder des Ventiltellers sowie die Bildung von Rissen am Übergang von Ventilteller zu Ventilspindel und das Abreißen des Ventiltellers zu berücksichtigen sind. Alle diese Gefahren werden aber letzten Endes von dem Grad der Wärmebelastung des Ventiles bestimmt, so daß diese einen Maßstab für die Anforderungen bilden können, die man an den Ventilstahl zu stellen hat.

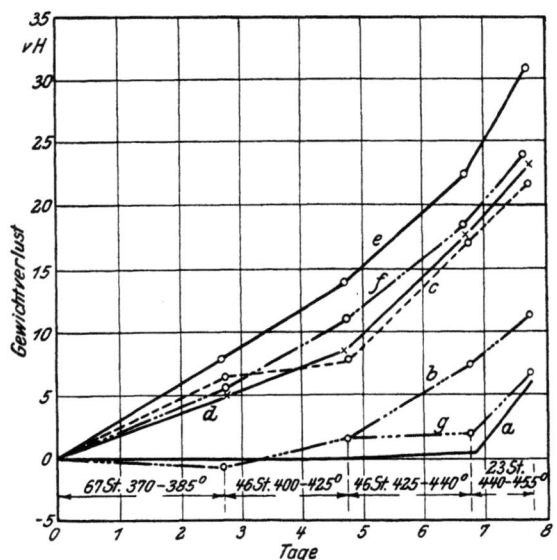

a Nichtrostender Stahl, *b* Schnelldrehstahl, *c* Chromnickelstahl, *d* Chromnickelstahl 3 v. H., *e* Nickelstahl 5 v. H., *f* Kohlenstoffstahl 0,3 v. H., *g* Nickelstahl 25 v. H.

Abb. 60. Ergebnisse von Abbrandmessungen an Stahl.

Auf Grund der Untersuchungen von Aitchison[2]) kann man allen Anforderungen entsprechen, wenn man drei Arten von Ventilstählen auswählt: Für alle Einlaßventile und Auslaßventile, die nicht über 600° Betriebstemperatur erreichen, einen Nickelstahl von rd. 3 v. H., für Ventile mit 600 bis 760° C Betriebstemperatur einen Chromstahl von rd. 10 v. H., der allerdings beim Bearbeiten leicht Schwierigkeiten bereitet, und für die höchsten Ansprüche einen Chrom-Wolframstahl mit 3,75 v. H. Chrom- und 16 v. H. Wolframgehalt, der den Vorzug hat, seine hohe Festigkeit auch bei der Glühtemperatur beizubehalten, also namentlich für hochleistende Flugmotoren in Betracht kommt, wo auch die Kosten nicht so sehr in die Wagschale fallen.

Einen gewissen Anhalt zur Beurteilung des Einflusses der Betriebstemperatur auf die Festigkeitseigenschaften von Stählen, der in gewissen Fällen auch bei der Wahl der Stahlart berücksichtigt werden muß, bietet die nachstehende, aus Versuchen von Lea[3]) entnommene Zahlentafel; leider erstrecken sich diese Versuche zunächst nur wenig über die bei Dampfkraftmaschinen vorkommenden Temperaturen hinaus. Sie zeigen aber doch sehr deutlich, daß die legierten Stähle bei höheren Betriebstemperaturen wesentlich sicherer als gewöhnliche Kohlenstoffstähle sind.

Einfluß der Temperatur auf die Festigkeitseigenschaften von Stählen.

Stahlart	Temperatur °C	Zugfestigkeit kg/mm²	Streckgrenze kg/mm²	Dehnung v. H.	Kontraktion v. H.
Warmgewalzt 0,65 v. H. C 0,80 v. H. Mn	16	78,01	48,37	22,5	43,0
	100	73,8	45,25	12,7	23,9
	200	75,36	37,45	11,0	33,1
	300	78,95	18,73	11,0	21,5
	400	66,16	15,61	22,0	72,4
	500	39,95	11,71	30,0	81,6

[1]) Mech. Engg., September 1920, S. 504.　[2]) Engineer, 26. Dezember 1919.　[3]) Eng., 16. Februar 1923.

Einfluß der Temperatur auf die Festigkeitseigenschaften von Stählen. (Fortsetzung).

Stahlart	Temperatur °C	Zugfestigkeit kg/mm²	Streckgrenze kg/mm²	Dehnung v. H.	Kontraktion v. H.
Legierter Stahl 0,35 v. H. C, 0,60 v. H. Cr, 3,25 v. H. Ni	16	102,05	90,68	16,1	57,1
	16	102,67	—	16,0	58,8
	100	97,68	73,33	13,5	53,1
	200	98,46	70,21	12,0	56,0
	300	101,73	62,41	7,5	17,57
	400	78,79	40,57	11,5	49,0
	500	49,62	—	20,0	76,5
Derselbe Stahl geglüht	16	95,67	46,81	23,0	57,2
	100	68,81	39,01	22,0	52,9
	200	67,87	38,23	22,5	60,0
	250	69,51	34,33	13,5	30,1
	300	76,76	26,53	13,0	18,5
	350	74,11	24,19	16,5	32,0
Vergüteter Stahl 0,35 v. H. C, 1,00 v. H. Cr, 1,25 v. H. Ni	16	85,82	67,09	20,0	60,5
	100	80,98	60,85	16,0	57,3
	200	79,10	56,17	15,0	55,0
	300	82,70	51,49	11,6	50,2
	400	74,11	48,37	14,0	53,6

Zur Erleichterung der Auswahl geeigneter Stahlarten für Teile von Fahrzeugmaschinen ist endlich die nachstehende Übersicht[1]) beigefügt, die auf Grund der neuesten Ansichten zusammengestellt worden ist.

Stahlarten für die wichtigsten Teile einer Fahrzeugmaschine.

Bauteile	Chem. Zusammensetzg.	Festigkeitsvorschriften	Art der Warmbehandlung
Zu härtende Teile: Steuerwellen, Stößel, Drucklager, kalt gezogenes Rohr	Kohlenstoff 0,10—0,20 Mangan 0,3—0,6 Schwefel bis 0,04 Phosphor bis 0,045	Härte 75° Zugfestigkeit 38,5 Streckgrenze 24,5 Druckprobe ohne Rißbildung	8std. Glühen bei 900—925° 1. Abschrecken bei 900—910° 2. Abschrecken bei 785—800° Anlassen auf 150° oder mehr
Blechteile, Stoßstangen, Schwinghebel	Kohlenstoff 0,2—0,3 Mangan 0,3—0,4 Schwefel bis 0,045 Phosphor bis 0,045	Zugfestigkeit 42 Streckgrenze 28 Dehnung 16 v. H. Kontraktion 50 v. H.	Abschrecken bei 840—900° und Glühen, wenn erforderlich
Muttern für Wasserpumpenwellen u. dgl.	Kohlenstoff 0,3—0,4 Mangan 0,5—0,8 Schwefel bis 0,045 Phosphor bis 0,045	Zugfestigkeit 63 Streckgrenze 42 Dehnung 15 v. H. Kontraktion 50 v. H.	Abschrecken bei 830—855° und Glühen, wenn erforderlich
Stehbolzen für Zylinder, Hauptlager, Kurbelgehäuse-, Pleuelstangenschrauben, alle anderen Schraubenbolzen, Zahnräder	Kohlenstoff 0,25—0,35 Mangan 0,5—0,8 Schwefel bis 0,045 Phosphor bis 0,045 Chrom 0,4—0,7 Nickel 1,0—1,5	Zugfestigkeit 105 Streckgrenze 91 Dehnung 14 v. H. Kontraktion 40 v. H. Brinellhärte bei Zahnrädern 325—365°	Abschrecken in Öl bei 840—850°, Anlassen auf 475—490°, Zahnräder auf 425°
Kolben- und Schwinghebelbolzen	Kohlenstoff 0,3—0,4 Mangan 0,3—0,6 Schwefel bis 0,045 Phosphor bis 0,04 Chrom 1,0—1,5 Nickel 3,0—3,5	Zugfestigkeit 112,5 Streckgrenze 98 Dehnung 12 v. H. Kontraktion 40 v. H.	1. Abschrecken in Öl bei 825—840° 2. Abschrecken in Öl bei 790—800°, Anlassen auf 425—440°
Kurbelwelle, Pleuelstangen	Kohlenstoff 0,35—0,45 Mangan 0,6—0,9 Schwefel bis 0,04 Phosphor bis 0,04 Chrom 0,8—1,25	Zugfestigkeit 91 Streckgrenze 77 Dehnung 15 v. H. Kontraktion 40 v. H. Brinellhärte 260—290°	Glühen bei 845—860°. Langsam abkühlen. Abschrecken in Öl bei 820—835°. Anlassen auf 580—595°
Ventile	Kohlenstoff 0,45—0,65 Mangan 0,2—0,3 Schwefel bis 0,03 Phosphor bis 0,03 Chrom 2,5—3,25 Wolfram 13,0—14,0	—	—

[1]) Automot. Ind., 20. Januar 1921.

Stahlarten für die wichtigsten Teile einer Fahrzeugmaschine (Fortsetzung).

Bauteile	Chem. Zusammensetzg.	Festigkeitsvorschriften	Art der Warmbehandlung
Ventilfedern	Kohlenstoff 0,4—0,5 Mangan 0,6—0,9 Schwefel bis 0,04 Phosphor bis 0,04 Chrom 0,9—1,2 Vanadium 0,15	Zugfestigkeit 119 Streckgrenze 112 Dehnung 16 v. H. Kontraktion 55 v. H.	1. Abschrecken in Öl bei 910—930° 2. Abschrecken in Öl bei 855—875° Anlassen auf 525—540°
Kugellager	Kohlenstoff 0,85—1,2 Mangan 0,20—0,35 Schwefel bis 0,02 Phosphor bis 0,02 Silizium 0,18—0,24 Chrom 1,3—1,6	Feilenhärte, Prüfung auf Sprödigkeit	Erhitzen im Salzbad auf 815—830°. Abschrecken in Öl. Anlassen in Öl auf 300°
Kugeln	Kohlenstoff 0,9—1,05 Mangan 0,3—0,45 Schwefel bis 0,025 Phosphor bis 0,025 Silizium bis 0,2 Chrom 1,1—1,3	Druckfestigkeit nach der Dreikugelmethode 1 n Durchm. 30,5 t $^3/_4\pi$ „ 20,4 t $^1/_2\pi$ „ 20,4 t $^3/_8\pi$ „ 5,45 t	Abschrecken bei 790—815° Anlassen auf 260°

Die Brennstoffe.

Für den Betrieb der Maschinen von Motorwagen mit Verbrennungsmaschinen kommen ausschließlich flüssige Brennstoffe in Betracht, deren hohem Arbeitsvermögen im Verhältnis zu ihrem Gewicht und ihrem Rauminhalt es nicht zuletzt zuzuschreiben ist, daß die Motorwagen fast durchweg mit Verbrennungsmaschinen ausgerüstet werden. Da diese Brennstoffe verdampft werden müssen, bevor sie, mit Luft zu einem zündfähigen Gemisch vermengt, in den Zylinder der Maschine gelangen, so ist die Auswahl unter den verfügbaren flüssigen Brennstoffen von vornherein auf solche beschränkt, die schon bei gewöhnlicher Temperatur verdampft werden können.

Als solche stehen heute drei Arten von Brennstoffen zu Gebote: Benzin, Benzol und Spiritus.

Benzin.

Unter der Bezeichnung Benzin versteht man ein Erzeugnis der Erdöldestillation, dessen spezifisches Gewicht zwischen 0,68 und 0,72 liegt und das zwischen 60° und 120° C vollständig verdampft. Im Handel unterscheidet man allerdings viele verschiedene Sorten, deren Verdampfungsgrenzen teilweise auch außerhalb der genannten Zahlen liegen. So erzeugt man nach Schmitz[1]) aus galizischem Erdöl folgende Benzinarten:

Handelsübliche Benzinarten.

Bezeichnung	Spez. Gewicht bei 15° C	Siedegrenzen ° C
Gasolin I (Petroläther)	0,65 —0,66	30— 80
Gasolin II (Leichtbenzin)	0,66 —0,68	30— 95
Auto-Luxusbenzin	0,69 —0,7	50—105
Automobilbenzin I	0,7 —0,705	50—110
Motorenbenzin I	0,715—0,72	50—115
Handelsbenzin	0,725—0,735	70—115
Waschbenzin (Ligroin)	0,74 —0,75	80—120
Schwerbenzin (Mineralterpentinöl, Lackbenzin)	0,75 —0,76	80—130

Da das natürliche Erdöl kein einheitlicher Körper im chemischen Sinne ist, so ist es auch das Benzin nicht. Aus der nachstehenden Übersicht[2]) über die wichtigsten Eigenschaften der Kohlenwasserstoffe der sogenannten Sumpfgas-(CH_4) Reihe läßt sich entnehmen, daß für die Zusammensetzung des Benzins hauptsächlich die Kohlenwasserstoffe der Sumpfgasreihe vom Hexan bis zum Octan in Betracht kommen können.

---

[1]) Schmitz, Dr. L.: Die flüssigen Brennstoffe. Berlin: Julius Springer.
[2]) Sorel, E.: Carburation et combustion dans les moteurs à alcool. Paris 1904, S. 141.

Kohlenwasserstoffe der Sumpfgasreihe.

Bezeichnung	Chemische Formel	Spez. Gewicht		Molekulargewicht	Siedepunkt	Spez. Volumen im verdampften Zustande
		γ	bei °C		°C	m³/kg
Pentan	C_5H_{12}	0,626	17	72	36	0,3100
Hexan	C_6H_{14}	0,663	17	86	68,5	0,2595
Heptan	C_7H_{16}	0,688	15	100	98	0,2232
Octan	C_8H_{18}	0,719	0	114	125	0,1957
Nonan (α)	C_9H_{20}	0,742	12	128	130	0,1744
Decan	$C_{10}H_{22}$	0,757	16	142	161	0,1572
Indecan	$C_{11}H_{24}$	0,756	16	156	194,5	0,1431
Dodecan	$C_{12}H_{26}$	0,755	15	170	214,5	0,1313
Tredecan	$C_{13}H_{28}$	0,778	15	184	234	0,1213
Tetradecan	$C_{14}H_{30}$	0,796	—	198	252	0,1127
Pentadecan	$C_{15}H_{32}$	0,809	—	212	270	0,1052

Die Herstellung des Benzins aus dem Erdöl durch Sammlung derjenigen Bestandteile, welche zwischen 60° und 120° C überdestillieren, sowie durch nachfolgendes mehrfaches Rektifizieren und Reinigen mit Schwefelsäure bedingt, daß von den oben erwähnten Kohlenwasserstoffen außer den Hauptbestandteilen Hexan und Heptan immer noch andere, schwerere oder leichtere in geringen Mengen darin vorhanden sein können.

Ist demnach das spezifische Gewicht bei den oben angeführten reinen Kohlenwasserstoffen ein Maß für die Verdampfbarkeit, so ist es dies für das Benzin, genau genommen, nicht mehr, zumal da es die Fabriken unter dem Einfluß des großen Bedarfes an den mittleren Kohlenwasserstoffen, der sich mit dem Wachstum des Motorwagenverkehrs ausgebildet hat, heute ausgezeichnet verstehen, zu leichte und zu schwere Bestandteile so zu mischen, daß das gewünschte spezifische Gewicht erreicht wird. Im Betrieb verdampfen dann die leicht flüchtigen Teile des Benzins so schnell, daß sie mitunter nicht einmal in die Maschine gelangen, die schweren Teile dagegen verdampfen überhaupt nicht und bringen durch teerartige Niederschläge Störungen an den Zündkerzen, Kolben und Ventilen hervor.

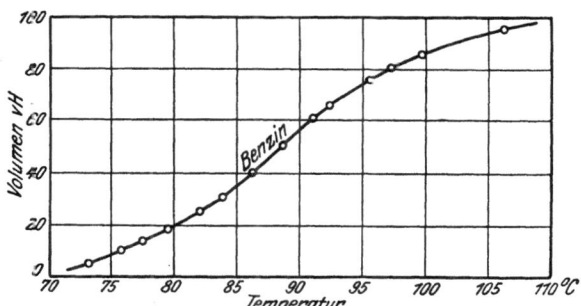

Abb. 61. Beziehung zwischen der verdampften Menge und der Temperatur.

Einen Schutz hiergegen bietet die fraktionierte Verdampfung einer bestimmten Menge des Brennstoffes, wobei man entweder, wie in Abb. 61, eine Beziehung zwischen der verdampften Benzinmenge und der Temperatur aufstellt[1]), so daß man aus der Gleichmäßigkeit des Verlaufes der Verdampfung auf die Zusammensetzung des Benzins schließen kann, oder, wie in Abb. 62 und 63, nach Verdampfen von je $1/10$ der benutzten Benzinmenge die zugehörige Temperatur und das spezifische Gewicht des verdampften Teiles aufzeichnet[2]).

Auch diese Darstellung gestattet, aus dem Verlauf der Temperaturen und spezifischen Gewichte auf die Gleichmäßigkeit der Zusammensetzung des Benzins zu schließen. So zeigt sie sofort, daß, obgleich die in Abb. 62 und 63 untersuchten Brennstoffe annähernd gleiche spezifische Gewichte hatten, der erste von ihnen zum Teil zu leichte, also zu leicht flüchtige, zum Teil zu schwere Kohlenwasserstoffe enthält, somit bei weitem nicht so günstig zusammengesetzt ist, wie der zweite.

Die Ergebnisse einer Reihe von solchen fraktionierten Verdampfungen, die Sorel im Jahre 1902 ausgeführt hat[3]), geben Aufschluß darüber, wie sich die verschiedenen Stoffe der Kohlenwasserstoffreihe in dem Benzin verhalten. Eine davon ist nachstehend als Beispiel wiedergegeben.

---

[1]) Neumann, K.: Untersuchung des Arbeitsprozesses im Fahrzeugmotor. Mitt. üb. Forsch.-Arb., H. 79.
[2]) Heirman: L'automobile à essence. S. 45. Paris 1908.   [3]) a. a. O., S. 126.

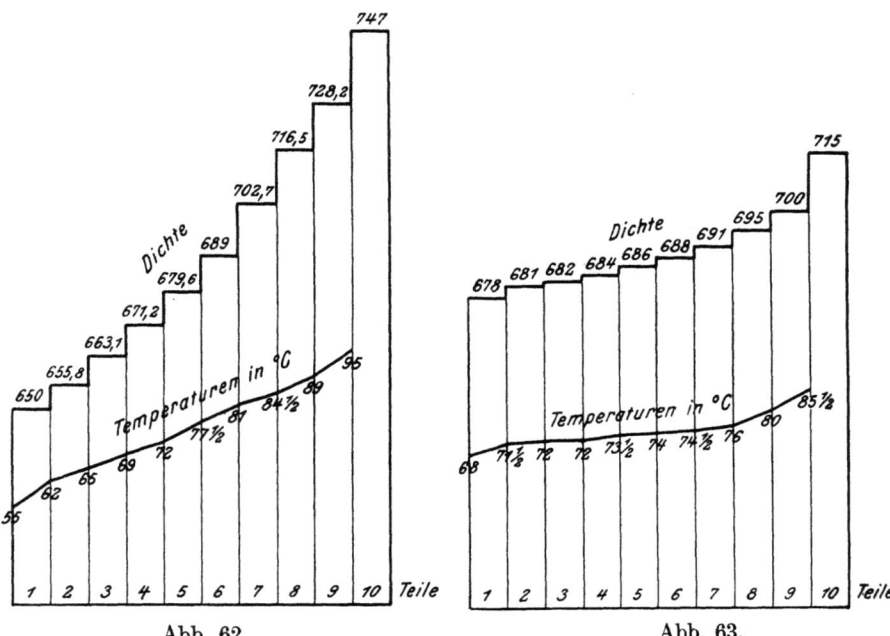

Abb. 62.   Abb. 63.

Abb. 62 und 63. Verdampfen von gleichen Teilen bei steigender Temperatur.

Automobilin (spez. Gewicht 0,699).

Zehntel verdampft	Temperatur °C	Spez. Gewicht des verdampften Teiles	Bestandteile
1	58 bis 64 bis 68	0,664	Spuren von Isopentan.
2	68 bis 72	0,669	Mischung von Hexan und
3	72 „ 76	0,678	Heptan.
4	76 „ 81	0,687	
5	81 „ 87	0,694	In der Hauptsache Heptan.
6	87 „ 95	0,704	
7	95 „ 101	0,715	Heptan bis Nonan (normal).
8	101 „ 109	0,725	Verschiedene Formen des
9	109 „ 127	0,733	Nonans.

Weitere Ergebnisse von ebensolchen Verdampfungen, die vorkommendenfalls auch zum Vergleich herangezogen werden können, zeigt die Zusammenstellung auf S. 48/49, deren Werte teils von Sorel, teils von Heirman herrühren.

Bei der Vielartigkeit der Kohlenwasserstoffe, aus denen ein gegebenes Benzin zusammengesetzt sein kann, ist es ohne Elementaranalyse nicht möglich, die zur Verbrennung von 1 kg dieses Benzins notwendige theoretische Luftmenge zu bestimmen.

Das bei einer solchen Elementaranalyse zu beobachtende Verfahren ist aber verhältnismäßig einfach und in jedem Laboratorium durchführbar. Es besteht lediglich darin, eine gegebene Benzinmenge zu verbrennen und die entstehende Kohlensäure sowie den gebildeten Wasserdampf genau zu wägen.

Neumann[1]) benutzte hierbei ein mit Kupferoxyd als Oxydationsmittel beschicktes Verbrennungsrohr, dem ein an der einen Seite zugeschmolzenes, an der andern Seite mit einem doppelt gebohrten Stopfen geschlossenes Glasrohr mit einem Benzin-Sprengkügelchen vorgeschaltet wurde. Durch das Glasrohr wurde ein getrockneter und gereinigter Luftstrom gesandt, der sich nach dem Zertrümmern des Sprengkügelchens mit Benzin sättigte und in dem Verbrennungsrohr verbrannte, wobei der Kohlenstoff Kohlensäure und der Wasserstoff Wasserdampf bildete. Die Kohlensäure wurde in Kalilauge, der Wasserdampf im Chlorkalziumrohr aufgefangen.

Sobald die chemischen Bestandteile des Benzins bekannt sind, kann man die zur vollständigen Verbrennung erforderliche Luftmenge, die Zusammensetzung der Abgase bei der theore-

---

[1]) Mitt. üb. Forsch.-Arb., H. 79.

tischen, vollständigen Verbrennung und die bei der Verbrennung entstehende Wassermenge leicht berechnen.

Findet man z. B., daß das Benzin aus 14,9 v. H. Wasserstoff und 85,1 v. H. Kohlenstoff zusammengesetzt ist[1]), so gelten folgende Verbrennungsgleichungen:

$$2 H_2 + O_2 = 2 H_2O$$
$$4 \text{ kg} + 32 \text{ kg} = 36 \text{ kg}$$
$$C_2 + 2 O_2 = 2 CO_2$$
$$24 \text{ kg} + 64 \text{ kg} = 88 \text{ kg}$$

und hieraus, wenn man die Raumteile in Kubikmetern bei 15° C und 760 mm Barometerstand ausdrückt

$$0{,}149 \text{ kg } H_2 + 0{,}909 \text{ m}^3 \text{ } O_2 = 1{,}818 \text{ m}^3 \text{ } H_2O$$
$$0{,}815 \text{ kg } C + 1{,}730 \text{ m}^3 \text{ } O_2 = 1{,}730 \text{ m}^3 \text{ } CO_2.$$

Für die Gewichtseinheit von Benzin erhält man folgende Verbrennungsgleichung:

$$1 \text{ kg Benzin} + 2{,}639 \text{ m}^3 \text{ } O_2 = 1{,}730 \text{ m}^3 \text{ } CO_2 + 1{,}818 \text{ m}^3 \text{ } H_2O$$

und mit der theoretischen Luftmenge:

$$1 \text{ kg Benzin} + 12{,}57 \text{ m}^3 \text{ Luft} = 1{,}730 \text{ m}^3 \text{ } CO_2 + 1{,}818 \text{ m}^3 \text{ } H_2O + 9{,}93 \text{ m}^3 \text{ } N_2.$$

Das Gewicht des hierbei entstehenden Wasserdampfes beträgt, auf 15° C und 760 mm Barometerstand bezogen:

$$w = \frac{1{,}818 \cdot 18}{24{,}4} = 1{,}341 \text{ kg}^{2)}.$$

Nach der obigen Berechnung beträgt der Anteil der Kohlensäure an den nicht kondensierbaren Erzeugnissen der Verbrennung, auf den Rauminhalt bezogen

$$\frac{1{,}730 \cdot 100}{1{,}730 + 9{,}93} \simeq 14{,}8 \text{ v. H.}$$

Zu einem ähnlichen, allerdings nur annähernd richtigen Ergebnis kann man gelangen, wenn man nach Grebel[3]) annimmt, daß das Benzin vorzugsweise aus Hexan und Heptan besteht. Die theoretische Verbrennung von Hexan liefert die Gleichung:

$$C_6H_{14} + 19 O = 6 CO_2 + 7 H_2O$$

2 Raumteile + 19 Raumteile = 12 Raumteile + Kondensat.

Da 19 Raumteile Sauerstoff 71,77 Raumteile Stickstoff bedingen und ferner
$$\underline{12{,}0} \qquad \text{,,} \qquad \text{Kohlensäure entstehen, so werden}$$
bei der Verbrennung 83,77 Raumteile nicht kondensierbare Gase gebildet, worin der Anteil der Kohlensäure

$$\frac{12 \cdot 100}{83{,}77} = 14{,}323 \text{ v. H. beträgt.}$$

Auf einem ähnlichen Wege kann man finden, daß bei der theoretischen, vollständigen Verbrennung

Heptan . . . . 14,4 v. H.

und

Octan . . . . 14,5 v. H.

Kohlensäure in den nicht kondensierbaren Verbrennungsrückständen liefern, daß man also für ein gegebenes Benzin von z. B. 0,700 spez. Gewicht, im Mittel auf 14,4 v. H. Kohlensäure in den Verbrennungsrückständen der theoretischen Verbrennung rechnen kann.

Überwachung der Verbrennung.

Das in den vorstehenden Zeilen angedeutete Verfahren, die Güte der Verbrennung durch Untersuchung der Auspuffgase zu überwachen, ist wegen der wechselnden Zusammensetzung des Benzins verschiedener Herkunft für wissenschaftliche Untersuchungen bei weitem nicht genau genug. Für den praktischen Versuchsstand, wo es sich in der Hauptsache darum handelt, die Vergaserquerschnitte richtig zu ermitteln, könnte es aber dennoch von Wert sein, weil es ermöglicht, auf verhältnismäßig einfache Weise zu erkennen, ob die Verbrennung vollständig ist oder nicht.

Da die bekannten Orsat- oder Hempel-Apparate gestatten, den Raumgehalt der Auspuffgase einer Maschine an Kohlensäure ziemlich genau zu bestimmen, so läßt sich der Verbren-

---

[1]) Wie bei Neumann s. a. O.   [2]) Hütte 1905, S. 293.
[3]) Mém. Soc. Ing. Civ. France 1908, S. 841.

Fraktionierte Verdampfung

Spez. Gew.:	0,690		0,7126		0,7189		0,7211		0,699	
Zehntel verdampft	Temp. °C	Spez. Gew.	Temp. °C	Spez. Gew.	Temp. °C	Spez. Gew.	Temp. °C	Spez. Gew.	Temp. °C	Spez. Gew.
1	68—71,5	0,678	60—73	0,6793	60—73	0,678	65—74,5	0,694	58—68	0,664
2	71,5—72	0,681	73—76	0,6894	73—78	0,689	74,5—77,5	0,702	68—72	0,669
3	72	0,682	76—78,5	0,6961	78—82,5	0,699	77,5—80	0,708	72—76	0,678
4	72—73,5	0,684	78,5—81	0,7016	82,5—87	0,708	80—82,5	0,713	76—81	0,687
5	73,5—74	0,686	81—83	0,7101	87—91	0,716	82,5—85	0,719	81—87	0,694
6	74—74,5	0,688	83—86	0,7162	91—95,5	0,724	85—88	0,724	87—95	0,704
7	74,5—76	0,691	86—89	0,7216	95,5—100	0,731	88—91,5	0,729	95—101	0,715
8	76—80	0,695	89—93	0,7277	100—106	0,738	91,5—96	0,733	101—109	0,724
9	80—85,5	0,700	93—99	0,7358	106—115	0,746	96—102	0,740	109—127	0,733
10	Rest	0,715	—	0,7483	—	0,760	—	0,749	—	—

nungsvorgang mit Hilfe einer solchen Einrichtung wenigstens qualitativ beurteilen, was für den gedachten Zweck mitunter auch genügt und weit leichter durchführbar ist, als die eben angegebene chemische Elementaranalyse. Findet nämlich die Verbrennung von Hexan mit Luftmangel statt, z. B. nur mit 18 Raumteilen O, so gilt folgende Verbrennungsgleichung:

$$C_6H_{14} + 18\,O = 5\,CO_2 + CO + 7\,H_2O.$$

18 Raumteilen Sauerstoff entsprechen . 67,88 Raumteile Stickstoff.

Hierzu . . . 12 „ Kohlensäure

und Kohlenoxyd zusammen, so daß insgesamt 79,98 Raumteile nicht kondensierbare Verbrennungserzeugnisse entstehen, deren Anteil an Kohlensäure nur mehr

$$\frac{10 \cdot 100}{79,88} = 12,51 \text{ v. H.}$$

beträgt.

Bei einem 17 Raumteilen Sauerstoff entsprechenden Luftmangel findet man nur mehr 10,49 v. H. Kohlensäure in den Verbrennungsrückständen des Hexans, bei 17 Raumteilen Sauerstoff 8,28 v. H., bei 15 Raumteilen 5,82 usw.

Andererseits wird auch bei Luftüberschuß der Gehalt der Auspuffgase an Kohlensäure niemals den Wert erhalten können, den er bei vollständiger Verbrennung hat, sondern kleiner sein müssen, weil sich nebenbei noch freier Sauerstoff darin befindet.

Hexan mit 20 Raumteilen Sauerstoff verbrannt, statt der 19 Raumteile bei der theoretischen Verbrennung, liefert:

$$C_6H_{14} + 20\,O = 6\,CO_2 + O + 7\,H_2O.$$

20 Raumteilen Sauerstoff entsprechen . . 76,5 Raumteile Stickstoff.

Hierzu . . 12 „ Kohlensäure

und . . 1 „ Sauerstoff

Insgesamt 89,5 Raumteile nicht kondensierbare Verbrennungsrückstände, deren Anteil an Kohlensäure

$$\frac{12 \cdot 100}{89,5} = 13,4 \text{ v. H.}$$

beträgt.

In der Tat bietet also die Kohlensäureprüfung wenigstens einen Anhalt dafür, wie weit die wirkliche Verbrennung von derjenigen mit der theoretischen Luftmenge entfernt ist. Hat man zudem noch die Möglichkeit, die Auspuffgase daraufhin zu prüfen, ob sie freies Kohlenoxyd (durch Absorption in einer Säurelösung von Kupferchlorür erkennbar) oder freien Sauerstoff (durch Absorption in Pyrogallussäure erkennbar) enthalten, so kann man daraus schließen, ob der bei praktischen Versuchen in jedem Falle unter dem angegebenen Höchstwert bleibende Kohlensäuregehalt der Auspuffgase auf Luftüberschuß oder auf Luftmangel zurückzuführen ist.

In den letzten Jahren hat namentlich W. A. Ostwald[1]) das Verfahren der Auspuffanalyse bei Kraftfahrzeugen durch Angabe eines bequemen Orsat-Prüfers und von Rechentafeln zur Auswertung der Analysen derart ausgebaut, daß man es bequem als Hilfsmittel zum Einregeln

---

[1]) Vgl. z. B. Dietrich-Helfenberg: Analyse der Kraftstoffe.

verschiedener Brennstoffe.

Spez. Gew.:	0,669		0,684		0,705		(Lampenpetroleum) 0,801	
Zehntel ver- dampft	Temp. °C	Spez. Gew.	Temp. °C	Spez. Gew.	Temp. °C	Spez. Gew.	Temp. °C	Spez. Gew.
1	45—52	0,639	42—60	0,648	45—66	0,655	138—177	0,755
2	52—53	0,647	60—63	0,655	66—70	0,664	177—197	0,765
3	53—58	0,653	63—68	0,665	70—77	0,676	197—212	0,776
4	58—63	0,678	68—71	0,670	77—84	0,688	212—236	0,783
5	63—67	0,666	71—75	0,675	84—90	0,701	236—253	0,795
6	67—71	0,673	75—83	0,686	90—101	0,713	253—274	0,796
7	71—79	0,686	83—88	0,693	101—112	0,726	—	—
8	79—89	0,698	88—96	0,704	112—123	0,749	—	—
9	89—120	0,715	96—106	0,718	123—160	0,814	—	—
10	—	—	—	—	—	—	—	—

der Vergaser benützen kann. Das ist um so wertvoller, als die bisher im praktischen Wagenbetrieb vorgenommenen Auspuffgasprüfungen erkennen lassen, daß im allgemeinen mit den flüssigen Brennstoffen sehr unwirtschaftlich umgegangen wird.

So hat vor einiger Zeit das Bureau of Mines gelegentlich der Vorarbeiten über die geplanten Straßentunnel unter dem Hudson zwischen New York City und Jersey City umfangreiche Auspuffuntersuchungen an Kraftwagen durchgeführt, um ein Bild von der Verschlechterung der Luft, namentlich durch den Kohlenoxydgehalt der Auspuffgase zu gewinnen. Die Versuche, über die im „Journal of Industrial and Engineering Chemistry", vom Januar 1921 ausführlich berichtet worden ist, sind an insgesamt 100 Kraftwagen verschiedener Art und zu verschiedenen Jahreszeiten in der Weise angestellt worden, daß bei jedem Wagen im Stillstand mit leer- und vollaufendem Motor, sowie beim Fahren in der Ebene, bergauf sowie bergab mit drei verschiedenen Geschwindigkeiten gemessen wurde. Aus den Ergebnissen sind die beigefügten drei Zahlentafeln zusammengestellt. Sie zeigen durchwegs zu geringen Luftgehalt der Brennstoffgemische und dementsprechend zu kleinen Kohlensäure- sowie übermäßig hohen Kohlenoxydgehalt der Auspuffgase.

Die Erklärung hierfür ist, daß die meisten Fabriken die Vergaser so einstellen, daß die Motoren unter den ungünstigsten Verhältnissen, d. h. im Winter und bei der Fahrt auf eine Steigung herauf, die größte Leistung hergeben, und an dieser Einstellung ändert der Fahrer nichts, auch wenn die Verhältnisse wesentlich günstiger liegen. Besonders auffallend ist der hohe Kohlenoxydgehalt der Auspuffgase, der bei Prüfstandversuchen niemals festgestellt worden ist.

Daß es übrigens auch im praktischen Fahrbetrieb möglich ist, wirtschaftlicher zu arbeiten, zeigen die Gegenüberstellungen der bei dieser Untersuchung ermittelten besten und schlechtesten Werte, getrennt nach den verschiedenen Wagenarten, und die Versuche über die Wirkungen der Vergaserverstellung auf Brennstoffverbrauch und Auspuffgas-Analyse. Man kann daraus ersehen, wie große Brennstoffersparnisse namentlich bei dem heutigen Umfang des Kraftwagenverkehrs durch richtige Einstellung der Vergaser noch möglich wären.

Beste und schlechteste Werte der Auspuffgas-Untersuchung.

Wagen Nr.	Art des Wagens	Ge- schwin- digkeit i.d.Ebene km/h	Brenn- stoffver- brauch l/km	Vollstän- digkeit der Ver- brennung v. H.	Mischungs- verhältnis (Luftgewicht zu Brenn- stoffgewicht)	Auspuff-Analyse				
						CO_2 v. H.	O_2 v. H.	CO v. H.	CH_4 v. H.	H_2 v. H.
1	5-Sitzer-Pers.-Wagen	24	0,087	100	16,7	13,0	2,6	0,0	0,0	0,0
9	dgl.	24	0,175	84	13,5	11,8	0,8	3,7	0,3	1,6
11	7-Sitzer-Pers.-Wagen	24	0,127	93	20,1	9,3	5,4	1,3	0,0	0,1
10	dgl.	24	0,212	61	10,7	7,5	2,1	9,3	1,4	4,0
84	³/₄-t-Lastwagen	24	0,153	90	16,6	10,7	3,9	1,7	0,5	0,2
76	dgl.	24	0,221	59	10,3	7,1	0,7	10,7	1,0	5,1
38	3½-t-Lastwagen	16	0,362	87	13,9	12,9	0,3	1,9	0,8	0,4
57	dgl.	16	0,492	65	10,2	7,5	0,8	10,6	1,0	4,9
44	5-t-Lastwagen	24	0,230	49	9,0	5,3	1,0	13,2	1,9	7,1

Mittelwerte aus den Auspuffgas-Untersuchungen an 11 Fünfsitzer-Personenwagen.

Betriebszustand des Wagens		Brennstoffverbrauch l/km	Vollständigkeit der Verbrennung v. H.	Mischungsverhältnis (Luftgewicht zu Brennstoffgewicht)	Auspuffgas-Analyse					
					CO_2 v. H.	O_2 v. H.	CO v. H.	CH_4 v. H.	H_2 v. H.	N_2 v. H.
Stillstand	Motor läuft voll	—	70	12,2	9,1	1,5	6,9	0,8	3,0	78,8
	,, ,, leer	—	69	11,8	8,9	1,4	7,6	0,6	3,7	77,8
Fahrt bergauf (3 v. H. Steig.)	24 km/h	0,179	75	12,6	10,2	1,1	5,7	0,6	2,6	79,8
	16 ,,	0,186	75	13,0	9,9	1,5	5,7	0,5	2,6	79,8
	4,8 ,,	0,381	72	12,2	9,8	0,9	6,5	0,6	3,0	79,2
Fahrt bergab (3 v. H. Gefälle)	24 km/h	0,0965	70	12,3	9,5	1,4	6,5	0,9	2,9	78,8
	16 ,,	0,1035	70	12,3	8,6	1,4	7,0	0,7	3,1	79,2
	4,8 ,,	0,248	72	12,9	9,5	1,5	6,0	0,7	2,7	79,6
Fahrt in der Ebene	24 km/h	0,140	76	13,4	9,3	2,2	5,6	0,8	2,8	79,3
	16 ,,	0,140	72	12,7	9,3	1,9	6,3	0,6	3,1	78,8
	4,8 ,,	0,314	72	12,6	9,1	1,6	6,7	0,6	3,0	79,0

Mittelwerte aus den Auspuffgas-Untersuchungen an 7 Siebensitzer-Personenwagen.

Betriebszustand des Wagens		Brennstoffverbrauch l/km	Vollständigkeit der Verbrennung v. H.	Mischungsverhältnis (Luftgewicht zu Brennstoffgewicht)	Auspuffgas-Analyse					
					CO_2 v. H.	O_2 v. H.	CO v. H.	CH_4 v. H.	H_2 v. H.	N_2 v. H.
Stillstand	Motor läuft voll	—	63	12,3	7,3	3,5	7,8	1,4	2,9	77,1
	,, ,, leer	—	70	13,7	8,0	4,3	6,3	1,2	2,0	78,2
Fahrt bergauf (3 v. H. Steig.)	24 km/h	0,302	68	12,4	8,5	1,9	7,5	0,9	3,3	77,9
	16 ,,	0,302	67	12,5	8,2	2,0	7,5	0,9	3,6	77,8
	4,8 ,,	0,428	65	12,5	7,6	3,3	9,2	1,2	3,7	75,0
Fahrt bergab (3 v. H. Gefälle)	24 km/h	0,140	61	14,0	6,4	6,0	6,8	1,6	2,4	76,8
	16 ,,	0,122	67	14,9	6,9	5,0	6,2	1,2	2,2	78,5
	4,8 ,,	0,251	67	15,3	6,9	5,0	6,3	1,3	2,4	78,1
Fahrt in der Ebene	24 km/h	0,192	69	13,5	8,2	2,8	6,5	0,9	2,8	78,8
	16 ,,	0,202	69	13,8	8,0	3,1	6,4	1,1	2,8	78,6
	4,8 ,,	0,381	68	13,4	8,0	3,1	7,0	1,0	3,0	77,9

Mittelwerte aus den Auspuffgas-Analysen von 5 leichten Lastkraftwagen.

Betriebszustand des Wagens		Brennstoffverbrauch l/km	Vollständigkeit der Verbrennung v. H.	Mischungsverhältnis (Luftgewicht zu Brennstoffgewicht)	Auspuffgas-Analyse					
					CO_2 v. H.	O_2 v. H.	CO v. H.	CH_4 v. H.	H_2 v. H.	H_2 v. H.
Stillstand	Motor läuft voll	—	64	11,3	8,3	2,0	7,7	1,2	4,0	76,8
	,, ,, leer	—	57	12,0	6,6	4,2	7,1	2,1	3,7	76,3
Fahrt bergauf (3 v. H. Steig.)	24 km/h	0,204	73	12,5	9,6	1,5	6,2	0,6	3,0	79,1
	16 ,,	0,221	64	11,0	9,0	1,3	7,0	1,3	4,1	77,3
	4,8 ,,	0,400	63	11,2	8,1	1,6	8,5	1,2	4,4	76,2
Fahrt bergab (3 v. H. Gefälle)	24 km/h	0,109	63	12,1	7,5	3,1	7,1	1,4	3,5	77,4
	16 ,,	0,138	56	11,7	6,5	4,1	7,7	2,2	3,6	76,1
	4,8 ,,	0,306	56	12,3	6,5	3,6	7,5	2,2	3,4	76,8
Fahrt in der Ebene	24 km/h	0,155	67	11,8	9,0	1,5	7,0	1,1	3,4	78,0
	16 ,,	0,183	63	12,0	7,7	2,1	8,0	1,3	3,8	77,1
	4,8 ,,	0,388	62	12,0	7,4	2,9	7,5	1,3	4,1	76,6

Einfluß der Vergasereinstellung auf Brennstoffverbrauch und Auspuffgas-Analyse.

Stellung der Düsennadel Nr.	Brennstoffverbrauch l/km	Mischungsverhältnis (Luftgewicht zu Brennstoffgewicht)	Vollkommenheit der Verbrennung v. H.	Auspuffgas-Analyse					
				CO_2 v. H.	O_2 v. H.	CO v. H.	CH_4 v. H.	H_2 v. H.	N_2 v. H.
1	0,154	14,5	95	13,4	1,7	1,2	0,2	0,0	83,5
2	0,165	14,2	85	12,0	1,4	2,0	1,1	0,0	83,5
3	0,217	11,8	74	10,2	0,3	6,4	0,8	2,4	79,9
4	0,362	9,9	56	6,5	1,2	11,6	1,0	6,4	73,3

Ein einfaches, namentlich für den Flugzeugbetrieb geeignetes Verfahren zum Überwachen der Verbrennung hat ferner Kutzbach[1]) angegeben:

Sind H_u der untere Heizwert des Brennstoffes,
B der Brennstoffverbrauch in kg/h und
V_h der gesamte Hubraum der Maschine, so daß bei der minutlichen Drehzahl n von den Kolben $\frac{n}{2} \cdot 60 \cdot V_h$ m³/h freigelegt werden, so beträgt der Heizwert des Gemisches in der Einheit des Ansaugraumes

$$\frac{H_u B}{30 \, n \, V_h} \text{ kcal/m}^3.$$

Dieser Heizwert ergibt sich aber auch aus dem Heizwert H_0 des Gemisches bei 15° C und 760 mm Q.-S., wenn man die Abnahme des Füllungsgrades der Zylinder η_l und die Abnahme der äußeren Luftdichte μ berücksichtigt.

Somit ist

$$\mu H_0 \eta_l = \frac{H_u B}{30 \, n \, V_h}, \text{ und } H_0 \eta_l = \frac{H_u B}{30 \cdot n V_h \mu},$$

worin man den Ausdruck $H_0 \eta_l$ als die spezifische Brennstoffwärme des Ansaugraumes oder die „Literwärme" der betreffenden Maschine bezeichnen kann.

Bei theoretisch vollkommener Verbrennung ist (für $H_u = 10000$ kcal/kg und 12,5fache Luftmenge) $H_0 = 800$ kcal/m³ und bei $\eta_l = 0,8$ bis 0,85 $H_0 \eta_l = 660$ bis 700 kcal/m³. Mit rd. 10 v. H. Luftüberschuß sinkt dieser Wert auf etwa 580 bis 630 kcal/m³.

Die rechte Seite der obigen Gleichung enthält nur Größen, die man jederzeit, gegebenenfalls sogar während des Fluges, messen kann. Aus dem Vergleich des hiernach berechneten Wertes von $H_0 \eta_l$ mit dem obigen Wert kann man daher sofort erkennen, ob mit Luftmangel gearbeitet worden ist. Da sich außerdem zu starker Luftüberschuß in der Regel durch Knallen in der Ansaugleitung bemerkbar macht, so kann man auf diese Weise sehr schnell zu der richtigen Vergaser-Einstellung gelangen.

Ersatz von Benzin.

Schon vor etwa 10 Jahren hat man erkannt, daß die Ausbeute an Benzin mit der Entwicklung des Kraftfahrzeugverkehrs und dem hierdurch gesteigerten Bedarf an diesem Brennstoff auf die Dauer nicht Schritt halten kann. Die tatsächliche Entwicklung hat aber alle Erwartungen noch weit übertroffen. Sie hat infolgedessen nicht nur die gesamte Erdölindustrie gezwungen, durch besondere Mittel die Ausbeute an Benzin zu steigern, sondern auch weiten Raum geschaffen für Ersatzbrennstoffe, die namentlich während der letzten Kriegsjahre große Bedeutung erlangt haben.

Die Steigerung der Benzinausbeute in den letzten Jahren in den Vereinigten Staaten zeigen folgende Zahlen[2]):

Jahreserzeugung an Benzin in den Vereinigten Staaten.

Jahr	Erzeugung an Benzin	
	Faß	Liter
1909	12,9 Mill.	2045 Mill.
1916	40,02 „	7800 „
1917	67,87 „	10800 „
1918	85,01 „	13500 „

Stellt man, ebenfalls für die Vereinigten Staaten, die Jahreserzeugung an Rohöl und Benzin mit der Zahl der zum Verkehr zugelassenen Kraftfahrzeuge (nur Personen- und Lastkraftwagen) in der Weise zusammen, daß man, vom Jahr 1909 ausgehend, die Steigerung in v. H. aufträgt, so erhält man das in Abb. 64 wiedergegebene Bild, das nicht allein zeigt, wie stark der Kraftfahrzeugverkehr — ungerechnet den ansehnlichen und stark wachsenden Verbrauch des Luftverkehrs — die Benzinerzeugung überholt hat, sondern auch die Anstrengungen der Erdölindustrie erkennen läßt, aus der nur allmählich zunehmenden Erdölausbeute in immer steigendem Maße Benzin zu gewinnen.

---

[1]) Kutzbach, K.: Einige Höhenflugversuche mit Daimler-, Benz- und Maybach-Motoren, Technische Berichte der Flugzeugmeisterei, Bd. III, S. 15.
[2]) E. W. Dean: „Motor fuels". Journ. of the Franklin Institute. März 1920.

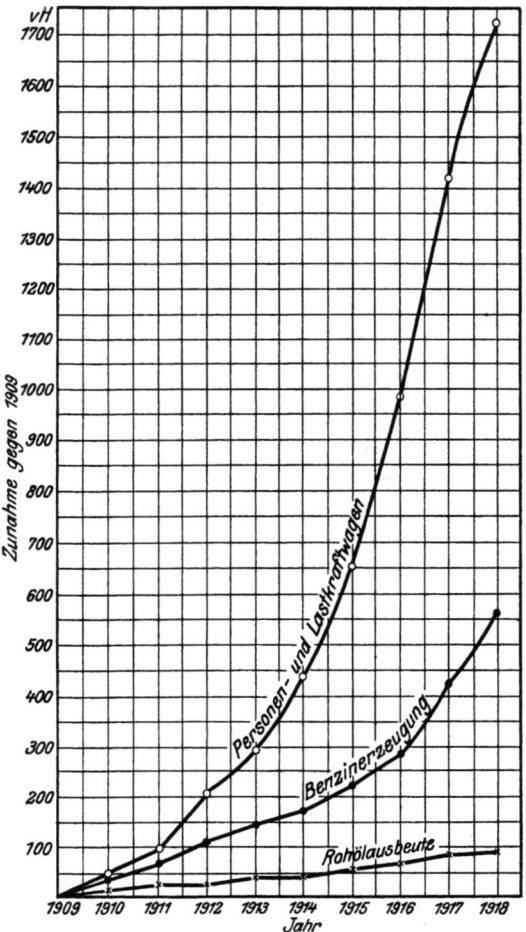

Abb. 64. Kraftfahrzeugverkehr, Rohölausbeute und Benzinerzeugung in den Vereinigten Staaten.

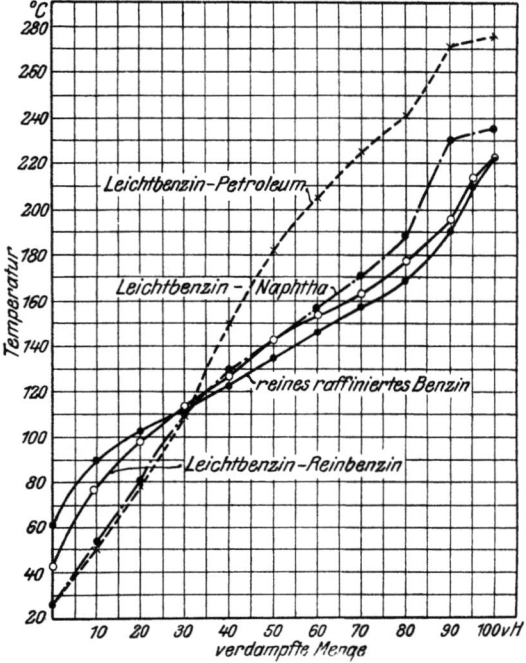

Abb. 65. Verdampfkurven amerikanischer Benzin-Gemische.

Einen wesentlichen Anteil daran hat die Abscheidung von Benzin aus Naturgas durch Verdichten und Niederschlagen der damit aufsteigenden Dämpfe von Benzin und ähnlichen Kohlenwasserstoffen, die angeblich z. Zt. etwa 10 v. H. des Gesamtbedarfes decken soll. Natürlich handelt es sich hierbei vorwiegend um sehr leicht flüchtige Brennstoffe, die schon aus Sicherheitsgründen mit Naphtha oder Schwerbenzin gemischt werden und daher vom Standpunkt der Gleichmäßigkeit der fraktionierten Destillation aus keineswegs als vollwertig angesehen werden können. Das läßt sich auch aus dem Vergleich der Verdampfungskurven in Abb. 65 deutlich erkennen.

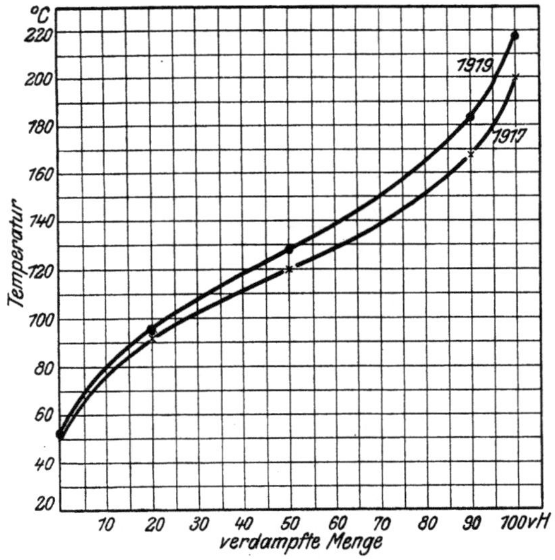

Weiterhin hat man sich dadurch geholfen, daß man die Verdampfungsgrenzen des Benzins wesentlich erweitert hat. So zeigt Abb. 66 die mittleren Verdampfkurven von marktgängigen amerikanischen Benzinproben, die das Bureau of Mines in den Jahren 1917 und 1919 gesammelt hat; diese liefern einen deutlichen Beweis für die Verschlechterung des Benzins, die in dieser Zeit eingetreten ist.

Bedeutende Fortschritte haben ferner die Versuche zu verzeichnen, die Ausbeute an Benzin bei der Destillation des Rohöles auf Kosten der anderen Destillate, insbesondere der schweren Leuchtöle, zu steigern, deren Absatzmöglichkeiten sich mit wachsender Verbreitung der elektrischen Beleuchtung ständig verschlechtert haben. Hierzu dient das sogenannte „Crack"-Verfahren. Es gründet sich auf eine schon lange bekannte Eigenschaft der schwer flüchtigen Bestandteile des Rohöles, unter der Einwirkung von Wärme und Druck ohne vollständigen Zerfall in Wasserstoff und Kohlenstoff einfacher

Abb. 66. Mittlere Verdampfkurven marktgängiger amerikanischer Benzinproben.

zusammengesetzte Kohlenwasserstoffe abzuspalten, und war ursprünglich dazu bestimmt, aus Schmierölen und ähnlichen Rückständen der Rohöldestillation Leuchtöle zu gewinnen. Man hat dann später erkannt, daß man das Abspalten, insbesondere benzinähnlicher Stoffe, durch Steigerung der Temperatur und des Druckes im allgemeinen beschleunigen und begünstigen kann, daß sich aber dann gleichzeitig ein Teil der Rückstände in Wasserstoff, Methan und ähnliche nicht kondensierbare, äußerst feuergefährliche Gase sowie in Kohlenstoff in der Form von Koks oder Teer zersetzt, wodurch Verluste und Störungen im Fortgang der Erzeugung hervorgerufen werden. Die neuere Entwicklung dieses Verfahrens zielt nun hauptsächlich darauf ab, durch geeignete Wahl der Retorten oder durch andere Mittel diese störenden Nebenerscheinungen zu beseitigen[1]).

Am erfolgreichsten hat sich hierbei das Burtonsche Verfahren (von W. M. Burton und R. E. Humphreys) erwiesen, das seit einigen Jahren von der Standard Oil Company als einziges in den Vereinigten Staaten von Amerika in großem Maßstabe ausgeführt wird und schon im Jahre 1915 aus 18 000 000 Faß Rohölrückständen 3 000 000 Faß Benzin, also $1/6$ der Einsatzmenge geliefert haben soll. Nach diesem Verfahren werden nur diejenigen Rückstände der Rohöldestillation behandelt, welche über 260^0 C sieden. Sie werden bei 4 bis 5 at Überdruck in Retorten auf 340 bis 426^0 C erhitzt, und die Dämpfe werden unter dem gleichen Druck in Kondensatoren aus geneigten Rohren von 300 mm Weite und etwa 12 m Länge niedergeschlagen, aus denen die schwereren Rückstände gleich wieder in die Retorten zurückfließen.

Neuerdings hat sich das Bureau of Mines in Washington sehr eingehend mit der Erforschung der Vorgänge bei dem Crackverfahren beschäftigt. Unter der Leitung von W. J. Rittmann hat man im Laboratorium der Columbia University in New York Versuche mit den verschiedensten Arten von Erdölrückständen angestellt und dabei gefunden, daß man lediglich durch geeignete Wahl von Druck, Temperatur und Durchgangsgeschwindigkeit nicht allein Benzin, sondern auch aromatische Kohlenwasserstoffe, insbesondere Benzol und Toluol, erhalten kann. Dabei sollen sich sowohl die Rückstände aller amerikanischen Rohöle als auch in gewissem Sinne sogar feste Kohlearten für die Anwendung des Verfahrens eignen. Nach dem ausführlichen Bericht, den das Bureau of Mines herausgegeben hat[2]), eignen sich für die Gewinnung von Benzin am besten Temperaturen von 500 bis 550^0 und Überdrücke von 12 at und darüber, für die Bildung von aromatischen Kohlenwasserstoffen Temperaturen von 625 bis 700^0 bei Überdrücken von 8 at oder etwas mehr, wobei die niedrigeren Temperaturen insbesondere für Toluol in Betracht kommen.

Auf Grund einer öffentlichen Vorführung der Laboratoriumsanlage hat es die Aetna Explosives Company in New York unternommen, das Verfahren im großen Maßstabe durchzuführen. Nach dem Verlauf der ersten in größerem Maßstabe angestellten Versuche und nach ihren Ergebnissen darf man vermuten, daß heute die Herstellung von Benzol und Toluol für die Sprengstofferzeugung nach diesem Verfahren schon längst im Gange sein wird[3]).

Es ist ferner neuerdings gelungen, mit Hilfe des Bergin-Verfahrens der R. Goldschmidt A.-G. in Mannheim-Ludwigshafen aus dem Braunkohlenteer Benzin und Leuchtöle von genau derselben chemischen und physikalischen Beschaffenheit zu gewinnen, in der diese Stoffe aus den natürlichen Erdölen hergestellt werden, und zwar geschieht diese Umwandlung des Teers, ohne daß nennenswerte Verluste an Öl auftreten, die bei dem Crack- oder Spaltverfahren nicht zu vermeiden sind. Die chemischen Umwandlungen, die diesem Verfahren zugrunde liegen, werden durch eine Wärmebehandlung der Rohstoffe in Gegenwart von Wasserstoff bei hohem Druck herbeigeführt. Die gewonnenen Erzeugnisse können, weil durch Anlagerung des Wasserstoffes an bereits vorhandenen Kohlenwasserstoff hergestellt, synthetische Leuchtgase und Benzine genannt werden[4]).

Man kann sagen, daß durch die Einführung dieser synthetischen Öle ein ganz neues und außerordentlich wichtiges Gebiet auf dem Brennstoffmarkt erschlossen wird, welches die früher erwogenen Möglichkeiten der Erzeugung von flüssigen Brennstoffen aus Pflanzenölen nach dem Englerschen Verfahren vollständig zurücktreten läßt; denn es gestattet, die einzelnen Fraktionen mit einer bisher unerreichten Reinheit und in einem ganz anderen Mengenverhältnis zu erzeugen als die Destillation.

---

[1]) Eine ausführliche Zusammenstellung der bekannten Crackverfahren und der darauf bezüglichen Patente enthält der Bericht von Padgett, Chem. Metallurg. Engg. vom 10. November 1920, S. 908.
[2]) Bureau of Mines, Bulletin 114: Manufacture of Gasolene and Benzene-Toluene from Petroleum and her Hydrocarbons. Washington 1916.
[3]) Engg. 18. August 1916.
[4]) Vgl. hierzu Vortrag von Bergius, Z.V.d.I. Bd. 68 (1924), S. 764.

Benzol.

Die Erkenntnis der Bedeutung des Benzols als Brennstoff für Kraftwagen und andere Fahrzeugmaschinen, die namentlich in den letzten Jahren Allgemeingut der Technik geworden ist, verdanken wir u. a. hauptsächlich den Bemühungen der Daimler-Motoren-Gesellschaft in Marienfelde bei Berlin, die sich um die Anpassung ihrer Lastkraftwagen an den Benzolbetrieb und die Bereitstellung entsprechender Brennstofflager schon frühzeitig große Verdienste erworben hatte[1]). Diese Arbeiten dürften auch in der Zukunft, wenn sich die Preisverhältnisse für den Benzinbetrieb wesentlich günstiger gestalten sollten, ihren Wert nicht verlieren, da man immer wieder auf das Benzol zurückgreifen kann, wenn die Preise des Benzins zu hoch steigen sollten. Solange allerdings, wie heute und auf vorläufig absehbare Zeit hinaus, der Brennstoffbedarf der Fahrzeugmaschinen durch die Erzeugnisse der Erdölindustrie nicht gedeckt werden kann, wird das Benzol, das als inländisches Erzeugnis besonders für Deutschland wichtig ist, unter den Ersatzbrennstoffen an erster Stelle stehen bleiben. Seine Bedeutung für die Fahrzeugtechnik hat mitbestimmend auf die ganze Umwälzung in der neuzeitlichen Kohlenwirtschaft gewirkt.

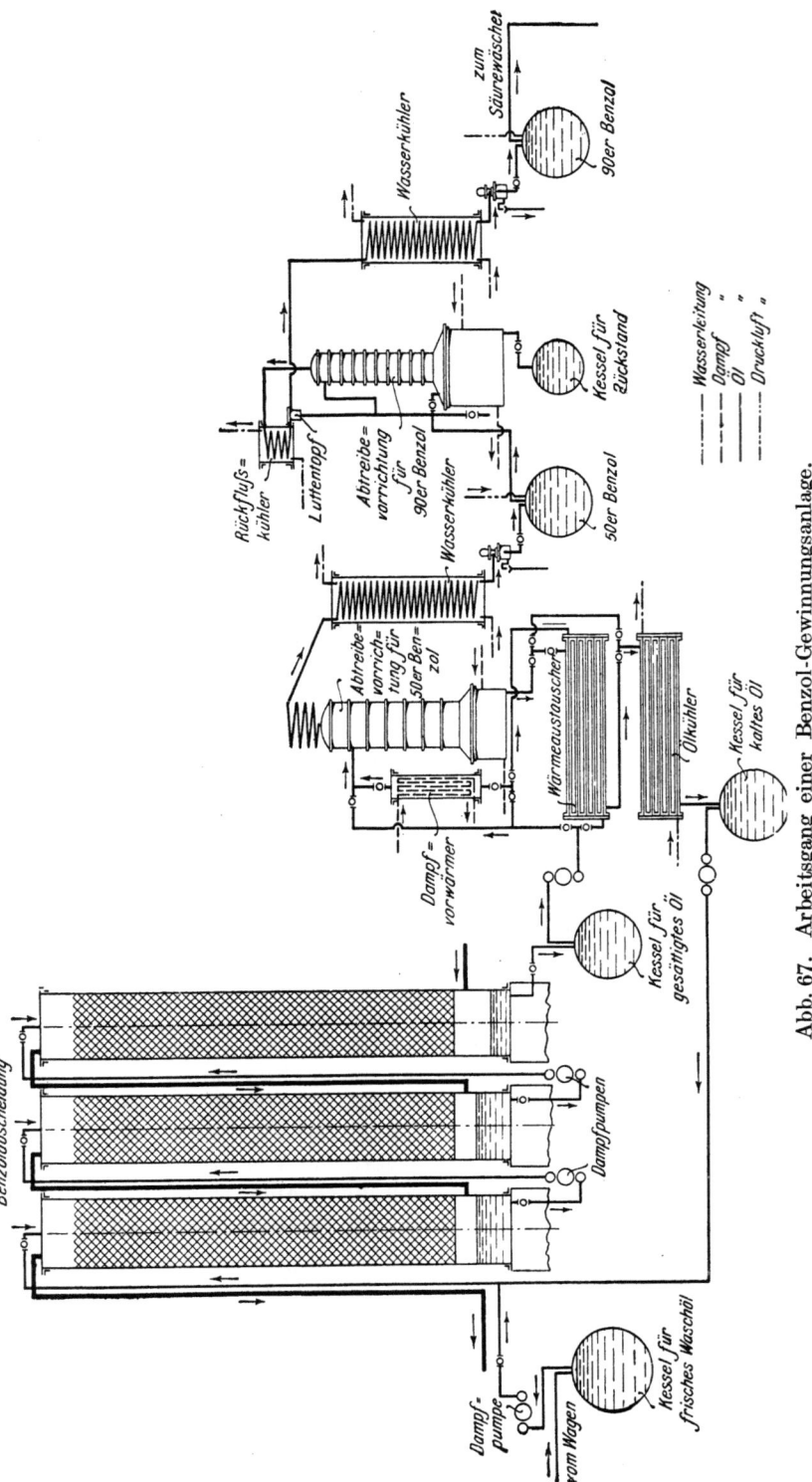

Abb. 67. Arbeitsgang einer Benzol-Gewinnungsanlage.

Benzol ist bei einem mittleren spezifischen Gewicht von 0,885 etwas schwerer als Benzin, dessen spezifisches Gewicht 0,68 bis 0,75 beträgt; es verdampft ähnlich wie das Benzin schon bei 80° C, geht aber erst bei 120° vollständig über. Bei Temperaturen in der Nähe von 0° erstarrt das reine Benzol, indessen ergeben sich wesentliche Schwierigkeiten bei seiner Verwendung für den Betrieb von Fahrzeugmaschinen aus diesem Grunde erst dann, wenn dem Handelsbenzol der Gehalt an Toluol usw. entzogen wird. Auch darf

---

[1]) Vgl. Z. V. d. J. 1907, S. 1945.

man Benzol nicht in jedem Vergaser verwenden wollen, der für Benzin genau eingeregelt ist, weil bei unrichtiger Bemessung der Luftmenge leicht ölige oder teerige Rückstände gebildet werden, die die Zündung stören. Gelegentlich wird allerdings auch, namentlich von den Vergaserfabriken, im Gegensatz hierzu behauptet, man könne den Betrieb ohne Veränderung des Vergasers von Benzin auf Benzol umstellen[1]). Das ist aber wohl nur mit gewissen Opfern in bezug auf die wirtschaftliche Art des Betriebes möglich.

Vorschriften für Motorenbenzol[2]).

1. Spez. Gewicht: 0,87 bis 0,885.
2. Verdampfprobe: bis 100° C mindestens 75 bis 80 v. H.,
,, 120° C ,, 90 v. H.,
,, 125° C 100 v. H.
3. Schwefelgehalt: nicht über 0,4 v. H.
4. Vollständige Wasserfreiheit.
5. Farbe: wasserhell.
6. Reinheit: 90 cm³, mit 10 cm³ Schwefelsäure von 90 v. H. 5 Min. lang geschüttelt, dürfen nur leicht braun gefärbt werden.
Vollkommene Freiheit von Säuren, Alkalien und Schwefelwasserstoff.
7. Kältebeständigkeit: bis — 14° C.

Ein Grund für das Fehlschlagen älterer Versuche, Benzolbetrieb einzuführen, scheint nach den Beobachtungen von A. Spilker[3]) zu sein, daß man häufig geglaubt hat, statt des gereinigten Handelsbenzols ungereinigtes Rohbenzol anwenden zu können. Spilker weist nach, daß in dem leichtsiedenden Rohbenzol eine vor einigen Jahren unter dem Namen Cyclopentadin bekannt gewordene Verunreinigung vorhanden zu sein pflegt, die sich in reinem Zustande sehr schnell, in verdünntem Zustande aber nach einiger Zeit auch verändert und hierbei harzige, in Benzol teils lösliche, teils unlösliche Verbindungen bildet, die anscheinend die Ursache sind, daß beim Betrieb mit Rohbenzol teerartige Rückstände im Zylinder verbleiben. Wenigstens ist nur diese Erklärung für die bekannte Tatsache möglich, daß frisch bereitetes Rohbenzol die Ventile und Zündkerzen bedeutend weniger verschmutzt, als längere Zeit lagerndes Rohbenzol der genau gleichen Art.

Aus den Versuchen ist also zu folgern, daß man für Fahrzeugmaschinen nur gereinigtes Handelsbenzol verwenden darf. Die gebräuchlichen Handelsbezeichnungen von Benzol und ihre Eigenschaften sind nachstehend zusammengestellt[4]):

Handelsbezeichnungen für Benzol.

Bezeichnung	Spez. Gewicht	Temperatur, bis zu der 90 v. H. überdestillieren °C	Flammpunkt °C
Handelsbenzol I (90er Benzol)	0,88 —0,883	100	— 15
Handelsbenzol II (50er Benzol).	0,875—0,877	120 (50 v. H. bis 100° C)	— 9,5
Handelsbenzol III (gereinigtes Toluol)	0,87 —0,872	120	+ 5
Handelsbenzol IV (gereinigtes Xylol)	0,82 —0,876	145	+ 21
Handelsbenzol V (gereinigte Solventnaphtha I) . .	0,874—0,88	160	+ 21
Handelsbenzol VI (gereinigte Solventnaphtha II) .	0,89 —0,91	175	+ 28
Handels-Schwerbenzol	0,92 —0,945	190	+ 47

Die chemisch reinen Bestandteile des Handelsbenzols

	Siedepunkt	Spez. Gewicht
Reinbenzol	80—81° C	0,883—0,885
Reintoluol	109—110° C	0,87 —0,871
Reinxylol	136—140° C	0,867—0,869
Reincumol	163—172° C	0,896—0,89

spielen nur in der chemischen Industrie eine Rolle.

Im Gegensatz zu Benzin kennzeichnet sich das Benzol durch eine verhältnismäßig einheitliche chemische Zusammensetzung. Es wird vorzugsweise nach dem 1887 von Franz

---
[1]) Z. V. d. I. 1915, S. 504.
[2]) Aufgestellt von der National Benzole Association, Gas-Journal. London, 19. Febr. 1919.
[3]) Chem.-Zg. 1910, Nr. 54.   [4]) Schmitz: Die flüssigen Brennstoffe. S. 70.

Brunck in Dortmund erfundenen Verfahren aus dem Koksofengas gewonnen[1]), indem man das Koksofengas mit einem bei der Teerdestillation abfallenden, zwischen 200° und 300° verdampfenden Leichtöl wäscht.

Abb. 67 stellt den Arbeitsgang einer von der Berlin-Anhaltischen Maschinenbau-A.-G. ausgeführten Anlage zur Behandlung von 30000 cbm Gas täglich auf Zeche Emscher dar. Das in Wagen zur Fabrik gebrachte Waschöl wird in den Kessel für frisches Waschöl abgelassen und mittels einer im Keller angeordneten Dampfpumpe auf den letzten von zwei hintereinander geschalteten Wäschern gedrückt, während das Koksofengas in den ersten Wäscher eingeleitet wird, so daß das benzolarme Gas mit frischem Öl in Berührung kommt. Im oberen Teil des Wäschers befindet sich ein Blech mit Tropfrohren; auf dieses fällt das Waschöl und rieselt dann dem Gasstrome entgegen, wobei es sich auf die ganze Fläche der Stabeinlagen verteilt und so mit dem Gas in eine innige Berührung kommt. Die Wirkung der Wäscher wird dadurch erhöht, daß dem Gas nicht nur eine große Waschfläche geboten, sondern daß es auch gezwungen wird, fortwährend seinen Weg zu ändern, und sich beim Durchgang an den Stabeinlagen ständig stößt.

Nach dem Durchgang durch den Wäscher sammelt sich das Waschöl in dem unteren als Sammelbehälter ausgebildeten Teile, aus dem es durch eine zweite Pumpe auf den mittleren Wäscher gedrückt wird. Hier fließt es wieder nach unten und sammelt sich wieder im unteren Teile an, um durch eine dritte Pumpe auf den ersten Wäscher gedrückt zu werden. Aus diesem läuft das nunmehr mit Kohlenwasserstoffen geschwängerte Öl in den Kessel für gesättigtes Öl.

Das gesättigte Waschöl wird durch Abtreibvorrichtungen wieder gereinigt. Vorher wird es durch einen Wärmeaustauscher gesaugt, dort auf 75° bis 80° vorgewärmt und dann noch zur Erleichterung des Abdampfens in einem Dampfvorwärmer auf 125° bis 140° weiter erhitzt. Das so vorgewärmte, gesättigte Waschöl tritt nunmehr in den vorletzten Ring der Benzolabtreibvorrichtung und fließt von Zwischenboden zu Zwischenboden in die schmiedeiserne Blase, wo durch den Dampf, der in die am Boden der Blasen angeordneten Dampfbrausen eingelassen wird, sowie durch Dampfschlangen das Benzol abgetrieben wird. Die aufsteigenden Benzoldämpfe kommen auf ihrem Wege mit dem von den Zwischenböden abfließenden Öl in innige Berührung und bewirken hierdurch eine äußerst schnelle Reinigung des gesättigten Waschöles. Weiter werden den aufsteigenden Dämpfen dadurch, daß sie sich an den Zackentellern stoßen und durch das auf dem Boden befindliche Öl gehen müssen, die mitgerissenen Ölbestandteile entzogen, die in die Blase zurückfließen. Hierdurch entsteht ein sehr gutes reines Destillat, das auf seinem weiteren Wege zum Wasserkühler durch eine über der Abtreibvorrichtung angeordnete Schlange läuft, in der sich höher siedende mitgerissene Bestandteile niederschlagen und zur Blase zurückgeführt werden.

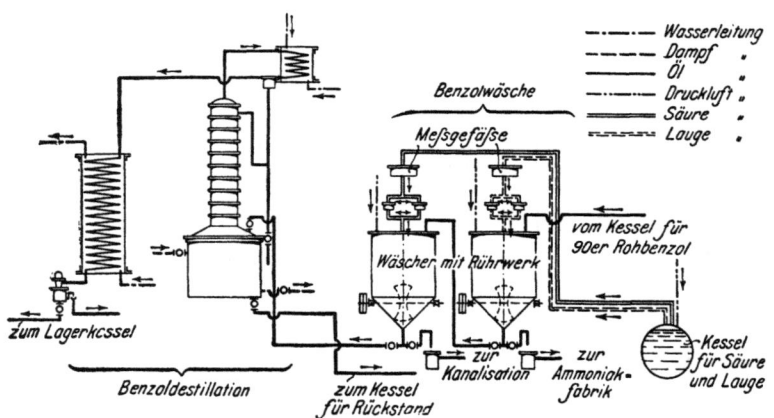

Abb. 68. Reinigungsanlage für 90er Rohbenzol.

Aus der Abtreibvorrichtung gelangen die Benzoldämpfe in den Wasserkühler, schlagen sich an dessen von Kühlwasser umgebener Schlange nieder und sammeln sich in flüssiger Form in der unter dem Kühler angeordneten Vorlage an. Dort scheiden sich Wasser und Benzol nach dem spezifischen Gewichte und werden getrennt abgeleitet und aufgefangen. Das Benzol (50er Rohbenzol) fließt in den hierfür bestimmten Kessel, der geteilt ist und ohne Betriebstörung abwechselnd geleert und gefüllt werden kann.

Das abgetriebene, vom Benzol befreite Waschöl kann nunmehr wieder für die Benzolabscheidung auf die Benzolwäscher gepumpt werden, jedoch muß es vorher auf eine Temperatur heruntergebracht werden, die es für das Waschen wieder brauchbar macht. Hierzu dienen der schon erwähnte Wärmeaustauscher sowie ein Ölkühler. In dem ersten wird das

---

[1]) Z. V. d. I. 1910, S. 70.

heiße Öl auf rund 60° C, in dem zweiten wird es auf 20° abgekühlt. Öl, Dampf, Wasser und Benzoldampf bewegen sich in allen Vorrichtungen im Gegenstrom.

Für die weitere Verarbeitung von 50er auf 90er Rohbenzol verwendet man ähnliche, nur kleinere Abtreibvorrichtungen, wobei das 50er Benzol durch Druckluft aus dem Auffangkessel in die Blase der Abtreibevorrichtung befördert wird.

Das gewonnene 90er Rohbenzol hat wohl ein wasserklares Aussehen, enthält aber trotzdem Verunreinigungen, wie Schwefelverbindungen, Schwefelkohlenstoff und Tiophen, von denen es durch Behandlung mit Schwefelsäure und Natronlauge sowie durch weitere Rektifikation befreit werden muß. Hierzu dient die in Abb. 68 dargestellte Einrichtung, deren Wirkungsweise nach dem Vorstehenden schon verständlich ist.

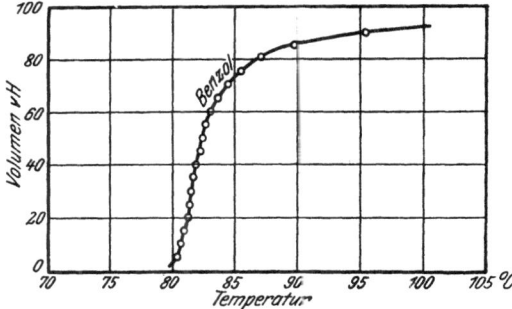

Abb. 69. Verdampfungskurve von Handelsbenzol.

Wie erwähnt, bildet den wichtigsten Ausgangsstoff für die Benzolerzeugung das Koksofengas. Nach einer Aufstellung von Bunte sollen 100 kg Steinkohlen beim Verkoken 30 m³ Gas, enthaltend 1250 g Benzol, und 50 kg Teer, enthaltend 90 g Benzol, liefern[1]). Daneben kann es auch aus dem Steinkohlenteer der Gasanstalten gewonnen werden, wie es ja auch den Hauptbestandteil des Leuchtgases bildet. Da die Gewinnung von Nebenerzeugnissen noch nicht bei allen großen Kokereianlagen eingeführt ist, so kann man auf eine erhebliche Steigerung der Benzolerzeugung in der Zukunft noch rechnen. Im Oberbergamtsbezirk Dortmund hat sie im Jahre 1907 33755 t betragen.

In chemischer Beziehung stellt sich das im Handel erhältliche 90er Reinbenzol als ziemlich reines C_6H_6, vermischt mit Toluol (C_7H_8) und Xylol (C_8H_{10}) dar. Das erkennt man auch schon aus dem Verlauf seiner Verdampfkurve, Abb. 69, deren größter Teil in dem Gebiete zwischen 80 und 85° C gelegen ist.

Die wesentlichsten Eigenschaften der Bestandteile des Benzols sind nachstehend angegeben:

Bestandteile des Handelsbenzols.

Bezeichnung	Chem. Formel	Spez. Gewicht		Molekulargewicht	Siedepunkt ° C	Spez. Volumen in verdampftem Zustand
		γ	bei ° C			
Benzol	C_6H_6	0,890	15	78	80,4	0,2862
Toluol	C_7H_8	0,875	15	92	111	0,2426
Xylol	C_8H_{10}	—	—	106	137	0,2105

Die theoretische Verbrennungsgleichung des 90er Benzols kann man mit hinreichender Genauigkeit auf diejenige des Benzols (C_6H_6) stützen.

Sie lautet $C_6H_6 + 15\,O = 6\,CO_2 + 3\,H_2O$, oder, wenn man, genauer, das Benzol aus 92,2 v. H. Kohlenstoff und 7,6 v. H. Wasserstoff zusammengesetzt annimmt (der Rest entfällt auf verschiedene Stoffe)[2]), so kann man in ähnlicher Weise wie oben für die Verbrennung von Benzin folgende Gleichungen aufstellen:

$$0,076 \text{ kg } H_2 + 0,464 \text{ m}^3 \, O_2 = 0,926 \text{ m}^3 \, H_2O$$
$$0,922 \text{ kg } C + 1,874 \text{ m}^3 \, O_2 = 1,874 \text{ m}^3 \, CO_2.$$

Für 1 kg Handelsbenzol ergibt sich

$$1 \text{ kg Benzol} + 2,338 \text{ m}^3 \, O_2 = 1,874 \text{ m}^3 \, CO_2 + 0,926 \text{ m}^3 \, H_2O$$

und als theoretische Verbrennungsgleichung

$$1 \text{ kg Benzol} + 11,171 \text{ m}^3 \text{ Luft} = 1,874 \text{ m}^3 \, CO_2 + 0,926 \text{ m}^3 \, H_2O + 8,833 \text{ m}^3 \, N.$$

Der Anteil der nicht kondensierbaren Verbrennungsrückstände an Kohlensäure beträgt demnach bei der theoretischen Verbrennung

$$\frac{1,874 \cdot 100}{10,680} = 17,3 \text{ v. H.}$$

Auch diesen Wert kann man in ähnlicher Weise wie bei dem Benzin zur qualitativen Beurteilung der Verbrennung heranziehen.

---

[1]) Vgl. Allg. Auto-Zg. vom 22. März 1907.   [2]) Grebel: a. a. O., S. 805.

Bei der Beurteilung der bis jetzt vorliegenden Betriebserfahrungen mit Benzol bei Kraftwagen- und andern Fahrzeugmaschinen darf man nicht übersehen, daß das Benzol eine höhere Verdichtung ohne Gefahr von Selbstzündungen gestattet, daß also die üblichen Vergleichversuche mit unveränderten Maschinen, die in der Regel für den Benzinbetrieb eingestellt sind, den besonderen Eigenschaften des Benzols nicht gerecht werden. Wenn somit die meisten derartigen Versuche zu dem Ergebnis führen, daß der Betrieb mit Benzol doch höheren Brennstoffverbrauch als der Betrieb mit Benzin erfordert[1]), so braucht das durchaus nicht als Maßstab für die Wirtschaftlichkeit einer von vornherein auf Benzolbetrieb eingestellten Fahrzeugmaschine angesehen zu werden.

Zu erwähnen sind hier auch die umfassenden Untersuchungen des Laboratoriums für Kraftfahrzeuge. Charlottenburg, auf diesem Gebiete, insbesondere die vollständige Erprobung von 28 Vergasern verschiedenster Bauart an Personen- und Lastkraftwagenmaschinen, anläßlich des Benzolvergaser-Wettbewerbes (1914) des preuß. Kriegsministeriums, sowie die Untersuchungen von Flugmotoren bei Benzin- und Benzolbetrieb, die von der Heeresverwaltung angeregt und unterstützt worden sind. Die Ergebnisse dieser Arbeiten sind bis jetzt noch nicht veröffentlicht. Nur über die Flugmotorenversuche ist ein Geheimbericht[2]) herausgegeben worden, der z. B. zeigt, daß ein Mercedes-Flugmotor von 100 PS Leistung bei Benzolbetrieb 4,7 v. H. Abfall in der Höchstleistung und 5,5 v. H. spezifischen Mehrverbrauch an Brennstoffgewicht ergeben hat.

Die Unterlagen sind im übrigen auf diesem Gebiete noch nicht vollständig genug. Soweit die heutige Kenntnis reicht, muß man sich daher damit begnügen, festzustellen, daß im allgemeinen eine für Benzinbetrieb entworfene Maschine ohne wesentliche Schwierigkeiten auch für Benzolbetrieb eingerichtet werden kann und hierbei auch annähernd die gleiche Höchstleistung bei etwa 10 v. H. höherem Brennstoffverbrauch entwickelt. Maschinen, deren Verdichtungsverhältnis für Benzinbetrieb verhältnismäßig hoch ist, verhalten sich günstiger, d. h. sind im Lauf weicher und freier von Selbstzündungsstößen, wenn man sie mit Benzol betreibt. Bei solchen Maschinen hat man neuerdings sogar mit Verdichtungsverhältnissen von 1:14 einen stoßfreien Betrieb ermöglicht[3]). Bei allen für Benzinbetrieb entworfenen Maschinen bedingt aber der Übergang zum Benzolbetrieb die Notwendigkeit, Kolben und Ventile auf ihre Reinheit hin öfter als beim Benzinbetrieb nachzusehen.

Ein neueres Ergebnis der chemischen Forschung auf dem Gebiet der Ersatzbrennstoffe ist schließlich das Tetralin[4]) (Tetrahydronaphthalin), eine farblose Flüssigkeit von 11 600 kcal/kg Heizwert, 0,975 spezif. Gewicht, 79° C Flammpunkt, 205° C Siedepunkt und — 30° C Gefrierpunkt, das von den Tetralin-Werken in Rodleben in großem Maßstabe hergestellt und in Mischungen mit Benzol, Benzin und Spiritus als sogenannter Reichskraftstoff vertrieben wird.

Spiritus.

Was endlich den Spiritus anbetrifft, dessen Herkunft und Gewinnung bekannt sein dürften, so kommt dieser heute aus verschiedenen, noch näher zu erläuternden Gründen für Motorfahrzeuge recht wenig in Betracht. Seine chemische Zusammensetzung ist wohl ziemlich gleichmäßig, wie aus dem Verlauf der Verdampfkurve in Abb. 70 hervorgeht, allein seine Benutzung für technische Zwecke wird bekanntlich in den meisten Staaten von der Denaturierung abhängig gemacht, durch welche die guten Eigenschaften des Äthylalkohols zum Teil beeinträchtigt werden.

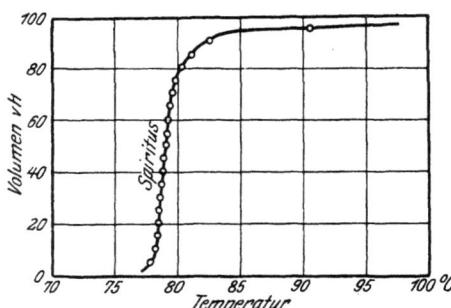

Abb. 70. Verdampfkurve von Spiritus.

Dazu kommt, daß, ungeachtet der Steuervergünstigung, deren der durch das Denaturierverfahren ungenießbar gemachte Spiritus sich erfreut, der Marktpreis des Spiritus bei weitem höher als derjenige der anderen, im vorstehenden behandelten Brennstoffe ist. Da aber gerade die Preisfrage großen Schwankungen unterworfen und heute auch nicht vorauszusehen ist, ob nicht, z. B. infolge der Abnahme der Erdöl- und Kohlenvorräte der

---

[1]) Vgl. z. B. Rieder: Wissenschaftliche Automobil-Wertung, Bericht VIII.
[2]) Bericht des Laboratoriums für Kraftfahrzeuge an der Königl. Technischen Hochschule zu Berlin über die Versuche zur Feststellung der Verwertbarkeit von Benzol zum Betriebe von Flugmotoren 1915.
[3]) Automot. Ind. 18. Januar 1923. [4]) Z. V. d. I. 1921, S. 1026.

Spiritus.

Welt später vielleicht doch noch auf den Spiritus zurückgegriffen werden muß, dessen Herstellung sich im übrigen auch verbilligen kann, wenn irgendeines der Verfahren, die auf die Erzeugung von Spiritus aus Zelluloseabwässern, Rückständen von Zuckerfabriken, Holzspänen, Torf usw. abzielen, von Erfolg begleitet ist, so seien der Vollständigkeit wegen die entsprechenden Angaben auch über Spiritus hier angefügt.

Bestandteile von denaturiertem Spiritus.

Bezeichnung	Chem. Formel	Molekulargewicht	Siedepunkt °C	Spez. Volumen in verdampftem Zustande m³/kg
Methylalkohol	CH_4O	32	64,5	0,6975
Äthylalkohol	C_2H_6O	46	78,4	0,4852
Azeton	C_3H_6O	58	56,4	0,3848

Das spezifische Gewicht des 90° Methylalkohols beträgt 0,8339
„   „   „   „   „ Äthylalkohols   „   0,8337
und von 90° Äthylalkohol mit der gleichen Menge von
90er Benzol vermischt 0,854

Die Verwendung von Spiritus als Betriebstoff für Kraftwagen hat in den letzten Jahren unter dem Druck der wirtschaftlichen Verhältnisse so große Fortschritte gemacht, daß man an dieser Stelle wenigstens die Hauptpunkte der heute vorliegenden Erfahrungen zusammenfassen kann. Danach kommt wohl der reine Spiritusbetrieb infolge der ungünstigen Verdampfeigenschaften des Spiritus auch in Zukunft nicht in Frage. Der einzige, vorwiegend aus Spiritus hergestellte Motorenbrennstoff, der sich bewährt hat und Aussichten für die Zukunft bietet, ist das Natalit[1]), das aus Südafrika stammt und seine guten Verdampfeigenschaften, s. die nachstehende Zahlentafel, einem sehr ansehnlichen Zusatz (45 v. H.) von Äther verdankt.

Dampfspannungen von Benzin, Spiritus und Natalit.

Temperatur °C	bestes Motorenbenzin mm Q.-S.	denaturierter Spiritus mm Q.-S.	Natalit mm Q.-S.
60	35,559	29,209	48,259
65	66,039	45,719	91,438
70	91,438	68,579	124,46
75	121,92	91,438	172,72
80	149,86	119,38	208,28
85	180,34	144,78	259,08
90	208,28	175,26	312,42
95	236,22	203,20	368,29
100	266,70	233,68	429,25

Wichtiger ist dagegen der Spiritus als Zusatz zu andern Brennstoffen, namentlich zum Benzol, dessen Kältebeständigkeit hierdurch verbessert werden kann.

Die Betriebserfahrungen mit Spiritus und Spiritus-Benzolmischungen, die in großer Zahl vorliegen[2]), stützen sich allerdings wie die mit Benzol auf Versuche mit Maschinen, die für Benzinbetrieb eingerichtet waren, sind also darum nicht ganz maßgebend. Wertvoll für die Praxis scheinen aber immerhin die nachstehend zusammengestellten Verbrauchszahlen aus dem Betriebe der London General Omnibus Co., die sich auf die Mittelwerte von wöchentlichen Aufstellungen der Fahrabteilungen stützen und nicht reine Versuchswerte sind.

Verbrauch von Benzol-Spiritus-Mischungen bei Londoner Motoromnibussen.

Wagen Nr.	Art des Brennstoffs		Wegleistung	mittlerer Verbrauch		Entsprechender mittlerer Benzinverbrauch des ganzen Wagenparks	
	Benzol v. H.	Spiritus v. H.	km	l/km	kcal/km	l/km	kcal/km
B 908	75	25	7880	0,382	2990	0,374	3140
B 415	95	5	4200	0,373	3170	0,374	3140
B 849	80	20	10 700	0,389	3120	0,375	3230
B 1263	50	50	7300	0,405	2810	0,375	3230

[1]) Engg. 13. Januar 1920.
[2]) z. B. v. Löw: Kraftwagenbetrieb mit Inlands-Brennstoffen. Berlin: C. W. Kreidel, Verlag 1916. — Keßner: Rohstoff-Ersatz. 1921 und Engg. 5. November 1920.

Wesentlich schwieriger ist der Betrieb mit Mischungen von Spiritus und Benzin, da sich diese beiden Brennstoffe leicht voneinander trennen. Die Frage hat durch ein neueres französisches Gesetz, wonach die Einfuhr von Benzin nur gestattet ist, wenn gleichzeitig 10 v. H. der eingeführten Menge an Spiritus beim staatlichen Monopolamt abgenommen werden, größere Bedeutung erlangt. Man hatte gehofft, durch diese Maßregel eine feste Absatzquelle für die vom Staat den Landwirten abgekauften Spiritusmengen zu schaffen. Durch Versuche will man festgestellt haben, daß sich Alkohol und Benzin auch im Verhältnis von weniger als 1:0,3 bis 1:1 mischen lassen, wenn man den Spiritus vorher wasserfrei macht, doch scheinen die Verfahren in der Praxis noch keinen Eingang gefunden zu haben. Dagegen sollen sich ungefähr gleiche Mengen von Spiritus und Benzin ohne weiteres mischen; das ist aber für die Praxis wertlos, weil so viel Spiritus gar nicht zur Verfügung steht.

Sonstige Ersatzbrennstoffe.

Auf die hierher gehörigen Versuche, die alle durch die Knappheit von Benzin, Benzol und Spiritus hervorgerufen sind und bis heute kaum dauernde Bedeutung erlangt haben, sei an dieser Stelle nur kurz hingewiesen:

Azetylen.

Das Azetylengas, das sich beim Mischen von Kalziumkarbid mit Wasser nach der Formel $CaC_2 + 2H_2O = C_2H_2 + Ca(OH)_2$ bildet, hat ein spez. Gewicht von 0,91 (bezogen auf Luft) und wiegt 1,17 kg/m³. Es ist farblos, hat einen kennzeichnenden knoblauchähnlichen Geruch und verbrennt mit Luft nach der Formel $C_2H_2 + 2,5 O_2 = 2 CO_2 + H_2O$.

Nach dieser Verbrennungsgleichung sind zur vollkommenen Verbrennung von 1 kg Azetylen 3,08 kg Sauerstoff oder 13,3 kg Luft, bzw. zur Verbrennung von 1 l Azetylen 12,02 l Luft erforderlich. Kennzeichnend für den Azetylenbetrieb ist, daß das Gemisch von Luft und Azetylen innerhalb sehr weiter Grenzen (bei gewöhnlichem Druck und gewöhnlicher Temperatur bei 2,8 bis 65 v. H. Azetylengehalt, bei höherem Druck auch schon bei niedrigerem Azetylengehalt) leicht brennbar ist und sich bei 380 bis 400° entzündet. Um daher Selbstzündung im Motor zu vermeiden, hat man früher die Ansaugleitung stark drosseln müssen, wodurch die Motoren an Leistung einbüßten; neuerdings hat man mit Erfolg Wassereinspritzung oder Beimischung verhältnismäßig geringer Mengen von Benzin oder Petroleum erprobt.

In Deutschland hat das Reichswirtschaftsministerium die Frage studieren lassen, einen Bericht darüber hat Prof. Haber bekanntgegeben. Danach entspricht hinsichtlich der Energieausbeute 1 kg Azetylen 2,5 kg Benzin oder Benzol; der Grund für diese große wärmetechnische Überlegenheit ist aber, daß beim Benzol allgemein mit großem Brennstoffüberschuß gearbeitet wird, damit die Maschine den Schwankungen der Belastung schnell folgen kann, während man beim Azetylenbetrieb selbst mit großem Luftüberschuß gut durchkommt und infolgedessen stets eine viel bessere Verbrennung erzielt. Für den Betrieb in Maschinen kommen nur Gemische mit 3 bis 5 v. H. Azetylengehalt in Frage; unter dieser Grenze wird die Verbrennung schleichend, und die Flamme schlägt in die Saugleitung zurück, über dieser Grenze wird die Gefahr von Selbstzündungen und Klopfen der Maschine zu groß, doch kann man hier durch bessere Kühlung der Zündkerzen helfen.

Für den Betrieb eines Kraftwagens sind erforderlich:
1. der Gaserzeuger mit Wasserabscheider,
2. der Gasdruckregler,
3. der Gasreiniger,
4. ein Mischventil.

Einrichtungen dieser Art wurden einige Zeit von allen größeren schweizerischen Kraftwagenfabriken (z. B. Saurer in Arbon, Berna in Olten usw.) gebaut.

Nachstehend sind die Ergebnisse der Abgas-Untersuchungen an einem 32 PS-Berna-Motor mit Azetylenbetrieb bei verschiedenen Belastungen mitgeteilt[1]:

Ergebnisse von Abgas-Untersuchungen bei Azetylenbetrieb.

Belastung	Voll		Mittel		Leerlauf	
Versuch Nr.	1	2	3	4	5	6
Kohlensäure . . . . v. H.	11,5	6,8	9,1	8,7	5,8	6,5
Sauerstoff . . . . „	6,5	12,0	9,8	9,8	12,9	12,3
Stickstoff . . . . „	82,0	81,2	81,1	81,5	81,3	81,1
brennbare Bestandteile . . „	0	0	0	0	0	0,1
Mischungsverhältnis Luft:Azetylen . . . . . „	18	28,8	21,6	22,8	31,2	30

[1] Mitt. Schweiz. Azetylen Ver. 1918/19.

Die vorstehenden Ergebnisse, die von der Prüfungsanstalt für Brennstoffe an der Eidgenössischen techn. Hochschule in Zürich ermittelt worden sind, lassen insbesondere erkennen, daß die Verbrennung im Azetylen-Motor selbst bei stark wechselndem Mischungsverhältnis sehr vollkommen ist, daß daher dieser Motor eine sehr wirtschaftliche Leistungsregelung gestattet.

Als Verbrauch werden rd. 260 bis 300 l/PSh, Azetylen oder 1 kg/PSh Karbid angegeben.

Leuchtgas.

Die Versuche mit Leuchtgas haben namentlich in England bei der Aufrechterhaltung des Kraftomnibusverkehrs während der Brennstoffnot vorübergehende Bedeutung erlangt[1]). Aber auch sonst bietet der Betrieb mit Leuchtgas die Möglichkeit, den Verbrauch an flüssigen Brennstoffen, z. B. auf Prüfständen, einzuschränken, wenn man sich damit abfindet, daß man bei Betrieb mit Leuchtgas höchstens $3/4$ der Leistung erreicht, die die gleiche Maschine bei Betrieb mit Benzin oder Benzol liefern kann. Einen Anhalt für den zu erwartenden Verbrauch bieten nachstehende Zahlen aus dem Prüfraum von Benz & Cie. A.-G., Mannheim:

Versuche an einer Wagenmaschine mit Leuchtgasbetrieb.

Uml/min	Leistung PS	Leuchtgasverbrauch m³/PS	Wärmeverbrauch[2]) kcal/PS
1080	23,4	0,79	4350
1100	22,00	0,728	4000 (gedrosselt)
1400	29,4	0,765	4200
1620	32,4	0,795	4370

Naphthalin.

Das Naphthalin ist ein wesentlicher Bestandteil des Steinkohlenteeres, der in den Gasanstalten oder Koksofenanlagen gewonnen wird, und ist in denjenigen sogenannten mittleren Ölen enthalten, welche bei der Destillation des Teeres zwischen 170 und 230° übergehen. Rohes, schwach gefärbtes Naphthalin wird aus diesen Ölen durch Abkühlen und Filtern unter Druck gewonnen. Man reinigt es durch Waschen und nochmaliges Destillieren. Dies reine Naphthalin ($C_{10}H_8$) ist weiß kristallinisch, hat bei 15° eine Dichte von 1,15 und wird bei 79,7° leichtflüssig, während das rohe Naphthalin schon bei etwa 75° schmilzt. Sein Heizwert beträgt 9700 kcal/kg, ist also nur wenig von dem anderer Kohlenwasserstoffe verschieden, sein höherer Gehalt an Kohlenstoff (93,7 v. H.) erfordert aber zur Verbrennung einen größeren Luftaufwand.

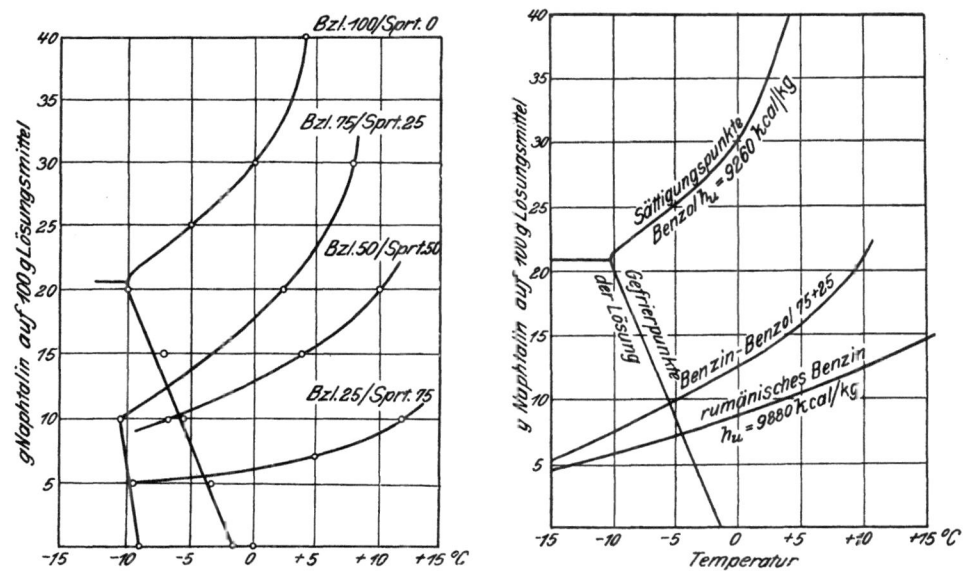

Abb. 71 und 72. Löslichkeit von Naphthalin in verschiedenen flüssigen Brennstoffen.

---

[1]) Z. V. d. I. 1917, S. 847; 1918, S. 56.
[2]) Bezogen auf einen Heizwert des Gases von 5500 kcal/m³.

Die Verwendbarkeit von Naphthalin für den Betrieb von kleinen Verbrennungsmaschinen hat die Gasmotoren-Fabrik Deutz schon vor vielen Jahren bewiesen[1]). Später hat man die Versuche auch bei Kraftwagen wieder aufgenommen[2]), ohne daß sie aber größere praktische Bedeutung erlangt hätten.

Wichtiger scheint dagegen, daß, wie Versuche im Maschinenlaboratorium der Technischen Hochschule Dresden[3]) ergeben haben, das Naphthalin in größeren Mengen in Benzin, Benzol und Spiritus gelöst werden, also dazu benützt werden kann, die Vorräte an solchen Brennstoffen zu strecken, s. Abb. 71 und 72. Nicht allein, daß z. B. Benzol über $+10^0$ C und auch bei niedrigeren Temperaturen wesentliche Mengen von Naphthalin gelöst zu erhalten vermag, bei -0^0 lösen sich noch 30, bei -10^0 noch 21 Gewichtsteile in 100 Gewichtsteilen Benzol, sondern das Naphthalin hat auch die Eigenschaft, das Erstarren des Benzols unter 0^0 zu verzögern, solange die Lösung nicht voll gesättigt ist. So kann man ein Benzol, das sonst bei -2^0 erstarren würde, durch Zusatz von 10 Teilen Naphthalin noch bis zu -6^0, durch Zusatz von 20 Teilen Naphthalin etwa bis zu -10^0 flüssig erhalten.

Den neuesten Stand der Naphthalin-Vergaser kennzeichnet wohl die Bauart von Balachowsky & Caire, die auf der landwirtschaftlichen Ausstellung, Paris 1922, vorgeführt wurde[4]), s. Abb. 73 und 74. Der Behälter a, der das Naphthalin aufnimmt, wird nur im unteren Teil durch den Mantel b geheizt, durch den die Auspuffgase streichen, und ist durch eine Siebwand c abgeteilt, so

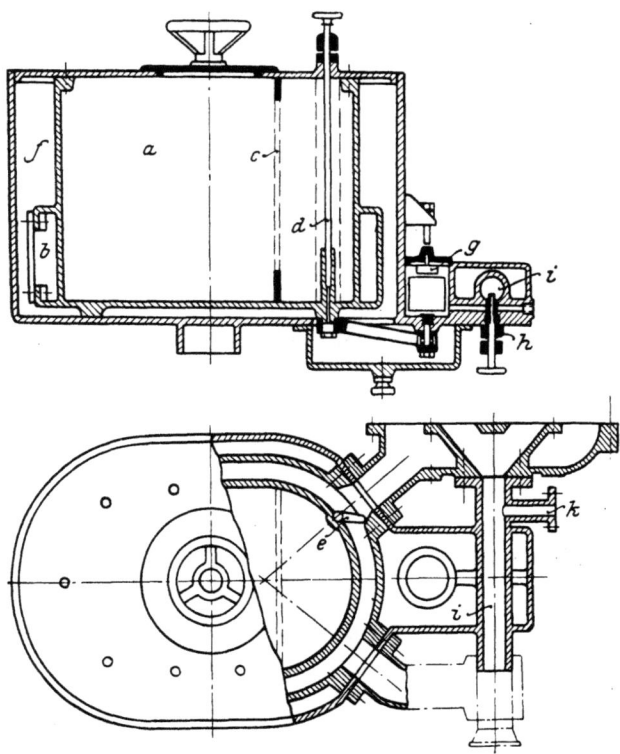

Abb. 73 und 74.
Naphthalin-Vergaser von Balachowski & Caire.

daß die Verunreinigungen nicht bis zu der Düsennadel d gelangen, die selbst noch von einem zweiten Sieb umgeben ist. Der Grad der Heizung wird mittels der Klappe e geregelt, welche die Auspuffgase in den Heizmantel ableitet. Das Ganze ist noch von einem Kasten f umgeben, in den Wasser oder Öl eingefüllt wird, damit die Auspuffwärme aufgespeichert werden kann. Dadurch wird der ganze Behälter a warm gehalten, aber im unteren Teil stärker beheizt, was die Abscheidung von Verunreinigungen aus dem Brennstoff erleichtern soll.

Das geschmolzene Naphthalin fließt über ein geheiztes Rohr in das Schwimmergehäuse g und tritt dann durch die regelbare Düse h in das Ansaugrohr i aus, das gleichfalls beheizt ist und in das durch den Stutzen k beim Anlassen der Maschine Benzin- oder Benzolgemisch eingeleitet werden kann. Auch das Ende der Ansaugleitung, das sich kegelig erweitert, ist mit einem Heizmantel umgeben. Ist die Anlage in Gang gebracht, so tritt durch den Stutzen k nur Zusatzluft ein.

Versuche von Ringelmann mit diesem Vergaser an einer Schleppermaschine mit vier Zylindern von 121 mm Durchm. und 171 mm Hub sollen ergeben haben, daß die Maschine je nach der Leistung bei 850 Uml/min 0,5 bis 0,68 kg/PS$_e$h verbraucht hat.

Treiböle.

Durch Mischen von Benzin, Benzol oder Spiritus mit Rohöl, Gasöl, Braunkohlenteeröl oder Petroleum hat man eine große Zahl von Hilfsbrennstoffen hergestellt, die sich alle durch den verhältnismäßig großen, erst bei höherer Temperatur übergehenden Verdampfrest kennzeichnen,

---

[1]) Vgl. Z. V. d. I. 1908, S. 642.   [2]) Z. V. d. I. 1914, S. 22.
[3]) Dieterich-Helfenberg, Die Analyse der Kraftstoffe. S. 162.
[4]) Génie civil 3. März 1923.

s. Abb. 75 und 76. Die Schwierigkeiten, die bei Verwendung solcher Mischbrennstoffe auftreten, bestehen namentlich darin, daß sich an nicht genügend warmen Stellen oder schon bei Richtungsänderungen des brennbaren Gemisches die schwerer flüchtigen Bestandteile in flüssiger Form abscheiden. Namentlich beim Betrieb mit Rohölgemischen hat man vielfach die Erfahrung gemacht, daß die flüssigen Ausscheidungen in den Zylindern einen unzulässig großen Umfang annehmen. Dieses Öl läuft dann durch die Kolben ins Kurbelgehäuse und verdünnt dort das Öl in einem für den Bestand der Lager gefahrbringenden Maße. Nicht selten kommt es dann vor, daß der Ölinhalt des Kurbelgehäuses, anstatt mit der Zeit abzunehmen, zunimmt und die Maschine stark qualmenden Auspuff erzeugt.

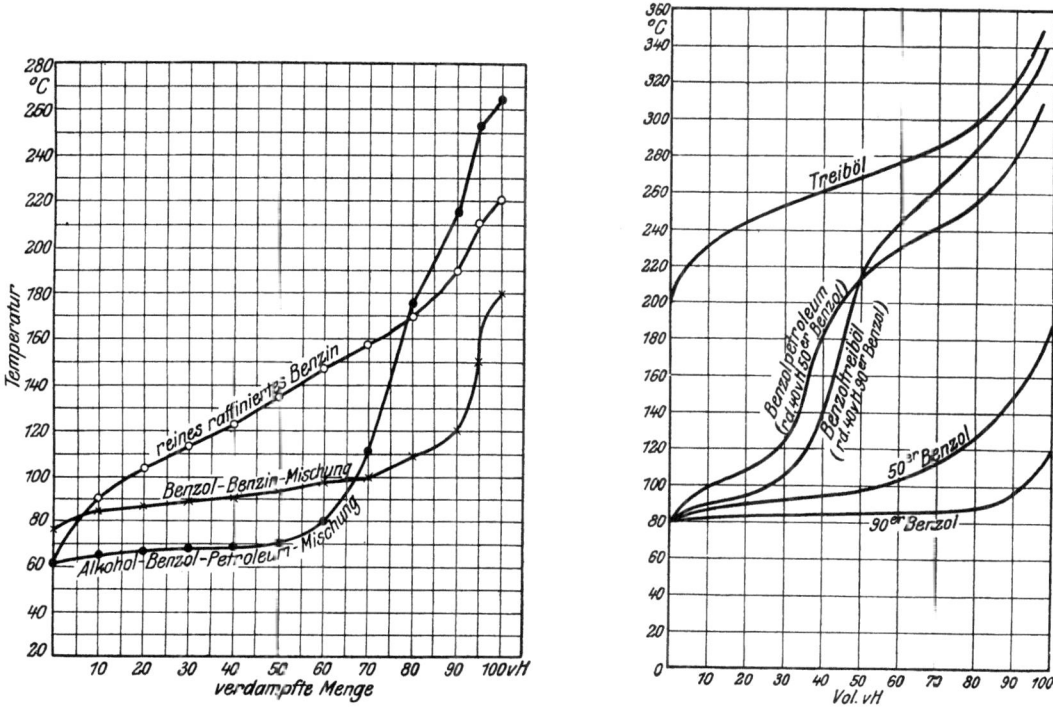

Abb. 75 und 76. Verdampfkurven von Treibölgemischen.

Bemerkenswerte Versuche über die Verschlechterung des Schmieröles bei Betrieb mit schwer verdampfbaren Brennstoffen hat auf Veranlassung des amerikanischen Marineamtes W. F. Parish[1]) an einem Hall-Scott-Flugmotor in der Weise durchgeführt, daß die Maschine je 5 Std. lang mit verschiedenen Brennstoffen betrieben und nach Ablauf jeder Betriebstunde eine Probe des umlaufenden Schmieröles entnommen wurde. Diese Proben wurden mittels des Sayboltgerätes auf ihre Viskosität geprüft, wobei sich folgendes ergeben hat:

Brennstoff.

Bezeichnung	Verdampfungsbereich		Viskosität des Schmieröles			
	Beginn °C	Ende °C	bei Beginn des Versuchs	nach der ersten Betriebsstunde	nach der zweiten Betriebsstunde	am Ende des Versuchs
Deutsches Fliegerbenzin . . .	43	110	1700	1638	1652	1787
Französisches Fliegerbenzin .	60	145	1700	1586	1610	1755
Amerik. Motorbootbenzin . .	57	196	1700	1530	1396	1564
dgl. mit Zusatz	57	216	1700	1540	1420	1487

Während also die Viskosität des Öles bei Betrieb mit den leicht flüchtigen deutschen und französischen Benzinsorten nach anfänglichem Sinken am Ende des Versuchs gestiegen

---

[1]) Mech. Engg. März 1920 und J. Am. Soc. Naval Arch. Februar 1920.

war, hat sie bei Betrieb mit den schwereren amerikanischen Benzinsorten bis zum Ende der zweiten Betriebsstunde in viel höherem Grad abgenommen und ist auch am Ende des Versuches weit unter dem ursprünglichen Wert geblieben.

Trotz dieser und noch anderer Schwierigkeiten nehmen die Versuche, den Betrieb mit schweren Brennstoffen auch bei den leichten schnellaufenden Verbrennungsmaschinen zu ermöglichen, ihren Fortgang, da die Lösung dieses Problems für die Zukunft dieser Maschinenart von ausschlaggebender Bedeutung ist.

Das „Klopfen" der Fahrzeugmaschinen[1]).

Mit den Schwierigkeiten, für den Betrieb von Kraftfahrzeugen geeignete Brennstoffe zu erschwinglichen Preisen zu beschaffen, hat sich auch die Häufigkeit des „Klopfens" der Maschinen gesteigert, einer Erscheinung, die man zwar schon seit den ersten Versuchen mit schnellaufenden Verbrennungsmaschinen kennt, die aber genauer zu untersuchen, erst die neuere Zeit gezwungen hat. Das „Klopfen" ist ein metallisch hart klingendes Geräusch, das jedesmal im Augenblick der Zündung im Zylinder der Maschine auftritt und sich von ähnlichen, auf der Abnutzung des Maschinentriebwerkes beruhenden Geräuschen, die wesentlich dumpfer klingen, deutlich unterscheidet. Man führt es heute allgemein darauf zurück, daß die Verbrennung in den Zylindern nicht, wie üblich, unter allmählicher Drucksteigerung vor sich geht, sondern daß, wie bei dem Knall einer Sprengstoffladung, eine plötzliche, schlagähnliche Steigerung des Druckes im Zylinder stattfindet, welche zunächst die Leistung der Maschine nicht zu beeinträchtigen braucht, sondern sie, im Gegenteil, infolge günstigerer Ausnutzung der Verbrennungswärme, sogar etwas steigern kann. Das metallische Klingen hierbei kann man sich z. B. so erklären, daß die im Augenblick des Zerknalls auftretenden Höchstdrücke zu große Flächendrücke in den Lagern hervorrufen, so daß deren Metallflächen unter Verdrängung der Ölschicht unmittelbar aufeinanderschlagen.

Schon aus diesem Grund ist das Klopfen für den Bestand der Maschine äußerst gefährlich, auch wenn man das Geräusch in den Kauf nehmen wollte. Allein die Beobachtung lehrt weiter, daß bei einer klopfenden Maschine nach kurzer Zeit auch Frühzündungen und im Zusammenhang damit erhebliche Einbußen an Leistung auftreten, offenbar weil die gesteigerte Verbrennungswärme der Gase nicht ausreichend schnell aus den Zylindern abgeleitet werden kann und die Maschine sich daher überhitzt.

Die Neigung zum Klopfen steigt bei einer gegebenen Maschine und einem gegebenen Brennstoff mit der Höhe der Vorverdichtung des Gemisches, ist also bei unveränderlichem Verdichtungsverhältnis am größten, wenn die Drossel am Vergaser voll geöffnet wird, wie beim langsamen Anfahren oder beim Hinauffahren auf einer Steigung. Ebenso nimmt die Neigung zum Klopfen mit der Erwärmung der Maschine, z. B. bei heißer Witterung, zu, auch wenn sich sonst nichts ändert. Während aber diese Einflüsse im allgemeinen bekannt waren und durch geeignete Maßnahmen bekämpft werden konnten, hat sich erst in neuerer Zeit ergeben, daß in der großen Reihe von Brennstoffen, die heute beim Betrieb von Kraftfahrzeugen als Ersatz für reines Benzin oder Benzol verwendet werden müssen, einige viel stärker als andere zum Klopfen neigen, insbesondere die schwereren Bestandteile des aus Kohlenwasserstoffen der Paraffinreihe bestehenden Rohöls, die man, vermischt mit entsprechend leichter verdampfbaren Bestandteilen, wie Petroläther und Ligroin, mit Vorliebe zur Herstellung von Benzinersatz verwendet.

Welche Schwierigkeiten sich hieraus für die Versorgung unserer Kraftfahrzeuge ergeben, kann man schon daraus ersehen, daß die gebräuchlichen Fahrzeugmaschinen in bezug auf ihre Verdichtungs- und Kühlverhältnisse sehr verschieden sind, namentlich seit man infolge der gesteigerten Anwendung von Benzol und Benzolspiritus zu höheren Verdichtungen übergegangen ist. Infolgedessen kann es leicht vorkommen, daß ein gegebener Brennstoff für gewisse Bauarten von Kraftwagen unverwendbar ist, weil er Klopfen hervorruft, während er sich bei andern Kraftwagen ohne Schwierigkeiten gebrauchen läßt.

Thomas Midgley und T. A. Boyd haben nun im Laboratorium der General Motors Research Corporation, Dayton, Ohio, umfangreiche Versuche über diese ganze Frage angestellt und über deren Ergebnisse in der Zeitschrift „The Journal of Industrial and Engineering Chemistry"[2]) ausführlich berichtet. Ihre Arbeiten erstrecken sich nicht allein auf eine Einrichtung zum Prüfen und Bewerten der Neigung eines Brennstoffes zum Klopfen, sondern auch auf die

---

[1]) Z. V. d. I. 1923, S. 58.   [2]) Bd. 14, Juli und Oktober 1922.

Angabe von Mitteln, um diese Neigung zu bekämpfen, und man kann wohl sagen, daß dadurch das Klopfen seine Gefahren für die Praxis vollkommen verloren hat. Die Tragweite dieser Arbeiten wird namentlich dadurch gesteigert, daß man allgemein bei Kraftfahrzeugmaschinen und noch viel mehr bei den Maschinen für Flugzeuge danach strebt, die Verdichtungsverhältnisse zu steigern, um höchste Wirtschaftlichkeit und insbesondere geringes Einheitsgewicht zu erzielen. Diese Versuche sind aber bisher dadurch behindert worden, daß man keine Mittel kannte, um das Klopfen beim Überschreiten eines bestimmten Verdichtungsgrades zu vermeiden.

Die Einrichtung zum Prüfen und Bewerten der Neigung eines Brennstoffes zum Klopfen besteht aus einem kleinen Indikatorkolben, der in den Brennraum des Zylinders eingesetzt und mittels einer kräftigen Feder so belastet wird, daß er unter dem Einfluß der üblichen Zündungen geringe Hübe ausführt. Man kann diese Bewegungen zum Antrieb eines kleinen Spiegels verwenden und auf diese Weise den Zylinder indizieren. Im vorliegenden Fall ruht aber auf dem Kolben ein schwerer Stahlbolzen, der emporgeschleudert wird und einen elektrischen Stromkreis schließt, sobald im Zylinder statt der üblichen Zündung ein Knall auftritt. Während die Hübe des Kolbens bei üblichen Zündungen nur rd. 0,05 bis 0,1 mm betragen, hat man beim Klopfen schon bis zu 38 mm Hub des Stahlbolzens beobachtet. Als Maß für die Neigung des Brennstoffes zum Klopfen dient die Zeit, während deren der erwähnte Stromkreis im Laufe einer bestimmten Betriebszeit der Maschine geschlossen erhalten wird. Zu diesem Zweck ist an den Stromkreis eine elektrolytische Zelle mit angesäuertem, destilliertem Wasser angeschlossen, an deren Glasteilung man die während einer bestimmten Betriebsdauer erzeugte Knallgasmenge unmittelbar ablesen kann.

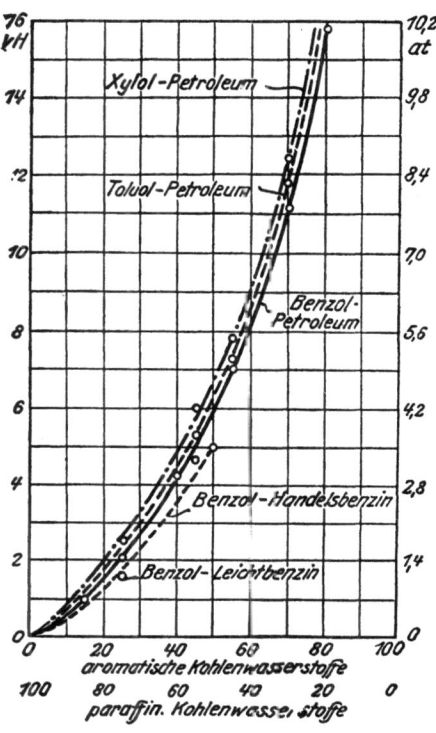

Abb. 77. Verhalten von Mischbrennstoffen.

Die Messungen an einem gegebenen Brennstoff werden so ausgeführt, daß man die Versuchsmaschine einmal mit diesem Brennstoff und dann, ohne die Vergasereinstellung zu ändern, mit einem Vergleichsbrennstoff laufen läßt, dessen Neigung zum Klopfen man genau regelt, bis beide Brennstoffe gleiches Verhalten zeigen. Als Vergleichsbrennstoff dient gewöhnliches Petroleum, das stark zum Klopfen neigt, aber durch Zusatz sehr geringer Mengen von Xylidin, einem aromatischen Amin, ohne daß es sich sonst ändert, gut verwendbar gemacht werden kann. In dieser Weise kann man z. B. finden, daß ein Gemisch aus 45 Teilen Benzol und 55 Teilen Petroleum hinsichtlich der Neigung zum Klopfen reinem Petroleum gleichwertig ist, dem man nur rd. 5 v. H. Xylidin zugesetzt hat.

Die Ergebnisse einer Reihe von planmäßigen Messungen dieser Art zeigt Abb. 77. Als Abszissen sind die Mischungsverhältnisse (Raumteile) der jeweils aus einem Kohlenwasserstoff der Paraffinreihe (Petroleum, Benzin) und einem aromatischen Kohlenwasserstoff (Benzol, Toluol, Xylol) bestehenden Brennstoffmischung, als Ordinaten die Anzahl der Raumteile an Xylidin aufgetragen, die man gewöhnlichem Petroleum zusetzen mußte, um gleiches Verhalten hinsichtlich des Klopfens zu erzielen. Der Maßstab an der rechten Seite des Diagrammes deutet annähernd an, wie hoch man durch Zusatz der entsprechenden Mengen von Xylidin zu Petroleum den Enddruck der Vorverdichtung in der Maschine steigern kann, ohne daß der Betrieb durch Klopfen gestört wird.

Nähere Angaben über die bei den Versuchen benutzten Brennstoffe enthält die nachstehende Zahlentafel.

Der besseren Anschaulichkeit wegen sind die Ergebnisse der fraktionierten Verdampfung dieser Brennstoffe noch in Abb. 78 aufgetragen.

Zur Ausführung dieser Versuche diente eine mit Luftkühlung arbeitende Einzylindermaschine von 63,5 mm Zylinderdurchmesser und 127 mm Hub, deren Verdichtungsverhältnis durch Auswechseln des Zylinderkopfes zwischen 3,47 und 5,36 verändert werden konnte.

	Kohlenwasserstoff	Petro-leum	Handels-benzin	Leicht-benzin	90er Benzol	Toluol	Xylol
	Spez. Gewicht bei 15⁰ C	0,816	0,734	0,704	0,878	rd. 0,860	rd. 0,860
Ergebnisse der fraktioniert. Verdampfung, s. a. Abb. 78. Es waren übergegangen:	Der erste Tropfen bei ⁰C	186	40	44	74	107	135
	10 v. H. „ „	201	65	59	77,5	108	136
	20 v. H. „ „	207	83,5	68,5	78,7	108,5	136,2
	30 v. H. „ „	212	99	76	79,2	108,6	136,5
	40 v. H. „ „	217,5	111,5	82,7	79,8	108,7	136,7
	50 v. H. „ „	222	125	89,3	80,1	108,8	136,9
	60 v. H. „ „	227,5	140	96	80,5	108,8	137,3
	70 v. H. „ „	233,5	157,5	103	81,1	108,8	137,3
	80 v. H. „ „	241	177	114	82	108,9	137,5
	90 v. H. „ „	253,5	200	128	85	109	137,8
	95 v. H. „ „	268	219	157	92,5	109,2	138,1
	Der letzte Rest Feuchtigkeit bei ⁰C	291	226	178	—	—	—

Abb. 77 ermöglicht, die verschiedenen vorkommenden Mischungen von Kohlenwasserstoffen aus der aromatischen und der Paraffinreihe auf ihr Verhalten hinsichtlich des Klopfens zu beurteilen und die zulässigen Vorverdichtungen sofort abzulesen. Sie zeigt, daß Mischungen mit gewöhnlichem Petroleum, gleichviel ob mit Benzol, Toluol oder Xylol, im allgemeinen weniger günstig als Mischungen mit Benzin sind.

Die weiteren Versuche befaßten sich dann mit der Erforschung der physikalischen Vorgänge beim Klopfen und mit der Auffindung von Stoffen, die als Mittel zum Verhindern des Klopfens, also als „Antiklopfmittel" dienen können. Man kann allerdings nicht sagen, daß die Versuche zum ersten Teil dieser Aufgabe neue Beiträge geliefert haben. Nach wie vor bleiben für das Auftreten von Verbrennungen mit Klopfen zwei Theorien bestehen: Nach der einen, der sogenannten Selbstzündungstheorie, wird der noch nicht entzündete Teil der Zylinderladung durch die Ausdehnung des entzündeten Teiles so stark verdichtet, daß er bis über die Grenze der Selbstzündung erhitzt und infolgedessen nicht mehr fortschreitend, sondern im ganzen entflammt und so eine schlagartig wirkende Drucksteigerung im Zylinder hervorgerufen wird; nach der anderen Theorie beruht dagegen das Klopfen nur darauf, daß eine Zündwelle von sehr hoher Geschwindigkeit und hohem Druck entsteht, die gegen die Zylinderwand stößt und dadurch den bekannten Ton erzeugt. Wenn nunmehr die Versuche ergeben haben, daß man das Klopfen durch Hinzusetzen verhältnismäßig sehr geringer Mengen von gewissen Stoffen vermeiden kann, so kann die Wirkung dieser Stoffe ebenso gut darauf beruhen, daß sie die Grenze der Selbstzündung des Brennstoffes erniedrigen (erste Theorie) oder daß sie die Geschwindigkeit der Zündwelle vermindern (zweite Theorie), so daß für die Aufklärung der Vorgänge dadurch noch nichts gewonnen wird[1]).

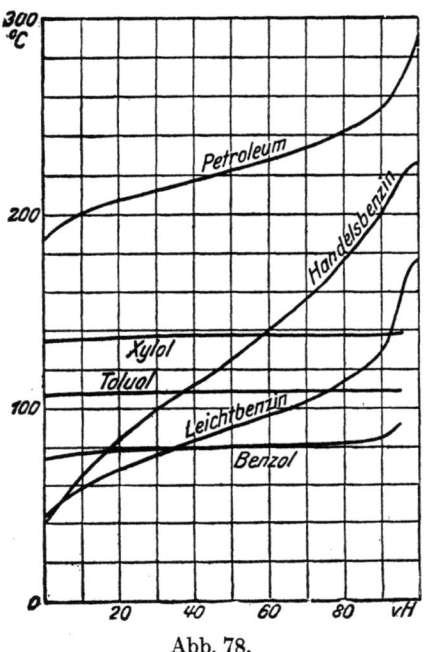

Abb. 78.
Verdampfungslinien flüssiger Brennstoffe.

Wohl aber ist es gelungen, eine große Anzahl von Stoffen zu finden, die man ähnlich, wie das schon genannte Xylidin, auch in ganz geringen Mengen dem Brennstoff zusetzen oder unmittelbar in den Brennraum des Zylinders einführen kann, um das Klopfen zu verhindern. Als besonders günstig haben sich dabei alkoholische Metallverbindungen, wie Diäthyltellurid $(C_2H_5)_2Te$ oder Diäthylselenid $(C_2H_5)_2Se$ erwiesen, die schon in Mengen von 0,1 v. H. wirken, also den Brennstoff in bezug auf Verdampfeigenschaften und Heizwert nicht beeinflussen. Daneben sind auch verschiedene Stickstoffverbindungen, am besten die Amine, als Schutzmittel gegen das Klopfen brauchbar.

---

[1]) Neuerdings hat C. A. Normann in „Automotive Industrie" vom 17. August 1922 Versuche mitgeteilt, wonach man das Klopfen selbst bei Petroleumbetrieb und 4,5 Verdichtungsverhältnis vermeiden kann, wenn man nicht weniger als vier Zündkerzen benutzt. Das spräche für die Richtigkeit der Selbstzündungstheorie, denn die vielen gleichzeitig eingeleiteten Zündungen verhindern, daß sich ein bis zur Grenze der Selbstzündung verdichteter Rest der Ladung im Zylinder überhaupt bildet.

Wie augenfällig die Wirkung dieser Stoffe ist, lehrt folgender Versuch an der schon rewähnten Einzylindermaschine: Wenn man diese Maschine bei Einstellung des Verdichtungsverhältnisses auf 5,3 mit gewöhnlichem Handelsbenzin laufen läßt, so klopft sie laut, und man kann das Auftreten von Schlägen außerdem an dem Aufleuchten der elektrischen Lampe sowie daran erkennen, daß in der elektrolytischen Gaszelle Knallgasbläschen in großer Menge aufsteigen. Hält man aber an die Luftsaugöffnung des Vergasers dieser Maschine den offenen Hals eines Fläschchens mit Diäthylselenid, so hört das Klopfen sofort auf, und die Maschine erlangt wieder ihre volle Leistung.

Man kann diesen ungestörten Betrieb auch erreichen, wenn man statt Handelsbenzin eine Mischung aus 65 Teilen Handelsbenzin und 35 Teilen Benzol als Brennstoff verwendet. Dagegen kehrt das Klopfen sofort wieder, wenn man den Vergaser nicht reine Luft, sondern Luft mit einem geringen Inhalt von Dämpfen eines leicht flüssigen Nitrates oder Nitrits, z. B. von Isopropylnitrit, ansaugen läßt. Ähnlich, wenn auch nur halb so stark, wirken Dämpfe von Brom.

Für einen Vergleich der Brauchbarkeit der hier besprochenen Brennstoffe für den Betrieb von Motorwagen sind, abgesehen von Preisfragen, die bereits berührt worden sind und weiter unten ebenfalls Erwähnung finden werden, verschiedene Kennzeichen maßgebend.

Heizwert.

In bezug auf den Heizwert bestehen zwischen Benzin und Benzol keine erheblichen, zwischen diesen und Spiritus aber sehr bedeutende Unterschiede. Ist auch der Heizwert allein kein ausreichendes Mittel, um zu erkennen, ob und inwieweit sich ein gegebener Brennstoff bei Motorwagen verwenden läßt — Rohöl hat einen sehr hohen Heizwert, ist aber dennoch nicht brauchbar —, so wird man dennoch unter sonst auch nur annähernd gleichartigen Verhältnissen erwarten dürfen, daß eine gegebene Verbrennungsmaschine mit hochwertigem Brennstoff mehr Leistung ergibt, als mit einem von geringerem Heizwert.

Die Heizwerte von Benzin, Benzol und Spiritus verhalten sich aber wie rd. 10 000 : 9300 : 5300, während sich die Preise[1]) annähernd wie 35 : 22 : 30,4 verhalten. Aus diesen Zahlen allein ist schon die außerordentlich ungünstige Stellung zu ersehen, die der Spiritus als Brennstoff für Motorfahrzeuge vorläufig noch gegenüber den beiden anderen Brennstoffen einnimmt.

Nach dem von Güldner[2]) gegebenen Beispiel sind im folgenden die Gewichte, Wärmedichten und Wärmepreise von flüssigen Brennstoffen zusammengestellt und zum Teil ergänzt:

	Petroleum	Roh-Erdöl	Mittleres Benzin	90er Benzol	90° Spiritus
Gewicht von 1 m³ . . . . kg	800	830	690	885	834
Raum von 1 kg l	1,25	1,21	1,45	1,13	1,20
Bei einem Heizwert von . kcal/kg	10500	10000	11000	10033	5600
kommen auf 1 l . . . . kcal	8400	8300	7600	8860	4680
also Raum für 1000 kcal l	0,119	0,121	0,131	0,113	0,214
Wärmedichte (Petroleum = 100) .	100	98,3	90,7	105	55,5
Bei einem Preis von . . . . Pf/kg	25	11	35	22	30,4
kosten 1000 kcal . . . . Pf	2,38	1,10	3,18	2,19	5,42
also kommen auf 1 Pf . . . . kcal	420	910	315	456	181

Die obigen Angaben über die Heizwerte sind schon die unteren Heizwerte, die nach Abzug der Verdampfungswärme des Wassers erhalten werden.

Was die Bestimmung des Heizwertes anbetrifft, so wird man sich hierzu für praktische Zwecke genau genug des bekannten Junkerschen Kalorimeters[3]) bedienen können, ohne auf die Elementarberechnung mit Hilfe der Verbandsformel[4]) zurückgreifen und vorher eine Elementaranalyse des Brennstoffes vornehmen zu müssen. Übrigens ergeben sich bei Anwendung der Dulongschen Formel Fehler von 3 bis 7 v. H.[5]) Wie wenig im übrigen der Heizwert der benzinähnlichen Brennstoffe von ihrem spezifischen Gewichte beeinflußt wird, ist aus der nachstehenden Zahlentafel zu ersehen. Die Werte stimmen auch mit denjenigen von Neumann überein, der für sein aus 14,9 v. H. Wasserstoff und 85,1 v. H. Kohlenstoff zusammengesetztes Benzin von 0,719 spez. Gewicht bei 15° einen mittleren Heizwert von 10160 kcal/kg gefunden hat.

---

[1]) Motorwagen 1909, S. 104.   [2]) Verbrennungsmotoren. 2. Aufl., S. 512.
[3]) S. Z. V. d. I. 1895, S. 564.
[4]) Güldner, S.: Verbrennungsmotoren. 2. Aufl., S. 579; 3. Aufl., S. 446.
[5]) Eng. 17. Februar 1911.

Heizwerte von benzinartigen Brennstoffen[1]).

Bezeichnung		Dichte bei 15° C	Unterer Heizwert kcal/kg
	Pentan	0,630	10230
	Hexan	0,680	10430
	Heptan	0,736	10400
englische Handelsbezeichnungen	Bowley's Special	0,684	10660
	Carless	0,704	10420
	Express	0,707	10020
	Ross	0,714	10370
	Pratt (a)	0,719	10340
	Pratt (b)	0,720	10330
	Carburine	0,720	10380
	Shell (ord.)	0,721	10400
	Dynol	0,725	10290
	Simcar Benzol	0,762	9490
	0,760 (Baillie)	0,767	10300
	0,760 Shell	0,767	10140
	Coaline	0,846	9270

Für genaue Untersuchungen müßte man allerdings noch berücksichtigen, daß der Vorgang der Verbrennung in den Maschinenzylindern nicht, wie bei dem Junkersschen Kalorimeter, im Gleichdruck, sondern bei fast gleichbleibendem Volumen stattfindet, und daß dabei mitunter Unterschiede in den tatsächlich abgegebenen Wärmemengen auftreten können, die nicht ohne Einfluß auf das Ergebnis bleiben.

Für eine größere Anzahl von Verbindungen, die für den Motorwagenbetrieb in Betracht kommen, hat Sorel[2]) die betreffenden Werte angegeben, die auch schon den Abzug für das Wasser enthalten.

Wärmeentwicklung bei Gleichdruck- und bei Hochdruck-Verbrennung.

Bezeichnung	Chem. Formel	Molekular-gewicht	Von 1 kg abgegebene Wärme	
			bei Gleichdruck kcal	bei Hochdruck kcal
Wasserstoff	H_2	2	29100	28950
Kohlenoxyd	CO	28	2432	2425
Azetylen	C_2H_2	26	12234	12280
Äthylen	C_2H_4	28	12193	12214
Äthan	C_2H_6	30	12977	12996
Methan	CH_4	16	13344	13344
Allylen	C_3H_4	40	11662	11691
Propylen	C_3H_6	42	12078	12106
Propan	C_3H_8	44	12580	12600
Amylen	C_5H_{10}	70	11490	11525
Benzol	C_6H_6	78	9950	9985
Naphthalin	$C_{10}H_8$	128	9708	9749
Methylalkohol	CH_4O	32	5312	5312
Äthylalkohol	C_2H_6O	46	7054	7067
Azeton	C_3H_6O	58	7310	7330
Äthylaldehyd	C_2H_4O	44	6125	6138

Für den Heizwert des Alkohols gibt Güldner[3]) nach den Meyerschen Versuchen
$$6480 \text{ kcal/kg oder } 6480 \cdot 0{,}7946 \sim 5150 \text{ kcal/l,}$$
für denjenigen des Benzols
$$9550 \text{ kcal/kg oder } 9550 \cdot 0{,}866 \sim 8270 \text{ kcal/l}$$
an. Den Heizwert von Mischungen kann man nach Güldner nach den Formeln
$$H = a \cdot 6480 + b \cdot 9550 \text{ in kcal/kg}$$
und
$$H = a \cdot 5150 + b \cdot 8270 \text{ in kcal/l}$$
berechnen, wenn a und b die Anteile von Alkohol und Benzol an der Mischung in v. H. darstellen.

---

[1]) Anhang zu dem Vortrag von Watson am 12. Mai 1909 „On the thermal and combustion efficiency of a four-cylinder petrol motor".

[2]) a. a. O., S. 61.

[3]) Verbrennungsmotoren. 2. Aufl., S. 527.

Sorel[1]) hat bei seinen Versuchen den unteren Heizwert des nach den französischen Vorschriften aus 10 Teilen 90°igen Äthylalkohol und 1 Teil 90°igen Methylalkohol hergestellten denaturierten Spiritus auf 5906 kcal/kg und denjenigen einer Mischung aus gleichen Teilen von so denaturiertem Spiritus und 90er Benzol auf 7878 kcal/kg bestimmt.

Die Höchsttemperaturen, die bei der Verbrennung im Zylinder erreicht werden können, lassen sich aus dem Heizwert H und den Bestandteilen der Verbrennungsgase CO_2, H_2O und N in m^3 berechnen, wenn man die Veränderlichkeit der spezifischen Wärmen[2]) berücksichtigt. Binder[3]) gibt für die Verbrennung bei gleichbleibendem Druck die Formel

$$T = \frac{H}{CO_2 \cdot (0,4886 + 0,00024\,T) + H_2O \cdot (0,4692 + 0,00015\,T) + N \cdot (0,308 + 0,0007\,T)}$$

sowie die nachstehende Zahlentafel an:

Verbrennungstemperaturen bei gleichbleibendem Druck.

Brennstoff	Höchst-temperatur °C	Volumen Anfang m³	Volumen Ende m³	Druck at	Siedepunkt °C	Chem. Formel	C v. H.	H v. H.	O v. H.
Methylalkohol	2025	5,678	50,90	8,964	—	CH_3OH	37,52	12,45	50,0
Wasserstoff	2361	6,771	58,16	8,588	—	H_2	—	100	—
Kohlenoxyd	2450	6,771	59,99	8,861	—	CO	42,86	—	57,14
Methan	2184	10,542	59,04	9,010	—	CH_4	75,0	25,0	—
Azetylen	2695	25,855	221,60	8,57	—	C_2H_2	92,31	7,69	—
Äthylen	2426	15,313	151,63	9,902	—	C_2H_4	85,70	14,3	—
Benzol	2369	73,565	620,77	8,439	80	C_6H_6	92,30	7,70	—
Benzin	2324	53,481	530,88	9,928	80	C_nH_{2n+2}	85,70	14,3	—
Alkohol	2216	7,436	72,45	9,75	78	C_2H_6O	52,18	13,05	34,77
Leuchtgas	2410	6,435	61,17	9,501	—	—	—	—	—
Naphthalin	2522	10,179	106,24	10,43	218	$C_{10}H_8$	93,75	6,25	—
Azeton	2305	7,744	77,134	9,963	56,3	$(CH_3)_2CO$	62,08	10,34	27,58
Äther	2295	8,946	88,10	9,849	35,0	$(C_2H_5)_2O$	64,86	13,52	21,62
Petroleum	2070	11,631	112,25	9,654	150	$C:H_2$	85,70	14,30	—

Eigenschaften der Dämpfe.

Für das Verhalten der Brennstoffe im Vergaser sind die Dampfspannungen bei verschiedenen Temperaturen maßgebend. Diese sind bereits vielfach bestimmt worden. Man bedient sich hierzu des luftleeren Teiles eines Barometerrohres, wobei nur darauf geachtet werden muß, daß der zu verdampfende Brennstoff stets im Überschuß vorhanden ist.

Dampfspannungen einiger Brennstoffe[4]) in Millimetern Quecksilbersäule.

Temperatur °C	Isopentan spez. Gewicht 0,628	Hexan spez. Gewicht 0,663	Benzin[5]) spez. Gewicht 0,719	Automobilin spez. Gewicht 0,699	1. Zehntel Automobilin spez. Gewicht 0,664	Stellin spez. Gewicht 0,669	9. Zehntel Stellin spez. Gewicht 0,715	Motonaphtha spez. Gewicht 0,705	Benzomoteur spez. Gewicht 0,684	Schieferöl	Benzol spez. Gewicht 0,890	90er Benzol spez. Gewicht 0,885
−40	—	—	4,6	—	—	—	—	—	—	—	—	—
−30	58	7	9,2	—	—	—	—	—	—	—	—	—
−20	100	14	17,4	—	—	—	—	—	—	—	5,79	—
−10	164	26	31,6	—	—	—	—	—	—	—	14,83	—
0	258	45	55	99	227	164	42	152	162	16	26,54	—
5	319	58	—	115	259	190	48	170	181	17	36	96
10	390	74	—	133	296	220	55	191	203	19	45	122
15	475	95	—	154	336	255	63	214	228	22	61	151
20	572	119	—	179	384	296	72	240	255	24	77	192
25	690	154	—	210	447	358	83	260	286	28	96	258
30	815	184	—	251	522	433	99	292	320	30	120	376
35	—	228	—	301	607	512	119	345	364	34	156	—
40	—	276	—	360	715	596	139	413	416	39	188	—
45	—	335	—	422	839	685	166	496	475	43	224	—
50	—	401	—	493	—	792	198	575	536	48	271	—
55	—	482	—	561	—	—	233	660	617	53	326	—
60	—	567	—	648	—	—	278	768	725	59	390	—
65	—	674	—	739	—	—	330	—	812	67	468	—
70	—	785	—	846	—	—	383	—	—	76	557	—
75	—	—	—	—	—	—	438	—	—	87	656	—
80	—	—	—	—	—	—	498	—	—	100	758	—

[1]) a. a. O., S. 61. [2]) Vgl. Z. angew. Chem. 13. Mai 1919. [3]) Motorwagen 1917, S. 22.
[4]) Sorel: a. a. O., S. 134. [5]) Neumann: S. 15.

Dampfspannungen von Alkohol und Spiritus.

Temperatur °C	Azeton spez. Gew. 0,806	Methylalkohole von		Mischungen von Methylalkohol und Azeton im Verhältnis von		Mit Azeton und Methylalkohol denaturierter Alkohol spez. Gew. 0,833	Alkohol-Benzol-Mischungen, enthaltend an denaturiertem Alkohol Raumteile		
		99°	90° spez. Gew. 0,8337	75:25 spez. Gew. 0,8269	50:50 spez. Gew. 0,820		75	50	28,6
0	63	29,6	29	52	61	15	41	43	62
5	81	43	42	67	77	20	52	55	73
10	110	55,2	54	85	97	27	66	69	86
15	154	85	80	108	122	37	84	87	101
20	182	109,5	104	131	147	51	102	106	121
25	227	141	129	161	182	68	130	138	148
30	280	182	162	204	227	92	163	177	180
35	337	232	209	262	286	117	205	218	219
40	403	293	266	327	352	151	255	262	263
45	487	361	330	401	424	192	310	319	337
50	582	435	399	478	503	238	390	403	415
55	690	539	481	576	600	293	453	488	496
60	814	627	583	691	711	363	564	590	605
65	939	762	716	809	838	445	674	704	740
70	—	—	884	—	—	538	795	820	884
75	—	—	—	—	—	647	—	—	—
80	—	—	—	—	—	810	—	—	—

Die in der ersten Zusammenstellung enthaltenen Dampfspannungen für wesentlich unter Null liegende Temperaturen haben für Motorwagen, obgleich deren Vergaser stets warm gehalten werden, insbesondere für das Anlassen bei kalter Witterung, Interesse. Man kann sie dort, wo die Messung im Barometerrohr nicht möglich ist, auch rechnerisch bestimmen, da die Clapeyronsche Gleichung eine wichtige Beziehung zwischen der Verdampfungswärme und der Änderung des Dampfdruckes mit der Temperatur liefert[1]).

Ist v das spezifische Volumen des gesättigten Benzindampfes in m³/kg,

v' das spezifische Volumen des flüssigen Benzins in m³/kg,

P der Druck in at,

r die Verdampfungswärme,

so gilt ganz allgemein

$$A(v - v')dP = \frac{r}{T}dT$$

und

$$Pv = RT.$$

Da man v' gegen v vernachlässigen kann und v sich mit hinreichender Genauigkeit aus den Gasgesetzen berechnen läßt, so wird

$$\frac{dP}{P} = \frac{r}{A \cdot R} \frac{dT}{T^2}$$

und wenn man angenähert $AR = \dfrac{2}{\mu}$ setzt, worin das μ das scheinbare Molekulargewicht des Benzindampfes ist, so kann man über ein nicht zu großes Temperaturintervall integrieren:

$$\int_{P_1}^{P_2} \frac{dP}{P} = \frac{\mu r}{2} \int_{T_1}^{T_2} \frac{dT}{T^2}$$

$$\ln P_1 = \ln P_2 - \frac{\mu r}{2} \frac{T_2 - T_1}{T_1 T_2}.$$

Aus den Zusammenstellungen ist ferner ersichtlich, daß die Dampfspannungen der verschiedenen Brennstoffe schon bei den im Betriebe vorkommenden Temperaturen zwischen 20° und 60° C außerordentliche Unterschiede aufweisen. Eine Zusammenstellung dieser Ergebnisse ist in Abb. 79 dargestellt. Abb. 80 zeigt ferner einige Spannungslinien nach Neumann.

Die Bedeutung dieser Linien für die Praxis ergibt sich sofort daraus, daß durch jede dieser Linien bekanntlich das Gebiet des nassen Dampfes für den betreffenden Brennstoff von demjenigen des überhitzten Dampfes getrennt wird.

---

[1]) Neumann: S. 15.

Automobilin (Linie 1 in Abb. 79) ist z. B. bei 35° nur dann vollständig verdampft zu erhalten, wenn der Druck nicht höher als 300 mm Quecksilbersäule ist. Da solche Unterdrücke (0,396 at abs.) im allgemeinen bei Maschinen nicht vorkommen können, so muß man, damit der Brennstoff vollständig verdampft in den Zylinder gelangt, entweder die Temperatur we-

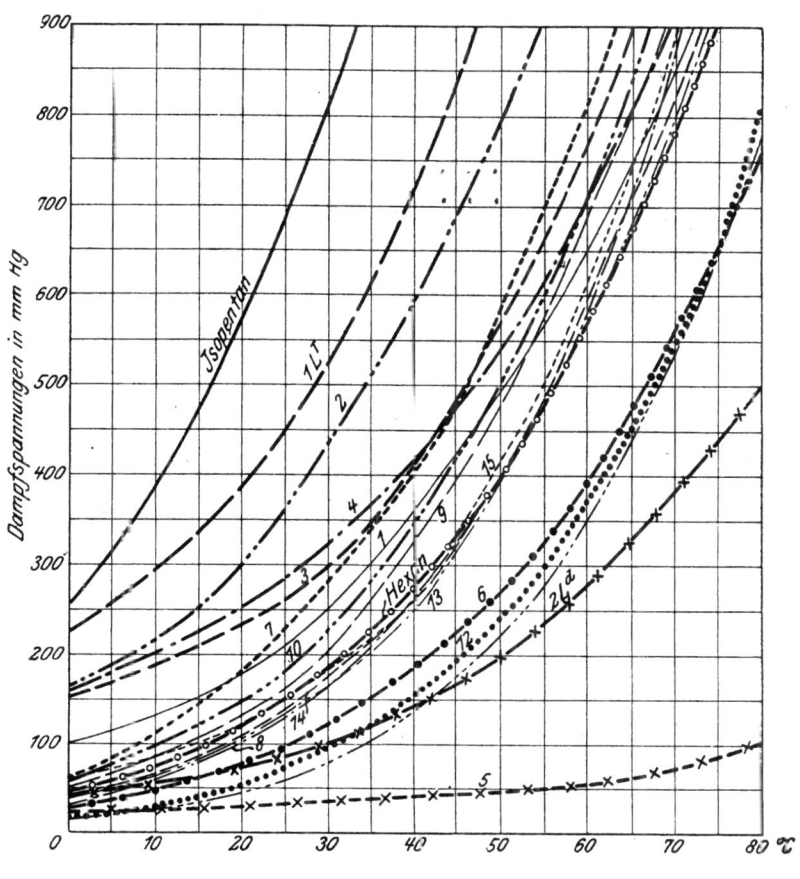

1...Automobilin
1 L'...Automobilin (leicht verdampfbare Teile)
2...Stellin
2 L^d...Stellin (schwer verdampfbare Teile)
3...Motonaphtha
4...Benzomoteur
5...Schieferöl
6...Benzin
7...Azeton
8...91°iger Methylalkohol
9...75 Raumteile Methylalkohol + 50 Raumteile [Azeton
10...50 Raumteile Methylalkohol + 50 Raumteile Azeton
11...90°iger Äthylalkohol
12...Äthylalkohol mit 9 denaturiert
13...75 Raumteile denaturierter Äthylalkohol + 25 Raumteile Benzin
14...50 Raumteile denaturierter Äthylalkohol + 50 Raumteile Benzin
15...28 Raumteile denaturierter Äthylalkohol + 71,4 Raumteile Benzin

Abb. 79. Dampfspannungen von flüssigen Brennstoffen.

sentlich steigern oder darauf verzichten, den Brennstoffdampf gesondert herzustellen; man muß ihn vielmehr schon bei seiner Bildung mit Luft verdünnen. Beide Verfahren werden bei den gebräuchlichen Vergasern angewendet.

Die Dampfspannungen gestatten ferner, die Temperaturen zu berechnen, bei denen Luft mit irgendeinem Brennstoffdampf vollkommen gesättigt werden kann. Dazu ist es aber erforderlich, diejenigen Wärmemengen zu bestimmen, welche zum Verdampfen von 1 kg des Brennstoffes verbraucht und dem umgebenden Luftstrom entzogen werden müssen.

Nach Landolt und Börnstein[1]) beträgt die von 0° C an gerechnete Erzeugungswärme für Dampf aus

Heptan (C_7H_{16}) . . . Siedepunkt 98° . . . $\lambda = 0{,}5 \cdot 98 + 74{,}0 = 123$ kcal/kg,
Hexan (C_6H_{14}) . . . Siedepunkt 68° . . . $\lambda = 0{,}5 \cdot 68 + 79{,}4 = 113$ kcal/kg.

---
[1]) Physikalisch-chemische Tabellen 1905, S. 402, 476.

Für Benzindampf wird man daher nach Neumann[1]) mit genügender Annäherung als Erzeugungswärme annehmen

$$\lambda = 120 \text{ kcal/kg}$$

und, da für die spezifische Wärme des flüssigen Benzins 0,50 wie oben beibehalten werden darf, so ist die Verdampfungswärme

$$r = \lambda - q = 120 - 0{,}50 \cdot t,$$

worin t den Siedepunkt darstellt.

Die Wärme, die erforderlich ist, um 1 kg des Brennstoffes bei 15° C und 1 at Druck aus dem flüssigen in den Dampfzustand überzuführen, beträgt nach der gleichen Quelle[2]):

für Benzin, Siedepunkt 92° . . . $0{,}50 (92 - 15) + 74 = 112{,}5$ kcal/kg
und Benzol, Siedepunkt 80° . . . $0{,}50 (80 - 15) + 93 = 125{,}5$ kcal/kg.

Diese Wärmemenge ist im Vergleich mit den Heizwerten gering, erreicht aber gleichwohl für Spiritus 5 v. H. des Heizwertes.

Bei der Verdampfung muß aber die gesamte Erzeugungswärme der umgebenden Luft entzogen werden. Zur Berechnung der hierdurch entstehenden Temperaturerniedrigung ist

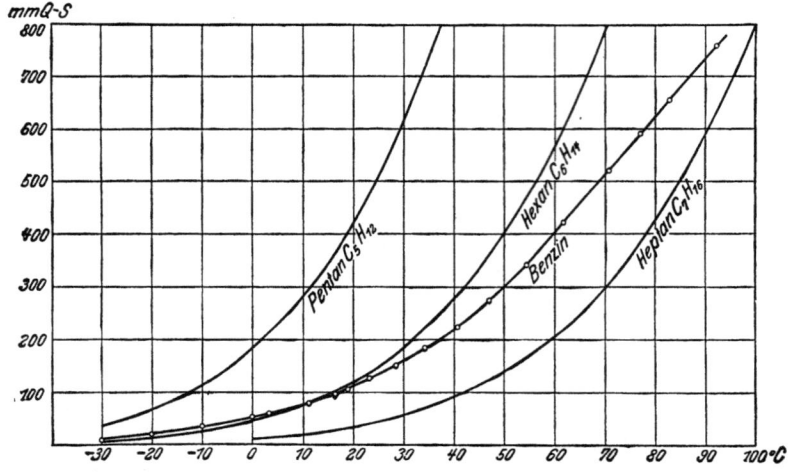

Abb. 80. Dampfspannungen nach Versuchen von Neumann.

die Kenntnis der spezifischen Wärme des Benzindampf-Luftgemisches bei gleichbleibendem Druck erforderlich, die für verschiedene Mischungsverhältnisse verschieden ist.

Hat man ein Gemisch, das nur die theoretische Luftmenge enthält, z. B. wie auf S. 47 angegeben, $V_L = 12{,}57$ m³, so erhält man die spezifische Wärme c_p des Gemisches aus

$$c_p = G_B \cdot 0{,}50 - V_L \cdot \gamma \cdot 0{,}24,$$

worin $G_B = 1$ kg das Gewicht des flüssigen Brennstoffes,
     0,50 seine spezifische Wärme,
     $\gamma \cdot V_L = 12{,}57$ m³ $\times 1{,}188$ das Gewicht der Luft bei 15° und 1 at und
     0,24 ihre spezifische Wärme bedeutet.

Das ergibt

$$c_p = 3{,}98,$$

wobei allerdings Voraussetzung ist, daß die ganze Brennstoffmenge auch in der Luft verdampft ist.

Da die Gesamtwärme des Benzindampfes

$$\lambda = 120 \text{ kcal/kg}$$

beträgt, so muß sich die Temperatur des Gemisches nach dem vollständigen Verdampfen um

$$\triangle t = \frac{120}{3{,}98} = 30{,}2 \text{° C}$$

erniedrigen.

Zur Bestimmung des Partialdruckes des Brennstoffdampfes in dem Brennstoff-Luftgemisch bedient man sich des Mariotte-Gay-Lussacschen Gesetzes. Dieses bestimmt für Luft

---

[1]) S. 15.   [2]) Landolt und Börnstein: 1905, S. 400, 478.

Eigenschaften der Dämpfe.

und für Benzindampf
$$P_L \cdot V = G_L \cdot R_L \cdot T,$$
$$P_D \cdot V = G_D \cdot R_D \cdot T.$$

Da $P = P_L + P_D$, so erhält man
$$P_D = \frac{G_D R_D}{G_L R_L + G_D P_D} \cdot P$$

z. B. ist für das theoretische Mischungsverhältnis
$$G_D = 1 \text{ kg},$$
$$G_L = 12{,}57 \cdot 1{,}188 = 14{,}678 \text{ kg},$$
$$R_L = 29{,}26 \text{ und}$$
$$R_D = \frac{848}{\mu}{}^1),$$

worin μ das scheinbare Molekulargewicht des Benzindampfes ist. Dieses bestimmt man aus der auf die Luft bezogenen Dampfdichte und dem Molekulargewicht der Luft:
$$\mu = 3{,}69 \cdot 28{,}95 = 107$$
folglich
$$R_D = 7{,}93.$$

Nunmehr kann man berechnen:
$$P_D = \frac{1 \cdot 7{,}93}{14{,}678 \cdot 29{,}26 + 1 \cdot 7{,}93} \cdot 737{,}4 = 13{,}3 \text{ mm Quecksilbersäule}.$$

Diesem Druck entspricht nun nach der bekannten Spannungskurve des betreffenden Brennstoffes eine Sättigungstemperatur, die, um den obigen Temperaturabfall vermehrt, diejenige Temperatur liefert, welche die Luft mindestens haben muß, damit ein vollständiges Verdampfen des Brennstoffes überhaupt möglich ist.

Um die Anwendung dieses Verfahrens bei anderen Brennstoffen zu erleichtern, sind nachstehend die Dampfdichten usw. für die schon früher genannten Brennstoffe der Benzinreihe und getrennt davon die von Sorel angeführten zusammengestellt.

Dampfdichten nach Thomas und Watson.

Bezeichnung	Gewicht von 1 m³ bei 0° und 760 mm in dampfförmigem Zustand kg	Dichte, bezogen auf Luft = 1
Pentan	3,25	2,51
Hexan	3,86	2,99
Heptan	4,46	3,45
Bowley's Special	3,95	3,05
Carless	4,02	3,11
Express	4,34	3,35
Ross	4,30	3,33
Pratt (a)	4,09	3,16
Pratt (b)	4,14	3,20
Carburine	4,24	3,28
Shell (ord.)	4,23	3,27
Dynol	4,43	3,43
Simcar Benzol	4,19	3,24
0,760 (Baillie)	4,25	3,29
0,760 Shell	4,35	3,36
Coaline	4,28	3,31

Die weiter unten folgende Zahlentafel von Sorel enthält neben den Dampfdichten d die zur theoretisch vollkommenen Verbrennung erforderlichen Luftmengen L und die zugehörigen Partialdrücke P_D des gesättigten Brennstoff-Luftgemisches, mit deren Hilfe man aus den Spannungskurven in Abb. 79, S. 71, die zugehörigen Mindest-Endtemperaturen bei vollständiger Verdampfung ablesen kann, allerdings nur soweit sie nicht unter Null liegen.

Man findet z. B. daraus, daß die Mindesttemperatur eines vollständig gesättigten Gemisches von denaturiertem Alkohol und Luft (Linie 12) etwa 250° beträgt.

---

[1] Hütte, 19. Aufl., S. 291.

Dampfdichten usw. nach Sorel[1]).

Bezeichnung	d kg/m³	L m³/kg	p_D mm Q.-S.
Pentan	3,225	11,950	19,2
Hexan	3,877	11,858	16,2
Heptan	4,481	11,832	14,1
Octan	5,110	11,795	12,5
Nonan (α)	5,734	11,766	11,1
Decan	6,361	11,741	10,0
Undecan	6,988	11,721	9,2
Dodecan	7,616	11,704	8,4
Tredecan	8,244	11,691	7,8
Tetradecan	8,853	11,681	7,2
Pentadecan	9,505	11,671	6,7
Benzol	3,494	10,343	20,4
Toluol	4,122	10,521	17,1
Xylol	4,751	10,652	14,7
Methylalkohol	1,433	5,042	92,3
Äthylalkohol	2,061	7,015	49,2
Azeton	2,599	7,419	37,5
90° Äthylalkohol	1,678	5,997	68,77
90° denaturierter Alkohol	1,620	5,942	71,50
Mischung aus gleichen Teilen Benzol u. denatur. Alkohol	2,530	8,218	34,80

Die Berechnung der zum Verdampfen erforderlichen Wärme gestaltet sich bei zusammengesetzten Brennstoffen oft sehr schwierig, läßt sich aber für eine genaue Untersuchung der Eigenschaften eines Brennstoffes nicht umgehen. Für einen bestimmten Fall von Benzin, wo sich der theoretische Luftbedarf aus der chemischen Zusammensetzung ergibt, ist die Rechnung weiter oben auf S. 72 bereits durchgeführt worden. Für eine Anzahl anderer Brennstoffe liefert das Buch von Sorel[1]) brauchbare Unterlagen.

Danach kann man alle in die Gruppe Benzin fallenden Brennstoffe annähernd als einheitlich aus Hexan bestehend ansehen, dessen spezifische Wärme im flüssigen Aggregatzustand = 0,50 und dessen Erzeugungswärme beim Verdampfen von 0° an abweichend von der weiter oben stehenden Zahl mit 117 kcal/kg angegeben wird.

Das aus der theoretischen Luftmenge von 15,337 kg und 1 kg flüssigem Hexan bestehende Gemisch liefert bei einer Temperaturverminderung um 1°

$$\begin{aligned}\text{Hexan} &\ldots\ldots\ldots 0{,}50 \text{ kcal}\\ \text{Luft } 15{,}337 \cdot 0{,}2375 &= 3{,}642 \text{ ,,}\\ \hline \text{Zusammen} &\quad 4{,}142 \text{ kcal}\end{aligned}$$

Mithin tritt beim Verdampfen von 1 kg Hexan eine Temperaturerniedrigung von $\frac{117}{4{,}142}$ = 28,04° C ein.

Da die aus dem Partialdruck und der Spannungskurve des Hexandampfes erhältliche Mindesttemperatur für die Bildung eines gesättigten Benzindampf-Luftgemisches bei diesem Mischungsverhältnis —17,2 beträgt, so muß die Anfangstemperatur von Luft und flüssigem Hexan mindestens —17,2 + 28,04 = +10,84° betragen, wenn vollständiges Verdampfen möglich sein soll.

Bei Anwendung der 1,3 fachen theoretischen Luftmenge, also von 19,938 kg Luft auf 1 kg Hexan sinkt die zulässige Mindesttemperatur des Hexandampf-Luftgemisches auf —24°, während sich die spezifische Wärme auf

$$0{,}500 + 19{,}938 \cdot 0{,}2375 = 5{,}235 \text{ kcal}$$

erhöht; die niedrigste zulässige Anfangstemperatur ist demnach

$$-24 + \frac{117}{5{,}235} = -1{,}7° \text{ C}.$$

Bei 1,7 facher theoretischer Luftmenge beträgt die Mindesttemperatur für das Gemisch —27° und die niedrigste Anfangstemperatur —10° C.

---

[1]) a. a. O. S. 149.   [2]) a. a. O. S. 143.

Eigenschaften der Dämpfe. 75

Für den aus 0,9098 kg 90⁰igem Äthylalkohol,
0,0682 ,, 90⁰igem Methylalkohol und
0,0210 ,, Azeton
─────────
1,000 kg

bestehenden denaturierten (französischen) Spiritus (A) sind die Verdampfungswärmen der Einzelbestandteile einzuführen, die nach Regnault für Temperaturen in der Nähe von 20⁰ betragen:

wasserfreier Äthylalkohol 252 — 11,4 = 240,6 kcal/kg
„ Methylalkohol 267 — 12,6 = 254,4 „
Azeton . . . . 137,3 „
Wasser . . . . 592,0 „

Beim Verdampfen von 1 kg Spiritus dieser Art werden demnach verbraucht:

für Äthylalkohol . . 240,6 · 0,7797 = 187,59 kcal
„ Methylalkohol . . 254,6 · 0,0574 = 14,60 „
„ Azeton . . . . . 137,3 · 0,0210 = 2,88 „
„ Wasser . . . . . 592 · 0,1419 = 83,41 „
─────────────
Zusammen 288,48 kcal.

Andererseits sind die spezifischen Wärmen in der Nähe von 20⁰ C

für 90⁰igen Äthylalkohol . . 0,791
„ 90 „ Methylalkohol . . 0,680
„ Azeton . . . . 0,5015.

Demnach beträgt die spezifische Wärme des aus 1 kg denaturiertem Spiritus und der theoretischen Luftmenge von 7,685 kg bestehenden Gemisches:

90⁰iger Äthylalkohol . . 0,791 · 0,9098 = 0,7196 ⎫
90 „ Methylalkohol . . 0,680 · 0,0682 = 0,0463 ⎬ 0,7764
Azeton . . . . 0,5015 · 0,0210 = 0,0105 ⎭
Luft . . . . 0,2375 · 7,685 = 1,8252
─────────
$c_p = 2,6016$.

Die zulässige Mindesttemperatur des Spiritus-Luftgemisches beträgt aber nach der Spannungskurve $+ 25,8^0$, infolgedessen müßte die niedrigste Anfangstemperatur

$$+ 25,8 + \frac{288,4}{2,6016} = 136,68^0 \text{ C}$$

betragen, damit vollständiges Verdampfen in der angegebenen Luftmenge ermöglicht wird.

Diese für den Betrieb von Wagenmaschinen außerordentlich ungünstigen Verhältnisse erfahren auch dadurch keine wesentliche Verbesserung, daß man die Luftmenge auf das 1,7fache der theoretischen steigert; obwohl dadurch die spezifische Wärme des Gemisches auf 3,8791 erhöht und die Mindesttemperatur auf 17,5⁰ herabgesetzt wird, so ergibt sich immer noch als erforderliche Anfangstemperatur 91,87⁰ C.

Wenn man also bei etwa 15⁰ C Außentemperatur versuchen wollte, ohne Zuhilfenahme einer äußeren Wärmequelle Spiritus in einem Vergaser mit der 1,7fachen theoretischen Luftmenge zu verdampfen, so würde das Gemisch notwendigerweise stark abgekühlt werden. Sind

T die erreichte Endtemperatur in ⁰ C,
x die von 1 kg verdampfte Brennstoffmenge in kg und
0,5 der Wasserwert des Vergaserkörpers, so gilt:

$$15 \cdot [1 \cdot 0,7764 + 7,685 \cdot 1,7 \cdot 0,2375 + 0,5] = x \cdot 288,48 + [(1-x) 0,7764 + 7,685 \cdot 1,7 \cdot 0,2375 + 0,5] T,$$

woraus
$$x = \frac{4,3791 (15 - T)}{288,48 - 0,7764 \, T}.$$

Für $T = 15^0$ C ist $x = 0,00$ kg
= 10⁰ „ = 0,078 „
= 5⁰ „ = 0,154 „
= 0⁰ „ = 0,227 „
= — 5⁰ „ = 0,297 „

Es wird also wohl eine Verdampfung stattfinden, aber nur in so geringem Maße, daß an den Betrieb der Maschine nicht zu denken ist.

Wesentlich günstiger gestalten sich aber die Verhältnisse, wenn man ein Gemisch von gleichen Raumteilen denaturiertem Spiritus dieser Art und von Benzol zu verdampfen sucht.

In 1 kg dieser Mischung sind enthalten:

$$\text{denaturierter Spiritus } 0{,}486 \text{ kg}$$
$$\text{Benzol} \ldots \ldots 0{,}515 \text{ ,,}$$

Die Verdampfungswärme von 1 kg dieser Mischung ist:

$$\begin{array}{rl} \text{für denaturierten Spiritus} & 0{,}486 \cdot 288{,}48 = 140{,}201 \\ \text{,, Benzol} \ldots \ldots & 0{,}515 \cdot 109^{1}) = \underline{56{,}135} \\ & \phantom{0{,}515 \cdot 109^{1}) = }196{,}336 \text{ kcal/kg,} \end{array}$$

während die spezifische Wärme von 1 kg beträgt:

$$\begin{array}{rl} \text{für denaturierten Spiritus} & 0{,}486 \cdot 0{,}7764 = 0{,}377 \\ \text{,, Benzol} \ldots \ldots & 0{,}515 \cdot 0{,}4359 = \underline{0{,}223} \\ & \phantom{0{,}515 \cdot 0{,}4359 = }c_p = 0{,}600 \text{ kcal/kg.} \end{array}$$

Bei Anwendung der theoretischen Luftmenge von 10,629 kg für 1 kg dieses Brennstoffes beträgt die Mindesttemperatur des Brennstoffdampf-Luftgemisches nach der Spannungskurve — 4,2° C, während die für 1° Temperaturverminderung frei werdende Wärme von

$$\begin{array}{rl} \text{1 kg Brennstoff} \ldots \ldots & 0{,}600 \text{ kcal} \\ \text{und} \quad \text{10,629 Luft} \ldots \ldots \ldots & \underline{2{,}524 \text{ ,,}} \\ & 3{,}124 \text{ kcal} \end{array}$$

beträgt. Die zulässige Anfangstemperatur ist daher nur mehr

$$-4{,}2 + \frac{196{,}336}{3{,}124} = 58{,}5^\circ \text{ C.}$$

Bei Verwendung der 1,7fachen theoretischen Luftmenge sinkt die zulässige Mindesttemperatur des Gemisches auf — 14,8° C, während seine verfügbare Wärme auf 4,915 kcal steigt, so daß die zulässige Anfangstemperatur mindestens noch $-14{,}8 + \dfrac{196{,}336}{4{,}915} = 25{,}9^\circ \text{ C}$ betragen muß, wenn man vollständige Verdampfung erzielen will.

Bei einer Anfangstemperatur von 15° C wie oben wird man daher, da man über ein Temperaturgefälle von 15 + 14,8 = 29,8° und somit über eine Wärmemenge von 4,915 · 29,8 = 146,47 kcal verfügt, von jedem Kilogramm des Brennstoffes

$$\frac{146{,}47}{196{,}336} \sim 74{,}5 \text{ v. H.}$$

verdampfen können.

Damit läßt sich bereits zur Not die Maschine in Gang setzen. Ist sie einmal im Laufen, so sorgt die ausstrahlende und die Heizwärme der Abgase bald dafür, daß mit einer höheren Anfangstemperatur gearbeitet wird.

Zur Ergänzung des Vorstehenden zeigt nach einer Arbeit von Kutzbach[2]) Abb. 81 die Vorgänge bei der Verdampfung von Hexan, dem Hauptbestandteil des Benzins, an dem Verlauf des Sättigungsgrades der zur vollständigen Verbrennung benötigten Luftmenge bei verschiedenen Temperaturen. Man kann daraus sofort entnehmen, daß diese Luftmenge schon bei — 18° mit Benzindämpfen gesättigt ist und daß daher bei der Verdunstungs-Abkühlung von 30° eine Außenlufttemperatur von + 15° vollständig genügt, um die erforderliche Brennstoffmenge ohne Rückstand zu verdampfen. Die Luft, die mit + 15° eintritt, ist zunächst in bezug auf Benzindämpfe vollkommen trocken und verdampft daher den Brennstoff sehr schnell, wobei sie sich abkühlt und an Feuchtigkeit zunimmt. Bei — 15°, wo der ganze für das richtige Mischungsverhältnis erforderliche Brennstoff verdampft ist, beträgt die Feuchtigkeit bereits etwa 85 v. H. Ähnliche Werte für andere Brennstoffe enthalten Abb. 82 und die nachfolgende Zahlentafel:

---

[1]) Nach Landolt und Börnstein 1905 allerdings 121,6.
[2]) Jahrb. Brennkrafttechn. Ges. Bd. 1, 1918.

Die Geschwindigkeit der Verdampfung.

Lufttemperaturen für verschiedene Brennstoffe.

Brennstoff	Siedepunkt bei 1 at °C	Sättigungstemp. des theoret. Gemisches °C	Verdunstungs-abkühlung °C	Niedrigste zulässige Anfangstemperatur °C
Hexan	rd. 70	− 18	rd. 30	+ 15
Benzol	,, 80	− 5	,, 30	+ 30
Äthylalkohol	,, 78	+ 22	,, 110	+ 135
Dekan	,, 160	+ 42	,, 35	+ 80
Naphthalin	,, 120	+ 92	,, 40	+ 135

Die auffallend hohe Abkühlung, die beim Verdampfen von Alkohol eintritt, rührt namentlich davon her, daß die von diesem Brennstoff benötigte theoretische Luftmenge sehr gering ist und dieser geringen Luftmenge die große Verdampfwärme entzogen wird.

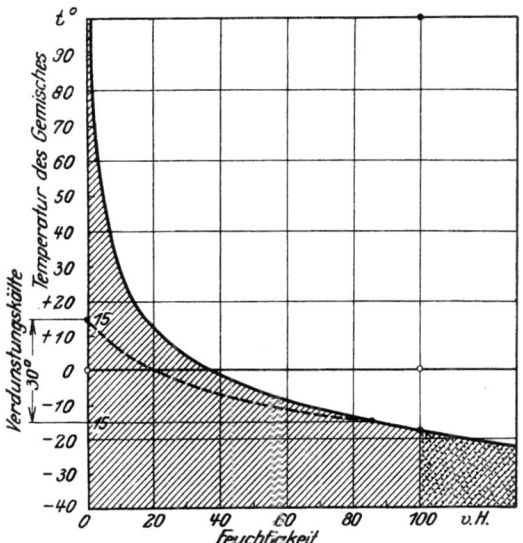

Abb. 81. Verdampfung von Hexan.

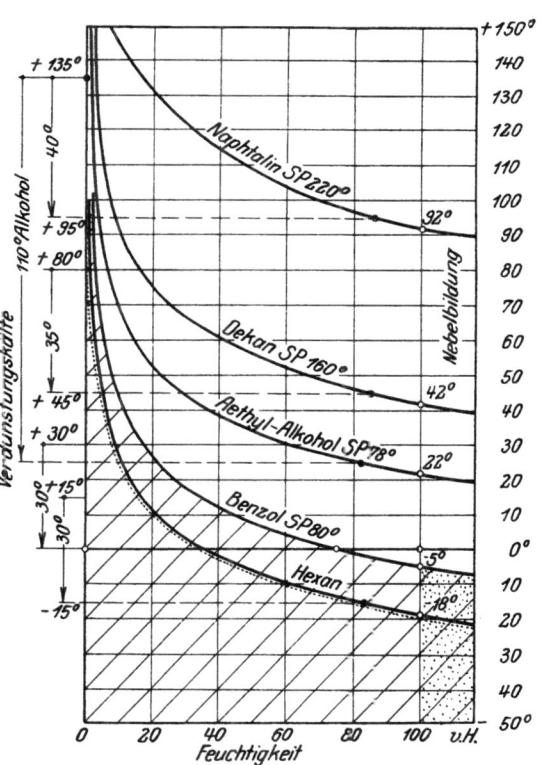

Abb. 82. Verdunstungs-Abkühlung verschiedener Brennstoffe.

Die Geschwindigkeit der Verdampfung.

Die Durchführung der im vorstehenden untersuchten Verdampfungsvorgänge erleidet im praktischen Betriebe eine wesentliche Erschwerung dadurch, daß die dafür zu Gebote stehende Zeit außerordentlich beschränkt ist. Diese Zeit beträgt bei Maschinen mit 1200 bis 1800 Uml/min nur $1/40$ bis $1/60$ Sekunde.

Nimmt man an, daß wie nach dem Daltonschen Gesetz die Geschwindigkeit der Verdampfung $\dfrac{dp}{dt}$ bei einer gegebenen Temperatur annähernd proportional gesetzt werden darf dem Unterschied zwischen der dieser Temperatur entsprechenden höchsten Dampfspannung, also dem Sättigungsdruck p_s, und der tatsächlich vorhandenen Dampfspannung p_1

$$\frac{dp}{dt} = k\,(p_s - p_1),$$

wobei man den unveränderlichen äußeren Druck unberücksichtigt läßt, so beträgt die zu einer Steigerung des Druckes von p_1 auf den Partialdruck P_D erforderliche Zeit

$$t = \frac{1}{k}\ln\frac{p_s - p_1}{p_s - P_D},$$

oder, da man beim Ausgang vom flüssigen Zustand $p_1 = 0$ setzen kann,

$$t = \frac{1}{k} \ln \frac{p_s}{p_s - P_D} = k' \log \frac{p_s}{p_s - P_D}, \quad k' = \frac{1}{k} \cdot 2{,}3026.$$

Die Konstante k, die ausschließlich von der Natur des Brennstoffes abhängig ist, kennt man nicht. Dagegen bietet ein Vergleich der Werte $\log \frac{p_s}{p_s - P_D}$, d. h. der Briggschen Logarithmen dieses Bruches, ein Mittel, um das Verhalten verschiedener Brennstoffe in dieser Hinsicht zu beurteilen

Zu diesem Zwecke sind nachstehend die Werte dieses Ausdruckes für verschiedene Verhältnisse angeführt[1]:

Werte von $\log \frac{p_s}{p_s - P_D}$ für Hexan.

Mischungsverhältnis, bezogen auf die theoretische Luftmenge n	P_D mm Q.-S.	bei 60°C p_s=567mm	bei 50°C p_s=401mm	bei 40°C p_s=276mm	bei 30°C p_s=184mm	bei 20°C p_s=119mm	bei 10°C p_s=74mm	bei 0°C p_s=45mm
1,0	16,2	0,01259	0,01790	0,02627	0,04003	0,06356	0,10730	0,19382
1,1	14,7	0,01140	0,01622	0,02377	0,03616	0,05727	0,09618	0,17177
1,3	12,5	0,00968	0,01375	0,02013	0,03056	0,04820	0,08354	0,14133
1,5	10,8	0,00835	0,01185	0,01734	0,02627	0,04132	0,06851	0,11918
1,7	9,6	0,00741	0,01052	0,01052	0,02327	0,03653	0,06034	0,10421

Werte von $\log \frac{p_s}{p_s - P_D}$ für Benzol.

Mischungsverhältnis, bezogen auf die theoretische Luftmenge n	P_D mm Q.-S.	bei 60°C p_s=390mm	bei 50°C p_s=271mm	bei 40°C p_s=188mm	bei 30°C p_s=120mm	bei 20°C p_s=77mm	bei 10°C p_s=45mm	bei 0°C p_s=27mm
1,0	20,4	0,02333	0,03399	0,04989	0,08092	0,13367	0,26227	0,61182
1,1	18,6	0,02122	0,03088	0,04525	0,07314	0,12008	0,22996	0,50708
1,3	15,8	0,01796	0,02609	0,03813	0,06131	0,09974	0,18783	0,38214
1,5	13,8	0,01564	0,02270	0,03311	0,05306	0,08577	0,15906	0,31079
1,7	12,2	0,01380	0,01997	0,02914	0,04657	0,07491	0,13734	0,26110

Werte von $\log \frac{p_s}{p_s - P_D}$ für denaturierten Spiritus.

Mischungsverhältnis, bezogen auf die theoretische Luftmenge n	P_D mm Q.-S.	bei 60°C p_s=363mm	bei 50°C p_s=238mm	bei 40°C p_s=151mm	bei 30°C p_s=92mm	bei 20°C p_s=51mm	bei 10°C p_s=27mm	bei 0°C p_s=15mm
1,0	71,50	0,09527	0,15517	0,27861	0,66276	—	—	—
1,1	65,58	0,08654	0,13999	0,24742	0,54186	—	—	—
1,3	56,21	0,07306	0,11701	0,20222	0,41003	—	—	—
1,5	49,22	0,06329	0,10063	0,17132	0,30255	0,45714	—	—
1,7	43,78	0,05582	0,08829	0,14871	0,28054	0,84903	—	—

Werte von $\log \frac{p_s}{p_s - P_D}$ für ein Gemisch von denat. Spiritus und Benzol.

Mischungsverhältnis, bezogen auf die theoretische Luftmenge n	P_D mm Q.-S.	bei 60°C p_s=590mm	bei 50°C p_s=403mm	bei 40°C p_s=262mm	bei 30°C p_s=177mm	bei 20°C p_s=106mm	bei 10°C p_s=69mm	bei 0°C p_s=43mm
1,0	34,8	0,02640	0,03923	0,06189	0,09507	0,17283	0,30482	0,71966
1,1	31,8	0,02406	0,03570	0,05619	0,08600	0,15491	0,26831	0,58425
1,3	27,1	0,02042	0,03024	0,04742	0,07217	0,12823	0,21864	0,43207
1,5	23,6	0,01773	0,02621	0,04097	0,06214	0,10938	0,18179	0,34567
1,7	20,9	0,01566	0,02313	0,03610	0,05457	0,09538	0,15670	0,28908

[1] Sorel: a. a. O., S. 145.

Die vorstehenden Angaben ermöglichen, das Verhalten der betrachteten Brennstoffe nunmehr auch von dem Standpunkte der zum Verdampfen erforderlichen Zeit aus zu vergleichen. Man erkennt, daß diese Zeit mit zunehmendem Luftüberschuß geringer wird, weil der Partialdruck ebenfalls abnimmt.

Es zeigt sich aber ferner, daß für die Beurteilung der Verdampffähigkeit eines Brennstoffes die Spannungskurve allein nicht ausreicht. Hexan und die Spiritus-Benzolmischung haben z. B. annähernd zusammenfallende Spannungskurven, wie man aus Abb. 79, S. 71, erkennen kann. Nichtsdestoweniger verdampft Hexan bedeutend schneller als diese Mischung, die man auf etwa 60° C erwärmen muß, um sie ebenso schnell verdampfen zu können, wie Hexan bei 40° C. Noch viel langsamer verdampft denaturierter Spiritus.

Da die Verdampfung durch Anwendung eines Luftüberschusses beschleunigt werden kann, so wird man zuweilen gezwungen sein, mit größerem Luftüberschuß zu arbeiten, als für die beste thermische Ausnutzung des Brennstoffes erwünscht sein mag, nur damit nicht tropfbar flüssige Brennstoffteile in den Zylinder der Maschine gelangen.

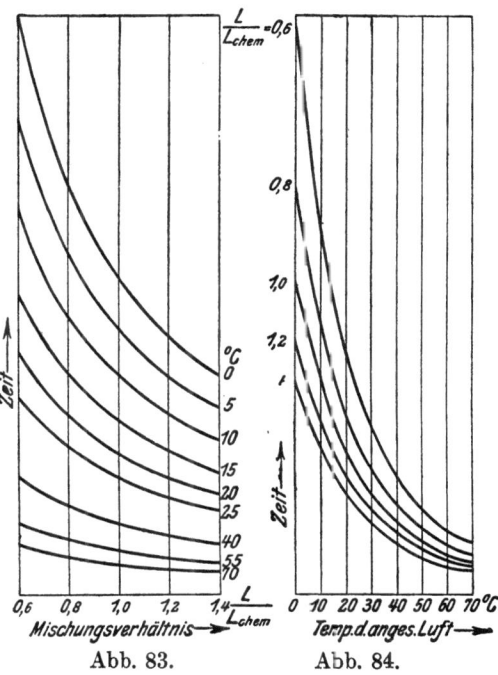

Abb. 83.   Abb. 84.

Abb. 83 und 84. Abhängigkeit der Verdampfgeschwindigkeit von dem Mischungsverhältnis und von der Temperatur.

Die Abhängigkeit der zum Verdampfen erforderlichen Zeit von dem Mischungsverhältnis und von der Temperatur ist noch in Abb. 83 und 84 nach den Berechnungen von Neumann[1]) wiedergegeben, wobei folgende Zahlenwerte zugrunde gelegt sind:

Mischungsverhältnis, bezogen auf die theoret. Luftmenge . . . . . n	0,6	0,7	0,8	0,9	1,0	1,1	1,2	1,3	1,4
Auf 1 kg Benzin kommen an Luft . . . . . kg	8,80	10,28	11,79	13,19	14,68	16,15	17,60	19,08	20,52
Sättigungsdruck des Benzindampfes . mm Q.-S.	21,9	18,9	16,6	14,8	13,3	12,1	11,2	10,3	9,6
Entsprechende Sättigungstemperatur . . . . °C	−16,8	−19,1	−20,7	−22,6	−24,3	−25,8	−27,1	−28,2	−29,4
Spez. Wärme des Gemisches von 1 kg Benzin und der entsprech. Luftmenge . c_p	2,59	2,94	3,28	3,63	3,98	4,34	4,68	5,02	5,37
Temperaturabnahme bei vollständigem Verdampfen von 1 kg Benzin. °C	46,4	40,8	36,6	33,1	30,2	27,7	25,7	23,9	22,4
Zulässige niedrigste Anfangstemperatur f. vollständiges Verdampfen °C	+29,6	+21,7	+15,9	+10,5	+5,9	+1,9	−1,4	−4,3	−7,0

Zündfähigkeit der Brennstoffgemische.

Die Verwendbarkeit eines Brennstoffes in der Kraftmaschine wird ferner auch durch seine Zündfähigkeit, das ist die Eigenschaft bedingt, in Mischung mit Sauerstoff und andern nicht brennbaren Gasen entflammbare Gemische zu liefern, deren Drucksteigerung zur Erzeugung von Kraft ausgenützt werden kann. Als Maße für die Zündfähigkeit benutzt man nach Eitner[2]) die sogenannten Zündgrenzen; diese geben in Raumteilen diejenigen Mindest- und Höchstgehalte an brennbaren Gasen oder Dämpfen an, bei welchen noch eine explosive, d. h. mit ausreichend schneller Drucksteigerung verbundene Verbrennung erreicht wird.

Die Versuche von Eitner mit Gemischen aus brennbaren Gasen oder Dämpfen und Luft, deren Ergebnisse weiter unten zusammengestellt sind, haben neuerdings durch Terres[3]) eine

---
[1]) S. 38.
[2]) Journ. f. Gasbeleucht. u. Wasserversorg. 1902, Habilitationsschrift Karlsruhe 1902.
[3]) Journ. f. Gasbeleucht. u. Wasserversorg. 1920, H. 49/52.

sehr eingehende Nachprüfung und Erweiterung erfahren, insofern als auch der Einfluß des Sauerstoffgehaltes der brennbaren Mischung geprüft worden ist. Dabei hat sich ergeben, daß die untere Grenze der Zündfähigkeit in allen Fällen durch Vermehrung des Sauerstoffes im Verhältnis zum Stickstoff nicht verändert wird, daß sich aber der Bereich der Zündfähigkeit nach oben hin, d. h. nach den an Brennstoffen reicheren Gemischen mit zunehmendem Sauerstoffgehalt wesentlich erweitert.

Alle bisher vorliegenden Versuche beziehen sich auf Gemische von 15° C bei 1 at Druck. Wegen der geänderten Zustandsverhältnisse lassen sich also die Ergebnisse auf die Vorgänge im Augenblick der Zündung im Zylinder der Maschine nicht unmittelbar übertragen, sondern nur für Vergleichzwecke verwenden.

Zündgrenzen von Brennstoff-Luft-Gemischen bei 15° C und 760 mm Q.-S.

Brennstoff	untere Zündgrenze		obere Zündgrenze	
	nach Eitner v. H.	nach Terres v. H.	nach Eitner v. H.	nach Terres v. H.
Wasserstoff	9,45	9,45	66,40	65,25
Wassergas	12,40	12,40	66,75	66,15
Azetylen	3,45	3,45	52,40	52,40
Kohlenoxyd	16,45	16,05	75,1	70,95
Äthan	6,02	6,05	13,00	11,99
Benzoldampf	2,65	2,70	6,50	7,00
Benzindampf	2,00	1,95	5,00	5,08
Alkoholdampf	8,00	—	12,00	—
Ätherdampf	2,00	—	8,00	—
Äthylen	—	3,90	—	14,1
Äthan	—	4,05	—	9,55

Die Vergaser.

Die Vergaser sind dazu bestimmt, aus dem flüssig zugeleiteten Brennstoff ein für den Betrieb einer Verbrennungsmaschine geeignetes Brennstoffdampf-Luftgemisch herzustellen. Nach ihrer Wirkungsweise unterscheidet man zunächst Oberflächen- oder Verdunstungsvergaser, die, wie die Bezeichnung schon ausdrückt, den Brennstoff über eine größere Oberfläche verbreiten damit er schneller verdampfen kann, und Spritzvergaser, gekennzeichnet durch eine feine Düse, aus der der Brennstoff durch den Unterdruck des saugenden Maschinenkolbens herausgetrieben wird, um mit der gleichzeitig angesaugten Luft gemischt zu werden.

Die Oberflächenvergaser gelten heute so ziemlich als veraltet und infolge der verschlechterten Eigenschaften der Brennstoffe unverwendbar. Sie erfordern, wenn sie überhaupt wirksam sein sollen, große Oberflächen, die man in der Regel in Dochten unterbringen muß, und sind nur für leicht flüchtige, fast gleichartig zusammengesetzte Brennstoffe geeignet, da sonst die schwerer verdampfbaren Bestandteile des Brennstoffes zurückbleiben. Für die benzinähnlichen Brennstoffe von ganz ungleichmäßiger Zusammensetzung und mit teilweise recht schwer verdampfbaren Bestandteilen, die heute die Regel im Motorwagenbetrieb bilden, kommen somit solche Vergaser nicht mehr in Betracht.

Ein großer Vorteil der Oberflächenvergaser ist aber, daß das von ihnen gelieferte brennbare Gemisch nur tatsächlich verdampften und keinen tropfbar flüssigen Brennstoff enthält, also den Betriebsanforderungen der Fahrzeug-Verbrennungsmaschine sehr gut entspricht. Das ist wohl auch der Grund, warum immer wieder versucht wird, von den heutigen Vergasern, die ausschließlich Spritzvergaser sind, auf Oberflächenvergaser zurückzugreifen; solche Versuche hätten auch bei schwereren Brennstoffen gewisse Aussichten, wenn man diese und die Mischluft vorher genügend hoch anwärmen und das Niederschlagen des Dampfes in der Saugleitung verhindern könnte.

Als Beispiel eines Oberflächen-Dochtvergasers ist in Abb. 85 der Vergaser der Lancheste-Engine Company in Birmingham dargestellt. Der Vergaser ist in einem aus Blech genieteten, zylindrischen Benzinbehälter a eingebaut, der hier gleichzeitig eine Versteifung des Wagenrahmens bildet und unter dem Sitze des Wagenführers angeordnet ist. Die bei b angesaugte Luft, die durch Vorbeiführen an dem Auspufftopf der Maschine vorgewärmt wird, streicht durch die mit Benzin getränkten, aufgelösten Enden der Dochte c und gelangt durch einen mit der Hand einstellbaren Drosselhahn d zu den Einlaßventilen der Maschine. Die Füllung der Benzinkammer e an den Dochten, die für eine Fahrt des Wagens von einigen Stunden ausreicht, erneuert man mit Hilfe einer Pumpe f, die durch Auf- und Niederbewegen des von dem Führersitz aus leicht erreichbaren Ringes g betätigt werden kann. Daß die Kammer hierbei überfüllt wird, ist nicht zu befürchten, da der überschüssige Brennstoff durch die Überlauföffnungen h abfließen kann.

Es liegt nahe, statt den Brennstoff über große Dochtflächen zu verteilen, die von der Luft bestrichen werden, die mit Brennstoffdämpfen zu sättigende Luft mit möglichst großer Oberfläche unmittelbar durch den flüssigen Brennstoff hindurchtreten zu lassen. In diesem Falle wird man sich aber damit begnügen müssen, nur einen Teil der Luft auf diesem Wege anzusaugen, damit der Druckverlust die Leistung der Maschine nicht beeinträchtigt.

Ein ebenfalls ohne Docht arbeitender Oberflächenvergaser der Progreß-Motoren- und Apparatebau G. m. b. H. in Charlottenburg, der für ein Motorfahrrad bestimmt ist, wird durch Abb. 86 dargestellt. Die Abteilung a des vereinigten Benzin- und Ölbehälters, die durch eine während des Betriebes luftdicht zu verschließende Öffnung b von außen gefüllt werden kann, nimmt 6 l Benzin auf und steht mit dem Vergaserraum c durch ein Schraubventil d in Verbindung. Durch das Rohr e wird von unten her Luft in den Ver-

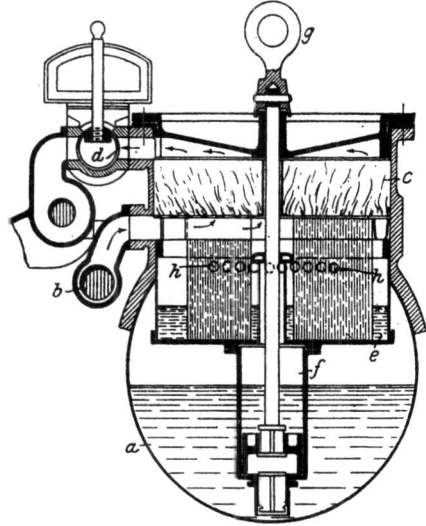

Abb. 85. Oberflächen-Dochtvergaser der Lanchester Engine Company in Birmingham.

gaser eingesaugt, die zunächst gegen den durch die Höhe des Überfallrohres in der Höhe einstellbaren Flüssigkeitsspiegel und hierauf durch zwei kegelförmige, mit Brennstoff angefeuchtete Siebe f getrieben wird, wo sie sich mit Brennstoffdampf anreichert. Dem so vorbereiteten brennbaren Gemisch kann in dem Regulierhahn h, der in die Leitung g eingebaut

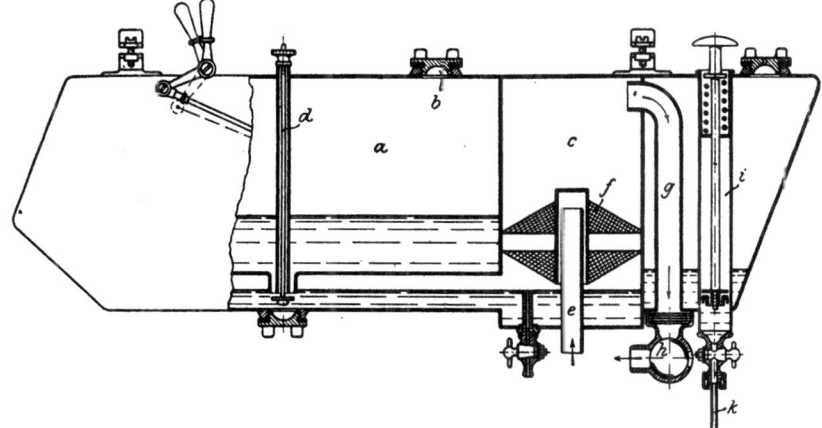

Abb. 86. Oberflächen-Vergaser der Progreß-Motoren- und Apparatebau G. m. b. H. in Charlottenburg.

ist, noch frische Luft zugesetzt werden, wobei auch eine Möglichkeit gegeben ist, die Leistung der Maschine zu regeln. Der andere Teil des Behälters dient zur Aufnahme von Schmieröl und wird mit Hilfe der Pumpe i bedient.

Der Spritzvergaser leitet seine Herkunft von Maybach, dem bekannten früheren Oberingenieur der Daimler-Motoren-Gesellschaft in Untertürkheim bei Stuttgart ab[1]). Seine grundsätzliche Wirkungsweise möge zunächst an der Hand der Abb. 87 erläutert werden: In dem Behälter a wird mittels eines Schwimmers b und eines von diesem durch die Hebel c beeinflußten Nadelventils d der Brennstoff stets in der gleichen Höhe erhalten. Der durch die Leitung e zufließende Brennstoff steht zu diesem Zwecke unter einem gewissen Druck, der aber nur sehr gering zu sein braucht. Aus dem Schwimmergehäuse wird die Düse f, deren

---

[1]) Vgl. Franz. Patent Nr. 232230 vom 17. August 1893.

Öffnung sich durch ein Nadelventil g einstellen läßt, so hoch gefüllt, daß der Brennstoff durch den Unterdruck, der infolge des Saugens der Maschine in dem Vergaser herrscht, in einem feinen Strahl herausgetrieben wird, an mehreren vorgebauten Sieben k zerstäubt und in der bei j zuströmenden frischen Luft verdampft. In seinem oberen Teile ist der Mischraum h des Vergasers durch Leitungen i mit den Zylindern verbunden sowie mit einem Drosselhahn l versehen, der die Füllung der Zylinder zu verändern gestattet.

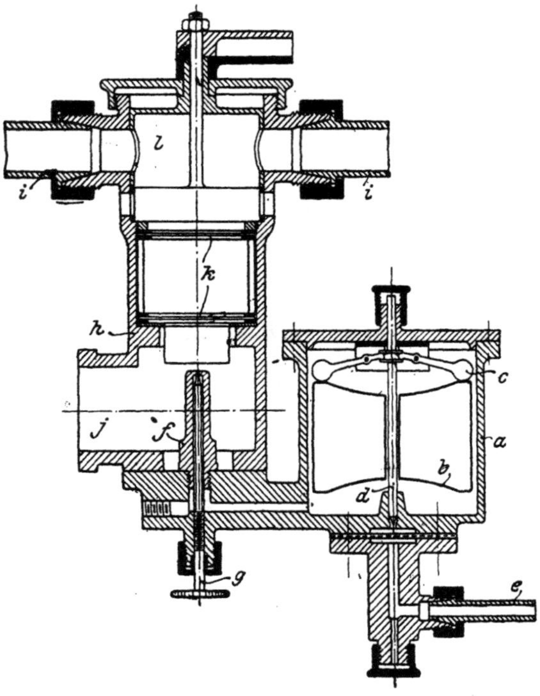

Die beschriebene Wirkungsweise des Spritzvergasers scheint und ist auch in der Tat sehr einfach. Es hat sich aber beim Betriebe der Maschinen sehr bald ein Übelstand aller dieser Vergaser geltend gemacht, der darin besteht, daß sie mit wachsenden Unterdrücken im Mischraum, also mit wachsenden Umlaufzahlen der Maschinen, Gemische liefern, die immer reicher an Brennstoff sind. Die Ursachen dieser Erscheinung vollständig zu klären und Mittel anzugeben, die gestatten würden, sei es das Mischungsverhältnis von Brennstoff und Luft bei Spritzvergasern bei wechselnden Unterdrücken in der Saugleitung unveränderlich zu erhalten, oder es den Bedürfnissen der Maschine anzupassen, ist in der Praxis bis heute noch nicht gelungen. Wegen der schwankenden Unterdrücke erhalten die Maschinen im allgemeinen brennbare Gemische von außerordentlicher Verschiedenheit, was ihre Wirtschaftlichkeit und Betriebssicherheit sehr beeinträchtigt.

Abb. 87. Einfacher Spritzvergaser.

Daß die Lösung des „Vergaserproblems", mit dem man sich heute in der Praxis abzufinden sucht, so gut oder so schlecht es eben geht, eine der wichtigsten Fragen des neueren Motorwagenbaues ist, bedarf keiner besonderen Begründung.

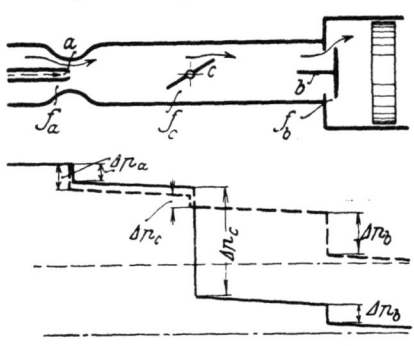

--- geringe Belastung ——— hohe Belastung
Abb. 88. Druckverlauf in einem Spritzvergaser.

Löffler und Riedler[1]) haben den Druckverlauf in der Leitung zwischen dem Raum vor der Vergaserdüse a und dem Einlaßventil b des Maschinenzylinders während des Regelns in der aus Abb. 88 ersichtlichen Weise gekennzeichnet. Bei geringer Belastung und geringer Drehzahl ist der gesamte Druckabfall zwischen Vergaserdüse und Einlaßventil verhältnismäßig groß, da die Drosselung der Klappe c einen bedeutenden Druckabfall erzeugt. Wird dagegen der Querschnitt an der Drosselklappe vergrößert, so verringert sich der Druckabfall an dieser Stelle wesentlich und der gesamte Druckabfall wird geringer, obgleich die Maschinendrehzahl höher ist und demgemäß auch die Druckverluste an der Düse und dem Einlaßventil zugenommen haben. Die Luftgeschwindigkeiten an den drei Drosselstellen kann man aus der Bedingung der Kontinuität der Strömung annähernd berechnen, wenn die betreffenden Querschnitte und die Kolbengeschwindigkeit v bekannt sind:

$$Fv\gamma = f_a v_a \gamma_a = f_b v_b \gamma_b = f_c v_c \gamma_c.$$

Allerdings muß man hierzu auch die verschiedenen Werte von γ kennen, die man, auch angenähert, einander nicht gleich setzen darf, die vielmehr den Drücken in den entsprechenden Querschnitten proportional sind.

Abb. 89 und 90 zeigen auf Grund von Versuchen annähernd, wie sich die Unterdrücke zwischen den Stellen a, b und c bei voll geöffneter und bei stark verengter Drossel zueinander verhalten und bei zunehmender Drehzahl der Maschine verändern[2]).

---

[1]) Ölmaschinen. Berlin: Julius Springer 1916.   [2]) Über ähnliche Messungen am Pallas- und am Grätzin-Vergaser hat Wawrziniok (Autotechn. 2. Oktober 1921) berichtet.

Wie verwickelt im übrigen die Vorgänge im Vergaser in Wirklichkeit sind, selbst wenn man von den Schwankungen des Unterdruckes absieht, welche durch die Unterschiede in den Drehzahlen der Maschine hervorgerufen werden, kann man an der Hand von Abb. 91 verfolgen[1]). Solange in der Saugleitung, die sich an die verengte Luftdüse anschließt, ein unveränderlicher Unterdruck h herrscht, hängt die aus der einfachen Spritzdüse austretende Brennstoffmenge ausschließlich von dem Druckunterschied $h_0 - h_1$ zwischen Schwimmer-

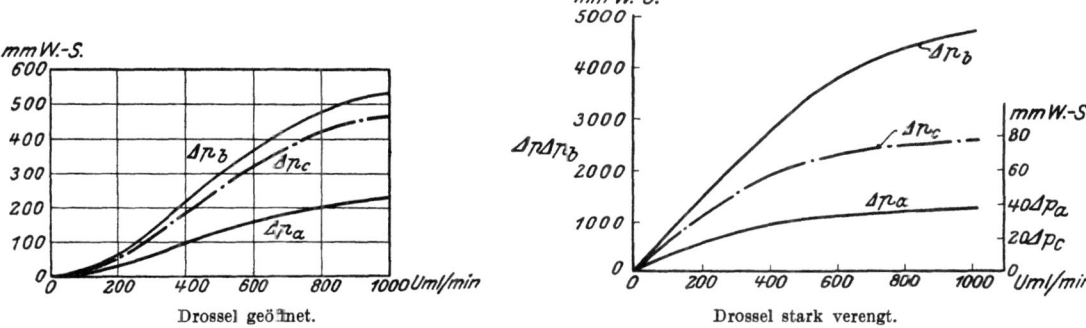

Abb. 89 und 90. Änderung der Unterdrücke bei geöffneter und stark verengter Drossel.

gehäuse und Düsenaustritt und von der Temperatur t_0 des Brennstoffes ab, die derjenigen der umgebenden trockenen Luft entspricht; die Temperatur des Brennstoffes beeinflußt seine Viskosität, also seinen Reibungswiderstand in der Spritzdüse und den Druck der beim Verdampfen des Brennstoffes entstehenden Dämpfe.

Im Beharrungszustand erfährt nun die am unteren Ende der Luftdüse eintretende Luft infolge des engen Querschnittes am oberen Ende der Brennstoffdüse eine Entspannung von h_0 auf h_1, verbunden mit einer geringen Abkühlung, die im weiteren Verlauf der Ansaugleitung wieder zum größten Teil verschwindet, wie aus den eingezeichneten Schaulinien entnommen werden kann. Dementsprechend hat der aus der Düse austretende Brennstoff einen gewissen Wärmeüberschuß gegenüber der ihn umgebenden Luft, so daß er zur Hälfte oder zu einem noch größeren Teil sofort verdampft. Der Rest der Verdampfung erfolgt unter Entnahme von Wärme aus der angesaugten Luft.

Daß die Vergaser tatsächlich großen Schwankungen des Unterdruckes im Laufe des Betriebes ausgesetzt sind, kann man sofort erkennen, wenn man sich die wichtigsten Betriebszustände einer Wagenmaschine vergegenwärtigt: Beim Andrehen wird zunächst unter langsamem Drehen an der Kurbel ein verhältnismäßig geringer Unterdruck an der Düse erzeugt, der aber ausreichen soll, um die Zylinder mit entzündbarem Gemisch zu füllen. Ist hierbei, wie gewöhnlich, der Querschnitt der Drosselvorrichtung nur wenig geöffnet, so tritt hier eine höhere Luftgeschwindigkeit als an der Brennstoffdüse auf, die man auch dazu ausnützt, um das Andrehen zu erleichtern. Ist die Maschine dann in Gang gekommen, so steigt mit der Um-

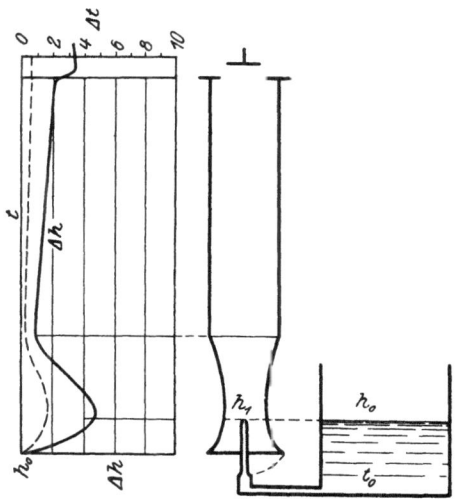

Abb. 91. Druck- und Temperatur-Verlauf im Spritzvergaser.

laufzahl der Unterdruck an der Düse. Nun wird die Drosselvorrichtung allmählich geöffnet, so daß die Leistung und damit auch die Drehzahl der Maschine zunimmt und in dem gleichen Maße auch der Unterdruck an der Düse weiter erhöht wird, bis sich bei voll geöffnetem Drosselhahn und höchster Leistung ein Höchstwert des Unterdruckes einstellt. Drosselt man dann wieder die Saugleitung etwas, z. B. weil die Leistung der Maschine beim Fahren in der Ebene selten voll ausgenützt werden kann, so vermindert sich der Unterdruck an der Brennstoffdüse, während er infolge der verstärkten Saugwiderstände in der Drosselvorrichtung in der Saugleitung sogar zunehmen kann, wenn die Drehzahl der Maschine fast ungeändert bleibt. Gelangt ferner der Wagen auf eine Steigung, wo der Kraftbedarf größer ist, so wird vorher die

---

[1]) Mém. Soc. Ing. Civ. France 1921, H. 1/3.

Drosselung der Saugleitung aufgehoben, der Unterdruck an der Vergaserdüse steigt also. Mit wachsendem Widerstand fällt aber die Umlaufzahl der Maschine schließlich doch ab, und man muß durch Verändern der Getriebeübersetzung das Drehmoment dieses Widerstandes an der Maschinenwelle vermindern, damit die Maschine nicht ganz stecken bleibt. Während dieses Vorganges tritt infolge der sinkenden Drehzahl der Maschine eine Verminderung des Unterdruckes an der Brennstoffdüse ein. Außer den beschriebenen Betriebsvorgängen üben auch noch andere, z. B. der wechselnde Luftdruck, ihren Einfluß auf den Unterdruck an der Brennstoffdüse aus.

Man hat versucht, die Schuld an der Anreicherung des Gemisches bei höheren Umlaufzahlen dem Umstande zuzuschreiben, daß das Ansaugen aus dem Vergaser selbst bei Maschinen mit mehreren Zylindern nicht gleichmäßig, sondern stets absatzweise stattfindet. Während die Luft diesen Saugstößen der einzelnen Zylinder fast synchron zu folgen imstande sei, sagte man, fließe der spezifisch viel schwerere Brennstoff bei einigermaßen schneller Folge der Saugstöße in einem gleichmäßigen Strahl aus der Düse, so daß bei höheren Umlaufzahlen verhältnismäßig mehr Brennstoff als Luft abgegeben werde, also an Brennstoff reicheres Gemisch in die Zylinder gelange. In der Tat hat Bergmann[1]) bei Versuchen mit punktweiser Indizierung einer 5-PS-Einzylindermaschine von Cudell bei 1200 Uml/min Saugstöße bis zu rd. 2300 mm W.-S. mit anschließenden Schwingungen der Luftsäule gemessen, die erst bei Beginn des nächsten Saughubes abgeklungen waren, während der mittlere Unterdruck im Vergaser nur etwa 100 mm W.-S. betragen hatte. Trotzdem kann aber diese Annahme allein keine ausreichende Erklärung für die veränderte Wirkungsweise eines Vergasers liefern; denn die Unterschiede im Mischungsverhältnis, die hierdurch hervorgerufen werden könnten, sind bei weitem nicht derart, wie die tatsächlich beobachteten; das haben u. a. die Versuche des National Advisory Committee for Aeronautics[2]) ebenfalls bestätigt. Außerdem ist bekannt, daß das Übel bei wesentlicher Vermehrung der Zylinder in unverminderter Stärke auftritt, obgleich sich dann der Einfluß der Saugstöße vermindern müßte. Nach Brewer[3]) wird die Wirkung der Saugstöße auf die Bewegung des Brennstoffes durch die Reibung der Flüssigkeit in der Düse sowie durch die Trägheit der in Bewegung befindlichen Masse ausgeglichen, obgleich gewisse Schwankungen der Brennstoffgeschwindigkeit bestehen bleiben.

Der erste Versuch, den Vorgang in einem Vergaser rechnerisch zu klären, rührt von Krebs her. Nach seiner am 24. Novbr. 1902 der Akademie der Wissenschaften zu Paris vorgelegten Abhandlung[4]) gilt für die Geschwindigkeit v_B beim Ausfluß des Brennstoffes aus einer Vergaserdüse die Formel:

$$v_B = \sqrt{2g\frac{\gamma_\omega}{\gamma_B}(h-h')},$$

worin γ_ω das spezifische Gewicht des Wassers,
γ_B das spezifische Gewicht des Brennstoffes,
h den Unterdruck an der Vergaserdüse in mm Wassersäule,
h' eine in mm Wassersäule ausgedrückte Widerstandshöhe bedeutet,
die
1. dem Umstande, daß der Brennstoff nicht ganz bis zum oberen Rande der Düse stehen darf,
2. den kapillaren Widerständen der Düse
Rechnung tragen soll.

Diese Widerstandshöhe h' hat Krebs bei Versuchen mit der Mindestumlaufzahl von Maschinen auf 21 mm bestimmt.

Für die Geschwindigkeit v_L der Luft beim Durchfluß durch den Vergaser nimmt Krebs die Formel:

$$v_L = \sqrt{2gh\frac{\gamma_\omega}{\gamma_L}}$$

an. Solange die Querschnitte unverändert bleiben, ist das Mischungsverhältnis z dem Verhältnis der Ausflußgeschwindigkeiten proportional:

$$z = c \cdot \frac{v_B}{v_L} = c \cdot \sqrt{\frac{\frac{\gamma_\omega}{\gamma_B}(h-h')}{\frac{\gamma_\omega}{\gamma_L}h}} = c \cdot \sqrt{\frac{\gamma_L}{\gamma_B}}\sqrt{\frac{h-h'}{h}}.$$

---

[1]) Motorwagen 1912, S. 431.   [2]) Washington 1919, Report Nr. 49, Teil IV.
[3]) Carburation. London: Crosby Lockwood & Son 1913.
[4]) Vgl. z. B. The Horseless Age, 7. April 1915.

Die Gültigkeit dieser Formel erstreckt sich aber nur auf die Mindestgeschwindigkeit einer Maschine. Bei höheren Umlaufzahlen soll dem auf Luft und Brennstoff sehr verschieden wirkenden Einfluß der Saugstöße durch eine Berichtigungszahl Rechnung getragen werden, so daß dann die Formel lautet:

$$z = c \cdot \sqrt{\frac{\gamma_L}{\gamma_B}} \sqrt{\frac{h-h'}{h}} \left(\frac{\pi}{2} - \frac{\alpha}{\sqrt{h}}\right).$$

Diese Berichtigung wird so bestimmt, daß bei der Mindestumlaufzahl der Maschine

$$\frac{\pi}{2} - \frac{\alpha}{\sqrt{h_{min}}} = 1$$

wird.

Im allgemeinen strebt man nun an, daß das Mischungsverhältnis z bei wechselnden Werten von h unveränderlich sein soll. In diesem Falle muß man das Verhältnis der Durchflußquerschnitte F_B für den Brennstoff und F_L für die Luft verändern. Dieses Verhältnis kann man in ähnlicher Weise ableiten, wie oben das Mischungsverhältnis.

Bei veränderlichen Querschnitten ist nämlich

$$z = c' \cdot \frac{v_B \cdot F_B}{v_L \cdot F_L},$$

wenn mit v_B und v_L die Geschwindigkeiten bezeichnet werden.

$$\frac{F_L}{F_B} = \frac{c'}{z} \cdot \frac{v_B}{v_L} = c_1 \sqrt{\frac{\gamma_L}{\gamma_B}} \sqrt{\frac{h-h'}{h}},$$

beziehungsweise

$$\frac{F_L}{F_B} = c_1 \sqrt{\frac{\gamma_L}{\gamma_B}} \sqrt{\frac{h-h'}{h}} \left(\frac{\pi}{2} - \frac{a}{\sqrt{h}}\right).$$

In Abb. 92 stellen die Linien a und b die Veränderlichkeit von F_L mit zunehmenden Werten von h ohne und mit Berichtigung dar. Man kann sich nun, wenn man durch den

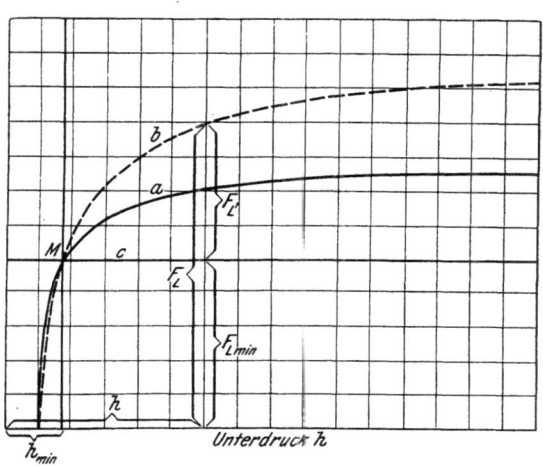

Abb. 92. Vergaserdiagramm von Krebs.

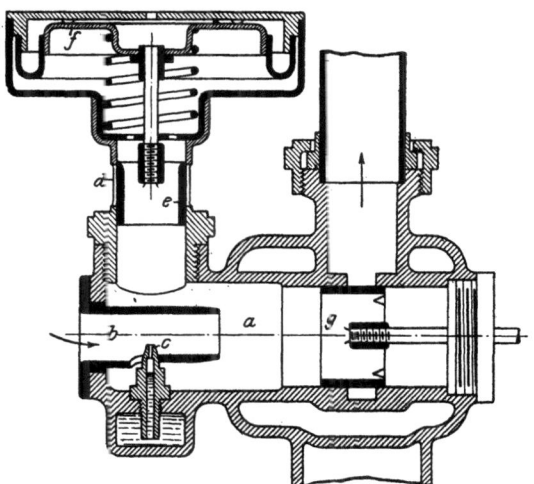

Abb. 93. Krebs-Vergaser der Société des Etablissements Panhard & Levassor in Paris.

Schnittpunkt M der beiden Linien eine Wagerechte c zieht, den einem bestimmten Unterdruck h entsprechenden Wert des Luftquerschnittes F_L jederzeit zusammengesetzt denken aus einem unveränderlichen Teil $F_{L\,min}$, der der Mindestumlaufzahl der Maschine (h_{min}) entspricht, und einem veränderlichen Teil $F_{L'}$, der mit dem Unterdruck zunimmt, und die zum Verdünnen des zu reich werdenden Brennstoffgemisches bestimmte Zusatzluft liefern soll.

Die Theorie von Krebs läuft also, mit anderen Worten, darauf hinaus, bei wachsenden Umlaufzahlen der Maschine, also bei zunehmenden Unterdrücken im Vergaser, zusätzliche Luftquerschnitte zu eröffnen, damit das Mischungsverhältnis zwischen Brennstoffdämpfen und Luft gleichmäßig erhalten wird.

Die konstruktive Lösung dieser Aufgabe stellt der in Abb. 93 wiedergegebene Vergaser der Société des Etablissements Panhard & Levassor in Paris dar. In den Mischraum a des Vergasers wird neben der durch das Rohr b senkrecht zur Düse c eintretenden Luft, deren Menge dem Mischungsverhältnis bei der Mindestumlaufzahl der Maschine entspricht, bei höherer Umlaufzahl eine gewisse Menge von Zusatzluft angesaugt, die durch die Öffnung d im Oberteil des Vergasers hindurchgelassen wird. Der Schieber e, der diese Öffnung steuert, ist zu diesem Zwecke mit einem Kolben f fest verbunden, der auf der einen Seite unter dem Druck der äußeren Luft, auf der anderen Seite unter demjenigen einer Feder steht, und daher um so mehr niedergedrückt wird, je höher der Unterdruck im Vergaser infolge der zunehmenden Maschinengeschwindigkeit ansteigt. Unabhängig von dieser völlig selbsttätigen, den Wagenführer nicht belastenden Regelung des Mischungsverhältnisses bleibt die Regelung der Maschinenleistung mit Hilfe des Drosselschiebers g.

Das erwähnte von Krebs zuerst aufgestellte Gesetz, daß bei wachsendem Unterdruck im Vergaser Zusatzluft zugeführt werden muß, damit die Gleichförmigkeit des Mischungsverhältnisses gewahrt bleibt, beherrscht noch heute den Vergaserbau. Die Unterschiede in den Bauarten beschränken sich im wesentlichen darauf, wie diese Regelung der Zusatzluftzufuhr ausgeführt wird.

Vergaser mit selbsttätiger Regelung.

Vergaser mit selbsttätiger Zusatzluft-Regelung hat in ihrer Grundform Krebs bereits selbst angegeben. Abweichungen hiervon treten auf hinsichtlich der Mittel zum Steuern der Zusatzluftöffnungen. Das einfachste Mittel ist wohl der unter dem Druck einer weichen Feder stehende Kolben- oder Hohlschieber, s. z. B. Abb. 94, durch dessen Höhlung eine mit wachsendem Unterdruck steigende Zusatzluftmenge eingelassen wird. Diese Schieber können, wenn sie mit einem Boden versehen und in entsprechende Gehäuse eingesetzt sind, gebremst werden, damit sie durch die Saugstöße nicht ins Flattern geraten. Abb. 95 bis 97 zeigen einen solchen für einen kleinen Motorwagen bestimmten Vergaser. Weitere Ausführungen solcher Vergaser mit gebremsten Zusatzluftschiebern zeigen die Abb. 98 sowie Abb. 99 und 100. Bei dem einen Vergaser von Brasier, Abb. 98, sind in dem sich düsenartig erweiternden, also auch als Ejektor wirkenden Mischraum zwei Spritzdüsen angeordnet, damit sich die daraus austretenden Strahlen gegenseitig zerstäuben; bei dem anderen Vergaser der Fahrzeugfabrik Eisenach, Abb. 99 und 100, sind zunächst zwei unabhängige Schwimmerkörper a und b zu erwähnen, die durch Hebel c und d das Nadelventil für die Benzinzuführung beeinflussen. Der Zweck dieser Anordnung ist, den Brennstoffstand in der Düse f von etwaigen seitlichen

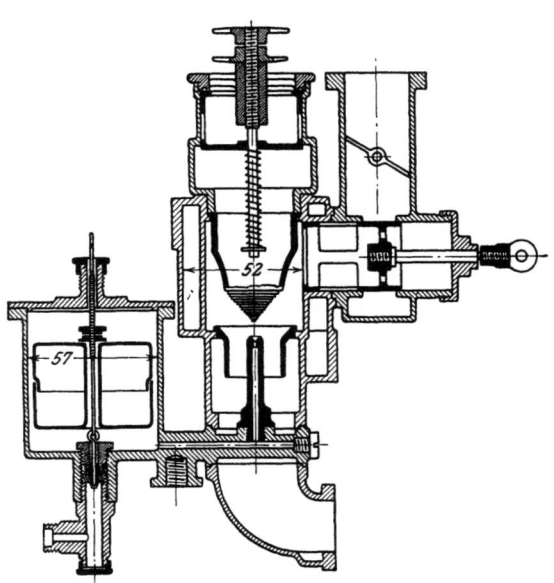

Abb. 94. Vergaser der Britannia Engineering Company in Colchester.

Neigungen des Wagens unabhängig zu machen, indem dann der eine Schwimmer um so viel gehoben wird, als der andere sich senkt, so daß die Stellung des Hebels d davon unberührt bleibt. Für die Zuführung der Zusatzluft wird der Ringschieber g benutzt, der bei steigendem Unterdruck im Vergaser die Öffnungen h im oberen Teil des Vergasergehäuses frei gibt. Der Schieber g ist mit einem Kolben i verbunden, den eine Feder ständig emporzieht. Bei diesem Vergaser ist ferner darauf Bedacht genommen, die Zusatzluft möglichst weit an der Brennstoffdüse vorbeizuführen, die zu diesem Zwecke von einer Düse k umgeben ist. Die Ejektorwirkung dieser Düse hat zur Folge, daß die Hauptluft beim Durchströmen eine große Geschwindigkeit erreicht, welche verhindert, daß brennbares Gemisch aus der Saugleitung in den Vergaser zurück und durch die Luftöffnungen austritt und sich dabei entzündet.

Zu erwähnen ist ferner der ebenfalls in diese Gruppe gehörige ältere Vergaser der Wolseley Tool and Motor Car Company in Birmingham, Abb. 101, bei dem der Zusatzluftschieber a unter dem Einfluß einer federbelasteten Membran b steht, worauf die Auspuffgase drücken. Da sich der Druck in der Auspuffleitung mit steigender Umlaufzahl der Ma-

Vergaser mit selbsttätiger Regelung.

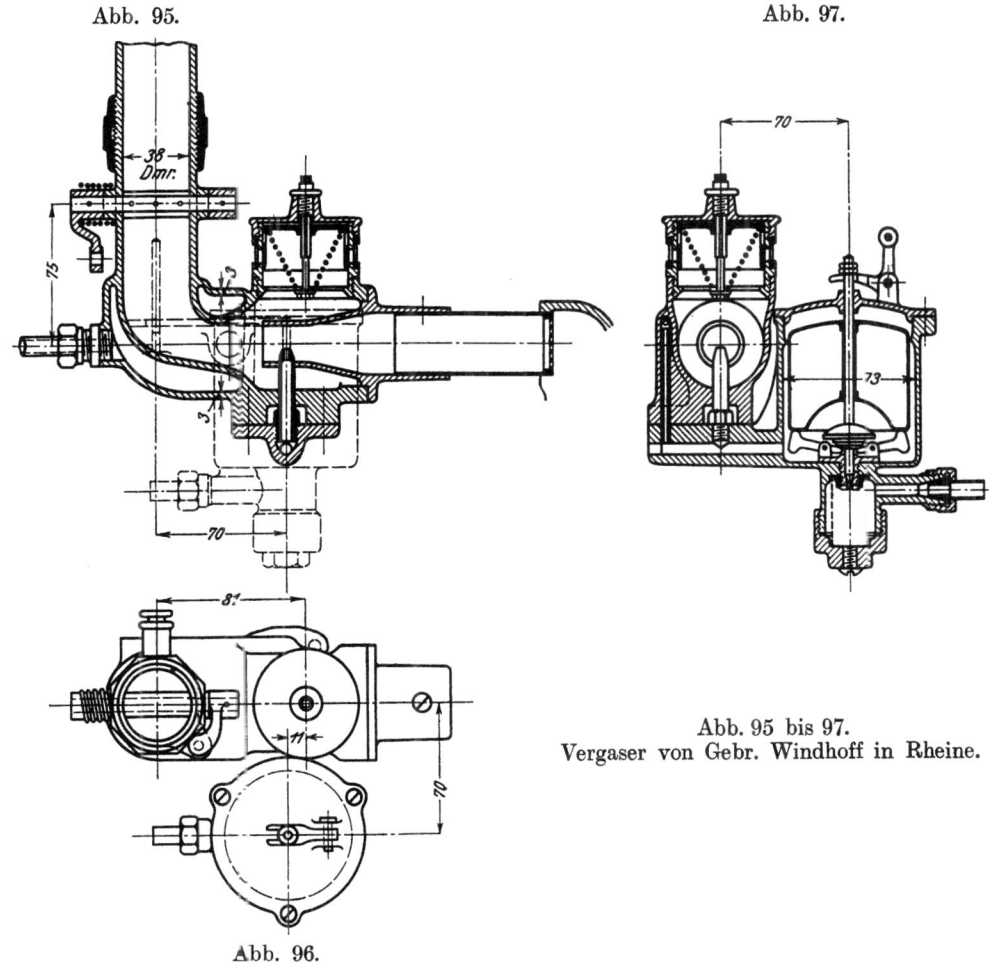

Abb. 95 bis 97.
Vergaser von Gebr. Windhoff in Rheine.

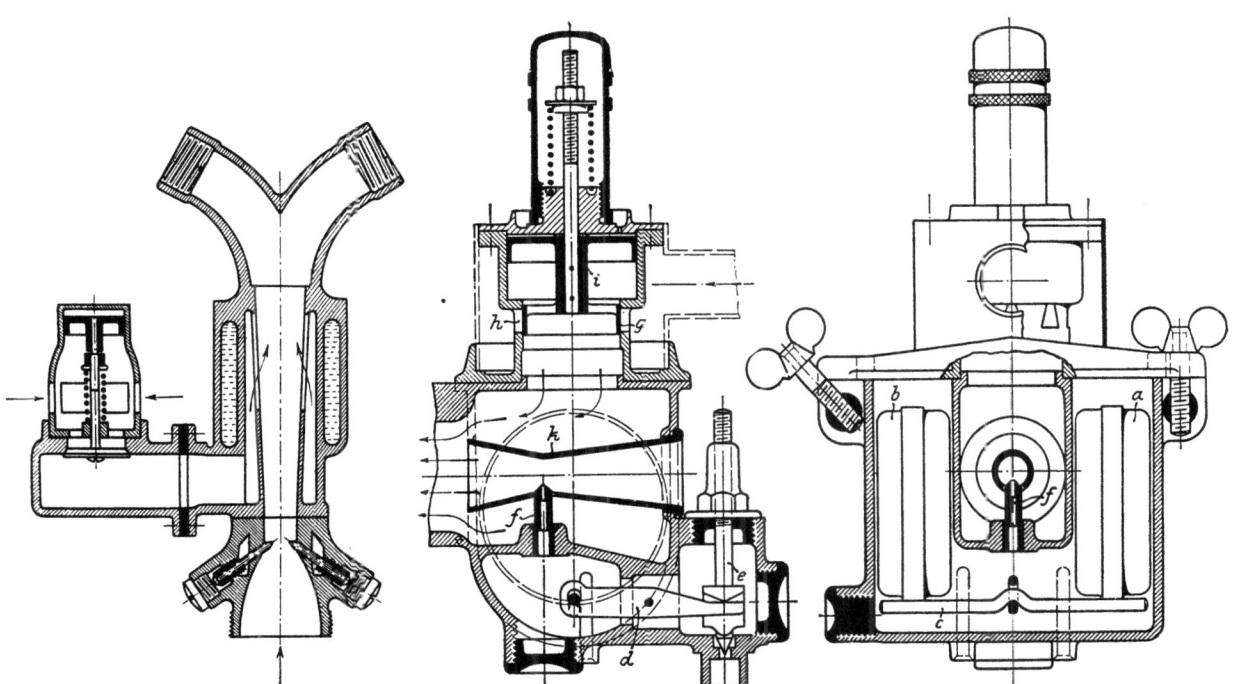

Abb. 98. Vergaser von R. Brasier in Paris.   Abb. 99 und 100. Vergaser der Fahrzeugfabrik Eisenach.

schine erhöht, so wird auch hier erreicht, daß der Schieber a mit zunehmender Geschwindigkeit gehoben wird und mit seiner unteren Kante Öffnungen freilegt, durch die Luft in die Saugleitung c einströmen kann.

Einen einschlägigen Vergaser, den die Neue Automobil-Gesellschaft in Berlin verwendet hat, stellt die Abb. 102 dar. Der Brennstoff tritt hier bei a ein und fließt zunächst durch das Sieb b, das etwaige Verunreinigungen zurückhält und nach Abschrauben des Pfropfens c gereinigt werden kann. Die Menge des austretenden Brennstoffes wird durch die Nadel d geregelt, die von dem Schwimmer e mit Hilfe der doppelarmigen Hebel f eingestellt wird. Die Massen des Schwimmers und der Hebel f sind dynamisch gegen die Masse der Nadel a ausgeglichen, so daß bei Erschütterungen während der Fahrt keine senkrechten Schwingungen der Nadel eintreten sollen. Bei Verwendung von Brennstoffen mit verschiedenem spezifischem Gewicht wird der Stand des Brennstoffes in der Spritzdüse g durch Auf- oder Niederschrauben des Teiles h eingestellt, der dann durch die Gegenmutter i festgeklemmt wird. Beim Ingangsetzen der Maschine kann der Führer durch kurzes Emporziehen der Nadel d den Brennstoff zum Überlaufen bringen;

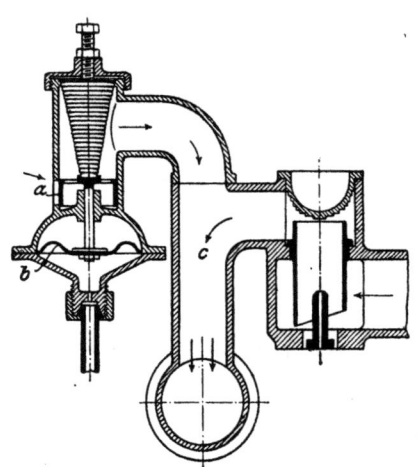

Abb. 101. Vergaser der Wolseley Tool and Motor Car Company in Birmingham.

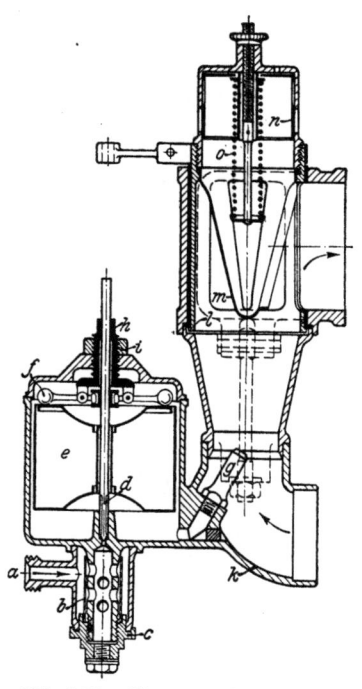

Abb. 102. Vergaser der Neuen Automobil-Gesellschaft in Berlin.

der Brennstoff verdampft dann in dem Rohrkrümmer k. An dieser Stelle tritt auch die Luft ein, die je nach der Jahreszeit mehr oder weniger vorgewärmt werden kann. Die Zusammensetzung des Gemisches wird dadurch geregelt, daß der mit Fenstern versehene Zusatzluft-

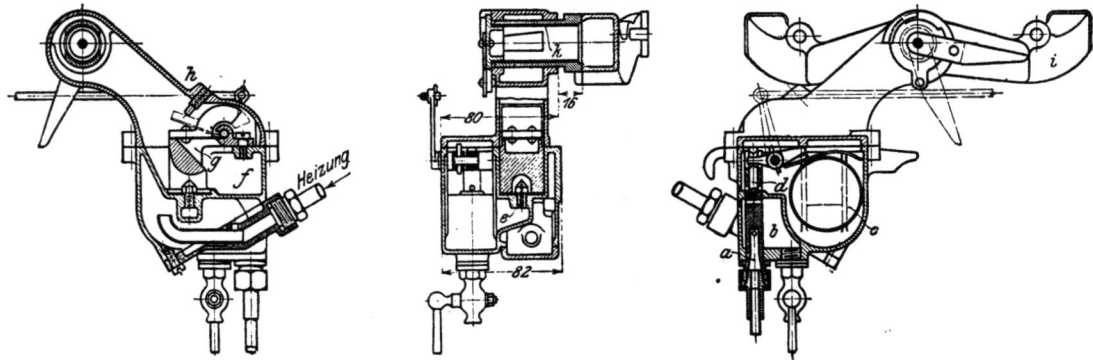

Abb. 103 bis 105. Vergaser der Berliner Motorwagenfabrik in Berlin-Reinickendorf.

schieber n, der unter dem Einfluß einer Feder o steht, durch den Unterdruck in der Saugleitung verschieden eingestellt wird. Das fertige Gemisch kann durch Drehen des Schiebers l gedrosselt werden. In diesem Schieber ist ein Trichter m eingebaut, durch dessen Öffnung die Zusatzluft eintritt.

Statt eines Kolbenschiebers wird bei dem Vergaser der Berliner Motorwagen-Fabrik, Berlin-Reinickendorf, Abb. 103 bis 105, eine beschwerte Klappe verwendet, durch die im übrigen an der Wirkungsweise nicht viel geändert wird. Der Brennstoff tritt bei a ein und gelangt zuerst in eine Kammer b, wo sich etwaige Verunreinigungen absetzen können. Durch den Schwimmer c und das Nadelventil d wird der Stand des Brennstoffspiegels in der Düse e wie üblich geregelt. Der Düsenraum ist außerdem mit einem Heizmantel versehen. Bei langsamem Lauf der Maschine wird die ganze in den Raum f vor der Düse gelangende Luft an der Düse vorbeigesaugt, während mit steigendem Unterdruck ein immer größerer Teil der Luft durch die Öffnung g in das Saugrohr eingelassen wird. Diese Öffnung wird von einer mit Gewicht belasteten Klappe h aus Messingblech gesteuert. An der Einmündung des Saugrohres in den zweiarmigen Krümmer i sitzt der vom Lenkrad aus verstellbare Drosselschieber k.

Eine Klappe als selbsttätiges Steuermittel für die Zusatzluft benutzt endlich auch der Vergaser der Adlerwerke, vorm. Heinrich Kleyer, A.-G. in Frankfurt a. M., Abb. 106 bis 108, dessen Schwimmer a konzentrisch um die Düse angeordet ist, damit Schwankungen des Wagens keinen Einfluß auf die Höhe des Brennstoffspiegels in der Düse ausüben können. Der Schwimmer betätigt durch zwei doppelarmige Hebel das Nadelventil c. Außer der von unten her durch einen Siebkörper zutretenden Hauptluft wird in den mit einem kegeligen Verteilkörper d versehenen Mischraum bei wachsendem Unterdruck eine zunehmende Menge von Zusatzluft durch die Klappe e eingelassen, die unter dem Einflusse einer Feder steht. Der Vergaser ist ferner durch ein

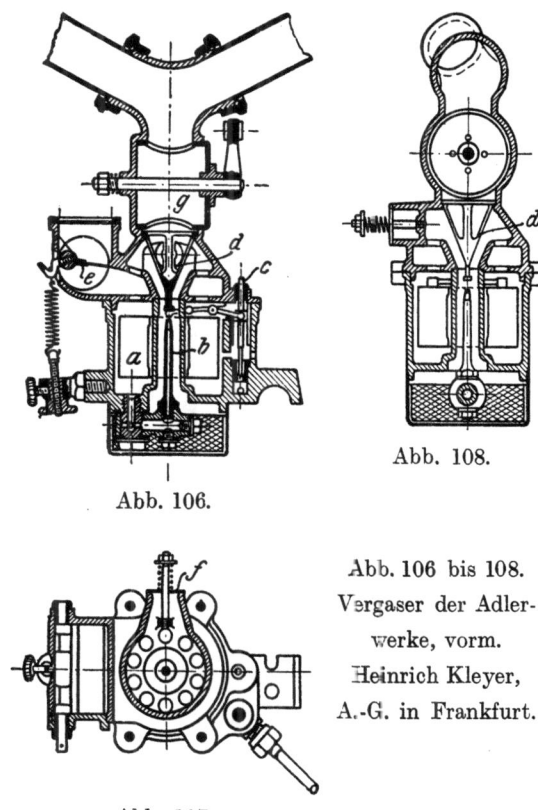

Abb. 106.

Abb. 108.

Abb. 107.

Abb. 106 bis 108. Vergaser der Adlerwerke, vorm. Heinrich Kleyer, A.-G. in Frankfurt.

Überdruckventil f gegen Rückschläge von der Maschine her gesichert. Die Gemischmenge und damit die Leistung der Maschine regelt der Drehschieber g.

Vergaser mit Handregelung.

Die Erwägung, daß die Wirksamkeit der selbsttätigen Zusatzluft-Steuerteile von manchen Zufälligkeiten abhängig ist, große Sorgfalt des Wagenführers beim Reinigen erfordert und insbesondere während des Betriebes schwer oder gar nicht überwacht werden kann, war die Veranlassung, daß man dazu übergegangen ist, diese Teile mit der Hand einstellbar zu machen. Die hierher gehörigen Bauarten betreffen entweder solche Vergaser, bei denen die Stellvorrichtung für die Zusatzluft vollkommen unabhängig ist, oder solche Vergaser, bei denen diese Stellvorrichtung mit dem Hauptdrosselschieber verbunden wird.

Zu der ersten Gruppe gehört z. B. der Longuemarre-Vergaser, Abb. 109, der sich durch die kegelige, mit feinen Kanälen versehene Spritzdüse a kennzeichnet. Dieser Vergaser erhält seine Hauptluft durch die Öffnungen b des Doppelkegels, der die Düse umschließt, während ein Teil der gesamten bei c eintretenden Luft durch Heben des Rohrschiebers d außen an diesem Doppelkegel vorbeigeleitet werden kann. Der Rohrschieber kann durch einen mit einem Exzenter f versehenen Hebel e gehoben werden. Auch bei dem Ver-

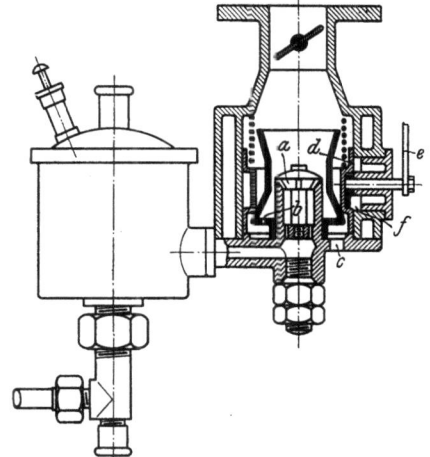

Abb. 109. Vergaser von Longuemarre & Cie. in Paris.

gaser der Süddeutschen Automobilfabrik Gaggenau, Abb. 110, S. 90, der für eine Luftschiffmaschine bestimmt war, wird von der gesamten zuströmenden Luft ein Teil als Zusatzluft abgezweigt und außen an einer die Vergaserdüse a umschließenden Hülse b vorbeigeführt. Die Öffnungen für die Zusatzluft werden von einem Rohrschieber c gesteuert, der unabhängig von dem für das fertige Gemisch bestimmten Drosselschieber *d* mit der Hand eingestellt werden kann.

Den Anstoß zu der Verbindung des Zusatzluftschiebers mit dem Drosselschieber hat eine Konstruktion der Daimler-Motoren-Gesellschaft in Untertürkheim aus dem Jahre 1906 gegeben, die mit der Abänderung, daß der Schieber nicht mehr vom Regler, sondern mit der Hand eingestellt wird, noch heute in Gebrauch ist, s. Abb. 111. Der Drosselschieber, dessen Wirkung darauf beruht, daß sein Vorderrand mehr oder weniger in den Weg des abziehenden Gemisches geschoben wird, trägt gleichzeitig Öffnungen, durch die ein Teil der von unten her zuströmenden Luft als Zusatzluft an der der Spritzdüse entgegengesetzten Seite des Mischraumes zugeleitet werden kann. Die Zusatzluftöffnungen sind so zu bemessen, daß sie in der innersten Lage des Drosselschiebers, also etwa beim Andrehen der Maschine, geschlossen, in der mittleren Lage, die etwa der vollen Maschinengeschwindigkeit bei Höchstleistung entspricht, voll geöffnet und in der äußersten Lage, in die der Drosselschieber gelangt, wenn der Wagen z. B. auf einer Steigung in der Geschwindigkeit abzufallen beginnt, wieder ganz geschlossen sind. Annähernd auf dem gleichen Gedanken beruht der Benzolvergaser der Daimler-Motoren-Gesellschaft, Zweigniederlassung Marienfelde bei Berlin, Abb. 112 und 113. Die in der üblichen Weise an ein Schwimmergehäuse angeschlossene Düse *a* läßt je nach dem herrschenden Un-

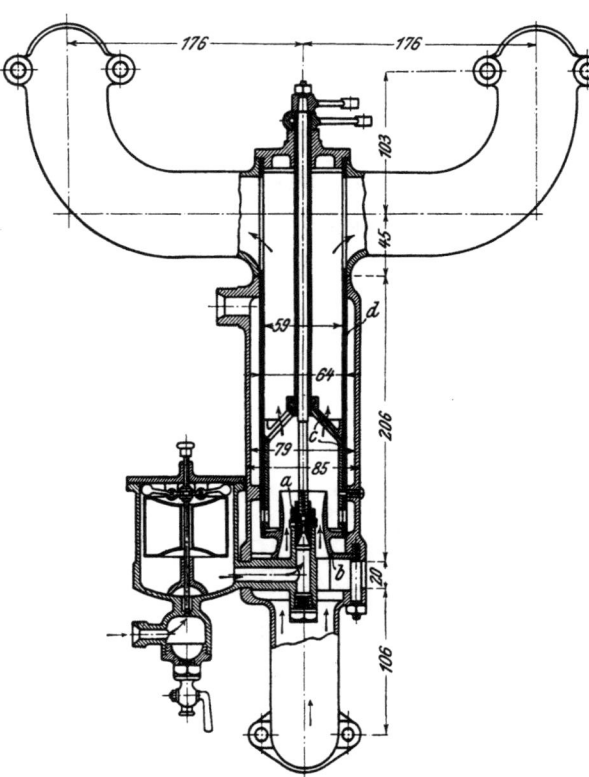

Abb. 110. Vergaser der Süddeutschen Automobilfabrik Gaggenau.

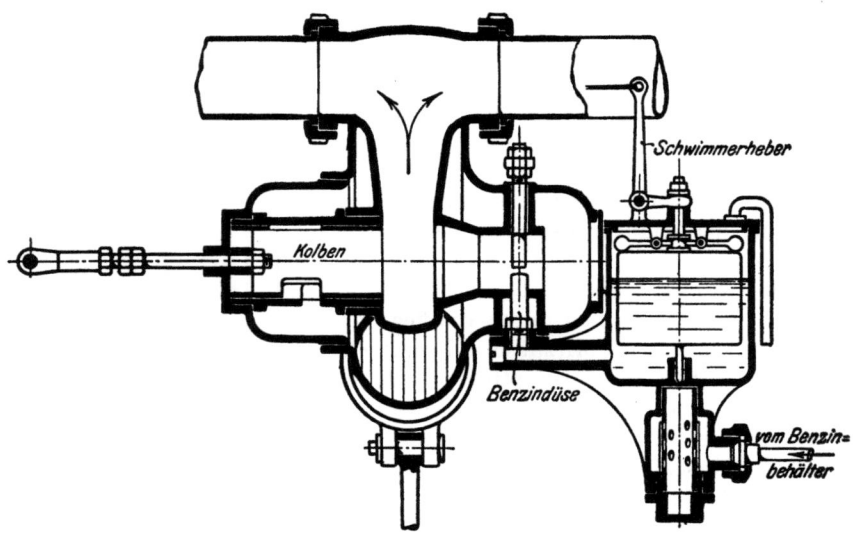

Abb. 111. Vergaser der Daimler-Motoren-Gesellschaft in Untertürkheim.

terdruck eine entsprechende Menge von Brennstoff austreten, die in der an dem unteren Ende der Düse *b* eintretenden Hauptluft sowie in der Zusatzluft, die durch die Öffnungen *c* zuströmen kann, verdampft wird. Damit das Gemisch bei dem Austritt auch gleichförmig ist, wird es in den Öffnungen d noch gedrosselt. Die Anordnung der Kegeldüse b mit Bezug auf die Spritzdüse a sowie die Abmessungen der Öffnungen c und d sind so gewählt, daß man durch Verstellen des Rohrschiebers e den Zutritt von Hauptluft und Nebenluft in dem richtigen Verhältnis zueinander verändern sowie gleichzeitig den Austritt des Gemisches zur

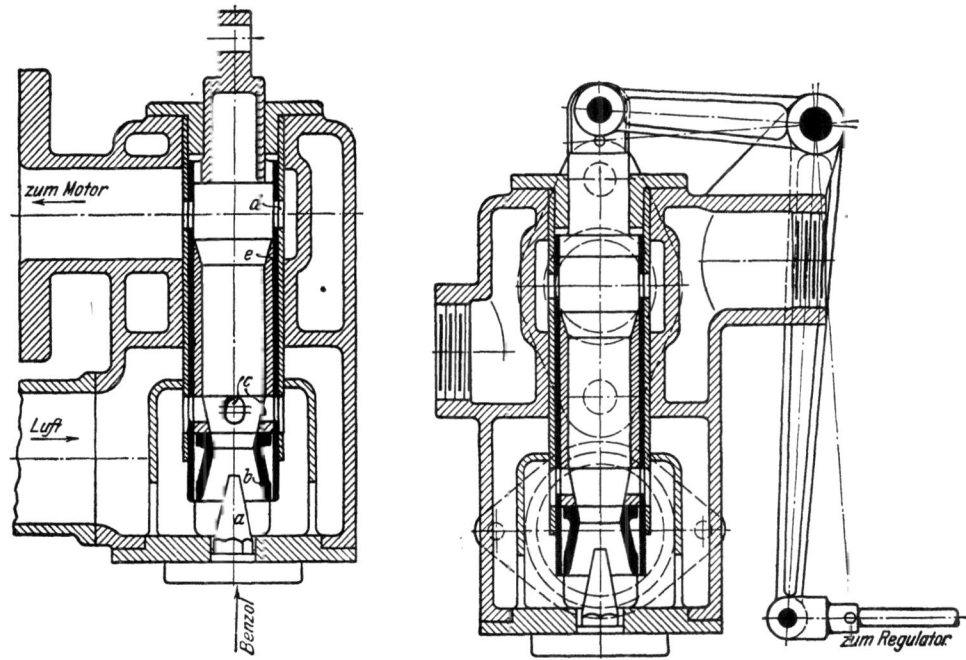

Abb. 112 und 113. Benzolvergaser der Daimler-Motoren-Gesellschaft, Zweigniederlassung Marienfelde bei Berlin.

Maschine drosseln und, weil sich auch der Unterdruck an der Brennstoffdüse ändert, den Austritt von Brennstoff aus der Düse derart regeln kann, daß stets ein zündfähiges Gemisch erhalten wird. Bei der Höchstleistung der Maschine werden also durch Emporziehen des

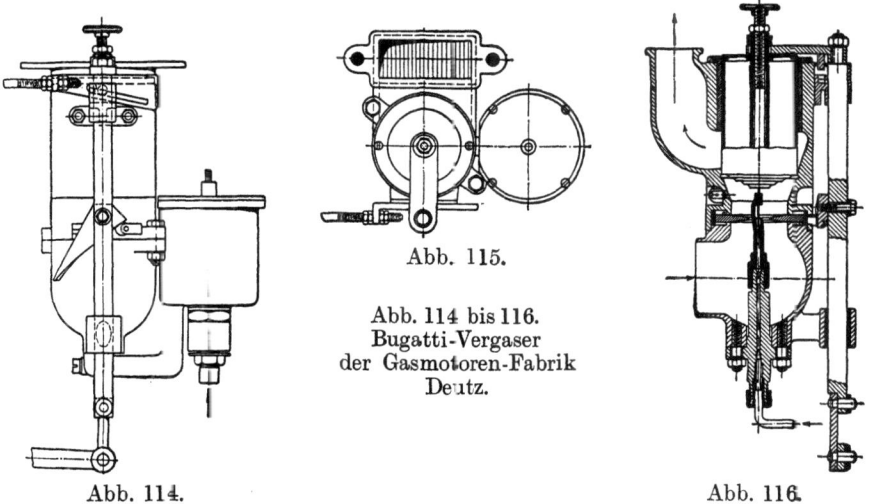

Abb. 114 bis 116. Bugatti-Vergaser der Gasmotoren-Fabrik Deutz.

Rohrschiebers die Drossel- und die Zusatzluftöffnungen vollständig freigegeben und gleichzeitig der Zutritt für die Hauptluft auf den größten Querschnitt eingestellt. Bei der Mindestleistung dagegen wird der Einfluß des verminderten Unterdruckes im Vergaser durch Verringern der Querschnitte für Haupt- und Zusatzluft etwas ausgeglichen. Da alle Regelbewegungen durch den Rohrschieber e ausgeführt werden, so ist der Vergaser sehr einfach zu bedienen. Schließt man den Schieber an einen Regulator an, so ist der Vergaser vom Wagenführer vollkommen unabhängig.

Drossel- und Luftschieber sind endlich auch bei dem Bugatti-Vergaser der Gasmotoren-Fabrik Deutz, Abb. 114 bis 116, S. 91, miteinander vereinigt. Allerdings ist hier von einer Zusatzluftregelung vollständig abgesehen, vielmehr ist in den die Düse umschließenden Raum eine Irisblende eingebaut, die den gesamten Luftzutritt beherrscht. Die Öffnungen der Irisblende und des darüber befindlichen Drosselschiebers werden mit Hilfe einer einzigen Stange eingestellt, die vom Führersitz aus betätigt wird. Beide Regelteile kehren unter der Einwirkung von Federn selbsttätig in ihre innerste Lage zurück, so daß man die Maschine verhältnismäßig mühelos andrehen kann.

Die Theorie der Vergaser.

Die in dem Vorstehenden enthaltene Übersicht, deren Umfang sich noch weiter vergrößern ließe, zeigt, daß sich in der Tat die meisten Vergaser im wesentlichen auf das Krebssche Gesetz von der Zusatzluft stützen.

Und doch sind die Grundlagen dieses Gesetzes theoretisch nicht ganz einwandfrei. Wenn man trotzdem daran in der Praxis festhält, so ist das nur dadurch zu erklären, daß man mit den Vergasern ziemlich befriedigende Erfahrungen gemacht hat, weil Krebs seine Theorie offenbar seinem Vergaser gewissermaßen auf den Leib geschrieben, d. h. die Berichtigungswerte so gewählt hat, daß die Theorie seinem in der Praxis bereits ziemlich erprobten Vergaser entsprechende Werte liefern mußte; außerdem enthält das von Krebs angegebene Verfahren des Zusatzluftbeimischens tatsächlich einen der Wege, die man beschreiten muß, wenn man auch durch die Theorie zu Vergasern gelangen will, deren Mischungsverhältnis man beherrschen kann. Offenbar kann nämlich auch das Freigeben von Zusatzluftöffnungen die Wirkung haben, daß der bei höheren Umlaufzahlen wachsende **Unterdruck im Vergaser verringert wird**, daß also der Druckunterschied, der den Zutritt von Luft und Brennstoff in den Vergaser bestimmt, und der sonst bei steigender Umlaufzahl der Maschine schnell anwächst, nicht so schnell zunehmen kann.

Die theoretischen Grundlagen, die Krebs angegeben hat, sind aber nicht richtig, weil seine Formeln für die Ausflußgeschwindigkeiten nicht zutreffen.

Aber auch die Betrachtungen von Löffler und Riedler[1]), die letzten Endes zu dem gleichen Ergebnis führen, reichen nicht aus, um die Vorgänge im Vergaser vollständig zu erfassen. Allerdings tragen sie insofern viel zur Aufklärung der Vorgänge bei, als sie zeigen, daß nicht nur die Drehzahl der Maschine, sondern auch die Stellung der Drossel die Druckverhältnisse im Vergaser bestimmt. So wird nachgewiesen, daß beim Öffnen der Drossel ohne Zunahme der Drehzahl (infolge gleichzeitiger Zunahme der Belastung der Maschine) der gesamte Druckabfall zwischen dem Raum vor der Vergaserdüse und dem Zylinder noch geringer als bei gleichzeitiger Zunahme der Drehzahl ist. Daraus folgt aber nicht ohne weiteres, daß auch der Unterdruck an der Mischstelle bei gleichbleibender Drehzahl größer als bei Zunahme der Drehzahl ist, da das in der Zeiteinheit durch die Mischstelle strömende Gewicht von Luft und Brennstoff ungeändert bleiben kann.

Die Änderung des Unterdruckes an der Mischstelle

$$h = \xi_L \frac{v_L^2}{2g} \gamma_L = \xi_B \frac{v_L^2}{2g} \gamma_B$$

bleibt nun, falls die Querschnitte F_L für Luft und F_B für Brennstoff nicht geändert werden, nur dann ohne Einfluß auf das Mischungsverhältnis wenn sich v_L und v_B in gleichem Maße ändern. Erfahrungsgemäß nimmt aber v_B mit wachsendem Unterdruck stärker als v_L zu und in gleichem Sinne wirkt auch die Änderung von γ_L mit dem Unterdruck, so daß das Gemisch immer reicher wird.

Um das zu vermeiden, muß man mit wachsendem Unterdruck die Luftquerschnitte vergrößern oder Zusatzquerschnitte freigeben, wobei das Verhältnis der Luft- und Brennstoffquerschnitte zueinander in allen Fällen durch die Bedingung der Kontinuität der Gemischströmung

$$F v \gamma = F_L v_L \gamma_L + F_B v_B \gamma_B$$

bestimmt wird.

Um aber einen Anhalt für die Bemessung der Zusatzluft zu erlangen, muß man auf die Strömung des Brennstoffes durch Vergaserdüsen näher eingehen. Nach unserer heutigen

---

[1]) a. a. O. S. 241.

Kenntnis folgt der Ausfluß des Brennstoffes aus einer Vergaserdüse nicht einem Gesetz
$$v_B = \sqrt{2gh} \quad \text{oder} \quad v_B = \sqrt{2g(h-h')}$$
sondern, wie schon von Rummel[1]) und von anderen nachgewiesen worden ist, einem Gesetz, das eher dem Satz von Poiseuille entspricht.

Rummel sagt hierüber etwa folgendes:

Die Theorie der inneren Reibung von Flüssigkeiten führt darauf, eine Proportionalität zwischen dem Druck der Reibungswiderstände und der ersten Potenz der Geschwindigkeit
$$p_r = c \cdot v$$
anzunehmen.

Die Unstimmigkeit zwischen dieser Formel und den Erfahrungen der Praxis erklärt man damit, daß, entgegen der Reibungstheorie, die gleichgerichtete, nebeneinander verlaufende Flüssigkeitsfäden voraussetzt, Wirbelbewegungen auftreten, deren Einflüsse mit dem Quadrate der Geschwindigkeit steigen.

Für enge Röhren ist dagegen die Übereinstimmung zwischen Theorie und Versuch nachgewiesen, und mit solchen engen Röhren haben wir es bei Vergasern zu tun.

Genau genommen, ist aber nicht der kleine Querschnitt des Rohres die maßgebende Größe für die Gültigkeit des Gesetzes von Poiseuille, nach dem
$$p_r = v \cdot \frac{32l}{d^2} \cdot \eta$$
ist, sondern die Geschwindigkeit der Flüssigkeit in Verbindung mit den Abmessungen des Rohres.

Nach Reynolds[2]) werden die der Theorie entsprechenden Verhältnisse durch Wirbelbildung gestört, sobald die Geschwindigkeit eine gewisse kritische Grenze
$$v_k = 26 \frac{1}{d} \cdot \frac{\eta'}{s'} \quad \ldots \ldots \ldots \ldots \ldots \ldots \text{(c. g. s.)}$$
übersteigt. Es bedeutet hierbei

η' die relative innere Reibungsziffer,
s' die relative Dichte der Flüssigkeit,

beides bezogen auf Wasser von 10^0 C, für welches somit
$$\frac{\eta'}{s'} = 1$$
gilt.

Reynolds fand, daß oberhalb dieser Grenze der Reibungswiderstand der 1,7. Potenz der Geschwindigkeit proportional war. Dabei herrscht an der Grenze der kritischen Geschwindigkeit ein labiler Zustand, der bei der geringsten Störung Wirbelbildung zur Folge hat.

Andererseits ist das Poiseuillesche Gesetz auch nicht unbedingt für kurze Röhren gültig.

Während nun die in Vergasern vorkommenden Geschwindigkeiten in der Regel die kritischen Werte, die Reynolds angenommen hat, nicht zu erreichen pflegen, während also hiernach für die Verhältnisse bei Vergasern das Poiseuillesche Gesetz gelten sollte, gibt Grüneisen[3]), auf Grund seiner Versuche über den Bereich der Gültigkeit des Poiseuilleschen Gesetzes einen wesentlich niedrigeren Wert:
$$v_k = 6,6 \cdot 10^{-6} \left(\frac{\eta'}{s'}\right) \cdot \frac{1}{d} \cdot \left(\frac{l}{d} - 4,5\right)^{2,08} \quad \ldots \ldots \ldots \text{(c. g. s.)}$$
für die kritische Geschwindigkeit an, d. h. derjenigen Geschwindigkeit, bei welcher die Abweichung vom Poiseuilleschen Gesetz bereits 1 v. T. beträgt. Hiernach wird man aber bei Vergaserdüsen auf völlige Proportionalität zwischen der ersten Potenz der Ausflußgeschwindigkeit und den Reibungswiderständen nicht mehr rechnen dürfen.

Rummel nimmt nun an, daß man für den Reibungswiderstand ein Gesetz von der Form
$$\frac{p_r}{\gamma_B} = a_1 v_B + a_2 v_B^2$$
aufstellen kann, weil nach der Theorie höchstens die ersten zwei Potenzen der Geschwindigkeit einen Einfluß auf den Reibungswiderstand ausüben, und zieht dann für den Ausfluß des Brenn-

---

[1]) Motorwagen 1906, S. 709 u. f. [2]) Phil. Trans. London 1883 (A) 174, S. 935.
[3]) Wiss. Abh. d. Phys.-Techn. Reichsanst. Bd. IV, H. 2, 1905, S. 153.

stoffes aus der Düse das allgemeine Strömungsgesetz von Flüssigkeiten:

$$\frac{v_B^2}{2g} + h' + \frac{p_r}{\gamma_B} = h_0 - h$$

heran, s. Abb. 117, worin $h_0 = 0$ dem Atmosphärendruck entspricht und die anderen Größen die bekannten, auf die Atmosphäre bezogenen Druckhöhen darstellen.

Somit ist

$$v_B^2 \left(\frac{1}{2g} + a_2\right) + a_1 v_B + h' = -h.$$

Führt man

$$v_B = \frac{Q_B}{F_B \cdot t}$$

ein, worin Q_B die in der Zeit t ausfließende Brennstoffmenge,
F_B der Ausflußquerschnitt der Düse
ist, so ergibt sich

$$\left(\frac{Q_B}{F_B \cdot t}\right)^2 \left(\frac{1}{2g} + a_2\right) + \frac{Q_B}{F_B \cdot t} \cdot a_1 = -(h + h')$$

oder für $t = 1$

$$c_1 Q_B^2 + c_2 Q_B = H,$$

wenn man

$$H = -(h + h')$$

als den insgesamt wirksamen, auf die Atmosphäre bezogenen Unterdruck in Meter Wassersäule ansieht und

$$c_1 = \left(\frac{1}{2g} + a_2\right)\frac{1}{F_B^2}$$

$$c_2 = a_1 \cdot \frac{1}{F_B}$$

setzt.

Die Werte von c_1 und c_2 lassen sich für jeden Fall bestimmen, indem man Q_B, t und h mißt.

Rummel hat diese Versuche mit Wasser durchgeführt; die Ergebnisse einer Reihe dieser Versuche mit einer Düse von veränderlicher Länge und

0,072 cm Durchm.

sind in Abb. 118 wiedergegeben.

Obgleich bei diesen Versuchen mit Überdruck und nicht mit Unterdruck gearbeitet worden ist, kann man aus dem Verlauf der $\frac{Q}{t}$-Linien bei verschiedener Düsenlänge einen sehr wichtigen Schluß ziehen:

Offenbar üben die Reibungswiderstände den größten Einfluß auf die von der Düse gelieferte Brennstoffmenge aus. Sie steigen mit der Länge der Düse und nähern den Verlauf der $\frac{Q_B}{t}$-Linie mit

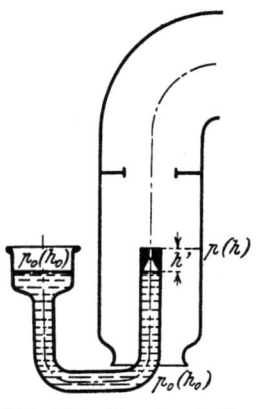

Abb. 117. Druckverhältnisse im Spritzvergaser.

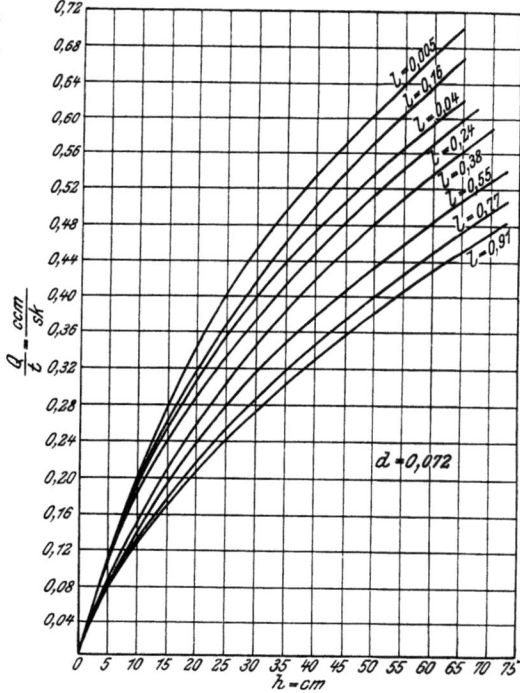

Abb. 118. Ergebnisse der Versuche von Rummel über den Ausfluß von Wasser aus Vergaserdüsen.

wachsender Länge der Düse immer mehr dem Proportionalitätsgesetz von Poiseuille, nach dem die $\frac{Q_B}{t}$-Linie eine Gerade ist.

Aber auch mit Brennstoffen liegen Ergebnisse von Versuchen vor, aus denen man im wesentlichen folgern darf, daß das eben abgeleitete Ausflußgesetz für die gebräuchlichen Vergaserdüsen annähernd richtig ist. Abgesehen von der Arbeit von A. Lauret[1], auf die noch zurückzukommen sein wird, sei insbesondere auf die Versuche von P. S. Tice[2] verwiesen, deren Ergebnisse namentlich für die Beurteilung des Verhaltens von Düsen verschiedener Bauart wertvoll sind.

Was nun den Ausfluß von Luft aus der Öffnung des Vergasers an der Düse anbelangt, so hätte man, streng genommen, dafür die Zeunersche Geschwindigkeitsgleichung

$$v_L = 44{,}4 \sqrt{T\left(1 - \left[\frac{p_0}{p}\right]^{\frac{m-1}{m}}\right)}$$

anzuwenden, worin

T die absolute Anfangstemperatur,
p_0 den Anfangsdruck, d. h. den äußeren Druck,
p den Enddruck, d. h. den Druck an der Düse,
$m = 1{,}286$ den Ausflußexponenten

darstellt.

Für die verhältnismäßig geringen Druckänderungen, um die es sich bei dieser Strömung handelt, ist aber eine Vereinfachung zulässig, dahingehend, daß man von der Änderung des spezifischen Volumens absieht.

Die Zulässigkeit dieser Vereinfachung für Druckunterschiede bis zu etwa 500 mm Wassersäule, also Unterschiede, die beim Betrieb von Fahrzeugmaschinen selten überschritten werden, hat Durley für Öffnungen von rd. 75 mm Durchm. sehr ausführlich durch Versuche nachgewiesen[3]. Man gelangt somit unter diesen Verhältnissen zu der Fliegnerschen Formel für die Ausflußmenge, die für eine mittlere Temperatur t in die Form

$$\frac{Q_L}{t} = a \cdot F_L \sqrt{h}$$

gebracht werden kann.

Zu einer ähnlichen Form gelangt auch Rummel[4], indem er, gleichfalls unter der Voraussetzung, daß die Luft bei der Strömung durch den Vergaser ihr spezifisches Volumen nicht verändert, die bereits weiter oben angegebene allgemeine Strömungsgleichung

$$v_L^2 + h' + \frac{p_r}{\gamma_L} = h_0 - h$$

anwendet und darin wie früher $h_0 = 0$

$$\frac{p_r}{\gamma_L} = a \cdot v_L^2$$

einsetzt.

Er erhält dann eine Gleichung von der Form

$$v_L \, c = \sqrt{H},$$

die, weil v_L und $\frac{Q_L}{t}$ proportional sind, dem gleichen Gesetze der Abhängigkeit von H entspricht, wie die obige.

Die Vorgänge bei der Strömung von Luft und flüssigem Brennstoff durch den Vergaser erscheinen nunmehr annähernd geklärt. Es ergibt sich, daß die Abhängigkeit der in der gleichen Zeit ausströmenden Brennstoff- und Luftmengen von dem Unterdruck H im Vergaser so verschieden ist, daß allein hierin schon eine ausreichende Begründung für die beobachtete Anreicherung der Luft mit Brennstoffdämpfen bei wachsender Umlaufzahl der Maschine erblickt werden kann.

In der Praxis strebt man — ob mit Recht oder Unrecht, sei vorläufig außer acht gelassen

---

[1] Motorwagen 1908, S. 972. [2] The Horseless Age vom 19. und 26. August 1908.
[3] Transactions of the Am. Soc. of Mech. Eng. 1906, S. 193. [4] A. a. O. S. 754.

— an, das Verhältnis

$$z = \frac{Q_B}{Q_L}$$

bei verschiedenen Werten von H möglichst unveränderlich zu erhalten.

Dazu gibt es nun verschiedene Wege:

1. Man regelt den Vergaser bei einem gegebenen Mindestunterdruck, gewöhnlich durch vorsichtiges Verändern der Düsenöffnung, auf dem Maschinenprüfstande so ein, daß für diesen Wert des Unterdruckes z dem besten Erfahrungswert (etwa 1:16) entspricht, und sorgt durch Freilegen größerer Luftquerschnitte dafür, daß dieser Mindestunterdruck bei den höheren Umlaufzahlen der Maschine langsamer ansteigt, als der größeren Kolbengeschwindigkeit der Maschine entsprechen würde.

Man sieht hier sofort: das Krebssche Verfahren des Zusatzluft-Beimengens hat auch seine Berechtigung, denn es läuft im Grunde genommen nur darauf hinaus, das Wachsen des Unterdruckes im Vergaser zu verzögern. Es kommen aber dafür nur selbsttätige Zusatzluftschieber oder -ventile in Frage, denn es ist ausgeschlossen, einen solchen Teil mit der Hand so zu regeln, daß der Unterdruck im Vergaser, den man während der Fahrt nicht fühlt oder mißt, tatsächlich in den Grenzen erhalten wird, die die Unveränderlichkeit des Mischungsverhältnisses vorschreibt.

Gleichgültig ist es — für den hier in Rede stehenden Zweck —, ob die Zusatzluft an einer besonderen Stelle des Vergasers, d. h. abseits von der Düse eingeführt wird, wo sie zunächst gar nicht mit dem verdampfenden Benzin in Berührung kommen kann, ob man die Zusatzluft vor der Düse abzweigt und außen um die Brennstoffdüse herumführt, oder ob man endlich die ganze Luftmenge durch einen veränderlichen Querschnitt zuleitet. Denn in ihrer vorläufig allein in Betracht kommenden Einwirkung auf den Unterdruck im Vergaser bleiben sich die drei Verfahren vollkommen gleich. Da aber die Geschwindigkeit der Verdampfung bei gleichen Brennstoffmengen mit wachsender Luftmenge zunimmt, so wird man im allgemeinen demjenigen Verfahren den Vorzug geben dürfen, bei welchem die ganze Luftmenge sofort mit dem Brennstoff in Berührung gelangt. In Anbetracht der Kürze der Zeit, die überhaupt für das Verdampfen verfügbar ist, mag unter Umständen dieses Verfahren bessere Brennstoffverdampfung als die anderen Verfahren liefern.

Wird dagegen die Verdampfung des Brennstoffes dadurch unterstützt, daß man ihn nach dem Zerstäuben vorwärmt, so mag es zweckmäßiger sein, die Zusatzluft erst später zuzufügen, damit die Maschine nicht eine Ladung von geringerem Heizwert erhält und daher weniger Leistung erzeugt.

Auch die zwangläufige Verbindung des Zusatzluftschiebers mit dem Drosselschieber, d. h. die Anordnung beider Arten von Kanälen auf einem Schieber, an der z. B. von der Daimler-Motoren-Gesellschaft seit längeren Jahren festgehalten wird, ist zulässig. Sie erfordert aber, daß die Zusatzluftöffnungen, wie schon erwähnt, bei geschlossenem Drosselschieber geschlossen, in der Mittelstellung des Schiebers geöffnet und in der äußersten offenen Lage wieder geschlossen werden, und daß in den Zwischenstellungen des Drosselschiebers von den Zusatzluftöffnungen gerade nur soviel geöffnet wird, als zur Erhaltung des unveränderlichen Mischungsverhältnisses notwendig ist.

Das Verfahren beim Einregeln eines solchen Vergasers ist allerdings außerordentlich mühsam und auf die Richtigkeit seiner Ausführung nur durch zeitraubende Messungen auf dem Prüfstande zu untersuchen.

Das gleiche läßt sich von der Zuführung der gesamten Luft durch einen veränderlichen Querschnitt sagen. Nach der Lösung, die Bugatti dafür gefunden hat, S. 91, wird die Weite der Öffnung des Luftschiebers von einer Führungskurve abhängig gemacht, die natürlich nur auf dem gleichen umständlichen Wege, wie bei dem anderen Verfahren, genau bestimmbar ist.

Das umständliche Einregeln und Ausprobieren des Vergasers, das bei aller Mühe wegen der unzureichenden Meßverfahren, die dabei verwendet werden können, selten zu dem gewünschten Ziele führt, bildet aber außerdem ein Hindernis für die fabrikmäßige Herstellung. Es ist in hohem Grad unerwünscht, daß Maschinen, deren Teile nach dem Grenzlehrenverfahren hergestellt, die also ohne jeden Aufwand von Feilen- und Schabearbeiten zusammengebaut worden sind, hinterher längere Zeit auf dem Prüfstande laufen müssen, nur damit der Vergaser eingeregelt werden kann. Die krummlinige Begrenzung der Zusatzluftkanäle und die Form der Führungskurven für den Luftschieber lassen sich eben auf dem Fabrikationswege nicht so genau kopieren, daß nicht hinterher doch noch Nachfeilen erforderlich wäre. Ebensowenig ist es aber auch denkbar, die Federn der selbsttätigen Zusatzluftschieber oder -ventile in Reihen so genau herzustellen, daß ihr Spannungsgesetz bei dem fertig zusammengebauten Vergaser den z. B. auf dem Versuchswege ermittelten Anforderungen genau entspricht[1]).

Die Betrachtung ergibt somit, daß das frühere „Zusatzluft"-Verfahren, obgleich sich theoretisch gegen die Vollkommenheit der Lösung, die es bieten kann, nichts einwenden läßt, in der Praxis zu unvollkommen arbeitenden Vergasern führen muß. Man beschränkt sich dann eben nur darauf, aus der Maschine auf dem Prüfstand die günstigste Volleistung herauszuholen, ohne sich darum zu kümmern, unter welchen Gemischverhältnissen die Maschine hierbei und insbesondere bei der Mittelleistung arbeitet, auf die es sehr oft, namentlich im Stadtverkehr, ankommt.

2. Den zweiten Weg, das Mischungsverhältnis

$$z = \frac{Q_B}{Q_L}$$

mit verschiedenen Werten des Unterdruckes H unveränderlich zu erhalten, nämlich, im Gegensatz zu dem Vorgang beim Zusatzluftverfahren, bei unveränderlichen Luftquerschnitten die ausfließenden Brennstoffmengen den gleichzeitig durchströmenden Luftmengen anzupassen, hat man verhältnismäßig selten betreten, obgleich er anscheinend Aussichten

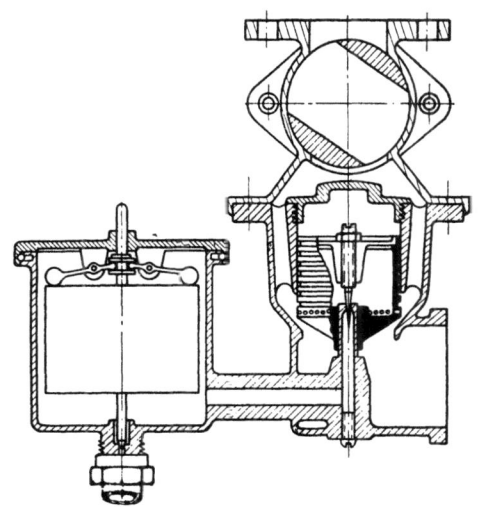

Abb. 119.
Vergaser mit reiner Brennstoffdüsen-Regelung.

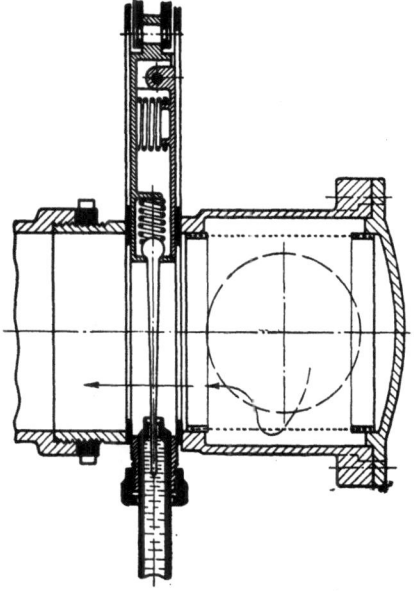

Abb. 120.
Vergaser des le Rhône-Umlaufmotors.

bietet, das Ziel auf eine weit weniger mühevolle Weise zu erreichen. Hauptsächlich scheute man es, und mit Recht, die feinen Düsen, die schon gegen jedes von dem Brennstoff mitgerissene Staubteilchen empfindlich sind, mit Drossel- oder anderen Regelvorrichtungen zu versehen, die selbsttätig nachstellbar sein müßten und deshalb wohl an und für sich unzuverlässig wären, ganz abgesehen davon, daß sie in den Händen unverständiger Wagenführer zu großer Brennstoffvergeudung Anlaß bieten müßten. Ein kennzeichnendes Beispiel von Vergasern mit reiner Brennstoffdüsen-Regelung ist der Vergaser von Scott-Robinson, Abb. 119; die Düsennadel ist hier mit einem im Gehäuse abgedichteten Kolben verbunden, der sich mit seinem unteren tellerartigen Abschluß über dem Düsenrohr leicht verschieben läßt. Im Innern des Kolbens stellt sich der mittlere Unterdruck ein, da der untere Kolbenrand mit einigen kleinen Bohrungen versehen ist, die den Zutritt von Luft gestatten. Der aus der Düse tretende Brennstoff verteilt sich über die ganze Fläche des Tellers und wird daher mit der den Tellerrand umspülenden Luft gut gemischt. Bei zunehmender Drehzahl der Maschine werden Teller, Kolben und Düsennadel durch den Staudruck der schneller strömenden Luft gehoben, wobei der Bremsraum über dem Kolben zu plötzliche unruhige Bewegungen des Kolbens verhindert, während sich die Düsennadel bei abnehmender Drehzahl unter der Wirkung des Kolben- und Tellergewichtes tiefer in die Düsenöffnung hineinsenkt.

[1]) Vgl. The Horseless Age vom 4. August 1909.

Vielfach haben die Vergaser mit veränderlichem Brennstoffquerschnitt auch bei Flugmotoren Anwendung gefunden, insbesondere bei den Maschinen mit umlaufenden Zylindern, für die man keine Schwimmer zum Regeln des Brennstoffdruckes in der Düse brauchen kann. So zeigt Abb. 120 den Vergaser des le Rhône-Umlaufmotors der Motorenfabrik Ober-

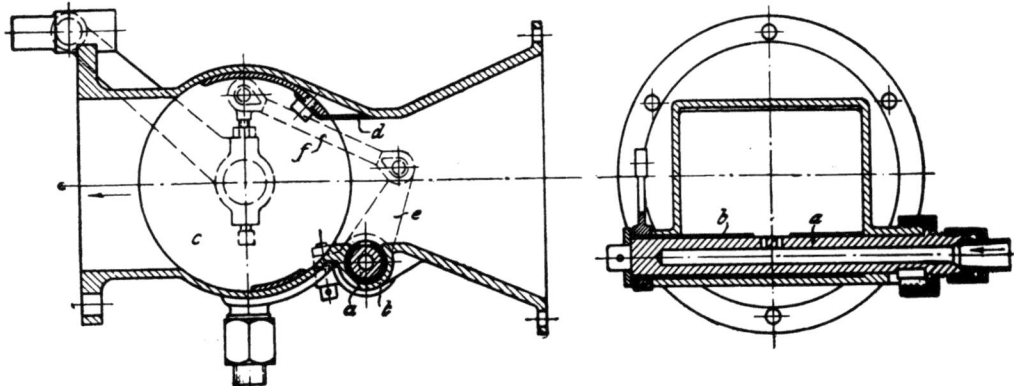

Abb. 121 und 122. Vergaser für Umlaufmotoren von Siemens & Halske.

ursel, der in der Hauptsache aus einem zweiteiligen, durch Federdruck dichtenden Drosselschieber und einer darin beweglich gelagerten Düsennadel am Ende des ruhenden Ansaugrohres besteht. Bei dem Vergaser für Umlaufmotoren von Siemens & Halske, Berlin, Abb. 121 und 122, liegt die Brennstoffdüse a quer unter der rechteckigen Luftdüse, wobei der Luftstrom den Brennstoff durch kleine Bohrungen ansaugt. Der freie Brennstoffquerschnitt wird mittels einer Hülse b geregelt, die bei ihrer Drehung die Bohrungen des Düsenrohres mehr oder weniger abdeckt, während zum Regeln der Luftzufuhr eine Trommel c mit angeschlossener Blechleiste d dient. Hülse b und Trommel c sind durch das Gestänge e, f so gekuppelt, daß sie gemeinsam eingestellt werden können.

Beim Schiske-Vergaser, den die Österr. Industriewerke Warchalowski, Eisler & Co., Wien, für die Hiero-Flugmotoren verwendeten, Abb. 123, ist das Drosselorgan ein Ventilteller, der den mit Heizmantel versehenen Ansaugkrümmer in der obersten Endlage vollständig abschließt und zugleich mittels einer in seine Spindel eingeschraubten Nadel den Austritt von Brennstoff aus der unmittelbar unter dem Druck des Schwimmergehäuses stehenden Düse verhindert. Die Nadelform und die Form des Ansaugkrümmers sind so bemessen, daß bei allen Einstellungen der Drosselvorrichtung ein richtig zusammengesetztes Gemisch erhalten wird.

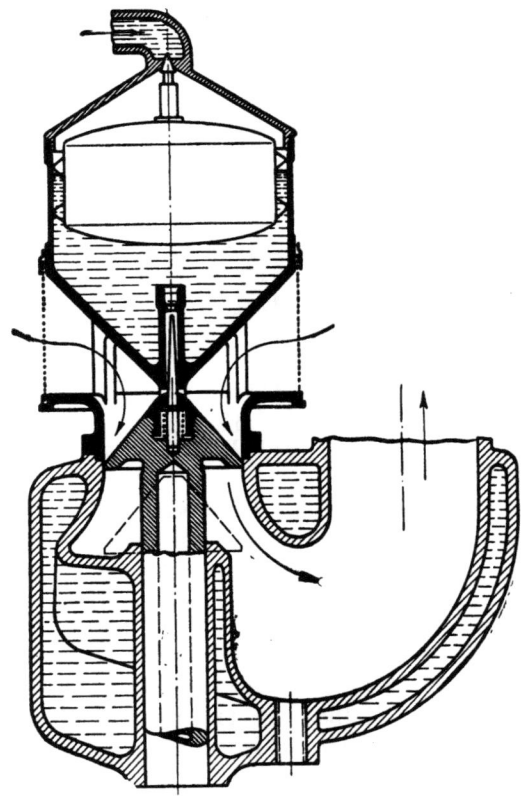

Abb. 123. Schiske-Vergaser für Hiero-Flugmotoren.

Eine besonders bemerkenswerte Vergaserbauart, die gleichfalls mit veränderlichem Brennstoffquerschnitt arbeitet, rührt ferner von der Firma Maybach-Motorenbau G. m. b. H, Friedrichshafen her, Abb. 124. Bei diesem Vergaser wird der Stand des Brennstoffes in der Brennstoffdüse a auch nicht durch Schwimmer geregelt. Vielmehr wird der Brennstoff mittels einer Pumpe durch die Düse b in einen Behälter c gefördert, aus dem er durch die Leitung d in den Düsenkopf e überläuft. Hier saugt die Brennstoffdüse aus einem offenen Napf f, der durch den zulaufenden Brennstoff stets gefüllt erhalten wird, während der Überschuß durch die Bodenöffnung des Düsenkopfes e zur Brennstoffpumpe zurückläuft. Die ganze Anordnung sichert nicht nur einen unveränderlichen Brennstoffstand an der Düse bei allen vorkommenden Neigungen der Maschine, sondern bietet auch erhöhten Schutz gegen Brände des Vergasers.

Zur Regelung der Brennstoffmenge, die von der Düse a abgegeben wird, dient ein Schieber g, der mit seinem Ausschnitt die Austrittsöffnung der Düse mehr oder weniger verdeckt und durch ein Handhebelwerk gemeinsam mit dem Hauptdrosselschieber h und dem Zusatzluftschieber i verstellt werden kann. Bei Leerlauf wird nur eine feine Nebendüse freigelassen, s. Abb. 125.

Im Kraftwagenbau haben aber bisher die Vergaser mit veränderlichen Brennstoffdüsen aus den schon erwähnten Gründen wenig Bedeutung erlangt, obgleich auch hier neuerdings Versuche zu verzeichnen sind[1]).

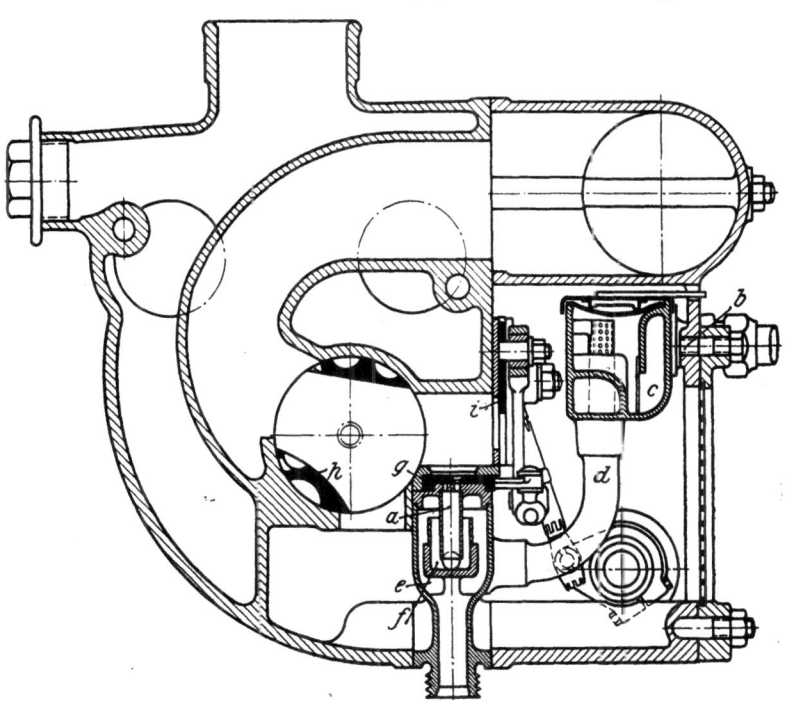

Abb. 124. Flugmotoren-Vergaser von Maybach-Motorenbau G. m. b. H.

Dagegen hat man mit einigem Erfolg versucht, die Brennstoffabgabe der Vergaserdüse bei wechselnden Unterdrücken dadurch zu beeinflussen, daß man die für den Austritt des Brennstoffes aus der Düse maßgebende wirksame Druckhöhe veränderte. Bei solchen Vergasern findet also der Zutritt von Luft nach dem Gesetz

$$c_3 Q_L^2 = h_0 - h$$

statt, wenn h_0 den atmosphärischen Luftdruck
und h den Unterdruck im Vergaser
bezeichnet, während der Ausfluß von Brennstoff dem Gesetze

$$c_1 Q_B^2 + c_2 Q_B = h_1 - (h - h')$$

folgt, wobei sich h_1 ändert, und zwar um so mehr unter den atmosphärischen Druck sinkt, je stärker die von der Maschine ausgeübte Saugwirkung ist. Wird also mit zunehmendem Unterdruck im Vergaser das für den Austritt des Brennstoffes maßgebende Druckgefälle gegenüber demjenigen Druckgefälle vermindert, welches für den Durchtritt von Luft maßgebend ist, so kann man tatsächlich verhindern, daß bei zunehmendem Unterdruck im Vergaser zu reiches Brennstoffgemisch erzeugt wird.

Eine Zeitlang hat man mit einem nach diesem Verfahren arbeitenden Luftregler von Gillet-Lehmann mitunter recht gute Erfahrungen gemacht. Dieser Regler, Abb. 126, S. 100, wird mit dem Ende B auf das im übrigen abgedichtete Schwimmergehäuse aufgesetzt und mit Leitungen C und D an den Mischraum des Vergasers sowie an eine zwischen dem Drosselschieber und der Maschine gelegene Stelle der Saugleitung angeschlossen. Abb. 127

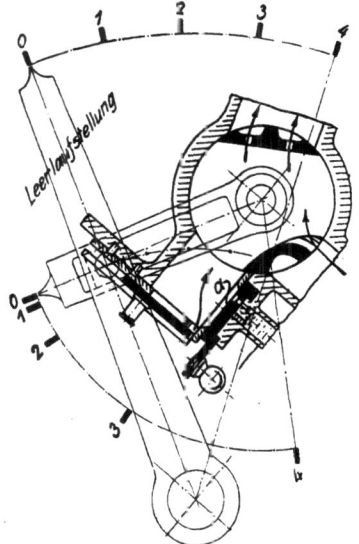

Abb. 125. Leerlaufstellung des Maybach-Vergasers.

zeigt den Einbau dieser Vorrichtung bei einem Vergaser der Adlerwerke. Auf diese Weise stellt man folgende Verbindungen her:

---
[1]) Vgl. Automot. Ind. 23. Dezember 1921.

1. zwischen der Außenluft und dem Schwimmergehäuse durch die Bohrungen der auf das Gehäuse A aufgeschraubten Kappe L und die Seitenöffnungen F sowie die Längsbohrung des Hahnkükens K,
2. zwischen dem Mischraum des Vergasers und der Saugleitung der Maschine über die Leitungen C und D,
3. zwischen der Außenluft und dem Mischraum,
4. zwischen der Außenluft und der Saugleitung,
5. zwischen dem Schwimmergehäuse und dem Mischraum,
6. zwischen dem Schwimmergehäuse und der Saugleitung.

Alle diese Verbindungen lassen sich hinsichtlich ihrer Weite einstellen, wozu einerseits die auf die Öffnungen F wirkende Stellschraube G mit Gegenmutter H, andererseits das abgeschrägte untere Ende des Hahnkükens K dienen.

Das Verfahren hat in den letzten Jahren insofern neue Bedeutung er-

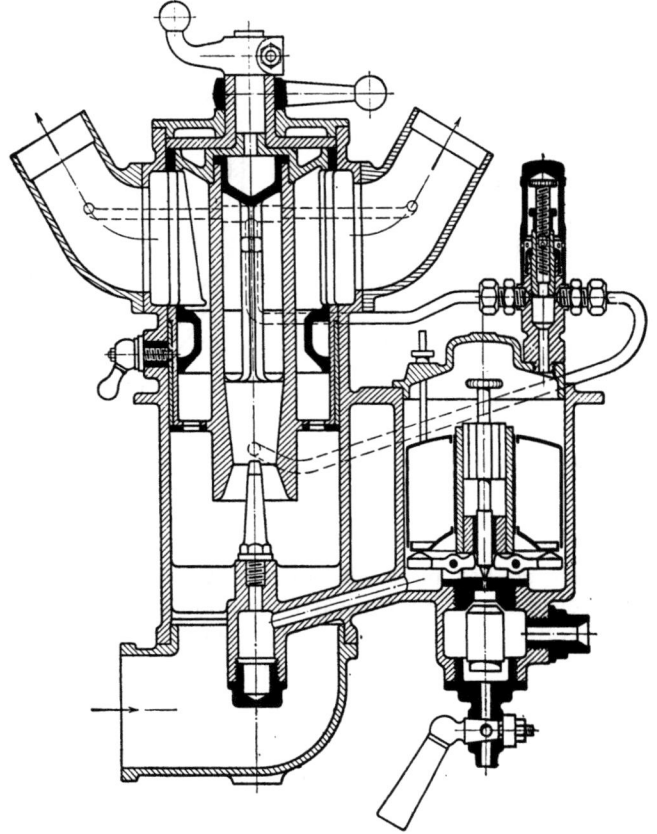

Abb. 126. Luftregler von Gillet-Lehmann.   Abb. 127. Einbau des Luftreglers von Gillet-Lehmann bei einem Vergaser der Adlerwerke.

langt, als es beim Betrieb von Flugmotoren ermöglicht, der Anreicherung des Gemisches bei zunehmender Steighöhe des Flugzeuges, also bei Abnahme des äußeren Luftdruckes, zu begegnen. Bei voll geöffnetem Vergaser und gleichbleibender Drehzahl der Maschine, aber abnehmendem Druck der Außenluft, nimmt nämlich der für das angesaugte Luftgewicht maßgebende Unterdruck am Vergaser

$$h = \frac{m v_L^2}{2} = \frac{\gamma_L}{g} \cdot \frac{v_L^2}{2}$$

proportional dem Außenluftdruck ab, so daß sich auch das in der Zeiteinheit angesaugte Luftgewicht entsprechend verringert. Dagegen entspricht die Änderung der bei abnehmendem Wert von h von der Düse gelieferten Brennstoffmenge, wenn man von der Düsenreibung absieht, annähernd einem Gesetz von der Form

$$v_B = \sqrt{2gh}\,{}^{1)},$$

woraus man erkennt, daß die Änderung des Druckes der Außenluft einen ähnlichen Einfluß auf das Mischungsverhältnis wie die Änderung der Drehzahl der Maschine ausüben muß, daß

---

[1]) Dechamps und Kutzbach: Prüfung, Wertung und Weiterentwicklung von Flugmotoren. Berlin: Richard Carl Schmidt & Co. 1921. — National Advisory Comittee for Aeronautics, Washington, Bericht Nr. 49.

also der Einfluß des äußeren Luftdruckes demjenigen der wechselnden Motordrehzahl durchaus gleichgeartet ist. Bisher hat man sich damit begnügt, den Einfluß des Außendruckes auf das vom Vergaser erzeugte Gemisch durch Hilfseinrichtungen zu begegnen, die von bestimmten Steighöhen an bedient werden, also nicht gleichmäßig wirken. Eine der bekanntesten Lösungen dieser Aufgabe zeigt Abb. 128. Das Schwimmergehäuse C des Vergasers steht durch eine Leitung ab mit dem Raum A vor der Düse in Verbindung, worin stets der Außenluftdruck herrscht, während eine zweite Leitung ef zum Raum vor der Drosselklappe d führt; wo Unterdruck der Saugleitung T auftritt. Öffnet man diese Leitung mittels des Hahnes B, so entsteht im Schwimmergehäuse ein Unterdruck, durch den die aus der Brennstoffdüse fließende Menge verringert wird. Die Anordnung hat den Vorteil, daß sie das Verhalten des Vergasers bei gleichbleibendem Druck der Außenluft, aber veränderlicher Drehzahl der Maschine in keiner Weise berührt und durch Absperren der Leitung ef einfach ausgeschaltet werden kann.

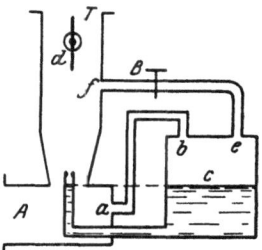

Abb. 128. Wirkungsweise eines Höhenvergasers.

Es ist wohl überflüssig, untersuchen zu wollen, ob es überhaupt möglich ist, mit einer einzigen Einstellung eines solchen Reglers das Mischungsverhältnis bei allen Werten des Unterdruckes, die im Betriebe vorkommen, unveränderlich zu erhalten. Man kann vielmehr diese Frage ohne weiteres verneinen, denn das Nachströmen von Luft, worauf es ja bei allen diesen Verbindungen ankommt, folgt eben anderen Gesetzen als der Ausfluß des Brennstoffes aus der Düse. Im besten Falle ist also mit einem solchen Regler für einen bestimmten Betriebszustand das richtige Mischungsverhältnis und für die übrigen eine gewisse Annäherung an die richtigen Verhältnisse zu erreichen, und zwar — und das ist auch schon ein großer Vorteil — mit viel weniger Mühe, als man bei den gebräuchlichen Vergasern mit Zusatzluft-Regelung aufwenden müßte. Vielleicht hat man deshalb mit diesen Reglern gute Erfahrungen gemacht; das würde aber nur beweisen, daß die Vergaser, wobei der Regler verwendet worden ist, schlecht eingeregelt gewesen sein müssen.

Eine ziemlich einwandfreie Lösung der Aufgabe, einen Vergaser herzustellen, der bei stark wechselnden Unterdrücken im Mischraum Luft und Brennstoff in stets gleichbleibendem Verhältnis zueinander mischt, dürfte sich aber finden lassen, wenn man, was bisher nicht geschehen ist, der Gestalt der Brennstoffdüse etwas größere Aufmerksamkeit schenkt.

Die Arbeiten von Rummel, die wohl auch schon gewisse Schlüsse auf den Einfluß von Länge und Durchmesser auf die Ausflußmenge ziehen lassen, erstreckten sich sämtlich auf Düsen von dem in Abb. 129 dargestellten Längsschnitt, d. h. auf Düsen, die aus einem kürzeren oder längeren zylindrischen Kanal von der Länge l und dem lichten Durchmesser d gebildet werden. Auf solche Düsen dürfte die von Rummel angegebene Ausflußformel

$$c_1 Q_B^2 + c_2 Q_B = H$$

ja wohl — selbst für Brennstoff — zutreffen.

Es ist nun aber einleuchtend: Wenn es gelingt, durch die Formgebung der Düse ihre Ausflußverhältnisse so zu beeinflussen, daß sie einem Gesetze von der Form

$$c Q_B^2 = H,$$

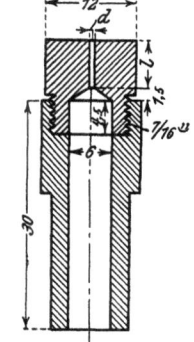

Abb. 129. Längsschnitt der gebräuchlichen Vergaserdüse.

d. h. einer Parabel entsprechen, so sind damit die Schwierigkeiten, mit denen unsere heutigen Vergaserbauarten zu kämpfen haben, sofort vermindert, denn dann folgt der Austritt von Luft und Brennstoff gleichartigen Gesetzen, und das Mischungsverhältnis ist ausschließlich von solchen festen Werten abhängig, die für die Strömung von Luft und Brennstoff durch Öffnungen maßgebend sind, dagegen nicht mehr von der wechselnden Größe des Unterdruckes.

Eine solche Formgebung für Vergaserdüsen scheint nun nicht unmöglich zu sein. Um sich hiervon zu überzeugen, braucht man nur einen Blick auf die Abb. 130 bis 134[1]), S. 102 und 103, zu werfen, welche die Abhängigkeit der Ausflußmengen für die Zeiteinheit von dem Unterdruck bei fünf verschiedenen Düsen angeben. Die Längsschnitte dieser Düsen sind in Abb. 135 bis 139, S. 104, wiedergegeben.

---

[1]) The Horseless Age vom 19. und 26. August 1908.

102   Die Vergaser.

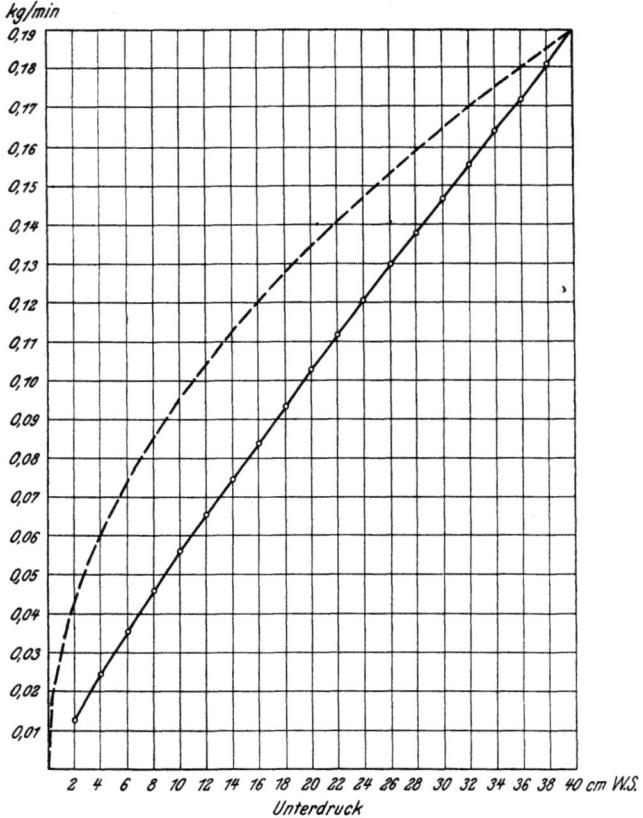

Abb. 130. Düse A.

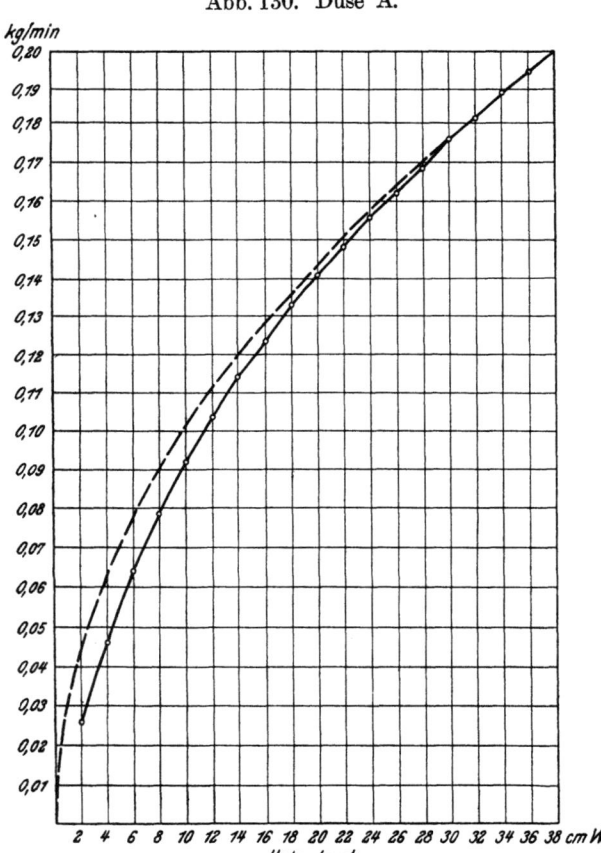

Abb. 131. Düse B.

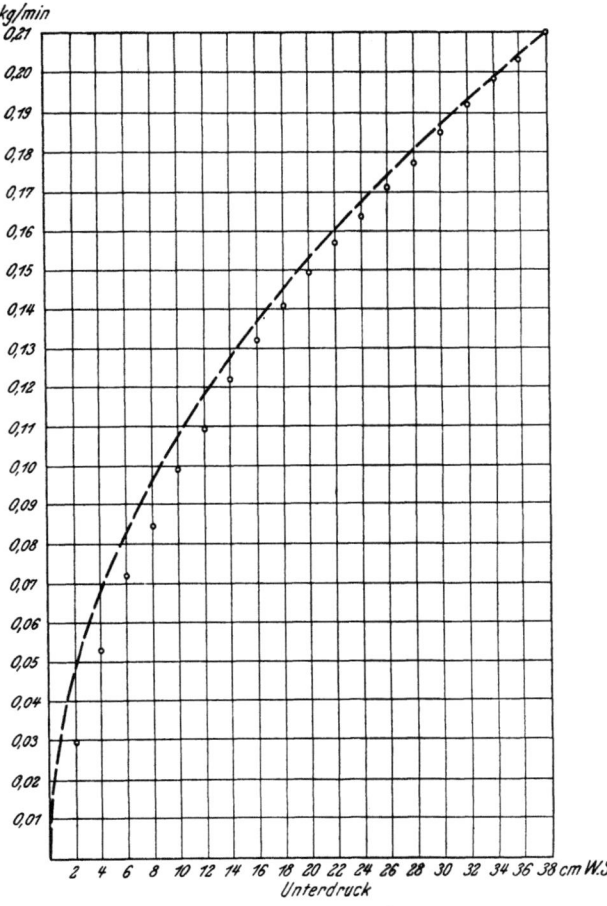

Abb. 132. Düse C.

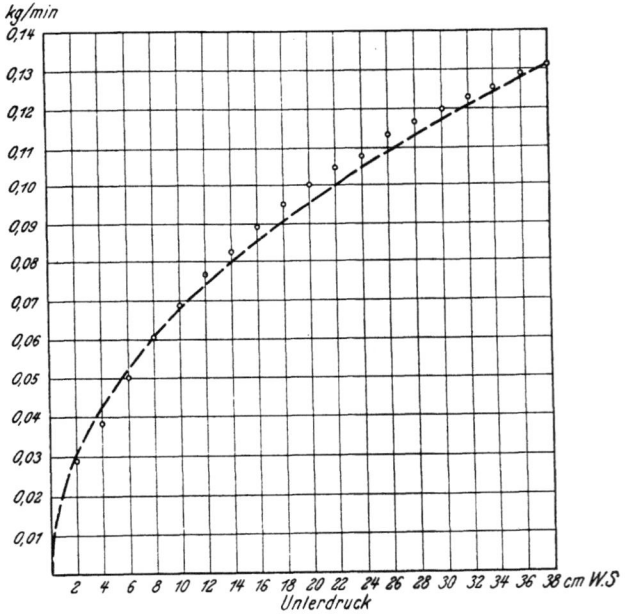

Abb. 133. Düse D.

Abb. 130 bis 133. Ausflußgesetze der Düsen in Abb. 135 bis 138.

Zur Bestimmung der in den vorstehenden Diagrammen und in der beigefügten Zahlentafel wiedergegebenen Ausflußmengen dient eine sehr einfache Vorrichtung von der in Abb. 140, S. 104, erkennbaren Art. Die etwa 1,6 kg Benzin von 0,71 spezifischem Gewicht fassende Flasche A ist an dem einen Arm einer genauen Wage B aufgehängt. In ihren offenen Hals taucht der eine Arm eines entsprechend gehaltenen Heberrohres C derart ein, daß die Beweglichkeit der Wage hierdurch in keiner Weise beeinträchtigt wird. Das untere Ende des Heberrohres mündet in eine Mariottesche Flasche D, aus der durch einen Schlauch das Nadelventil E und das Schwimmergehäuse F gespeist werden. Die zu untersuchende Düse H ist in einem luftdicht geschlossenen Glasgehäuse G angeordnet und läßt sich mit Hilfe der von außen stellbaren und mit einem Zeiger J versehenen Nadel I regeln. Der austretende Brennstoff wird durch ein Rohr K in eine Flasche L abgeleitet. An das Gehäuse G sind durch eine Leitung N ein Barometerrohr M zum Ablesen des Unterdruckes und durch das Zweigstück O ein Druckluft-Strahlsauger angeschlossen, dessen Wirkung sich mit Hilfe des Ventiles V regeln läßt.

Ergebnisse der Versuche mit den Düsen in Abb. 135 bis 139.

Unterdruck cm Wassersäule	Ausflußmengen in kg/min bei				
	Düse A	Düse B $d = 1,4$ mm	Düse C $d = 1,75$ mm	Düse D $d = 1,4$ mm	Düse E $d = 1,75$ mm
2	0,0124	0,0258	0,0296	0,029	0,0261
4	0,0245	0,046	0,0532	0,0384	0,0435
6	0,0354	0,064	0,0715	0,0504	0,056
8	0,0459	0,0787	0,0845	0,0605	0,0667
10	0,056	0,0922	0,0985	0,069	0,0747
12	0,0655	0,1035	0,1095	0,0768	0,082
14	0,0747	0,1140	0,122	0,0825	0,089
16	0,0841	0,1235	0,132	0,089	0,095
18	0,0935	0,133	0,141	0,0954	0,101
20	0,103	0,141	0,1495	0,1007	0,106
22	0,112	0,148	0,157	0,1045	0,1115
24	0,1207	0,1555	0,164	0,108	0,1166
26	0,130	0,1618	0,1715	0,1135	0,123
28	0,138	0,1685	0,1775	0,1168	0,127
30	0,1468	0,1755	0,1855	0,120	0,131
32	0,1555	0,1816	0,1925	0,123	0,1355
34	0,164	0,1875	0,1988	0,1256	0,140
36	0,172	0,1930	0,2042	0,129	0,1445
38	0,181	0,1985	0,2115	0,1315	0,148

Bei Beginn des Versuches öffnet man zunächst den Stopfen der Flasche D und saugt in das Heberrohr C Brennstoff an. Hierauf wird die Flasche D wieder geschlossen, und sobald der Brennstoff in das Schwimmergehäuse F eintritt, wird dieses in seiner Höhenlage gegenüber der Düse H so geregelt, daß der Brennstoff genau auf dem oberen Rand der Düse steht. Mit Hilfe des Ventiles V kann dann das Gebläse in Tätigkeit gesetzt und der gewünschte Unterdruck eingestellt werden. Man bringt dann die Wage B in das Gleichgewicht und beginnt mit dem Versuch, sobald der Zeiger genau einspielt, indem man ein bekanntes Gewicht wegnimmt und die Zeit bestimmt, nach deren Verlauf die Wage abermals genau einspielt.

Die in den obigen Abbildungen sowie in der Zahlentafel enthaltenen Ergebnisse sind außerordentlich lehr-

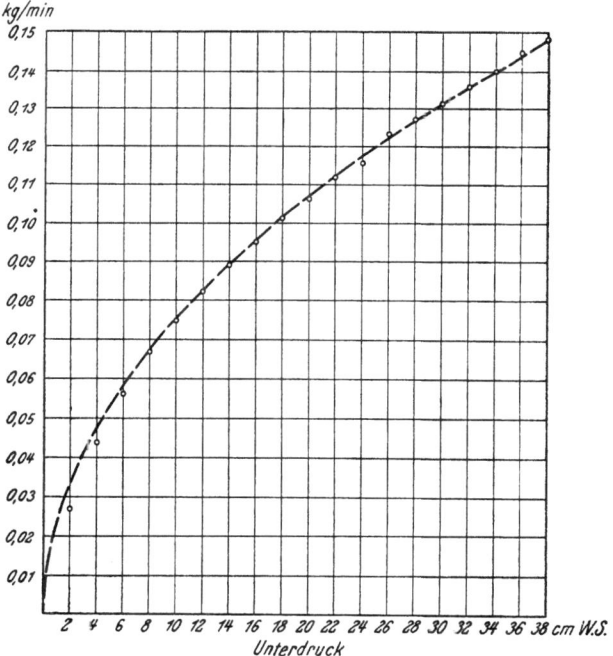

Abb. 134. Ausflußgesetz der Düse E in Abb. 139.

reich. Während die Longuemarre-Düse A nach Abb. 135 einen ziemlich geradlinigen Verlauf der Beziehung zwischen der Ausflußmenge und dem Unterdruck zeigt, während ferner die Düsen B und C nach den Abb. 136 und 137, die annähernd gerade Bohrungen von 4 bis 5 Durchmessern Länge besitzen, noch ziemlich stark von den zum Vergleich eingezeichneten Parabeln abweichen, lassen die Düsen D und E nach Abb. 138 und 139 schon eine bedeutende Annäherung des Ausflußgesetzes an die Parabel erkennen, die selbst durch die Regelnadel bei der Düse nach Abb. 139 nur in untergeordnetem Maße beeinflußt wird. Düsen von der Gestalt wie in Abb. 138 und 139 werden aber heute noch fast gar nicht verwendet; wie man sofort erkennt, mit großem Unrecht, denn in der Tat könnte man mit solchen Düsen einen Vergaser von allen Wechseln des Unterdruckes ziemlich unabhängig machen.

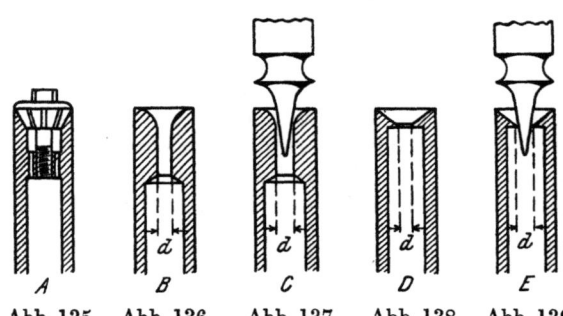

Abb. 135. Abb. 136. Abb. 137. Abb. 138. Abb. 139.
Abb. 135 bis 139. Längsschnitte verschiedener Vergaserdüsen.

Kennzeichnend für solche Düsen ist die außerordentlich geringe Länge ihres rohrförmigen Teiles. Es ist beachtenswert, daß dieses Ergebnis durch die Arbeiten von Rummel teilweise bestätigt wird, insofern auch Rummel gefunden hat, daß sich durch Wahl recht kurzer Düsen die Ungleichförmigkeit des Mischungsverhältnisses verbessern läßt[1]). Er schränkt allerdings diesen Ausspruch für Düsen von weniger als 1 mm Länge wieder ein mit der Begründung, daß für so kurze Düsen die von ihm verwendeten theoretischen Grundlagen der Düsenreibung nicht mehr Geltung haben. Andererseits ist aber klar, daß, je geringer die

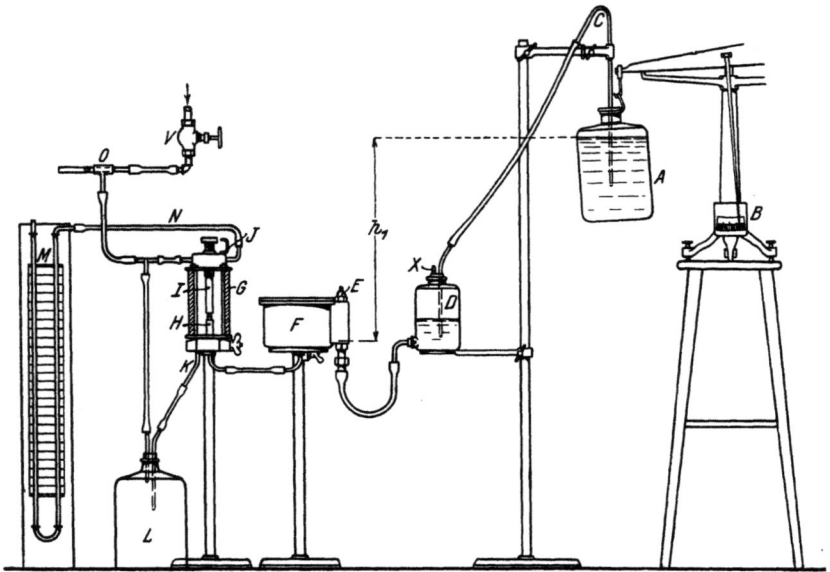

Abb. 140. Einrichtung zum Prüfen von Vergaserdüsen.

Düsenlänge ist, um so geringer auch der Einfluß der Rohrreibung auf das Ausströmen von Brennstoff aus der Düse sein wird. Da nun die Unterschiede in den Ausflußmengen von Brennstoff und Luft bei wechselnden Unterdrücken vorzugsweise diesem Einfluß zuzuschreiben sind, so erscheint die Vermutung nicht ganz unberechtigt, daß Düsen gänzlich ohne Reibungswiderstand jenem Ausströmgesetz folgen müßten, das für Luft und für Öffnungen in einer sehr dünnen Wand Geltung hat, d. h. dem Parabelgesetz. Es bleibt abzuwarten, ob weitere Versuche mit solchen Vergaserdüsen die mitgeteilten Erfahrungen bestätigen, denn die bisherigen Versuche nehmen auf die Nebenerscheinungen des Vorbeiströmens der Luft an der Düsenmündung, insbesondere auf die mit dem Unterdruck veränderliche Saugwirkung des Luft-

---

[1]) Motorwagen 1906, S. 793.

stromes sowie auf die etwaigen Luftwirbel keine Rücksicht, und es ist nicht ausgeschlossen, daß auch diese Erscheinungen an der Veränderlichkeit des Mischungsverhältnisses großen Anteil haben[1]). Sicher ist aber, daß die Möglichkeit, die Ausflußgesetze von Luft und Brennstoff bei Vergasern auch nur angenähert auf die gleiche Form zu bringen, weite Ausblicke auf die Vereinfachung von Bauart und Handhabung der Vergaser eröffnet. Z. B. entfallen mit einem Schlage alle Regelvorrichtungen für den Lufzutritt; nur die Drosselvorrichtung in der Saugleitung der Maschine bleibt bestehen. Ihre Einstellung bestimmt in Verbindung mit der Umlaufzahl der Maschine den Unterdruck im Vergaser und die Menge des stets annähernd gleichförmig zusammengesetzten Gemisches, die gebildet werden soll.

Von neueren Arbeiten auf diesem Gebiet seien zunächst die von Brewer[2]) genannt, der auf Grund eigener Versuche die in Abb. 141 wiedergegebene Düse vorschlägt. Ihr Kennzeichen ist die verhältnismäßig große Rohrweite und die Verwendung eines Drosselstiftes, dessen in der Tiefe zunehmende Einfräsungen den freigegebenen Brennstoffquerschnitt bestimmen. Daß eine Brennstoffdüse mit so großen Reibungsflächen mit guter Annäherung ein Ausflußgesetz von der Form $v_B = \sqrt{2gh}$ liefern sollte, wie Brewer behauptet, scheint allerdings kaum möglich und trifft auch bei genauerer Prüfung der von ihm mitgeteilten Meßergebnisse nicht zu, die eine deutliche Zunahme der Konstanten in der Formel $v_B = c\sqrt{h}$ bei wachsendem Ausflußquerschnitt und wachsendem Unterdruck erkennen lassen. Mindestens sind daher die Messungen, auf die sich Brewer stützt, nicht so genau, daß man daraus grundlegende Schlüsse ziehen kann.

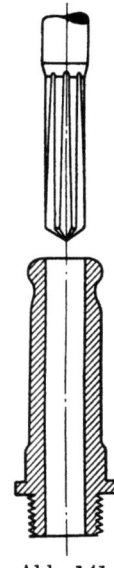

Abb. 141. Düse nach Brewer.

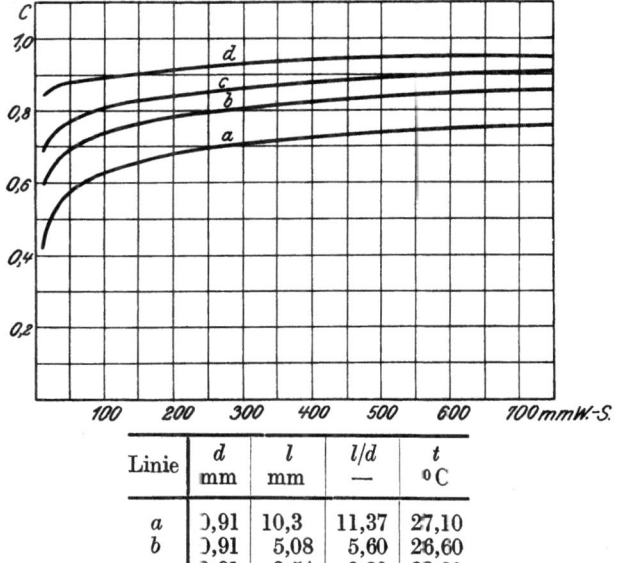

Abb. 142. Ausflußziffern von verschieden langen Düsen von gleicher Weite.

Linie	d mm	l mm	l/d —	t °C
a	0,91	10,3	11,37	27,10
b	0,91	5,08	5,60	26,60
c	0,91	2,54	2,80	23,80
d	0,91	0,38	0,42	24,40

---

[1]) Die zurzeit vorliegenden theoretischen Grundlagen widersprechen allerdings dieser Annahme: Bezeichnet man nämlich mit

p_L den Anfangsdruck der Luft (beim Eintritt in den Vergaser),
p_L' den Enddruck der Luft (im Saugrohrkrümmer),
p_B den Anfangsdruck des Brennstoffes (im Schwimmergehäuse),
p_B' den Enddruck des Brennstoffes (an der Düsenmündung),

so kann man den Vergaser als Strahlpumpe auffassen, für die sich die Zeunersche Theorie vom Lokomotivblasrohr („Das Lokomotivenblasrohr", Zürich 1863, S. 97) anwenden läßt. Hiernach ist, unter Vernachlässigung der geringen Änderung des spezifischen Volumens der Luft beim Durchströmen, und ohne Rücksicht auf das geringe Volumen des ausfließenden Brennstoffes, der Druckunterschied, $p_B - p_B'$, welchem der Brennstoff durch die Strahlwirkung des Luftstromes ausgesetzt wird,

$$p_B - p_B' = \frac{(1+\xi)q^2}{(1+\xi)q^2 - 2(q-1)}(p_B - p_L')$$

oder

$$p_B - p_B' = \frac{(1+\xi)q^2}{(1+\xi)q^2 - 2(q-1)}[(p_L - p_L') + (p_B - p_L)].$$

Hierin ist q das Verhältnis zwischen dem Luftquerschnitt in der Saugleitung (entsprechend dem Enddruck p_L') und dem engsten Luftquerschnitt an der Düsenmündung, ξ eine Widerstandsziffer. Nun ist bei den gebräuchlichsten Vergasern $p_B = p_L =$ dem Atmosphärendruck, somit nimmt die obenstehende Gleichung die Form an:

$$p_B - p_B' = A(p_L - p_L'),$$

solange ξ und q Festwerte bleiben, mit anderen Worten:

Die Zeunersche Theorie vom Lokomotivblasrohr führt zu dem Ergebnis, daß sich die Saugwirkung $p_B - p_B'$ des Luftstromes auf den in der Düse vorhandenen Brennstoff nur proportional mit dem Druckunterschied ändert, welcher die Luftströmung veranlaßt.

[2]) Carburation. London: Crosby Lockwood & Son, London 1913.

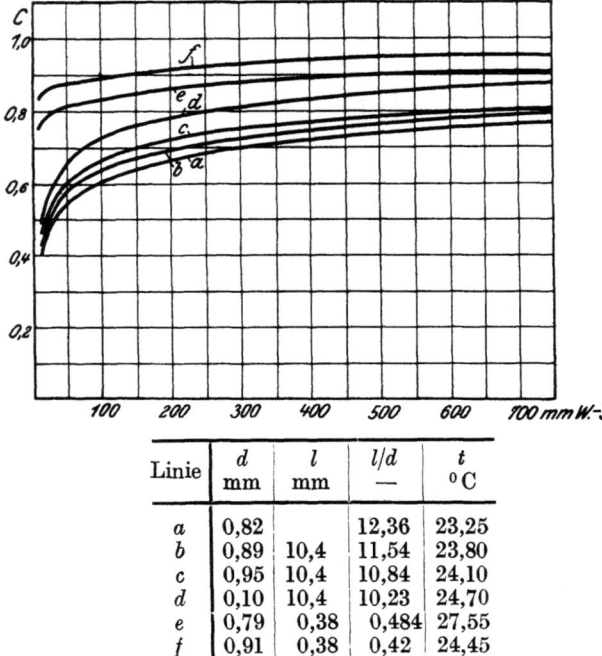

Linie	d mm	l mm	l/d —	t °C
a	0,82		12,36	23,25
b	0,89	10,4	11,54	23,80
c	0,95	10,4	10,84	24,10
d	0,10	10,4	10,23	24,70
e	0,79	0,38	0,484	27,55
f	0,91	0,38	0,42	24,45

Abb. 143. Ausflußziffern von verschieden weiten Düsen von gleicher Länge.

Aber auch die viel genaueren Messungen im Bericht 49 des National Advisory Committee for Aeronautics haben die vorliegende Frage nicht gefördert, da sie sich auf Düsen mit dem üblichen zylindrischen Kanal beschränken. Diese Messungen haben bei Verwendung von Wasser ergeben, daß die Konstante in dem Ausflußgesetz

$$v_B = c \sqrt{h}$$

bei gleicher Länge des Düsenkanales mit dem Durchmesser der Düse und dem Unterdruck und bei gleichem Durchmesser der Düse mit der Länge des Düsenkanales und mit dem Unterdruck zunimmt, s. Abb. 142 und 143, eine Tatsache, die eigentlich vorauszusehen war. Der Wert dieser Erkenntnis wird auch dadurch nicht erhöht, daß man es nach dem Wortlaut des Berichtes in der Hand hat, durch geeignete Wahl des Verhältnisses von Länge zu Durchmesser des Düsenkanales alle gewünschten Mischungsverhältnisse zu erzielen, da ein solches Verfahren für das Einregeln von Vergasern viel zu umständlich wäre.

Einfluß von Druckschwankungen.

Die vorstehenden Betrachtungen stützen sich ausschließlich auf Versuche, die bei gleichbleibendem, und nur bei einer neuen Drehzahl der Maschine verändertem Unterdruck und auch bei sonst ungeänderten Verhältnissen im Vergaser angestellt worden sind. Es ist nun zunächst zu prüfen, wie weit die bisherigen Ergebnisse durch das stoßweise Saugen der Maschine beeinflußt werden können.

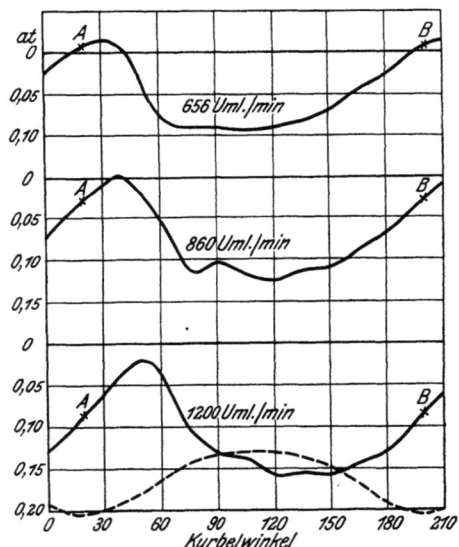

Abb. 144. Druckschwankungen in der Saugleitung einer Vierzylindermaschine.

Da ist zunächst zu bemerken, daß die häufig gemachte Annahme, bei einer Mehrzylindermaschine, die mit einigermaßen hoher Umlaufzahl läuft, könnten die Saughübe der einzelnen aufeinander folgenden Zylinder nicht mehr fühlbare Druckschwankungen hervorrufen, nicht immer richtig ist. Abb. 144 zeigt den Verlauf der Drücke in der Saugleitung einer Vierzylindermaschine unmittelbar an der Anschlußstelle des Vergasers, auf Grund von Versuchen von Watson[1]) bei drei verschiedenen Umlaufzahlen. In allen Fällen ist mit A der Zeitpunkt des Öffnens und mit B der Zeitpunkt des Schließens des Einlaßventiles bezeichnet. Zum Vergleich ist ferner der Verlauf der Kolbengeschwindigkeiten angegeben.

Es zeigt sich, daß bei 656 Uml/min der Druck in der Saugleitung kurz vor dem Öffnen des Ventiles die Atmosphäre erreicht und diese sogar noch eine Zeitlang überschreitet, was offenbar eine Folge des Anstauens der Saugluft unter der Einwirkung der Trägheit sowie etwaiger Rückwirkungen aus dem mit Auspuffgasen gefüllten Zylinder sein kann. Mit wachsender Kolbengeschwindigkeit fällt aber der Druck in der Saugleitung sehr schnell bis zu einem Wert von — 0,091 at und steigt dann bis zum Schluß des

---
[1]) Vortrag in der Institution of Automobile Engineers 1909.

Ventiles wieder an, was abermals nur auf die Trägheit der einmal in Bewegung befindlichen Luftsäule zurückzuführen ist.

Der Verlauf des Druckes bei den höheren Umlaufzahlen ist ähnlich, mit dem Unterschiede, daß bei 860 Uml/min die atmosphärische Spannung gerade noch erreicht und als niedrigster Druck — 0,126 at erzielt wird, während bei 1200 Uml/min der Druck schon vollständig unter der Atmosphäre bleibt und einen niedrigsten Wert von — 0,161 at erreicht. Ob diese Ergebnisse nicht auch durch Resonanzerscheinungen in der Saugleitung beeinflußt sind, läßt sich nicht prüfen. Dagegen spräche immerhin der Umstand, daß die Druckschwankungen bei drei verschiedenen Umlaufzahlen gleichartig aufgetreten sind.

Diese erheblichen Druckschwankungen lassen sich allerdings nur durch Indizieren der Saugleitung mit einer sehr weichen Feder erkennen, während man, wenn man auf die Saugleitung ein Manometer aufsetzt, nur eine Art von mittleren Drücken ablesen kann, deren Abhängigkeit von der Umlaufzahl z. B. aus folgenden Werten ersichtlich ist:

Uml/min	577	613	843	850	1051	1079	1234	1248
Abs. Druck at	0,9723	0,9709	0,9454	0,9454	0,9247	0,9219	0,9037	0,9044

Diese Drücke sind aber nicht die wirklichen mittleren Drücke in der Saugleitung[1]). Daher kommt es auch, daß man sie nicht dazu benutzen kann, die wirklich durch die Saugleitung strömenden Luftmengen zu berechnen, sondern die Luftmenge mit Luftuhren oder kalibrierten Düsen messen muß. Die zahlenmäßigen Ergebnisse dieser Messungen können im übrigen, was die Höhe des Unterdruckes anbelangt, keineswegs als vorbildlich gelten, denn die Unterdrücke sind wegen der augenscheinlich zu gering bemessenen Ansaugquerschnitte für praktische Verhältnisse viel zu groß. Schon um die Maschinenleistung nicht zu schmälern, soll man beim Entwurf von Vergasern nicht über 50 bis 60 cm Wassersäule Unterdruck gehen.

Die durch das Kolbenspiel hervorgerufenen Schwankungen des Unterdruckes dürften nun zur Folge haben, daß sich die tatsächlich von dem Vergaser abgegebenen Mengen von Luft und Brennstoff gegenüber denjenigen, welche sich aus der Berechnung mit Hilfe des gemessenen mittleren Unterdruckes ergeben würden, etwas erhöhen, weil sich der Einfluß der Trägheit geltend machen wird. Dadurch dürfte auch das Mischungsverhältnis beeinflußt werden. Die Fehler, die hierdurch wegen der verschiedenen Masse von Benzin und Luft in das Mischungsverhältnis hineingetragen werden, können aber nicht groß sein. Obgleich nämlich das spezifische Gewicht des flüssigen Benzins etwa 600 mal so groß wie dasjenige der Luft ist, stehen bei einem Mischungsverhältnis von etwa 1:20 die zu gleicher Zeit in Bewegung befindlichen Massen von Luft und Benzin nur in einem Verhältnis von etwa 1:30, während ihre Geschwindigkeiten bei hohen Umlaufzahlen im Verhältnis von etwa 35:1 gewählt werden können. Die den Quadraten der Geschwindigkeiten proportionalen lebendigen Kräfte von Luft und Brennstoffmasse dürften demnach, wenn die Querschnitte richtig bemessen werden, bei den höchsten Geschwindigkeiten nicht nur keine Anreicherung, sondern eher eine Verdünnung des Gemisches herbeiführen.

Solange also die Ausflußmengen von Luft und Brennstoff von der Höhe des Unterdruckes unabhängig bleiben — und es ist gezeigt worden, daß es möglich ist, dieses Ziel annähernd durch besondere Gestaltung der Brennstoffdüsen zu erreichen —, so lange dürfte auch der Einfluß der durch das Kolbenspiel verursachten Druckschwankungen keine wesentliche Rolle bei der Größe des Mischungsverhältnisses spielen.

Im übrigen läßt sich auch eine Verfeinerung der Vergaserwirkung, die den Schwankungen des Unterdruckes in dieser Hinsicht Rechnung trägt, beim Eichen von Düsen berücksichtigen, indem man trachtet, bei den höheren Umlaufzahlen je nach Bedarf etwas unterhalb oder oberhalb der Parabel zu bleiben. Ein Mittel hierzu bietet z. B. die Anwendung eines Nadelventils zum Einstellen der Düsenweite, s. Abb. 139, S. 104, wodurch man, wie aus Abb. 134, S. 103, hervorgeht, die gewünschte Wirkung hervorbringt.

Einfluß der Temperatur.

Unter meist gleichbleibenden Verhältnissen, also bei unveränderlichem Unterdruck an der Brennstoffdüse, wird ferner das Mischungsverhältnis auch durch die Temperatur beeinflußt, da sich mit dieser das Luftgewicht und das Brennstoffgewicht ändern.

---

[1]) S. a. Neumann: Mitt. Forsch.-Arb. H. 79, S. 8.

Da das Luftgewicht $G_L = \gamma_L \cdot v_L \cdot F_L$ dem spezifischen Gewicht der Luft proportional ist, so ändert sich dieses bei gleichbleibendem Druck proportional der Temperatur, weil der Einfluß der Temperatur auf die Lufttreibung und infolgedessen auf v_L innerhalb der Grenzen, die hier in Betracht kommen, verschwindend gering ist.

Auf der andern Seite wird das Brennstoffgewicht

$$G_B = \gamma_B \cdot v_B \cdot F_B$$

bei einer Änderung der Temperatur nicht nur infolge der Änderung des spezifischen Gewichtes γ_B, sondern auch infolge der Änderung der von der Viskosität abhängigen Ausflußgeschwindigkeit v_B beeinflußt, und zwar, wie leicht einzusehen ist, in entgegengesetztem Sinne. Messungen von Sorel[1])

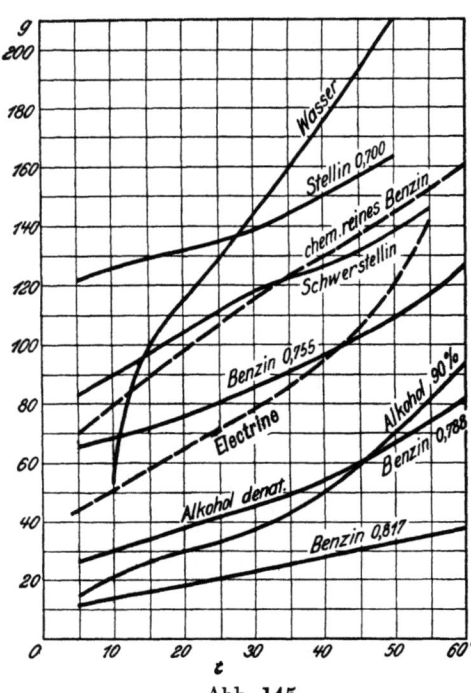

Abb. 145. Ausflußmengen nach Versuchen von Sorel.

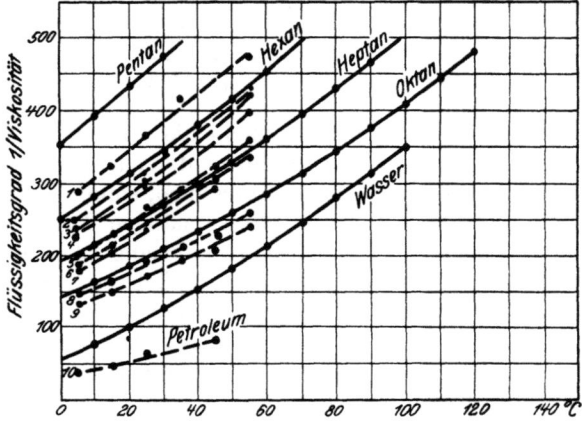

Abb. 146. Änderung des Flüssigkeitsgrades verschiedener Brennstoffe mit der Temperatur.

an einem allerdings sehr langen Rohr von 0,775 mm Weite, die neuerdings in den Vereinigten Staaten auch an Vergaserdüsen bestätigt worden sind[2]), haben jedoch gezeigt, daß bei allen üblichen Brennstoffen der Einfluß der verminderten Viskosität bei steigender Temperatur den Einfluß der Abnahme des spezifischen Gewichtes wesentlich übersteigt, so daß im ganzen mit steigender Temperatur zunehmende Gewichte von Brennstoff abgegeben werden.

Die Hauptergebnisse der Versuche von Sorel, die mit großer Genauigkeit auf einen Überdruck von 30 cm destilliertem Wasser bei 15° C umgerechnet sind, zeigt Abb. 145, während der Zusammenhang der Viskosität (bzw. ihres reziproken Wertes, der Leichtflüssigkeit) mit der Temperatur und den Verdampfeigenschaften der untersuchten Brennstoffe aus Abb. 146 und 147 entnommen werden kann. Nach den erwähnten amerikanischen Messungen, die an einer Düse von 0,84 mm Durchm. und 10 mm Länge ausgeführt worden sind, änderte sich die Ausflußziffer c in der Formel $v_B = c\sqrt{2gh}$ innerhalb der Temperaturgrenzen von 9,85 bis 29,8° C bei unveränderlichem Überdruck h ungefähr im Verhältnis von 1:1,08 bei $h = 0,076$ m W.-S. und 1:1,045 bei $h = 0,305$ m W.-S.

Ergibt somit das Vorstehende, daß ein gegebener

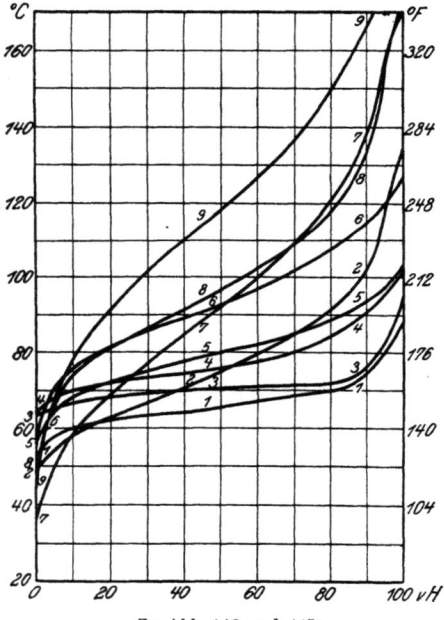

Zu Abb. 146 und 147:

Brennstoff	Spez. Gew.	Brennstoff	Spez. Gew.
1	0,68	6	0,722
2	0,694	7	0,717
3	0,699	8	0,757
4	0,702	9	0,748
5	0,726	10	0,813

Abb. 147. Verdampfkurven der in Abb. 146 untersuchten Brennstoffe.

---

[1]) a. a. O., S. 166.
[2]) National Advisory Committee for Aeronautics, Bericht Nr. 49, Teil II.

Vergaser unter sonst gleichen Verhältnissen bei höherer Luft- und Brennstofftemperatur brennstoffreicheres Gemisch als bei tieferen Temperaturen liefert, so zeigen doch die amerikanischen Messungen im Zusammenhang mit andern Erfahrungen, daß der Einfluß der Temperatur auf das Mischungsverhältnis gegenüber demjenigen des wechselnden Unterdruckes an der Düse der Größenordnung nach weit zurücktritt[1]), daß es also nur in Ausnahmefällen besonderer Nachstellungen bedarf, um diesen Einfluß auszugleichen. Immerhin deutet das Ergebnis darauf hin, daß es zweckmäßig ist, für die Einhaltung gleichmäßiger Temperaturen von Brennstoff und Luft zu sorgen, also die Schwimmergehäuse und Brennstoffleitungen dem Fahr- oder Flugwind oder der Maschinenwärme nicht unnötigerweise auszusetzen und auch für gleichmäßige Vorwärmung der angesaugten Luft zu sorgen, damit keine Änderungen des Mischungsverhältnisses auftreten. Je schwerer der benutzte Brennstoff ist, desto weniger ändert sich allerdings die Ausflußmenge mit der Temperatur.

Die Zerstäubung des Brennstoffes im Vergaser.

Der wachsende Mangel an leicht verdampfenden und ziemlich gleichmäßig zusammengesetzten Brennstoffen, der sich mit der Zunahme der Kraftwagen auf der ganzen Welt, namentlich auch in den mit Erdölquellen so reich ausgestatteten Vereinigten Staaten fühlbar gemacht hat, bringt es mit sich, daß man heute die Zuteilung vorgeschriebener Brennstoff- und Luftmengen in einem bei allen Änderungen der Maschinendrehzahl möglichst gleichbleibenden Verhältnis eigentlich als die kleinere Aufgabe eines Vergasers ansieht. Viel wichtiger für die Brauchbarkeit einer gegebenen Vergaserbauart ist heute ihre Fähigkeit, den verfügbaren Brennstoff im regelmäßigen Betrieb und auch bei verhältnismäßig langsamem Lauf der Maschine (250 Uml/min) beim Austritt aus der Düse in einen so feinen Nebel aufzulösen, daß er sich schnell und möglichst gleichförmig mit der vorbeiströmenden Luft vermischt und dann infolge der großen Oberfläche seiner Flüssigkeitsteilchen auch schnell verdampft. Dabei muß diese Zerstäubung mit einem Mindest-Druckverlust der Ansaugluft im Vergaser erreicht werden, damit die Höchstleistung, die die Maschine erzielen kann, nicht durch ungenügende Ladung der Zylinder mit Gemisch beeinträchtigt wird.

Die Anforderungen, die in dieser Hinsicht an die Vergaser gestellt werden, haben sich in dem Maße gesteigert, als sich die Verdampfeigenschaften verschlechtert haben; denn je langsamer ein Brennstoff verdampft, um so feiner muß er in der Mischluft verteilt werden, damit er ihr eine größere Oberfläche darbietet. Das erklärt ohne weiteres, warum die früher benützten Zerstäuberkegel, s. Abb. 94 S. 86, oder die Düsen, welche den Brennstoffstrahl schon beim Austritt kegelig verbreitern, Abb. 139, S. 104, also Einrichtungen, deren Zerstäuberwirkung nur auf der Ausflußgeschwindigkeit des Brennstoffes beruht und die man daher nur durch gesteigerten Druckverlust im Vergaser wirkungsvoller machen könnte, den neueren Ansprüchen nicht genügt haben.

Bei voller Öffnung der Drossel und Vollbelastung der Maschine sollten allerdings die auftretenden Geschwindigkeiten im allgemeinen genügen, um den Brennstoff zu zerstäuben. Legt man z. B. die Ergebnisse der Messungen in Abb. 90, S. 83, zugrunde, so entspricht der Luftströmung zwischen den Räumen vor und hinter der Brennstoffdüse bei 1000 Uml/min ein Druckabfall von

$$h = \xi \cdot \frac{v_L^2}{2g} \cdot \gamma_L = 100 \text{ mm W.-S.} = 100 \text{ kg/m}^2,$$

woraus man grob angenähert mit Annahme von $\xi = 0{,}6$ und $\gamma_L = 1 \text{ kg/m}^3$

$$v_L = \sqrt{\frac{2g}{\xi} \cdot \frac{h}{\gamma_L}} = \sim 60 \text{ m/s}$$

berechnen könnte. Da dies nur der Mittelwert aller zwischen den Meßquerschnitten auftretenden Luftgeschwindigkeiten ist, so darf man annehmen, daß die Geschwindigkeit am Austritt der Brennstoffdüse, wo sich der Luftquerschnitt wesentlich verengt, noch wesentlich höher sein wird. Darauf lassen schon die Messungen von Bergmann schließen, die weiter oben, S. 84, erwähnt worden sind. Im Gegensatz zur Luftgeschwindigkeit ist die Geschwindigkeit des Brennstoffes verhältnismäßig gering, da dieser das 700fache spezifische Gewicht der Luft

---

[1]) Das gleiche findet Carbonaro: Etude mathematique du fonctionnement des carburateurs à giclage et à niveau constant. Génie civil 2. August 1919.

hat und daher durch den verfügbaren Unterdruck nur im Verhältnis

$$\sqrt{\frac{\gamma_B}{\gamma_L}} = \sim 27$$

angetrieben werden kann. Wenn also die Austrittgeschwindigkeit des Brennstoffes überhaupt nur genügt, um einen über dem Düsenende aufsteigenden Strahl zu erzeugen, so müßte die mit etwa 100 m/s vorbeistreichende Luft wohl imstande sein, den Brennstoff bei Volleistung der Maschine in feinen Nebel zu zerteilen und so seine Verdampfung ausreichend zu beschleunigen.

Daß trotzdem bei den früheren Vergasern große Betriebschwierigkeiten aufgetreten sind, sobald man versucht hat, weniger leicht verdampfbare Brennstoffe zu verwenden, läßt sich dadurch erklären, daß die oben berechnete Luftgeschwindigkeit nur eine mittlere Geschwindigkeit ist, die namentlich infolge des Kolbenspieles starken Schwankungen unterliegt und zur Zeit der Hubwechsel so gering wird, daß ungenügend zerstäubter Brennstoff in den Gemischstrom gelangt.

Einen grundsätzlichen Fortschritt bildet daher der von Baverey herrührende Vorschlag, die Zusatzluft in die Brennstoffdüse einzuführen. Dieser Gedanke, der zuerst bei dem Zenith-Vergaser, Abb. 148, ausgeführt wurde, hat sich als so fruchtbar erwiesen, daß alle neueren Bauarten von Vergasern davon Gebrauch gemacht haben. Allerdings ist man zu der Erkenntnis, daß dies den technischen Fortschritt des Vorschlages von Baverey bildet, erst lange nach der Einführung der ersten Zenith-Vergaser gelangt, während man vorher die Vorteile dieser Bauart immer noch in dem Einfluß der doppelten Brennstoffdüsen auf das Mischungsverhältnis gesucht hatte.

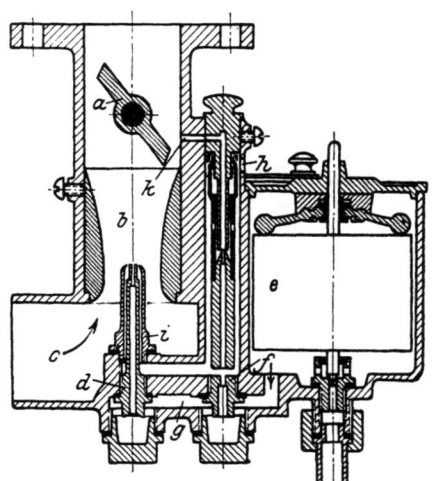

Abb. 148. Zenith-Vergaser nach Baverey.

Der mit einer Drosselklappe a versehene Mischraum b des Vergasers, dessen engsten Querschnitt eine leicht auswechselbare Düse bestimmt und in welchen beim Arbeiten der Maschine durch den Stutzen c Luft angesaugt wird, enthält außer der üblichen Brennstoffdüse d, die in der bekannten Weise aus dem Schwimmergehäuse e gespeist wird, eine Hilfsdüse f, die an die gleiche Brennstoffleitung g wie die Hauptdüse d angeschlossen ist. Der Brennstoff, der aus der Hilfsdüse austritt, mischt sich mit der bei h zuströmenden Zusatzluft, und das Gemisch tritt in der Höhe der Austrittöffnung der Hauptdüse durch ein Rohr i aus, welches die Hauptdüse umgibt. Bei voller Öffnung der Drosselklappe entsteht an den Mündungen der Haupt- und der Hilfsdüse der gleiche Unterdruck. Man muß daher die Abmessungen so wählen, daß die aus diesen Düsen austretenden Brennstoffmengen zusammengenommen mit den bei c und bei h zuströmenden Luftmengen das richtige Brennstoffgemisch bilden können. Dabei wird der bei f austretende Brennstoff durch die fast in entgegengesetzter Richtung mit großer Geschwindigkeit vorbeistreichende Luft wirksam zerstäubt und eine weitere kräftige Zerstäubung durch den Austritt dieses Gemisches am oberen Rand der Hauptdüse d erzielt[1]). Nimmt aber die Drehzahl der Maschine bei voll geöffneter Drossel, z. B. beim Befahren einer Steigung, wesentlich ab, so verringert sich die abgegebene Brennstoffmenge im Verhältnis stärker als die angesaugte Luftmenge. Wenn daher das Mischungsverhältnis bei der Volldrehzahl nicht sehr reichlich bemessen war, so kann bei verminderter Drehzahl Brennstoffmangel, also Knallen der Maschine eintreten.

Günstiger werden die Verhältnisse erst, wenn man die Öffnung der Drosselklappe verringert und dadurch im freibleibenden Drosselquerschnitt höheren Unterdruck erzeugt, der sich über die Leerlaufbohrung k dem Raum über der Hilfsdüse mitteilt. In dem Maß als sich bei weiterer Verengung des Drosselquerschnittes der Unterdruck am Austritt der Hauptdüse verringert, füllt sich der ganze Raum über der Hilfsdüse mit Brennstoff, wodurch zunehmende Brennstoffmengen durch die Leerlauföffnung abgesaugt werden können und auch bei verhältnismäßig langsamem Lauf der Maschine noch gut zündfähiges Gemisch geliefert wird. Wird

---

[1]) Da hierbei die Zusatzluft außerdem eine gewisse Verzögerung des Brennstoffaustrittes aus der Hilfsdüse hervorruft, hat man für die ganze Gattung dieser Vergaser die Bezeichnung „Bremsdüsenvergaser" geprägt.

dann die Drosselklappe wieder plötzlich geöffnet, so verhütet die über der Hilfsdüse angesammelte Brennstoffmenge, daß die Maschine wegen ungenügender Brennstoffzufuhr versagt; vielmehr zieht die Maschine sofort kräftig an, während sie sonst steckenbleiben oder sich nur langsam beschleunigen würde.

Beim Pallas-Vergaser, Abb. 149 hat man das Verfahren, die Zusatzluft mit dem Brennstoff zu mischen, bevor er in den Mischraum austritt, insofern ausgebaut, als keine Hilfsdüse mehr vorhanden ist, sondern der gesamte von der Hauptdüse gelieferte Brennstoff zunächst mit Zusatzluft gemischt wird. Der Düsenstock, Abb. 150, der als ein Ganzes aus dem Vergaserkörper herausgenommen werden kann, trägt am unteren Ende, das im Schwimmergehäuse abgedichtet ist, die Brennstoffdüse a, während die Zusatzluft durch die kleinen Bohrungen des am Ende des Rohres b angebrachten Kopfes austritt. An diesem Kopf vorbei steigen Luft und Brennstoff in den Ringraum c und werden durch die Löcher d abgesaugt. Bei Stillstand oder langsamem Lauf der Maschine füllt sich der Düsenstock bis zur Höhe der Löcher d mit Brennstoff, so daß der Düsenstock immer einen gewissen Vorrat zum Beschleunigen der Maschine bei plötzlichem Aufreißen der Drossel enthält, während er bei voller Öffnung der Drossel ziemlich leergesaugt wird.

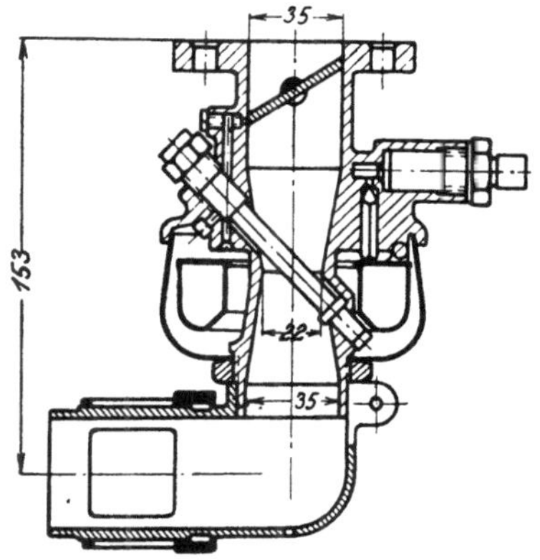

Abb. 149. Pallas-Vergaser.

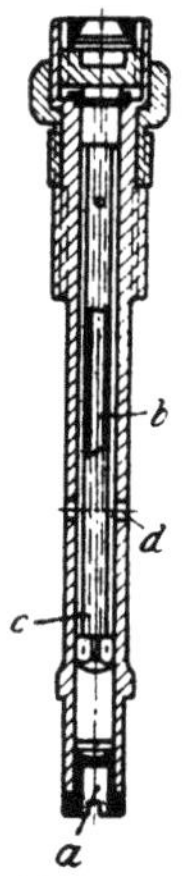

Abb. 150. Düsenstock des Pallas-Vergasers.

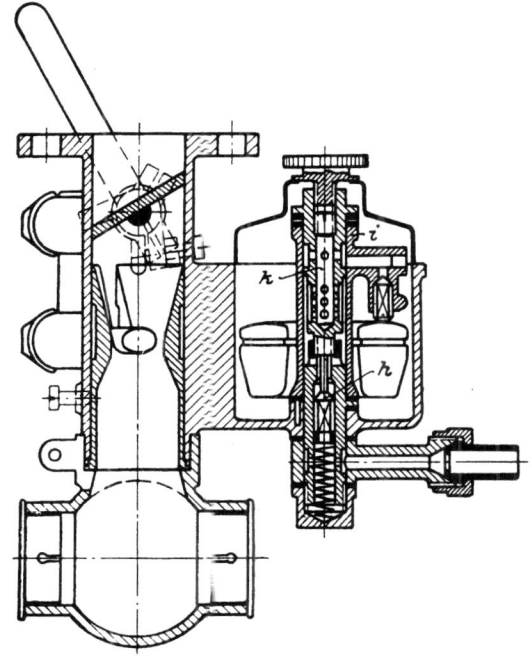

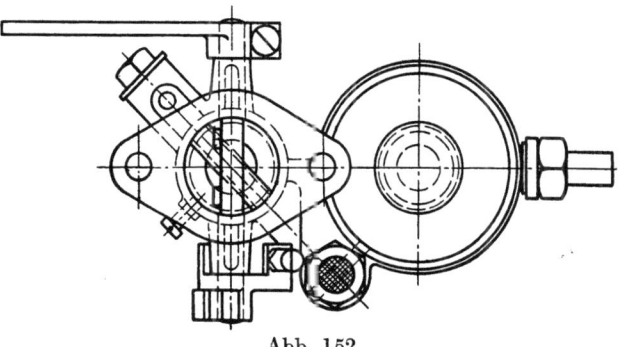

Abb. 151.

Abb. 152.

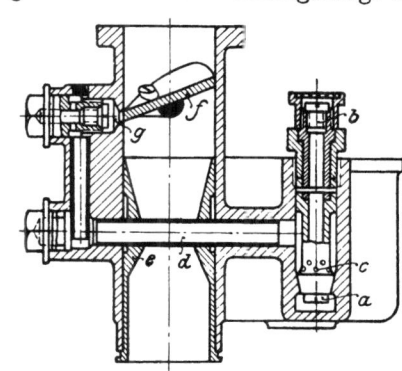

Abb. 153.

Abb. 151 bis 153. Grätzin-Vergaser von Löffler.

Kennzeichen aller Bremsdüsenvergaser ist ein auch Sumpfrohr genanntes Düsenrohr, worin sich Luft und Brennstoff miteinander mischen, bevor sie in den vom Hauptluftstrom bestrichenen Mischraum gelangen. Dieses Düsenrohr wird durch leicht auswechselbare Düsen mit Brennstoff und Luft versorgt, was die Einregelung auf wirtschaftlichen Betrieb und gute Leistung vereinfacht. Damit man hierbei nicht jedesmal das Schwimmergehäuse zu entleeren und die Brennstoffleitung abzusperren braucht, ordnet man die den Brennstoff eigentlich zumessende Düse in einem senkrechten Rohr an, dessen oberer Rand über dem

Brennstoffspiegel und dessen Verbindung mit dem Düsenrohr ungefähr in der Höhe des Brennstoffspiegels liegt. Beim Grätzin-Vergaser von Löffler, Abb. 151, 152 und 153 ist diese Anordnung vorbildlich vorhanden. Das eigentliche Düsenrohr mit den auswechselbaren und einander gerade entgegengesetzten, also stark bremsenden Düsen a für Brennstoff und b für Zusatzluft und den Bohrungen c für den Austritt des Vorgemisches sitzt an der Seite des Schwimmergehäuses in einer oben offenen Bohrung, so daß man es herausnehmen kann, ohne daß Brennstoff ausläuft. An diese Bohrung schließt sich ein wagerechtes Sumpfrohr d etwa in der Höhe des Brennstoffspiegels, aus dem das Gemisch an der engsten Stelle des auswechselbaren Lufttrichters e austritt. Wenn die Drossel f verengt ist, wird das Vorgemisch am Ende des Sumpfrohres entnommen und durch eine weitere Düse g dem Querschnitt mit hoher Luftgeschwindigkeit zugeführt.

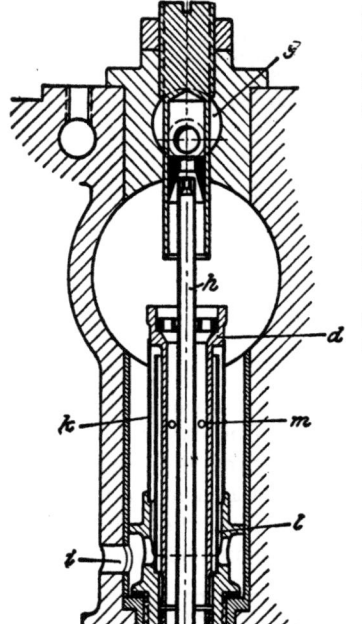

Auch den Schwimmer kann man hier gegebenenfalls herausnehmen, ohne die Brennstoffleitung absperren zu müssen, da sich das selbsttätige Ventil h, das den Austritt von Brennstoff ins Schwimmergehäuse steuert, sofort schließt, wenn man die Schwimmerstütze i oder ihren Siebeinbau k anhebt.

Wie vielgestaltig die Möglichkeiten der Bremsdüsenvergaser sein können, zeigt schließlich die in Abb. 154 wiedergegebene Claudel-Düse eines Flugmotorenvergasers von Benz & Cie.

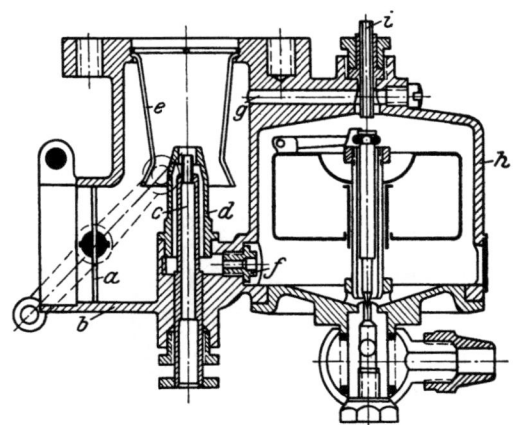

Abb. 154. Claudel-Düse.   Abb. 155. Reiner Zerstäubungs-Vergaser.

In der Anlaß- und Leerlaufstellung gibt der Drosselschieber nur die Luftöffnung g frei, in welche das bis zum Brennstoffvorrat hinabreichende, aber nur mit einer fein gebohrten Düse versehene Hilfsdüsenrohr h Brennstoff abgibt. Die Saugwirkung, welche am oberen Rand dieses Rohres auftritt, kann man mittels des Luftdüsenträgers nach Bedarf regeln. Bei geöffneter Drossel tritt dagegen in der Luftöffnung kein Unterdruck auf, wohl aber im Hauptmischraum am oberen Rand des Düsenrohres d, in das der Brennstoff durch die Bohrungen e eintritt. Er mischt sich darin mit der Zusatzluft, welche über die Öffnungen i zwischen den über das Düsenrohr geschobenen Rohren k und l hin- und hergeführt wird und bei m in das Düsenrohr gelangt. Die Mischung von Zusatzluft und Brennstoff im Düsenrohr hat wie bei den andern Bremsdüsenvergasern zur Folge, daß die Zerstäubung des Brennstoffes verbessert wird.

Einen neueren Versuch, gute Zerstäubung des Brennstoffes auch ohne Verwendung einer Bremsdüse zu erreichen und überhaupt die Verwendung besonderer Leerlaufdüsen zu vermeiden, zeigt endlich Abb. 155[1]). Die Drossel a liegt hier nicht, wie sonst, zwischen Vergaser und Maschine, sondern in dem Rohransatz b vor der Düse, so daß bei geschlossener Drossel im ganzen Mischraum des Vergasers Unterdruck herrscht. Luft tritt dann nur mehr durch das nach außen offene Rohr c im Innern des Brennstoffrohres d zu, das in den Lufttrichter e hineinreicht, und zwar mit so großer Geschwindigkeit, daß der Brennstoff genügend zerstäubt wird. Bei geöffneter Drossel wird dagegen die Abgabe zu großer Brennstoffmengen an der Düse f in der schon bekannten Weise dadurch verhindert, daß mittels einer Bohrung g in dem völlig abgeschlossenen Schwimmergehäuse h Unterdruck erzeugt, also das wirksame Druckgefälle

---

[1]) The Horseless Age 1. Februar 1916; Auto-Technik 24. Juni 1916.

am Austritt der Brennstoffdüse verringert wird. Diesen Unterdruck kann man mittels der ins Freie führenden Leitung i gegebenenfalls auch vom Führersitz aus nach Bedarf regeln und insbesondere beim langsamen Andrehen der Maschine vollständig aufheben.

Neben dem Bremsluftverfahren, bei dem die Geschwindigkeit der Zerstäuberluft nur durch den Unterdruck im engsten Querschnitt des Mischraumes bestimmt wird und insofern beschränkt ist, als der Druckverlust im Vergaser nicht zu groß werden darf, benützt man in neuerer Zeit noch ein Verfahren, die Geschwindigkeit der zum Zerstäuben des Brennstoffes benutzten Luft durch **Hintereinanderschalten von Luftdüsen** zu steigern, das Verfahren, das gewissermaßen eine Umkehrung der von Rateau vorgeschlagenen Multiplikatordüsen darstellt, hat in den letzten Jahren bei einigen Zenith-Vergasern für Flugmotoren und neuerdings auch beim Zenith-Vergaser für Kraftwagen Anwendung gefunden, s. Abb. 156. Im Gegensatz zu früheren Zenith-Vergasern wird hier die ganze gelieferte Brennstoffmenge und nicht nur ein Teil davon mit Zusatzluft gemischt und so für die Zerstäubung vorbereitet. Dieser Brennstoffschaum gelangt sodann durch ein wagerechtes Sumpfrohr in die unterste von drei hintereinander geschalteten Luftdüsen, durch die ein Teil der Hauptluft mit entsprechend höherer Geschwindigkeit strömt, während der Rest der Hauptluft dem Gemisch an der zweiten und der letzten Luftdüse zugesetzt wird. Da nur etwa $1/5$ bis $1/3$ der gesamten Hauptluftmenge an der Drucksteigerung in den Zusatzdüsen teilzunehmen braucht,

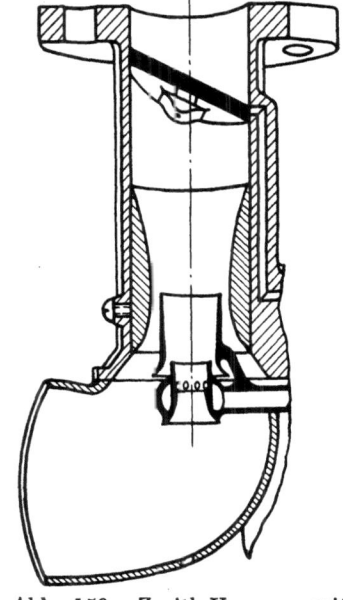

Abb. 156. Zenith-Vergaser mit hintereinander geschalteten Luftdüsen.

so ist der Druckabfall, den sie bedingen, gegenüber dem Gewinn an Leistung, den die verbesserte Zerstäubung des Brennstoffes bewirken kann, unwesentlich. Besonders günstig wirkt hierbei, daß die Hauptluft dem aus dem Sumpfrohr kommenden reichen Gemisch in mehreren Stufen zugesetzt wird, so daß das Schlußergebnis ein sehr gleichmäßiges Gemisch ist.

Die Verdampfung im Vergaser.

Mit zunehmender Verwendung schwerer verdampfbarer Brennstoffe wird die Aufgabe der Vergaser in wachsendem Maß darauf beschränkt, die vorgeschriebenen Mengen von Luft und Brennstoff abzumessen und den Brennstoff in der Form eines möglichst feinen Nebels mit der Luft zu mischen. Dagegen kann man nicht stets darauf rechnen, daß das vom Vergaser gelieferte Gemisch wirklich ein Gemisch von Luft und verdampftem Brennstoff ist. Allerdings steht in der Heizung des Vergasers ein Mittel, um die Verdampfung im Vergaser zu beschleunigen. Dabei kann man entweder den Mischraum mit einem Mantel versehen, durch welchen das erwärmte Kühlwasser geleitet wird, s. z. B. Abb. 110, S. 90, oder die Luft vor ihrem Eintritt in den Mischraum vorwärmen, indem man sie ganz oder nur zu einem Teil an der heißen Aus-

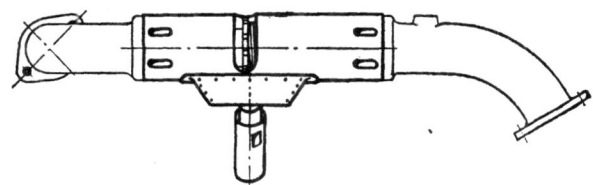

Abb. 157. Luftvorwärmung für einen Benz-Motor.

puffleitung der Maschine vorbeistreichen läßt, s. Abb. 157; um das zweiteilige Gußeisenrohr, durch das die Auspuffgase abgeleitet werden, legt man eine mit Luftschlitzen versehene Blechhülse, an die sich ein zum Vergaser führender Sammeltrichter anschließt. In die Hülse ist noch ein Schieber eingebaut, so daß man die Schlitze mehr oder weniger drosseln und so veränderliche Mengen an der heißen Auspuffleitung vorbeiführen kann.

Von beiden Arten von Heizmitteln macht man in der Regel Gebrauch. Allerdings beschränkt sich ihre Wirkung nur darauf, zu niedrige Temperaturen im Mischraum zu verhindern, die namentlich bei feuchter Witterung die Folge haben können, daß sich im Mischraum Reif ansetzt und in kurzer Zeit den Vergaser vollständig abdrosselt. Einen wesentlichen Einfluß auf die Geschwindigkeit der Verdampfung im Vergaser können solche Heizvorrichtungen schon deshalb nicht ausüben, weil man die Temperatur der angesaugten Luft nicht über ein gewisses Maß steigern darf, ohne daß sich der thermische Wirkungsgrad der Maschine verschlechtert.

Bei den Versuchen von Neumann, die sich auf den Betrieb mit gutem Benzin beziehen, hat sich eine Verbesserung des Arbeitsvorganges nur bis zu 40°C Temperatur der angesaugten Luft ergeben. Bei schwerer verdampfbaren Brennstoffen können aber auch höhere Lufttemperaturen vorteilhaft sein, wenn der Einfluß der durch die Heizung erzielten Brennstoffersparnis den Einfluß des verminderten Gewichtes einer Zylinderladung überwiegt. Wo diese Grenze liegt, kann allerdings nur durch Versuche ermittelt werden.

Um der Abnahme der Zylinderleistung bei verstärkter Heizung zu begegnen, hat man bei einer Reihe älterer Vergaser den Brennstoff zunächst nur mit einem Teil der entsprechenden

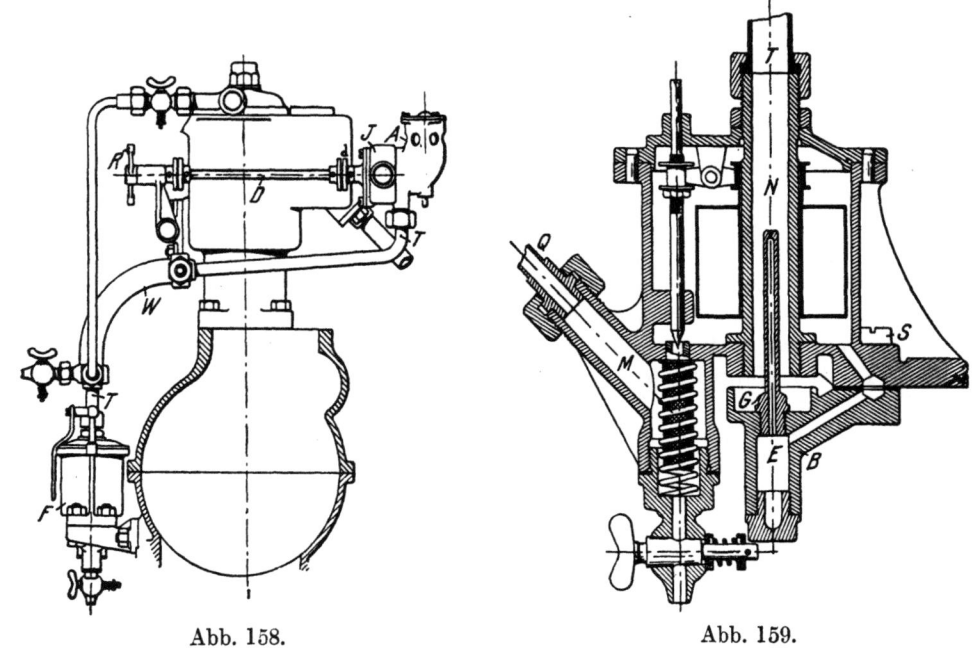

Abb. 158.   Abb. 159.

Abb. 158 bis 160. Vergaser mit Zwischenheizung von De Dion & Bouton in Puteaux.

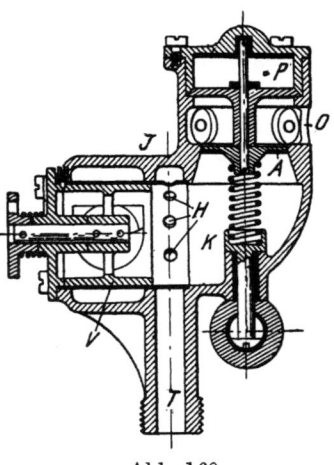

Abb. 160.

Luftmenge zusammengebracht, das Gemisch geheizt und sodann durch Zufügen des Restes der Luft in kaltem Zustande wieder abgekühlt. Allerdings muß man dabei beachten, daß durch diese Abkühlung keine Kondensation der Brennstoffdämpfe verursacht werden darf.

Das Wesen dieser zuerst von De Dion & Bouton in Puteaux angewendeten, sozusagen mit Zwischenheizung arbeitenden Vergaser zeigt die Abb. 158. Von dem Mischraum des Spritzvergasers F, der an der unteren Hälfte des Kurbelgehäuses angebracht ist und dem daher der Brennstoff mit natürlichem Gefälle zufließt, führt eine Leitung T zum Gehäuse A an dem Saugrohrstutzen J. Diese Leitung ist in ihrem unteren Teile mit einem Heizmantel W versehen, der mit Wasser aus den Kühlmänteln der Maschine gespeist wird. Das Mischungsverhältnis zwischen dem angewärmten Brennstoffgemisch und der in dem Gehäuse A zutretenden kalten Luft wird durch ein selbsttätiges Ventil beeinflußt, während der zylindrische Drosselschieber mit Hilfe des Hebels R und der Spindel D eingestellt wird.

Abb. 159 zeigt den zugehörigen Vergaser, dessen Schwimmer konzentrisch um den schornsteinähnlichen Mischraum N angeordnet ist. Der Düsenteil B ist mit Schrauben S angeschraubt und mit einer Pfanne G versehen, auf der sich überfließender, nicht gleich verdampfter Brennstoff ansammelt. Verunreinigungen des Brennstoffes werden in der Kammer E zurückgehalten, wenn sie nicht vor dem Sieb zurückgeblieben sind, das in den Brennstoffeinlauf M eingebaut ist. Bei Q ist die Brennstoffleitung angeschlossen. In dem Vergaser wird ein annähernd gesättigtes Brennstoffdampf-Luftgemisch hergestellt, das durch die Leitung T dem Mischgehäuse J, Abb. 160, zuströmt. Es gelangt hierbei durch die Öffnungen H des Schiebers V, der in seinem vorderen Teile die seitlich abzweigenden Öffnungen zu den Zylindern steuert, und wird hier in dem Raum K durch die Mischluft verdünnt und gekühlt, die durch die Öffnungen O und durch das selbsttätige Ventil A eingelassen wird. Das Ventil hat eine einstellbare Feder und wird durch einen Bremskolben P gehemmt.

Ein anderer Vergaser, der nach den gleichen Gesichtspunkten entworfen ist, ist der Siddeley-Vergaser der Wolseley Tool and Motor Car Co., s. Abb. 161 und 162. Die Einrichtung des Vergasers selbst, Abb. 161, unterscheidet sich von der eben beschriebenen durch den den Mischraum W_1 mit Düse N umgebenden Heizmantel W, W_0 sowie die Luftregelung S mit Regulierschelle C, während bei dem Mischgehäuse, Abb. 162, die vorhandenen Unter-

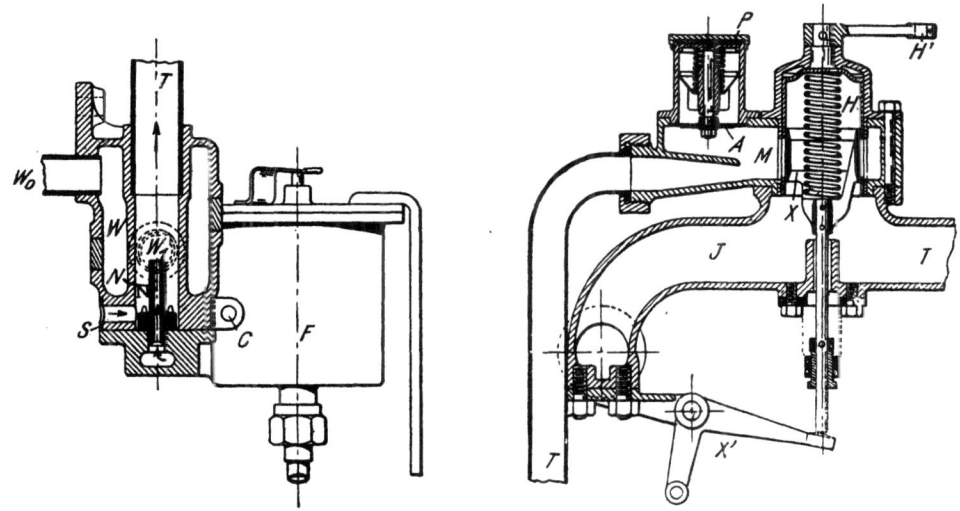

Abb. 161 und 162. Siddeley-Vergaser der Wolseley Tool and Motor Car Company in Birmingham.

schiede nur rein baulicher Art sind. Sie betreffen den Mischraum M, wo der Mischkolbenschieber X mit Antrieb X' im Innern des Drosselschiebers H sitzt, der durch den Hebel H' eingestellt wird.

Man darf aber niemals übersehen, daß es praktisch ausgeschlossen ist, dem Gemisch von außen genug Wärme zuzuführen, um zu erreichen, daß der Brennstoff als trockener Dampf in die Zylinder gelangt. Selbst im Betrieb mit leichten Brennstoffen und Lufttemperaturen von 260° C am Eintrittstutzen des Vergasers haben Dickinson und Sparrow[1]) Teile von unverdampftem Brennstoff in der Ansaugleitung beobachtet, und dabei entspricht dieser Lufttemperatur schon ein Verlust von rd. 50 v. H. an Höchstleistung der Maschine, also einem Maß der Luftvorwärmung, das man praktisch niemals zulassen könnte. Ergibt sich also hieraus, daß der übliche Vergaser niemals ein vollständig verdampftes Gemisch liefert, so muß man bei der Gestaltung der Ansaugleitungen und den Drosselvorrichtungen um so mehr darauf achten, daß den Brennstoffteilchen möglichst wenig Gelegenheit geboten wird, sich an Wänden niederzuschlagen, weil dies die Gleichförmigkeit der Zylinderladungen und infolgedessen die Wirtschaftlichkeit der Maschine beeinträchtigt. Namentlich haben Versuche von Tice[2]) an gläsernen Ansaugleitungen sehr deutlich gezeigt, wie sich beim Drosseln die Gleichförmigkeit der Gemischverteilung auf die einzelnen Zylinder verschlechtert. Da dieser Mangel auch den meisten bekannten Zwischenheizungen anhaftet, so sind wir von dem angestrebten Ziel, dem Vergaser, der vollständig verdampften Brennstoff in Mischung mit Luft liefert, immer noch sehr weit entfernt.

Verdampfung schwerer Brennstoffe.

Die Aufgabe, den Betrieb von Kraftfahrzeugen mit schweren Brennstoffen, insbesondere mit gewöhnlichem Lampenpetroleum zu ermöglichen, beherrscht heute die Erfindertätigkeit in so hohem Maße, daß sozusagen täglich neue, gegebenenfalls aussichtsreiche Vorschläge auftauchen. Es würde daher zu weit führen, an dieser Stelle eine vollständige Übersicht über die bisher vorgeschlagenen Verfahren geben zu wollen, auch wenn man sie nur auf solche beschränken wollte, die im praktischen Betrieb schon mit Erfolg benützt worden sind. Viel-

---

[1]) Automot. Ind. 30. März 1922.   [2]) J. Soc. Automot. Engs. März 1921.

mehr muß man sich damit begnügen, die bis heute bekannt gewordenen Verfahren nach ihren Hauptmerkmalen zu kennzeichnen. Von diesem Gesichtspunkt aus kann man unterscheiden:

1. **Zwischenheizung.** Grundsätzlich ist dieses Verfahren schon weiter oben beschrieben. Die Abnahme der Leistung infolge der Gemischheizung schränkt man neuerdings dadurch ein, daß man in den Weg des Gemisches besonders hoch erhitzte, aber möglichst kleine Heizpunkte („hot spot") legt, an denen die Luft mit dem dampfförmigen Brennstoff verhältnismäßig schnell vorbeistreicht, während die noch tropfbar-flüssigen Brennstoffteilchen zurückgehalten und infolge ihrer längeren Berührung mit der Heizfläche sehr wirksam verdampft werden. Abb. 163 zeigt einen solchen Heizkörper, der in dem kurzen Krümmer zwischen Vergaser und Ansaugleitung angeordnet ist. Die eingegossenen Rippen werden außen von den Auspuffgasen bespült und fangen aus dem vorbeistreichenden Gemischstrom die noch nicht verdampften Tröpfchen ab, während ihre Spitzen verhältnismäßig wenig Heizfläche für die Luft darbieten. Infolgedessen sollen sich, wie Versuche[1]) ergeben haben, die Verluste an Höchstleistung beim Einschalten der Heizung auf 1,2 bis 2 v. H. beschränken. Die Einrichtung ist allerdings nur für Schwerbenzin, nicht aber für ausgesprochene Schwerbrennstoffe, wie Petroleum, bestimmt.

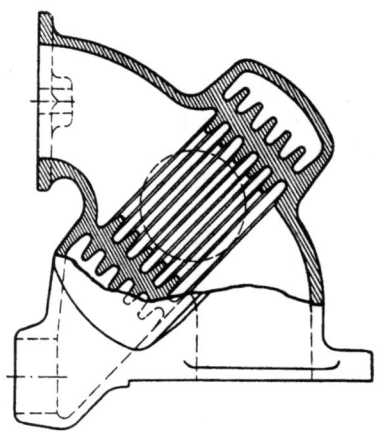

Abb. 163. Heizkörper für eine Ansaugleitung.

Grundsätzlich kann man als Zwischenheizung jede Anordnung bezeichnen, die bezweckt, die Maschinenabwärme für die Verdampfung im Vergaser auszunützen. Hierher gehört also auch der von der Fiat, Turin angegebene Einbau für Wagerechtvergaser, Abb. 164, der sich für ruhigen Leerlauf besonders günstig erwiesen hat und der Maschine ein sehr glattes Aussehen verleiht, da nur der Drosselschieber und das Schwimmergehäuse außen sichtbar sind.

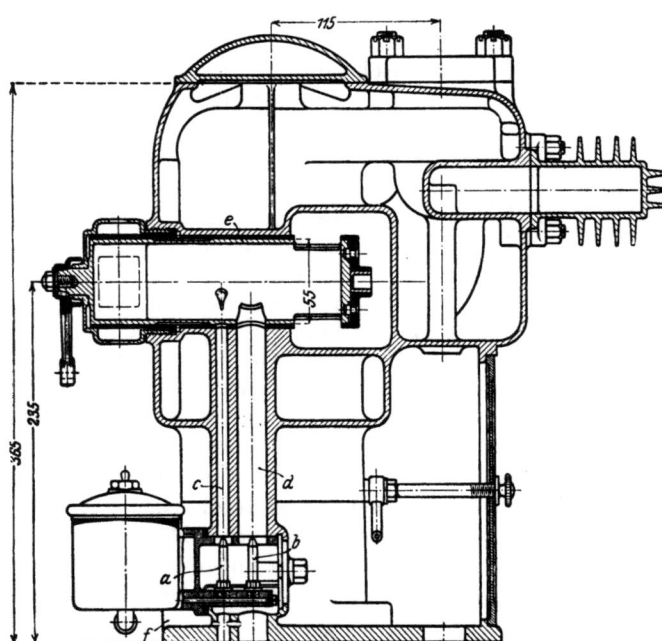

Abb. 164. Wagerecht-Vergaser von Fiat, Turin.

Der Vergaser hat zwei Düsen a und b mit verhältnismäßig langen Mischrohren c und d, deren obere Öffnungen durch einen gemeinsamen, gleichzeitig zum Drosseln des fertigen Gemisches dienenden Notschieber gesteuert werden, und arbeitet so, daß bei voller Öffnung der Drossel ein Teil der Mischluft von außen her bei f, ein andrer Teil aus dem Kurbelgehäuse abgesaugt wird, während der Rest durch verstellbare Öffnungen des Rohrschiebers hinzugefügt wird.

Die Anwendung der Zwischenheizung auf einen ausgesprochenen Betrieb mit Schwerbrennstoffen zeigt ferner z. B. der Petroleumvergaser von Holley[2]), Abb. 165 und 166, der u. a. bei den Ford-Schleppern verwendet wird. Im Mischraum c dieses Vergasers wird der Brennstoff aus dem mit Schwimmer a und Nadelventil b versehenen Gehäuse durch eine etwa 10 v. H. des gesamten Luftbedarfes darstellende Luftmenge zerstäubt, die, am Auspuffrohr der Maschine vorbeigesaugt und daher vorgewärmt, bei d eintritt. Das Gemisch strömt dann durch eine möglichst dünnwandige Rohrschlange, an welcher die Auspuffgase vorbeigeführt werden, bevor es in der Luftdüse e mit der durch den Schieber g und die Drossel k regelbaren Hauptluft gemischt wird. Das Maß der Heizung in der Rohrschlange kann man verändern,

---

[1]) Engg. 27. Mai 1921.   [1]) Automob. and Automot. Ind. 27. September 1917.

indem man mittels des Schiebers j einen kleineren oder größeren Teil der Auspuffgase von der Rohrschlange ablenkt. Der Hahn h ermöglicht, der Hauptluftdüse beim Anfahren Leichtbrennstoff aus einem kleinen hochliegenden Hilfsbehälter zuzuführen, der bei i angeschlossen ist, doch soll sich die Rohrschlange so schnell erwärmen, daß man sehr bald, nachdem die Maschine angelaufen ist, auf Petroleum umstellen kann.

In das Gebiet der Zwischenheizung fallen auch Einrichtungen, die das fertige Gemisch mittels heißer Gase erwärmen, welche aus einer Hilfszündkammer in die Ansaugleitung eintreten. Die Packard Motor Car Co., Detroit, hat vor einigen Jahren mit einer solchen Vorrichtung gearbeitet[1]), deren Zündkammer mittels eines Hilfsvergasers an das Schwimmergehäuse des Hauptvergasers angeschlossen und mit einer dauernd arbeitenden elektrischen Zündkerze

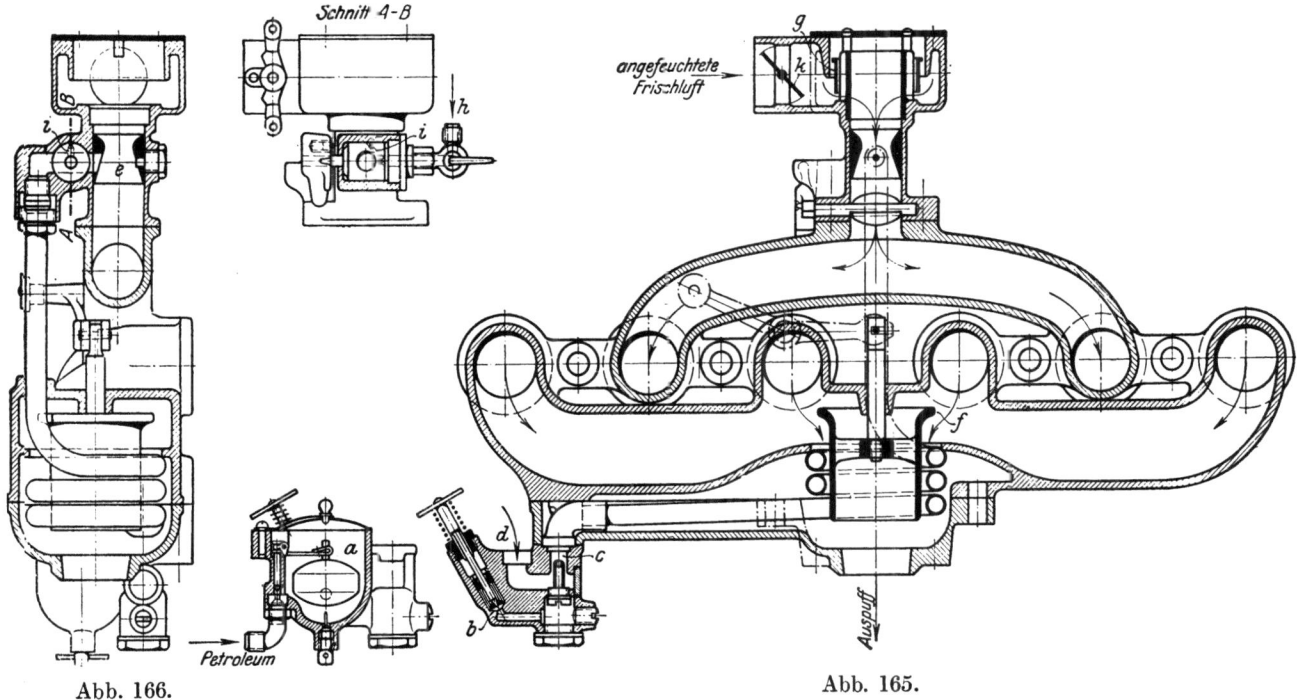

Abb. 166. Abb. 165.
Abb. 165 und 166. Holley-Vergaser für Petroleum.

versehen war. Die Kammer saugt sich hierbei infolge des Unterdruckes der Ansaugleitung abwechselnd voll Gemisch und gibt dann die heißen Gase wieder an die Ansaugleitung ab.

Heizvorrichtungen dieser Art haben sich insbesondere bei den verhältnismäßig langsam laufenden Maschinen von Motorbooten, die auch nicht so häufigem Wechsel der Belastung wie die Wagenmaschinen unterworfen sind, längst bewährt. Als einzigen Mangel hat man dort den unangenehmen Geruch des Petroleums und der Auspuffgase empfunden, der sich aber bei sorgfältiger Ausführung und Instandhaltung der Anlage vermeiden lassen müßte. Beim Betrieb von Kraftwagen haben dagegen alle derartigen Einrichtungen den Fehler, daß sie nicht unmittelbar betriebsbereit sind, da die Verdampfer gründlich vorgewärmt sein müssen, bevor man ihnen Petroleum zuführen kann. Während man sich aber hierin namentlich in solchen Betrieben, wo die Maschinen nur morgens vorgewärmt zu werden brauchen und dann längere Zeit ohne wesentliche Unterbrechung in Betrieb bleiben, durch Anwärmen des Verdampfers bei Betrieb mit leichtem Hilfsbrennstoff behelfen und übermäßigen Verbrauch an Hilfsbrennstoff durch genaue Überwachung des Betriebes vermeiden kann, wie die Versuche der Pariser Omnibus-Gesellschaft und der Oberpostdirektion Berlin[2]) beweisen, haben alle derartigen Verdampfer den Fehler, daß sie sich wechselnden Betriebsverhältnissen, namentlich wenn die Wechsel schnell und unvorhergesehen auftreten, sehr schlecht anpassen. Dieser Fehler hat auch schon manchen Versuch auf dem Gebiet des Dampfbetriebes zum Scheitern gebracht, weil man zu große Dampfmengen, also zu schwere Kessel gebraucht hätte, um die unvermeidlichen Schwankungen in der Dampfentnahme auszugleichen, und selbst die

---

[1]) Automot. Ind. 5. Februar 1920.   [2]) Vgl. Z. V. d. I. 1923, S. 233.

geistreiche selbsttätige Regelung von Speisewasser und Brennstoffzufuhr von Serpollet[1]) hat diese Schwierigkeit nicht völlig beseitigen können, obgleich der Dampferzeuger das zugeführte Wasser fast augenblicklich verdampfen konnte.

Auch bei den Petroleumverdampfern erweist es sich als fast unmöglich, die Zufuhr von Brennstoff und Verdampfwärme dauernd so zu regeln, daß die erzeugte Menge von Brennstoffdampf mit der Belastung, deren Höhe sich nicht voraussehen läßt, im Einklange steht. Infolgedessen schwankt der Betrieb dauernd zwischen Mangel und Überfluß an Heizwärme hin und her. Bei Mangel an Heizwärme kommt aber der Brennstoff unverdampft bis in die Zylinder, wo er die Ventile und Zündkerzen verschmutzt, bei Überschuß an Heizwärme zersetzt sich der Brennstoff und läßt im Verdampfer festen Kohlenstoff zurück, der den Durchgang sehr schnell verstopft.

Aus Mangel an Besseren hat man sich daher in neuerer

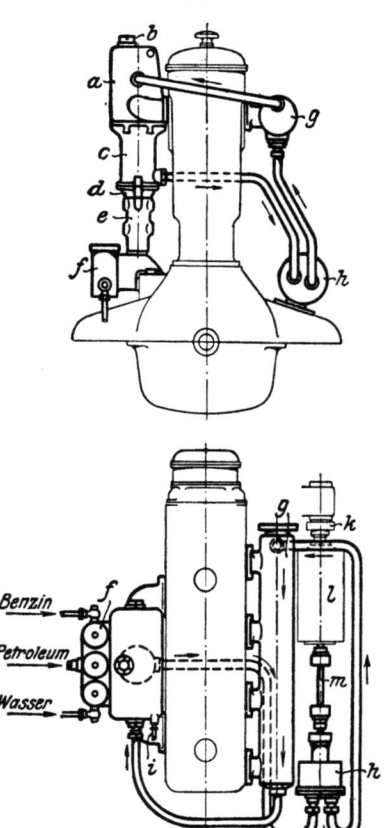

Abb. 167.

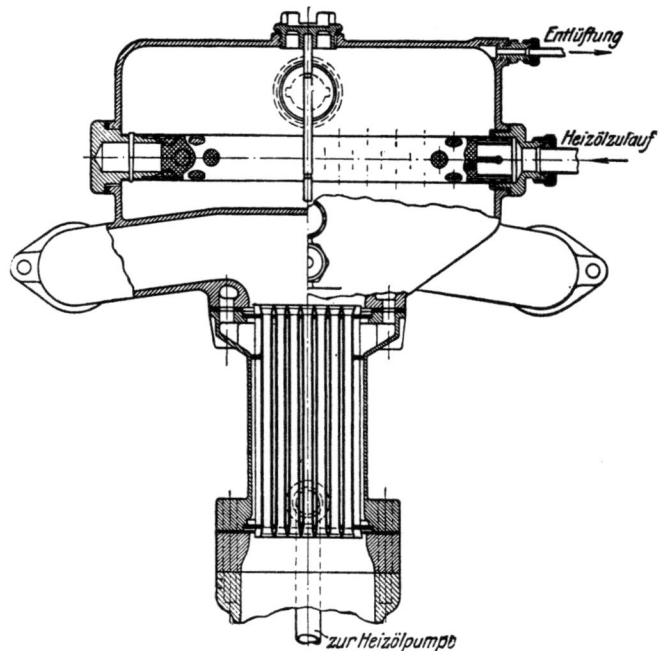

Abb. 169. Saugleitung mit Beheizung bei Petroleumbetrieb.

Abb. 168.

a Saugleitung — *b* Öleinfüllstutzen mit Ölkontrollstab — *c* Heizkörper — *d* Zwischenstück — *e* Vergaser — *f* Dreifaches Schwimmergehäuse — *g* Auspuffkrümmer — *h* Heizölpumpe — *i* Entlüftung — *k* elast. Kupplung — *l* Lichtmaschine — *m* Kreuzgelenkkupplung.

Abb. 167 und 168. Brennstoffanlage für Schwerölbetrieb der Bayerischen Motoren-Werke.

Zeit vielfach mit Mischvergasern begnügt, die beim Anlassen und längeren Leerlauf mit Leichtbrennstoff, bei Vollbelastung und genügend hoher Anwärmung der Maschine dagegen mit schwerem Brennstoff arbeiten. Als Beispiel dieser Art von Vergasern, welche infolge der hohen Preise der Leichtbrennstoffe große wirtschaftliche Bedeutung erlangt haben, sei der Vergaser der Bayerischen Motoren-Werke, München, Abb. 167 bis 171 erwähnt. Dieser Vergaser, der bei mehreren Omnibussen der bayerischen Postbehörde im Dauerbetrieb benützt wird und für die Verwendung von Petroleum eingerichtet ist, hat drei Schwimmergehäuse für Benzin, Petroleum und Wasser und wird mit Öl beheizt. Zu diesem Zweck wird das Heizöl ständig mittels einer Pumpe aus dem Heizkörper der Saugleitung entnommen und über den Mantel des Auspuffkrümmers in einen über der Saugleitung angeordneten Vorratbehälter zurückgedrückt. Die Maschine, die, wie üblich, mit Leichtbrennstoff angelassen werden muß, wärmt somit den Vorrat an Petroleum in kurzer Zeit an, so daß man danach auf Betrieb mit Petroleum mit Benzolzusatz umschalten kann. Auf den Zusatz von Wasser, der das Klopfen bei Betrieb mit starken Zylinderfüllungen verhindern soll, kann man bei Kraftwagen verzichten, da diese nur selten mit voller Drosselöffnung laufen.

Bei längerem Leerlauf kann sich allerdings das Heizöl so stark abkühlen, daß man zeit-

---

[1]) Z. V. d. I. 1904, S. 999.

weise zum Betrieb mit leichtem Brennstoff zurückkehren muß. Immerhin hat sich die Einrichtung auch im Winter und im bergigen Gelände gut bewährt. Der Verbrauch eines Wagens mit Anhänger und 58 Personen Besetzung soll hierbei für je 100 km 34,7 kg betragen haben, wozu auch die günstige Form des Brennraumes und die auch bei hoher Vorwärmung noch ausreichende Leistung der Maschine beitragen dürften.

2. **Heißkühlung.** Dieses Verfahren geht auf Vorschläge von Semmler zurück, den thermodynamischen Wirkungsgrad der Maschinen durch Verringerung des Wärmeüberganges auf das Kühlwasser zu verbessern. In seiner heutigen Form beschränkt es sich darauf, die Kühlwassertemperatur der Maschine bis etwa zum Siedepunkt zu steigern und mit diesem Kühlwasser nicht nur die Zylinder, sondern auch den Vergaser mit allen Rohrleitungen zu heizen, so daß diese Teile bei allen Betriebswechseln annähernd gleich warm bleiben. Eine nach diesem Verfahren arbeitende Anlage der Semmler-Motoren-Gesellschaft, Abb. 172, die von den Adler-Werken, Frankfurt a. M., an einer Lastwagenmaschine benützt wird, soll imstande sein, mit Phenolöl, einem Schweröl, das bei der Tieftemperaturdestillation von Braunkohle gewonnen wird, einwandfrei zu arbeiten, nachdem die Maschine mit Leichtbrennstoff angewärmt worden ist. Das von der Pumpe aus dem Kühler abgesaugte Wasser wird nicht, wie üblich, einfach unten in den Zylindermantel eingeführt, sondern mittels besonderer Düsenrohre gegen die Wände zwischen den Ventilen gespritzt, die sich erfahrungsmäßig am schnellsten erhitzen, weil sich dort leicht Dampfbläschen ansetzen können. Der Siedezustand des Kühlwassers wird dadurch aufrechterhalten, daß zwischen die Leitungen, welche die Maschine mit dem Kühler verbinden, ein Fallrohr geschaltet ist, das den Kühler umgeht. Die Größe der so abgezweigten Wassermenge wird durch den Dampfdruck im Kühler so geregelt, daß mit steigender Kühlwassertemperatur größere Mengen von Kühlwasser durch den Kühler geleitet werden. Die bei Inbetriebsetzung in den Leitungen vorhandene Luft entweicht mit zunehmender Erwärmung der Anlage durch ein Ventil, das sich aber unter dem Einfluß des Dampfdruckes

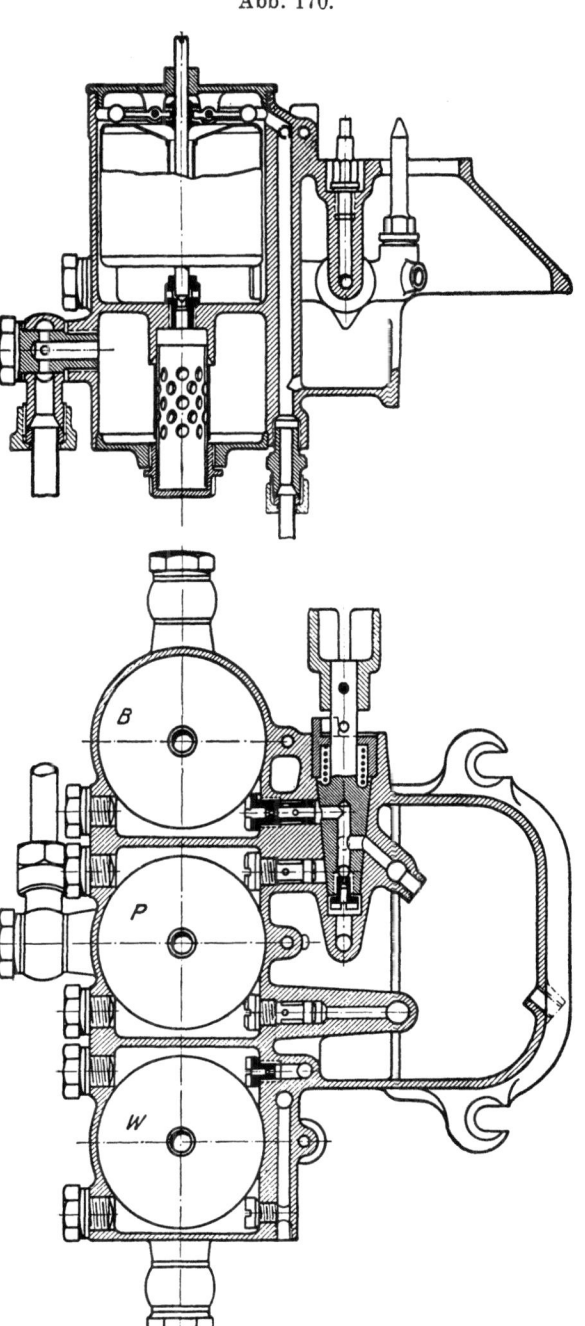

Abb. 170.

Abb. 171.
B Benzin — P Petroleum — W Wasser
Abb. 170 und 171.
Mischvergaser der Bayerischen Motoren-Werke.

schließt, so daß kein Wasser verloren geht. An den Hauptstrang der Kühlwasserleitung sind dünnere Rohre angeschlossen, welche die Mäntel des Schwimmergehäuses und der Saugleitung speisen. Andererseits wird der Brennstoff mittels der Auspuffgase vorgewärmt, bevor er in das Schwimmergehäuse gelangt; wenn daher dieser Heizkörper nicht reichlich bemessen und mäßig beheizt wird, so hat man damit ähnliche Schwierigkeiten wie bei den Petroleumverdampfern zu erwarten.

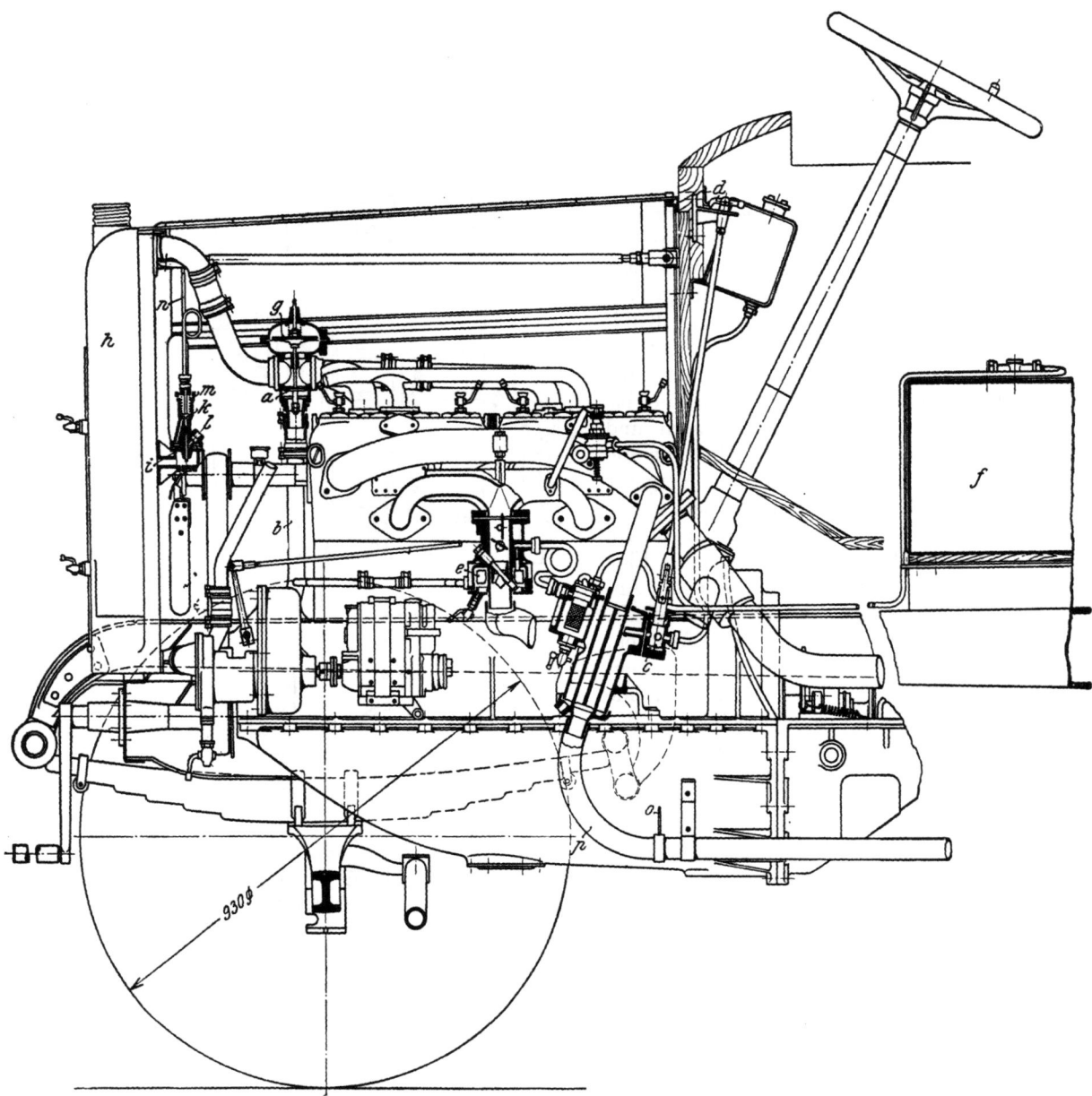

a Selbsttätiges Wasserventil — b Wasserfallrohr zur Umgehung des Kühlers — c Dreiweghahn für Brennstoffwechsel — d Umschalthebel für Dreiweghahn c — e Vergaser in Sonderbauart mit Heißwasserheizung — f Hauptbehälter für Brennstoff — g Membran zur Betätigung von Ventil a durch Dampfdruck — h Kühler — i Flatterventil zum Entlüften des Kühlers — k Sicherheitsventil — l Öffnung für den Austritt der Luft — m Feder für Sicherheitsventil k — n Rohr für Dampfablaß — o Klappe zum Ausschalten der Brennstoff-Vorwärmung bei Leichtölbetrieb — p Auspuff-Zweigrohr für die Brennstoff-Vorwärmung.

Abb. 172. Heißkühlanlage der Semmler-Motoren-Gesellschaft.

3. **Hilfszündung.** Das von W. E. Ernst ausgearbeitete Verfahren der Firma Rohölzünder Thermokrat in Mannheim, das die Allgemeine Berliner Omnibus-A.-G. eingeführt hat, Abb. 173, beruht insoweit auf Zwischenheizung, als die Brennstoffleitung um das Auspuffrohr der Maschine herumgeführt und dabei angewärmt und dem vom Vergaser gelieferten Gemisch in einem von Auspuffgasen bestrichenen Topf Wärme zugeführt wird. Außerdem ist aber jeder Zylinder mit einer Hilfszündkammer versehen, die an Stelle der Zündkerze eingeschraubt wird und selbst eine Zündkerze trägt. In diese Kammer saugt der Kolben bei jedem Saughub aus einem Hilfsvergaser mit Leichtbrennstoff eine geringe Menge von Gemisch an, die während des Verdichtungshubes, wobei sich die Kammer mittels eines Plattenventiles selbsttätig gegen den Hilfsvergaser abschließt, verdichtet und hierauf elektrisch gezündet wird. Die hierbei entstehende Stichflamme leitet dann erst die Verbrennung der Ladung im Zylinder ein. Die bisherigen Erfahrungen sollen namentlich in bezug auf die Ersparnisse an Brennstoffkosten sehr aussichtsvoll sein. Allerdings ist die Verbrennung insbesondere beim

Anfahren und Getriebeschalten niemals rauchfrei, andererseits sind Betriebsstörungen verhältnismäßig selten vorgekommen, obgleich die Versuche im Winter durchgeführt worden sind.

4. **Brennstoffeinspritzung.**
Dieses Verfahren scheint, soweit man heute beurteilen kann, die meisten Aussichten für die Lösung des Brennstoffproblems bei Kraftfahrzeugen zu bieten, sei es, daß man den Brennstoff in gleichmäßigem Strahl in die Ansaugleitung einführt oder daß man ihn wie bei den langsam laufenden Ölmaschinen unmittelbar in die Zylinder drückt. Die Verwendung einer Brennstoffpumpe gestattet, den Einspritzdruck so weit zu steigern, daß der Brennstoff infolge der feinen Zerstäubung schneller als bei Vergasern verdampft, ohne daß man die Leistung durch zu hohen Unterdruck im Vergaser zu beeinträchtigen braucht, und auch die Betriebssicherheit der Pumpe ist zu erreichen, wenn man schwerere und daher schmierfähige Brennstoffe fördert. Aber auch Benzin und Benzol lassen sich mit Kolben fördern, die in die Zylinder sauber eingeschliffen sind.

Abb. 173. Thermokrat-Zünder nach Ernst.

Maschinen für Fahrzeuge, die mit unmittelbarer Einspritzung in die Zylinder arbeiten, sind in den letzten Jahren in Frankreich vorgeschlagen worden. Nach dem Verfahren von Bellem und Brégéras[1]) wird der Brennstoff im ersten Teil des Saughubes mit geringem Überdruck in den Zylinder eingeführt, während darin, weil das Einlaßventil noch geschlossen gehalten wird, ein hoher Unterdruck herrscht, und der aus feinen Öffnungen des Brennstoffventils austretende Brennstoff wird durch einen mit großer Geschwindigkeit vorbeistreichenden Luftstrom zu einem feinen Nebel zerstäubt. Wenn dann etwa 45° vor dem unteren Hubende das Einlaßventil geöffnet wird und reine Außenluft in den Zylinder dringt, so bildet sie mit dem Nebel ein genügend einheitliches Brennstoffgemisch, das sich auf 4 bis 5 at verdichten und kalt zünden läßt.

Wie Abb. 174 zeigt, läßt sich das Verfahren ohne Schwierigkeiten an den üblichen Fahrzeugmaschinen anwenden; das Brennstoffventil *a* sitzt an der Stelle,

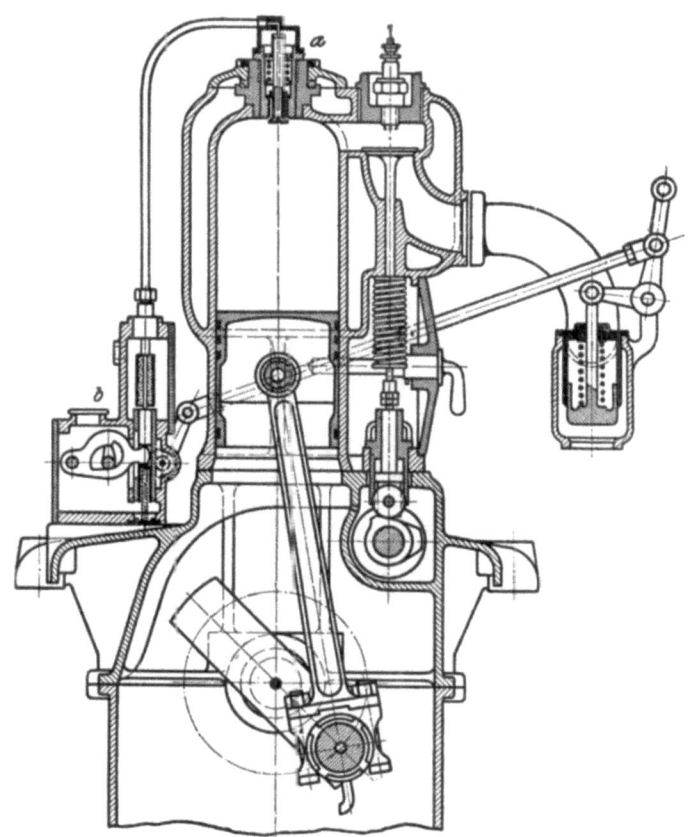

Abb. 174. Fahrzeugmaschine mit Einspritzanlage nach Bellem und Brégéras.

---

[1]) Génie civil 22. April 1911 und 30. November 1918.

wo man sonst die Zündkerze einschraubt, die Brennstoffpumpe b, die je einen Kolben für jeden Zylinder mit gemeinsamem Antrieb enthält, nimmt kaum mehr Raum als die übliche Zünddynamo ein. Die Einlaßsteuerung ist so abzuändern, daß sich die Ventile etwa 45° vor dem untern Totpunkt öffnen und ebenso weit dahinter schließen, und die Ansaugleitung erhält an ihrem freien Ende ein Ventil, womit bei verminderter Leistung die in die Zylinder strömende Frischluft in dem Verhältnis gedrosselt werden kann, wie die Brennstofflieferung der Pumpe abnimmt. In dem Brennstoffventil, s. Abb. 175, endigt die Brennstoffleitung mit dem unten offenen Rohr a in dem daran geführten hohlen Zerstäuber b, der mit Brennstoff gefüllt ist und durch eine Feder c auf seinen Sitz gedrückt wird. Sobald sich der Zerstäuber infolge des Pumpendruckes von seinem Sitz abhebt und durch die sonst geschlossenen feinen Löcher d eine der Pumpenförderung entsprechende Brennstoffmenge austritt, streicht gleichzeitig Luft, die durch Öffnungen e des Ventilgehäuses von außen einströmt, mit großer Geschwindigkeit an den Zerstäuberöffnungen vorbei. Auch die Brennstoffpumpe, Abb. 176, ist insofern sehr sinnreich, als sie ermöglicht, selbst bei hohen Umlaufzahlen bis zu den kleinsten Werten regelbare Brennstoffmengen genau abzumessen. Der Pumpenkolben a wird an seinem verdickten und mittels einer Hülse b im Gehäuse geführten Ende mit unveränderlichem Hub auf- und niederbewegt.

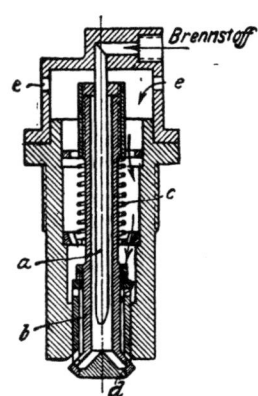

Abb. 175. Brennstoffventil nach Bellem und Brégéras.

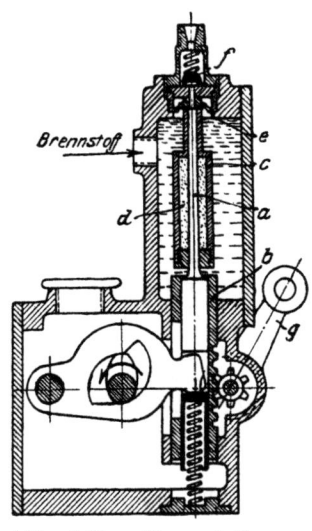

Abb. 176. Brennstoffpumpe nach Bellem und Brégéras.

Er nimmt hierbei in dem mit Brennstoff gefüllten Gehäuse den Zylinder c mit, in dem er mittels einer großen Hanfpackung d gut abgedichtet ist. Nur vor den Totpunkten wird der Zylinder angehalten, so daß sich der Kolben gegen ihn verschieben kann. Vor dem oberen Totpunkt setzt sich der Zylinder auf eine sich selbsttätig einstellende Fiberplatte e so dicht auf, daß der weiter aufsteigende Kolben die entsprechende Brennstoffmenge aus dem Zylinder ohne Verluste durch das Überdruckventil f fortdrückt; vor dem unteren Totpunkt wird dagegen der Zylinder durch die Hülse b angehalten und der Kolben darin so weit zurückgezogen, als der zu fördernden Brennstoffmenge entspricht. Diese ändert man, indem man die Hülse mittels des Hebels g in der Höhe verstellt.

Die Einrichtung hat sich bei dem Wettbewerb für Schweröl-Kraftwagenmaschinen 1918 so gut bewährt, daß ihr beide Preise zuerkannt worden sind[1]).

Eine andre Maschine dieser Art wird nach Angaben von Tartrais von der Société des Automobiles Peugeot, Paris, gebaut, s. Abb. 177. Diese Maschine arbeitet

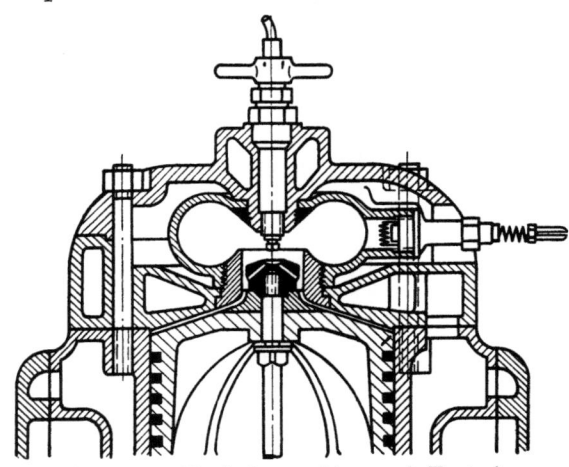

Abb. 177. Zweitaktmaschine nach Tartrais.

im Zweitakt mit einem gekühlten Zündkopf aus Bronze, dessen untere Öffnung im Augenblick der Zündung durch den Kolben verschlossen wird. Indem hierbei der Verdrängeraufsatz in die Kammer eindringt, steigert er nicht nur den Enddruck der Verdichtung, sondern er erzeugt auch eine Wirbelbewegung in der Kammer, die günstig für eine schnelle Verbrennung wirkt. Der Brennstoff wird durch das Ventil im Zündkopf eingespritzt und durch die Nuten des Kolbenaufsatzes gut zerstäubt. Die Mischluft wird von einer besonderen Ladepumpe geliefert und durch die üblichen Zylinderschlitze eingeführt. Beim Anlassen tritt ein elektrischer Hilfszünder vorübergehend in Tätigkeit. Eine Maschine mit zwei Zylindern von 120 mm

---

[1]) Z. V. d. I. 1919, S. 779; Mém. Soc. Ing. Civ. France April/Juni 1921.

Durchm. und 150 mm Hub, die bei 1250 Uml/min 50 PS leistet und nicht mehr als 250 kg wiegt, soll sich an Stelle der üblichen Vierzylindermaschinen in einem Pariser Kraftomnibus sehr gut bewährt haben.

Berechnung der Vergaser.

Bei dem Versuch, den Gang einer Berechnung für Vergaser anzugeben, erhebt sich in erster Linie die Frage nach dem günstigsten Mischungsverhältnis zwischen Brennstoff und Luft. Hiefür lassen sich nach dem heutigen Stande unserer Kenntnis über die Arbeitsvorgänge in den Fahrzeugmaschinen für flüssigen Brennstoff bestimmte Regeln leider noch nicht aufstellen.

Die Aufgaben der Fahrzeugmaschine sind dafür auch zu verschieden. Während man bei ortfesten Anlagen ohne weiteres als günstigstes Mischungsverhältnis dasjenige ansehen darf, welches den geringsten Wärmeverbrauch für die Einheit der Leistung, also den besten thermischen Wirkungsgrad liefert, muß man bei Vergnügungsfahrzeugen und insbesondere bei Luftfahrzeugen zunächst noch danach streben, mit einer Maschine von gegebenen Abmessungen eine möglichst hohe Leistung zu erzielen, d. h. also: als das vorteilhafteste Mischungsverhältnis dasjenige bezeichnen, welches auf 1 l Hubraum oder auf 1 kg Maschinengewicht die höchste Leistung an der Welle ergibt. Dieser letztere Gesichtspunkt ist heute für die Abnahmeprüfung an den Maschinen, namentlich solcher für Flugzeuge, für das Einregeln der Vergaser usw. noch zumeist maßgebend, und daher kommt es vielleicht auch, daß der Brennstoffverbrauch im praktischen Betrieb in der Regel weit höher ist, als man nach den Ergebnissen der bereits vorliegenden wissenschaftlichen Untersuchungen erwarten sollte.

Als Kennzeichen für einen wirtschaftlichen Betrieb hätte vor allem die vollständige Verbrennung des Brennstoffes, also das Fehlen von brennbaren Bestandteilen (Wasserstoff, Kohlenoxyd) in den Auspuffgasen zu gelten. Daß dieser Zustand nicht bei der höchsten erreichbaren Leistung der Maschine einzutreten braucht, beweisen z. B. die Abgasuntersuchungen von Hopkinson[1]) an einer Maschine der Daimler Company in Coventry. Allerdings kann man die beste Einstellung des Mischungsverhältnisses auch durch die Auspuffanalysen während einer Fahrt nicht genau ermitteln, sondern nur auf dem Prüfstand. Daher mag es kommen, daß man in der Praxis zufrieden ist, wenn die Analyse eine wenigstens annähernd vollkommene Verbrennung anzeigt[2]).

Übrigens stimmen die Ergebnisse der Arbeiten von Neumann, Watson und Taylor[3]) in vielen Beziehungen nicht miteinander überein. Bei Neumann (Versuche an einer Einzylindermaschine von De Dion & Bouton) ergibt sich der beste thermische Wirkungsgrad bei der höchsten Leistung und der höchsten Umlaufzahl, bei Watson (Versuche an einer Vierzylindermaschine mit verschiedenen Verdichtungsverhältnissen) dagegen bei etwa $^3/_4$ Leistung und entsprechend verminderter Geschwindigkeit, während Taylor (Versuche an einer Vierzylindermaschine mit angewärmten Gemischen) ebenfalls den besten thermischen Wirkungsgrad bei mittleren Leistungen und mittleren Geschwindigkeiten findet. Völlige Übereinstimmung besteht in den Ergebnissen nur in dem einen Punkte, daß nämlich die dem Brennstoff zugefügte Luftmenge größer sein muß, als die zur theoretischen Verbrennung erforderliche. Beträgt also z. B. das Mischungsverhältnis

$$z = \frac{Q_B}{Q_L}$$

für die theoretische Verbrennung 1:14,95, so findet Neumann die beste thermische Ausnutzung des Brennstoffes bei einem Mischungsverhältnis von etwa 1:17, ein Ergebnis, das auch mit den von Watson gefundenen Werten annähernd übereinstimmt. Taylor dagegen findet, daß das wirtschaftlichste Mischungsverhältnis auch von der Umlaufzahl der Maschine abhängig ist, d. h., daß man bei höheren Umlaufzahlen mit niedrigeren Mischungsverhältnissen arbeiten müsse als bei geringeren Geschwindigkeiten.

Einen guten Überblick über den Einfluß des Mischungsverhältnisses auf den thermodynamischen Wirkungsgrad liefern die in Abb. 178 wiedergegebenen Ergebnisse von Versuchen, die H. R. Ricardo an einer Einzylindermaschine von 127 mm Zylinderdurchmesser und 152,4 mm Hub angestellt hat. Danach liegt der günstigste Wirkungsgrad ungefähr bei 18 v. H. Luftüberschuß, die beste indizierte Leistung dagegen bei rd. 10 v. H. Luftmangel des Gemisches[4]).

---

[1]) Engg. 9. August 1907, S. 219.
[2]) Automot. Ind. 4. Januar 1923.
[3]) The Horseless Age vom 4. März 1908.
[4]) Automot. Ind. 14. Juli 1921.

Daß die Ansicht Taylors der Wahrheit ziemlich nahe kommt, beweisen neuere, sehr sorgfältig durchgeführte Versuche von P. S. Tice[1]) im Laboratorium der Stewart-Warner Speedometer Corp. Diese Versuche, deren **Hauptergebnisse** die Abb. 179 und 180 darstellen, zeigen, daß bei jeder einem bestimmten Unterdruck in der Ansaugleitung entsprechenden Einstellung der Drossel das Mischungsverhältnis, welches den geringsten Brennstoffverbrauch ergibt, Abb. 179, und das Mischungsverhältnis, bei dem die höchste Leistung der Maschine erzielt wird, Abb. 180, voneinander ganz verschiedene Größen sind. Daß diese Größen nur durch den Unterdruck in der Ansaugleitung bestimmt werden, also von der Drehzahl der Maschine völlig unabhängig sind, leuchtet ohne weiteres ein. Trägt man die Mindestwerte von Abb. 179 in Abhängigkeit vom Unterdruck der Ansaugleitung auf, Abb. 181, Linie a, so zeigt sich deutlich, daß das wirtschaftlichste Mischungsverhältnis mit zunehmendem Unterdruck der Ansaugleitung, also im allgemeinen auch mit zunehmender Drehzahl und Leistung der Maschine zunehmenden Luftgehalt des Gemisches bedingt, während andererseits die Auftragung der Höchstwerte von Abb. 180 über den Unterdrücken, Linie b in Abb. 181, zu dem Schluß berechtigt, daß man von einer gewissen Drosselstellung ab von einer weiteren Verdünnung des Gemisches absehen muß, wenn man die höchste Leistung der Maschine erzielen will.

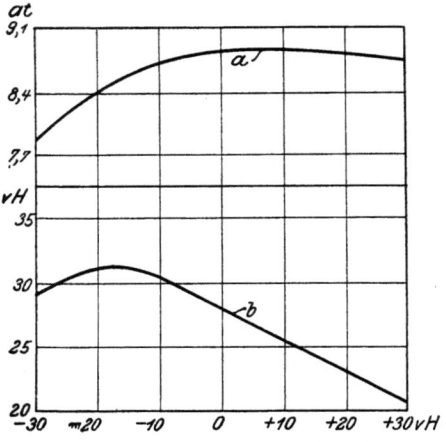

a Mitteldruck. b Wirkungsgrad, abhängig vom Mischungsverhältnis.

Abb. 178. Ergebnisse der Versuche von Ricardo.

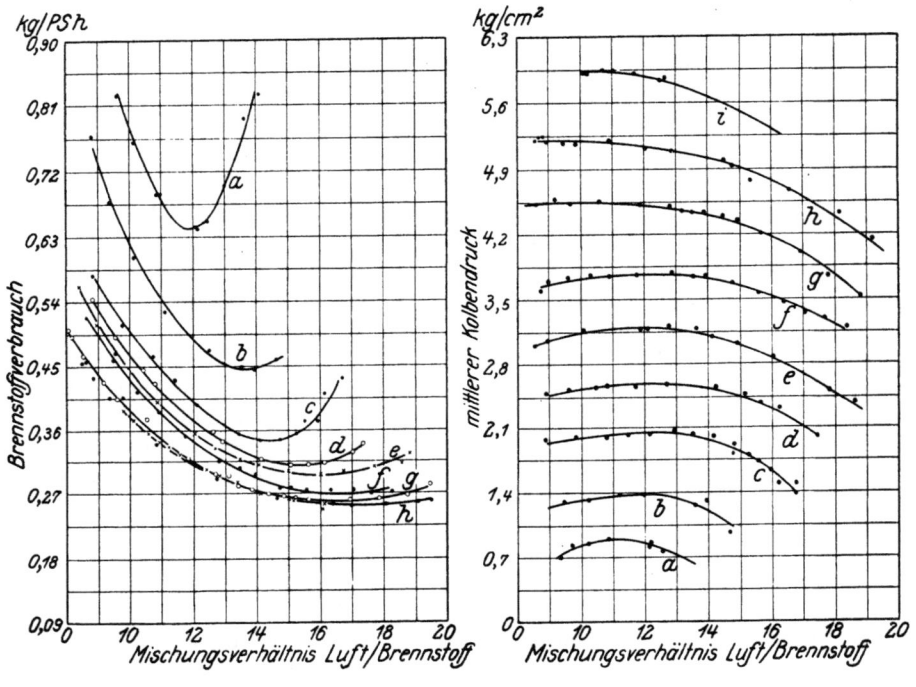

Linie	Unterdruck in der Saugleitung mm Q-S	Linie	Unterdruck in der Saugleitung mm Q-S	Linie	Unterdruck in der Saugleitung mm Q-S
a	300	d	450	g	600
b	350	e	500	h	650
c	400	f	550	i	685

Abb. 179 und 180. Ergebnisse der Versuche von Tice bei verschiedenen Unterdrücken in der Ansaugleitung.

Im Gegensatz hierzu haben eingehende Versuche im Laboratorium der Purdue University ergeben:

---

[1]) Automot. Ind. 24. Juni 1920.

1. Bei gegebener Leistung ist das günstigste Mischungsverhältnis in bezug auf Leistung und Wirtschaftlichkeit für alle Drehzahlen unveränderlich.

2. Bei Leerlauf werden reichere Gemische als bei höheren Belastungen notwendig.

3. Das Mischungsverhältnis ändert sich bei verschiedenen Bauarten von Fahrzeugmaschinen nicht wesentlich, solange die Verdampftemperatur, die Gemischverteilung und das Verdichtungsverhältnis gleich bleiben.

4. Zwischen der Maschinenleistung und dem für höchste Wirtschaftlichkeit notwendigen Mischungsverhältnis besteht eine bestimmte Beziehung.

5. Obgleich trockene Gemische nicht unbedingt notwendig sind, um guten Betrieb zu erreichen, haben solche Gemische gegenüber vernebelten Gemischen den Vorteil, daß sie sich noch bei geringerem Gehalt an Brennstoff verwenden lassen.

6. Der ideale Vergaser muß nicht nur auf die Luftgeschwindigkeit, sondern auch auf die Maschinenleistung ansprechen.

7. Beim Wechseln der Geschwindigkeit oder Leistung der Maschine muß das Gemisch angereichert werden.

8. Bei gedrosseltem Betrieb kann man, ausgenommen sehr geringe Leistungen, mit ärmerem Gemisch arbeiten und so an Brennstoff sparen.

9. Soll bei Volleistung ein Höchstmaß von Leistung erzielt werden, so muß man das Gemisch anreichern.

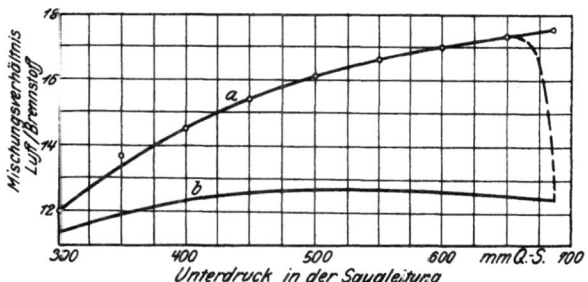

Abb. 181. Abhängigkeit des wirtschaftlichsten und des Höchstleistungs-Mischungsverhältnisses vom Unterdruck in der Ansaugleitung.

Es liegt nahe, zu vermuten, daß die Notwendigkeit, den Brennstoff in der Maschine mit Luftüberschuß zu verbrennen, durch die Rückstände der vorhergehenden Verbrennung in den Zylindern bedingt wird, und daß dieser in dem Maß gesteigert werden muß, als die Menge der Rückstände bei steigendem Unterdruck in der Ansaugleitung infolge des abnehmenden volumetrischen Wirkungsgrades verhältnismäßig zunimmt.

Da es unmöglich ist, die Abhängigkeit des Mischungsverhältnisses von den verschiedenen Einflüssen bei einer allgemeinen Berechnung des Vergasers zu berücksichtigen, so muß man sich mit der Erkenntnis begnügen, daß das günstigste Mischungsverhältnis für eine Fahrzeugmaschine etwa bei 1:17, d. h. bei etwa 15 v. H. Luftüberschuß liegen wird. Dieser Wert ist zwar erheblich geringer, als der von Sorel[1]) angegebene, stimmt aber gut mit den Anweisungen des „Merkblatts für Vergaser-Einstellung" (herausgegeben von der Inspektion der Kraftfahrtruppen, 1918) überein, wonach der Luftfaktor oder das Verhältnis der theoretisch erforderlichen zur wirklich verbrauchten Luftmenge, bestimmt aus dem Gehalt der Auspuffgase an CO_2, CO und O_2, in Raumteilen $L = \dfrac{CO_2 + CO}{CO_2 + 1/2 CO + O_2} = 0{,}83$ betragen soll.

Die zweite Frage, deren Beantwortung für die Berechnung eines Vergasers erforderlich ist, betrifft den Unterdruck, der die in der Zeiteinheit angesaugte Luftmenge bestimmt. Dieser soll bei der Höchstdrehzahl der Maschine und voll geöffneter Drosselvorrichtung nicht so groß sein, daß dadurch die Leistung der Maschine wesentlich beeinträchtigt wird, aber andererseits ausreichen, um den Brennstoff gut zu zerstäuben. Bei der Wahl dieser Grenzen des Unterdruckes ist ferner zu berücksichtigen, daß die Abmessungen des Vergasers und die Querschnitte der Leitungen nicht zu groß werden dürfen. Bei gegebenem Mindest-Luftquerschnitt des Vergasers wird der während des Betriebes eintretende Unterdruck dadurch etwas vergrößert, daß man den Luftkanal düsenartig bis in die Höhe des Brennstoffaustrittes zulaufen läßt und dahinter erweitert. Unter sonst gleichen Querschnittverhältnissen wird der höchste Unterdruck um so geringer, je weniger der Zutritt der Luft durch Drosselklappen, federbelastete Zusatzventile u. dgl. verzögert wird. Vergaser, bei denen die annähernde Proportionalität zwischen Brennstoff- und Luftmengen bei allen Unterdrücken lediglich durch die Ausflußverhältnisse der Brennstoffdüse gesichert wird, arbeiten daher bei gleichen Querschnittverhältnissen mit geringeren Unterdrücken als Vergaser mit Luftregelung oder werden bei gleichen Unterdrücken kleiner als diese.

---

[1]) Carburation et combustion dans les moteurs à alcool. S. 55, Paris 1904.

Die Wahl der Abmessungen für einen Vergaser wird im übrigen heute dadurch wesentlich erleichtert, daß die Vergaser zumeist von Sonderfabriken bezogen werden, die ihre Erzeugnisse nach den Leistungen der Maschinen abstufen. So zeigt die nachstehende Zahlentafel eine Übersicht der Abmessungen gängiger Pallas-Vergaser:

Steuer-Leistung PS	Vergaser-Größe	Hauptluftdüse mm	Brennstoffdüse mm	Zusatzluftdüse mm	Leerlaufdüse mm	Tauchrohr mm
3	0	15	0,6/0,75	0,5/0,6	0,4/0,7	3,5
4	0	16	0,65/0,75	0,5/0,6	0,4/0,7	3,5/3,3
5		17	0,75/0,85	0,6/0,7		3,3/4,0
6	I	18	0,85/0,95	0,7/0,75		4,0
7		19	0,95/1,05	0,75/0,8		4,0/3,8
8	II	20	1,05/1,15	0,8/0,85	0,5/0,8	
9		21	1,15/1,2	0,85/0,9		4,0/3,8
10		22	1,2/1,25	0,9/1,0		
11/12	III	23	1,25/1,3	1,0/1,05	0,6/0,9	
13/14		24	1,3/1,35	1,05/1,1		3,8
15/16		25	1,35/1,4	1,1/1,15		
17/18	IV	26	1,4/1,45	1,15/1,2	0,7/1,0	
19/20		27	1,45/1,5	1,2/1,25		3,8/3,6
21/22		28	1,5/1,55	1,25/1,3		
23/24	V	29	1,6/1,7	1,3/1,35	0,9/1,2	
25/26		30	1,7/1,75	1,35/1,4		3,6
27/28		31	1,8/1,85	1,4/1,45		
29/30	VI	32	1,8/1,9	1,45/1,5	1,0/1,4	
31/32		33	1,95/2,0	1,5/1,55		3,6
33/34		34	2,0/2,1	1,55/1,6		

Um aber einen Gang der Berechnung zeigen zu können, kann man davon ausgehen, daß der Unterdruck an der Düse bei voller Drosselöffnung und Höchstdrehzahl der Maschine nicht mehr als 38 cm W.-S. betragen soll. Sind die Ausflußverhältnisse der gewählten Art von Brennstoffdüsen durch genaue Eichversuche in der weiter oben beschriebenen Art ermittelt, so könnte man die Hauptabmessungen des Vergasers für jeden Fall etwa nach folgendem Beispiel berechnen:

Es sei ein Vergaser zu entwerfen für eine Maschine mit 4 Zylindern von 85 mm Zyl.-Durchm. und 120 mm Hub, die bei 2300 Uml/min rd. 30 PS_e leistet.

Als mittleren Brennstoffverbrauch kann man dann, ungünstig, 0,33 kg/PS_eh annehmen, so daß die minutlich zu liefernde Brennstoffmenge

$$G_B = \frac{0,33 \cdot 30}{60} = 0,165 \text{ kg/min}$$

beträgt.

Nun ist
$$G_B = v_B \cdot F_B \cdot \gamma_B,$$
worin für unsern Fall
$$G_B = \frac{0,165}{60} = 0,00275 \text{ kg/s}$$

zu setzen wäre.

Da die Düsenbauart gewählt ist, so ist durch die Eichversuche die Beziehung
$$v_B = \alpha \sqrt{h}$$
ermittelt. Z. B. für die Düse von $F_B = 1,5328$ mm² freiem Querschnitt nach Abb. 138, S. 104, ergibt sich aus den in Abb. 133, S. 102, dargestellten Ergebnissen annähernd
$$v_B = 0,3357 \sqrt{h} \quad (v_B \text{ in m/s, } h \text{ in cm W.-S.})$$
und für den höchsten zugelassenen Unterdruck von $h = 38$ cm Wassersäule
$$v_B = 2,0694 \text{ m/s}.$$

Für das spezifische Gewicht kann man endlich als Mittelwert
$$\gamma_B = 750 \text{ kg/m}^3$$
einsetzen. Man erhält dann
$$F_B = 0,00000177 \text{ m}^2$$
$$= 1,77 \text{ mm}^2$$
$$d_B \sim 1,5 \text{ mm}.$$

Für die Berechnung des engsten Luftquerschnittes im Vergaser kann man, da es sich stets um Druckverhältnisse von

$$\frac{p_0}{p} > 0{,}9$$

handelt, die vereinfachten Formeln[1]) anwenden

$$v_L = 24\,\varphi\,\sqrt{T\left(1 - \frac{p_0}{p}\right)},$$

worin für die Verhältnisse bei Vergasern

$$\varphi = 0{,}9$$

und für die mittlere Temperatur von 15^0 C $T = 288^0$ C abs. sowie angenähert

$$p = 1 \text{ kg/m}^2$$

zu setzen sind.

Führt man den Unterdruck h in cm W.-S. ein, so erhält die Formel mit den angegebenen Festwerten die Gestalt

$$v_L = 11{,}592\,\sqrt{h}.$$

In unserem Beispiel ergibt dies für den höchsten zugelassenen Unterdruck von $h = 38$ cm

$$v_L = 71{,}458 \text{ m/s}.$$

Das von der Maschine sekundlich angesaugte Volumen, das man, wenn man von dem Einfluß der Undichtheit der Saugleitung sowie der Ventile absieht, annähernd dem verdrängten Hubraum V_L gleichsetzen kann, beträgt

$$V_L = \eta \cdot \frac{\frac{d^2 \pi}{4} \cdot s \cdot n \cdot i}{2 \cdot 60}.$$

Hierin bedeuten

$d = 0{,}085$ m den Zyl.-Durchm.,
$s = 0{,}120$ m den Hub,
$n = 2300$ Uml/min,
$i = 4$ die Zylinderzahl,
$\eta = 0{,}7$ den Lieferungsgrad

der Maschine als Saugpumpe. Dieser kann wegen des verhältnismäßig geringen Unterdruckes wesentlich besser angenommen werden als bei Versuchen bis jetzt gefunden worden ist[2]).

Das ergibt

$$V_L = 0{,}03954 \text{ m}^2/\text{s}$$

oder bei

$$\gamma_L = 1{,}188 \text{ kg/m}^3$$
$$G_L = 0{,}04697 \text{ kg/s},$$

was annähernd $= 17\,G_B$ ist.

Aus der oben berechneten Luftgeschwindigkeit erhält man den geringsten Luftquerschnitt des Vergasers

$$F_L = \frac{V_L}{v_L} = 5{,}53 \text{ cm}^2.$$

Es erhebt sich noch die Frage, wie sich die Druckverhältnisse im Vergaser bei der Mindestumlaufzahl gestalten werden, die bei voll geöffneter Drossel möglich ist. Diese Mindestumlaufzahl der Maschine hängt allerdings von der Brennbarkeit des stark mit verbrannten Gasen verdünnten Benzin-Luftgemisches ab. Aus den vorliegenden Versuchen kann man aber doch wenigstens folgern, daß die untere Grenze für den Unterdruck an der Düse, d. h. derjenige Unterdruck, bei welchem der Brennstoff noch mit genügender Geschwindigkeit aus der Düse heraustritt, $h_{min} = 2$ cm W.-S. ist. Bei diesem Unterdruck würde die Ausflußgeschwindigkeit v_B des Brennstoffes für die Düse mit gegebenem Ausflußgesetz

$$v_{B_{min}} = 0{,}3357\,\sqrt{h_{min}} = 0{,}4748 \text{ m/s}$$

und die Durchflußgeschwindigkeit der Luft

$$v_{L_{min}} = 11{,}592\,\sqrt{h_{min}} = 16{,}393 \text{ m/s}$$

betragen.

---

[1]) Hütte 19. Aufl. 1905, S. 332.   [2]) Vgl. z. B. Wissenschaftliche Automobil-Wertung X.

Die diesen Verhältnissen entsprechende Mindestumlaufzahl $n_{\min}$ der Maschine läßt sich ebenfalls leicht berechnen, da

$$V_{L_{\min}} = F_L \cdot v_{L_{\min}} = \dfrac{\dfrac{\pi d^2}{4} \cdot s \cdot n_{\min} \cdot i \cdot \eta}{2 \cdot 60}$$

bekannt ist. Es ergibt sich hieraus

$$n_{\min} = 570 \text{ Uml/min}.$$

Soll, wie das heute gefordert wird, die Maschine unbelastet noch langsamer laufen, so muß eine besondere Leerlaufdüse in Wirkung treten, da dann der Unterdruck an der Hauptdüse zu gering wird. Im wirklichen Betrieb wird die Hauptdüse schon bei höheren Drehzahlen der Maschine versagen, weil die Rechnung die Widerstände für die Luftströmung nicht berücksichtigt.

Hiermit sind alle für die Berechnung des Vergasers erforderlichen Abmessungen gegeben. Alles übrige ist Sache der baulichen Ausgestaltung, worüber nur einige Bemerkungen folgen sollen, da die Vergaser heute vorwiegend von Sonderfabriken fertig bezogen werden.

Bauteile und Zubehör des Vergasers.

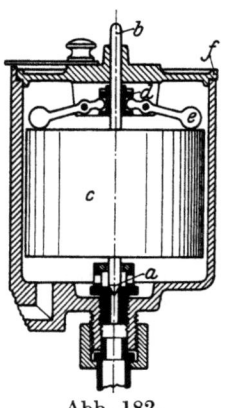

Abb. 182. Schwimmergehäuse.

Das Gehäuse des Vergasers wird zumeist aus Messing gegossen; gelegentlich benutzt man dafür auch eine zinkhaltige Spritzgußlegierung, die aber wegen ihrer geringen Festigkeit gegenüber den Beanspruchungen bei Festziehen der Rohranschlüsse weniger beliebt ist. Aluminiumguß hat sich nicht bewährt, weil das Metall von dem im Brennstoff vorhandenen Wasser angegriffen wird. Im übrigen läßt sich die wichtigste Anforderung an solche Gußstücke, daß sie dicht sind, in der Regel leicht erfüllen. Mit dem eigentlichen Vergasergehäuse bildet das Gehäuse des Schwimmers, dessen übliche Bauart Abb. 182 zeigt, zumeist ein einheitliches Gußstück, doch kann man dieses, um an Gewicht zu sparen, auch aus Messingblech ziehen und auf einem geeigneten Unterbau befestigen. Das Schwimmergehäuse trägt den Anschluß zur Brennstoffleitung, die zum Schutz gegen Verrosten vorzugsweise aus Kupfer hergestellt und mittels Überwurfmutter und Dichtung oder, besser, mittels eingeschliffener Kegelnippel abgedichtet wird. Der Gehäuseboden ist dort, wo der Brennstoff zur Vergaserdüse austritt, etwas erhöht, damit etwa vom Brennstoff abgesetzte Verunreinigungen, insbesondere Wassertropfen, nicht so leicht bis in die Düse gelangen, und trägt in der Mitte einen gesondert aus Bronze hergestellten Sitz a, der zugleich eine Führung für die Nadel b des Schwimmerventils bildet. Aufgabe dieses Ventils ist es, den Zutritt von Brennstoff aus der Leitung ins Schwimmergehäuse abzusperren, sobald der Brennstoffstand darin die vorgeschriebene Höhe erreicht hat, indem der Schwimmer c mittels der an dem Stellring d angreifenden Hebel e die Nadel auf ihren Sitz drückt. Damit diese Aufgabe stets betriebsicher erfüllt wird, muß die Nadel aus hartem, rostsicherem Metall (Nickel, Argentan u. dgl.) hergestellt werden. Die besondere Gestalt der Hebel, die aus entsprechenden Profilstangen geschnitten und am Deckel f des Schwimmergehäuses aufgehängt sind, verfolgt den Zweck, das Gewicht der Nadel auszugleichen und dadurch die Genauigkeit der Wirkungsweise zu erhöhen. Der Deckel soll schnell abnehmbar sein und wird daher am besten lose aufgesetzt und mittels einer Feder gegen Abfallen gesichert.

Die sichere Wirkung der Regelvorrichtung hängt vor allem von dem Schwimmer ab, dessen Lötfugen auch gegenüber Benzin unbedingt dicht sein müssen. Es empfiehlt sich, jeden Schwimmer einige Tage in Benzin untergetaucht zu halten und auf Dichtheit zu prüfen, bevor man ihn in Gebrauch nimmt. Um die Zahl der Lötfugen zu verringern, setzt man den Schwimmer oft aus zwei gezogenen Schalen derart zusammen, daß die Umfangsnaht über dem Brennstoffspiegel liegt. Bei andern, namentlich amerikanischen Vergasern benutzt man vielfach Schwimmer aus Kork, die lackiert sind und verhältnismäßig klein bemessen werden können, s. Abb. 183; der hier als Beispiel benützte Vergaser von Stewart ist auch kennzeichnend dafür, wie man die Übertragung der Schwimmerbewegung auf die Nadel wesentlich vereinfachen kann und trotzdem eine durch die Hebelübersetzung gegebene hohe Empfindlichkeit der Regelung erzielt. Legt man, wie hier, den Schwimmer nicht mehr zentrisch um die Nadel, so gewinnt man ferner die Möglichkeit, den Schwimmer konzentrisch zur Brennstoffdüse anzuordnen, wie der Pallas-Vergaser, Abb. 184, zeigt.

Bei den Vergasern, deren Schwimmer sich seitlich von der Düse befindet, hängt nämlich offenbar die Höhenlage des Brennstoffspiegels in der Düse von etwaigen Seitenneigungen des Wagens oder davon ab, ob der Wagen auf einer ebenen oder einer steigenden Straße fährt; je nach der Stellung der Düse gegen den Schwimmer liegt auf der Steigung der Brennstoffspiegel der Düse etwas höher oder niedriger als im Schwimmergehäuse. Damit dann der Brennstoff nicht unter Umständen sogar über den Düsenrand abfließt, auch wenn die Maschine stillsteht, pflegt man die Schwimmer solcher Vergaser so einzustellen, daß auf wagerechter Strecke der Brennstoffspiegel nicht ganz bis zum Düsenrand reicht. Damit wird aber eine wenn auch geringe Widerstandshöhe geschaffen, die durch den Unterdruck überwunden werden muß. Legt man aber den Schwimmer konzentrisch um die Düse, so tritt diese Erscheinung nicht

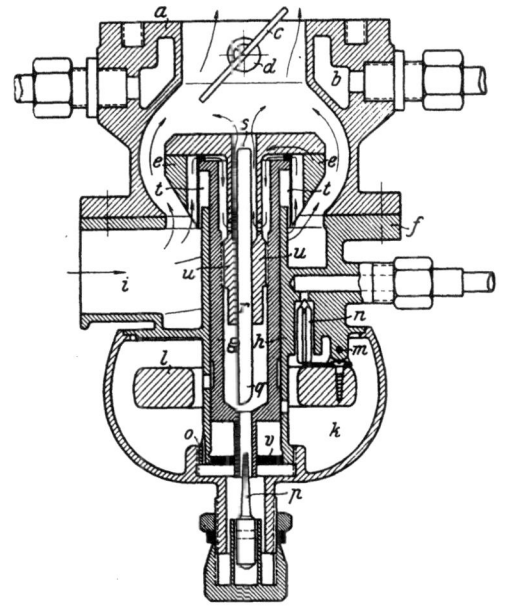

a Gehäuse — b Heizmantel — c Drosselklappe — d Spindel — e Drosselkegel — f Unterteil — g Brennstoffsumpf — h Führungsrohr — i Lufteintritt — k Brennstoffbehälter — l Schwimmer — m Drehzapfen — n Schwimmerventil — o Brennstoffeintritt — Düsennadel — q Leerlaufdüse — r Zerstäuber — s Zerstäuberöffnung — t Luftpolster — u Luftrohr — v Bremszylinder.

Abb. 183.
Vergaser mit Korkschwimmer nach Stewart.

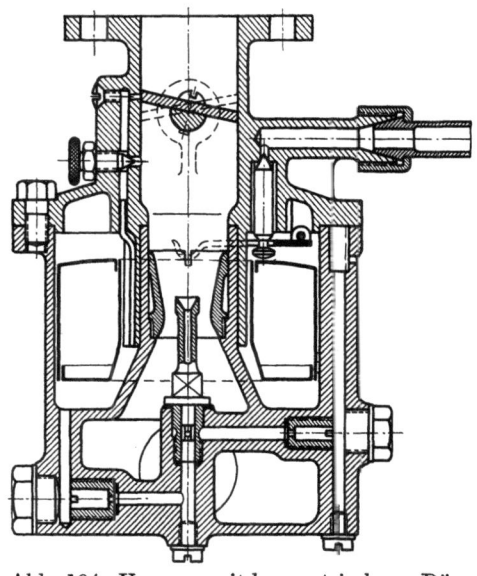

Abb. 184. Vergaser mit konzentrisch zur Düse angeordnetem Schwimmer.

auf, nach welcher Seite immer der Vergaser geneigt wird. Daneben liefert diese Anordnung auch in baulicher Hinsicht günstige, weil gedrängte Vergaser. In welcher Weise bei dem Vergaser der Fahrzeugfabrik Eisenach, s. Abb. 99 und 100, S. 87, der Einfluß der seitlichen Neigungen beseitigt wird, ist bereits erwähnt worden.

Die Empfindlichkeit des Schwimmers wird ferner dadurch erhöht, daß man den inneren Durchmesser des Schwimmergehäuses nur wenig größer als den Außendurchmesser des Schwimmers bemißt, so daß einer geringen Höhenveränderung des Schwimmers schon eine große Änderung des Brennstoffspiegels und damit des Auftriebes entspricht. Es ist aber nicht erforderlich, den Schwimmer zu führen. Die dadurch verursachte Reibung würde die Empfindlichkeit des Schwimmers sehr vermindern.

Die Abmessungen des Schwimmergehäuses werden im übrigen dadurch bestimmt, daß der Schwimmer das Nadelventil gegenüber einem Überdruck von 0,2 bis 0,4 at in der Brennstoffleitung dicht halten muß. Dadurch wird die Tiefe begrenzt, bis zu welcher der Schwimmer im äußersten Fall eintauchen darf, und umgekehrt auch die Höhe bestimmt, bis zu welcher sich der Brennstoff im Ruhezustand in der Düse einstellt. Soll anderer, z. B. schwererer Brennstoff verwendet werden, in den der Schwimmer nicht so tief eintaucht, so muß man, um gleichen Brennstoffstand in der Düse zu erhalten, die Einstellung des Schwimmers ändern oder, was häufiger geschieht, den Schwimmer beschweren. Bei Schwimmergehäusen, die mit Unterdruck arbeiten, z. B. für Flugmotoren, muß man darauf achten, daß die Verminderung des Druckes auf die Oberfläche des Brennstoffes eine entgegengesetzte Wirkung ausüben kann.

Bei den meisten Vergasern führt man die Spindel der Ventilnadel nach außen durch oder man bringt besondere Stängelchen an, mit denen man das Brennstoffventil öffnen kann. Dadurch wird der Mischraum des Vergasers mit Brennstoff überschwemmt, was das Andrehen der Maschine erleichtert. Obgleich dieses Hilfsmittel bei einem richtig bemessenen Vergaser nicht erforderlich ist, kann man es doch beibehalten, denn es kann vorkommen, daß sich das Brennstoffventil irgendwie festsetzt, was man sofort beseitigen kann, wenn die Spindel von außen leicht zugänglich ist. Beim Gebrauch dieser Einrichtung ist Vorsicht geboten, insbesondere in Fahrzeugen, wo der überlaufende Brennstoff ohne besondere Leitungen nicht ins Freie gelangen kann, wie bei Motorbooten oder Flugzeugen. Mancher verheerende Brand ist schon dadurch entstanden, daß sich der so ins Fahrzeug ausgelaufene Brennstoff entzündet hat.

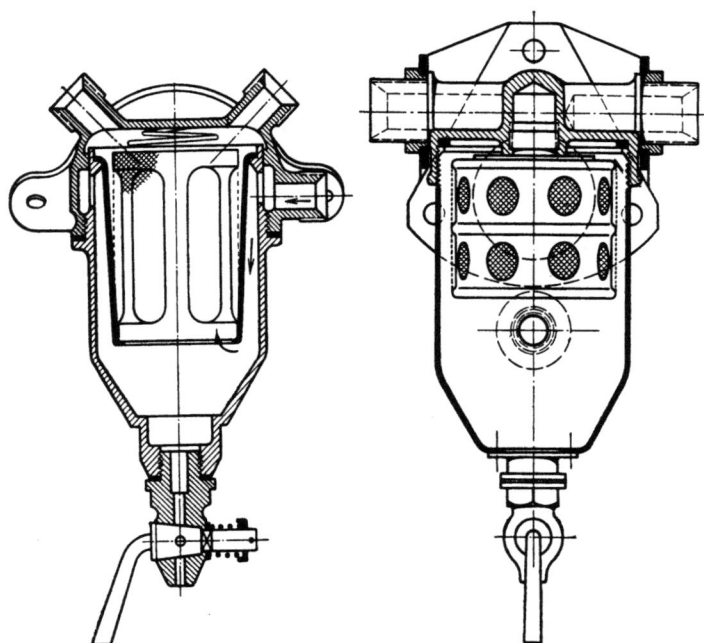

Abb. 185 und 186. Brennstoffreiniger von Benz & Cie.

Besondere Beachtung ist der Reinhaltung des Brennstoffes von festen Fremdkörpern zu schenken, welche die feinen Öffnungen der Düse verlegen oder sich zwischen das Brennstoffventil und seine Sitzfläche klemmen können, so daß es dauernd undicht wird. Obgleich der Brennstoff schon beim Einfüllen in den Wagenbehälter durch ein feinmaschiges Sieb oder Hirschleder gereinigt wird, empfiehlt es sich, solche Siebe auch an der Stelle einzubauen, wo die Brennstoffleitung an das Schwimmergehäuse angeschlossen ist, und überdies dafür Sorge zu tragen, daß alle Kanäle mit einer feinen Bürste überfahren werden können. Die Möglichkeit, diese Kanäle von außen leicht zugänglich zu machen, ist übrigens in der Regel schon dadurch gegeben, daß sie aus dem Vollen gebohrt werden. Wo es die Bauart gestattet, empfiehlt es sich endlich auch, das Schwimmergehäuse oder die zur Düse führende Leitung mit einem geräumigen Abscheider auszustatten, in dem sich die letzten Verunreinigungen niederschlagen können und in dem namentlich das vom Brennstoff mitgeführte Wasser zurückbleibt, das große Betriebsstörungen verursachen kann, wenn es in die Brennstoffdüse gelangt.

Einen einfachen Brennstoffreiniger von Benz & Cie. für Flugmotoren zeigt Abb. 185. Seine Wirkung beruht auf dem Kegeleinsatz, der den zufließenden Brennstoff zunächst nach unten ablenkt, sowie auf der großen Oberfläche des oben geschlossenen Einsatzes, der außen mit einem feinmaschigen Sieb bedeckt ist und durch den der Brennstoff fließen muß, um zu den beiden Auslaßstutzen am Kopf des Gehäuses zu gelangen. Um das Sieb zu reinigen, braucht man nur das Unterteil abzuschrauben, wobei die Rohrleitungen unverändert bleiben können. Eine neuere Ausführung von Benz & Cie., die gestattet, das Unterteil aus Messingblech zu ziehen und so an Gewicht zu sparen, zeigt Abb. 186.

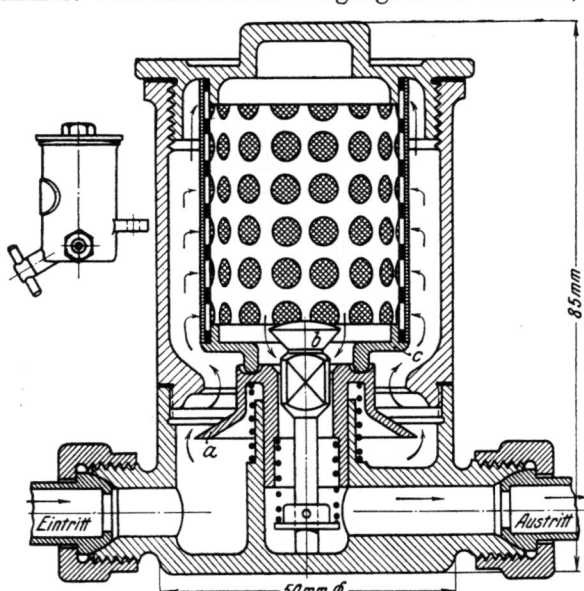

Abb. 187. Brennstoffreiniger von Ehrich & Graetz.

Die Firma Ehrich & Graetz, Berlin, stellt neuerdings einen Brennstoffreiniger, Abb. 187, her, dessen Einlaß- und Auslaßöffnung sich selbsttätig verschließt, sobald man den Deckel abschraubt, um das Sieb zu reinigen, so daß man dabei nicht einmal die Hähne in der Brennstoffleitung zu schließen braucht. Den Boden des Reinigers bildet hier ein unter Federdruck stehender Kegelteller a, in dessen Mittelöffnung ein Ventil b geführt ist. Solange der Deckel auf das Gehäuse aufgeschraubt ist, drückt der Siebträger c den Teller a nieder, wodurch nicht nur der Weg des zutretenden Brennstoffes zur Außenseite des Siebes, sondern auch, indem hierbei die Spindel des Ventiles b mit dem untern Ende aufstößt, der Abfluß des gereinigten Brennstoffes aus dem Innern des Siebes zur Vergaserleitung freigegeben wird. Wird dagegen der Deckel abgenommen, so drückt eine Feder den Teller a empor, so daß weiterer Zufluß von Brennstoff verhindert wird, während sich gleichzeitig das Ventil b auf seinen Sitz auflegt und so verhindert, daß Brennstoff aus der Leitung zum Reiniger zurückfließt.

Obgleich sich die Tauchtiefe eines Schwimmers bei den geringsten Änderungen im spezifischen Gewicht des Brennstoffes schon erheblich ändert, braucht bei den heutigen Vergasern die Verbindung mit der Ventilspindel nicht einstellbar zu sein. Die Düsen, deren Gestalt, wie gezeigt worden ist, auf ihre Liefermenge von großem Einfluß ist, werden in der Regel gesondert hergestellt und in den gegossenen Vergaserkörper eingesetzt. Wegen ihrer Empfindlichkeit gegen Fremdkörper sind die Düsen stets so zu lagern, daß sie von außen her mit einem Draht befahren und beim Einregeln des Vergasers leicht ausgewechselt werden können. Zur Vermeidung von Verwechslungen werden die Düsen nach ihrer Größe mit fortlaufenden Nummern bezeichnet, s. die Zahlentafel.

Abmessungen von Benzindüsen.

Nr.	Durchm. mm	Nr.	Durchm. mm	Nr.	Durchm. mm	Nr.	Durchm. mm
1	1,2	8	1,55	15	1,9	22	2,25
2	1,25	9	1,6	16	1,95	23	2,30
3	1,3	10	1,65	17	2	24	2,35
4	1,35	11	1,7	18	2,05	25	2,40
5	1,4	12	1,75	19	2,10	26	2,45
6	1,45	13	1,8	20	2,15	27	2,50
7	1,5	14	1,85	21	2,20		

Zwischen dem Mischraum des Vergasers und der Saugleitung der Maschine ordnet man in der Regel die Drosseleinrichtung so an, daß sie gewöhnlich in den Vergaser eingebaut wird. Ihre Aufgabe ist, wenn durch das weiter oben angegebene Verfahren der Einfluß des Unterdruckes auf das Mischungsverhältnis beseitigt worden ist, lediglich eine quantitative. Indem man durch Drosseln der Saugleitung weniger Gemisch in die Maschine einläßt, vermindert man ihre Leistung und allerdings auch den Unterdruck im Vergaser. Für die richtige Wirkung der Drossel ist wesentlich, daß weder durch die Rohranschlüsse noch insbesondere durch die Lageröffnungen der Drosselklappe falsche Luft eindringt. Diese Stellen müssen daher im Betrieb gut dicht erhalten werden.

Beim Entwurf neuer Vergaser empfiehlt es sich, die einschlägigen Normen zu beachten, die vom Verein Deutscher Motorfahrzeug-Industrieller aufgestellt sind. Abgesehen von Einzelteilen der Rohrleitungen, wie Dichtungskegeln, Verschraubungen, Formstücken u. dgl. sind auch Hauptmaße für die Anschlußflanschen der Vergaser und Krümmer vereinheitlicht oder wenigstens zur Vereinheitlichung vorgeschlagen, damit beliebige Vergaser an beliebige Maschinen angebaut werden können.

Ein wichtiges Zubehör der Vergaser bildet die Brennstoffanlage des Fahrzeuges. Sie umfaßt den Brennstoffbehälter, worin der Vorrat für die Fahrt mitgeführt wird, die Leitungen und die Fördereinrichtungen, und ihre Durchbildung hängt so wesentlich von der Art des Fahrzeuges ab, daß an dieser Stelle nur die wichtigsten Gesichtspunkte angeführt werden können.

Der Brennstoffbehälter wird aus gut verzinntem Stahlblech mit einem möglichst glatten Mantel und zwei seitlichen eingeschweißten Böden hergestellt und durch einen Siebeinsatz an der Einfüllstelle gegen Explosionsgefahr gesichert. Seine äußere Form paßt sich der Stelle des Wagenrahmens an, an der er eingebaut wird, sein Inhalt soll wenigstens den Bedarf für 300 bis 400 km Fahrt in mittlerem Gelände decken. Während also Behälter, die hinten im Wagenrahmen mittels zweier Stahlbänder aufgehängt werden, annähernd die Gestalt einer hinten abgerundeten Kiste erhalten, Abb. 188, die gegebenenfalls auch noch vorne etwas ausgenommen wird, damit man sie näher an der Hinterachse anordnen kann, passen sich andere Behälter, die z. B. über der Maschine vor dem Führersitz eingebaut sind, Abb. 189, in ihrer Form mehr der Form der Windschutzhaube an, die den Übergang zwischen der Blechhaube über der Maschine und dem Wagenkasten bildet. Jeder Brennstoffbehälter ist zweckmäßig mit Scheidewänden zu versehen, die mit Öffnungen versehen sind und verhindern, daß beim Fahren die ganze Brennstoffmasse in Seitenschwingungen gerät. Der Boden ist an einer mit Ablaßöffnung versehenen Stelle zu vertiefen, damit sich dort Wasser und Verunreinigungen sammelt, und unmittelbar über dieser Stelle mündet das in der Regel nach oben austretende Entnahmerohr, damit der Brennstoffvorrat bis auf einen möglichst kleinen Rest aufgebraucht werden kann.

Je nach der Höhenlage des Brennstoffbehälters gegenüber dem Vergaser fließt der Brennstoff dem Behälter mit natürlichem Gefälle (Fallbehälter) oder unter künstlich erzeugtem Druck zu. Bei Anlagen mit natürlichem Gefälle macht es oft bauliche Schwierigkeiten, genügend große Brennstoffvorräte mitzuführen. Von dem Einbau des Behälters unter

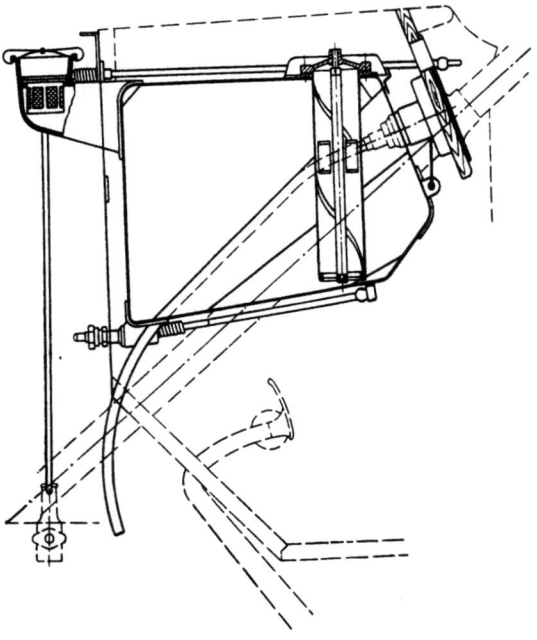

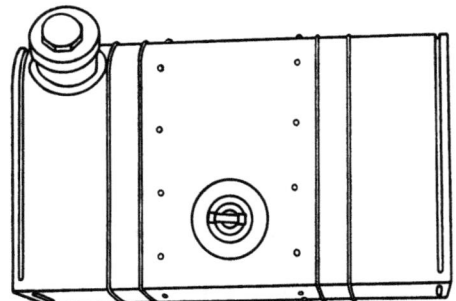

Abb. 188. Gewöhnlicher Brennstoffbehälter.   Abb. 189. Brennstoffbehälter des Steyr-Wagens.

dem Führersitz ist man heute fast ganz abgekommen, da man bestrebt ist, den Rahmen möglichst tief zu legen und dann namentlich bei Bergfahrten kein ausreichendes Gefälle zwischen Behälter und Vergaser vorhanden ist. Druckbehälter, die heute noch zumeist verwendet

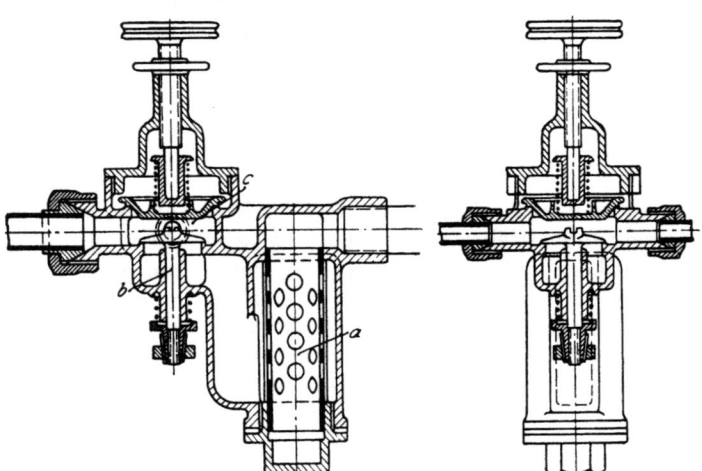

Abb. 190 und 191. Druckminderventil für Brennstoffanlagen.

werden, machen besondere Mittel zur Druckerzeugung, also eine Handluftpumpe, die zur Aushilfe immer vorhanden sein soll, daneben aber auch von der Maschine angetriebene Luftpumpen oder die Entnahme von Auspuffgasen aus dem Auspuffkrümmer mittels eines Druckminderventiles, Abb. 190 und 191, erforderlich, das mit einem Siebeinsatz a zum Schutz gegen etwa mitgerissenes Schmieröl, einem leicht belasteten Rückschlagventil b zur Sicherung des Überdruckes im Brennstoffbehälter bei Stillstand der Maschine und einem Überdruckventil c mit Handregelung besteht und auf rd. 0,3 at eingestellt sowie an die Druckleitung der Handluftpumpe angeschlossen wird. Auch bei den von der Maschine angetriebenen Luftpumpen muß durch geeignete Abscheider verhindert werden, daß Schmieröl in die Brennstoffleitung gelangt.

Besondere Sorgfalt erfordert wegen der Gefahren, die ein plötzliches Versagen der Brennstoffzufuhr bedingt, die Anlage der Brennstoffleitungen bei Flugzeugen[1]). Man strebt hier allgemein an, den Hauptvorrat an Brennstoff in einem druckfreien Behälter zu lagern, damit er sich bei Beschädigungen, z. B. durch eine Gewehrkugel, nicht übermäßig schnell entleert,

---

[1]) Vgl. Dechamps und Kutzbach: a. a. O., Abschnitt VI.

und läßt ihn mit einem kleineren Fallbehälter zusammenarbeiten, der mittels einer von der Maschine angetriebenen Brennstoffpumpe gespeist wird. Eine etwas einfachere Brennstoffanlage von Benz & Cie., welche die Nachteile des Fallbehälters bei schnellem Aufstieg vermeidet und sich vielfach als recht zuverlässig erwiesen hat, zeigt Abb. 192; die Anlage umfaßt einen Hauptbehälter a mit angebautem Hilfsbehälter b, eine von der Maschine angetriebene Brennstoffpumpe c, die mit einer Handpumpe d parallel geschaltet ist, sowie ferner in der Druckleitung der Pumpen einen Brennstoffreiniger e und einen Überdruckregler f, von dem die mit Manometer g versehene Speiseleitung zu dem Vergaser führt. Der Hauptbehälter, in den der Brennstoff vom Hilfsbehälter aus eingefüllt wird, steht wie dieser unter dem Druck der Außenluft. Ist der Hauptbehälter aber zu früh entleert, so kann man mittels des Umschalthahnes II noch soviel Brennstoff verfügbar machen, daß man wenigstens mit Sicherheit landen kann.

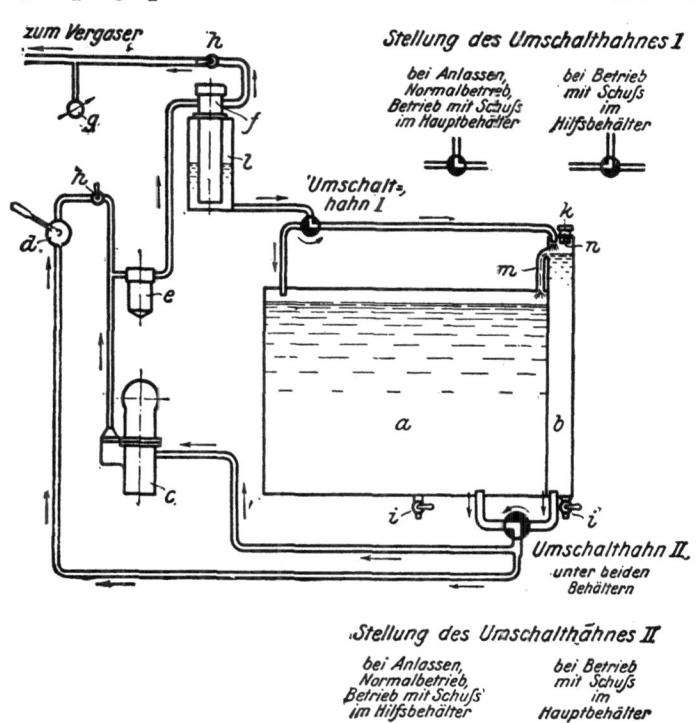

Abb. 192. Brennstoffanlage von Benz & Cie.

Die Förderung der Brennstoffpumpen ist wesentlich größer, als der Bedarf der Maschine. Der Überschuß fließt unter dem Überdruck-Regelventil f in einen Behälter i, aus dem er in den Hauptbehälter a oder in den Hilfsbehälter b zurückgeleitet werden kann. Bei dieser Ausbildung der Anlage sind die beiden Brennstoffpumpen in ihrer Wirkung voneinander ganz unabhängig, so daß die Maschine auch dann mit Brennstoff versorgt werden kann, wenn eine Störung an der mechanisch angetriebenen Pumpe eintritt. Ein wesentlicher Vorteil ist ferner, daß der Brennstoff den Vergasern stets mit gleichbleibendem Überdruck geliefert wird.

Die Brennstoffpumpe, Abb. 193, ist eine einfach wirkende Kolbenpumpe mit Aluminiumgehäuse a, Bronzelaufbüchse b und leicht eingeschliffenem Kolben c aus Gußeisen und erhält den Brennstoff über einen vereinigten Siebreiniger und Wasserabscheider d mit abschraubbarem Boden und ein Saugventil e, das lediglich durch sein eigenes Gewicht belastet wird. Die Pumpe wird vom Steuerräderwerk der Maschine mittels eines Schneckenvorgeleges langsam angetrieben. Sie war ursprünglich so entworfen, daß zwischen den Kolben und den Brennstoff Glyzerin als Hilfsflüssigkeit eingeschaltet werden sollte; es hat sich aber bei Dauerversuchen gezeigt, daß sie auch dann völlig betriebsicher ist, wenn der Kolben in den Brennstoff unmittelbar eintaucht. Höchstens empfiehlt es sich, das Innere des Kolbens von Zeit zu Zeit mit dickflüssigem Öl zu füllen.

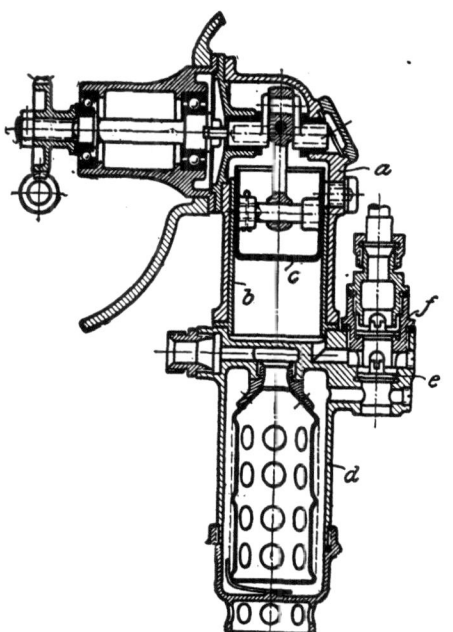

Abb. 193. Brennstoffpumpe von Benz & Cie.

Bei jedem Niedergang drückt der Kolben die angesaugte Brennstoffmenge über ein gleichfalls nur durch sein eigenes Gewicht belastetes Ventil in den Überdruckregler, Abb. 194,

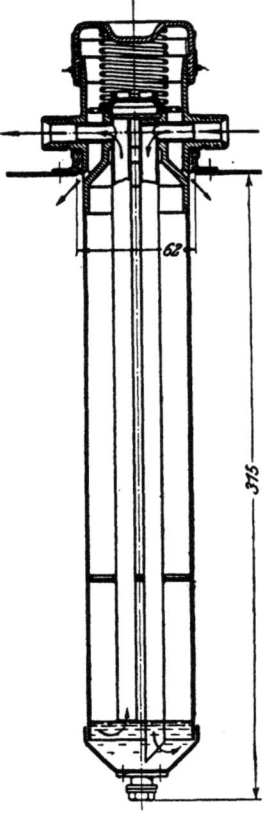

Abb. 194. Überdruckregler von Benz & Cie.

der zugleich als eine Art Windkessel dazu dient, die Pumpenstöße von dem Vergaser fernzuhalten. Der Teller des eigentlichen Überdruckventils wird durch eine leicht nachstellbare Feder niedergedrückt und läßt den Überschuß an Brennstoff durch Öffnungen im Kopf des Windkessels austreten.

Auch bei Kraftwagen muß die ganze Brennstoffleitung sorgfältig angelegt und überwacht werden, wenn man Störungen während der Fahrt mit Sicherheit vermeiden will. Die Rohre sind am Rahmen so zu befestigen, daß sie während der Fahrt nicht in Schwingungen geraten, alle Rohrverbindungen müssen leicht zugänglich sein, damit man sie auf ihre Dichtheit beobachten kann und vor der Maschine sind ein Absperrhahn und ein reichlich bemessener Brennstoffreiniger einzubauen. Da trotzdem namentlich unvorhergesehene Undichtheiten sehr oft große Verluste an Brennstoff sowie Störungen unterwegs herbeiführen, verwendet man in neuerer Zeit in steigendem Umfang sogenannte Brennstoffsauger[1]), die durch den Unterdruck in der Ansaugleitung der Maschine betrieben werden. Bei solchen sogenannten Unterdruck-Förderanlagen kann beim Auftreten einer Undichtheit kein Brennstoff verlorengehen, sondern höchstens Luft in die Leitungen eindringen, die von der Maschine abgesaugt wird.

Ein Brennstoffsauger ist eine durch Unterdruck betriebene und durch einen Schwimmer gesteuerte Pumpe, s. Abb. 195 und 196. Sobald sich der Pumpenraum a unter dem Einfluß des Außenluftdruckes aus dem Hauptbehälter im Wagenrahmen bis zu einer gewissen Höhe mit Brennstoff gefüllt hat, sperrt der aufsteigende Schwimmer b mittels des Ventils c den Anschluß an die Saugleitung der Maschine ab, während er ungefähr gleichzeitig ein Kugelventil d öffnet, das im Raum a den Außendruck wiederherstellt. Infolgedessen kann der Brennstoff mit natürlichem Gefälle in die untere Kammer e und aus dieser nach Bedarf zum Vergaser fließen. Der Schwimmer senkt sich hierbei, so daß das Luftventil wieder geschlossen und das Saugventil geöffnet wird, und der Vorgang kann sich dann wiederholen.

Nach den bisherigen Erfahrungen arbeiten diese Vorrichtungen trotz ihrer Vielteiligkeit verhältnismäßig betriebsicher. Der Inhalt der Pumpenkammer und des darunter liegenden Behälters muß aber ausreichend groß bemessen werden, damit die Brennstoffzufuhr auch dann nicht versagt, wenn die Maschine nur schwach saugt, z. B. beim langsamen Hinauffahren auf eine Steigung.

Für die Sicherung des Kraftwagenbetriebes sind ferner noch Vorrichtungen zum Anzeigen des Brennstoffstandes im Hauptbehälter wertvoll. Während sich diese bei Behältern, die vor dem Führersitz ge-

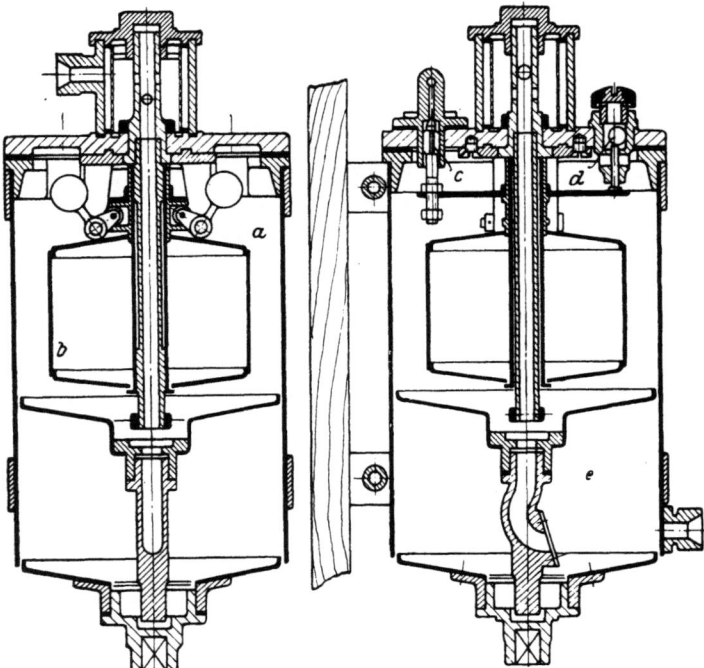

Abb. 195 und 196. Brennstoffsauger der Pallas-Vergaser-Gesellschaft.

lagert sind, sehr einfach durch Schaugläser darstellen lassen, hat man für Behälter, die hinten im Rahmen aufgehängt sind, Schwimmervorrichtungen vorgeschlagen. Die Schwimmer werden

---
[1]) Vgl. auch „The Motor", New York, Juni 1911.

in der Mitte des Behälters angeordnet, damit ihre Anzeige durch Neigungen des Behälters nach irgendeiner Seite nicht gefälscht wird, und übertragen ihre Bewegung mittels Schnurzuges auf ein vor dem Führer angebrachtes Zeigerwerk. Nach den bisherigen Erfahrungen ist aber die Zuverlässigkeit solcher Geräte nicht sehr groß. Ein neuerer Vorschlag der Daimler-Motoren-Gesellschaft[1]), Abb. 197, nutzt daher den Druck aus, der im Hauptbehälter in der Regel vorhanden ist. An den Behälter a ist mittels der Leitung b das höher gelegene Schauglas c angeschlossen, dessen Höhenmaß dem des höchsten Brennstoffstandes im Behälter entspricht. Der Behälter wird über die Leitung d mittels der Pumpe e unter Druck gehalten, während man am Flüssigkeitsmanometer f den Druck beobachten kann. Wenn die Pumpe stets den gleichen Druck liefert, so wird der Brennstoff auch stets um das gleiche Maß x in das Schauglas gehoben. Man kann daher den Verbrauch y in der gleichen Größe auch am Schauglas erkennen.

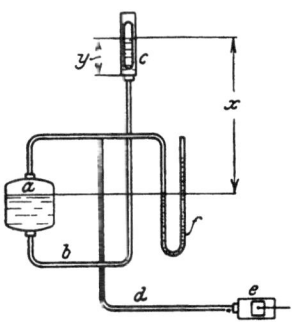

Abb. 197. Einrichtung zum Beobachten des Brennstoffstandes im Behälter.

Allerdings ist es zweifelhaft, ob es im praktischen Betrieb möglich sein wird, den von der Pumpe gelieferten Druck ausreichend gleichmäßig zu erhalten, zumal auch die Undichtheiten der Rohranlage nicht immer gleich bleiben.

Die Zündung.

Im Gegensatz zu manchen ortfesten Verbrennungsmaschinen können für die Fahrzeugverbrennungsmaschine heute nur elektrische Zündvorrichtungen in Betracht gezogen werden, vorzugsweise solche, die ihren Strom von einer Magnetdynamo (mit einem zwischen den Schenkeln von Dauermagneten umlaufenden oder schwingenden bewickelten Anker) erhalten, seltener solche, die aus Akkumulatoren oder Trockenbatterien gespeist werden. Letztere pflegt man aber häufig als Aushilfe für den Fall mitzuführen, daß die Magnetdynamo versagt.

Ist also schon durch die Art der Stromquelle eine Unterscheidung der elektrischen Zündvorrichtungen in magnetelektrische und Batterie- oder Akkumulatoren-Zündvorrichtungen gegeben, so bildet ein weiteres, beide Arten betreffendes Unterscheidungsmerkmal die Art der Erzeugung des Zündfunkens, wobei man Kerzenzündungen und Abreißzündungen kennt. Zwischen den so entstehenden vier Hauptgruppen gibt es aber auch Übergangsbauarten, wie aus dem Nachfolgenden zu ersehen ist.

Batterie-Kerzenzündung.

Vom Gesichtspunkt der technischen Entwicklung aus wären an erster Stelle die Batterie-Kerzenzündungen mit elektromagnetischem Unterbrecher zu erwähnen, deren grundsätzliche Anordnung etwa die alte Benz-Zündung, Abb. 198, zeigt. Die aus zwei Elementen bestehende Akkumulatorenbatterie a, a ist über die Klemme 1 und den Neefschen oder Wagnerschen Hammer b an die Primärwicklung der Induktionsspule angeschlossen. In die Rückleitung über die Klemme 2 sind ein mit der Maschinen- oder Steuerwelle umlaufender Stromschließer c sowie ein Handausschalter d auf dem Spritzbrett geschaltet. Solange der Primärstromkreis bei c vorübergehend geschlossen ist und infolgedessen der Hammer b arbeitet, werden in der Sekundär-

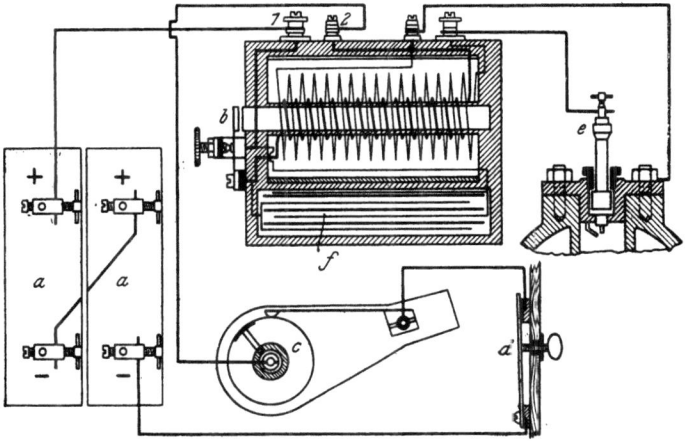

[1]) D.R.P. 366328.

Abb. 198. Schaltplan der alten Benz-Zündung.

wicklung, die an einem Ende durch den Maschinenkörper geerdet und an dem andern Ende mit dem isolierten Mittelleiter der Zündkerze e verbunden ist, Ströme induziert, deren Spannung genügt, um den Abstand zwischen den beiden Kerzenenden durch einen Funken zu überbrücken. Durch Drehen des Verteilers c gegen die Welle, auf der er sitzt, kann man den Zeitpunkt der Zündung ändern. Der an die Primärwicklung im Nebenschluß gelegte Kondensator f soll verhindern, daß beim Öffnen des Primärstromkreises Funken entstehen und, da er beim Öffnen aufgeladen wird, die Induktionswirkung beim Schließen des Stromes verstärken.

Dagegen hat die Firma De Dion & Bouton in Puteaux bei Paris ihre ersten Versuche mit einer Zündvorrichtung mit rein mechanischem Unterbrecher, Abb. 199,

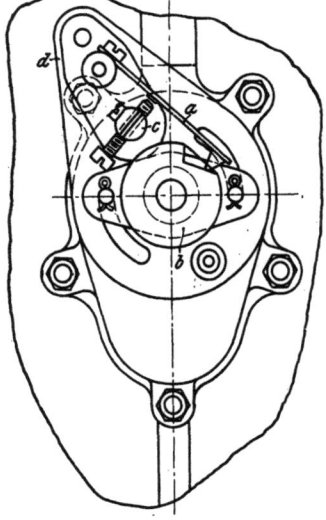

Abb. 199. Mechanischer Unterbrecher von De Dion & Bouton in Puteaux bei Paris.

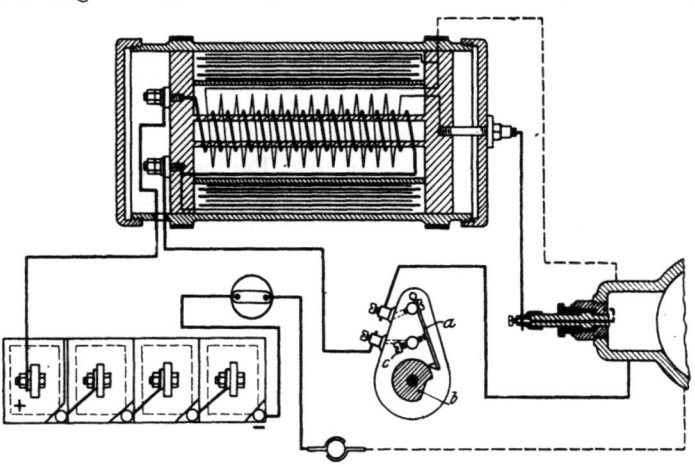

Abb. 200. Schaltplan der alten Zündung von De Dion & Bouton.

angestellt. Die Unterbrecherstelle des Primärstromkreises befindet sich an einer Feder a, die bei jeder Umdrehung der Steuerwelle von dem Verteiler b einmal plötzlich abspringt. Sie ruft hierdurch an der Kontaktschraube c mehrere aufeinanderfolgende Unterbrechungen und Schließungen hervor, die Zündkerzenentladungen im Sekundärstromkreis zur Folge haben.

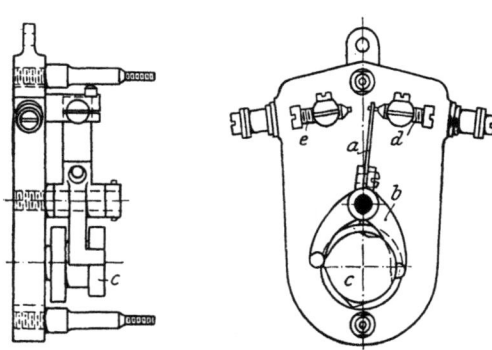

Abb. 201 und 202. Späterer mechanischer Unterbrecher von De Dion & Bouton.

Die Platte d läßt sich um die Steuerwelle verdrehen, wodurch man den Zündzeitpunkt ändern kann. Die Schaltung ist nach Abb. 200 ohne weiteres verständlich. Der beschriebene mechanische Unterbrecher hat offenbar den Vorteil, daß er den Stromschlüssen weniger nacheilt und auch die Zündbatterien weniger beansprucht, als eine Zündeinrichtung nach Abb. 198, dagegen verlangt er, daß das Andrehen der Maschine mit einer gewissen großen Geschwindigkeit vorgenommen wird, weil sonst, wenn der Zahn an der Kontaktfeder a nicht schnell genug von der Scheibe b abspringen kann, keine oder nur ungenügend weite Schwingungen der Feder, also keine Stromschlüsse entstehen, ein Mangel, der bei der erstgenannten Einrichtung nicht vorhanden ist. Sucht man aber diesen Mangel dadurch zu vermindern, daß man die Schraube c verstellt, so wird die Stromquelle stark beansprucht; weil ihr Stromkreis dann bei den hohen Umlaufgeschwindigkeiten zeitweilig dauernd geschlossen gehalten wird.

Bei späteren Ausführungen haben daher De Dion & Bouton einen vollkommen zwangläufig schwingenden Unterbrecher, Abb. 201 und 202, eingeführt. Die mit den Platinkontakten versehene Feder a ist hierbei an einem gegabelten Hebel b befestigt, der unter der Einwirkung einer mit der halben Umlaufzahl der Kurbelwelle angetriebenen Daumenscheibe c zum Ausschwingen gebracht wird. Die Feder a pendelt infolgedessen zwischen den Spitzen der stromführenden Schrauben d und e schnell hin und her, schließt und unterbricht hierbei abwechselnd den Primärstromkreis einer Induktionsspule und erzeugt hierdurch Stromstöße in der Sekundärwicklung, die die Funken an den Zündkerzen zur Folge hat. Der dargestellte Unterbrecher ist für eine Zweizylindermaschine bestimmt, bei der, weil die Kurbelzapfen um 180° gegeneinander versetzt sind, die Zündungen in ungleichen Zeitabständen aufeinanderfolgen müssen.

Mechanisch betätigte Unterbrecher für Batteriezündungen werden vielfach von amerikanischen Fabriken angewendet. Sie haben den Vorzug, daß sie auch bei den höchsten Umlaufzahlen der Maschinen nicht versagen, weil bei ihnen der Zündfunken durch keine Induktionswirkungen verzögert wird, und sie werden, damit sie möglichst sparsam mit dem Batteriestrom wirtschaften, immer so eingerichtet, daß sie nur eine einzige Unterbrechung, also nur einen Funken bei jeder Zündung liefern. Eine derartige Zündvorrichtung, die von der Briggs and Stratton Company in Milwaukee, Wis. hergestellt wird, zeigen die Abb. 203 und 204. Das zylindrische Gehäuse, das unmittelbar auf die Maschine aufgesetzt und an die senkrechte Steuerwelle angeschlossen wird, enthält eine umlaufende Induktionsspule ohne Hammerunterbrecher. Die Spule hat ein Hartgummigehäuse a, dessen metallener unterer Deckel in seiner Fortsetzung das eine Spindelstück bildet, während das zweite oben in den Boden des Gehäuses eingegossen ist. Beide Wicklungen der Induktionsspule sind aus Emailledraht hergestellt. Die primäre Wicklung b ist mit ihren beiden Enden an die Teile der Spindel gelegt und erhält den Batteriestrom über den Unterbrecher, von dem ein Kontakt c an die Batterie angeschlossen wird. Der Primärstromkreis wird durch den Körper der Maschine, an den der zweite Pol der Batterie gelegt ist, vervollständigt. Die Sekundärwicklung d der Induktionsspule steht mit dem Stromverteiler e durch eine Schleifkohle f in Verbindung, während ihr zweites Ende ebenfalls geerdet ist. Der Unterbrecher selbst ist eine Art Sperrwerk, das ein auf das obere Ende der Spindel lose aufgeschobenes Sperrad g, im vorliegenden Falle, bei jeder Umdrehung viermal um je einen Zahn weiterschaltet und dadurch jedesmal bei e und h einen Stromschluß von kurzer Dauer hervorbringt. Mit der Spindel läuft das vierzähnige Sperrad i um, das mit Hilfe der Klinke k den Winkelhebel l mitnimmt und hierdurch die Sperrklinke n um eine Teilung des Sperrades g weiterschaltet. Eine Feder o zieht dann die Klinke mit dem Winkelhebel l wieder gegen einen Anschlag zurück und bewirkt, daß durch das Überspringen der Klinke p der Kontakt gebildet wird.

Der Zündzeitpunkt wird verändert, indem man die ganze, das Unterbrecherwerk tragende obere Platte zwischen den Anschlägen der Stromverteilerplatte gegen die Spindel verstellt. Die Induktionsspule sitzt in einem aus Aluminium gezogenen Gehäuse, umgeben von dem zylindrischen Kondensator r.

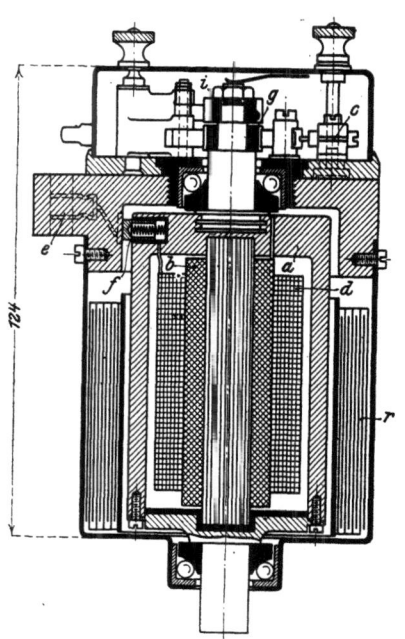

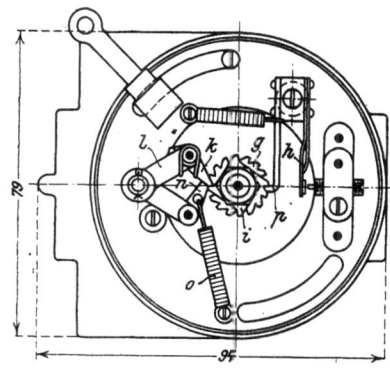

Abb. 203 und 204.
Mechanischer Unterbrecher der Briggs and Stratton Company in Milwaukee, Wis.

Bei einem anderen mechanischen Unterbrecher, Abb. 205 bis 207, der Atwater Kent Manufacturing Works in Philadelphia, Pa. wird von der gezahnten Scheibe a auf der Welle des Stromverteilers ein verschiebbarer Haken b bei jeder Umdrehung viermal mitgenommen, der von einer Feder c gehalten wird. Sobald der Haken von der Spitze des Zahnes abgleitet, Abb. 206, und auf den glatten Umfang der Scheibe gelangt, stößt er nach oben gegen einen federnden Hebel d, durch den die stromführende Feder e niedergehalten wird, und ermöglicht daher, daß sich auf kurze Zeit ein Kontakt an der Schraube f bildet. Einen Augenblick später zieht die Feder c den Haken b wieder in den nächstfolgenden Einschnitt hinein, wodurch der Hebel d frei wird und den Stromübergang unterbricht.

Als ein Beispiel neuzeitlicher amerikanischer Batterie-Zündvorrichtungen sei noch die

Anlage des Liberty-Flugmotors, Abb. 208, beschrieben, die insgesamt 24 Kerzen der 12 Zylinder versorgt. Den Primärstrom liefert eine Batterie a von 8 Volt, die mittels einer Nebenschlußdynamo b ständig aufgeladen wird. Die Dynamo wird von einer der Standwellen des Flugmotors mit der 1,5fachen Drehzahl der Kurbelwelle angetrieben und ist gemeinsam

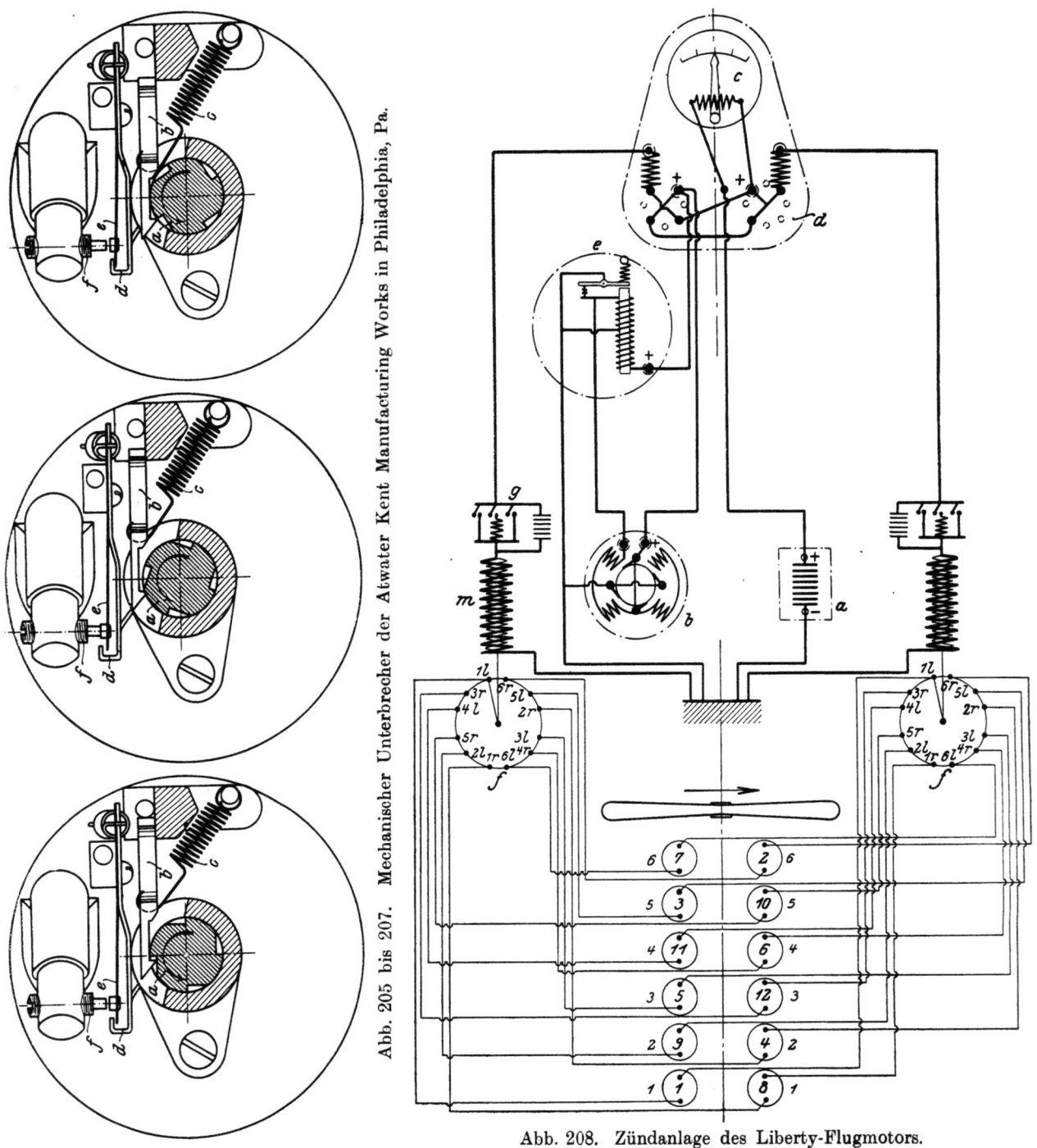

Abb. 205 bis 207. Mechanischer Unterbrecher der Atwater Kent Manufacturing Works in Philadelphia, Pa.

Abb. 208. Zündanlage des Liberty-Flugmotors.

mit der Batterie an dem am Führersitz befindlichen Stromzeiger c, s. Abb. 209, so angeschlossen, daß man aus der Stellung des Zeigers sofort ersieht, ob die Batterie geladen oder entladen wird. Zugleich sind Dynamo und Batterie gemeinsam mit den Handausschaltern d am Führersitz verbunden, damit die Dynamo ausgeschaltet wird, sobald man einen der Schalter betätigt. Bei voller Drehzahl der Maschine erzeugt die Dynamo 25 Volt Spannung, die mittels eines Feldreglers e selbsttätig gedrosselt wird.

Für jede Seite der Maschine sind ferner am hinteren Ende der obenliegenden Steuerwelle ein Stromverteiler f und ein mehrfacher Unterbrecher g mit Kondensator angeordnet. Die Bauart dieser Unterbrecher, die je drei Unterbrecher in sich vereinigen, zeigen die Abb. 210 und 211. Die Unterbrecher einer Seite sind sämtlich parallel geschaltet und werden durch eine gemeinsame Daumenscheibe h so gesteuert, daß der mittlere Unterbrecher i unmittelbar vor den beiden andern Unterbrechern k und l öffnet und schließt. Sobald die Unterbrecher k und l gleichzeitig den Primärstromkreis öffnen, wird im zugehörigen Transformator m der hochgespannte Zündstrom erzeugt und zu der gerade eingeschalteten Zündkerze geleitet, wo der Funke überspringt. Schließt dann der Unterbrecher i den Primärstromkreis etwas vorzeitig, so hat dies die Wirkung, daß der Primärstrom wegen des vor diesen Unterbrecher geschalteten Widerstandes geschwächt und infolgedessen bei dem darauffolgenden Schließen der Unterbrecher k und l die Funkenbildung vermieden wird. Auch die Abnützung der Kontakte auf dem Verteiler f wird verringert, weil man den Primärstrom schon schließt, bevor der Verteilerstift den betreffenden Kontakt verläßt.

Abb. 209. Stromzeiger der Liberty-Zündanlage.

Der wesentlichste Nachteil des magnetischen Unterbrechers, der durch die mechanischen Unterbrecher beseitigt werden soll, besteht darin, daß seine Schwingungszahl von der Maschinengeschwindigkeit unabhängig ist. Wenn man nämlich berücksichtigt, daß die Feder eines gewöhnlichen Wagnerschen Hammers in der Sekunde nur zwischen 160 und 175

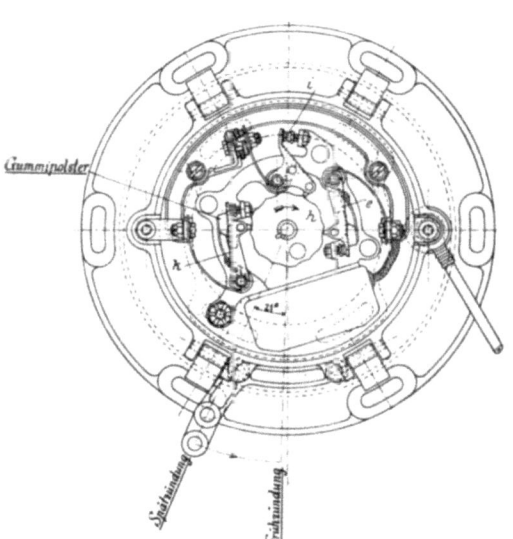
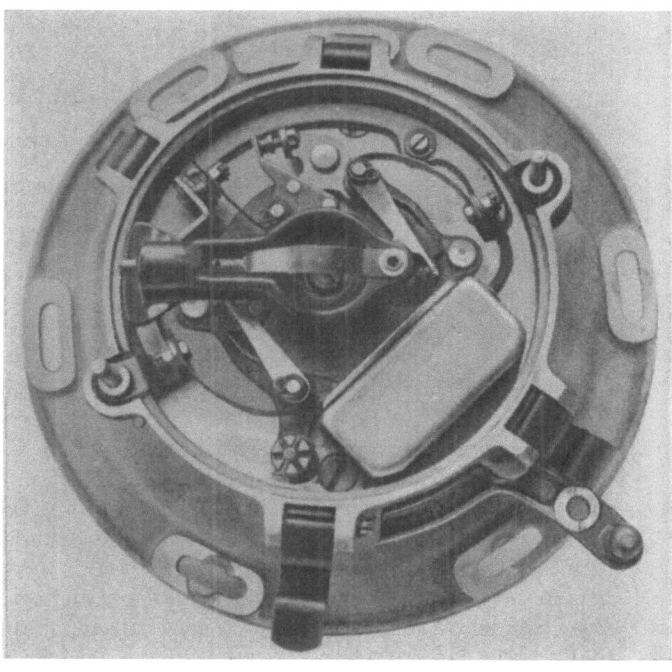

Abb. 210 und 211. Stromunterbrecher der Liberty-Zündanlage.

einfache Schwingungen macht, d. h. nur 80 bis 87,5 Stromunterbrechungen gestattet, so erkennt man sofort, daß bedeutende Schwierigkeiten auftreten müssen, wenn die Zeit, während der der Stromverteiler den Primärstrom geschlossen hält, unter $^1/_{90}$ s sinkt, weil dann, bevor die Feder den Strom einmal geöffnet und wieder geschlossen hat, die Unterbrechung schon durch den Stromverteiler eingeleitet worden ist. Im günstigsten Falle wird man dann an der Zündkerze nur einen einzigen von der Öffnung und vom Schließen des Stromes herrührenden Funken erhalten, in vielen Fällen aber überhaupt keinen. Diese Schwierigkeiten treten nun tatsächlich ein, wenn der Stromverteiler, der auf etwa 0,1 seines Umfanges den Strom schließt, 600 Uml/min macht, denn die für die Zündung verfügbare Zeit beträgt dann nur 0,01 s.

Magnetische Unterbrecher mit hoher Schwingungszahl.

Die magnetischen Unterbrecher mit sehr hoher Schwingungszahl, die sich hierdurch erforderlich gemacht haben, beruhen im wesentlichen darauf, daß man eine Verbindung von mehreren Unterbrecherfedern verwendet, die sich in ihrer Wirkung sozusagen gegenseitig ergänzen sollen. Bei dem Unterbrecher von Arnoux & Guerre, Abb. 212, der 436 Unterbrechungen in der Sekunde ermöglichen soll, also bei weitem mehr als bei den höchsten Umlaufzahlen von Fahrzeugmaschinen in Frage kommen, ist außer der 0,2 bis 0,3 mm dicken Ankerfeder a aus sehr magnetischem Federstahl eine zweite, viel weichere Feder b vorhanden, die sich mit einer gewissen Anfangsspannung gegen den Rücken der Feder a legt. Wird der über die beiden Federn verlaufende Stromkreis am Verteiler geschlossen, so folgt zunächst die Feder b der von dem Kern der Induktionsspule angezogenen Feder a so weit, bis sie durch einen Vorsprung c aufgehalten und der Strom unterbrochen wird.

Bei dem Unterbrecher, Bauart Gawron, Abb. 213, der von den „Rapid"-Akkumulatoren- und Motorenwerken, Berlin, hergestellt wird, ist der Anker a als doppelarmiger, auf einer Schneide beweglicher und einseitig von einer Feder belasteter Hebel ausgeführt, auf dessen Rücken die eigentliche Kontaktfeder b befestigt ist. Wird der Anker von

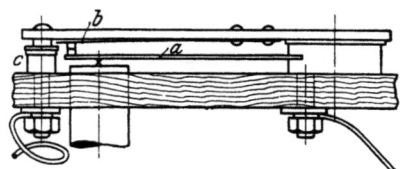

Abb. 212. Magnetischer Schnellunterbrecher von Arnoux & Guerre.

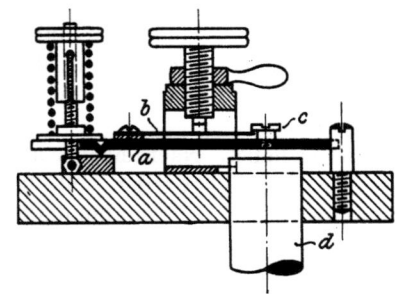

Abb. 213. Magnetischer Schnellunterbrecher. Bauart Gawron der „Rapid"-Akkumulatoren- und Motorenwerke, Berlin.

dem Kern der Spule d angezogen, so nimmt die Schraube c die Feder nach kurzer Zeit mit und unterbricht so zwangläufig den Strom.

Lacoste endlich setzt den Anker ebenfalls aus zwei Federn zusammen, von denen die eine wesentlich weichere in der Ruhelage des Ankers gegen den Kontakt so stark angedrückt wird, daß sie sich nicht sogleich ablöst, also den Strom nicht unmittelbar darauf unterbricht, wenn der Anker angezogen wird.

Bei allen diesen Unterbrechern hat man mit der Abnutzung der Kontakte zu rechnen und häufiges Nachstellen der Kontaktschrauben sowie Erneuern ihrer Platinspitzen in den Kauf zu nehmen. Man vermeidet diese Unbequemlichkeit sowie das dauernde Überwachen der Zündung, und erreicht nebenbei vollkommene Unabhängigkeit der Zahl der Unterbrechungen von der Umlaufgeschwindigkeit der Maschine, wenn man die Hochfrequenzströme benutzt, wie sie beim Entladen von Kondensatoren entstehen. Eine solche Zündung, Abb. 214, rührt von Sir Oliver Lodge her. In die Sekundärwicklung der Induktionsspule T, deren primärer Stromkreis durch den Stromverteiler J zeitweilig geschlossen wird, sind außer den beiden bei P und Q endigenden Zündkerzenleitern eine Vorschaltfunkenstrecke A, B sowie zwei Kondensatoren CC' und DD' geschaltet, die durch eine Brücke E mit großem Ohmschen und großem induktiven Widerstand kurzgeschlossen sind. Jedesmal beim Schließen des Primärstromkreises entstehen dann sowohl bei AB als auch bei PQ Funkenstrecken, deren Schwingungszahl etwa 100 Millionen in der Sekunde beträgt. Natürlich können beide Funkenstrecken auch in der Form von Zündkerzen in dem Zündraum eines Maschinenzylinders angeordnet werden. Man erreicht dadurch, daß das Gemisch bei solchen Maschinen, die einen sehr flachen Kompressionsraum haben, schneller entzündet wird, und ferner, daß keine Störung des Zündvorganges eintreten kann, wenn eine der Zündkerzen etwa durch verkohltes Öl verunreinigt worden ist.

In der Tat hat man erst in den Hochfrequenzströmen eine Erklärung für folgende auffallende Erscheinung gefunden: Schaltet man, Abb. 215, zwei Kerzen mit den Funkenstrecken ab und cd in dem Sekundärstromkreis einer Induktionsspule e hintereinander und schließt man die eine Kerze durch einen feinen Draht (bei einer wirklichen Zündkerze genügt auch ein kräftiger, von dem Gewinde bis zum isolierten mittleren Leiter verlaufender Bleistiftstrich) kurz, so erhält man trotzdem an beiden Kerzen Funken, sobald man den Primärstromkreis

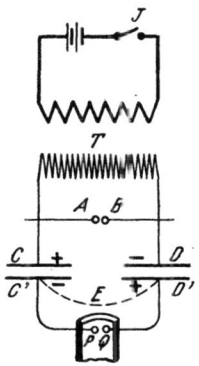
Abb. 214. Hochfrequenz-Zündung von Sir Oliver Lodge.

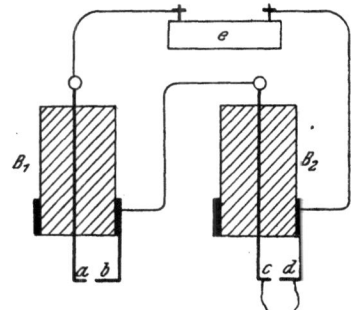
Abb. 215. Wirkungsweise von hintereinandergeschalteten Funkenstrecken.

der Spule schließt; dagegen erhält man gar keine Funken mehr, wenn man die Funkenstrecke ab aus dem Hochspannungskreis ausschaltet.

Beim Schließen des Primärstromkreises entsteht im Falle der Abb. 214 in der Hochspannungswicklung der Induktionsspule ein Stromstoß, durch den die Elektroden der Funkenstrecke AB und die Kondensatoren geladen werden. Tritt dann bei AB eine schwingende Entladung ein, so gerät auch die in den Kondensatoren aufgespeicherte Elektrizität plötzlich in schwingende Bewegung, die den Luftwiderstand zwischen den Polen P und Q leichter überwindet, als den Widerstand der Brücke E. Im zweiten Falle, Abb. 215, bilden die Körper der Zündkerzen selbst die Kondensatoren und der Bleistiftstrich oder eine die Polenden c und d verbindende, z. B. von verbranntem Schmieröl herrührende Kohlenstoffablagerung stellt die Brücke E dar.

Vorschalt-Funkenstrecken.

Die offenbaren Vorteile, die parallel zu den Zündstromkreisen geschaltete besondere Funkenstrecken bieten, hat man neuerdings noch weiter ausgenutzt; man überwacht z. B. das Arbeiten der Zündung dadurch, daß man die den Zündstromkreisen entsprechenden Vorschaltfunkenstrecken nebeneinander auf dem Spritzbrett anordnet. Auch wenn kein Kurzschluß an den Zündkerzen vorhanden ist, verbessern die Vorschaltfunkenstrecken den Betrieb, weil die Isolierung der Zündkerzen bei ihrer Erwärmung verschlechtert wird. Dieser Vorteil wird auch in einer grundsätzlichen Untersuchung des National Advisory Committee for Aeronautics in Washington[1]) anerkannt, während darin vor vielen andern Anpreisungen über die Wirkungen solcher als „Funkenverstärker" bezeichneten Hilfsvorrichtungen gewarnt wird. Insbesondere wird darin z. B. festgestellt, daß Lauf und Leistungsfähigkeit einer Fahrzeugmaschine von der Verwendung einer Vorschaltfunkenstrecke unabhängig sind, auch wenn man das Gemisch, die Zylinderfüllung und den Zündzeitpunkt in weiten Grenzen verändert. Wohl aber kann die Vorschaltfunkenstrecke den Erfolg haben, daß beschädigte oder verschmutzte Zündkerzen noch brauchbare Zündungen liefern, wenn der Widerstand des durch den Zündkerzenschaden verursachten Nebenschlusses zur Funkenstrecke der Zündkerze nicht zu klein ist.

Eine leicht verständliche Theorie der Wirkungsweise einer Vorschaltfunkenstrecke kann man sich bilden, wenn man sich die Vorgänge bei der Zündkerzen-Entladung genau vergegenwärtigt: kurz vor der Unterbrechung des Primärstromkreises nimmt dessen Stromstärke etwas zu; diese verschwindet nach dem Öffnen des Stromkreises sehr schnell, lädt hierbei den Kondensator auf und induziert im Sekundärstromkreis eine elektromotorische Kraft, die so lange in elektrostatische Energie übergeführt wird, als kein Funke überspringt. Zunächst entlädt

---
[1]) Bericht 57, vgl. Motorwagen 1921, S. 235.

142 Die Zündung.

sich wahrscheinlich die Kapazität der Hochspannungswicklung über die Funkenstrecke der Zündkerze, dann aber gehen die Entladungen in gleichmäßige Lichtbogen mit annähernd gleichbleibender Spannung über. Die Kapazität des Sekundärstromkreises hat dabei ebenso wie etwaige dielektrische Verluste die Wirkung, daß die elektromotorische Kraft in diesem Stromkreis langsamer ansteigt, also geringere Höchstspannung erzielt wird.

Wird nun eine Vorschaltfunkenstrecke, Abb. 216, verwendet, so laden sich die Kapazitäten c_k und c_v des Kerzenstromkreises und der Vorschaltfunkenstrecke auf die zunehmende Spannung e_m des Sekundärstromkreises auf, sobald der Primärstromkreis unterbrochen wird. Wird $e_m = e_v$, so springt an der Vorschaltfunkenstrecke ein Funken über, wodurch c_k aufgeladen und c_v entladen wird. Infolgedessen kann die Spannung des Kerzenstromkreises so weit gesteigert werden, daß $\dfrac{c_m \cdot e_v}{c_m + c_k} = e_k$ wird und ein Funke an der Kerze überspringt.

Ist nun infolge einer Verschmutzung der Zündkerze deren Isolation verschlechtert, so daß ein Nebenschluß mit dem Widerstand R vorhanden ist, so geht während des Aufladens der Kapazität c_k ein Teil der Energie durch den Nebenschluß über, und, wenn R unter einen gewissen Wert sinkt, kann es geschehen, daß an der Kerze kein Funken überspringt, auch wenn beim Aufladen die Spannung c_k erreicht wird. Dieser Wirkung kann man begegnen, wenn man c_m oder e_v steigert. Allerdings sind der Zunahme von c_m Grenzen gesetzt, da sich mit zunehmendem Wert von c_m die Spannung e_m verringert.

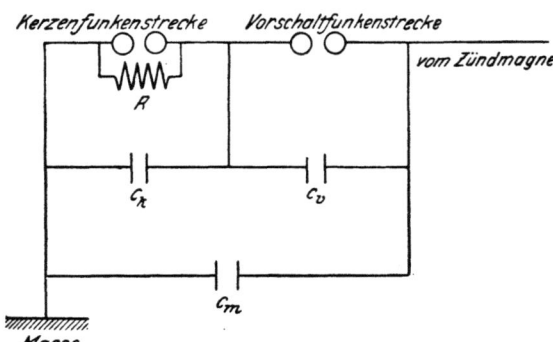

Abb. 216. Wicklungsweise der Vorschalt-Funkenstrecke.

Tophan und Tisdall[1]) haben gelegentlich ihrer Versuche mit einer Fahrradmaschine von De Dion & Bouton durch unmittelbare Messungen gefunden, daß sich der Widerstand zwischen den Leitern einer Porzellan-Zündkerze, der bei Zimmertemperatur mehr als 1000 Megohm betragen hatte, beim Erhitzen auf Rotglut bis auf 2 Megohm verminderte, aber auch schon vorher bei den im Betriebe vorkommenden Erwärmungen bis auf 6 Megohm sank. Die Folgen dieses verminderten Isolationswiderstandes waren Störungen in der Zündung, die sich aber sofort beseitigen ließen, wenn man die Vorschaltfunkenstrecke benutzte.

Die Gründe, die vor einigen Jahren dazu geführt haben, daß reine Batterie- oder Akkumulatorenzündungen immer weniger verwendet wurden, sind in erster Linie in der leichten Erschöpfbarkeit der Stromquelle zu suchen. Der Strom von 2 bis 3 Amp. und 4 bis 5 Volt, den man zum Betrieb einer solchen Kerzenzündung braucht, kann entweder von galvanischen oder von Trockenelementen oder von 2 Akkumulatorzellen von etwa 40 Amperestunden Kapazität geliefert werden und reicht wohl in der Regel für große Wegstrecken aus (bis zu 5000 km). Da man aber in der Mehrzahl der Fälle über den Zustand der Batterie nicht genau unterrichtet ist, so war man, um Störungen mitten in der Fahrt sicher zu vermeiden, zumeist genötigt, eine vollständig aufgeladene Aushilfsbatterie mitzuführen, so daß die Zündanlage ziemlich viel Raum beanspruchte und teuer wurde. Dazu kommen die Induktionsspulen, wovon man für jeden Zylinder eine braucht und die gegen Erwärmung und Erschütterungen recht empfindlich sind, sowie endlich manche Schwierigkeiten mit Isolationsstörungen bei den Strömen von 10000 bis 15000 Volt Spannung in den Zündleitungen.

Batterie-Abreißzündung.

Einen Teil dieser Nachteile kann man bei den Batterie-Abreißzündungen, die allerdings nur selten verwendet worden sind, vermeiden. Zur Erzielung eines ausreichenden Abreiß-Zündfunkens sind erfahrungsgemäß nur Spannungen von 50 bis 100 Volt erforderlich, da die Stärke des Extrastromes, der den Abreißfunken erzeugt, nur von der Selbstinduktion des Stromkreises sowie von der Geschwindigkeit abhängig ist, mit der die Unterbrechung vor sich geht. Nachteile dieser Zündung bestehen aber darin, daß in den Kompressionsraum des Maschinenzylinders von außen her zu bewegende Kontakte eingeführt werden müssen, was zu Spannungsverlusten durch die schwerlich ausbleibende Undichtheit der Führung Veranlassung

---

[1]) Engg. 28. Dezember 1906.

bietet, sowie ferner, daß der Stromverbrauch verhältnismäßig groß ist, weil der Stromkreis kurze Zeit, bevor der Abreißfunken erzeugt werden soll, geschlossen werden muß. Endlich erfordert die Abreißzündung ein zwangläufig gesteuertes Gestänge, dessen selten gleichmäßige Abnutzung das Einstellen der Zündabstände in den einzelnen Zylindern einer und derselben Maschine erschwert.

Zündung mit Magnetdynamo.

Schon aus dieser einfachen Aufzählung der Nachteile kann man entnehmen, warum die Abreißzündungen erst mit der Einführung der Magnetdynamos, die in ihren ersten Ausführungen niedrige, gerade nur für Abreißzündungen ausreichende Spannungen lieferten, ihre volle Bedeutung erlangt haben. In Verbindung mit den sogenannten Niederspannungsdynamos haben denn auch die Abreißzündungen hauptsächlich durch die Bevorzugung, die ihnen von der Daimler-Motoren-Gesellschaft zuteil geworden war, lange Jahre hindurch das Feld gegen die Hochspannungszündungen behauptet, bis sie dann schließlich doch durch die magnetelektrischen Hochspannungs- und Lichtbogenzündungen abgelöst worden sind.

Die Entwicklung der dynamoelektrischen Zündmaschine für Motorfahrzeuge, deren erste Anwendung bei Verbrennungsmaschinen sich bis in die Zeiten von Lenoir und Markus zurückverfolgen läßt, nimmt ihren eigentlichen Aufschwung erst mit der Zünddynamo von Robert Bosch, D.R.P. Nr. 99399, Abb. 217 und 218, bei der zum ersten Male ermöglicht wurde, den Zündstrom ohne Zuhilfenahme von Schleifbürsten abzunehmen und weiterzuleiten. Das Kenn-

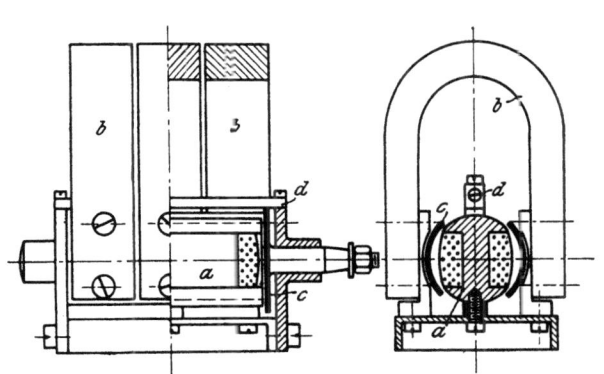
Abb. 217 und 218. Zünddynamo von Rob. Bosch, Stuttgart, D.R.P. Nr. 99399.

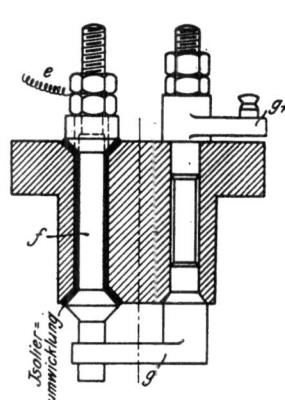
Abb. 219. Zündflansch einer Abreißzündung.

zeichnende der Bosch-Dynamo besteht darin, daß der Siemenssche I-Anker a, der bei den früheren Zünddynamos eine umlaufende oder schwingende Bewegung zu machen hatte, in dem hufeisenförmigen Dauermagneten b feststeht und daß die Kraftlinien nur durch eine über den Anker a geschobene breit geschlitzte Büchse c aus weichem Schmiedeisen abgelenkt werden. Während einer vollen Umdrehung der Büchse c werden in der Wicklung des Ankers zwei Wellen eines Wechselstromes erzeugt, dessen Höchstwerte der wagerechten und der senkrechten Stellung der Büchsenhälften entsprechen, während die Nullwerte in denjenigen Stellungen auftreten, wo die Büchsenhälften unter 45^0 stehen. Dieser Strom kann an den feststehenden Enden d der Ankerwicklung entnommen und — bei Mehrzylindermaschinen über einen geeigneten Verteiler — einerseits durch die Leitung e zu dem isolierten Zündstift f, Abb. 219, der Abreißzündung, andererseits durch den Körper der Dynamo und der Maschine geerdet und somit auch an den Unterbrecherhebel gg_1 angeschlossen werden. Der Hebel gg_1 ist mit dem Zündstift f in einem in dem Kompressionsraum des Zylinders besonders eingesetzten Zündflansch genau abgedichtet.

Die Fortschritte in der Konstruktion der Zünddynamos haben aber später die durch die erwähnten Kraftlinien-Leitstücke bedingte Verwicklung überflüssig erscheinen lassen. Wenigstens werden vielfach Zünddynamos für verschiedene Arten von Zündungen ausgeführt, die ohne diese Leitstücke arbeiten. So zeigt Abb. 220 einen Schnitt durch eine neuere Bosch-Zünddynamo für niedrig gespannten Strom, bei der wieder der Anker a umläuft und der Strom von dem einen, an den isolierten Bolzen b in der Achse des Ankers angeschlossenen Ende der Wicklung auf einen darübergeschobenen, nach außen isolierten Bolzen c übergeleitet und von hier dem Verteiler zugeführt wird. Das andere Ende der Wicklung dagegen ist an das Ankereisen gelegt, und der Strom wird von diesem über eine Kohlenbürste d auf den Körper der Zünddynamo und damit auch der Maschine übergeleitet, ohne daß er die geschmierten Lagerstellen e und f zu durchdringen braucht.

Einen wesentlichen Bestandteil dieser Zündvorrichtungen bilden die Abreißgestänge, deren Aufgabe es ist, in dem geeigneten Augenblick die aufeinanderliegenden Kontakte im Maschinenzylinder möglichst plötzlich zu trennen. Sie sollen aber, da sie in unmittelbarer Verbindung mit der Maschinensteuerung stehen, auch dort besprochen werden.

Hochspannungsdynamo.

Die neuere Entwicklung der magnetelektrischen Zündmaschinen ist hauptsächlich dahin gerichtet, auch hochgespannte, für den Betrieb von Zündkerzen geeignete Ströme zu erzeugen, und zwar bereits bei den kleinen Umlaufgeschwindigkeiten, die beim Ankurbeln der Maschinen erreicht werden können. Das Mittel hierzu sind Induktionswicklungen, und nur bezüglich der Anordnung dieser Wicklungen sind die kennzeichnenden Unterschiede zwischen den Erzeugnissen der bekannten Fabriken zu suchen.

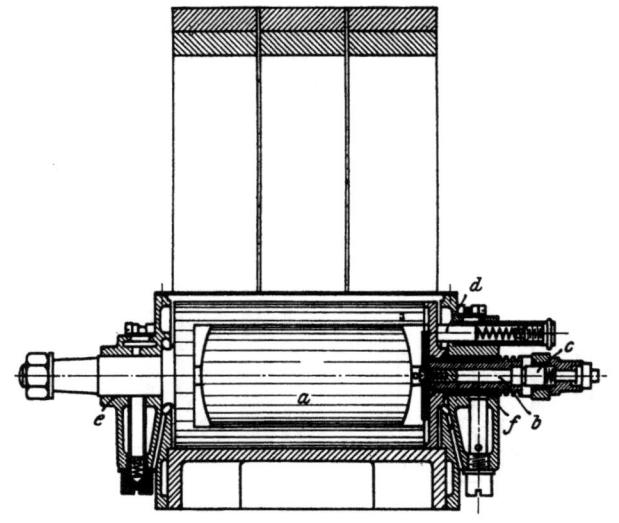

Abb. 220. Neue Zünddynamo für niedriggespannten Strom von Rob. Bosch, Stuttgart.

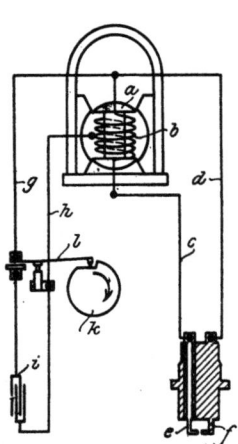

Abb. 221. Wirkungsweise der Hochspannungs-Lichtbogenzündung von Rob. Bosch, Stuttgart.

So ist bei der sogenannten Hochspannungs-Lichtbogenzündung von Rob. Bosch in Stuttgart, Abb. 221, die sekundäre Wicklung nur als eine Fortsetzung der primären Ankerwicklung ausgeführt, indem ein Teil der einfachen Wicklung b des umlaufenden Ankers a durch die an das eine Ende und an die Mitte der Wicklung gelegten Leitungen g und h als primärer Teil abgezweigt ist. Die Leitungen g und h sind in der Regel kurz geschlossen und können mit Hilfe des umlaufenden Schalters k, l vorübergehend getrennt werden. Bei der Drehung des Ankers a wird in diesem kurz geschlossenen Teil der Wicklung ein starker Strom erzeugt, der im Anker ein Magnetfeld hervorruft. Dieses hat die entgegengesetzte Richtung des Feldes der Feldmagneten und schwächt dieses somit. In dem Augenblick, wo die Zündung stattfinden soll, wird durch den Schalter k, l die primäre Wicklung unterbrochen. Das Magnetfeld des Ankers verschwindet plötzlich, und ebenso plötzlich steigt das nunmehr ungeschwächte Feld der Dauermagnete. In der ganzen Wicklung wird dann ein Strom induziert, dessen Spannung zunächst die Entfernung der an die Enden der Wicklung mit Hilfe der Leitungen c und d angeschlossenen Zündkerzenleiter e und f überbrückt und nachher dem durch den Umlauf des Ankers erzeugten, niedriger gespannten Strom den Übergang über die durch den Lichtbogen bereits erwärmte und deshalb besser leitende Funkenstrecke ermöglicht. Der Anker des Induktors muß natürlich so eingestellt sein, daß in dem Augenblick, wo der Kurzschluß der Leitungen g und h stattfinden soll, in dieser Wicklung gerade die größte Stromstärke vorhanden, das verschwindende Ankerfeld und die dadurch verursachte Steigerung des Dauerfeldes somit am stärksten sind. Parallel zu den Kurzschlußkontakten liegt ein Kondensator i, der die Funken bei der schnellen Stromunterbrechung beseitigt und außerdem bewirkt, daß an der Kerze eine stark schwingende Funkenstrecke gebildet wird.

Daß in der Tat bei dieser Anordnung sozusagen ein Nachbrennen des Lichtbogens erzielt werden kann, wird durch die in Abb. 222 wiedergegebenen Aufnahmen bewiesen, die mittels eines schnell umlaufenden Spiegels erhalten werden; diese zeigen links den Funken oder, genauer gesagt, die einmalige Entladung einer Lichtbogenzündung und rechts diejenige einer Batteriezündung mit Induktionsspule und magnetischem Unterbrecher, die aus einer Magnetdynamo für niedrig gespannten Strom gespeist wird.

Diese Bilder stimmen, wie ersichtlich, in ihrer Art bei Lichtbogen- und bei Batteriezündungen miteinander überein. Ihr Flächeninhalt kann als Maßstab für die elektrische Energie dienen, welche bei der einmaligen Entladung von einer Elektrode auf die andere übergegangen ist. Jedes Bild beginnt mit einem sehr hellen Teil von geringem Flächeninhalt und läuft dann in einen weniger hellen, aber deutlich begrenzten Schein aus[1]). Man kann sich nun die gesamte elektrische Energie, welche bei einer einmaligen elektrischen Entladung in einer Zündkerze übergeht, zerlegt denken in die Energie jenes hellsten, strichähnlichen Teiles der Entladung und die Energie des hieran anschließenden Teiles. Die Energie des hellsten Teiles, die erfahrungsgemäß stets nur einen kleinen Bruchteil der Gesamtenergie der einmaligen Entladung ausmacht, und die

Abb. 222. Aufnahme von Funken von gewöhnlichen und von Lichtbogenzündungen.

man für sich allein nicht messen kann, hängt von der Kapazität des gesamten Hochspannungsteils der Zündvorrichtung und von dem Widerstand der Funkenstrecke in der Zündkerze ab und ist bei allen Umlaufzahlen des Unterbrechers unveränderlich. Sie ist ein Maß für die Durchschlagskraft oder Kapazität des Zündfunkens und bestimmt somit die Einleitung des Zündvorganges.

Beobachtungen haben dabei ergeben, daß dieser Teil der Zündfunkenenergie bei Batterie- und bei Magnetzündungen ziemlich gleich groß ist; man kann daraus den Schluß ziehen, daß man ein gegebenes Gemisch bei gleichen Funkenstrecken der Zündkerzen mit Batterie- oder mit Magnetzündung bei allen Geschwindigkeiten gleich wirksam zünden kann, daß also, soweit die Einleitung der Verbrennung in Betracht kommt, Batterie- und Magnetzündung einander gleichwertig sind.

Der zweite Teil des Zündfunkenbildes, der sogenannte Schein, kommt in der Hauptsache dadurch zustande, daß sich wegen der Selbstinduktion des Hochspannungsteiles die darin aufgespeicherte elektrische Energie nicht mit einem Mal entladen kann, sondern zum Teil im Anschluß an die erste Entladung in der nunmehr leitend gewordenen Funkenstrecke nachströmt. Die Fläche dieses Scheines kann man daher als Maß für die Intensität des Zündfunkens ansehen, und sie wächst bei Magnetzündungen mit der Drehzahl des Unterbrechers oder der Anzahl

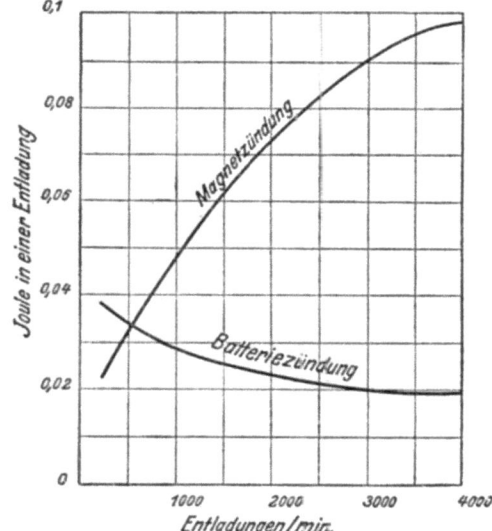

Abb. 223. Verhalten der meßbaren Gesamtenergie einer Entladung bei wachsenden Funkenzahlen.

der Entladungen in der Zeiteinheit wesentlich, während sie bei Batteriezündungen sogar etwas abnimmt. Das kann man, allerdings nur mittelbar, aus dem Verhalten der meßbaren Gesamtenergie einer Entladung bei wachsenden Funkenzahlen, s. Abb. 223, ganz deutlich entnehmen.

Welche Aufgabe diesem Teil der Zündfunkenenergie zufällt, kann man durch folgenden Versuch erkennen: In einer gegebenen Batterie-Zündanlage verschwächt man durch Zuschalten von Widerständen den Primärstromkreis so weit, daß gerade noch regelmäßige Funken über-

---

[1]) Vgl. Engg. 10. Januar 1919; Z. V. d. I. 1919, S. 391.

Heller, Motorwagenbau. 2. Aufl. I.

146 Die Zündung.

springen. Stellt man dann künstlich eine geringe Störung in der Isolation der Funkenstrecke her, z. B. indem man die Zündkerze durch einen feinen Nebel befeuchtet, so verschwinden die Funken sofort, die Zündung setzt also aus. Sie setzt aber wieder ein, wenn man den Strom im Primärkreis durch Abschalten von Widerständen verstärkt, wobei man zugleich beobachten kann, daß der umlaufende Spiegel statt des früheren „mageren" das Bild eines „fetten" Zündfunkens anzeigt.

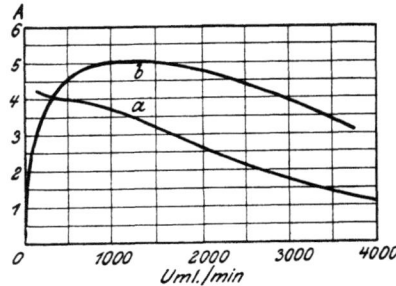

a Batteriezündung — b Magnetzündung.
Abb. 224. Verlauf der Stromstärke bei zunehmender Drehzahl.

Die Aufgabe der durch den Schein im Zündfunkenbilde dargestellten Energie ist also, dem Einfluß von Isolationsstörungen entgegenzuarbeiten. Diese Aufgabe erfüllt eine Zündvorrichtung um so besser, je „fetter" ihr Zündfunkenbild, je größer also die Gesamtenergie ihrer einmaligen Entladung ist. Der Vergleich des Verhaltens von Batterie- und Magnetzündungen in dieser Hinsicht zeigt nun, daß die Gesamtenergie bei der Batteriezündung nur bei den kleinsten Funkenzahlen überwiegt, weil die Magnetdynamo bei kleinen Drehzahlen der Maschine nur sehr schwachen Strom liefert, daß aber die Magnetzündung insbesondere bei sehr schnell aufeinander folgenden Entladungen wesentlich größere Funkenenergien entwickelt, also bei den neueren mit sehr hohen Drehzahlen laufenden Fahrzeugmaschinen viel größere Sicherheit dagegen bietet, daß infolge geringer Störungen in der Isolation vereinzelt Funken ausbleiben.

Im Lauf der Jahre ist es gelungen, den bekannten Fehlern der Batteriezündungen abzuhelfen. Man schließt heute die Batterie an eine von der Maschine getriebene Dynamomaschine an, die unter anderm auch den Strom zum ständigen Aufladen der Batterie liefert, man sichert die Primärspulen gegen zu starke Stromaufnahme und verhindert durch selbsttätige Ausschalter eine Entladung der Batterie bei stillstehendem Wagen. Ebenso macht die

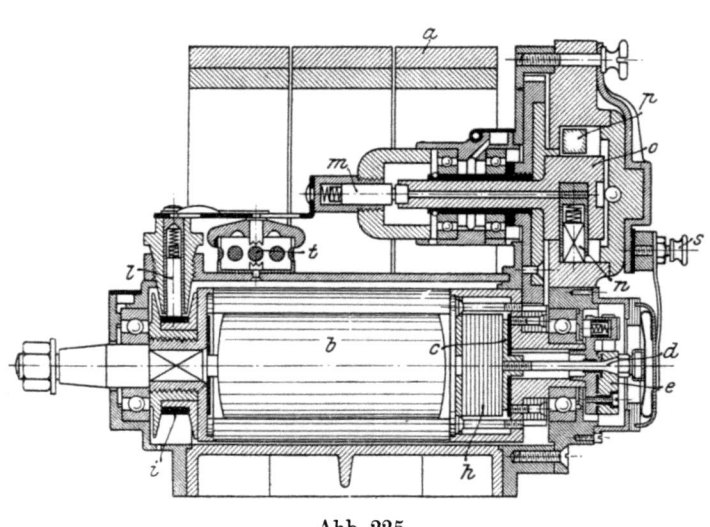
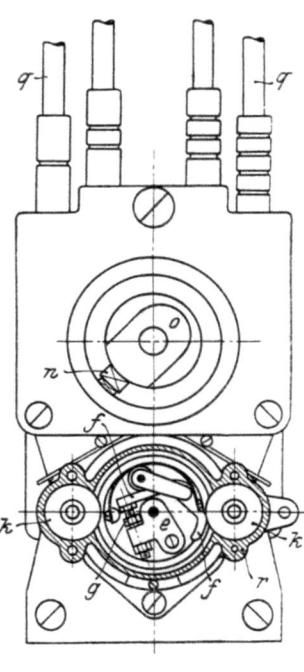

Abb. 225. Abb. 226.

Abb. 225 und 226. Hochspannungs-Lichtbogen-Zünddynamo für Vier- und Sechszylindermaschinen von Rob. Bosch, Stuttgart.

Verteilung des Zündstromes auf die einzelnen Zylinder der Maschine heute keinerlei Schwierigkeiten mehr, so daß sich der ganze Schaltplan einer neuzeitlichen Batteriezündung im wesentlichen kaum mehr von dem einer Magnetzündung unterscheidet.

Wenn trotzdem die Zündung mit Magnetdynamo eine gewisse Überlegenheit behalten hat, so liegt das an den eben erörterten Eigenschaften. Man hat auch beobachtet, daß mit zunehmender Drehzahl der Maschine die Stromstärke im Primärkreis einer Batteriezündung wesentlich stärker als bei der Magnetzündung abnimmt, s. Abb. 224, und kann hierin eine weitere Erklärung dafür erblicken, daß sich die Energie der Zündfunken bei der Magnetdynamo mit zunehmender Drehzahl steigert.

Einen Anhalt für die wirkliche Ausführung der Lichtbogen-Zünddynamo geben die Abb. 225 und 226, die eine Zünddynamo für leichte Vier- und Sechszylindermaschinen darstellen. Das Dauermagnetfeld bilden hier drei kräftige hufeisenförmige Stahlmagnete a, zwischen denen der in einem besonderen Gehäuse eingeschlossene I-Anker b umläuft. Da der Anker bei jeder Umdrehung zweimal die Höchstwerte der Spannung erreicht, so kann er alle 180^0 einen Zündfunken abgeben. Für eine Vierzylindermaschine muß der Anker daher mit der Umlaufzahl der Kurbelwelle, für eine Sechszylindermaschine muß er aber mit der $1^1/_2$ fachen Umlaufzahl der Kurbelwelle angetrieben werden.

Die Wicklung des Ankers besteht aus zwei Teilen, von denen der primäre wenige Windungen aus dickerem Draht und der sekundäre viele Windungen aus dünnerem Draht erhält. Die Primärwicklung ist mit dem einen Ende an den Eisenkern des Ankers, mit dem anderen über die Messingplatte c und die Schraube d an das Kontaktstück e angeschlossen, sobald der federbelastete Winkelhebel f an der Platinschraube g anliegt. Parallel zu diesem Stromkreis ist der Kondensator h geschaltet.

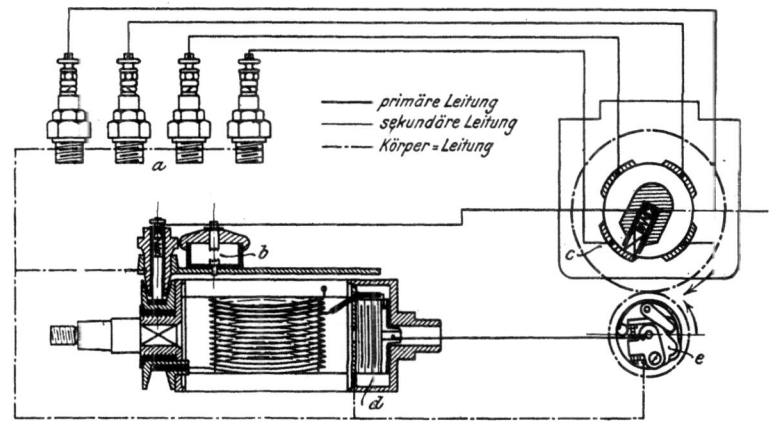

a Zündkerzen — b Sicherheitsfunkenstrecke — c Kontaktflächen des Stromverteilers — d Kondensator — e Kontakthebel.
Abb. 227. Schaltplan der Hochspannungs-Lichtbogenzündung von Rob. Bosch, Stuttgart, für eine Vierzylindermaschine.

Außerdem steht das Ende der Primärwicklung mit dem einen Ende der Sekundärwicklung in leitender Verbindung, deren zweites Ende an den Schleifenring i angeschlossen ist. Bei jeder Umdrehung des Ankers b wird der Kontakt zwischen dem Hebel f und der Platinschraube g durch die beiden Fiberrollen k, an denen das äußere Ende des Hebels f vorbeikommt, zweimal gelöst und durch diese Aufhebung des Kurzschlusses in der Primärwicklung werden, wie bereits erläutert, kräftige Stromstöße in die Sekundärwicklung gesandt, die über die Kohlebürste l und das Kohlegleitstück m auf den durch eine Stirnradübersetzung angetriebenen, ebenso wie der Anker in Kugellagern laufenden, mit einer Schleifkohle n versehenen beweglichen Teil o des Stromverteilers übertragen werden. Das aus Hartgummi hergestellte Gehäuse des Stromverteilers, das, wie ersichtlich, zum Teil in die Höhlung der Hufeisenmagnete a eingelassen ist, enthält auf der Innenfläche einzelne Metallplättchen p, die je an einen der Anschlußstöpsel q angeschlossen sind. Da der Körper des Ankers b durch das Gehäuse geerdet ist, so wird, sobald an einer Kerze der Funken überspringt, der Stromkreis über den Körper der Maschine geschlossen.

Die Zahnradübertragung zwischen der Anker- und der Verteilerwelle muß so gewählt werden, daß der Verteiler mit der gleichen Geschwindigkeit umläuft wie die Steuerwelle der Maschine, so daß nach jeder zweiten Umdrehung der Kurbelwelle jeder Zylinder einen Zündstrom erhalten hat. Die Zahl der Metallplättchen im Verteiler und dementsprechend auch die Zahl der Anschlußstöpsel für die Zündleitungen entspricht der Anzahl der vorhandenen Zylinder.

Die Fiberrollen k, durch die der Hebel f abgelenkt wird, sind in einem konzentrisch zum Anker drehbaren Gehäuse r gelagert und können daher, wenn der Zündzeitpunkt geändert werden soll, verstellt werden.

Das Maß der Verstellbarkeit des Zündzeitpunktes wird durch die Länge der stromleitenden Kontakte p des Verteilers bestimmt, da in dem Augenblicke, wo der Kontakthebel f abgehoben wird, die Kohle n des Verteilers noch in leitender Verbindung mit der Zündkerze sein muß. Bei der vorliegenden Ausführung entspricht die Länge der Verteilerkontakte einem Drehwinkel des Verteilers von etwa 40° und einem Kurbelwinkel von 80° bei Vierzylinder- sowie von 54° bei Sechzylindermaschinen.

Die Zündung wird abgestellt, indem man unter Umgehung des Unterbrechers f, g die Primärwicklung des Ankers b kurzschließt. Ein an die Schraube s angeschlossener isolierter Draht führt zu diesem Zwecke zu dem einen Pol des Ausschalters, dessen zweiter Pol mit dem Maschinenkörper leitend verbunden ist. Durch die Sicherheitsfunkenstrecke t, deren Länge 6 bis 7 mm beträgt, wird die Wicklung des Ankers gegen solche Überspannungen geschützt, die bei Brüchen einer der Zündkerzenleitungen oder bei zu großen Abständen der Zündkerzenelektroden hervorgerufen werden könnten. Selbstverständlich muß beim Auftreten eines Funkens an der Sicherheitsfunkenstrecke die Zündung mit Hilfe des Kurzschlußschalters sofort abgestellt werden, da die Ankerwicklung dauernd diesen Spannungen nicht gewachsen ist.

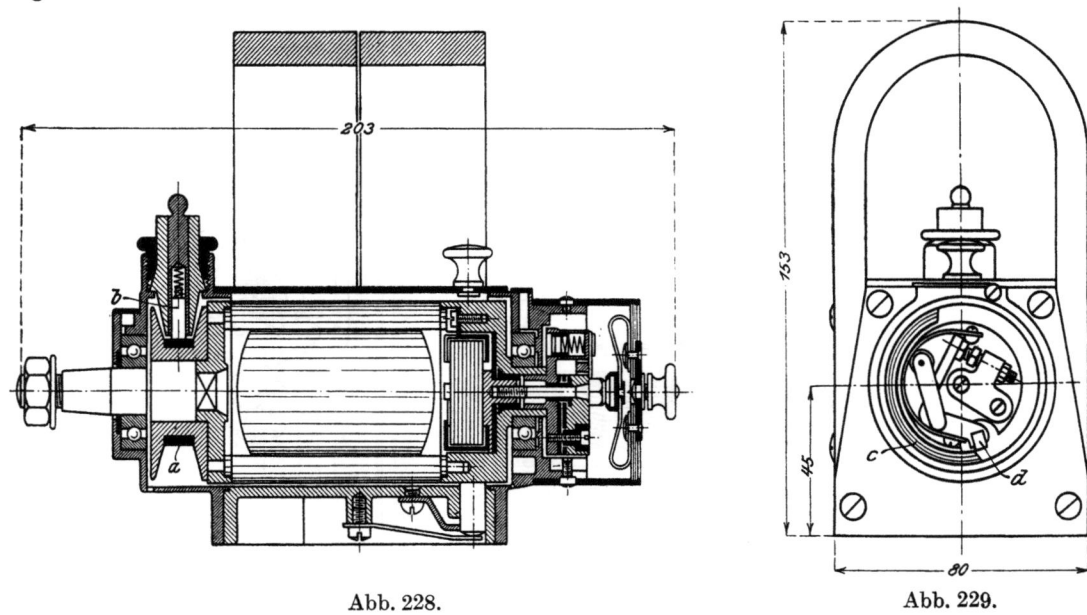

Abb. 228. Abb. 229.
Abb. 228 und 229. Lichtbogen-Zünddynamo von Rob. Bosch, Stuttgart, für Einzylindermaschinen.

Zur näheren Erläuterung der Wirkungsweise dient auch der in Abb. 227 wiedergegebene Schaltplan.

Von der hier gegebenen Darstellung weichen die für kleinere Maschinen gebräuchlichen Bauarten der Bosch-Lichtbogen-Zünddynamo, abgesehen von der selbstverständlichen Vereinfachung der Stromverteilung nur durch gewisse Vereinfachungen des Unterbrechers ab, die darin bestehen, daß statt der Fiberrollen Daumenstücke vorhanden sind, die den Unterbrecherhebel im geeigneten Augenblicke ablenken. So zeigen Abb. 228 und 229 die Bauart der Bosch-Dynamo für Einzylindermaschinen. Der Stromverteiler fällt hier fort, an dessen Stelle wird der Zündstrom unmittelbar von der Klemme der auf dem Ring a schleifenden Kohle b abgenommen. Der Schleifring ist wie früher an das zweite Ende der Sekundärwicklung des Ankers angeschlossen. Der Verteiler liefert nur eine Unterbrechung des Kurzschlusses der Primärwicklung bei jeder Umdrehung des Ankers. Diese wird durch eine Erhöhung c im Innern des Unterbrechergehäuses bewirkt, auf die der mit der Ankerwelle umlaufende Unterbrecherhebel d aufläuft. Die Ankerwelle kann unmittelbar mit der Steuerwelle der Maschine gekuppelt werden.

Auch bei den für Zweizylindermaschinen bestimmten Zünddynamos läßt sich die Anwendung eines besonderen Stromverteilers noch umgehen, s. Abb. 230 bis 232, indem man die Zündleitungen an zwei einander gegenüber liegende Schleifkohlen a und b legt und den Schleifring c auf der Ankerwelle nur zur Hälfte leitend ausführt. Der Unterbrecher erhält zwei Daumen d und e und läuft wie der Anker der Zünddynamo und der Schleifring des Verteilers mit der Geschwindigkeit der Steuerwelle, so daß auf jede Umdrehung der Maschine eine Zündung entfällt. (Allerdings ist diese gleichmäßige Aufeinanderfolge der Zündungen nur dann möglich, wenn die Kurbeln der beiden Zylinder nicht gegeneinander versetzt sind.) Eine besondere Bauart der Zündung für Zweizylindermaschinen ist ferner in Abb. 233 und 234 wiedergegeben. Diese ist für Maschinen mit zwei etwa unter 90° winkelförmig gegeneinander gestellten Zylindern bestimmt, wie aus der Versetzung der Daumen für den Unterbrecherhebel ersehen werden kann. Damit ferner in den beiden Zylindern möglichst gleich starke Zündfunken entstehen, hat man die Polschuhe a des Ankers zur Hälfte abgeschnitten. Dadurch werden gewissermaßen zwei getrennte Zünddynamos geschaffen.

Eine Lichtbogen-Zünddynamo von Bosch, bei der der Anker feststeht und nur die Kraftlinienleitstücke umlaufen, ist in Abb. 235 und 236 dargestellt. Ihre Wirkungsweise entspricht im wesentlichen derjenigen der anderen Lichtbogen-Zünddynamos, nur in baulicher Hinsicht sind Unterschiede vorhanden. Das Ende der primären Wicklung ist durch die hohle Welle der Kraftlinienleitstücke hindurch mit Hilfe eines Messingrohres a und einer Stromschiene b an die Kontaktschraube c leitend angeschlossen, von der der Unterbrecherhebel d, dessen innerer Arm auf der Daumenscheibe e schleift, zeitweilig abgehoben wird. Dadurch wird der Primärstromkreis an dieser Stelle unterbrochen. Parallel zu dieser Unterbrechungsstelle ist der hier über dem Anker angeordnete Kondensator f geschaltet. Der durch die Unterbrechung entstehende Zündstrom wird durch den gebogenen Kohlehalter g, der an das Ende der Sekundärwicklung gelegt ist, zu der mit der Geschwindigkeit der Kraftlinienleitstücke umlaufenden Verteilerscheibe h geleitet, deren Schleifring nacheinander mit den Kohlen der Anschlußklemmen k in Verbindung kommt. Um den Zündzeitpunkt zu verstellen, verdeht man den Hebel l, dessen Achse mit derjenigen der Kontaktschraube c übereinstimmt und auf dem der Unterbrecherhebel d gelagert ist. Dadurch wird die Stellung des Unterbrecherhebels gegenüber den Daumen auf der Scheibe e geändert.

Bei allen beschriebenen Zünddynamos ist zu beachten, daß der kräftigste Zündfunken nur bei bestimmten Stellungen des Ankers oder der Kraftlinienleitstücke erzeugt werden kann. Die Stellung ist daher stets so angegeben, daß diese kräftigste Wirkung bei der im gewöhnlichen Betriebe vorkommenden Vorzündung erreicht wird. Wird der Zündzeitpunkt verändert, so kann man nicht mehr auf die volle Zündwirkung rechnen. Schwierigkeiten können sich hieraus aber nur ergeben, wenn man, wie es sonst üblich ist, beim Ankurbeln der Maschine etwas Nachzündung einstellt. Hiervon wird denn auch in den Anleitungen abgeraten.

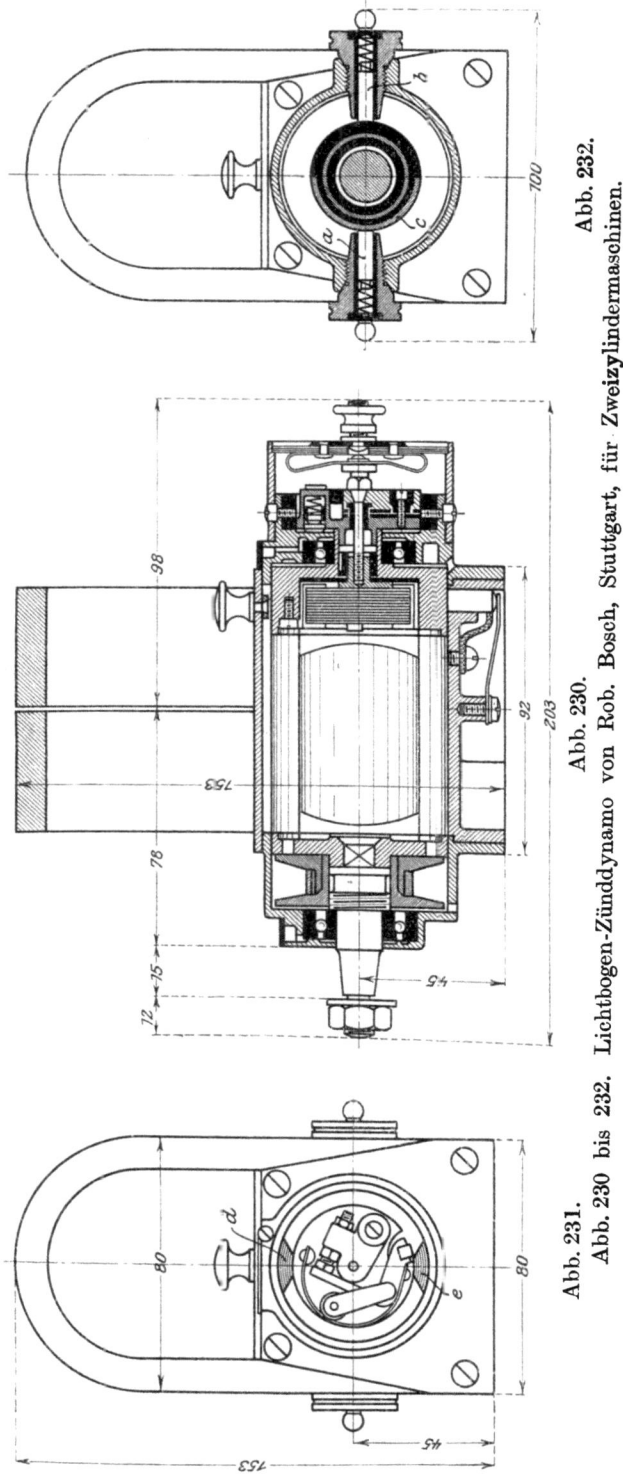

Abb. 230 bis 232. Lichtbogen-Zünddynamo von Rob. Bosch, Stuttgart, für Zweizylindermaschinen.

150   Die Zündung.

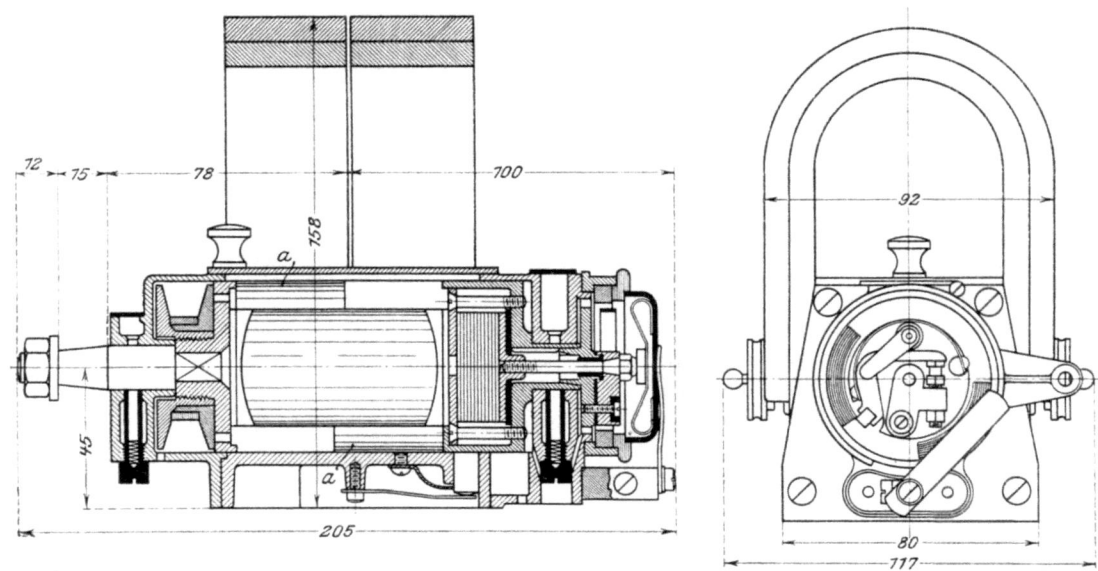

Abb. 233 und 234. Lichtbogen-Zünddynamo von Rob. Bosch, Stuttgart, für Maschinen mit zwei unter 90° gegeneinander geneigten Zylindern.

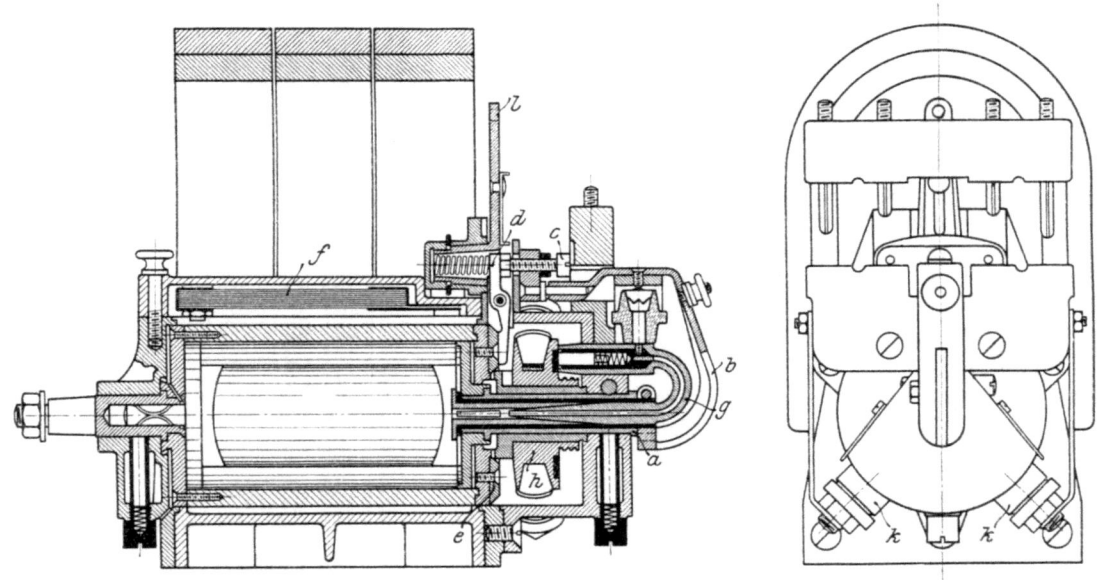

Abb. 235 und 236. Lichtbogen-Zünddynamo von Rob. Bosch, Stuttgart, mit feststehendem Anker.

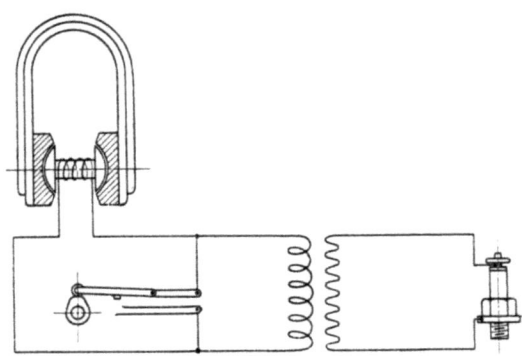

Abb. 237. Plan der älteren Hochspannungszündung von Eisemann & Co., Stuttgart.

Die Hochspannungs-Zünddynamos, Bauart Bosch, sind in der Hauptsache auch für alle anderen neueren Erzeugnisse auf diesem Gebiete vorbildlich geworden. Selbst Eisemann & Co. in Stuttgart, bei dessen Zünddynamos der hochgespannte Strom ursprünglich in einer von dem Dynamoanker völlig getrennten Transformatorspule erzeugt wurde, wie aus dem Schaltplan in Abb. 237 hervorgeht, ist gegenwärtig ebenfalls zu der doppelten Ankerbewicklung und zur Erzeugung des Zündstromes durch Aufhebung des Kurzschlusses in der Primärwicklung des Ankers übergegangen, siehe Abb. 238 und 239. Die Wirkungsweise dieser Zünddynamo bedarf nach dem, was über die Bosch-Zündung gesagt ist, keiner Erläuterung mehr. Wie

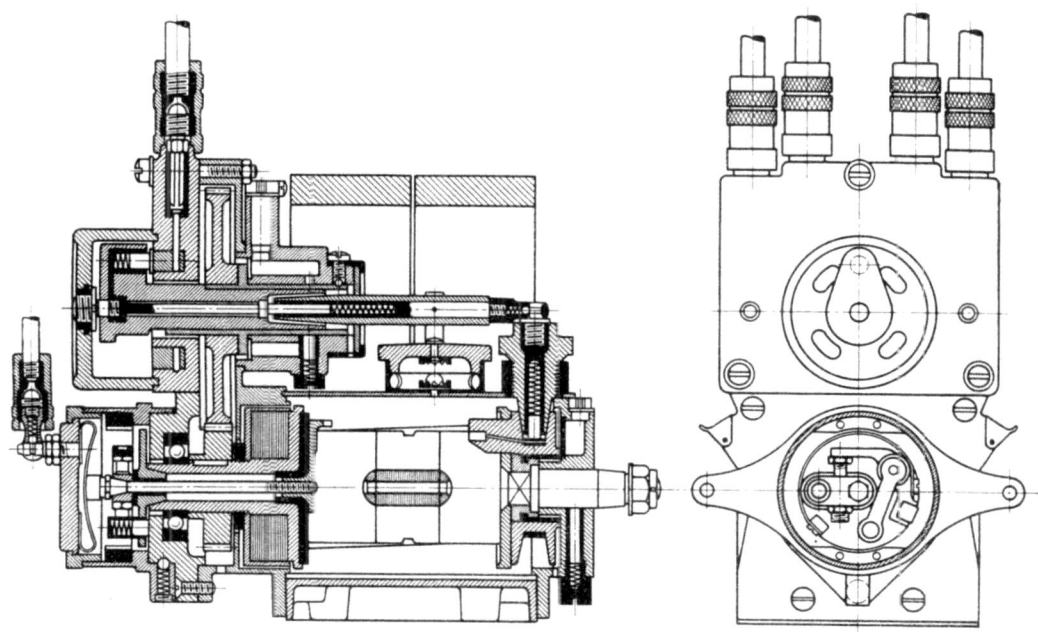

Abb. 238 und 239. Neuere Hochspannungs-Zünddynamo von Eisemann & Co., Stuttgart.

bei der Bosch-Dynamo ist auch hier ein auf dem Ende der Ankerachse befestigter Unterbrecher vorhanden, der zweimal bei jeder Umdrehung den Kurzschluß in der Primärwicklung aufhebt und einen Stromstoß von hoher Spannung in die Sekundärwicklung sendet. Dieser entlädt sich über die Zündkerze und ermöglicht, daß auf kurze Zeit ein Stromübergang mit verminderter Spannung an dieser Stelle stattfindet, also ein Lichtbogen gebildet wird. Die Bauart des Verteilers, dem der Zündstrom durch eine Schleifbürste auf der Ankerachse zugeführt wird, unterscheidet sich von derjenigen von Bosch durch die senkrechte Anordnung der stromführenden Metallplättchen. Ein Ausschalter, der die Primärwicklung vor dem Unterbrecher kurzschließt, ist auch hier vorhanden.

Doppelzündungen.

Wie schon eingangs erwähnt worden ist, pflegt man in Verbindung mit den Zünddynamos auch heute noch gelegentlich Batteriezündungen zur Aushilfe für den Fall von ernstlichen Störungen an den Dynamos sowie zur Erleichterung des Ankurbelns der Maschine mitzuführen. Während man früher großes Gewicht darauf gelegt hat, solche Aushilfszündungen vollständig von den anderen zu trennen, ja sogar besondere Zündkerzen für die Batteriezündung angeordnet hat, um z. B. während eines Rennens lediglich durch Umschalten der Zündung jede Störung, auch solche an Zündkerzen, augenblicklich beseitigen zu können, stellt man heute, wo die Rennen ihre Bedeutung verloren haben und in erster Linie auf Einfachheit und Übersichtlichkeit der Zündanlage Wert gelegt wird, die sogenannten Doppelzündungen her, bei denen die Erfahrungen im Bau von Zünddynamos mitverwertet sind.

Der Schaltplan, Abb. 240, einer Doppelzündung von Bosch läßt die Wirkungsweise dieser Einrichtung erkennen. Der umlaufende Stromverteiler a der Zünddynamo, an den die Zündleitungen, die zu den Kerzen führen, in der bekannten Weise angeschlossen sind, ist für beide Arten von Zündungen gemeinsam und erhält den Hochspannungsstrom durch eine Leitung b, die an den Umschalter c auf dem Spritzbrett angeschlossen ist. Solange die Magnetzündung im Betriebe ist, wird diese Leitung mit hochgespanntem Strom aus der an den Stromabnehmer d der Zünddynamo angeschlossenen Leitung e über den Umschalter c gespeist. Wenn dagegen

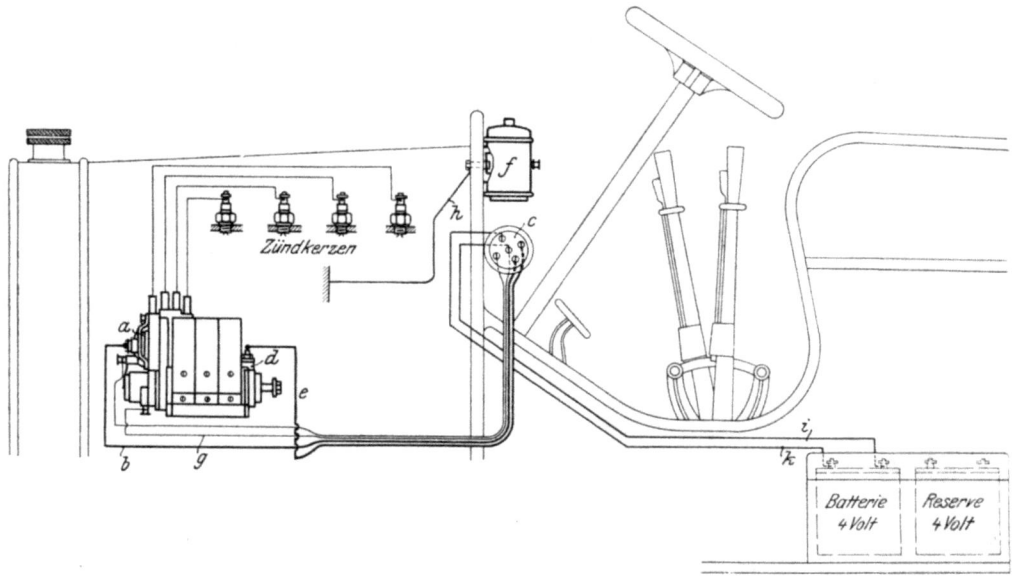

Abb. 240. Schaltplan der Doppelzündung von Rob. Bosch, Stuttgart.

die Batteriezündung benutzt werden soll, so erhält die Leitung b wieder über den Umschalter c den hochgespannten Strom aus einer Induktionsspule f, deren Primärwicklung durch die Leitung g an einen mechanischen Unterbrecher angeschlossen ist und deren Primärstromkreis durch eine Leitung h vom Gehäuse der Induktionsspule zum Körper der Maschine vervollständigt wird. Von den Batterieleitungen i und k ist, wie ersichtlich, die eine an die Mitte des Umschalters und dadurch an den Körper der Maschine, die zweite über den Umschalter an die Primärwicklung der Induktionsspule angeschlossen.

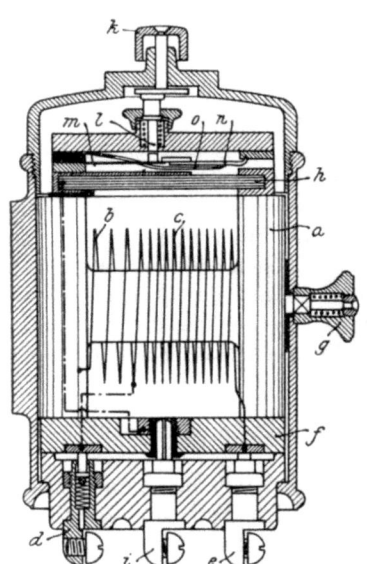

Abb. 241. Zündspule zur Doppelzündung von Rob. Bosch, Stuttgart.

Die Zündspule selbst, Abb. 241, besitzt ein Metallgehäuse von verhältnismäßig geringen Abmessungen und als Induktionskörper den Anker einer magnetelektrischen Lichtbogenzündung. Der Eisenkern ist also ein I-Weicheisenstück a von der bekannten Form, das eine Primärwicklung b und eine daran unmittelbar anschließende Sekundärwicklung c trägt. Der Primärstromkreis erhält durch die an der Verbindungstelle zwischen Primär- und Sekundärwicklung angeschlossene Batterie über die Klemme d niedriggespannten Strom und wird, da der Anfang der Primärwicklung an dem Eisenkerne liegt, über das Gehäuse und den Körper der Maschine sowie durch die vom Unterbrecher der Zünddynamo kommende Leitung g, s. Abb. 240, vervollständigt. Wird dieser Stromkreis plötzlich geöffnet, so wird hierdurch in der Sekundärwicklung ein Strom von hoher Spannung erzeugt, der über die Klemme e nach dem Verteiler geleitet wird. Die Strom-Zu- und -Ableitstellen befinden sich auf einem Umschalter f, der sich mit dem Induktionskörper mit Hilfe des Knopfes g verdrehen läßt, wenn die Batteriezündung aus- und die Magnetzündung eingeschaltet werden soll.

Der Kondensator h über der Induktionsspule ist mit einem Belag an den Körper der Maschine und mit dem anderen an die Klemme i angeschlossen und somit parallel zum Primärstromkreis geschaltet.

Damit gegebenenfalls die Maschine vom Führersitz aus ohne Kurbeln angelassen werden kann, ist in dem Gehäuse der Zündspule oben ein kleiner durch den Kern der Induktionsspule betätigter elektromagnetischer Unterbrecher angebracht. Drückt man nämlich den Knopf *k* nieder, so wird durch den die Feder *m* berührenden Stift *l* ein Stromkreis geschlossen, der über die Batterie, die Primärwicklung, das Gehäuse, den Stift *l* und die Feder *m* sowie den Umschalter *f* zur Batterie zurück verläuft und durch den der Kern *a* erregt wird, so daß er das Ankerstück *n* anzieht. Hierdurch wird aber die Feder *m* frei und der Kontakt wird unterbrochen. Eine Feder *o* führt den Anker *n* und damit die Feder *m* wieder nach oben zurück, schließt also wieder den Stromkreis. Die Einrichtung soll gestatten, vom Führersitz aus in der Sekundärspule eine Reihe von Stromstößen hervorzurufen, die in der gerade mit der Sekundärwicklung verbundenen Zündkerze mehrere Funken erzeugen und womit, wenn in dem betreffenden Zylinder noch brennbares Gemisch vorhanden ist, die Maschine in Gang gesetzt werden kann.

Die zu der beschriebenen Zündvorrichtung gehörige Lichtbogen-Zünddynamo, Abb. 242 und 243, unterscheidet sich von der nach Abb. 225 und 226, S. 146, zunächst dadurch, daß die unmittelbare Verbindung zwischen der Schleifbürste *l* und der Achse des Stromverteilers fortfällt und die Schleifbürste bei 1 an

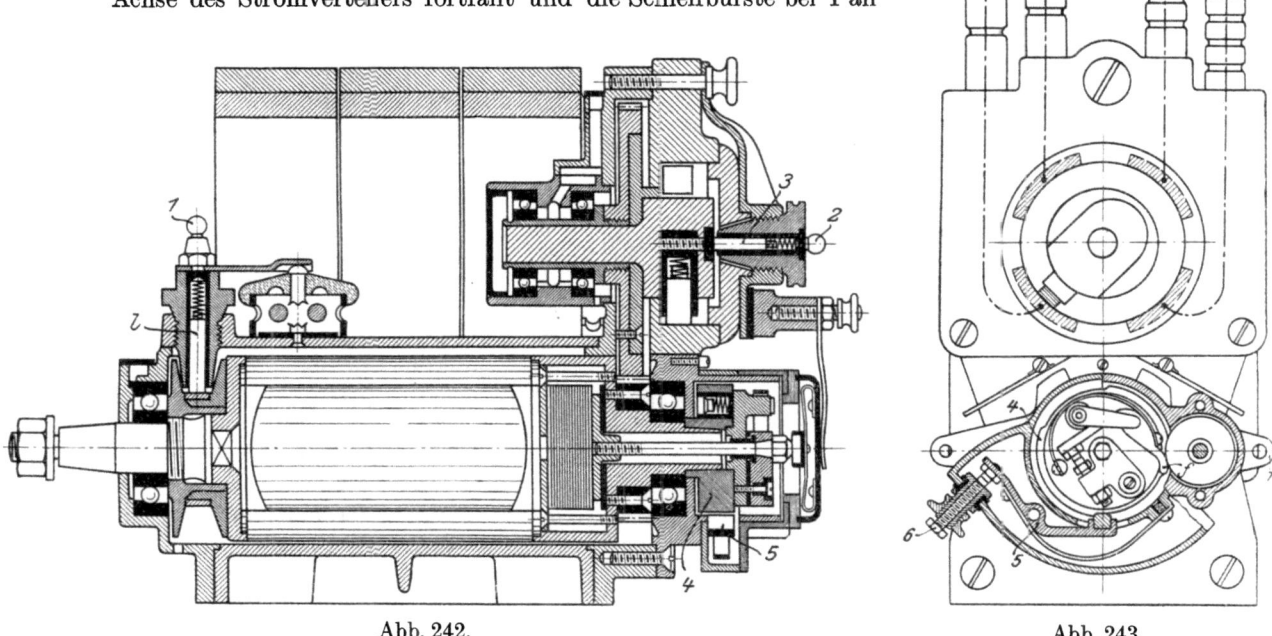

Abb. 242.   Abb. 243.
Abb. 242 und 243. Lichtbogen-Zünddynamo zur Doppelzündung von Rob. Bosch, Stuttgart.

den Umschalter der Induktionsspule angeschlossen wird. Dem Verteiler wird hingegen bei 2 der hochgespannte Zündstrom zugeleitet, was durch Einsetzen eines besonderen Kohleschleifstückes 3 ermöglicht wird. Außer dem bekannten Unterbrecherhebel *f*, dessen Aufgabe es ist, die Primärwicklung der Zünddynamo in dem Augenblicke, wo gezündet werden soll, kurzzuschließen, erhält die Zünddynamo noch einen weiteren, von der Daumenscheibe 4 angetriebenen Unterbrecherhebel 5, der in den gleichen Zeitabständen den Batteriestromkreis kurzschließt. Die Batterie wird bei 6 angeschlossen und der Strom verläuft dann über den Unterbrecherhebel 5 und das Gehäuse der Maschine zur Primärwicklung der Induktionsspule. Der Zündzeitpunkt wird dadurch verstellt, daß man das Gehäuse *r* verdreht. Diese Verstellung wirkt gleichzeitig für beide Arten der Zündung, da in dem Gehäuse der Unterbrecherhebel 5 gelagert ist.

Zu beachten ist, daß man beim Anlassen vom Sitze aus auf Spätzündung einstellen und, sobald die Maschine in Gang kommt, den Druckknopf *k* wieder loslassen muß, damit nicht zu viel von dem Strom der Batterie verbraucht wird. Außerdem muß man, da zugleich mit der Maschine auch die Zünddynamo in Gang kommt, die Batterie möglichst schnell ausschalten, um Strom zu sparen und etwaige Rückwirkungen auf die Batterie zu vermeiden.

Durch das Umschalten von Magnetzündung auf Batteriezündung wird im übrigen die Magnetzündung vollkommen abgestellt.

Andere dynamo-elektrische Zündmaschinen.

Gegenüber den im vorstehenden besprochenen Bauarten von magnetelektrischen Zündmaschinen kommen die vielen davon abweichenden Konstruktionen wegen der geringen praktischen Bedeutung, die sie erlangt haben, kaum in Betracht. Sie sind vielmehr nur als Vorschläge anzusehen, die dazu dienen sollen, gewisse tatsächlich vorhandene Mängel der gebräuchlichen Zünddynamos mit leider unzureichenden Mitteln zu beseitigen. So stellt Abb. 244 eine Zündmaschine dar, bei der der umlaufende Dynamoanker mit allen seinen empfindlichen stromführenden Teilen fortfallen soll. Bei dieser Zünddynamo, die von der Witherbee Igniter Company in Springfield, Mass., herrührt wird der Kraftlinienstrom einer Anzahl von Dauermagneten a, der in der Regel über die Weicheisenkerne b und c von zwei Spulen mit feiner Drahtwicklung sowie durch die Brücke d geschlossen gehalten wird, im Augenblicke der Zündung durch einen Anker e kurzgeschlossen. Die plötzliche Verminderung der magnetischen Kraftlinien in den Kernen b und c soll in den Induktionsspulen einen Stromstoß von hoher Spannung hervorrufen, der über die

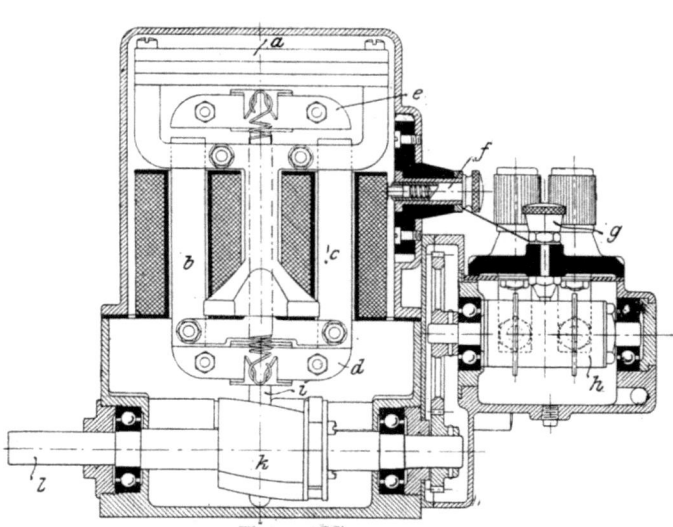

Abb. 244. Zündmaschine der Witherbee Igniter Company in Springfield, Mass.

Klemmen f und g auf den trommelförmigen Verteiler h übertragen wird. Die Einrichtung zeichnet sich in der Tat durch große Einfachheit aus. Der bewegliche Anker e ist mit starken Federn gegen die Brücke d abgestützt und wird durch eine Druckstange i abgehoben, die von der Daumenmuffe k auf der von der Maschine angetriebenen Welle l bewegt wird. Durch Verschieben der Muffe kann man den Zündzeitpunkt verändern; außerdem kann man hier den Anker e bei Stillstand der Maschine so schnell senken, daß man einen Funken an der Zündkerze erzeugt und die Maschine gegebenenfalls auch selbst anläuft. Gegen die weitergehende Verwendung dieser Zündeinrichtung dürften aber ihre großen Abmessungen sprechen.

Bei der neueren amerikanischen Zündmaschine nach Abb. 245 und 246[1]), ist dieser Grundsatz in etwas vollständigerer und zweckmäßigerer Weise durchgeführt. Während

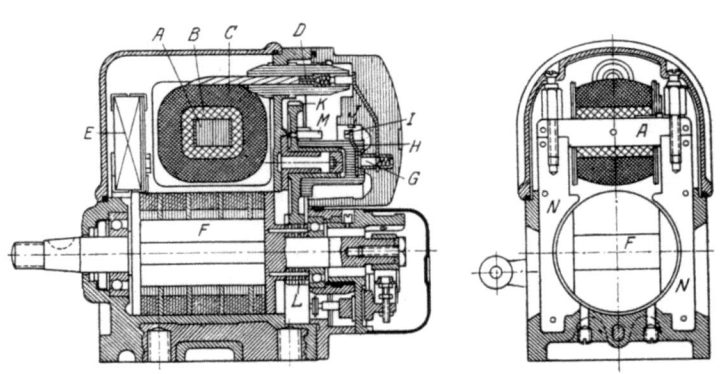

Abb. 245 und 246. Neuere amerikanische Zündmaschine.

der Anker mit seinem aus Stahlblechen bestehenden Kern A und seiner Primär- und Sekundärwicklung B und C feststeht, läuft der gleichfalls aus Blechpaketen bestehende Magnet F, dessen Polschuhen sich die jochartigen Arme N des Ankers möglichst genau anpassen, mit der Magnetwelle um. Wird der Primärstrom in dem Augenblick unterbrochen, wo er gerade seinen Höchstwert hat, so wird der hochgespannte Zündstrom, der in der Sekundärwicklung entsteht, durch das feste Verbindungsstück D zur Bürste G geleitet und mittels des Armes H, der durch die Zahnräder K und L angetrieben wird, auf die Kontakte I des Stromverteilers übertragen. Kondensator E und Sicherheitsfunkenstrecke M haben die bekannten Aufgaben.

---

[1]) ETZ 1. Februar 1923.

Eine größere Anzahl von Vorschlägen befaßt sich damit, dem Anker des Magnetinduktors bei dem verhältnismäßig langsamen Drehen mit der Anlaßkurbel vorübergehend eine so große Geschwindigkeit zu erteilen, daß ein kräftiger, auch bei hoher Verdichtungsspannung überspringender Funken erzeugt wird. Erwähnenswert sind hier die Konstruktionen von Unterberg & Helmle in Durlach sowie von Breguet. Bei der Zünddynamo von Unterberg & Helmle, Abb. 247 und 248, ist auf der Antriebswelle a eine Scheibe b gelagert, die beim Andrehen der Maschine das eine Ende c einer Feder e mitnimmt. Das zweite Ende d dieser Feder ist mit dem Dynamoanker durch eine Scheibe f verbunden. Im Ruhezustande wird der Dynamoanker zunächst dadurch festgehalten, daß sich die in einem Schlitz der Scheibe f befindliche Kugel g gegen eine Rippe h des Gehäuses stützt. Wird also angedreht, so wird zunächst die Feder angespannt. Erst nach Verlauf einer gewissen Drehung kommt die Kugel g einer Vertiefung i in der Scheibe b gegenüber, fällt in diese ein und gibt dadurch den Anker frei, der nun unter der Wirkung der Feder nach vorwärts schnellt. Die Lage der Vertiefung ist so gewählt, daß auch mit Rücksicht auf die Lage des Ankers gegenüber dem Magneten eine günstige Wirkung erzielt wird. Sobald die Maschine mit voller Geschwindigkeit läuft, wird die Kugel g durch die Fliehkraft aus dem Bereich der Rippe h gebracht und die Dynamo unter Vermittlung der Feder gleichförmig angetrieben.

Auch die Einrichtung von Breguet beruht darauf, daß zunächst bei festgestelltem Anker eine Feder aufgewunden wird, deren Spannung, sobald sie eine bestimmte Größe erreicht hat, den Widerstand der Feststellvorrichtung des Ankers überwindet, so daß der Anker mit großer Geschwindigkeit vorwärts gedreht wird. Zu erwähnen wäre noch, daß bei den Zünddynamos von Breguet die umlaufenden Ver-

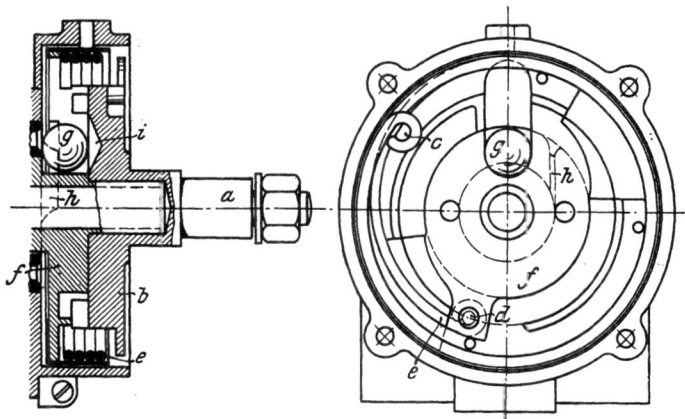

Abb. 247 und 248. Zünddynamoantrieb von Unterberg & Helmle in Durlach.

teilerkohlen die leitenden Metallflächen nicht unmittelbar berühren, sondern von ihnen durch kleine Funkenstrecken getrennt sind, die gewissermaßen als Vorschaltfunkenstrecken die Wirkung der Zündfunken verstärken sollen. Daneben wird hierdurch vermieden, daß die Verteilerkohlen wegen ihrer Abnutzung häufig ausgewechselt werden müssen. Von Breguet rührt ferner eine Einrichtung her, die gleichzeitig mit dem Unterbrecher der Primärwicklung die Feldmagnete gegen den Anker entsprechend verstellt, derart, daß bei jeder Einstellung des Zündzeitpunktes die Funken immer nur dann erzeugt werden können, wenn der Strom im Anker seinen Höchstwert erreicht hat.

Eine solche Zünddynamo wird heute von dem Unionwerk Mea G. m. b. H. in Feuerbach bei Stuttgart erzeugt. Die ganz nach dem Bosch-Verfahren mit zwei hintereinander liegenden Ankerwicklungen für Hochspannungs-Lichtbogenwirkung eingerichtete Dynamo benutzt keinen Hufeisenmagneten, sondern einen Glockenmagneten, der drehbar in dem Gehäuse der Zünddynamo angeordnet ist, und an seinem geschlossenen Ende die Steuerscheibe des Unterbrechers trägt. Die Achse des Magneten stimmt mit der Ankerachse überein. Beim Verstellen der Steuerscheibe wird also auch der Magnet verstellt, und die Folge davon ist, daß die Zündung immer nur dann eintritt, wenn der Strom im Anker seinen Höchstwert besitzt.

Die Zünddynamo Abb. 249 bis 251, ist mit glockenförmigem Dauermagneten a mit liegender Achse ausgestattet, zwischen dessen Polen der I-Anker b mit den zwei übereinander gelegten Wicklungen umläuft. Bei der Drehung des Ankers durchschneiden die Windungen der Primärwicklung zweimal die magnetischen Kraftlinien, wodurch in dieser Wicklung ein niedrig gespannter Wechselstrom mit den Höchstspannungen in den Abrißstellungen des Ankers erzeugt wird. Bei Unterbrechung dieses Stromkreises durch den üblichen mittels eines Daumens gesteuerten Unterbrecher entsteht in der Sekundärwicklung des Ankers hochgespannter Strom, der auf den Verteiler c und durch diesen auf die Zündkerzenleitungen übertragen wird. Da man auch den Dauermagneten um die Achse des Ankers verdrehen kann, so kann man bei allen Einstellungen des Zündzeitpunktes erreichen, daß der

Primärstrom im günstigsten Augenblick, d. h. im Augenblick der höchsten Spannung unterbrochen wird, also bei verschieden großen Vorzündungen gleich kräftige Zündfunken erhalten werden. Infolgedessen ist die Größe des Voreilens der Zündung, die man bei diesen Zündmagneten zulassen kann, weniger begrenzt, als bei den Zünddynamos mit festen Hufeisenmagneten.

Auch bei den neuen Zünddynamos von Eisemann & Co. mit selbsttätiger Verstellung des Zündzeitpunktes, siehe weiter unten S. 167, wird der gleiche Erfolg erzielt.

Ob es Zweck hat, die etwas empfindlichere Bauart solcher Zünddynamos in den Kauf zu nehmen, um bei allen Einstellungen des Zündpunktes gleich kräftige Funken zu erhalten, scheint noch nicht unbestritten zu sein. Vollständigen Ersatz für die häufig angewendeten Doppelzündungen mit zwei unabhängigen Stromquellen bieten sie nicht.

Zu erwähnen wären endlich noch die Vorschläge, die Zünddynamos durch wirkliche Dynamomaschinen zu ersetzen, die fortlaufend Strom liefern und gegebenenfalls auch als Stromquellen für die Beleuchtung des Motorwagens verwendet werden können. Hierher gehört z. B. die magnetelektrische Zündvorrichtung, Bauart von Pittler, der Auto-Teil-Gesellschaft in Berlin, Abb. 252, bei der im Innern des aus gestanztem Eisenblech gebildeten Ankerkörpers a der aus 6 Hufeisenmagneten zusammengesetzte Läufer b so gelagert ist, daß sich

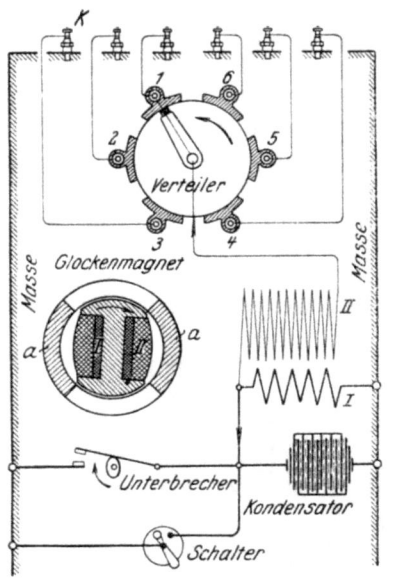

Abb. 249.

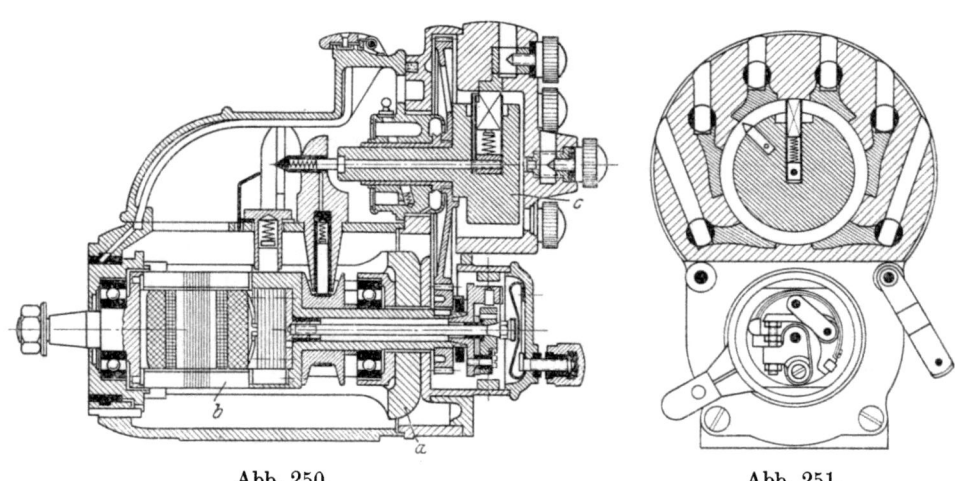

Abb. 250. Abb. 251.

Abb. 249 bis 251. Zündanlage der Firma Unionwerk Mea, Feuerbach.

sämtliche 12 Pole dieser Magnete — abwechselnd Nord- und Südpol — in gleichen Abständen nach außen richten und ihnen die nach innen gerichteten 12 Zähne des Ankerkörpers gegenüberstehen. Um diese ist wie bei einer gewöhnlichen Wechselstrommaschine die Wicklung c gelegt, in der die Induktionsströme erzeugt werden. Ein Ende dieser Wicklung ist geerdet, das andere ist mit der Primärwicklung einer Induktionsspule verbunden, die ohne Zuhilfenahme eines Unterbrechers — da in der Primärwicklung ein Wechselstrom vorhanden ist — in der Sekundärwicklung den Zündstrom erzeugt. Durch den Kollektor d, der aus 12 voneinander isolierten, an die Wicklung c des Ankers angeschlossenen Abschnitten besteht, wird die Wicklung bei langsamem Drehen der Achse d 12 mal bei jeder Umdrehung kurz geschlossen und wieder unterbrochen. Die hierbei entstehenden Extraströme verstärken die Spannung in dem parallel dazu geschalteten Hauptstromkreis der Wicklung, wodurch das Ankurbeln der Maschine erleichtert wird. Beim Steigen der Umlaufzahl schaltet sich der Kollektor unter dem Einfluß der Fliehkraft ganz selbsttätig aus. Die von dieser Maschine gelieferte Zündstromspannung steigt mit der Umlaufzahl. Die Maschine kann daher bei geeigneter Wahl der Umlaufzahl zum Zünden von beliebig großen Maschinen verwendet werden. Ihre Anwendbarkeit für die Beleuchtung des Wagens ist jedoch eben wegen dieser Abhängigkeit von der Umlaufzahl beschränkt, im Gegensatze zu der Dynamo von Henry Leitner[1]), einer Weiterbildung der für die Zwecke der Zugbeleuchtung entworfenen Leitner-Lucas-Dynamo[2]), die besonders für gleichbleibende Spannung bei ziemlich weit schwankenden Umlaufzahlen konstruiert ist. Die Regelung der Spannung wird hierbei durch ein Paar von Hilfsbürsten erreicht, die die Feldstärke beeinflussen. Wegen der Einzelheiten dieser Maschine, die mehr in das Gebiet der Elektrotechnik fallen, sei auf die angegebenen Quellen verwiesen. Bemerkenswert ist aber, daß es gelungen ist, bei einer Ausführung dieser Dynamo, die in einem Motoromnibus

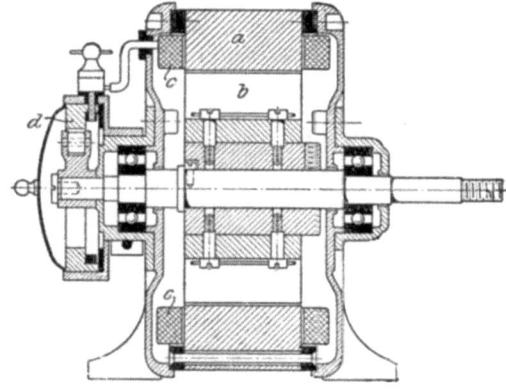

Abb. 252. Zünddynamo, Bauart von Pittler, der Auto-Teil-Gesellschaft in Berlin.

der London General Omnibus Company eingebaut worden ist, s. Abb. 253, das Gewicht der Dynamo auf etwa 16 kg zu beschränken. Diese Zündmaschine wird mit Geschwindigkeiten von 500 bis 3000 Uml/min betrieben und liefert 6 Amp. und 10 Volt, womit außer der Primärwicklung der Zündspule die Scheinwerfer- und Fahrtanzeigelampen sowie die Lampen im Innern des Wagenkastens gespeist werden können. Allerdings muß bei Stillständen des Wagens eine kleine Akkumulatorenbatterie aushelfen, die während des Tages aufgeladen wird.

Der Gedanke, die gesamte elektrische Anlage eines Kraftwagens, also die Einrichtungen für Zündung, Beleuchtung und Anlassen, einheitlich zusammenzufassen[3]) und die Maschinen hierfür mehr oder weniger zu vereinigen, hat sich in der neuesten Zeit außerordentlich fruchtbar erwiesen. Schon heute gibt es verschiedene Maschinen, die zugleich Zünd-

Abb. 253. Zünd- und Lichtdynamo von Henry Leitner.

und Beleuchtungsstrom liefern, und auf der Deutschen Automobil-Ausstellung 1921 war sogar eine Anlage zu sehen, die alle diese Aufgaben mit einer einzigen Maschine erfüllt.

Zündkerzen.

Die Zündkerzen, die in Verbindung mit einer Hochspannungs-Zündvorrichtung dazu dienen, im Verdichtungsraum des Maschinenzylinders eine für die Zündung des brennbaren Gemisches geeignete Funkenstrecke zu bilden, bestehen im wesentlichen aus einer mit dem Körper der Maschine leitend verbundenen und einer hiervon möglichst gut isolierten Elektrode. Ihre Bauart hat, wie vieles auf dem Gebiete des Motorfahrzeugwesens in der ersten Zeit, große Wandlungen durchgemacht, doch kann man heute die Gesichtspunkte, die für die Konstruktion von Zündkerzen maßgebend sind, als ziemlich festgelegt ansehen. Nach den bis heute vorliegenden Erfahrungen, die sich allerdings fast ausschließlich auf praktische Beobachtungen und nur selten auf planmäßige Versuche gründen, scheint ein wesentliches Merkmal zuverlässiger Zündkerzen, d. h. solcher, die wegen Kurzschluß oder Verölen nicht zu leicht versagen, der Hohlraum zu sein, der jenseits der Funkenstrecke im Innern des Körpers der Zündkerze gebildet wird, und der sich beim Verdichtungshub, zum Teil mit den unverbrennbaren Rückständen der vorhergehenden Zündung füllt, derart, daß im Gebiete der Funkenstrecke selbst

---

[1]) Engg. vom 23. August 1907.   [2]) Engg. vom 16. Februar 1906.
[3]) Vgl. Engg. vom 29. September 1922.

immer gut brennbares Gemisch vorhanden ist. Nach einer anderen Erklärung für die große Betriebsicherheit solcher Zündkerzen entzündet sich im Augenblick der Zündung das in dem Hohlraum verdichtete brennbare Gemisch, und infolgedessen schlägt nach außen eine Stichflamme heraus, die dazu beiträgt, etwa an den Elektroden festgebranntes Öl oder dgl. abzuschleudern und dadurch dauernd Kurzschlüsse der Elektroden unmöglich zu machen. Der erwähnte Hohlraum wird bei den Zündkerzen dadurch gebildet, daß man als die eine Elektrode die mit dem Maschinenkörper leitend verbunden wird, das in die Zylinderöffnung einzuschraubende Gewindestück benutzt. Die weitere Gestaltung der Elektroden ist scheinbar für diesen Zweck weniger wichtig. Bei der Zündkerze von A. Horch & Co. in Zwickau in Sachsen, Abb. 254, wird der Hohlraum durch eine kugelige Fortsetzung des Gewindestückes nach unten hin abgeschlossen, bei derjenigen von Völker & Prügel in Obernburg, Abb. 255, durch einen Metalldeckel, der mit einer langen Nabe das untere Ende der isolierten Elektrode umschließt. Im Gegensatz hierzu läßt Bosch bei seinen Zündkerzen, Abb. 256 und 257, das

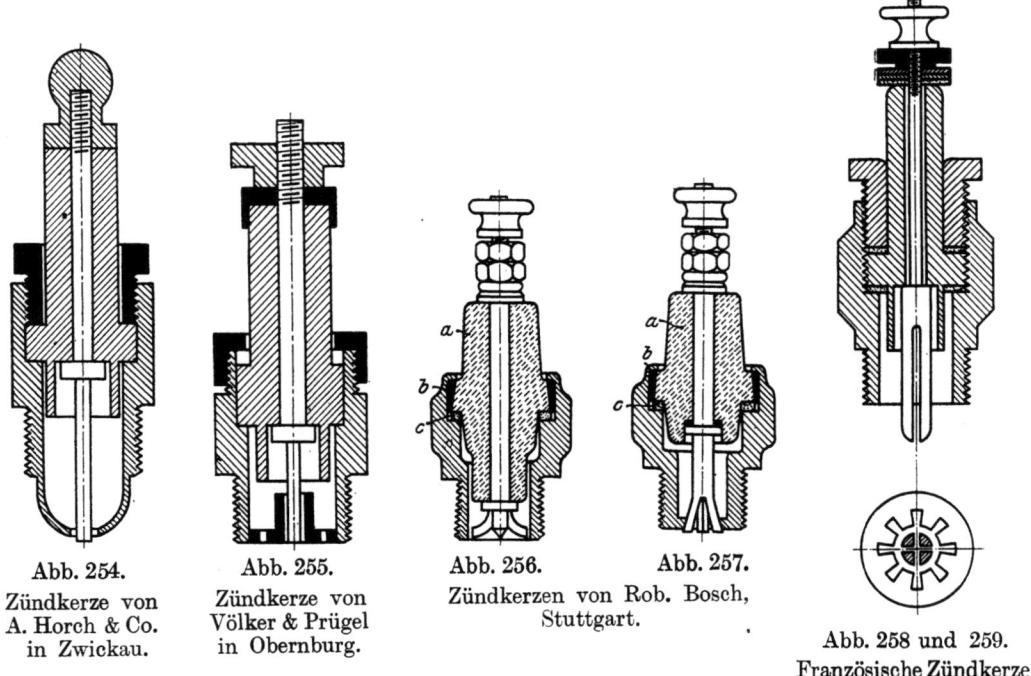

Abb. 254.
Zündkerze von
A. Horch & Co.
in Zwickau.

Abb. 255.
Zündkerze von
Völker & Prügel
in Obernburg.

Abb. 256. Abb. 257.
Zündkerzen von Rob. Bosch,
Stuttgart.

Abb. 258 und 259.
Französische Zündkerze.

Gewindestück glatt, er spaltet aber dafür das untere Ende der isolierten Elektrode, um auf diese Weise die erforderlichen kurzen Funkenstrecken und den Hohlraum zu erhalten. Endlich ist bei der in Abb. 258 und 259 dargestellten Zündkerze, die von angesehenen französischen Fabriken angewendet wird, das untere Ende des Gewindestückes mit einem sternförmig ausgefrästen Deckel versehen. Auch De Dion & Bouton lassen bei ihren Zündkerzen den Zündfunken nicht einfach über zwei Drahtspitzen, sondern über einen Ringspalt überspringen. Eine solche Zündkerze hat sich bei den Versuchen von Neumann[1]) so gut bewährt, daß er Aussetzen der Zündung überhaupt nicht beobachtet hat.

Ebenso mannigfaltig wie der Aufbau der Zündkerzen ist die Ausbildung ihrer Elektroden. Als einfachste und sicherste Bauart hat sich aber selbst für die höchsten Beanspruchungen erwiesen, die Mittelelektrode als glatten runden Stift auszubilden und die Seitenelektroden aus umgebogenen, an dem freien Ende flach ausgeschmiedeten Drahthäkchen herzustellen, s. Abb. 260 und 261. Bei sorgfältiger Herstellung passen sich die Enden der Häkchen dem Umfang der Mittelelektrode so an, daß die Funken nicht immer an der gleichen Stelle überspringen und die Elektroden daher nicht zu schnell abbrennen. Nach einiger Gebrauchszeit kann man die abgenutzten Häkchen abschneiden und in die vorgebohrten Löcher neue Elektroden einsetzen.

Von besonderer Wichtigkeit ist es, den mittleren Leiter der Zündkerze gut zu isolieren und gegenüber der Isolierung gut abzudichten, damit die heißen Gase nicht in den Raum zwi-

---

[1]) S. a. a. O., S. 8.

schen Elektrode und Isolator eindringen können. Während man früher für die Isolierung neben der aus Glimmer hergestellten Masse Mikanit nur Porzellan verwenden konnte, das den hohen Temperaturen im Zylinder nur schlecht Widerstand leistet und wegen seiner Sprödigkeit nur schwer genügend dicht angezogen werden kann, ist man heute fast ausschließlich zu Steatit, einer porzellanähnlichen, aber künstlich hergestellten Isoliermasse, übergegangen und hat auch nach dem Verfahren von Bosch[1]) die Befestigung dieser Isolierkörper so verbessert, daß Brüche durch zu scharfes Anziehen der Abdichtung nur mehr selten vorkommen. Die Überwurfmuttern oder dgl., die zur Befestigung der Porzellanisolatoren dienten, kommen in Fortfall, dagegen werden die Steatitkörper a, Abb. 256 und 257, S. 158, mit kegeligen Paßflächen versehen und durch verstemmte Weichmetallringe b gegen eine wärmeschützende Asbestpackung c so festgezogen, daß ein Nachspannen wegen Undichtheit nicht erforderlich werden kann. Nachdem der Ring b verstemmt ist, bördelt man den oberen Rand des Körpers der Zündkerze um, wodurch der Ring gesichert wird. Dadurch wird die Bauart der Zündkerze sehr einfach.

Veränderungen der in der Regel auf 0,4 mm bemessenen Länge der Funkenstrecke, die manchmal bei wesentlichen Änderungen in der Betriebsspannung der Zündung erwünscht sein können, lassen sich bei den Zündkerzen nach Abb. 256, 257, 258 und 259 ohne weiteres durchführen.

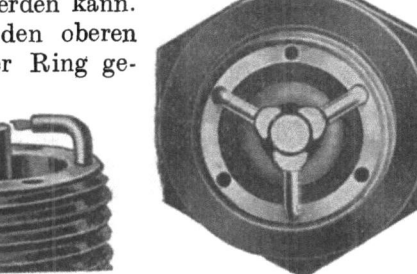

Abb. 260.   Abb. 261.
Abb. 260 und 261.
Herstellung der Elektroden aus Drähten.

Die Ansprüche an die Zuverlässigkeit der Zündkerzen namentlich unter den erhöhten Betriebsdrücken und Temperaturen der Flugmotoren haben sich in den letzten Jahren wesentlich gesteigert; dabei hat man die Erfahrung gemacht, daß mehr als die Hälfte der vorkommenden Störungen auf Kurzschlüssen zwischen den Elektroden beruhen, welche entweder durch Niederschlagen von Kohlenstoff aus dem zu reichen Gemisch oder durch Kohlerückstände von verbranntem Schmieröl verursacht werden und jedenfalls auf vorhergehende Überhitzung der Kerzenelektroden schließen lassen. Ein großer Teil von Kerzenstörungen ist ferner auf Schäden an den Isolatoren zurückzuführen. Hier bedarf es ausgedehnter Erfahrungen, um für einen Isolator von gegebener Bauart und Zusammensetzung diejenigen Betriebsverhältnisse zu bestimmen, bei welchen er gegen Beschädigung noch ausreichende Sicherheit bietet.

Im Zusammenhang mit den gesteigerten Anforderungen hat man auch die Prüfung von Zündkerzen weiter durchgebildet. Nach den Vorschriften des amerikanischen Motor Transport Corps[2]) wird jede neue Kerzenbauart einem Betriebsversuch von 100 Stunden auf dem Motorenprüfstand bei verschiedenen Belastungen unterworfen sowie auf ihre Isolation, ihre Widerstandsfähigkeit gegen Erschütterungen, ihre Hitzebeständigkeit und ihre Dichtheit geprüft. Bei der Prüfung auf Isolation muß die Kerze Wechselstrom von 25 000 Volt Spannung bei Eintauchen in Öl aushalten, ohne daß der Strom von der mittleren Elektrode auf ein außen um den Isolator herumgelegtes Metallband überspringt. Als Mindestwert des Isolationswiderstandes einer Zündkerze pflegt man 100 000 Ω anzusehen. Die mechanische Prüfung wird in der Weise ausgeführt, daß die Kerze in einen Stahlblock von $6 \times 6 \times 9$ cm eingeschraubt wird, der an einem Arm von 24 cm Länge befestigt wird. Mittels eines umlaufenden Daumenpaares wird der Block abwechselnd um 19 mm gehoben und auf eine gehärtete Stahlschiene fallen gelassen. Dabei zieht ihn eine Feder herab, so daß seine Aufschlaggeschwindigkeit rd. 2 m/s beträgt. Eine gute Kerze muß 25 000 derartige Schläge ohne Schaden aushalten. Bei der Prüfung auf Hitzebeständigkeit erwärmt man den Isolator allein auf 150° C und taucht ihn dann in Wasser von Zimmertemperatur. Dabei darf er auch in einer alkoholischen Lösung von Eosin keine Oberflächenrisse zeigen. Zur Prüfung auf Gasdichtheit schraubt man die Kerze auf eine Bombe, die mit Luft von 15 at gefüllt ist und in Öl von 150° C eingetaucht wird. Dabei soll die Kerze nicht mehr als 1 cm³/s entweichen lassen.

Die mittleren Elektroden stellt man vielfach aus besonders hitzebeständigen Legierungen her, damit sie nicht so leicht abbrennen. Einige solche Legierungen sind auf Grund von Untersuchungen der amerikanischen Versuchsanstalt für Luftfahrt in Mc Cook Field[1]) nachstehend angeführt.

---

[1]) D. R. P. Nr. 199332.   [2]) Automot. Ind. 4. März 1920.

160 Die Zündung.

Legierungen für Zündkerzenelektroden.

Nr.	Ni v. H.	Si v. H.	Cu v. H.	Fe v. H.	Mn v. H.	Cr v. H.	C v. H.
1	98,49	0,04	0,43	0,78	0,26	—	—
2	97,66	0,06	0,81	1,17	0,30	—	—
3	27,85	—	—	49,00	1,23	22,00	—
4	—	—	—	98,86	0,88	—	0,16
5	94,96	0,21	0,97	1,61	2,40	—	—
6	29,01	—	—	70,03	0,80	—	0,16
7	97,23	0,07	0,36	0,96	1,38	—	—

Wie ersichtlich, handelt es sich hierbei vorwiegend um fast reine Nickellegierungen oder um Nickelstahl von sehr hohem Nickelgehalt.

Bei der Prüfung von Zündkerzen wäre noch zu beachten, daß sich ihr Widerstand nicht nur mit Steigen der Betriebstemperatur, sondern auch mit zunehmender Zahl der Zündungen in der Zeiteinheit verringert. Namentlich ist das, wie Versuche von Morgan[2]) ergeben haben, bei Magnetzündungen der Fall.

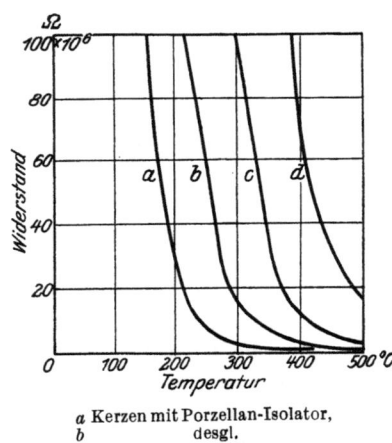
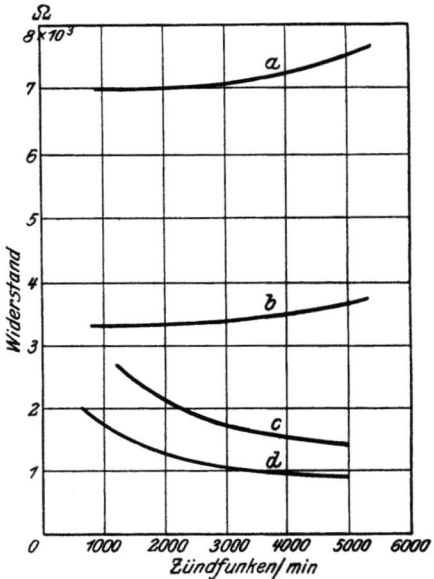

a Kerzen mit Porzellan-Isolator,
b desgl.
c desgl.
d Kerzen mit Glimmer-Isolator

a Spulenzündung bei 6,3 at Überdruck,
b desgl. bei 4,2 ,, ,,
c Magnetzündung bei 6,3 ,, ,,
d desgl. bei 4,2 ,, ,,

Abb. 262 und 263. Einfluß der Betriebstemperatur und der Zahl der Zündfunken auf den Widerstand von Zündkerzen.

Aus den Abb. 262 und 263 ist aber zu ersehen, daß der Einfluß der Betriebstemperatur immer bei weitem überwiegt.

Die Abmessungen der Zündkerzen sind heute in allen Einzelheiten, die ihre Anbringung an der Maschine angehen, normalisiert, s. Abb. 264 und 265. Danach sind für den Gewindeansatz l von 18 mm Durchm. nur zwei Abstufungen in der Länge mit 12 und 18 mm zulässig.

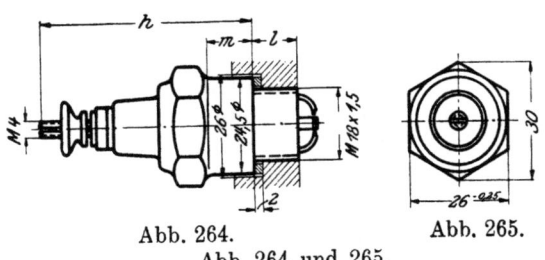

Abb. 264. Abb. 265.
Abb. 264 und 265. Normalabmessungen für Zündkerzen.

Daneben hat sich aber in neuerer Zeit das Bedürfnis nach besonders kleinen Zündkerzen für Fahrradmaschinen ergeben, deren Gewindeansatz nur mit 12 mm Durchm. ausgeführt wird.

Eine Gruppe für sich bilden die elektromagnetischen Abreiß-Zündkerzen, von denen vorläufig nur ein in der Praxis ausreichend bewährter Vertreter, die Bauart Honold von Rob. Bosch in Stuttgart, bekannt ist, Abb. 266 und 267. Die Kerze verwirklicht einen Gedanken, der schon wiederholt aufgetaucht, aber bis dahin noch niemals brauchbar ausgeführt worden ist, nämlich das Abreißgestänge einer Abreißzündung durch eine elektrische Steuerung zu ersetzen. Ihre Wirkungsweise ist im wesentlichen diejenige eines elektromagnetischen Unterbrechers, mit dem Unterschiede allerdings, daß die Zahl der Unter-

---

[1]) Automot. Ind. 29. Dezember 1921. [2]) Engg. vom 8. November 1918.

brechungen ausschließlich durch die von der Zünddynamo ausgesandten Induktionsstöße bestimmt wird. Der bei der Klemme a zugeführte Strom gelangt über die Platte b, das Niet c und den Ring d zu der mit sehr feinem Emailledraht bewickelten Spule e, von hier aus durch die Schraube f und den Mantel g der Spule in das Gehäuse h sowie den Weicheisenkern i, die Feder k und den in einer Schneide gelagerten Abreißhebel l, vor dessen unterem Ende er durch das Gewindestück m auf den Maschinenkörper übergeleitet wird. Der hier angegebene Weg des Stromes ist durch Isolierungen bestimmt, die z. B. den unmittelbaren Übergang von c auf h sowie von g auf m verhindern. Für den letztgenannten Zweck ist ein Steatitkegel n bestimmt, der zugleich den Verdichtungsraum der Maschine nach außen hin abdichtet.

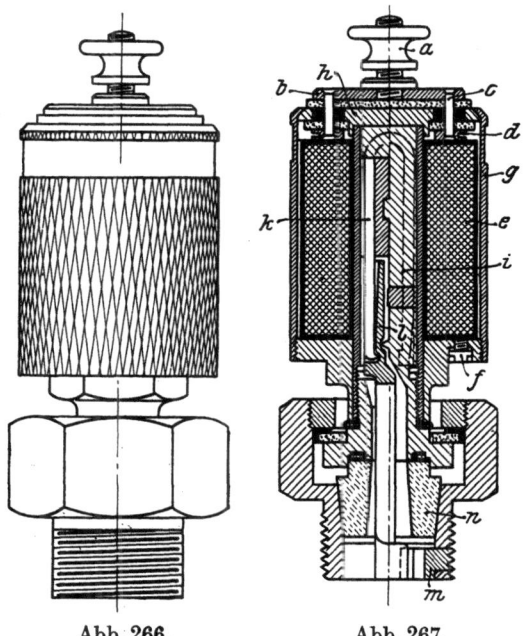

Abb. 266.   Abb. 267.
Abb. 266 und 267. Elektromagnetische Abreiß-Zündkerze, Bauart Honold, von Rob. Bosch, Stuttgart.

In dem Augenblicke der Zündung liegt der Kontakthebel l an m an, so daß der von der Zünddynamo ausgehende Stromstoß in der angegebenen Weise verlaufen, den Weicheisenkern i erregen und, da dieser den als Anker dienenden Kontakthebel l anzieht, im nächsten Augenblicke unterbrochen werden kann, wobei bei m der Abreißfunken erzeugt wird. Die Zündkerze soll sich trotz ihres großen Gewichtes und trotzdem sie hohen Temperaturen ausgesetzt ist gut bewährt haben. Sie ist allerdings nicht für so niedrig gespannte Ströme geeignet, wie die bekannten Abreißzündungen, und daher nur in Verbindung mit einer Hochspannungsdynamo verwendbar. Zu einer besonders starken Entwicklung dieser Art von Zündkerzen ist es aber, nachdem in den letzten Jahren die wichtigsten Mängel der Kerzenzündungen beseitigt worden sind, nicht mehr gekommen; der Wert der Abreißzündungen lag eben in der Unempfindlichkeit der Kontakte gegen verspritztes Öl, in der Möglichkeit, niedrige Zündspannungen zu verwenden und, hierdurch bedingt, in der großen Zuverlässigkeit beim Andrehen und beim Betrieb der Maschine. Die wichtigsten dieser Kennzeichen darf man heute auch bei den Kerzenzündungen, insbesondere bei den Lichtbogenzündungen als vorhanden ansehen, während andererseits die Anwendung niedrig gespannter Zündströme auch bei der magnetischen Zündkerze nicht möglich ist.

Bau der Zündvorrichtungen.

Der Bau der Zündvorrichtungen hat von allem Anfang an in den Händen weniger Sonderfabriken gelegen, und daher mag es auch kommen, daß über wissenschaftliche Untersuchungen auf diesem Gebiete bis jetzt verhältnismäßig wenig bekannt ist. Daneben sind die beim Entwurf der Zündvorrichtungen auftretenden Fragen, soweit sie nicht rein in das Gebiet der Elektrotechnik fallen, vielfach nur auf Grund von praktischen Rücksichten zu lösen, die für jede Maschinenbauart verschieden sind.

Als feststehend kann man aber ansehen, daß die Wirksamkeit einer gegebenen Zündeinrichtung von der Spannung des Primärstromkreises ziemlich unabhängig ist. Das geht nicht nur aus den Versuchen von Lutz[1] hervor, der bei der von ihm geprüften De Dion & Bouton-Einzylindermaschine den gleichen Zusammenhang zwischen Umlaufzahl und Bremsleistung fand, wenn die Zündung aus einer Akkumulatorenbatterie von 3 Zellen (5,9 Volt Spannung) oder aus einer solchen von 2 Zellen (4,1 Volt Spannung) gespeist wurde, sondern auch aus den Versuchen von Davenport[2]. In beiden Fällen handelt es sich allerdings nur um Zündungen mit hochgespanntem Strom, also Kerzenzündungen, jedoch mit mechanischen Unterbrechern im Primärstromkreis. Davenport fand, daß beim Betrieb der Zündung mit 4 Volt der Stromverbrauch doppelt so hoch war, wie bei 2 Volt, und empfiehlt daher, die Zellen paarweise parallel zu schalten, weil sie dann doppelt so lange aushalten, wie bei Hintereinanderschaltung.

---

[1] Mitt. Forsch.-Arb., H. 69, S. 13.   [2] Engg. vom 22. Febr. 1907.

Heller, Motorwagenbau. 2. Aufl. I.

Kerzenzündungen mit selbsttätigen Primärstromunterbrechern scheinen sich — weniger vielleicht mit Bezug auf die Maschine, als mit Bezug auf ihren Kraftverbrauch und ihre Betriebsicherheit — unter sonst gleichen Verhältnissen bei höheren Spannungen besser zu verhalten, als bei niedrigen, wie aus oszillographischen Beobachtungen von J. F. Springer hervorgeht[1]), hauptsächlich auch deshalb, weil mit steigender Primärspannung auch die Schwingungszahl des Unterbrechers wächst und das Nacheilen des Funkens gegenüber dem Unterbrecher abnimmt. Springer betrachtet die Zündvorrichtungen ohne Rücksicht auf die Maschine und schreibt für die Induktionsspulen von Kerzenzündungen mit selbsttätigen Unterbrechern kleine Eisenkerne aus feinem isolierten Eisendraht, kleinen Widerstand der Primärwicklung und ebenfalls verhältnismäßig kleinen Widerstand der sekundären Wicklung vor, ferner eine außerordentlich schnellschwingende Unterbrecherfeder, die so eingestellt werden muß, daß sie den Magnetkern in dem gleichen Augenblick berührt, wo der Strom unterbrochen wird, und die nicht zittern darf, sondern gleichmäßig zwischen Kern und Kontaktschraube hin- und herschwingen muß. Der aus Glimmerscheiben bestehende Kondensator soll klein, die Spannung der Batterie hoch, aber ihr innerer Widerstand soll gering sein. Die Dauer des Stromschlusses auf dem Hochspannungsverteiler ist so kurz zu bemessen, daß höchstens zwei Stromunterbrechungen auf jede Zylinderzündung entfallen.

Nachstehend ist einiges aus diesen Versuchen zusammengestellt:

Versuchsreihe Nr.		1	2	3	4	5
Spannung der Zündbatterie	V	6,6	4,3	6,5	6,5	6,5
Zahl der Unterbrecherschwingungen in der Sekunde		115	112	108	107	98
Nacheilen des Zündfunkens gegenüber dem Stromschluß	s	0,0065	0,0017	0,0099	0	0
Mittlere Primärstromstärke	Amp.	1,61	2,65	1,7	1,57	1,65
Höchste „	Amp.	4,7	4,7	3,4	4,16	4,16
Dauer des Primärstromschlusses	s	0,0051	0,0067	0,0079	0,0062	0,007
„ der Primärstromunterbrechung	s	0,0036	0,003	0,002	0,0031	0,003
Annähernde Dauer des Sekundärstromes	s	0,0014	∞	0,001	0,002	0
Höchste Sekundärstromstärke	Amp.	0,038	0,045	0,026	0,023	0
Länge der Funkenstrecke	mm	6,35	0	6,35	6,35	∞
Art des Zündfunkens		gut	—	gering	gut	—

Die Spannung im Sekundärstromkreis wurde mit Hilfe einer aus zwei Nadeln und einer Mikrometerstellvorrichtung bestehenden Funkenstrecke gemessen und betrug bei drei eingeschalteten Akkumulatorzellen 11800 Volt. Die oben angegebenen Funkenstrecken von 6,35 mm Länge sind natürlich für Zündkerzen, die im Verdichtungsraum eines Maschinenzylinders arbeiten, viel zu groß. Sie sind offenbar nur gewählt worden, um bei Versuchen ohne Maschine in den Spannungs- und Stromverhältnissen an die praktischen Betriebsbedingungen nahe heranzukommen.

Die wirkliche Länge der Funkenstrecke wird bei den neueren Lichtbogenzündungen auf 0,4 bis 0,5 mm bemessen. Die zum Durchschlagen dieser Strecke erforderliche Spannung hängt unter sonst gleichen Verhältnissen von der Höhe des Verdichtungsdruckes ab. Abb. 268 zeigt die Abhängigkeit der Spannung des Zündstromes für eine Funkenstrecke von 0,5 mm von dem Verdichtungsdruck. Davenport fand bei seinen Versuchen, daß sich die von ihm verwendete Einzylindermaschine von 4 PS bei etwa 0,75 mm langer Funkenstrecke am besten verhielt. Seine Versuche, bei denen mit gleichbleibender Primärspannung die Länge der Funkenstrecke zwischen 0,25 und 1,25 mm verändert wurde, zeigten, daß beim Vergrößern der Funkenstrecke über das angegebene Maß von 0,75 mm hinaus Schwierigkeiten beim Ankurbeln entstehen und zeitweise ein Versagen der Zündung im Dauerbetriebe erst unter 0,635 mm zu vermeiden ist. Andererseits wird durch zu kleine Funkenstrecken offenbar die

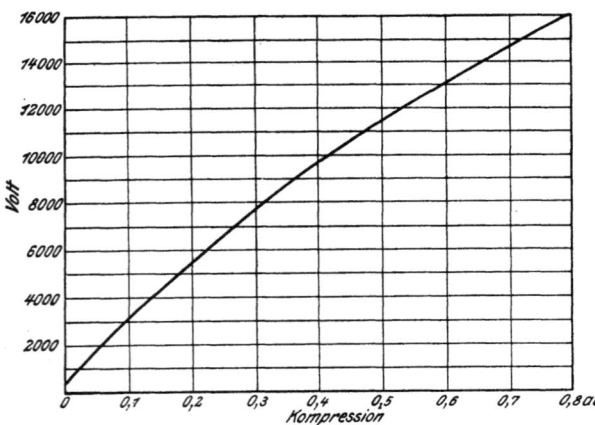

Abb. 268. Abhängigkeit der erforderlichen Zündstromspannung von der Höhe der Verdichtung.

---
[1]) El. World vom 24. Nov., 8. u. 29. Dez. 1906.

Leistung der Maschine, wenn auch nicht erheblich, verringert, weil die Verbrennung nicht genügend kräftig eingeleitet wird.

Abreißzündungen haben, wie aus einem Vergleich der auf annähernd gleichen Zeitmaßstab bezogenen oszillographischen Aufnahmen des Stromverlaufes in Abb. 269 und 270 zu erkennen ist, den großen Nachteil, daß bei ihnen die Stromstärke gegenüber den Hochspannungszündungen mit Unterbrecher nur verhältnismäßig langsam wächst. Das langsamere Steigen der Feldstärke in der Induktionswicklung hat daher auch zur Folge, daß die Funkenentladung keine so stark zersetzende und zündende Wirkung hat, wie bei den Hochspannungszündungen. Die Wirksamkeit der Entladungen von Abreißzündungen kann man, wie Springer angibt, verbessern, wenn man die Batteriestromstärke und den Widerstand der Induktionswicklung gegenüber dem Widerstand der gebildeten Funkenstrecke verhältnismäßig niedrig hält. Der Eisenkern ist aus geglühten und langsam abgekühlten, in Schellack isolierten Weicheisenstücken von hoher Permeabilität und geringer Hysterese zusammenzusetzen und erhält eine Länge von 4,5 bis zu 7 Durchmessern. Die Länge der Funkenstrecke kann nur auf dem Wege des Versuchs gefunden werden. Sie hat aber verhältnismäßig wenig Einfluß; Versuche mit Funkenstrecken von 0,78 bis 23,8 mm Länge, die von Springer an einer Einzylindermaschine von White angestellt wurden, haben wenigstens keine Veränderung der Leistung erkennen lassen. In jedem bestimmten Falle muß die Länge der Funkenstrecke den gerade vorliegenden Verhältnissen in bezug auf die Gestalt der Abreißkontakte, die Geschwindigkeit der Stromunterbrechung, den Verdichtungsdruck, die Induktionsspule und die Batteriespannung angepaßt werden.

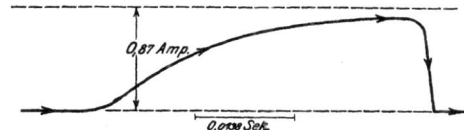
Abb. 269. Stromverlauf bei der Abreißzündung mit Batterie und Induktor.

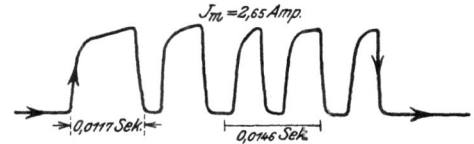
Abb. 270. Stromverlauf bei der Kerzenzündung mit Batterie und Induktor.

Eine besondere Eigenschaft der Abreißzündungen sowie der mit mechanischen Unterbrechern arbeitenden Hochspannungszündungen ist die verhältnismäßige Steigerung der Inanspruchnahme der Batterie bei geringen Umlaufgeschwindigkeiten, bewirkt durch die verhältnismäßig längere Dauer der Kontakte.

Über die magnetischen und elektrischen Vorgänge in magnetelektrischen Zündvorrichtungen hat Kulebakin[1]) Untersuchungen angestellt. Bei der von ihm untersuchten Anlage eines Liberty-Flugmotors ändert sich der magnetische Kraftfluß Φ_a im Ankerkern während der Drehung um den Winkel α und in Abhängigkeit von der Zeit t im allgemeinen nach Linien, deren Form durch die Art und Form der Polschuhe und der beweglichen Teile des Ankers beeinflußt wird. In einer Hochspannungsdynamo hat die Primärwicklung gewöhnlich 120 bis 200, die Sekundärwicklung 6000 bis 10 000 Windungen, die Windungszahlen stehen also im Verhältnis von rd. $\frac{1}{40}$ bis $\frac{1}{60}$. Der Höchstwert der elektromotorischen Kraft e während einer Umdrehung wird bei rd. 1000 Uml/min erreicht und beträgt in der Primärwicklung 20 bis 35 Volt, in der Sekundärwicklung 800 bis 2100 Volt. Diese Spannung wird aber durch die Unterbrechung des primären Stromkreises im Anker, zweckmäßig in dem Augenblick, wo die Stromstärke hier ihren höchsten Augenblickswert erreicht, wesentlich beeinflußt. Infolge dieser Unterbrechung verschwindet der Strom in der Ankerwicklung sehr schnell. Dadurch entsteht eine rasche Änderung des magnetischen Kraftflusses im Ankerkern, die eine bedeutende Erhöhung der Spannung in der Sekundärwicklung hervorruft.

Mit Vergrößerung der Funkenstrecke verringert sich die Stromstärke im sekundären Stromkreis. Während der Entladung nimmt die Spannung an den Elektroden sprungartig ab, und nachdem der Funke zum Lichtbogen übergegangen ist, nimmt die Stromstärke im Sekundärkreis fast geradlinig ab, während die Spannung fast unveränderlich bleibt. Erst beim Verlöschen des Lichtbogens tritt wieder eine kleine Änderung der Spannung ein.

Erwähnt sei endlich noch die vielfach beobachtete Tatsache, daß eine und dieselbe Maschine mit Magnetzündung eine nicht unwesentlich höhere Höchstleistung zu ergeben pflegt,

---

[1]) ETZ 7. Juni 1923.

als mit Batteriezündung. Die Ursache dieser Erscheinung läßt sich nach dem weiter oben Gesagten zwanglos dadurch erklären, daß die kräftigeren Zündfunken der Magnetzündung bei geringen Störungen der Isolation nicht so leicht ausbleiben.

Für den Konstrukteur eines Kraftwagens spielt die Zündvorrichtung besonders insoweit eine Rolle, als ihr Einbau in eine gegebene Maschine in Betracht kommt. Für den Antrieb der Zünddynamo benutzt man zumeist eine der kurzen Hilfswellen der Maschine, seltener unmittelbar die Steuerwelle, auch wenn deren Drehzahl ausreicht, weil die schwere Ankermasse

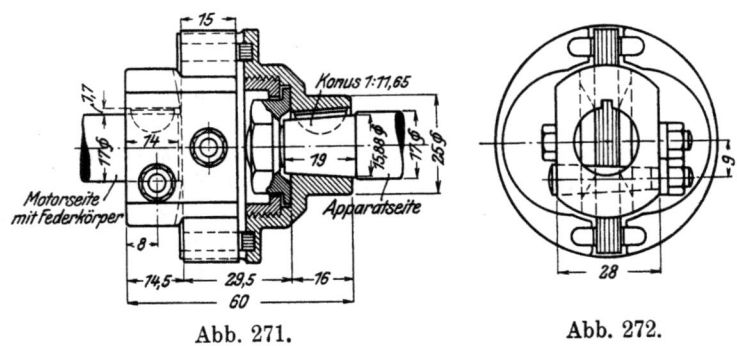

Abb. 271.   Abb. 272.
Abb. 271 und 272. Bewegliche Magnetkupplung von Bosch.

am Ende der langen Welle unzulässige Drehschwingungen hervorrufen könnte. Zwischen Magnetwelle und Antrieb empfiehlt es sich, eine bewegliche Kupplung, z. B. mit Federpaket, Abb. 271 und 272, einzuschalten, damit der Lauf der Dynamo durch kleine Verlagerungen der Wellen nicht gestört und der Anbau erleichtert wird. Zur Befestigung der Zünddynamo dient ein ebener oder zylindrisch ausgehöhlter, am Gehäuse der Maschine angegossener Bock, Abb. 273 bis 275, worauf die Dynamo in ihrer Stellung durch Paßstifte und mittels eines Spannbandes festgezogen wird. Die Abmessungen dieser Lagerböcke sind durch Normen (Kr. M. 305) festgelegt.

Für eine betriebsichere Zündanlage ist auch Sorgfalt bei der Verlegung der Zündkabel wichtig. Diese sollen, damit Kurzschlüsse vermieden werden, die Metallteile der Maschine

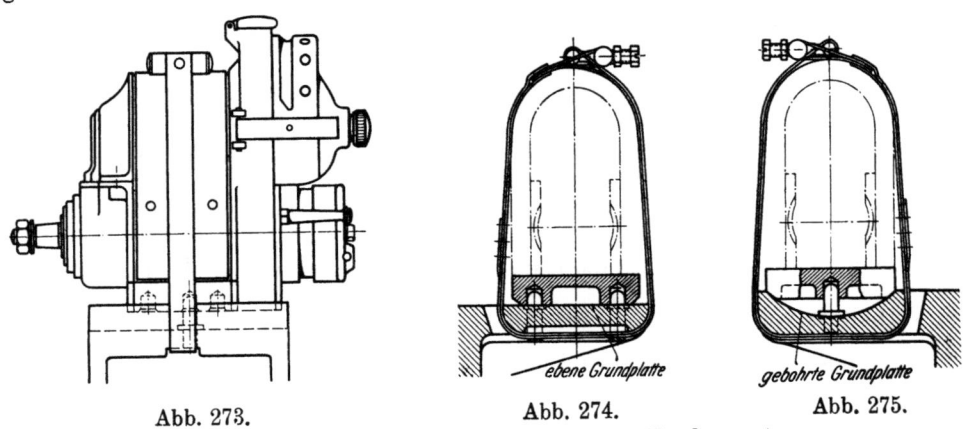

Abb. 273.   Abb. 274.   Abb. 275.
Abb. 273 bis 275. Normale Lagerböcke für Zündmagnete.

nirgends berühren, da diese an einen Pol des Stromkreises angeschlossen sind. Am besten vereinigt man die Kabel in Hartgummirohren oder dgl., die an der Maschine so befestigt sind, daß die Kabelenden nur kurz heraustreten, wo sie an den Stromverteiler und an die Zündkerze angeschlossen werden. Blanke Zündstromleitungen in der Form von dicken Kupferdrähten hat man heute längst aufgegeben, nicht allein wegen des Kupfermangels, sondern auch wegen ihrer Empfindlichkeit bei starkem Regen.

In bezug auf die Wartung ist eine gut angeordnete Zündanlage sehr anspruchslos. Störungen treten hauptsächlich dadurch ein, daß an der Antriebstelle Öl in die Dynamo eindringt und namentlich die Kontakte des Zündstromverteilers verschmiert. Sonst braucht man nur von Zeit zu Zeit die Ölöffnungen der Lagerstellen zu versorgen und die Laufflächen der Verteilerkohle sowie die Zündkerzen sauber zu halten.

Der Zündzeitpunkt.

Die wichtigste Frage, die dem Motorwagenkonstrukteur bei den Zündvorrichtungen entgegentritt, ist wohl, in welchem Zeitpunkte die Ladung gezündet werden soll. Daß es bei Verbrennungsmaschinen ganz allgemein erforderlich ist, das verdichtete Gemisch zu zünden, bevor der Kolben seinen oberen Totpunkt erreicht hat, ist schon lange bekannt. Dennoch sagt Güldner[1]) z. B. hierüber folgendes: „Ausgeführte Maschinen verhalten sich bezüglich des Einflusses des Zündzeitpunktes auf die Leistungsfähigkeit und Wirtschaftlichkeit sehr verschieden. Zuweilen werden dann die besten Werte erreicht, wenn so früh gezündet wird, daß die Verdichtungslinie mit einem deutlich ausgeprägten Bogen in die Verpuffungslinie übergeht und jede Entflammung durch ein deutliches Knucksen vernehmbar wird. Die meisten Motoren vertragen hingegen eine derart kräftige Vorzündung viel weniger als eine mäßige Spätzündung. Daß die Diagrammfläche und damit die Arbeitsleistung bis zu einer gewissen Grenze durch Nachzündung vergrößert werden kann, ist ja ohne weiteres klar; man stößt aber nicht selten auf die weniger verständliche Beobachtung, daß auch die Wärmeausnutzung bei etwas verspäteter Entflammung am günstigsten ausfällt."

Auch E. Meyer[2]) scheint, allerdings an einer einzelnen Maschine, ähnliche Beobachtungen gemacht zu haben: „Je früher der Zündbeginn, um so mehr Wärme geht an die Wandung über. Für einen mittleren Zündbeginn ist der Wärmeverbrauch am günstigsten; aber dieser Zündbeginn braucht nicht sorgfältig innegehalten zu werden, da sich der Verbrauch in den Grenzen von ungefähr 15° Kurbelwinkel nur unwesentlich ändert und lediglich für sehr frühe Zündungen (20° Kurbelwinkel vor dem Totpunkt) erheblich zunimmt. Im übrigen wird bei späterem Zündbeginn zwar der Arbeitsverlust durch Streuung vermehrt, aber dafür der Arbeitsverlust durch Wärmeabfuhr an die Wandung verringert."

Die vorstehend gekennzeichneten Anschauungen treffen nun für die üblichen Fahrzeugmaschinen auf keinen Fall zu. Im Gegenteil: durch praktische Beobachtungen ist als erwiesen anzusehen, daß eine Fahrzeugmaschine ihre geforderte volle Leistung nur dann erreichen kann, wenn mit Vorzündung gearbeitet wird, und daß bei Spätzündung die Nutzleistung erheblich vermindert wird. Die Erklärung für diesen Widerspruch mit den Anschauungen anerkannter Forscher auf dem Gebiete der Verbrennungsmaschinen liegt offenbar in der wesentlich höheren Geschwindigkeit der Fahrzeugmaschinen. Während bei ortfesten, langsam laufenden Verbrennungsmaschinen, auf die die Beobachtungen von Güldner und E. Meyer anzuwenden sind, verspätete Zündung nur die Folge hat, daß der höchste Kolbendruck nicht genau im Totpunkt, sondern etwas später erreicht wird, wobei sich hieraus unter Umständen nicht einmal eine Verminderung der Diagrammfläche, also der indizierten Leistung zu ergeben braucht, tritt bei Fahrzeugmaschinen schon, wenn man im Totpunkt zündet, der höchste Kolbendruck erst am Ende des Expansionshubes auf, so daß eine richtige Entspannung der Gase gar nicht mehr zustande kommt. Die Folge hiervon ist eine erhebliche Abnahme der Leistung, verbunden mit wesentlicher Steigerung des spezifischen Brennstoffverbrauchs und einem erhöhten Verlust durch die mit den Auspuffgasen abgeleitete Wärme.

Wird dagegen so zeitig vor dem oberen Hubende gezündet, daß der volle Verbrennungsdruck im Totpunkt schon vorhanden ist, so liefert die Maschine ihre größte Leistung und den besten thermischen Wirkungsgrad. Eine wesentliche Erhöhung der vom Kühlwasser aufgenommenen Wärme tritt dabei nicht ein, obgleich man das nach den Bemerkungen von Güldner eigentlich erwarten sollte; wahrscheinlich reicht die Zeit, die zur Ableitung der Wärme verfügbar ist, nicht aus, um erhebliche Unterschiede zwischen dem einen und dem anderen Vorgang auftreten zu lassen.

Die Versuche von Neumann[3]), deren Ergebnisse in bezug auf Bremsleistung N_e, thermischen Wirkungsgrad η_{te}, spezifischen Wärmeverbrauch und Wärmeverlust durch die Auspuffgase Q_z in Abb. 276 bis 280, S. 166, für verschiedene Umlaufzahlen n und Gemischverhältnisse wiedergegeben sind, eignen sich vorzüglich dazu, die besonderen Verhältnisse, die bei der Fahrzeugmaschine vorliegen, zu kennzeichnen. Aus diesen Versuchen folgt, daß es unbedingt vorteilhaft ist, möglichst frühzeitig zu zünden. Eine Grenze wird dem nur gesetzt durch das Verhalten der Maschine selbst, die bei zu großer Vorzündung bedenklich zu klopfen beginnt. Die Ergebnisse zeigen aber ferner, daß es nur von schädlichem Einfluß auf die Wirtschaftlichkeit der Maschine sein kann, wenn man versucht, ihre Leistung durch die Stellung des Zündzeitpunktes zu beeinflussen, weil bei jeder Geschwindigkeit der Maschine eine be-

---

[1]) Verbrennungsmaschinen, 2. Aufl., S. 172.
[2]) Untersuchungen am Gasmotor. Z. V. d. I. 1902, S. 1037. [3]) a. a. O., S. 26.

166 Die Zündung.

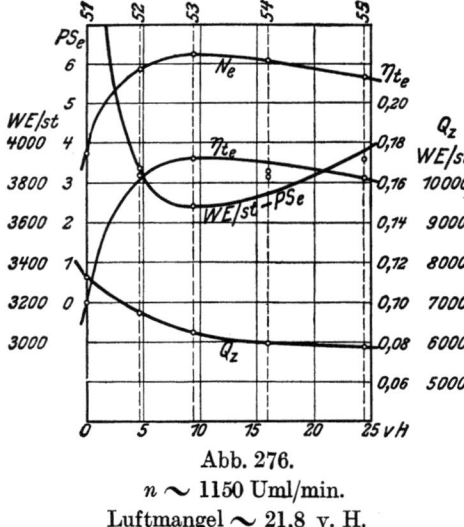

Abb. 276.
$n \sim 1150$ Uml/min.
Luftmangel $\sim 21{,}8$ v. H.

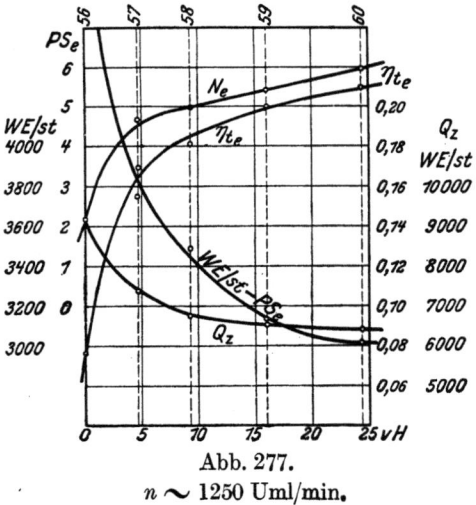

Abb. 277.
$n \sim 1250$ Uml/min.
Luftüberschuß $\sim 8{,}5$ v. H.

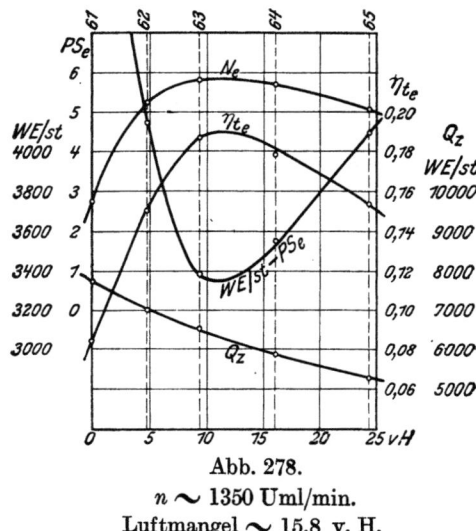

Abb. 278.
$n \sim 1350$ Uml/min.
Luftmangel $\sim 15{,}8$ v. H.

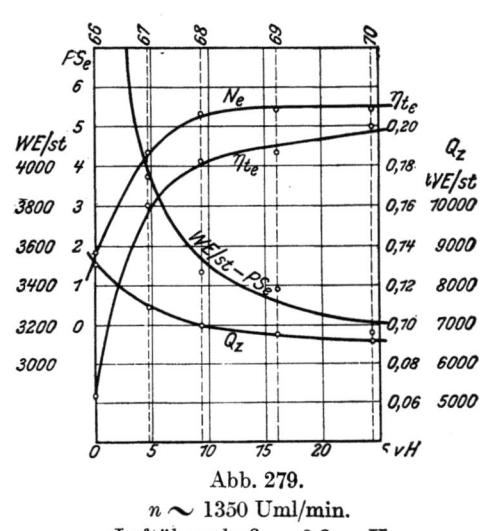

Abb. 279.
$n \sim 1350$ Uml/min.
Luftüberschuß $\sim 0{,}3$ v. H.

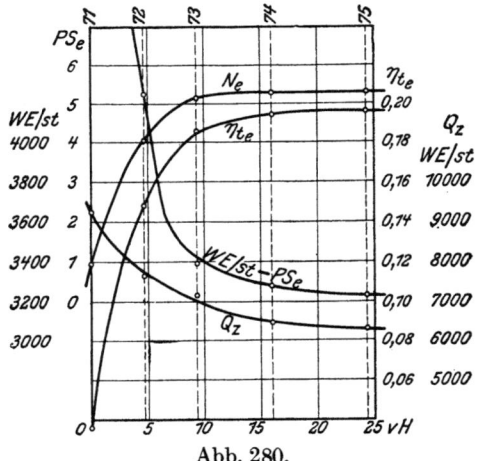

Abb. 280.
$n \sim 1350$ Uml/min.   Luftüberschuß $\sim 5{,}8$ v. H.

Abb. 276 bis 280. Einfluß des Zündzeitpunktes auf die Leistung usw. bei verschiedenen Umlaufzahlen und Mischungsverhältnissen der Ladung.

stimmte Einstellung des Zündzeitpunktes die wirtschaftlichste ist. Die Leistung der Maschine kann daher immer nur so geregelt werden, daß man mit Hilfe des Drosselschiebers die Füllung verändert und bei jeder Einstellung des Drosselschiebers diejenige Stellung des Zündhebels aufsucht, welche die größte Maschinenleistung ergibt.

Eine Ausnahme bildet nur das Ankurbeln der Maschine. Hier liegt beim Einstellen auf Vorzündung wegen der geringen Geschwindigkeit, mit der die Andrehkurbel mit der Hand bewegt wird, stets die Gefahr vor, daß das Gemisch schon vor dem oberen Totpunkt vollständig entzündet und der Kolben entgegengesetzt zu seinem Antrieb zurückgeschleudert wird. Abgesehen davon, daß hierbei, wenn die Sicherheitskurbel versagt, schwere Verletzungen möglich sind, läuft die Maschine dann unter Umständen auch in der falschen Richtung weiter; sie muß also abgestellt und noch einmal angedreht werden. Man vermeidet dies, indem man beim Ankurbeln auf Zündung im Totpunkte einstellt.

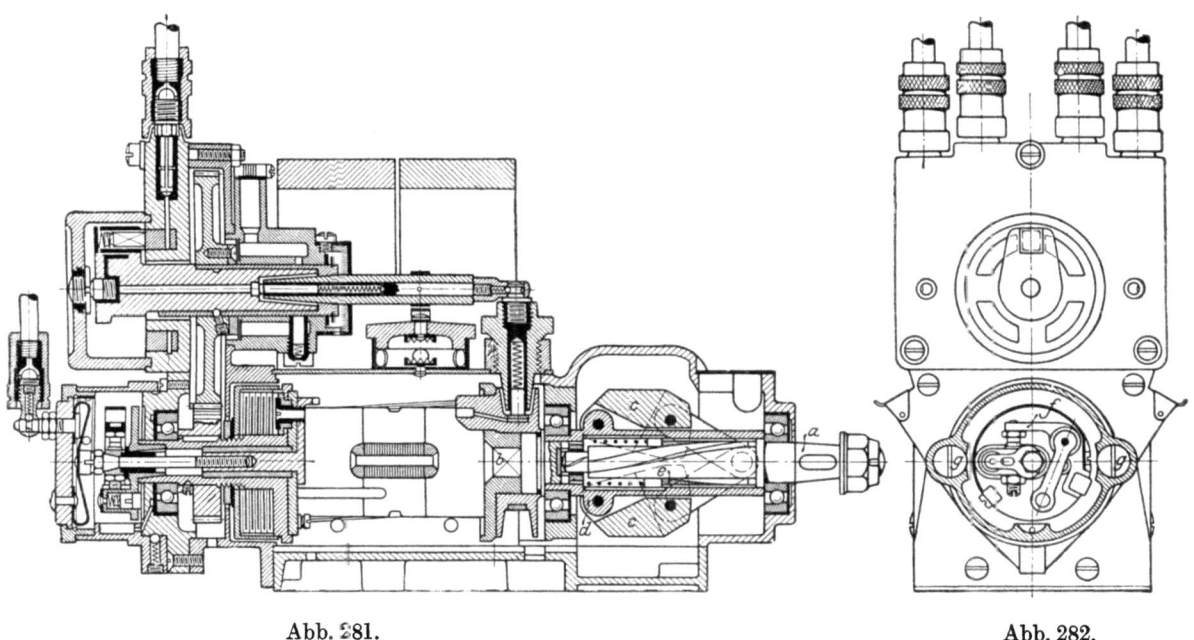

Abb. 281.   Abb. 282.

Abb. 281 und 282. Zünddynamo mit selbsttätiger Einstellung des Zündzeitpunktes von Eisemann & Co., Stuttgart.

Man hat sich nun in früherer Zeit damit begnügt, den Zündzeitpunkt vom Führersitz aus verstellbar zu machen, beim Andrehen der Maschine auf Zündung im Totpunkt einzustellen und im Verlaufe des Betriebes den vor dem Totpunkt eingestellten Zündzeitpunkt nur so weit zu verändern, als es zum Erreichen der günstigsten Arbeitsweise der Maschine vorteilhaft schien. Daß hierbei vielfach Mißgriffe vorkamen, weil nur der Wagenführer in der Lage ist, die Arbeitsweise der Maschine zu beurteilen, ist selbstverständlich. Zudem stellt die Einwirkung des Zündzeitpunktes auf die Leistung der Maschine ein so bequemes und verführerisches Mittel zum Regeln der Wagengeschwindigkeit dar, daß man vielfach auf Kosten des Brennstoffverbrauches den Zündhebel an Stelle des Drosselschiebers hierzu benutzt hat. Zum Schutze hiergegen hat man bei kleinen Wagen, bei denen das Andrehen der Maschine nicht schwer fällt, auch dann, wenn die Zündung weiter vor dem Totpunkt eingestellt ist, wiederholt den Versuch gemacht, den Zündhebel vollständig fortzulassen und mit unveränderlich eingestellter Vorzündung zu arbeiten. Da nun jeder Leistung der Maschine eine bestimmte Einstellung des Zündzeitpunktes entspricht, so ist dieses Verfahren, wenn auch nicht so unwirtschaftlich wie das Regeln der Maschinenleistung mit dem Zündhebel, so doch auch nicht ganz vollkommen. Hierzu kommt, daß man bei größeren Maschinen die Nachzündung nicht entbehren kann, wenn man sie überhaupt mit der Hand andrehen will.

Einen Ausweg soll die selbsttätige Zündverstelleinrichtung von Ernst Eisemann & Co. in Stuttgart bieten. Bei dieser Vorrichtung, Abb. 281 und 282, ist zwischen die Antriebswelle a und die Ankerwelle b der Zünddynamo ein Fliehkraftregler eingeschaltet, dessen Schwunggewichte c an der mit der Ankerwelle verbundenen Hülse d drehbar sind. Die

Schwunggewichte verschieben bei ihrem Ausschlag eine auf dem Steilgewinde der Welle *a* aufgeschobene und in der Hülse *b* kulissenartig geführte Mutter *e* derart, daß die Ankerwelle gegen die Antriebswelle etwas verdreht wird. Während also bei langsamem Gang der Welle *a* (etwa bis zu 250 Uml/min) die Zündung annähernd im Totpunkt eintritt, wird, sobald eine bestimmte Geschwindigkeit überschritten ist, die Ankerwelle plötzlich so weit verstellt, daß sich 10° bis 12° (Kurbelwinkel) Vorzündung ergeben, und dieses Voreilen steigt dann mit wachsenden Umlaufzahlen proportional weiter. Als Nebenvorteil ergibt sich hierbei, daß der Anker immer, wenn die Zündung eintritt, die gleiche günstigste Stellung gegenüber dem Magneten haben kann; im Gegensatze zu andern Zündvorrichtungen wird nämlich hier wäh-

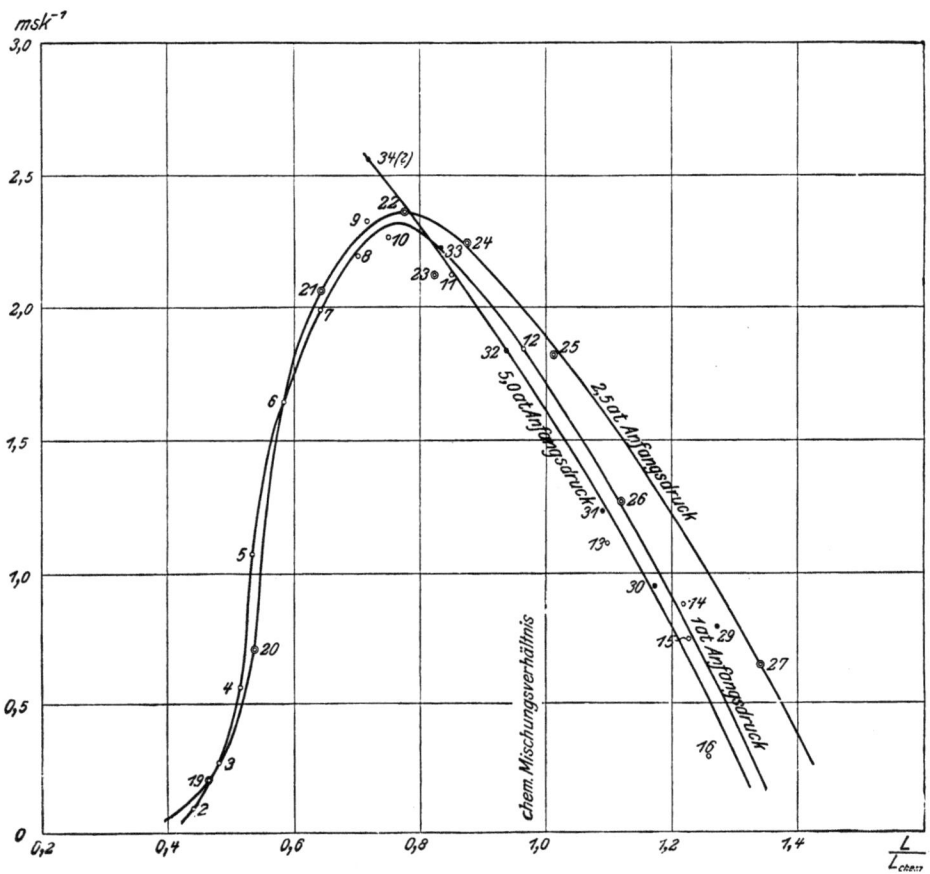

Abb. 283. Änderung der Zündgeschwindigkeit von Benzindampf-Luftgemischen mit dem Mischungsverhältnis.

rend der Regelung des Zündzeitpunktes an der Lage der für die Stellung des Unterbrecherhebels *f* maßgebenden Anschläge *g* nichts geändert.

Durch die selbsttätige Vorrichtung zum Einstellen des Zündzeitpunktes wird den oben erwähnten Mißbräuchen der Zündung zum Regeln der Fahrgeschwindigkeit auf Kosten des Brennstoffverbrauchs vorgebeugt. Ferner wird der Wagenführer von der Sorge um die Stellung des Zündhebels vollständig entlastet. Vom Standpunkte der Betriebsicherheit und Einfachheit der Bauart ist auch kaum etwas gegen diese Vorrichtung einzuwenden.

Wie groß in einem bestimmten Falle die Vorzündung bemessen werden muß, um zu den günstigsten thermischen Verhältnissen zu gelangen, kann man heute nur durch den praktischen Versuch ermitteln. Es liegt nahe, zu vermuten, daß schwächere Gemische größere Vorzündungen als stärkere zulassen werden. Bei den Versuchen von Neumann hat man beobachtet, daß starke Gemische bei steigender Vorzündung früher schärfere Explosionen und Stöße zur Folge hatten, als schwache Ladungen, bei denen man fast bis an die 60° Kurbelwinkel betragende Grenze der Einstellbarkeit gehen konnte.

Ein gewisser Zusammenhang zwischen dieser Beobachtung und der durch Versuche festgestellten Abnahme der Zündgeschwindigkeit von Benzindampf-Luftgemischen

Der Zündzeitpunkt.

mit zunehmendem Luftgehalt, ist leicht einzusehen, wie ja überhaupt die Notwendigkeit, vor dem Totpunkt zu zünden, eine Folge der beschränkten Zündgeschwindigkeit ist.

Nach den Versuchen[1]), die Neumann an der Langenschen Bombe mit verschieden starken Gemischen angestellt hat, und deren Ergebnisse in Abb. 283 wiedergegeben sind, ist die Zündgeschwindigkeit von Benzindampf-Luftgemischen ziemlich klein, und sie erreicht im Höchstfall den vom Anfangsdruck der Ladung nahezu unabhängigen Wert von 2,3 m/s. Da bei der Fahrzeugmaschine das eintretende Gemisch durch die Rückstände der vorhergehenden Verbrennung verschlechtert wird, so dürfte man nicht einmal diesen Wert erwarten. Die Versuche zeigen ferner, daß die Zündgeschwindigkeit vom Anfangsdruck verhältnismäßig wenig abhängt und daß die höchste Geschwindigkeit bei 25 v. H. Luftmangel gegenüber der theoretischen Luftmenge L_{chem} erreicht wird, also offenbar nicht bei dem Mischungsverhältnis, das für die Ausnutzung des Brennstoffs am günstigsten ist.

Ob man diese Werte den Vorgängen in der Fahrzeugmaschine ohne Einschränkung zugrunde legen darf oder nicht, entzieht sich vorläufig unserer Kenntnis. Sicher ist, daß die wirklichen Zündgeschwindigkeiten im Zylinder einer Fahrzeugmaschine wegen der höheren Verdichtungsdrücke und Temperaturen sowie insbesondere wegen des von Clerk[2]) nachgewiesenen Einflusses der Wirbelung wesentlich höher als die bei den Bombenversuchen ermittelten sind. Immerhin ist aber anzunehmen, daß auch Versuche an der Maschine selbst eine gewisse Abhängigkeit der Zündgeschwindigkeit von der Stärke der Ladung bestätigen werden.

Neuerdings hat G. B. Upton[3]) auf die Unzulänglichkeit der Beurteilung der Zündgeschwindigkeit auf Grund von Bombenversuchen hingewiesen. Während diese die Möglichkeit bieten, den Einfluß des Mischungsverhältnisses, des Brennstoffes, des Anfangsdruckes der Ladung, der Gestalt der Zündkammer und der Lage der Zündstelle sowie den Einfluß der Turbulenz zu erkennen, bieten sie keinerlei Aufschlüsse über die Wirkung der Gemischverschlechterung durch verbrannte Gase und über den Einfluß der Temperatur unmittelbar vor der Zündung auf die Zündgeschwindigkeit.

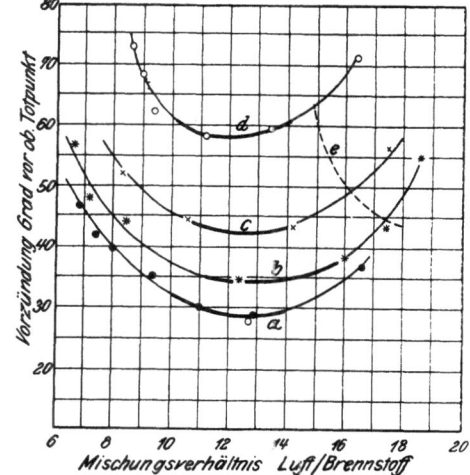

Linie a 100 mm W.-S. Unterdruck in der Ansaugleitung
„ b 200 „ „ „ „ „
„ c 300 „ „ „ „ „
„ d 400 „ „ „ „ „
„ e Wirtschaftlichste Vorzündungen

Abb. 284. Versuche über die günstigste Vorzündung.

Aus Versuchen an einer Maschine der Ford Motor Co., Abb. 284, bei verschiedenen durch entsprechend zunehmende Unterdrücke in der Saugleitung gekennzeichneten Belastungen aber gleichbleibender Drehzahl von 800 Uml/min und gleichbleibender Kühlwassertemperatur von 60° C ist deutlich zu erkennen, daß die kleinste Vorzündung, welche die verlangte Leistung liefert, ziemlich genau bei dem gleichen Mischungsverhältnis auftritt. Wenn man daher bei gegebener Drehzahl die Vorzündung als ein Maß für die Zündgeschwindigkeit ansieht, so bestätigt dies die Unabhängigkeit der Zündgeschwindigkeit von dem Anfangsdruck des Gemisches. Das Gemisch, welches die kleinste Vorzündung erfordert, also am schnellsten verbrennt, ist hierbei zugleich dasjenige, womit die gegebene Maschine bei der gegebenen Drehzahl die höchste Leistung erzielt. Will man mit höchster Wirtschaftlichkeit arbeiten, so muß man die Vorzündung etwas erhöhen. Versuche ergeben ferner, daß dieses Ergebnis so lange von der Art des Brennstoffes unabhängig ist, als der Betrieb nicht durch Frühzündungen gestört wird.

Was den Einfluß der Form des Zündraumes und der Lage der Zündstelle auf die Zündgeschwindigkeit anbetrifft, so kann man annehmen, daß die Zeit, die vom Augenblick der Entzündung bis zum Erreichen des Höchstdruckes verstreicht, der Quadratwurzel aus der Entfernung von der Zündstelle bis zur am weitesten entfernten Wand des Zündraumes proportional ist. Das stimmt recht gut mit den Ergebnissen von Versuchen an zylindrischen Bomben mit veränderlicher Zündstelle sowie von Versuchen an Zylindern mit einfacher und mit Doppelzündung überein, die weiter unten erwähnt sind. Watson hat z. B. berechnet, daß bei einer von ihm untersuchten Rennmaschine die Zeit bis zum Erreichen des Höchstdruckes bei einfacher Zündung 0,0055 und bei Doppelzündung 0,0037 s betragen hat. Bei

---

[1]) Mitt. Forsch.-Arb., H. 79, S. 47. [2]) Eng. 13. September 1912. [3]) Automot. Ind. 5. Juli 1923.

Maschinen mit verschiedenem Verdichtungsverhältnis macht sich ferner der Einfluß der Temperatur im Augenblick der Zündung auf die Zündgeschwindigkeit insofern geltend, als die notwendige kleinste Vorzündung im umgekehrten Verhältnis zum Verdichtungsverhältnis zunimmt. Im übrigen verringert sich die notwendige Vorzündung in dem Maß, als sich das Innere des Zündraumes mit Ruß belegt und daher die Wärmeableitung zunimmt.

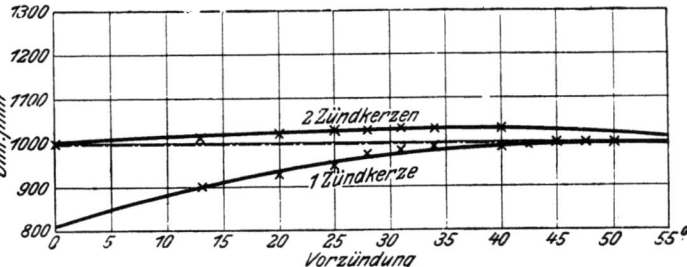

Abb. 286. Vergaserstellung 6 mm.

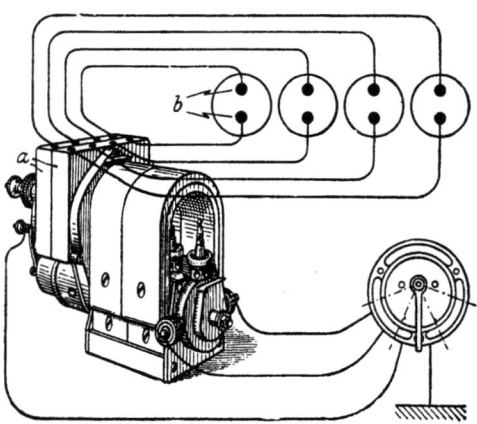

Abb. 285. Zweifunkenzündung von Rob. Bosch, Stuttgart.

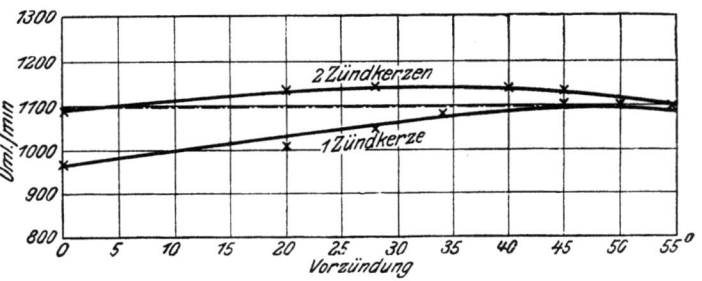

Abb. 287. Vergaserstellung 8 mm.

Auf die Bemessung der Vorzündung hat auch die Bauart der Zündvorrichtung einen Einfluß. Bei Zündvorrichtungen mit elektromagnetischen Unterbrechern dauert es meßbar lange Zeit, bevor der durch das Schließen des primären Stromkreises erregte Elektromagnet seinen Anker anzieht und durch Unterbrechen des Primärstromkreises den Zündstrom in der Sekundärwicklung erzeugt, siehe auch weiter oben, S. 163. Dementsprechend bleibt der Zündfunke hinter dem Stromstoß stets etwas zurück, und da für die Einstellung der Vorzündung nicht der Zündfunken selbst, sondern nur der Unterbrecher herangezogen werden kann, so muß dieser Zeitunterschied mit berücksichtigt werden. Bei zwangläufig angetriebenen Unterbrechern, die, wie erwähnt, heute sowohl bei Batteriezündungen als auch bei magnetelektrischen Zündungen vielfach verwendet werden, fällt diese Rücksicht fort.

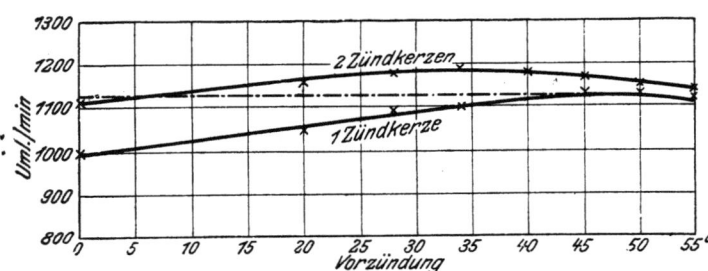

Abb. 288. Vergaserstellung 10 mm.

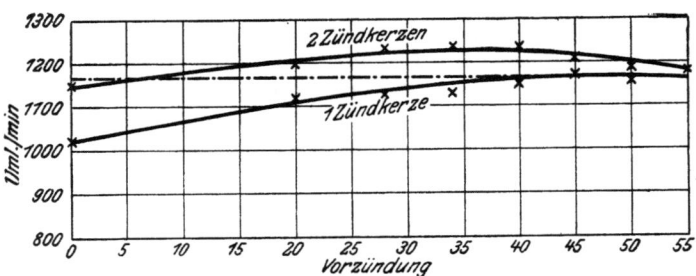

Abb. 289. Vergaserstellung 12 mm.

Abb. 286 bis 289. Einfluß der Zweifunkenzündung auf die Leistung.

Endlich kann auch die Bauart der Maschine einen großen Einfluß auf das Maß der erforderlichen Vorzündung ausüben. Hierauf gründet sich die Zweifunkenzündung von Robert Bosch in Stuttgart, Abb. 178, bei der der Zündstrom über einen Doppelverteiler a zu zwei Reihen von Zündkerzen b fortgeleitet wird, zu dem Zweck, die Ladung durch Entzündung an zwei Stellen schneller zu verbrennen. Besonders vorteilhaft äußert sich der Einfluß dieser Zündart bei Maschinen mit symmetrisch angeordneten Ventilen, also mit langgestrecktem, flachem Verdichtungsraum. Hier wird die Ladung wesentlich schneller verbrannt, wenn man über jedem Ventil eine Zündkerze anordnet. Aus den Ergebnissen von Versuchen an einer so gebauten Sechszylindermaschine von 90 mm Zylinderdurchmesser und 100 mm Hub, deren Welle mit einem Windflügeldynamometer belastet war, Abb. 286 bis 289, ist ersichtlich, daß je nach der Vergasereinstellung

bei einfacher Zündung 1000   1100   1130 und 1160 Uml/min und
„ doppelter   „   1030   1140   1190 „ 1210   „

als Höchstgeschwindigkeiten erhalten worden sind. Da bei dem Windflügeldynamometer die aufgezehrte Leistung der 3. Potenz der Umlaufzahl proportional ist, so ergeben sich recht ansehnliche Unterschiede in den erreichten Höchstleistungen zugunsten der Doppelzündung. In allen vier Fällen ist die Höchstleistung bei einfacher Zündung mit annähernd 45° und bei Doppelzündung mit etwa 35° Vorzündung erreicht worden.

Durch die Doppelzündung wird also in dem vorliegenden Fall tatsächlich eine Verminderung der erforderlichen Vorzündung erzielt, die Wärmeverluste während des Zündvorganges werden geringer, und daraus ist wohl die erzielte größere Höchstleistung zu erklären.

Daß sich hierbei die günstigste Einstellung des Zündzeitpunktes von der Stellung des Vergasers anscheinend als unabhängig erwiesen hat, während andere Ergebnisse von Versuchen darauf hinzuweisen scheinen, daß die Zusammensetzung des Gemisches einen wesentlichen Einfluß auf das günstigste Maß der Vorzündung ausübt, läßt sich zunächst noch nicht aufklären, da Messungen über die Zusammensetzung des Gemisches bei diesen Versuchen nicht angestellt worden sind.

Die Fahrzeug-Verbrennungsmaschine.

Allgemeines.

Die Anwendung der Fahrzeugmaschine für Betrieb mit flüssigen Brennstoffen beschränkt sich heute nicht mehr auf den Kraftwagen allein. In den letzten Jahren hat sich der Bau von Wasserfahrzeugen und namentlich von Luftfahrzeugen, bei deren Antrieb die Alleinherrschaft der Verbrennungsmaschine noch unbestritten ist, so stark entwickelt, daß man beim Entwurf einer Fahrzeugmaschine auf diese Möglichkeiten ihrer Anwendung Rücksicht nehmen muß, obgleich jede einzelne Art von Anwendungen wieder bestimmte Anforderungen stellt, denen man mit einer und derselben Bauausführung nicht entsprechen kann.

Aber auch innerhalb der Anwendungen für den Antrieb von Kraftwagen muß man bei der baulichen Gestaltung der Maschine Unterschiede machen. So legt man bei Maschinen für Lastkraftwagen Wert darauf, daß sie ihre Nennleistung schon bei 800 bis 1000 Uml./min erreichen, damit das Übersetzungsverhältnis zwischen Maschinenwelle und Hinterachse nicht zu groß bemessen werden muß, während Maschinen für Personenwagen, namentlich solche für Rennzwecke mit steigender Leistung 3500 bis 4000 Uml./min und mehr erreichen können. Dem entsprechen auch die Rücksichten, die man bei solchen Maschinen auf das Gewicht der hin- und hergehenden Triebwerksteile und auf das Gesamtgewicht der Maschine zu nehmen hat.

In noch viel höherem Maß treten die Gewichtsunterschiede bei den Maschinen für Wasser- und für Luftfahrzeuge in die Erscheinung. Allerdings liegen die Betriebsdrehzahlen der Flugmotoren im allgemeinen nicht hoch, nämlich bei rd 1400 Uml./min, und nur wo Rädervorgelege zwischen Maschinenwelle und Luftschraube verwendet werden, bei rd 2300 Uml./min; aber bei Luftfahrzeugen kommt es nicht nur auf das Gewicht der hin- und hergehenden Triebwerksteile, sondern überhaupt auf das Gesamtgewicht der Maschinenanlage in so hohem Maße an, daß die Rücksicht auf die Beschränkung des Gewichtes die ganze bauliche Durchbildung beherrscht. Gerade das Gegenteil ist aber bei Motorbooten der Fall, wo man weniger auf geringe Ersparnis an Gewicht als auf eine unbedingte Zuverlässigkeit und namentlich auf große Lebensdauer zu sehen hat.

Die nachstehenden Abschnitte sollen sich im wesentlichen auf die Behandlung der Maschinen für Personen- und Lastkraftwagen beschränken und ihre Anwendungen auf anderen Gebieten nur nebenbei behandeln, soweit sich dies mit dem verfügbaren Raum vereinbaren läßt[1]).

---

[1]) Das Arbeitsverfahren der üblichen Viertakt-Verbrennungsmaschine wird hier im allgemeinen als bekannt vorausgesetzt, da das Lehrbuch von Güldner darüber genügend Auskunft gibt. Die Arbeitstakte werden hier nur soweit behandelt, als der Fahrzeugbetrieb besondere Maßnahmen erforderlich macht. Auch den Zusammenhang der Wirkungsweise der Maschine mit den bereits behandelten Vergasern und Zündvorrichtungen darf man wohl heute als allgemein bekannt voraussetzen.

An manchen neueren Erfahrungen des Flugmotorenbaues kann allerdings auch der Entwurf von Wagenmaschinen nicht achtlos vorbeigehen, wie übrigens die ganze Entwicklung der Flugmotoren in vielen Einzelheiten befruchtend auf den Bau von Wagenmaschinen zurückgewirkt und namentlich bewiesen hat, daß man durch Verfeinern der Bearbeitung, die bei einem Massenerzeugnis, wie der Fahrzeugmaschine, immer die aufgewandten Kosten für Vorrichtungen und Sonderwerkzeuge einbringt und auf die beim Entwurf stets Rücksicht genommen werden soll, auch ohne Opfer an Festigkeit bedeutende Baustoffersparnisse erzielen kann. Diese Rücksicht auf Ersparnisse an Baustoffen ist namentlich heute wichtig, wo der Baustoff verhältnismäßig teurer als die Menschenarbeit geworden ist.

Berechnung der Hauptabmessungen.

Es liegt nahe, als Ausgangspunkt für die Berechnung der Hauptabmessungen einer Wagenmaschine die Nutzleistung zu wählen, über die in einem gegebenen Falle an den Treibrädern eines Wagens verfügt werden soll, s. weiter oben S. 25f. Dieser natürlichste Weg ist aber, selbst dann, wenn die wesentlichen Einzelheiten des Wagengetriebes festliegen, ungangbar, weil die hierzu erforderlichen zuverlässigen Erfahrungszahlen über die Verluste in den Wagengetrieben fehlen. Laboratoriumversuche an Getrieben haben meist zu günstige, wenig verwendbare Ergebnisse geliefert, weil dabei auf die Erschütterungen während der Fahrt zu wenig Rücksicht genommen worden ist[1]. Auch die Untersuchung der Wagen auf Prüfständen[2] liefert, im Grunde genommen, nicht allgemein gültige, sondern nur für eine bestimmte Wagenbauart brauchbare Verlustwerte, die außerdem mit den im wirklichen Fahrbetrieb auftretenden Verlusten nicht immer übereinstimmen. Aber auch die von den inneren Widerständen des Wagengetriebes absehende Aufgabe, die Abmessungen einer Maschine von einer bestimmten Nutzleistung an der Welle zu berechnen, läßt sich nicht so ohne weiteres durchführen, wenn man nicht gewisse vereinfachende Annahmen macht.

Nun ist aber gerade im Motorfahrzeugbau das Bedürfnis außerordentlich groß, auf einfachem Wege von den leicht meßbaren Größen des Maschinenzylinders zu Werten zu gelangen, die, wenn auch nicht unmittelbar die Nutzleistungen selbst, so doch diesen Nutzleistungen annähernd proportionale Werte darstellen. Die umfangreiche Anwendung, die der Motorwagen noch heute auf dem Gebiete des Sportwesens findet, läßt daher die sogenannten „Wertungsformeln", die einzigen Mittel, um die Leistungsfähigkeit und die wirklichen Leistungen verschieden gebauter Wagen miteinander zu vergleichen, bis jetzt noch nicht entbehrlich erscheinen. Dazu kommt, daß im Deutschen Reich, s. Anhang, und auch in anderen Ländern die Motorfahrzeuge mit einer Steuer belegt werden, die nach der Leistung ihrer Maschinen bemessen wird. In allen diesen Fällen haben daher die Leistungsformeln, so wenig zuverlässig sie auch sein mögen, ihre praktische Berechtigung. Nur muß man sich bei ihrem Gebrauch stets vergegenwärtigen, daß die aus solchen Formeln errechneten Werte auf keinen Fall die wirklichen Leistungen der Maschinen darstellen, sondern nur Vergleichzahlen sind, die, und zwar auch nur unter ganz bestimmten Verhältnissen, gestatten, die Leistungen verschiedener Fahrzeugmaschinen gegeneinander abzuwägen.

Der wissenschaftliche Wert dieser Leistungsformeln ist daher außerordentlich gering. Von ihrer Wiedergabe und von der Erörterung der Erwägungen, die bei ihrer Aufstellung maßgebend gewesen sind, kann daher im vorliegenden Falle wohl abgesehen werden; eine Ausnahme sei nur mit der deutschen Steuerformel gemacht, die für Viertaktmaschinen gilt:

$$N = 0{,}3 \cdot i \cdot d^2 \cdot s,$$

worin N die Leistung in sogenannten Steuerpferdestärken,

i die Anzahl der Zylinder,
d der Zylinderdurchmesser in cm,
s der Kolbenhub in m

sind. Diese auf Grund von Verhandlungen zwischen den beteiligten Fachverbänden und dem Reich aufgestellte Formel ist auf der Annahme aufgebaut, daß bei allen normalen Wagenmaschinen eine gewisse Unveränderlichkeit des mittleren Kolbendruckes von rd 4 bis 5 at sowie der Drehzahl von 1000 Uml./min vorhanden ist, Voraussetzungen, die beide zugleich offenbar selten zutreffen und deren Grundlage sich im Laufe der Jahre wesentlich verschoben hat, da man heute mit mindestens 7 at mittlerem Kolbendruck und 2600 Uml./min höchster

---

[1] s. Z. V. d. I. 1907, S. 1581; 1910, S. 2113. [2] Riedler: Wissenschaftliche Automobil-Wertung.

Drehzahl rechnet. Außerdem soll die Formel schon berücksichtigen, daß nicht die volle Maschinenleistung, sondern nur rd 80 v. H. davon an den Wagentreibrädern verfügbar sind.

In Wirklichkeit ist somit die nach der Steuerformel berechnete Leistung einer Maschine von ihrer Bremsleistung immer weit entfernt. In Deutschland ist es üblich, beide Leistungen in der Form eines Bruches anzugeben, derart, daß z. B. eine Maschine von 6/18 PS 6 PS nach der Steuerformel und 18 PSe an der Bremse liefert. Das Bedenkliche ist nun aber, daß das Verhältnis zwischen Steuer- und Bremsleistung nicht unveränderlich ist, sondern mit der Bauart der Maschine schwankt. Es kann dann — mir ist aus eigener Erfahrung ein solcher Fall bekannt — vorkommen, daß man aus den Abmessungen einer Maschine auf eine viel höhere Bremsleistung schließt, als die Maschine wegen ihrer Bauart liefern kann.

Da die bisher bekannten Leistungsformeln nur für Viertaktmaschinen gelten, sind Zweitaktmaschinen durch das Fehlen amtlich anerkannter Leistungsformeln benachteiligt worden[1]). Da die Zweitaktmaschinen bei weitem nicht das Doppelte einer gleich großen Viertaktmaschine leisten kann, so empfiehlt es sich, den Faktor 0,3 in der Leistungsformel für Viertaktmaschinen um 50 bis 60 v. H. auf 0,45 bis 0,48 zu erhöhen, wenn die Maschine im Zweitakt arbeitet. Eine solche Formel, nämlich $N = 0,45 \cdot i \cdot d^2 \cdot s$, hat erst neuerdings im Kraftfahrzeugsteuergesetz vom 8. April 1922 Aufnahme gefunden.

v. Loewe[2]) berechnet unter vereinfachenden Annahmen die Nutzleistung einer Verbrennungsmaschine aus der algebraischen Summe der Leistungen des Expansions- und des Verdichtungshubes mit

$$N_e = \frac{1 - \dfrac{1}{\varepsilon^{k-1}}}{k-1} \cdot \frac{\pi d^2 s}{4} \cdot \frac{H}{T_0 C_{vm}(L+1)} \cdot \frac{i \cdot n}{9000} \cdot \eta$$

hierin sind die Werte von

$$\frac{1 - \dfrac{1}{\varepsilon^{k-1}}}{k-1} = B \quad \text{für} \quad k = \frac{c_p}{c_v} = 1,3 \quad \text{und}$$

$\varepsilon =$	4,0	4,1	4,2	4,3	4,4	4,5	4,6	4,7	4,8	4,9	5,0
B =	1,133	1,149	1,165	1,180	1,190	1,009	1,223	1,237	1,250	1,263	1,275

d der Zylinderdurchmesser in cm, s der Hub in m,
H der untere Heizwert des Brennstoffes in kcal/kg,
T_0 die absolute Anfangstemperatur des Gemisches,
c_{vm} die mittlere spezifische Wärme des Gemisches,
$L = \dfrac{G_L}{G_B}$ der Luftfaktor des Gemisches,
i die Zylinderzahl, n die Drehzahl und
$\eta = \eta_{th} \cdot \eta_m$ der Wirkungsgrad der Maschine.

Setzt man für mittlere Verhältnisse
$H = 10500$, $T_0 = 290$, $c_{vm} = 0,25$, $L = 20$, $i = 4$, $\eta_{th} = 0,75$ und $\eta_m = 0,9$
so erhält man
$N_e = B \cdot 0,001625 \, d^2 s n$ oder wenn man die Steuerleistung
$N = 0,3 \, i d^2 s$ einsetzt,
$N_e = 0,00135 \, N B n$.

Zum Beispiel ergibt dies für eine Maschine von 70 mm Zylinderdurchmesser und 100 mm Hub $N = 5,9982$ PS und bei $\varepsilon = 4,5$ und $n = 2000$ $N_e = 19,58$ PS oder für eine Maschine von 100 mm Zylinderdurchmesser und 170 mm Hub $N = 20,4$ PS und für $\varepsilon = 4,8$ und $n = 1600$ $N_e = 55,08$ PS.

Diese Rechnung ist so einfach, daß sie beim Entwurf, wenn auch nur für überschlägige Vergleiche, gut anwendbar sein dürfte.

Bei allem, was gegen den wissenschaftlichen Wert der Leistungsformeln gesagt worden ist, kann man doch nicht in Abrede stellen, daß sie unter den heutigen Verhältnissen bei der Festlegung der Hauptabmessungen einer Maschine mitunter recht gute Dienste leisten können. Die Aufgabe wird in den seltensten Fällen so allgemein gestellt, daß dem Konstrukteur bei der

---

[1]) Der Motorwagen 1923, S. 162, 209.   [2]) Der Motorwagen 1914, S. 289.

Wahl der veränderlichen d, s und n vollkommen freie Hand gelassen ist. Vor allem ist bei den meisten Fabriken das Hubverhältnis $s:d$ für Maschinen bestimmter Gattungen ziemlich genau festgelegt. Es schwankt im allgemeinen zwischen 1,2 und 1,6, kann aber bei Maschinen für besondere Zwecke auch diese oberste Grenze überschreiten, zumal den langhubigen Maschinen mit Recht bessere Brennstoffausnutzung zugeschrieben wird.

Die Aufgabe wird in der Regel so gestellt, daß eine Maschine bei dem bestimmten Verhältnis $s:d$ eine gewisse Dauerleistung, z. B. 18 PS, an der Bremse entwickeln und trotzdem nach der Steuerformel nur 6 PS (niedrigste Steuerklasse für Motorwagen) haben soll. Die Abmessungen der Maschinenzylinder sind dann aus der Steuerformel leicht zu finden, während die erforderliche Umlaufzahl, da man bei einer gegebenen Bauart immer ziemlich genau den erreichbaren mittleren wirksamen Kolbendruck p_e kennt, aus der normalen Leistungsformel der Viertakt-Verbrennungsmaschine

$$N_e = \frac{p_e \cdot F \cdot s \cdot n}{2 \cdot 60 \cdot 75}$$

bestimmt werden kann. Hierin sind

N_e die Dauerleistung an der Bremse in PS,
p_e der mittlere wirksame Kolbendruck in at,
F die Kolbenfläche in cm²
s der Hub in m,
n die Drehzahl in Uml./min.

Für die hieraus ermittelte mittlere Kolbengeschwindigkeit muß man dann insbesondere die Ventilquerschnitte bemessen, damit die Nutzleistung nicht durch Drosselverluste vermindert wird.

Eine nach diesem Vorgang entworfene Maschine ergibt bei verschiedenen Umlaufzahlen eine Kennlinie, d. h. eine Linie der bei wachsenden Drehzahlen oder Kolbengeschwindigkeiten erreichbaren Höchstleistungen, die von einer durch die Zündfähigkeit des Gemisches bedingten untersten Grenze bis zu einem der normalen Drehzahl entsprechenden Höchstwert in sanfter Krümmung ansteigt, s. Abb. 290 und 291 und von da an bei weiterem Steigen der Umlaufzahl wieder, und zwar etwas schneller als beim Ansteigen, bis auf Null abfällt. Voraussetzung ist dabei allerdings, daß bei jeder Umlaufzahl die Gemischverhältnisse, soweit sie nicht an und für sich unveränderlich sind, durch Regeln des Vergasers auf den jeweils günstigsten Wert gebracht werden und dann die Zündung auf das vorteilhafteste eingestellt wird, d. h. also, daß bei jeder Umlaufzahl der günstigste Betriebszustand der Maschine ausfindig gemacht wird. Geschieht das nicht[1]), so liefert die Maschine z. B. bei einer und derselben Umlaufzahl unter Umständen völlig verschiedene Leistungen oder bei ganz verschiedenen Umlaufzahlen gleiche Leistungen usw. Hierin liegt ein wesentlicher Unterschied zwischen der Verbrennungsmaschine und der Dampfmaschine, und in dem Mangel an der Erkenntnis dieser Verhältnisse ist wohl die Ursache für die häufig widersprechenden Ergebnisse zu erblicken, die manche frühere Untersuchungen an Fahrzeugmaschinen geliefert haben.

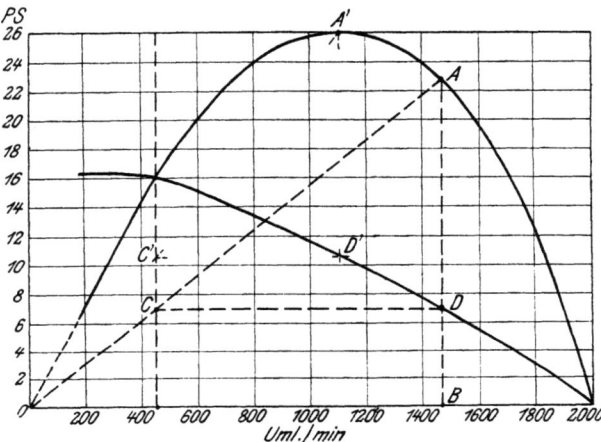

Abb. 290. Theoretische Kennlinien einer Wagenmaschine.

Die Bestimmung dieser Kennlinie bei ausgeführten Maschinen bietet ein wichtiges Hilfsmittel zur Bewertung der Maschinen hinsichtlich ihrer Leistungsfähigkeit und sollte daher heute von den Fabriken um so mehr angestrebt werden, als die Erkenntnis des geringen wissenschaftlichen Wertes von Wettfahrten weitere Verbreitung erlangt. Leider läßt sich diese Kennlinie nicht so leicht bestimmen, wie z. B. bei Elektromotoren, die man einfach bei bestimmten Drehzahlen abzubremsen braucht, weil hier bei jeder Drehzahl die Belastung des Bremshebels

---

[1]) Vgl. z. B. die von Lutz aufgenommenen Leistungskurven. Mitt. üb. Forschungsarb., H. 69.

sowie die Einstellung des Vergasers und der Zündung verändert werden muß. Man geht am besten so vor, daß man, nachdem man die gewünschte Drehzahl durch Verändern der Belastung erreicht hat, an dem Vergaser und an dem Zündhebel so lange stellt, bis keine durch Schnellerlaufen der Maschine erkennbare Steigerung der Leistung eintritt. Daraus ergibt sich auch, daß die Bestimmung der Kennlinie ziemlich zeitraubend ist.

Aus der Kennlinie kann man mit Hilfe einer sehr einfachen Konstruktion[1]) den Verlauf der Drehmomente ableiten. Ist nämlich N die Leistung der Maschine bei einer gewissen Drehzahl n, so stellt der Ausdruck

$$\frac{N \cdot 75 \cdot 60}{n} = p$$

die Arbeit der Maschine in mkg dar, die auf eine Umdrehung entfällt. Durch Umformen dieser Gleichung erhält man

$$\frac{N}{p} = \frac{n}{60 \cdot 75} \text{ und}$$

$$\frac{N}{\frac{1}{10}p} = \frac{n}{450}.$$

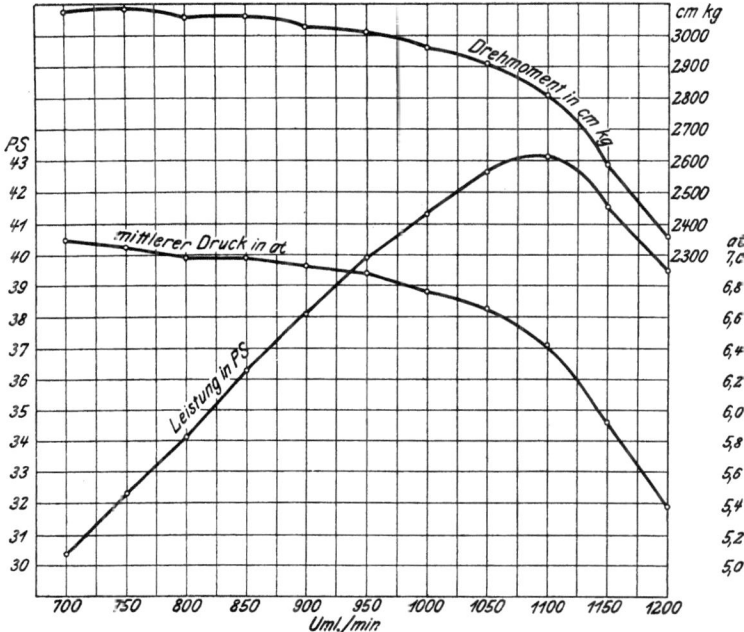

Abb. 291. Wirkliche Kennlinie einer Wagenmaschine.

Diese Proportion ist in Abb. 290, S. 174, zeichnerisch dadurch dargestellt, daß beliebige Punkte A, A' mit dem Anfangspunkt 0 verbunden und von den Schnittpunkten C und C' dieser Geraden mit der Ordinate für $n = 450$ Wagerechte bis zum Schnitt D und D' mit den für n geltenden Ordinaten der Punkte A und A' gezogen sind. Die Ordinaten DB stellen dann $\frac{1}{10}p$ oder p im zehnfachen Maßstabe der Leistungen N dar, wie sich aus der Ähnlichkeit der Dreiecke ergibt.

Da aber auch

$$M_d = \frac{p}{2\pi},$$

so stellen die Ordinaten der so gewonnenen Linie den Verlauf der Drehmomente der Maschine dar. Diese Linie also ist eine zweite wichtige Kennlinie der Maschine. Sie zeigt, daß das Drehmoment bei einer viel kleineren Drehzahl, als derjenigen, welche der Höchstleistung entspricht,

---

[1]) Heirman, a. a. O. S. 88 u. f.

seinen größten Wert erreicht, und daß das Drehmoment mit steigender Umlaufzahl stetig abnimmt. Insofern nach der Gleichung

$$N = \frac{p_e \cdot F \cdot s \cdot n}{2 \cdot 60 \cdot 75}$$

der Ausdruck $\frac{N}{n}$ bei unveränderten Zylinderabmessungen, also für eine und dieselbe Maschine, auch proportional dem Wert von p_e ist, stellt die zweite Linie auch den Verlauf der mittleren wirksamen Kolbendrücke mit steigender Drehzahl dar, und zwar in einem Maßstab, der wie der Maßstab der Drehmomente aus den vorstehenden Gleichungen leicht berechnet werden kann.

Im allgemeinen dürfte allerdings die heutige Fahrzeugmaschine während des Betriebes die eben besprochene Leistungskurve kaum ohne weiteres liefern. Das hängt damit zusammen, daß sich bei den heutigen Vergasern mit jeder neuen Drehzahl die Gemischverhältnisse bei weitem nicht in der richtigen Weise ändern und daß der Wagenführer im Laufe der Fahrt weder die heute noch erforderlichen Änderungen an dem Vergaser vornehmen, noch immer die Einstellung des Zündzeitpunktes regeln kann. Dessenungeachtet bleibt die Erzielung einer Leistungskurve nach Abb. 174 das Ziel, dem alle Versuche, die heutige Fahrzeugmaschine zu vervollkommnen, zustreben müssen. Um es zu erreichen, muß man den Vergaser so verbessern, daß er bei jeder Drehzahl der Maschine ein Gemisch von ganz bestimmter, dem jeweiligen Betriebszustand günstigster Zusammensetzung liefert, ferner muß der Zündzeitpunkt selbsttätig auf die günstigste Lage eingestellt werden. Ansätze zu solchen Verbesserungen sind, wie aus den vorhergehenden Abschnitten zu ersehen ist, bereits vorhanden. Der Drosselklappe aber ist nur die Aufgabe zuzuweisen, die ihrer Bezeichnung entspricht, nämlich, den Überschuß an Leistung der Maschine zu beseitigen, also die Fahrgeschwindigkeit des Wagens zu vermindern, wo es die Straßenverhältnisse gebieten.

Aus dem Verlauf der Kennlinien für die indizierte und die Bremsleistung N_i und N_e, s. Abb. 292, lassen sich wichtige Schlüsse zur Beurteilung der gesamten Bauart der Fahrzeugziehen. Wie ersichtlich verlaufen diese Linien bis etwa zu den Punkten a und a_1 ungefähr gerade. Bis dahin nehmen also die Leistungen proportional den Drehzahlen zu, so daß man bis dahin auch das Drehmoment als unveränderlich ansehen kann. Von der diesen Punkten entsprechenden Drehzahl aufwärts nehmen zwar die Leistungen noch weiter, aber nicht mehr in dem gleichen Maße zu, weil die Drehmomente namentlich infolge der steigenden Drosselverluste in den Leitungen kleiner werden. Die Punkte b und c, wo die indizierte und die Bremsleistung ihre Höchstwerte erreichen, liegen daher zumeist bei verschiedenen Drehzahlen.

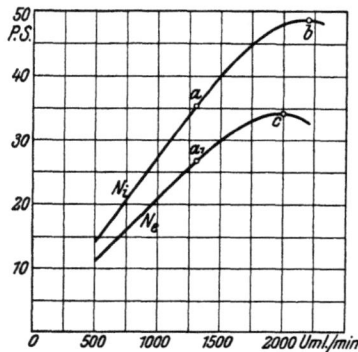

Abb. 292. Verlauf der Kennlinien für die indizierte und die Bremsleistung einer Fahrzeugmaschine.

Da die Reibungsverluste mit der Drehzahl nur unwesentlich zunehmen, so muß man zunächst dahin streben, die Drehzahl, bei welcher der Punkt a erreicht wird, möglichst zu steigern. Hierzu sind, abgesehen von reichlicher Bemessung der Querschnitte, die im Gewicht und Raumbedarf der Maschine ihre Grenzen findet, namentlich die günstige Formgebung für die Leitungen und Ventilköpfe geeignete Mittel, deren Vorzüge sich bei den Maschinen mit hängenden Ventilen auch gezeigt haben.

Für den Entwurf der Maschine ist ferner besonders der Bereich der Drehzahlen n_1, entsprechend dem Punkt a_1 und n, entsprechend dem Punkt c, wichtig. Das Verhältnis dieser Drehzahlen, das bei guten Ventilmaschinen $\frac{n}{n_1} = 1{,}6$ bis $1{,}9$ betragen soll, bestimmt nämlich die Elastizität der Maschine, oder kennzeichnet mit anderen Worten den Bereich, innerhalb dessen sich die Maschine wechselnden Belastungen selbsttätig ohne Verstellen des Vergasers und der Vorzündung sowie ohne Ändern der Getriebeübersetzung anpassen kann. Innerhalb dieser Drehzahlgrenzen ist, wie zahlreiche Versuche ergeben haben, auch der spezifische Brennstoffverbrauch der Maschine am günstigsten. Man muß daher anstreben, Leistung und Drehzahl der Maschine gegenüber dem zu überwindenden Fahrwiderstand jederzeit so abzustimmen, daß die Maschine vorzugsweise in diesem Bereich arbeiten kann.

Andererseits kann beim Entwurf einer Maschine von gegebener Dauerleistung an der Bremse unter Umständen auch die Drehzahl gegeben sein, z. B. wenn die Maschine mit einem

Getriebe von gegebener Übersetzung zusammenarbeiten und dabei eine bestimmte Geschwindigkeit nicht überschreiten soll, ein Fall, der bei Motorbooten und Motorlastwagen häufig vorkommen dürfte. In diesem Fall kann man umgekehrt aus der Formel

$$N_e = \frac{p_e \cdot F \cdot s \cdot n}{2 \cdot 60 \cdot 75}$$

unter Einführung des bekannten Verhältnisses $s:d$ und des wenigstens als Mittelwert annähernd bekannten p_e den Zylinderdurchmesser berechnen.

Von der Genauigkeit, mit der der Wert von p_e angenommen wird, hängt es natürlich ab, ob sich nachher beim Abbremsen der Maschine auf dem Prüfstand die geforderte Höchstleistung tatsächlich bei der gewählten oder berechneten Umlaufzahl ergibt oder nicht. Hier müssen die Erfahrungen helfen, die man mit Maschinen von ähnlicher Bauart gemacht hat. Nach den ausgedehnten Versuchen an verschiedenartig gebauten Maschinen, die Riedler[1]) und Becker[2]) veröffentlicht haben, kann man bei überschläglichen Berechnungen für Maschinen der üblichen Bauart mit seitlich angeordneten Ventilen und mittlerem Verdichtungsverhältnis von rd 1:45 bis 1,5 mit $p_e = 5$ bis 7 at rechnen, wobei die höheren Werte für die höheren Verdichtungswerte gelten, da der Wirkungsgrad $\eta_{th} = 1 - \dfrac{1}{\varepsilon^{k-1}}$ wie bei jeder Verbrennungsmaschine mit dem Verdichtungsverhältnis zunimmt. Die Annahmen über die Höhe von p_e werden auch durch die Art der Maschine beeinflußt, die berechnet werden soll. So hat man bei besonders schnellaufenden Maschinen und bei Flugmotoren auch schon $p_e = 8$ bis 9 at, bezogen auf die Höchstleistung, gemessen.

Hat man endlich beim Entwurf einer Maschine außer der Dauerleistung an der Bremse und etwa dem Verhältnis $s:d$ nichts zu berücksichtigen, so kann man bei der Berechnung der Hauptabmessungen auch den von Güldner[3]) angegebenen Weg einschlagen. Das Güldnersche Verfahren stützt sich auf den Luftbedarf der Maschine und setzt voraus, daß für die zu entwerfende Maschinengattung Mittelwerte der verschiedenen Wirkungsgrade bereits vorliegen. Diese Voraussetzung wird aber, soweit es sich um Fahrzeugmaschinen handelt, nur selten erfüllt, da die wissenschaftliche Untersuchung auf diesem Gebiete nur langsam Boden gewinnt. Der Vollständigkeit halber mag trotzdem der Gang dieser Berechnung angegeben werden.

Ist G_B der hier als bekannt vorauszusetzende Brennstoffverbrauch der Maschine in kg/PS h (annähernd 0,25 bis 0,35 kg/PS$_e$ h), so berechnet man zunächst mit Hilfe der gegebenen Leistung N_e den stündlichen Brennstoffverbrauch

$$G_B = N_e \cdot g_B \text{ in kg/h}$$

und hieraus unter der weiteren Voraussetzung, daß das günstigste Mischungsverhältnis x von Benzindampf und Luft (etwa 1:17) bekannt ist, den stündlichen Luftbedarf

$$G_L = x \cdot G_B \text{ in kg/h}.$$

Geht man nicht von dem spezifischen Brennstoffverbrauch G_B, sondern von dem thermischen Wirkungsgrad η_{th} aus, so ist der Luftbedarf nach der Formel

$$G_L = \frac{N_e \cdot 75 \cdot 3600}{\eta_{th} \cdot H_u \cdot 428} \cdot x \text{ in kg/h}$$

zu ermitteln, worin man

$$\eta_{th} = 0,20$$

setzen darf. H_u ist der untere Heizwert des Brennstoffes in kcal/kg. Die so bestimmte Luftmenge

$$V_L = G_L \cdot \frac{1}{\gamma_L}$$

muß von der Maschine angesaugt werden, wobei man den geringen Raumbedarf der Brennstoffdämpfe, der nur etwa 2 bis 3 v. H. beträgt, vernachlässigt. Ist

$$V_h = i \cdot \frac{\pi d^2}{4} \cdot s \text{ in m}^3$$

der gesamte Hubraum der Maschine, der bei jeder zweiten Umdrehung angesaugt wird, so gilt

$$V_L = \eta_l \cdot \frac{n}{2} \cdot 60 \cdot V_h,$$

worin η_l das Füllungsverhältnis der Maschinenzylinder (etwa 0,6 bis 0,8) ist.

---

[1]) Wissenschaftliche Automobil-Wertung.   [2]) Schnellastkraftwagen mit Riesenluftreifen.
[1]) Verbrennungsmaschinen, 2. Aufl., S. 208.

Hieraus kann man nach Annahme einer geeigneten Drehzahl den Hubraum und aus diesem mit Hilfe der weiter oben stehenden Gleichung bei angenommener Zylinderzahl i und angenommenem Verhältnis $s:d$ die Zylinderabmessungen berechnen.

Das zuletzt angegebene Verfahren kann namentlich dort eine Rolle spielen, wo es darauf ankommt, den Einfluß der Luftdichte auf die Leistung der Maschine zu berücksichtigen, wie insbesondere bei den Flugmotoren, die in stark wechselnden Flughöhen arbeiten müssen. Hierbei ändert sich die Leistung N gegenüber der Bodenleistung N_0 nach der Formel:

$$N = N_0 \cdot \frac{b}{b_0} \cdot \frac{T_0}{T},$$

worin man für den Barometerstand auf dem Boden . . . . . $b_0 = 760$ mm Q.-S.
und für die absolute Bodentemperatur. . . . . $T_0 = 273 + 15^0$
setzen kann. Den Zusammenhang zwischen Flughöhe, Temperatur und Luftdruck kann man aus Abb. 293[1]) entnehmen, die mittleren amerikanischen Verhältnissen entspricht, oder aus den empirischen Formeln

$$t = t_0 - 0{,}005\,h \quad \text{oder}$$
$$\gamma = \gamma_0 - 0{,}0000982\,h$$

berechnen, worin h in Metern ausgedrückt ist.

Daneben werden die Eigenschaften der Luft noch durch die wechselnden Tagestemperaturen beeinflußt, so daß man hier nur Mittelwerte erhält, die übrigens für Berechnungszwecke vollkommen ausreichen.

Bei einer gegebenen Bremsleistung N der Maschine ist nun der Wärmeverbrauch

$$Q = \frac{632\,N}{\eta}\ \text{kcal/h},$$

worin $\eta = \eta_{th} \cdot \eta_m$ das Produkt aus thermodynamischem und mechanischem Wirkungsgrad ist. Da man ferner den Heizwert H_0 von 1 m³ fertigem Gemisch bei $t_0 = 15^0$ C und $b_0 = 760$ mm Q.-S. kennt, s. S. 51, und dieser mit abnehmender Luftdichte $\gamma = \mu\gamma_0$ in größeren Höhen proportional abnimmt, so kann man die von der Maschine anzusaugende Menge an Gemisch durch

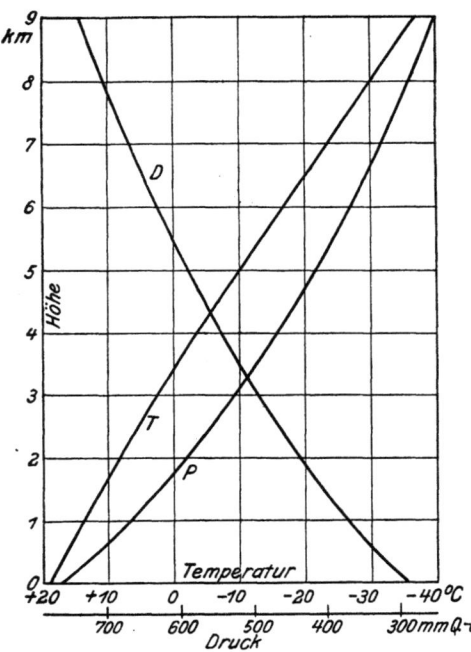

D = Dichte, P = Druck, T = Temperatur.
Abb. 293. Zusammenhang zwischen Flughöhe, Temperatur und Luftdruck.

$$v_g = \frac{Q}{H_0 \mu} = \frac{632\,N}{\eta H_0 \mu}\ \text{m}^3/\text{h}$$

und unter Berücksichtigung des Füllungsgrades η_2 der Zylinder den hierfür notwendigen Hubraum einer Viertaktmaschine in Litern durch

$$v_h = \frac{21\,100\,N}{H_0 \cdot \eta \cdot \eta_2 \cdot \mu \cdot n}$$

ausdrücken.

Nach Schwager[1]) kann man setzen:

	η_{th}	η_m	η_l
Für Standmotoren (hängende Ventile und Wasserkühlung) . .	0,33	0,85	0,85
Für Standmotoren mit Luftkühlung	0,30	0,82	0,77
Für Umlaufmotoren	0,28	0,82	0,77

z. B. ergibt die Rechnung bei einem Standmotor für $N = 180$ PS, $n = 1400$ Uml./min, $\mu = 1$ und $\varepsilon = 4{,}65$,

$v_h \sim 14{,}6$ ltr. (entsprechend dem 160 PS-Sechszylinder-Daimlermotor von 140 mm Zylinderdurchmesser und 160 mm Hub) oder

für $N = 185$ PS, $n = 1400$ Uml./min, $\mu = 0{,}7$ und $\varepsilon = 6{,}3$

$v_h = 19$ ltr., (entsprechend dem 185 PS-Sechszylindermotor der Bayerischen Motorenwerke von 150 mm Zylinderdurchmesser und 180 mm Hub).

---
[1]) Z. f. Flugtechnik u. Motorluftschiffahrt 1920, S. 341.

Jedes der hier behandelten Berechnungsverfahren setzt somit neben der Kenntnis der Bauart der Maschine, die entworfen werden soll, gewisse Annahmen von Festwerten nvoraus, die nur dann in zuverlässiger Weise bestimmt werden können, wenn schon praktische Erfahrungen mit dieser Maschinenbauart vorliegen. Die nachstehenden Angaben über deuere neutsche Wagenmaschinen sollen die Wahl der Abmessungen erleichtern:

Neuere deutsche Wagenmaschinen.

Fabrikat	Leistung PS	Zylinderzahl	Zyl.-Durchm. mm	Hub mm	Hubverhältnis
Adler	6/18	4	67	110	1,49
„	9/24	4	79	118	1,49
„	12/34	4	86	135	1,57
„	18/48	4	100	150	1,50
Aga	6/20	4	64	110	1,72
Benz	8/20	4	74,5	120	1,61
„	10/30	4	80	130	1,62
„	16/50	6	80	138	1,72
„	27/70	6	100	150	1,50
Daimler	6/20	4	68	108	1,59
„	10/35	4	80	130	1,62
„	16/45	4	100	130	1,30
„	28/95	6	105	140	1,33
Horch	10/30	4	80	130	1,62
„	15/50	6	80	130	1,62
„	25/60	4	115	155	1,35
NAG	10/30	4	83	118	1,42
Opel	14/38	4	90	135	1,50
„	21/50	6	96	130	1,35
Protos	10/30	4	80	130	1,62
Wanderer	6	4	67	110	1,64

Neuere ausländische Wagenmaschinen.

Fabrikat	Nennleistung PS	Zylinderzahl	Zyl.-Durchm. mm	Hub mm	Hubverhältnis
Cadillac	—	8	79,4	130	1,65
Ford	—	4	95,2	101,6	1,05
Mitchell	—	6	88,9	127	1,45
Pierce-Arrow	—	6	101,6	139,7	1,38
Armstrong-Siddeley .	18	6	69,8	104,8	1,5
Daimler	30	6	88,9	130,2	1,46
Rolls Royce	40	6	114,3	120,7	1,05
Sunbeam	16	4	79,4	149,2	1,87
Wolseley	15	4	79,4	130,2	1,64
Bugatti	14	8	69	100	1,4
Citroen	10	4	65	100	1,5
De Dion-Bouton . . .	18	8	65	100	1,5
Hispano-Suiza	40	6	100	140	1,4
Pantard-Levassor . .	12	4	72	140	1,9
Renault	18	4	95	160	1,7
Métallurgique	14	4	80	130	1,6
Minerva	30	6	90	140	1,5
Fiat	20	6	75	130	1,7
Itala	60	6	85	130	1,5

Auch bei den neueren Bauarten der bekannteren Fabriken des Auslandes kann man feststellen, daß das Hubverhältnis zumeist in den Grenzen von 1,5 bis 1,6 liegt, obgleich unverkennbar ein gewisses Streben nach Erhöhung des Hubverhältnisses vorliegt.

Bei der Wahl des Hubverhältnisses ist ferner auch die Rücksicht auf das Gewicht der Maschine maßgebend; diesem Gesichtspunkt hat man namentlich beim Entwurf von Flugmotoren Beachtung zu schenken, wo möglichst niedrige Werte des Einheitsgewichtes $g = \dfrac{G}{N_e}$ in kg/PS oder des spezifischen Hubraumbedarfes $v_h = \dfrac{V_h}{N_e}$ in m³/PS angestrebt werden. Nun steigt unter sonst gleichen Verhältnissen, insbesondere bei gleichbleibender Drehzahl und gleichbleibendem Hubraum der Zylinder, der thermodynamische Wirkungsgrad einer Verbrennungsmaschine und somit auch die von ihr erreichbare Höchstleistung mit wachsendem Hubverhältnis, weil die Kolbengeschwindigkeiten zunehmen und infolgedessen die Kühlverluste geringer werden. Auf der anderen Seite erhöht sich aber auch das Gewicht der Maschine infolge der zunehmenden Länge von Zylinder und Triebwerk und der notwendigen Größe des Gehäuses.

Neuere Bauarten von Flugmotoren.

Fabrikat	Leistung PS	Uml./mm	Zylinderzahl	Zylinderdurchmesser mm	Hub mm	Hubverhältnis	Gewicht insgesamt kg	Gewicht auf 1 PS Leistung kg/PS	Gewicht auf 1 l Hubraum kg/l
Benz	200	1400	6	145	190	1,31	408	2,04	21,7
Daimler	160	1400	6	140	160	1,14	288	1,8	19,4
Maybach	260	1400	6	165	180	1,09	410	1,57	17,8
Bayr. Motoren-Werke	185	1400	6	150	180	1,2	306	1,65	16,1
Beardmore	160	1400	6	142	178	1,25	266	1,66	15,8
Siddeley	230	1400	6	145	190	1,31	290	1,26	15,4
Hispano-Suiza	200	2000	8	120	130	1,08	245	1,23	20,9
Rolls Royce	250	1800	12	114	165	1,45	383	1,53	18,9
Liberty	350	1650	12	127	178	1,4	397	1,13	14,7
Oberursel	160	1200	11	112	170	1,51	169	1,05	13,3

Man kann daraus schließen, daß es eine gewisse günstigste Grenze des Hubverhältnisses gibt, über die hinaus weitere Vorteile in bezug auf Verminderung des Einheitsgewichtes nicht mehr erwartet werden dürfen. Diese Grenze ist allerdings nur für Maschinen der gleichen Bauart einheitlich feststellbar, die auch in ihren Einzelheiten wenigstens annähernd übereinstimmen. So zeigt die beigefügte Zusammenstellung neuerer Flugmotoren, daß man namentlich bei den Reihenmotoren mit Wasserkühlung, die an erster Stelle angegeben sind, mit dem Hubverhältnis nicht über 1,2 bis 1,3 gehen soll, wenn man die günstigsten Gewichtsverhältnisse erzielen will. Bei den Motoren, deren Zylinder V-förmig und sternförmig angeordnet sind, läßt sich allerdings dieser Einfluß des Hubverhältnisses nicht mehr genau erkennen, da er durch andere Unterschiede in der Bauart ausgeglichen wird. Man kann aber doch erkennen, daß die Hubverhältnisse solcher Maschinen, auf deren Gewicht es ankommt, in der Regel kleiner als bei den gängigen Wagenmaschinen bemessen werden. Auch der 200 PS-Benz-Rennmotor[1]), dessen Zylinder nur 115 mm Durchmesser und 115 mm Hub haben, liefert hierfür einen Beweis.

Als Maßstab für Vergleiche von Entwürfen wird in der Praxis immer noch vielfach die mittlere Kolbengeschwindigkeit $c = \dfrac{ns}{30}$ benutzt, obgleich die dafür zulässigen Werte nach den neueren Erfahrungen kaum Grenzen unterliegen. Bei Maschinen für Personenkraftwagen geht man bis zu $c = 10$ m/s und darüber, zumal die höchste Drehzahl der Maschine bei voller Fahrgeschwindigkeit nicht genau begrenzt werden kann, bei Lastkraftwagen, insbesondere bei Omnibussen, mit Drehzahlen bis zu 1400 Uml./min, auch schon bis zu $c = 7$ m/s und darüber; die angegebenen Geschwindigkeiten gelten aber immerhin schon als hohe Werte, aus denen man auf die Bauart der Maschine Schlüsse ziehen kann. Damit soll allerdings nicht gesagt sein, daß die neuzeitlichen Schnelläufermaschinen, die den Höchstwert ihrer Leistung erst bei Drehzahlen zwischen 3000 und 4000 Uml./min erreichen, ausgesprochen kurzhubig sein müßten, weil die zulässige Kolbengeschwindigkeit gewisse Grenzen hat. Wie die obigen Zahlentafeln zeigen, findet man vielmehr gerade unter den neuzeitlichen Maschinen viele langhubige, und man kann dabei feststellen, daß die Schnelläufigkeit überhaupt nicht vom Hubverhältnis, sondern von den Querschnitten der Steuerventile und Leitungen abhängt.

Kurzhubige Maschinen werden heute wohl nur noch dort bevorzugt, wo mit Rücksicht auf die Seitenstabilität des Fahrzeuges eine recht tiefe Lage des Maschinenschwerpunktes erwünscht ist. Solche Fälle können bei Kraftfahrzeugen aller Art vorkommen, obgleich man in der Regel den Anforderungen an die Seitenstabilität auch schon durch genügend tiefen Einbau der Maschine entsprechen kann.

Wahl der Zylinderzahl.

In dem großen Bereich von Leistungen, für die man heute Fahrzeugmaschinen für flüssigen Brennstoff benötigt, wird die Wahl der Zylinderzahl vor allem durch die Größe der geforderten Leistung bestimmt; denn ebenso, wie eine Maschine von 0,5 oder 1 PS, z. B. für den Hilfsantrieb

---
[1]) Wissenschaftliche Automobil-Wertung, Bericht III.

eines Fahrrades auf keinen Fall mehr als einen Zylinder erhalten kann, wird eine Maschine für große Leistungen — die obere Grenze liegt heute bei Flugmotoren schon bei rd 1000 PS — mindestens 12 und noch mehr Zylinder haben müssen; denn die mit einem Zylinder überhaupt erzielbare Leistung ist begrenzt, weil man die Abmessungen der Zylinder und des Triebwerkes nicht beliebig vergrößern kann, ohne daß die Betriebsicherheit der Maschine leidet. Man hat zwar auch schon versucht, die Grenzen, welche die Betriebsicherheit den Zylindergrößen setzt, hauptsächlich durch verstärkte Kühlung der Kolben, durch Verbesserung der Zylinderfüllungen bei wesentlich gesteigerten Drehzahlen oder durch künstliches Nachladen der Zylinder zu erweitern. Einer der gewaltigsten Versuche dieser Art war der von Benz & Cie. unternommene Bau eines 500 PS-Flugmotors mit 6 Zylindern von 180 mm Durchmesser. Allein man kann nicht sagen, daß in dieser Richtung bis jetzt greifbare Erfolge erzielt worden sind.

Innerhalb dieser weiten Grenzen, namentlich innerhalb der Grenzen, die für Wagenmaschinen in Betracht kommen, herrscht heute die Maschine mit 4 Zylindern vor. Sie hat sich auch schon bei Leistungen von 5 bis 6 PS nach der Steuerformel, wofür man früher vielfach die billigeren Zweizylindermaschinen benützte, im Rahmen einer geregelten Reihenerzeugung als nicht wesentlich teurer erwiesen, dagegen in Bezug auf den Massen- und Drehmomentausgleich so bedeutende Vorteile gegenüber den Maschinen mit weniger als vier Zylindern, daß diese heute fast ausschließlich auf das Gebiet der Krafträder und ausgesprochenen Kleinkraftwagen verdrängt sind. Infolge der gesteigerten Bautätigkeit auf diesen Gebieten war hiermit aber durchaus keine Einbuße an der technischen Bedeutung dieser Maschinen verbunden.

Für den Kraftwagen als solchen handelt es sich dagegen heute nur mehr um die Frage, ob die Maschine vier oder noch mehr Zylinder haben soll. Obgleich die Vierzylindermaschine noch weitaus häufiger verwendet wird, hat sich doch, wie auch die Zusammenstellungen weiter oben zeigen, namentlich bei den stärkeren Wagen die Maschine mit 6 Zylindern schon ziemlich eingeführt, und da sie in bezug auf den Ausgleich der Drehmomente sowie der freien Massenrückwirkungen gewisse Vorteile bietet, sowie bei sonst gleicher Bauart sogar leichter als die Vierzylindermaschine ist, so kann man voraussagen, daß man die Sechszylindermaschine auch bei Wagen von mittlerer Leistung, etwa 10 PS nach der Steuerformel, in absehbarer Zeit der Vierzylindermaschine vorziehen wird, sobald sich durch Herstellung in großen Reihen die Kosten verringert haben und gewisse Einbauschwierigkeiten überwunden sind, die namentlich durch die verhältnismäßig größere Länge der Sechszylindermaschine bedingt werden.

Nach Pfitzner-v. Loewe[1]) soll man als untere Grenze für die Überlegenheit der Sechszylindermaschine in bezug auf das Leistungsgewicht sogar 2 Liter Zylinderinhalt ansehen können.

Vereinzelt hat man für Leistungen, wo Maschinen mit vier oder sechs Zylindern in Betracht kommen, auch acht Zylinder verwendet. Soweit hierbei die Zylinder in zwei winkelförmig zueinander gestellten Vierzylinderreihen angeordnet werden, bietet dies die Möglichkeit, die benötigte Einbaulänge zu verkleinern; allerdings muß man diesen Vorteil mit vergrößerter Breite und verschlechterter Zugänglichkeit der Maschine in den Kauf nehmen. Dagegen haben Maschinen, deren acht Zylinder in einer Reihe hintereinander angeordnet sind, keinen erkennbaren Vorzug gegenüber Sechszylindermaschinen, da ihre erheblich größere Baulänge nur erhöhtes Gewicht und vermehrte Schwierigkeiten infolge von Drehschwingungen der langen Wellen bedingt.

Leistungen über 100 PS$_e$ kommen heute fast nur bei Flugzeugen oder allenfalls bei Rennmotorbooten in Frage. Hierfür kann als untere Grenze der Zylinderzahl sechs gelten, während als obere Grenze bis jetzt aus dem Entwurf eines 1000 PS-Flugmotors von Rumpler[2]) die Zahl 28 bekannt ist.

Von dem bekannten einfachen Mittel, die Leistung der Maschine durch Vermehrung der sonst ungeändert bleibenden Zylinder zu erhöhen, macht man auch heute noch vielfach Gebrauch, obgleich sich die Anwendung dieses Mittels bei Kraftwagen nur auf die Abstufung zwischen Vier- und Sechszylindermaschinen beschränkt. Aber auch in dieser Beschränkung bietet dies die Möglichkeit, eine bewährte, in Reihen herstellbare Zylinderbauart beim Entwurf einer neuen leistungsfähigeren Maschine benützen zu können, und das hat so große wirtschaftliche Vorteile, daß man davon Gebrauch machen sollte, so oft es die Umstände nur irgendwie zulassen. Die Umstände sind allerdings für die Anwendung dieses Verfahrens nicht immer günstig, da sich die Entwicklung der baulichen Einzelheiten der Zylinder noch in ständigem Fluß befindet und viele Fabriken erst jetzt z. B. dazu übergehen, schnellaufende Maschinen oder Maschinen mit hängenden Ventilen zu bauen.

---

[1]) Der Automobilmotor, 2. Aufl. 1916.
[2]) Der 1000 PS-Flugmotor. Von Dr. ing. E. Rumpler, 1921. R. Oldenbourg.

Mit der Zahl der Zylinder steigt natürlich auch die Zahl der Triebwerk- und Steuerteile und die Möglichkeit von Störungen an irgendeinem von diesen Stücken. Obgleich die neuzeitliche Massenfertigung im Kraftwagenbau ermöglicht hat, auch große Reihen von gleichen Werkstücken mit unveränderter Genauigkeit und Betriebsicherheit herzustellen und sich auch in der Praxis die Vielzylindermaschine der Maschine mit weniger Zylindern im Betrieb als durchaus ebenbürtig erwiesen hat, soll doch darauf hingewiesen werden, daß man unnötige Vermehrung der Zylinder jedenfalls vermeiden soll. Namentlich lohnt es bei Maschinen für kleine Leistungen bis zu 2 oder 3 PS nach der Steuerformel, z. B. für Krafträder, nicht, mehr als zwei Zylinder zu verwenden; vielfach genügen sogar für diese Zwecke noch Einzylindermaschinen. Das gleiche gilt für die ganz großen Leistungen; es bleibt immer noch zweckmäßig, mit den Zylinderabmessungen bis an die Grenze zu gehen, welche durch die Rücksicht auf die Betriebsicherheit gegeben ist und nach der Leistung eines solchen Zylinders die Zylinderzahl festzustellen, welche für die geforderte Gesamtleistung gebraucht wird.

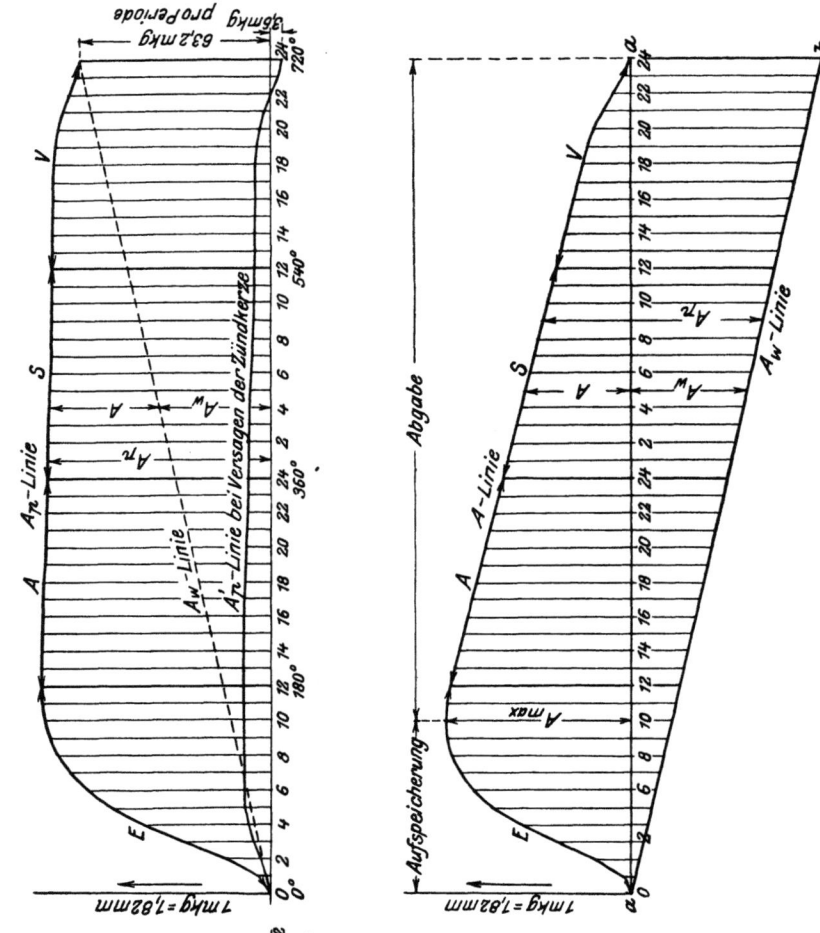

Abb. 294. Ableitung der Kolben- und Tangentialkräfte aus dem Indikatordiagramm.

$A = A_p - A_w$, A_p = Arbeit der Triebkraft, A_w = Arbeit des Widerstandes, E = Massenkraft, P, P', P'' = Triebkräfte, K = Einheitsstrecke, E = Explosionshub, A = Auspuffhub, S = Saughub, V = Verdichtungshub.

Dynamik der Fahrzeugmaschine.

Schon die vorstehenden Erörterungen geben Veranlassung, die bei Maschinen mit verschiedenen Zylinderzahlen auftretenden freien Kräfte und Momente näher zu untersuchen. In Betracht gezogen sind hierbei zunächst nur Maschinen der üblichen Reihenbauart, bei denen also die stehenden Zylinder nebeneinander angeordnet sind. Die Untersuchung wird am besten hinsichtlich der in den Zylindern auftretenden treibenden Kräfte und hinsichtlich der durch ihr Triebwerk verursachten Beschleunigungs- und Verzögerungskräfte getrennt ausgeführt.

Was zunächst die treibenden Kräfte anbelangt, deren Größe durch ein angenommenes

Indikatordiagramm mit einem bestimmten Anfangsdruck oder einem bestimmten mittleren indizierten Kolbendruck bestimmt wird, s. Abb. 294, so leuchtet sofort ein, daß wegen der Bauart der Maschinen unmittelbar nach außen Rückwirkungen der auf die Motorkolben ausgeübten Drücke nicht gelangen können. Diese Rückwirkungen werden vielmehr von der starren Verbindung des Zylinders mit dem Kurbelgehäuse aufgenommen, worin die Kurbelwelle gelagert ist, s. Abb. 295; nach außen gelangen dagegen die seitlichen Kolbendrücke und die durch sie erzeugten Momente, die, und zwar gänzlich unabhängig von der Zylinderzahl stets das Bestreben haben, die ganze Maschine entgegengesetzt zur Drehrichtung der Kurbelwelle um diese Welle als Achse zu drehen; dies hat zur Folge, daß die dem Kurbelgehäuse als Auflager dienenden Längsträger des Wagenrahmens und damit zugleich die Vorderfedern des Wagens verschieden stark belastet werden, wie man insbesondere bei sehr leicht gebauten und mit unverhältnismäßig starken Maschinen versehene Rennwagen beobachten kann. Der Einfluß dieser Erscheinung, der überdies noch durch die Rückwirkung an der Maschinenwelle unterstützt wird, ist aber trotzdem bei normalen Wagen nicht sehr bedeutend, jedenfalls ist er nicht so wesentlich, daß man bis jetzt in größerem Maßstabe versucht hätte, von irgendeiner der vielen Zylinderanordnungen Gebrauch zu machen, durch die diese Rückwirkungen vermieden werden

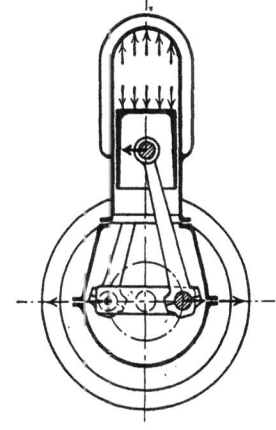

Abb. 295. Ausgleich der treibenden Kräfte in einer Wagenmaschine.

können. Viel wichtiger als diese Wirkung der seitlichen Kolbendrücke ist ihr Einfluß auf die Abnutzung der Zylinder. Das hat Veranlassung geboten, sich in neuerer Zeit mit dem Ausgleich der Seitendrücke, s. weiter unten, S. 189, näher zu beschäftigen.

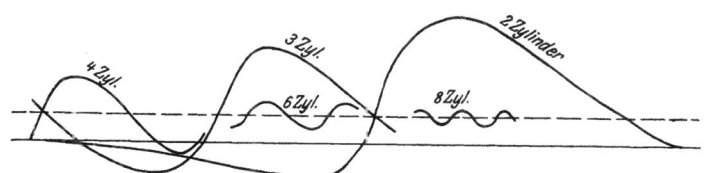

Abb. 296. Wachsende Gleichförmigkeit des Drehmomentes mit der Zylinderzahl.

Einen großen Einfluß übt die Zylinderzahl auf die Gleichförmigkeit des Drehmomentes aus. Da man bei Fahrzeugmaschinen hinsichtlich des Schwungradgewichtes äußerst beschränkt ist, so bietet die Vermehrung der Zylinder das beste Mittel, um bei gegebenem Schwungradgewicht die höchste Gleichförmigkeit des Drehmomentes zu erzielen. In anschaulicher Weise zeigt Abb. 296, um wieviel gleichmäßiger sich bei gleicher Leistung der Maschine die Umfangskräfte an der Kurbelwelle gestalten, wenn die Anzahl der Zylinder erhöht wird. Ein Ergebnis der praktischen Erfahrungen ist es nun, daß man bei den Maschinen für Motorwagen im allgemeinen bis zu vier Zylindern geht, obgleich Maschinen mit sechs Zylindern naturgemäß noch gleichförmiger laufen. Der Unterschied zwischen der Vierzylindermaschine und der Sechszylindermaschine ist aber nicht so groß, daß er die Vermehrung der Herstellkosten der

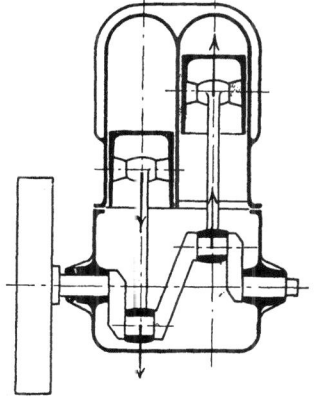
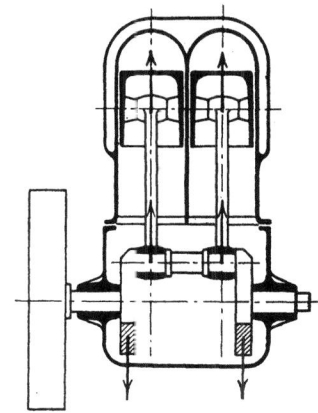

Abb. 297. Gebräuchliche Kurbelanordnung der Zweizylindermaschine. (Ungleichmäßige Zündfolge.)

Abb. 298. Zweizylindermaschine mit gleichläufigen Kurbeln. (Gleichmäßige Zündfolge.)

Sechszylindermaschine von vornherein gerechtfertigt hätte. Erst in den letzten Jahren hat sich bei den stärkeren Maschinen für Kraftwagen und insbesondere für Luftfahrzeuge das Bedürfnis ergeben, die Zahl der Zylinder über vier hinaus zu steigern; seitdem hat sich aber der Bau solcher

Maschinen so gesteigert, daß man z. B. unter den neueren Wagentypen, namentlich des Auslandes, kaum eine mit Vierzylindermaschinen vorfindet[1]).

Der Ausgleich der treibenden Kräfte ist somit für die Bedürfnisse des Motorwagenbaues mit der üblichen Bestimmung der Tangentialdrücke und des diesen entsprechenden Schwungradgewichtes erledigt, soweit nicht auch die Massenwirkungen berücksichtigt werden. Die Ausbildung des Schwungrades ist den gerade vorliegenden Verhältnissen anzupassen. Beim Motorwagen ist in der Regel das Schwungrad ein Teil der Kupplung, bei Luftfahrzeugen, die im allgemeinen ohne Kupplung arbeiten, kann man die in der Luftschraube enthaltene Schwungmasse oder die Masse des vorgeschalteten Rädervorgeleges berücksichtigen, während man bei Wasserfahrzeugen unter Umständen geringere Zylinderzahlen und dafür schwerere Schwungräder zulassen darf.

Abb. 299.

Abb. 300.

Abb. 299 bis 302. 1,8/6,5 PS-Motor der Bayerischen Motoren-Werke A.-G., München.

Besondere Beachtung verdient hierbei noch die Zweizylindermaschine mit parallelen Zylindern. Bei dieser ist der Ausgleich der treibenden Kräfte insofern ungünstig, als sich wegen der Kurbelversetzung um 180°, s. Abb. 297, S. 183, die Zündungen in ungleichmäßigen Zeitabständen folgen müssen. Sucht man diesen Fehler, der insbesondere bei Leerlauf und bei langsamem Gang deutlich merkbare Ungleichförmigkeiten im Drehmoment hervorruft, zu vermeiden, so bleibt nur die in Abb. 298, S. 183, dargestellte Kurbelanordnung übrig, die hinsichtlich der Massenwirkungen sehr ungünstig ist. Man baut daher Zweizylindermaschinen mit Vorliebe mit gegenläufigen Zylindern, Abb. 299 bis 302, oder mindestens mit V-förmig angeordneten Zylindern.

Zu berücksichtigen wäre eigentlich noch, daß die im Tangentialdruckdiagramm einer Mehrzylindermaschine vereinigten Umfangskräfte in verschiedenen Ebenen auftreten und daher mit Bezug auf einen beliebigen Punkt der Kurbelwelle Momente erzeugen. Es erübrigt sich aber auf die Untersuchung dieser Momente einzugehen, da die Fahrzeugmaschine in ihrer

---

[1]) Vgl. z. B. Automot. Ind. 22. Februar 1923.

Dynamik der Fahrzeugmaschine. 185

heutigen Bauart ohne weiteres als in sich starr angesehen werden darf. Eine Wirkung dieser Momente nach außen hat sich, soweit bis jetzt bekannt ist, im Wagenbetriebe noch nicht fühlbar gemacht. Sie wird wohl durch die Aufhängung der Maschine im Wagen vollständig aufgehoben. Wichtiger ist dagegen dieser Punkt bei der Beurteilung der Frage, ob insbesondere bei langen Kurbelwellen Drehschwingungen auftreten können. Man richtet deshalb die Zündfolge solcher Maschinen möglichst so ein, daß sich die aufeinanderfolgenden Kraftstöße über die ganze Maschinenlänge gleichförmig verteilen.

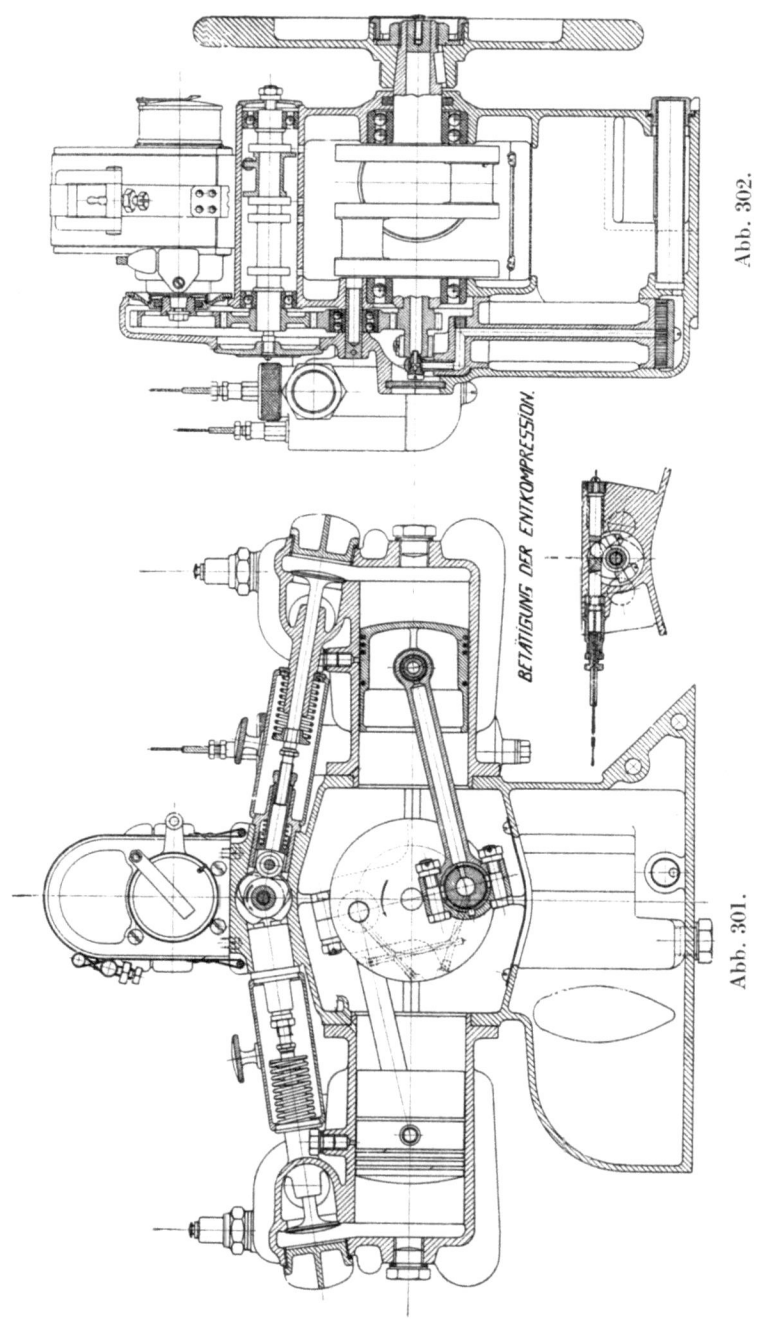

Ebenso wie der Ausgleich der treibenden Kräfte weist auch der Ausgleich der Massenwirkungen von Fahrzeugmaschinen unbedingt auf die Notwendigkeit der Vermehrung der Zylinder hin, wenn man die Vergrößerung des Maschinengewichts durch Gegengewichte vermeiden will. In sehr einfacher Weise läßt sich der Einfluß der Zylinderzahl auf den Massenausgleich erkennen, wenn man die auftretenden Kräfte und Momente bei den Maschinen mit 1 bis 6 Reihenzylindern nacheinander ohne Rücksicht auf die endliche Pleuelstangenlänge untersucht[1]). Als Massengewichte kann man hierbei für die annähernde Vorausberechnung für einen Kolben rd 0,12 bis 0,15 kg/PS$_e$, für eine Pleuelstange, von deren Masse $1/4$ als schwingende Masse anzusehen ist, ebenfalls rd 0,12 bis 0,15 kg/PS$_e$ und für die Kurbelwelle je nach der Zylinderanordnung 0,2 bis 0,4 kg/PS$_e$ annehmen. Bei der Einzylindermaschine, Abb. 303, treten nur Massenkräfte und keine Massenmomente auf. Der Kolben mit einem Teil der Schubstange liefert eine senkrecht schwingende Einzelkraft und die umlaufenden Teile liefern eine Fliehkraft, die ihre Richtung mit der Kurbel ändert. Die Fliehkraft läßt sich durch ein unter 180° gegen die Kurbel K gestelltes, zweckmäßigerweise in zwei symmetrische Hälften geteiltes Gegengewicht vollständig

---

[1]) Pfitzner und Urtel: Der Automobilmotor, 1907, S. 165 f.

ausgleichen, sie ist aber in Abb. 303 nicht erst eingetragen. Der Ausgleich der vom Kolben herrührenden Massenwirkung ist aber nicht vollständig möglich. Man kann die Verhältnisse nur bessern, indem man an der Kurbel ein weiteres Gegengewicht anbringt, dessen Fliehkraft halb so groß ist, wie die größte senkrechte Massenkraft des Kolbens. Weiter gehen darf man nicht, da sonst die wagerechten Komponenten der Fliehkraft dieses Gegengewichtes zu großen Einfluß gewinnen.

Sehr anschaulich wirkt die Darstellung in einem Polardiagramm, Abb. 304, worin Richtung und Länge der Fahrstrahlen die Richtung und die Größe der entsprechenden Kräfte anzeigen. Bei dieser Darstellung wird durch den Kreis F der Verlauf der freien Fliehkraft gezeigt, die der Wirkung der umlaufenden Maschinenteile entspricht. Der Kreis F ist in 16 Teile eingeteilt, die gleichen Wegen der, wie angenommen wird, gleichförmig umlaufenden Kurbel entsprechen. An jeder Stelle des Kreises sind nun mit den Fliehkräften die senkrechten Massenkräfte durch geometrische Addition vereinigt. Als Beispiel ist im Punkte 15 für eine Massenkraft x, die senkrecht nach aufwärts aufgetragen ist, die entsprechende

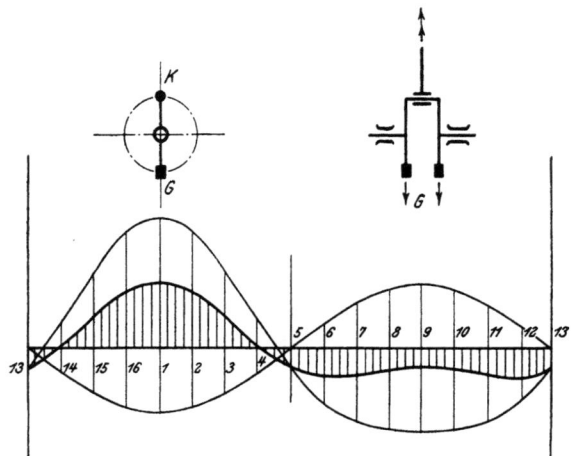
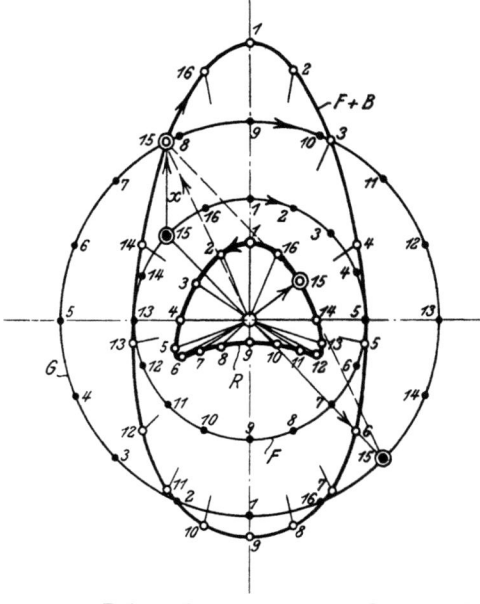

Abb. 303. Verlauf der Massenkräfte einer Einzylindermaschine.

Abb. 304. Polare Darstellung der Massenkräfte einer Einzylindermaschine mit Gegengewicht.

Konstruktion ausgeführt. Den Verlauf der gesamten Massenkräfte des Triebwerkes ohne Ausgleichgewicht stellt somit die Eilinie $F + B$ dar. Die Fliehkraft des Gegengewichts muß so groß sein, daß sie das arithmetische Mittel zwischen dem Höchstwert der $F + B$-Kurve und den durch den Halbmesser des F-Kreises dargestellten Fliehkräften bildet. Da dieses Gegengewicht um 180° versetzt gegen die Kurbel angeordnet wird, so ist auch die Einteilung des ihm entsprechenden Kreises G gegen diejenige des Kreises F um ebensoviel versetzt. Die einander entsprechenden Fahrstrahlen der $F + B$-Kurve und des Kreises G ergeben, nach dem Kräfteparallelogramm zusammengesetzt, Fahrstrahlen einer Kurve R, die den Verlauf der bei dem Massenausgleich übrig bleibenden freien Kraft im Polardiagramm darstellt. Diese zeigt insbesondere, daß es keinen Zweck hat, den Ausgleich der senkrechten Kräfte durch Vergrößerung des Gegengewichts G noch weiter verbessern zu wollen, weil damit die Höhe der R-Kurve wohl vermindert, aber auch gleichzeitig ihre Breite vergrößert werden würde.

Für die Zweizylindermaschine, bei der, wie bereits erwähnt, die Ungleichheit der Zündabstände bei einer Kurbelverstellung von 180° in den Kauf genommen werden muß, ist der Verlauf der Massenkräfte und der Massenmomente durch die Diagramme in Abb. 305 veranschaulicht. Hier ergibt sich, daß freie Massenkräfte der umlaufenden Teile nicht mehr vorhanden sind, da die Kurbeln einander genau gegenüberstehen. Die Zusammensetzung der von den schwingenden Teilen herrührenden Massenkräfte B_1 und B_2 ergibt eine Linie R, deren Schwingungszahl doppelt so groß ist wie die Umlaufzahl der Maschine. Außerdem treten aber freie Massenmomente M_{B_1} und M_{B_2} und freie Momente der Fliehkräfte M_F auf, die vereinigt eine Linie R_M ergeben. Die Wirkung dieser Momente kann durch Gegengewichte G_1 und G_2 an den Kurbeln ausgeglichen werden, deren Fliehkräfte sich gegenseitig aufheben, die aber ein dem Massenmoment R_M entgegengesetzt wirkendes Fliehkraftmoment erzeugen. Vollständiger

Ausgleich ist also auch in diesem Falle wie bei der Einzylindermaschine unmöglich. Die günstigste Verteilung der Momente ergibt sich, wenn man wieder das ausgleichende Fliehkraftmoment als arithmetisches Mittel zwischen den Fliehkraftmomenten der umlaufenden Teile und dem Höchstwert der Linie R_M bestimmt, wie aus der polaren Darstellung in Abb. 306 zu ersehen ist. Es ergibt sich dann ein resultierendes Moment R_M von unveränderlicher Größe, das mit gleichbleibender Geschwindigkeit entgegengesetzt zur Kurbel umläuft. Daneben bleibt als freie Kraft die Wirkung der schwingenden Massen bestehen, deren Schwingungszahl der doppelten Drehzahl der Maschine entspricht und daher in der Regel so hoch über der Schwingungszahl des Wagenrahmens liegt, daß sie nicht zu Resonanzwirkungen zu führen braucht.

Führt man diese Betrachtungen in genau der gleichen Weise an einer Dreizylindermaschine durch, deren Kurbeln um $120°$ gegeneinander versetzt sind und deren Zündungen sich innerhalb zweier Wellenumdrehungen in gleichen Abständen folgen, so ergibt sich, daß

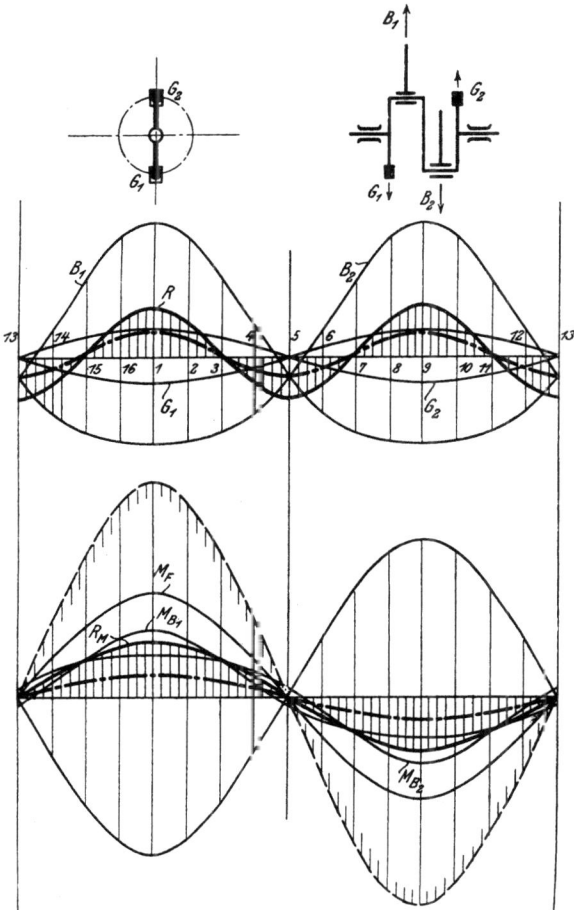

Abb. 305 Massenkräfte und Massenmomente einer Zweizylindermaschine.

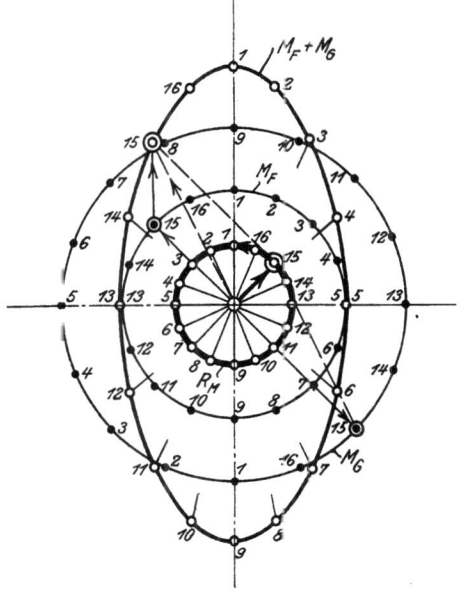

Abb. 306. Günstigster Ausgleich der Massenmomente einer Zweizylindermaschine.

sich die freien Massenkräfte der hin- und hergehenden und auch die Fliehkräfte der umlaufenden Teile ohne Zuhilfenahme von Gegengewichten ausgleichen. Sieht man als Momentenebene die durch die Mitte des mittleren Zylinders gelegte Ebene an, so kommen für die Bildung von Massenmomenten nur die beiden äußeren Zylinder in Frage. Auch diese Momente lassen sich in einem polaren Diagramm, ähnlich wie bei der Zweizylindermaschine addieren, wobei die Fliehkraftmomente ebenso wie die schwingenden Momente der Kolben Berücksichtigung finden müssen, und dann durch ein Gegengewicht ausgleichen. Der günstigste Ausgleich ergibt sich wieder, wenn man das Fliehkraftmoment der Gegengewichte als das arithmetische Mittel zwischen dem größten Massenmoment und dem Fliehkraftmoment der umlaufenden Teile bestimmt. Das freie Massenmoment, das dann übrigbleibt, unterscheidet sich von demjenigen, welches sich bei der Zweizylindermaschine ergibt, in der Hauptsache dadurch, daß es bei seinem Umlauf um die Welle nicht gleichförmig wandert und außerdem auch seine Größe verändert. Für die Zwecke eines günstigen Ausgleichs empfiehlt es sich, die Gegengewichte senkrecht zu der mittleren Kurbel anzuordnen und wie üblich symmetrisch gegen die Maschinenmitte sowie gegeneinander zu verteilen, derart, daß sie keine freien Fliehkräfte erzeugen.

Erst bei der Vierzylindermaschine kann man ohne Verwendung von Gegengewichten zu einem für praktische Zwecke ausreichenden Massenausgleich gelangen. Dazu ist es notwendig, die Kurbeln so anzuordnen, daß sich die schwingenden Massen ausgleichen, ohne freie Momente zu liefern. Dies führt zu der üblichen Kurbellage, bei der die beiden inneren und die beiden äußeren Kurbeln je gleich gerichtet sind und bei der diese Paare unter 180° gegeneinander stehen, s. Abb. 307. Die Maschine stellt sich dann, abgesehen von der Aufeinanderfolge der Zündungen, in dynamischer Hinsicht einfach als eine Verdoppelung der bereits besprochenen Zweizylindermaschine dar. Wie bei dieser bleibt also auch hier von den Kolben eine freie schwingende Massenkraft übrig, deren Schwingungszahl der doppelten Umlaufzahl der Kurbelwelle entspricht und deren Größe in dem gleichen Verhältnis zur Maschinenleistung steht wie bei der Zweizylindermaschine. Dagegen sind wegen der symmetrischen Anord-

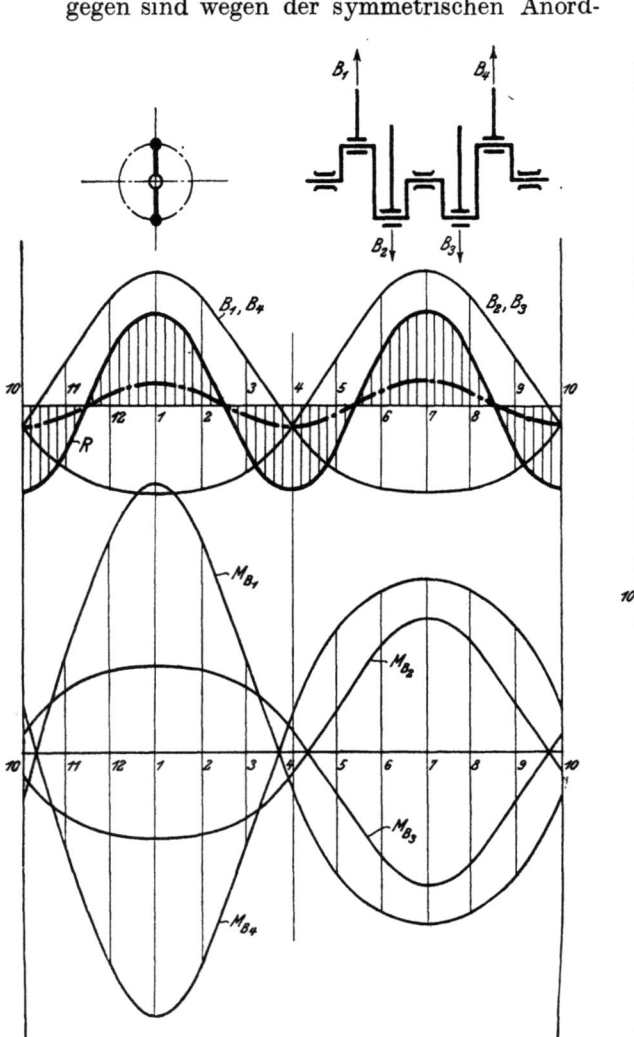
Abb. 307. Massenkräfte und Massenmomente einer Vierzylindermaschine.

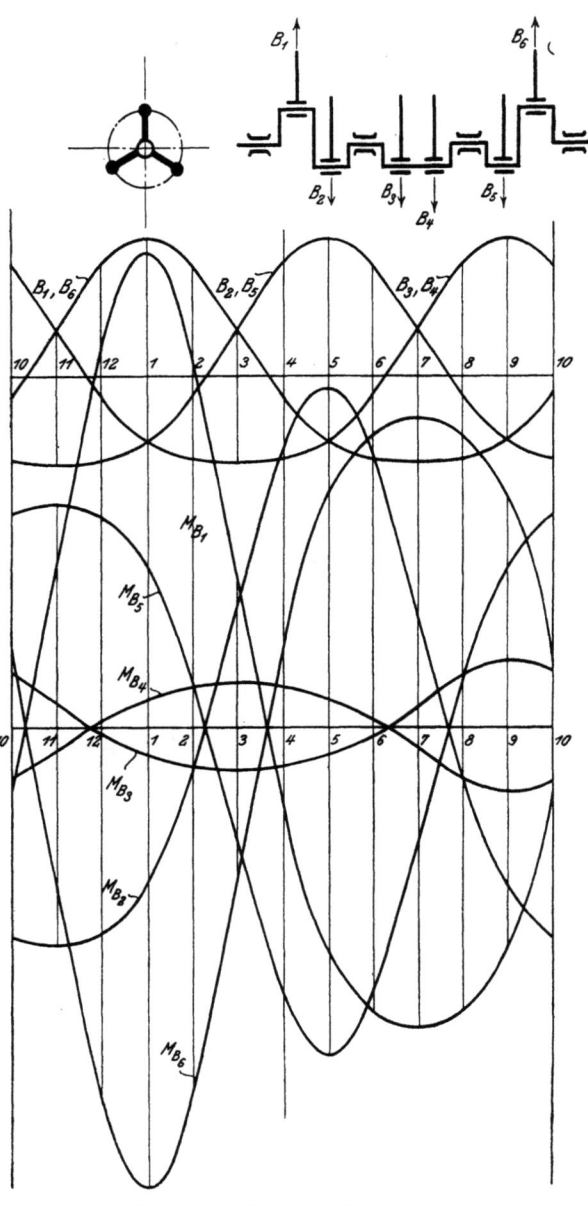
Abb. 308. Massenkräfte und Massenmomente einer Sechszylindermaschine.

nung der Zylinder und Triebwerke gegeneinander freie Massenmomente nicht mehr vorhanden, vielmehr wirken die freien Massenmomente der einen Maschinenhälfte genau entgegengesetzt denjenigen der anderen.

Bei der Sechszylindermaschine, Abb. 308, kann man endlich die Vorteile der Dreizylindermaschine und der Vierzylindermaschine insofern vereinigen, als die Sechszylindermaschine aus zwei symmetrisch gegeneinandergestellten Dreizylindermaschinen zusammengesetzt ist. Wie bei der Dreizylindermaschine sind demnach keine freien Massenkräfte vorhanden, während die Massenmomente wie bei der Vierzylindermaschine durch die symmetrische Anordnung der Maschinenhälften gegeneinander aufgehoben werden.

Die vorstehende Betrachtung der Maschinen mit verschiedenen Zylinderzahlen, deren Ergebnisse auch bei Berücksichtigung der endlichen Pleuelstangenlänge im wesentlichen ungeändert bleiben, ergibt, daß mit Rücksicht auf einen ausreichenden Massenausgleich erst die Maschine mit 4 Zylindern ohne Zuhilfenahme von Gegengewichten an den Kurbeln ausgeführt werden kann. Sie bestätigt also, was die praktische Erfahrung schon längst gezeigt hat, daß erst Maschinen mit 4 Zylindern in ihren Massenwirkungen soweit ausgeglichen sind, daß man sie in Personenfahrzeuge, die einigermaßen von den Erschütterungen der Maschine frei bleiben sollen, einbauen kann[1].

Zur Vervollständigung einer Untersuchung über die Dynamik der Fahrzeugmaschine gehört schließlich auch die Betrachtung der bereits erwähnten seitlichen Kolbendrücke. Bestimmt man auf Grund eines gegebenen oder angenommenen Indikatordiagramms, einer gegebenen Umlaufzahl und eines bestimmten Wertes für das Gewicht der hin- und hergehenden Massen den Verlauf der wirksamen Kolbendrücke während der vier aufeinanderfolgenden Takte, Abb. 309, und daraus den Verlauf der auf die Kolbenbahn entfallenden Seitendrücke, deren Höchstwert unter mittleren Verhältnissen etwa 75 v. H. der größten Kolbenkraft entspricht und rd. 16 v. H. des Hubes unter dem oberen Totpunkt auftritt, Abb. 310, so erkennt man: da sich die Vorgänge in einem Zylinder stets in der gleichen Reihenfolge abspielen, müssen die während des Krafthubes auftretenden größten Seitendrücke immer nach der gleichen Seite der Maschine hin gerichtet sein; ist die Auflagefläche des Kolbens nicht sehr groß bemessen, so muß auf dieser Seite des Zylinders die größte Abnutzung auftreten; in der Tat hat man beobachtet, daß die Zylinder mit der Zeit nach dieser Seite hin unrund auslaufen.

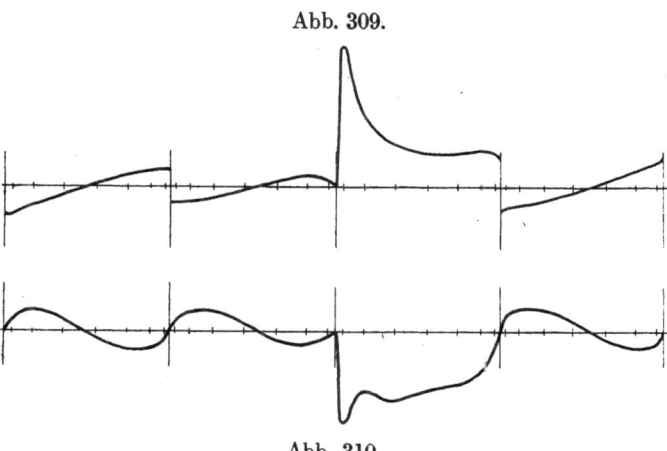

Abb. 309.

Abb. 310.

Abb. 309 und 310. Kolbendrücke und Seitendrücke in einem Zylinder während der vier Arbeitstakte einer Wagenmaschine.

Der geschilderte Vorgang spielt sich nun in der gleichen Weise in allen Zylindern einer z. B. mit 4 Zylindern versehenen Maschine ab, mit dem einzigen Unterschiede, daß derjenige Zylinder, wo der größte Seitendruck auftritt, sinngemäß, d. h. in der Reihenfolge der Zündungen wechselt, vgl. Abb. 311. Winkler[2] hat nun gezeigt, daß die Resultierenden aus den Seitendrücken, die in allen 4 Zylindern gleichzeitig auftreten, bis auf eine kurze, bei jeder halben Umdrehung der Kurbelwelle wiederkehrende Zeit bei einer rechtslaufenden Maschine stets nach links gerichtet sind, wobei ihre Größe nach einem bestimmten, wiederkehrenden Gesetze wechselt. Auf diese Wirkung der Seitendrücke ist schon auf S. 183 aufmerksam gemacht worden. Die unmittelbaren Folgen des resultierenden Seitendruckes sind die dauernde einseitige Belastung des Rahmens sowie der Federn, dann aber auch, weil der Angriffspunkt der Resultierenden stetig wechselt, Schwingungen der ganzen Maschine um ihre senkrechte Achse.

1. Zylinder	2. Zylinder	3. Zylinder	4. Zylinder	Bild der Kurbelwelle
Zündung	Verdichtung	Aus	Ans.	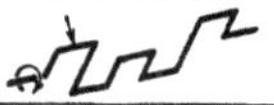
Aus	Zündung	Ans.	Verdichtung	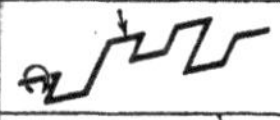
Ans.	Aus	Verdichtung	Zündung	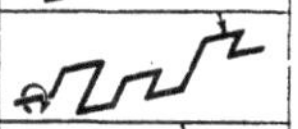
Verdichtung	Ans.	Zündung	Aus	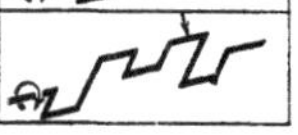

Abb. 311. Wandern des größten Seitendruckes in einer Vierzylindermaschine.

Wie bereits erwähnt, hat man es im Motorfahrzeugbau bis jetzt nicht für erforderlich gehalten, den Wirkungen dieser Seitenkräfte zu begegnen, da sie sich vorläufig für den Betrieb des Motorwagens nicht störend erwiesen haben. In ihrer Wirkung auf die erhöhte Abnutzung

---

[1] Eine sehr vollständige Untersuchung über den Einfluß von Zylinderzahl und Zylinderanordnung auf die Kraftverhältnisse und die Gleichförmigkeit des Umlaufes von Wagen- und anderen Fahrzeugmaschinen hat 1911 Dr. Ing. Otto Kölsch im Verlag von Jul. Springer, Berlin, veröffentlicht.
[2] Motorwagen, 1906, S. 180 u. f.

der Kolbenbahnen dagegen sind die Seitenkräfte anscheinend viel bedenklicher, da man es ihnen zum Teil zuzuschreiben hat, wenn die Zylinder nach verhältnismäßig kurzer Zeit nachgebohrt werden müssen. Eine Abhilfe dagegen ist offenbar schon erreicht, wenn es gelingt, die Kolben während eines wesentlichen Teiles der Zeit auch nach der anderen Seite des Zylinders zu drücken, also die Abnutzung auf die ganze Lauffläche des Zylinders besser zu verteilen.

Diesen Zweck verfolgt das heute im Motorwagenbau vielfach und namentlich in den Vereinigten Staaten fast allgemein angewendete Verfahren, die Zylindermitten gegen die durch die Kurbelwelle gelegte senkrechte Ebene in derjenigen Richtung zu versetzen, welche dem Drehsinn der Kurbel entspricht, ein Verfahren, das bei der Maschine von Richard Brasier, Abb. 312, zum erstenmal für neuere Fahrzeugmaschinen ausgeführt worden ist.

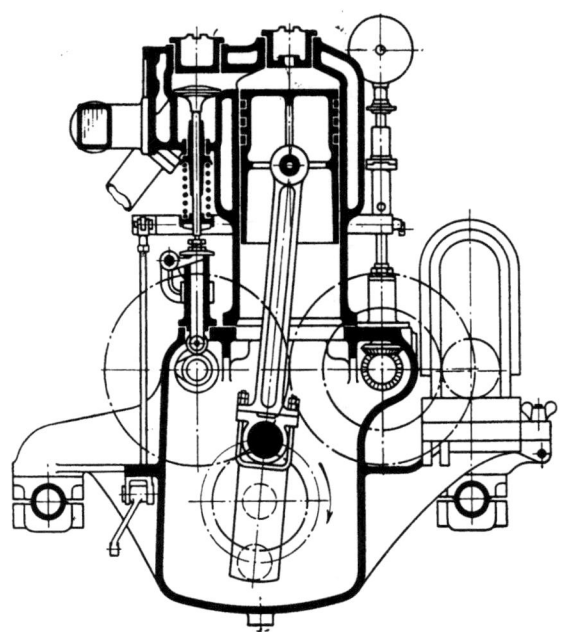

Abb. 312. Maschine von R. Brasier mit versetzten Zylindern.

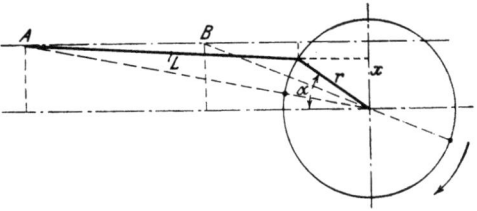

Abb. 313. Geschränkter Kurbeltrieb.

Durch diese Versetzung der Zylinder (geschränkter Kurbeltrieb) wird die Kinematik des üblichen Schubkurbelgetriebes etwas abgeändert. Bezeichnet man mit

r die Kurbellänge,

$a = \dfrac{L}{r} = \dfrac{1}{\lambda}$ das Verhältnis der Stangenlänge zur Kurbellänge,

L die Stangenlänge und

$k = \dfrac{x}{r}$ das Verhältnis der Zylinderversetzung zur Kurbellänge, s. Abb. 313, so ist der Hub

$$s = \overline{AB} = r\left[\sqrt{(a+1)^2 - k^2} - \sqrt{(a-1)^2 - k^2}\right]; \text{ also} > 2\,r.\ ^1)$$

Der Unterschied beträgt, wie aus der nachstehenden Zahlentafel zu entnehmen ist, gegenüber dem normalen Schubkurbelgetriebe bis zu 7 v. H. Als erster Vorteil der Zylinderversetzung ergibt sich demnach, daß die Bauhöhe der Maschine, bestimmt bei normalen Maschinen durch die Summe von Stangenlänge und Kurbellänge, bei Maschinen mit versetzten Zylindern geringer als bei sonst gleichen Maschinen mit nicht versetzten Zylindern ist.

Hublänge bei versetztem Kurbeltrieb für
$r = 1$

L/r	k	Hublänge	Hubvergrößerung v. H.
beliebig	0	2,00000	0,00
3	0,1	3,00375	0,06
3	1,0	2,42279	7,04
4	1,0	2,21180	3,50
5	1,0	2,12930	2,15
6	1,0	2,08730	1,01

Nach Kölsch[2]) ist auch angenähert

$$s = r\cos\alpha + l - \dfrac{1}{2l}(a - r\sin 2\alpha)_2 = l - \dfrac{a^2}{2l} - \dfrac{r^2}{4l} + r\cos\alpha + \dfrac{ar}{l}\sin\alpha + \dfrac{r^2}{4l}\cos 2\alpha,$$

---

[1]) Proc Am. Soc. Mech. Engs., Februar 1909.   [2]) a. a. O. S. 112.

woraus man für $a = 0$ wieder die für den üblichen Kurbeltrieb gültige Gleichung

$$s = l + r \cos \alpha - \frac{r^2 l}{2} \sin^2 \alpha$$

erhält.

Ist y der Abstand des Kolbens von dem äußeren Hubende, entsprechend einem Kurbelwinkel α, so gilt

$$\frac{y}{r} = \sqrt{(a + 1)^2 - k^2} - \cos \alpha - \sqrt{a^2 - (k - \sin \alpha)^2}.$$

Durch doppelte Differentiation dieser Gleichung nach der Zeit erhält man unter Anwendung einiger Vereinfachungen die Kolbenbeschleunigung, die, mit der Masse M der hin- und hergehenden Teile die Beschleunigungsdrücke ergibt. Die Formel hierfür

$$B = -\frac{M v^2}{r} \cdot (a^{-1} \cdot k \cdot \sin \alpha + \cos \alpha + a^{-1} \cdot \cos 2\alpha)$$

unterscheidet sich von der für den normalen Kurbelbetrieb geltenden

$$B = -\frac{M v^2}{r} (\cos \alpha + a^{-1} \cdot \cos 2\alpha),$$

die man erhält, wenn man

$$\lambda = a^{-1}$$

einsetzt, nur durch das Glied

$$a^{-1} \cdot k \cdot \sin \alpha$$

das für $k =$ Null ausfällt.

Den Verlauf der Beschleunigungskräfte oder vielmehr nur den Wert des Klammerausdruckes

$$a^{-1} \cdot k \cdot \sin \alpha + \cos \alpha + a^{-1} \cdot \cos 2\alpha$$

für verschiedene Kurbelwinkel α und für verschiedene Werte von a und k zeigt die nachstehende Zahlentafel:

Kurbelwinkel in Graden	$L/r = 3$		$L/r = 3,5$	$L/r = 4$	$L/r = 4,5$		
	$k = 0,30$	$k = 0,50$	$k = 0,20$	$k = 0,30$	$k = 0,30$	$k = 0,40$	$k = 0,50$
15	1,280	1,297	1,229	1,200	1,175	1,181	1,187
30	1,083	1,116	1,037	1,028	1,010	1,021	1,033
45	0,778	0,825	0,747	0,760	0,754	0,769	0,785
60	0,419	0,477	0,406	0,440	0,447	0,465	0,485
75	0,067	0,131	0,066	0,104	0,131	0,152	0,174
90	−0,233	−0,166	−0,229	−0,175	−0,156	−0,134	−0,111
105	−0,450	−0,386	−0,451	−0,404	−0,385	−0,364	−0,344
120	−0,580	−0,523	−0,594	−0,560	−0,553	−0,535	−0,515
135	−0,636	−0,589	−0,666	−0,654	−0,660	−0,645	−0,629
150	−0,650	−0,617	−0,695	−0,704	−0,722	−0,711	−0,699
165	−0,653	−0,635	−0,703	−0,731	−0,757	−0,751	−0,745
180	−0,667	−0,667	−0,714	−0,750	−0,778	−0,778	−0,777
195	−0,703	−0,721	−0,733	−0,769	−0,791	−0,797	−0,803
210	−0,750	−0,783	−0,752	−0,778	−0,788	−0,799	−0,810
225	−0,778	−0,825	−0,747	−0,760	−0,754	−0,769	−0,785
240	−0,753	−0,811	−0,692	−0,690	−0,669	−0,687	−0,707
255	−0,644	−0,708	−0,561	−0,548	−0,513	−0,534	−0,556
270	−0,433	−0,500	−0,343	−0,325	−0,288	−0,310	−0,333
285	−0,127	−0,191	−0,044	−0,040	0,003	0,018	−0,040
300	0,246	0,189	0,308	0,310	0,331	0,313	0,293
315	0,636	0,589	0,667	0,654	0,660	0,545	0,629
330	0,983	0,950	0,981	0,954	0,944	0,933	0,917
345	1,228	1,211	1,199	1,164	1,141	1,135	1,129
360	1,333	1,333	1,286	1,250	1,222	1,222	1,222

Es ist insbesondere zu beachten, daß sich die Werte im Gegensatze zu dem gewöhnlichen Kurbelgetriebe nicht mehr von 180° zu 180°, sondern erst nach einer vollen Umdrehung wiederholen.

Bestimmt man nun mit Hilfe eines angenommenen Indikatordiagrammes für gegebene Werte von Umlaufzahl, Gewicht der hin- und hergehenden Teile, Zylinderabmessungen usw.

den Verlauf der Seitendrücke bei einem solchen Kurbelgetriebe in einem einzelnen Zylinder, so findet man, daß für das gebräuchlichste Verhältnis von

$$\frac{L}{r} = 4,5$$

der größte durch den Explosionsdruck hervorgerufene Seitendruck (im ersten Takt) mit zunehmender Versetzung k abnimmt, während der im zweiten Takt auftretende größte Seitendruck, der hauptsächlich durch die Massenwirkung verursacht ist, mit zunehmendem k gleichfalls zunimmt. Als günstigsten Wert der Versetzung k, d. h. als denjenigen Wert, wobei diese beiden höchsten Seitendrücke einander gleich werden, erhält man etwa $k = 0,16$ für $n = 1500$ Uml./min.

Bei einer Maschine, deren Zylindermitten gegen die Kurbelwelle um 16 mm für je 100 mm Kurbellänge versetzt sind, wird somit erreicht, daß der Kolben während des Auspuffhubes mit der gleichen Kraft nach rechts an die Zylinderlauffläche angedrückt wird, wie er bei dem vorhergehenden Explosionshube nach links angedrückt worden ist. Der größte Seitendruck, der hierbei überhaupt erreicht wird, ist aber wesentlich kleiner als der größte Seitendruck bei einem normalen Kurbelgetriebe; der Unterschied beträgt etwa 13,8 v. H.

Die von den Linien der Seitendrücke und der Achse eingeschlossenen Flächen kann man ferner als Maße für die entsprechende Reibungsarbeit des Kolbens ansehen. Die Mittelwerte dieser Reibungsarbeit nehmen bei gleichen Stangenverhältnissen $a = \frac{L}{r}$ mit zunehmender Versetzung der Zylinder auf derjenigen Seite ab, nach welcher der Kolben beim Explosionshub angedrückt wird, während sie auf der anderen Seite etwas zunehmen. Das günstigste Verhältnis, nämlich gleiche Reibungsarbeit auf beiden Kolbenseiten, erhält man für die oben angegebenen Maschinenverhältnisse bei $k = 0,38$.

Die Versetzung der Zylinder gegen die Kurbelwelle hat demnach tatsächlich den Erfolg, daß innerhalb der einzelnen Zylinder entweder die größten Seitendrücke oder die durch die Seitendrücke hervorgerufenen Reibungsarbeiten der Kolben nach beiden Seiten hin gleichmäßig verteilt werden können. Sie ist daher schon aus diesem Grunde innerhalb der angegebenen Grenzen als durchaus empfehlenswert zu bezeichnen, zumal da ernstliche Schwierigkeiten bei der Herstellung der Maschinen daraus nicht erwachsen können. Durch die Verminderung des größten überhaupt auftretenden Seitendruckes wird außerdem die Schmierung erleichtert, und überdies wird auch die Wirkung der Seitendrücke nach außen verringert. Aus der bereits erwähnten Vergrößerung des Hubes ergibt sich ein, wenn auch geringer, Gewinn an Leistung gegenüber Maschinen von gleicher Bauhöhe und, weil die Explosionshübe sowie die Saughübe länger sind als die Verdichtungs- und die Auspuffhübe, auch ein geringer Gewinn an spezifischer Leistung gegenüber Maschinen von gleichem Gewicht für die Einheit der Leistung.

Andererseits hat die Versetzung der Zylinder bei den üblichen Zylinderzahlen keinen merkbar nachteiligen Einfluß auf die Gestaltung des Massenausgleiches. Wie bei den gewöhnlichen Maschinen wird bei drei um 120° versetzten Kurbeln wohl ein Ausgleich der Massenkräfte, aber nicht ohne Zuhilfenahme von Gegengewichten ein Ausgleich der von den Massenkräften hervorgerufenen Momente erreicht, während sich die Maschinen mit 4 und mit 6 Zylindern in Bezug auf die Massenkräfte und Massenmomente fast ebenso wie die üblichen Maschinen verhalten. Bei seiner Untersuchung über den Einfluß der Zylinderversetzung bei Fahrzeugmaschinen findet von Doblhoff[1] etwas abweichend von dem Vorstehenden, daß sich die vorteilhaftesten Verhältnisse bei einer Versetzung um die halbe Kurbellänge ergeben. Die günstigste Versetzung ist natürlich für verschiedene Werte von $\lambda = \frac{r}{L}$ verschieden. Sie schwankt für Werte von $\lambda = \frac{1}{3,5}$ bis $\frac{1}{5}$ zwischen $k = 0,38$ bis $0,58$[2]).

Auf einige bauliche Vorteile der Zylinderversetzung sei bei dieser Gelegenheit noch aufmerksam gemacht. Legt man nämlich beide Ventile auf eine und dieselbe Seite des Zylinders, und zwar entgegengesetzt zu derjenigen Seite, nach welcher der Zylinder gegen die Welle versetzt ist, so kann man verhältnismäßig kleinere Zahnräder für den Antrieb der Steuerwelle verwenden und jedenfalls Zwischenräder vermeiden. Dagegen muß man den Zylinder mit einem Schlitz versehen, damit die Pleuelstange nicht anschlägt. Auch aus diesem Grund läßt sich die Versetzung über das bereits angegebene Maß nicht vergrößern. Man kann hierbei allenfalls den Zylinder etwas abschneiden und den Kolben am unteren Hubende um so viel über-

---

[1]) Motorwagen 1910, S. 287 u. f.   [2]) Motorwagen 1910, S. 486.

Dynamik der Fahrzeugmaschine.

laufen lassen, wenn es sich mit den Forderungen verträgt, die an die Führung des Kolbens gestellt werden müssen.

Den Abschluß der vollständigen Dynamik der Fahrzeugmaschinen bildet die Berechnung des erforderlichen Schwungradgewichtes nach dem im übrigen bekannten Verfahren aus der größten Überschußfläche des Tangentialdruckdiagrammes. Eine Betrachtung des Tangentialdruckdiagrammes zeigt jedoch, daß die Überschußflächen schon für eine Maschine von vier und mehr Zylindern so gering sind, daß von einer nennenswerten Größe des Schwungradgewichtes zur Erzielung einer bestimmten Gleichförmigkeit des Ganges kaum mehr die Rede sein kann. Kölsch berechnet z. B. für eine Vierzylindermaschine von 60 PS bei 1600 Uml./min und einem Ungleichförmigkeitsgrad $\delta = \frac{1}{180}$ für den Schwungring vom Trägheitshalbmesser $R = 5r$ ein Gewicht von $G = 26{,}5$ kg, für die sonst gleiche Sechszylindermaschine $G = 5{,}4$ kg und für die Achtzylindermaschine $G = 3{,}44$ kg. In der Tat wird das Schwungradgewicht bei Fahrzeugmaschinen praktisch auch nicht von der Rücksicht auf die Gleichförmigkeit des Ganges im Dauerbetriebe, sondern von anderen Umständen bestimmt, die es ziemlich überflüssig erscheinen lassen, die Schwungradberechnung in der üblichen Weise nach dem Tangentialdruckdiagramm vorzunehmen. Bestimmend für die Größe des Schwungradgewichtes ist vielmehr bei Fahrzeugmaschinen, daß das Schwungrad das Andrehen der Maschine erleichtern und während der Fahrt das Überwinden plötzlicher Widerstände ohne allzu großen Abfall der Umlaufzahl gestatten soll. Die hierfür erforderlichen Schwungradgewichte sind mehr durch die Erfahrung als durch die Rechnung bestimmbar, und um so weniger berechenbar als man sich je nach der Art des Fahrzeuges, um das es sich in einem bestimmten Falle handelt, in den Abmessungen und den Gewichten verschiedenen Beschränkungen unterwerfen muß. Für kleine und mittlere Personenwagen ist z. B. der größte Schwungraddurchmesser durch die verfügbare Rahmenbreite an engere Grenzen gebunden, als bei schweren Motorwagen, deren Schwungräder auf der anderen Seite das Andrehen nicht so leicht zu machen brauchen, weil im Gegensatz zu den Personenwagen stets kräftige Führer vorhanden sind. Für Personenwagen kann man ziemlich unabhängig von den Zylinderabmessungen den Außendurchmesser des Schwungrades mit 520 bis 550 mm annehmen, und wenn der Wagen nicht mit Kegelkupplung, sondern mit Lamellenkupplung versehen ist, auch noch wesentlich kleiner, z. B. nach der Formel

$$D = 11{,}5 \frac{s}{2} - 29{,}718 \text{ cm},$$

worin s den Hub in cm darstellt.

Das Gewicht des Schwungrades nimmt mit der Leistung annähernd proportional zu. Nach den mir vorliegenden Angaben für Personenwagen erhält man gute Mittelwerte für das Schwungradgewicht nach der Formel

$$G = 1{,}1 \text{ bis } 1{,}35 N \text{ kg},$$

worin N die Bremsleistung der Maschine in PS_e ist. Auch hier wird in letzter Linie die Bestimmung der Maschine von Einfluß sein, insofern als man bei Personenwagen mit dem Gewicht sparsam umgehen muß. Daß z. B. für Luftfahrzeugmaschinen möglichst keine Schwungräder verwendet werden, ist hiernach verständlich.

Wegen der großen Umfangsgeschwindigkeiten, die sich bei schnellaufenden Fahrzeugmaschinen ergeben, sieht man von der Anwendung gußeiserner Schwungräder zumeist ab. Man macht die Schwungräder aus Schmiedestahl, um mit Sicherheit Brüche vermeiden zu können. Vielfach werden allerdings die Schwungradarme als Ventilatorflügel ausgebildet, mit der Aufgabe, die Luft aus dem Raum über der Maschine abzusaugen. Solche Räder stellt man, wenn nicht aus Gußeisen, aus Gußstahl her, wenn man es nicht vorzieht, die Flügel aus Blech zu schneiden und gesondert einzuschweißen. Seitdem man ferner die meisten Kraftwagen mit elektrischen Anlassern ausrüstet, die auf einen Zahnkranz des Maschinenschwungrades wirken, verwendet man fast nur noch geschmiedete Schwungräder, damit man die Zähne unmittelbar in den Kranz des Schwungrades einfräsen kann. Für die Bemessung der Schwungradnabe gelten die Regeln des allgemeinen Maschinenbaues. Üblich ist aber auch, das Schwungrad ohne Nabe durch eine Scheibenkupplung mit der Kurbelwelle zu verbinden. Die Befestigung ist mit reichlicher Sicherheit auf das größte auftretende Drehmoment zu berechnen, s. Abb. 290, S. 174.

Bei den neueren, niedrig gebauten Motorwagen ist schließlich noch zu beachten, daß der Kranz des Schwungrades nicht zu nahe an die Oberfläche der Straße herankommen darf, damit er bei starkem Durchfedern des Rahmens nicht etwa einen Stein berührt. Insofern ist der zulässige größte Schwungraddurchmesser auch von der Rahmenhöhe, den Wagenrädern und von dem Einbau der Maschine im Wagen abhängig.

Für ortfeste Anlagen mit Fahrzeugverbrennungsmaschinen kann man dagegen die Schwungradberechnung in der üblichen Weise durchführen. Man benutzt hierzu ein angenommenes Indikatordiagramm und legt für das Gewicht der hin- und hergehenden Teile, bezogen auf die Einheit der Kolbenfläche, einen Wert von $\frac{G}{F} = 0,045$ kg/cm² zugrunde. Nach Güldner[1]) beträgt für Wagenmaschinen $\frac{G}{F} = 0,04$ bis $0,025$ kg/cm². Nach Kölsch[2]) für neuere Zwei- bis Vierzylindermaschinen etwa 0,03 bis 0,035 kg/cm². Eine andere Formel für das Gewicht der hin- und hergehenden Teile in kg, die bis zu Zylinderdurchmessern von rd 100 mm ebenfalls brauchbare Werte liefert, lautet $G = 0,7936\,d - 4,6886$. Hierin ist d der Zylinderdurchmesser in cm. Die Größe des Ungleichförmigkeitsgrades

$$\delta = \frac{v_{max} - v_{min}}{v_{mittel}}$$

kann man bei den üblichen Vierzylindermaschinen für solche Antriebe mit etwa $1/30$ bis $1/40$ ansetzen.

Anordnung der Zylinder.

In dem vorstehenden Abschnitt ist nur von solchen Maschinen die Rede gewesen, bei denen die Zylinder in einer Reihe hintereinander über der Kurbelwelle stehen. Diese Bauart kann heute als die bei Motorwagen so gut wie ausschließlich angewendete bezeichnet werden. Sie hat sich im Laufe der langen Versuchsjahre immer als die beste erwiesen und dürfte trotz der immer wieder auftauchenden Versuche auch in absehbarer Zukunft ohne zwingende Gründe nicht mehr verlassen werden.

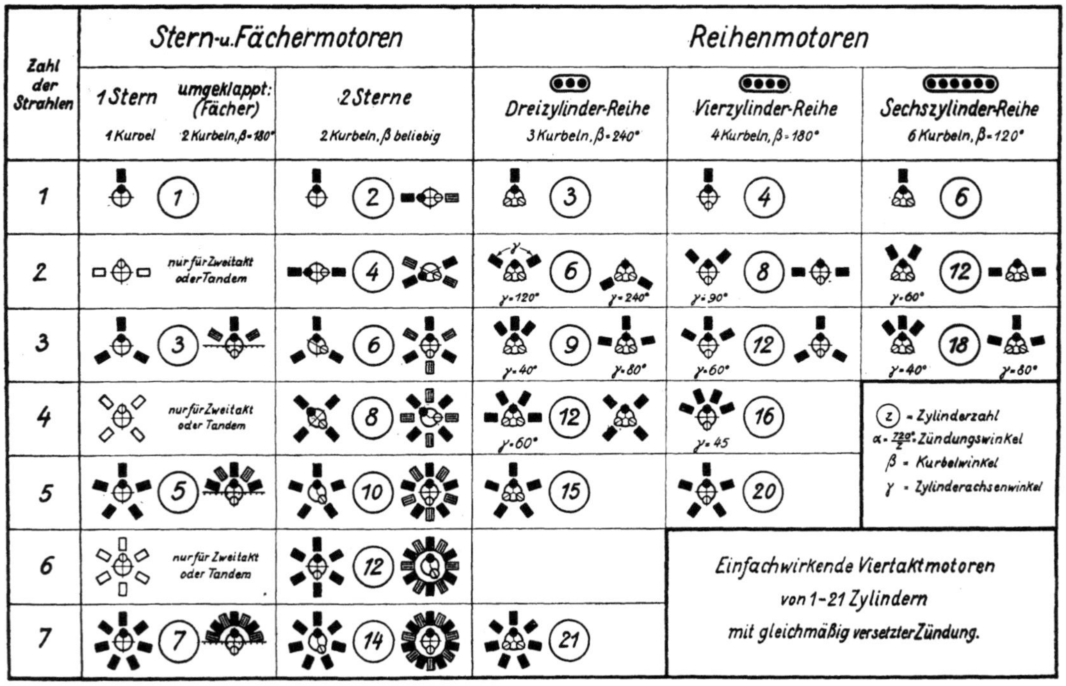

Abb. 314.

Solche zwingende Gründe liegen aber, wenn auch nicht bei Motorwagen, so doch bei anderen von ähnlichen Maschinen betriebenen Fahrzeugen vor. Insbesondere bei Luftfahrzeugen, deren Maschinen bei geringstem Gewicht und geringstem Raumbedarf größte Leistung liefern sollen, während unter Umständen die Rücksichten auf Zugänglichkeit und Übersichtlichkeit der Teile und auf Zuverlässigkeit im Betriebe etwas zurücktreten dürfen, können Maschinen mit V-förmig oder sternförmig angeordneten oder gegenläufigen Zylindern gewisse Vorteile bieten.

---

[1]) Verbrennungsmaschinen, 2. Aufl., S. 281.   [2]) a. a. O. S. 9.

Stellt man hierbei die Bedingung, daß sich aus Rücksicht auf die Gleichförmigkeit des Drehmomentes die Zündungen in gleichen Abständen, also bei der Zylinderzahl z im Kurbelwinkel $\alpha = \dfrac{720^0}{z}$ folgen müssen, so erhält man die in Abb. 314[1]) zusammengestellten Zylinderanordnungen als überhaupt mögliche Lösungen. Man kann z. B. daraus entnehmen, daß Ma-

Motor (Hubvolumen)	$\varepsilon = \dfrac{V+V_0}{V_0}$	Getriebe	Gehäuse einschl. Lagerung	Zylinder ohne Ventile	Triebwerk Kolben, Stange, Welle	Steuerung	Rest	Wasser u. Öl	Gesamtgewicht kg	Litergewicht kg/l
Standmotoren:			*einfache Reihenmotoren*							
200 PS-Benz (Bz IV) 18,8 l	5,8								407,5	21,7
180 PS-Argus (As III) 15,8 l	5,1								330	20,9
260 PS-Daimler (D IVa) 21,7 l	4,8								447	21,5
160 PS-Daimler (D IIIa) 14,8 l	4,9								287,5	19,4
120 PS-Daimler (D II) 11,04 l	4,8								218,5	19,8
250 PS-Maybach (Mb IVa) 23 l	5,9								410	17,8
185 PS-Bayr. Mot.-W. (BMW IIIa) 19 l	6,3								305,5	16,1
160 PS-Beardmore 16,8 l	4,7								266	15,8
230 PS-Siddeley, Puma 18,85 l	5,4								290	15,4
			zweifache Reihenmotoren							
195 PS-Benz (Bz IIIb) 13,75 l	5,4								277	20,1
300 PS-Renault 20,6 l	5,0								417,5	20,5
200 PS-Hispano-Suiza 11,75 l	4,7—5,3								245 (233)	20,9 (18,9)
250 PS-Rolls-Royce 20,2 l	4,5—5,4								383 (353)	18,9 (17,5)
350 PS-Liberty 27,06 l	5,6								397	14,7
			Sternmotoren							
230 PS-Salmson 18,75 l	4,9								250	13,3
Umlaufmotoren:										
160 PS-Goebel (Goe III) 26,9 l	5,4								182	6,8
160 PS-Oberursel (UR III) 23,65 l	5,1								168,5	7,1

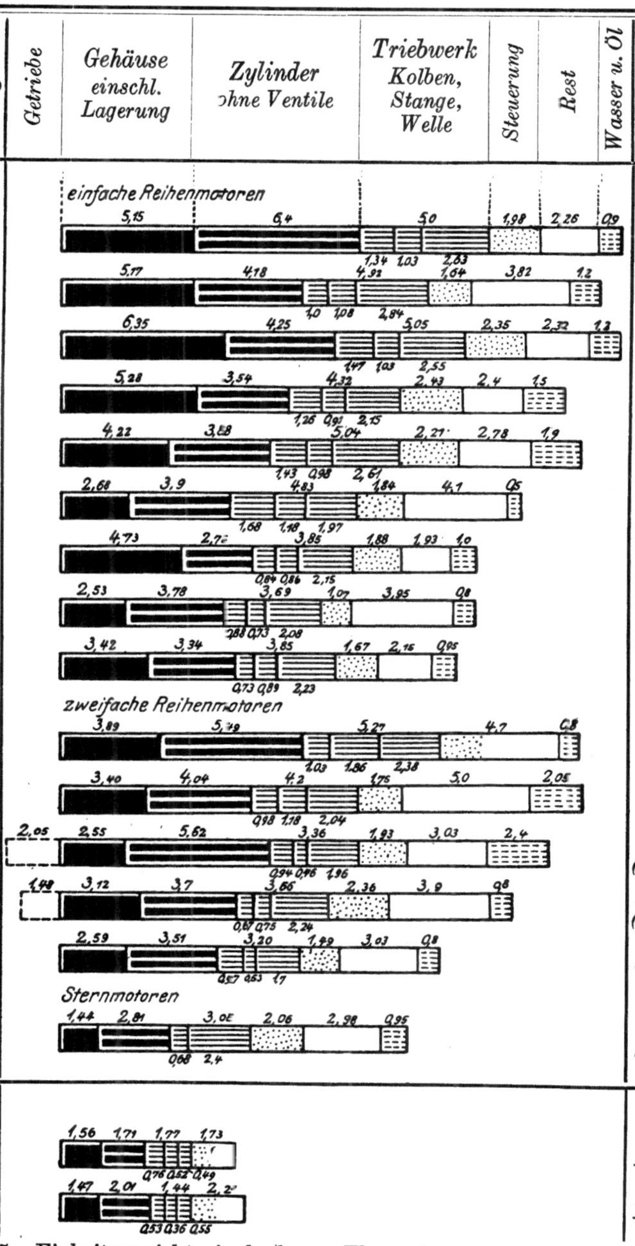

Abb. 315. Einheitsgewichte in kg/l von Flugmotoren.

schinen in V-förmiger Zylinderanordnung für $z = 8$ mit 90^0 und für $z = 12$ mit 60^0 Zylinderwinkel gebaut werden müssen, während sternförmige Maschinen nur für ungerade Zylinderzahlen innerhalb eines Sternes ausführbar sind. Aus Abb. 315 kann man ungefähr entnehmen, bis zu welcher Grenze man durch Änderung der Zylinderanordnung das Gewicht der Maschinen verringern kann.

Besondere Beachtung verdienen in diesem Zusammenhang die Maschinen mit umlaufenden Zylindern, deren Gewichte außerordentlich niedrig sind, s. Abb. 316. Während die Zylinder in den Lagerzapfen A der Kurbelwelle gleichförmig umlaufen, nimmt die Geschwin-

---
[1]) Nach Kutzbach, Z. V d. I. 1920, S. 306.

digkeit der Kolben, die durch Stangen mit dem gemeinsamen Kurbelzapfen *B* verbunden sind, auf dem Wege von der höchsten Stellung (*I*) bis zur tiefsten Stellung des Zylinders ab, wobei beträchtliche Beschleunigungsdrücke auftreten können, deren Rückwirkungen die Laufflächen verhältnismäßig schnell abnützen. Im übrigen stellt das Kurbelgetriebe nur die kinematische Umkehrung des gewöhnlichen Kurbelgetriebes dar, so daß dafür auch die bekannten Formeln gelten; denn jeder Kolben kreist um den Kurbelzapfen, während er gleichzeitig auf der Mittellinie des zugehörigen Zylinders geführt ist.

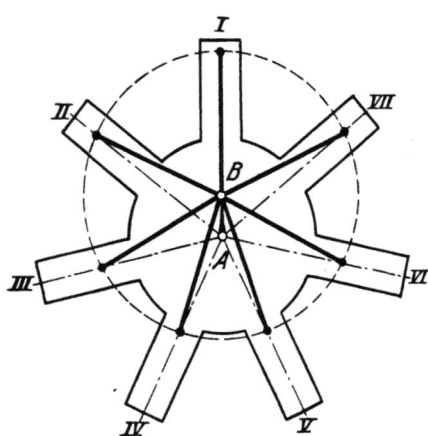

Abb. 316. Maschine mit umlaufenden Zylindern.

Neben der Frage der Verteilung der Zylinder gegenüber der Kurbelwelle gibt es aber bei Wagenmaschinen noch eine Reihe von anderen Fragen zu entscheiden, die mit der Anordnung der Zylinder zusammenhängen. In erster Linie handelt es sich darum, ob die Zylinder einzeln stehen, paarweise oder in noch größerer Zahl zu Blöcken zusammengegossen werden sollen. Für die Vereinigung mehrerer Zylinder zu einem gemeinsamen Blockkörper sprechen die Vereinfachungen durch den Fortfall der im Betriebe leicht undicht werdenden Verbindungsstellen in den Kühlwasserleitungen, durch die Verringerung der Baulänge der Maschine bei gleichbleibenden Zylinderdurchmessern sowie durch die Möglichkeit, mehrere Zylinder gleichzeitig auf mehrspindligen Bohrmaschinen zu bearbeiten. Gegen die Vereinigung spricht andererseits die Unmöglichkeit, einen etwa im Betriebe schadhaft gewordenen, oder mit Gußfehlern behafteten oder im Laufe der Bearbeitung unbrauchbar gewordenen Zylinder für sich auszuwechseln; mit steigender Anzahl der zu einem Block vereinigten Zylin-

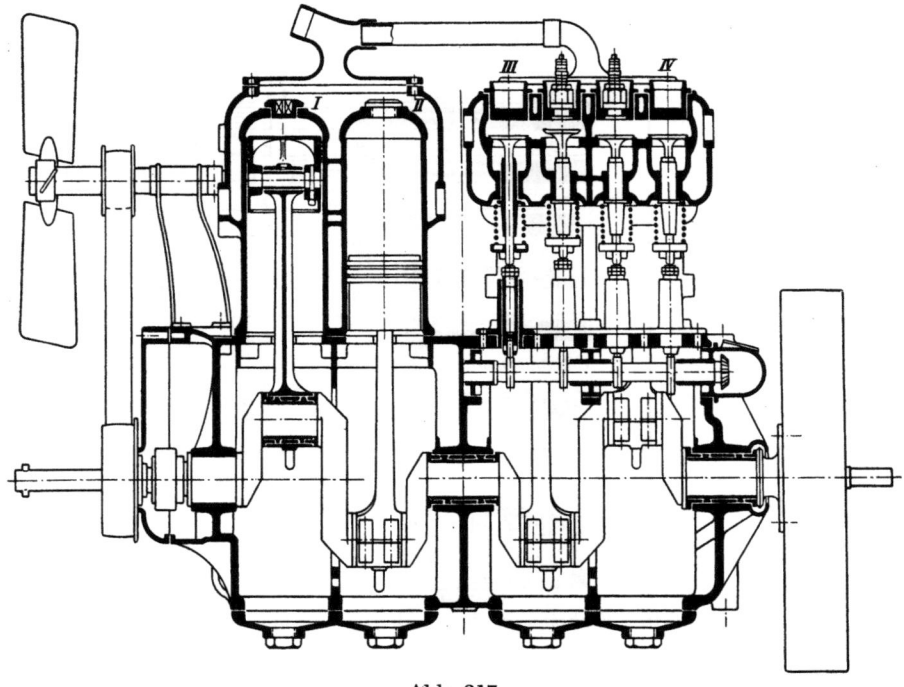

Abb. 317.

Abb. 317 und 318. Maschine von Benz & Cie. mit paarweise zusammengegossenen Zylindern.

der wächst ferner das Gewicht des Blockes und die Schwierigkeit, ihn ohne besondere Hilfsmittel mit der nötigen Rücksicht auf die Kolben abzubauen und aufzusetzen, wozu man häufig gezwungen ist.

Die Praxis hat, indem sie offenbar den Mittelweg zwischen diesen beiden entgegengesetzten Richtungen gewählt hat, im allgemeinen dahin entschieden, daß es von gewissen Zylindergrößen angefangen, am zweckmäßigsten ist, die Zylinder nur paarweise zusammenzugießen, siehe z. B.

Abb. 317 und 318. Diese Bauart gestattet dadurch, daß man das Wellenlager zwischen beiden Zylindern eines Zylinderpaares fortlassen und die Einströmkanäle für beide Zylinder vereinigen kann, erhebliche Vereinfachungen bei gleichzeitiger Verminderung des Gewichtes, sie fordert aber, daß die Kurbelwelle, deren freie Länge vergrößert wird, in dem gleichen Verhältnisse verstärkt wird. Da sich aber die Gesamtlänge der Maschine durch Vereinigen von je zwei Zylindern verringert und die Lager zwischen dem 1. und 2. sowie zwischen dem 3. und 4. Zylinder entfallen, so stellt sich die Kurbelwelle trotzdem billiger als diejenige einer Maschine mit einzelnen Zylindern.

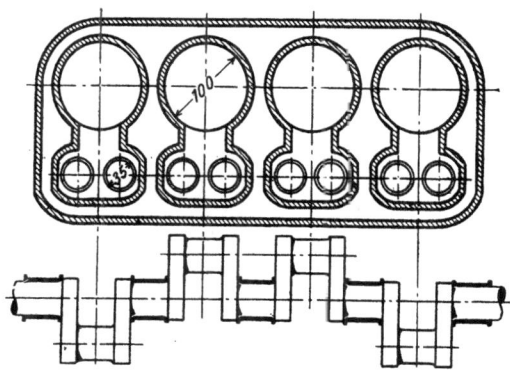

Bemerkt sei aber, daß sich keine grundsätzliche Entscheidung über diese Frage fällen läßt. Bei Maschinen, deren Ventile auf der gleichen Zylinderseite liegen, s. Abb. 319 bietet es unter Umständen wenig Vorteil, die Zylinder paarweise zu vereinigen, da man die Zylindermittel wegen der Ventilgehäuse nicht mehr näher zusammendrängen kann. Bei solchen Maschinen kann es daher zweckmäßig sein, die Bauart mit getrennten Zylindern beizubehalten und die Kurbelwelle in 5 Lagern laufen zu lassen.

Abb. 319. Maschine, deren Ventile auf einer Seite liegen.

Entscheidend für die ganze Stellungnahme der Praxis gegenüber der Frage, wieviel Zylinder miteinander vereinigt werden sollen, dürfte heute das Gewicht des Zylinderblocks und die Zahl der Fehlgüsse sein. Da es den Gießereien jetzt möglich ist, mehr als 2 Zylinder mit genügender Sicherheit zusammenzugießen, ist man auch bei den Personenmotorwagen fast allgemein zu Maschinen mit zusammengegossenen Zylindern übergegangen, selbst bei

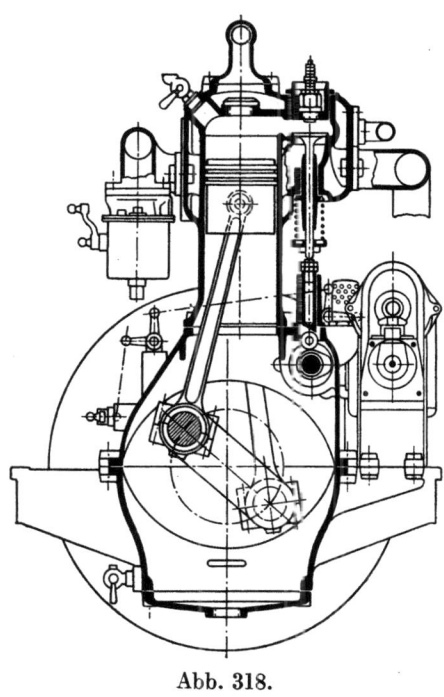

Abb. 318.

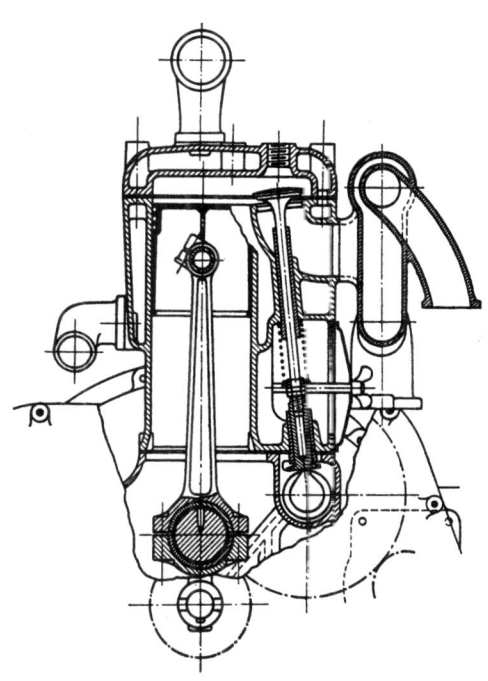

Abb. 320. Motor mit abnehmbarem Zylinderkopf.

Sechszylindermaschinen. Zwar muß man wegen der Möglichkeit von Kernverschiebungen beim Gießen die Wandstärken der Zylinderblöcke reichlicher bemessen, als bei einzelnen oder paarweise zusammengegossenen Zylindern, so daß man eigentlich kaum viel an Gewicht spart. Dieser Umstand spielt aber bei den an und für sich geringen Abmessungen der Maschinen keine Rolle gegenüber den Vorteilen, die sich aus der Möglichkeit ergeben, gleichzeitig mehrere Zylinder in einer sehr genauen Vorrichtung zu bearbeiten.

Andererseits hat man in der Trennung der Zylinderköpfe von den Zylindermänteln ein für die Massenerzeugung sehr wichtiges Mittel, das Gewicht der Zylinderblöcke zu vermindern und die Form dieser Gußstücke wesentlich zu vereinfachen, s. Abb. 320. Diese Bauart, die den Besitzer des Wagens auch der Notwendigkeit überhebt, den ganzen Zylinderblock abzubauen, wenn er die Kolben nachsehen will, hat in den letzten Jahren namentlich auch bei größeren Maschinen von Lastkraftwagen und Motorbooten das Zusammengießen der Zylinder ermöglicht. Allerdings nimmt man dabei die Notwendigkeit in den Kauf, die Teilfuge zwischen Zylindermantel und Zylinderkopf auch gegen das Kühlwasser abzudichten, das aus dem Mantel in den Kopf umlaufen muß, wobei sich geringe Undichtheiten im Innern der Zylinder schwer entdecken und beseitigen lassen. Dennoch macht die Anwendung dieser Bauart auch bei uns unverkennbare Fortschritte, da sie große Vorteile beim Gießen und Bearbeiten der Zylinder bietet.

Die Teilung der Zylinder erleichtert außerdem die Verbindung der Zylinder mit dem Hauptteil des Kurbelgehäuses zu einem außerordentlich starren Gußkörper, so daß man eine Teilfuge sparen kann. Maschinen dieser Art werden namentlich mit Gehäusen und Zylinderkörpern aus Aluminiumguß und gesondert eingepreßten Zylinder-Laufbüchsen neuerdings mehrfach gebaut, vgl. Abb. 321.

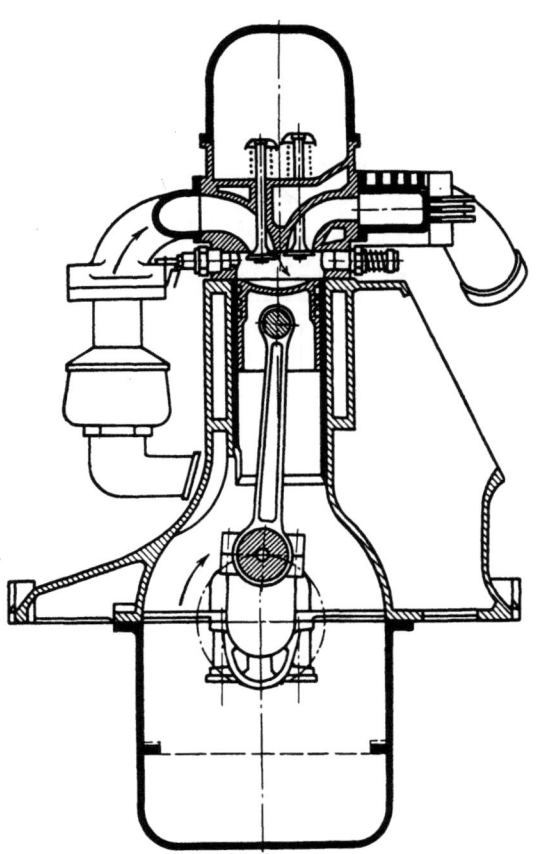

Abb. 321. 17/60 PS-Maschine mit Aluminiumzylinderblock der Austro-Daimler-Werke.

Daß man die Zylinder so nahe aneinander rückt, wie es ihre Bauart gestattet, ist selbstverständlich; das Bestreben, durch das Aneinanderrücken der Zylinder an Baulänge und an Gewicht der Maschine zu sparen, soll aber im allgemeinen nicht so weit gehen, daß man den wenn auch nur geringen Zwischenraum zwischen den einzelnen Zylindern, der vom Kühlwasser bespült werden kann, fortläßt, Abb. 322 und 323. Abgesehen davon, daß dieser Spielraum die Kühlung verbessert, gestattet er auch jedem Zylinder, sich namentlich in dem oberen, den höchsten Temperaturen ausgesetzten Teile frei auszudehnen; oft kann man das Fehlen dieses Zwischenraumes als die Ursache von Rissen im Zylindergußstück ansehen, die während des Betriebes eintreten und wegen des Eindringens von Kühlwasser in die Zylinder die Maschine unbrauchbar machen. Vereinzelt hat man allerdings auch mit Maschinen, deren Zylinder ohne Spielraum aneinander stoßen, keine Schwierigkeiten gehabt, da bekanntlich die Erfahrungen in der Praxis selten eindeutig sind.

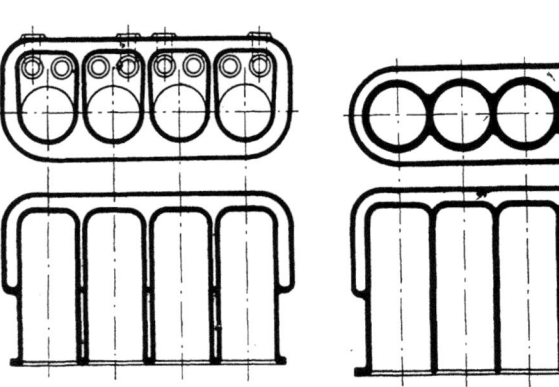

Abb. 322. Zylinderblock mit Spielraum zwischen den Zylindern.

Abb. 323. Zylinderblock ohne Spielraum zwischen den Zylindern.

Die Verbindung aller 4 Zylinder einer Fahrzeugmaschine zu einem starren widerstandsfähigen Gußstück hat noch den Vorteil, daß man z. B. die Verteilleitungen für die frischen und die verbrannten Gase unmittelbar an die Zylinder angießen kann; letzteres hat aber den Nachteil, daß die Wärme aus dem heißen Auspuffrohr unmittelbar auf die Zylinder fortgeleitet wird, während sonst eine isolierende Packung dazwischen liegt. Man kann ferner das ganze

Steuergetriebe staubdicht einkapseln, Abb. 324, und damit auch das Geräusch der Maschine vermindern, was namentlich für Maschinen, die z. B. bei den Fahrzeugen von Verkehrsunternehmungen dauernd im Betriebe stehen, vorteilhaft ist. Maschinen, deren Steuerung unter leicht abnehmbaren Deckeln versteckt ist, werden neuerdings vielfach gebaut.

Die Anordnung der Zylinder gegeneinander wird auch dadurch bestimmt, welcher Lagerung der Kurbelwelle man den Vorzug gibt. Ebenso wie bei Maschinen mit paarweise zusammengegossenen Zylindern die Anwendung von 3 Kurbelwellenlagern die natürliche Lösung darstellt, bei der man den unentbehrlichen Raum zwischen den Zylinderpaaren zweckmäßig ausnutzen kann, ebenso liegt es anscheinend nahe, bei solchen Maschinen, bei denen alle 4 Zylinder in einem Block zusammengegossen sind, die Kurbelwelle nur an den beiden Enden zu lagern, Abb. 325. Daß die Welle entsprechend stärker bemessen werden muß, wird durch die Verkürzung

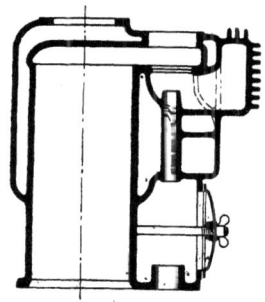

Abb. 324. Zylinderblock mit angegossenen Leitungen und verdeckter Steuerung.

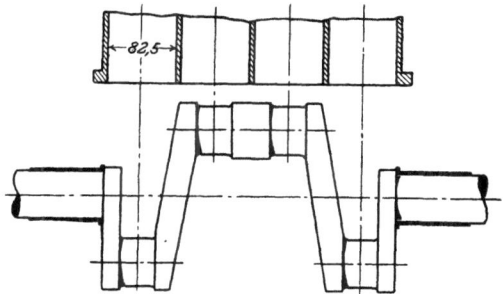

Abb. 325. Kurbelwelle mit 2 Lagern für eine Vierzylindermaschine mit zusammengegossenen Zylindern.

der Welle reichlich wettgemacht. Daneben ergibt sich aber der Vorteil, daß man das Kurbelgehäuse nicht mehr in der wagerechten Mittelebene der Kurbelwelle zu teilen braucht. Wegen der großen freien Länge, welche die Kurbelwelle hierbei erhält, ist es aber dann zweckmäßig, Kugellager zu verwenden, die größere Durchbiegungen der Kurbelwelle im Betriebe gestatten, und in diesem Fall kann man das Kurbelgehäuse aus einem Stück herstellen, weil die Kurbelwelle von oben oder von der Schwungradseite her eingeführt werden kann. Gegebenenfalls ist es auch angängig, die Kurbelwelle in der Mitte zu teilen, damit man sie in das Kurbelgehäuse einsetzen kann.

Auch hier muß man aber beachten, daß die angegebenen Regeln durchaus nicht ohne Ausnahmen sind. Vielfach baut man z. B. Maschinen mit 4 oder 6 Blockzylindern, deren Kurbelwellen zu beiden Seiten jedes Kurbelzapfens gelagert sind, weil man so wesentlich steifere Wellen erhält, die ohne gefährliche Drehschwingungen sehr hohe Drehzahlen vertragen. Überhaupt sind zu große Durchbiegungen der Wellen sehr bedenklich, weil sie Geräusch verursachen.

Die vorstehenden Bemerkungen beziehen sich vornehmlich auf die Maschinen von Motorwagen, die zumeist noch Gußeisenzylinder erhalten. Bei den Maschinen für Flugzeuge, wo man aus Rücksicht auf die Gewichtsverringerung fast allgemein Stahlzylinder verwendet, kommen zu Paaren oder noch größeren Gruppen verbundene Zylinder nur in den wenigen Fällen vor, wo man das Verbindungsgehäuse aus einer Leichtlegierung herstellt und die Laufmäntel der Zylinder gesondert einsetzt. Dieses Verfahren beginnt übrigens auch bei Wagenmaschinen Aufnahme zu finden. Es soll daher weiter unten noch näher besprochen werden.

Anordnung der Steuerventile.

Unterschiede in den Bauarten der von den verschiedenen Fabriken hergestellten Fahrzeugmaschinen bestehen, da in der allgemeinen Anordnung der Zylinder große Übereinstimmung herrscht, vornehmlich noch in der Anordnung der Steuerventile. Auf diesem Gebiet ist man von einer Einheitlichkeit noch recht weit entfernt, obgleich sich die Ansichten über die günstigste Anordnung der Steuerventile in den letzten 10 Jahren ausreichend geklärt haben.

Bei der früher üblichsten Bauart, Abb. 326 und 327, liegen die Steuerventile in besonderen seitlichen Ausbauten des als Verdichtungsraum dienenden Zylinderkopfes und geben dem Zylinder im senkrechten Längsschnitt die Form eines T. Diese erste Maschinenbauart mit gesteuerten Ventilen, die heute nur noch wenige Anhänger hat, erfordert zwei Steuerwellen und

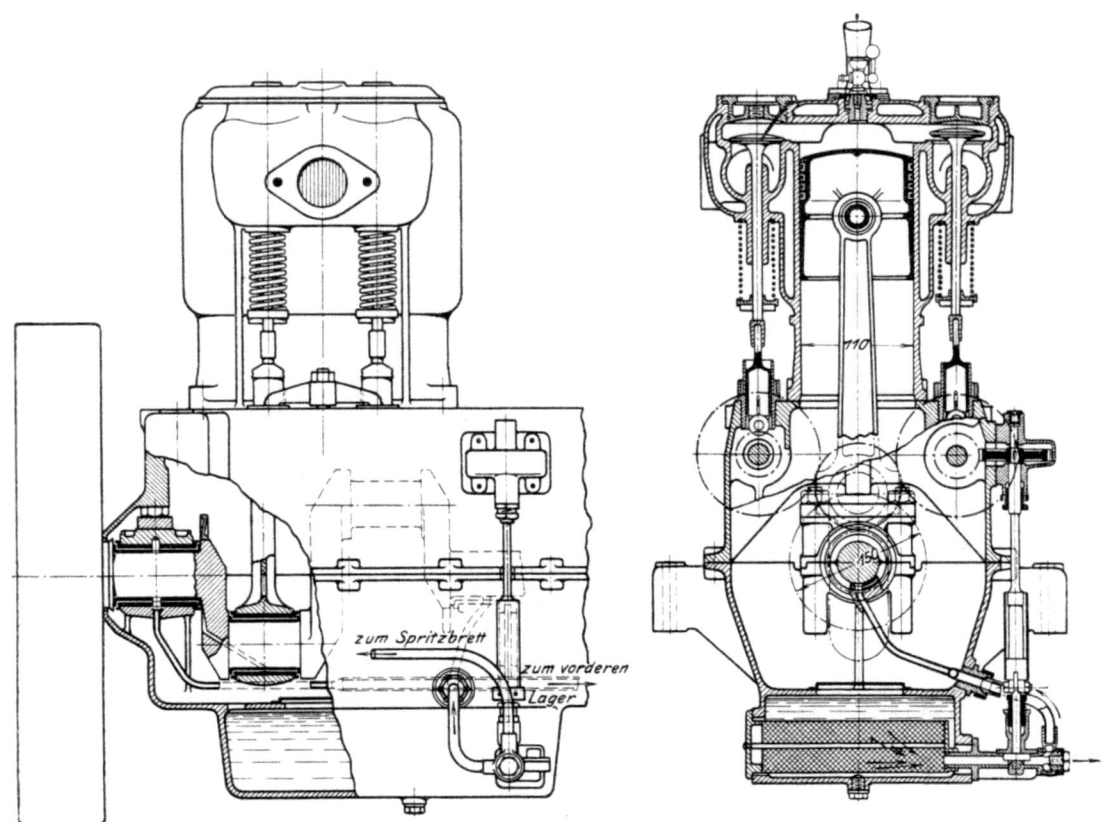

Abb. 326 und 327. Maschine mit symmetrischer Ventilanordnung.

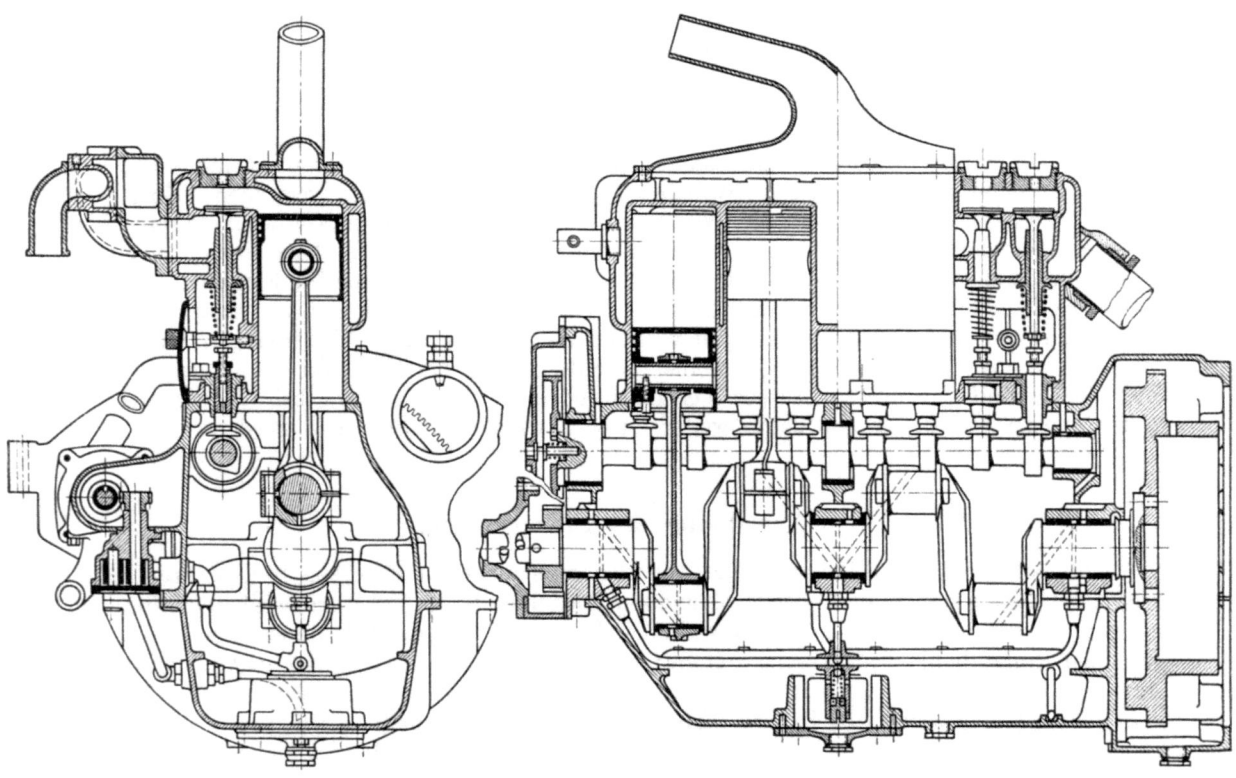

Abb. 328 und 329. Maschine mit einseitig angeordneten Ventilen.

bedingt außerdem einen sehr flachen, breit ausgedehnten Kompressionsraum, in dem sich die Zündung verhältnismäßig langsam fortpflanzt. Dem hat man bekanntlich versucht durch Anordnung einer zweiten Zündkerze über dem Auspuffventil abzuhelfen, vgl. S. 170.

Die als überflüssige Zugabe empfundene Verdoppelung der Steuerwellen vermeidet die Zylinderbauart, Abb. 328 und 329, bei der die Steuerventile alle nebeneinander auf einer Zylinderseite liegen. Vorteilhaft ist hier, daß das von dem kühlen Gemisch umspülte Einlaßventil verhältnismäßig nahe bei dem den heißen Gasen ausgesetzten Auslaßventil liegt, ferner der Fortfall der seitlichen Ausbauten wenigstens auf einer Zylinderseite und einer Steuerwelle sowie die Übersichtlichkeit der ganzen Ventilanordnung. Nachteilig ist dagegen, daß der einseitige Ausbau für die Ventile, der gewöhnlich breiter ausfällt als der Zylinder, wie in Abb. 319, S. 197, gezeigt worden ist, die Mindestentfernung der Zylinder bestimmt, daß sich die Anschlußleitungen für Einlaß und Auspuff auf der gleichen Seite der Maschine nur schwierig unterbringen lassen, und daß sie den Zugang zu den Ventilfedern erschweren, insbesondere wenn man an dem hoch erhitzten Auspuffrohr vorbeigreifen muß. Diese Schwierigkeit hat man neuerdings dadurch vermindert, daß man die Einströmleitung durch das Zylindergußstück hindurch auf die andere Seite der Maschine führt, Abb. 330 und 331. In den meisten Fällen läßt sich allerdings eine besondere Hilfswelle für den Antrieb der Zünddynamo und der Kühlwasserpumpen nicht umgehen, die dann parallel zur Steuer-

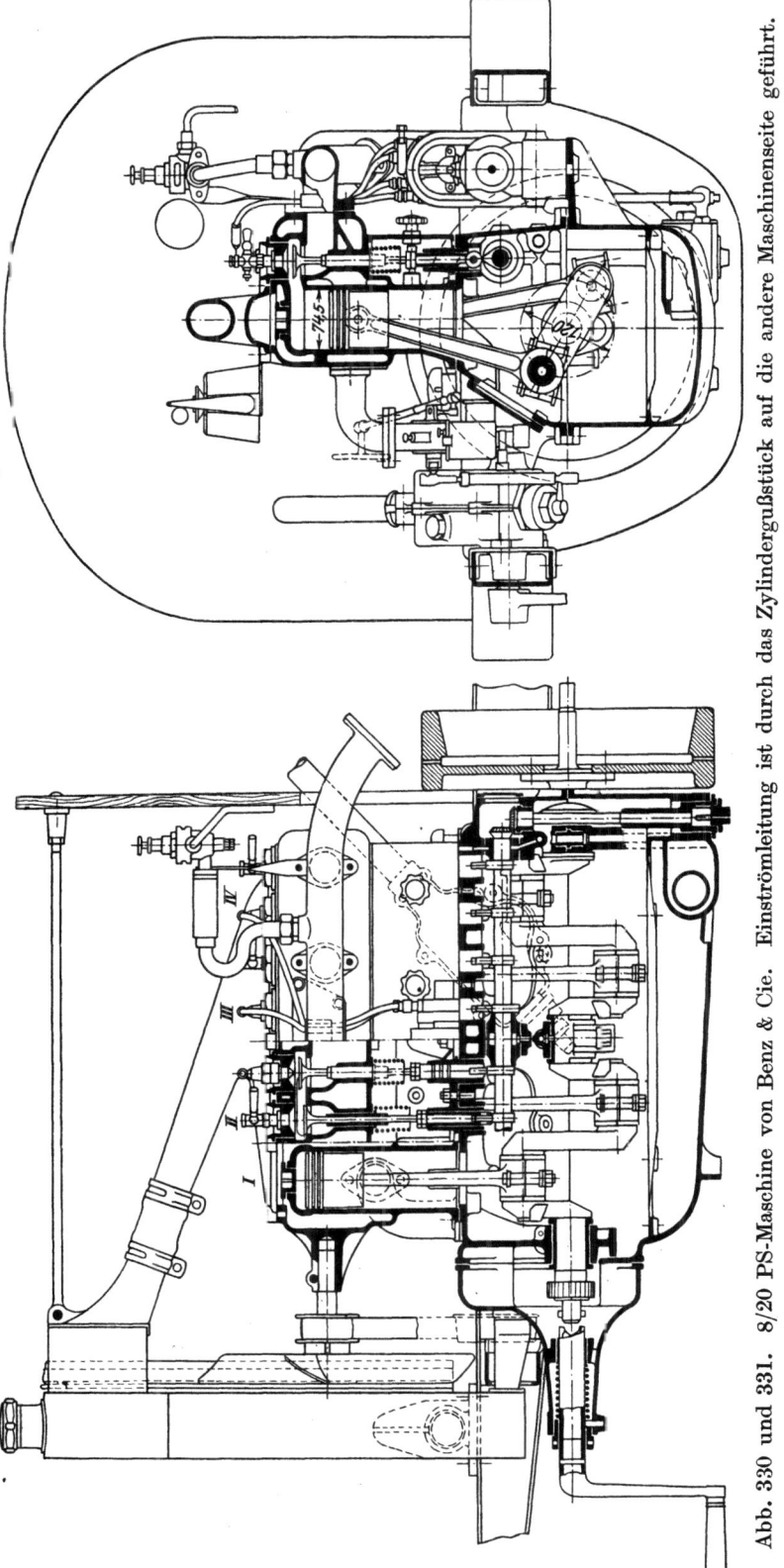

Abb. 330 und 331. 8/20 PS-Maschine von Benz & Cie. Einströmleitung ist durch das Zylindergußstück auf die andere Maschinenseite geführt.

welle angeordnet und von dieser angetrieben wird. Zugunsten der T-Bauart hat man gegen die sogenannte F-Bauart noch eingewandt, daß die stark unsymmetrisch gebauten Zylinder Formänderungen durch die hohen Temperaturen leichter als die symmetrisch gebauten ausgesetzt sind, doch hat die praktische Erfahrung diese Vermutung nicht bestätigt.

Die besprochenen Ventilanordnungen haben heute noch die größte Verbreitung bei den Maschinen für Motorwagen. Ihr entscheidender Vorzug besteht darin, daß die Ventile in außerordentlich einfacher Weise unmittelbar durch Stößel von der Daumenwelle aus angetrieben werden können. Die Ventile sind ferner durch die Deckelverschraubungen von oben her stets leicht zugänglich und nachschleifbar. Ihre Führungen lassen sich mit dem Kühlmantel so verbinden, daß sie auch gekühlt werden, und die Bearbeitung der Ventilsitze mit den Spindelführungen ist sehr einfach.

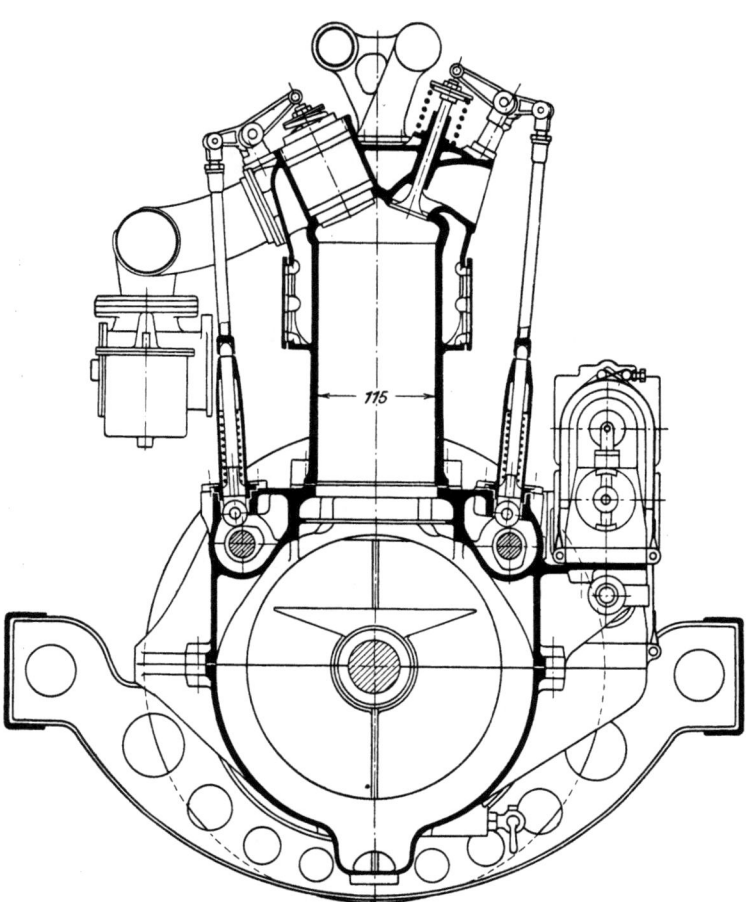

Abb. 332. Ventilanordnung der 200 PS-Rennwagen-Maschine von Benz & Cie.

Wenn man trotzdem in neuerer Zeit immer häufiger zu anderen Ventilanordnungen gegriffen hat, insbesondere bei Maschinen für besondere Zwecke, z. B. für einen Rennwagen, Abb. 332, für Motorboote, für Luftfahrzeuge usw., so lassen sich hierfür hauptsächlich zwei Gründe anführen:

1. Durch die seitlichen Ausbauten für die Ventile erhält der Verdichtungsraum des Zylinders eine im Verhältnis zu seinem Inhalt große Oberfläche, die die Wärmeübertragung auf die Wände gerade in der Zeit der höchsten Zylindertemperaturen begünstigt, also die ausreichende Rückkühlung erschwert und die in Nutzleistung umwandelbare Wärmemenge vermindert. Von diesem Gesichtspunkt aus wäre der Verdichtungsraum zweckmäßig halbkugelig zu gestalten, da er dann die kleinste Oberfläche erhält.

2. Die inneren Flächen der zu den Ventilkammern führenden Zylinderräume lassen sich nicht bearbeiten. Infolgedessen fallen die Verdichtungsräume der einzelnen Zylinder ungleich aus, was die Gleichförmigkeit des Maschinenlaufes stört. Die vom Gießen her verbleibenden Unebenheiten begünstigen auch das Niederschlagen von festen, kohleartigen Rückständen, die sich bei unvollkommener Verbrennung des Betriebstoffes, sowie beim Verbrennen des Schmieröls bilden. Diese Kohleablagerungen werden durch die Zündungen dauernd glühend erhalten und können Selbstzündungen des Gemisches beim Einströmen und während der Verdichtung, also erhebliche Betriebstörungen der Maschine verursachen. Außerdem wird durch die Unebenheiten dieser Flächen die wärmeaufnehmende Oberfläche noch weiter vergrößert.

Erscheinen deshalb auch bei den neueren Wagenmaschinen die Steuerungen mit hängenden Ventilen berechtigt, weil sie sich dazu eignen, die Form des Verdichtungsraumes an die Halbkugel anzunähern, so kann man denjenigen Maschinenbauarten, bei welchen man nur die Einlaßventile hängend, die Auslaßventile dagegen stehend angeordnet hat, Abb. 333 und 334 nicht als wesentlichen Fortschritt gegenüber der üblichen Bauart ansehen. Sie scheinen vielmehr hauptsächlich aus dem Bestreben hervorgegangen zu sein, dem alle Jahre Abänderungen

fordernden Geschmack der Käufer von Motorwagen entgegenzukommen und gelten daher heute mit Recht als veraltet. Für die vermehrten Schwierigkeiten beim Antrieb der Einlaßventile, für die Umständ-
lichkeit, beim Herausnehmen der Einlaßventile auch die Ansaugleitung entfernen zu müssen, bieten diese Konstruktionen, abgesehen davon, daß man behauptet, das Auspuffventil werde durch das frische Gemisch besser gekühlt, nur den Gegenwert, daß man den Querschnitt der Einlaßventile fast beliebig groß bemessen, also eine Maschine von gegebenen Abmessungen mit ungewöhnlich hoher Umlaufzahl betreiben und dennoch die Zylinder ausreichend mit Gemisch füllen kann. Eine solche Eigenschaft hat aber offenbar nur bei Maschinen für Rennwagen und ähnliche Fahrzeuge praktischen Wert. Auch für Luftfahrzeuge bietet diese Bauart gewisse Vorteile. In der Tat hat eine Maschine mit seitlich stehenden Auspuffventilen und über der Kolbenmitte hängenden Einlaßventilen ursprünglich bei den sehr erfolgreichen Mercedes-Rennwagen des Jahres 1903 und später bei den Luftschiffmaschinen der Daimler-Motoren-Gesellschaft Verwendung gefunden.

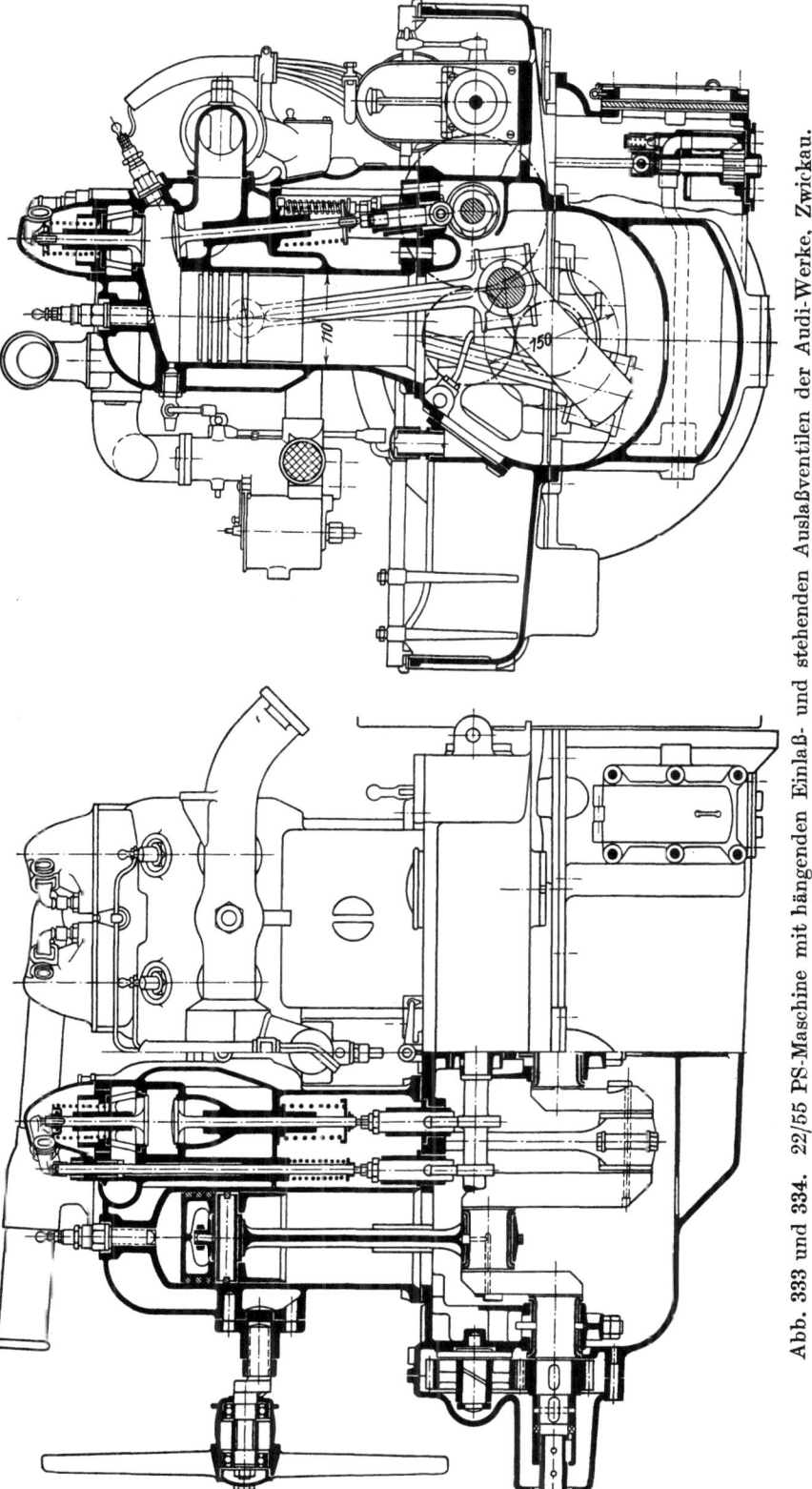

Abb. 333 und 334. 22/55 PS-Maschine mit hängenden Einlaß- und stehenden Auslaßventilen der Audi-Werke, Zwickau.

Die Übertragung einer solchen Konstruktion auf Motorwagen für den normalen Betrieb, die man mitunter noch heute antreffen kann, ist aber offenbar auf die blinde Nachahmungssucht zurückzuführen, mit der man noch vor einigen Jahren auf diesem Gebiete gearbeitet hat.

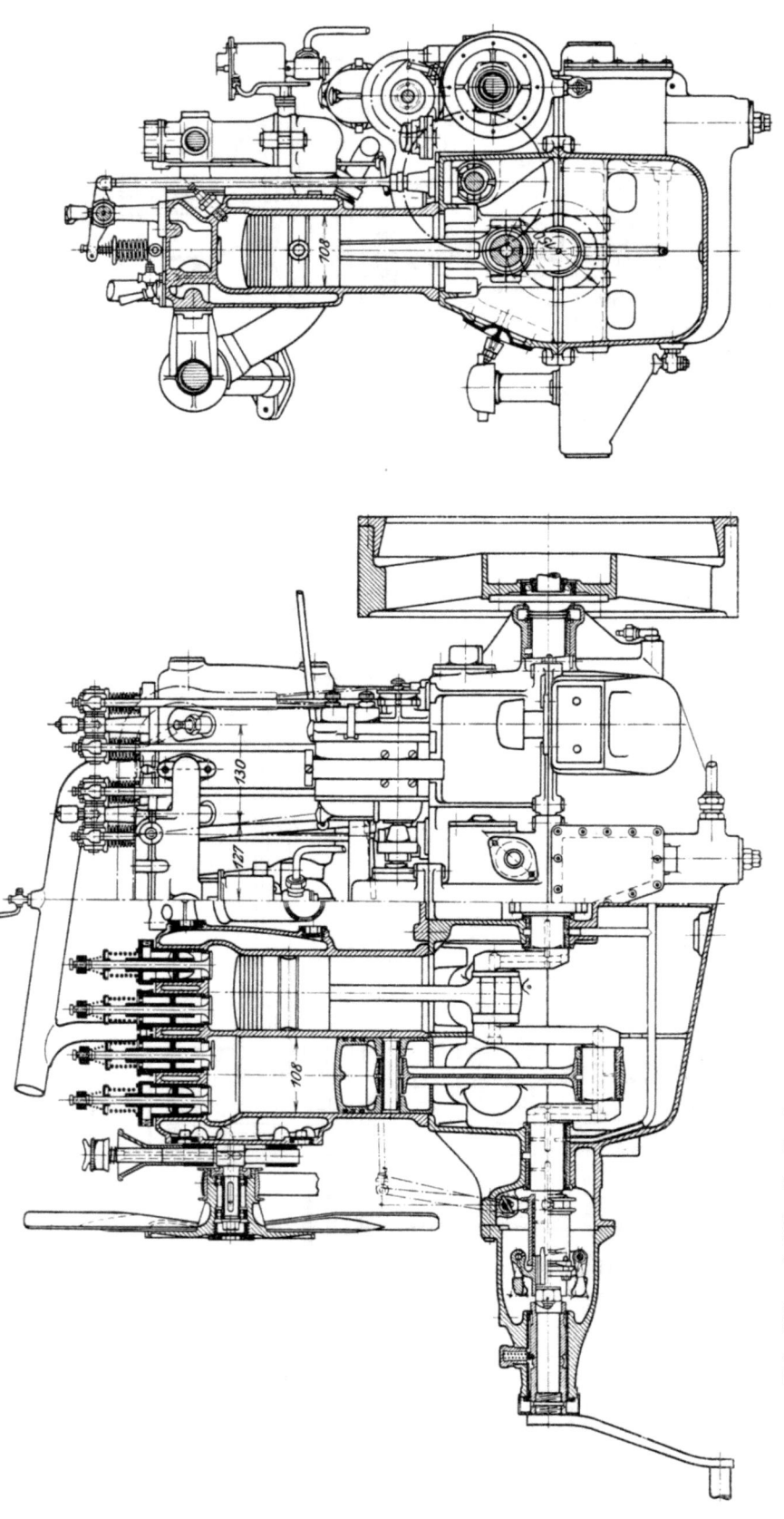

Abb. 335 und 336. Lastkraftwagenmaschine mit hängenden Ventilen der Daimler-Motoren-Gesellschaft, Berlin-Marienfelde.

Für die normale Wagenmaschine, von der keine Sonderleistungen erwartet werden, kommen die rein hängenden Ventilanordnungen erst seit den letzten Jahren in Betracht; denn bei den gewöhnlichen Wagen kommt es in der Regel nicht darauf an, ob der Kühler etwas mehr oder etwas weniger beansprucht wird, also wiegt die Rücksicht auf die vergrößerte Wärmeabgabe des Verdichtungsraumes bei stehenden Ventilen nicht sehr schwer. Beweis dafür ist z. B. die zunehmende Verwendung der Kühlung mit selbsttätigem Wasserumlauf, die verhältnismäßig großen Wasservorrat erfordert. Der Unterschied in der Wärmeabgabe ist allerdings nicht sehr groß. Nach Riedler[1] ändert sich die Wärmeabgabe durch den Übergang von stehenden zu hängenden Ventilen nur um 5 bis 6 v. H. Auch kommt man verhältnismäßig selten, eigentlich nur auf Steigungen, in die Lage, den durch die gedrängtere Bauart des Verdichtungsraumes vielleicht wirklich erreichbaren Gewinn an Höchstleistung auszunützen, da man die höchste erreich-

[1] Berichte II und VIII.

bare Geschwindigkeit ohnedies auf Rücksicht auf den Straßenverkehr beschränken muß. Andererseits sollen sich Maschinen, bei denen die Einlaßventile in seitlichen Ausbauten liegen, angeblich leichter für den Langsamlauf herunterdrosseln lassen, ohne Fehlzündungen

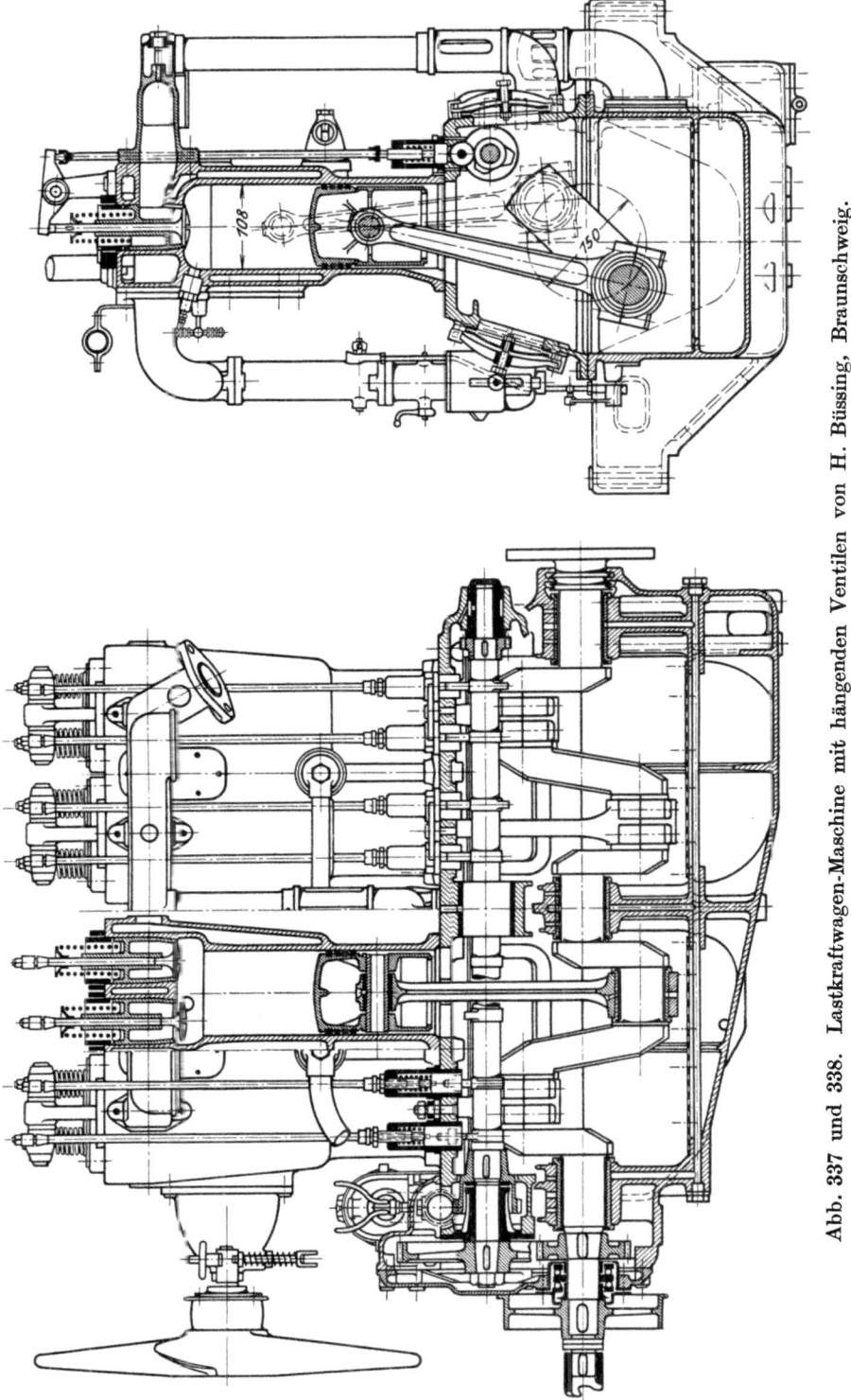

Abb. 337 und 338. Lastkraftwagen-Maschine mit hängenden Ventilen von H. Büssing, Braunschweig.

zu geben, wahrscheinlich weil dann in der Nähe der Einlaßventile stets ziemlich reines Gemisch vorhanden ist. Solche Maschinen laufen daher im unbelasteten Zustand ruhiger als Maschinen mit günstiger gestaltetem Verdichtungsraum, zumal auch ihr Ventilantrieb weniger Geräuschquellen aufweist. Aber auch im ordentlichen Betriebe ist das Geräusch der Steuerung bei Maschinen mit hängenden Ventilen größer als bei normal gebauten Maschinen, weil sich die Gelenke und Hebel des Ventilantriebes nach kurzer Zeit abnützen und zum Klappern neigen.

Daß sich dennoch die Verwendung hängender Ventile sogar bei den Maschinen für Lastkraftwagen eingebürgert hat, s. Abb. 335 bis 338, hat hier seinen besonderen Grund in der Möglichkeit, das Gemisch ohne Gefahr von Selbstzündungen höher zu verdichten und daher schwerer entzündliche Brennstoffe zu verwenden, während die Rücksicht auf Geräusch und langsamen Leerlauf nicht so wichtig ist. Maschinen dieser Bauart haben sich im Lastkraftwagen- und Motoromnibusbetrieb in etwa zehnjähriger Erfahrung als sehr wirtschaftlich erwiesen und auch in bezug auf die Betriebsicherheit allen Anforderungen entsprochen.

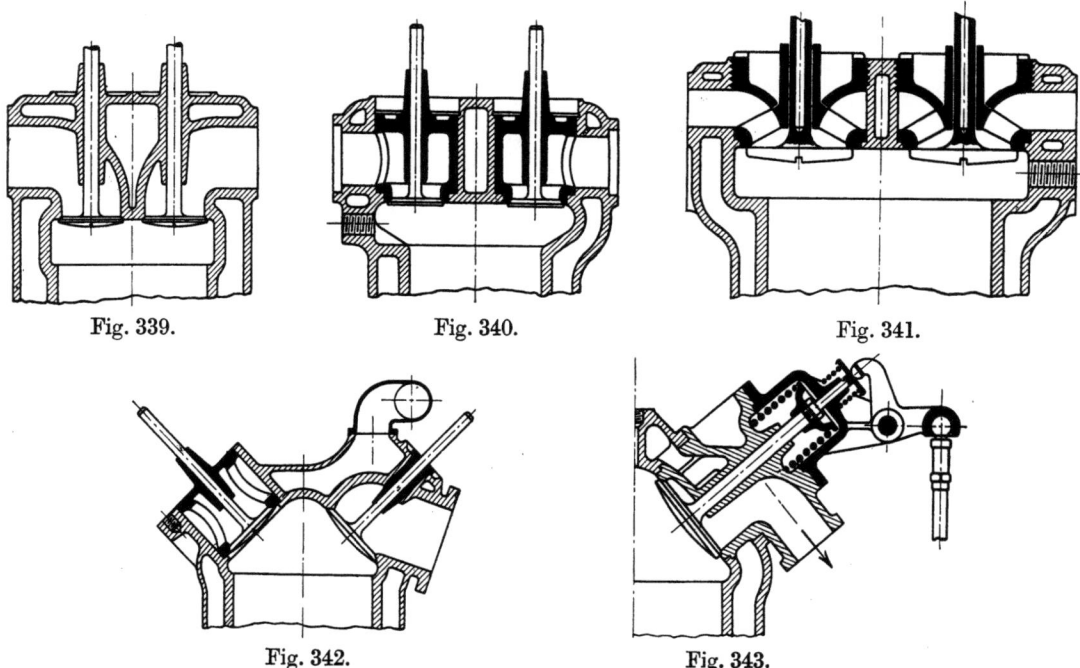

Fig. 339. Fig. 340. Fig. 341.

Fig. 342. Fig. 343.
Abb. 339 bis 343. Anordnungen für Maschinen mit hängenden Ventilen.

Bei der Bedeutung, die heute den Maschinen mit hängenden Ventilen beigemessen wird, ist es nicht unwichtig, auch auf die Schwierigkeiten hinzuweisen, die der Einbau dieser Ventile verursacht[1]. Das nächstliegende Mittel, die Ventile an den unteren Rändern von zwei in den Zylinderkopf mündenden Krümmern abdichten zu lassen, Abb. 339, ist nur für langsam laufende Maschinen geeignet, weil die so verfügbar werdenden Ventilquerschnitte gering sind. Man muß entweder die Zylinderdurchmesser den Hüben gegenüber unverhältnismäßig groß machen, also ungewöhnlich kleine Hubverhältnisse anwenden, oder die Zylinderköpfe bedeutend erweitern, was im Grunde genommen wieder auf seitliche Ausbauten, also ungünstig gestaltete Verdichtungsräume hinausläuft. Dazu kommt, daß man solche Ventile nur nach unten hin herausnehmen kann, also ebensooft, wie man die Ventilsitze nachschleifen will, die Zylinder von den Kurbelgehäusen abbauen muß. Bei der Londoner Omnibus-Gesellschaft ist man wegen dieser Schwierigkeiten wieder zu stehenden Ventilen zurückgekehrt.

Da es recht häufig vorkommt, daß die Ventile auf ihre Sitze frisch aufgeschliffen werden müssen, so ergibt sich als erstes Erfordernis der hängenden Ventilanordnung die Verwendung von getrennten Ventileinsätzen, Abb. 340, die gleichzeitig mit den Ventilen nach oben herausgenommen werden können. Die Ventileinsätze erhöhen aber die Schwierigkeiten, den erforderlichen Querschnitt der Ventile unterzubringen, derart, daß man hierbei Erweiterungen der Zylinderköpfe nicht mehr vermeiden kann. Diese Erweiterungen verhindern auch, daß ein von der Spindel abgerissenes Ventil in den Zylinder fällt und dort großen Schaden anrichtet[2].

---
[1] Vgl. Motorwagen 1908, S. 564.
[2] Will man diesen Schutz auch bei Ventilen ohne besondere Einsätze verwenden, so begegnet man Schwierigkeiten, weil man die Ventilspindel nicht von unten durchziehen kann. Eine Abhilfe hiergegen bietet das von der Daimler-Motoren-Gesellschaft vorgeschlagene Mittel, die Spindel in einer Büchse zu führen, die beim Einsetzen oder Herausnehmen der Ventile zunächst entfernt wird. Dadurch kann man die Ventilspindel soweit nach der Mitte verschieben, daß man an dem Absatz im Zylinder vorbeikommt.

Anordnung der Steuerventile.

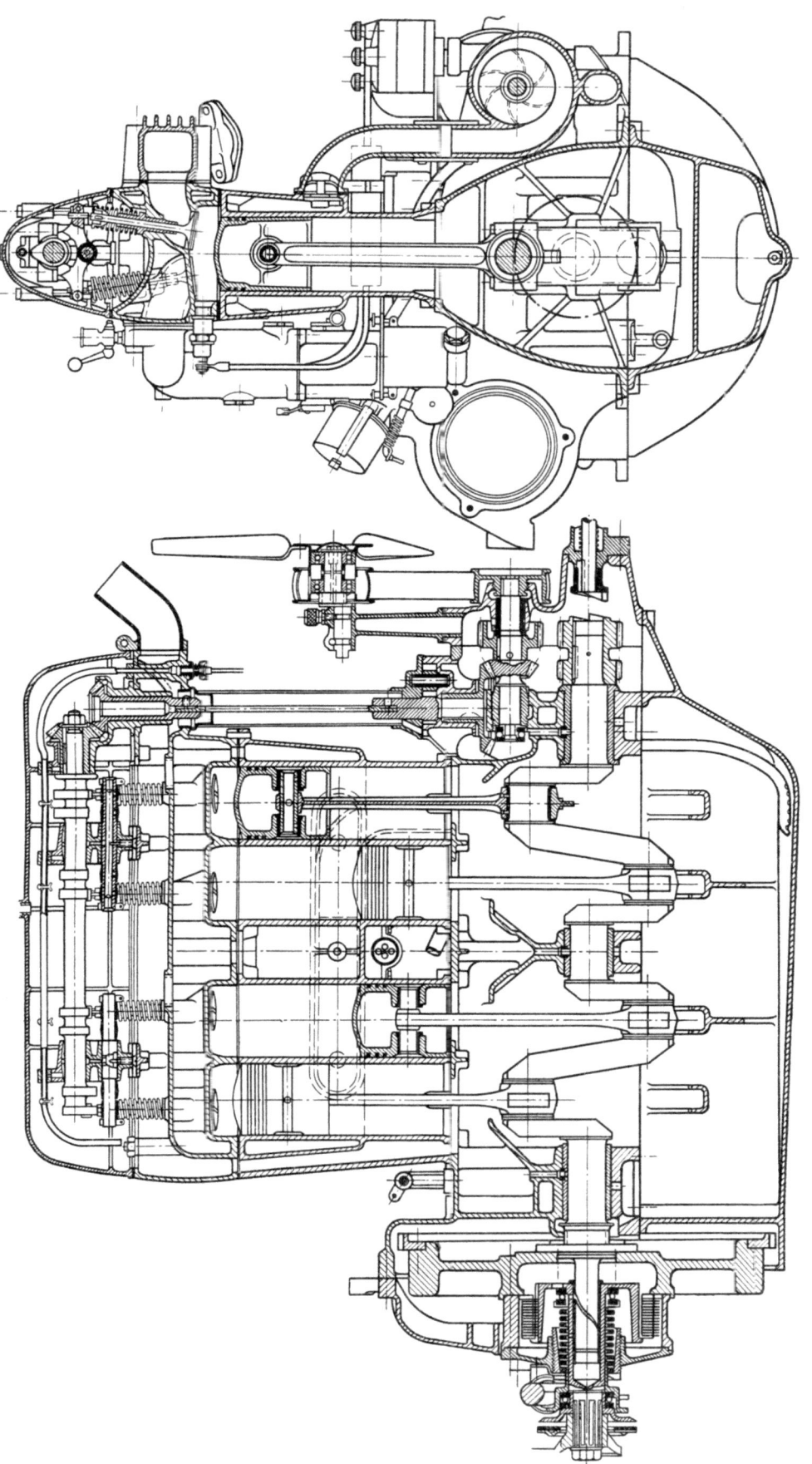

Abb. 344 und 345. Maschine mit hängenden Ventilen und abnehmbarem Zylinderkopf.

Allerdings ist der Umstand, daß überhaupt eine Sicherung für solche Fälle getroffen werden muß, nicht gerade ein Vorteil der hängenden Ventilanordnung, ganz abgesehen davon, daß man auch damit gegen Herabfallen des Ventiltellers noch nicht unbedingt gesichert wird. Das Gewicht dieser Einsätze zu verringern und durch ihre Gestalt die Führung der Gase zu verbessern, ist die Aufgabe der in Abb. 341 wiedergegebenen Zylinderbauart.

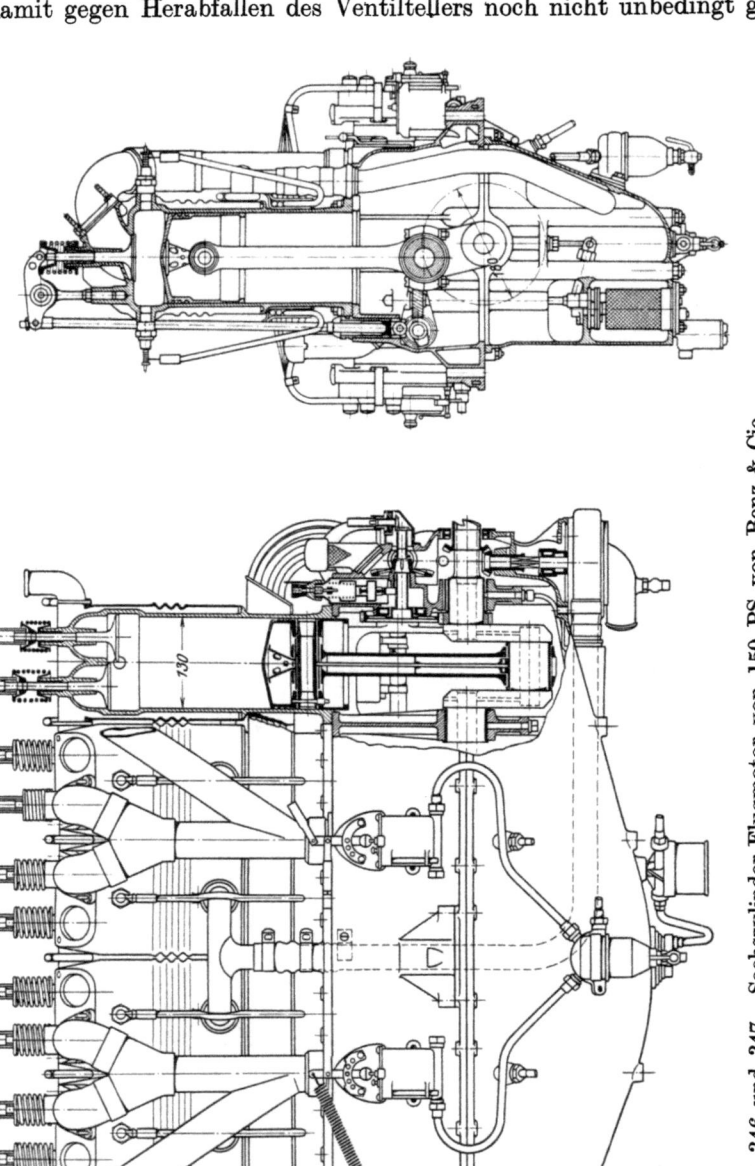

Abb. 346 und 347. Sechszylinder-Flugmotor von 150 PS von Benz & Cie.

Die Notwendigkeit, getrennte Ventileinsätze zu verwenden, bringt aber ein anderes, namentlich bei den Auspuffventilen fühlbar werdendes Übel mit sich, das darin besteht, daß die Ventile und ihre Sitzflächen ungenügend gekühlt werden. Da sich die Sitze nicht mehr auf dem Metall des Zylinders, sondern auf dem der Einsätze befinden, so werden sie von der Wirkung des Kühlwassers in der Regel nicht mehr ausreichend erreicht. Aus diesem Grunde mag bei der Bauart gemäß Abb. 342 bei dem Auspuffventil der Ventileinsatz wieder ganz fortgelassen worden sein, allerdings nur mit dem Erfolg, daß nunmehr Undichtheiten, die wegen ihres Einflusses auf die Endspannung der Verdichtung besonders unbequem sind, nur um so schwerer beseitigt werden können. Besondere Opfer sind endlich erforderlich, wenn man beiden Bedingungen genügen will, Abb. 343, d. h. getrennte Ventileinsätze verwendet, die ausreichend gekühlt sind.

Den Schwierigkeiten, ausreichend große Querschnitte in den Ventilen unterzubringen, ist man bei den Bauarten nach Abb. 342 und 343 dadurch aus dem Wege gegangen, daß man die Ventile geneigt zur Zylinderachse angeordnet hat. Ergibt dies eine noch bessere Annäherung des Verdichtungsraumes an die Kugelform als die senkrecht eingehängten Ventile, so nimmt man hiermit ein neues Übel, nämlich die Schwierigkeit, die Sitzflächen genau zu bearbeiten, in den Kauf, die auch mit Vorrichtungen nicht ganz zu vermeiden sind. Auch kommt es vor, daß sich die Führungen der Ventilspindeln durch das Gewicht der Ventile einseitig abnutzen.

Einen wesentlichen Fortschritt in der Verwendung hängender Ventile bei Wagenmaschinen hat die Einführung der abnehmbaren Zylinderköpfe ermöglicht, s. Abb. 344 und 345. Hier kann man die Ventile ohne besondere Einsätze benutzen, weil man, um sie nachzuschleifen, nur den Zylinderkopf abzunehmen braucht, an den die Saugleitungen und die Auspuffleitungen angeschlossen sind. Ist es zwar immer noch unbequem, wegen eines einzigen undichten Ventiles den in der Regel für mehrere Zylinder gemeinsamen Kopf abschrauben zu müssen, so ist doch die Arbeit wesentlich einfacher, als das Abbauen der ganzen Zylinder.

Die Lage hat sich ferner in den letzten Jahren ganz allgemein dadurch zugunsten der hängenden Ventile verschoben, daß man nicht nur im Flugmotorenbau, sondern auch im Bau von Maschinen für Kraftwagen oder Fahrräder hohe spezifische Leistungen, also verhältnismäßig kleine Maschinen erstrebt, die namentlich hohes Verdichtungsverhältnis (über 1:5,5) haben müssen. Solche Maschinen lassen sich unter sonst gleichen Umständen bei hängender Ventilanordnung leichter vor Selbstzündungen bewahren, weil man die Zylinder innen genau bearbeiten kann, doch muß man wegen der ohnedies schwierigen Ableitung der großen Wärmemengen darauf verzichten, die Ventile ohne Abbau der Zylinder oder Zylinderköpfe herausnehmbar zu machen, da sie in wenigen Betriebstunden verbrennen und undicht werden würden. Kennzeichnend sind solche Ventilanordnungen namentlich für alle Flugmotoren, Abb. 346 und 347, bei denen die Zylinder in der Regel einzeln abnehmbar sind und die ferner nach etwa 40 bis 50 Stunden Betriebszeit regelmäßig aus dem Betrieb genommen werden, so daß man die Zeit zum Ausbau der Zylinder und zum Einschleifen der Ventile immer verfügbar hat.

Zylinder.

Bei den Wagenmaschinen bilden die aus Eisen gegossenen, in einem Block zusammenhängenden Zylinder noch immer in so hohem Maß die Regel, daß man die Besprechung zunächst auf diese Art der Herstellung beschränken kann. Für solche Zylinder werden die Mindestabmessungen der Wanddicke auch dort, wo die Zylinderwand nicht mehr durch den Kühlmantel verstärkt wird, zumeist weniger durch die Beanspruchungen als durch die Rücksicht auf Gußschwierigkeiten begrenzt, die entstehen, wenn man zu dünne Wände herstellen will. Rechnet man ausgeführte Zylinder auf die Zugbeanspruchung in der Achsrichtung nach, wobei als Zerreißquerschnitt bei der Wanddicke s und dem Zylinderdurchmesser D in cm $\pi s (D + s)$ und als höchster Kolbendruck 35 at zu setzen ist, so erhält man in der Regel Werte, die weit unter der zulässigen Zerreißfestigkeit liegen. Ähnliches liefert eine Nachrechnung des Zylinders

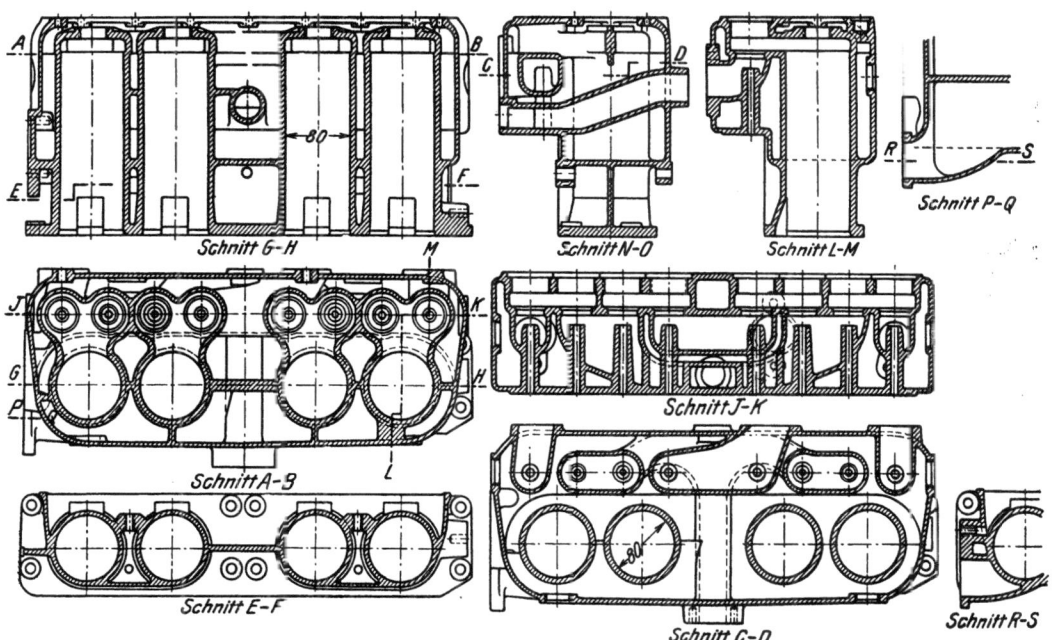

Abb. 348 bis 356. Einzelheiten des Zylinderblocks einer 10/30 PS-Protos-Maschine der Siemens & Halske-A.-G., Berlin-Siemensstadt.

auf Aufreißen in der Längsrichtung, wie bei einem Dampfkessel, auch wenn man von der Verstärkung des Zylinders durch den Kühlmantel ganz absieht und als Zerreißquerschnitt von 1 cm Länge $2s$ in cm einsetzt.

Die Wandstärke des Zylinders wird daher bei gegossenen Zylindern in der Regel zwischen 6 und 8 mm ange-

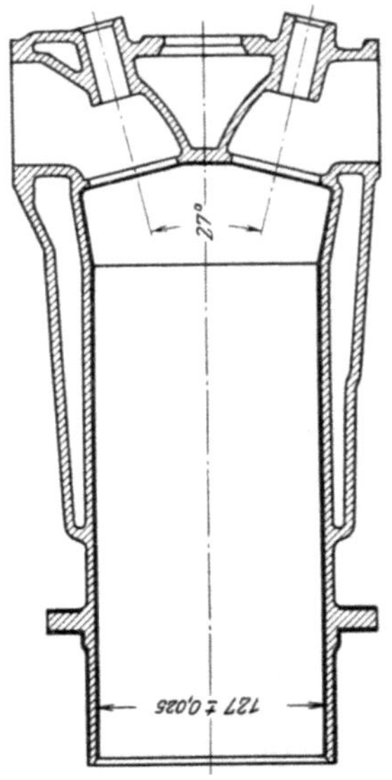

Abb. 357. Zylinder des Liberty-Lastkraftwagenmotors.

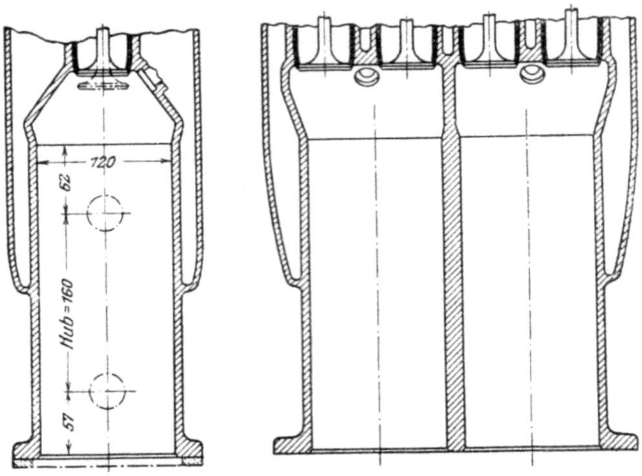

Abb. 358 und 359. Zylinderblock des Daimler-Lastkraftwagens.

nommen, wobei die Anforderungen, die ein solches Gußstück an die Gießerei stellt, bereits recht hoch sind. Außerhalb des Kühlmantels mache man die Wand ruhig etwas stärker. Nachrech-

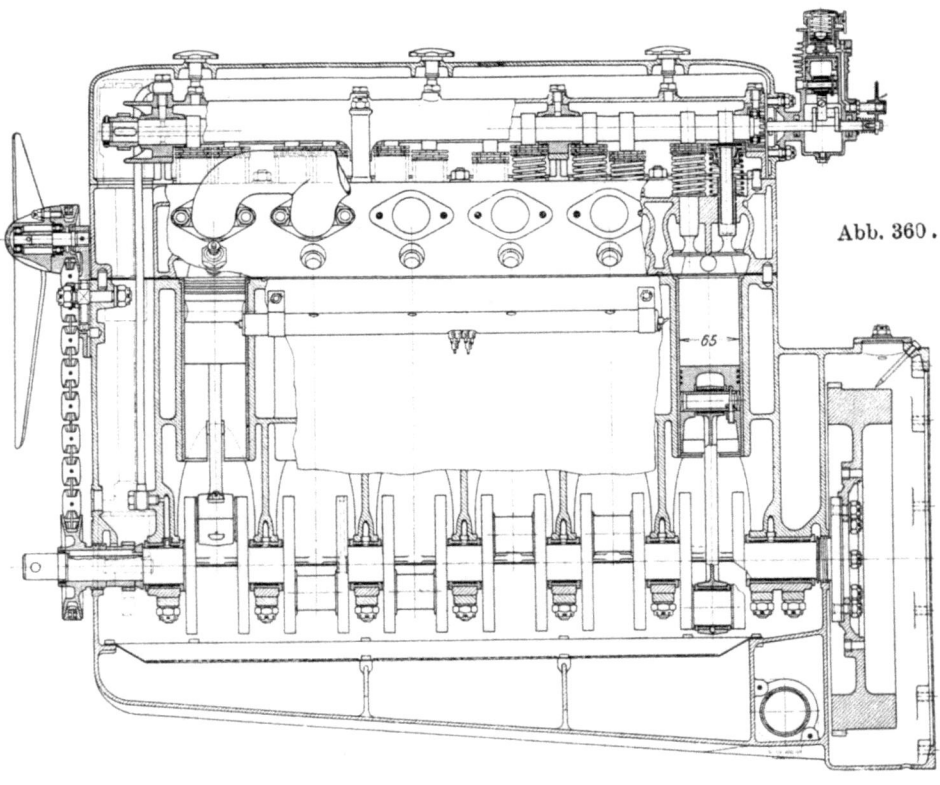

Abb. 360.

Abb. 360 bis 364. Sechszylinder-Maschine von 10/50 PS mit Aluminium-Zylindern von Dr.-Ing. Bergmann.

nung auf Festigkeit hat nur in besonderen Fällen Zweck. Namentlich hat man hierbei die Beanspruchungen der flachen Zylinderböden durch die Kolbendrücke und der Flanschen durch

Die ebenfalls bewährte Ausführung nach II, wobei das Einlaßventil über dem Auslaßventil, das von unten stehend angeordnet und gesteuert wird, hängt, ist gleichfalls mit Erfolg angewendet, denn das frisch einströmende Gemisch kühlt das Auslaßventil kräftig, wie auch die Zündkerze. Allerdings ist die Steuerung des Saugventils durch das Gestänge schwieriger und teuerer.

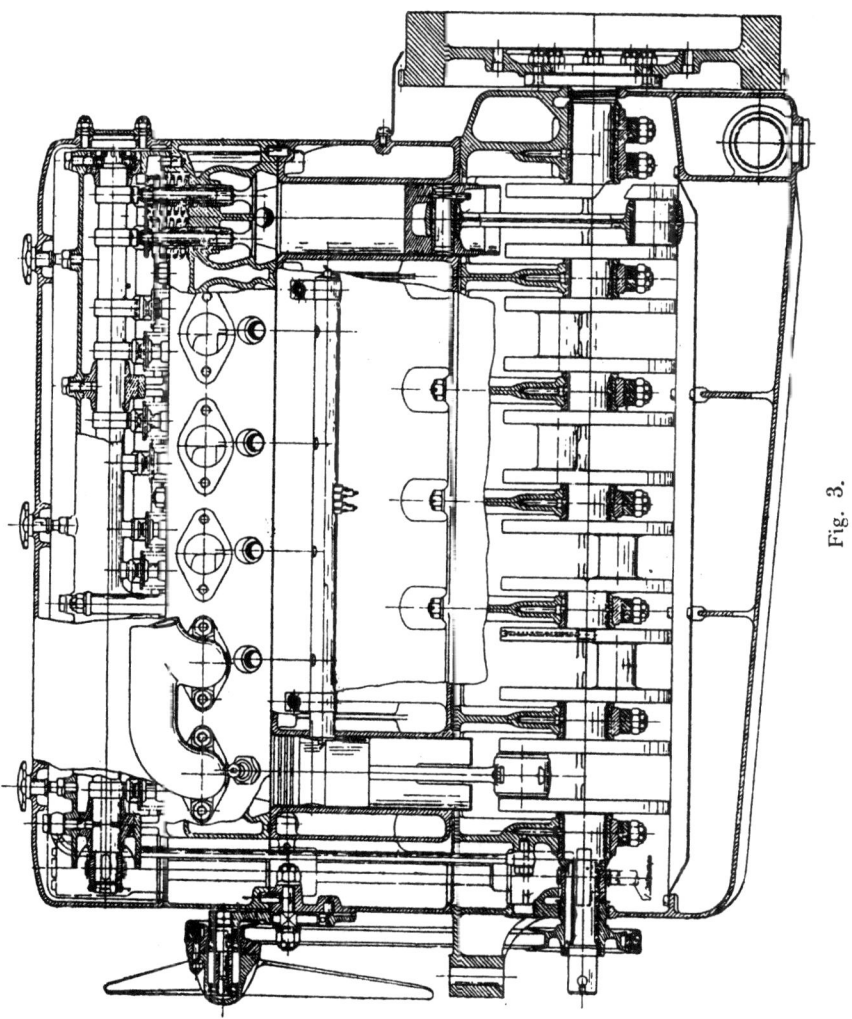

Fig. 3.

Die Ausführung nach III, wobei das Saugventil hängend im Zylinder auf der Mittelachse desselben angeordnet ist, gestattet eine erhebliche Vergrößerung des Saugventiles, ohne daß der Verdichtungsraum des Zylinders eine unnatürliche Form erhält. Das Auspuffventil ist hierbei wiederum wie bei II seitwärts stehend angeordnet. Mit Motoren dieser Ventilanordnung, bei denen ein recht großes Saugventil verwendet wurde, sind sehr günstige Leistungen erzielt. Das Gestänge für die Betätigung des Saugventils erhält die gleiche Form wie bei II.

Durch die Anordnung der Ventile wird die Form des Verdichtungsraumes bestimmt. Wärmetechnisch ist der kugelförmige oder vollständig

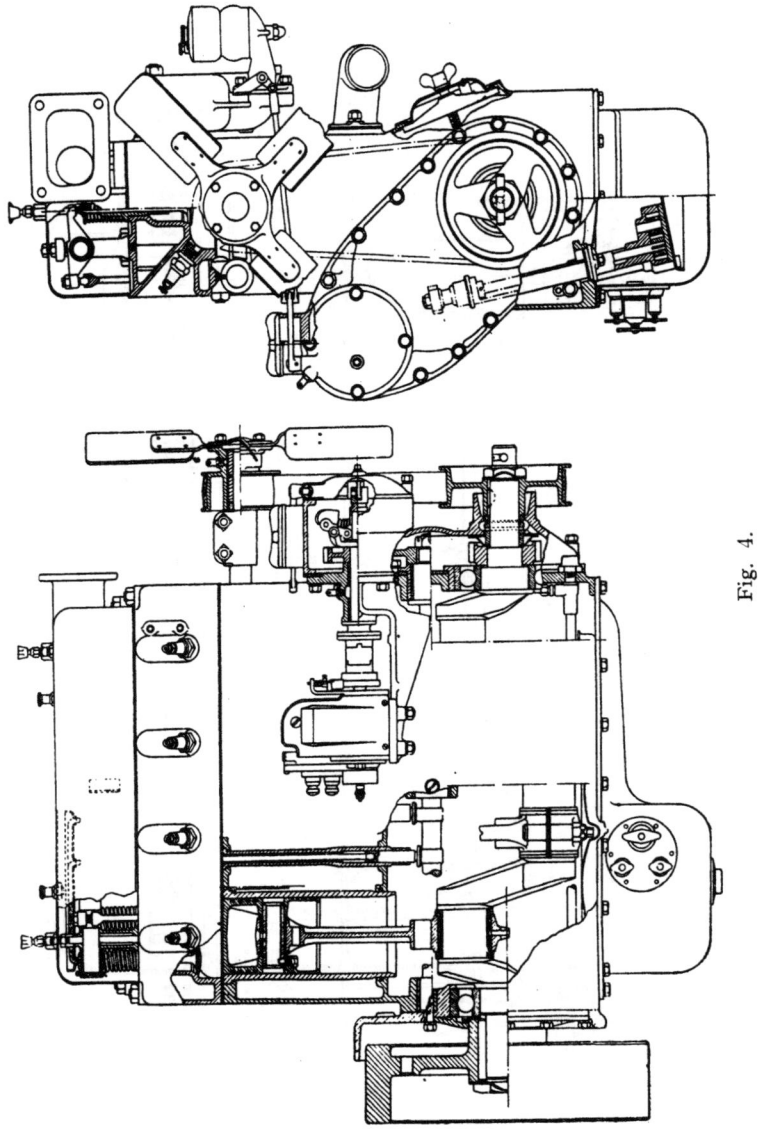

Fig. 4.

zylindrische Verdichtungsraum der günstigste, der vollständig bearbeitet sein soll. Um einen solchen zu erhalten, müssen die Ventile in den Kopf des Zylinders verlegt und hängend angeordnet werden wie in IV und V dargestellt. Die Anordnung der Ventile nach diesen beiden Abbildungen die seitlichen Kolbendrücke zu beachten, deren Höchstwert etwa 75 v. H. des größten Kolbendruckes beträgt und rd 16 v. H. des Hubes unter dem oberen Totpunkt auftritt. Dabei kommt es vor allem darauf an, den Übergang von der verhältnismäßig dünnen Zylinderwand auf den Boden und den Flansch richtig zu wählen, damit infolge von Materialanhäufung an dieser Stelle durch ungenügendes Fließen des Gußeisens keine gefährlichen Blasen entstehen, die den Ausgang von Rissen bilden können. Aus der Art des Formvorganges ergibt sich, daß die Wände des Zylindergußstückes immer etwas dicker ausfallen, als die Zeichnung vorschreibt. Der sparsame Konstrukteur kann damit stets rechnen. Andrerseits soll der Zylinder auch dann genügende Festigkeit behalten, wenn er wiederholt ausgeschliffen und dadurch im Durchmesser bis um 1 bis 2 mm vergrößert wird, obgleich dabei die Kolbenkraft zunimmt, der widerstehende Querschnitt aber abnimmt.

Die Einzelheiten der Gestaltung eines Vierzylinderblocks der heute üblichsten Bauart mögen die Konstruktionszeichnungen des Protos-Zylinders von 80 mm Durchmesser und 100 mm Hub, Abb. 348 bis 356, zeigen. Man erkennt sofort, wie erheblich sich das Gußstück vereinfacht, wenn man den Block in der Höhe der Zylinderböden teilt, weil dann alle Kerne leicht zugänglich werden. Die Lauffläche ist gegen den Rest des Zylinders erhöht, damit der Kolben an beiden Enden überlaufen kann und keinen Grat einarbeitet. Es empfiehlt sich aber, den Absatz, der hierdurch im Zylinderkopf entsteht, kegelig abzudrehen, damit ein zu weit in den Zylinder eingedrungener Kolben nicht mit dem obersten Kolbenring daran hängen bleibt. Die Räume zwischen Zylinder und Kühlmantel sind so zu bemessen, daß der Kern an keiner Stelle weniger als 10 mm und nur in Ausnahmefällen 8 mm dick wird. Lange flache Kerne der Gasleitungen sollen mindestens 12 mm dick sein. Mitunter kann man Schwierigkeiten beim Gießen vermeiden, wenn man die durch einen Kern getrennten Wände durch Rippen gegeneinander abstützt, doch muß man dabei auf die Möglichkeit des Verziehens der Zylinder infolge von Wärmespannungen Rücksicht nehmen. Große Erfahrung erfordert die Vermeidung von Verlagerungen der Kerne während des Gießens, die wegen der geringen Wanddicken leicht

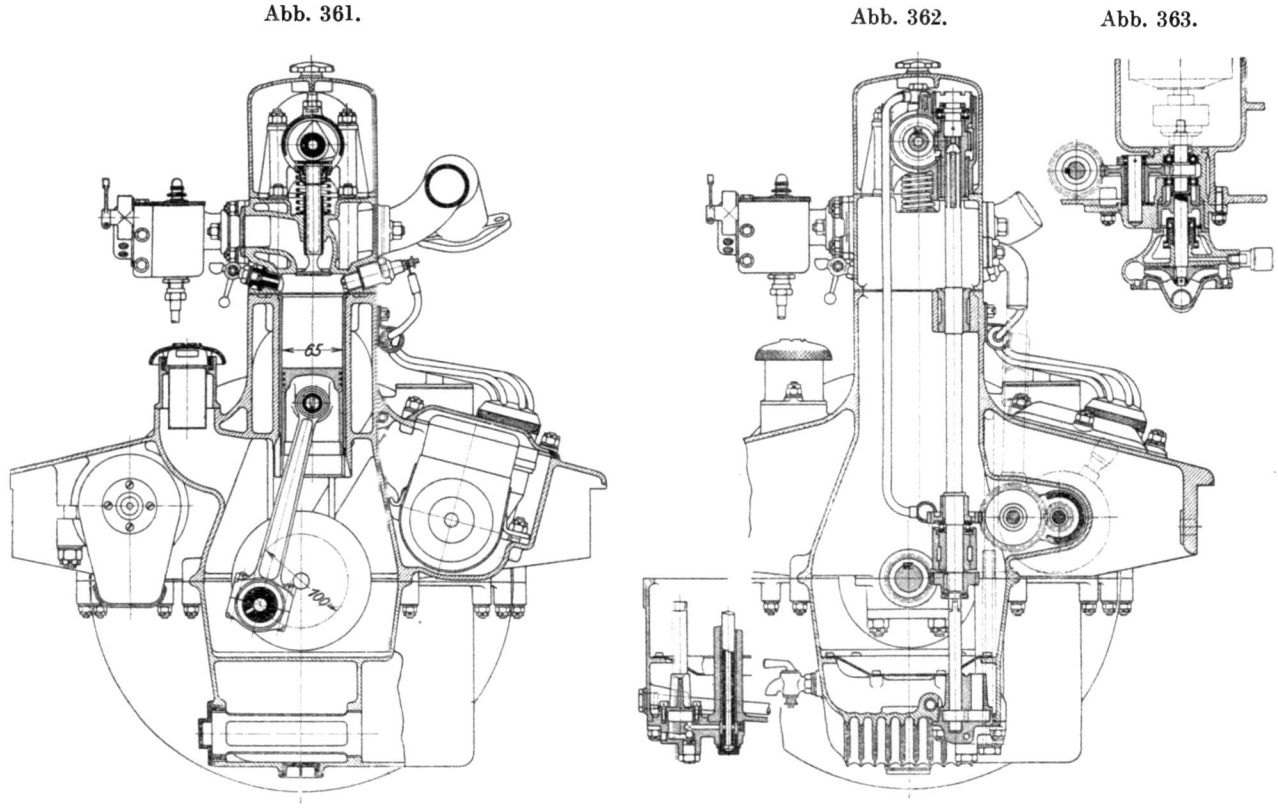

Abb. 361.   Abb. 362.   Abb. 363.

Abb. 364.

das ganze Gußstück unbrauchbar machen können. Hier wie in allen Einzelheiten der Zylinderdurchbildung hilft nur enges Zusammenarbeiten des Konstrukteurs mit der Gießerei und der

Modelltischlerei, die auch die besten Anweisungen hinsichtlich der Anbringung der Kernlöcher und der Ableitung der erhitzten Gase während des Gießens erteilen kann.

Ebenso wie für die Kerne soll man auch für das Kühlwasser überall genügend weite Räume ohne Drosselstellen, die zur Dampfbildung Anlaß bieten könnten, anordnen. Besonders gefährlich sind in dieser Hinsicht die Winkel zwischen den Ventilkrümmern und den Zylindern, die man nicht zu scharf ausbilden soll, indem man die Ventile überaus nahe an die Zylinderachse heranrückt. Es bildet sich sonst an der Berührungsstelle zwischen Ventilkrümmer und Zylinder ein Überhitzungsherd, der Selbstzündungen und ähnliches verursachen kann.

Da man die Zylinder in neuerer Zeit fast ohne Ausnahme auf senkrechten Bohrwerken ausbohrt und ausreibt und dann auf den bekannten Zylinderschleifmaschinen mit freitragender,

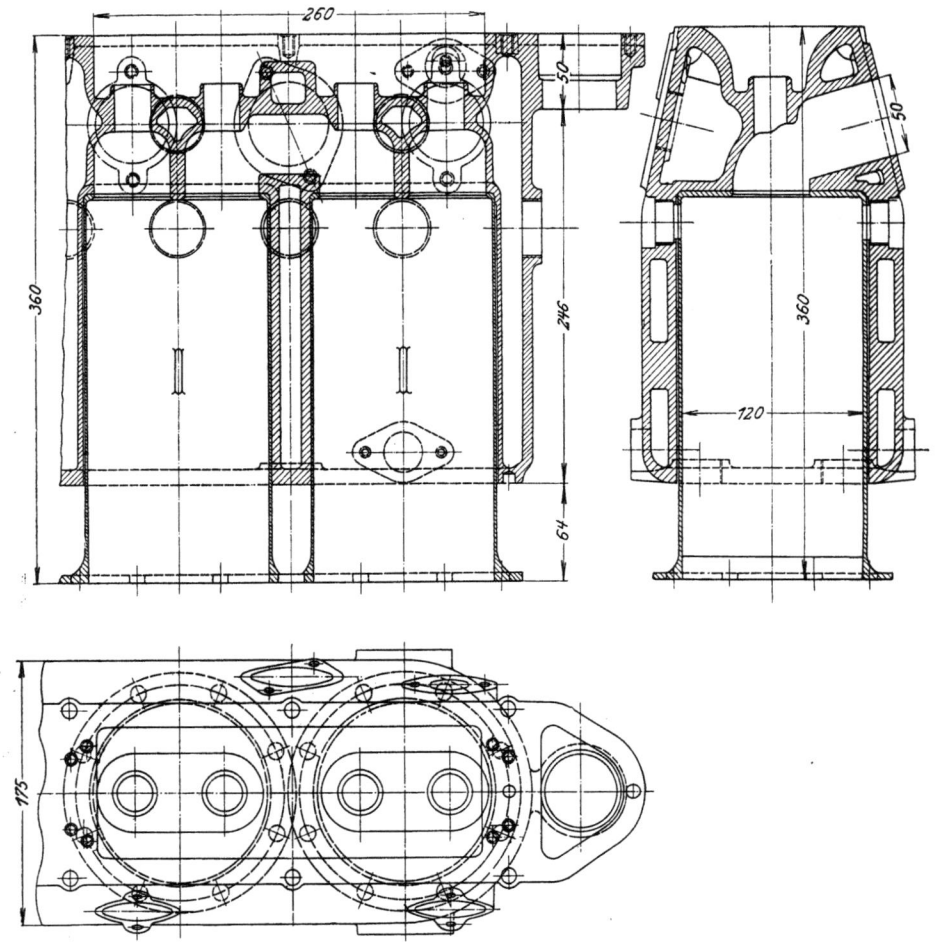

Abb. 365 bis 367. Aluminium-Zylindergehäuse des Hispano-Suiza-Flugmotors.

exzentrisch umlaufender Spindel ausschleift, so braucht man im Zylinderkopf keine weite Öffnung für eine durchgehende Bohrstange anzuordnen, die nachher mit einer Verschraubung verschlossen und sorgfältig abgedichtet werden muß, vielmehr genügen hier verhältnismäßig kleine mit Normalgewinde versehene Bohrungen für Zischhähne oder Zündkerzen. Die früheren Bedenken gegen diese Art der Zylinderbearbeitung sind völlig geschwunden, seitdem man besonders widerstandsfähig gebaute, sehr genau arbeitende Bohrwerke verwendet, und auch die Erfahrungen mit den Schleifmaschinen sind günstig, wenn man den Schleifvorschub nicht zu groß wählt. Auf die Erzielung einer möglichst glatten Lauffläche in den Zylindern sollte man schon aus Rücksicht auf den sonst schnell eintretenden Verschleiß der Kolbenringe und namentlich der Leichtmetallkolben größeren Wert legen. Vereinzelt werden daher die Laufflächen nach dem Schleifen noch mit Glättrollen bearbeitet, die die Oberfläche etwas verdichten und so auch zur Verringerung der Abnützung der Lauffläche beitragen sollen.

Sehr einfach und genau lassen sich Zylinder für hängende Ventile, Abb. 357 bis 359, bearbeiten, selbst dann, wenn sie nicht einzeln stehen, sondern in Paaren zusammengegossen sind. Die Möglichkeit, den ganzen Innenraum des Zylinders bearbeiten zu können, sichert eine hohe Gleichförmigkeit der Verdichtungsverhältnisse der verschiedenen Zylinder, die bei Maschinen mit stehenden Ventilen niemals erreichbar ist und außerordentlich viel zur Ruhe des Ganges der Maschine beiträgt.

Neben dem Gußeisen kommen in neuerer Zeit auch bei Maschinen für Kraftwagen Leichtlegierungen als Baustoffe für gegossene Zylinder in Betracht, die nicht allein wegen der Gewichtsersparnis, sondern auch wegen ihrer besseren Wärmeleitung Vorteile bieten. Die Hauptschwierigkeit solcher Zylinder bildet die sichere und namentlich auch gegen Kühlwasser zuverlässig dichte Verbindung des Zylinders mit der aus dünnem Stahlrohr oder häufiger aus Gußeisen bestehenden Laufbüchse, da die Leichtlegierungen im allgemeinen so weich sind, daß die Kolben andernfalls die Zylinder nach kurzem Gebrauch ausschleifen würden. Sehr praktisch verbindet man das Zylindergußstück gleich mit dem Oberteil des Kurbelgehäuses, s. a. Abb. 360 bis 364 vgl. a. Abb. 321, wobei man die Zylinderköpfe, worin sich die Ventilsitze befinden, aus Stahl oder Eisen gießt. Man kann dann das Zylindergußstück doppelwandig mit vollkommen geschlossenem Wassermantel herstellen, so daß das Wasser nirgends an die Laufbüchsen und ihre Sitzflächen im Gußstück herankommt. Bei so einfacher Form des Gußstückes ist auch die Gefahr von Undichtheiten, durch die das Wasser in die Zylinder eindringen könnte, gering; allerdings muß man jedes Stück einzeln auf Dichtheit prüfen, bevor man die Büchsen einsetzt. Wichtig ist auch, daß der Kühlwasserraum durch Zündkerzenstutzen oder dergl. an keiner Stelle durchbrochen ist, weil solche Stellen im Betrieb der Maschine leicht undicht werden.

Bei Zylindern dieser Bauart genügt es, die Büchsen, die möglichst dünn abgedreht werden, vom Kopfende in das ein wenig angewärmte

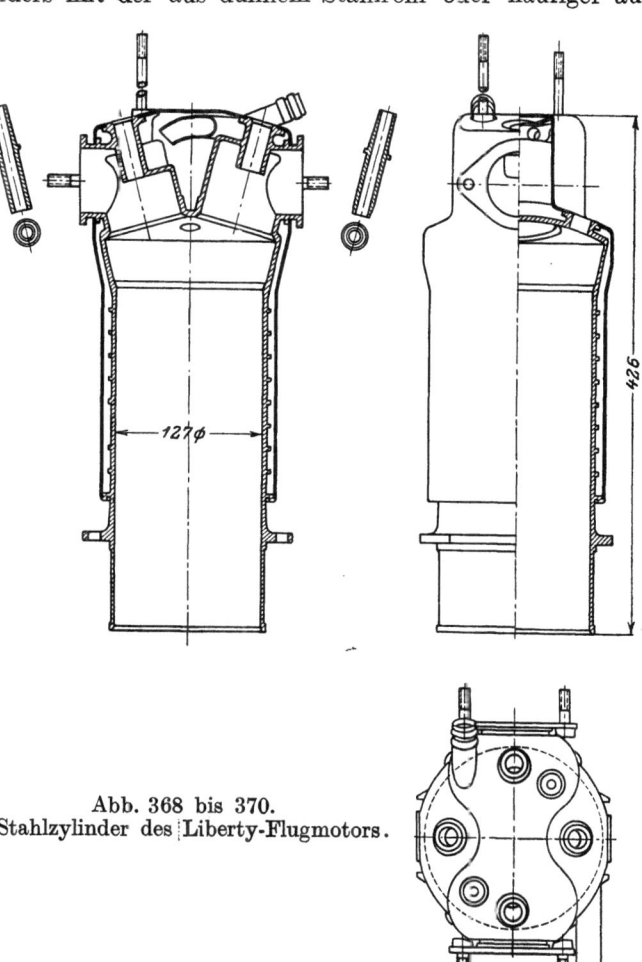

Abb. 368 bis 370.
Stahlzylinder des Liberty-Flugmotors.

Gußstück einzudrücken, bis sie sich mit einem Bund auf eine entsprechende Eindrehung aufsetzen. Da sich die Büchse im Betrieb stärker als das Gußstück erwärmt, so gleicht dies die größere Ausdehnungsziffer der Aluminiumlegierung soweit aus, daß die Büchse nicht lose wird, auch wenn man sie nicht besonders befestigt. Die Möglichkeit der Büchse, sich in der Längsrichtung frei auszudehnen, ist dabei sehr wertvoll. Gut bewährt hat sich aber auch die Zylinderbauart der Hispano-Suiza-Flugmotoren, Abb. 365 bis 367, wo die oben offenen Zylinderköpfe mit den Kühlmänteln zusammenhängen und ein für alle vier Zylinder einer Maschinenhälfte gemeinsames Gußstück bilden. Die Zylinderbüchsen sind dagegen mit langem Gewinde in die Gehäuse eingeschraubt, tragen an den Böden die Sitze für die von oben gesteuerten Ventile und sind unten mit Flanschen versehen, womit man den Zylinderblock am Kurbelgehäuse befestigt. Insofern bilden also hier die Laufbüchsen bereits Teile der Tragkonstruktion der Zylinder, so daß ihre Verbindung mit dem gegossenen Kühlmantel die volle Beanspruchung durch die Kolbenkräfte aufzunehmen hat. Die Verbindung von stählernen Laufbüchsen mit gegossenen Zylinderkörpern aus gut wärmeleitenden Leichtlegierungen ist namentlich für Maschinen mit Luftkühlung aussichtsvoll, die vorläufig allerdings nur im Motorfahrradbau und im Bau von Flugmotoren mit umlaufenden Zylindern Bedeutung haben.

Die Verwendung von Stahl als Baustoff für die Zylinder von Wagenmaschinen spielt dagegen trotz vereinzelter dahingehender Versuche und trotz der guten Erfahrungen, die man damit bei den Flugmotoren gemacht hat, bis jetzt noch eine untergeordnete Rolle, obgleich die Stahlzylinder wegen ihrer dünneren, gleichmäßig bearbeiteten Wandungen große Vorteile in der sicheren Fortleitung der Verbrennungswärme bieten und daher für Maschinen mit hohem mittleren Kolbendruck unentbehrlich sind. Maßgebend ist wohl heute noch, daß die einzeln stehenden Zylinder aus Stahl, die sich bei Flugmotoren aus Gründen der einfacheren Herstellung allein als zweckmäßig erwiesen haben, für Wagenmaschinen, wo auch die Rücksicht auf die Gewichtsersparnis nicht so überaus wichtig ist, zu kostspielig herzustellen sind und auch sonst die Bauart der Maschine verteuern, weil man z. B. die Kurbelwelle zwischen je zwei Zylindern lagern muß.

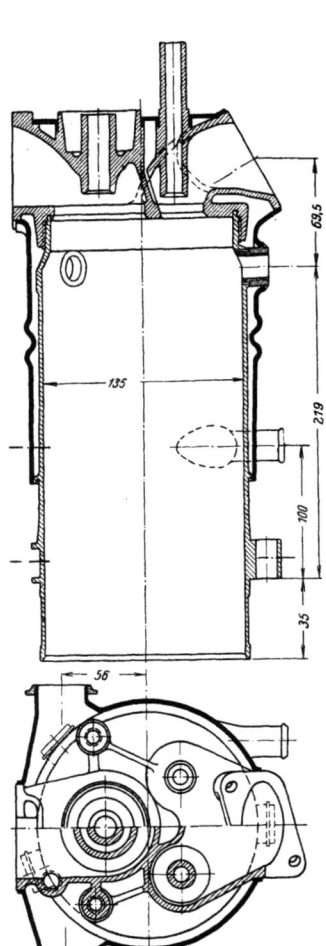

Abb. 371 bis 373. Stahlzylinder des 300 PS-Benz-Flugmotors.

Ganz aus Stahl bestehende Zylinder, die zuerst die Argus-Motoren-Gesellschaft, Berlin-Reinickendorf, und die Daimler-Motoren-Gesellschaft, Untertürkheim, für Flugmotoren hergestellt hat und deren vollendetste Durchbildung wohl bei den amerikanischen Liberty-Flugmotoren, Abb. 368 bis 370, erzielt wurde, bedingen ausgedehnte Erfahrungen, da man in die geschmiedeten und aus dem Vollen ausgebohrten dünnwandigen Zylinderschäfte, die man außen zur Versteifung und zur Vergrößerung der Berührungsfläche mit dem Kühlwasser mit angedrehten Bunden versieht, die Ventilkammern mit den Spindelführungen so genau einschweißen muß, daß sich die Zylinderböden nicht verziehen und keine zu großen Abweichungen der Winkel auftreten. Wesentlich einfacher gestaltet sich dagegen die Herstellung dieser Zylinder, wenn man, wie beim 300 PS-Flugmotor von Benz & Cie. A.-G., Mannheim, nur die Schäfte aus Stahl herstellt und die aus Gußeisen bestehenden Köpfe aufschraubt, s. Abb. 371 bis 373, eine Lösung der Aufgabe, die auch bei den Maschinen der Maybach-Motoren-Gesellschaft m. b. H., Friedrichshafen, s. Abb. 374 bis 376, Anwendung gefunden hat und in bezug auf das Zylindergewicht den ganz aus Stahl hergestellten Zylindern nicht wesentlich nachsteht. Die Schwierigkeiten, falsche Wärmedehnungen beim Schweißen von Zylindern, die ganz aus Stahl bestehen, zu vermeiden, werden noch dadurch gesteigert, daß, wenn die Zylinder fertig sind, auch noch die aus 0,8 bis 1,5 mm dickem Stahlblech bestehenden Kühlwassermäntel aufgeschweißt werden müssen, wobei sich die Zylinder von neuem verziehen können. In dieser Beziehung hat sich das Schweißen mit dem elektrischen Lichtbogen dem bis jetzt noch häufiger benützten autogenen Schweißen weit überlegen gezeigt.

Auch bei den Kühlmänteln der gegossenen Zylinder aus Eisen oder Aluminiumlegierung, die vorwiegend mit den Zylinderschäften zusammengegossen werden und diese soweit zu umgeben haben, als die Lauffläche im unteren Totpunkt der Kurbel den heißen verbrannten Gasen ausgesetzt wird, werden die Wandstärken lediglich durch gießereitechnische Rücksichten bestimmt. Sie können aber wesentlich geringer als diejenigen der Zylinder sein, weil etwaige Fehler beim Gießen sofort bemerkt und verhältnismäßig leicht ausgebessert werden können. Die fertigen Gußstücke werden in den Kühlmänteln mit Wasserleitungsdruck, in den Zylindern häufig auch nur mit dem gleichen Druck geprüft, da es sich nicht um Festigkeitsproben, sondern nur um Proben auf Dichtheit handelt. Zuverlässiger ist aber das Prüfen der Dichtheit der Zylinder mittels Druckluft, wobei man die Zylinder unter Wasser taucht und an den aufsteigenden Luftblasen die undichte Stelle genau erkennt. Solche Prüfungen empfiehlt es sich, nicht nur nach jeder wichtigeren Stufe der Bearbeitung neuer Zylinder, sondern auch beim Überholen, z. B. Nachschleifen der Ventilsitze, gebrauchter Zylinder vorzunehmen, da hierbei kleinere Undichtheiten auftreten können, auch wenn sie vorher nicht bestanden hatten.

Die Breite des Kühlmantels läßt sich bestimmen, wenn man berücksichtigt, daß der Wasserinhalt durch die zugeführte Wärme des Zylinders nicht über 90° erhitzt werden soll. Da aber keine Erfahrungen über die einschlägigen Wärmeübertragungszahlen vorliegen, so begnügt man sich vorläufig mit Faustregeln. Die Breite des Kühlmantels schwankt hiernach je nach der Zylinderleistung zwischen 10 und 20 mm. Man kann sie auch annähernd nach der Formel

$$b = 1{,}746 - 0{,}0375\, D$$

berechnen, worin

b die Breite des Mantels in cm und
D der Zylinderdurchmesser in cm
sind.

Hiernach nimmt die Breite mit wachsendem Zylinderdurchmesser etwas ab. Der Inhalt des Kühlmantels nimmt aber trotzdem für größere Zylinder zu.

Vereinzelt hat man, z. B. bei den Benz-Flugmotoren, auch gegossene Zylinder mit Kühlmänteln aus Stahlblech versehen, die an besondere Angüsse autogen angeschweißt werden. Diese Mäntel werden etwas wellig gepreßt, damit sich die Unterschiede in der Längenänderung von Zylinder und Mantel ausgleichen, die sonst Risse an den

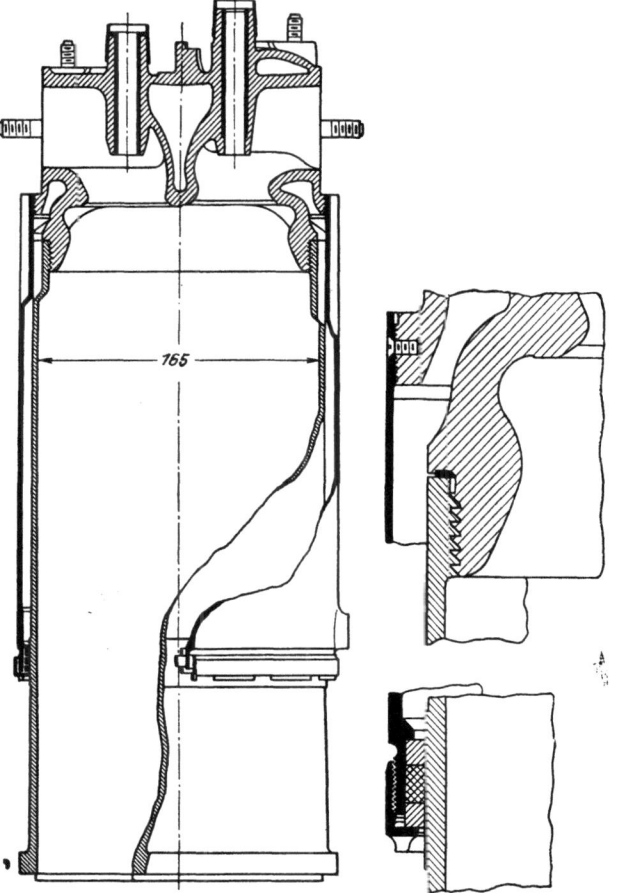

Abb. 374 bis 376. Stahlzylinder der Maybach-Flugmotoren.

Schweißstellen hervorrufen. Das Schweißen von Stahlblech und Gußeisen bereitet bei Verwendung geeigneter Schweißstäbe keine Schwierigkeiten.

Den Vorteil der gesondert angeschweißten Kühlmäntel, daß man die Wandstärke der Zylinder durch Bearbeitung der Außenflächen genau beherrschen und daher an Gewicht sparen kann, hat man aber nur bei den Zylindern mit Stahlschäften ausgenützt, die zumeist aus vorgelochten Siemens-Martin-Stahl-Rohlingen oder ganz aus dem Vollen gebohrt und gedreht werden.

Die Arbeitsvorgänge im Zylinder.

Die Arbeitsvorgänge im Zylinder einer üblichen Wagenmaschine sind durch das bekannte Arbeitsverfahren der Viertakt-Verbrennungsmaschinen: Ansaugen — Verdichten — Expansion — Auspuff, wobei die Zündung am Ende des Verdichtungshubes erfolgt, gegeben. Besondere, gegenüber den üblichen Verbrennungsmaschinen kennzeichnende Verhältnisse treten hierbei infolge der verhältnismäßig hohen Drehzahlen auf, die eine außerordentlich schnelle Aufeinanderfolge der Arbeitsvorgänge bedingen. Diese hohen Drehzahlen hindern auch, die Vorgänge im Zylinder mittels den gebräuchlichen Federindikatoren zu verfolgen und namentlich, was äußerst wichtig wäre, zu prüfen, wie weit die einzelnen Zylinder einer und derselben Wagenmaschine in ihren Arbeitsvorgängen voneinander abweichen. Erst seit den letzten Jahren kennt man einige Geräte, wie den Mikroindikator von Mader[1]) oder optische Indikatoren von Midgley[2])

---

[1]) Dingler 1912, H. 27/31.   [2]) Automot. Ind. 26. Febr. 1920.

oder Burstall[1]), die gestatten, mit einigem Anspruch auf Genauigkeit Diagramme des Zylinders einer schnellaufenden Verbrennungsmaschine aufzunehmen. Besonders beachtenswert sind ferner die Verfahren, den Druckverlauf im Zylinder auf elektrischem Wege durch punktweise Bestimmung aufzunehmen, das u. a. von der Royal Aircraft Factory in Farnborough[2]) durchgebildet worden ist und auf der Verwendung eines als Stromschließer dienenden Überdruckventils mit veränderlicher Belastung beruht. Leider sind alle diese Geräte vorläufig noch zu neu und zu empfindlich im Gebrauch, so daß wir über Ergebnisse ihrer Anwendung im Laboratorium der Fabriken noch nicht verfügen. Die Messungen, die hier ausgeführt werden können, beschränken sich zumeist nur auf die Bestimmung der Nutzleistung und der dafür verbrauchten Betriebstoffe bei verschiedenen Drehzahlen, und auf die bei solchen Versuchen ermittelten Werte muß man sich stützen, wenn man den Einfluß von Änderungen der Bauart oder der Einstellung von Vergaser oder Steuerung beurteilen will.

Für die beim Kraftwagen gebräuchlichste Vierzylinder-Viertaktmaschine, wo aus den bereits erörterten dynamischen Rücksichten der 1. und der 4., sowie der 2. und der 3. Kurbelzapfen gleichlaufen und jedes dieser Paare um 180° gegen das andere versetzt ist, kann die Aufeinanderfolge der Arbeitsvorgänge in den einzelnen Zylindern nur nach einem von den nachstehenden Plänen stattfinden, worin die Zündungen durch einen Stern bezeichnet sind.

Zündfolge 1—2—4—3.

Kurbelwinkel	0°	180°	360°	540°	720°
Zylinder 1	Ansaugen	Verdichten	* Expansion	Auspuff	
„ 2	Auspuff	Ansaugen	Verdichten	* Expansion	
„ 3	Verdichten	* Expansion	Auspuff	Ansaugen	
„ 4	Expansion	Auspuff	Ansaugen	Verdichten	*

Zündfolge 1—3—4—2.

Kurbelwinkel	0°	180°	360°	540°	720°
Zylinder 1	Ansaugen	Verdichten	* Expansion	Auspuff	
„ 2	Verdichten	* Expansion	Auspuff	Ansaugen	
„ 3	Auspuff	Ansaugen	Verdichten	* Expansion	
„ 4	Expansion	Auspuff	Ansaugen	Verdichten	*

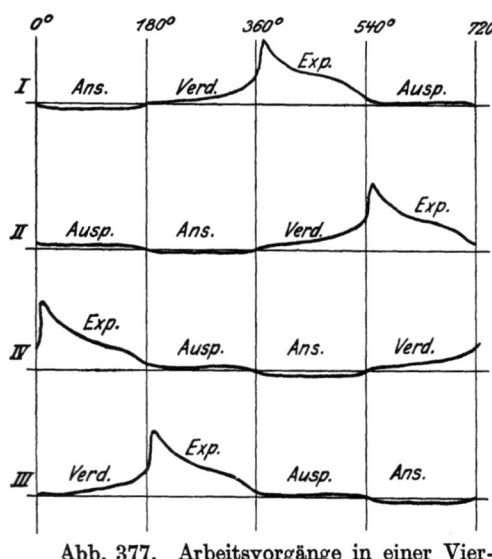

Abb. 377. Arbeitsvorgänge in einer Vierzylindermaschine.

Die Nullwerte der Kurbelwinkel sind hierbei stets vom oberen Totpunkt, die Reihenfolge der Zylinder wird in der Regel vom vorderen Maschinenende aus gerechnet, s. a. Abb. 377. Hieraus ergibt sich eine einfache Einstellung der Steuerdaumen für die Einlaß- und Auspuffventile; diese bedarf aber noch einiger durch die Geschwindigkeitsverhältnisse bedingter Berichtigungen.

Ansaugen.

Die Praxis hat ergeben, daß es nicht richtig ist, die Saugventile genau im oberen Totpunkt zu öffnen und im unteren zu schließen. Wegen der lebendigen Kraft, die der Strom der vor dem ausschiebenden Kolben befindlichen Auspuffgase im oberen Totpunkt erlangt hat, ist es für eine möglichst vollständige Entleerung der Zylinder von Auspuffgasen günstiger, wenn das Auspuffventil erst etwas hinter dem oberen Totpunkt geschlossen

---

[1]) Engg. 26. Jan. 1923.   [2]) ebenda

wird, also etwa erst, wenn bereits der Kolben 1 bis 1,5 v. H. des neuen Hubes zurückgelegt hat. Da es im allgemeinen nicht zweckmäßig ist, das Einlaßventil zu öffnen, bevor das Auspuffventil geschlossen ist, obgleich man auch so eingestellte Steuerungen bei sehr schnell laufenden Maschinen vorfindet, die nicht auf geringsten Brennstoffverbrauch, sondern auf höchste Leistung eingeregelt worden sind, so ergibt sich hieraus, daß man das Einlaßventil im äußersten Fall erst bei 2 bis 2,5 v. H. des Abwärtshubes oder etwa 10° hinter dem oberen Totpunkt öffnen kann. Mitunter wird diese Eröffnung sogar noch etwas verzögert, d. h. man wartet ab, bis der Druck im Zylinder durch die Expansion aus dem Verdichtungsraum über dem Kolben etwas unter die Atmosphäre, womöglich sogar unter den etwas geringeren Druck der Saugleitung gesunken ist, und man vermeidet dadurch, daß beim Öffnen des Einlaßventiles zunächst ein Teil der verbrannten Rückstände aus dem Zylinder in die Saugleitung zurücktritt und dort die gleichförmige Strömung des Gemisches stört.

In ganz entsprechender Weise verlegt man den Schluß des Einströmventiles ein Stück hinter den unteren Totpunkt, d. h. auf etwa 10 bis 12,5 v. H. des nächsten Aufwärtshubes oder 20 bis 45° hinter dem unteren Totpunkt, damit die beschleunigte Gemischsäule den Zylinder möglichst vollständig füllt und nicht fast in dem Augenblicke, wo sie die höchste Geschwindigkeit erlangt hat, abgeschnitten wird. Die für den Einzelfall erforderliche Größe dieses Nacheilens der Einlaßsteuerung gegen die Kolbenbewegungen läßt sich nicht genau angeben. Sie ist namentlich von den Widerständen der Saugleitung und von der Kolbengeschwindigkeit, und insofern die Trägheit des Gemischstromes in Betracht kommt, auch von dem Grad der Verdampfung des Brennstoffs abhängig. Die angegebenen Durchschnittswerte sind aber in der Regel gut brauchbar. Zumeist gibt man das Nacheilen überhaupt nicht in v. H. des Hubes, sondern in Graden Kurbelwinkel an, weil sie sich am Umfang des Schwungrades, das mit einer Totpunktmarke versehen wird, leichter ablesen lassen.

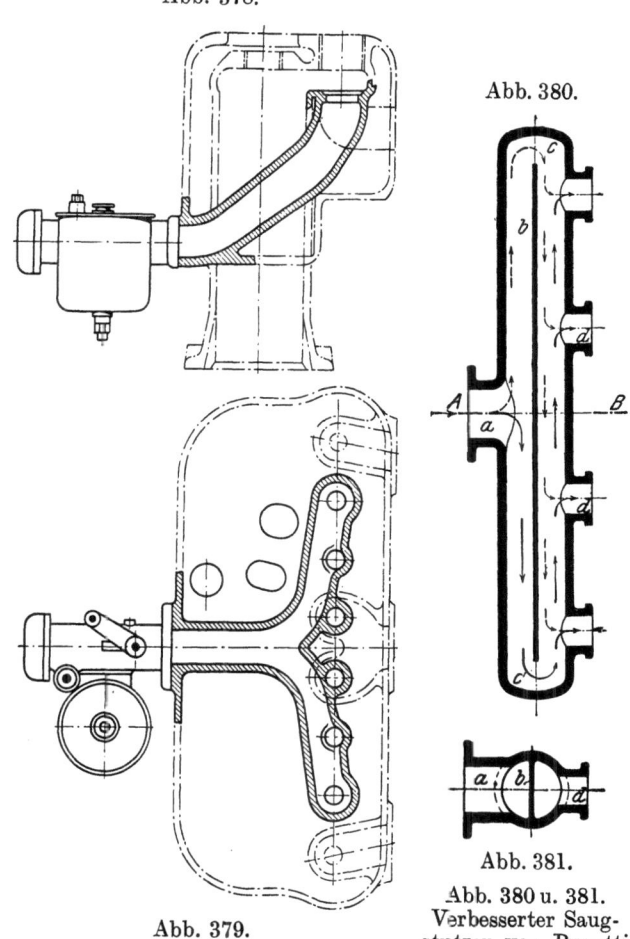

Abb. 378 und 379. Saugleitung für eine Maschine mit Vierzylinderblock.

Abb. 380 u. 381. Verbesserter Saugstutzen von Bugatti (Deutz) für eine Vierzylindermaschine.

Der Druckverlauf im Zylinder wird namentlich beim Beginn des Ansaugens von dem Inhalt der Saugleitung und von der Einstellung der Drossel beeinflußt. Ist diese z. B. teilweise geschlossen, so füllt sich die Saugleitung in dem Stück zwischen Drossel und Einlaßventil mit Gemisch solange das Einlaßventil geschlossen ist, so daß sich bei Beginn des Ansaugens im Zylinder ein geringerer Unterdruck einstellt, als beim Fehlen dieses Ausgleichraumes. Wegen der Möglichkeit von Rückzündungen kann man allerdings von dieser Dämpfung keinen ausgiebigen Gebrauch machen.

Man sollte annehmen, daß der Saugbeginn für alle Zylinder einer Viertaktmaschine genau gleich eingestellt werden müßte. Daß dies in der Regel nicht der Fall ist, liegt in erster Reihe daran, daß es streng genommen nicht möglich ist, genau gleiche Ansaugwiderstände für alle Zylinder zu erhalten. Bei der üblichen, im Block eingebauten Saugleitung einer neueren Vierzylindermaschine mit zusammengegossenen Zylindern, Abb. 378 und 379, ist die Länge der Saugwege zwischen dem Vergaser und den mittleren Zylindern bedeutend geringer als die Länge der Wege zwischen dem Vergaser und den äußeren Zylindern. Diese Längenunterschiede bedingen, ganz abgesehen von den größeren Ablenkungswinkeln, daß die äußeren Zylinder größere Saugwiderstände zu bewältigen haben, als die beiden inneren Zylinder. Bei gleicher Einstellung der Steuerungen erhalten also die inneren Zylinder mehr (d. h. weniger verdünntes) Gemisch und daher auch höhere Leistungen als die beiden äußeren.

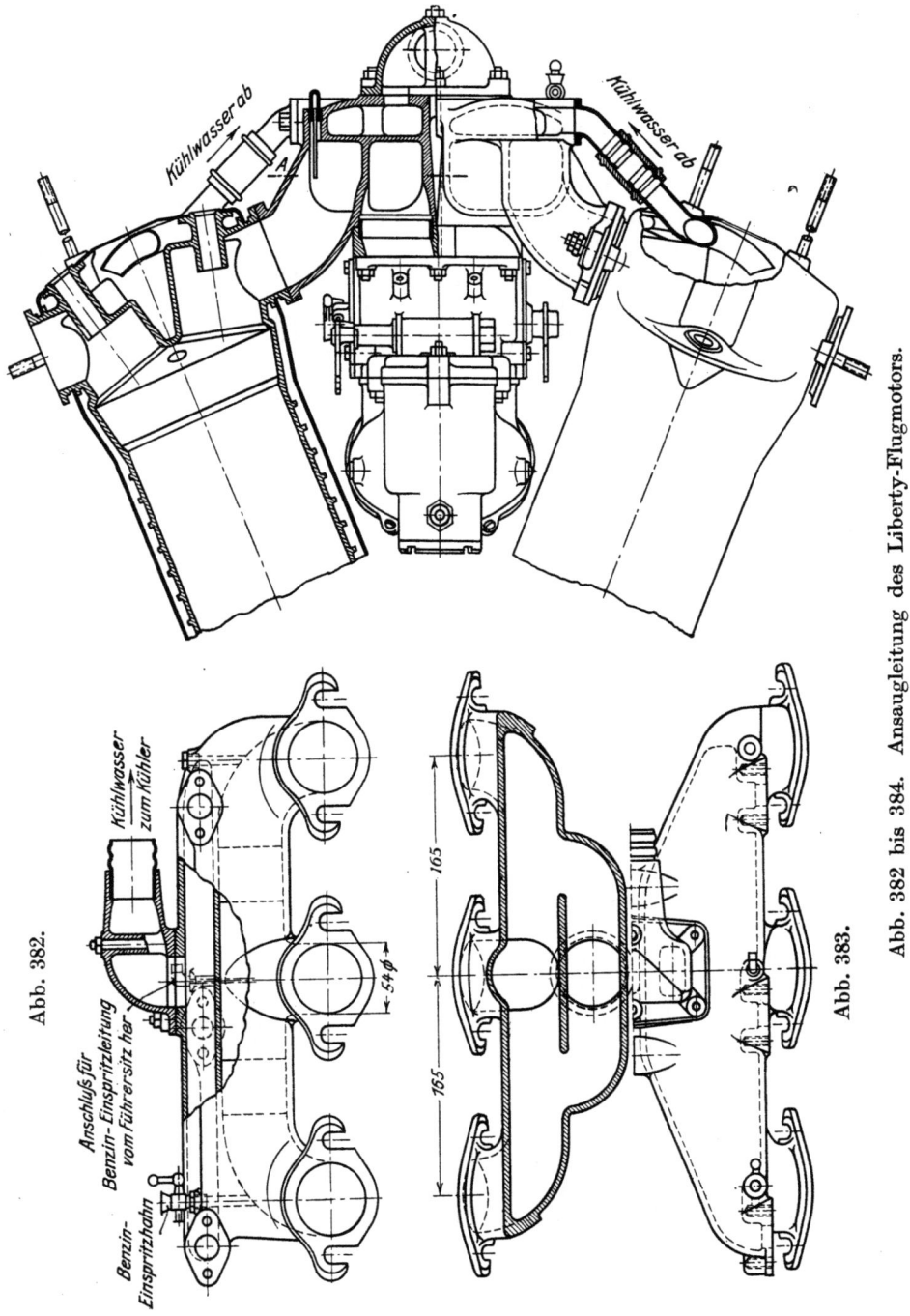

Abb. 382 bis 384. Ansaugleitung des Liberty-Flugmotors.

Einen zweckmäßig scheinenden Vorschlag, diese Unterschiede wenigstens annähernd auszugleichen, hat Bugatti (Deutz), Abb. 380 und 381, gemacht; in das Ansaugrohr ist hier eine an ihren Enden c und c' durchbrochene Scheidewand b eingebaut. Jeder bei d angeschlossene Zylinder saugt daher die eine Hälfte seiner Ladung an dem einen Ende c und die andere an dem zweiten Ende c' vorbei, derart, daß die Summe der Saugwiderstände, gemessen bis zur Öffnung a, für alle Zylinder ziemlich gleich groß ist. In Wirklichkeit dürften allerdings auch hier kleinere Unterschiede dadurch hervorgerufen werden, daß die äußeren Zylinder bei der ihnen benachbarten Öffnung in der Scheidewand geringeren Saugwiderständen begegnen und daher von dieser Seite mehr als die Hälfte ihrer Ladung ansaugen, auch die Widerstände infolge der scharfen Richtungsänderungen der angesaugten Gemischströme sind nicht unbedenklich. Das Verfahren hat aber auch bei den Ansaugleitungen des Liberty-Flugmotors, Abb. 382 bis 384, Anwendung gefunden, obgleich hier nur drei Zylinder an ein Rohrstück angeschlossen sind. Die Rohre werden auf der Oberseite mittels des Kühlwassers der Maschine beheizt und nutzen in ihrer Formgebung den engen Raum zwischen den Köpfen der schräg gestellten Zylinder sehr gut aus.

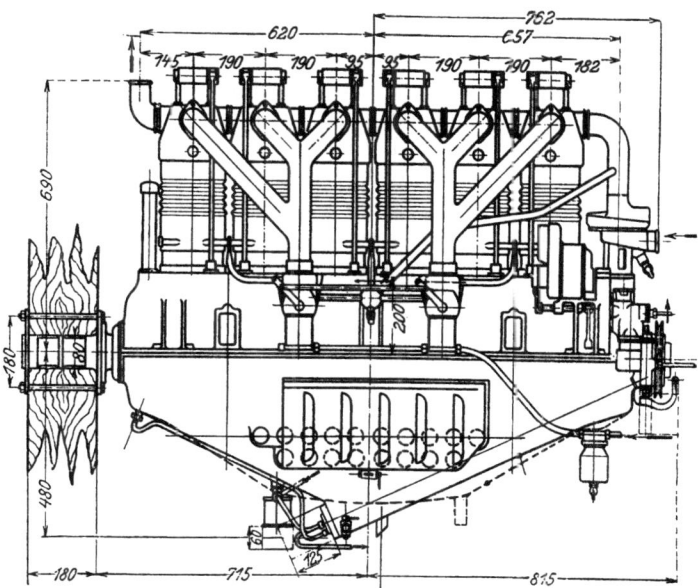

Abb. 385. Ansaugleitungen des Benz-Flugmotors.

Besonders schwierig wird die Aufgabe, das Gemisch auf alle Zylinder einer Maschine gleichmäßig zu verteilen, bei Maschinen mit mehr als 4 Zylindern, bei denen die Ansaugzeiten verschiedener Zylinder einander teilweise überdecken; denn dann kann sehr leicht der Fall eintreten, daß der eine Zylinder, wo der Ansaugvorgang gerade beginnt und daher ein gewisser Unterdruck gegenüber der Ansaugleitung herrscht, das vollständige Aufladen des gerade am Ende des Ansaugens befindlichen und daher fast ohne Unterdruck gegenüber der Saugleitung arbeitenden Zylinders verhindert, so daß die Maschine eine verhältnismäßig geringe Leistung erreicht.

Bei den Flugmotoren, die in der Regel mindestens sechs Zylinder haben, hat man daher fast immer zwei Vergaser verwendet, die durch getrennte Ansaugleitungen je drei Zylinder speisen, s. Abb. 385, und diesen Ausweg hat man auch bei den neueren Wagenmaschinen gelegentlich benützt, obgleich es da auf die Erzielung einer hohen spezifischen Leistung nicht so sehr ankommt. Einen Versuch, diese Unbequemlichkeit zu vermeiden, die nicht nur die Maschine verteuert, sondern auch die Einregelung erschwert, zeigt z. B. die Ansaugleitung des 6 Zylinderwagens von 101,6 × 139,7 mm der Singer Motor Co., Long Island City, N. Y., Abb. 386 und 387[1]). Diese besteht aus einem gegabelten Hauptteil, der mit einem angegossenen Heizmantel versehen ist, und zwei dreiarmigen Krümmern, die an die Enden des Gabelstückes angesetzt werden. Die Ansaugverluste, die bei dieser Lösung infolge der langen Saugwege in den Kauf genommen werden müssen, verderben aber, was allenfalls durch den Ausgleich der Saugwiderstände verbessert sein sollte. Man braucht sich dabei nur zu vergegenwärtigen, daß der Gemischstrom in ganz unregelmäßiger Folge einmal durch den einen und dann wieder durch den anderen Saugrohrstrang geleitet werden muß.

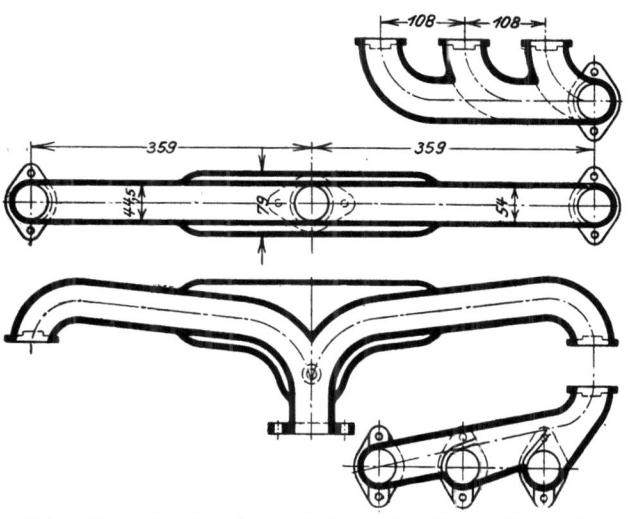

Abb. 386 und 387. Ansaugleitung der Singer Motor Co.

Von der richtigen Bemessung und insbesondere auch der richtigen Führung der Ansaugleitung hängt der Druckverlust des Zylinders während des Ansaughubes und daher auch der

---

[1]) The Automobile 5. Oktober 1914.

Unterdruck ab, den die Ansauglinie im Diagramm der Maschine anzeigt. Starke Änderungen in der Richtung und der Geschwindigkeit des Gemischstromes, namentlich auch beim Übergang der Saugwirkung von einem Zylinder auf den andern, soll man daher vermeiden, zumal sie, wie schon weiter oben erwähnt, auch das Niederschlagen unverdampften Brennstoffes begünstigen. Ebenso ist auch auf gute Abdichtung der Anschlußflächen zu achten, damit nicht etwa falsche Luft eindringt und die Gemischbildung erschwert. Da sich die Leitungen, auch wenn sie mit Kühlwasser beheizt werden, niemals wesentlich erwärmen, so kann man fast stets Gummi als Dichtungsmittel verwenden. Durch Fehler in diesen Punkten kann die Höchstleistung, welche eine gegebene Maschine erreicht, wesentlich beeinträchtigt werden. Welchen Einfluß schon allein die Form der Ansaugleitung hat, zeigen Versuche mit drei verschiedenen Arten von Saugrohren (Mercedes, Benz, Liberty) am Liberty-Motor[1]) von 220 PS, die Unterschiede von rd 10 PS in der Höchstleistung und von rd 22 g/PSh im spezifischen Brennstoffverbrauch ergeben haben und bei denen merkwürdigerweise die anscheinend sehr zweckmäßig gegabelte Benz-Ansaugleitung, vgl. Abb. 385, die ungünstigsten Werte geliefert hat. Diese ungünstigen Erfahrungen mit Y-förmig gegabelten Rohren werden aber auch von Fischer[2]) bestätigt, dessen Beobachtungen aber in anderer Hinsicht kaum allgemein gültig sein dürften.

Im übrigen hilft man sich in der Praxis so, daß man die Einlaßventile derjenigen Zylinder, welche den größeren Saugwiderstand haben, durch entsprechende Einstellung der Ventilstößel, etwas früher öffnet. Die Unterschiede, die sich hieraus ergeben, betragen bis zu 2,5 v. H. des Hubes. Sie lassen sich nur auf dem Prüfstand ermitteln, da sie von vielen baulichen Einzelheiten der Maschine abhängen.

Störungen des Ansaugens können endlich auch durch Resonanzerscheinungen verursacht werden. Es empfiehlt sich daher, bei der Bemessung der Länge der Saugleitungen auf die mittlere Umlaufzahl der Maschine zu achten. Wie die Rechnungen von Voissel[3]) zeigen, kann man die wiederkehrenden Druckschwankungen in der Saugleitung vermeiden, wenn man ihre Länge so bemißt, daß die Eigentonhöhe der Luftsäule in der Saugleitung möglichst weit von der Resonanz entfernt ist. Ein anderes, in vielen Fällen ausreichendes Mittel besteht darin, daß man die Luftsäule in der Saugleitung mittels durchbrochener Zwischenwände und mehrfacher Richtungsänderungen in mehrere kleinere Abschnitte teilt. Allerdings werden hierdurch wieder leicht große Druckverluste hervorgerufen.

Verdichten.

Das in den Zylinder mit etwas Unterdruck eintretende brennbare Gemisch muß, bevor es entzündet wird, ziemlich hoch verdichtet werden, wie es dem bekannten Kreislauf der Viertakt-Verbrennungsmaschine von Otto entspricht. Die Höhe des hierbei erreichbaren Enddruckes kann man, sobald das Verdichtungsverhältnis bekannt ist, unter der Voraussetzung adiabatischer Zustandsänderung nach

$$p_e = p_a \left(\frac{V_a}{V_e}\right)^k = p_a \cdot \varepsilon^k$$

berechnen, worin

p_e den Enddruck der Verdichtung in at,
p_a den Anfangsdruck in at,
V_e das Endvolumen der Verdichtung,
V_a das Anfangsvolumen,
ε das Verdichtungsverhältnis und
k den Exponenten der Polytrope $pV^k =$ konst.

darstellt. Für überschlägliche Berechnungen genügt es, als Anfangsdruck p_a von 0,94 bis 0,96 at abs. und als Endvolumen V_e die Summe aus dem Hubraum $\frac{\pi}{4} \cdot D^2 \cdot s$ und aus dem Inhalt des Verdichtungsraumes anzunehmen. Den Exponenten k der Polytrope wählt man zwischen 1,3 und 1,4 (nach Güldner 1,35).

Da man in der Regel nicht die Endspannung, sondern den für eine bestimmte als zulässig erachtete Endspannung erforderlichen Inhalt des Verdichtungsraumes suchen wird, so ist für solche Berechnungen die Formel

$$V_e = V_a \left(\frac{p_a}{p_e}\right)^{\frac{1}{k}}$$

---

[1]) Automot. Ind. 27. Mai 1920. [2]) Motor Jan./Febr. 1921. [3]) Mitt. Forschungsarb., H. 106.

zu empfehlen, worin man für

$$V_a = \frac{\pi}{4} D^2 s + V_e$$

zu setzen hat. Hiernach ist

$$V_e = \frac{\frac{\pi}{4} D^2 \cdot s \cdot \left(\frac{p_a}{p_e}\right)^{\frac{1}{k}}}{1 - \left(\frac{p_a}{p_e}\right)^{\frac{1}{k}}}$$

In dieser Formel sind alle Werte bekannt.
Bekanntlich steigt mit zunehmendem Verdichtungsverhältnis

$$\varepsilon = \frac{V_a}{V_e},$$

worin $V_a = V_h + V_e$ und V_h der Hubraum eines Zylinders

$$V_h = \frac{\pi D^2}{4} \cdot s$$

ist, der thermodynamische Wirkungsgrad

$$\eta = 1 - \left(\frac{1}{\varepsilon}\right)^{k-1}$$

jeder Verbrennungsmaschine. Während man aber bei ortsfesten Gasmaschinen über eine gewisse niedrige Grenze der Verdichtung hinaus wegen der Verschlechterung des mechanischen Wirkungsgrades keine Vorteile von einer weiteren Steigerung des Verdichtungsverhältnisses zu erhoffen hat, ist die schnellaufende Fahrzeug-Verbrennungsmaschine auf die hohe Vorverdichtung geradezu angewiesen, die schon bei der Maschine von Daimler das hervorstechendste Merkmal gegenüber den damals bekannten Verbrennungsmaschinen bildete und zum ersten Mal ermöglicht hat, die notwendigen hohen Drehzahlen zu erreichen. Diese hohe Vorverdichtung begründet die verhältnismäßig hohen Leistungen dieser Maschinen und ist zum Teil auch ein Mittel, um ihren Gang weich und stoßfrei zu erhalten.

Der Enddruck p_2 den man beim Verdichten der angesaugten Ladung erreichen kann, hängt, wie die obige Gleichung angibt, theoretisch nur vom Ansaugdruck p_1 ab, der selbst wieder durch den volumetrischen Wirkungsgrad η_l des Zylinders als Luftpumpe bestimmt wird. Er läßt sich bequem aus Abb. 388 ablesen, worin die Druckverhältnisse p_2/p_1 sowie die Ver-

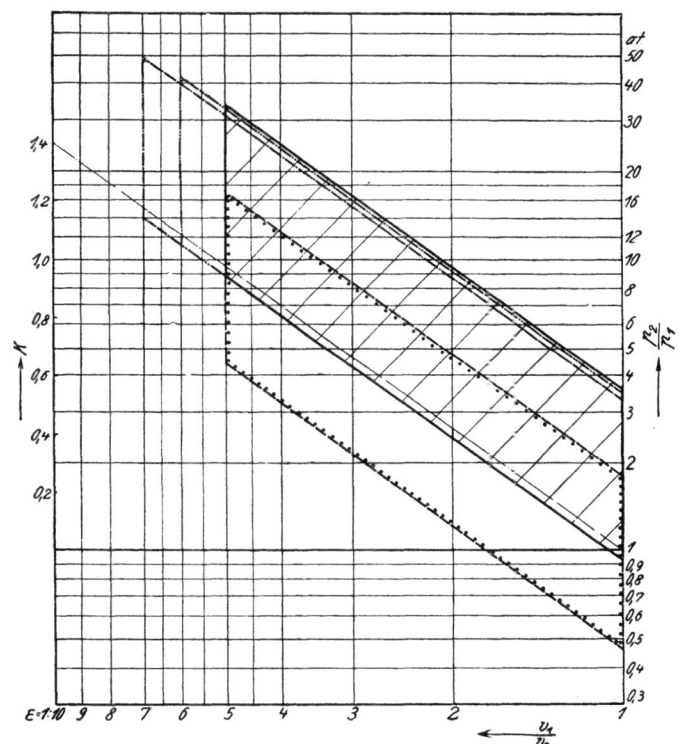

Abb. 388. Beziehungen zwischen Enddruck der Verdichtung und Verdichtungsverhältnis.

dichtungsverhältnisse $\varepsilon = V_a/V_e$ logarithmisch aufgetragen sind, so daß die Linien pv^k als Gerade erscheinen, deren Neigung vom Exponenten k abhängt. Da nämlich

$$\frac{p_e}{p_a} = \left(\frac{V_a}{V_e}\right)^k, \text{ so ist } \log \frac{p_e}{p_a} = k \log \left(\frac{V_a}{V_e}\right)$$

Ebenso besteht zwischen dem Verdichtungsgrad ε, dem volumetrischen Wirkungsgrad η_l und dem mittleren indizierten Kolbendruck p_i ein bestimmter Zusammenhang, wenn man von Einflüssen der Maschinenbauart und den Eigenschaften des Brennstoffes absieht. Dies hat S. M. Lee und S. W. Sparrow, Bureau of Standards, Washington, auf Grund von Versuchen am Liberty-Flugmotor[1]), zur Aufstellung eines Diagramms, Abb. 389, veranlaßt, aus dem man z. B. mittels der oberen Linien entnehmen kann, daß bei $\varepsilon \sim 5$ der volumetrische Wirkungsgrad η_l etwa 0,75 betragen muß, wenn der Enddruck der Verdichtung $p_e \sim 14$ at und der mittlere Kolbendruck $p_i \sim 9{,}8$ at erreicht werden soll, und woraus auch die Steigerung des thermodynamischen Wirkungsgrades η_{th} mit dem Verdichtungsverhältnis ε zu ersehen ist.

Der wirkliche Enddruck der Verdichtung wird, abgesehen von baulichen Einflüssen, noch durch die Erwärmung bestimmt, welche das Gemisch während der Verdichtung durch die heißen Wandungen erfährt. Je größer die Wärmemenge ist, die auf diese Weise auf die Zylinderladung übergeht, desto geringere Verdichtungsverhältnisse sind zulässig, wenn man mit Rücksicht auf das „Klopfen" eine bestimmte Endtemperatur — bei Petroleumbetrieb etwa 350° — nicht überschreiten will, s. Abb. 390. Daraus erklärt sich das günstige Verhalten von Maschinen mit gut gekühlten Kolben in bezug auf das zulässige Verdich-

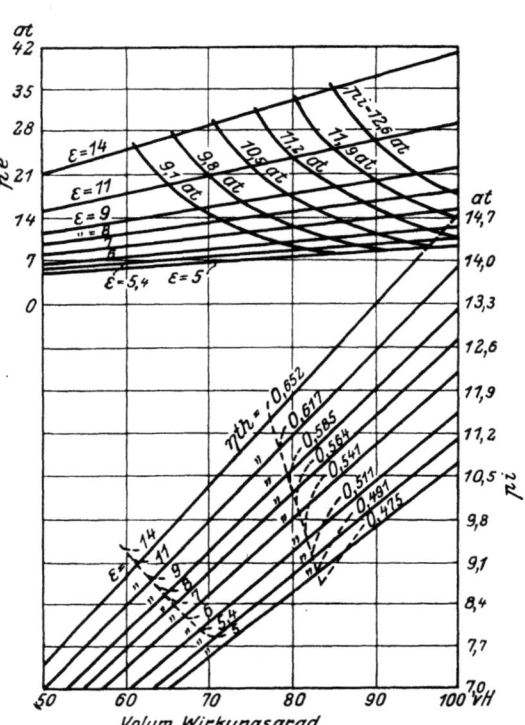

Abb. 389. Beziehungen zwischen Mitteldruck, Verdichtungsverhältnis und volumetrischem Wirkungsgrad.

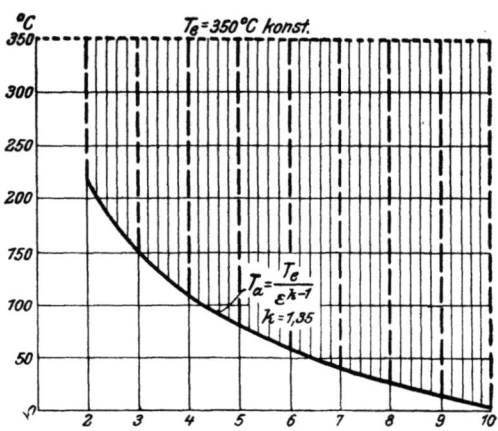

Abb. 390. Zulässige Verdichtungsverhältnisse bei gegebener Endtemperatur.

tungsverhältnis. Benzin, das nach Versuchen von Holm in Luft von 1 at bei 415 bis 460° und Benzol, das bei 520° entflammt, verhalten sich gegenüber gesteigerter Verdichtung günstiger als Petroleum. Lee und Sparrow haben bei ihren Versuchen durch Mischen dieser Brennstoffe über $\varepsilon = 9$ und bei Betrieb mit unvermischtem Benzol sogar $\varepsilon = 14$ erreichen können, s. Abb. 391.

Für die neueren Bestrebungen, die Leistung einer Fahrzeugmaschine von gegebenen Abmessungen zu erhöhen, ist, wie leicht begreiflich, die Steigerung des Verdichtungsverhältnisses ein besonders gern benütztes Mittel. Auf Grund von Versuchen von H. R. Ricardo, die an einer eigens hierfür entworfenen Einzylindermaschine von 114,3 mm Zylinderdurchmesser und 203,2 mm Hub ausgeführt worden sind[2]), kann man annehmen, daß, sofern keine Störungen des Betriebes durch Vorzündungen auftreten, folgende Wirkungsgrade und mittlere indizierte Kolbendrücke erreicht werden können:

$\varepsilon = \dfrac{v_h + v_e}{v_e}$	. . . .	4	4,5	5	5,5	6	6,5	7
$\eta = 1 - \left(\dfrac{1}{\varepsilon}\right)^{k-1}$	v. H.	42,56	45,21	47,47	49,44	51,16	52,70	53,98

---

[1]) Automot. Ind. 18. Januar 1923.
[2]) Engg. 3. September 1920.

Verdichten. 223

$$\eta_{th} = \frac{427 N_i}{H_u \cdot B} \quad \text{v. H.} \quad 27{,}5 \quad 29{,}7 \quad 31{,}6 \quad 33{,}4 \quad 34{,}9 \quad 36{,}2 \quad 37{,}2$$

p_i . . . . at 8,645   9,009   9,345   9,66   9,94   10,22   10,444

Ergebnisse dieser Versuchsmaschine, die sich auch zur Beurteilung ihrer allgemeinen Bauart eignen, sind für den Betrieb mit $\varepsilon = 6$ in Abb. 390 und in der nachstehenden Zahlentafel enthalten:

Versuche an der Maschine von Ricardo.

Drehzahl Uml/min	Bremsleistung N_e PS[1])	Indizierte Leistung N_i PS	Mechan. Wirkungsgrad η_m v. H.	Mittl. wirksamer Kolbendruck p_e at	Mittl. indiz. Kolbendruck p_i at	Mittl. Kolbengeschwindigkeit c m/s	Mittl. Gasgeschwindigk. i. Einlaßvent. m/s
700	13,7	15,2	90,0	8,505	9,418	4,74	15,7
900	17,9	19,9	90,0	8,61	9,455	6,10	20,1
1100	22,0	24,5	89,8	8,68	9,681	7,43	24,7
1300	26,2	29,4	89,3	8,75	9,835	8,82	29,1
1500	30,4	34,5	88,3	8,785	9,975	10,2	33,8
1700	34,6	39,8	87,0	8,82	10,185	11,5	38,1
1900	38,6	45,1	85,5	8,82	10,339	12,7	42,5
2100	42,0	50,3	83,5	8,715	10,395	14,2	47,1
2300	44,3	54,9	80,7	8,379	10,36	15,6	51,5

Aus den mitgeteilten Versuchsergebnissen kann man den Schluß ziehen, daß die Erhöhung des Verdichtungsverhältnisses unter allen Umständen so große wirtschaftliche Vorteile mit sich bringt, daß man sie möglichst weit ausnützen muß. Die Grenze des zulässigen Verdichtungsverhältnisses ist, abgesehen von der Widerstandsfähigkeit der Zündkerzen und der Kolben gegen die höhere Erwärmung, wie schon auf S. 65 erörtert, vor allem in dem Verhalten der Brennstoffe und im Auftreten des „Klopfens" gegeben. Da außerdem der Enddruck der Verdichtung

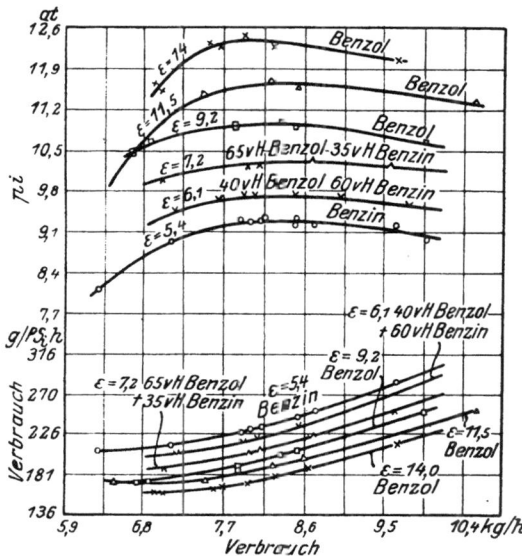

Abb. 391. Erreichbare mittlere Kolbendrücke bei verschiedenen Brennstoffen.

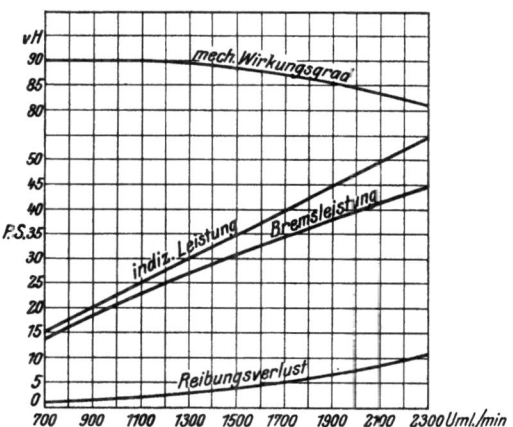

Abb. 392. Ergebnisse der Versuche von Ricardo bei $\varepsilon = 6$.

vom Anfangsdruck abhängt, wird das zulässige Verdichtungsverhältnis auch durch die Drehzahl der Maschine und den Außendruck der Luft beeinflußt, von denen der Füllungsgrad η_l des Zylinders abhängt. So ist bekannt, daß das „Klopfen" am ehesten eintritt, wenn die Maschine mit voll geöffneter Drossel langsam läuft, z. B. beim Bergauffahren, weil dann η_l höher als bei schnellem Maschinengang ist. Den Einfluß des Außendruckes auf den Enddruck der Verdichtung benützt man ferner bei Flugmotoren dazu, um den Leistungsabfall auszugleichen, der sonst infolge des in größeren Flughöhen abnehmenden Luftdruckes unvermeidlich wäre, vgl. S. 190.

Weißhaar hat mit Berücksichtigung der Veränderlichkeit der spezifischen Wärmen berechnet[2]), in welcher Weise sich die Hauptwerte eines bei $\varepsilon = 5$ aufgenommenen Diagrammes mit dem Verdichtungsverhältnis verändern, Abb. 393; namentlich ist auch der Einfluß des

---

[1]) Engl. Pferdestärken = 1,0139 metrische PS.   [2]) Z. Flugtechn., H. 11/12, 1919.

Abgasrestes im Verdichtungsraum auf die Anfangstemperatur T_a der angesaugten Ladung, auf die Endtemperatur T_e der Verdichtung, auf die Verpuffungstemperatur

$$T_2 = T_e + \frac{Q_1}{c_v G_e} \quad (Q_1 = \text{Verbrennungswärme,})$$
$$(G_e = \text{Gewicht der Gesamtladung}),$$

auf den Verpuffungsdruck p_2, auf den Füllungsgrad η_l, auf den thermodynamischen Wirkungsgrad η_{th} und auf die Bremsleistung N_e gewertet, wobei ein bestimmter Heizwert der Zylinderladung zugrunde gelegt ist und allerdings vom Einfluß des Verdichtungsverhältnisses auf den mechanischen Wirkungsgrad abgesehen ist.

In der Regel wird nun bei sogenannten Höhenmotoren die Aufgabe gestellt, die Leistung bis zu einer bestimmten Höhe, also bis zu einem gewissen Mindestluftdruck unveränderlich zu erhalten. Diese Aufgabe kann man heute auf drei verschiedenen Wegen lösen:

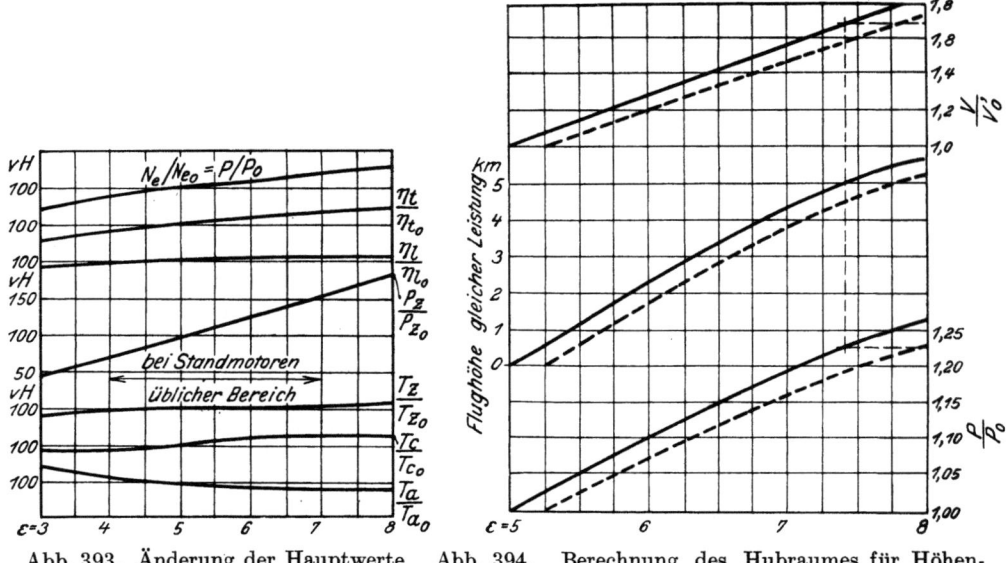

Abb. 393. Änderung der Hauptwerte eines Flugmotors mit dem Verdichtungsverhältnis.

Abb. 394. Berechnung des Hubraumes für Höhenmotoren nach Weißhaar.

1. Man bemißt das Verdichtungsverhältnis so hoch, daß die Maschine bei voll geöffnetem Vergaser in der angegebenen Höhe die gewünschte Leistung ergibt. In geringerer Höhe muß man dann Überleistungen der Maschine, die zu Überhitzung und zu Überbelastungen des Triebwerkes führen würden, durch Drosseln des Vergasers verhindern. Diese reine Überverdichtung ist nur für verhältnismäßig geringe Höhenunterschiede 3000 bis 4000 m) verwendbar, weil sonst die Betriebsicherheit der Maschine durch versehentliches Öffnen des Vergasers in geringer Höhe zu leicht gefährdet wird. Außerdem hat es den Nachteil, daß infolge der starken Drosselung auf dem Boden die arbeitende Gemischmenge sehr gering, also das Diagramm zu dünn wird, so daß die Arbeitsweise der Maschine durch äußere Einflüsse verhältnismäßig stark verändert werden kann.

2. Man steigert das Verdichtungsverhältnis in geringerem Maß, als der Höhengrenze der Leistung entsprechen würde, vergrößert aber andererseits auch den Hubraum, derart, daß beide Änderungen zusammen die vorgeschriebene Leistung N in der gegebenen Höhe liefern. Diese vereinigte Überbemessung und Überverdichtung ist nach unserer heutigen Kenntnis das zweckmäßigste Verfahren zum Ausgleich des Leistungsabfalles bei Flugmotoren für Höhen über 4000 m. Nimmt man hierbei an, daß die Verpuffungsdrücke p_2 und die Verpuffungstemperaturen T_2 zur Vermeidung von Überbeanspruchungen bestimmte, durch die Erfahrungen mit Verdichtungsverhältnissen von $\varepsilon = 5$ auf dem Boden gegebene Werte nicht übersteigen sollen, so kann man für jede Grenzhöhe die entsprechende größte zulässige Erhöhung des Verdichtungsverhältnisses berechnen und damit den Hubraum v bestimmen, den man braucht, um die geforderte Leistung zu erzielen, s. Abb. 394.

Soll z. B. der Hubraum einer Maschine mit 6 Zylindern berechnet werden, die bis zu 5000 m Höhe die Leistung von $N = 200$ PS bei $n = 1400$ Uml/min beibehält, so kann man aus Abb. 394 mittels der angedeuteten Hilfskonstruktion $\varepsilon = 7,4$, $p = 1,225\, p_0$ und $v = 1,68\, v_0$

entnehmen, worin p_0 der mittlere Kolbendruck und v_0 der Hubraum für den Betrieb der Maschine mit voll geöffneter Drossel in Meereshöhe sind. Setzt man ferner $p_0 = 7{,}5$ at, so ergibt sich der gesuchte Hubraum aus

$$v = \frac{9000 \cdot 1{,}68\, N}{6 \cdot 75000 \cdot 1{,}225\, n} = 0{,}0039 \text{ m}^3$$

Das Verfahren der vereinigten Überverdichtung und Überbemessung wendet man in neuester Zeit auch bei Wagenmaschinen, z. B. der Maybach-Motorenbau-G. m. b. H., Friedrichshafen a. B., an, um das Wechselgetriebe zwischen Maschine und Hinterachse zu vermeiden oder seinen Gebrauch wenigstens auf die größten Steigungen zu beschränken[1]). Hierbei wird die Mehrleistung ausgenützt, welche die sonst nur gedrosselt laufende Maschine bei voller Öffnung des Vergasers liefert.

3. Den dritten Weg zum Ausgleich des Leistungsabfalls einer Fahrzeugmaschine bei verringertem Luftdruck bietet das Verfahren des künstlichen Aufladens des Zylinders mittels

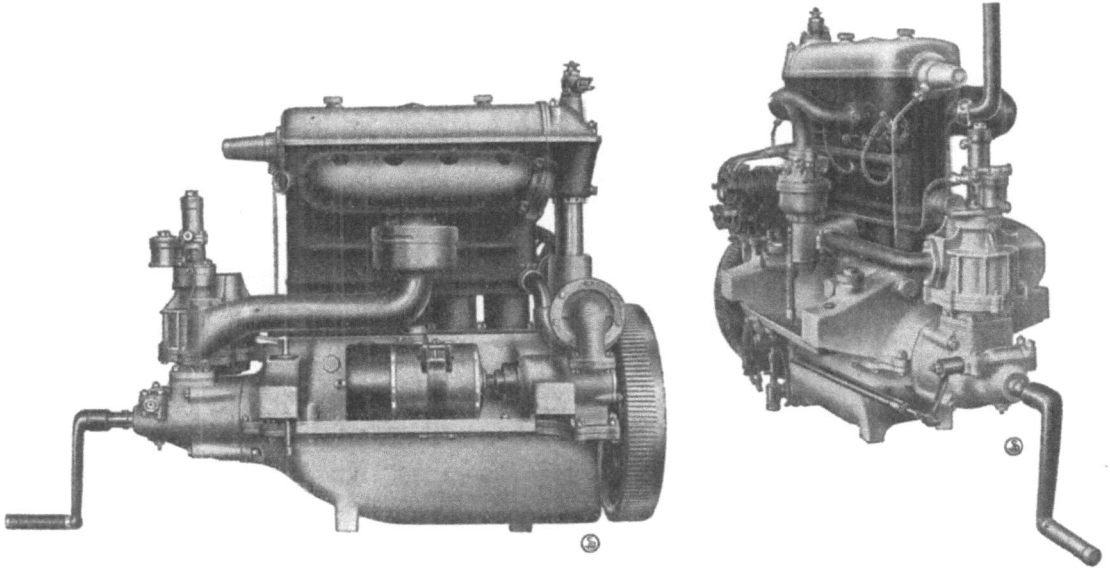

Abb. 395 und 396. Wagenmaschine mit Ladegebläse von Daimler.

eines Gebläses. Das ist insofern das vollkommenste Verfahren, als es, abgesehen von dem verminderten Rückdruck des Auspuffes, die Druck- und Temperaturgrenzen des Arbeitsvorganges im Zylinder aufrecht erhält, also Überbeanspruchung oder Überhitzung ausschließt, so lange man den Ansaugdruck bei jedem beliebigen Außendruck auf derjenigen Höhe erhält, welche dem Betrieb der Maschine auf dem Boden entspricht. Allerdings bereitet hier wieder die Wahrung der Betriebsicherheit des Gebläseantriebes und die Verhinderung von Zündungsrückschlägen in die mit brennbarem Gemisch gefüllte Druckleitung des Gebläses noch Schwierigkeiten. In Deutschland haben sich aber mehrstufige Turbogebläse mit Antrieb durch Zahnrädervorgelege bei Versuchen wiederholt bewährt[2]), im Ausland hat man auch den Vorschlag von Rateau, die Energie der Auspuffgase der Maschine für den Betrieb einer Gasturbine auszunützen, die mit einem Gebläserad gekuppelt ist, mit Erfolg ausgeführt[3]).

Auch von diesem Verfahren macht man übrigens in der neuesten Zeit bei Wagenmaschinen Gebrauch, um durch Aufladen der Zylinder mit vorverdichtetem Gemisch ihre Leistung vorübergehend wesentlich zu steigern und besonders hohe Geschwindigkeiten zu erzielen. Z. B. hat sich die Daimler-Motoren-Gesellschaft, Untertürkheim, seit einigen Jahren mit Versuchen dieser Art beschäftigt, die in neuerer Zeit zum Abschluß gelangt sind. Die neue 10/40 PS-Maschine dieser Firma, Abb. 395 und 396, trägt vorn zwischen Andrehkurbel und Kurbelgehäuse ein Kapselgebläse, das mittels einer Reibkupplung und eines Kegelrädergetriebes von der Kurbelwelle aus bewegt wird. Dieses Gebläse saugt Luft, die gegebenenfalls am Auspuffkrümmer vorgewärmt wird, an und drückt sie mit einem gewissen Überdruck in den Mischraum

---

[1]) Vgl. Z. V. d. I. 1921, S. 1156. [2]) Z. V. d. I. 1919, S. 995.
[3]) Génie civil 20. März 1920; E. Review Januar 1920.

des Vergasers. Über dem Gebläse liegt eine Brennstoffpumpe, die das Schwimmergehäuse speist. Das Gebläse wird dadurch eingerückt, daß man den Drosselhebel über eine bestimmte Grenze hinaus niederdrückt. Dadurch rückt man die Kupplung des Gebläseantriebes ein, gleichzeitig wird aber eine Klappe am Vergaser geschlossen, die bis zu dieser Stellung des Drosselhebels den Zutritt von Außenluft zum Vergaser vermittelt hat.

Um das Druckgefälle zu erzeugen, das für den Betrieb des Vergasers notwendig ist, muß man bei solchen Maschinen auch das Schwimmergehäuse dicht verschließen und unter den erhöhten Druck der angesaugten Luft setzen. Man hat dies früher zu vermeiden gesucht, indem man nicht die angesaugte Luft, sondern das fertige Gemisch verdichtete; allein dieses Verfahren

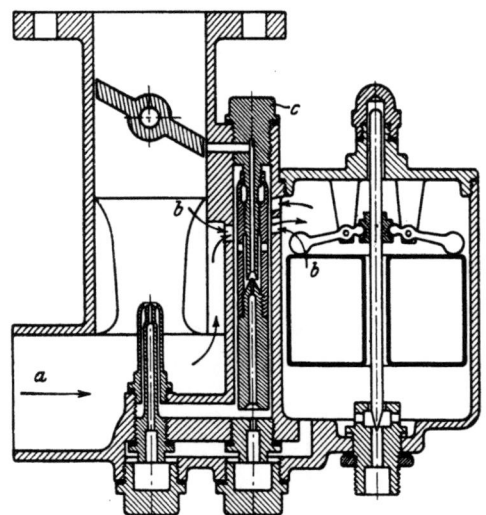

Abb. 397. Zenith-Vergaser für Wagenmaschinen mit Gebläse.

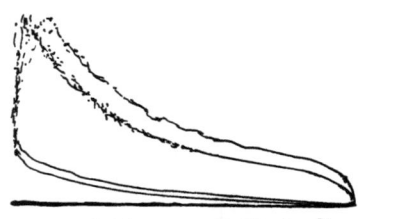

Abb. 398. Vergleich von Indikatordiagrammen bei Betrieb mit und ohne Auflagung.

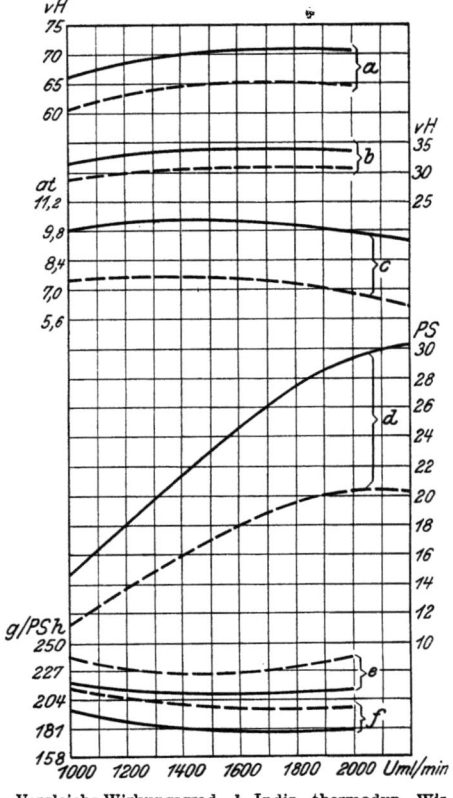

a Vergleichs-Wirkungsgrad, b Indiz. thermodyn. Wirkungsgrad, c Höchster mittl. nutzbarer Kolbendruck, d Höchste Nutzleistung, e Brennstoffverbrauch, bezogen auf die Nutzleistung, f Brennstoffverbrauch, bezogen auf die indiz. Leistung.
——— mit Vorverdichtung, - - - - ohne Vorverdichtung.

Abb. 399. Vergleichende Versuche von Ricardo bei Betrieb ohne und mit Auflagung. $\varepsilon = 5$.

hat, abgesehen davon, daß Zündungen ins Gebläse zurückschlagen und dieses beschädigen können, bei Betrieb mit schlechtverdampfbaren Brennstoffen den Nachteil, daß sich flüssiger Brennstoff an verschiedenen Stellen der langen Ansaugleitung abscheiden kann. Eine einfache Lösung der Vergaserfrage, die von der Zenith-Vergaser-Gesellschaft, Berlin, herrührt, zeigt Abb. 397. Das Ansaugrohr a, das durch eine Kupferleitung mit dem Gebläse verbunden ist, steht über die Bohrungen b, b des Düsenstockes c mit dem Innern des Schwimmergehäuses so in Verbindung, daß die Druckverhältnisse die gleichen wie beim Betrieb ohne Gebläse bleiben.

Besonders schwierig scheint es auch, beim Betrieb mit den heutigen flüssigen Brennstoffen das schon erwähnte „Klopfen" zu vermeiden. Die einzigen Versuchsergebnisse, die heute auf diesem Gebiet vorliegen, rühren von H. R. Ricardo her, der das Klopfen durch künstliches Verdünnen des brennbaren Gemisches mittels gekühlter Auspuffgase vermeidet und schon mit ganz geringen Zusätzen von Auspuffgas in den vom Vergaser angesaugten Luftstrom sehr gute Erfolge erzielt haben will. Abb. 398 zeigt einen Vergleich der mit einem optischen Indikator von Hopkinson aufgenommenen Diagramme der Versuchsmaschine ohne und mit Aufladung, Abb. 399 eine Zusammenstellung der Hauptergebnisse dieser Versuche an einer Maschine von 110 mm Zylinderdurchmesser und 150 mm Hub mit $\varepsilon = 5$, gleichfalls ohne und mit Aufladung, die in der nachstehenden Zahlentafel enthalten sind:

Versuche mit künstlicher Aufladung.

Uml/min	Höchstleistung N_e PS[1])	Höchster mittl. Kolbendruck p_e at	Brennstoffverbrauch effektiv g/PS$_e$ h	Brennstoffverbrauch indiziert g/PS$_i$ h	Therm. Wirkungsgrad, bez. auf die indizierte Leistung v. H.
		Betrieb ohne Aufladung			
1000	11,2	7,42	238	215	28,6
1200	13,5	7,56	231	206	29,9
1400	15,9	7,63	226	200	30,7
1600	17,9	7,56	226	199	30,9
1800	19,7	7,35	233	198	31,0
2000	20,6	6,93	242	199	30,9
2200	20,5	6,30	—	—	—
		Betrieb mit Aufladung			
1000	14,7	9,80	218	196	31,4
1200	18,0	10,01	210	188	32,7
1400	21,2	10,22	208	185	33,4
1600	24,6	10,36	208	182	33,8
1800	27,5	10,22	208	181	34,0
2000	29,6	9,87	213	183	33,7
2200	30,5	9,31	—	—	—

Die Wirkungsgrade sind hier allerdings nicht sehr günstig, namentlich wenn man berücksichtigt, daß sie nur auf die indizierte Leistung berechnet sind, also den Verbrauch der Ladepumpe nicht einschließen; jedenfalls hat man bei ähnlichen Maschinen ohne Aufladung schon bessere Werte erzielt. Vielleicht liegt das daran, daß die Verbrennung durch den Zusatz von Auspuffgasen künstlich verzögert worden ist.

Um das Verdichtungsverhältnis einer gegebenen Maschine zu verändern, was namentlich bei Versuchen an neu entworfenen Bauarten oft notwendig ist, setzt man entweder den Zylinder durch Unterlegen von Blechen etwas höher, wodurch man einen größeren Verdichtungsraum erhält, oder man wechselt den Kolben gegen einen anderen mit größerem Abstand zwischen Boden und Zapfen aus, wenn man den Verdichtungsraum verkleinern will.

Der große Einfluß des Verdichtungsverhältnisses auf die Leistung einer Fahrzeugmaschine läßt es aber verständlich erscheinen, daß man sich auch mit der Aufgabe, das Verdichtungsverhältnis während des Maschinenganges zu verändern, um in der Leistung besonders weitgehend regelbare Maschinen zu erhalten, vielfach beschäftigt hat, die sich auf diesem Wege nicht lösen läßt. Sieht man hierbei auch ab, von den bei schnellaufenden Maschinen aussichtslos scheinenden Vorschlägen, den wirksamen Kolbenhub durch Verstellen eines Gegenlenkers zur Pleuelstange zu verändern, wie z. B. bei der Maschine von Gill und Aveling[2]), so scheint es doch nicht unmöglich, innerhalb der geringen Grenzen, die hier in Betracht kommen, eine ausreichende Veränderlichkeit des Hubes durch Verdrehen eines exzentrisch gelagerten Kurbelzapfens oder einer darauf gelagerten exzentrischen Pleuelkopfbüchse zu erzielen.

Zum Messen des Verdichtungsverhältnisses benützt man in der Regel Petroleum, das man in den Kopf des Zylinders einfüllt, während der Kolben genau im oberen Totpunkt steht. Aus dem so ermittelten Inhalt des Verdichtungsraumes und dem bekannten Inhalt des Hubraumes kann man dann das Verdichtungsverhältnis leicht berechnen. Eine genauer arbeitende Meßvorrichtung dieser Art, die im amerikanischen Bureau of Standards durchgebildet wurde[3]), beruht auf dem Gedanken, die im Verdichtungsraum auftretende Drucksteigerung mit derjenigen zu vergleichen, welche in einem Raum von bekanntem Inhalt auftritt. An die Enden eines U-Rohrmanometers werden der Verdichtungsraum und der Meßraum angeschlossen, deren Inhalt mittels zweier angeschlossenen Hilfszylinder um genau gleichviel verkleinert wird. Zeigt dann das Manometer keinen Ausschlag an, so beweist dies, daß gleiche Hübe der Hilfskolben in den beiden Räumen gleiche Drucksteigerungen hervorbringen, also die Inhalte des Ver-

---

[1]) Engl. Pferdestärken.   [2]) Motorwagen 1912, S. 799.   [3]) Automot. Ind. 3. Februar 1921.

dichtungsraumes und des Vergleichsraumes, der in sehr feinen Stufen verändert werden kann, genau gleich groß sind. Vor der Messung werden durch einen einfachen Kunstgriff auch die Verluste durch Undichtheit in den beiden Räumen ausgeglichen.

Soll eine gegebene Maschine auf ihr Verdichtungsverhältnis hin ganz genau untersucht werden, so ist es, streng genommen, nicht zulässig, den Hubraum mit dem Inhalt des Verdichtungsraumes ins Verhältnis zu setzen, sondern man muß dann Beginn und Ende der Verdichtung entsprechend der Einstellung der Steuerung genau berücksichtigen. Da das Ende des Ansaughubes in der Regel hinter dem unteren Totpunkte liegt, so findet die Verdichtung des Gemisches nicht mehr auf der ganzen Hublänge, sondern nur auf einem Teil des Rückhubes statt, der etwa 0,9 betragen dürfte. In die Rechnung wäre somit statt des ganzen Hubraumes nur 90 v. H. davon einzuführen. Damit sich in den einzelnen Zylindern keine verschieden großen Enddrücke der Verdichtung ergeben, empfiehlt es sich auch nicht, die Ladungen dadurch auszugleichen, daß man die Einströmventile verschieden spät schließen läßt, sondern nur dadurch, daß man sie verschieden zeitig hinter dem oberen Totpunkt öffnet. Das ist aus anderen Gründen auch schon weiter oben, S. 217, empfohlen worden. Während des Verdichtens wird ferner das Gemisch durch die heißen Wände des Zylinders und des Zündraumes erheblich erwärmt, was den Einfluß des verspäteten Schließens der Einströmventile auf den Enddruck der Verdichtung wieder etwas ausgleicht. Welcher Einfluß aber überwiegt und wie weit es zulässig ist, bei der Berechnung des Enddruckes der Verdichtung an die Stelle des tatsächlichen Verdichtungsverhältnisses lediglich das Raumverhältnis $\dfrac{v_h + v_e}{v_e}$ einzuführen, ist nur durch Versuche zu klären.

Zündung und Expansion.

Gegen Ende der Verdichtung wird das Gemisch entzündet. Der Zeitpunkt der Zündung wird dadurch bestimmt, daß im oberen Totpunkt der höchste Druck im Zylinder erreicht und die Ladung somit vollständig verbrannt sein soll, derart, daß sich im Indikatordiagramm die Linie der Drucksteigerung infolge der Zündung der Linie der Verdichtung möglichst gleichförmig anschließt. In diesem Falle werden auch Stöße, die bei allzu frühem Zünden auftreten können, vermieden, und die höchste Leistung der Maschine erreicht. Die Stöße bei zu frühem Zünden, welche dem Triebwerk der Maschine ganz besonders gefährlich sind, rühren wahrscheinlich davon her, daß sich schon beim Verdichten am Ende des Hubes brennendes Gemisch bildete und daher den Druck im Zylinder zu schnell steigert. Ähnliche Wirkungen rufen auch Selbstzündungen hervor (Klopfen), die z. B. durch die Eigenschaften des Brennstoffes oder im Zylinder zurückgebliebene glühende Kohlenreste veranlaßt werden. Andererseits nimmt die Leistung ab, wenn zu spät gezündet worden ist, vgl. a. S. 229. Die günstigste Einstellung der Zündung hängt in der Regel von der Belastung und von der Drehzahl der Maschine ab und muß durch Versuche ermittelt werden. Daher muß der Zündzeitpunkt auch dort, wo er durch die Steuerung bestimmt ist, wie bei Abreißzündungen, immer veränderlich sein.

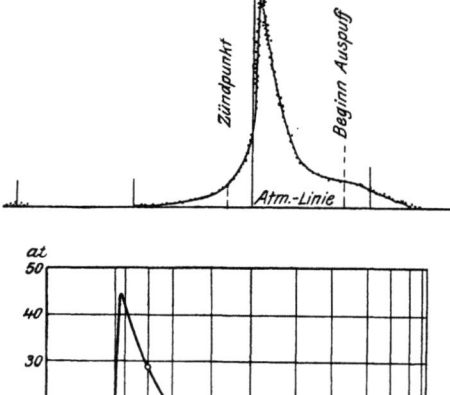

Abb. 400. Indikatordiagramm eines Austro-Daimler-Flugmotors.

Wie weit die erörterten Anforderungen an den Zündzeitpunkt im praktischen Betrieb der Fahrzeugmaschinen erfüllt werden, läßt sich in Ermanglung zuverlässiger Indikatoren schwer nachprüfen. Aus dem in Abb. 400 wiedergegebenen Diagramm eines Austro-Daimler-Flugmotors, das bei 1400 Uml/min mittels punktweiser Bestimmung des Druckverlaufes aufgenommen ist und bei $\varepsilon = 5{,}59$ als Höchstdruck etwa 44 at, als mittleren indizierten Kolbendruck $p_i = 10{,}395$ at ergibt, während aus der Bremsleistung der mittlere wirksame Kolbendruck $p_e = 9{,}38$ at berechnet worden ist, sollte man wenigstens schließen, daß günstige Betriebsverhältnisse auch dann noch nicht erreicht werden können, wenn der Zünddruck im Totpunkt noch nicht seinen Höchstwert hat, sondern noch während des Kolbenniederganges wesentlich zunimmt. Allein man muß hierbei berücksichtigen, daß dieses Diagramm bei 1400 Uml/min, der üblichen Betriebszahl der mit der Schraube gekuppelten Flugmotoren, aufgenommen ist, während die übliche Wagenmaschine mindestens doppelt so schnell läuft.

Das Gleiche gilt bezüglich der von Wawrziniok[1]) zusammengestellten Indikatordiagramme einer 35 PS-Lastkraftwagenmaschine der Daimler-Motoren-Gesellschaft, Abb. 401, die den Einfluß des Zündzeitpunktes auf die Leistung N_e und den mittleren indizierten Kolbendruck p_{im} sehr anschaulich zeigen. Läßt sich aus diesen Diagrammen schließen, daß die größte mögliche Vorzündung, bei welcher der Höchstdruck genau im Totpunkt auftritt, nicht immer auch die beste Leistung bei der betreffenden Drehzahl zu liefern braucht, so kann man diese Folgerung doch nicht verallgemeinern und namentlich auf die wesentlich schneller laufenden Maschinen von Personenwagen übertragen.

Angesichts der Schwierigkeit, die Vorgänge im Zylinder einer Fahrzeugmaschine mittels des Meßgerätes zu verfolgen, ist es für den entwerfenden Ingenieur um so wichtiger, einen An-

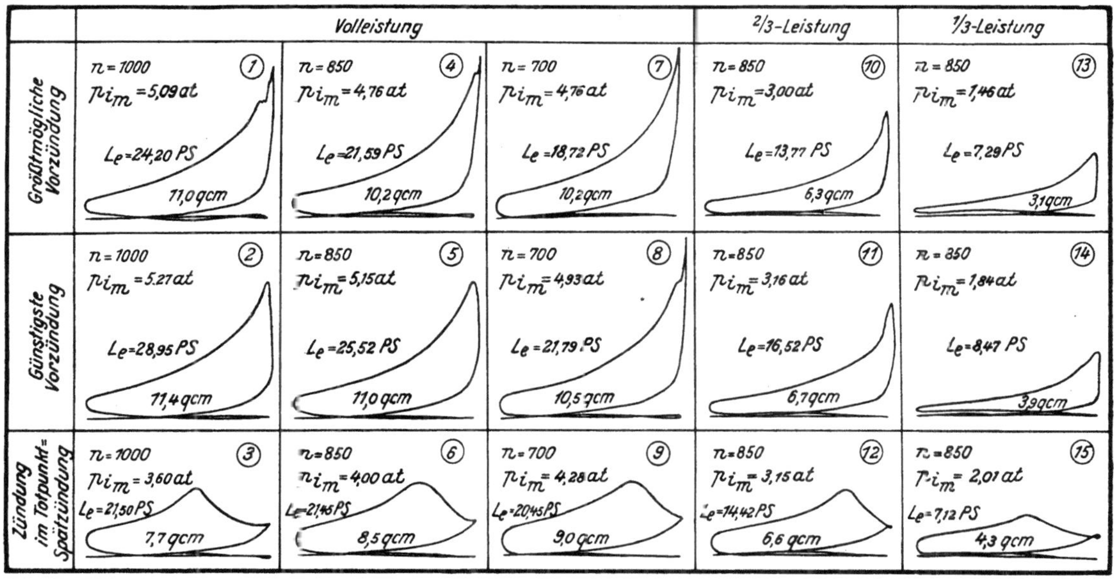

Abb. 401. Einfluß des Zündpunktes auf die Leistung.

halt für den Höchstdruck nach dem Zünden zu gewinnen. Allerdings ist auch die Berechnung nur mit vereinfachenden Annahmen leicht durchführbar.

Wir sehen also von der Wärme der verbrannten Gase ab, welche nach dem Auspufftakt im Verdichtungsraum zurückbleibt, und nehmen ferner an, daß bei Beginn des Verdichtens, d. h. angenähert im unteren Totpunkt der ganze Zylinder vom Inhalt $v_a = v_h + v_c$ unter dem Anfangsdruck $p_a = 1$ at steht. Seine Ladung Q, bezogen auf 1 kg verbrauchten Brennstoff, besteht dann aus $L + 1$ kg brennbarem Gemisch, wenn L den Luftfaktor des Mischungsverhältnisses bedeutet, und aus einem Gasrest, der stets das $\dfrac{1}{\varepsilon - 1}$ fache der frischen Ladung beträgt.

Das Gesamtgewicht der Ladung ist daher

$$Q = (L+1)\left(1 + \frac{1}{\varepsilon - 1}\right) = \frac{\varepsilon}{\varepsilon - 1}(L+1).$$

Wird nun die Ladung im Zylinder verdichtet, so steigt ihr Anfangsdruck $p_a = 1$ at auf $p_e = p_a \varepsilon^k$ und ihre absolute Anfangstemperatur, die, angenommen, $T_a = 273 + 27 = 300^0$ C betragen möge, auf $T_e = T_a \varepsilon^{k-1}$, adiabatischen Verdichtungsvorgang vorausgesetzt.

Im Augenblick der Zündung, die, wie angenommen werde, im oberen Totpunkt beginnt und beendigt wird, führt man der auf den Druck p_e verdichteten Ladung Q die Verbrennungswärme der Ladung zu, wodurch sich ihre Temperatur T_e nach bekannten Gesetzen[2]) auf

$$T_2 = T_e + \frac{H}{c_v Q}$$

---

[1]) Mitt. d. Instit. f. Kraftfahrwesen a. d. Techn. Hochschule Dresden, 1. Bd.
[2]) Hütte, 22. Aufl., II, S. 253.

erhöht. Hierin ist c_v ein mittlerer Wert der wahrscheinlich mit dem Druck und der Temperatur stark veränderlichen spezifischen Wärme, wofür man angenähert 0,25 setzen darf, H der obere Heizwert des Brennstoffes in kcal/kg, für Benzin also rd 10000 kcal/kg. Nimmt man an, daß sich die Änderung von Temperatur und Druck im Augenblick der Verpuffung isothermisch vollzieht, so erhält man schließlich den Höchstdruck der Verbrennung aus $p_2 = p_e \dfrac{T_2}{T}$.

Beispiel:

Für $\varepsilon = 5$ und $L = 15$ ist $Q = 18,75$, für $k = 1,4$, $p_e = 9,496$ at und $T_e = 571^0$ abs. Mit $c_v = 0,25$ und $H = 10000$ wird $T_z = 571 + 2130 = 2701^0$ abs. und $p_2 \sim 45$ at.

Der wirkliche Verpuffungsdruck ist im allgemeinen um rd 15 v. H. niedriger, da die Wärmeverluste nicht berücksichtigt und auch die vereinfachenden Annahmen geeignet sind, zu hohe Drücke zu ergeben. Man erkennt aber doch aus dem Beispiel, wie stark sich die Verpuffungsdrücke und die Beanspruchungen mit zunehmendem Verdichtungsverhältnis steigern, und daß die Grenze der Betriebsicherheit sehr schnell erreicht werden kann, wenn man, wie es oft geschieht, bei einer Maschine von gegebenen Triebwerkabmessungen das Verdichtungsverhältnis erhöht, um bessere Leistung zu erzielen.

An die Verbrennung schließt sich unmittelbar die Expansion an, deren Verlauf man beim Entwurf des Indikatordiagramms mit genügender Annäherung eine Adiabate mit $k = 1,4$ zugrunde legen kann. In Wirklichkeit verläuft die Linie, ähnlich wie etwa bei hoch überhitztem Wasserdampf, etwas steiler, weil im oberen Teil der Expansion verhältnismäßig mehr Wärme an die gekühlten Zylinderwandungen abgegeben wird. Die Größe dieser Wärmeverluste hängt von

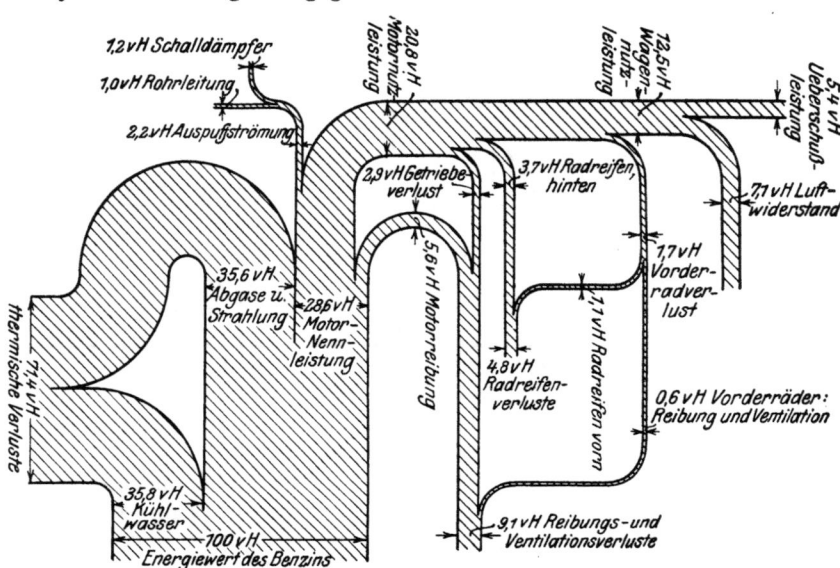

Abb. 402. Wärmebilanz der Maschine von Renault.

der Form des Verdichtungsraumes und insbesondre von dem Verhältnis der den heißen Gasen ausgesetzten Oberflächen zum gesamten Inhalt des Brennraumes ab. Diese Wärmeverluste sind daher bei Zylindern mit hängenden Ventilen oder sonstwie der Kugelform angenähertem Verdichtungsraum wesentlich geringer als bei Zylindern mit seitlichen Ventilen, und darauf gründet sich auch die verhältnismäßig höhere Brennstoffausnützung in Maschinen mit hängenden Ventilen.

Andererseits kann man aber auch annehmen, daß sich bei Maschinen mit hängenden Ventilen der ganze Verlauf der Expansion in höheren Temperaturen bewegt und daß daher die mit den Auspuffgasen abgehende Wärmemenge verhältnismäßig größer ist. So ergeben die Wärmebilanzen der Maschinen von Renault[1]) mit stehenden und von Büssing, Abb. 402 und 403, mit hängenden Ventilen folgende Werte:

		stehende Ventile	hängende Ventile
In Arbeit umgesetzt	v. H.	28,6	27,6
An das Kühlwasser abgegeben	„	35,8	30
Mit den Auspuffgasen abgelassen	„	35,6	42,4

[1]) Wissenschaftliche Automobil-Wertung, Berichte II und VII.

Der Vergleich ist hier nicht ganz leicht, weil es sich um verschiedene Arten von Maschinen handelt, die namentlich verschieden hohe Betriebsdrehzahlen haben. Die Zahlen lassen aber immerhin erkennen, daß sich bei Maschinen mit hängenden Ventilen die auf das Kühlwasser und den Auspuff entfallenden Wärmemengen anders als bei Maschinen mit stehenden Ventilen verteilen.

Die Temperaturen am Ende der Expansion betragen rd 600 bis 700° C, wenn man die Verluste zwischen dem Zylinder und der Meßstelle am Auspuffrohr vernachlässigt, sind also unmittelbar am Zylinder jedenfalls hoch genug, um die Ventile glühend zu erhalten, wenn sie nicht gut gekühlt werden. Ist die Zündung nicht richtig eingestellt oder findet aus anderen Gründen ein Nachbrennen im Zylinder statt, so erhält man noch wesentlich höhere Abgastemperaturen.

Neumann[1]) berechnet aus den an ein Abgaskalorimeter abgegebenen Wärmemengen, daß die Temperatur der Abgase mit wachsender Größe der Vorzündung in folgender Weise abnimmt:

Vorzündung in v. H. des Kolbenweges	Temperatur der Abgase °C
0	1120
4,6	980
9,4	925
16,0	865
24,3	845

Diese Berechnung hat aber zur Voraussetzung, daß die Ladung in der Maschine vollkommen verbrannt worden ist, was nur selten der Fall sein dürfte.

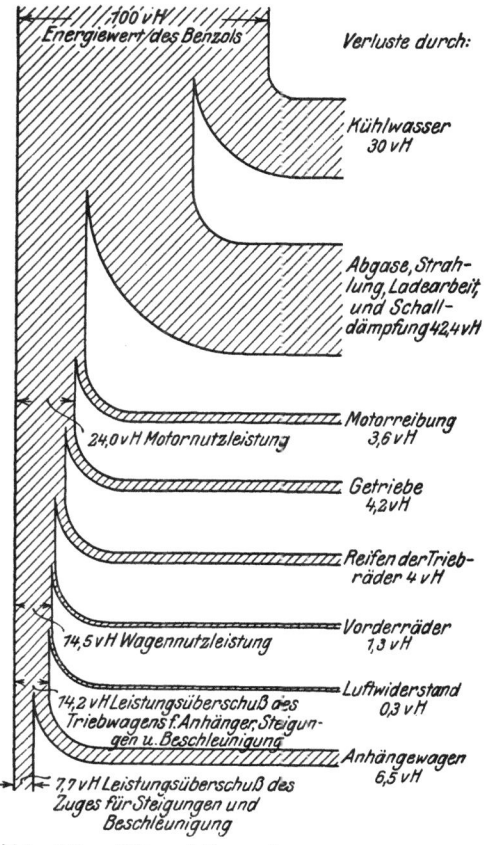

Abb. 403. Wärmebilanz des Büssing-Motors.

Auspuff.

Das Auspuffventil beginnt ziemlich allgemein bei 35 bis 50° vor dem unteren Totpunkt, d. i. etwa 10 bis 18 v. H. des Kolbenhubes, zu öffnen. Da die Auspuffgase bei Volleistung der Maschine dann noch immer unter einem ansehnlichen Druck (bis zu 4 at abs.) stehen, so treten sie mit großer Geschwindigkeit, nach Güldner mit 800 bis 900 m/s, nach Löffler-Riedler im engsten Querschnitt des Ventilspaltes zunächst mit der kritischen Geschwindigkeit $\left(\dfrac{p_1}{p_2} < 0{,}55\right)$ aus und bewirken, daß nicht allein der Druckausgleich mit der Atmosphäre bis zum Hubende ziemlich hergestellt ist, sondern auch bei Beginn des Auspuffhubes ein Unterdruck im Zylinder entstehen kann, der namentlich die Gefahr von Rückzündungen vermindert. Das starke Geräusch, das hierbei entsteht, muß durch Auspufftöpfe gemildert werden. Da nach Schluß des Auspuffventils Schwingungen in der Auspuffleitung entstehen, empfiehlt es sich, den Auspufftopf nahe an der Maschine anzubringen, wo er als Ausgleichbehälter wirken kann. Es liegt nahe, bei verhältnismäßig langhubigen Maschinen das Auspuffventil etwas später zu öffnen und dadurch das Auspuffgeräusch etwas zu mildern. Dadurch wird aber die günstige Entleerung der Zylinder durch das frühzeitige Vorausströmen beeinträchtigt. Zylinder und Verdichtungsraum bleiben bei Beginn des Auspuffhubes mit verbrannten Gasen von annähernd atmosphärischem Druck gefüllt, die bei dem folgenden Aufwärtsgang des Kolbens teilweise ausgeschoben werden. Damit auch hierbei die Massenwirkung der Gassäule ausgenutzt wird, die infolge der Strömungswiderstände durch eine wenn auch geringe Drucksteigerung der Gase im Zylinder unterstützt wird, empfiehlt es sich, das Auspuffventil erst etwa 10° oder 1,5 v. H. hinter dem oberen Hubende zu schließen, im allgemeinen aber nicht später, als das Einströmventil geöffnet wird.

---

[1]) a. a. O. S. 35.

Der große Wärmeverlust, den die mit hoher Temperatur entweichenden Auspuffgase bedingen, ist ein kaum zu beseitigendes Kennzeichen jeder Kolben-Verbrennungsmaschine. Er beträgt selbst bei der besten Wärmeausnutzung in der Maschine immer noch mehr als 35 v. H. der ganzen in der Form von flüssigem Brennstoff zugeführten Wärmemenge und ist bei Fahrzeugmaschinen wohl deshalb noch größer als bei ortfesten Verbrennungsmaschinen, weil bei den Fahrzeugmaschinen das Hubverhältnis aus bereits erörterten Rücksichten kleiner ist und daher die Expansion durch den Auspuff früher unterbrochen werden muß. Alle Kolbenmaschinen leiden aber unter der Unmöglichkeit, das Arbeitsvermögen eines Gases von hoher Temperatur aber geringem Überdruck wirtschaftlich auszunützen. Diese Fähigkeit ist nur Turbinen gegeben, im vorliegenden Falle Gasturbinen, die allerdings mit Ausnahme der bereits erwähnten Versuche von Rateau noch nicht genügend entwickelt sind.

Durch die mit hohen Temperaturen entweichenden Auspuffgase werden ferner die Auspuffventile stark in Mitleidenschaft gezogen. Die Auswahl eines Baustoffes, der diesen Temperaturen auf die Dauer gewachsen ist, hat deshalb lange Zeit Schwierigkeiten bereitet. Man ist hierbei bis zu Nickelstahl von 35 v. H. Nickelgehalt gekommen, der sich wohl gut bewährt hat, allein wegen seiner Gefügeänderungen bei größerem Alter nicht verläßlich genug ist. Andererseits hat es nicht an Vorschlägen gefehlt, den größten Teil der Auspuffgase auch bei Viertaktmaschinen nicht durch ein Auspuffventil, sondern durch eine Reihe von Schlitzen entweichen zu lassen, die von dem Kolben am unteren Hubende freigelegt werden. Die Durchführung dieser Vorschläge scheitert jedoch bei Viertaktmaschinen daran, daß man auch diese Auspufföffnungen mit gesteuerten Ventilen versehen muß, wenn sie nicht den Saughub stören sollen. Steuert man nämlich diese Öffnungen nur durch den Kolben, so werden am Ende des Saughubes die Auspuffgase in den Zylinder zurückgesaugt. Wegen dieser Ventile bedingt aber die Verwendung des sogenannten Hilfsauspuffs eine wesentliche Verminderung der Einfachheit der Maschine, weil das eigentliche Auspuffventil für den Ausschub der verbrannten Gase auch nicht entbehrt werden kann. An die allgemeine Verwendung des Hilfsauspuffs der u. a. von der H. H. Franklin Manufacturing Company in Syracuse, N. Y., bei Maschinen mit Luftkühlung praktisch versucht worden ist[1]), ist daher kaum zu denken.

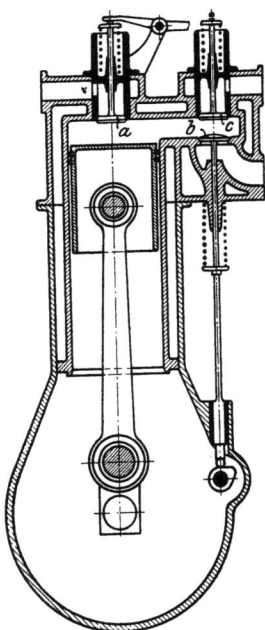

Abb. 404.
Sechstaktmaschine von Rollason.

Es hat auch nicht an Versuchen gefehlt, die Verschlechterung, die das angesaugte frische Gemisch durch die in dem Verdichtungsraum zurückbleibenden Reste an Auspuffgasen erfährt, zu vermindern. Rollason[2]) hat z. B. vorgeschlagen, zwischen den Auspuffhub und den darauffolgenden Saughub einer Viertaktmaschine noch zwei Leerhübe einzuschalten, bei denen frische Luft in die Zylinder angesaugt und hiernach wieder ausgestoßen wird. Diese Sechstaktmaschine, Abb. 404, hat also außer dem üblichen Einströmventil a und dem Auspuffventil b noch ein während des 5. und 6. Taktes offen bleibendes und sich vor dem Öffnen des Einströmventils schließendes Spülventil c, das besonders gesteuert werden muß. Prof. Burstall soll im Maschinenlaboratorium der University of Birmingham Versuche an einer solchen Maschine mit drei Zylindern von 127 mm Durchmesser und 146 mm Hub angestellt und hierbei einen thermischen Wirkungsgrad von 25 v. H. gefunden haben. Für die Zwecke des Fahrzeugbetriebes dürfte aber die Steuerung der Maschine zu verwickelt und die Leistung im Verhältnis zum Gewicht zu gering sein. In der Tat hat diese Maschine z. B. bei 717 Uml/min 14 PS$_e$ geleistet, während man von einer Viertaktmaschine mit gleichen Zylinderabmessungen schon nach der Steuerformel

$$0{,}3 \cdot 3 \cdot 12{,}7^2 \cdot 0{,}146 = 21{,}19 \text{ PS}$$

erwarten müßte. Versuche, den Zylinder kurz nach Beginn des Auspuffs mittels einer Hilfsluftpumpe durchzuspülen, hat auch H. R. Ricardo[3]) angestellt.

Ein anderer, von G. Malliary herrührender Vorschlag[4]) geht dahin, die große Anfangsgeschwindigkeit, mit der die Auspuffgase beim Öffnen des Auslaßventiles des einen Zylinders entweichen, zum Absaugen der Gasreste aus einem anderen Zylinder zu benutzen. Bei einer Vierzylindermaschine, bei der je zwei Kurbeln unter 180°

---

[1]) Vgl. Horseless Age 3. Februar 1909. [2]) Motorwagen 1908, S. 112.
[3]) Automot. Ind. 14. Juli 1921. [4]) Horseless Age 14. Oktober 1908.

gegeneinander stehen, Abb. 405, schiebt in der Tat in dem Augenblick, wo die Auspuffgase aus dem Zylinder A mit großer Anfangsgeschwindigkeit austreten, der Kolben des Zylinders B bei noch geöffnetem Auslaßventil den Rest der Gase noch eben aus. Da die Drücke in den beiden an den gleichen Auspuffkanal angeschlossenen Zylindern so wesentlich verschieden sind, so liegt nahe, daß der letzte Teil des Gasausschubes aus dem Zylinder B durch die von dem auspuffenden Zylinder A verursachte Druckstauung im Auspuffrohr gestört wird, daß also mehr Auspuffgase im Zylinder B zurückbleiben, als wenn jeder Zylinder ein unabhängiges Auspuffrohr hätte. Man hat wohl auch aus diesem Grunde wiederholt Maschinen gebaut, bei denen jeder Zylinder mit einem besonderen Auspuffrohr ins Freie oder in einen allen Zylindern gemeinsamen, aber von der Maschine weiter entfernten Schalldämpfer auspufft. Um zu verhindern, daß der Auspuff des einen Zylinders die Vorgänge in anderen Zylindern zu stark beeinflußt, hat ferner die Singer Motor Co., Long Ilsand City, N. Y., die Auspuffkrümmer ihrer Sechszylindermaschinen in zwei Stränge geteilt, die sich erst am Ende des Krümmers vereinigen, s. Abb. 406 und 407.

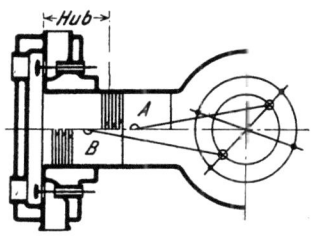

Abb. 405. Überschneiden der Auspuffzeiten zweier benachbarter Zylinder einer Vierzylindermaschine.

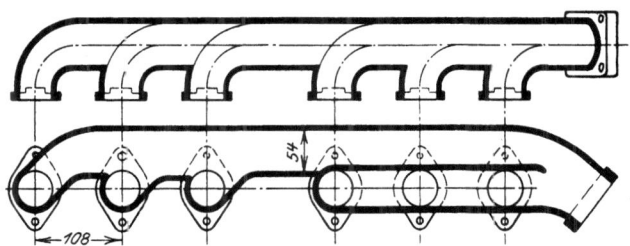

Abb. 406 und 407. Auspuffkrümmer der Singer Motor Co.

Bildet man aber den Auspuffstutzen in der aus Abb. 408 ersichtlichen Weise aus, d. h. führt man jedes Auspuffrohr eines Zylinders in der Form einer kegeligen Düse in den selbst kegelig ausgebildeten Auspuffkrümmer des nächsten Zylinders ein, so bringen die aus dem einen Zylinder austretenden Gase, gleichviel ob sie durch die innere Düse oder durch den Ringraum außerhalb der Düse auspuffen, eine Saugwirkung hervor, die nicht nur verhindert, daß sich die ausgeschobenen Gase in dem Auspuffrohr stauen, sondern sogar in dem gerade im Ausschub begriffenen Zylinder einen Unterdruck erzeugen, also die nachfolgende Füllung mit frischem Gemisch begünstigen. Arbeiten z. B. im

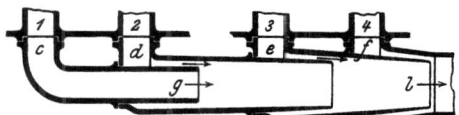

Abb. 408. Auspuffstutzen nach Malliary zum Absaugen der Auspuffgase aus den Zylindern.

vorliegenden Fall die Zylinder in der Reihenfolge 1 — 2 — 4 — 3, so beginnt der Auspuff im Zylinder 2 zu einer Zeit, wo der Zylinder 1 seinen Ausschub beendet. Die durch den Ringspalt d entweichenden Gase reißen daher durch den Krümmer c und das Rohr g einen großen Teil der Auspuffgase aus dem Zylinder 1 mit, die sonst darin verblieben wären und die neue Ladung verschlechtert sowie vermindert hätten. Beim Auspuffen des Zylinders 4 beendet Zylinder 2 seinen Ausschub und es tritt die besprochene Saugwirkung zwischen der Düse l und dem Krümmer f ein. Pufft dann der Zylinder 3 aus, so nehmen seine durch den Ringspalt des Krümmers e strömenden Gase die Reste der aus dem Zylinder 4 auszuschiebenden Gase mit, während der beim Auspuff von Zylinder 1 in der Düse l entstehende Unterdruck das Entleeren des Zylinders 3 begünstigt. Besonders wirksam kann man diese Anordnung gestalten, wenn man, was allerdings aus anderen Rücksichten nicht zu empfehlen ist, die Einlaßventile etwas früher öffnet, als die Auspuffventile geschlossen werden. Man könnte

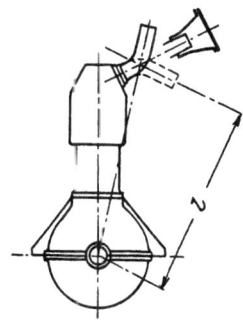

Abb. 409. Rückwirkung des Auspuffs.

dann jeden Zylinder sogar mit brennbarem Gemisch vollständig durchspülen. Das Verfahren ließe sich gegebenenfalls bei Maschinen, die im Vergleich zum Gewicht besonders hohe Leistungen haben sollen und bei denen es auf höheren Brennstoffverbrauch nicht so sehr ankommt, verwerten.

Beim Auspuffen aus dem Zylinder ins Freie üben die verbrannten Gase eine Rückwirkung auf den Unterbau der Maschine aus, die sich in einem Drehmoment um die Wellenachse äußert,

Abb. 409; diese Rückwirkung ist aber im allgemeinen so gering, daß man sie nicht zu berücksichtigen braucht. Nur bei Flugmotoren, deren Leistung auf einem Pendelrahmen gemessen wird, kann das Ergebnis der Messung infolge dieser Rückwirkung bis um 6 v. H. fehlerhaft werden[1]), wenn man nicht durch kurze Rohrstutzen dafür sorgt, daß die Auspuffgase radial zur Drehachse des Pendelrahmens austreten.

Verteilung der Arbeitsvorgänge.

Die Verteilung der Arbeitsvorgänge in einer Vierteltaktmaschine mit 4 Zylindern für den Fahrzeugbetrieb stellt sich mit Rücksicht auf das Vorstehende stwa nach den Abb. 410 und 411 dar. Jedes der Bilder veranschaulicht die Vorgänge, die sich in den 4 Zylindern während einer vollen Umdrehung der Kurbel zu gleicher Zeit abspielen, und zwar vielleicht noch etwas klarer als die Übersichten auf S. 216. Als Reihenfolge der Zündungen ist 1—2—4—3 angenommen. Es ist z. B. schon bei einem Blick auf diese Darstellungen zu erkennen, daß sich in Abb. 410 im oberen Totpunkte Zylinder 1 gerade beim Schließen des Auspuffventils befindet, während im Zylinder 2 der Auspuff eben begonnen hat, im Zylinder 3 der Saughub zu Ende geht und im Zylinder 4 der Krafthub beginnt.

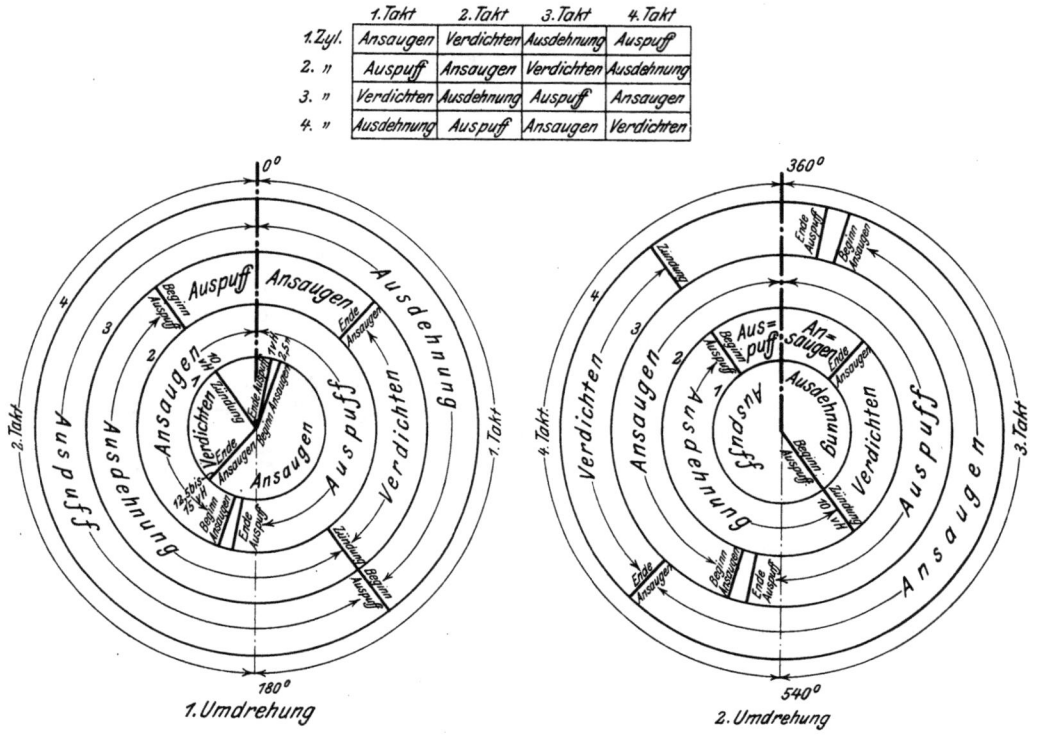

Abb. 410 und 411. Verteilung der Arbeitsvorgänge in den 4 Zylindern einer Fahrzeugmaschine.

Die Größe des Voreilens oder Nacheilens der Ventilbewegungen gegen die Kurbelbewegungen ist im vorstehenden nur annähernd angegeben worden. Die Praxis ist in dieser Hinsicht nicht immer einheitlich[2]).

Insbesondere ziehen es verschiedene Konstrukteure schnellaufender Maschinen vor, die Einlaßventile zu öffnen, bevor die Auspuffventile geschlossen sind. Die nachstehende Zahlentafel enthält einige Angaben über die Ventileinstellung bei einigen neueren deutschen Fahrzeugmaschinen.

---

[1]) Z. V. d. I. 1913, S. 482.
[2]) Im Am. Mach. (Europ. Ed.) 1910, S. 912 findet sich z. B. eine umfassende Zusammenstellung hierüber, welche große Schwankungen der Praxis zeigt.

Ventileinstellungen deutscher Fahrzeugmaschinen.

Hersteller	Fahrzeugmasch. für	Leistung PS	Einlaß		Auslaß	
			öffnet °h. T.-P.	schließt °h. T.-P.	öffnet °v. T.-P.	schließt °h. T.-P.
Audi	Personenwagen	8/22	24	19	21	8
Benz	,,	14/30	2	46	37	17
Protos	,,	10/30	0	39	44	0
Daimler	Flugzeuge	180	2 v. T.-P.	51	52	16
MAN	,,	150	5	45	45	10
Maybach	,,	300	5 v. T.-P.	35	35	7
Büssing	Lastkraftwagen	35	12	12	36	6
Saurer	,,	?	10	20	50	10
Daimler	,,	45	8	23	50	8

Der Vollständigkeit wegen sei noch darauf hingewiesen, daß man die Arbeitsvorgänge auch in einem Zeunerschen Schieberdiagramm darstellen kann, wenn man nach Magg[1]) zwei Kurbelkreise verwendet, s. Abb. 412, deren Mittelpunktverbindung $O_1 O_2$ die Kolbenweglinie darstellt. Auf dem Steuerwellen- oder Exzenterkreis mit dem Mittelpunkt O kann man dann die den einzelnen Steuervorgängen (Aa = Auspuffanfang, Az = Auspuffende), die in v. H. des Kolbenhubes gegeben sind, in Winkeln der Steuerwellendrehung ablesen und danach die Form des Steuerdaumens bestimmen. Zweckmäßig verzeichnet man die Kurbelkreise mit dem Durchmesser von 100 mm, den Exzenterkreis in einfacher maßstäblicher Beziehung zur größten Hubhöhe des Steuerventiles. Nach dem bei Schiebersteuerungen üblichen Verfahren kann man hierbei auch den Einfluß der endlichen Pleuelstangenlänge berücksichtigen.

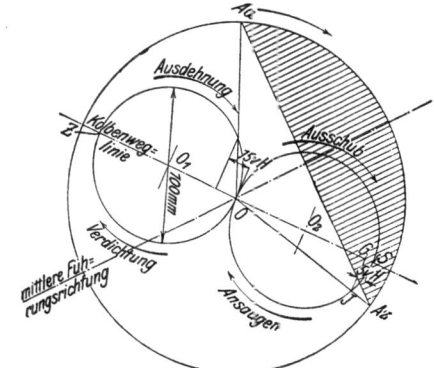

Abb. 412. Darstellung der Arbeitsvorgänge im Zeuner-Diagramm nach Magg.

Sinngemäß kann man auch für Maschinen mit mehr als 4 Zylindern die Reihenfolge der Arbeitsvorgänge derart ermitteln, daß sich die Zündungen in gleichen Zeitabständen folgen. Für eine Maschine mit 6 Zylindern ergibt sich z. B., daß die Kurbeln der Zylinder 1 und 6, 2 und 5, sowie 3 und 4 je gleichliegende Paare bilden müssen, die um 120° gegeneinander versetzt sind; dabei kann das Paar 1 und 6 in der Drehrichtung entweder gegen das Paar 2 und 5 oder gegen das Paar 3 und 4 unter 120° gestellt werden. Die Zündungen folgen sich dann je nach der Kurbelstellung in einem der nachstehenden Sinne:

$$1-5-4-6-2-3$$
$$1-4-5-6-3-2$$
$$1-5-3-6-2-4$$
$$1-4-2-6-3-5$$
$$1-3-2-6-4-5$$
$$1-3-2-6-4-5$$
$$1-2-3-6-5-4$$
$$1-2-4-6-3-5$$

Welche von diesen Anordnungen gewählt wird, hängt von anderen Rücksichten, z. B. von der Herstellung der Kurbelwelle ab. Auch soll man darauf achten, daß das Stück der Kurbelwelle, welches durch zwei unmittelbar aufeinander folgende Explosionsstöße elastisch verdreht wird, nicht zu lang ist. Die gleiche Rücksicht kommt auch für die Inanspruchnahme der Steuerwelle durch den Rückdruck der Ventile in Betracht.

Besondere Verhältnisse liegen bei den Maschinen vor, deren Zylinder nicht in einer Reihe hintereinander angeordnet sind. Handelt es sich um Maschinen der V-Bauart, Abb. 413, so

---

[1]) Z. V. d. I. 1913, S. 263.

kann man jede Zylinderreihe, die einen Schenkel des V bildet, wie eine gewöhnliche Maschine behandeln; mit anderen Worten: die Kurbeln der einen Zylinderreihe sind so gegeneinander zu versetzen, daß sich gleiche Zündabstände ergeben, und die Zündungen der zweiten Zylinderreihe, die sich ebenfalls in gleichen Abständen folgen, sind zwischen die Zündungen der ersten gleichmäßig einzuordnen. Es ergibt sich hieraus, daß bei einer Maschine, die 2 gegeneinandergeneigte Zylinderpaare, also insgesamt 4 Zylinder hat, gleichmäßige Aufeinanderfolge der Zündungen überhaupt nicht möglich ist, solange die Neigung der Zylinderpaare gegeneinander weniger als 180° beträgt und die gebräuchliche Kurbelversetzung von 180° beibehalten wird[1]). Vielmehr folgen bei 90° Winkel zwischen den Seiten des V die Zündungen in jeder der beiden Seiten des V mit 180° und 540° Abstand aufeinander, und der kürzeste Abstand zweier Zündungen voneinander beträgt 90°, der längste Abstand 270°, vgl. auch Abb. 314.

Dagegen kann man bereits bei einer aus zwei Drillingen bestehenden 6 Zylindermaschine gleichförmige Zündabstände von je 120° erhalten, wenn man die Zylindergruppen unter 120° gegeneinander stellt, und bei einer 8 Zylindermaschine gleichförmige Zündabstände von je 90°, wenn man die Zylindergruppen unter 90° gegeneinander stellt. Bezeichnet man die aufeinanderfolgenden Zylinder der einen Gruppe mit 1, 2, 3, 4, und diejenigen der anderen mit I, II, III, IV, so ist die Zündfolge zweckmäßig:

1—4—II—3—IV—1—III—2

und nicht

I—1—II—2—IV—4—III—3,

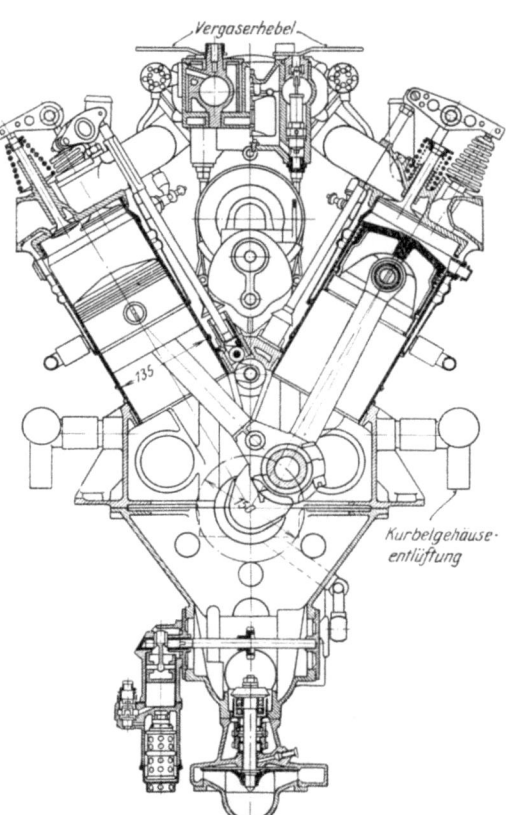

Abb. 413. Maschine mit V-förmig gestellten Zylindern.

damit sich die Beanspruchungen auf die Kurbelwelle gleichmäßiger verteilen. Da nämlich die Zylinder I und 1 auf den gleichen Kurbelzapfen wirken, so würde bei der zweiten Zündfolge jeder Kurbelzapfen kurz nacheinander zwei Krafthübe aushalten müssen. Allerdings hat auch die erste Zündfolge wegen des großen Abstandes der hintereinander zündenden Zylinder Nachteile. Aus den angegebenen Zündfolgen sieht man auch, daß jede Seite der Maschine wie eine gewöhnliche Vierzylindermaschine mit den Zündfolgen

I—II—IV—III und
1—2—4—3

arbeitet. Dementsprechend wären auch noch folgende Zündarten möglich:

I—4—III—2—IV—1—II—3 oder
I—1—III—3—IV—4—II—2,

die aber nicht günstiger sind, als die oben angegebenen.

Mit der Reihenfolge der Zündungen sind alle Arbeitsvorgänge in den Zylindern bestimmt, da es sich immer um Viertaktmaschinen handelt. Beim Aufkeilen der Steuerdaumen auf der gemeinsamen Steuerwelle muß nur noch beachtet werden, daß die Steuerdaumen der einen Maschinenhälfte gegen diejenigen der anderen um den halben Zündabstand + dem Winkel der Zylindergruppen gegeneinander in dem richtigen Sinne verstellt werden müssen. Läuft also die Maschine bei 90° Zylinderwinkel im Sinne des Uhrzeigers und folgen die Zündungen einander gleichmäßig im Abstande von 90° Kurbelwinkel, so müssen die halb so schnell und

---

[1]) Maschinen mit gegenläufigen Kolben haben dagegen schon mit 2 Zylindern eine gleichförmige Aufeinanderfolge der Zündungen.

in entgegengesetzter Richtung umlaufenden Steuerdaumen der linken Maschinenseite um 90 + 45° gegen diejenigen der rechten Maschinenseite vorgedreht werden.

In der Flugtechnik verwendet man auch Maschinen, deren Zylinder sternförmig unter gleichen Winkeln um einen gemeinsamen Kurbelzapfen verteilt sind, Abb. 414. Damit sich auch bei solchen Maschinen die Zündungen auf dem Kurbelkreise in gleichen Abständen folgen, muß die Anzahl der Zylinder ungerade sein[1]). Bei der ersten Kurbelumdrehung zünden dann die Zylinder 1—3—5—7 usw., bei der zweiten die Zylinder 2—4—6. Die Steuerdaumen solcher Maschinen werden auf dem Umfange einer mit der halben Geschwindigkeit der Kurbelwelle umlaufenden Scheibe angeordnet, die sich entgegengesetzt zur Kurbelwelle dreht. Den Winkelabstand β der Steuerdaumen, z. B. für die Einlaßventile, findet man auf Grund folgender Überlegung:

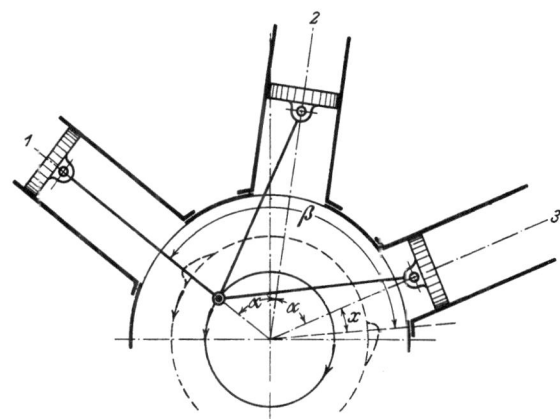

Fig. 414. Maschine mit sternförmiger Zylinderanordnung.

Für die Zylinderzahl n beträgt der Winkel zwischen je 2 Zylindern $a = \dfrac{2\pi}{n}$. Steht ein Steuerdaumen gerade bei dem Zylinder 1 in der wirksamen Stellung, so muß der nächstfolgende Steuerdaumen, da nach dem Zylinder 1 der Zylinder 3 an die Reihe kommen soll, gegen den ersten um $2\alpha +$ dem Winkel x versetzt sein, um den sich die Steuerscheibe dreht, wenn die Kurbel sich vom Zylinder 1 zum Zylinder 3, also um $2a$ weiterdreht. Daneben darf der zweite Steuerdaumen erst dann an die Stelle des ersten bei dem Zylinder 1 rücken, wenn dieser seinen Viertakt vollendet, die Kurbel also zwei volle Umdrehungen gemacht hat. Hieraus ergibt sich

$$\frac{\beta}{x} = \frac{4\pi}{2a}$$

$$na = 2\pi$$

$$\frac{\beta}{x} = n; \quad x = \frac{\beta}{n}$$

$$\beta = 2a + x = \frac{4\pi}{n} + \frac{\beta}{n}$$

$$\beta = \frac{4\pi}{n-1} = \frac{2\pi}{\left(\dfrac{n-1}{2}\right)}.$$

Die Daumenscheibe muß also bei n Zylindern $\dfrac{n-1}{2}$ Daumen haben und entgegengesetzt zur Kurbelwelle mit einer Geschwindigkeit umlaufen, die im Verhältnis $\dfrac{1}{n-1}$ zu derjenigen der Kurbelwelle steht. Die Anzahl der Steuerdaumen ergibt sich, da n ungerade ist, stets als ganze Zahl

Bauteile des Triebwerkes.

Kolben.

Die Kolben werden ohne Ausnahme als lange, einseitig offene Tauchkolben ausgeführt und im allgemeinen aus Gußeisen hergestellt. Ihre Abmessungen bestimmen sich durch die doppelte Aufgabe, den Zylinder abzudichten und als Kreuzköpfe zu dienen. Bestimmend für die Länge ist der größte auftretende Seitendruck, für den man bei etwa vierfacher Stangenlänge

$$N_{max} = 0{,}15\, P_{max}$$

---

[1]) Mém. Soc. Ing. Civ. France, Dezember 1907

annehmen kann. Setzt man den spezifischen Druck auf die Gleitbahn mit

$$k_f = 2,5 \text{ kg/cm}^2$$

fest und nimmt man $P_{max} = 30 \cdot \frac{\pi}{4} D^2$ (D = Zylinderdurchmesser in cm), so erhält man aus

$$k_f \cdot L \cdot D = 0,15 \cdot 30 \cdot \frac{\pi}{4} D^2$$

$$L \sim 1,4 D.$$

Hierin wäre unter L nur die wirklich tragende Kolbenlänge zu verstehen, in welche die Kolbenringe, die lediglich zur Abdichtung dienen, eigentlich nicht eingerechnet werden dürften. Aus Rücksichten auf das Gewicht pflegt man aber die wirkliche Kolbenlänge nicht größer als 1,2 bis 1,3 D zu machen und sich mit entsprechend höheren Gleitbahndrücken abzufinden. Bei den Kolben für Flugmotoren ist man, um an Gewicht zu sparen, sogar bis zu 0,7 D heruntergegangen. Ein Mittel zum Verringern der Gleitbahndrücke bietet die schon auf S. 178 besprochene Versetzung der Zylinder gegen die Kurbelwelle.

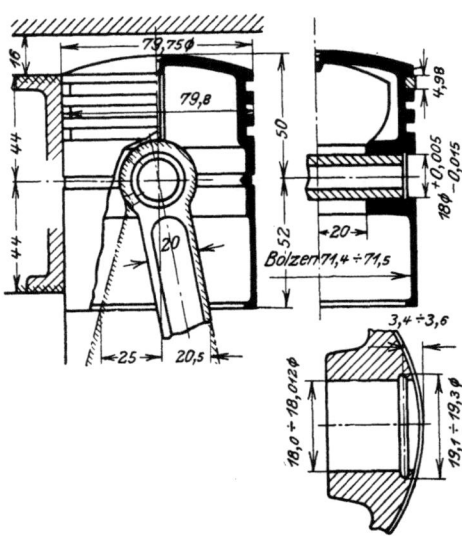

Abb. 415 bis 417. Normaler Gußeisenkolben.

Die baulichen Einzelheiten eines gewöhnlichen Kolbens aus Gußeisen für die Maschine eines Personenwagens lassen sich aus Abb. 415 bis 417 entnehmen. Der Kolbenboden ist in der Regel kugelig gewölbt, aber nicht so stark, daß dadurch die Wärmeableitung nach dem zylindrischen Schaft des Kolbens verzögert und die Möglichkeit von Überhitzungen, namentlich in der Mitte der Bodenfläche erhöht wird. Wegen dieser Gefahr der Überhitzung findet man gelegentlich auch Kolben mit ganz ebenen oder gar nach unten gewölbten Bodenflächen; diese sind weniger zu empfehlen, weil sich darauf Ölreste ansammeln können. Die obere Grenze für die Wanddicke des Kolbenbodens ist durch die bekannte Formel von Bach

$$S = 0,11 D \text{ in cm } (D = \text{Zylinderdurchmesser})$$

gegeben. Diese wird aber in der Praxis aus Rücksicht auf die Gußschwierigkeiten und die Wärmeableitung kaum jemals erreicht, vielmehr sind die Böden zumeist nicht über 6 bis 8 mm dick, was etwa 0,06 D entsprechen dürfte. Nach unten gewölbte Kolbenböden verwendet man gelegentlich, um den Verdichtungsraum vollkommen kugelig zu gestalten; die wärmeaufnehmende Oberfläche ist aber dann soviel größer, daß, von Ausnahmefällen abgesehen, kein Gewinn an Leistung erreicht wird.

Die Wanddicke des Kolbenschaftes kann man nach Abzug der Nuten für die Kolbenringe so klein bemessen, wie es die Herstellung zuläßt. Demnach wird der Schaft im oberen Teil, wo die Kolbenringe sitzen, erheblich verstärkt, im unteren Teil bis auf 2 bis 3 mm Dicke abgedreht. Zu dünn ausgeführte Kolbenschäfte werden schon bei der Beförderung in der Werkstatt oder beim ersten nicht ganz vorsichtigen Handhaben verletzt. Es empfiehlt sich daher, den untersten Rand zu verstärken. In der Regel macht man diese Verstärkung so hoch, daß man einen Teil davon ausdrehen kann, um den Kolben im Gewicht auszugleichen.

Wie bei allen örtlich stark beanspruchten Teilen muß man auch bei Kolben scharfe Kanten und Querschnittübergänge vermeiden, wenn man nicht Brüche im Betrieb gewärtigen will. Das gilt nicht allein für die Ausbildung der Augen für die Kolbenbolzen, die durch Poren im Guß leicht geschwächt werden können, sondern namentlich auch für die Nuten der Kolbenringe, die am Grund auf 1 mm abgerundete Ecken haben sollen.

Verstärkung der Kolbenböden und Kolbenaugen durch eingegossene Rippen ist andererseits wenig ratsam, weil sie das Unrundwerden der Kolben begünstigen. Sie sind im allgemeinen auch nicht notwendig, wenn der Boden richtig bemessen und insbesondere auch der Übergang vom Boden zum Schaft nicht zu scharf ausgebildet wird.

Wichtig ist auch die bauliche Gestaltung des Kolbens mit Rücksicht auf die Schmierung der Gleitbahn. Da das hierzu benötigte Öl zumeist von den Kurbeln und Kurbelzapfen abgespritzt wird, so haben die Kolben die Aufgabe, einerseits dieses Öl aufzufangen und über die gesamte Gleitfläche zu verteilen, anderseits zu verhindern, daß das Öl zu reichlich in den Verdichtungsraum gelangt und dort verbrennt. Den ersten Teil dieser Aufgabe erfüllen besondere Schmier- oder Ölfangnuten, die man unter dem untersten Kolbenring oder im unteren Teil des Kolbenschaftes ausspart und aus denen man gegebenenfalls den Überschuß an Öl durch schräg abwärts gerichtete dünne Bohrungen in das Innere des Kolbens ableitet. Der zweiten Forderung entspricht man dadurch, daß man den Kolben mit richtigem Spiel in den Zylinder einpaßt, so daß die Kolbenringe wesentlich entlastet werden, und durch rechtzeitige Erneuerung der Kolben dafür sorgt, daß das Spiel niemals wesentlich über die festgesetzte Grenze steigt.

Eine ziemlich vollständige Zusammenstellung von Faustregeln[1]) zur Bemessung normaler Kolben nach amerikanischem Muster ist in Abb. 418 wiedergegeben. Die Maße sind durchweg vom Zylinderdurchmesser D abhängig, soweit sie nicht überhaupt unveränderlich sind, und können als Mittelwerte für schnellaufende Wagenmaschinen benützt werden, obgleich die Kolbenbauart, für die sie bestimmt sind, nicht in jeder Hinsicht als Vorbild zu gelten braucht.

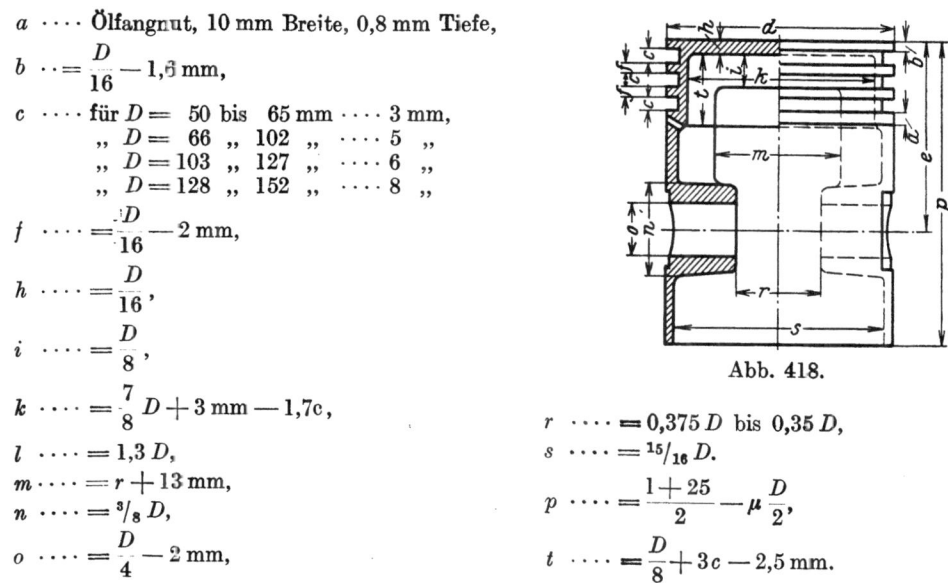

Abb. 418.

$a \cdots$ Ölfangnut, 10 mm Breite, 0,8 mm Tiefe,

$b \cdots = \dfrac{D}{16} - 1,6$ mm,

$c \cdots$ für $D = 50$ bis 65 mm $\cdots 3$ mm,
„ $D = 66$ „ 102 „ $\cdots 5$ „
„ $D = 103$ „ 127 „ $\cdots 6$ „
„ $D = 128$ „ 152 „ $\cdots 8$ „

$f \cdots = \dfrac{D}{16} - 2$ mm,

$h \cdots = \dfrac{D}{16}$,

$i \cdots = \dfrac{D}{8}$,

$k \cdots = \dfrac{7}{8} D + 3$ mm $- 1,7c$,

$l \cdots = 1,3 D$,

$m \cdots = r + 13$ mm,

$n \cdots = {}^3/_8 D$,

$o \cdots = \dfrac{D}{4} - 2$ mm,

$r \cdots = 0,375 D$ bis $0,35 D$,

$s \cdots = {}^{15}/_{16} D$.

$p \cdots = \dfrac{l + 25}{2} - \mu \dfrac{D}{2}$,

$t \cdots = \dfrac{D}{8} + 3c - 2,5$ mm.

Die Kolben werden im allgemeinen in Formen stehend gegossen, derart, daß der Boden oben liegt. Dieser erhält, damit er nicht durch Luftblasen verschwächt wird, einen reichlich bemessenen verlorenen Kopf, der bei der Bearbeitung abgedreht wird. Die genaue Form des Kolbenkörpers wird auf der Drehbank und hiernach auf Schleifmaschinen erhalten, wobei, abgesehen von der Zylinderform, die winkelrechte Lage der Bohrungen für den Kolbenbolzen zur Längsachse des Kolbens durch Vorrichtungen gesichert werden muß.

Da sich im Betrieb der Kolbenboden stärker als der untere Teil des Kolbens erwärmt — bei einer Dieselmaschine hat W. Riehm[2]) auf thermoelektrischem Wege in der Mitte des Kolbenbodens bei Vollbelastung über 450° gemessen — so muß sich das Spiel des Kolbens im Zylinder im kalten Zustande vom Kolbenzapfen an erheblich vergrößern. Das Maß dieser Verjüngung des Kolbendurchmessers nach dem Boden zu ist, wie überhaupt die erforderliche Größe des Kolbenspiels, von den Wärmeverhältnissen der Maschine und von dem Kolbenbaustoff abhängig. Für gußeiserne Kolben kann umstehende Zahlentafel[3]) als Anhalt dienen.

Nach neueren Mitteilungen soll das Kolbenspiel am untersten Rande des Kolbens 1 v. T. bis 0,5 v. T., bezogen auf den Zylinderdurchmesser oder $0,00075 D + 0,025$ für eiserne Kolben bis $0,00075 D + 0,05$ für Aluminiumkolben betragen.

Besondere Anforderungen an Sparsamkeit im Gewicht und an Güte der Wärmeableitung vom Kolbenboden werden bei den mit hohen mittleren Drücken arbeitender Flugmotoren gestellt. Um an Gewicht zu sparen, verringert man die ganze Länge des Kolbens bis auf rd $0,7 D$ und bringt außerdem im unteren für die Abdichtung weniger wichtigen Teil des Kolbenschaftes

---

[1]) Automobile 11. November 1915. [2]) Z. V. d. I. 1921, S. 923.
[3]) Horseless Age, 28. Juli 1908

Kolbenspiel für gußeiserne Kolben.

	Zylinder-durchmesser mm	oberes Kolbenende kleiner um mm	unteres Kolbenende kleiner um mm
Zylinder mit Wasserkühlung	95	0,15	0,051
	102	0,18	0,101
	117	0,25	0,025
	117	0,15	0,076
	127	0,10	0,038
	127	0,23	0,127
	136	0,38	0,013
Zylinder mit Luftkühlung	102	0,18	0,063
	108	0,20	0,051
	111	0,076	0,076
	140	0,076	0,076

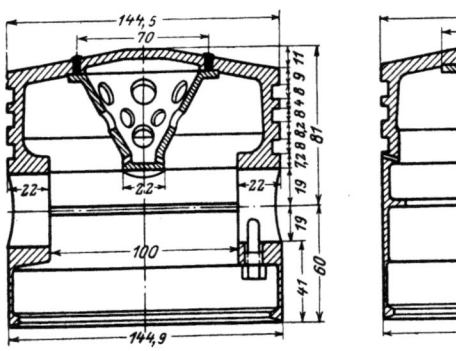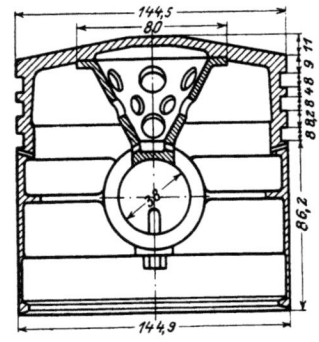

Abb. 419 und 420. Flugmotorenkolben aus Gußeisen von Benz & Cie. 150 PS.

möglichst viele Erleichterungslöcher an. Um die Wärme von der Mitte des Kolbenbodens besser abzuleiten, hat die Benz & Cie.-A.-G., Mannheim, bei ihrem Gußeisenkolben für 150 PS-Flugmotoren, Abb. 419 und 420, den Boden in der Mitte verhältnismäßig schwach bemessen und durch einen angenieteten hohlen Kegel aus Stahl gegen den Kolbenbolzen abgestützt, der gleichzeitig eine gut wärmeleitende Verbindung mit dem durch Öl gekühlten Kolbenbolzen darstellt. Die Daimler-Motoren-Gesellschaft, Untertürkheim, verwendet dagegen bei ihren 260 PS-Flugmotoren aus zwei Teilen zusammengesetzte Kolben, Abb. 421 und 422, in deren Schaft aus Gußeisen ein aus Stahl geschmiedeter und als Lager für den Kolbenbolzen ausgebildeter Boden eingeschweißt ist. Die auf der Oberseite entstehende Teilfuge wird verschweißt, nachdem man den Kolben zusammengebaut hat. Ein wichtiger Vorteil dieser Bauart ist, daß Wärmedehnungen des Kolbenbolzens die Rundung und daher die gute Abdichtung des Schaftes nicht beeinträch-

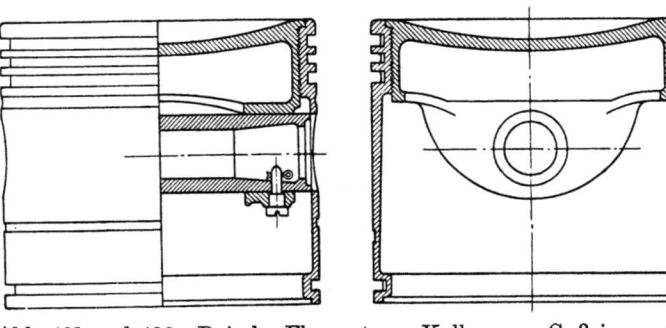

Abb. 421 und 422. Daimler-Flugmotoren-Kolben aus Gußeisen und Stahl. 260 PS.

tigen können. Die Kolben werden auf geeigneten Maschinen in die zugehörigen Zylinder aus Stahl eingeschliffen, so daß sie darin mit verhältnismäßig sehr geringem Spielraum laufen.

Kolben aus Aluminium.

Ein wichtiger Fortschritt im Bau der schnellaufenden, hochbeanspruchten Fahrzeugmaschinen ist die Erkenntnis der Vorteile, welche die Verwendung der gut wärmeleitenden und dabei verhältnismäßig leichten Aluminiumlegierungen für die Herstellung von Kolben bietet. Diese Vorteile sind in der Hauptsache zweierlei Art: Erstens gestattet die Verminderung des Kolbengewichtes eine Verminderung des Gewichtes der hin- und hergehenden Massen, die namentlich bei gesteigerten Umlaufzahlen für die Beanspruchung der Triebwerkzapfen nicht unwesentlich ist, zweitens aber, und das ist der weit wichtigere Vorteil, gestattet das gute Wärmeleitungsvermögen des Aluminiums, den Kolbenboden, dessen Kühlung immer Schwierigkeiten bereitet, besser zu kühlen und den gesamten Wärmezustand des Maschinenzylinders zu erhöhen, ohne daß Selbstzündung mit den damit zusammenhängenden Verlusten an Leistung auftreten. Dadurch kann man die Leistung, die sich mit einem Zylinder von gegebenen Abmessungen erzielen läßt, nicht unerheblich steigern. Man hat z. B. festgestellt, daß gegebenenfalls schon dadurch Gewinne an Leistung von 10 v. H. und mehr erzielt werden können, daß man bei einer gegebenen Maschine die Gußeisenkolben durch Aluminiumkolben ersetzt und durch die verhältnismäßig niedrigere Kolbentemperatur eine bessere Füllung der Zylinder mit brennbarem Gemisch herbeiführt.

Für die Herstellung von Aluminiumkolben kommen zwei verschiedene Verfahren in Betracht: das Pressen und das Gießen. Für warmgepreßte Kolben verwendet man, wie W. v. Selve[1]) mitgeteilt hat, nicht die sonst für gegossene Teile üblichen Aluminium-Kupfer-Legierungen, sondern nur Aluminium-Zink-Legierungen mit verhältnismäßig hohem Zinkgehalt (14 v. H.), damit die notwendige Festigkeit erreicht wird. Die Kolben werden dabei aus dem vollen Block herausgearbeitet, der in warmem Zustand gepreßt und verdichtet worden ist und hierdurch ein feineres Gefüge erhalten hat; die Bearbeitung ist allerdings mit verhältnismäßig hohem Spanabfall verbunden und fordert nebenher auch eine gewisse Beschränkung in der Formgebung auf der Innenseite des Kolbens. Die Kolben werden daher, wie die Zahlentafel auf S. 242 erkennen läßt, verhältnismäßig teuer, sind aber frei von Poren und anderen Fehlern und im allgemeinen wohl haltbarer als gegossene Kolben.

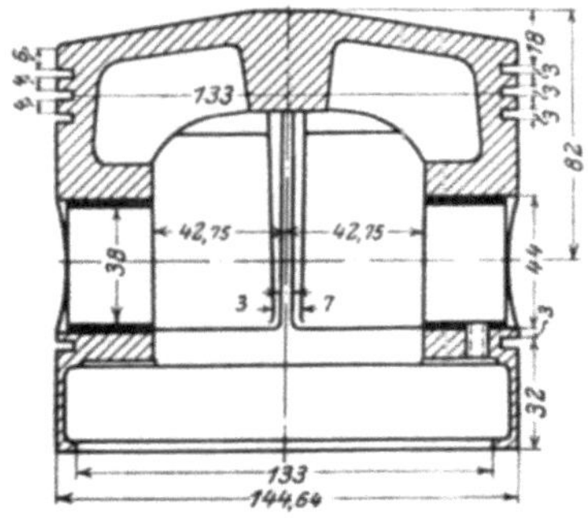

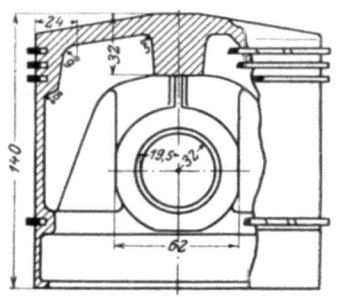

Abb. 424.

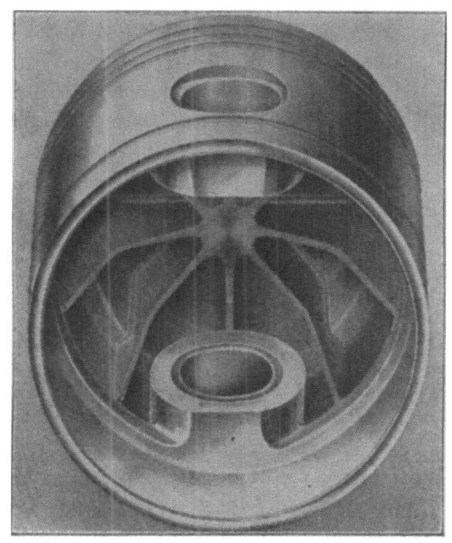

Abb. 423.

Abb. 425.

Abb. 423 bis 425. Kolben aus Aluminiumguß.

Trotzdem ist das Gießverfahren bei der Herstellung von Aluminiumkolben wesentlich stärker verbreitet; man gießt die Kolben zumeist in Stahlkokillen mit Kernen aus Sand und versteift sie im Innern reichlich durch sternförmig angeordnete Rippen, s. Abb. 423 bis 425. Beim Gießen ist namentlich auf Einhaltung der richtigen Temperatur und auf gute Ableitung der Luftblasen zu achten, damit der in der Form oben liegende Boden nicht porös wird. Geeignete Aluminiumlegierungen enthalten bis zu 12 v. H. Kupfer, daneben aber auch etwas Zink und andere Beimengungen. Besonders vorteilhaft ist die leichte Bearbeitbarkeit der Aluminiumkolben, wobei man die Schnittgeschwindigkeit bis dreimal so hoch wie bei Gußeisen wählen darf. Allerdings darf man nur dünne Späne mit spitzem Stahl abnehmen, weil sonst die Flächen leicht rissig werden; dennoch kann man durch den Übergang zu Aluminium als Kolbenbaustoff die Erzeugung einer vorhandenen Bearbeitungsmaschine wesentlich steigern.

---

[1]) Forsch.-Arb. Ing., Sonderreihe M, H. 2.

Baustoffverbrauch für Flugmotoren-Kolben von 140 mm Durchmesser.

Baustoff	Gußeisen	Aluminium-Sandguß	Aluminium-Kokillenguß	Press-Aluminium
Gewicht eines rohen Kolbens . . . . kg	6 bis 7	3 bis 3,5	3,0	8
Gewicht des Gießerei-Abfalls . . . . ,,	3,0	1,0	0,75	1,5
Fehlstücke	10	20	5 bis 10	20
Gesamtbedarf an Metall . . . . kg	9	5	4	10
Gewicht eines fertigen Kolbens . . . . . . ,,	4,5	2,25	2,25	2
Späneabfall bei der Bearbeitung . . . . . ,,	—	0,75	0,75	6
Festigkeit des fertigen Kolbens . . . . kg/mm²	18 bis 19	18 bis 20	20 bis 25	33 bis 36
Desgl. nach 10 Betriebsstunden . . . . ,,	18	15 bis 17	18 bis 19	26 bis 31
Bruchdehnung . . . . v. H.	—	1	1 bis 1,5	1,5
Angenähertes Preisverhältnis	1	3	2	6,5

Sehr wichtige Beiträge zur Kenntnis des Verhaltens von Aluminiumkolben in Maschinen von Last- und Personenkraftwagen haben die Versuche von G. Becker[1]) geliefert, bei denen 16 verschiedene Leichtmetallegierungen, namentlich auch solche aus Magnesium geprüft worden sind. Diese Versuche haben insbesondere bei der Maschine für Lastkraftwagen mit hängenden Ventilen und günstig geformtem Verdichtungsraum die Vorzüge der Leichtmetallkolben bestätigt, die schon die Praxis beobachtet hatte: daß man nämlich das Verdichtungsverhältnis um 15 bis 20 v. H. höher als bei Gußeisenkolben bemessen darf, ohne selbst bei petroleumhaltigem Brennstoff und niedriger Drehzahl mit offener Drossel Klopfen, das Kennzeichen der Selbstzündung, befürchten zu müssen, daß ferner bei rd 10 v. H. Mehrleistung der Maschine im Mittel 30 v. H. Minderverbrauch an Brennstoff eintritt und daß auch die Temperatur der Auspuffgase um 8 v. H. verringert wird, also die Auspuffventile weniger beansprucht werden, wenn man die Gußeisenkolben durch Leichtmetallkolben ersetzt. Da auch die Wärmeabgabe an das Kühlwasser bei Verwendung von Leichtmetallkolben vermindert wird, so ist ein wesentlicher Teil der Brennstoffersparnis nicht auf die Steigerung des Verdichtungsgrades, sondern auf die Abnahme der Wärmeverluste zurückzuführen.

Zahlenmäßig läßt sich der Einfluß der Aluminiumkolben auf Leistung, Brennstoffverbrauch und Wärmeverluste an Kühlwasser und an Auspuffgase aus den in Abb. 426 wiedergegebenen Versuchsergebnissen der 45 PS-Lastwagenmaschine von Daimler erkennen. So günstig diese Werte in thermischer Hinsicht sind, so wenig darf man übersehen, daß die Verwendung von Leichtmetall für Kolben im praktischen Fahrzeugbetrieb noch Schwierigkeiten bedingt, die man bis jetzt nicht ganz überwunden hat.

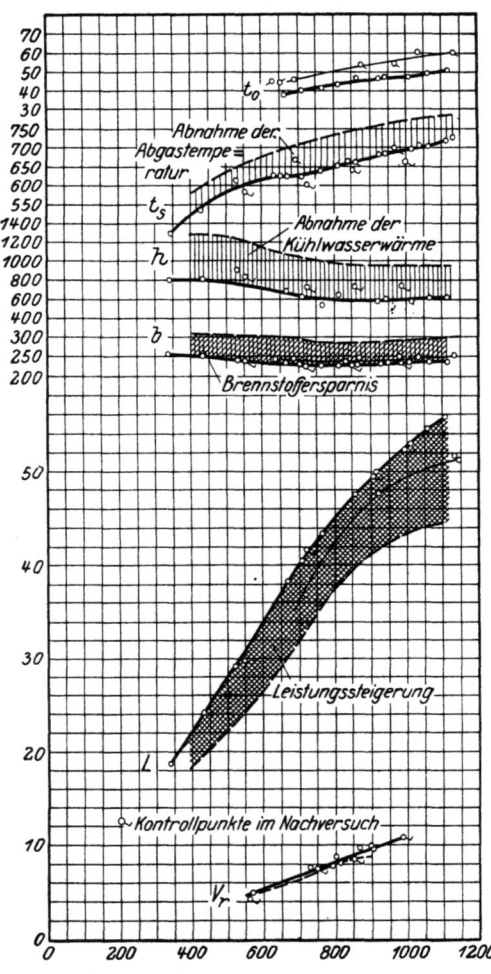

t_0 Schmieröltemperatur in °C; t_s Abgastemperatur in °C; h Kühlwasserwärme in kcal/PSh; b Brennstoffverbrauch in g/PSh; L Motor-Volleistung in PS; V_r Motor-Reibungsverlust in PS.

Abb. 426. Einfluß von Gußeisen- und Aluminiumkolben auf die Betriebsverhältnisse einer Lastwagenmaschine von Daimler.

Eine dieser Schwierigkeiten wird dadurch hervorgerufen, daß die lineare Wärmeausdehnungsziffer (Dehnung der Längeneinheit bei 1° Temperaturzunahme) bei den in Betracht kommenden Aluminiumlegierungen im Mittel 0,000025, dagegen bei Gußeisen nur 0,0000136 beträgt. Soll daher vermieden werden, daß das Kolbenspiel bei der betriebswarmen Maschine zu klein wird und der Kolben im Zylinder

---

[1]) Vervollkommnung der Kraftfahrzeugmotoren durch Leichtmetallkolben. München u. Berlin: R. Oldenbourg. 1922.

frißt, so muß man dem Aluminiumkolben im kalten Zylinder wesentlich mehr Spiel als dem Gußeisenkolben geben. Nach den Erfahrungen von Becker hat allerdings die notwendige Verkleinerung des Kolbendurchmessers bei der Maschine mit 80 mm Zylinderdurchmesser für Personenwagen im Mittel für den Kolbenschaft nur etwa 0,1 mm (0,23 gegen 0,13 mm) und für den oberen Kolbenrand nur 0,12 mm (0,4 gegen 0,28 mm) betragen; man kann aber nicht annehmen, daß in den Fabriken die Kolben so sorgfältig rund erhalten und eingepaßt werden, wie bei diesen Versuchen, so daß man das praktisch notwendige Spiel am Kolbenschaft für Gußeisenkolben auf mindestens $0{,}004\,D$ und für Aluminiumkolben auf mindestens $0{,}008\,D$ und das Spiel am oberen Kolbenrand auf wenigstens das Doppelte dieser Werte ansetzen muß. So großes Kolbenspiel — bei 100 mm Zylinderdurchmesser beträgt es 0,8 mm im Kolbenschaft und 1,6 mm am oberen Kolbenrand — hat aber leicht alle bekannten Mängel zu lose in die Zylinder eingepaßter Kolben, wie Verluste an Schmieröl, Klappern des Kolbens im Zylinder und übermäßige Beanspruchung der Kolbenringe zur Folge.

Weitere Schwierigkeiten ergeben sich aus der geringeren Festigkeit der Leichtmetalle. Diese hat allerdings auch den Vorteil, daß die Kolben beim Fressen die Zylinder nicht angreifen und daß sich überhaupt die Zylinder nicht sobald elliptisch ausschleifen. Aber abgesehen davon, daß man die Wanddicke der Aluminiumkolben wesentlich stärker als bei Gußeisenkolben bemessen muß, so daß man bei Maschinen bis zu 100 mm Zylinderdurchmesser am Kolbengewicht nur 10 bis 15 v. H. sparen kann, äußert sich die geringere Festigkeit der Leichtmetalle namentlich in erhöhter Abnützung der Kolben bei längerem Gebrauch. Daher muß man neben der Festigkeit namentlich auch die Oberflächenhärte der Aluminiumkolben steigern, die für ihre Laufeigenschaften maßgebend ist. Die Überlegenheit des Gußeisens gegenüber dem Leichtmetall drückt sich darin aus, daß sich die Kugeldruckhärten dieser Baustoffe im Mittel wie 190 : 90 verhalten. Eine geringe Erhöhung der Oberflächenhärte kann man dadurch erzielen, daß man die fertig bearbeiteten Kolben an den Laufflächen mittels einer Polierrolle verdichtet.

Solange aber keine wesentlich anderen Leichtmetallegierungen zur Verfügung stehen, kann man vorschneller Abnützung von Leichtmetall nur dadurch vorbeugen, daß man die Laufflächen der Zylinder sehr glatt bearbeitet (möglichst vorher mit Gußeisenkolben einlaufen lassen, damit sich ein Spiegel bildet, auf dem z. B. ein Bleistift nicht mehr greift) und die Flächendrücke möglichst niedrig erhält. Hierher gehören reichliche Bemessung der Schaftlänge und Vermeidung großer Seitendrücke, auch solcher infolge des Verkantens des Kolbens im Zylinder bei unrichtiger Anordnung des Kolbenbolzens, Verminderung der Masse der Kolbenringe, die sonst die Nuten zu schnell erweitern und undicht werden, und Verstärkung der Auflager der Kolbenbolzen durch Büchsen aus Bronze oder Stahl, die in die Kolbenaugen eingegossen, durch angedrehte Bunde oder Gewinde gegen Verschiebung und Lockerung gesichert und mit den Kolben fertig bearbeitet werden.

Bauteile der Kolben.

Wegen der genauen Abmessungen der selbstspannenden Kolbenringe für gegebene Zylinderdurchmesser sei auf die umfangreiche Literatur hierüber, z. B. auf das Lehrbuch von Güldner verwiesen. Für die Verhältnisse bei Fahrzeugmaschinen genügt es, zu wissen, daß man in der Regel drei bis vier Kolbenringe in dem Teil des Kolbens anordnet, der zwischen dem geschlossenen (oberen) Ende und dem Kolbenbolzen liegt, daß die Breite der Kolbenringe je nach dem Zylinderdurchmesser 5 bis 8 mm beträgt und daß die Abstände zwischen den Ringnuten etwas größer als die Ringbreite sein sollen. Die Kolbenringe werden zumeist auf einen Außendurchmesser abgedreht, der etwa 4 v. H. größer ist als der Zylinderdurchmesser, und schräg aufgeschnitten. Die bekannte treppenförmige Verschneidung der Ringenden wird seltener angewendet, weil die schwachen Enden leicht abbrechen.

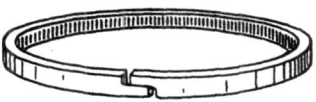

Abb. 427. Gehämmerter Kolbenring.

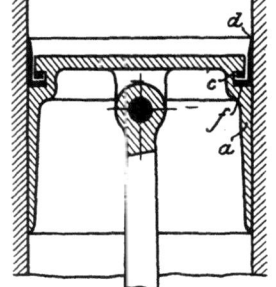

Abb. 428. Kolben der Société des Moteurs Gnôme in Paris.

Die elastische Federung der Kolbenringe wird heute nicht mehr durch Verdicken der Ringe in der Mitte, sondern ausschließlich durch Aufhämmern auf der Innenseite nach dem bekannten schwedischen Verfahren erzielt, s. Abb. 427.

Normalien für Kolbenringe.

a	b	c	r	o	a	b	c	r	o	a	b	c	r	o	a	b	c	r	o
51	46,50	4,00	4,00	5,10	81	75,00	5,00	5,50	8,10	111	103,50	6,00	7,00	11,10	141	132,00	8,00	8,50	14,10
52	47,50	4,00	4,00	5,20	82	76,00	5,00	5,50	8,20	112	104,50	6,00	7,00	11,20	142	133,00	8,00	8,50	14,20
53	48,50	4,00	4,00	5,30	83	77,00	5,00	5,50	8,30	113	105,50	6,00	7,00	11,30	143	134,00	8,00	8,50	14,30
54	49,50	4,00	4,00	5,40	84	78,00	5,00	5,50	8,40	114	106,50	6,00	7,25	11,40	144	135,00	8,00	8,75	14,40
55	50,50	4,00	4,25	5,50	85	79,00	5,00	5,75	8,50	115	107,50	6,00	7,25	11,50	145	136,00	8,00	8,75	14,50
56	51,50	4,00	4,25	5,60	86	80,00	5,00	5,75	8,60	116	108,50	6,00	7,25	11,60	146	137,00	8,00	8,75	14,60
57	52,50	4,00	4,25	5,70	87	81,00	5,00	5,75	8,70	117	109,50	6,00	7,25	11,70	147	138,00	8,00	8,75	14,70
58	53,50	4,00	4,25	5,80	88	82,00	5,00	5,75	8,80	118	110,50	6,00	7,25	11,80	148	139,00	8,00	8,75	14,80
59	54,50	4,00	4,50	5,90	89	83,00	5,00	5,75	8,90	119	111,50	6,00	7,50	11,90	149	140,00	8,00	9,00	14,90
60	55,00	4,00	4,50	6,00	90	83,50	5,00	6,00	9,00	120	112,00	6,00	7,50	12,00	150	140,50	8,00	9,00	15,00
61	56,00	4,00	4,50	6,10	91	84,50	5,00	6,00	9,10	121	113,00	6,00	7,50	12,10	151	141,50	8,00	9,00	15,10
62	57,00	4,00	4,50	6,20	92	85,50	5,00	6,00	9,20	122	114,00	6,00	7,50	12,20	152	142,50	8,00	9,00	15,20
63	58,00	4,00	4,50	6,30	93	86,50	5,00	6,00	9,30	123	115,00	6,00	7,50	12,30	153	143,50	8,00	9,00	15,30
64	59,00	4,00	4,75	6,40	94	87,50	5,00	6,00	9,40	124	116,00	6,00	7,75	12,40	154	144,50	8,00	9,25	15,40
65	60,00	4,00	4,75	6,50	95	88,50	5,00	6,25	9,50	125	117,00	7,00	7,75	12,50	155	145,50	8,00	9,52	15,50
66	61,00	4,00	4,75	6,60	96	89,50	5,00	6,25	9,60	126	118,00	7,00	7,75	12,60	156	146,50	8,00	9,25	15,60
67	62,00	4,00	4,75	6,70	97	90,50	5,00	6,25	9,70	127	119,00	7,00	7,75	12,70	157	147,50	8,00	9,25	15,70
68	63,00	4,00	4,75	6,80	98	91,50	5,00	6,25	9,80	128	120,00	7,00	7,75	12,80	158	148,50	8,00	9,25	15,80
69	64,00	4,00	4,75	6,90	99	92,50	5,00	6,25	9,90	129	121,00	7,00	8,00	12,90	159	149,50	8,00	9,50	15,90
70	64,50	5,00	5,00	7,00	100	93,00	5,00	6,50	10,00	130	121,50	7,00	8,00	13,00	160	150,00	8,00	9,50	16,00
71	65,50	5,00	5,00	7,10	101	94,00	5,00	6,50	10,10	131	122,50	7,00	8,00	13,10	161	151,00	8,00	9,50	16,10
72	66,50	5,00	5,00	7,20	102	95,00	5,00	6,50	10,20	132	123,50	7,00	8,00	13,20	162	152,00	8,00	9,50	16,20
73	67,50	5,00	5,00	7,30	103	96,00	5,00	6,50	10,30	133	124,50	7,00	8,00	13,30	163	153,00	8,00	9,50	16,30
74	68,50	5,00	5,25	7,40	104	97,00	6,00	6,75	10,40	134	125,50	7,00	8,25	13,40	164	154,00	8,00	9,75	16,40
75	69,50	5,00	5,25	7,50	105	98,00	6,00	6,75	10,50	135	126,50	7,00	8,25	13,50	165	155,00	8,00	9,75	16,50
76	70,50	5,00	5,25	7,60	106	99,00	6,00	6,75	10,60	136	127,50	7,00	8,25	13,60	166	156,00	8,00	9,75	16,60
77	71,50	5,00	5,25	7,60	107	100,00	6,00	6,75	10,70	137	128,50	7,00	8,25	13,70	167	157,00	8,00	9,75	16,70
78	72,50	5,00	5,25	7,80	108	101,00	6,00	6,75	10,80	138	129,50	7,00	8,25	13,80	168	158,00	8,00	9,75	16,80
79	73,50	5,00	5,25	7,90	109	102,00	6,00	6,75	10,90	139	130,50	7,00	8,25	13,90	169	159,00	8,00	9,75	16,90
80	74,00	5,00	5,50	8,00	110	102,50	6,00	7,00	11,00	140	131,00	7,00	8,50	14,00	170	159,50	8,00	10,00	17,00

a	b	c	r	o
171	160,50	8,00	10,00	17,10
172	161,50	8,00	10,00	17,20
173	162,50	8,00	10,00	17,30
174	163,50	8,00	10,00	17,40
175	164,50	8,00	10,00	17,50
176	165,50	8,00	10,25	17,60
177	166,50	8,00	10,25	17,70
178	167,50	8,00	10,25	17,80
179	168,50	8,00	10,25	17,90
180	169,00	8,00	10,50	18,00
181	170,00	8,00	10,50	18,10
182	171,00	8,00	10,50	18,20
183	172,00	8,00	10,50	18,30
184	173,00	8,00	10,50	18,40
185	174,00	8,00	10,75	18,50
186	175,00	8,00	10,75	18,60
187	176,00	8,00	10,75	18,70
188	177,00	8,00	10,75	18,80
189	178,00	8,00	10,75	18,90
190	178,50	8,00	11,00	19,00
191	179,50	8,00	11,00	19,10
192	180,50	8,00	11,00	19,20
193	181,50	8,00	11,00	19,30
194	182,50	8,00	11,00	19,40
195	183,50	8,00	11,25	19,50
196	184,50	8,00	11,25	19,60
197	185,50	8,00	11,25	19,70
198	186,50	8,00	11,25	19,80
199	187,50	8,00	11,25	19,90
200	188,00	8,00	11,50	20,00

a Durchm. außen in mm; b Durchm. innen in mm; c Höhe des Ringes in mm; r Länge der Überlappung in mm; o Freiöffnung des Ringes in mm.

Solche Kolbenringe werden heute dreiseitig geschliffen und an der Innenseite leicht abgeschrägt, damit man sie leichter überstreifen kann, einbaufertig von Sonderfabriken, z. B. Alfred Teves, Frankfurt a. M., nach Normalien geliefert, die aus der nebenstehenden Zahlentafel entnommen werden können.

Gelegentlich ordnet man auch in der Nähe des offenen Kolbenendes einen schmalen Kolbenring an, der aber weniger für die Abdichtung als für die Aufnahme und Verteilung des Schmieröls bestimmt ist.

Eine besondere Art von Kolbenringen, Abb. 428, hat die Société des Moteurs Gnôme in Paris verwendet[1]). Der Kolbenkörper a ist hier in der Nähe des Bodens mit einer einzigen Nut c versehen, in der ein mehrteiliger Ring f den kürzeren Schenkel eines L-förmigen Liderungsringes d festhält. Durch den Druck bei der Verdichtung und bei der Explosion soll der zugeschärfte und daher nachgiebige längere Schenkel des Ringes d an die Lauffläche dicht angepreßt werden. Die Bauart ermöglicht die Abdichtung bei äußerst geringem Aufwand an Gewicht. Der Ring d ist aus Messing hergestellt, da der Zylinder aus Stahl besteht.

---

[1]) Engl. Pat. Nr. 21 664/09.

Damit die Kolbenringe ihrer Aufgabe, den Kolben im Zylinder auch gegenüber den hohen Drücken im Augenblick der Zündung gut abzudichten, dauernd genügen, müssen sie vor allem im gespannten Zustand genau rund sein und sich gleichmäßig an die Lauffläche anlegen. Das

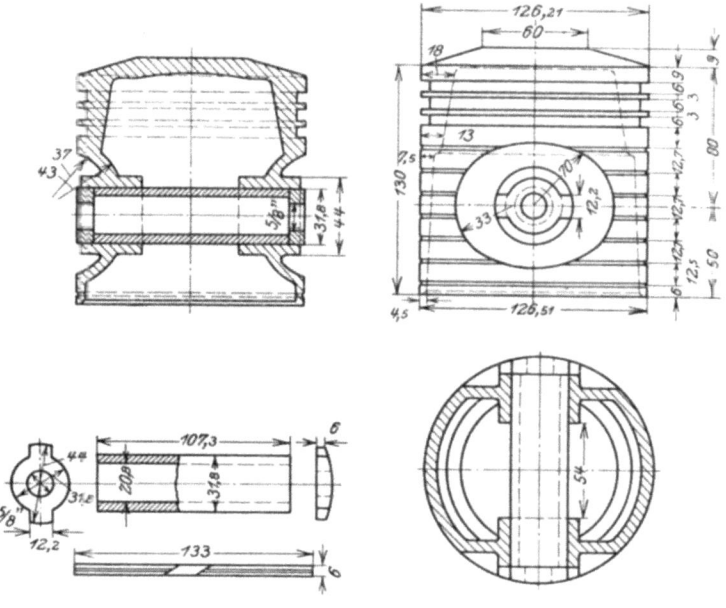

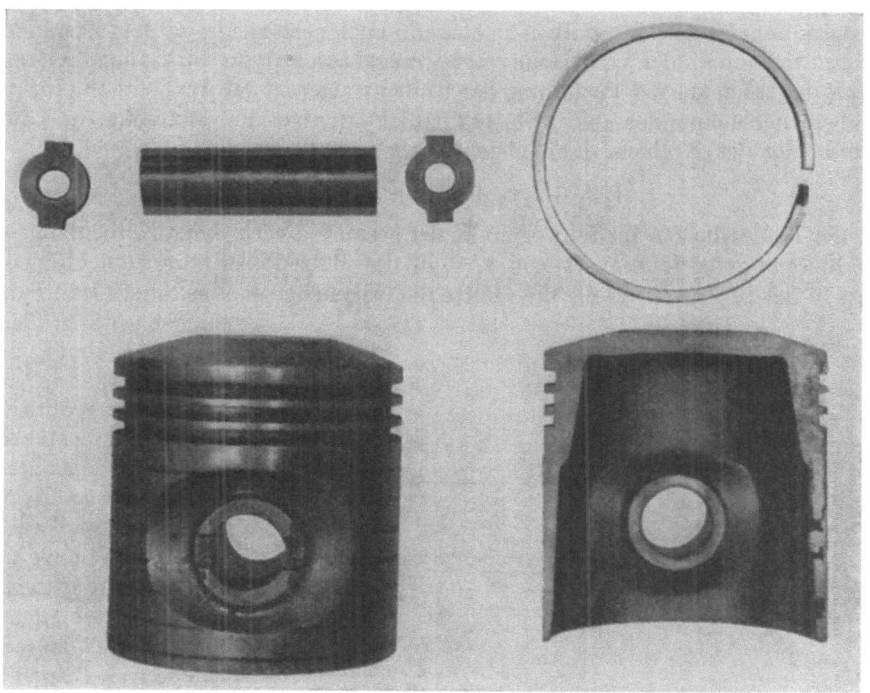

Abb. 429 bis 441. Aluminium-Kolben des Liberty-Flugmotors.

erkennt man daran, daß die Ringe an der Außenfläche gleichmäßig blank sind und keine schwarzen Stellen zeigen, wenn die Maschine einige Zeit gearbeitet hat. Damit ferner die hochgespannten Gase auch durch die Öffnungen zwischen den Ringenden nicht durchblasen, muß man die Stoßfugen gegeneinander versetzen und die Ringe durch Stifte in ihrer Lage auf dem Kolben so sichern, daß sie sich nicht verdrehen können. Die Güte der Abdichtung kann man in der Regel auch dadurch verbessern, daß man die dichtende Fläche nicht zu breit macht. Besonders schmale Kolbenringe, die z. B. bei Aluminiumkolben verwendet werden, oder Kolbenringe mit einer die Dichtfläche teilenden Eindrehung, wie beim Kolben des amerikanischen Liberty-Motors, Abb. 429 bis 441, sind daher vorteilhaft. Zu erwähnen wäre auch noch der Versuch, durch Verkanten der Kolbenringe und Anschleifen von Ölabstreifkanten an die Kolbenringe nach dem Verfahren von R. B. Wasson, Newark N. J., eine verbesserte Abdichtung zu erzielen, s. Abb. 442. Allerdings fragt es sich hier, ob nicht durch das Verkanten der Ringe die für ihre Dichtheit und namentlich auch für ihre Dauerhaftigkeit wichtige Einpassung der Ringe in die Nuten, worin sich die Kolbenringe ohne Spiel, aber auch ohne ihre Federung behindernden Widerstand bewegen sollen, unzulässig verschlechtert wird.

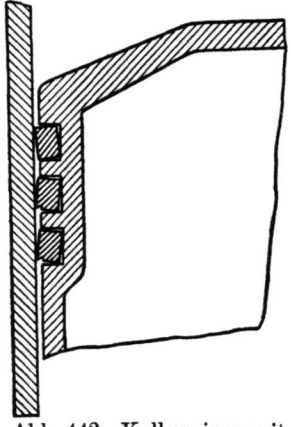

Abb. 442. Kolbenringe mit angeschliffenen Ölabstreifkanten.

Bei der Anordnung der Kolbenringe hat man, ebenso wie im allgemeinen Maschinenbau, darauf zu achten, daß der Kolben die Lauffläche überfahren muß, damit sich an den Hubenden keine Grate bilden. Der Überlauf reicht am oberen Hubende bis etwa zur Mitte des ersten Kolbenringes, der aus diesem Grunde nicht über 5 bis 6 mm von der äußeren Stirnwand entfernt sein soll. Auf die Gefahren, die beim Herausspringen des Kolbenringes in unrichtig ausgebildeten Zylinderköpfen entstehen können, ist schon weiter oben hingewiesen worden. Da das untere Kolbenende zumeist keine Ringe hat, so ist man hier bei der Bemessung des Überlaufes nicht behindert.

Bei der Beanspruchung der Kolbenringe spielt auch die Wahl der richtigen Entfernung des Kolbenzapfens vom Kolbenboden eine Rolle. Diese Entfernung wird dadurch bestimmt, daß der Kolben auf seiner ganzen wirksamen Lauffläche durch den Seitendruck sowie durch die Reibung des Kolbenbolzens möglichst gleichförmig belastet werden soll. Ist dies nicht der Fall, so kann es vorkommen, daß der Kolben sich, wenn auch sehr wenig, in dem Zylinder verkantet und mit seinen Kanten an der Lauffläche reibt. Trägt man also die wirksamen Teile der Kolbenlauflänge L, wie sie sich aus der Verteilung der Kolbenringe und der Ausnehmung für den Kolbenbolzen ergeben, nebeneinander auf, Abb. 443, so ist offenbar die senkrecht zur Lauffläche gerichtete Belastung des Kolbens dann gleichförmig verteilt, wenn

$$l_1 x_1 + l_2 x_2 + l_3 x_3 + \ldots = L \cdot x,$$

d. h. wenn der Kolbenbolzen im Schwerpunkt der gesamten wirksamen Kolbenlänge angeordnet wird. Der hieraus gefundene Wert von x, d. h. des Bolzenabstandes vom offenen Ende des Kolbens, ist in der Regel kleiner als die Hälfte der wirklichen Kolbenlänge. Man kann ihn aber dennoch etwas größer bemessen, weil die Reibung des Kolbenbolzens gerade in dem Augenblick, wo der größte Seitendruck auftritt, das Bestreben hat, den Kolben mit dem oberen Rand an die Zylinderwand zu drücken. Außerdem wird die Bauhöhe der Maschine unnötig vergrößert, wenn man den Kolbenbolzen zu tief lagert. Zu weit darf man aus den angegebenen Gründen aber auch in der entgegengesetzten Richtung nicht gehen. Eine bekannte Regel setzt den Abstand des Kolbenzapfens vom Kolbenboden auf 0,4 bis 0,57 im Mittel 0,5 der ganzen Schaftlänge des Kolbens fest.

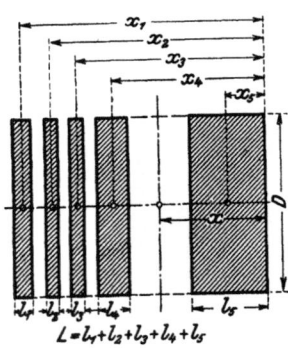

Abb. 443. Bestimmung der Verteilung der Kolbenringe.

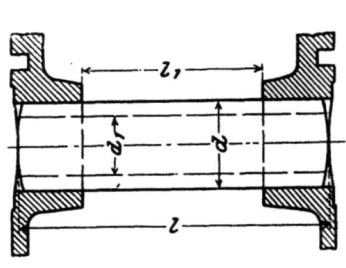

Abb. 444. Kolbenbolzen.

Für den Durchmesser des Kolbenbolzens, der zumeist in den Augen des Kolbens befestigt und in der Büchse der Pleuelstange beweglich gemacht und glatt zylindrisch ausgeführt wird, ist in der Regel weniger die Rücksicht auf die Biegungsbeanspruchung durch den höchsten Stangendruck oder durch den höchsten Kolbendruck, als die Rücksicht auf den zulässigen Flächendruck k im geschlossenen Stangenkopf maßgebend. Dieser Druck soll, wenn man als höchsten Zylinderdruck $p_2 = 30$ at zugrunde legt, nicht mehr als etwa $k_f = 200$ kg/cm² betragen, damit die Schmierung nicht versagt. Berücksichtigt man ferner, daß für die ausreichende Befestigung des Bolzens im Kolben zwei Naben von wenigstens $0,8\,d$ (Bolzendurchmesser) Länge erforderlich sind, s. Abb. 444, und daß die ganze Länge des Bolzens höchstens $0,95\,D$ (Zylinderdurchmesser) betragen darf, damit der Bolzen nicht an der Zylinderwand schleift und in diese Riefen einkratzt, so erhält man folgende Bedingungsgleichungen:

$$\frac{p \cdot \frac{\pi}{4} \cdot D^2}{l_1 \cdot d} \leqq k_f$$

$$l_1 + 2 \cdot 0,8\,d = 0,95\,D.$$

Hieraus lassen sich l_1 und d berechnen. Setzt man, um unter der zulässigen Grenze zu bleiben, für

$$p = 30 \text{ at},$$
$$k_f = 175 \text{ kg/cm}^2,$$

so ist für

$$D = 100 \text{ mm annähernd}$$
$$d = 25 \text{ mm und}$$
$$l_1 = 60 \text{ mm}.$$

Kegelige Ansätze zum Befestigen der Kolbenbolzen sind nicht üblich, da man die Bolzen nicht ausreichend sichern kann. Die Biegungsfestigkeit dieses Bolzens kann man mit Hilfe der Formeln:

$$\frac{\pi}{32} d^3 \cdot k_b = \frac{p \cdot \frac{\pi}{4} D^2 \cdot l}{4}$$

oder

$$\frac{\pi}{32} d^3 \cdot k'_b = \frac{p \cdot \frac{\pi}{4} D^2}{2} \left(\frac{l}{2} - \frac{l_1}{4} \right)$$

nachprüfen. Da sie immer ausreichend groß ist, so kann man den Bolzen, um an Gewicht zu sparen und um das Schmieröl zuzuführen, mit einer Bohrung von der Weite d_1 versehen, die die größte Biegungsbeanspruchung bis an die zulässige Grenze steigert.

Nach Angaben aus der Praxis kann man die Abmessungen des Kolbenbolzens auch nach

$$d = 0,34\,D - 1 \text{ in cm},$$
$$d_1 = 0,572\,d \text{ und}$$
$$l_1 = 2,25\,d$$

berechnen.

Die größten Kolbendrücke liefern dann für $p = 30$ at als größte Biegungsbeanspruchung

$$k_b = 2300 \text{ kg/cm}^2$$

und Flächendrücke von

$$k_f = 174 \text{ kg/cm}^2.$$

Da man die Kolbenbolzen immer nur aus besten Nickelstahlarten herstellt, so entsteht kaum ein Bedenken, mit den Beanspruchungen für solche nicht wechselnde Lasten bis zu 2500 kg/cm² und noch höher zu gehen.

Als Baustoff für Kolbenbolzen, von denen hohe Widerstandsfähigkeit gegen Abnützung und Ermüdung gefordert wird, hat sich Nickelstahl mit 0,1 bis 0,2 v. H. Kohlenstoff- und 3,25 bis 3,75 v. H. Nickelgehalt bewährt. Die Bolzen werden am zweckmäßigsten aus nahtlos gewalztem Stahlrohr mit geringem Übermaß des Außendurchmessers hergestellt, wobei sich der geringste Aufwand an Bearbeitung und von Abfall an Spänen ergibt. Für den in Abb. 445 abgebildeten Bolzen reicht z. B. Stahlrohr von 26 mm Außendurchmesser. Nachdem man die Rohre zur Beseitigung etwaiger innerer Spannungen ausgeglüht und in Stücke von passender

Länge, hier rd 78 mm, abgeschnitten hat, packt man sie in Kohlenstoff und glüht sie einige Stunden lang bei 915⁰ C, wobei sie sich außen und innen mit einer 0,5 mm dicken kohlenstoffreichen Schicht bedecken. Bohrt man sodann die Stücke in der gezeichneten Weise kegelig aus, so wird die gekohlte Schicht von der Innenseite entfernt und man kann die Bolzen ohne besondere Vorbereitung an der Oberfläche härten, indem man sie glüht, erst einmal bei 850⁰ und dann bei 750⁰ in Öl abschreckt und auf 200⁰ anläßt. Das Innere des Bolzens bleibt dabei zäh und gegen Stoßbeanspruchungen widerstandsfähig. Vor dem Härten werden noch die Abschrägungen an den Rändern abgedreht und die Kegelöffnungen ausgerieben. Nach dem Härten wird nur die Außenseite geschliffen, die bis dahin unbearbeitet geblieben ist.

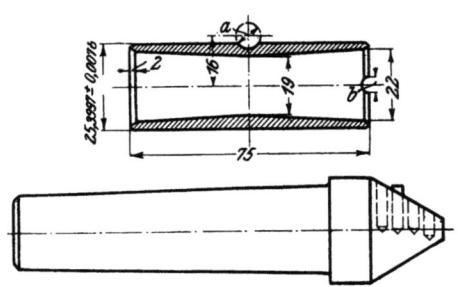

Abb. 445. Bearbeitung des Kolbenbolzens.

In den meisten Fällen befestigt man den Kolbenbolzen in dem Kolbenkörper und nicht in der Stange. Den kleinsten Durchmesser der Nabe, die nach der Kolbenwand hin kegelig verläuft, kann man auch nach

$$d_1 = 1{,}2\,d + 0{,}635$$

berechnen, worin d den Bolzendurchmesser in cm darstellt.

Bei überschläglichen Berechnungen von mittleren Maschinen kann man das Gewicht G_k des Kolbens ohne den Bolzen in kg aus folgender Formel:

$$G_k = 0{,}367\,D - 2{,}007 \quad (D = \text{Zylinderdurchmesser in cm})$$

und das Gewicht des Kolbenbolzens aus

$$G_k = 0{,}049\,D - 0{,}29 \text{ berechnen.}$$

Nach anderen Angaben[1]) beträgt das Gewicht des ganzen Kolbens bezogen auf 1 cm² der Kolbenfläche, bei Aluminiumkolben 0,006125 und bei Gußeisenkolben 0,0168 kg.

Die Befestigung des Kolbenbolzens in den Kolbenaugen, die heute noch die Regel bildet, hat mancherlei und schwierige Anforderungen zu erfüllen. Vor allem soll der Bolzen in den Kolbenaugen fest sitzen, damit sich die Augen nicht zu schnell erweitern. Beim Einpressen des Bolzens darf aber der Kolben nicht unrund gedrückt oder verspannt werden; da man nämlich den Bolzen erst dann einpreßt, wenn der Kolben fertig bearbeitet ist, so kann dadurch der Lauf des Kolbens im Zylinder beeinträchtigt werden. Zu fest eingepreßte Kolben können auch infolge ihrer Wärmedehnung den Kolben elliptisch verziehen; man dreht daher allgemein die Kolbenlauffläche im Bereich der Bolzenaugen rund herum aus, damit sie sich hier nicht zu scharf an den Zylinder anpreßt. Allerdings ist der Preßsitz der Bolzen bald zerstört, wenn die Kolben einigemal zerlegt worden sind, was jedesmal beim Ausbauen der Pleuelstange geschehen muß. Um so mehr muß man den Kolbenbolzen gegen Seitenverschiebung sichern, da ein etwa vorstehendes Ende des Bolzens in kurzer Zeit Riefen in die Zylinderlauffläche eingräbt.

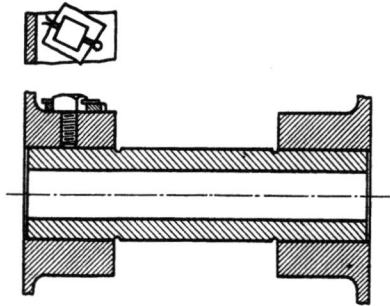

Abb. 446. Sicherung des Kolbenbolzens mit einer Druckschraube.

Die dem Anschein nach einfachste Sicherung mittels einer Druckschraube, Abb. 446, deren Vierkantkopf mittels eines darübergeschobenen und durch einen Splint festgehaltenen Bleches am Zurückdrehen gehindert wird, ist insofern nicht verläßlich genug, als man von außen nicht erkennt, ob die Schraube bis auf den Bolzen herabreicht. Da die meisten Bolzen schon aus Rücksicht auf die Ersparnis an hin- und hergehender Masse gebohrt werden, ist es sicherer, die Schraube mit einem kurzen abgedrehten Ende bis in das Innere des Bolzens zu verlängern und hier mittels eines Splintes zu sichern, s. Abb. 447; allerdings hat auch diese Lösung, die häufig verwendet wird, manche Mängel. Sie erfordert, daß der Bolzen vor dem Härten an der richtigen Stelle gebohrt wird und daß diese Stelle beim nachherigen Zusammenpassen mit dem in das Auge des Kolbens gebohrten Loch genau übereinstimmt, sie setzt ferner voraus, daß in das Kolbenauge Gewinde geschnitten wird, das

---

[1]) Automobile 11. November 1915.

namentlich bei Kolben aus Aluminiumlegierung leicht ausbricht. Die Daimler-Motoren-Gesellschaft hat daher die in Abb. 448 angegebene Sicherung eingeführt; der Bolzen, der, wie üblich, in die Kolbenaugen eingepaßt wird, ist an beiden Enden geschlitzt und wird nach dem Einbau in den Kolben durch Einpressen kurzer kegeliger Büchsen mit ganz geringem Anzug aufgetrieben, wobei er die Büchsen so fest hält, daß sie nicht von selbst heraustreten können. Noch einfacher ist die Sicherung des Bolzens beim Kolben des Liberty-Motors, s. Abb. 429 bis 441. Gegen das Ende des Bolzens legen sich hier zwei gegossene Aluminiumschuhe, die nach dem Kolbendurchmesser abgedreht sind und durch Ansätze gegen Drehung gesichert werden. Diese Schuhe laufen im Zylinder und verhindern, daß der Kolbenbolzen nach der Seite vortritt. Ähnlich wirken auch Sicherungen, bei denen metallene Schutzkappen oder federnde Kolbenringe über die Enden des Kolbenbolzens geschoben werden oder den Bolzen durch Sprengringe aus Stahl. s. Abb. 233, nach den Seiten hin gehalten wird.

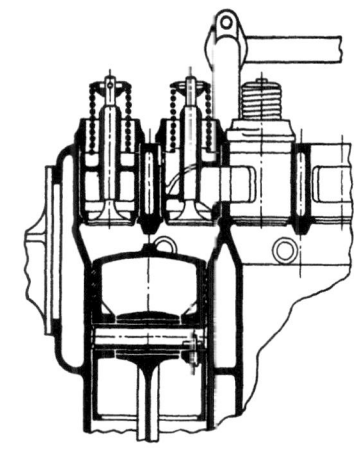

Abb. 447. Kolbenbolzensicherung bei Lastwagenmaschinen von Büssing.

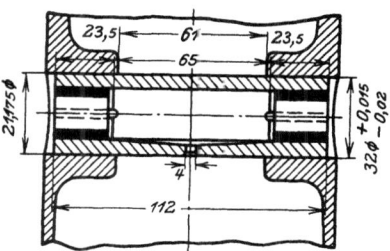

Abb. 448 Kolbenbolzen von Daimler für Lastwagenmaschinen.

Verhältnismäßig selten hat man von der Anordnung Gebrauch gemacht, bei der der Kolbenbolzen nicht in der Pleuelstange, sondern in den Kolbenaugen beweglich ist. Die praktischen Schwierigkeiten dieser Lösung entstehen wohl hauptsächlich daraus, daß man den Bolzen in der Pleuelstange festklemmt, z. B. indem man das Auge der Stange einseitig aufschneidet und mittels einer Schraube festzieht, weil dann das Ausbauen der Stange umständlich wird. Anscheinend können diese Schwierigkeiten vermieden werden, wenn man den Bolzen nur mit Preßsitz in der Pleuelstange befestigt, so daß er sich beim Zerlegen jederzeit mittels eines Hammers heraustreiben läßt. Jedenfalls könnte man so größere Lagerlauffläche für den Bolzen erhalten und seine Abnützung verringern.

Kurbelwelle.

Die Bauart der Kurbelwelle wird in hohem Maß von der Bauart der ganzen Maschine, insbesondere von der Zylinderanordnung beeinflußt. Von der Zylinderanordnung ist, wie schon erwähnt, zum Teil die Zahl der Lagerstellen abhängig. Als üblich für die gewöhnliche Wagenmaschine mit vier Zylindern kann man es ansehen, wenn zwischen den beiden Zylinderpaaren ein drittes Lager angeordnet wird. In ähnlicher Weise kann man bei Maschinen mit 6 Zylindern entweder zwei Zwischenlager verwenden, wenn die Zylinder paarweise gegossen sind, oder, was selten vorkommt, nur ein Zwischenlager, wenn die Zylinder zu dreien in einem Stück hergestellt werden. In der Regel macht es keine Schwierigkeiten, auf dem zwischen den Zylinderpaaren freibleibenden Raum die erforderlichen Längen der Lagerzapfen unterzubringen. Nur wenn Maschinen mit ungewöhnlich großem Hubverhältnis $s:d$ oder mit vier zusammengegossenen Zylindern vorliegen, tritt das Bedürfnis, die Lagerstellen anders zu verteilen, lebhafter hervor.

In solchen Fällen hat man sich vielfach so geholfen, daß man die Zylindermitten gegen die Mitten der Kurbelzapfen in der Längsrichtung etwas versetzt hat, so daß also die Pleuelstangen unsymmetrische Köpfe erhalten, s. Abb. 449; von der Anwendung dieses Mittels ist aber abzuraten, sobald die Versetzung der Zylindermitte gegenüber

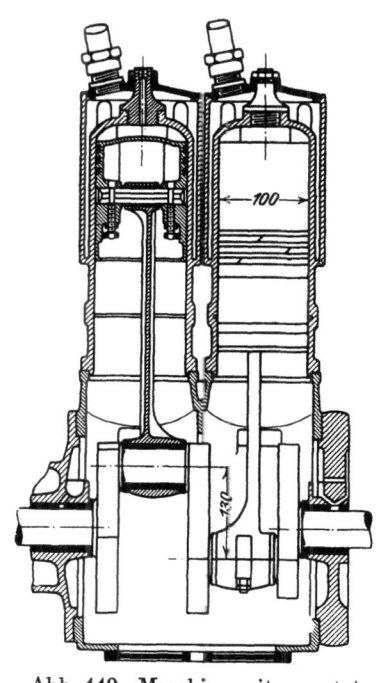

Abb. 449. Maschine mit versetzt angreifenden Pleuelstangen.

dem Mittel des Kurbelzapfens 0,1 D übersteigt. Wie schon die einfache Überlegung zeigt, entstehen nämlich bei dieser Anordnung Momente, welche die Kolbenbolzen, die Stangen und die Kurbelarme ungünstig beanspruchen. Insbesondere sind aber die Zugstangen für die Aufnahme von Biegungsmomenten senkrecht zu ihrer Schwingungsebene nicht berechnet. Auch die Verteilung der Drücke über die Laufflächen des Kolbenbolzens und des Kurbelzapfens, die schon bei symmetrischen Stangenköpfen unsicher ist, wird bei unsymmetrischen Köpfen ungünstiger. Schließlich gibt es auch noch andere Wege, um, wo es notwendig ist, die Baulänge der Kurbelwellen zu verringern.

Ein solcher Weg, der bereits angedeutet worden ist, besteht darin, daß man das mittlere Lager ganz fortfallen läßt, s. Abb. 450 und 451; dadurch wird die Länge der Kurbelwelle soweit verkürzt, daß man dieses Mittel selbst bei Maschinen mit vier in einem Stück gegossenen Zylindern nicht voll ausnutzen kann, wenn man nicht ungewöhnlich große Hubverhältnisse anwendet. Daher ist auch zwischen den beiden mittleren Kurbelzapfen ein an sich entbehrliches Wellenstück eingeschaltet, das dazu dienen kann, die Kurbelwelle auszuwuchten. Diese Bauart wird aber mit Recht wenig benützt; denn, wenn die größte Durchbiegung der Welle nicht größer als bei Maschinen mit drei Kurbellagern sein soll, so müssen

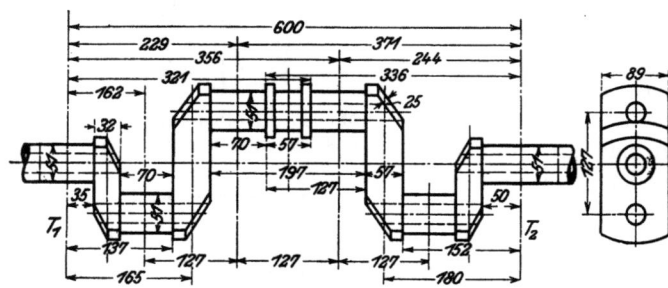

Abb. 450 und 451. Nur an 2 Stellen gelagerte Kurbelwelle für eine Vierzylindermaschine.

ihre Abmessungen erheblich verstärkt werden. Bisher hat aber die Praxis fast stets ergeben, daß Maschinen, deren Kurbelwellen nur zweimal gelagert sind, wegen der unvermeidlichen Durchbiegungen und Drehschwingungen nicht ruhig genug laufen.

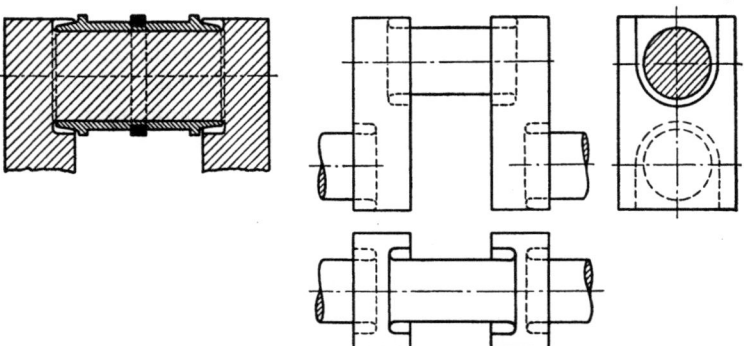

Abb. 452 bis 455. Kurbelwelle nach Riedler.

Ein beachtenswerter Vorschlag, die Baulänge hoch belasteter Kurbelwellen zu verringern, rührt von A. Riedler her, s. Abb. 452 bis 455[1]). In die Kurbelarme werden nach oben und unten offene Vertiefungen eingefräst, welche die **Lauflänge** der Zapfen wesentlich vergrößern, ohne daß sich die **Baulänge** der Welle ändert und die Festigkeit der Kurbelarme, die einen sehr steifen Querschnitt behalten, wesentlich verringert wird. Die Bauart ist, soweit bekannt, nicht ausgeführt worden, für die laufende Erzeugung auch wohl zu teuer.

Die Verwendung von Kugellagern für Kurbelwellen stellt ein brauchbares Mittel zur Verringerung der Baulänge der Kurbelwelle dar, s. Abb. 456 und 457. Mit der umfangreichen Verwendung von Kugellagern im Motorfahrzeugbau hat ihre Herstellung solche Fortschritte gemacht, daß man sie heute wohl für die größten Beanspruchungen unbedenklich empfehlen kann. Daß es trotzdem gerade in der Anwendung von Kugellagern für die Kurbelwellen bis jetzt noch immer bei vereinzelten

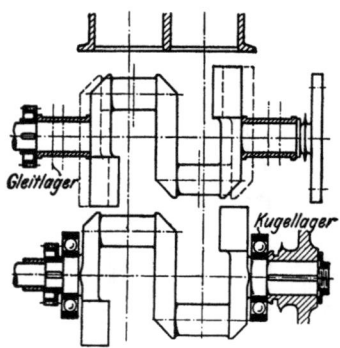

Abb. 456 und 457. Vergleich von Gleitlagern und Kugellagern.

---

[1]) Engl. Patent 9007/1917.

Ausführungen geblieben ist, erklärt sich wohl daraus, daß man den hammerartig auftreffenden Explosionsdrücken gegenüber noch gewisse Bedenken hegt, daß ferner in die Kurbelwellenlager größere Verunreinigungen eindringen können, die nur durch sehr reichliche Spülung zu entfernen wären und nicht zuletzt daraus, daß man die konstruktiven Schwierigkeiten, die sich hierbei ergeben, noch nicht ganz überwunden hat. Bei Personenwagen bieten ferner die hohen Ansprüche an Geräuschlosigkeit des Laufes — Kugellager rauschen, weil sie nicht mit Starrfett geschmiert werden können — und neuerdings auch die außerordentlich hohen Drehzahlen der Kurbelwellen der Einführung von Kugellagern auf diesem Gebiet gewisse Hindernisse, die bei Maschinen von Lastkraftwagen nicht in dem gleichen Maß vorliegen.

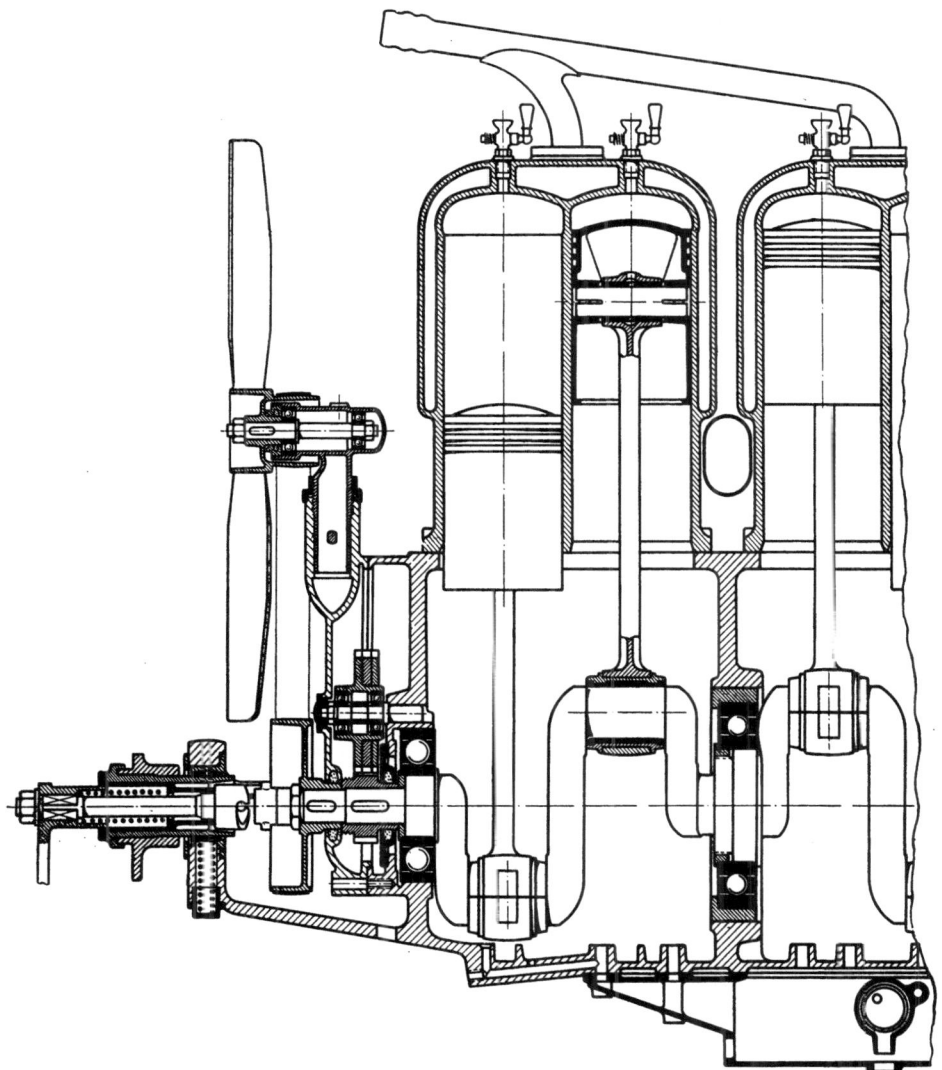

Abb. 458. Maschine von MAN-Saurer mit Kugellagerung.

Wohl aber spielt hier der Umstand eine Rolle, daß sich die Lager schneller abnützen und ihr Ersatz im Vergleich zu Gleitlagern, die man nachpassen und allenfalls neu ausgießen kann, kostspielig ist, eine gewisse Rolle. Auf Kugeln gelagerte Kurbelwellen verteuern die Maschine auch deshalb, weil man ein besonderes Drucklager zum Sichern der Welle in der Längsrichtung braucht, während bei Gleitlagern der Bund der Lagerschale hierfür benützt wird. Allerdings spart man bei Kugellagern wieder die Arbeit des Einschabens der Laufflächen, die vielen hochbeanspruchten Schrauben für die Lagerdeckel und die Betriebsgefahr beim Versagen der richtigen Schmierölverteilung.

Grundbedingung für die Lagerung der Kurbelwelle auf Kugeln ist jedenfalls heute noch immer, daß dadurch die Möglichkeit geboten wird, den Hauptvorteil der Kugellager, nämlich die Verkürzung der Kurbelwelle auszunützen, denn die Überlegenheit der Kugellager in bezug auf die Reibungsverhältnisse und ihre sonstigen Vorzüge allein rechtfertigen es hier noch nicht, Kugellager anzuwenden, zumal dem Vorteil der rollenden Reibung die hohe Umfangsgeschwindigkeit der Kugellager als Nachteil gegenübersteht.

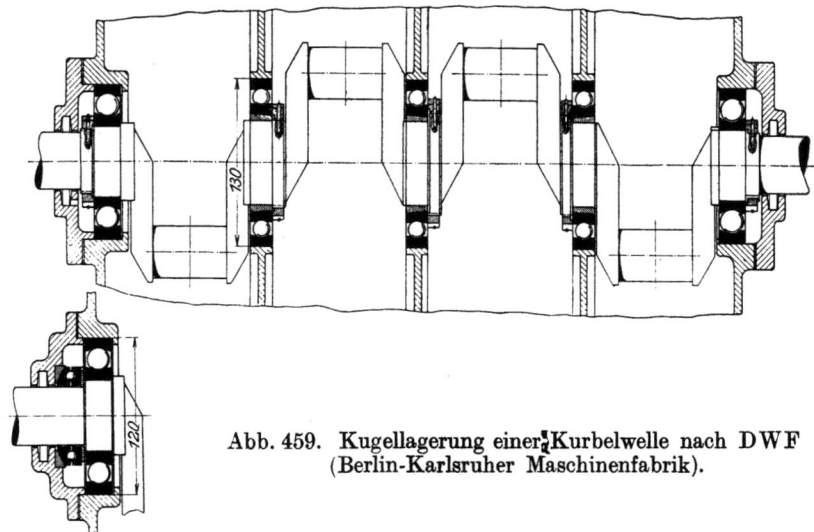

Abb. 459. Kugellagerung einer Kurbelwelle nach DWF (Berlin-Karlsruher Maschinenfabrik).

Wird also die Maschine nicht wesentlich kürzer als mit Gleitlagern, so fehlt eigentlich die Notwendigkeit und Zweckmäßigkeit, Kugellager zu verwenden. Gut bewährt haben sich die Kugellager für die Kurbelwelle bei der Lastwagenmaschine der Maschinenfabrik Augsburg-Nürnberg, Bauart Saurer, Abb. 458, trotzdem auch hier nicht viel Veranlassung für die An-

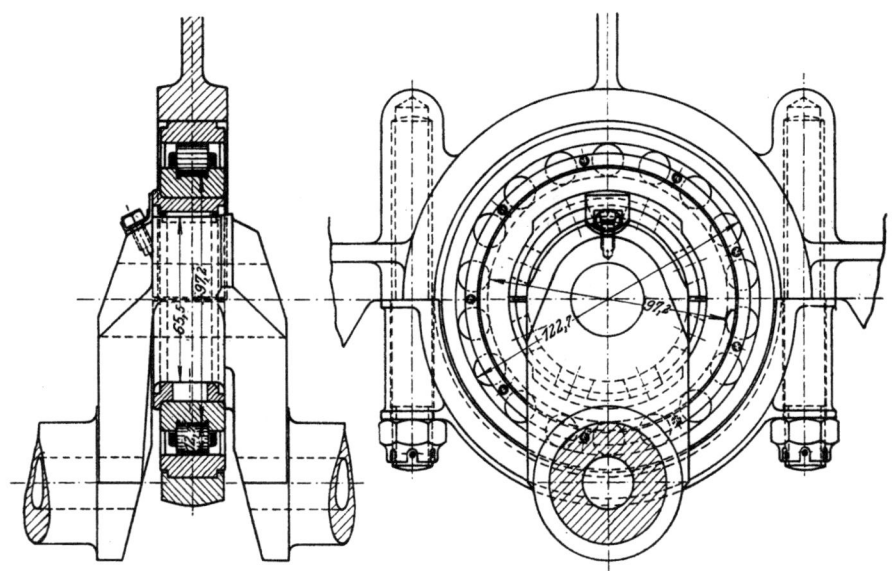

Abb. 460 und 461. Rollenlagerung des Daimler-Flugmotors.

wendung von Kugellagern vorgelegen hat. Die Zylinder sind hier paarweise zusammengegossen und können nicht näher zusammengerückt werden, weil zwischen den Paaren Raum für die Ansaugleitung frei bleiben muß. Der mittlere Teil der Kurbelwelle ist daher etwa ebenso lang, als wenn er für Gleitlager bestimmt wäre, und was an den Enden an Baulänge gespart wird, ist nicht erheblich.

Aber auch bei Maschinen, deren ganzer Aufbau auf die Anwendung von Kugellagern hinzielt, muß man sich mit Schwierigkeiten abfinden. Zunächst ist es, da man stets trachtet, ungeteilte Kurbelwellen zu verwenden, schwer, die mittleren Kugellager auf die Welle aufzubringen.

Man muß diese Lager über mehrere Kurbelarme überschieben und den lichten Durchmesser der inneren Laufringe größer machen als den Durchmesser der Wellenstücke, für die sie bestimmt sind. Daraus ergibt sich, daß z. B. in Abb. 459 die Welle in der Mitte stärkere Zapfen erhalten muß, auf denen man die Kugellager mittels kegeliger Ringe sichert, und daß die Kurbelarme besonders bearbeitet werden müssen. Auch daß die Kugellager für eine und dieselbe Welle ungleiche Durchmesser erhalten, wenn man nicht gar zu verschwenderisch bauen will, ist nicht günstig.

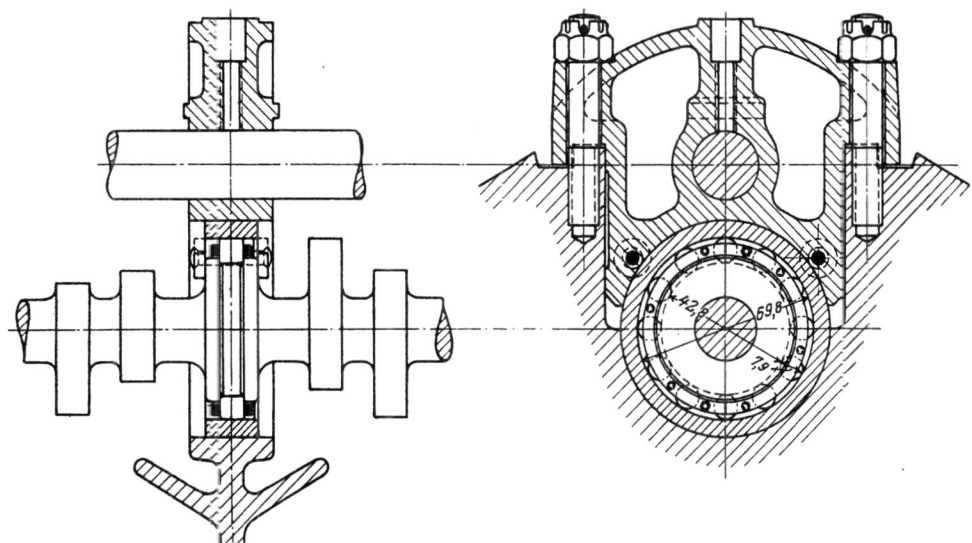

Abb. 462 und 463. Rollenlagerung der Steuerwelle beim Napier-Flugmotor.

Auch mit Rollenlagern, die in bezug auf Tragfähigkeit gegenüber stoßartigen Belastungen scheinbar den Kugellagern überlegen sind, hat man bei Kurbelwellen Versuche gemacht, insbesondere im Ausland, wo die Verwendung der Rollenlager offenbar weiter verbreitet ist. Zu den bekannten Schwierigkeiten der Kugellager treten aber hier noch neue hinzu, da die Rollen in der Mittelachse des Lagers nicht so gut wie Kugeln geführt sind, sich also, namentlich wenn die Lager etwas abgenützt sind, leicht schief stellen und klemmen. Ferner können die Rollenlager überhaupt keine Achskraft aufnehmen, also bei Kurbelwellen ohne ein Drucklager für die Sicherung der Längseinstellung überhaupt nicht gebraucht werden.

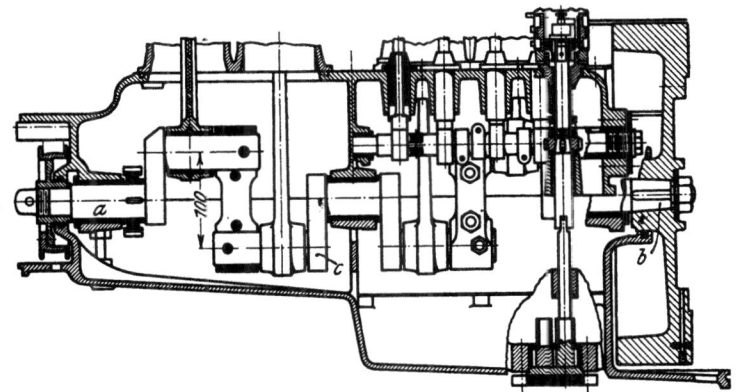

Abb. 464. Geteilte Kurbelwelle der Adlerwerke vorm. Heinr. Kleyer in Frankfurt a. M.

Die Anordnung des Rollenlagers für den Kurbelzapfen eines Flugmotors der Daimler Company (R. A. F.), Abb. 460 und 461, läßt die Schwierigkeiten, womit man die geringe Ersparnis an Kurbelwellenlänge erkaufen mußte, deutlich erkennen. Das Rollenlager sitzt auf einem zweiteiligen Stahlringe, der in recht unsicherer Weise mittels eines Blechwinkels und einer Kopfschraube gegen Seitenverschiebung gesichert wird. Die Rollen füllen den Ringraum nicht ganz aus, sondern werden durch Käfigringe im erforderlichen Abstand gehalten. Bei der Lagerung der Steuerwelle des Napier-Flugmotors, Abb. 462 und 463, ist die innere Laufbahn der Rollen mit den Daumen aus dem Vollen geschmiedet, wodurch man allerdings eine gewisse Ersparnis im Außendurchmesser des Lagers erzielt. Das Mittel läßt sich aber bei Kurbelwellen höchstens für die Außenlager anwenden und dürfte außerdem die Bearbeitung der Wellen unnötig verteuern, da die meisten Fabriken für so genaue Schleifarbeit nicht eingerichtet sind.

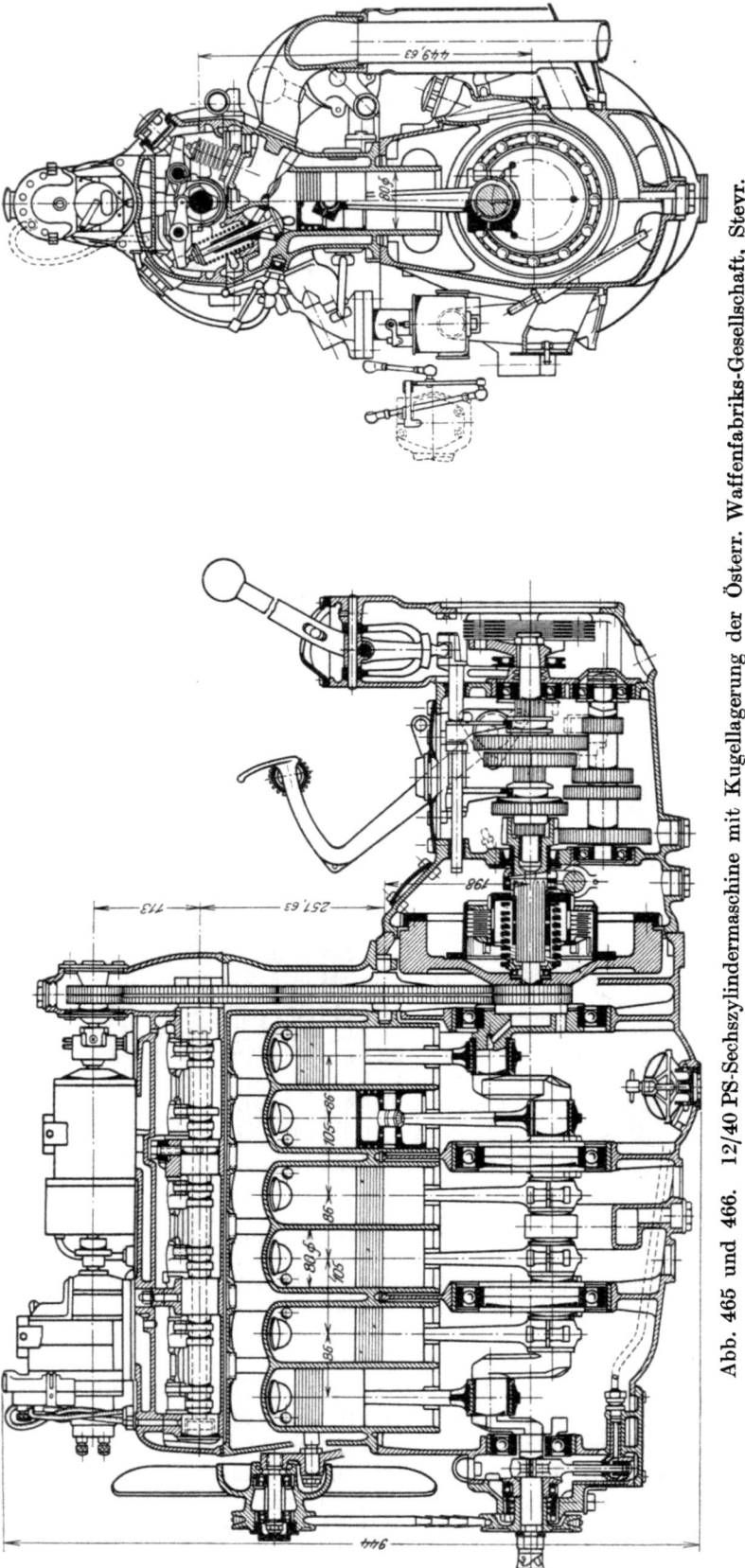

Abb. 465 und 466. 12/40 PS-Sechszylindermaschine mit Kugellagerung der Österr. Waffenfabriks-Gesellschaft, Steyr.

Eine umfangreiche Untersuchung über die Kinematik und Dynamik von Rollenlagern in Pleuelstangenköpfen hat neuerdings[1]) Riemer veröffentlicht. Sie ergibt namentlich, daß die auf die einzelne Rolle wirkenden Massenkräfte in gewissen Stellungen den Druck der Rolle auf ihre Bahn verstärken können.

Weiter oben ist schon erwähnt worden, daß man in der Regel trachtet, ungeteilte Kurbelwellen zu verwenden, auch dann, wenn die Zahl der Zylinder mehr als vier beträgt. Das ist aber keine unbedingt einzuhaltende Vorschrift. Wenn die Verbindungen genau hergestellt und sorgfältig gesichert sind, kann eine mehrteilige Kurbelwelle ebenso sicher, wie eine aus einem Stück bestehende sein, und die Vorteile, die sich aus der Teilung ergeben, sind keineswegs zu verachten. Bei der in Abb. 464 teilweise dargestellten Maschine, welche die Adlerwerke, vorm. Heinrich Kleyer in Frankfurt a. M. früher gebaut haben, ist die Kurbelwelle aus drei Teilen zusammengesetzt, von denen die beiden äußeren a und b je einen Lagerzapfen, einen Kurbelarm und einen Kurbelzapfen aufweisen und mit dem mittleren Teil c durch geschlitzte und nach dem Aufziehen mit Hilfe von kegeligen Bolzen fest verschraubte Kurbelarme verbunden werden. Der mittlere Teil der Kurbelwelle besteht aus dem mittleren Lagerzapfen, zwei Kurbelarmen und zwei Kurbelzapfen. Die Teilung der Kurbelwelle hat hier ermöglicht, ungeteilte Pleuelstangenköpfe zu verwenden; allerdings muß man die Welle jedesmal zerlegen, wenn man die Pleuelstange

[1]) Motorwagen 20. Mai 1923.

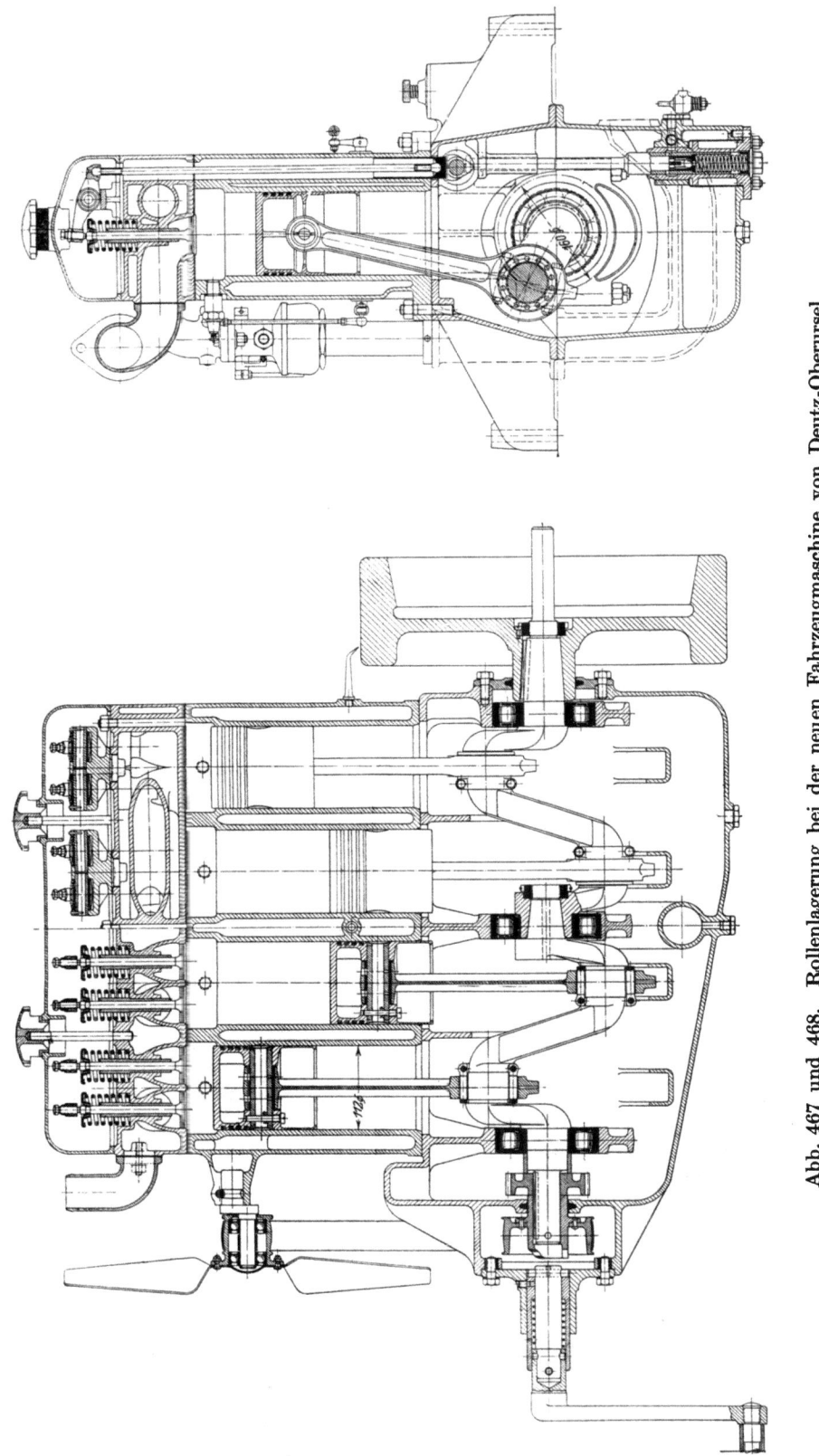

Abb. 467 und 468. Rollenlagerung bei der neuen Fahrzeugmaschine von Deutz-Oberursel.

ausbauen will. Wegen der hohen Genauigkeit, die bei der Bearbeitung der Teile solcher Wellen notwendig ist, hat man allerdings diese Bauart später wieder aufgegeben. Aber auch in neuerer Zeit ist wieder die Firma Hirth in Stuttgart mit einem ähnlichen Vorschlag hervorgetreten.

Für die Verwendung von Kugellagern kann man sich von der Teilung der Kurbelwelle besondere Vorteile kaum versprechen. Die Teilstelle muß nämlich, damit man das mittlere Kugellager über keinen Kurbelarm überzuschieben braucht, gerade in der Mitte der Welle liegen, wo sie sehr unerwünscht ist. Eine solche Bauart wendet die Österr. Waffenfabriks-Gesellschaft, Steyr, bei ihrem 17/40 PS-Wagen an, s. Abb. 465 und 466, der eines der wenigen Beispiele von neueren Maschinen für Personenwagen mit Kugellagerungen der Kurbelwelle darstellt. Da außerdem die Verbindung Raum beansprucht, so geht ein Teil des durch die Kugellager erlangten Vorteiles wieder verloren.

Verhältnismäßig einfach ist die Teilung der auf Rollenlagern laufenden Kurbelwelle bei den neueren Lastwagenmaschine von Deutz-Oberursel, Abb. 467 und 468 erzielt. Allerdings scheint hier zweifelhaft, ob die Verbindung genau und zuverlässig genug hergestellt werden kann.

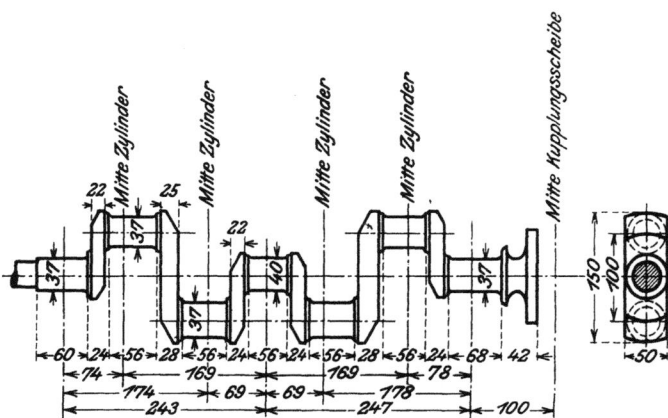

Abb. 469 und 470. Normale Kurbelwelle einer Vierzylindermaschine.

Wegen der Berechnung der Kurbelwellen ist zunächst auf die ausführlichen Angaben zu verweisen, die hierüber in dem Lehrbuch von Güldner zu finden sind. Insbesondere bieten die ausführlichen Beispiele der Berechnung einer 4fach gekröpften und einer 3fach gekröpften Welle für Schiffsmaschinen[1]) genügenden Anhalt für die Durchführung ähnlicher Berechnungen bei Wagenmaschinen. Nur muß man stets beachten, daß man in der Regel für Kurbelwellen von Fahrzeugmaschinen guten Nickelstahl anwendet und daher mit der zulässigen Beanspruchung auch bis zu 1500 kg/cm² gehen darf. Auch das Schwungradgewicht spielt bei Wagenmaschinen keine so große Rolle wie bei den langsam laufenden Schiffsmaschinen.

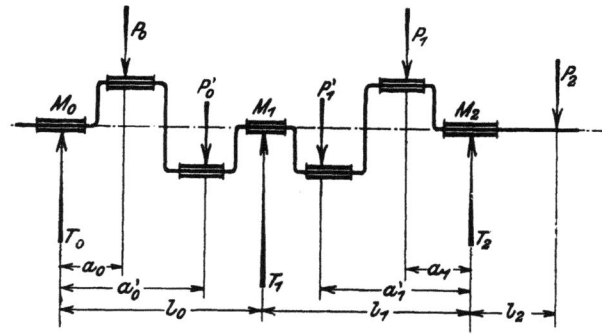

Abb. 471. Kräfteplan der Kurbelwelle Abb. 469 und 470.

In besonderen Fällen, z. B. bei Wellen, deren Arme schräg stehen oder wo es auf äußerste Sparsamkeit in dem Baustoffaufwand ankommt, läßt sich die genaueste Nachrechnung der einzelnen Querschnitte unter Annahme der ungünstigsten Belastungsverhältnisse und Formänderungen[2]), die vorkommen können, nicht umgehen.

Für den Normalfall kann man aber den Rechnungsvorgang wählen, der den nachstehenden Beispielen zugrunde gelegt ist:

Abb. 469 und 470 stellen eine Kurbelwelle für eine ältere Vierzylindermaschine von 16 PS bei 1200 Uml/min und

$$D = 90 \text{ mm und}$$
$$s = 100 \text{ mm}$$

dar, deren Berechnung nach Everding[3]) im Nachstehenden durchgeführt ist.

Nach dem in Abb. 471 wiedergegebenen Belastungsplan wirken an der Welle die

Kolbenkräfte P_0, P_1 und P_0' und P_1'

sowie das Schwungradgewicht P_2.

Diese ergeben die Auflagerdrücke T_0, T_1 und T_2, sowie an den Lagerstellen

die Momente M_0, M_1 und M_2.

---

[1]) Vgl. 2. Aufl. S. 301 und 304.
[2]) Vgl. hierüber z. B. E. Meyer, Z. V. d. I. 1909, S. 295, Ensslin, Z. öst. Ing.-V. 1911, S. 228 u. f.
[3]) Motorwagen 1909, S. 214f.

Kurbelwelle.

Nach Clapeyron ist für den auf drei festen Stützen ruhenden Träger ganz allgemein

$$-M_0 l_0 - 2 M_1 (l_0 + l_1) - M_2 l_1 = \frac{P_0 a_0 (l_0^2 - a_0^2)}{l_0} + \frac{P_0' a_0' (l_0^2 - a_0'^2)}{l_0}$$
$$+ \frac{P_1 a_1 (l_1^2 - a_1^2)}{l_1} + \frac{P_1' a_1' (l_1^2 - a_1'^2)}{l_1} \quad \text{(Hütte)}.$$

In dieser Gleichung hätte man für den vorliegenden Fall zu setzen:

$$M_0 = 0, \qquad M_2 = P_2 l_2 = 150 \text{ cmkg},$$

wenn
$$P_2 = 15 \text{ kg},$$
$$l_2 = 10 \text{ cm}.$$

Ferner setze man für den ungünstigsten Fall, daß in zwei Zylindern zu gleicher Zeit Zündungen eintreten könnten:

$$P_0 = P_1 = \frac{\pi}{4} \cdot D^2 \cdot 25 = \sim 1600 \text{ kg},$$

$$P_0' = P_1' = \frac{\pi}{4} \cdot D^2 \cdot 1{,}7 = \sim 100 \text{ kg}.$$

Nach Abb. 472 und 473, S. 258, sind ferner:

$a_0 = 7{,}4$ cm, $l_0 = 24{,}3$ cm
$a_0' = 17{,}4$ cm, $l_1 = 24{,}7$ cm
$a_1 = 7{,}8$ cm, $l_2 = 10$ cm.
$a_1' = 17{,}8$ cm,

Dann ist nach der obigen Gleichung

$$M_1 = -5959 \text{ cmkg}.$$

Die Auflagerdrücke T setzen sich je aus einem Teil A für die rechts vom betreffenden Lager bis zu dem nächsten wirkenden Kräfte und einem Teil B für die links vom Lager bis zu dem nächsten wirkenden Kräfte zusammen:

$$T_0 = A_0 + B_0,$$
$$T_1 = A_1 + B_1,$$
$$T_2 = A_2 + B_2.$$

Nun ist nach Clapeyron

$$A_0 = \frac{M_1 - M_0}{l_0} + \frac{P_0 (l_0 - a_0)}{l_0} + \frac{P_0' (l_0 - a_0')}{l_0}$$
$$B_0 = 0$$
$$\overline{T_0 = \frac{M_1 - M_0}{l_0} + \frac{P_0 (l_0 - a_0)}{l_0} + \frac{P_0' (l_0 - a_0')}{l_0}}$$

$$A_1 = \frac{M_2 - M_1}{l_1} + \frac{P_1 a_1}{l_1} + \frac{P_1' a_1'}{l_1}$$
$$B_1 = \frac{M_0 - M_1}{l_0} + \frac{P_0 a_0}{l_0} + \frac{P_0' a_0'}{l_0}$$
$$\overline{T_1 = -\frac{M_1}{l_0} + \frac{M_1}{l_1} + \frac{M_2}{l_1} + \frac{M_0}{l_0} + \frac{P_1 a_1}{l_1} + \frac{P_1' a_1'}{l_1} + \frac{P_0 a_0}{l_0} + \frac{P_0' a_0'}{l_0}}$$

$$A_2 = P_2$$
$$B_2 = \frac{M_1 - M_2}{l_1} + \frac{P_1 (l_1 - a_1)}{l_1} + \frac{P_1' (l_1 - a_1')}{l_1}$$
$$\overline{T_2 = -\frac{M_2}{l_2} + \frac{M_1}{l_1} + \frac{P_1 (l_1 - a_1)}{l_1} + \frac{P_1' (l_1 - a_1')}{l_1} + P_2.}$$

Die Auflösung dieser drei Gleichungen ergibt für den vorliegenden Fall:

$$T_0 = 895{,}5 \text{ kg}; \quad T_1 = 1629 \text{ kg}; \quad T_2 = 890{,}5 \text{ kg}.$$

Nach den Ergebnissen dieser Rechnung sind in Abb. 472 die Momentenflächen aus den Momenten M_0, M_1 und M_2, begrenzt durch den Linienzug h—b—c—e—f aufgetragen, wobei die Welle über der mittleren Stütze geteilt gedacht ist; die Momentenfläche der Einzelkräfte sind durch die Linienzüge h—a—b und c—d—e—f begrenzt, und die schraffierten Überschußflächen stellen die in den betreffenden Querschnitten tatsächlich auftretenden Biegungsmomente dar.

In der gleichen Weise kann man die Momente für den Fall bestimmen, daß sich die Welle um 180° weitergedreht hat, also

$$P_0 = P_1 = \sim 100 \text{ kg},$$
$$P_0' = P_1' = 1600 \text{ kg}$$

geworden sind. Unter Benutzung der gleichartigen Gleichungen erhält man:

$$M_0 = 0, \qquad\qquad T_0 = 228 \text{ kg},$$
$$M_1 = -7195 \text{ cmkg}, \qquad T_1 = 2954{,}5 \text{ kg},$$
$$M_2 = 150 \text{ cmkg}, \qquad T_2 = 232{,}5 \text{ kg}.$$

Die entsprechende Darstellung der Momentenflächen ist Abb. 473.

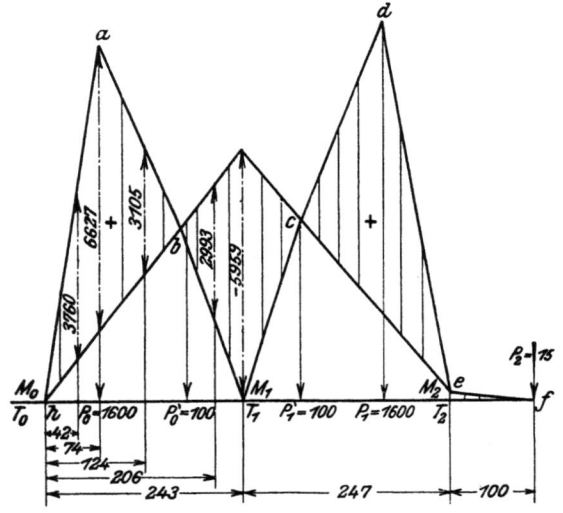

Abb. 472. Biegungsmomente in der Kurbelwelle bei gleichzeitiger Zündung im 1. und 4. Zylinder.

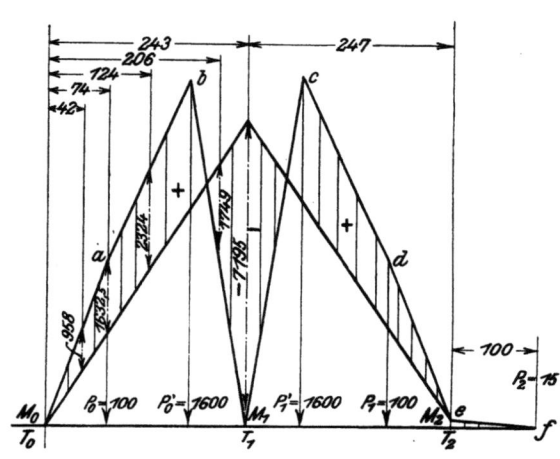

Abb. 473. Biegungsmomente in der Kurbelwelle bei gleichzeitiger Zündung im 2. und 3. Zylinder.

Zur Berechnung der Abmessungen in einem bestimmten Wellenquerschnitt zieht man dann das größere von den Biegungsmomenten heran, die sich aus den beiden Diagrammen ergeben. So hat z. B. der erste linke Kurbelarm in 42 mm Abstand von dem linken Lager gemäß

Abb. 472 .... $3760 = 895{,}5 \cdot 4{,}2$ cmkg,

Abb. 473 .... $958 = 228 \cdot 4{,}2$ cmkg

aufzunehmen, während der nächstfolgende Kurbelarm in 124 mm Abstand vom linken Lager gemäß

Abb. 472 .... $3105 = 895{,}5 \cdot 12{,}4 - 1600 \cdot 5{,}0$ cmkg,

Abb. 473 .... 2324 cmkg

aufzunehmen hat.

Der Kurbelzapfen in 74 mm vom linken Auflager hat im ungünstigsten Falle gemäß

Abb. 472 .... $895{,}5 \cdot 7{,}4 = 6627$ cmkg

aufzunehmen und erhält nach

$$M_b = \frac{\pi}{32} d^3 \cdot k_b$$

$$d = 3{,}7 \text{ cm},$$

wenn für k_b etwa 1250 kg/cm² angenommen wird.

Das größte Biegungsmoment tritt im mittleren Lagerzapfen der Welle gemäß Abb. 473 auf; es beträgt

$$T_0 \cdot 24{,}3 - P_0 \cdot 16{,}9 - P_0' \cdot 6{,}9 = 7195 \text{ cmkg}.$$

Hier ist demnach ein Wellendurchmesser $d = 4$ cm angemessen.

Die Breite der Kurbelarme wird für alle Arme gleich groß mit

$$b = 5 \text{ cm}.$$

Aus

$$M_b = k_b \cdot \frac{b h^2}{6}$$

erhält man für die beiden äußeren Arme

$$h = 2{,}2 \text{ cm},$$

für die beiden nach innen folgenden Arme

$$h = 2{,}5 \text{ cm},$$

und für die beiden mittleren Arme, von denen der linke gemäß Abb. 472 ein Biegungsmoment von 2993 cmkg und gemäß Abb. 473 ein solches von 1749 cmkg aufzunehmen hat, die gleiche Höhe wie für die äußeren Arme.

Daß die Momente auf der rechten Seite der Welle etwas größer sind als auf der linken Seite, bildet kein Hindernis für die vollkommen symmetrische Ausbildung der Welle; der geringe Unterschied wird durch die zulässige höhere Beanspruchung ausgeglichen.

Streng genommen hätte man nun noch zu berücksichtigen, daß sich die Kolbenkraft am Kurbelzapfen in eine Tangentialkraft

$$T = \frac{P}{\cos \beta} \sin(\alpha + \beta)$$

und eine senkrecht hierzu gerichtete Kraft

$$R = \frac{P}{\cos \beta} \sin(\alpha + \beta)$$

zerlegt, die für einen Kurbenwinkel

$$\alpha = 30^0$$

und einen Stangenausschlag

$$\beta = 7^0$$

ihrer Höchstwerte von $T = \sim 960$ kg und $R = 1275$ kg erlangen. Diese Kräfte sind, jede Gruppe für sich, als biegende bzw. drehende Kräfte für die Welle zu betrachten; die biegenden Kräfte liefern mit Hilfe der Clapeyronschen Gleichungen die besprochenen Momentenlinien, die drehenden Kräfte Drehmomente, so daß in jedem Wellenquerschnitt Biege- und Drehmomente nach der bekannten Formel

$$M_r = 0{,}35 M_b + 0{,}65 \sqrt{M_b^2 + M_d^2}$$

zusammengesetzt werden können.

Diese Rechnung bietet keine wesentlichen Unterschiede gegenüber den vorstehenden. Sie liefert auch keinen Anlaß, die oben ermittelten Abmessungen der Kurbelwelle zu verändern.

Weitere Nachrechnungen sind noch:

Flächendruck: Für den Kurbelzapfen ist bei

$$P = 1600 \text{ kg},$$
$$l = 5{,}6 \text{ cm},$$
$$d = 3{,}7 \text{ cm},$$
$$k_{max} = \frac{1600}{5{,}6 \cdot 3{,}7} = \sim 80 \text{ kg/cm}^2,$$

also weit unter der zulässigen Grenze.

Für den mittleren Lagerzapfen ist bei der ungünstigeren Stellung der Welle

$$T_1 = 2954{,}5 \text{ kg},$$
$$l = 5{,}0 \text{ cm},$$
$$d = 4{,}0 \text{ cm},$$
$$k_{max} = \frac{2954{,}5}{20} \sim 148 \text{ kg/cm}^2,$$

ein recht hoher Wert, der aber gerade bei dem mittleren Lager häufig nicht zu vermeiden ist. Bei den anderen Lagerzapfen ist die Flächenpressung viel geringer, insbesondere bei dem rechten, der das fliegende Schwungrad trägt.

Reibungsarbeit. Der von Güldner eingeführte Vergleichswert

$$k \cdot v = \frac{p_m \cdot D^2 \cdot n}{2400 \cdot l}$$

ergibt bei dem Kurbelzapfen für

$$D = 9 \text{ cm},$$
$$l = 5{,}6 \text{ cm},$$
$$p_m = 5 \text{ kg/cm}^2$$
$$n = 1200 \text{ Uml/min},$$
$$k \cdot v = 36 \text{ mkg/s},$$

während erfahrungsgemäß bis zu 35 mkg/s zulässig sind. Etwas ungünstiger dürfte sich aber die Reibungsarbeit für das mittlere Lager stellen, dessen höchster Flächendruck schon ungewöhnlich groß ist. Nimmt man an, daß sich der mittlere Auflagerdruck dieses Lagers zu dem höchsten Auflagerdruck ebenso verhält wie der mittlere Kolbendruck zu dem höchsten Kolbendruck, so könnte man aus

$$t_m : T_1 = p_m : P,$$
$$t_m : 2954{,}5 = 3{,}5 : 1600,$$
$$t_m = 6{,}46 \text{ kg/cm}^2$$

nach obiger Gleichung ebenfalls einen Vergleichswert für die Reibungsarbeit berechnen, wenn man nur für

$$l = 5{,}0 \text{ und}$$
$$t_m = 6{,}46 \text{ kg/cm}^2$$

einführt. Dies ergibt

$$k \cdot v = 52{,}3 \text{ mkg/s}.$$

Das Lager wird demnach nur bei sorgfältiger Schmierung laufen können, ohne sich übermäßig zu erhitzen.

Größte Durchbiegung unter der größten Kolbenkraft von 1600 kg nach

$$f = \frac{P \cdot l^3}{E \cdot J \cdot 48},$$

wobei die in Betracht gezogene Hälfte der Kurbelwelle als gerade Welle angesehen und von der Rücksicht auf den Druck im benachbarten Zylinder der Einfachheit halber abgesehen wird.

Für
$$P = 1600 \text{ kg},$$
$$l = 24{,}3 \text{ cm},$$
$$E = 2000000,$$
$$J = \frac{\pi d^4}{64} = 9{,}2,$$
$$f = 0{,}03 \text{ cm} = \frac{1}{810}.$$

Wesentlich genauer muß man schon vorgehen, wenn man bei der Berechnung einer vierfach gekröpften Welle mit nur zwei Lagern nicht auf übermäßig große Abmessungen oder zu hohe Beanspruchungen kommen will.

Kurbelwelle.

Für die Kurbelwelle nach Abb. 450 und 451, S. 250, die für eine Vierzylindermaschine von
$$D = 100 \text{ mm},$$
$$s = 125 \text{ mm}$$
berechnet ist, darf man nicht mehr von der Annahme ausgehen, daß der Höchstdruck
$$P_{max} = \frac{\pi}{4} \cdot 100 \cdot 20 = 1570 \text{ kg}$$
in zwei Zylindern zu gleicher Zeit auftritt. Vielmehr muß es genügen, wenn man von der größten Kraft in einem Zylinder ausgeht und hierbei zur Sicherheit nicht berücksichtigt, daß bei einer solchen, in der Regel sehr schnell laufenden Maschine gerade der Höchstdruck durch die Massenkräfte im Totpunkte erheblich vermindert wird. Dafür ist es andererseits auch wieder zulässig, von den zu gleicher Zeit in den anderen Zylindern auftretenden Kolbenkräften ganz abzusehen, so daß sich die Rechnung verhältnismäßig einfach stellt.

Man zerlegt die Stangenkraft $\frac{P_{max}}{\cos \beta}$ in eine tangential und eine in der Richtung der Kurbel liegende Teilkraft:
$$P_t = \frac{P_{max}}{\cos \beta} \sin(\alpha + \beta) = \sim 930 \text{ kg},$$
$$P_r = \frac{P_{max}}{\cos \beta} \cos(\alpha - \beta) = \sim 1280 \text{ kg}.$$

Jede dieser Kräfte erzeugt Auflagerdrücke; die größten Auflagerdrücke werden offenbar in dem links gelegenen Lager, und zwar dann entstehen, wenn im Zylinder 1 der Krafthub ausgeführt wird, nämlich
$$A_t = \frac{P_t \cdot 49{,}8}{60} = 772 \text{ kg},$$
$$A_r = \frac{P_r \cdot 49{,}8}{60} = 1062 \text{ kg}.$$

Der größte, überhaupt auftretende Auflagerdruck ist somit
$$A_{max} = \sqrt{A_t^2 + A_r^2} = 1313 \text{ kg},$$
und der Flächendruck
$$k_f = \frac{1313}{5{,}1 \cdot 7{,}0} = \text{rd } 37 \text{ kg/cm}^2$$

Größtes Biegungsmoment an der linken Lagerkante:
$$M_b = 1313 \cdot 3{,}5 = 4595{,}5 \text{ cmkg}; \qquad k_b = 375 \text{ kg/cm}^2.$$

Biegungsmoment im linken Kurbelarm:
$$M_1 = A_r \cdot 5{,}1 = 5416 \text{ cmkg} = k_{b1} \cdot \frac{8{,}9 \cdot 3{,}2^2}{6}; \qquad k_{b1} = \sim 360 \text{ kg/cm}^2,$$
$$M_2 = A_t \cdot 6{,}25 = 4826 \text{ cmkg} = k_{b2} \cdot \frac{3{,}2 \cdot 8{,}9^2}{6}; \qquad k_{b2} = \sim 120 \text{ kg/cm}^2.$$

Drehmoment im linken Kurbelarm:
$$M_d = A_t \cdot 5{,}1 = 3940 \text{ cmkg} = k_a \cdot \frac{2}{9} \cdot 3{,}2^2 \cdot 8{,}9; \qquad k_a = 192 \text{ kg/cm}^2.$$

Resultierendes Biegungsmoment:
$$M_b = \sqrt{M_{b1}^2 + M_{b2}^2}; \qquad k_b = \sqrt{k_{b1}^2 + k_{b2}^2} = 380 \text{ kg/cm}^2.$$

Resultierendes Moment:
$$M_r = 0{,}35 \, M_b + 0{,}65 \sqrt{M_b^2 + M_d^2}; \qquad k_r = 0{,}35 \, k_b + 0{,}65 \sqrt{k_b^2 + k_d^2} = \sim 410 \text{ kg/cm}^2.$$

Größtes Biegungsmoment im linken Kurbelzapfen:
$$M_b = 1313 \cdot 10{,}2 = 13393 \text{ cmkg}; \qquad k_b = 1092 \text{ kg/cm}^2.$$

Größter Flächendruck:
$$k_f = \frac{1570}{5{,}1 \cdot 7{,}0} = \sim 44 \text{ kg/cm}^2.$$

Die stärksten Beanspruchungen der beiden mittleren Kurbelzapfen treten auf, wenn in den zugehörigen Zylindern gezündet wird. Diese ungünstigsten Momente sind annähernd:
für den linken Zapfen:

$$M_b = \frac{1570 \cdot 22{,}9 \cdot 37{,}1}{60} = 22316 \text{ cmkg}; \qquad k_b = \sim 1820 \text{ kg/cm}^2,$$

für den rechten Zapfen:

$$M_b = \frac{1570 \cdot 35{,}6 \cdot 24{,}4}{60} = 22832 \text{ cmkg}; \qquad k_b = \sim 1860 \text{ kg/cm}^2.$$

Die Beanspruchungen der mittleren Kurbelarme auf Biegung und Drehung sind in ähnlicher Weise nachzurechnen, wie es oben für den einen Kurbelarm bereits geschehen ist, wobei aber untersucht werden muß, welche Belastung der Welle für den betreffenden Kurbelarm am ungünstigsten ist. Solche zeitraubende Berechnungen sucht man in der Regel gern zu vermeiden, weshalb man die einmal berechneten Abmessungen der Kurbelwelle nach Möglichkeit beizubehalten trachtet.

Das Vorstehende dürfte als Hilfsmittel für die Wellenberechnung in den meisten Fällen genügen. Übermäßig hohe Sicherheit darf man natürlich von den so ermittelten Kurbelwellen nicht erwarten, da man stets die Rücksicht auf das Gewicht und den Preis zu nehmen hat. Gegen Unfälle ist die Kurbelwelle selbst dann nicht gefeit, wenn man sie nach dem bedeutend sichereren Verfahren von Ewerding berechnet, wobei man annimmt, daß in zwei Zylindern zu gleicher Zeit Zündungen eintreten. Findet z. B. die Entzündung in einem Zylinder bereits bei Beginn der Verdichtung statt, so erlangt das brennende Gemisch einen Enddruck, dem selbst die sorgfältigst berechnete Kurbelwelle nicht standhalten kann. Wahrscheinlich sind viele Unfälle an Maschinen, bei denen die Kurbelwelle gebogen worden ist, die Schrauben eines Stangenkopfes gerissen waren oder gar ein Zylinder gesprengt wurde, auf eine solche ungewöhnlich zeitig erfolgte Frühzündung zurückzuführen.

Die vorstehenden Rechnungsbeispiele sollen nur als Anhalt für die Durchführung der Berechnungen und nicht als Unterlagen für die wirkliche Bemessung der Kurbelwelle nach den neueren Anforderungen dienen, bei denen insbesondere die Wirkung hoher Drehzahlen auf die biegenden Kolbenkräfte und auf die zulässigen Lagerdrücke eine große Rolle spielt.

Besondere Anforderungen an die Berechnung stellen ferner die Wellen für die neueren Sechszylindermaschinen, s. Abb. 474 und 475, die in der Regel auf vier Lagerstellen laufen und für die sich daher die Ermittlung der Auflagerdrücke und Durchbiegungen noch umständlicher gestaltet. Einen Weg zur Berechnung solcher Kurbelwellen mit Hilfe von Biegungs-

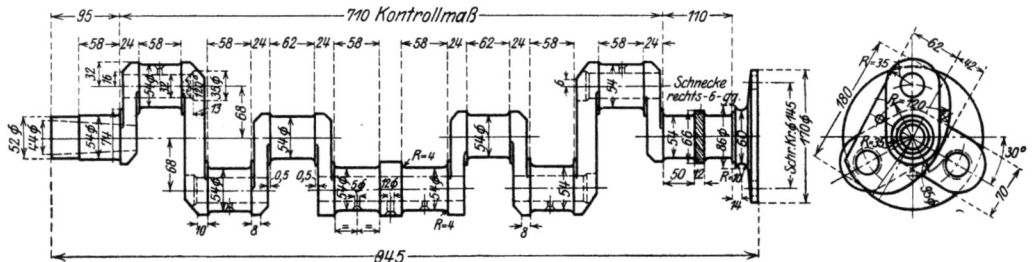

Abb. 474 und 475. Sechszylinder-Kurbelwelle für Flugmotoren.

linien hat P. Sanio[1]) angegeben. Überhaupt sind als Sonderfälle der Berechnung die Wellen für Flugmotoren oder für Maschinen mit Einrichtungen zur vorübergehenden Leistungssteigerung zu unterscheiden. Bei den Flugmotoren muß durch Verwendung besonders hochwertiger Baustoffe und zweckmäßige Verteilung der Querschnitte und günstige Ausnutzung des Baustoffes möglichste Verringerung des Gewichtes der Kurbelwelle angestrebt werden, das immer einen wesentlichen Teil des Gesamtgewichtes darstellt, bei den anderen Maschinen ist die Bemessung der Kurbelwelle und namentlich der Lagerflächen so zu wählen, daß sie, wenigstens auf einige Dauer auch für höhere als die Nennleistung ausreicht.

Nach den ausgedehnten Erfahrungen des Flugmotorenbaues kann man erwarten, daß man mit den Zapfen der Kurbelwelle keine Schwierigkeiten haben wird, wenn man die Lauffläche

---

[1]) Motorwagen, 31. Oktober 1916.

jedes Lagerzapfens mit 0,02 F und die Lauffläche jedes Kurbelzapfens mit 0,025 bis 0,028 F bemißt, wobei F die Kolbenfläche ist und als Lauffläche das Produkt aus Durchmesser und Länge des Zapfens angesehen wird. Das Längenverhältnis l/d dieser Zapfen beträgt je nach Art und Zylinderzahl der Maschinen zwischen 0,85 und 1,25, wobei die kleineren Werte für Sechszylindermaschinen gelten, deren Baulänge möglichst beschränkt werden soll.

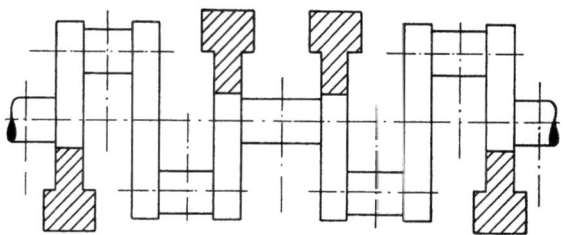

Abb. 476. Kurbelwelle mit Gegengewichten.

Zu erwägen ist ferner, ob es sich, namentlich bei Maschinen mit hoch beanspruchten Lagern, empfiehlt, Gegengewichte zum Ausgleich der einseitigen Belastungen durch die Kurbelarme anzuordnen, s. Abb. 476, die namentlich bei höheren Drehzahlen geeignet sind, die Lagerdrücke zu vermindern. So liefert eine Berechnung[1]) der Drücke im mittleren Lager einer Vierzylindermaschine von 111 mm Zylinderdurchmesser und 152 mm Hub folgende Werte:

	ohne Gegengewichte			mit Gegengewichten		
Uml/min:	1000	1413	2000	1000	1413	2000
Senkrechter Lagerdruck . . . . . . kg	725	1270	2380	952	680	1040
Wagerechter Lagerdruck . . . . . . ,,	453	794	1495	127	145	250
Mittlerer Lagerdruck . . . . ,,	598	915	1760	452	476	665
Größtes senkr. Biegungsmoment . cm/kg	7800	15650	30100	2620	5250	10500
Größtes wager. Biegungsmoment . ,,	6450	12900	25800	0	0	0

Daß Gegengewichte trotz ihres offenbar günstigen Einflusses auf die Lagerbelastungen verhältnismäßig selten verwendet werden, mag an gewissen baulichen Schwierigkeiten liegen, die man damit in den Kauf nehmen muß. Macht man die Gegengewichte mit der Kurbelwelle aus einem Stück, wie z. B. die Peerless Motor Car Co., bei ihren Wellen für Achtzylindermaschinen, Abb. 477 bis 486, so ist die Herstellung der Welle im Gesenk und die Bearbeitung

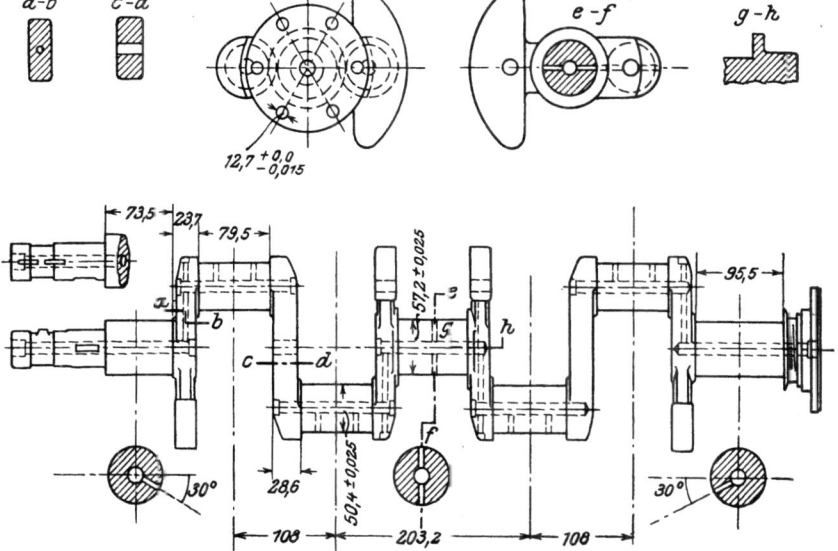

Abb. 477 bis 486. Achtzylinderwelle der Peerless Motor Car Co.

der Kurbelarme sehr erschwert, stellt man sie dagegen, wie bei der Flugmotorenwelle von Rolls-Royce, Abb. 487, getrennt von der Welle her, so muß die Befestigung sehr genau bearbeitet werden, damit die Schrauben nicht abreißen. Zu alledem ist auch das Mehrgewicht der Maschine, das die Gegengewichte bedingen, nicht unerheblich.

---

[1]) Motorwagen, 20. April 1916.

Im allgemeinen darf man aber den Ergebnissen genauer Berechnungen von Kurbelwellen keinen entscheidenden Wert beimessen, und es lohnt daher auch kaum, darauf namentlich bei Wellen für Sechs- und Mehrzylindermaschinen allzuviel Mühe zu verwenden; denn alle diese Rechnungen setzen voraus, daß die Welle an den Lagern unveränderlich gestützt ist, was namentlich bei längeren Kurbelgehäusen wegen ihrer unvermeidlichen elastischen Durchbiegungen nicht zutrifft. Im Zusammenhang damit steht die Frage, ob man die Welle an weniger oder an mehr Stellen lagern soll. Zweifellos hat die Lagerung der Welle zu beiden Seiten jedes Zylinders den Vorteil, daß die Biegungsmomente im freitragenden Teil kleiner werden, also die Welle schwächer bemessen werden darf, und daß sich außerdem die Beanspruchungen infolge der Lagerdrücke gleichmäßiger auf das Gehäuse verteilen. Dabei braucht die Gesamtlänge der Welle und des Gehäuses nicht größer zu sein, als bei weniger Lagerstellen, weil man die Lauflängen der Lager kürzer bemessen kann. Dennoch kann man diese Bauart aus Rücksicht auf die Kosten der Bearbeitung und des Zusammenbaues nur bei Maschinen verwenden, die besonders leicht sein sollen.

Abb. 487. Kurbelwelle mit Gegengewichten von Rolls-Royce.

In anderen Fällen empfiehlt es sich dagegen, die Notwendigkeit etwas stärker bemessener Kurbelwellen in den Kauf zu nehmen, die auch im allgemeinen, wenn auch nicht immer, starrer sind und infolge ihrer geringeren elastischen Durchbiegungen selbst dazu beitragen, das Gehäuse zu versteifen.

Zu beachten ist beim Entwurf einer neuen Kurbelwelle ihre Eigenschwingungszahl unter dem Einfluß der durch die Explosionsstöße hervorgerufenen Torsionsschwingungen, die heute bei jeder neu entworfenen Welle nachgerechnet werden sollte. Brauchbare und nicht zu umständliche Verfahren hierfür haben u. a. Geiger[1]) und neuerdings Saß[2]) gezeigt. In Abb. 488 bis 491 ist nach Angaben der Maschinenfabrik Augsburg-Nürnberg die Berechnung der 1. Verdrehungs-Eigenschwingungszahl nach einem einfachen graphischen Verfahren für die Kurbelwelle eines Flugmotors mit Getriebe angegeben, wobei die Längen auf das polare Trägheitsmoment der Wellen- und Kurbelzapfen $J_p = 97{,}7$ cm^4, die Massen auf den Trägheitshalbmesser $r = 3{,}3$ cm reduziert sind, damit die gekröpfte Welle durch eine gerade Welle ersetzt werden kann. Die Rechnung setzt voraus, daß auch die Massen des Vorgelegezahnrades und der Luftschraube starr mit der Welle gekuppelt sind, was, streng genommen, niemals zutrifft, und ergibt als Grundschwingungszahl des aus sechs Triebwerksmassen, der Kurbelwelle, dem Getriebe und der Luftschraube bestehenden Systems $n_{e1} = 6710$. Aus den in Abb. 492 wiedergegebenen Ergebnissen torsiographischer Messungen an dieser Kurbelwelle kann man ersehen, daß erst bei 2240 Uml/min eine gefährlicher scheinende kritische Schwin-

---

[1]) Über Verdrehungsschwingungen von Wellen. Augsburg 1914.
[2]) Z. V. d. I. 1921, S. 67.

gungszahl auftritt, die aber außerhalb des Bereichs der für diesen Motor in Betracht kommenden Drehzahlen liegt. Die bei 1490 Uml/min auftretende kritische Schwingungszahl ist auf un-

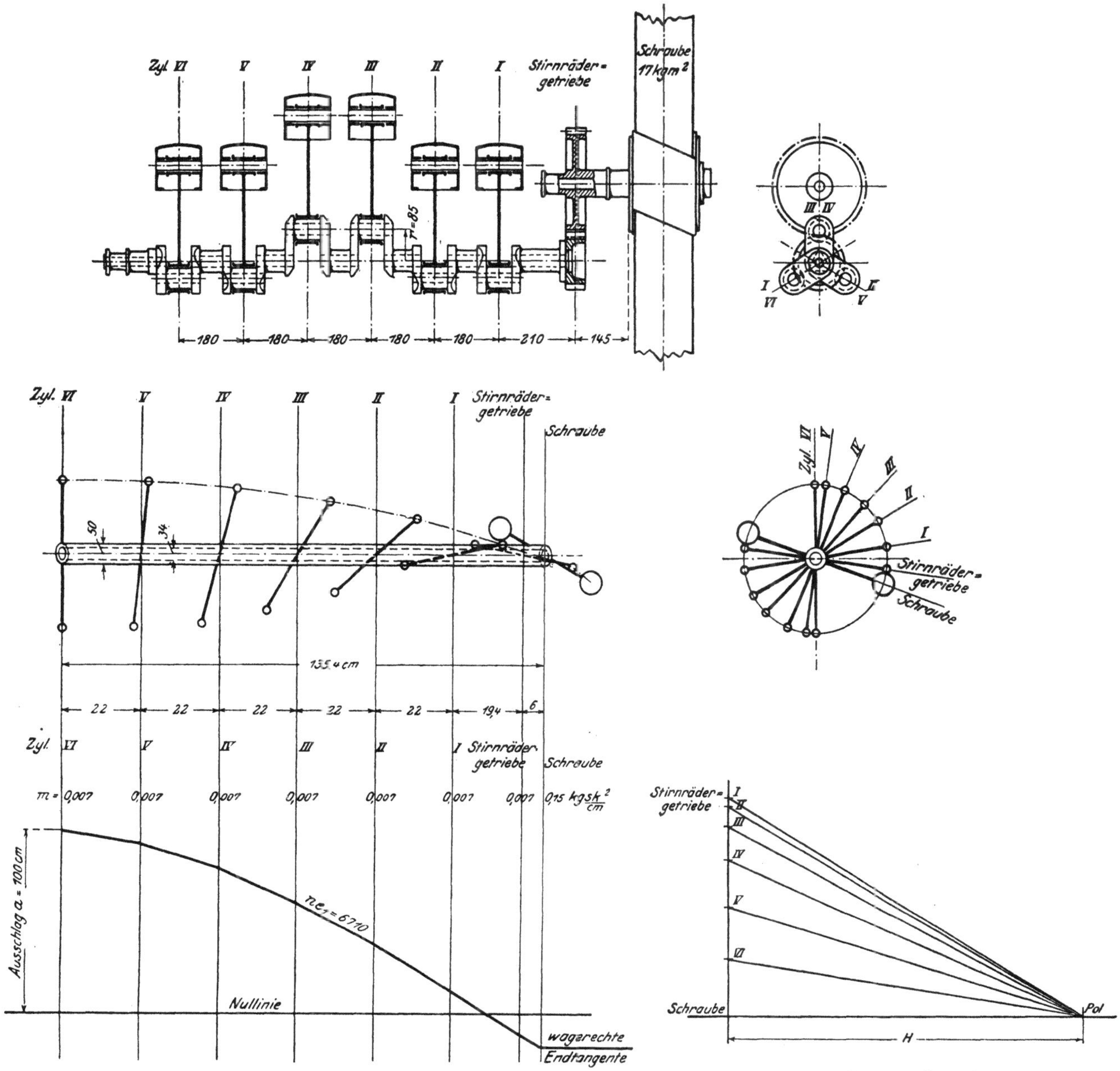

Abb. 488 bis 491. Berechnung der Eigenschwingungszahl einer Flugmotorenwelle mit Getriebe.

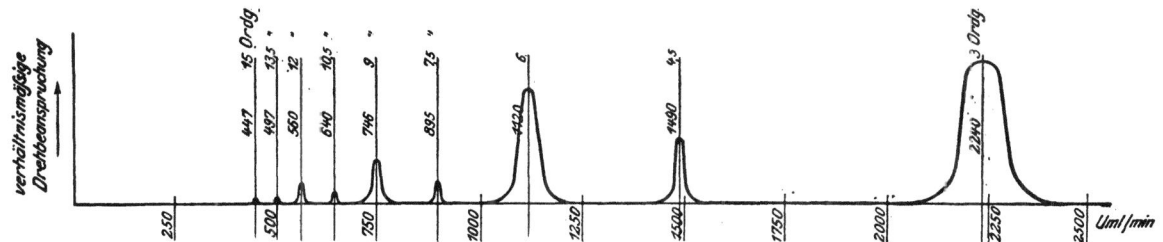

Abb. 492. Ergebnisse torsiographischer Messungen an der nach Abb. 486 bis 491 berechneten Kurbelwelle.

gleichmäßiges Arbeiten der Zylinder zurückzuführen, läßt sich also vermeiden, während die kritische Schwingungszahl bei 1120 Uml/min schon unterhalb des üblichen Drehzahlbereiches dieses Motors fällt.

Wegen der erhöhten Anforderungen, die man bei neueren Wagenmaschinen an Ruhe des Ganges selbst bei Drehzahlen bis zu 3000 Uml/min stellt, muß man stets danach streben, die Eigenschwingungszahlen bis mindestens zur 3. Ordnung über der höchsten vorkommenden Betriebsdrehzahl zu erhalten, damit keine für die Ruhe des Ganges und die Lebensdauer der Welle gleich schädliche Resonanz auftritt. Da hohe Eigenschwingungszahlen, und zwar sowohl gegenüber Drehkräften, als auch gegenüber Biegungskräften das Kennzeichen steifer Wellen sind, so ist auch aus diesem Grund die Verwendung verhältnismäßig kräftiger Wellen zu empfehlen.

Dem Bedürfnis nach Wellen von höherer Drehungsfestigkeit kann man unter Umständen dadurch entsprechen, daß man die Zapfen stärker bemißt und ausbohrt, so daß sich das Gewicht der Welle nicht wesentlich ändert.

Wo sich im Betrieb Schwierigkeiten infolge von Resonanz ergeben, denen man durch Änderung der Wellen nicht beggnen kann, dürfte der Einbau eines Schwingungsdämpfers[1]) geboten sein, für den z. B. Lanchester die Form eines gebremsten Schwungringes zwischen Kurbelwelle und Steuerwelle, Abb. 493, gegeben hat und dessen Aufgabe darin besteht, die Eigenschwingungszahl des ganzen Systems zu beeinflussen. Eine neuere Bauart solcher Schwingungsdämpfer, die von J. Gardner, Manchester, herrührt[2]), Abb. 494 bis 496, benützt eine

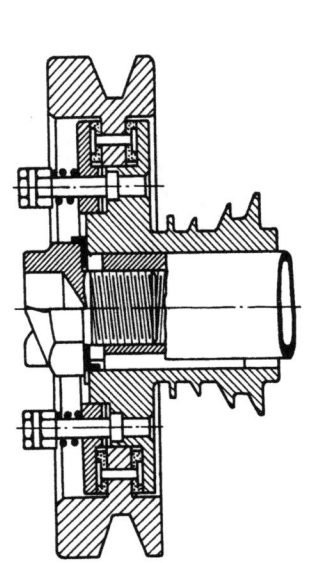

Abb. 493. Schwingungsdämpfer nach Lanchester.

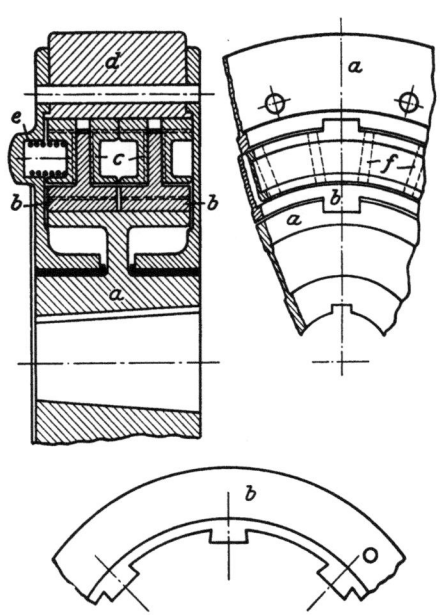

Abb. 494 bis 496. Schwingungsdämpfer nach Gardner.

auf der Kurbelwelle aufgekeilte Mitnehmerscheibe a, in deren Längsschlitzen b die $\sqcup$- oder $\llcorner$-förmigen Reibglieder für die auf dem Schwungring d gelagerten Mitnehmer c beweglich sind und durch die Federn e aufeinandergedrückt werden. Durch die Radialnuten f gesammeltes Öl verhindert, daß die Reibflächen zu fest aufeinander haften.

Schwierigkeiten durch Auftreten von Schwingungen sind in der Praxis vielfach die Folgen ungenügenden Gewichtsausgleiches der Wellen. Je höher die Betriebsdrehzahlen steigen, desto sorgfältiger muß man daher die fertig bearbeitete Welle auswuchten. Die heute gebräuchlichen statisch arbeitenden Auswuchtmaschinen, z. B. von Fried. Krupp A.-G., Essen[3]), sind für die Zwecke des Kraftwagenbaues genügend genau, es ist daher nicht notwendig, jede fertige Kurbelwelle erst dynamisch auszuwuchten, um sicher zu sein, daß ihre Achse auch eine freie Achse ist. In Ermanglung besonderer Einrichtungen kann man auch zwei gerade, schneidenförmig zugeschärfte Lineale verwenden und die Welle daraufhin prüfen, ob sie in jeder beliebigen Stellung im indifferenten Gleichgewicht bleibt. Wichtig ist, daß das Auswuchten der Welle wiederholt wird, nachdem alle sonstigen Teile der Maschine, z. B. Andrehklaue, Ölfänger, Schwungrad usw. daran befestigt worden sind.

---

[1]) Vgl. Z. V. d. I. 1922, S. 282.
[2]) Engl. Patent 121228.
[3]) Kruppsche Monatsh., April 1922.

Für den Erstentwurf mögen noch einige Faustregeln angegeben werden, die als Mittelwerte aus einer Reihe von amerikanischen Maschinen mit mittleren Zylinderabmessungen brauchbar sein dürften, aber natürlich ohne Nachrechnung für die Konstruktion zu unsicher sind.

Für die Kurbelwellen der in Abb. 497 bis 499 wiedergegebenen Bauart kann man annehmen:

Gesamtlänge der Kurbelwelle: $\quad L = 7\,D + 15{,}24$ cm (D = Zylinderdurchmesser).

Durchmesser der Kurbelzapfen: $\quad d = 0{,}53\,D - 1{,}5875$ cm,

Dicke der Kurbelarme: $\quad b = 0{,}4\,D - 2{,}159$ cm,

$\quad b_1 = 0{,}5\,D - 2{,}225$ cm,

Breite der Kurbelarme: $\quad h = 0{,}333\,D + 4{,}318$ cm,

$\quad h_1 = 8{,}99 - 0{,}667\,D$ cm,

Durchmesser der Lagerzapfen: $\quad d_1 = 0{,}53\,D - 1{,}5875$ cm,

$\quad d_2 = d_3 = d_1,$

Länge der Lagerzapfen: $\quad l_1 = d_1 + 2{,}857$ cm

oder $\quad l_1 = 1{,}67\,d_1 + 2{,}413$ cm,

$\quad l_2 = 5{,}33\,d_2 - 14{,}376$ cm,

$\quad l = 2{,}8\,d_3 - 5{,}588$ cm.

Für die bauliche Gestaltung der Kurbelwellen sind neben der Rücksicht auf einfache, billige Herstellung namentlich gewisse Nebenaufgaben maßgebend, welche jede Kurbelwelle zu erfüllen hat. Anzustreben ist, einfache, in bezug auf die Querschnittverteilung zweckmäßige Formgebung der Kurbelarme, die gestattet, die Wellen, die vorher unter dem Hammer in annähernd richtige Form gebogen worden sind, im Gesenk fertig zu schmieden, möglichst ohne daß man die Arme nacharbeiten muß. Allerdings ist das nur bei Wellen für Maschinen mit zwei oder vier Zylindern erreichbar. Bei Kurbelwellen für Sechszylindermaschinen, deren Kurbelzapfen nicht in derselben Ebene liegen, müssen dagegen die Arme und Zapfen, nachdem die Blöcke vorgeschmiedet sind, aus dem Vollen gearbeitet werden, was sehr langwierig und mit viel Späneverlust verknüpft ist.

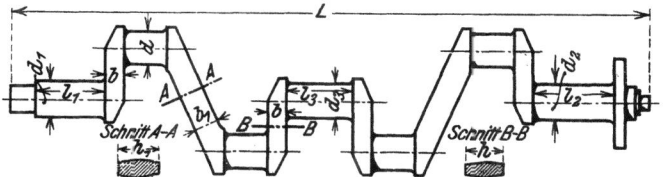

Abb. 497 bis 499. Kurbelwelle amerikanischer Maschinen.

Vielfach hat man daher das Verfahren eingeführt, diese Wellen zunächst so zu schmieden, daß ihre Kurbelzapfen in einer Ebene liegen und erst nachher in die richtigen Ebenen gedreht werden. Solche Wellen müssen aber insbesondere an den Verdrehungsstellen auf Risse oder sonstige Fehler geprüft werden, bevor man sie weiter bearbeitet, da die Verdrehung den Stahl sehr ungünstig beansprucht, wenn er nicht mehr warm genug ist.

Da die Kurbelarme durch das Drehmoment hauptsächlich auf Biegung beansprucht werden, liegt es nahe, ihre Breite (gemessen in der Achsrichtung der Welle) kleiner als ihre Höhe zu bemessen, damit das Widerstandsmoment des Rechteckquerschnittes möglichst groß wird. Unter Umständen spart man dadurch auch an Baulänge der Welle. Mit abnehmender Breite der Kurbelarme verliert aber die Welle an Biegungsfestigkeit gegenüber den auf den Kurbelzapfen wirkenden Kolbenkräften sowie an allgemeiner Steifigkeit,

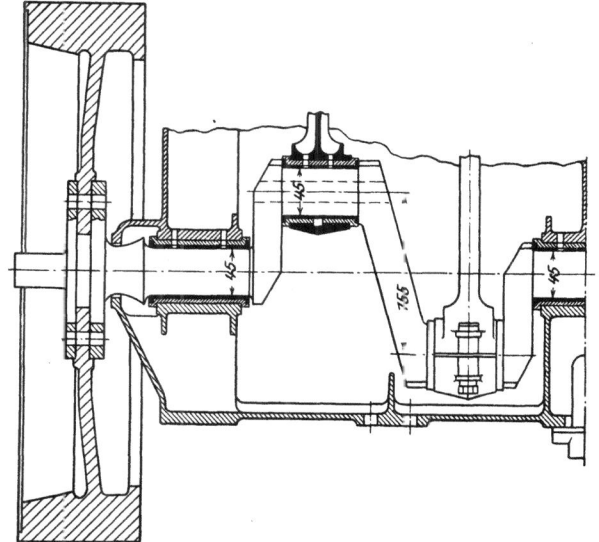

Abb. 500. Kurbelwelle einer Lastwagenmaschine von Büssing.

was berücksichtigt werden muß. Daher sind Wellen, bei denen die Arme zu ganzen Scheiben ausgebildet sind, damit man sie leichter und genauer bearbeiten kann, oft nicht steif genug.

Damit man die Kurbelwelle bequem mit dem Schwungrad verbinden kann, versieht man sie am hinteren Ende der Maschine mit einem entsprechend großen angeschmiedeten Flansch, der allseitig abgedreht und genau zentriert wird, s. Abb. 500. Ferner empfiehlt es sich, dort, wo die Welle aus dem Gehäuse der Maschine heraustritt, niedrige Bunde zum Abschleudern des aus dem Lager mitgenommenen Schmieröls anzuordnen.

Bei der Bearbeitung der Zapfen, die nach dem Fertigdrehen geschliffen werden, ist insbesondere auf die Formgebung der Hohlkehlen an den Übergangstellen von Zapfen zu Kurbelarm zu achten. Damit hier keine Kerbwirkung auftritt, die mit der Zeit Risse herbeiführen kann, sollen diese Hohlkehlen möglichst großen Krümmungshalbmesser, rd 3 bis 5 mm, haben oder, wenn der Raum dafür nicht ausreicht, nach Parabeln abgerundet werden, die allerdings schwer zu bearbeiten sind. Beim Schleifen der Zapfen ist Überhitzung zu vermeiden.

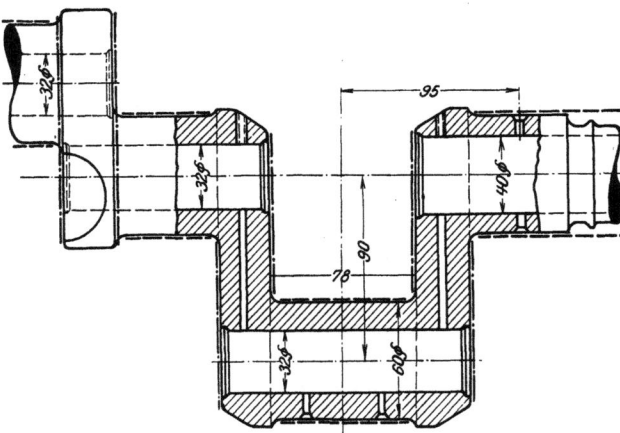

Abb. 501. Kurbelwelle des Benz-Flugmotors.

Eine wichtige Rolle spielt die Kurbelwelle zumeist als Teil des Schmierölkreislaufes insofern, als sie das Öl aus den Lagern in die Kurbelzapfen und Pleuelstangen leitet. Hierfür erhält die Welle eine große Zahl von Bohrungen, die in Verbindung mit den Achsbohrungen der Zapfen entweder eine zusammenhängende Leitung herstellen, s. Abb. 501, oder, wie z. B. bei der Welle des Hispano-Suiza-Motors, Abb. 502, immer nur ein Kurbellager mit den benachbarten Kurbelzapfen verbinden. Die Achsbohrungen der Zapfen müssen durch eingenietete oder sonstwie befestigte Deckel verschlossen werden und füllen sich im Betrieb ganz

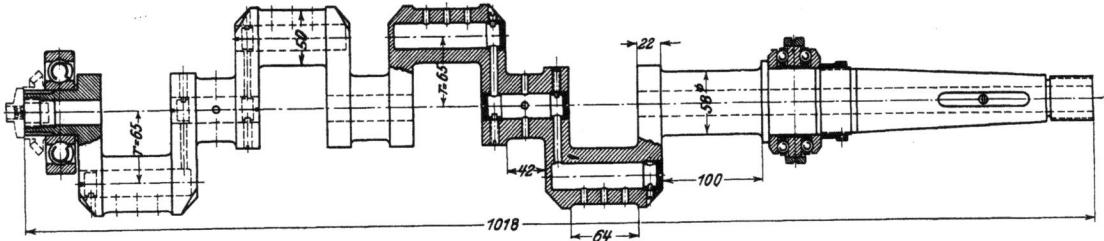

Abb. 502. Kurbelwelle des Hispano-Suiza-Flugmotors.

mit Öl. Da das eine nicht unwesentliche Vermehrung der in der Maschine umlaufenden Ölmenge bedingt, hat die Firma Maybach Motorenbau G. m. b. H. an der Kurbelwelle ihres 300 PS-Flugmotors, Abb. 503 und 504, besondere Ölfänger angeordnet, welche die Höhlungen

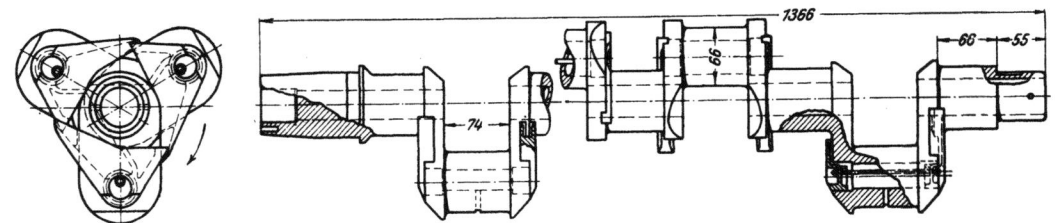

Abb. 503 und 504. Flugmotoren-Kurbelwelle von Maybach.

der Zapfen von Öl freihalten. Die Ölfänger, die von beiden Seiten her mittels einer durchgehenden Stange angedrückt werden und durch ihre Form gegen Verdrehen gesichert sind, nehmen das an den Kurbellagern seitlich austretende Öl auf und führen es den Laufflächen der Kurbelzapfen zu, ohne daß es sich in den Höhlungen erst anzusammeln braucht.

Die zahlreichen Bohrarbeiten, die an der sonst fertig bearbeiteten Kurbelwelle notwendig sind, bedingen, daß die Welle unmittelbar vor dem Einbau in die Maschine oder vor der Abgabe an die Montageabteilung der Fabrik nochmals sorgfältig ausgewuchtet wird. Wie vorsichtig man ferner selbst bei den unwichtig scheinenden Bohrarbeiten verfahren muß, zeigt der von Wawrziniok[1]) mitgeteilte Fall. Man hat versucht, die Schmierlöcher gleichzeitig durch zwei benachbarte Zapfen zu bohren und so an Zeit zu sparen, indem man eine gerade Bohrung schräg durchgeführt hat, s. Abb. 505. Dabei gelangte die Bohrung an den Stellen a und b zu nahe an die Oberfläche der Zapfen, und zwar gerade an einer Stelle, die infolge der starken Materialanhäufung keine elastischen Formänderungen zuläßt. Die von innen heraus auftretende Kerbwirkung an diesen Stellen wird noch verschärft, wenn diese Bohrung eine gehärtete Oberflächenschicht anschneidet oder wenn, wie häufig, die Hohlkehlen an den Enden der Zapfen zu wenig abgerundet sind. Die wahrscheinliche Folge eines solchen Bearbeitungsfehlers zeigt das Bild des Wellenbruches, Abb. 506, der wahrscheinlich von innen her durch Kerbwirkung entstanden ist und sich dann nach der Oberfläche des Zapfens hin ausgebreitet hat.

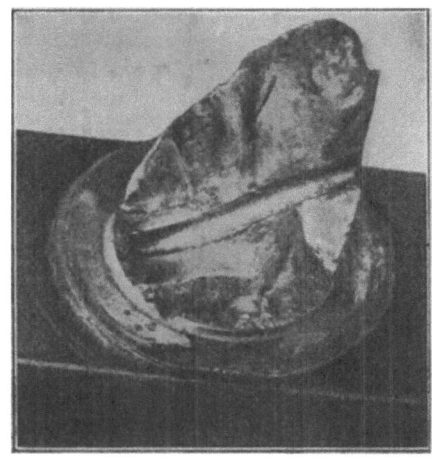

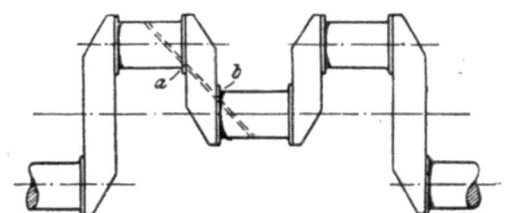

Abb. 505 und 506. Falsch gebohrte Kurbelwelle.

Über geeignete Baustoffe für Kurbelwellen sind schon früher S. 41 Mitteilungen gemacht. Obgleich die Wahl unter den verfügbaren Stahlarten natürlich auch durch die Kosten beeinflußt wird, kommt selbstverständlich auch bei langsam laufenden Maschinen, z. B. für Motorboote andrer als legierter Stahl heute kaum in Betracht, weil neben einer gewissen Härte, die die Abnützung der Zapfen bei längerer Betriebszeit beschränkt, hohe Arbeitsfestigkeit erforderlich ist, wenn die Kurbelwelle nicht vorzeitig unter Ermüdungserscheinungen brechen soll.

Immerhin darf erwähnt werden, daß man auch mit Wellen aus gutem Flußeisen, die an den Zapfenoberflächen gehärtet worden sind, vereinzelt gute Erfahrungen, namentlich in bezug auf Dauerfestigkeit und Widerstand gegen Abnützung gemacht hat. So werden von der Maschinenfabrik Alfing, Wasseralfingen, schon seit einigen Jahren Kurbelwellen für Fahrradmaschinen und Kolbenbolzen mit Oberflächenhärtung und zähem Kern aus ganz unlegiertem, aber sorgfältig ausgesuchtem Flußeisen hergestellt[2]), das bei Kerbschlagversuchen im Laboratorium von Fried. Krupp A.-G., Essen, sehr günstige Werte geliefert hat. Auch die Franklin Mfg. Co., Syrakuse, N. Y., verwendet bei ihren Maschinen mit Luftkühlung Kurbelwellen aus Flußeisen mit 0,15 bis 0,25 v. H. Kohlenstoffgehalt[3]), deren Zapfen auf 1,6 mm Tiefe gehärtet sind, nachdem sie die Erfahrung gemacht hat, daß solche Wellen bis zu 80000 km Fahrt aushalten können, ohne daß man die Lager nachzupassen braucht. Die Zapfen werden bis auf 1 bis 1,1 mm Übermaß abgedreht, dann werden die Arme und sonstigen nicht zu härtenden Teile der Welle mit einem galvanischen Kupferüberzug versehen, wobei man die Zapfen mit Gummistreifen abdeckt. Die Welle kommt dann in entsprechend großen mit Kohlenpulver gefüllten Kästen aus Nickelstahl in den Glühofen, wo sie 22 bis 24 Stunden verbleibt und an den frei gebliebenen Stellen Kohlenstoff aufnimmt, und wird erst dann an dem Flansch und den übrigen Teilen abgedreht, damit die kohlenstoffreiche Schicht hier entfernt wird. Nachher wird die Welle bei 775° in Leitungswasser abgeschreckt und sofort in ein stark belastetes Gesenk gelegt, damit sie sich nicht zu stark verzieht. Dadurch erreicht man, daß die Verkrümmung nicht viel über 1 mm beträgt. Diese muß durch Richten beseitigt werden, bevor man die Zapfen in zwei Arbeitsstufen schleift. Die für die Lebensdauer der Zapfen günstigste Oberflächenhärte soll 80 bis 100 Skleroskopgrade betragen. Bei der Bemessung der Welle muß man ferner

---

[1]) Mitt. d. Instituts f. Kraftfahrwesen. Dresden, Nr. 3.
[2]) Vgl. Motorrad. Berlin, 15. August 1921.   [3]) Am. Mach. (Europ. Ed.) 1923, 57, S. 844.

berücksichtigen, daß sie sich beim Abschrecken auch in der Länge ändert, und zwar beträgt die Verkürzung etwa 0,7 v. H.

Baustoffe für die Lagerschalen, soweit Gleitlager für die Kurbelwelle verwendet werden, sind schon weiter oben erwähnt, s. S. 34. Für Kraftwagenmaschinen, wo die Lagerschalen im Metall ohne den Ausguß rd 3 bis 5 mm Dicke erhalten dürfen, ist im allgemeinen Messing und bei einigermaßen hoher Reihenerzeugung Herstellung durch Warmpressen zu empfehlen, wodurch man an Kosten der Bearbeitung wesentlich sparen kann. In Amerika hat man auch Schleuder-Gießverfahren dafür verwendet, doch war es schwer, die Zusammensetzung der bleihaltigen Legierung gleichmäßig zu erhalten. Daß die Lagerschalen mit Weißmetall ausgegossen und die Zapfen in diese Schalen sorgfältig eingeschabt werden, bildet die Regel. Geeignete Legierungen hierfür sind schon S. 34 angegeben. Zu erwähnen ist, daß die Zapfen zu beiden Seiten der Teilfuge nicht genau eingepaßt werden dürfen, damit sich dort das Schmieröl verteilen kann, und daß beim Ausgießen der Schalen auf gutes Abbinden des Weißmetalls mit der zu diesem Zweck vorher verzinnten Schale geachtet werden muß. Die Temperatur beim Ausgießen soll nicht mehr als 450° C betragen. Gut abgebundene Schalen sind am hellen Klang erkennbar. Um das Weißmetall an der Schale zu befestigen, benützt man zweckmäßig nicht die im Kraftmaschinenbau üblichen Schwalbenschwanz-Verschneidungen oder im Innern der Lagerschale vorstehende Erhöhungen, s. Abb. 507 und 508, sondern über die ganze Fläche der Lagerschale verteilte Rillen, die man beim Ausdrehen der rohen Lagerschalen herstellt. Ist die Lagerschale gut im Gehäuse oder im Stangenkopf eingepaßt, so daß sie sich im Betrieb nicht durchbiegt, so genügt in der Regel ein Weißmetallfutter von 1 bis 1,5 mm Dicke. Vor zu dickem Weißmetallfutter ist zu warnen, weil beim Auslaufen eines solchen Lagers zu heftige Stöße entstehen, welche die Pleuelstangenschrauben gefährlich beanspruchen, und gegebenenfalls der Kolben oben im Zylinder hängen bleiben kann.

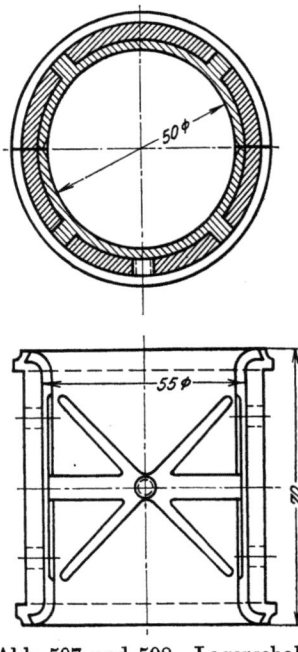

Abb. 507 und 508. Lagerschale für Kurbelwellen.

Gehärtete und geschliffene Zapfen der Kurbelwelle können in ungefütterten Lagerschalen laufen, wenn man sie nicht als Laufbahnen für Rollen benützt, wozu sie sich besonders gut eignen dürften. Für Lager mit Weißmetallfutter sollen diese Zapfen zu glatt und daher schwer zu schmieren sein, obgleich bestimmte Erfahrungen hierüber noch nicht vorliegen.

Wie sonst im Kraftmaschinenbau muß man eine Schale jedes Lagers mittels eines Paßstiftes oder eines in der Mitte der Leibung angesetzten Zapfens dagegen sichern, daß sie sich mit der Welle drehen kann. An den Enden sind die Lagerlaufflächen so abzurunden, daß die Hohlkehlen des Zapfens die Fläche nicht berühren. Lagerschalen, die gleichzeitig zum Festlegen der Welle in der Achsrichtung dienen, sollen einen entsprechend stärkeren Bund erhalten, damit sie hier nicht abreißen. Über die günstigste Form der Schmiernuten sind die Ansichten noch geteilt. Ob man sich auf die beiden Ölverteilnuten an der Teilfuge des Lagers beschränkt oder außerdem kreuzartig angeordnete Nuten einarbeitet, hängt im übrigen auch von der Art des Schmierverfahrens und der Ölzufuhr ab.

Pleuelstangen.

Die Hauptverhältnisse der Pleuelstange sind gegeben, wenn die Abmessungen von Kolbenbolzen und Kurbelzapfen vorher berechnet sind. Ihre fast allgemein gebräuchliche Bauart ergibt sich mit allen wesentlichen Einzelheiten annähernd aus Abb. 509 bis 511. Danach erhält die Stange am Kolbenende einen geschlossenen Kopf, in den die Laufbüchse für den Kolbenbolzen in der Regel eingepreßt oder — seltener — lose eingepaßt wird, s. Abb. 512 und 513, am Kurbelende einen geteilten, möglichst nicht, wie dargestellt, gegen das Zylindermittel unsymmetrischen Marinekopf mit ausgegossenen Lagerschalen. In neuerer Zeit findet man auch immer öfter Pleuelstangen, worin die Kolbenbolzen fest sind, während sie in den Augen der Kolben lose laufen. Abgesehen von den schon oben, S. 249, erwähnten hat aber diese Anordnung auch den Nachteil, daß sich die Lager der Kolbenbolzen schnell abnützen und dann die Maschine immer stärker klopft. Lose im Kolbenende der Stange eingepaßte, geschliffene Laufbüchsen aus Gußeisen haben sich selbst bei hoch beanspruchten Flugmotoren gut bewährt, vorausgesetzt natürlich, daß für ihre Schmierung gut gesorgt wird. Aber auch gehärtete Büchsen aus Stahl, deren Lebensdauer fast unbegrenzt ist, eignen sich für diesen Zweck, wenn man dar-

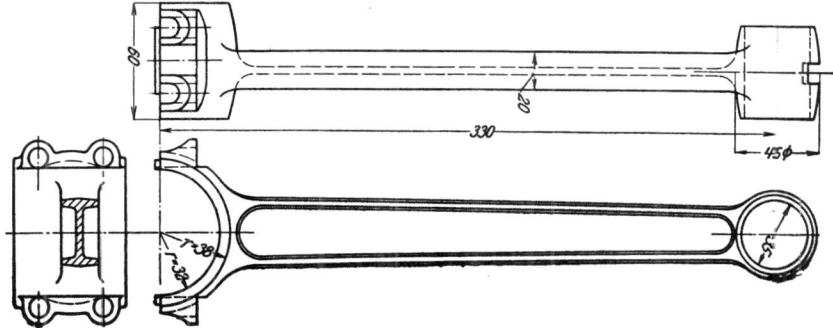

Abb. 509 bis 511. Normale Pleuelstange.

auf achtet, daß Kolbenbolzen und Laufbüchse aus genügend verschiedenem Stahl hergestellt werden, damit sie nicht zu leicht fressen; z. B. sollen Kolbenbolzen aus gewöhnlichem Gußstahl und Laufbüchsen aus Werkzeugstahl gut zusammenarbeiten können.

Wesentlich ist, daß die Zufuhr genügender Schmierölmengen zu den Laufflächen der Kolbenbolzen dauernd gesichert ist. Bei kleineren Maschinen genügt hierzu das vom inneren Kolbenboden abtropfende Öl, das man mit einem entsprechenden Ausschnitt im Kopfe der Stange, s. Abb. 514 und 515, auffängt, bei größeren Maschinen muß man dagegen das Öl vom Kurbelzapfen bis zum Kolbenbolzen mit einem besonderen Rohr weiterleiten, das an der Lauffläche des Kolbenbolzens endigt.

Bei dem Kurbelende der Pleuelstange ist im allgemeinen mit größerer Abnützung der Weißmetallager zu rechnen. Die beiden Teile des Kopfes, die in der üblichen Weise durch eine Verschneidung gegeneinander gesichert werden, sollen daher bei dem neu hergestellten Lager nicht dicht aufeinander schließen, sondern Spielraum für das Nachstellen frei lassen. Da dieser Spielraum aber nicht über 1 bis 1,5 mm beträgt, kann man von der Verwendung besonderer Beilagen absehen.

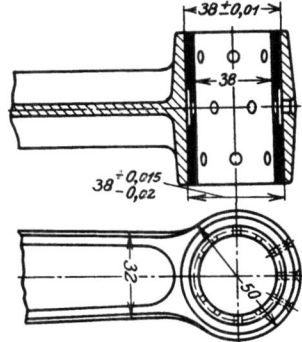

Abb. 512 und 513. Lose eingepaßte Büchse der Pleuelstange für eine Lastwagenmaschine von Daimler.

Wiederholt hat man vorgeschlagen, die besondere Lagerschale der Pleuelstange fortzulassen und den Kopf unmittelbar mit Weißmetall auszugießen, wodurch man die Abmessungen verringern könnte, vgl. Abb. 516 und 517. Abgesehen von den Schwierigkeiten, gutes Haften des Metalls am Stahl zu erzielen, hat dies aber das Bedenken, daß beim Auslaufen eines derartigen Lagers die Pleuelstange leichter gefährdet

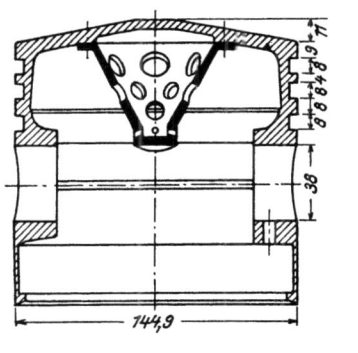

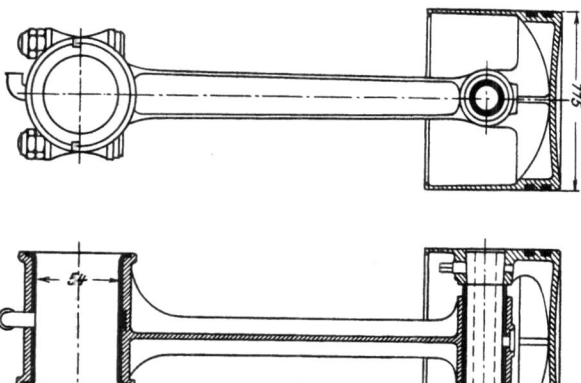

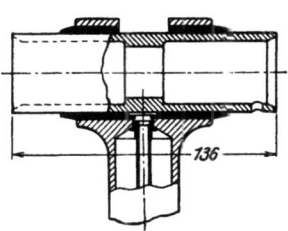

Abb. 514 und 515. Schmierung des Bolzens beim Benz-Flugmotoren-Kolben.
siehe S. 240

Abb. 516 und 517. Pleuelstange mit ausgegossenem Kopf.

wird, als bei Vorhandensein einer besonderen Lagerschale, und insbesondere auch die Kurbelwelle angegriffen werden kann. Man hat daher von diesem Mittel selbst bei Flugmotoren, wo es auf die Gewichtsersparnis besonders ankommt, keinen Gebrauch gemacht.

Zum Verschließen der Kurbelenden dienen bei Maschinen bis zu rd 10 PS Steuerleistung zwei, bei größeren Maschinen vier gut eingepaßte, möglichst nahe am Zapfenmittel angeordnete Schrauben mit runden Köpfen, die in irgendeiner bekannten Weise gegen Drehen und durch ihre Formgebung gegen Abreißen bei einem heftigeren Explosionsstoß gesichert werden müssen. Aus diesem Grund werden diese Schrauben vielfach mit abnormal feinem Gewinde versehen, damit die Querschnittverminderung am Grunde des Gewindes nicht zu groß ist. Zum Sichern der Mutter, die mit eingefrästen Schlitzen als sogenannte Kronenmutter hergestellt wird, dient in der Regel ein ausreichend stark bemessener und sorgfältig eingepaßter Splint.

Der Schaft der Stange wird zumeist als Gesenkschmiedestück mit I-Querschnitt hergestellt und, womöglich nicht nachgearbeitet. Bei der Formgebung des Querschnittes, der in der Regel vom Kurbelende zum Kolbenende hin gleichförmig abnimmt, ist zu berücksichtigen, daß die Pleuelstange im ungünstigsten Fall durch den vollen Zünddruck auf Knickung beansprucht wird und daß sich die geschmiedete Stange leicht aus dem Gesenk herausheben soll. Wo es auf große Gewichtsersparnis und namentlich auch auf Widerstandsfähigkeit gegen seitliche Ausbiegung der Stange unter dem Einfluß der Massenwirkung bei sehr hohen Drehzahlen ankommt,

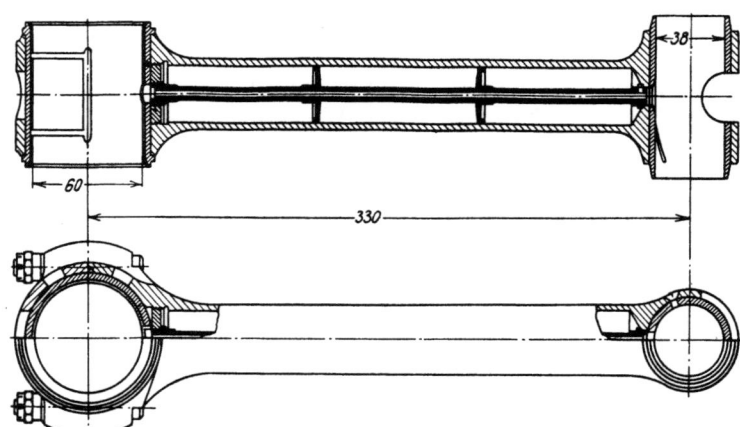

Abb. 518 und 519. Pleuelstange des Maybach-Flugmotors.

benutzt man auch Stangen mit ringförmigem, gleichmäßig durchlaufendem Querschnitt, Abb. 518 und 519, die allerdings in der Herstellung teuer sind, da sie aus dem Vollen gebohrt werden müssen, und deren Höhlung man dann zum Anbringen der zum Kolbenbolzen führenden Schmierölleitung benützen kann.

Bei der Berechnung des kleinsten zulässigen Stangenquerschnittes liefert in der Regel die gebräuchliche Formel für die Knickfestigkeit der Stange

$$P_2 = \pi^2 \frac{E \cdot I}{L^2}$$

sehr hohe Sicherheiten. Dagegen empfiehlt es sich, in jedem Einzelfall den kleinsten Querschnitt auf seine Druckbeanspruchung nachzurechnen und die Durchbiegung der Stange unter dem Einfluß der Trägheitskräfte zu prüfen wobei man nach Bach die Stange als Träger auf zwei Stützen vom Abstand L auffaßt, welcher durch eine dreieckförmig verteilte Last $2Q = \frac{1}{2} q L$ auf Biegung und gleichzeitig durch den Zylinderdruck $P = p_z \frac{\pi}{4} d^2$ auf Knickung beansprucht wird. Dabei ist die Dreiecklast q am Kolbenende Null, am Kurbelende dagegen $q = \frac{f \gamma}{g} \cdot \frac{v^2}{r}$, worin f der mittlere Stangenquerschnitt, γ das spezifische Gewicht, v die Geschwindigkeit im Kurbelkreis und r die Kurbellänge ist. Die ganze Belastung $\frac{1}{2} q L$ der Stange entspricht daher der halben Fliehkraft der im Kurbelzapfen vereinigt gedachten Masse der Stange.

Nach der Hütte[1]) ist dann die größte Durchbiegung der Stange

$$f = \frac{M_0}{P_k - P},$$

worin $M_0 = \frac{q L^2}{16}$ das Biegungsmoment in der Mitte der Stange und $P_k = \frac{\pi^2 E I}{L^2}$ die Knickkraft der Stange ist.

---

[1]) 22. Aufl., 1, 579.

Die größte Trägheitskraft greift im ersten Drittel der Stangenlänge, vom Kurbelende an gerechnet, an. Sie ruft eine Seitenschwingung der Stange hervor, deren Dauer durch $T = 2\pi \sqrt{\dfrac{mL^2}{85 EI}}$ ausgedrückt werden kann, wenn $m = \dfrac{f\gamma}{g} L$ die ganze Masse der Stange ist. Um gefährliche Resonanz zu vermeiden, muß man daher prüfen, ob die entsprechende Schwingungszahl nicht zufällig mit der Betriebsdrehzahl der Maschine oder einem Vielfachen dieser Drehzahl übereinstimmt.

Aus
$$\tfrac{1}{2} qL = \tfrac{1}{2} \dfrac{f\gamma}{g} \cdot \dfrac{v^2}{r} \cdot L = 2Q$$

und
$$M_{max} = \dfrac{QP}{EIL} \left(\dfrac{1}{1 - \dfrac{PL^2}{2EI}} - 1 \right) = k_b W.$$

kann man bei gegebenem Widerstandsmoment W entweder die größte Biegungsbeanspruchung der Stange durch die Trägheitskraft oder diejenige Drehzahl berechnen, bei welcher diese Beanspruchung die zulässige Grenze erreicht.

Nach Bach ist auch annähernd in cmkg
$$M_{max} = \left(\dfrac{n}{300} \right)^2 r f\gamma \dfrac{L^2}{16} = W k_b$$

Bei sehr schnell laufenden Maschinen ist allenfalls noch zu prüfen, ob die Stange auf reiner Zugbelastung durch die Massenbeschleunigung sicher genug ist. Namentlich ist diese Prüfung auch auf die Schrauben des geteilten Kopfes auszudehnen. Der größte Wert dieser Zugkraft, der während des Ansaughubes auftritt, ist nach Wiedemann[1]) in kg

$$Z = F \left[0{,}0001115 \, r n^2 w \left(1 + \dfrac{r}{L}\right) + p \right],$$

hierin ist $F = \dfrac{\pi D^2}{4}$ die Kolbenfläche in cm²,

r der Kurbelhalbmesser in m,
n die Drehzahl in Uml/min,
w das Gewicht der hin- und hergehenden Massen in kg/cm², bezogen auf die Kolbenfläche,
L die Stangenlänge in m,
p der Unterdruck im Zylinder in at.

Für $D = 8{,}5$ cm,
$r = 0{,}068$ m,
$L = 0{,}28$ m,
$n = 2000$ Uml/min,
$w = 0{,}23$ kg/cm²,
$p = 0{,}35$ at

ist $Z = 7{,}555 F = 428$ kg,
während $P = 30 F = 1700$ kg beträgt.

Als Anhalt für die Bemessung des I-förmigen Stangenquerschnittes kann das in Abb. 520 wiedergegebene Diagramm von P. M. Heldt[2]) dienen, das keiner weiteren Erklärung bedarf. Es liefert für Stangen aus Kohlenstoffstahl oder aus Nickelstahl von vier verschiedenen Längen die Dicke t des Steges, woraus man die übrigen Abmessungen des mittleren Stangenquerschnittes ableiten kann.

Den Entwurf einer Pleuelstange dürfte es auch erleichtern, wenn man berücksichtigt, daß die Abmessungen A, B und C des Stangenquerschnittes, s. Abb. 521, im allgemeinen wenig schwanken. Als Mittelwerte kann man annehmen:

$A = 4$ bis 5 mm,
$B = 2{,}5$ bis 3 mm,
$C = 3{,}5$ bis $4{,}5$ mm.

---

[1]) Automot. Ind. 3. Juni und 2. September 1920.
[2]) Gasoline Automobile 1911, 1.

Ferner nimmt man in der Regel

$$\frac{h}{b} = 1{,}3 \text{ bis } 1{,}5.$$

Hieraus kann man, wenn man den kleinsten Druckquerschnitt nach

$$f_{min} = \frac{P_{max}}{k}$$

berechnet hat, wobei für Siemens-Martinstahl k höchstens 1000 kg/cm² betragen soll, die Breite b aus

$$f_{min} = 2b \cdot \frac{B+C}{2} + \left[\frac{h}{b} \cdot b - 2C\right] \cdot A$$

ganz genau berechnen. In dieser Gleichung sind die Werte von A, B, C und $\frac{h}{b}$ nach getroffener Wahl einzusetzen.

Für das Längenverhältnis der Zugstangen lassen sich kaum allgemein gültige Angaben machen. Selten macht man die Stangen länger als $4{,}6\,r$, vielfach aber auch zur Erzielung geringer Bauhöhe noch kleiner als $4\,r$. Ein guter Mittelwert ist.

$$L = 4{,}25\,r.$$

Die Verbindungsschrauben berechnet man in der Regel auf den größten auftretenden Stangendruck, obgleich sie eigentlich niemals dadurch beansprucht werden. Die stärkste Inanspruchnahme erfahren die Schrauben, wenn die Maschine mit ausgelaufenem Pleuellager weiterläuft, durch die dabei auftretenden heftigen Stöße. Auch wenn man die Maschine fast unmittelbar, nachdem man das Versagen des Lagers bemerkt hat, stillsetzt, kann es vorkommen, daß der Kopf aufreißt und große Beschädigungen am Gehäuse oder Zylinder der Maschine verursacht. Aus dem gleichen Grund soll übrigens auch der Deckel des Pleuelstangenlagers, der im gewöhnlichen Betrieb wenig beansprucht wird, nicht zu schwach bemessen werden, da er sonst in ähnlichen Fällen an der schwächsten Stelle, in der Regel zwischen dem Scheitel und den Schrauben, durchbricht. Zu beachten ist ferner, daß man die Verbindungsschrauben nicht durch etwa eingesetzte Feststellkeile gefährlich verschwächen und den Übergang zum Gewinde nicht zu schroff erfolgen lassen darf. Alle Querschnittübergänge an solchen durch Stöße stark beanspruchten Teilen müssen ohne scharfe Kanten erfolgen.

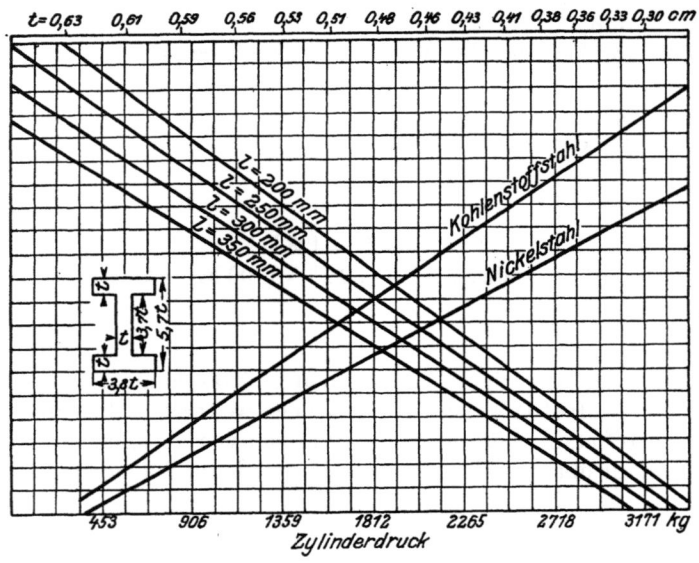

Abb. 520. Querschnitte von Pleuelstangen.

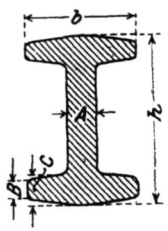

Abb. 521.

Ölleitungen vom Kurbel- zum Kolbenende werden fast nur bei den verhältnismäßig langsamer laufenden und höher beanspruchten Pleuelstangen von Flugmotoren verwendet. Ihre Befestigung muß sorgfältig erfolgen, damit sie sich nicht während des Betriebes lösen, und namentlich müssen die Anschlüsse an die Lagerstellen durch besondere Nippel erfolgen, damit hier keine Undichtheit eintritt. Bei Wagenmaschinen ist der Kolbenbolzen, der durch das von der inneren Kolbenseite abtropfende Öl geschmiert wird, die Regel. Um den Lauf des Öles vom Kurbel- zum Kolbenende durch Massenwirkung zu sichern, hat Lanchester[1]) die in Abb. 522 wiedergegebene Form der Ölleitung vorgeschlagen, die darauf beruht, daß das Öl, das in die Leitung vom Kurbelende her eindringt, in den mit ihren Achsen parallel zum Kurbelzapfen angeordneten Schleifen herumgeschleudert und dadurch zum Kolbenbolzen vorgetrieben wird.

Besondere Bauarten von Pleuelstangen machen die Maschinen mit V-förmiger oder sternförmiger Zylinderanordnung erforderlich. Die Schwierigkeiten, hier ausreichend große Laufflächen unterzubringen und einigermaßen befriedigende Betriebssicherheit zu erreichen, wachsen mit der Zahl der auf einen Zapfen wirkenden Zylinder, zumal die Aufgabe hauptsächlich bei Flugmotoren auftritt, wo ohnedies große Beschränkung im Maschinengewicht erforderlich ist. Daß hierbei mit den Flächendrücken und Beanspruchungen wesentlich über die Grenze des Fahrzeugmaschinenbaues hinausgegangen und mit einer in gewissem Grad verminderten Betriebssicherheit gerechnet werden muß, ist selbstverständlich.

Eine sehr beachtenswerte Lösung der Pleuelstangenfrage für Flugmotoren mit umlaufenden Zylindern, Abb. 523, zeigt die Maschine von Le Rhône, die während des Krieges eine große Rolle gespielt hat. Hier ist jede Pleuelstange mit einem T-Kopf versehen, dessen Flanschen sich in den konzentrischen,

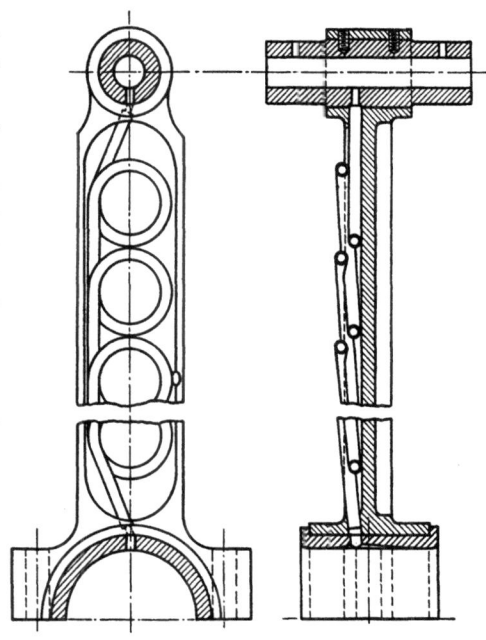

Abb. 522. Anordnung der Ölleitung nach Lanchester.

mit Bronze gefütterten Schlitzen zweier einander gerade gegenüberliegender Kurbelscheiben führen. Die Zahl der Schlitze ist so bemessen, daß man in einem Schlitz nicht mehr als

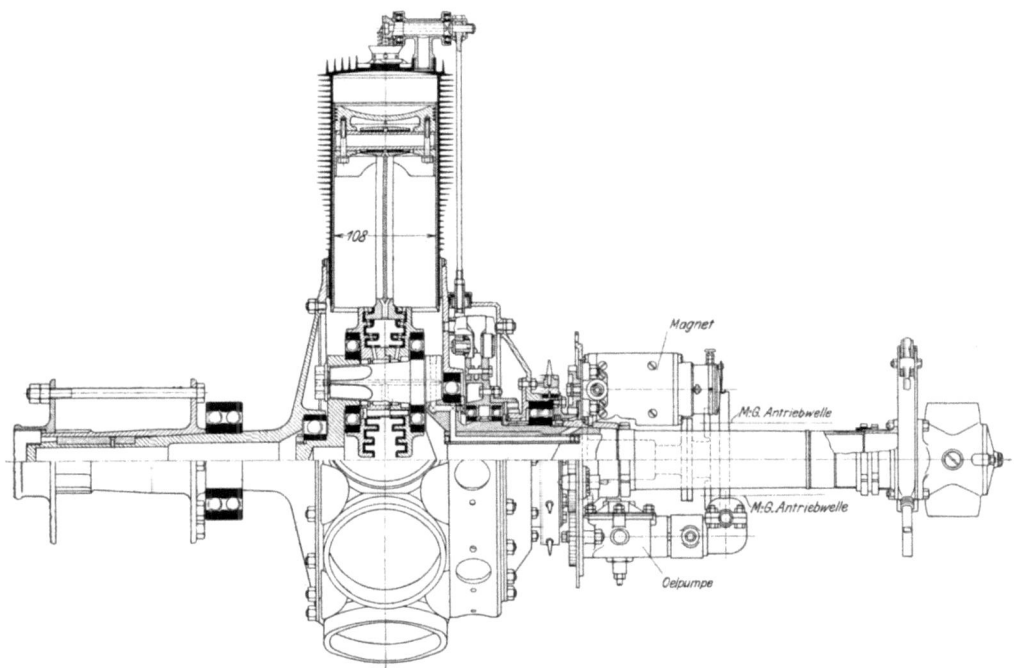

Abb. 523. Maschine von Le Rhône.

höchstens drei Stangenköpfe zu lagern braucht, also reichliche Länge zur Führung der Köpfe verfügbar hat. Natürlich kommt eine solche Bauart wegen der hohen Kosten, die mit dem

---

[1]) Engl. Patent 121243.

genauen Einpassen der Köpfe verbunden sind, nur für Ausnahmefälle, wie es Umlaufmotoren allgemein sind, in Betracht.

Für Wagenmaschinen wichtiger sind die Bauarten von Pleuelstangen, die sich bei Maschinen mit V-förmiger Zylinderanordnung bewährt haben. Die zunächstliegende Anordnung der beiden Pleuelstangenköpfe nebeneinander auf einem gemeinsamen Kurbelzapfen, die eine geringe Versetzung der Mittel je zweier einander gegenüberliegender Zylinder bedingt, hat den Nachteil, daß sie zu lange Zapfen und entsprechend lange Maschinen liefert; das gleiche Ergebnis erhält man, wenn man einen Stangenkopf gabelt, sofern man ausreichende Laufflächen unterbringen will. Bei den neueren Ausführungen gegabelter Pleuelstangen dient daher die gegabelte Pleuelstange der nicht gegabelten teilweise als Lager. So läuft z. B. bei der Pleuelstange des Liberty-Flugmotors, Abb. 524 bis 530, die nicht gegabelte Pleuelstange außen auf der

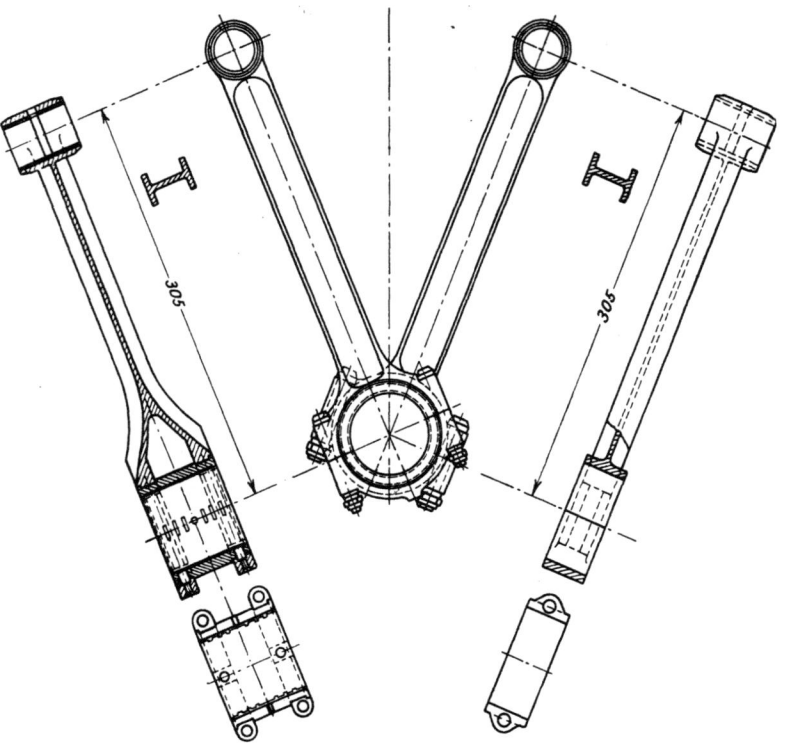

Abb. 524 bis 530. Gegabelte Pleuelstange des Liberty-Flugmotors.

durchgehenden Lagerschale der Gabelstange, die so stark bemessen ist, daß beide Pleuellager mit annähernd gleichem Flächendruck arbeiten. Da die nicht gegabelte Stange auf Bronze läuft, kann dabei ihr Flächendruck etwas größer sein. Bei der Gabelstange des Hispano-Suiza-Flugmotors, Abb. 531 bis 536, läuft umgekehrt die gegabelte Stange auf der Außenseite des entsprechend breit bemessenen Kopfes der nicht gegabelten Stange. Dieser ist außen und innen mit Weißmetall unmittelbar ausgegossen, damit der Gabelkopf nicht zu groß zu werden braucht. Um zu verhindern, daß sich die Lagerschalen der Gabelstange, die doppelte Kolbenkräfte zu übertragen hat, in den Gabelaugen ausschlägt, hat F. H. Royce neuerdings[1]) vorgeschlagen, ihre Auflagerfläche in den Gabelaugen künstlich zu vergrößern, s. Abb. 537 bis 539, indem die Lagerschalen außen mit Einkerbungen versehen werden, die genau in entsprechende Eindrehungen in den Gabelaugen passen

Gegenüber diesen Lösungen bedeuten die Bauarten für Mehrfachpleuelstangen, bei denen der Kopf der einen Stange Zapfen für den Angriff der andern in der gleichen Ebene schwingenden Pleuelstangen aufnimmt, namentlich wegen der beschränkten Lauffläche, die sie für die Köpfe der Nebenpleuelstangen bieten, einen gewissen Rückschritt. Eine Pleuelstange dieser Art hat auch die Firma Benz & Cie. A.-G., Mannheim, bei ihrem 300 PS-Flugmotor benutzt, s. Abb. 540 bis 545. Wegen der beschränkten Lauffläche bereiten u. a. diese Zapfen

---

[1]) Engl. Patent 120174.

im Betrieb häufig Schwierigkeiten, die man insbesondere bei Umlaufmotoren niemals vollkommen überwunden hat. Außerdem wird die Hauptpleuelstange durch die Kolbenkräfte

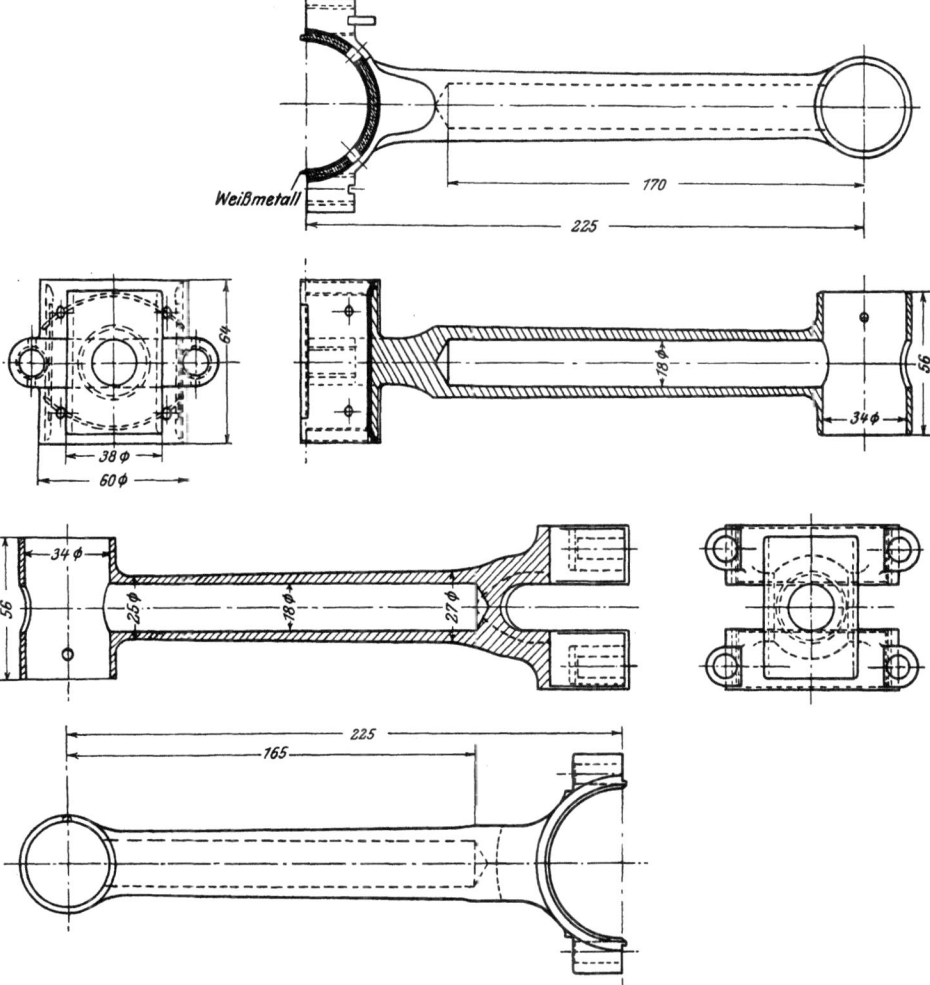

Abb. 531 bis 536. Pleuelstange des Hispano-Suiza-Flugmotors.

der Nebenpleuelstange besonders ungünstig beansprucht, was namentlich die Anordnung der Teilfuge des Kopfes bestimmt, die möglichst nicht unmittelbar durch die Kolbenkräfte beansprucht werden soll, und außerdem erforderlich macht, die Verbindungsschrauben des Kopfes durch genau eingepaßte Verschneidungen gegen Belastung durch Scherkräfte zu sichern. Allerdings muß man dabei in den Kauf nehmen, daß auf der einen Seite die Verbindung mittels Stiftschrauben ausgeführt werden muß, während durchsteckbare Schraubenbolzen vorzuziehen wären. Der Bolzen für die Nebenpleuelstange wird hier von zwei geschlitzten und mit Klemmschrauben versehenen Augen gehalten, die zur Verminderung des Gewichtes an mehreren Stellen ausgebohrt sind. Auf diesem Bolzen ist die Nebenpleuelstange mit einer Bronzebüchse gelagert, während der Kopf der Hauptpleuelstange die üblichen Bronzeschalen mit

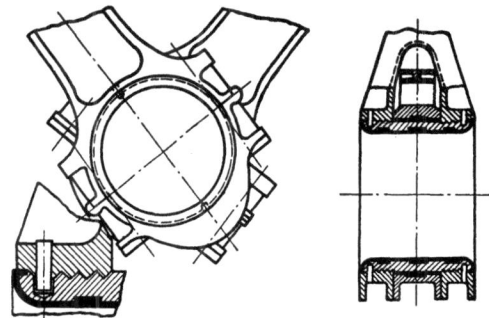

Abb. 537 bis 539. Gabel-Pleuelstange von Rolls-Royce.

Weißmetallfutter erhält. Die Schäfte der beiden Stangen sind hier rund und von den Kolbenenden aus gebohrt, so daß ein insbesondere gegen Biegung widerstandsfähiger Rohrquerschnitt geschaffen wird.

Über Baustoffe für Pleuelstangen ist schon S. 40 einiges mitgeteilt worden. Wegen der vielen Arbeiten, die an Pleuelstangen notwendig sind, empfiehlt es sich, nicht zu harten Stahl zu wählen, soweit es die Rücksicht auf die Festigkeit zuläßt. Bemerkenswert ist, daß in neuerer Zeit die Verwendung von Leichtlegierungen auch auf diesem Gebiet Fortschritte macht. Neben

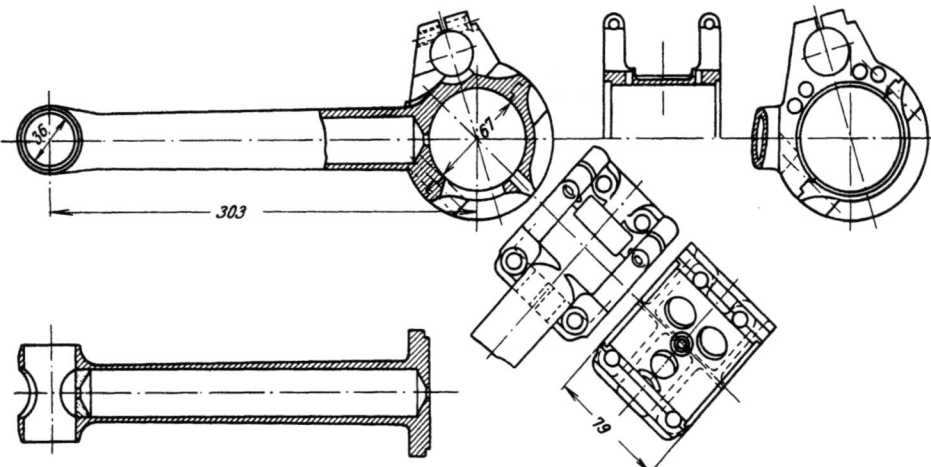

Abb. 540 bis 545. Gegabelte Pleuelstange des 300 PS-Benz-Flugmotors.

Pleuelstangen aus gepreßten Aluminiumlegierungen, die z. B. die **Fahrzeugfabrik Eisenach** bei ihren kleinen schnellaufenden Wagenmaschinen verwendet, Abb. 546 bis 556, und die teilweise sogar ohne besondere Laufbüchsen für die Kolbenzapfen benützt werden, ist zu erwähnen, daß auch die **Franklin Mfg. Co.** schon seit einiger Zeit mit Legierungen dieser Art für ihre Pleuelstangen gute Erfahrung gemacht hat[1]). Diese Pleuelstangen werden entweder aus Duraluminium von der Baush Machine Tool Co. oder aus einer Aluminiumlegierung mit 3,5 v. H. Kupfer, 0,2 v. H. Mangan, 0,25 v. H. Magnesium, höchstens 0,75 v. H. Eisen und höchstens 0,75 v. H. Silizium hergestellt, welche die Aluminium Co. of America liefert, und sollen als rohe Schmiedestücke 21 bis 24,5 kg/mm² Streckgrenze, 35 bis 38,5 kg/mm² Zerreißfestigkeit und 15 bis 25 v. H. Bruchdehnung haben. Die Schmiedestücke werden bei

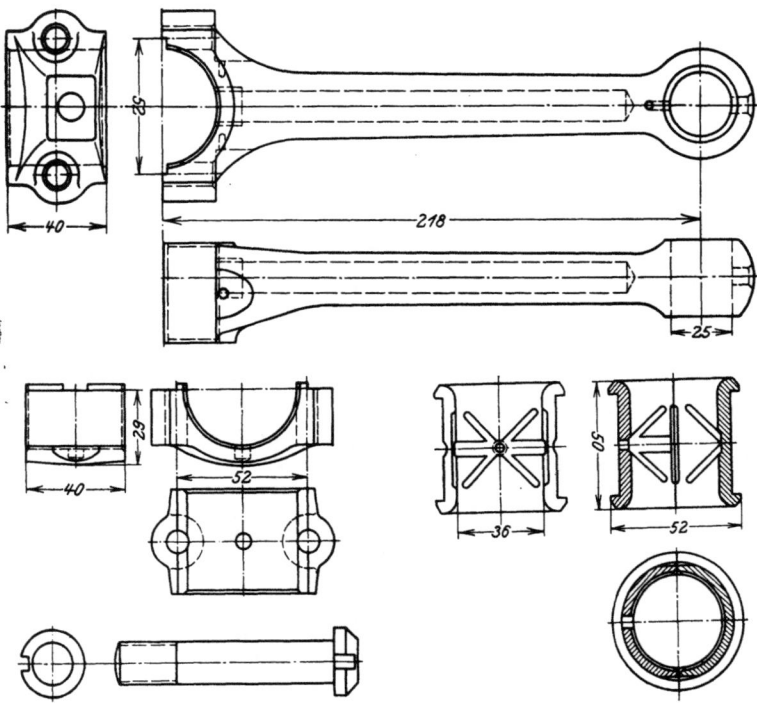

Abb. 546 bis 556. Gepreßte Pleuelstange aus Leichtlegierung der Fahrzeugfabrik Eisenach.

rd 500° C in siedendem Wasser abgeschreckt und altern etwa eine Woche, wodurch ihre Skleroskophärte 90 bis 100 erreicht. Daraus ergibt sich, daß am Kraftverbrauch für die Bearbeitung solcher Stangen nicht viel erspart werden kann.

---

[1]) Am. Mach. (Europ. Ed.), 57, Nr. 22, S. 845.

Bei der Bearbeitung der Pleuelstangen kann nicht genug Wert auf hohe Arbeitsgenauigkeit gelegt werden, da diese den Einbau der Stangen in die Maschine wesentlich erleichtert. Abgesehen davon, daß möglichst gleiches Stangengewicht angestrebt werden muß, das zweckmäßig vor Abschluß der Bearbeitung zu prüfen ist, ist besonders wichtig, daß bei der fertig zusammengebauten Stange die Mittel der Öffnungen für den Kolbenbolzen und den Kurbelzapfen genau parallel sind. Die Büchsen für die Kolbenbolzen soll man daher erst dann auf das genaue Maß aufreiben, nachdem man sie in die Öffnung der Stange eingesetzt oder eingepreßt hat und nachdem auch das Lager für den Kurbelzapfen eingepaßt und auf den zugehörigen Zapfen aufgeschabt worden ist. Nur dann erreicht man nämlich, daß die Wand des Kol-

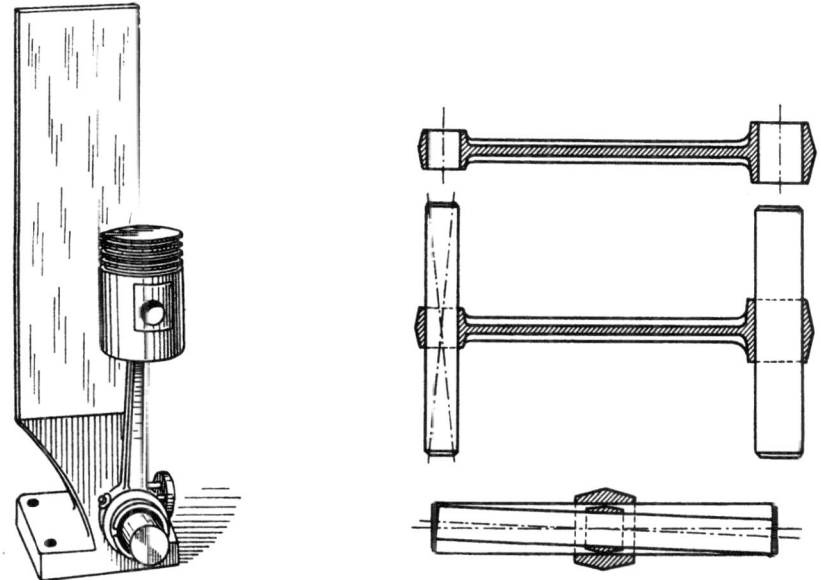

Abb. 557 bis 560. Prüfvorrichtungen für Pleuelstangen.

bens auch wirklich senkrecht zur Achse des Kurbelzapfens steht, was man auf geeigneten Vorrichtungen prüfen kann, s. Abb. 567 bis 560, und daß man beim Zusammenbau der Maschine nicht gezwungen wird, die Kolben durch Abbiegen der Pleuelstangen nach den Zylindern „auszurichten". Ebenso empfiehlt es sich, die Pleuelstangenlager auf einem besonderen Zapfen unter reichlicher Zufuhr von Öl einlaufen zu lassen, damit die beim Einlaufen entstehenden Metallspäne die Ölleitungen nicht verstopfen.

Für mittlere Ausführungen kann man das Gewicht einer Pleuelstange in kg nach einer der nachstehenden Formeln veranschlagen:

$$G = 0{,}000\,373\, L \cdot D^2 + 0{,}5436$$

oder

$$\left[G = \frac{1}{71{,}21} D^2 \right].$$

Hierin sind L die Länge der Pleuelstange und D der Zylinderdurchmesser in cm.

Kurbelgehäuse.

Das Kurbelgehäuse wird in seiner Bauart durch eine ganze Reihe von Aufgaben bestimmt, die es zu erfüllen hat. In erster Linie hat es den Unterbau zu bilden, der die verschiedenen Zylinder einer Maschine zu einem in sich ausgeglichenen, starren Körper verbindet, also insbesondere die Lager für die Kurbelwelle aufzunehmen. Es hat ferner das ganze Gewicht der Maschine mit den Stößen, die beim Fahren auftreten, auf den Wagenrahmen zu übertragen und muß so eingerichtet werden, daß die ganze Maschine in den Wagenrahmen bequem eingebaut werden kann. Das für den Wagenantrieb verfügbare Drehmoment an der Kurbelwelle beansprucht die Verbindungen zwischen dem Kurbelgehäuse und dem Rahmen und muß bei der Bemessung dieser Teile berücksichtigt werden. Auf dem Kurbelgehäuse muß ferner Raum zum Lagern der Zubehörteile der Maschine, insbesondere der Zünddynamo und der Kühlwasserpumpe frei bleiben. Schließlich hat das Kurbelgehäuse auch als Ölbehälter für das Kurbelgetriebe der Maschine zu dienen und als solcher vollkommen dicht gegen Austritt von Öl sowie Eindringen von Staub zu sein.

Der wichtigste Gesichtspunkt für die Bauart des Kurbelgehäuses ist demnach die Festigkeit. Namentlich bei Maschinen mit sechs und mehr in Reihe stehenden Zylindern, deren Unterbau, wie der Rumpf eines Flugzeuges, schon aus Rücksicht auf das zulässige Gewicht nicht starr genug ausgebildet werden kann, ist das Kurbelgehäuse als ein reiner Biegungsträger anzusehen, der durch das stoßartig wirkende Gewicht der Maschine an keiner Stelle zu hoch beansprucht sein darf. Gegenüber dieser Beanspruchung tritt die Inspruchnahme der Gehäusewände auf Zug durch die Zylinderkräfte in der Regel zurück. Man muß hierbei ferner berücksichtigen, daß auch die Sicherheit der Kurbelwelle davon abhängt, daß die von der Rechnung vorausgesetzte Starrheit der Lager in der Wirklichkeit möglichst erreicht wird.

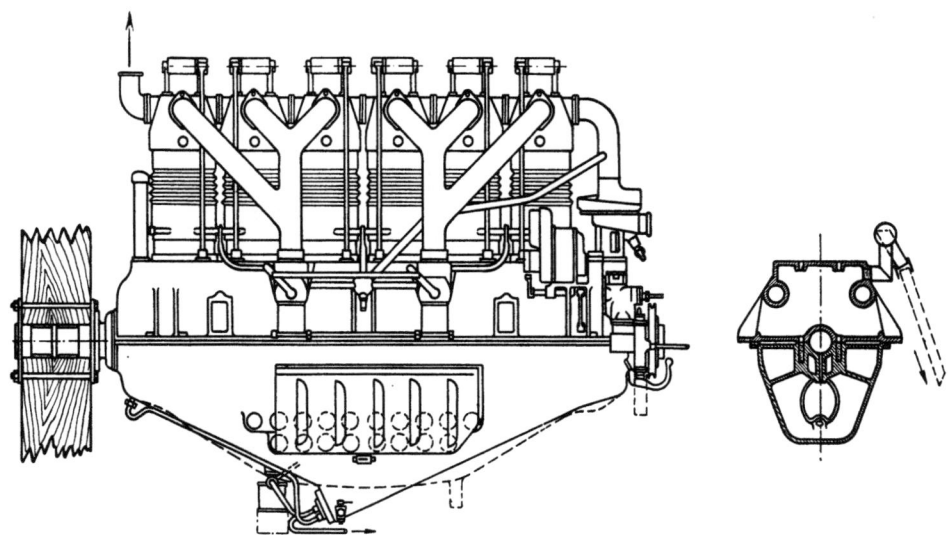

Abb. 561 und 562. Gehäuse mit vertieftem Unterteil beim Benz-Flugmotor.

Diese Erwägungen haben in neuerer Zeit immer mehr dazu geführt, die Kurbelgehause in sich durch reichliche Verstärkung der gefährlichen Querschnitte mit Rippen, durch Verwendung kastenförmiger Querträger für die Lager und durch reichliche Bemessung der Hohlkehlen möglichst fest durchzubilden und ihre Tragfähigkeit nicht etwa von der des aufgesetzten Zylinderblockes, oder wie man auch versucht hat, von der Festigkeit einer besonders starr ausgebildeten Kurbelwelle abhängig zu machen[1]). Die günstigste Form des Gehäuses, die sich nach diesen Gesichtspunkten ergibt, nämlich das Gehäuse mit stark vertieftem und als Ölbehälter ausgebildetem Unterteil, hat man allerdings nur bei den Flugmotoren verwendet, s. Abb. 561 und 562, weil im Fahrzeugrahmen selten die dafür notwendige Höhe verfügbar ist.

Auch durch andere Maßnahmen läßt sich aber die Steifigkeit des Kurbelgehäuses als Biegungsträger erhöhen. So ist es immer vorteilhaft, die Gesamthöhe einer Maschine dadurch zu verringern, daß man die Zylinder etwas tiefer in das Gehäuse einsetzt, weil dadurch das Oberteil des Gehäuses etwas höher wird. Auch die neueren Versuche, die Zylinder aus Leichtlegierung mit dem Oberteil des Gehäuses zusammenzugießen und mit besonderen Laufbüchsen auszurüsten, können als Fortschritt in der Richtung angesehen werden, die Steifigkeit des Gehäuses zu verbessern. Ein amerikanisches Beispiel dieser Art, das sich nach mancherlei anfänglichen Schwierigkeiten im praktischen Gebrauch gut bewährt hat, ist das Gehäuse der Sechszylinder-Reihenmaschine der Oakland Motor Car Co., Abb. 563 bis 567. Hier hat man nachträglich eine Rippe zur Vertiefung des Schwungradflansches hinzugefügt, eine andre Rippe in die wagerechte Teilfuge, die zuerst den punktiert gezeichneten Umriß hatte, in der Ecke verbreitert. Auch die Rippen in der senkrechten Mittelebene am Schwungradende, die zuerst dreieckig verliefen, hat man verbreitert, die Rippe zur Versteifung des Räderkastens verdoppelt sowie Rippen neu hinzugefügt.

---

[1]) Vgl. Automot. Ind. 28. September 1922.

Bei Flugmotoren hat man neuerdings das in der Mitte stark vertiefte Unterteil des Kurbelgehäuses wieder aufgegeben, seitdem man das umlaufende Schmieröl in gesonderten Behältern sammelt, wie man namentlich an dem Gehäuse des amerikanischen Liberty-Flugmotors, s. Abb. 568 bis 575, erkennt. Um so größere Sorgfalt muß man dann der anderweitigen Versteifung des Gehäusekörpers widmen. Bei solchen Gehäusen benützt man daher auch zum Befestigen der Maschine auf den Rahmenträgern mit Doppelrippen versteifte, durchgehende Flanschen des Oberteiles, damit sich die Beanspruchungen durch die Drehmoment-Rückwirkung auf möglichst viele Stellen verteilen kann.

Andre als reine Biegebeanspruchungen durch das Maschinengewicht sucht man vom Kurbelgehäuse möglichst durch die Art des Einbaues der Maschine in den Rahmen fernzuhalten. Eine

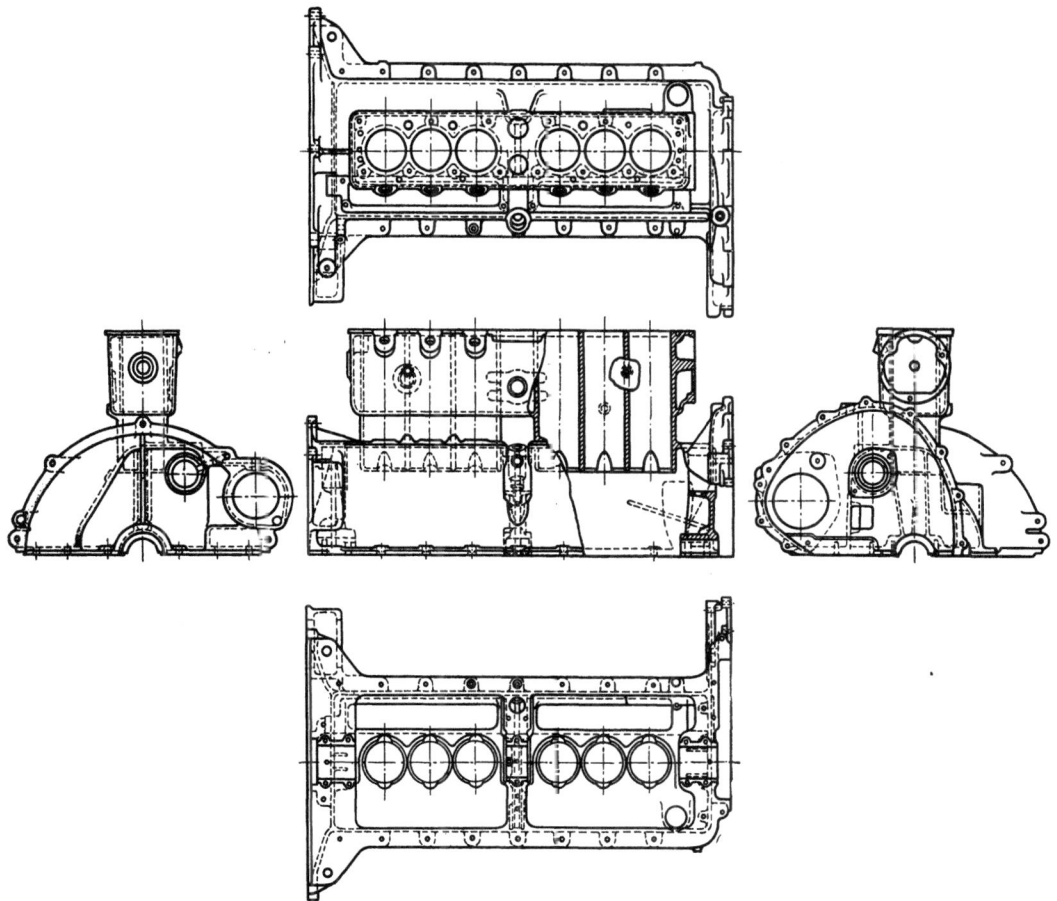

Abb. 563 bis 567. Gehäuse der Sechszylindermaschine der Oakland Motor Car Co.

Ausnahme hiervon bildet die Beanspruchung des Gehäuses in der Achsrichtung der Welle, die bei Flugmotoren in besonders hohem Maße durch die Rückwirkung der Schraube hervorgerufen und durch ein doppelseitig wirksames Druckkugellager aufgenommen wird. Diese Beanspruchung kann sich unter ungünstigen Verhältnissen, z. B. bei einem sogenannten „Kopfstand" des Flugzeuges, so steigern, daß, wie Abb. 576 zeigt, sogar eine zur Verstärkung des Drucklagereinbaues eingesetzte Stahlbüchse versagen kann.

Damit man die Kurbelwelle in die Lager einbauen kann, ist es in den meisten Fällen erforderlich, das Kurbelgehäuse in der durch die Lagermitten gehenden wagerechten Ebene oder einer dazu Parallelen zu teilen. Am nächsten scheint es dabei zu liegen, die untere Hälfte der Kurbelkammer als den tragenden Körper auszubilden und mit weit ausladenden Armen zu versehen, die sich gegen die Längsträger des Wagenrahmens legen, s. Abb. 577 und 578, S. 285. Diese Anordnung gestattet, die obere Hälfte des Kurbelgehäuses, die dann die oberen Lagerhälften bildet, verhältnismäßig leicht zu bemessen, da sie in der Hauptsache nur von den Kolbenkräften auf Zug oder Druck beansprucht wird. Und selbst von diesen Beanspruchungen kann man sie teilweise entlasten, wenn man, wie das die in Abb. 577 und 578 dargestellte Maschine der Daimler-Motoren-Gesellschaft in Untertürkheim erkennen läßt, einzelne von den Befestigungsschrauben der Zylinder gewissermaßen als Anker, welche die beiden Hälf-

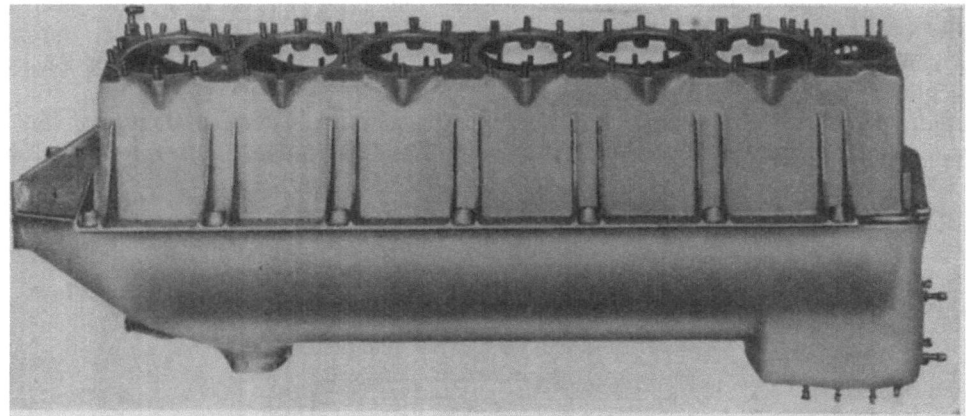

Abb. 568.

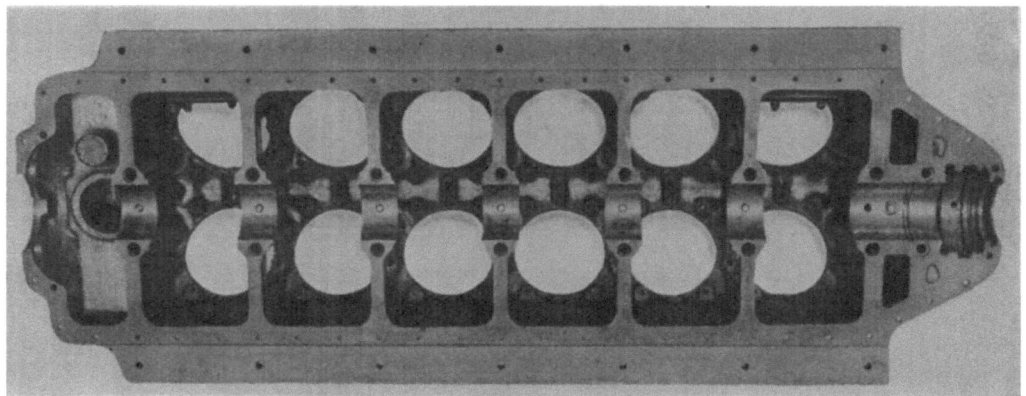

Abb. 569.

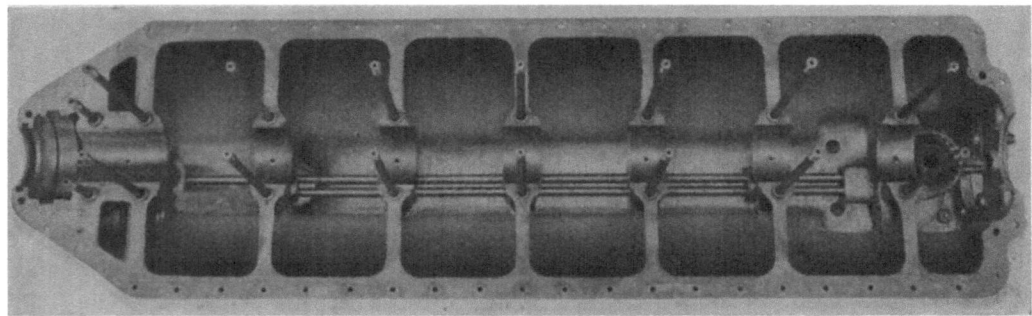

Abb. 570.
Abb. 568 bis 570. Kurbelgehäuse des Liberty-Flugmotors.

ten des mittleren Lagers zusammenhalten, bis nach der unteren Hälfte der Kurbelkammer durchgehen läßt. Die Anordnung ist auch hinsichtlich der Bearbeitung und des Zusammenbaues der Maschine sehr bequem. Ihr einziger grundsätzlicher Nachteil ist, daß das Kurbelgetriebe, solange die Maschine im Rahmen eingebaut ist, nicht leicht zugänglich ist. Dem ist im vorliegenden Falle, wo nur eine Steuerwelle vorhanden ist und Kühlwasserpumpe und Zünd-

Kurbelgehäuse. 283

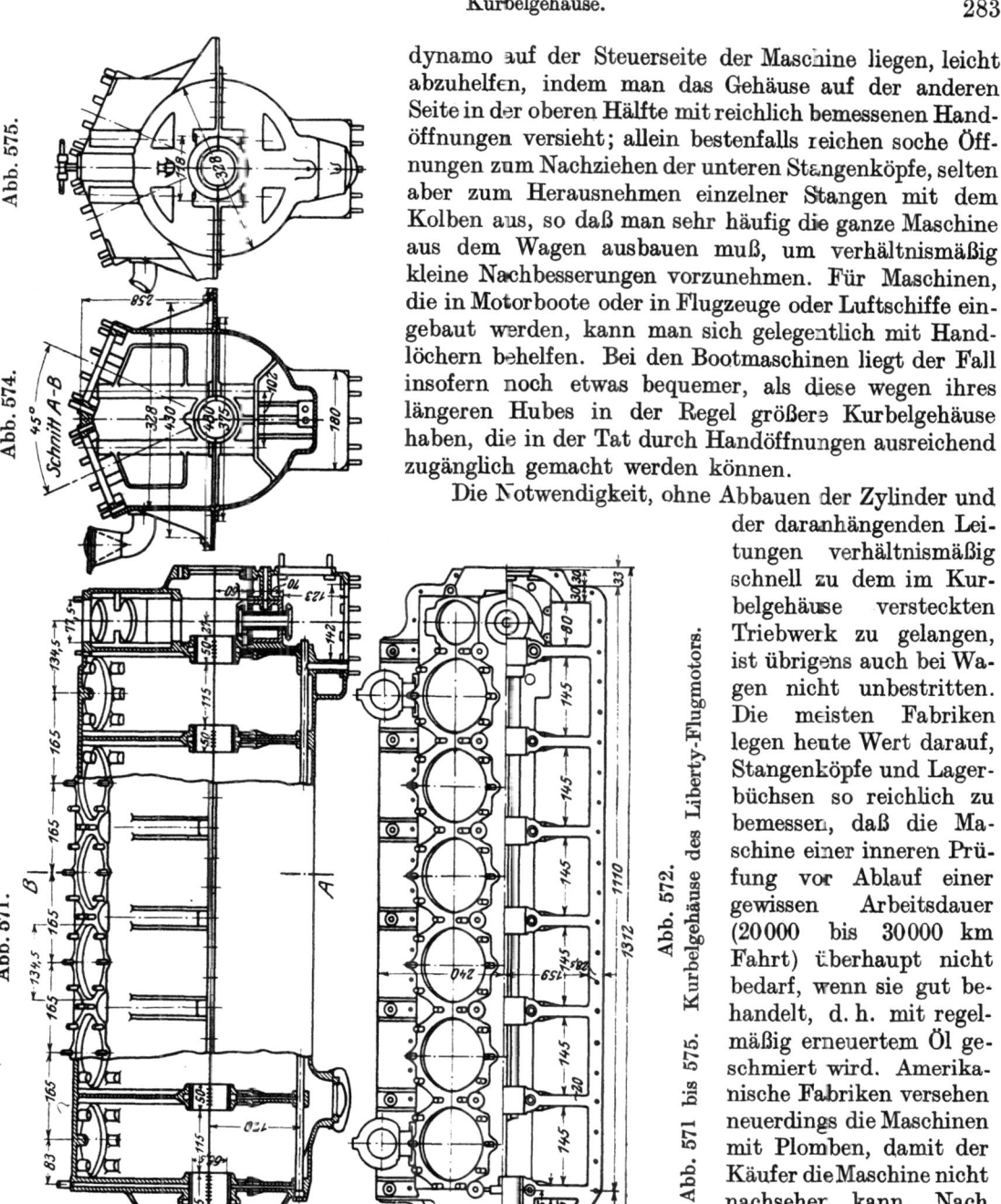

Abb. 571 bis 575. Kurbelgehäuse des Liberty-Flugmotors.

dynamo auf der Steuerseite der Maschine liegen, leicht abzuhelfen, indem man das Gehäuse auf der anderen Seite in der oberen Hälfte mit reichlich bemessenen Handöffnungen versieht; allein bestenfalls reichen solche Öffnungen zum Nachziehen der unteren Stangenköpfe, selten aber zum Herausnehmen einzelner Stangen mit dem Kolben aus, so daß man sehr häufig die ganze Maschine aus dem Wagen ausbauen muß, um verhältnismäßig kleine Nachbesserungen vorzunehmen. Für Maschinen, die in Motorboote oder in Flugzeuge oder Luftschiffe eingebaut werden, kann man sich gelegentlich mit Handlöchern behelfen. Bei den Bootmaschinen liegt der Fall insofern noch etwas bequemer, als diese wegen ihres längeren Hubes in der Regel größere Kurbelgehäuse haben, die in der Tat durch Handöffnungen ausreichend zugänglich gemacht werden können.

Die Notwendigkeit, ohne Abbauen der Zylinder und der daranhängenden Leitungen verhältnismäßig schnell zu dem im Kurbelgehäuse versteckten Triebwerk zu gelangen, ist übrigens auch bei Wagen nicht unbestritten. Die meisten Fabriken legen heute Wert darauf, Stangenköpfe und Lagerbüchsen so reichlich zu bemessen, daß die Maschine einer inneren Prüfung vor Ablauf einer gewissen Arbeitsdauer (20000 bis 30000 km Fahrt) überhaupt nicht bedarf, wenn sie gut behandelt, d. h. mit regelmäßig erneuertem Öl geschmiert wird. Amerikanische Fabriken versehen neuerdings die Maschinen mit Plomben, damit der Käufer die Maschine nicht nachsehen kann. Nach Ablauf dieser Zeit, bei Wagen im Privatbesitz, die nicht sehr stark benutzt werden, nach etwa einem Jahr, muß der ganze Wagen ohnedies in allen seinen Teilen gründlich nachgesehen werden, wobei auch die Maschine ausgebaut wird.

Nichtsdestoweniger betrachtet man es, insbesondere bei Wagen für Personenbeförderung, als einen baulichen Vorteil, wenn man verhältnismäßig leicht in das Innere des Kurbelgehäuses gelangen und Ausbesserungen der besprochenen Art vornehmen kann, ohne die Maschine ganz ausbauen zu müssen. Als Mittel hierzu hat man früher die Anordnung leicht abnehmbarer Böden im Kurbelgehäuse angesehen, die so große Öffnungen ergeben, daß man von unten her auch die Deckelschrauben der Hauptlager nachziehen kann. Da aber durch die weiten Ausschnitte die

Tragfähigkeit der Kurbelkammer stark vermindert wird und außerdem an den Rändern solcher Deckel leicht Öl austritt, so ist es richtiger, die Kurbelwelle in dem mit einem Tragflansch versehenen oberen Teil der Kurbelkammer **aufzuhängen**, derart, daß man den unteren Teil, der dann nur mehr die Rolle einer Ölmulde spielt, ganz fortnehmen kann, ohne die Kurbellager zu öffnen, s. Abb. 579 und 580. Dadurch wird die Zugänglichkeit des Kurbeltriebwerkes erhöht und, da man die untere Gehäusehälfte sehr leicht machen, z. B. sogar aus Blech pressen kann, eine Verminderung des Maschinengewichtes ermöglicht, s. Abb. 581. Bedenken, daß bei dieser Anordnung die Deckelschrauben der Lager durch die Kolbenkräfte unmittelbar stark belastet werden, können wohl kaum geltend gemacht werden; denn die Schrauben werden ebenso wie bei den anderen Kurbelgehäusen auf Zugfestigkeit für die volle Kraft eines Zylinders berechnet und müssen dieser ebenso Widerstand leisten, wie die im vorliegenden Falle nach unten gekehrten und auf Biegung stark beanspruchten Lagerdeckel. Diese müssen daher namentlich in der Mitte ausreichend stark bemessen und, wenn man an Gewicht sparen will, aus Stahl gefräst oder durch besondere Hohlbügel verstärkt werden. Auch hier empfiehlt es sich, einzelne Befestigungsschrauben der Zylinder bis nach unten durchgehen zu lassen und als Deckelschrauben für die Lager zu verwenden, weil man dadurch das Oberteil des Kurbel-

Abb. 576. Verstärkung des Drucklagereinbaues.

gehäuses etwas entlastet. Allerdings ist diese Bauart teuer, da die langen durchgehenden Stehbolzen sehr genau bearbeitet sein müssen.

Der entscheidende Vorzug dieser Kurbelgehäuse mit sogenannter aufgehängter Kurbelwelle ist aber unter den heutigen Verhältnissen keineswegs die Möglichkeit, durch Abnehmen der unteren Gehäusehälfte gegebenenfalls schnell an das Kurbeltriebwerk gelangen zu können. Heute ist die Verkehrssicherheit des Kraftwagens schon so hoch, daß man mit Vorkommnissen die unterwegs solche Eingriffe erfordern, nicht mehr zu rechnen braucht. Wird dagegen der Wagen mit einem Schaden an den Lagern in eine Ausbesserwerkstatt eingeliefert, so ist es in der Regel bequemer, die Maschine zunächst zu zerlegen, als von unten her zu arbeiten, zumal selten geeignete Montagegruben vorhanden sind.

Was dagegen der aufgehängten Kurbelwelle die große Verbreitung verschafft hat, ist ein rein fabrikatorischer Vorteil; die Bauart ermöglicht nämlich, das ganze Kurbeltriebwerk mit Gehäuseoberteil und Zylindern zusammenzubauen und auf richtigen Lauf zu beobachten, bevor man das Gehäuse verschließt, ferner jedes Lager der Kurbelwelle für sich einzupassen, gegebenenfalls auch neu auszugießen, ohne daß der Lauf der übrigen Lager beeinflußt wird, während man sonst nur alle Lager gleichzeitig bearbeiten kann. Dieser Vorteil war der Grund, daß man selbst bei Flugmotoren Versuche mit aufgehängten Kurbelwellen angestellt hat, um die Bearbeitung der Lager zu vereinfachen. Daß diese Versuche nur zum Teil Erfolg gebracht haben, erklärt sich daraus, daß es gerade bei Flugmotoren nicht leicht ist, das Gehäuseoberteil für sich allein ausreichend tragfähig zu machen, ohne daß die Maschine unnötig schwer wird.

Umgekehrt kann man die Kurbelwelle auch ausschließlich im Unterteil des Gehäuses lagern, so daß sie nach Abnahme des Oberteils zugänglich wird. Von dieser bei ortfesten Maschinen üblichen Lösung macht man aber im Fahrzeugmaschinenbau seltener Gebrauch, obgleich sie die Möglichkeit bieten würde, die Lagerschrauben von den Kolbenkräften mehr zu entlasten.

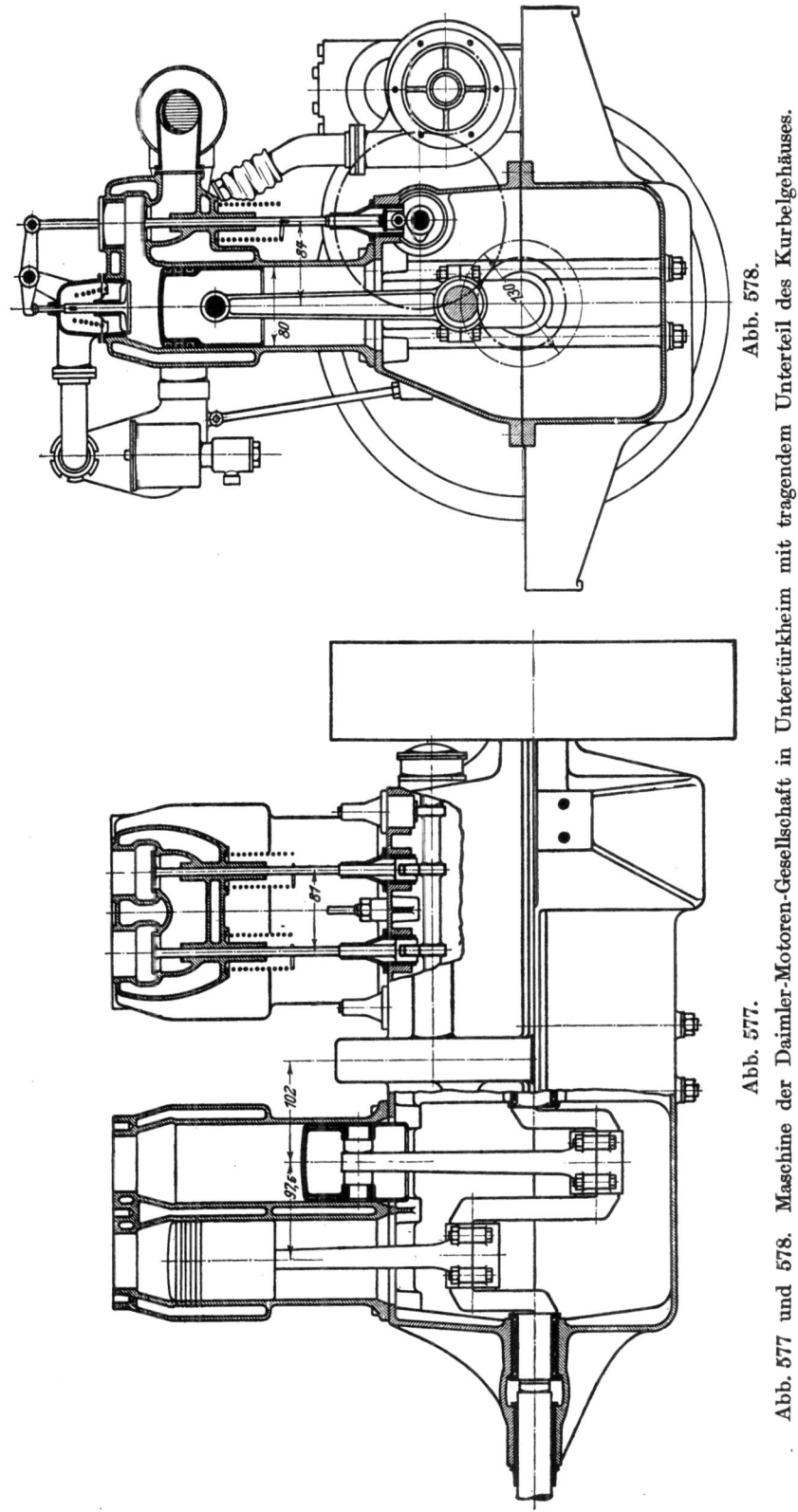

Abb. 577 und 578. Maschine der Daimler-Motoren-Gesellschaft in Untertürkheim mit tragendem Unterteil des Kurbelgehäuses.

Anders als in der Wagerechten geteilte Kurbelgehäuse sind, abgesehen von den kleinen Einzylindermaschinen des Kraftfahrradbaues nur Ausnahmen, von denen man gelegentlich bei Maschinen Gebrauch macht, die auf Kugellagern laufende Kurbelwellen, s. Abb. 582, oder nur an den Enden unterstützte Kurbelwellen, Abb. 583, verwenden. Vom Standpunkt der Bearbeitung bilden solche Gehäuse, bei denen alle Flächen auf dem Bohrwerk fertiggestellt werden und daher sehr genau ausfallen, beachtenswerten Vorteil, so daß die Konstrukteure immer wieder auf Vorschläge dieser Art zurückgreifen. Dagegen wird das Innere solcher Kurbelgehäuse immer weniger leicht zugänglich, weil man das Gehäuse ganz zerlegen muß, um hineinzugelangen, und die am Boden angebrachten Öffnungen niemals groß genug sind, um im Gehäuse irgendeine Ausbesserung zu ermöglichen. Dagegen ist wohl zu erwägen, ob man in einem gegebenen Fall die Teilfuge des Gehäuses nicht über oder unter dem Wellenmittel anordnen kann, um die Steifigkeit des Unterteils oder Oberteils zu erhöhen. Die geringe Mehrarbeit, die das Hobeln oder Fräsen von zwei Flächen bedingt — denn die Teilfuge in der Wellenmitte muß für die Lager erhalten bleiben — wird unter Umständen durch die Verbesserung in der Festigkeit des Gehäuses reichlich wettgemacht. Namentlich bei einigen Maschinen mit V-förmig angeordneten Zylindern hat man dieses Mittel schon benutzt, um steifere Gehäuseoberteile zu erhalten.

Als zweite wichtige Aufgabe des Kurbelgehäuses kommt der Schutz des in Öl laufenden Kurbeltriebwerkes

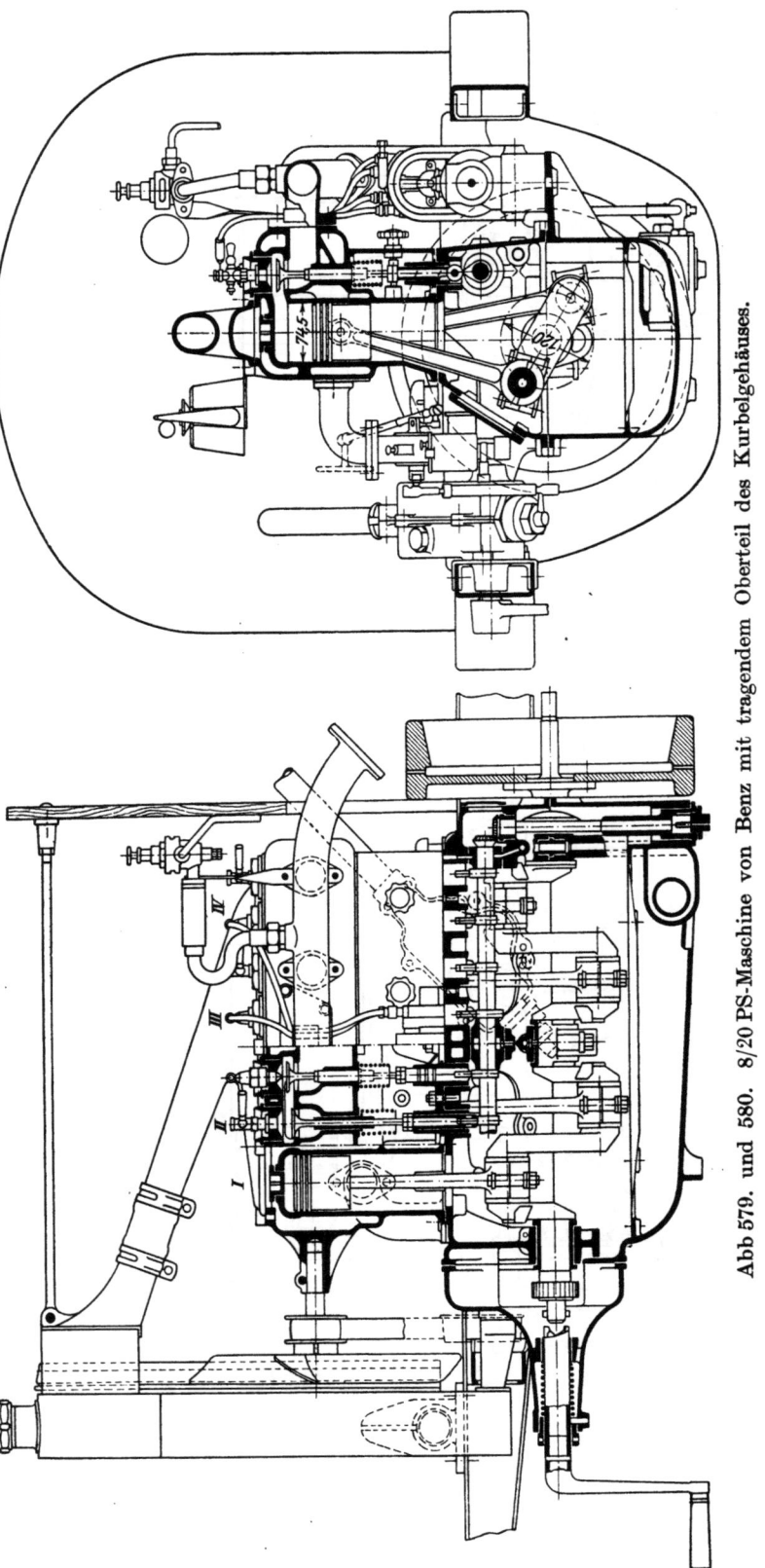

Abb. 579. und 580. 8/20 PS-Maschine von Benz mit tragendem Oberteil des Kurbelgehäuses.

der Maschine, die Aufnahme des Ölvorrates und das Verhindern von Ölaustritt an irgendeiner der vielen Öffnungen des Gehäuses in Betracht. Die letztere Anforderung ist nicht immer, namentlich auf längere Betriebsdauer hinaus, leicht zu erfüllen, zumal im Innern des Kurbelgehäuses, auch abgesehen von der Pumpwirkung der Kolben, wegen der

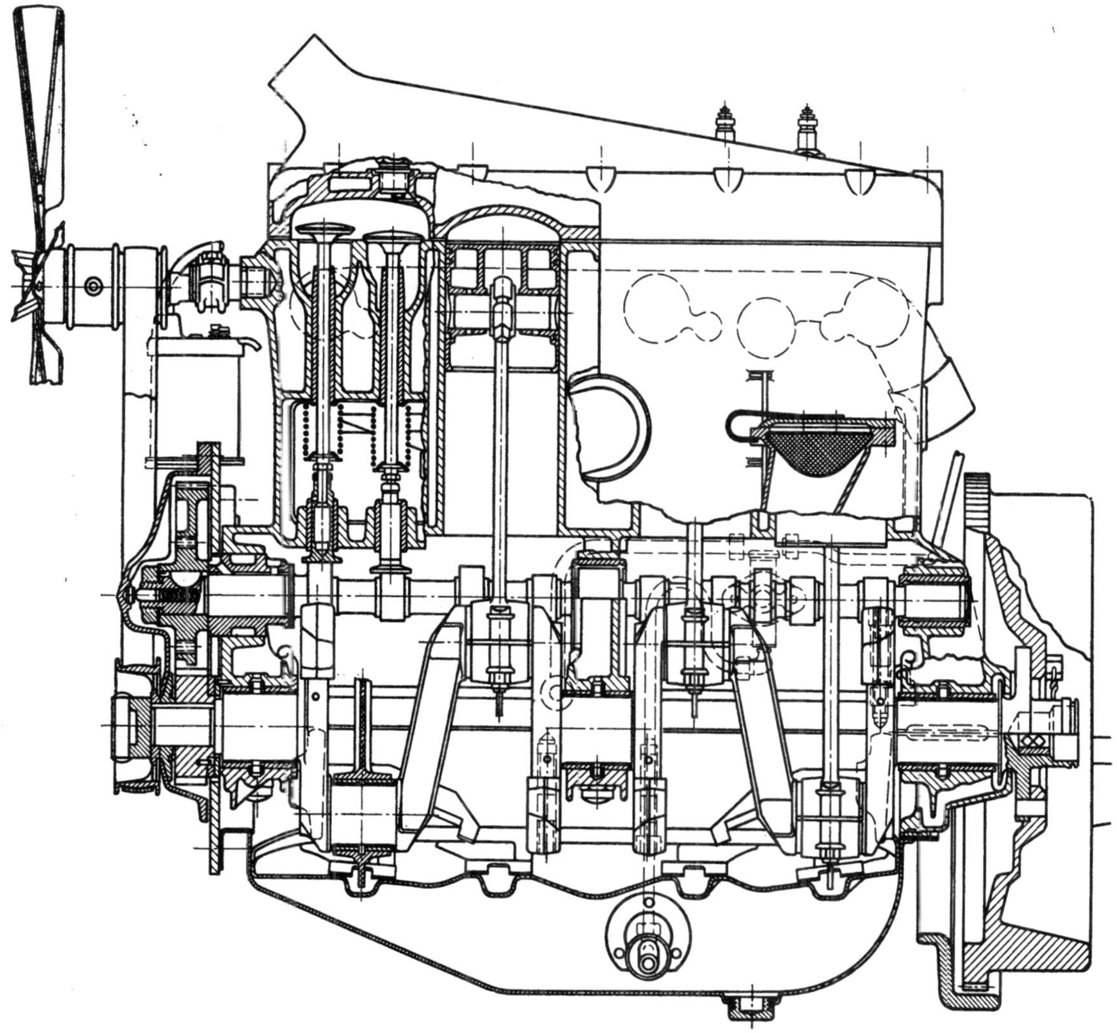

Abb. 581. Maschine mit Gehäuseunterteil aus gepreßtem Blech.

Undichtheit der Kolbenringe stets geringer Überdruck herrscht. Die wichtigsten Stellen, die man gegen Ölaustritt zu sichern hat, sind die Öffnungen für die Kurbelwelle, insbe-

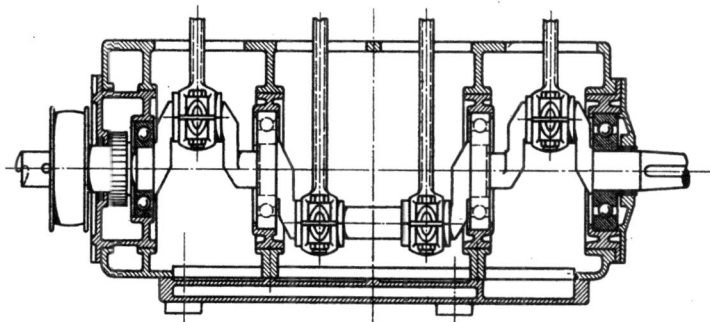

Abb. 582. Nicht in der wagerechten Mittelebene der Welle geteiltes Kurbelgehäuse.

sondere die hinter dem Schwungrad versteckte Öffnung am hinteren Ende der Maschine. Hier laufen die gebräuchlichen Sicherungen, s. Abb. 584 bis 586, darauf hinaus, das Wandern des Öls längs der Welle durch angedrehte Schleuderringe von geeigneter Form zu erschweren und das auf den Umfang dieser Ringe gelangende und abgeschleuderte Öl durch besondere Kanäle ins Gehäuse zurückzuführen. Die Wirksamkeit dieser Einrichtung hängt aber stets von der Genauigkeit, womit sich die Öffnung des Gehäuses an die Welle anschließt, ab und muß daher häufig genug durch Filzringe unterstützt werden, die bei längerem Gebrauch stets erhärten und dann als Dichtungsmittel versagen.

Um dichten Abschluß der Teilfugen des Gehäuses, von Deckeln oder Verschraubungen sowie an den Flanschen der Zylinder zu erzielen, genügt es in der Regel, diese Flächen sauber abzurichten und genügend fest miteinander zu verbinden. Bei der Teilfuge des Kurbelgehäuses hat sich das Aufschleifen der nicht zu breit bemessenen Paßflächen in beiden Gehäusehälften

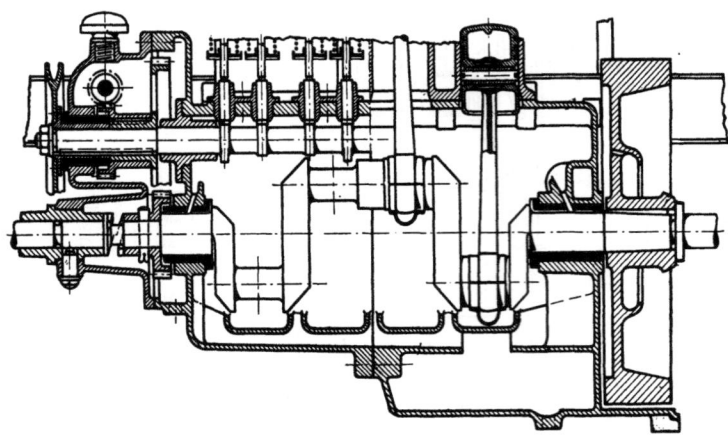

Abb. 583. Senkrecht geteiltes Kurbelgehäuse der Neckarsulmer Fahrradwerke A.-G.

mit Schmirgel gut bewährt. Die Verbindungsschrauben, die, soweit möglich, einfache Kopfschrauben sein sollen, dürfen nicht zu weit voneinander verteilt und nicht zu lose in die Löcher eingepaßt sein. Man bohrt daher die Löcher zweckmäßig zu gleicher Zeit in beide Gehäusehälften, damit sie passen. Auch die Paßflächen für die Zylinder werden zweckmäßigerweise glatt geschliffen. Man vermeidet dann, daß man zur Abdichtung noch Papier einlegen muß,

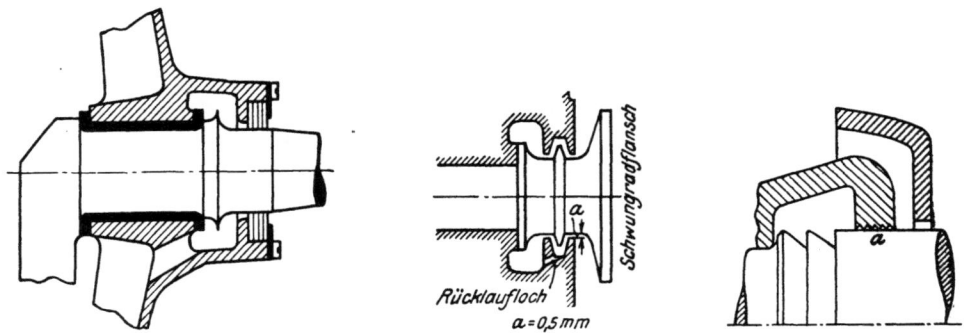

Abb. 584 bis 586. Abdichtungen für Kurbelwellen im Gehäuse.

das beim ersten Auseinandernehmen der Maschine zerrissen wird. Vereinzelt benützt man die Papierlage zwischen den Gehäusehälften auch dazu, das nach einiger Zeit auftretende Lagerspiel verringern zu können, wo man keine vom Gehäuse getrennten Lagerdeckel hat. Bei solchen Gehäusen muß man auch darauf achten, daß die von oben nach unten durchgehenden Lagerschrauben mit abdichtenden Kegelbunden versehen sein müssen, damit kein Öl durch die Schraubenlöcher entweicht.

Lästig und schwer zu verhindern ist ferner der Austritt von Öl an den Stößelführungen der Steuerung, namentlich wenn man, wie neuerdings vielfach bei kleineren Maschinen üblich ist, die stählernen Stößel unmittelbar in entsprechenden Öffnungen des aus Leichtlegierung gegossenen Gehäuses laufen läßt, in die man sie einschleift. Es empfiehlt sich, die oberen Ränder dieser Öffnungen oder die oberen Ränder der gesonderten Führungen aus Bronze etwas zu erweitern, so daß hier napfähnliche Vertiefungen um den Stößel herum entstehen, in denen sich das vom Stößel abgestreifte Öl sammeln und durch die Schmiernute des Stößels oder der Büchse zurückfließen kann.

Den Überdruck im Gehäuse beseitigt man durch Entlüfterrohre, in der Regel je eines am vorderen und hinteren Ende der Maschine. Damit diese nicht auch Öl in Form von feinen Tropfen abführen und hierdurch unnötigen Ölverlust hervorrufen sowie die Maschine äußerlich verunreinigen, fängt man den Öldunst möglichst mit feinen Sieben ab, die so große Oberfläche haben müssen, daß sie durch das darauf niedergeschlagene Öl nicht verstopft werden. Vereinzelt macht man auch den Versuch, die Dämpfe aus dem Gehäuse in den Vergaser und damit in die Maschine zurückzusaugen. Diese Maßnahme kann aber die Wirkungsweise des Vergasers und der Zündkerzen verschlechtern, wenn sich daran Öl niederschlägt, und ist auch für die Verbrennung im Zylinder nicht gerade vorteilhaft. Bei großen Flugmotoren haben die Entlüfter nebenher auch die Aufgabe, das Innere des Gehäuses durch Zuführung von Außenluft zu kühlen. Man nützt hierbei vielfach den Flugwind aus, um die Entlüftung des Gehäuses zu fördern.

Für die Bauart des Kurbelgehäuses wesentlich sind ferner Anordnung und Antrieb der Steuerung und die Art der Schmierung der Maschine, die an anderer Stelle behandelt werden, ferner die Verteilung der Zubehörteile, wie Zünd-, Licht- und Anlaßmaschine, Vergaser, Wasserpumpe usw., die gelegentlich am Gehäuse gelagert werden müssen. Auch hierüber folgen geeignete Beispiele an andrer Stelle.

Bei der Bemessung der Wanddicken, bei der Anordnung von Rippen oder anderen Verstärkungen und überhaupt in allen Einzelheiten der baulichen Gestaltung des Kurbelgehäuses muß man die Anforderungen der Gießerei weitgehend berücksichtigen, an deren Leistungsfähigkeit der Guß von Kurbelgehäusen ohnedies hohe Ansprüche stellt. So soll man übermäßige Wanddicken (mehr als 12 mm) möglichst vermeiden und, wo die Rücksicht auf Festigkeit so großen Querschnitt fordert, Doppelrippen oder dgl. wählen. Ebenso muß man alle Übergänge von Augen und ähnlichen Verdickungen zu dünnen Wänden allmählich verlaufen lassen. Im übrigen braucht man bei der Bemessung der Wanddicken nicht allzu ängstlich zu sein, da die Formen durch das Lockern der Modelle vor dem Herausheben immer etwas größer und die Abgüsse mindestens 10 bis 15 v. H. schwerer werden als der Zeichnung entspricht.

Als Baustoff für Kurbelgehäuse dient heute ausnahmslos die übliche Leichtlegierung aus Aluminium mit geringen Zusätzen von Kupfer und Zink, selbst bei den Maschinen für Schlepper u. dgl., bei denen es nicht gerade auf geringes Gewicht ankommt. Den Vorteilen, die diese Legierung wegen ihrer leichten Gießbarkeit und Bearbeitbarkeit sowie ihrer Widerstandsfähigkeit gegen den Einfluß der Witterung bietet, steht allerdings ihre geringe Festigkeit mitunter nachteilig gegenüber. So müssen die bei der Zylinderbefestigung und bei einzelnen Lagerdeckeln unvermeidlichen Stehbolzen, wenn sie nicht leicht ausreißen sollen, stets grobes Gewinde, also etwas größere Außendurchmesser, erhalten. Einen solchen Stehbolzen, dessen Gewinde z. B. außen beschädigt ist, zu erneuern, ist in der Regel schwer möglich, weil er sich selten herausdrehen läßt, ohne daß das Gewinde im Gehäuse beschädigt wird. Man kann sich zumeist nur so helfen, daß man das Gewinde im Gehäuse nachschneidet und einen abnormalen, etwas dickeren Bolzen einsetzt.

Der an dem Gehäusegußstück haftende Formsand, der die Lager gefährden kann, läßt sich, wie die Erfahrung gezeigt hat, nur dann zuverlässig entfernen, wenn man die Wänd des Gehäuses innen und außen abschabt. Da diese, nur mühsam mit Handwerkzeugen ausführbare Arbeit durch jede Unterbrechung der glatten Fläche erschwert wird, soll man mit der Verwendung von Rippen zum Versteifen von glatten Wänden möglichst sparsam umgehen. Das Äußere des Gehäuses soll ferner nach Möglichkeit glatt sein, damit sich Schmutz und Staub von der Straße nicht leicht daran festsetzen. Kühlrippen am Unterteil des Gehäuses sind daher für Wagenmaschinen nicht zweckmäßig. Wesentlich wirksamer ist es auch, wenn man das Gehäuse durch den von der Maschine angesaugten Luftstrom kühlt, was zugleich als Einrichtung zum Vorwärmen der Ansaugluft benutzt werden kann. Bei den Flugmotoren von Benz & Cie. A.-G. wird auf diese Weise das Oberteil, bei der Maschine von 12/40 PS der Waffenfabrik Steyr die Unterseite des im übrigen ungeteilten Kurbelgehäuses gekühlt. Daß es, umgekehrt, auch vorteilhaft sein kann, das Kurbelgehäuse zu heizen, beweist die Einrichtung bei der Lastwagenmaschine der Voigtländischen Maschinenfabrik, Plauen, wo ein Teil der Auspuffgase durch einen regelbaren Abzweig über eine im Kurbelgehäuse liegende Rohrschlange geleitet wird, um das darin befindliche Öl stets leichtflüssig zu erhalten.

Die Abmessungen des Kurbelgehäuses werden zunächst durch den größten von den Stangenköpfen beschriebenen Kreis bestimmt. Diesem soll sich insbesondere der Boden der Kurbelkammer möglichst genau anschließen, da jede überflüssige Vergrößerung des Kurbelgehäuses mit erheblicher Gewichtvermehrung verbunden ist. Vorsichtshalber untersucht man aber beim Entwurf einer neuen Maschine, wie weit die Pleuelköpfe aus ihrer vorgeschriebenen

Bahn abweichen, wenn ihr Weißmetall ausschmilzt, damit in einem solchen Fall nicht auch das Gehäuse gleich Schaden erleidet. Für den Einbau der Maschine werden in der Regel Arme angegossen, deren Anzahl durch die Art des Einbaues bestimmt ist. Diese Arme haben in der Regel hohen Kastenquerschnitt mit günstiger Biegungsfestigkeit. Die gebräuchlichen Abmessungen der Arme sind so groß, daß ein Armpaar imstande ist, das ruhende Maschinengewicht mit Sicherheit zu tragen, und ein einzelner Arm auch durch das größte Drehmoment der Maschine nicht zu stark beansprucht wird. Da während des Fahrens infolge der Stöße ganz erhebliche Mehrbelastungen der Arme auftreten, die sich schwer nachrechnen lassen, so empfiehlt es sich, die Arme sehr reichlich zu bemessen und, wo angängig, die Maschine mit ganz kurzen Armen in Hilfsträgern des Wagenrahmens zu lagern, also weit ausladende Arme ganz zu vermeiden.

Bauteile der Steuerung.

Die nachstehende Besprechung der Steuerungen von Fahrzeugmaschinen geht davon aus, daß alle grundlegenden Fragen, die die Bauart der Maschine und die Verteilung der Arbeitsvorgänge in den Zylindern betreffen, erledigt sind, und daß nunmehr die Steuerung ausgemittelt sowie in ihren Bauteilen festgelegt werden soll. Selbstverständlich spielen aber bei der Wahl der Bauart der Steuerteile auch die oben erwähnten grundlegenden Fragen mit hinein, so daß beim Entwurf der Fahrzeugmaschine jeder Einzelteil nur im Zusammenhang mit der ganzen Maschinenbauart festgelegt werden kann.

Als den wichtigsten Bauteil der Steuerung greifen wir zunächst die

Steuerventile

heraus, deren allgemeine bauliche Anordnung bei der üblichen Maschinenbauart mit stehenden Ventilen Abb. 587 erkennen läßt. Danach werden die Ventile durch Daumen a von einer Steuerwelle b angetrieben, die mit der halben Geschwindigkeit der Kurbelwelle umläuft. Der Hub des Steuerdaumens überträgt sich mittels einer Rolle c auf einen geführten Stößel d und von diesem auf die Spindel e des Ventiles, das durch eine Feder f ständig auf den Sitz herabgezogen wird.

Damit man das Ventil bequem herausnehmen oder auf seinem Sitz einschleifen kann, ist die Ventilkammer des Zylinders durch einen Schraubdeckel g leicht zugänglich. Dieser nimmt bei den Einlaßventilen in der Regel die Zündkerze oder einen Hahn zum Einspritzen von Brennstoff auf.

Die Sitzfläche des Ventils ist zumeist ein Kegel mit einem Spitzenwinkel von 90 bis 120° und nur ausnahmsweise eine zur Achse des Ventiles senkrechte Ebene. Für diese Bauart spricht vor allem der Umstand, daß bei kegeligem Ventilsitz die Führung des Gasstromes durch das Ventil mit geringeren Winkelablenkungen, also geringeren Verlusten beim Ansaugen und beim Auspuff verbunden ist, und daß sich ferner ein kegeliges Ventil, da es durch den Sitz etwas geführt wird, mit größerer Sicherheit zentrisch aufsetzt und gut abdichtet. Von früheren Versuchen, die Eröffnungsverhältnisse des Ventils durch Doppelsitzausbildung zu verbessern, hat man, abgesehen von Ausnahmefällen, ganz Abstand genommen, da es aus Rücksicht auf die Dauerhaftigkeit des Ventils wichtig ist, seine Form möglichst einfach zu erhalten.

Die Abmessungen des Ventiltellers werden dadurch bestimmt, daß der größte Ventilhub mit Rücksicht auf die Massenwirkungen, die beim Antrieb des

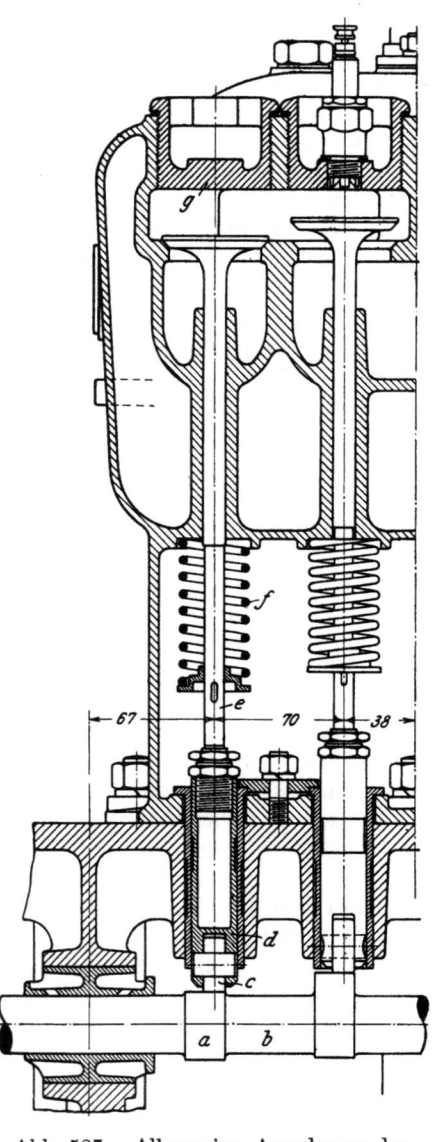

Abb. 587. Allgemeine Anordnung der Ventilsteuerung.

Ventils durch den Steuerdaumen auftreten, möglichst klein sein soll und daß der größte Durchgangsquerschnitt, den das Ventil freigibt, in einem bestimmten Verhältnis zur Drehzahl der Maschine bei der Höchstleistung steht. Je größer nämlich der Ventilquerschnitt im Verhältnis zur Kolbenfläche der Maschine ist, desto höhere Drehzahl kann die Maschine erreichen, ohne daß ihre Leistung infolge der Drosselverluste abnimmt, vorausgesetzt, daß auch die Querschnitte des Vergasers und der Leitungen ausreichen.

Sind

$$F = \frac{\pi}{4} D^2$$

die Kolbenfläche,

$$V = \frac{\pi n s}{60} \sin \alpha (1 \pm \lambda \cos \alpha)$$

annähernd die jeweilige Kolbengeschwindigkeit,

$$f = \pi d_m h$$

der jeweilige freie Durchflußquerschnitt des Ventils (d_m = mittl. Ventildurchmesser, h = Ventilhub) und v die zugelassene Gasgeschwindigkeit im Ventil, so gilt in jedem Augenblick die Kontinuitätsgleichung

$$F \cdot V = f \cdot v.$$

Der größte erforderliche Ventilquerschnitt f_{max} ergibt sich, wenn man für V bei $\lambda = 1:5$

$$V_{max} = \frac{1{,}6 \, n \, s}{30}$$

einsetzt.

Für eine Maschine von

$$D = 100 \text{ mm Zylinderdurchmesser,}$$
$$s = 120 \text{ mm Hub,}$$
$$n = 2400 \text{ Uml/min,}$$

ist $\qquad F = 78{,}54 \text{ cm}^2$

und $\qquad V_{max} = \dfrac{1{,}6 \cdot 2400 \cdot 0{,}12}{30} = 15{,}36 \text{ m/s},$

somit ist z. B. für $v = 60$ m/s der erforderliche Durchflußquerschnitt

$$f_{max} = \frac{78{,}54 \cdot 15{,}36}{60} = 20{,}106 \text{ cm}^2.$$

Für alle anderen Kolbengeschwindigkeiten ändert sich f, oder weil f bei gegebenem mittleren Ventildurchmesser d_m und bei jeder Form der Sitzfläche annähernd proportional dem Ventilhub bleibt, auch der Ventilhub h in dem Maß als sich V ändert, wenn man bei allen Kurbelstellungen die Gasgeschwindigkeit von 60 m/s aufrechterhalten will.

Wenn im vorstehenden der Berechnung als Gasgeschwindigkeit im Ventil im Augenblick der größten Kolbengeschwindigkeit der Wert

$$v_{max} = \frac{F V_{max}}{f_{max}} = a \cdot \frac{F}{f_{max}} \cdot n,$$

worin a eine bekannte Konstante ist, mit 60 m/s eingesetzt wurde, so entspricht dies ungefähr den vorliegenden Erfahrungen, besagt aber, streng genommen, nicht, daß die danach gebaute Maschine auch wirklich bei der hierdurch bestimmten Drehzahl n ihre Höchstleistung erreicht oder daß, umgekehrt, bei der Höchstleistung dieser Maschine im Augenblick der größten Kolbengeschwindigkeit im Ventil die Gasgeschwindigkeit von 60 m/s auftritt; denn die wirkliche Gasgeschwindigkeit hängt von den Drosselverlusten und insofern von der besonderen Bauart der Maschine ab; man kann sie bestenfalls schätzen und nach dem Unterdruck in der Saugleitung beurteilen, die wirkliche Gasgeschwindigkeit läßt sich aber im Betrieb der Maschine nicht messen. Andererseits sind die Erfahrungen darüber, bei welchem Wert von v_{max} die Leistung der Maschine abzufallen beginnt, noch nicht erschöpfend genug, da hierbei neben dem Einfluß der baulichen Gestaltung auch noch Einflüsse des Vergasers und der Zündung mitsprechen, die bei planmäßiger Erforschung dieser Frage ausgeschaltet werden müßten.

Beim Entwurf einer Maschine muß man sich daher immer vergegenwärtigen, daß der der Berechnung des Ventilquerschnittes zugrunde gelegte Wert der größten Gasgeschwindigkeit noch ziemlich willkürlich gewählt ist und daher nur wenig Gewähr für die Drehzahl bietet, bei welcher die Maschine ihre Höchstleistung erreicht. Diese muß man vielmehr nachher auf dem Prüfstande ermitteln und, wenn sie den Erwartungen nicht entspricht, durch nachträgliche Änderungen an der Maschine beeinflussen.

In dieser Unsicherheit der Vorausbestimmung der höchsten Drehzahl, deren die Maschine mit steigender Leistung fähig ist, liegt der Hauptgrund für die Unmöglichkeit, die Leistung einer Maschine von gegebenen Maschinen vorauszuberechnen.

Soll aus dem gefundenen größten Durchflußquerschnitt, welcher bei der höchsten Kolbengeschwindigkeit notwendig ist, der mittlere Ventildurchmesser d_m berechnet werden, so muß man beachten, daß bei den üblichen Fahrzeugmaschinen wegen der hohen Umlaufzahlen die sonst übliche Regel für den Zylinder mit der größten Oberfläche

$$h_{max} = \frac{d_m}{4}$$

nicht anwendbar ist. Aus den schon erwähnten Gründen und auch, weil die Steuerdaumen nicht zu hoch sein dürfen, geht man mit dem Ventilhub selbst bei den größten Maschinen nicht über 12 bis 15 mm hinaus. Eine gut brauchbare Regel besagt, daß der Ventilhub 0,06 bis 0,1 des Zylinderdurchmessers betragen soll. Dabei ist in neuerer Zeit infolge des Wunsches, die Ventilsteuerung möglichst geräuschlos arbeiten zu lassen, das Bestreben, die Ventilhübe zu verringern, noch stärker geworden, so daß man sich auch an den angegebenen Mindestwert hält. Ist es nicht möglich, mit der festgesetzten größten Gasgeschwindigkeit auszukommen, so kann man dies in den Kauf nehmen, auch wenn die Maschine dann unter Umständen keine so hohe Höchstdrehzahl erreicht, wie mit ausreichenden Ventilquerschnitten, und wenn man, um eine vorgeschriebene Höchstleistung zu erzielen, die Zylinder etwas größer bemessen muß.

Setzt man als Mittelwert für den größten Ventilhub z. B.

$$h_{max} = 0,08\, D$$

fest, so kann man aus der Beziehung

$$f_{max} = \pi \cdot d_m \cdot h_{max}$$

bei bekanntem größtem Durchflußquerschnitt den Ventildurchmesser bestimmen. Unter der gleichen Voraussetzung kann man ferner für Näherungsrechnungen

$$f_{max} = \frac{\pi D^2}{20}$$

setzen, wenn man für die höchste Kolbengeschwindigkeit $V_{max} = 12$ m/s und die höchste Gasgeschwindigkeit $v_{max} = 60$ m/s annimmt. Der mittlere Ventildurchmesser ergibt sich dann bei $h_{max} = 0,08\, D$ mit

$$d_m = \frac{D}{1,6} = 0,667\, D.$$

Bei Maschinen für Lastkraftwagen, die nicht über 1200 bis 1400 Uml/min erreichen sollen, ergibt die Berechnung selten mehr als

$$d_m = 0,6\, D.$$

Aber auch bis zu dieser Grenze läßt sich der Ventildurchmesser selten steigern, namentlich nicht bei Maschinen, die, wie z. B. Flugmotoren, mit hohem Verdichtungsverhältnis, hoher Wärmebelastung und dauernd gleichbleibender Leistung arbeiten, weil sich die über eine bestimmte Grenze hinaus vergrößerten Ventilteller dann leicht verziehen und die Ventile daher bald undicht werden. Bei Ventilen aus guten Chromnickelstählen kann man als die zulässige obere Grenze des Ventildurchmessers rd. 60 bis 68 mm ansehen. Wo der hiermit erzielbare freie Ventilquerschnitt mit Rücksicht auf den Zylinderdurchmesser oder die gewünschte Höchstleistungsdrehzahl nicht genügt, muß man daher den geforderten Querschnitt auf zwei oder noch mehr Ventile verteilen. Von diesem Mittel hat man fast regelmäßig bei den Maschinen von Rennwagen und in neuerer Zeit auch bei Flugmotoren wiederholt Gebrauch gemacht.

Die Vierventil-Bauart ist namentlich bei Flugmotoren mit 6 Zylindern notwendig geworden, als man zu Leistungen von mehr als 150 PS übergehen mußte. Ersetzt man nämlich ein Ventil vom Durchmesser d durch zwei Ventile vom Durchmesser $d' = \dfrac{d}{2}$, so bleibt der insgesamt freigegebene Querschnitt bei gleichem Hub in den beiden Ventilarten unverändert $\pi d h$, während sich die Telleroberfläche der Ventile von $\dfrac{\pi d^2}{4}$ auf $2\,\dfrac{\pi}{4}\left(\dfrac{d}{2}\right)^2$, also die Hälfte verringert und daher auch entsprechend weniger Wärme auf das einströmende Gemisch übertragen wird.

Daneben vermindert sich auch der Widerstand der Ventile gegen das Öffnen unter Zylinderdruck sowie ihr Gewicht, das etwa mit $d^{2,5}$ zunimmt, so daß die Steuerung im ganzen weniger Arbeit verbraucht.

Da aber die Druckverluste in einem Ventil und in zwei Ventilen von gleichem Querschnitt nicht gleich sind, darf man, wie sich ergeben hat, nicht einfach $d' = \dfrac{d}{2}$ setzen, wenn man keinen Verlust am Füllungsgrad des Zylinders, also keine Minderleistung der Maschine zulassen will. Diese Druckverluste hängen vom Reibungswiderstand in den Ventilquerschnitten und von dem Widerstand ab, den der Gasstrom der Ablenkung im Ventilkrümmer entgegensetzt, sie lassen sich aber, wie der vergebliche Versuch von H. L. Pomeroy[1] beweist, nur schwer berechnen, da keine Unterlagen über den Ablenkungswiderstand bekannt sind.

Vom Advisory Committee for Aeronautics veranlaßte und vom Bureau of Standards in Washington durchgeführte vergleichende Versuche haben wenigstens einen Anhalt zur Beurteilung dieser Frage gegeben[2]). In einem glatten Stahlzylinder von 127 mm Durchmesser und 813 mm Länge wurde hierbei mittels eines Kreiselgebläses durch eine das untere Zylinderende abschließende Holzdüse von 50,8 mm Weite Luft eingeblasen, deren Strömung durch die Ventile durch Druckmessungen mit Hilfe von Pitot-Rohren beobachtet wurde. Der Zylinderkopf war wie die Düse aus Holz geschnitzt und auswechselbar, so daß man einfache und doppelte Ventilanordnungen prüfen konnte.

Die Prüfung erstreckte sich auf einfache Ventile von 63,5 mm Durchmesser, ferner auf doppelte Ventile vom halben Durchmesser, also halber Gesamtfläche bei gleich großem Gesamt-Durchflußquerschnitt, und auf doppelte Ventile von 44,5 mm Durchmesser, deren Gesamtfläche annähernd ebenso groß wie diejenige des Einzelventiles, deren Gesamt-Durchflußquerschnitt aber nur 40 v. H. größer als derjenige des Einzelventiles war. Die Hauptergebnisse der Versuche sind in der nachstehenden Zahlentafel enthalten. Sie sind unter der zulässigen Annahme berechnet, daß bei der Berechnung der durchströmenden Luftmengen aus den beobachteten Luftgeschwindigkeiten der Einfluß geringer Druck- und Temperaturunterschiede vernachlässigt werden darf.

Aus den Ergebnissen dieser Versuche kann man entnehmen, daß die beiden Ventile von 31,75 mm Durchmesser, obschon sie, wie erwähnt, den gleichen Gesamtquerschnitt wie das Einzelventil von 63,5 mm Durchmesser haben, kaum halb soviel Luft wie das Einzelventil durchlassen. Die Durchflußmenge des Einzelventiles von 63,5 mm Durchmesser wird vielmehr von doppelten Ventilen erst dann annähernd erreicht, wenn sie um rd. 40 v. H. mehr Gesamt-Durchflußquerschnitt haben.

Versuche mit Einzel- und doppelten Ventilen.

Ventilanordnung		Ein Ventil von 63,5 mm Durchmesser	Zwei Ventile von 31,75 mm Durchmesser	Zwei Ventile von 44,5 mm Durchmesser
Gesamtfläche . . . . . v. H.		100	50	97,8
Gesamtumfang . . . . „		100	100	140
Durchflußmenge bei	$\dfrac{h}{d} = 0,10$ . . . . . „	100	46	96
	$\dfrac{h}{d} = 0,15$ . . . . . „	100	45	96
	$\dfrac{h}{d} = 0,20$ . . . . . „	100	45	96
	$\dfrac{h}{d} = 0,25$ . . . . . „	100	45	96
Durchflußziffer bei	$\dfrac{h}{d} = 0,10$ . . . . . „	100	93	100
	$\dfrac{h}{d} = 0,15$ . . . . . „	100	92	100
	$\dfrac{h}{d} = 0,20$ . . . . . „	100	91	100
	$\dfrac{h}{d} = 0,25$ . . . . . „	100	90	100
	$\dfrac{h}{d} = 0,30$ . . . . . „	100	90	100

---

[1] Automob. Engineering, Juni 1912. [2] Eng., 10. Januar 1919.

Die Zahlentafel enthält ferner Angaben über Durchflußziffern; diese sind aus dem Verhältnis zwischen den beobachteten Luftgeschwindigkeiten in den Ventilen und der dem beobachteten Druckunterschied entsprechenden theoretischen Luftgeschwindigkeit berechnet und können dazu benützt werden, um die Druckverluste zu vergleichen, die bei den verschiedenen Ventilanordnungen auftreten. Auch diese Zahlen beweisen, daß die Leistungsfähigkeit des Einzelventiles in bezug auf Durchgangsmenge von Mehrventilen erst dann erreicht werden kann, wenn man deren Gesamt-Durchflußquerschnitt wesentlich größer als beim einzelnen Ventil bemißt.

In diesem Zusammenhang verdienen auch die vergleichenden Angaben über Flugmotoren der Zwei- und Vierventilbauart Beachtung, die in der folgenden Zahlentafel zusammengestellt sind:

Zwei- und Vierventil-Flugmotoren.

	Hersteller, Motorbauart				
	Daimler		Benz & Cie.		Liberty
	Zwei-ventil-motor	Vier-ventil-motor	Zwei-ventil-motor	Vier-ventil-motor	Zwei-ventil-motor
Zylinderzahl i	6	6	6	6	12
Zylinderdurchmesser d .... mm	140	160	130	145	127
Hub s .... „	160	180	180	190	178
Gesamt-Hubraum $V = i \frac{\pi d^2}{4} s$ l	14,784	21,708	14,332	18,821	27,061
Verdichtungsverhältnis ε	1 : 4,5	1 : 4,94	1 : 4,5	1 : 4,91	1 : 5,56
Ventildurchmesser d_1 .... mm	67,8	55,5	61,4	51,8	63,5
Ventilhub s_1	11,2	10,1	11,0	11,8	11,5
Gesamt-Ventilquerschnitt f_x ...... cm²	23,85	35,1	21,2	38,6	22,94
Öffnungsdauer eines Einlaß-Ventils α .... Grad	213	228,3	240	245	238
Ventildurchflußzahl $\dfrac{f_1 \alpha}{1/4 \pi d^2 s}$	2,062	2,215	2,13	3,014	2,42
Nennleistung N_n .... PS	160	260	160	230	348
Nenndrehzahl n_n .... Uml/min	1400	1400	1400	1400	1400
Höchstleistung N_e .... PS	162,5	270	164	250	400
Höchstdrehzahl n_e .... Uml/min	1400	1650	1400	1650	1650
Mittlerer Kolbendruck $\dfrac{900\, N_n}{V\, n_n}$ .... at	6,95	7,68	7,15	7,85	8,27
Spezif. Hubraum $\dfrac{V}{N_n}$ .... l/PS	0,0922	0,0836	0,0898	0,0818	0,0775
„ „ $\dfrac{V}{N_e}$ .... l/PS	0,0906	0,0802	0,0874	0,0752	0,0676

Die Angaben über die deutschen Motoren sind amtlichen englischen Berichten über die Untersuchungen an erbeuteten Flugmotoren entnommen[1]), diejenigen über den amerikanischen Freiheitsmotor dem amtlichen deutschen Bericht[2]). Der Wert dieser Zusammenstellung liegt namentlich darin, daß man den Einfluß der Zwei- oder Vierventilbauart ziemlich unabhängig von anderem baulichen Einfluß erkennen kann, weil es sich, abgesehen von der verhältnismäßig geringen Erhöhung des Verdichtungsverhältnisses, um ziemlich gleichartige Maschinen handelt.

Die in der Zahlentafel enthaltene Durchflußziffer ist das Verhältnis des gesamten Ventilquerschnittes in cm², multipliziert mit der Öffnungsdauer in Winkelgraden, zum Hubraum eines Zylinders und als Maßstab für den Vergleich der Füllungsverhältnisse gut verwendbar. Bei beiden Arten von Flugmotoren hat sich der mittlere Kolbendruck, bezogen auf die Nennleistung bei 1400 Uml/min, durch den Übergang zur Vierventilbauart nur um etwa 10 v. H., d. h. um ebensoviel erhöht, wie das Verdichtungsverhältnis gesteigert worden ist. Daß bei dem Benz-Vierventilmotor wesentlich größere Ventilquerschnitte vorhanden sind, hat also auf die Nennleistung keinen Einfluß ausgeübt. Der amerikanische Motor zeigt gegenüber dem Zweiventilmotor von Daimler eine Steigerung des mittleren Kolbendruckes um 19 v. H., obgleich das Verdichtungsverhältnis um rd. 24 v. H. und die Ventildurchflußzahl nur um 17 v. H. höher ist.

Den Fortschritt der Vierventilbauart zeigen aber die für die Baugewichte maßgebenden Werte des spezifischen Hubraumes, insbesondere, wenn man die Höchstleistungen in Betracht zieht, für die bei Vierventilmotoren höhere Drehzahlen zugelassen werden können. Allerdings

---
[1]) Autom. Eng. 1917, Nr. 105 u. f.   [2]) Motorwagen, 20. Februar 1919.

lehrt auch hier der Vergleich mit dem amerikanischen Motor, daß man allenfalls noch wesentlich größere Fortschritte auch auf anderem Wege als durch Vermehrung der Ventile erreichen kann.

Eine mittlere Ansaug- oder Ausschubgeschwindigkeit im Vergleich zur mittleren Kolbengeschwindigkeit als Anhalt für die Berechnung der Ventilquerschnitte zu benützen, hat eigentlich wenig Wert, da bei den gebräuchlichen Maschinen die Ventile nur auf einem verhältnismäßig kleinen Teil des Hubes voll geöffnet sind. Dagegen kann es von Wert sein, diese Geschwindigkeit als Maß für die Bewegung des Gasstromes in den Ansaug- und Auspuffleitungen zu benutzen. Hierbei muß aber vorausgesetzt werden, daß der Querschnitt dieser Leitungen mindestens ebenso groß wie der größte Ventilquerschnitt ist und daß — was keinesfalls zutrifft — die Bewegung vom Beginn bis zum Ende des entsprechenden Kolbenhubes gleichförmig verläuft.

Diese mittlere Geschwindigkeit ist unter den weiter oben gemachten Annahmen

$$v_m = \frac{\frac{\pi}{4} D^2 \cdot V_m}{\pi \cdot 0{,}08 D \cdot \frac{1}{16} \cdot D} = 7{,}5\, V_m,$$

worin für

$$V_m = \frac{ns}{30}$$

zu setzen ist. Für das vorliegende Zahlenbeispiel erhält man

$$V_m = 9{,}6 \text{ m/s},$$
$$v_m = 48 \text{ m/s}.$$

Für Ventile mit kegelförmiger Sitzfläche, Abb. 588, hat man, streng genommen, den jeweiligen freien Durchflußquerschnitt nicht nach

$$f = \pi d_m \cdot h$$

zu berechnen, worin

$$d_m = \frac{d + d_1}{2},$$

sondern der Durchflußquerschnitt ist die Mantelfläche eines abgestumpften Kegels, dessen Seitenhöhe

$$b = h \cos \alpha$$

und dessen mittlere Grundlinie πd_m ist.

Da
$$d_m = d + b \sin \alpha$$
und
$$b = h \cos \alpha$$
so ist
$$f = \pi h \cos \alpha\, (d + h \cos \alpha \sin \alpha)$$
für $\alpha = 45^0$ ($\sin \alpha = \cos \alpha = 0{,}707$),
$$f = 2{,}2\, h\, (d + 0{,}5\, h)$$
für $\alpha = 60^0$ ($\sin \alpha = 0{,}866$, $\cos \alpha = 0{,}5$),
$$f = 1{,}57\, h\, (d + 0{,}433\, h)$$
für $\alpha = 90^0$
$$f = \pi d h.$$

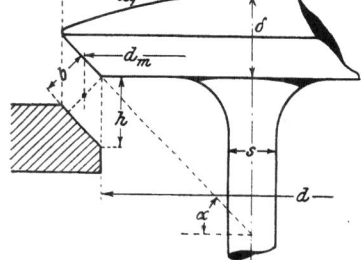

Fig. 588. Steuerventil mit kegelförmiger Sitzfläche.

Hat man hiernach in der einen oder anderen Weise die Lichtweite d des Ventilsitzes berechnet, so ergeben z. B. die von Güldner[1]) angeführten Formeln genügenden Anhalt für die Wahl der sonstigen erforderlichen Abmessungen.

Die Mindestdicke δ des Ventilsitzes berechnet Güldner nach

$$\delta = \sqrt{\frac{p_{max}\, (0{,}5\, d_1)^2}{400}} \text{ cm},$$

worin für p_{max} 30 bis 35 at und für d_1 der größte Außendurchmesser des Ventiltellers zu setzen sind, und die Dicke der Ventilspindel annähernd nach

$$s = \frac{1}{8} d + 0{,}2 \quad \text{bis} \quad \frac{1}{8} d + 0{,}4 \text{ cm}.$$

---

[1]) Verbrennungsmaschinen, 2. Aufl. S. 318.

Die Sitzbreite beträgt annähernd $0{,}01\,d + 0{,}2$ cm, im allgemeinen aber nicht über 3 bis 4 mm.

Damit sind alle Unterlagen für die Konstruktion der Ventile gegeben.

Für das obige Zahlenbeispiel kann man entweder

$$d_m = 0{,}8\,D = 80 \text{ mm und}$$
$$h_{max} = 0{,}08\,D = 8 \text{ mm}$$

annehmen, so daß

$$f_{max} = \pi \cdot 0{,}8 = 20{,}106 \text{ cm}^2,$$

oder, indem man, genauer, Kegelventile mit $\alpha = 45^0$ Spitzenwinkel voraussetzt, bei etwas größerem Hub $h_{max} = 10$ mm aus dem erforderlichen größten Durchflußquerschnitt

$$20{,}106 = 2{,}2 \cdot 1{,}0\,(d + 0{,}5 \cdot 1{,}0)$$
$$d = 86 \text{ mm}$$

finden.

Da die Ventile für die gebräuchlichen Wagenmaschinen heute schon vielfach von Sonderfabriken bezogen werden können, liegt es nahe, ihre Hauptabmessungen in Abhängigkeit vom mittleren Durchmesser zu normalisieren. Einen sehr weitgehenden Vorschlag dieser Art, den die Society of Automotive Engineers in der letzten Zeit aufgestellt hat[1]), enthält die nachfolgende Zahlentafel mit Abb. 589 bis 591 in Zoll (engl.):

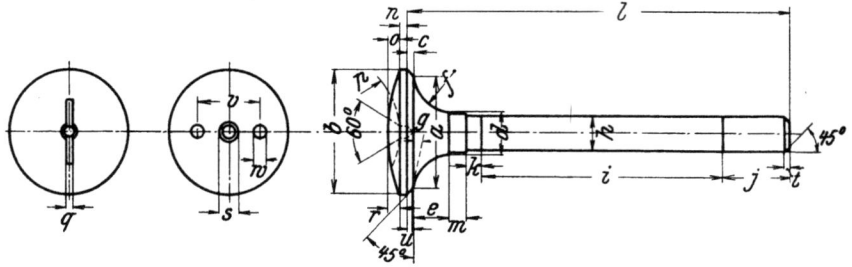

Abb. 589 bis 591. Normale Tellerventile mit Gußstahlkopf[2]).

Nenn-durch-messer a	b	c	d	e	f	g	h	i	j	k	l	m	n	o	p	q	r	s	t	u	v	Bohrer-durch-messer w
1	$1^{5}/_{32}$	$^{5}/_{64}$	$^{11}/_{32}$	$^{1}/_{4}$	$^{1}/_{4}$	$7^{1}/_{2}{}^{0}$	0,247	Länge der Spindelführung nach Bedarf	Grenze d. Spindelführung b. geschloss. Ventil	Spiel oberhalb der Spindelführung	Gesamte Ventillänge auf $^{1}/_{4}''$ abrunden	Unbearbeitete Spindel mindestens $^{3}/_{32}''$	$^{1}/_{16}$	$^{1}/_{16}$	$2^{3}/_{4}$	$^{1}/_{16}$	$^{1}/_{16}$	$^{3}/_{16}$	$^{1}/_{32}$	$^{3}/_{64}$	$^{1}/_{2}$	$^{5}/_{64}$
$1^{1}/_{8}$	$1^{9}/_{32}$	$^{5}/_{64}$	$^{11}/_{32}$	$^{1}/_{4}$	$^{1}/_{4}$	$7^{1}/_{2}{}^{0}$	0,247						$^{1}/_{16}$	$^{1}/_{16}$	$2^{3}/_{4}$	$^{1}/_{16}$	$^{1}/_{16}$	$^{3}/_{16}$	$^{1}/_{32}$	$^{3}/_{64}$	$^{1}/_{2}$	$^{5}/_{64}$
$1^{1}/_{4}$	$1^{13}/_{32}$	$^{5}/_{64}$	$^{7}/_{16}$	$^{7}/_{16}$	$^{7}/_{16}$	$7^{1}/_{2}{}^{0}$	0,3095						$^{1}/_{16}$	$^{1}/_{16}$	$2^{3}/_{4}$	$^{1}/_{16}$	$^{1}/_{16}$	$^{3}/_{16}$	$^{1}/_{32}$	$^{3}/_{64}$	$^{3}/_{4}$	$^{5}/_{32}$
$1^{3}/_{8}$	$1^{17}/_{32}$	$^{5}/_{64}$	$^{7}/_{16}$	$^{7}/_{16}$	$^{7}/_{16}$	$7^{1}/_{2}{}^{0}$	0,3095						$^{1}/_{16}$	$^{3}/_{16}$	$2^{3}/_{4}$	$^{1}/_{16}$	$^{1}/_{16}$	$^{3}/_{16}$	$^{1}/_{32}$	$^{3}/_{64}$	$^{3}/_{4}$	$^{5}/_{32}$
$1^{1}/_{2}$	$1^{11}/_{16}$	$^{3}/_{32}$	$^{17}/_{32}$	$^{15}/_{32}$	$^{15}/_{32}$	$7^{1}/_{2}{}^{0}$	0,372						$^{5}/_{64}$	$^{3}/_{16}$	$2^{3}/_{4}$	$^{3}/_{32}$	$^{1}/_{16}$	$^{3}/_{16}$	$^{1}/_{32}$	$^{1}/_{16}$	$^{3}/_{4}$	$^{5}/_{32}$
$1^{5}/_{8}$	$1^{13}/_{16}$	$^{3}/_{32}$	$^{17}/_{32}$	$^{15}/_{32}$	$^{15}/_{32}$	$7^{1}/_{2}{}^{0}$	0,372						$^{5}/_{64}$	$7/_{64}$	$2^{3}/_{4}$	$^{3}/_{32}$	$^{1}/_{8}$	$^{3}/_{16}$	$^{1}/_{32}$	$^{1}/_{16}$	$^{3}/_{4}$	$^{5}/_{32}$
$1^{3}/_{4}$	$1^{15}/_{16}$	$^{3}/_{32}$	$^{17}/_{32}$	$^{15}/_{32}$	$^{15}/_{32}$	$7^{1}/_{2}{}^{0}$	0,372						$^{5}/_{64}$	$7/_{64}$	$2^{3}/_{4}$	$^{3}/_{32}$	$^{1}/_{8}$	$^{3}/_{16}$	$^{1}/_{32}$	$^{1}/_{16}$	$^{3}/_{4}$	$^{5}/_{32}$
$1^{7}/_{8}$	$2^{1}/_{16}$	$^{3}/_{32}$	$^{17}/_{32}$	$^{15}/_{32}$	$^{15}/_{32}$	$7^{1}/_{2}{}^{0}$	0,372						$^{3}/_{32}$	$7/_{64}$	$2^{3}/_{4}$	$^{3}/_{32}$	$^{1}/_{8}$	$^{3}/_{16}$	$^{1}/_{16}$	$^{1}/_{16}$	$^{3}/_{4}$	$^{5}/_{32}$
2	$2^{1}/_{4}$	$^{1}/_{8}$	$^{5}/_{8}$	$^{5}/_{8}$	$^{5}/_{8}$	15^{0}	0,434						$^{3}/_{32}$	$^{3}/_{32}$	$2^{3}/_{4}$	$^{3}/_{32}$	$^{1}/_{8}$	$^{3}/_{16}$	$^{1}/_{16}$	$^{3}/_{64}$	$^{3}/_{4}$	$^{5}/_{32}$
$2^{1}/_{8}$	$2^{3}/_{8}$	$^{1}/_{8}$	$^{5}/_{8}$	$^{5}/_{8}$	$^{5}/_{8}$	15^{0}	0,434						$^{3}/_{32}$	$^{3}/_{32}$	$2^{3}/_{4}$	$^{3}/_{32}$	$^{1}/_{8}$	$^{7}/_{32}$	$^{1}/_{16}$	$^{3}/_{64}$	$^{3}/_{4}$	$^{5}/_{32}$
$2^{1}/_{4}$	$2^{1}/_{2}$	$^{1}/_{8}$	$^{5}/_{8}$	$^{5}/_{8}$	$^{5}/_{8}$	15^{0}	0,434						$^{3}/_{32}$	$^{3}/_{32}$	$2^{3}/_{4}$	$^{3}/_{32}$	$^{1}/_{8}$	$^{7}/_{32}$	$^{1}/_{16}$	$^{3}/_{64}$	$^{3}/_{4}$	$^{5}/_{32}$
$2^{3}/_{8}$	$2^{5}/_{8}$	$^{5}/_{32}$	$^{11}/_{16}$	$^{13}/_{16}$	$^{13}/_{16}$	15^{0}	0,496						$^{3}/_{32}$	$^{3}/_{32}$	$2^{3}/_{4}$	$^{3}/_{32}$	$^{1}/_{8}$	$^{7}/_{32}$	$^{3}/_{64}$	$^{3}/_{64}$	$^{3}/_{4}$	$^{5}/_{32}$
$2^{1}/_{2}$	$2^{13}/_{16}$	$^{5}/_{32}$	$^{11}/_{16}$	$^{13}/_{16}$	$^{13}/_{16}$	15^{0}	0,496						$^{3}/_{32}$	$^{3}/_{32}$	$2^{3}/_{4}$	$^{3}/_{32}$	$^{1}/_{8}$	$^{7}/_{32}$	$^{3}/_{64}$	$^{1}/_{8}$	1	$^{5}/_{32}$
$2^{5}/_{8}$	$2^{15}/_{16}$	$^{5}/_{32}$	$^{11}/_{16}$	$^{13}/_{16}$	$^{13}/_{16}$	15^{0}	0,496						$^{3}/_{32}$	$^{3}/_{32}$	$2^{3}/_{4}$	$^{3}/_{32}$	$^{1}/_{8}$	$^{7}/_{32}$	$^{3}/_{64}$	$^{1}/_{8}$	1	$^{3}/_{16}$
$2^{3}/_{4}$	$3^{1}/_{16}$	$^{5}/_{32}$	$^{7}/_{8}$	1	1	15^{0}	0,621						$^{3}/_{32}$	$^{3}/_{32}$	$2^{3}/_{4}$	$^{3}/_{32}$	$^{7}/_{64}$	$^{7}/_{32}$	$^{3}/_{64}$	$^{1}/_{8}$	1	$^{5}/_{32}$
$2^{7}/_{8}$	$3^{3}/_{16}$	$^{5}/_{32}$	$^{7}/_{8}$	1	1	15^{0}	0,621						$^{3}/_{32}$	$^{3}/_{32}$	$2^{3}/_{4}$	$^{3}/_{32}$	$^{7}/_{64}$	$^{7}/_{32}$	$^{3}/_{64}$	$^{1}/_{8}$	1	$^{5}/_{32}$
3	$3^{3}/_{8}$	$^{3}/_{16}$	$1^{1}/_{8}$	$1^{5}/_{16}$	$1^{5}/_{16}$	$22^{1}/_{2}{}^{0}$	0,745						$^{1}/_{8}$	$^{3}/_{16}$	$2^{3}/_{4}$	$^{1}/_{8}$	$^{1}/_{4}$	$^{7}/_{32}$	$^{5}/_{32}$	$^{1}/_{8}$	$1^{1}/_{4}$	$^{3}/_{16}$

Ähnliche, wenn auch nicht so weit ins einzelne gehende Normalien hat auch ein Ausschuß des Vereins Deutscher Motorfahrzeug-Industrieller vorgeschlagen und unter der Bezeichnung Kr. M 103 veröffentlicht[3]).

---

[1]) Automot. Ind., 12. April 1923.
[2]) Vorgeschlagen August 1922 zur Ergänzung der Normalien der Society of Automotive Engineers, New York. Maße in Zoll engl. — Bei flachen Tellerköpfen ist g um $7^{1}/_{2}{}^{0}$ zu vergrößern. — Der Sitz muß auf 0,003" genau konzentrisch zur Spindel sein.
[3]) Motorwagen, 31. März 1923.

Über Baustoffe für Ventile ist schon weiter oben berichtet worden. Versuche, das teure Verfahren des Schmiedens der Ventilteller mit den Spindeln aus einem einzigen Stück zu umgehen und Teller und Spindel aneinanderzuschweißen, haben bis jetzt trotz unleugbarer Fortschritte der Schweißverfahren wenig praktischen Erfolg geliefert, ebenso haben sich auch Vorschläge, den Rand des Ventiltellers durch Aufschweißen von besonders widerstandsfähigem Stahl zu verstärken, wenig bewährt. Bei den Auspuffventilen hochbeanspruchter Flugmotoren, die im Betrieb fast andauernd unter Glühtemperatur stehen, hat man die Erfahrung gemacht, daß die Widerstandsfähigkeit gegen Formänderungen des Ventiltellers durch gute Ableitung der Wärme aus dem Ventilteller in die durch die geschmierte Führung stets gut gekühlte Ventilspindel erhöht wird, und daß man daher die Querschnittsübergänge reichlich bemessen muß, s. Abb. 592 und 593. Aus den gleichen Gründen und um die Abnützung in den Führungen zu beschränken, soll die Spindel des Ventils reichlich bemessen sein und an keiner Stelle scharfe Querschnittsübergänge aufweisen, die zur Rißbildung führen können.

Um das Einschleifen zu erleichtern, versieht man den Ventilsitz auf der Oberseite mit einem eingefrästen Schlitz oder einer Bohrung mit Gewinde, in die man ein entsprechendes Werkzeug einführt. Gelegentlich wird eine Undichtheit des Ventils auch dadurch hervorgerufen, daß sich Kohle auf dem Sitz festsetzt. Um diese durch Drehen des Ventils auf seinem Sitz zu beseitigen, ohne daß man erst die Verschraubung zu öffnen und die Ventilfedern zu lösen braucht, kann man die in Abb. 594 dargestellte Anordnung verwenden[1]). Sie besteht im wesentlichen darin, daß zwischen

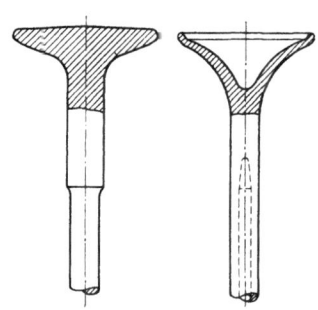

Abb. 592 und 593. Form der Ventilteller für hochbeanspruchte Ventile.

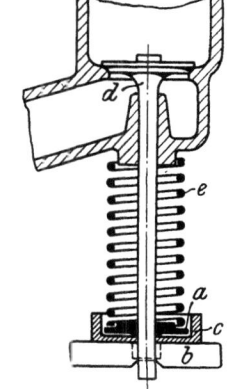

Abb. 594. Einrichtung zum Drehen des Ventils.

Federteller a und Keil b ein zweiter Teller c eingefügt ist, der mit zwei Ansätzen um den Keil herumgreift. Man kann dann mit dem Keil die Spindel d drehen, ohne daß die Ventilfeder e mitgenommen wird. Zum Drehen ist so geringe Kraft erforderlich, daß man kein Werkzeug dazu braucht. Den erforderlichen Druck zum Einschleifen liefert die Feder selbst.

Eine andere Vorrichtung dieser Art von Pabst[2]), Abb 595, ist dazu bestimmt, das Ventil jedesmal um ein Stück zu drehen, bevor es sich wieder auf seinen Sitz auflegt, damit es sich gleichmäßig erwärmt und daher nicht so leicht verzieht. Sobald der Steuerdaumen das Ventil freigibt und daher die Kraft der Ventilfeder zur Wirkung gelangt, wird die Hülse b, die am oberen Ende einen kurzen Kegelansatz trägt, durch die Feder c mit dem Kegelring e gekuppelt und dadurch festgebremst, so daß sich die Hülse a, die sich in Schraubenschlitzen der Hülse b mit zwei Ansätzen führt und durch den Keil f mit der Ventilspindel verbunden ist, beim Niedergehen des Ventils verdrehen muß und hierbei auch das Ventil mitdreht. Beim Aufgang des Ventils wird die Kupplung zwischen b und e gelöst und die Hülse b legt sich auf die Unterlagscheibe d, wobei sie sich allein zurückdrehen kann.

Als besondere Bauarten sind solche Steuerventile aufzufassen, die gleichzeitig Einströmen und Auspuff steuern. In dem Bestreben, das Gewicht der Maschinen für Luftfahrzeuge zu verringern, ist man nämlich auch bei Fahrzeugmaschinen wieder auf den alten, schon von Güldner abfällig beurteilten Gedanken der vereinigten Einlaß- und Auspuffventile zurückgekommen. Soweit man bis jetzt beurteilen kann, ist aber der

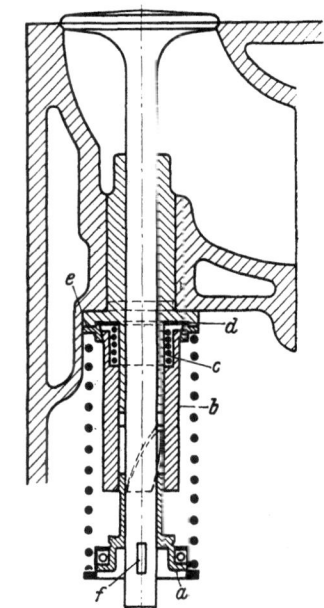

Abb. 595. Selbsttätig umlaufendes Ventil.

Erfolg auch bei diesen neueren Bauarten nicht groß gewesen. Die beiden bekanntesten von diesen vereinigten oder Doppelventilen von Farcot, Abb. 596 und 597, und R. Esnault-

---

[1]) Engl. Pat. Nr. 634/1919. [2]) Automot. Ind., 28. Dezember 1922.

Pelterie, Abb. 598, beruhen auf dem gleichen Grundgedanken, nämlich das Ventil in zwei Absätzen zu bewegen, derart, daß beim ersten Absatz nur der Auspuff geöffnet und bei dem zweiten Absatz der bis dahin geschlossen gehaltene Einströmkanal mit dem Zylinder verbunden, gleichzeitig aber der Auspuffkanal verschlossen wird. Das letztere tritt anscheinend bei dem Doppelventil von Farcot nicht ein, es läßt sich aber leicht erreichen, wenn man das tulpenförmige obere Ende des mit dem Ventilkegel a verbundenen Rohrschiebers c etwas

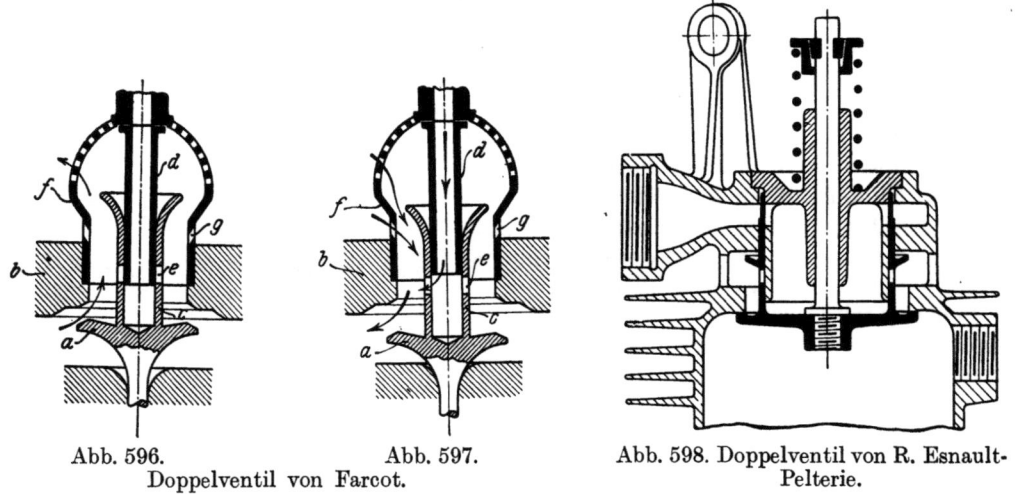

Abb. 596. Abb. 597.
Doppelventil von Farcot.

Abb. 598. Doppelventil von R. Esnault-Pelterie.

breiter ausbildet, so daß es sich auf die Kappe f aufsetzen kann. Die durchlöcherte Kappe f über dem Ventilsitz b hat Öffnungen g, durch die gleichzeitig mit dem aus der Leitung d durch die Öffnungen e zuströmenden brennbaren Gemisch auch reine Luft angesaugt wird.

Bei dieser Art der Steuerung läßt sich aber nicht vermeiden, daß vorübergehend, nämlich in dem Augenblicke, wo man vom Auspuff auf Ansaugen übergeht, Einström- und Auspuff-

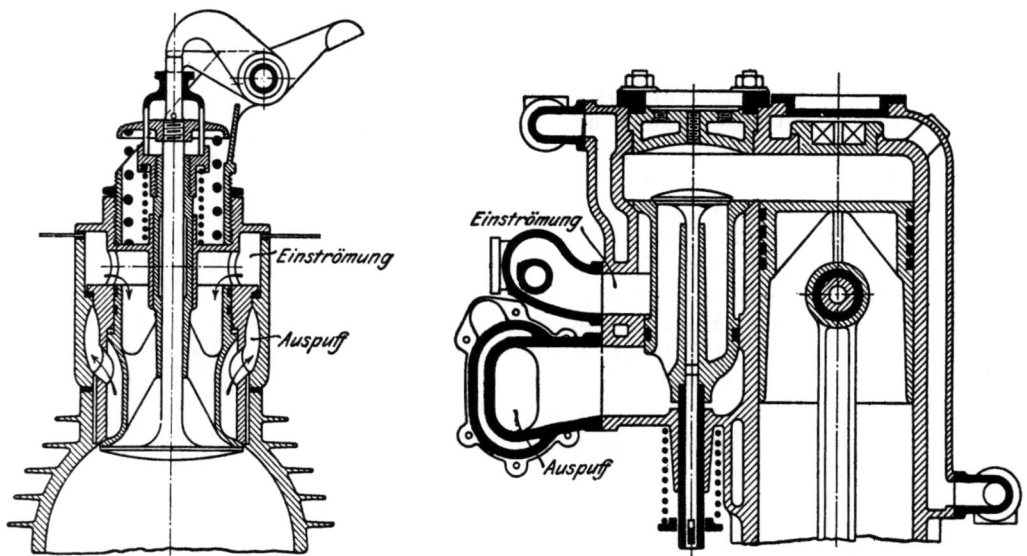

Abb. 599. Zweiteiliges Doppelventil der Usines Pipe in Brüssel.

Abb. 600. Zweiteiliges Doppelventil der Parsons-Motor Company in London.

leitung unmittelbar miteinander verbunden werden. Daraus ergeben sich unter Umständen Störungen in der Einströmleitung, Rückzündungen, Rückstauen des Gemisches durch eintretende Auspuffgase usw. Aber auch hiervon abgesehen scheinen diese Ventile bedenklich. Sie erhitzen sich durch die Auspuffgase derart, daß es schwer sein dürfte, zu verhindern, daß sich das Gemisch an ihnen vorzeitig entzündet. Die Kolbenschieber müßten ferner geschmiert und gekühlt werden können, wenn sie dauernd dicht bleiben sollten.

Einen, allerdings nur geringen Teil dieser Fehler beseitigt man bei den zweiteiligen Doppelventilen, Abb. 599 und 600, deren Kennzeichen darin besteht, daß die beiden für Einströmen und Auspuff bestimmten Ventile konzentrisch ineinander geführt werden, so daß man nur eine Ventilöffnung im Zylinder anzuordnen braucht. Hier kann es wenigstens nicht vorkommen, daß Auspuffgase unmittelbar in die Saugleitung zurückströmen, dagegen bleiben die starke Erwärmung des Einströmventils und die schwierige Abdichtung des Kolbenschieberteiles bestehen. Besondere Vorteile in bezug auf Gewichtverminderung lassen solche Bauarten auch nicht mehr erwarten, da die Ventilkörper schwerer sind als gewöhnliche und besondere Steuergestänge für jeden Teil des Doppelventils auch notwendig sind. Hierzu wären noch die höheren Kosten der Bearbeitung zu rechnen. Alles in allem bleibt somit als Vorteil nur bestehen, daß man vielleicht den freien Querschnitt der Ventile größer machen kann, als unter Umständen bei Maschinen der üblichen Bauart. Immerhin werden, soweit bekannt, auch solche Ventile nur selten verwendet. In einem Fall hat man diese Bauart sogar aufgegeben, nachdem man sie mit großen Hoffnungen eingeführt hatte[1]). Da man auch bei den Flugmotoren von solchen Ventilen keinen Gebrauch macht, obgleich hier noch am meisten Anlaß dazu vorhanden wäre, so darf man annehmen, daß es vorläufig am besten ist, bei der bewährten einfachen Ventilbauart zu verbleiben.

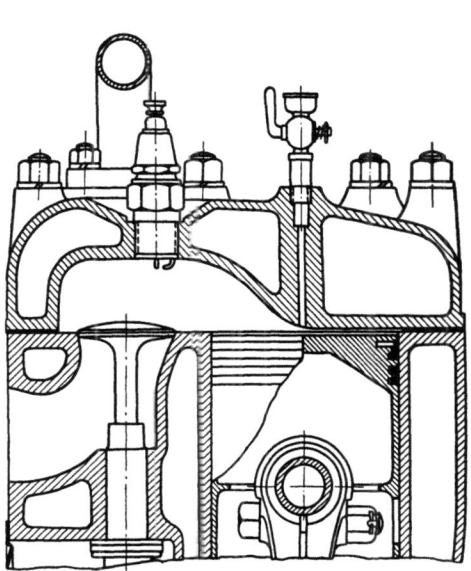

Abb. 601. Ausbauchung des Deckels über den Ventilen nach Ricardo.

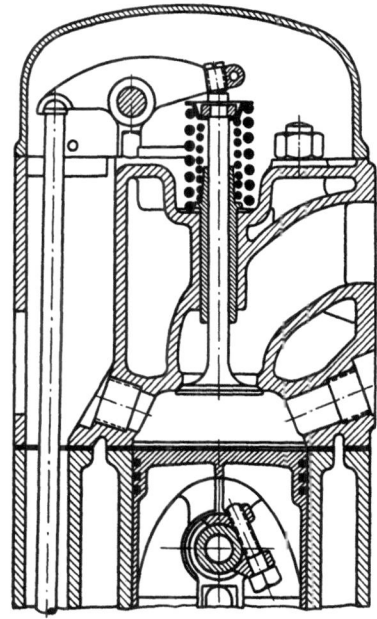

Abb. 602. Hängende Ventilanordnung.

Die Gestalt der Ventilkammer ist im wesentlichen mit der Bauart des Zylinders gegeben. Zu achten ist darauf, daß starke Ablenkungen des Gasstromes, unnötige tote Ecken, schwer vom Gußsand und von verbranntem Schmieröl zu reinigende Winkel vermieden werden, sowie daß auf allen Seiten des Ventils genügend freier Querschnitt vorhanden bleibt. Bei Maschinen mit seitlichen Ventilen versucht man, den Gasstrom nach einem Vorschlag von Ricardo durch stärkere Ausbuchtung des Deckels über den Ventilen besser zu führen, s. Abb. 601, bei Maschinen mit hängenden Ventilen, Abb. 602, kann man das Ablenken des Gasstromes fast vollständig vermeiden. Wo bei Maschinen mit hängenden Ventilen große Ventilquerschnitte gebraucht werden, ist man in der Unterbringung der Ventile beengt. Man muß dann die Ventile schräg oder außerhalb der Längsmitte der Maschine anordnen. Die Ventilkammern müssen Wassermäntel erhalten, die an die Kühlmäntel der Zylinder angeschlossen sind; insbesondere müssen die Sitzflächen der Auspuffventile unmittelbar gekühlt und durch richtige Führung des Wassers tote Ecken, in denen sich Dampfsäcke bilden können, vermieden werden. Bei Maschinen, deren Zylinder aus Stahl hergestellt sind und mit einem aufgeschweißten Wassermantel aus Blech versehen werden, lassen sich diese Forderungen im allgemeinen leichter als bei Maschinen mit gegossenen Zylindern erfüllen.

---

[1]) Maschine mit Luftkühlung und Hilfsauspuff der Franklin Mfg. Co. S. a. S. 232. Vgl. The Horseless Age vom 3. Febr. 1909 und 8. Febr. 1911.

Zur Führung der Spindel benutzt man bei Maschinen mit stehenden Ventilen die genau ausgeschliffene Bohrung im Gußeisenkörper, vielfach ohne Einsatzbüchse und ohne andere Schmierung als ein einfaches Schmierloch. Daher kommt es auch, daß sich diese Führung mit der Zeit stark abnützt und hier Luft in den Zylinder angesaugt wird oder Auspuffgase austreten. Besondere Führungsbüchsen, die leicht ausgewechselt werden könnten, werden dennoch nicht immer angeordnet. Bei Messungen an Maschinen muß hierauf geachtet werden, wenn man nicht zu unrichtigen Beobachtungen über das Mischungsverhältnis gelangen will. Es empfiehlt sich ferner, die Führungsgehäuse so stark zu bemessen, daß man sie gegebenenfalls nachbohren und ausbuchsen kann, wenn sie ausgelaufen sind. Zu beachten ist, daß Ventilsitz und Spindelführung genau gleichachsig gebohrt sein müssen, damit sich der Ventilteller nicht einseitig aufsetzt und unerwünschtes Geräusch verursacht. Die Enden der Führung sind auszusenken, damit sich an der Spindel kein Grat bildet.

Bei Maschinen mit hängenden Ventilen ist die Führung ohnedies in der Länge stark beschränkt und durch das Fehlen von Stößeln zumeist seitlichen Beanspruchungen ausgesetzt. Hier muß man daher stets besondere Führungsbüchsen verwenden und sie aus widerstandsfähiger Phosphorbronze herstellen, damit sie sich nicht zu schnell abnützen. Da man ferner diese Führungen im Gegensatz zu Maschinen mit stehenden Ventilen nur ungenügend kühlen kann, so muß man sie namentlich bei den Auspuffventilen möglichst auf der ganzen Länge im gekühlten Zylinderkörper einbauen, während man sie bei den weniger stark durch Wärme beanspruchten Einlaßventilen gegebenenfalls etwas weiter vorstehen lassen kann, damit der Einströmquerschnitt nicht zu stark verengt wird, s. Abb. 603.

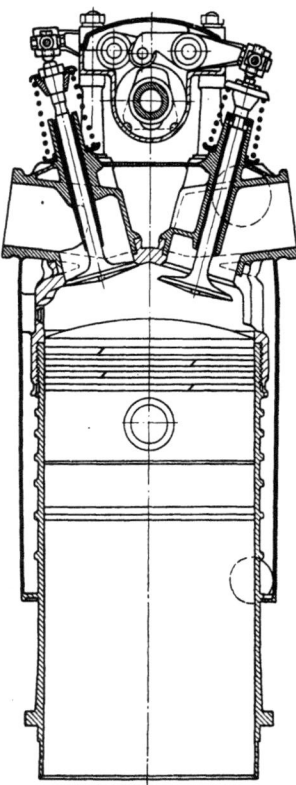

Abb. 603. Führung der Ventilspindel beim Einlaß- und beim Auspuffventil. 260 PS Mercedes.

Steuerdaumen.

Hat man die Aufeinanderfolge der Arbeitsvorgänge im Zylinder, d. h. die Kurbelstellungen für das Öffnen und Schließen der Ventile, festgelegt und den erforderlichen größten Ventilhub berechnet, so kann man die Steuerdaumen entwerfen. Bei gegebenen Zylinder- und Ventildurchmessern verändern sich die erforderlichen Ventilhübe wie die Kolbengeschwindigkeiten, wenn die Durchflußgeschwindigkeit im Ventil unveränderlich ist. Trägt man also, wie in Abb. 604, auf dem abgewickelten Kurbelkreis die Werte des Ausdruckes

$$\sin \alpha \,(1 \pm \lambda \cos \alpha)$$

für das gegebene Stangenverhältnis (1 : 5) auf, und zwar in einem solchen Maßstabe, daß die größte Ordinate, oder wegen der endlichen Stangenlänge — angenähert — die Ordinate bei 90° Kurbelwinkel der berechneten größten Hubhöhe des Ventiles entspricht, so kann man diese Linie unmittelbar als die Linie der erforderlichen Ventilerhebungen ansehen. In Abb. 605 trägt man hierauf über einem Grundkreis a—b, der durch den Durchmesser der Steuerwelle und das bei geschlossenem Ventil notwendige Spiel zwischen Stößel und Steuerdaumen (eigentlich zwischen Stößel und Ventilspindel) bestimmt wird, diese erforderlichen Ventilhübe auf den je 15° Kurbelwinkel entsprechenden Fahrstrahlen auf und erhält so die gestrichelt angedeutete theoretische Form des Steuerdaumens sowie die ebenfalls gestrichelte Bahn der Rolle c,

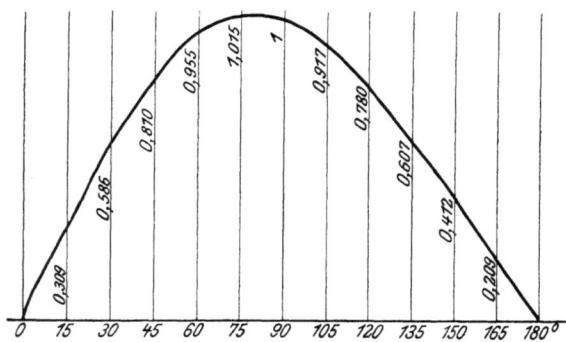

Abb. 604. Verlauf der Ventilhübe bei unveränderlicher Durchflußgeschwindigkeit.

die auf dem Daumen läuft. Da die Steuerwelle nur mit der halben Geschwindigkeit der Kurbelwelle umläuft, so beträgt der Winkelabstand je zweier Fahrstrahlen, die 15° Kurbelwinkel entsprechen, nur $7\frac{1}{2}°$.

Für die endgültige voll gezeichnete Gestalt des Steuerdaumens sind folgende Erwägungen maßgebend:

Der Übergang zwischen Daumen und Grundkreis soll auch bei hoher Umlaufzahl ohne hörbaren Stoß stattfinden, wobei auch die Rolle c am Fußende des Stößels geschont wird. Demzufolge schließt man die gefundene Umrißlinie des Steuerdaumens entweder durch Tangenten an die Nabe des Steuerdaumens, bzw. an die Steuerwelle oder durch sanft ansteigende Kreisbögen ab.

Da die Steuerdaumen auf Schablonenfräsmaschinen bearbeitet werden, so zieht man es vor, den Daumen möglichst einfache Form zu geben, damit die Genauigkeit der Herstellung erhöht wird. Selbst sehr geringe Unterschiede in den Steuerdaumen einer und derselben Maschine können wesentlichen Einfluß auf ihren ruhigen Gang haben. Die einfachste Begrenzung der Daumenform ergibt sich, wenn man die erwähnten Tangenten verlängert und außen an die theoretische Daumenform einen berührenden Kreisbogen konzentrisch zur Mitte der Steuerwelle legt. Die hierbei entstehenden Ecken d und e, an denen die Ventileröffnungen über das erforderliche Maß hinausgehen, werden nach Bedarf abgerundet.

Die angegebene Daumenform öffnet und schließt das Ventil schneller und hält es länger voll geöffnet als die theoretische. Da man vielfach aus Sparsamkeit oder aus anderen Rücksichten die Ventilquerschnitte nicht reichlich genug bemißt, so kann man bei so gestalteten Daumen einen Teil der Drosselverluste vermeiden, also bessere Zylinderfüllungen und geringere Gegendrücke erreichen.

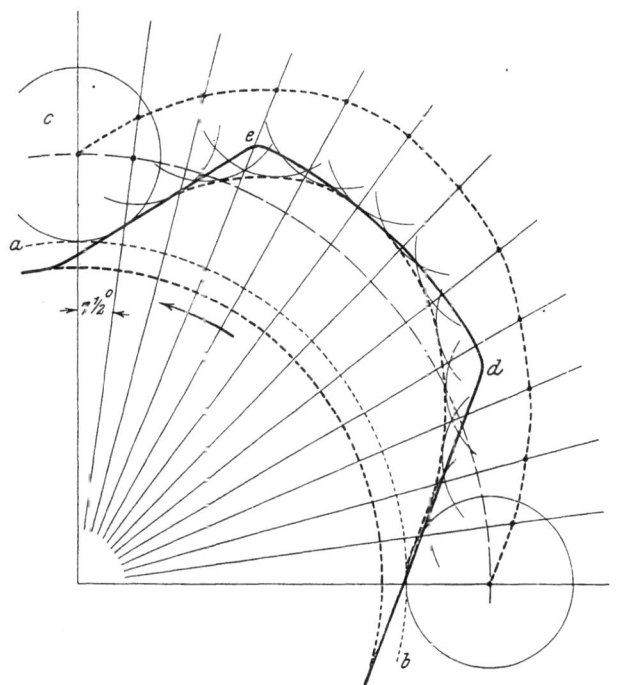

Abb. 605. Entwurf des Steuerdaumens.

Während der letzten Jahre hat man sich wiederholt in theoretischen Arbeiten mit der Untersuchung der Bewegungsverhältnisse der Daumensteuerungen befaßt, insbesondere infolge des Bestrebens, das dabei auftretende Geräusch zu vermindern. Am vollständigsten hat wohl Bestehorn[1]) die Anforderungen an eine solche Steuerung angegeben, die man allgemein als ein Mittel zum Umwandeln einer gleichmäßig umlaufenden in eine nach beliebigem Gesetz geradlinig schwingende Bewegung auffassen kann. Vor allem soll man dabei verhindern, daß das antreibende Drehmoment stoßweise am Daumen ansetzt und daß sich beim Niedergang des Ventils Daumen und Rolle voneinander lösen. Im übrigen setzt sich die Bewegung, wobei man die Rolle die zu ihrer Bewegungsrichtung geneigten Flächen hinauf- und herunterlaufen läßt, stets abwechselnd aus einer beschleunigten und dann verzögerten Bewegung zusammen, worauf eine Pause folgt, während welcher das Ventil offen oder geschlossen ist.

Es liegt nahe, die Hubkurve des Steuerdaumens aus zwei kongruenten Zweigen zusammenzusetzen, wovon der eine gleichförmig beschleunigt, der andere gleichförmig verzögert ist. Sieht man von den Übergängen ab, die sich selbst bei genauster Bearbeitung der Teile immer einstellen, so besteht das Beschleunigungsdiagramm eines solchen Nocken einfach aus zwei kongruenten Rechtecken, von denen das eine positiv, das andere negativ ist, vgl. die strichpunktierten Linien in Abb. 606.

Bezeichnet man dann mit
t die Zeit und T die halbe Hubdauer in s,
s_t den Weg in der Zeit t in m,
v_t die Geschwindigkeit zur Zeit t in m/s,
p_t die Beschleunigung zur Zeit t in m/s^2

---

[1]) Z. V. d. I., 22. März 1919.

und mit s_T, v_T und p_T die entsprechenden Werte zur Zeit T, so gilt
$$s_t = v_t \frac{t}{2} = p_t \frac{t^2}{2}.$$

Das Diagramm der jeweiligen Geschwindigkeiten für den ganzen Hub ist somit ein gleichschenkliges Dreieck, s. Abb. 607, das Wegdiagramm, das die Form der Daumenbahn bestimmt, für den halben Hub eine quadratische Parabel, s. Abb. 608.

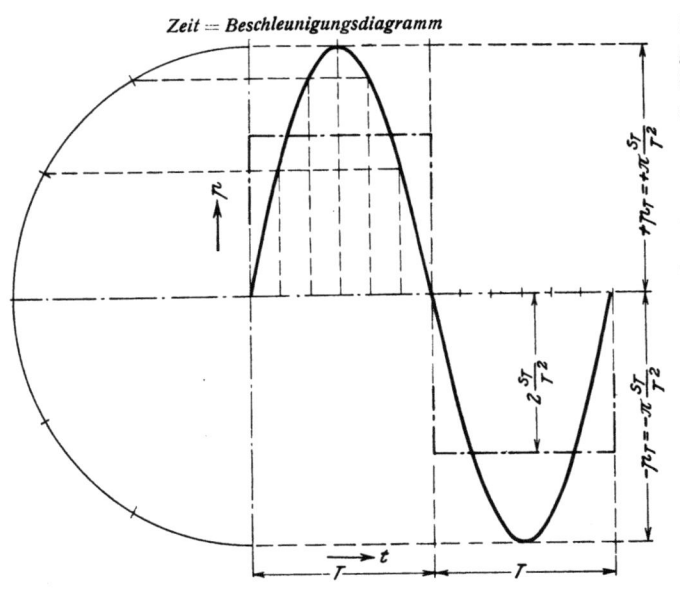

Theoretisch richtiger ist eine Daumenform, bei welcher das Beschleunigungsdiagramm durch die in Abb. 606 voll ausgezogene Sinoide dargestellt wird. Diese entspricht der Gleichung
$$p_t = \alpha \frac{T}{\pi} \sin\left(\frac{t}{T}\pi\right),$$
wobei $\frac{t}{T}\pi$ die zum Wert p_t gehörige Abszisse und α ein von p_T und T abhängiger Beiwert ist.

Ferner sind
$$v_t = \int_0^t p\,dt = \alpha \frac{T}{\pi} \int_0^t \sin\left(\frac{t}{T}\pi\right) dt$$
$$= \alpha \left(\frac{T}{\pi}\right)^2 \left[1 - \cos\left(\frac{t}{T}\pi\right)\right]$$
$$s_t = \int_0^t v\,dt = d \left(\frac{T}{\pi}\right)^2 \int_0^t \left[1 - \cos\left(\frac{t}{T}\pi\right)\right] dt$$
$$= \alpha \left(\frac{T}{\pi}\right)^2 \left[t - \frac{T}{\pi} \sin\left(\frac{t}{T}\pi\right)\right].$$

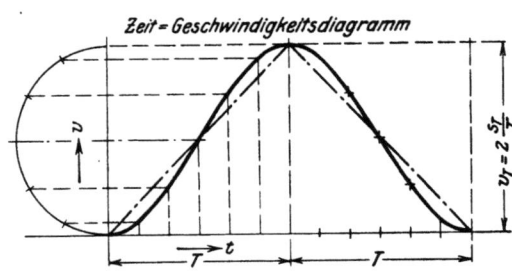

Sind s_T und T gegeben, so kann man aus der Gleichung für s_t

für $\quad s_t = s_T$
$$\alpha = \frac{s_T}{T}\left(\frac{\pi}{T}\right)^2$$

finden, so daß
$$s_t = s_T \left[\frac{t}{T} - \frac{1}{\pi} \sin\left(\frac{t}{T}\pi\right)\right],$$
$$v_t = \frac{s_t}{T}\left[1 - \cos\left(\frac{t}{T}\pi\right)\right],$$
$$v_{max} = v_T = 2\frac{s_T}{T} \quad \text{und}$$
$$p_t = \pi \frac{s_t}{T^2} \sin\left(\frac{t}{T}\pi\right),$$
$$p_{max} = p\frac{T}{2} = \pi \frac{s_T}{T^2},$$

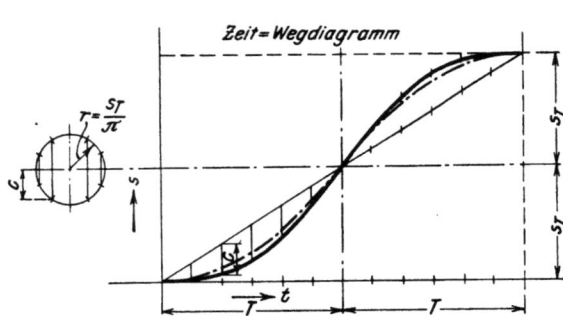

Abb. 606 bis 608. Ableitung der Daumenform.

also im Verhältnis $\frac{\pi}{2}$ größer als bei gleichförmiger Beschleunigung gefunden wird.

Die geometrische Deutung dieser Beziehungen ist aus Abb. 606 bis 608 zu entnehmen.

Für die Praxis des Baues von schnellaufenden Fahrzeugmaschinen hat es aber wenig Zweck, die Form des Steuerdaumens mit allen Feinheiten zu ermitteln, da sie in der Werkstatt niemals so genau wiedergegeben werden kann oder im Betrieb der Maschine durch die unvermeidliche Abnützung nach ganz kurzer Zeit verändert wird.

Etwas größeren praktischen Wert hat es vielleicht, wie in einer Abhandlung von K. Schmidt[1]) gezeigt worden ist, aus dem gegebenen Steuerplan der Maschine und den

---
[1]) Motorwagen 1918, S. 230 u. f.

bekannten Hauptmaßen des Steuerdaumens die Winkel auf rechnerischem Wege genau zu ermitteln.

Sind nämlich, vgl. Abb. 609,

a der Halbmesser des Grundkreises,
b der Halbmesser der Rolle,
c das Spiel in der Steuerung

so beträgt der Winkel, um welchen sich die Steuerwelle drehen muß, bevor die Rolle an der Flanke des Daumens zum Anliegen kommt,

$$\alpha = \operatorname{arc\,cos} \frac{a+b}{a+b+c}$$

und z. B. für

$a = 17{,}5$ mm,
$b = 10{,}0$,,
$c = 0{,}2$,,
$\alpha \approx 7°$.

Um das Doppelte dieses Winkels vergrößert sich daher der Drehwinkel der Steuerwelle von Anfang bis Ende der Ventilbewegung, der den theoretisch festgesetzten Zeitpunkten des Öffnens und Schließens entspricht.

Für das Einlaßventil, das z. B. 1 v. H. hinter dem oberen Totpunkt öffnen und 6 v. H. hinter dem unteren Totpunkt schließen soll, beträgt daher der Drehwinkel des Steuerdaumens nicht rd. 102°, wie man aus dem Kurbelkreis entnehmen würde, sondern

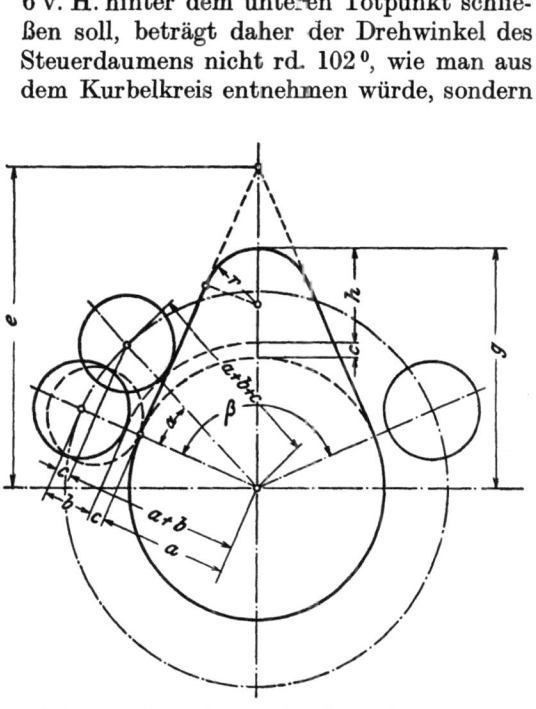

Abb. 609. Berechnung des Steuerdaumens.

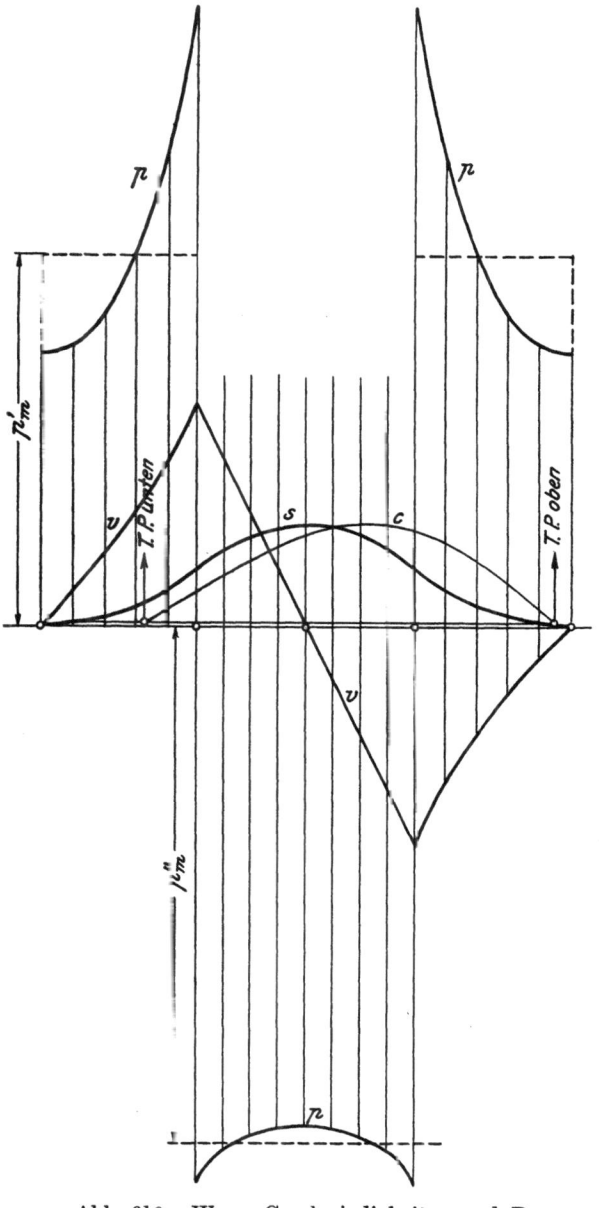

Abb. 610. Wege, Geschwindigkeiten und Beschleunigungen der Einlaßsteuerung.

$\beta_1 = 102 + 14 = 116°$, für das Auslaßventil, das z. B. 14 v. H. vor dem unteren Totpunkt öffnen und 0,4 v. H. hinter dem oberen Totpunkt schließen soll, nicht 118, sondern $\beta_2 = 118 + 14 = 132°$.

Die größte Höhe des Steuerdaumens ist

$$g = a + c + h,$$

wenn h der erforderliche größte Ventilhub ist; die Neigung der Daumenflanken, die als Tangenten

304   Bauteile des Triebwerkes.

an den Grundkreis gedacht sind, wird durch den Abstand ihres Schnittpunktes von der Mitte bestimmt, den man aus

$$e = \frac{a}{\cos \beta/2}$$

berechnen kann.

Wird ferner der Daumen in der ersichtlichen Weise abgerundet, so kann man aus

$$a : e = r : e - g + r$$
$$r = a \frac{e - (a + c + h)}{e - a}$$

berechnen.

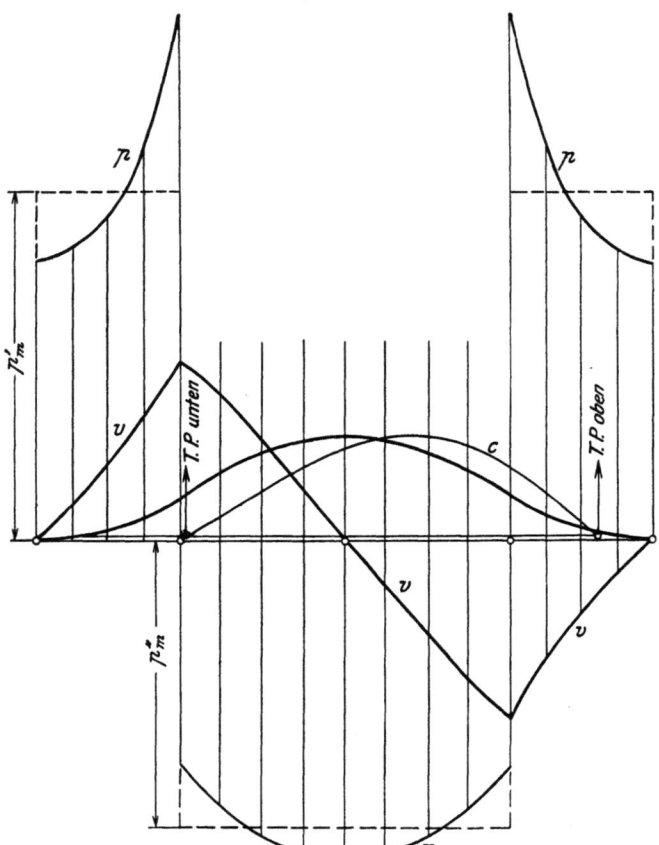

Abb. 611. Wege, Geschwindigkeiten und Beschleunigungen der Auslaßsteuerung.

Für das vorliegende Beispiel erhält man bei $h_1 = h_2 = 10$ mm beim Einlaßdaumen

$$e_1 = 33 \text{ mm},$$
$$r_1 = 5{,}98 \text{ ,,}$$

beim Auslaßdaumen $e_2 = 43$,,
$$r_2 = 10{,}5 \text{ ,,}$$

Will man zu einem Urteil über das Verhalten dieser Steuerdaumen im Betrieb gelangen, so muß man, wie schon weiter oben für eine gegebene Drehzahl der Maschine, den Verlauf der Geschwindigkeiten und Beschleunigungen während der ganzen Rollenbewegung verfolgen, die man am bequemsten auf zeichnerischem Wege nach dem Verfahren von W. Hartmann[1]) ermitteln kann. Für die hier gewählten Formen und Abmessungen der Einlaß- und Auslaßdaumen und z. B. 1000 Uml/min der Maschine oder 500 Uml/min der Steuerwelle ergeben sich dann die in Abb. 610 und 611 wiedergegebenen Diagramme, woraus man unter Benutzung des Wegmaßstabes durch Multiplikation mit dem Quadrat der

Winkelgeschwindigkeit der Steuerwelle

$$w^2 = \left[\frac{2\pi \cdot 500}{60}\right]^2 = 2740$$

folgende Angaben entnehmen kann:

Größte Beschleunigung $\begin{cases} \text{Einlaßdaumen } 173 \text{ m/s}^2, \\ \text{Auslaßdaumen } 144 \text{ ,,} \end{cases}$

Größte Verzögerung $\begin{cases} \text{Einlaßdaumen } 154 \text{ ,,} \\ \text{Auslaßdaumen } 87 \text{ ,,} \end{cases}$

Bei einer vergleichenden Untersuchung über die günstigste Form eines Steuerdaumens genügt es aber nicht, sich auf die Geschwindigkeiten und Beschleunigungen zu beschränken, die wohl zur Beurteilung des Geräusches und der zu erwartenden Abnützung der Steuerung genügen, vielmehr muß man dann auch die Hubverhältnisse prüfen, da die wichtigste Aufgabe des Steuerdaumens darin besteht, das Ventil möglichst schnell und weit zu öffnen. Eine solche Untersuchung[2]) an vier verschiedenen Arten von Antrieben mit gleich hohen Steuerdaumen, nämlich a) einem schwach ausgehöhlten Daumen mit Rolle, Abb. 612, b) einem Daumen mit tangentialen Flanken und Rolle, Abb. 613, c) einem Daumen mit gewölbten Flanken und Rolle, Abb. 614, und d) einem ebensolchen Daumen mit Druckteller, Abb. 615, liefert für eine Dreh-

---

[1]) Z. V. d. I. 1905, S. 1581.   [2]) Eng., 25. Mai 1923.

zahl von 1400 Uml/min der Kurbelwelle die in Abb. 616 bis 618 wiedergegebenen Diagramme, deren Hauptergebnisse nachstehend zusammengestellt sind:

Eigenschaften verschiedener Steuerdaumen.

Art des Antriebes		a	b	c	d
mittlerer Ventilhub	mm	6,06	4,94	4,35	6,18
Spiel in der Steuerung	Grad	5° 41′	7° 39′	8° 43′	2° 27′
Geschwindigkeit nach Zurücklegen des Spiels	m/s	0,296	0,222	0,192	0,65
Verzögerung bei der Höchstgeschwindigkeit	m/s²	302	280	435	73

Die Kurven e gelten für Steuerdaumen der Bauart a bei vergrößertem Hub.

Es zeigt sich somit, daß es keine Anordnung für Daumensteuerungen gibt, die alle Anforderungen in günstigster Weise erfüllt; denn die Vorteile, welche die Anordnung d in bezug auf Eröffnungsverhältnisse und geringen Beschleunigungsdruck bieten, werden durch die starken Stöße, die beim Auftreffen der Daumenflanke auf den Teller des Stößels eintreten müssen, reichlich aufgewogen.

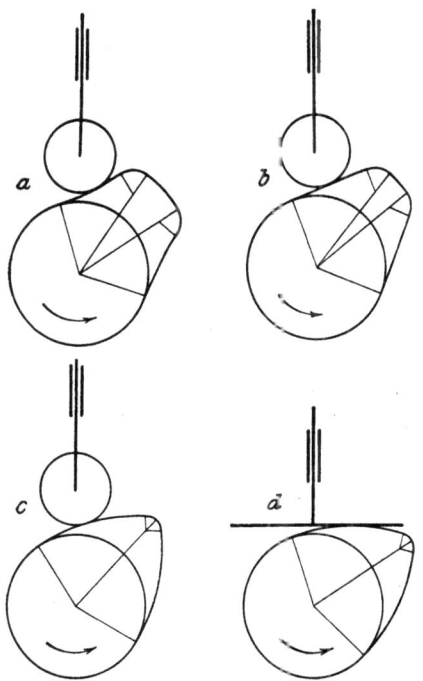

Abb. 612 bis 615. Verschiedene Arten von Steuerdaumen-Antrieben.

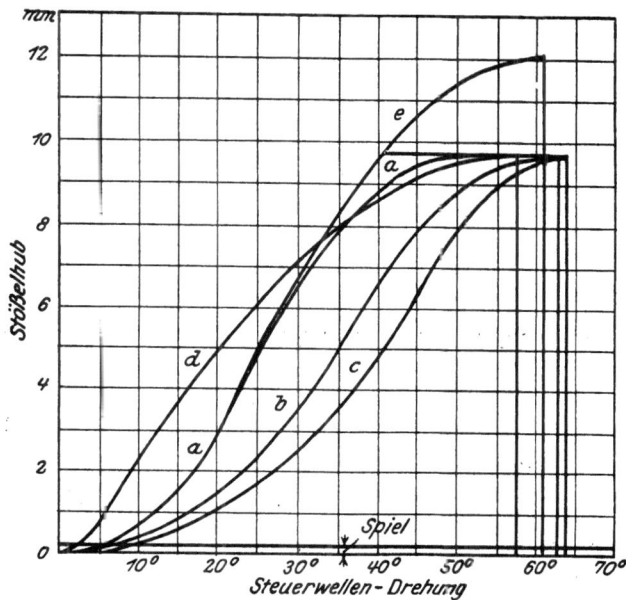

Abb. 616. Zeit-Weg-Diagramme.

Bei den übrigen Anordnungen sind andererseits die Vorzüge gegenüber dem Daumen mit geraden tangentialen Flanken nicht so groß, daß sie die Schwierigkeiten rechtfertigen würden, welche das Kopieren einer besonders geformten Schablone im Werkstattbetrieb mit sich bringt.

Bei der Beurteilung der Ergebnisse der Untersuchung einer Daumensteuerung hat man ferner zu berücksichtigen, daß die Kräfte zum Beschleunigen der Stößelrolle vom Steuerdaumen, die Kräfte zum Verzögern der Stößelbewegung dagegen von der Ventilfeder geliefert werden, daß man also namentlich die Verzögerungen klein erhalten muß, wenn man, wie zumeist erwünscht, die erforderliche Federkraft beschränken will. Ein Vergleich verschiedener Daumenformen der in Abb. 609 wiedergegebenen Art lehrt uns, daß diese Verzögerungen um so kleiner werden, je größer man den Grundkreis, also den Durchmesser der Steuerwelle und demzufolge auch den Halbmesser des oberen Abrundungsbogens macht.

Z. B. ist bei dem früher untersuchten Einlaßdaumen für

$$a = 30 \text{ mm},$$
$$b = 10 \quad ,,$$
$$c = 0{,}2 \quad ,,$$

unter sonst gleichen Verhältnissen

$$e_1 = 56{,}61 \text{ mm},$$
$$r_1 = 18{,}51 \quad ,,$$

Heller, Motorwagenbau. 2. Aufl. I.

und die größte Verzögerung 100 m/s² gegen 154 m/s², woraus sich eine entsprechend geringere Federkraft ergibt.

Den vorstehenden Betrachtungen liegt die einfachste Art der Daumensteuerung zugrunde, wobei nur das Verhältnis zwischen Daumen und Rolle berücksichtigt und angenommen ist, daß die Rolle das in der Ebene der Daumenbahn geführte Ventil unmittelbar antreibt. Wird aber zwischen Rolle und Ventil noch ein Schwinghebel eingeschaltet, s. Abb. 619, wie bei vielen Ma-

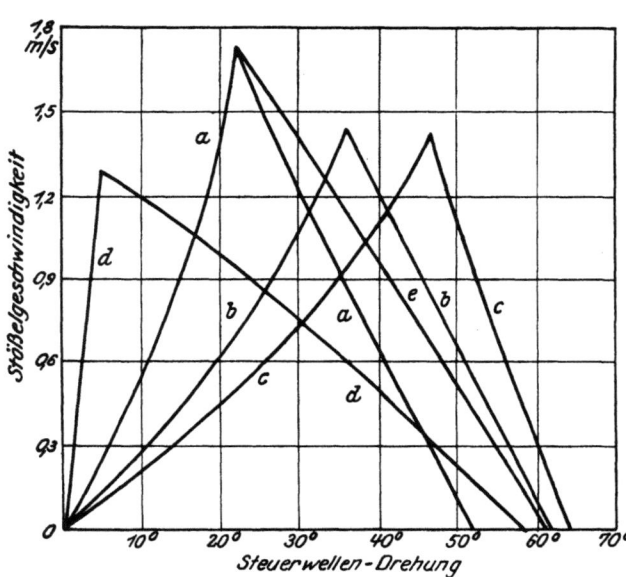
Abb. 617. Zeit-Geschwindigkeits-Diagramme.

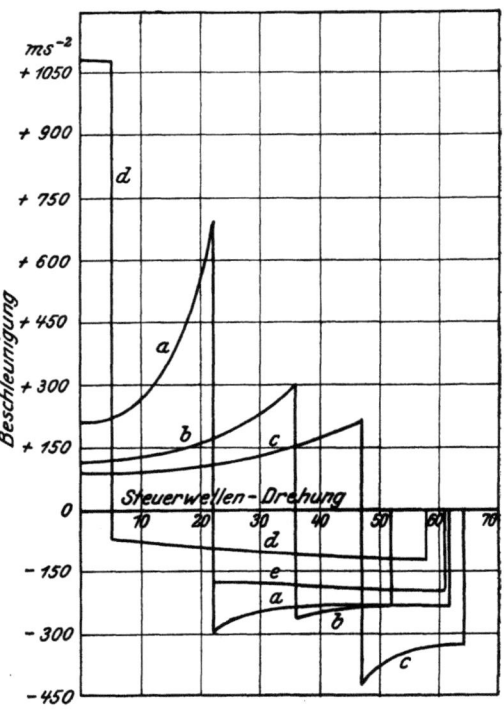
Abb. 618. Zeit-Beschleunigungs-Diagramme.

schinen mit hängenden Ventilen, so können die Bewegungsverhältnisse des Ventiles auch noch durch die besondere Art der Übertragung des Antriebes durch die Hebel wesentlich beeinflußt werden[1]).

Die obigen Berechnungen gelten, streng genommen, nur für die Einlaßventile, bei denen die Gasgeschwindigkeiten in der Tat durch die Kolbengeschwindigkeiten mitbestimmt werden. Bei den Auspuffventilen liegen die Verhältnisse insbesondere im Augenblick des Öffnens insofern anders, als hier die Gase weniger durch die Kolbenbewegung als durch ihren Überdruck herausgetrieben

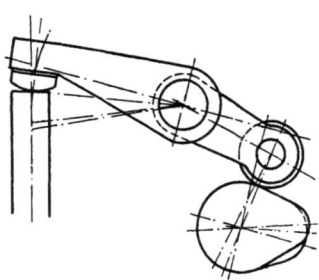
Abb. 619. Einfluß eines Winkelhebels auf die Bewegungsverhältnisse eines Ventils.

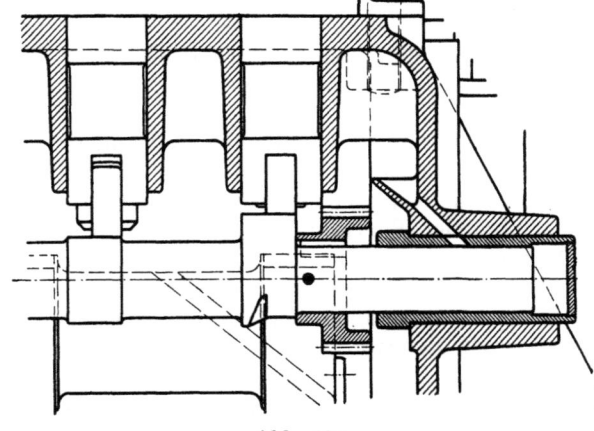
Abb. 620. Steuerwelle mit besonderem Andrehdaumen.

werden. Da es in jedem Falle zweckmäßig ist, die Auspuffgase bis zum Hubende aus dem Zylinder so weit zu entfernen, daß der Kolben bei dem Ausschub nur mehr annähernd atmosphärischen Gegendruck zu überwinden hat, so empfiehlt es sich auch, die Auspuffdaumen so zu gestalten, daß sie die Ventile schnell und auf den vollen Querschnitt öffnen. Bei den Ein-

---

[1]) Vgl. hierzu Automot. Ind., 12. April 1923, S. 824.

laßventilen erreicht man andererseits durch schnelles Öffnen, daß sich der Druckausgleich zwischen Zylinder und Ansaugleitung beschleunigt, also der Verdichtungsraum schneller mit frischem Gemisch füllt, und erzielt durch schnelles Schließen der Ventile bessere Zylinderfüllungen, weil man die Schließbewegung später beginnen lassen kann.

Den größten Durchgangsquerschnitt macht man mitunter bei den Auspuffventilen dadurch etwas größer als bei den Einlaßventilen, daß man ihren Daumen etwas größere Hubhöhe gibt.

Damit das Andrehen erleichtert wird, ordnet man für alle oder nur für einzelne Zylinder neben den normalen Auspuffdaumen solche an, die verspäteten Schluß der Auspuffventile, also verminderten Verdichtungsdruck liefern, und die durch Verschieben der Steuerwelle zur Wirkung gebracht werden, s. Abb. 620. Sind auf dieser Welle auch die Einlaßdaumen und Antriebszahnräder angeordnet, so müssen diese entsprechend breitere Laufflächen erhalten. In der Regel sind diese Hilfsdaumen unmittelbar an die normalen Daumen angesetzt, so daß die Verschiebung der Steuerwelle nur gering zu sein braucht.

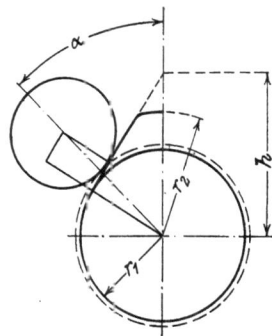

Abb. 621. Maße für Schablonen von Steuerdaumen.

Neuerdings wird allerdings von diesem Hilfsmittel bei Wagenmaschinen weniger Gebrauch gemacht. Maschinen bis zu 90 mm Zylinderdurchmesser kann man nämlich auch ohne Verminderung der Verdichtung mit der Hand durchdrehen, bei größeren Maschinen hilft man sich gegebenenfalls auch damit, daß man die Einspritzhähne auf den Zylindern teilweise öffnet, wie man schon in den ersten Jahren des Motorwagenbaues getan hat. Man nennt diese Hähne daher auch Kompressionshähne (eigentlich Décompressionshähne oder Zischhähne). Zum Fortfall der Hilfsauspuffdaumen hat auch beigetragen, daß man heute bei Personenwagen schnellaufende Maschinen mit kleinen Zylinderabmessungen bevorzugt und in großem Umfang elektrische Anlaßvorrichtungen verwendet.

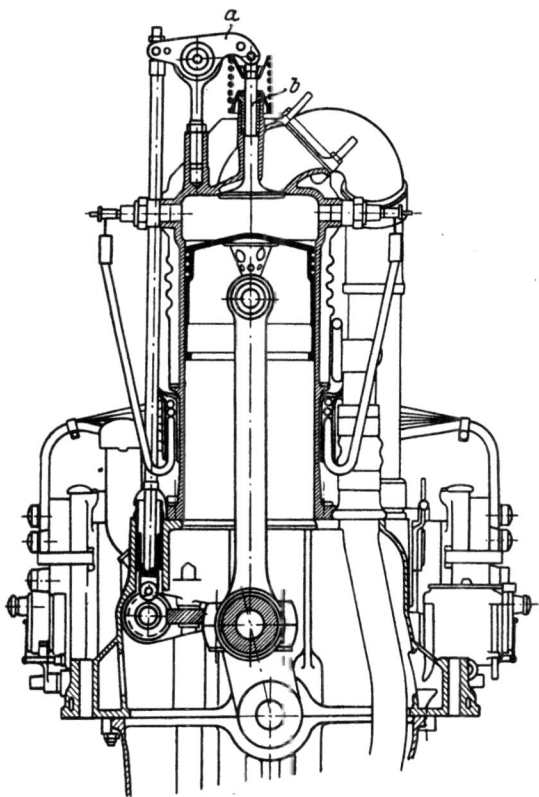

Abb. 622. Änderung des Ventilspieles bei einer Maschine mit hängenden Ventilen und tiefliegender Steuerwelle. 150 PS Benz

Für die Werkstatt, welche die Schablonen für die Steuerdaumen herstellt, empfiehlt es sich, deren Form nicht durch Winkel und schwer auffindbare Maße, sondern durch das Maß h, s. Abb. 621, die Halbmesser r_1 und r_2 sowie durch die Halbmesser der Eckenabrundungen festzulegen. Nur für das Einstellen des Daumens auf der Steuerwelle muß der Winkel α gegeben sein.

Das Spiel in der Steuerung, das zwischen der in der tiefsten Lage befindlichen Ventilspindel und dem Stößel auftritt, ist erforderlich, damit sich das Ventil unter dem Druck der Feder frei auf seinen Sitz auflegen kann und nicht durch Wärmedehnungen im Betriebe daran gehindert wird. Es beträgt aber bei der betriebswarmen Maschine kaum mehr als 0,3 mm. Zumeist stellt man das Spiel an der betriebswarm gewordenen Maschine mittels gehärteter Anschlagstifte an den Stößeln ein, die in die Stößel eingeschraubt sind und durch Gegenmuttern gesichert werden, s. z. B. Abb. 587, S. 209. Bei Maschinen mit stehenden Ventilen ändert sich mit der Erwärmung im Betrieb die Länge des Zylinders und der Ventilspindel so gleichmäßig, daß man diese Einstellung auch schon an der kalten Maschine vornehmen kann. Wesentlichen Einfluß auf die Größe des Spiels hat dagegen die Erwärmung des Zylinders bei Maschinen mit hängenden Ventilen und tief gelagerter Steuerwelle, s. z. B. Abb. 622. Da hier die langen Stoßstangen frei liegen und sich nur wenig erwärmen, wird das Spiel zwischen der Rolle am Ende des Schwinghebels a und dem oberen Ende der

20*

Ventilspindel *b* größer, je mehr sich der Zylinder ausdehnt. Die National Gas Engine Co. hat daher — allerdings nur bei einer großen ortsfesten Maschine — eine Anordnung vorgeschlagen, bei welcher das Spiel von der Erwärmung des Zylinders unabhängig ist, s. Abb. 623 und 624.

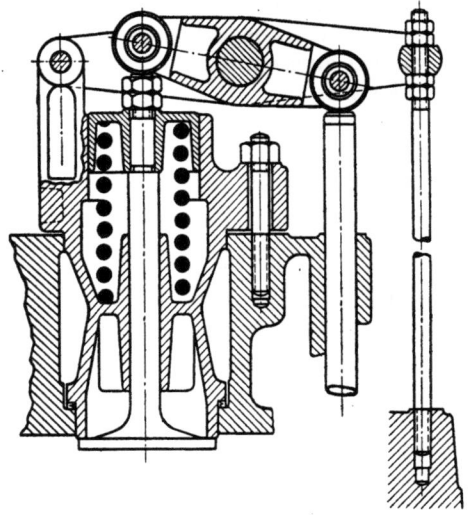

Die Drehachse des Schwinghebels ruht dabei nicht unmittelbar auf einer im Zylinder eingeschraubten Stütze, wie in Abb. 622, sondern in einem weiteren doppelten Schwinghebel, der am äußeren Zapfen vom Zylinder getragen wird und andererseits mittels einer Stange gegen das Motorgehäuse abgestützt ist. Hebt sich bei der Erwärmung des Zylinders der Zapfen und mit ihm auch das obere Ende der Ventilspindel um eine Strecke x, während die beiden Stoßstangen ihre Länge nicht ändern, und sind beide Schwinghebel gleicharmig, so hebt sich die Drehachse um $\frac{x}{2}$, so daß der Ausschlag der Rolle am Schwinghebel gleichfalls x beträgt. Das Ergebnis gilt auch für ungleicharmige Schwinghebel, wenn das Verhältnis ihrer Hebelarme gleich ist. Neuerdings hat man diese Einstellung auch bei dem großen englischen Flugmotor, Bristol-Jupiter, mit sternförmigen, durch Luft gekühlten Zylindern verwendet.

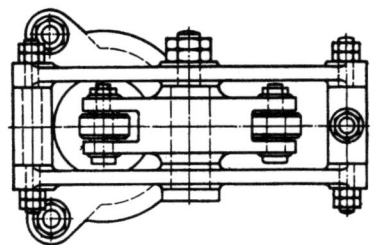

Abb. 623 und 624. Ausgleich der Änderungen des Ventilspieles.

Die Steuerdaumen werden nur selten getrennt von der Steuerwelle hergestellt und darauf mit Stiften oder Keilen oder durch Aufklemmen mit gesprengten Naben befestigt, s. Abb. 625 bis 628. Viel häufiger schmiedet man sie gleich mit der Steuerwelle als runde Bunde im Gesenk aus, worauf sie abgedreht, sodann nach der Schablone gefräst und nach dem Härten ebenfalls nach Schablone geschliffen werden. Getrennt von der Steuerwelle könnte man die Steuerdaumen allerdings bequemer härten und in geeigneten Vorrichtungen in größerer Anzahl auf einmal bearbeiten, was billiger und genauer sein könnte, weil wenigstens die 8 zu einer Maschine gehörigen Daumen zugleich bearbeitet werden könnten. Die glatte Steuerwelle könnte man ferner leicht von einer Seite in das Kurbelgehäuse einführen und durch ein mittleres ungeteiltes Lager durchziehen. Bei Steuerwellen, die mit den Daumen geschmiedet sind, kann man wohl etwas am Gewicht der Welle sparen, dafür aber muß man die

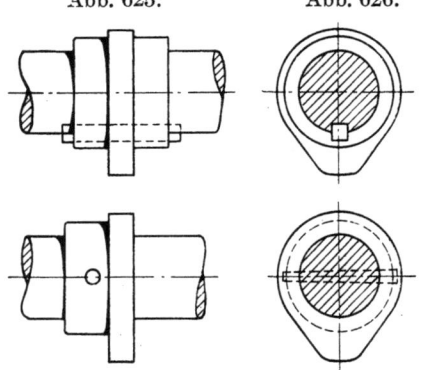

Abb. 625. Abb. 626.
Abb. 627. Abb. 628.
Abb. 625 bis 628. Befestigungen für getrennt von der Steuerwelle hergestellte Steuerdaumen.

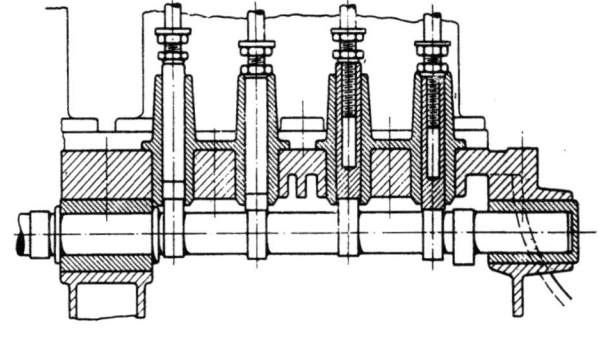

Abb. 629. Einbau einer Steuerwelle mit aufgeschmiedeten Daumen.

Öffnung für die Lager so groß machen, daß man die Welle mit dem Daumen durchziehen kann, und unverhältnismäßig dicke oder besonders ausgehöhlte zweiteilige Lagerschalen verwenden, die, zwischen Bunden der Steuerwelle gehalten, mit ihr eingepaßt werden, s. Abb. 587 und 629. Von Gewichtsersparnis ist daher kaum die Rede, auch dann nicht, wenn man das mittlere

Lager für die Steuerwelle ganz fortläßt und die Welle entsprechend dicker macht. Besondere Sorgfalt erfordert das Härten der Steuerdaumen, wobei sich die Welle nicht verkrümmen und die Stellung der Daumen gegeneinander nicht so stark verändern darf, daß sich der Fehler beim Schleifen nicht mehr beseitigen läßt.

Der Durchmesser der Steuerwelle beträgt im Mittel etwa 0,25 bis 0,3 des Zylinderdurchmessers und ist von der Anzahl der Zylinder ziemlich unabhängig, da die Welle im allgemeinen auf je zwei Zylinder ein Zwischenlager erhalten soll. Die Berechnung liefert wesentlich kleinere Abmessungen, selbst wenn man die Drehbeanspruchung durch die zum Antrieb der Steuerung erforderliche Kraft sowie die Biegungsbeanspruchung durch den Federdruck und durch den Rückdruck beim Öffnen des Auspuffventils, wobei im Zylinder bis zu 6 at Überdruck herrschen können, mit berücksichtigt. Elastische Durchbiegungen der Steuerwelle, die zu Ungenauigkeiten der Arbeitsweise führen könnten, sollen in jedem Fall durch Wahl reichlicher Durchmesser vermieden werden. Ebenso sind übermäßige Drehbeanspruchungen, z. B. durch angehängte schwere Zünd- oder Lichtmaschinen, schädlich, insbesondere, wenn der Antrieb der Steuerwelle auf der entgegengesetzten Seite liegt. Bei Flugmotoren bohrt man daher die Wellen aus, um ihnen ohne Vermehrung des Gewichtes größeren Durchmesser geben zu können. Bei Wellen, auf welchen die Steuerdaumen getrennt befestigt werden, kann man gegebenenfalls auch Wellen aus dickwandigem nahtlosen Stahlrohr verwenden.

Der Grundkreis des Steuerdaumens hängt wesentlich davon ab, ob die Steuerdaumen mit der Steuerwelle aus einem Stück geschmiedet oder getrennt davon bearbeitet werden. Auch

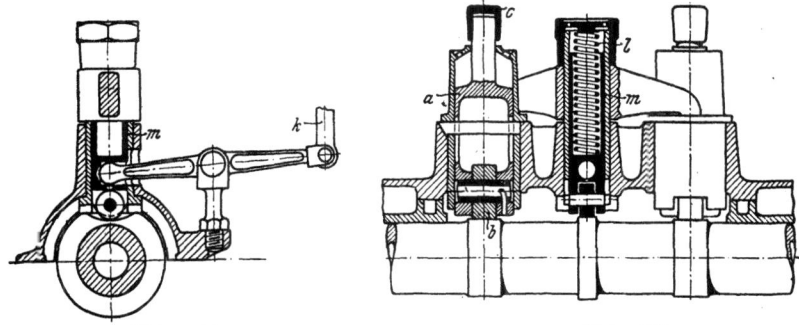

Abb. 630.   Abb. 631.
Abb. 630 und 631. Stößel für eine Schiffsmaschine der NAG.

im ersten Fall empfiehlt es sich, den Durchmesser des Grundkreises mindestens 1 mm größer zu machen, als denjenigen der Steuerwelle, weil das die Bearbeitung erleichtert. Im zweiten Fall ist die Nabendicke (etwa 0,35 des Wellendurchmessers) bestimmend für die Größe des Grundkreises. Die Breite des Steuerdaumens beträgt annähernd Durchmesser der Ventilspindel + 1 bis 2 mm, wenn die Steuerwelle nicht verschiebbar ist. Als Baustoff für Steuerwellen ist im Einsatz gut härtbarer Flußstahl zu verwenden.

Die Stößel, welche die Bewegung von den Steuerdaumen auf die Ventilspindeln zu übertragen haben, sind genau in der Achse der Ventilspindeln geführte, an den unteren Enden mit gehärteten Laufrollen (von 20 bis 25 mm Durchmesser) oder gehärteten Gleitköpfen von halbkugeliger, pilzförmiger oder tellerförmiger Gestalt versehene und gegen Drehung gesicherte kleine Kolben, die häufig ausgehöhlt und in Büchsen aus Rotguß oder Gußeisen geführt sind. Zur Sicherung gegen die Drehung benutzt man in der Regel die Laufrolle oder den Kopf, die man in einer entsprechenden Nut der Büchse senkrecht führt. Zwischen dem unteren Ende der Ventilspindel und dem stumpf darauf stoßenden oberen Ende des Stößels ist eine Stellvorrichtung anzuordnen, die ermöglicht, die wirksame Spindellänge und das Spiel zwischen Spindel und Daumen zu regeln.

Vielfach legt man zwischen Stößel und Ventilspindel kleine Kappen aus Vulkanfiber ein, die das Geräusch beim Anschlagen des Stößels an der Spindel mildern sollen.

Eine eigenartige Stößelausbildung, Abb. 630 und 631, hat die Neue Automobil-Gesellschaft bei einer Schiffsmaschine von 100 PS angewendet. Die Stößel a sind hohle Gußstücke, die mit Hilfe von Schlitzen an einem durchgesteckten Bolzen geführt sind und die Rollen b auf hohlen Zapfen tragen. Auf dem oberen verschwächten Schaft tragen die Stößel Bronzekappen c mit Gewinde zum Einstellen des Spiels der Steuerung. Die daneben angeordneten Stößel m, die durch Federn l ständig gegen den zugehörigen Daumen der Steuerwelle gedrückt werden, treiben mittels der Hebel k das Gestänge der Abreißzündung an.

Bei Maschinen mit hängenden Ventilen und tief gelagerter Steuerwelle wirkt der Stößel nicht unmittelbar auf die Ventilspindel, sondern auf eine Stoßstange, die am oberen Ende einen Schwinghebel betätigt, s. z. B. Abb. 622. Die Enden der Stoßstange bildet man zweckmäßig als Kugelköpfe aus, damit die notwendige Gelenkigkeit der Verbindung erzielt wird, und ordnet die zugehörigen Pfannen im hohlen Stößel und am Schwinghebel so an, daß sich die Stoßstange herausnehmen läßt, sobald man die Ventilfeder zusammendrückt. Dadurch wird der Zusammenbau der Steuerung wesentlich erleichtert.

Läßt man, wie in Abb. 622, die Stoßstange mit einem angelöteten Blechrand über die Stößelführung greifen, so verhindert man nicht nur, daß Staub in die Stößelführung eindringt, sondern auch, daß Öl an diesen Stellen austritt. Daß man gerade auf den letzterwähnten Punkt achten muß, ist schon weiter oben erwähnt worden.

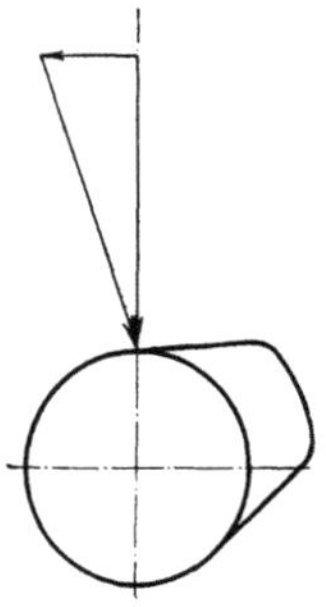

Damit die Maschine ein glattes Aussehen erhält, läßt man mitunter die Stoßstangen auch in Öffnungen des Zylinderblocks verschwinden, s. z. B. Abb. 602, S. 299.

Die Dicke des Stößels wählt man annähernd doppelt bis dreimal so groß, wie die Dicke s der Ventilspindel und die Breite der Laufrolle etwas geringer als die Breite des Steuerdaumens.

Bei der gebräuchlichen Anordnung der Steuerung liegt die Steuerwelle mit ihrer Mitte genau unter der Achse der Ventilspindel. Hierbei entstehen in der Führung des Stößels verhältnismäßig große Seitendrücke, die den Reibungswiderstand der Steuerung erhöhen und ihre Abnutzung beschleunigen. Die Ursache dieses Seitendruckes ist die geneigte Stellung der Angriffsfläche des Steuerdaumens gegen die Achse des Stößels. Über seine Größe kann man sich leicht einen Überblick verschaffen, wenn man in jeder Stellung des Steuerdaumens den wirksamen Ventilwiderstand (Federdruck) in eine zur arbeitenden Fläche des Daumens senkrechte Seitenkraft und eine Seitenkraft senkrecht zur Stößelführung zerlegt, s. Abb. 632.

Abb. 632. Abb. 633.
Abb. 632 u. 633. Seitendrücke bei zentrischer und bei versetzter Ventilspindel.

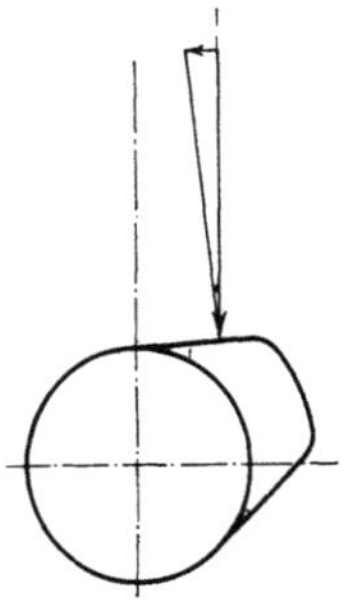

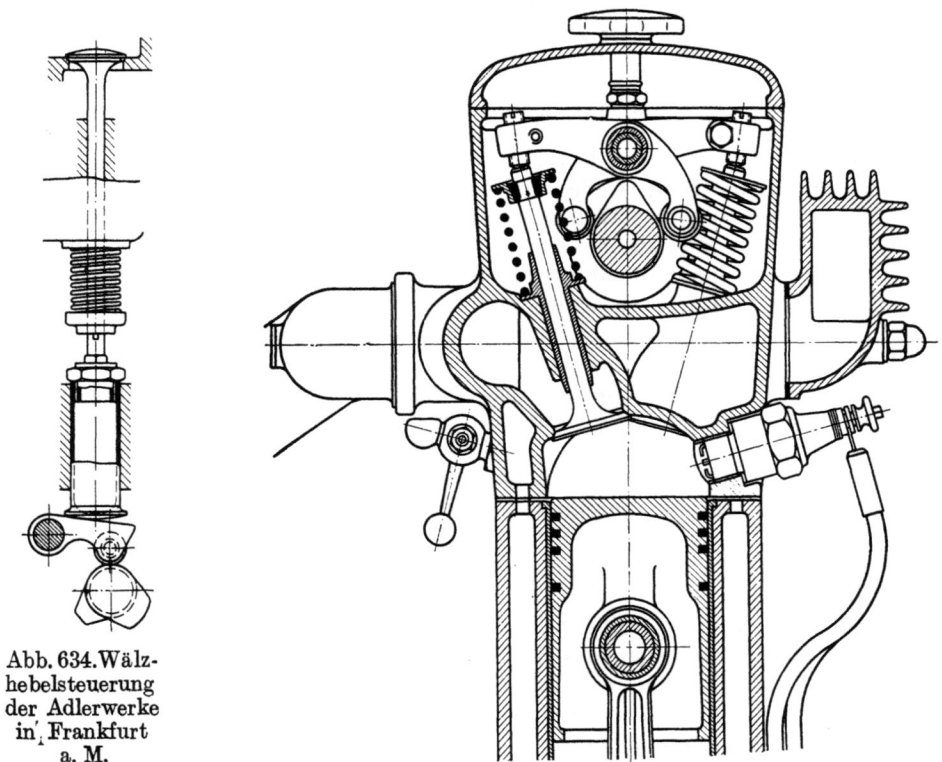

Abb. 634. Wälzhebelsteuerung der Adlerwerke in Frankfurt a. M.

Abb. 635. Schwinghebelantrieb für Ventile von der obenliegenden Steuerwelle.

Dinslage und Prätorius[1]) haben z. B. gezeigt, wie diese Seitendrücke bei einem gegebenen Spannungsgesetz der Ventilfeder ganz unzulässig groß werden können, wenn man an der theoretisch abgeleiteten Form des Steuerdaumens festhält. Diese Erscheinung ist, da sie erst in der Nähe der vollen Öffnung des Ventiles eintritt, ziemlich unabhängig vom Spannungsgesetz

---

[1]) Motorwagen 1910, S. 597 ff.

der Ventilfeder und von den hauptsächlich bei Beginn des Ventilhubes in Betracht kommenden Beschleunigungskräften des Ventiles. Schon aus Rücksicht hierauf hat man daher alle Veranlassung, sich der angenäherten, aus zwei Tangenten und einem Kreisbogen gebildeten Daumenform zu bedienen, die sich in bezug auf die Seitendrücke besser verhält, und auf volle Gleichförmigkeit der Durchflußgeschwindigkeiten im Ventile zu verzichten. Versetzt man aber die Ventilspindel gegen die Mitte der Steuerwelle, Abb. 633, S. 310, so wird offenbar der Verlauf der Seitendrücke auch bei der theoretischen Daumenform günstiger. In der Praxis macht man allerdings auch hier lieber von der angenäherten Daumenform Gebrauch, weil die theoretische bei Beginn des Ventilhubes einen ziemlich kräftigen Seitenstoß auf die Stößelführung ergibt, den man vermeiden kann.

Es ist somit zweckmäßig, in allen Fällen die Steuerwelle etwas versetzt gegen die Mitten der Ventilspindeln zu lagern. Die Größe dieser Verschiebung wird dadurch begrenzt, daß die Steuerdaumen nicht zu groß werden und zu hohe Umfangsgeschwindigkeiten erhalten dürfen. Außerdem darf die Versetzung niemals so groß sein, daß in dem Falle, wo die Maschine infolge einer Frühzündung beim Andrehen rückwärts angetrieben wird, die Stößel beschädigt werden könnten.

Die Forderung, daß sich das Ventil schnell öffnen und schließen soll, bringt mit sich, daß die meisten Ventilsteuerungen geräuschvoll arbeiten. Man kann das vermeiden, ohne auf die schnelle Bewegung der Ventile verzichten zu müssen, wenn man das im Kraftmaschinenbau bekannte Mittel der Wälzhebel[1]) zu Hilfe nimmt. Die Adlerwerke in Frankfurt a. M. haben eine solche Steuerung verwendet, Abb. 634, bei der zwischen Steuerdaumen und Stößel ein mit einer Laufrolle versehener Wälzhebel eingeschaltet ist. Der Rücken dieses Hebels arbeitet mit der entsprechend gewölbten Fußfläche des Stößels derart zusammen, daß selbst bei der üblichen Form des Steuer-

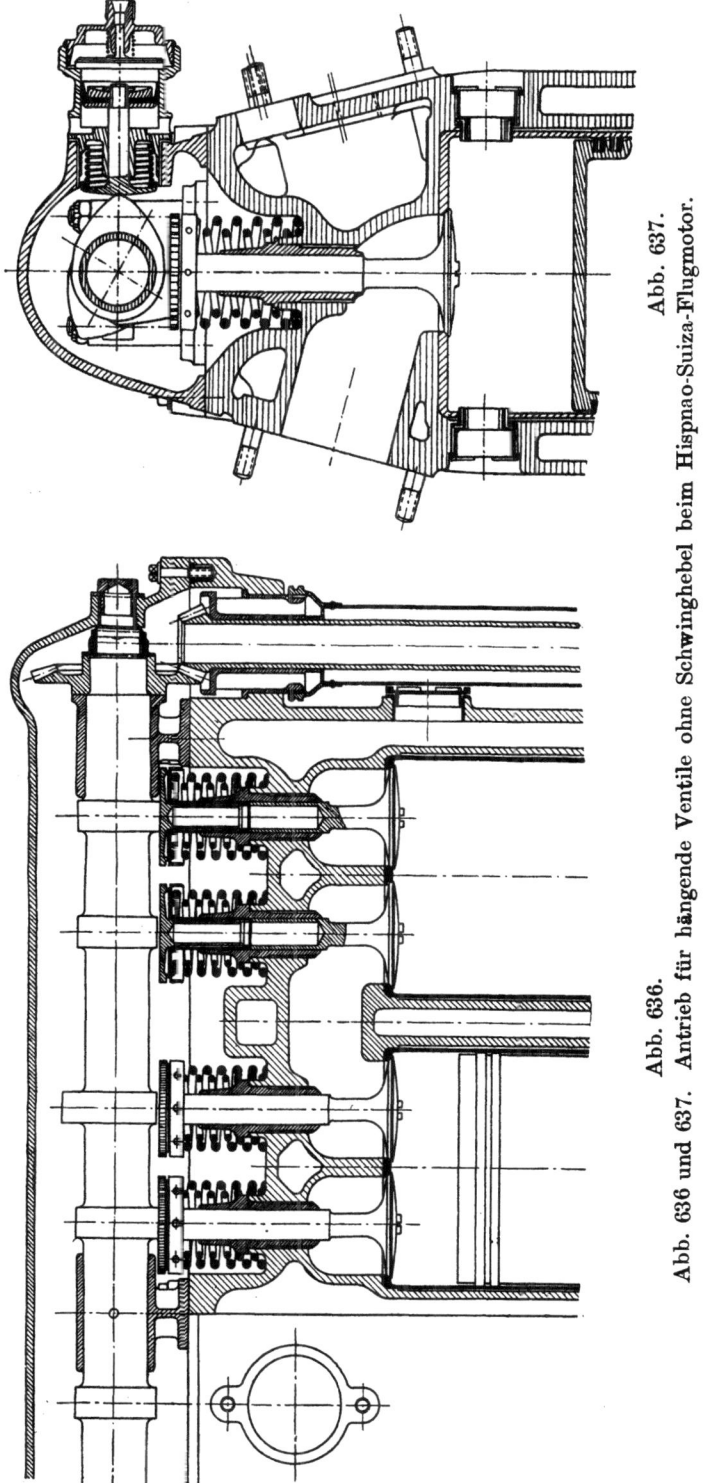

Abb. 636.

Abb. 637.

Abb. 636 und 637. Antrieb für hängende Ventile ohne Schwinghebel beim Hispano-Suiza-Flugmotor.

---

[1]) s. z. B. Z. V. d. I. 1908, S. 2043.

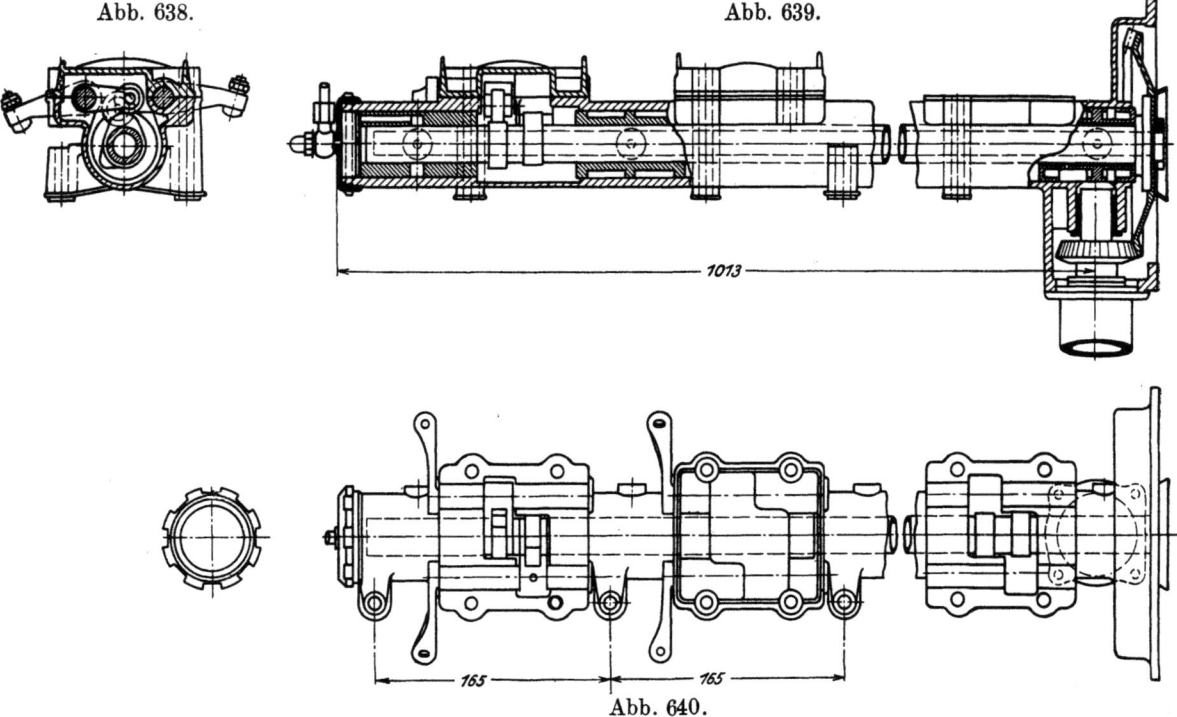

Abb. 638 bis 640. Steuerwellengehäuse des Liberty-Flugmotors.

daumens das erste Anheben und das letzte Schließen des Ventiles mit großer Geschwindigkeit und dennoch ohne Stoß stattfindet. Die Anordnung hat nebenbei auch die bei steilen Steuerdaumen sehr erwünschte Wirkung, Seitendrücke von den Stößelführungen fernzuhalten. Damit sich die Laufrolle nicht von dem Steuerdaumen abhebt, wird sie durch eine um die Nabe des Hebels gelegte Feder angedrückt.

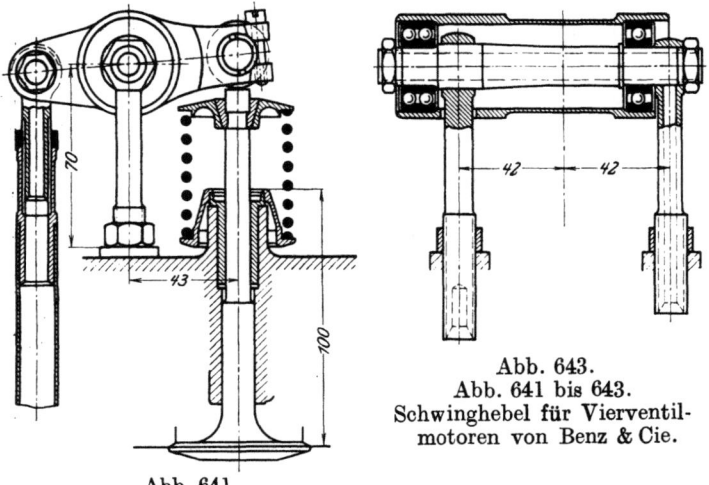

Abb. 643.
Abb. 641 bis 643.
Schwinghebel für Vierventilmotoren von Benz & Cie.

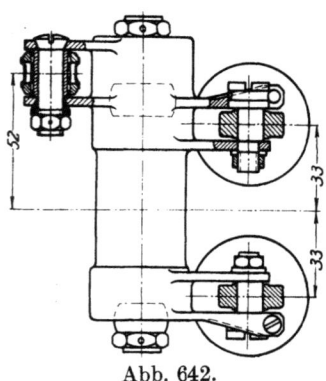

Abb. 641.

Abb. 642.

Als die aussichtsvollste Anordnung der Steuerung für Maschinen mit hängenden Ventilen muß man heute die ansehen, bei welcher eine obenliegende Steuerwelle verwendet wird, s. Abb. 635. Hierbei wird für die Übertragung des Antriebes vom Steuerdaumen auf die Ventilspindel nur ein einziger Schwinghebel notwendig, so daß selbst bei sehr hohen Drehzahlen nur geringe Massen zu bewegen sind, und auch diese Schwinghebel lassen sich, wie z. B. beim Hispano-Suiza-Flugmotor, Abb. 636 und 637, vermeiden, wenn die Ventildurchmesser nicht zu groß sind, so daß man beide Ventile in der Mittelebene der Zylinder anordnen kann, und wenn man die Ventile mit großen Drucktellern versieht, auf welche die Daumen unmittelbar einwirken. Allerdings macht diese Anordnung der Steuerwelle besondere Maßnahmen notwendig, wenn die Maschine betriebsicher sein soll. Vor allem muß für gute Lagerung der Welle namentlich dann gesorgt werden, wenn die Maschine, wie in der Regel bei Flugmotoren, einzeln stehende Zylinder aus Stahl hat. Die Steuerwelle erhält dann am zweckmäßigsten ein in sich genügend festes Lagergehäuse, Abb. 638 bis 640, das auf den Köpfen der Zylinder so beweglich gelagert wird, daß es bei Wärmedehnungen des Kurbelgehäuses keine Beanspruchungen erfährt.

Im Gegensatz zur unten liegenden Steuerwelle, die fast ohne besondere Maßnahmen durch den Öldampf im Kurbelgehäuse geschmiert wird, muß ferner die obenliegende Steuerwelle eine eigene, sehr zuverlässig wirkende Schmierung erhalten, wobei Verluste von Schmieröl schon wegen der Rücksicht auf das saubere Aussehen der Maschine verhindert werden müssen. Man lagert daher die außen liegenden Arme der Schwinghebel auf langen Achsen, die innen die auf den Daumen laufenden Arme tragen und in den Deckeln des Steuerwellengehäuses abgedichtet sind, wenn man die Steuerwelle in einem besonderen Gehäuse unterbringen muß.

Da der Druck auf das Ventil nur in der Mittelstellung des Schwinghebels zentrisch erfolgen kann, so ist es zweckmäßig, zwischen Schwinghebel und Ventilspindel Rollen einzuschalten,

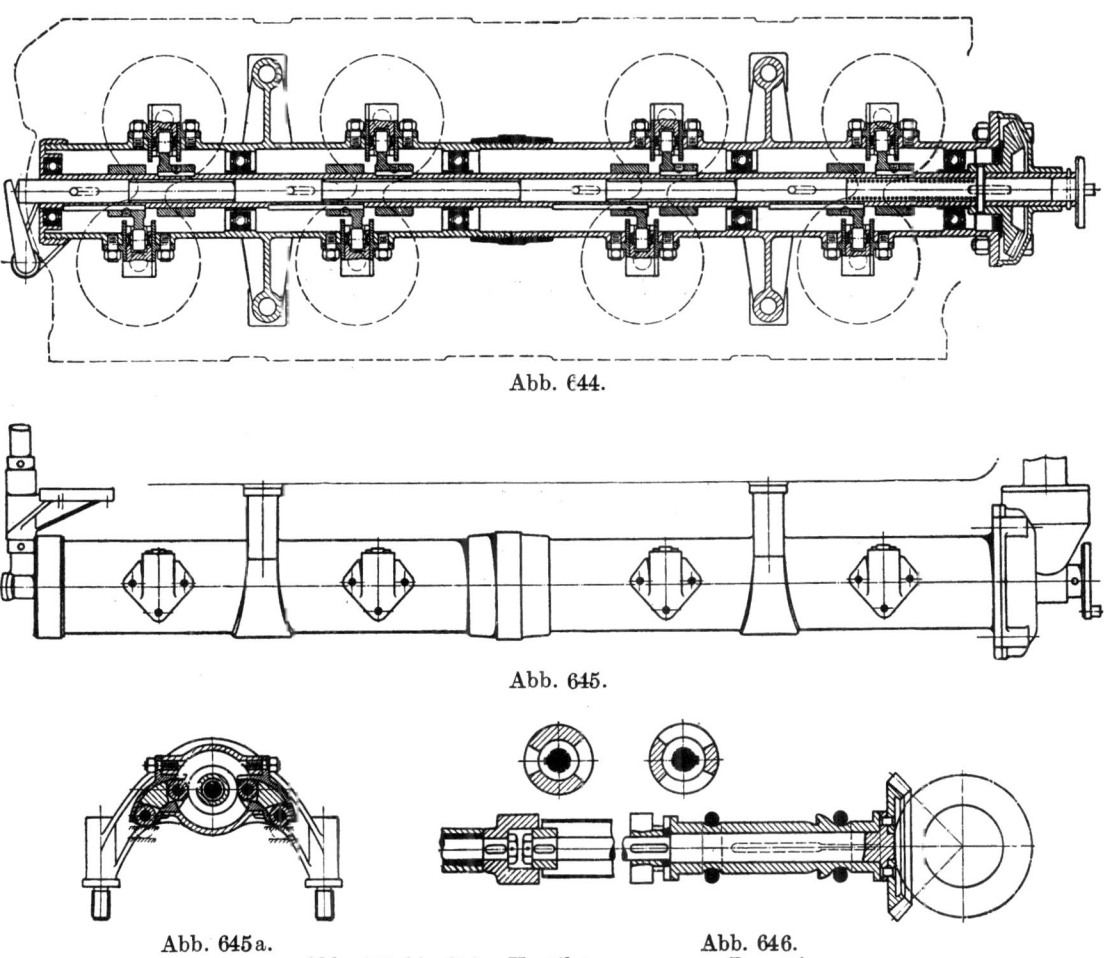

Abb. 644.

Abb. 645.

Abb. 645a.   Abb. 646.
Abb. 644 bis 646. Ventilsteuerung von Bugatti.

welche die Reibung verringern. Eine besonders sorgfältig durchgebildete Bauart von Schwinghebeln für Vierventilzylinder von Benz & Cie. A.-G. zeigen die Abb. 641 bis 643. Der Schwinghebel wird hier mittels zweier in den Zylinderkopf eingeschraubter Stützen von zwei Kugellagern getragen und wirkt mittels gehärteter Rollen auf die gleichfalls gehärteten Köpfe der Ventilspindeln. Die Rollen laufen auf exzentrischen Zapfen, damit man ihr Spiel so regeln kann, daß sich beide Ventile gleichzeitig öffnen.

Bemerkenswert ist ferner auch die Steuerung von Bugatti, Abb. 644 bis 646; die Ventile sind hier zu beiden Seiten der Steuerwelle gelagert und ihre Spindeln werden durch kreisförmig gebogene, an den Enden mit Rollen versehene Gleitschuhe angetrieben. Hierbei werden Seitendrücke, die wegen der unzureichenden Spindellänge besonders bedenklich wären, fast vollständig vermieden. Die Ventile sind hier außerdem gegeneinander so versetzt, daß sie etwas näher an die Zylindermitte herangerückt werden können, als wenn sie einander genau gegenüberlägen.

Antrieb der Steuerwelle.

Zum Übertragen der Bewegung von der Kurbelwelle auf die Steuerwelle dienen noch heute vorzugsweise Zahnräder. Auf dem vorderen Ende der Kurbelwelle wird zu diesem Zweck ein kleines Stirnrad aufgekeilt, das häufig zu gleicher Zeit mit den Klauenzähnen für die Andrehkurbel versehen und gehärtet wird, und von diesem wird die Bewegung mit der notwendigen Übersetzung von 1:2 auf die Steuerwelle abgeleitet. Zumeist gelingt es, mit einem einfachen Räderpaar auszukommen, ohne daß das Rad auf der Steuerwelle zu groß und daher der dafür notwendige Gehäuseausbau zu umfangreich wird.

Von der vorstehend beschriebenen Normalbauart weicht z. B. die Maschine der Daimler-Motoren-Gesellschaft, Abb. 577 und 578, S. 285, insofern ab, als hier die Steuerwelle nicht

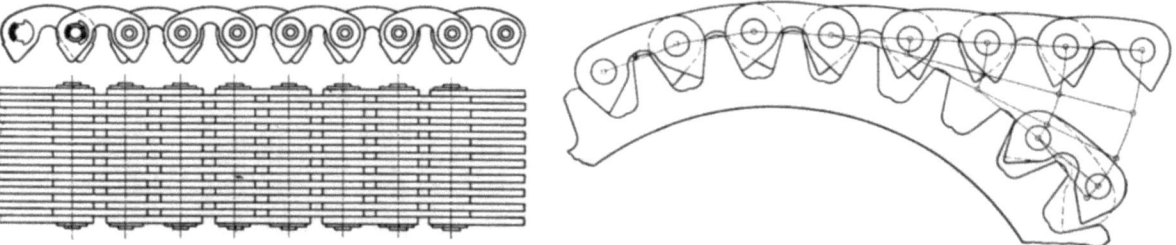

Abb. 647 u. 648.   Abb. 649.
Abb. 647 bis 649. Zahnkette für Steuerwellen-Antrieb.

m vorderen Ende, sondern in der Mitte angetrieben wird. Vielfach verwendet man für den Antrieb Stirnräder mit Schrägzähnen mit weniger als 20° Neigungswinkel, von denen das eine nach rechts, das andere nach links ansteigt, deren Achsdruck aber berücksichtigt werden muß.

Die technische Entwicklung des Steuerwellenantriebes in der neueren Zeit wird ausschließlich durch das Bestreben beherrscht, das namentlich bei höheren Drehzahlen unangenehm singende Geräusch der Zahnräder zu beseitigen. Man hat hierbei bald erkannt, daß Räder mit Schrägzähnen, wovon eines des ruhigen Laufes wegen stets aus Bronze hergestellt wird, ebenso wie Rothaut- und Fiberräder, die durch das Schmieröl leicht angegriffen werden, wenig Aussichten bieten, dem mitunter nur bei einzelnen Maschinen einer Reihe auftretenden Geräusch abzuhelfen. Abgesehen davon, daß solche Antriebe nur dann ruhig laufen, wenn die

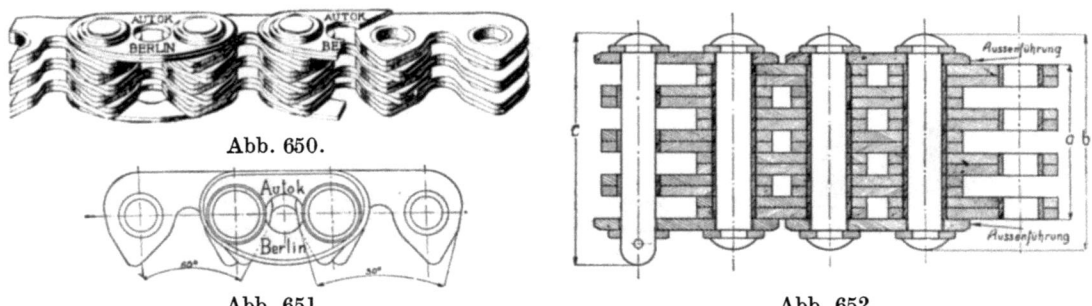

Abb. 650.
Abb. 651.   Abb. 652.
Abb. 650 bis 652. Normale Steuer-Zahnketten der Autok-Gesellschaft.

Wellen sehr genau eingestellt sind, machen sich dabei mitunter Schwingungen bei bestimmten kritischen Drehzahlen der Kurbelwelle oder schon verhältnismäßig geringe Abnützungen sehr störend bemerkbar.

Infolgedessen ist man neuerdings bei Maschinen mit tiefliegender Steuerwelle zum Antrieb mittels gelenkiger Zahnketten übergegangen, Abb. 647 bis 649, die auch bei weniger genauer Lagerung der Wellen die Möglichkeit fast geräuschlosen Antriebes bieten, sich wegen ihrer großen Zahl von Laschen nicht leicht abnützen und innerhalb gewisser Grenzen auch gegen Abnützung unempfindlich sind, weil die Zähne der Laschen an den Flanken der Radzähne emporklettern, bis die Kette wieder gespannt ist. Die bekanntesten Arten dieser Ketten, die sich nur durch Einzelheiten ihrer Zapfenausbildung unterscheiden, werden von Hans Renold Manchester, und der Morse Chain Co., Ithaka, N. Y., für Teilungen von $1/2$ bis 3 Zoll engl., aber auch in Deutschland von Fr. Stolzenberg, Berlin, W. Wippermann jr., Remscheid, u. a. hergestellt.

Ein neueres Erzeugnis auf diesem Gebiete wird von der Autok-Gesellschaft, Berlin, hergestellt. Diese Zahnketten, Abb. 650 bis 652, sind an den Zahnflanken so hinterschliffen, daß daran auch nach einiger Abnützung der Kettenglieder kein Grat entstehen kann, der Geräusch verursacht. Die Ausnehmungen in den äußeren Führungslaschen gestatten ferner, den Eingriff der Kettenzähne zu beobachten. Einen Anhalt für die Abmessungen der Ketten mit verschiedener Laschenzahl gewährt die beigefügte Zahlentafel.

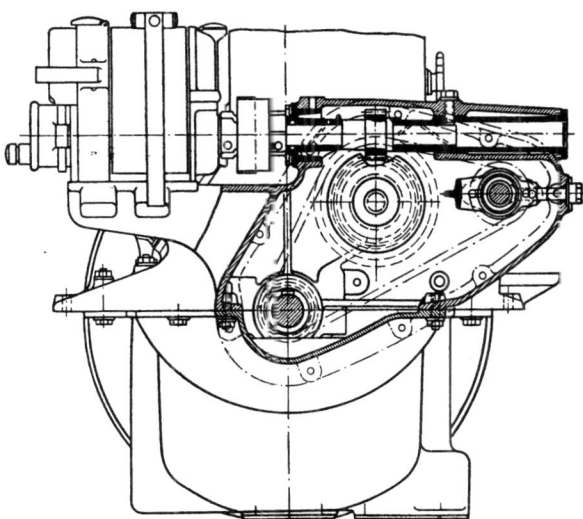

Abb. 653. Steuerwellenantrieb der Fahrzeugfabrik Eisenach.

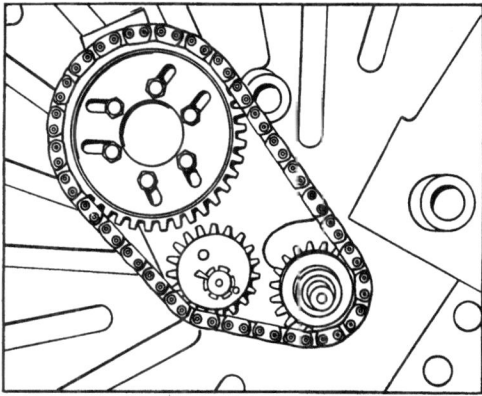

Abb. 654. Die Steuerkette treibt nur die Steuerwelle an.

Infolge ihrer vielen Zapfen sind trotzdem solche Ketten gerade bei den hohen Drehzahlen der Wagenmaschinen verhältnismäßig schnellem Verschleiß ausgesetzt. Man nimmt an, daß eine derartige Kette im allgemeinen nicht über 50 000 km Wegleistung des Kraftwagens einwandfrei arbeitet.

Nach Verlauf dieser Zeit hat sich die Kette so gedehnt, daß sie nicht nur ein eigentümlich sausendes Geräusch hervorruft, sondern, und das ist eine bedenklichere Folge der Abnützung,

Abb. 655. Die Steuerkette treibt Steuerwelle und Zünddynamowelle an.

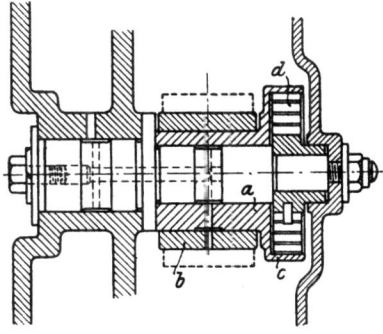

Abb. 656. Kettenspannvorrichtung der Link Belt Co.

es verändert sich auch die für die Arbeitsweise der Maschine maßgebende Einstellung der Steuerwelle, was sich in verschlechterter Leistung der Maschine bemerkbar macht.

Immerhin sind die Ansichten darüber, ob es richtiger ist, von Einstellvorrichtungen des Kettenantriebes, wie z. B. bei der Maschine der Fahrzeugfabrik Eisenach, Abb. 653, ganz abzusehen, namentlich deshalb geteilt, weil das Erneuern der Zahnketten nach verhältnismäßig geringer Wegleistung des Wagens eine große Belastung für den Wagenbesitzer bedeutet. Ebenso sind auch die Ansichten darüber verschieden, ob man mit einer und derselben Kette nur die Steuerwelle Abb. 654, oder noch eine andere Hilfswelle, z. B. die der Zünddynamo antreiben soll, s. Abb. 655. Der Antrieb in Abb. 655, der bei einer Maschine von Duesenberg verwendet wird, ist mit einer selbsttätigen Kettenspannvorrichtung der Link Belt Co., Abb. 656, versehen, deren Wirkung darauf beruht, daß das auf einem Exzenter a gelagerte Kettenrad b durch Verdrehen des Exzenters vom Mittel der treibenden oder angetriebenen Welle entfernt wird, sobald die Kette lose ist und daher eine im Exzenter gelagerte und an der Zahnmuffe rechts verankerte Uhrfeder d das Übergewicht gegenüber dem Kettenzug erlangt. Bei dem für eine Morse-Zahn-

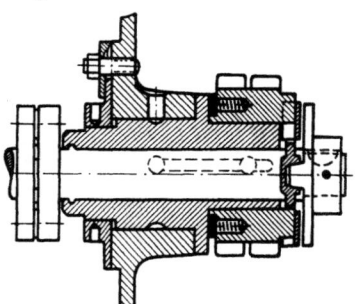

Abb. 658. Lagerung der Kettenspannvorrichtung.

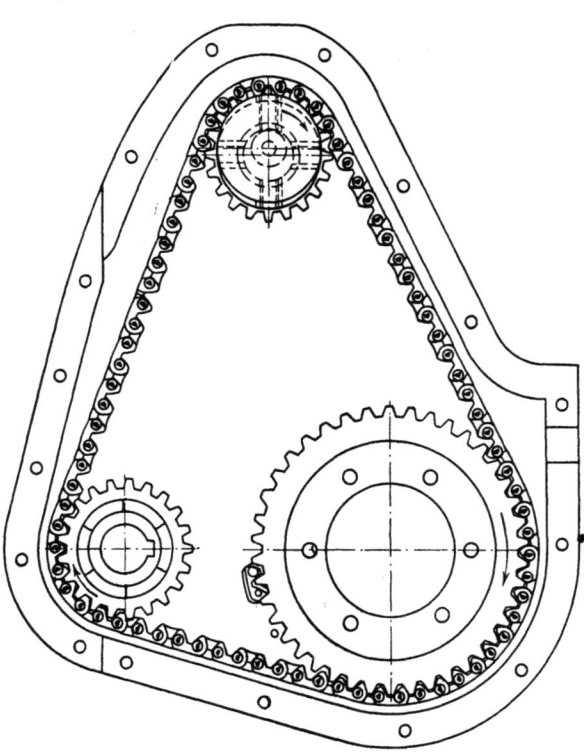

Abb. 657. Steuerkette treibt Zünddynamowelle und Wasserpumpenwelle.

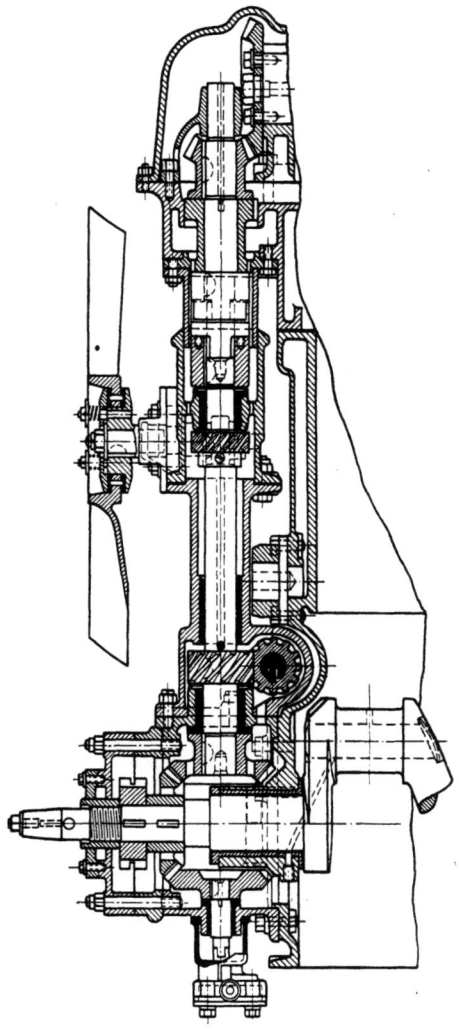

Abb. 659. Anordnung des Antriebes für obenliegende Steuerwellen.

kette von 37,5 mm Breite und 12,5 mm Zahnteilung entworfenen Antrieb der Steuerwelle und einer Hilfswelle für Zünddynamo und Kühlwasserpumpe in Abb. 657, wird eine Spannvorrichtung nach Abb. 658 verwendet. Die verhältnismäßig große Länge Kette mit 79 Gliedern ermöglicht, die Kette um ein Glied oder 25 mm zu verkürzen, wenn sie sich zu stark gedehnt hat, wobei rd. 0,32 mm Abnützung auf ein Kettenglied entfallen. Die Winkelungenauigkeit, die hierdurch entsteht, beträgt somit bei den vorliegenden Abmessungen im äußersten Fall 2,8 Grad und einschließlich der Winkelabweichung von 1,2 Grad, die dem Hinaufklettern der Kettenzähne auf den Kettenrädern entspricht, höchstens 4 Grad.

Für Maschinen mit obenliegender Steuerwelle zeigt z. B. Abb. 659, die einer Ausführung der Excelsior Motor Mfg. Co. entspricht, die grundsätzliche Anordnung des Antriebes. Mittels eines Kegelrades am vorderen Ende der Kurbelwelle werden im Übersetzungsverhältnis von 1 : 1 zwei Kegelräder getrieben, wovon das obere die senkrechte Hilfswelle, das untere eine Zahnradölpumpe bewegt. Ein Schneckenrad auf der Standwelle leitet den Antrieb weiter zu einer querliegenden Hilfswelle, die an einem Ende die Kühlwasserpumpe, am andern die Zünddynamo trägt. Weiter oben wird ferner durch das Schneckenrad der Kühlerventilator zwangläufig angetrieben. Am obersten Ende trägt schließlich die Standwelle ein Kegelrad, das mit dem Übersetzungsverhältnis von 1 : 2 die wagerechte Steuerwelle antreibt. Damit der Eingriff dieser Kegelräder von den Längenänderungen bei Erwärmung des Zylinderblocks unabhängig bleibt, ist in die Standwelle eine Klauenkupplung eingeschaltet, die zugleich gestattet, das obere Ende der Standwelle mit der ganzen Steuerwelle abzuheben, wenn man die Ventile nachsehen will. Am äußersten Ende trägt schließlich die Kurbelwelle noch ein Kettenzahnrad für den Antrieb der elektrischen Lichtmaschine.

Nach den Erfahrungen, die man in den letzten Jahren mit ähnlichen Antrieben bei Flugmotoren gemacht hat, kann man den beschriebenen Antrieb als durchaus betriebssicher und namentlich für hohe Drehzahlen geeignet bezeichnen. Die Anordnung ist allerdings nicht gerade einfach und bietet manche Möglichkeiten zu Konstruktionsfehlern, die man erst am Eintritt von schweren Betriebsstörungen erkennt; auch die Kosten der Herstellung solcher Maschinen sind wesentlich höher als die gewöhnlicher Maschinen mit unten gelagerter Steuerwelle. Andererseits liefert eine Maschine wegen der Möglichkeit, sehr hohe Drehzahlen zu erreichen, bei dieser Steueranordnung sehr hohe spezifische Leistungen, was für Rennfahrzeuge wertvoll sein kann. Für solche Zwecke hat daher diese Anordnung denn auch in erster Linie Anwendung gefunden, obgleich die Maschinen dieser Bauart auch schon vielfach in Reihen gebaut werden.

Ventilfedern.

Bei der Berechnung der Ventilfedern hat man folgendes zu berücksichtigen:

1. Da das Gewicht des Ventils samt der Spindel und dem allenfalls daranhängenden Gestänge im Verhältnis zu der erforderlichen Schließkraft keine Rolle spielt, so muß die Mindestspannung der Feder für das Einlaßventil so groß sein, daß sie das Ventil mit Sicherheit geschlossen erhält, auch dann, wenn im Zylinder ein (praktisch selten erreichbarer) Unterdruck von 0,4 at, und auf der andern Seite des Ventils (bei Auspuffventilen) auch noch ein kleiner Überdruck von 0,2 at herrscht. Die Mindestspannung der Feder für das Ausströmventil ist selbstverständlich ebenso groß zu wählen. Ist d_m der mittlere Ventildurchmesser in cm, so gilt für die Mindestspannung der Feder

$$P_{min} = 0,6 \cdot \frac{\pi}{4} d_m^2 \text{ kg.}$$

2. Viel wichtiger als die Mindestspannung ist die erforderliche größte Spannung P_{max} der Feder. In der außerordentlich kurzen Zeit, die zum Bewegen des Ventiles zur Verfügung steht, muß der Federdruck die Masse des Ventiles mit Zubehör so beschleunigen können, daß die Rolle die Lauffläche des Steuerdaumens nicht verläßt, sonst arbeitet die Steuerung geräuschvoll. Einen Überblick über die einschlägigen Verhältnisse verschafft man sich am schnellsten, wenn man den Verlauf der Geschwindigkeiten und Beschleunigungen des Ventiles, wie er durch die gewählte Form des Steuerdaumens bestimmt ist, auf zeichnerischem Wege verfolgt, wie schon weiter oben gezeigt worden ist, s. Abb. 616 bis 618, S. 305/306. Die Diagramme lehren, daß bei der üblichen Form des Steuerdaumens die größten Beschleunigungen und Verzögerungen etwa in der Mitte des Öffnens oder vor dem oberen Hubende des Ventils auftreten. Die entsprechenden Kräfte hierfür zu liefern, ist einmal die Aufgabe des Steuerdaumens, der hiernach außerordentlich hohe Flächendrücke aufzunehmen hat, sowie ferner Aufgabe der Ventilfeder, die das geöffnete Ventil so stark verzögern muß, daß es nicht überöffnet und sein Stößel auf diese Weise den Daumen verläßt, und weiterhin verhindern muß, daß der Stößel beim Beginn des Schließens hinter dem Daumen zurückbleibt. Die hierfür erforderlichen Beschleunigungen können wesentlich geringer oder größer als diejenigen sein, welche der Steuerdaumen zu erteilen hat[1]).

Ohne Benutzung des zeichnerischen Verfahrens läßt sich die erforderliche größte Beschleunigung des Ventils annähernd ermitteln, wenn man annimmt, daß die Bewegung des Ventils von der höchsten bis zur Schlußlage gleichförmig beschleunigt ist. Man hat somit

$$s = \gamma_m \cdot \frac{t^2}{2} \quad \text{und} \quad \gamma_m = \frac{2s}{t^2}.$$

Hierin ist für den vorliegenden Fall, z. B. beim Einlaßventil, dessen Gesamthub sich auf 118° Drehwinkel der Steuerwelle verteilt, zu setzen

$$s = h_{max} = 0,008 \text{ m,}$$

und für die Drehzahl der Maschine $n = 2400$ Uml/min

$$t = \frac{59}{360} \cdot \frac{60}{1200} = {}^1/_{120} \text{ s}$$

---

[1]) Vgl. hierzu auch Motorwagen 1910, S. 244, 597ff. und Eng., 16. Juni 1911, S. 614.

als diejenige Zeit, die erforderlich ist, um bei 2400 Uml/min der Kurbelwelle 59° Drehwinkel der Steuerwelle zurückzulegen. Somit ist

$$\gamma_m = 230,4 \text{ m/s}^2.$$

In Wirklichkeit ist die Bewegung nicht gleichförmig beschleunigt, sondern teils beschleunigt und teils verzögert, daher rührt die weit größere Beschleunigung, die das Diagramm ergibt. Legt man daher die danach auftretende größte Ventilverzögerung der Federberechnung zugrunde, so ergibt sich die erforderliche Federkraft, die der Spannkraft der Feder in ganz zusammengedrücktem Zustand entspricht, nach

$$P_{max} = m \cdot \gamma_{max}.$$

Die Größe von $m = \dfrac{G}{g}$ hängt wesentlich von der Anordnung der Steuerung ab. Bei der gebräuchlichen Bauart mit stehenden Ventilen ist die von der Feder zu beschleunigende Masse am kleinsten, nämlich nur die Masse des Ventiltellers mit Ventilspindel, Federteller und Keil sowie des Stößels und der Rolle. Das hier in Frage kommende Gewicht in kg kann man annähernd nach

$$G = 0,015 \, d_m^2$$

berechnen, worin d_m der mittlere Ventildurchmesser in cm ist.

Für den vorliegenden Fall ist

$$d_m = 8,6 \text{ cm}$$
$$G = 1,1 \text{ kg}.$$

Bei anders angeordneten Steuerungen, insbesondere bei solchen, wo die Ventile durch Schwinghebel und lange Stoßstangen von einer tiefliegenden Steuerwelle angetrieben werden, sind die von der Feder zu beschleunigenden Gewichte oft doppelt bis dreimal so groß wie oben berechnet, auch dann, wenn man die Stoßstangen aus Stahlrohr herstellt. Am kleinsten sind dagegen die von der Ventilfeder zu beschleunigenden Massen bei den Steuerungen mit obenliegender Welle.

Durch die vorstehenden Erörterungen ist der Weg zum Bestimmen der erforderlichen höchsten und geringsten Federspannungen vorgezeichnet. Unter normalen Verhältnissen sind die so berechneten Werte nicht groß. Bei dem gewählten Beispiel ist z. B.

$$P_{min} = 0,6 \cdot 58,08 = \sim 35 \text{ kg},$$
$$P_{max} = \frac{1,1}{9,81} \cdot 230,4 = \sim 26 \text{ kg};$$

man kann daher reichlich Zuschläge auf die Rechnungswerte vornehmen, damit allen Reibungswiderständen Rechnung getragen wird. Günstig wirkt bei der gebräuchlichen Ventilanordnung, daß das Gewicht der Ventile die Arbeit der Feder unterstützt, im Gegensatz zu den hängenden Ventilen. Andererseits ist zu berücksichtigen, daß wegen der häufigen Inanspruchnahme der Federn große Sicherheiten erforderlich sind. Man rechnet häufig

$$s = \frac{P}{P_{max}} = 1 + \frac{n}{150},$$

worin P die der Rechnung zugrundegelegte Höchstbelastung und n die Anzahl der minutlichen Federspiele sind.

Setzt man auf Grund dieser Erwägungen

$$P_{min} = 40 \text{ kg}$$
und $$P_{max} = 50 \text{ kg}$$

fest, so kann man die Hauptangaben für die erforderlichen Federn bestimmen.

Zunächst ist allerdings erforderlich, an der Hand der Bauverhältnisse der Maschine den Wicklungsdurchmesser D der zylindrischen Schraubenfeder anzunehmen. Bei Maschinen mit stehenden Ventilen reicht der Abstand zwischen Ventilspindel und Zylinder in der Regel aus, um eine Feder unterzubringen, deren Wicklungshalbmesser bis zu 0,8 bis 0,9 des mittleren Ventildurchmessers beträgt. Die für die Feder verfügbare Spindellänge ist ziemlich unbeschränkt. So zweckmäßig große Wicklungsdurchmesser sind, weil die Federn weniger leicht ausknicken, so vorsichtig muß man hierin sein, damit die Federn nicht zu nahe an die Zylinderwand kommen und sich zu stark erhitzen.

Bei hängenden Ventilen hingegen muß man immer trachten, mit möglichst wenigen Federwindungen auszukommen, damit die Bauhöhe der Maschine nicht vergrößert wird; auch die Breite der Feder muß genau erwogen werden, da der Raum oben stets beengt ist und die Spindel-

Ventilfedern.

führungen gut zugänglich sein müssen. Aus diesem Grunde hat man auch schon versucht, bei solchen Steuerungen überhaupt keine Schraubenfedern, sondern Blattfedern zu verwenden, und zwar je eine Blattfeder gemeinsam für zwei Ventile. Vielfach greift man zu dem Ausweg, zwei ineinander gesteckte Federn zu verwenden, deren Spannungen sich addieren. Man erreicht hierdurch auch noch einen gewissen Schutz gegen Beschädigungen der Maschine durch Herabfallen des Ventiles bei Federbruch, weil in diesem Fall wenigstens noch die zweite Feder standhält.

Mit dem angenommenen Wert von D und der Größe von P_{max} findet man aus der Güldnerschen Federtabelle, von der ein Teil auf S. 320 wiedergegeben ist, Drahtdicke δ und Gesamtfederung f für je 10 Gänge.

Z. B. ergibt die Tafel für

$$P_{max} = 54 \text{ kg} \quad \text{und}$$
$$D = 40 \text{ mm},$$
$$\delta = 6 \text{ mm},$$
$$f = 26{,}7 \text{ mm}.$$

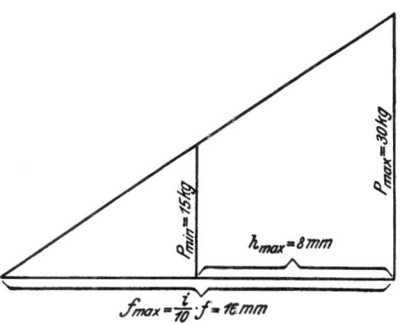

Abb. 660. Bestimmung der Gangzahl der Ventilfedern.

Die geeignete Anzahl i der Federgänge ergibt sich aus dem verfügbaren Raum, aus der Bedingung, daß bei der größten Federbelastung noch etwa 2 bis 3 mm zwischen den aufeinanderfolgenden Drahtwindungen freibleiben müssen, sowie aus der geforderten Mindestspannung der Feder. Es muß nämlich die Gangzahl i derart gewählt werden, daß die durch die Gesamtfederung $f_{max} = \frac{i}{10} \cdot f$ bestimmte Neigung der Federspannungslinie bei der Federung von $\frac{i}{10} \cdot f - h_{max}$ (größter Ventilhub) die geforderte Mindestspannung ergibt, s. Abb. 660.

Im vorliegenden Falle läßt sich der erforderliche Wert von i aus folgender Beziehung berechnen:

$$P_{max} : P_{min} = \frac{i}{10} \cdot f : \left(\frac{i}{10} \cdot f - h_{max}\right),$$
$$50 : 40 = \frac{i}{10} \cdot 26{,}5 : \left(\frac{i}{10} \cdot 26{,}5 - 8\right),$$
$$i = \frac{10 \cdot h_{max} \cdot P_{max}}{f \cdot (P_{max} - P_{min})} = 15.$$

Hierin sind

h_{max} der größte Ventilhub in mm,
f die aus der Tafel abgelesene Federung für 10 Windungen in mm,
P_{max} die größte Federkraft in kg,
P_{min} die kleinste Federkraft in kg.

Die Federtafel ist nach den Näherungsformeln

$$P_{max} = 10 \frac{\delta^3}{D} \text{ kg},$$
$$f = \frac{D^2}{10 \cdot \delta} \text{ mm}$$

berechnet, die man erhält, wenn man in den allgemeinen Formeln für zylindrische Schraubenfedern:

$$P_{max} = \frac{\pi \delta^3}{8 D} k_d \text{ kg} \quad \text{und}$$
$$f = i \frac{8 D^3 \cdot P_{max}}{\delta^4 \cdot E} \text{ mm},$$

für die zulässige Beanspruchung . . . . . $k_d = 2550$ kg/cm²,
für die Elastizitätsziffer . . . . $E = 800\,000$ kg/cm² [1]),
für die Windungszahl . . . . $i = 10$ einsetzt.

---

[1]) Werden, wie es die Regel ist, gehärtete Federn verwendet, so kann E auch größer werden. Wegen der Veränderlichkeit von E vgl. Motorwagen 1911, S. 222.

Die Werte von

$D =$ Wicklungsdurchmesser,
$f =$ Gesamtfederung und
$\delta =$ Drahtdicke

sind in mm, die Kraft P_{max} in kg einzusetzen.

Tafel für zylindrische Ventilfedern nach Güldner[1]).

Drahtdicke δ in mm		Wicklungsdurchmesser D in mm									
		20	25	30	35	40	45	50	55	60	65
3,0	P_{max} in kg	13,5	11	9,0	7,4	6,8	6,0	5,4	4,9	4,5	—
	f in mm	13,3	21	30	41	53	67	83	101	120	—
3,5	P_{max} in kg	24	17	14	12	10,7	9,5	8,5	7,8	7,1	6,6
	f in mm	11,4	18	26	35	46	58	71	86	103	121
4,0	P_{max} in kg	32	25	21,3	18,3	16	14,2	12,8	11,6	10,7	9,9
	f in mm	10	15,6	22,5	36,2	40	50,6	62,5	75,6	90	105
4,5	P_{max} in kg	45,5	36,4	30,4	26	22,8	20,2	18,2	16,5	15,2	14
	f in mm	8,8	13,9	20	27,2	35,6	45	55,6	67,2	80	93,9
5,0	P_{max} in kg	62	50	42	36	31	27,7	25	22,7	20,8	19,2
	f in mm	. 8,0	12,5	18	24,5	32	40,5	50	60,5	72	84,5
6,0	P_{max} in kg	108	86,4	72	61,7	54	48	43,2	39,3	36	33,2
	f in mm	6,7	10,4	15	20,4	26,7	33,7	41,7	50	60	70,4

Die gespannte Baulänge l der Feder ergibt sich aus der schon erwähnten Bedingung, daß zwischen den Windungen 2 bis 3 mm freibleiben müssen:

$$l = i \cdot \delta + i \cdot 2 = i(\delta + 2) = 120 \text{ mm}$$

und die ungespannte Baulänge aus

$$l_1 = l + \frac{i}{10} \cdot f = i(\delta + 0,1 \cdot f + 2) = 159 \text{ mm},$$

f ist die aus vorstehender Tafel zu entnehmende Gesamtfederung für je 10 Federwindungen.

Kegelige Schraubenfedern mit rundem Drahtquerschnitt berechnet man unter der Annahme, daß der Wicklungsdurchmesser D gleichmäßig bis auf Null abnimmt, nach

$$P_{max} = \frac{\pi \delta^3 \cdot k_d}{8 D} \text{ kg}$$

und

$$f = \frac{\pi i \cdot D^3 \cdot P_{max}}{\delta^4 \cdot E} = \pi i \frac{D^2 \cdot k_d}{4 \cdot \delta \cdot E} \text{ mm}.$$

Die Zeichen haben die gleiche Bedeutung wie bei den zylindrischen Federn.

Der Einbau der Federn, die, wie üblich, an den Enden zusammengebogen und eben abgeschliffen werden müssen, wird bei stehenden Ventilen derart vorgenommen, daß ein Ende der Feder auf dem Körper der Maschine, das andere auf einem Federteller abgestützt wird, den ein durch die Ventilspindel gesteckter Keil festhält. Die Verschwächung der Ventilspindel durch das Keilloch muß beachtet werden. Da der Keil durch die Bauart des Tellers gegen Herausfallen gesichert werden muß, so bereitet es oft Schwierigkeiten, ihn herauszuziehen, wenn das Ventil ausgewechselt werden soll, weil man hierbei die Feder zusammendrücken muß. Eine einfache Einrichtung hierfür, Abb. 661, ist eine Art Klammer, die man aus einem Stück Messingrohr zurechtlöten und mit dem ausgeschnittenen Bodenlappen versehen kann, und mit der man die Ventilfeder faßt, solange sie ganz zusammengedrückt ist. Dreht man dann die Maschinenwelle etwas weiter, so läßt sich nunmehr der unbelastete Keil leicht herausziehen.

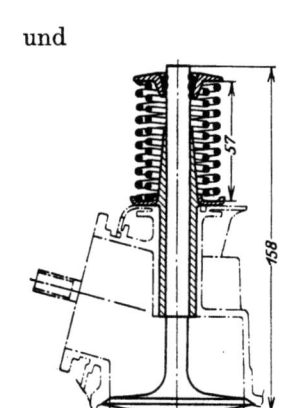

Abb. 661. Hilfsmittel für das Einbauen von Ventilfedern.

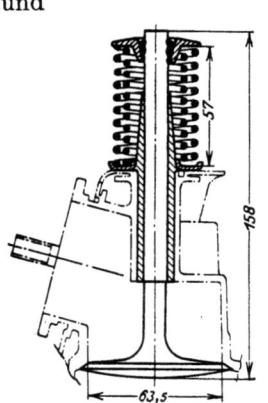

Abb. 662. Einbau von hängenden Ventilen mit Doppelfedern.

---

[1]) Für $E = 750000$ kg/qcm und $k_d = 4500$ kg/qcm hat Dijxhoorn eine ähnliche Federtafel in Z. V. d. I. 1891, S. 1398 veröffentlicht.

Mit Rücksicht darauf, daß durch das seitliche Ausknicken der Federn die Führung der Ventilspindel stark belastet wird, empfiehlt es sich, nach den von Hurlbrink[1]) angegebenen Regeln jede längere Ventilfeder auf Sicherheit gegen seitliches Ausknicken nachzurechnen. Die Formel hierfür lautet:

$$\mathfrak{S} = \frac{\lambda}{4} \cdot \frac{1}{\eta^2} \cdot \frac{r^2}{l(l_1-l)} \geqq 6.$$

Für Federn von kreisförmigem Drahtquerschnitt setzt man $\lambda = 45$ und für die bei Ventilfeder üblichen Einspannungsverhältnisse $\eta = 0{,}67$.

r ist der Wicklungshalbmesser,
l die gespannte Baulänge.
l_1 die ungespannte Baulänge.

Für Maschinen mit hängenden Ventilen zeigt Abb. 662 einen zweckmäßigen Einbau. Die beiden ineinander gesteckten Federn von 3 und 5,8 mm Drahtdicke bei 27 und 37 mm Windungsdurchmesser ruhen unten auf einem glatten Teller aus Preßblech, oben auf einem profilierten Teller. Dieser wird dadurch in seiner Lage auf der Ventilspindel gesichert, daß er sich gegen eine zweiteilige Kegelhülse legt, welche durch den Federdruck in wellige Vertiefungen der Ventilspindel eingedrückt wird. Bei dieser Ausbildung kann man das obere Ende der Ventilspindel unbedenklich härten; hält man dagegen die Kegelhülse durch eine Eindrehung der Ventilspindel fest, so können an dieser Stelle Risse auftreten, auch wenn man die Nut am Grund etwas abrundet. Bei anderen Maschinen vermeidet man auch das Härten der Ventilspindeln, indem man in die Spindeln besondere gehärtete Anschlagstücke einsetzt.

Kolbenschiebersteuerungen.

Das große Aufsehen, das die Maschine des Amerikaners Knight erregt hat, ist nicht zum geringsten Teil darauf zurückzuführen, daß man es bis vor ganz kurzem für unmöglich gehalten hat, Kolbenschieber zum Steuern von Verbrennungsmaschinen und insbesondere zum Steuern von so schnell laufenden Verbrennungsmaschinen zu benutzen, wie es die Fahrzeugmaschinen sind, und man kann hiernach ohne Schwierigkeiten berechnen, welche Hindernisse, welche Vorurteile zu überwinden waren, bevor man in Fachkreisen allen Ernstes auch nur an die Ausführbarkeit solcher Maschinen glaubte. Entscheidend für die Stellungnahme der Praxis gegenüber diesen Maschinen war eigentlich erst die Übernahme der Knight-Patente durch die englische Daimler-Gesellschaft. Seitdem sind in Deutschland die Daimler-Motorengesellschaft, in Frankreich Panhard & Levassor, in Belgien die Minerva-Gesellschaft und in Italien die Delucca Daimler Co. usw. als Herstellerinnen der Knight-Maschinen aufgetreten.

Immerhin ist auch in neuerer Zeit das Vorurteil gegen solche Maschinen nicht ganz geschwunden. So sagt z. B. Güldner[2]):

,,Die Ansichten über den Wert dieser Neuerung gehen auch in den engsten Fachkreisen sehr auseinander. Nach den totalen Mißerfolgen, die alle älteren Flach- und Rundschieber bei Verbrennungsmotoren erlitten haben, könnte es einem durch die Moderichtungen des Luxuskraftwagens unberührten Konstrukteur bedenklich erscheinen, das einfache, billige und betriebstechnisch vorzügliche Kegelventil durch irgendeine teure und empfindliche Schieberanordnung zu ersetzen. Dem Verlangen nach Geräuschlosigkeit entsprechen die neuesten Ventilsteuerungen praktisch vollkommen, eigentlich mehr als nötig ist, da doch immer das Getriebe- und äußere Wagengeräusch überwiegt. Eine Verbesserung des Lieferungsgrades wird durch die Kolbenschieber auch nicht erreicht, ebensowenig eine bessere Gemischbildung, wie die sehr eingehenden Versuche von Prof. A. Riedler ergeben haben.''

Die neuere Entwicklung hat aber gezeigt, daß die Maschinen mit Schiebersteuerung, nachdem sie bei unverminderter Wertschätzung den ganzen Zeitraum der Kriegsjahre überlebt haben, doch mehr als eine Modelaune des Luxuswagenkonstrukteurs sind, zumal man sie auch bei Kraftomnibussen und schweren Kriegsschleppern verwendet hat. Daß sie auch in bezug auf den Füllungsgrad besten Ventilmaschinen überlegen sein können, wird noch weiter unten nachgewiesen werden.

Die Wirkungsweise und Einrichtung der Maschine von Knight seien an der Hand der Ausführung einer Vierzylindermaschine von 100 mm Zylinderdurchmesser und 144 mm Hub, Abb. 663 bis 665, von Panhard & Levassor, Paris, besprochen, die in der Hauptsache mit der ursprünglichen englischen Bauart übereinstimmt. Der aus Gußeisen hergestellte, mit dem üb-

---

[1]) Z. V. d. I. 1910, S. 183.   [2]) Verbrennungskraftmaschinen, 3. Aufl. 1914, S. 596.

lichen Wassermantel versehene, einzeln stehende Zylinder a ist auf einen größeren Durchmesser ausgebohrt, als dem Kolben b entspricht, und in dem zwischen beiden entstehenden Ringraume sind dicht aneinander zwei Kolbenschieber c und d geführt, die durch Exzenter auf der Steuerwelle und durch kurze Gelenkstangen auf- und niederbewegt werden. Die Steuerwelle läuft mit

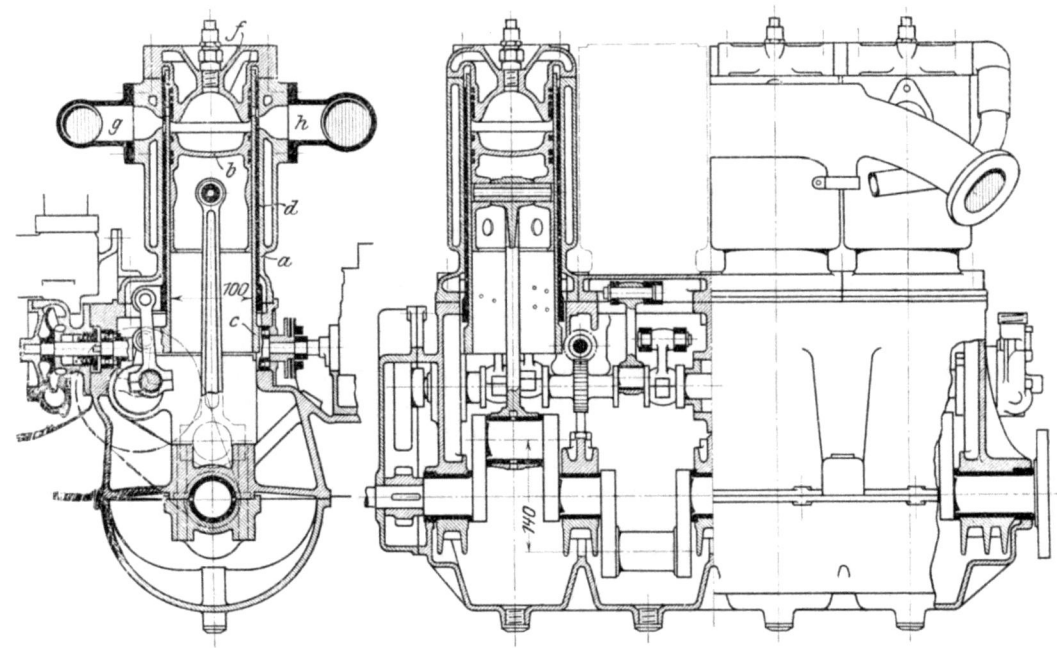

Abb. 664.

Abb. 663.

Abb. 663 bis 665. Knight-Maschine von Panhard & Levassor, Paris.

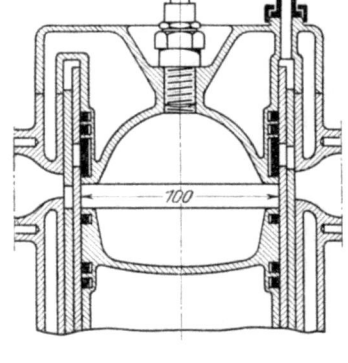

Abb. 665.

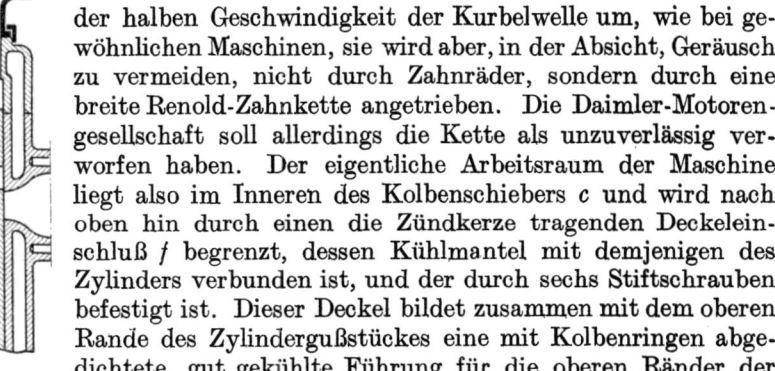

der halben Geschwindigkeit der Kurbelwelle um, wie bei gewöhnlichen Maschinen, sie wird aber, in der Absicht, Geräusch zu vermeiden, nicht durch Zahnräder, sondern durch eine breite Renold-Zahnkette angetrieben. Die Daimler-Motorengesellschaft soll allerdings die Kette als unzuverlässig verworfen haben. Der eigentliche Arbeitsraum der Maschine liegt also im Inneren des Kolbenschiebers c und wird nach oben hin durch einen die Zündkerze tragenden Deckeleinschluß f begrenzt, dessen Kühlmantel mit demjenigen des Zylinders verbunden ist, und der durch sechs Stiftschrauben befestigt ist. Dieser Deckel bildet zusammen mit dem oberen Rande des Zylindergußstückes eine mit Kolbenringen abgedichtete, gut gekühlte Führung für die oberen Ränder der Kolbenschieber.

Aus der angegebenen Konstruktion ergibt sich zunächst eine sehr geschlossene, kugelähnliche Form des Zündraumes, der ausschließlich von glatten, leicht zu bearbeitenden Flächen begrenzt wird. Die Trennung von Zylinderkörper und Deckeleinschluß liefert sehr einfache, leicht mit dünnen Wänden herzustellende Gußstücke, die auch gestatten, die Zylinder zusammenzugießen, wie die neuere Ausführung der Minerva Motors Soc. Anon. in Antwerpen, Abb. 666 bis 668 beweist. Die zentrale Anordnung entlastet die Kolbenschieber von einseitigen Drücken und gestattet, sie mit den kleinsten zulässigen Wanddicken herzustellen. In der Tat wiegt ein solcher Schieber nur 7 kg. Sein Bewegungswiderstand, der nur durch Reibung bedingt ist, wird dank einer sorgfältigen Schmierung sehr gering gehalten. Das Schmieröl wird bei der vorliegenden Bauart unter Druck von oben in die Schieberführung eingeleitet. Bei den ursprünglichen Maschinen, die sich bei den schwersten Dauerproben bewährt haben, hat man aber auch mit dem von den Stangenköpfen abgespritzten Öl eine ausreichende Schmierung der Schieber erzielt.

Besonders auffallend ist, daß sich die Schieber nicht übermäßig erhitzen, obgleich sie nicht nur nicht gekühlt, sondern von gekühlten Flächen durch isolierende Schmierschichten getrennt sind. Der Grund ist wahrscheinlich, daß die Schieberkanten der größten Hitze, die im oberen Totpunkt des Kolbens auftritt, fast vollständig entzogen sind, s. Abb. 665. Nur an den Kanten der Auspufföffnungen hat man bis jetzt leichte Anlauffarben bemerkt, die aber noch kein Abbröckeln der Kanten zur Folge gehabt haben. Auch der einseitige Angriff der Exzenter an den Schieberhülsen, den man für bedenklich halten könnte, hat sich bewährt. In der Tat ist die Führung der Schieber so lang, daß ein Ecken ausgeschlossen ist, vorausgesetzt, daß die Schieber richtig eingepaßt werden. Hierin liegt allerdings der Kern des ganzen Erfolges dieser Maschine, denn es bedarf großer Erfahrung, um zu verhindern, daß sich die Schieber verziehen, sowie um das erforderliche und zulässige Spiel zwischen Zylinder und Schiebern zu ermitteln, und einer sehr genau arbeitenden Werkstätte, um dieses Spiel auch dauernd einhalten zu können.

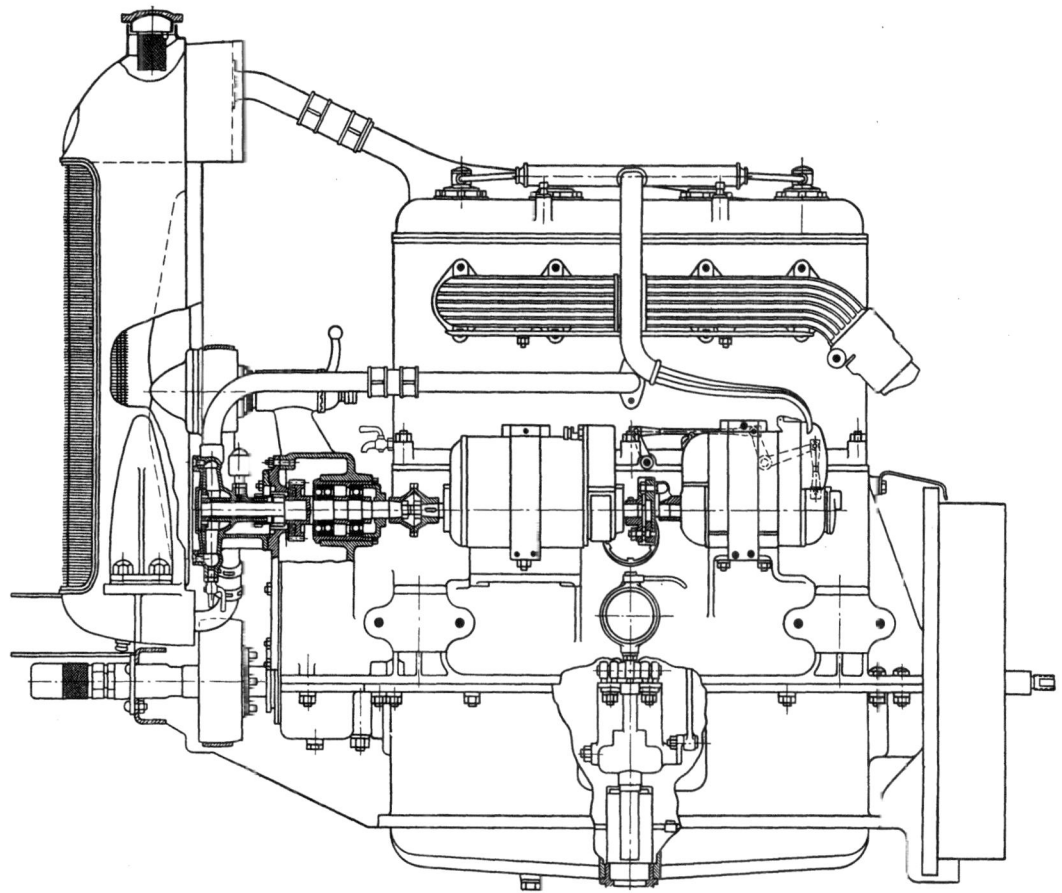

Abb. 666. Ansicht der Maschine mit Schiebersteuerung der Minerva Motors.

Die Steuerung der Maschine arbeitet folgendermaßen: Die Schieber sind auf entgegengesetzten Seiten mit Schlitzen versehen, welche die im Zylindergußstück ausgesparten Öffnungen g und h, Abb. 664, für die Einströmung und den Auspuff öffnen und schließen. Das Exzenter für den Antrieb des inneren Schiebers befindet sich bei Beginn des Einströmens (oberer Totpunkt des Kolbens) annähernd in seinem unteren Totpunkt, und sein Hub ist etwa doppelt so groß, wie die 11 mm betragende Höhe der Schieberschlitze. Das zweite Exzenter, dessen Hub etwas größer ist, eilt dem ersten um 90° nach. Auf Grund dieser Angaben sowie weiterer Mitteilungen über die Verteilung der Arbeitsvorgänge ist das Diagramm der Steuerung in Abb. 669 entworfen.

Am einfachsten gelangt man zu einer guten Übersicht über die Wirkungsweise der Steuerung, wenn man, wie in Abb. 670, auf dem abgewickelten Umfang des Kurbel- oder Exzenterkreises zunächst die Schieberwege von ihrer Mittellage aufträgt. Die entstehenden Sinuslinien liefern, wenn man die Kanalweiten der Schieber und des Zylinders darüberlegt, genaue Angaben über den Beginn und das Ende des Einströmens bzw. des Auspuffes. Die tatsächlichen Er-

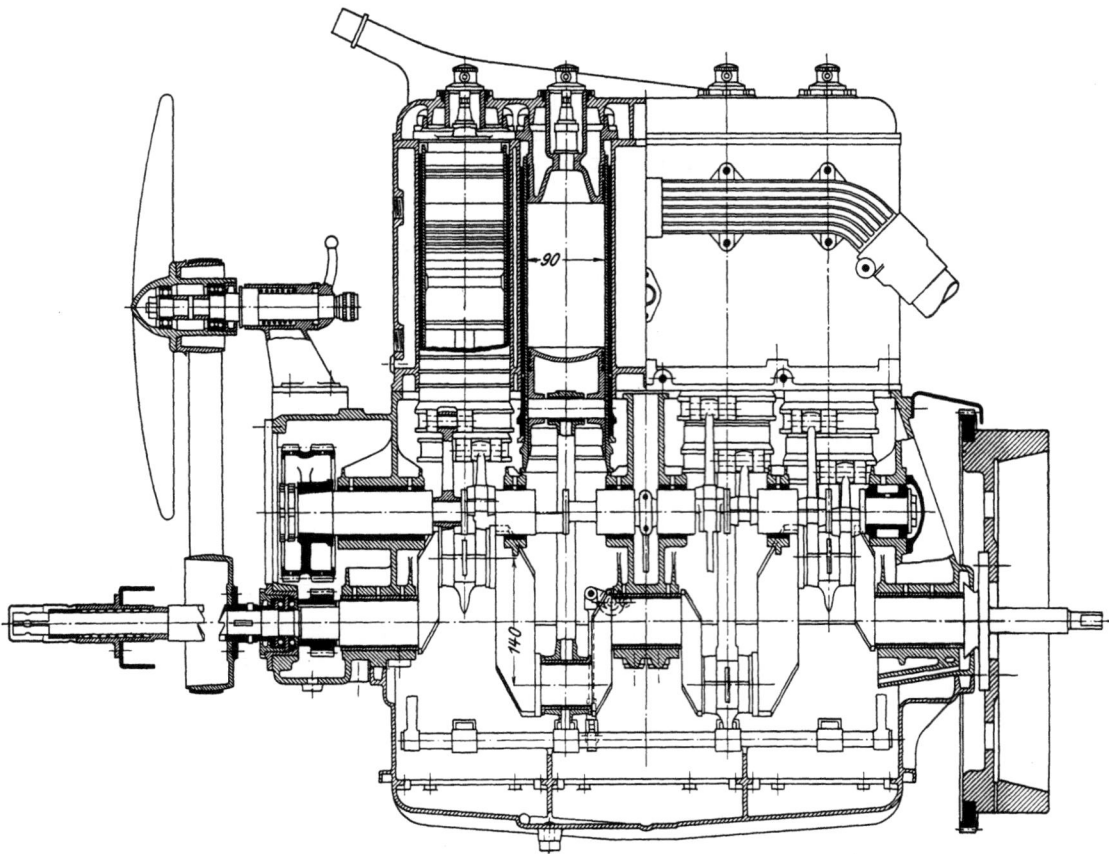

Abb. 667. Längsschnitt der Maschine mit Schiebersteuerung der Minerva Motors.

öffnungen sind in Abb. 670 leicht schraffiert. Sind die Arbeitsvorgänge bereits vorher festgelegt, so kann man aus diesen Diagrammen sofort die erforderlichen Kanalweiten entnehmen.

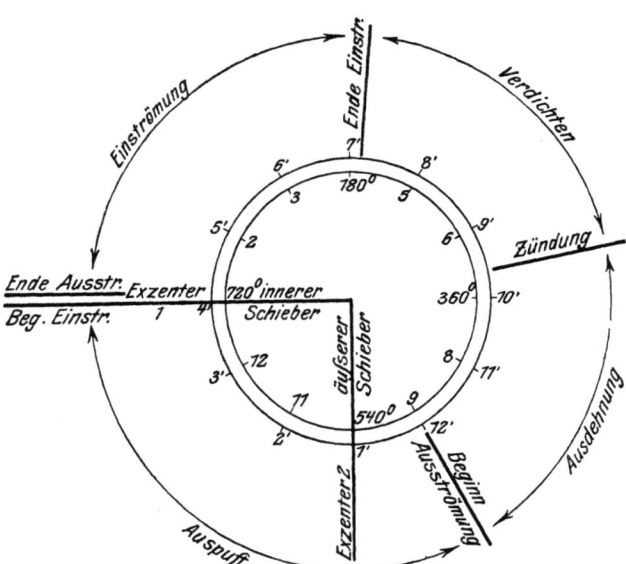

Abb. 669. Diagramm der Steuerung einer Knight-Maschine.

Die Darstellung ermöglicht ferner, zu beurteilen, wie schnell die Eröffnung und das Schließen auf der Einströmseite vor sich geht. Dadurch, daß die Schieber bei Beginn des Öffnens mit großer Geschwindigkeit in entgegengesetzten Richtungen bewegt werden, erreicht man geringe Drosselverluste, und hierin dürfte vor allem die Ursache für die guten Betriebseigenschaften der Maschine liegen. Beim Auspuff liegen die Verhältnisse nicht ganz so günstig. Die Eröffnung ist hier etwas schleichend, dafür aber ist der Querschnitt der Auspuffschlitze auf der ganzen Länge des Ausschubes fast voll geöffnet.

Verfolgt man an der Hand dieses Diagramms die Bewegungen der Schieber gegeneinander sowie gegenüber den Kanälen im Zylinder, so findet man, daß nach Beendigung des Einströmens die Schlitze beider Schieber über den Einströmkanal wandern, wo sie, zwischen Deckeleinschluß und Zylinder abgedichtet, den Einwirkungen der hohen Drücke und Temperaturen vollständig entzogen sind. Erst bei Beginn des Auspuffes bewegen sich die Schieber wieder nach abwärts; der äußere schneller als der

Kolbenschiebersteuerungen.

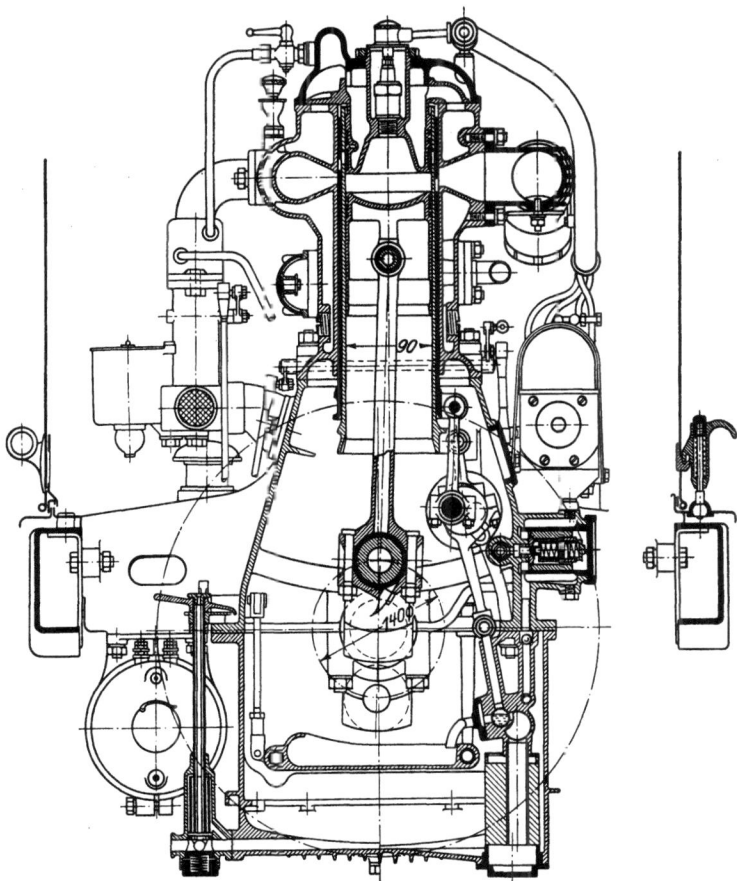

Abb. 668. Querschnitt der Maschine mit Schiebersteuerung der Minerva Motors.

innere, der zunächst etwas nach aufwärts geht und dann bei seinem Niedergange den Ausschub beendet.

Kennzeichnend für diese Steuerung ist, daß der Beginn des Einströmens durch die obere Kante des Einlaßschlitzes im Innenschieber und durch die untere Kante des Einlaßschlitzes im Außenschieber gesteuert wird, die sich in diesem Augenblick schnell auseinander bewegen, so daß große Durchgangsquerschnitte freigelegt werden. Dagegen wird das Ende des Einströmens durch die Unterkante des Einlaßschlitzes im Innenschieber und durch die Unterkante des Deckels gesteuert. Während der Verdichtung und der Expansion sind die Kanäle geschlossen, wobei die Länge der Überdeckungen mit steigendem Druck im Zylinder zunehmen. Der Beginn des Ausströmens wird durch die Unterkante des Deckels und die Unterkante des Auslaßschlitzes im Innenschieber gesteuert, nachdem der Außenschieber den Auspuffkanal des Zylinders freigegeben hat. Ende des Ausströmens wird durch die Unterkante des Auspuffschlitzes im Zylinder und die Oberkante des Auslaßschlitzes im Außenschieber bestimmt.

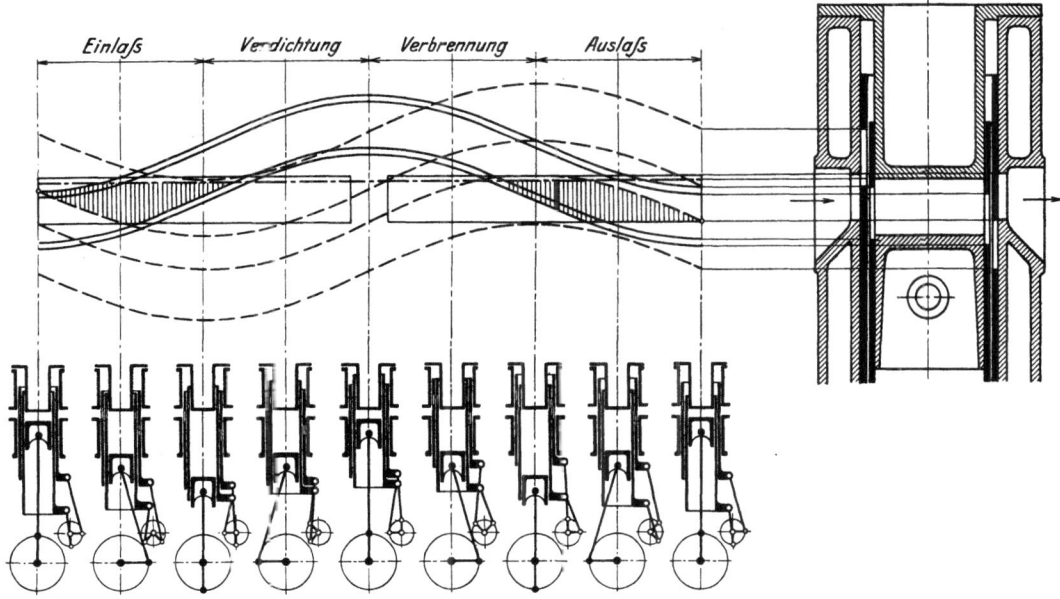

Abb. 670. Darstellung der Steuervorgänge der Maschine mit Schiebersteuerung.

Für die Beurteilung der Maschinen mit Schiebersteuerung im Vergleich mit Ventilmaschinen liefern die schon oben erwähnten eingehenden Untersuchungen von Riedler[1]) reichliche zahlenmäßige Unterlagen, die, wenn man sie vom Standpunkt des Konstrukteurs und Benützers des Kraftwagens auswertet, bei weitem kein so abfälliges Urteil begründen, wie Riedler selbst gefällt hat. Riedler hat u. a. namentlich eine Mercedes-Knight-Maschine von 100/130 mm und eine neuere Ventilmaschine der Adler-Werke von 86/135 mm geprüft. Für den Konstrukteur sind nun, abgesehen von Fragen des Brennstoffverbrauches und der Betriebssicherheit vor allem Fragen der Leistungsfähigkeit einer Fahrzeugmaschine

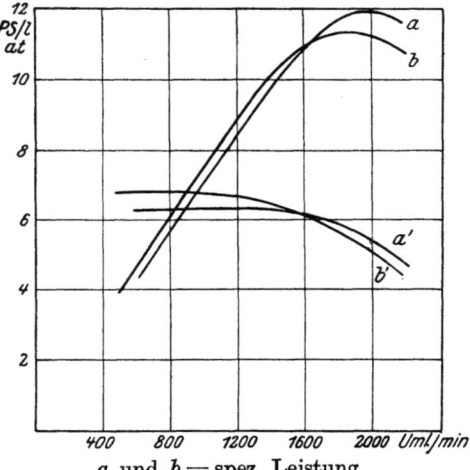

a und b = spez. Leistung
a' und b' = Mitteldruck
von Ventil- und Schiebermaschine.
Abb. 671. Vergleich der Leistungsfähigkeit von Ventil- und Schiebermaschine.

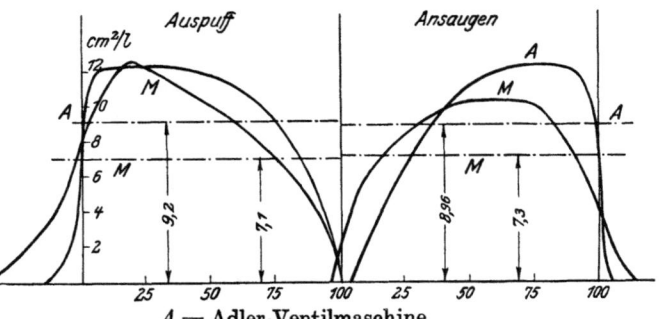

A = Adler-Ventilmaschine
M = Mercedes-Schiebermaschine
Abb. 672. Eröffnungsverhältnisse.

wichtig. Ein Vergleich verschiedener Maschinen in dieser Hinsicht wird ermöglicht, wenn man die Nutzleistungen der Maschinen bei gleichen Drehzahlen auf 1 l des Hubraumes bezieht und diese sogenannten spezifischen Leistungen miteinander vergleicht. Für die beiden oben erwähnten Maschinen zeigt Abb. 671 den Verlauf der Nutzleistungen bei steigenden Drehzahlen auf Grund der Riedlerschen Versuche. Man erkennt daraus deutlich, daß die Adler-Maschine mit 11,9 PS/l wohl bei 1980 Uml/min eine höhere spezifische Höchstleistung als die Mercedes-Knight-Maschine erreicht, die im Höchstfall nur 11,3 PS/l bei 1850 Uml/min leistet, daß aber auf der anderen Seite das größte Drehmoment oder der höchste nutzbare mittlere Kolbendruck bei der Adler-Maschine mit 6,3 at bei 600 Uml/min, bei der Mercedes-Knight-Maschine mit 6,85 at bei 600 Uml/min auftritt.

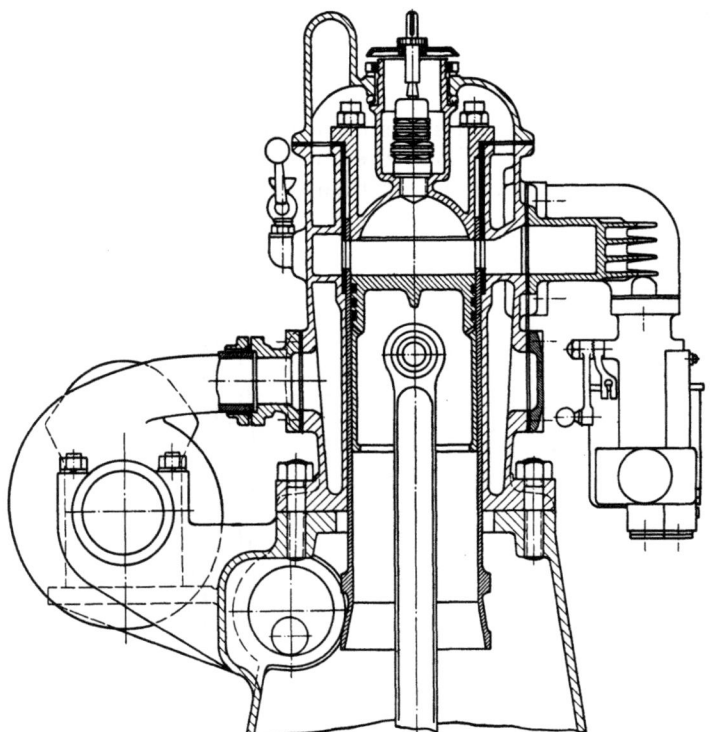

Abb. 673. Einschiebersteuerung nach Argyll.

Für den Benützer eines nicht gerade für Rennfahrten bestimmten Kraftwagens ist nun die Leistungsfähigkeit einer Fahrzeugmaschine nicht lediglich durch den Wert der spezifischen Höchstleistung gegeben, die man durch reichliche Bemessung des Ventilquerschnittes und Steigerung der Drehzahlen innerhalb weiter Grenzen steigern kann, sondern auch der Drehzahl-

---

[1]) Wissenschaftliche Automobil-Wertung, Bericht X.

bereich, innerhalb dessen sich die Maschine wechselnden Widerständen selbsttätig anpaßt, und das Drehmoment, das die Maschine bei der ohne Umschalten des Getriebes zulässigen Mindestdrehzahl entwickelt. Gerade in dieser Hinsicht ist die Maschine mit Schiebersteuerung der Ventilmaschine wesentlich überlegen. Ihr Vorteil zeigt sich dann darin, daß man selbst mit verhältnismäßig schweren Fahrzeugen langsam um die Ecken biegen und den Wagen wieder beschleunigen kann, ohne umschalten zu müssen.

Die Ursache dieser Überlegenheit ist wahrscheinlich in den günstigen Eröffnungsverhältnissen der Doppelschiebersteuerung beim Ansaugen zu suchen, die man aus Abb. 672 entnehmen kann und die auch durch die günstigen volumetrischen Wirkungsgrade bewiesen werden. Nach Riedler beträgt nämlich der volumetrische Wirkungsgrad der Adler-Ventilmaschine bei 500 Uml/min 85, bei der Mercedes-Knight-Maschine aber 86 v. H., obgleich die Ventilmaschine um 19 v. H. größeren mittleren spezifischen Einlaßquerschnitt hat. Da diese Vorteile auf der Verwendung von zwei Kolbenschiebern beruhen, die im Augenblick der Eröffnung gleichzeitig, also mit großer Relativgeschwindigkeit, gegeneinander verstellt werden, so haben die zahlreichen Vorschläge für Einschiebersteuerungen, die später aufgetreten sind, die Leistungsfähigkeit der Maschinen mit Doppelschiebersteuerung nicht erreichen können. Die meisten Aussichten hat noch eine ursprünglich von Argyll vorgeschlagene Anordnung, Abb. 673, die in neuerer Zeit von Burt & McCollum in England aufgenommen wurde und sich bei den Londoner Motoromnibussen sowie bei Lastkraftwagen und Schleppern gut bewährt haben soll. Hier ist der Schieber mit dem Exzenter auf der Steuerwelle durch ein Gelenk derart verbunden, daß er gleichzeitig mit seiner senkrechten Schwingung eine Drehschwingung um die senkrechte Achse des Zylinders ausführt. Zweifellos kann man auch auf diesem Weg beschleunigte Eröffnungen der Kanäle ohne die Beigabe des zweiten Schiebers erzielen, doch haben diese Maschinen bis jetzt, trotz langjähriger Versuche zum Teil angesehener Fabriken, keine wesentliche Bedeutung erlangt.

Auch in bezug auf das Geräusch hat die Schiebersteuerung Vorzüge gegenüber der Ventilsteuerung, wenn man die Frage vom Standpunkt des Wagenbenützers betrachtet. Zwar ist es heute möglich, auch Maschinen mit Ventilsteuerung zu bauen, die namentlich bei mittlerer oder kleiner Leistung praktisch geräuschlos laufen; allein dieser Zustand läßt sich im Gebrauch nur verhältnismäßig kurze Zeit, auf keinen Fall so lange aufrechterhalten wie bei Maschinen mit Schiebersteuerung, weil bei diesen der Zwanglauf der Steuerteile unbedingt gesichert ist und wesentlich weniger der Abnützung ausgesetzte Einzelteile in Frage kommen. Nach Verlauf einer gewissen Wegleistung muß daher das Geräusch einer Ventilmaschine wesentlich stärker als das einer Schiebermaschine sein.

Trotz ihrer Vorzüge haben die Maschinen mit Schiebersteuerung bis jetzt keine große Verbreitung erlangt. Das mag, abgesehen von den noch in Kraft befindlichen Schutzrechten, daran liegen, daß die Maschine mit Schiebersteuerung ziemlich hohe Ansprüche an zuverlässige Wartung stellt, wenn keine Störungen im glatten Lauf der Schieber auftreten sollen, die stets kostspielige Ausbesserungen bedingen. Wo diese Wartung nicht gesichert ist, bietet eine Ventilmaschine immer bessere Aussichten, vor schweren Maschinenschäden bewahrt zu bleiben.

Regelung.

Von Regelvorrichtungen im wahren Sinne des Wortes, d. h. von Einrichtungen, deren Aufgabe es ist, die Leistung der Maschine der wechselnden Belastung selbsttätig anzupassen, läßt sich bei Fahrzeugmaschinen nicht gut sprechen. Bei solchen Maschinen, deren brennbares Gemisch außerhalb des Zylinders erzeugt wird, steht zum Verändern der Leistung nur der zwischen Vergaser und Maschine eingebaute Drosselschieber zur Verfügung, mit dessen Hilfe man die Menge des angesaugten Gemisches verändern kann. Da sich aber, wie früher gezeigt worden ist, hierbei das frische Gemisch, und, weil sich das Verhältnis zwischen Gemisch und zurückgebliebenen verbrannten Gasen ändert, auch die Ladung verändert, so kann man bei der Regelung mittels Drosselschiebers von keiner reinen Füllungsregelung sprechen, wenngleich sie es eigentlich sein sollte. Die Vorgänge sind im übrigen noch viel zu wenig erforscht, als daß sich feste Regeln für die Gestalt und Bemessung des Schiebers aufstellen ließen. Verschiedene Bauarten von Drosselschiebern sind in Verbindung mit Vergasern in dem betreffenden Abschnitt, S. 89 u. f., dargestellt.

Abb. 674 zeigt, wie z. B. beim Lastkraftwagen der Vogtländischen Maschinenfabrik die zur Vergaserdrossel führende Stange sowohl mittels des Fußhebels (Akzelerateur), als auch mittels des Handhebels auf dem Lenkrad verstellt werden kann, ohne daß sich diese beiden Verstellvorrichtungen stören. Da der Verstellhebel auf dem Lenkrad in Zahnrasten festgehalten wird, so benutzt man ihn vorzugsweise dann, wenn man die Drossel längere Zeit in einer bestimmten Lage sichern will, dagegen benutzt man den Fußhebel, der unter Federwirkung stets in die Leerlaufstellung zurückkehrt, um die Leistung der Maschine vorübergehend zu steigern.

Daß man den Zündzeitpunkt zum Regeln der Maschinenleistung nicht benutzen darf, ist schon gesagt worden. Der Zündzeitpunkt muß aus Rücksicht auf die Wirtschaftlichkeit stets seine günstigste Stellung haben und darf bei Änderung der Leistung nur so weit verstellt werden, als es eben jene Rücksicht erfordert.

Das Bedürfnis nach einer Vorrichtung, welche das Überschreiten einer gewissen höchsten Umdrehungszahl der Wagenmaschinen bei plötzlicher Entlastung, z. B. beim Lösen der Kupplung, mit voller Sicherheit verhindert, ist in den letzten Jahren bei den schnellfahrenden Personenkraftwagen fast vollkommen verschwunden. Man regelt die Leistung ausschließlich mittels der Drosselklappe, welche in die Saugleitung zwischen Maschine und Vergaser eingebaut ist, und welche unter dem Einfluß einer Feder das Bestreben hat, sich so weit zu schließen, als für den langsamen Leerlauf des Motors erforderlich ist. Das Öffnen der Klappe, also das Steigern der Leistung, wird zumeist durch Druck auf den Kopf eines Fußhebels bewirkt, daneben ist noch ein weiterer Verstellhebel für die Drosselklappe auf dem Lenkrade vorhanden. Bei dieser Art der Bedienung der Maschine

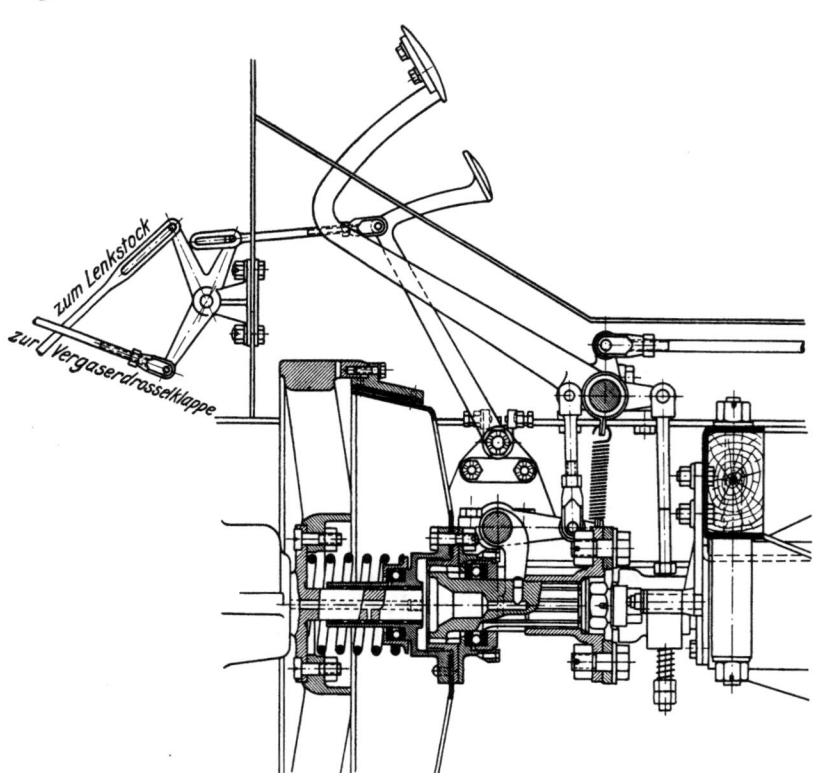

Abb. 674. Regelgestänge des Vomag-Lastkraftwagens.

ist kein besonderer Geschwindigkeitsbegrenzer für den Fall der plötzlichen Entlastung der Maschine erforderlich, weil der Fahrer sich sehr bald daran gewöhnt, den Fuß vom Akzeleratorhebel abzuziehen, also die Drosselklappe zu schließen, bevor er die Kupplung löst. Andererseits ist bei voller Öffnung der Drosselklappe die erreichbare höchste Drehzahl der Maschine durch die Belastung bestimmt. Fällt diese einmal plötzlich fort, so steigt die Drehzahl bis zu einem Höchstwert, welcher durch die Ventil- und sonstigen Ansaugquerschnitte bestimmt ist. Durch geeignete Bemessung dieser Querschnitte ist man in der Lage, Drehzahlen mit Sicherheit zu vermeiden, welche der Maschine, insbesondere ihrem Gestänge und ihren Lagern, irgendwie gefährlich werden könnten.

Im Gegensatz zu den Personenkraftwagen ist bei dem Kraftlastwagen und anderen Nutzfahrzeugen mit Motorantrieb das Vorhandensein eines sicheren Mittels zum Regeln der Drehzahl zur Notwendigkeit geworden, weil sich die üblichen Geschwindigkeitszeiger, selbst solche mit selbsttätigem Schreibgerät, nicht als ausreichende Sicherung gegen zu schnelles Fahren der Wagen mit allen seinen unerwünschten Folgen: hohe Abnützung aller Wagenteile, großer Brennstoff- und Gummiverbrauch, hohe Unfallgefahr usw., erwiesen haben. Aber auch beim besten Willen ist ein Wagenführer nicht imstande, die Fahrgeschwindigkeit so gleichmäßig zu regeln, wie eine selbsttätige Vorrichtung, weil während des Fahrens Erschütterungen auftreten, die sich durch den Fuß des Wagenführers auf den Drosselhebel übertragen und die Leistung der Maschine dauernder Schwankung aussetzen.

Das größte Interesse an der Entwicklung und Einbürgerung solcher Sicherungen gegen das Überschreiten der zulässigen Fahrgeschwindigkeit haben die Besitzer solcher Fahrzeuge; nicht allein wegen der Rücksicht auf die Betriebs- und Erhaltungskosten, sondern auch mit Rücksicht auf ihre Haftung bei Unfällen. Gemäß dem Haftpflichtgesetz für Automobile[1]) nehmen nämlich die Lastkraftwagen eine Ausnahmestellung ein insofern, als sie von der verschärften Haftpflicht befreit sind; der Eigentümer eines solchen Wagens kann, wenn sein Fahrzeug den Bestimmungen des Gesetzes entspricht, nicht für einen durch seinen Wagenführer verursachten Unfallschaden haftbar gemacht werden, wenn er bei der Auswahl seines Angestellten und bei der Wartung seines Fahrzeuges die übliche Sorgfalt aufgewendet hat. Die Bestimmung des Gesetzes, daß das Fahrzeug nur für die Beförderung von Lasten bestimmt sein darf und so eingerichtet sein muß, daß es bei voller Fahrt in der Ebene im unbelasteten Zustande die Geschwindigkeit von 20 km/h nicht überschreiten kann, weist unmittelbar darauf hin, daß das Fahrzeug mit einer das Überschreiten der erwähnten Höchstgeschwindigkeit verhindernden Einrichtung versehen sein muß, da das zunächst liegende Mittel, die Höchstgeschwindigkeit des Motorwagens durch die Leistung der Maschine zu begrenzen, wohl bei elektrischen, aber nicht bei Fahrzeugen mit Verbrennungsmaschinen anwendbar ist; denn eine Wagenmaschine, die in ihrer Höchstleistung so begrenzt ist, daß sie das Fahrzeug in der Ebene mit keiner höheren Geschwindigkeit als 20 km in der Stunde zu betreiben gestattet, müßte bei der geringsten Steigung steckenbleiben, weil sie im Gegensatz zum Elektromotor keine wesentliche Steigerung des Drehmomentes bei abnehmender Drehzahl ermöglicht. Im besten Falle käme man selbst über die schwächste Steigung nicht ohne Umschalten des Getriebes hinweg, was, abgesehen von der Unbequemlichkeit für den Fahrer und der Inanspruchnahme des Getriebes, die erzielbare Durchschnittsgeschwindigkeit bedeutend vermindern würde.

Auch auf die Beurteilung der Verwendbarkeit der im nachstehenden besprochenen Regelvorrichtungen ist die Rücksicht auf die Haftung für etwaige Unfallschäden nicht ohne Einfluß. In den ersten Jahren der Wirkung des deutschen Automobil-Haftpflichtgesetzes haben sich die Gerichte im allgemeinen damit begnügt, festzustellen, ob die Vorschriften der oben erwähnten Ausnahmebestimmung bei einer von dem gerichtlichen Sachverständigen vorgenommenen Probefahrt erfüllt waren. Stellte also der Sachverständige fest, daß der betreffende Wagen ein nur zum Befördern bestimmtes Fahrzeug ist, das bei der Probefahrt mit voller Öffnung des Vergasers und mit Einstellung des Wechselgetriebes auf die Höchstgeschwindigkeit die Grenze von 20 km/h nicht überschritten hat, so nahm das Gericht ohne weiteres an, daß das Fahrzeug von der verschärften Haftung befreit, die Klage auf Unfallentschädigung somit nur gegen den Wagenführer selbst, nicht aber gegen den Eigentümer zulässig sei.

Mit der Zeit haben jedoch die Gerichte ihre Auffassung geändert. Sie fordern heute nicht nur den Nachweis, daß das am Schadenfall beteiligte Fahrzeug in der Ebene 20 km/h Geschwindigkeit nicht überschreiten kann, sondern auch, daß es dem Wagenführer nicht möglich ist, durch einen verhältnismäßig einfachen Eingriff in die Reglerteile die erreichbare Höchstgeschwindigkeit zu steigern. Nach dem heutigen Stande bieten aber die bekannten Einrichtungen zum Begrenzen der Höchstgeschwindigkeit verhältnismäßig wenig Schutz gegen derartige unbefugte Eingriffe des Wagenführers, und es besteht daher die Gefahr, daß es den meisten Betrieben unmöglich gemacht wird, die zugunsten der Lastkraftwagen geschaffenen Ausnahmevorschriften für sich geltend zu machen. Daß damit eine wesentliche Erhöhung der Versicherungskosten und eine Beeinträchtigung der Wirtschaftlichkeit verknüpft ist, leuchtet ohne weiteres ein.

Unter den Mitteln, die man bis heute verwendet hat, um die Höchstgeschwindigkeit, welche ein Motorwagen erreichen kann, zu begrenzen, nehmen diejenigen Vorrichtungen, welche nicht unmittelbar auf die Wagengeschwindigkeit, sondern nur auf die Drehzahl der Maschine wirken, den breitesten Raum ein. Bei der einfachsten Ausführung, Abb. 675, wird von der Maschine ein Schwunggewicht a angetrieben, das sich unter dem Einfluß der Fliehkraft wagerecht stellt, bei geringeren Drehzahlen dagegen durch eine Feder b schräg gehalten wird. In der wagerechten Stellung des Schwungringes a wird durch ein an der Verstellmuffe c angreifendes Gestänge die Drosselklappe d vollständig geschlossen. Ist dagegen die höchste Drehzahl noch nicht erreicht und der Schwungring a noch in der gestrichelt angedeuteten Ruhelage, so läßt sich die Drosselklappe durch Senken oder Heben der Muffe e öffnen oder schließen. Die hierzu dienende Stange f wird vom Führersitz aus in irgendeiner bekannten Weise betätigt.

Für den Antrieb der Schwunggewichte des Reglers soll man möglichst keine besondere Welle, sondern die Kurbelwelle selbst verwenden. Abb. 676 zeigt z. B. eine Anordnung, wobei der

---
[1]) Vgl. den Anhang.

Regler in dem großen Zahnrad eingebaut ist, welches die Steuerwelle antreibt. Der Regler besteht aus zwei an den Armen des Zahnrades a gelagerten Winkelhebeln b, deren mit Kugelgewichten c versehene Arme durch die Federn d gegeneinander gezogen werden, während die

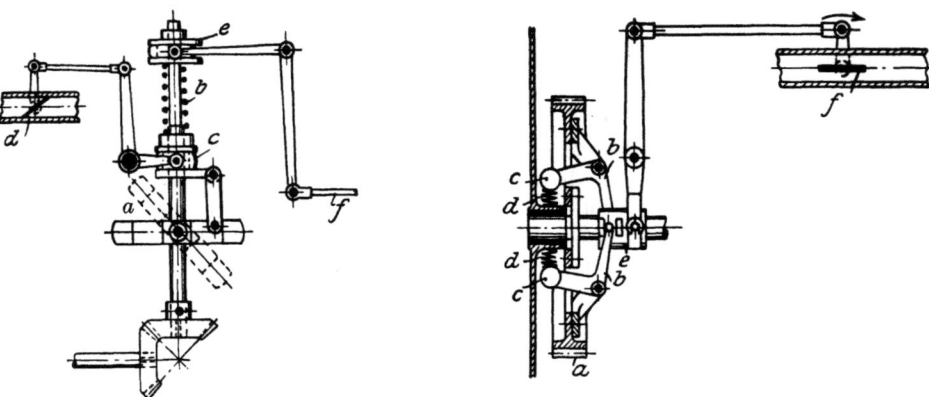

Abb. 675. Einfachste Regelvorrichtung.

Abb. 676. Regler ins Steuerwellenrad eingebaut.

inneren Arme der Hebel an einer Muffe e angreifen. Beim Überschreiten der zulässigen Drehzahl überwinden die Kugelgewichte die Federbelastung und die Muffe wird gegen das Zahnrad hin verschoben, so daß die Drosselklappe f in der angegebenen Pfeilrichtung geschlossen wird.

Abb. 677 veranschaulicht eine besonders gedrängte Bauart des auf die gleiche Wirkungsweise berechneten Geschwindigkeitsreglers der Daimler-Motoren-Gesellschaft, Berlin-Marienfelde. Der Regler sitzt hier auf dem Ende der Kurbelwelle a zwischen Hauptlager und Andrehkurbel und besteht wieder aus zwei an der Welle gelagerten, mit Schwunggewichten versehenen Winkelhebeln b, welche beim Überschreiten der zulässigen Drehzahl der Welle unter Überwindung einer Feder c die Muffe d verschieben, wodurch der auf die Drosselklappe des Vergasers wirkende Hebel e verstellt wird. Die Feder läßt sich auf dem Prüfstand leicht einstellen, ist aber dem Fahrer verhältnismäßig schwer zugänglich, so daß er die Spannung nicht unbefugt verändern kann.

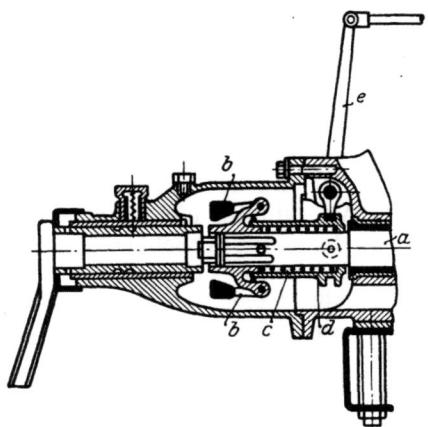

Abb. 677. Regler der Daimler-Motoren-Gesellschaft.

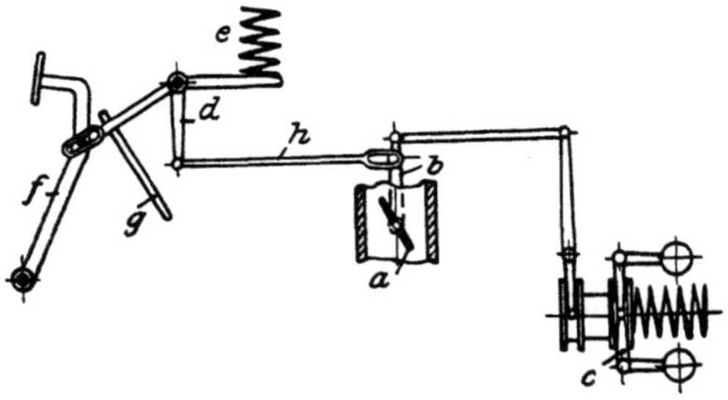

Abb. 678. Sicherung der Drosselklappe gegen Handverstellung.

Natürlich muß bei allen derartigen Regelvorrichtungen die Möglichkeit gewahrt bleiben, die Maschine mittels des Hand- oder des Fußhebels, oder auch mittels beider Hebel in der sonst üblichen Weise zu regulieren. Die zur Drosselklappe führenden Gestänge müssen zu diesem Zweck ausreichenden Spielraum haben, damit die selbsttätige Regelung die Handregelung in keiner Weise beeinträchtigt. Dabei richtet man das Gestänge zweckmäßigerweise so ein, daß sich die Drosselklappe mittels des Hand- und des Fußhebels nicht öffnen läßt, wenn sie vom Regler geschlossen worden ist. Abb. 678 zeigt annähernd, wie diese Aufgabe gelöst werden kann. Der auf die Drosselklappe a wirkende Hebel b, der beim Überschreiten der zulässigen Drehzahl durch den Regler c nach links ausgeschwenkt wird, läßt sich vermöge der auf den Winkelhebel d wirkenden Feder e auch ohne Mitwirkung des Reglers nach links ziehen, wenn der Druck auf den Fußhebel f nachläßt oder wenn der z. B. am unteren Ende der Lenksäule angreifende Hebel g der Handregelung aufwärts gedrückt wird. Anderseits gestattet das Spiel in dem Ende der Stange h dem Regler c ohne Rücksicht auf die jeweilige Einstellung des Handgestänges auf die Drosselklappe zu wirken.

Während bei den bisher beschriebenen Regelvorrichtungen stets Schwunggewichtregler benützt wurden, die leicht in Unordnung geraten und infolge des Nachlassens der Federspannung unzuverlässig werden können, hat man auch schon daran gedacht, als Antriebsmittel für das Gestänge, welches beim Erreichen der zulässigen Drehzahl der Maschine den Drosselschieber zu schließen hat, den Druck des Wassers in der Kühlleitung zu benützen. So zeigt Abb. 679 einen älteren Druckregler der Firma Panhard & Levassor, Paris, der sich jedenfalls durch große Einfachheit auszeichnet. Er besteht nur aus einer Membran a von reichlich bemessener Oberfläche, deren Gehäuse b an irgendeiner Stelle in die Druckleitung der Kühlwasserpumpe eingeschaltet wird. Durch den mit wachsender Drehzahl der Pumpe steigenden Wasserdruck wird die Membran stark ausgebaucht und dabei der Schieber c verstellt, woran das zum Vergaser führende Gestänge d angreift.

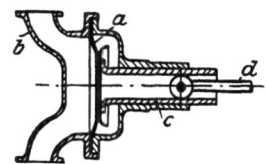

Abb. 679. Durch den Kühlwasserdruck betätigter Regler von Panhard & Levassor.

Es leuchtet ein, daß durch ein solches Regelmittel, welches sich bei langsam zunehmender Umlaufzahl der Maschine seiner Endlage ebenso langsam nähert, keine Sicherheitsregelung, d. h. kein plötzliches Eingreifen des Geschwindigkeitbegrenzers erreicht werden kann, wie bei dem Fliehkraftregler, den man stets genügend labil ausbilden kann, so daß er fast unmittelbar beim Erreichen der Grenzdrehzahl, aber nicht früher, eingreift und ebenso ohne Übergang in die Ruhestellung zurückgeht. Dazu kommt, daß Druckregler nur über verhältnismäßig kleinen wirksamen Hub verfügen, also nur mit Hebelübersetzung auf die Drosselklappe wirken können.

Das gleiche Bedenken trifft auch auf solche Druckregler zu, bei welchen die Geschwindigkeit des durch die Saugleitung strömenden Gasgemisches zum Betätigen einer Drosselscheibe mit Federbelastung ausgenützt wird. Hier kommt hinzu, daß die Drosselscheibe mit einer Dämpfvorrichtung versehen werden muß, damit sie nicht unter dem Einfluß der Saugstöße ins Flattern gerät. Einen Regler dieser Art zeigt Abb. 680. Sobald durch den Druck des Gemischstromes bei a der Drosselkegel b gehoben und der damit verbundene Ringschieber c geschlossen wird, stellt der an der Spindel des Drosselkegels angebrachte Kolbenschieber eine Verbindung mit der Saugleitung her, worin bei geschlossener Drossel starker Unterdruck herrscht, so daß die Drossel in dieser Lage festgehalten wird und sich erst dann wieder öffnet, wenn die Maschine langsamer läuft. Der Anschluß an die Saugleitung läßt sich mittels der Nadel regeln. Man hat derartige Regler auch schon, wie bei der Bauart von Kramer, so ausgebildet, daß die Drosselscheibe nicht mehr zum Verstellen des Vergaserschiebers, sondern unmittelbar zum Absperren der Saugleitung dient.

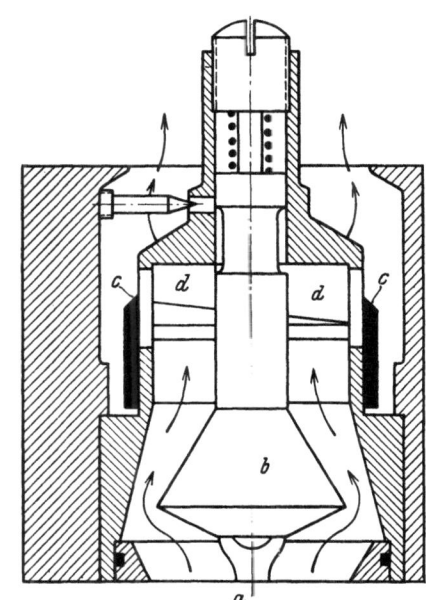

Abb. 680. Durch die Geschwindigkeit des Saugstromes betätigter Regler.

Bei näherer Überlegung erkennt man, daß alle beschriebenen Regelvorrichtungen einen grundsätzlichen Mangel haben. Sie begrenzen nämlich nicht die Wagengeschwindigkeit, was eigentlich ihr Zweck wäre, sondern nur die Umlaufzahl der Maschine, und zwar in einer Höhe, die für alle Übersetzungen des Wagengetriebes unveränderlich ist. Das hat zur Folge, daß ein Wagen, dessen Regler auf 900 Uml/min eingestellt ist, bei unmittelbarem Eingriff des Getriebes wohl z. B. 18 km/h, aber mit dem dritten Gang nur etwa 13,5 km, mit dem zweiten Gang 7,2 km und mit dem ersten Gang höchstens 3,6 km/h Geschwindigkeit erreichen kann. Infolge der Begrenzung der Maschinendrehzahl sinkt also die erreichbare höchste Fahrgeschwindigkeit bei verschiedenen Schaltungen des Wechselgetriebes in dem Verhältnis als die Gesamtübersetzung des Getriebes zunimmt. Das hat zur Folge, daß bei den niedrigen Getriebestufen keine höhere Maschinenleistung verfügbar gemacht werden kann, als bei der Höchstgeschwindigkeit des Wagens, was mitunter sehr störend wirkt.

Weiterhin ist zu beachten, daß die Geschwindigkeit von 800 bis 900 Uml/min, worauf die Maschinen solcher Fahrzeuge in der Regel begrenzt werden, keineswegs durch die Bauart der

Maschine oder die Abmessungen der Ventilquerschnitte, sondern lediglich durch die Übersetzung des Wagengetriebes und die Rücksicht auf die erwähnte Höchstgeschwindigkeit von 20 km/h bedingt ist, daß also die Maschine auch mit 1200, sogar bis zu 1500 Uml/min mit steigender Leistung laufen kann, ohne daß die Abnützung zu groß wird.

Man hat daher Regelvorrichtungen vorgeschlagen, welche die Fahrgeschwindigkeit und nicht die Maschinendrehzahl begrenzen. Die Aufgabe ist grundsätzlich in der aus Abb. 681 ersicht-

Abb. 681. Regelung der Wagengeschwindigkeit vom Vorderrad aus.

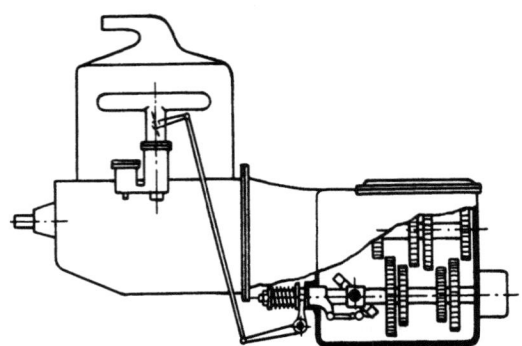

Abb. 682. Regelung der Wagengeschwindigkeit vom Wechselgetriebe aus.

lichen Weise lösbar. Vom Vorderrad wird, ähnlich wie bei dem Geschwindigkeitsmesser, eine biegsame Welle angetrieben, an deren Ende ein beliebiger, auf die Drosselklappe des Vergasers wirkender Fliehkraftregler angeordnet ist. Je nach der Übersetzung des Wagengetriebes kann hierbei die Maschine verschieden hohe Leistungen abgeben, immer aber nur derart, daß der Wagen die zulässige Höchstgeschwindigkeit nicht überschreitet. Da der Kraftverbrauch eines Wagens bei voller Fahrt in der Ebene nur etwa 30 v. H. seiner verfügbaren Höchstleistung be-

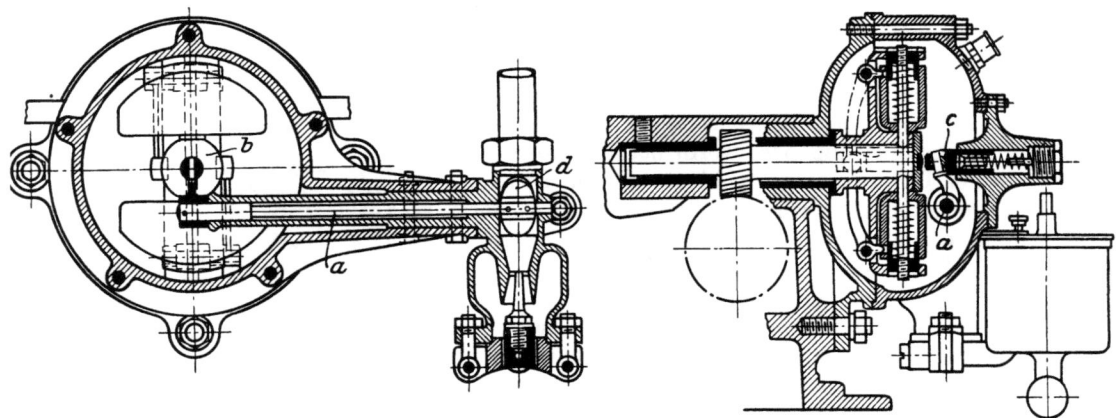

Abb. 683 und 684. Regler der Société Berliet.

trägt, der Wagen also unter normalen Verhältnissen fast auf 90 bis 95 v. H. der Wegstrecke mit der kleinsten Getriebeübersetzung fahren kann, so erhöht die Steigerung der Maschinendrehzahl bei den höheren Getriebeübersetzungen die Abnützung kaum wesentlich. Andererseits kann man dann mit wesentlich kleineren, leichteren Maschinen auskommen und die Wirtschaftlichkeit des Wagenbetriebes erhöhen, weil die kleinere Maschine bei voller Fahrt mit weiter geöffnetem Vergaser arbeitet und den Brennstoff besser ausnützt.

Der Mangel, daß bei den üblichen Reglern das Gestänge zum Vergaser freiliegt und daher verhältnismäßig leicht abgehängt werden kann, so daß der Regler wirkungslos wird, ist bei dem in Abb. 683 und 684 wiedergegebenen Regler der Société Berliet, Lyon, vermieden. Die Welle a, die von der Reglermuffe b mittels des Daumenhebels c verstellt wird, liegt ganz innerhalb des Reglergehäuses und trägt unmittelbar an ihrem äußeren Ende die Drosselklappe d für den Vergaser, so daß unbefugte Eingriffe in die Wirksamkeit des Reglers wesentlich schwerer möglich sind.

Die Anordnung nach Abb. 681 hat den Nachteil, daß sie die Maschine nicht am Durchgehen hindert, wenn man das Getriebe auf Leerlauf einstellt. Diesen Nachteil behebt auch die

Anordnung nach Abb. 682 nicht. Das Wechselgetriebe hat zwei übereinander liegende Wellen, wovon die obere mit der Maschine, die untere mit dem Wagengetriebe in Verbindung steht. Auf der letzteren Welle ist ein Schwungring angebracht, der mit dem Gestänge unmittelbar auf die Drosselklappe des Vergasers einwirkt.

Man erkennt schon aus diesen beiden Beispielen, daß der erwähnte Nachteil allen Wagenreglern anhaftet, welche nicht durch die Umlaufzahl der Maschine, sondern durch die Fahrgeschwindigkeit des Wagens beeinflußt werden und daß man den Regler von beiden Einflüssen abhängig machen muß.

In einfacher Weise wird diese Aufgabe bei der Vorrichtung von Adolf Saurer in Arbon, Schweiz, Abb. 685, gelöst. Diese Vorrichtung läßt bei jeder Stellung des Getriebeschalthebels nur eine bestimmte Höchstdrehzahl der Maschine zu, gestattet also, die Maschine bei Fahrten in der Ebene langsamer als bei Fahrten auf Steigungen laufen zu lassen. Die Maschine ist mit dem üblichen Fliehkraftregler a versehen, dessen Muffe beim Überschreiten einer gewissen Drehzahl mittels der Stangen b und c, des Doppelarmhebels d und des Winkelhebels e den Drosselschieber f des Vergasers g schließt. Die Drehzahl, bei welcher dies eintritt, wird, von anderen Umständen abgesehen, durch die Spannung der Feder h bestimmt. Entlastet man diese Feder so tritt die Wirkung des Reglers schon bei einer niedrigeren Drehzahl ein. Darauf läuft die Absicht dieses Reglers hinaus. Mit dem Schalthebel i wird eine Daumenscheibe k verstellt, worauf

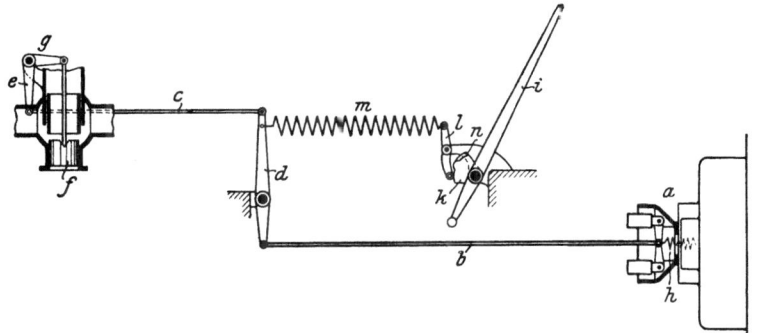

Abb. 685. Regelung von Adolf Saurer.

der Doppelhebel l schleift. Dieser ist gegen den Hebel d durch eine Feder m abgestützt, welche das Bestreben hat, sich zu verlängern.

Angenommen, in der gezeichneten Lage habe die Feder m ihre kleinste Spannung, so wird beim Verstellen des Schalthebels nach vorwärts in die Mittellage die Feder m verlängert. Die wirksame Spannung der Reglerfeder sinkt daher und der Regler drosselt den Vergaser bereits bei einer verhältnismäßig niedrigen Drehzahl ab, was für den Leerlauf der Maschine, dem die Mittellage des Schalthebels entspricht, erwünscht ist. In ähnlicher Weise kann man die Drehzahl der Maschine auch beschränken, wenn der Schalthebel in die Vorwärtslage gebracht wird. Ist an dieser Stelle die Daumenscheibe, wie bei n, in der gleichen Weise erhöht wie in der Mittellage des Hebels, so kann man auch bei dieser Stellung des Schalthebels die Höchstdrehzahl der Maschine auf einer so niedrigen Grenze halten, daß der Wagen keine unzulässige Geschwindigkeit erreichen kann.

Schmierung.

Der Durchbildung von sachgemäßen Schmiervorrichtungen für Fahrzeug-Verbrennungsmaschinen hat man erst verhältnismäßig spät angefangen, die erforderliche Aufmerksamkeit zu schenken. Man begnügte sich früher so gut wie ausschließlich damit, in das Kurbelgehäuse der Maschine von Zeit zu Zeit eine gewisse Menge von Schmieröl aus einer mitgeführten Ölkanne nachzufüllen und überließ es den in dieses Ölbad eintauchenden Pleuelstangenköpfen (Tauchschmierung), das Öl auf die Lager und Zapfen der Kurbelwelle sowie auf die übrigen Schmierstellen zu verspritzen. Zum neueren Fortschritt auf diesem Gebiet hat neben den gesteigerten Anforderungen an die Betriebssicherheit nicht zum wenigsten der Umstand beigetragen, daß mit zunehmendem Verkehr von Motorfahrzeugen in den öffentlichen Straßen der Großstädte die Klagen über die Belästigung des Verkehrs durch das Rauchen des Motorauspuffs immer lauter wurden und die Aufsichtsbehörden sich dieser Beschwerden annahmen und drohten, jedem übermäßig rauchenden Motorwagen die Fahrterlaubnis zu entziehen.

Allerdings stehen sich die Anforderungen, welche die Kurbelwelle und die Kolbenbahnen an die Schmierung stellen, ziemlich widersprechend gegenüber. Während die Kurbellager um so besser arbeiten werden, je größere Schmierölmengen man ihnen zuführt, sind die Kolbenbahnen gegen übermäßiges Schmieren insofern empfindlich, als das überflüssige Schmieröl während des Saughubes auf die Oberseite des Kolbens gelangt, bei der Zündung der Ladung mit verbrennt und hierbei den bekannten blauen Rauch im Auspuff entwickelt; abgesehen davon bilden sich hierbei feste Rückstände, die sich auf den Kolben, Ventilen usw. ansetzen

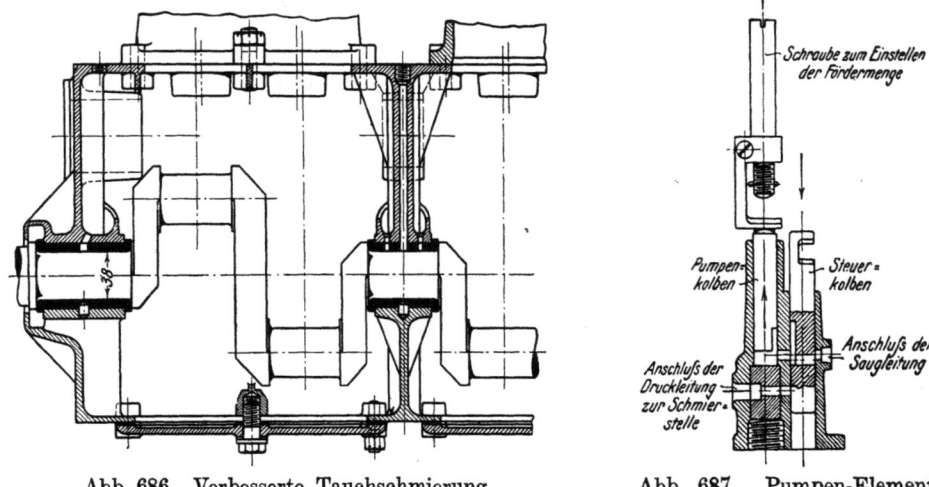

Abb. 686. Verbesserte Tauchschmierung.   Abb. 687. Pumpen-Element des Bosch-Ölers.

und mit der Zeit glühend werden, so daß Vorzündungen entstehen, wenn die Zündung nicht schon vorher infolge von Kurzschlüssen versagt hat. Bei der alten Tauchschmierung konnte man diesen Übelstand nur vermeiden, wenn man das Ölbad andauernd auf genau gleicher Höhe

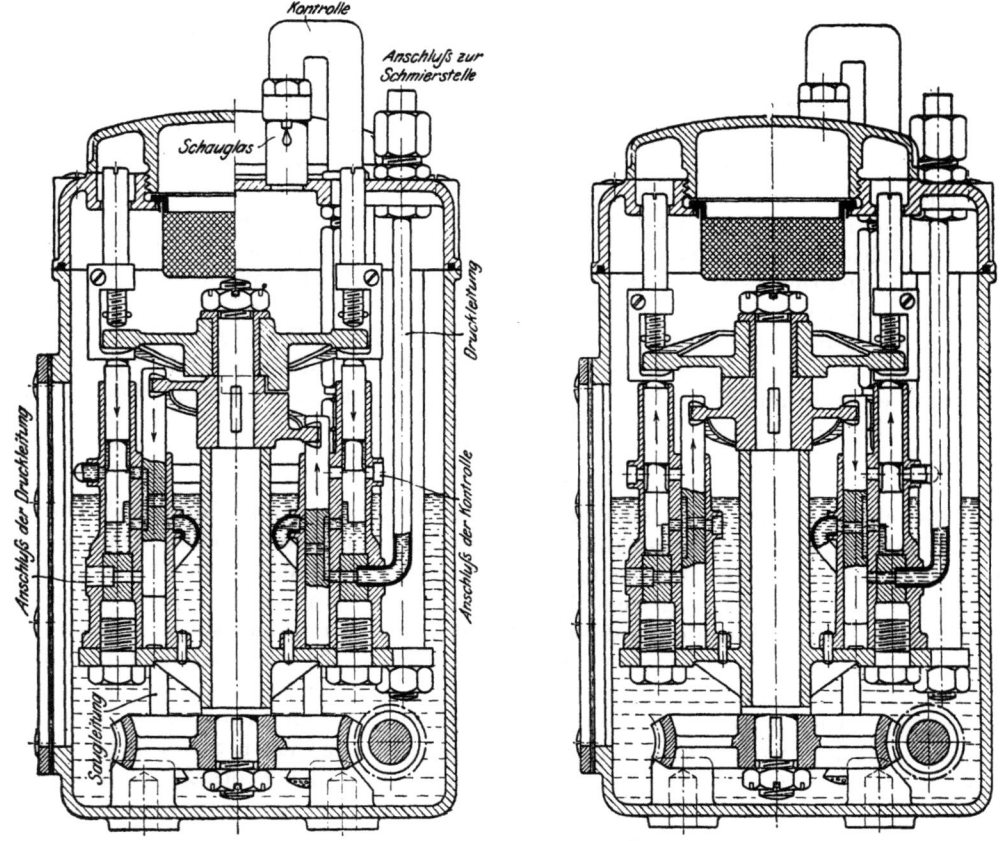

Abb. 688 und 689. Bosch-Öler.

erhielt. Das ist aber bei längeren Fahrten nicht möglich, denn man muß entweder am Anfange der Fahrt einen Überschuß von Schmieröl in das Kurbelgehäuse einfüllen, oder Gefahr laufen, daß die Schmierung infolge einer geringen Unachtsamkeit unterwegs ganz versagt. Die Furcht vor Unfällen dieser Art war bei Maschinen mit Tauchschmierung vielfach Anlaß zu übermäßigem Schmieren, das — solange die Zündung und Verbrennung in Ordnung bleibt — ungefährlich ist.

Eine Verbesserung der Tauchschmierung, Abb. 686, besteht darin, daß man in geeigneter Höhe über der Maschine, z. B. am sogenannten Spritzbrett vor dem Führersitz, einen Ölbehälter mit mehreren Tropfgläsern anordnet, die durch getrennte Leitungen mit den zu den Kurbellagern führenden Bohrungen des Kurbelgehäuses verbunden sind. Unter Umständen legt man auch besondere Leitungen, aus denen Öl auf die Stangenköpfe abtropft, oder man läßt, wie in Abb. 686 nur die Köpfe der Pleuelstangen in das Ölbad eintauchen, das sich auf dem Boden der Kurbelkammer ansammelt und sich aus dem Ablauf der Lager soweit ergänzt, als es durch Verbrennen oder Undichtheiten verbraucht wird. Bildet man, wie die Zeichnung S. 334 zeigt, den Boden der Kurbelkammer derart aus, daß sich dieses Öl beim Fahren auf geneigter Straße oder bei plötzlicher Geschwindigkeitsänderung des Fahrzeuges nicht an einem Ende der Maschine sammeln kann, so erreicht man, daß die Höhe des Ölbades ziemlich gleich erhalten wird, wodurch einem Hauptfehler der Ölbadschmierung abgeholfen wird.

Bei allen neueren Schmiereinrichtungen legt man aber, um den Betrieb sicherer beherrschen zu können, Wert darauf, das Öl wenigstens den empfindlichsten Schmierstellen, nämlich den Kurbel- und Pleuellagern, unter Druck zuzuführen. Man verwendet hierzu entweder eine Reihe von kleinen Druckpumpen, die nebeneinander auf dem Spritzbrett angeordnet sind und durch eine Kette oder ein Sperrwerk von der Maschine angetrieben werden (Friedmann-Pumpen), oder einen Bosch-Öler, Abb. 687 bis 689, bei dem eine größere Anzahl im Kreis angeordneter Kolbenpumpen mit zugehörigen Steuerkolben von der in der Mitte gelagerten Welle aus durch gemeinsame Daumenscheiben angetrieben werden. Jede Pumpe saugt hier das Öl aus dem gemeinsamen Ölbehälter an und drückt es durch ein besonderes Ölrohr bis zu der gewünschten Schmierstelle. Durch Veränderung des Abstandes zwischen dem oberen Ende des Kolbens und der Daumenscheibe kann man die bei einem Hub geförderte Ölmenge für jeden Kolben gesondert regeln und dem Bedarf der betreffenden Schmierstelle anpassen. Dabei ist der Antrieb mittels des Schneckenvorgeleges so eingerichtet, daß man die Daumenscheiben in beliebiger Richtung umlaufen lassen kann,

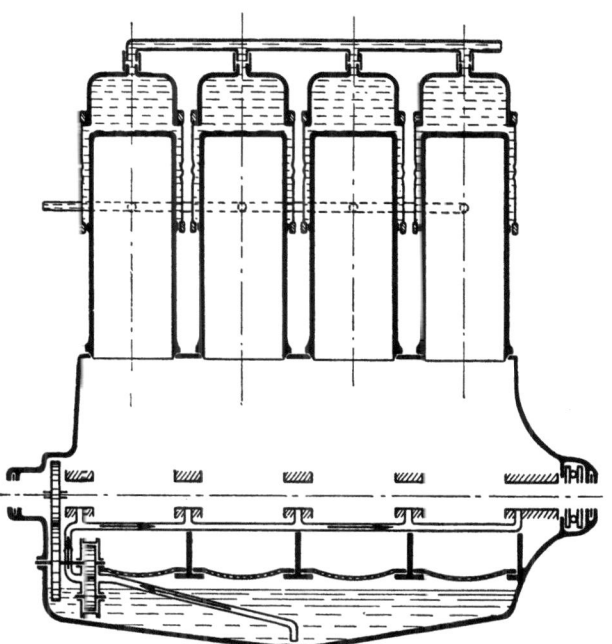

Abb. 690. Grundsätzliche Anordnung einer Umlaufschmierung.

weil die Antriebscheibe der Steuerkolben von der Antriebscheibe für die Pumpenkolben durch eine Klauenkupplung mitgenommen wird, die sich bei jeder Drehrichtung so einstellt, daß die Steuerkolben den Pumpenkolben um 45° voreilen. Die Steuerkolben haben, wie ersichtlich, nur eine einzige Öffnung und eine kleine Ausnehmung und setzen je nach ihrer Höhenlage die Öffnung des Pumpenzylinders entweder mit dem Anschluß der Saugleitung oder mit dem Anschluß an die Druckleitung in Verbindung.

Wesentlich einfacher in Bauart und Bedienung sind aber die Schmiereinrichtungen mit selbsttätigem Ölumlauf, die heute bei fast allen Maschinen verwendet werden. Den Grundgedanken dieser Schmieranlage zeigt Abb. 690. Aus dem im unteren Teil des Kurbelgehäuses vorhandenen Ölsumpf, der mit Sieben bedeckt ist, damit aus dem zurückfließenden Öl Verunreinigungen zurückgehalten werden, saugt eine von der Maschine angetriebene, möglichst tief gelagerte Pumpe das Öl im Überschuß an und drückt es über eine gemeinsame Verteilleitung in die Hauptlager der Kurbelwelle. Durch Bohrungen der Lagerzapfen und der Kurbelarme gelangt das Öl dann weiter auf die Laufflächen der Kurbelzapfen, s. Abb. 691, sowie durch besondere Leitungen an den Pleuelstangen auch auf die Kolbenbolzen. Von den Kurbelzapfen spritzt hierbei im Betrieb an den Seiten der Pleuellager immer genügend viel Öl ab, so daß auch die Kolben und die Steuerwelle ausreichend geschmiert werden.

Eine ziemlich vollkommene Durchbildung dieser Umlaufschmierung hatte schon die Maschine von De Dion & Bouton, Abb. 692 und 693. Das auf dem Boden des Kurbelgehäuses zusammenlaufende Öl gelangt durch ein Sieb a in den Ölsumpf und wird von hier durch eine von der Steuerwelle angetriebene Kapselpumpe b mit senkrechter Welle in eine Verteilleitung c gedrückt, die durch Bohrungen d mit den zu den Lagern führenden Ölleitungen e in Verbindung steht. Aus den Lagern läuft das Öl weiter unter Druck durch die Bohrungen der Zapfen und Kurbelarme bis zu den Laufflächen der Kurbelzapfen und wird hier abgespritzt.

Die Ausführung ist in mancher Beziehung lehrreich: Zunächst ist sie insofern vorbildlich, als sie beinahe alle außerhalb des Kurbelgehäuses liegenden Ölleitungen beseitigt. Nur die Verteilleitung c liegt außen, so daß man sie sehr bequem abnehmen und reinigen kann. Hierdurch wird die Übersichtlichkeit und Zugänglichkeit der Maschine verbessert; denn die große Zahl der sonst vielfach erforderlichen Ölleitungen macht jeden kleinsten Eingriff schwer, weil man befürchten muß, etwas an der Schmierung in Unordnung zu bringen. Dieser Erfolg ist ein Kennzeichen der Umlaufschmierung; er ist aber hier mit einem zum Teil überflüssigen Aufwand an Bohrungen erzielt, die teuer herzustellen und wegen ihrer scharfen Kanten schwer rein zu erhalten sind. Verstopfen sich die Bohrungen, so versagt die ganze Schmierung. Man kann sich hiergegen etwas sichern, wenn man beim regelmäßigen Reinigen der Maschine Petroleum in das Kurbelgehäuse einfüllt und durch die Pumpe in alle Ölkanäle drücken läßt; besser ist es aber, auch die Verteilleitung ins Innere des Kurbelgehäuses zu legen, gegebenenfalls ins Gehäuse einzugießen, und durch kurze Rohrstücke mit den Lagern zu verbinden.

Der Nachahmung wert ist ferner, daß in den Antrieb der Pumpe eine Feder eingeschaltet ist, die verhindert, daß Zähne abgebrochen werden, wenn sich irgendein fester Körper in der Pumpe fängt. Man kann diesen Antrieb auch an einer geeigneten Stelle von der Kurbelwelle ableiten.

Ein dieser Umlaufschmierung eigentümlicher Mangel ist jedoch, daß von den Stangenköpfen zu viel Schmieröl abgespritzt wird, nämlich fast die ganze in Umlauf gesetzte Ölmenge. Damit nicht zu viel Schmieröl auf die Kolbenbahnen gelangt, hat man hier halbzylindrische Fangwände f aus Blech über der Kurbelwelle angeordnet, die zwischen sich ungefähr den für die Stangen ausreichenden Raum frei lassen. Bedenken erregt ferner das Überlaufrohr g, das verhindern soll, daß in das Kurbelgehäuse zu viel Öl eingefüllt wird, das aber zur Folge haben dürfte, daß das Öl, auch wenn es nicht bis zum oberen Rande des Überlaufes steht, im Betriebe abtropft. Ein grundsätzlicher Mangel ist endlich das gänzliche Fehlen von Mitteln, die gestatten, den Betrieb der Schmiervorrichtung bequem zu überwachen.

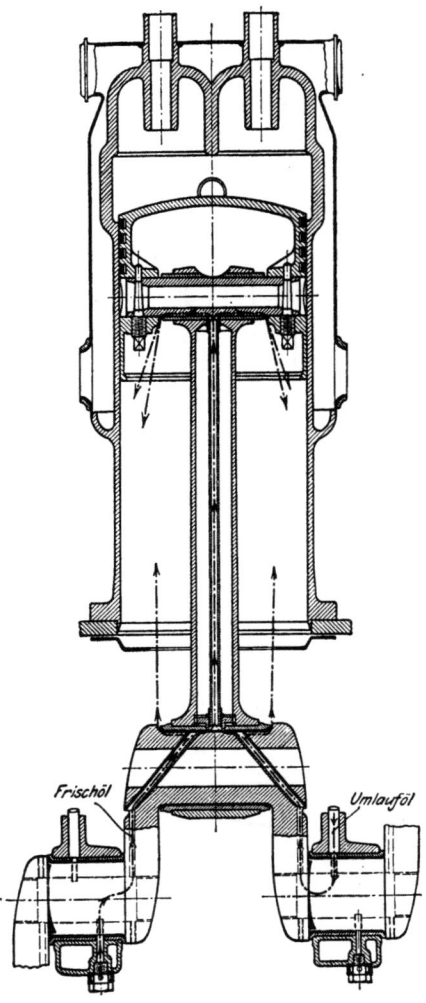

Abb. 691. Verteilung des Schmieröls auf die Triebwerksteile.

An der Hand dieses Beispieles lassen sich die allgemeinen Gesichtspunkte für den Entwurf einer Schmiervorrichtung leicht feststellen. Da es durchaus wünschenswert ist, die Kurbellager sehr reichlich und mit fließendem Öl zu schmieren, damit sie durch das Öl auch gekühlt werden, so muß man diese Stellen an eine unter einem Druck von 1,5 bis 2 at arbeitende und durch eine Pumpe betriebene Umlaufleitung anschließen. Damit man diese gut überwachen kann, ohne eine größere Anzahl von Leitungen offen verlegen zu müssen, bringt man an der Maschine eine Verteilleitung an, die durch Abzweige mit den Lagern verbunden wird. Es verursacht geringe Kosten, wenn man alle diese Leitungen, oder wenigstens die Verteilleitung gleich in das Kurbelgehäuse eingießt, und man beseitigt damit eine weitere Möglichkeit von Ölverlusten. Die Verteilleitung wird durch einen lediglich zur Überwachung dienenden Strang an ein Manometer auf dem Spritzbrett angeschlossen. Statt eines Manometers verwendet man auch Einrichtungen, die neben der Druckanzeige auch die Möglichkeit bieten, den Druck in der Verteilleitung zu ändern. Bei steigender Umlaufzahl wächst nämlich das Ölbedürfnis der Maschine nicht in dem gleichen Maße wie der Druck in der Verteilleitung; man vermeidet also überflüssigen Kraftaufwand, wenn man diesen Druck vermindern kann.

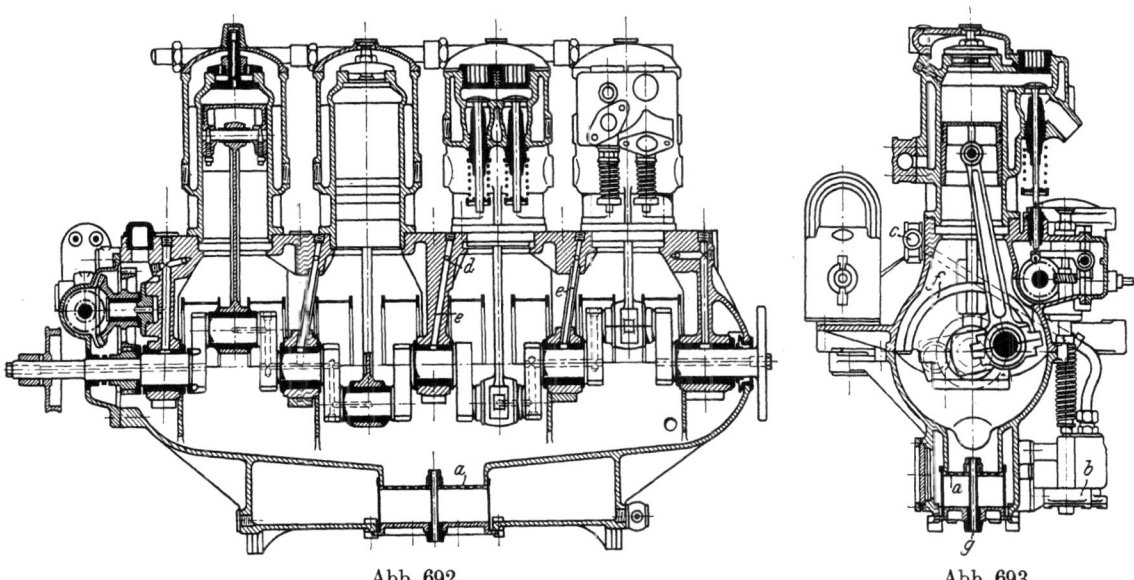

Abb. 692.   Abb. 693.
Abb. 692 und 693. Schmierung der Maschinen von De Dion & Bouton.

Eine solche Vorrichtung, Abb. 694 und 695, haben die Adlerwerke in Frankfurt a. M. angewendet. Diese Vorrichtung regelt allerdings die gesamte in Umlauf versetzte Ölmenge. Das aus der Leitung a von der Pumpe her aufsteigende Öl muß einen mit einer Feder belasteten und mit einem Zeiger b versehenen Kolben c anheben, bevor es durch die Öffnungen in der Führungshülse dieses

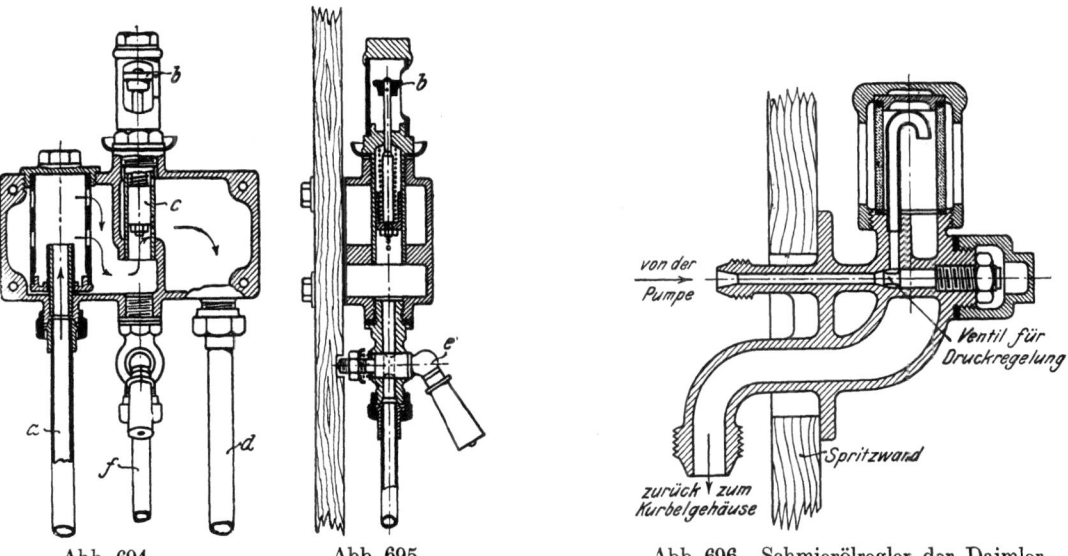

Abb. 694.   Abb. 695.
Abb. 694 und 695. Schmierölregler der Adler-Werke in Frankfurt a. M.

Abb. 696. Schmierölregler der Daimler-Motoren-Gesellschaft, Berlin-Marienfelde.

Kolbens in die zum Verteilrohr führende Leitung d gelangt. Durch Einstellen des Hahnes e kann man einen größeren oder geringeren Teil des geförderten Öles in die Leitung f fließen lassen, die an den Ölsumpf angeschlossen ist, so daß die Menge des zu den Lagern gelangenden Öles vermindert wird. Aus der Stellung des Zeigers b erkennt man, ob Druck in der Ölleitung herrscht, also ob die Schmierung in Ordnung ist. Hat der Ölvorrat soweit abgenommen, daß der Zeiger d seinen Stand nicht erreicht, selbst wenn man den Hahn e vollständig geschlossen hat, so muß schnell nachgefüllt werden. Die Tatsache, daß der Hahn geschlossen worden ist, dient aber als ausreichende Erinnerung daran, daß die Zeit zum Nachfüllen gekommen ist.

Nach den weiter oben angeführten Grundsätzen läßt sich die beschriebene Einrichtung wie bei dem Schmierölregler der Daimler-Motorengesellschaft, Berlin-Marienfelde, Abb. 696, dahin vereinfachen, daß man das Rohr a mit der ganzen zweiten Kammer fortfallen läßt und nur dafür Sorge trägt, daß ein Teil der geförderten Ölmenge zurück zum Kurbelgehäuse ablaufen kann. Damit entfällt eine von den drei Leitungen zwischen Spritzbrett und Maschine, und man gewinnt daneben den Vorteil, daß das Öl in der Verteilleitung unter Druck steht, während es bei den anderen Einrichtungen lediglich unter dem Einfluß der Schwere in die Lager fließt.

Die Anordnung der zu den Kurbellagern führenden Ölrohre, der Schmiernuten und der Bohrungen in der Lauffläche der Zapfen muß darauf Rücksicht nehmen, daß diese Lager zumeist von oben her belastet sind. Das Öl ist daher in der Regel von der Oberseite her in die Lager einzuführen und auch auf dieser Seite aus dem Lager abzuleiten.

Bei den sehr hoch belasteten Lagern von Flugmotoren hat man allerdings das Öl vorzugsweise unten in die Lager eingeführt, ohne daß der Öldruck übermäßig hoch zu sein brauchte. Die günstigste Stellung für diese Ölleitungen kann man genau ermitteln, wenn man die resultierenden Kräfte, die während der vollen vier Arbeitstakte auf den betreffenden Zapfen wirken, also die Resultierenden aus Kolben- und Massenkräften, einschließlich der Fliehkräfte, der Größe und Richtung nach aufzeichnet und die Richtung der kleinsten Kraft aufsucht. Abb. 697 zeigt z. B. das Ergebnis einer solchen Untersuchung einer Sechszylindermaschine der Packard Motor Car Co., wobei der Winkel von 720°, welcher dem vollen Arbeitsspiel entspricht, in 24 Teile geteilt ist. Der eigentümliche Linienzug entsteht, wenn man die Endpunkte der im Zapfenmittel aufgetragenen Kräfte miteinander verbindet. Die Untersuchung bezieht sich auf 2400 Uml/min, das Gewicht der hin- und hergehenden Massen ist mit 1,025 und das Gewicht der umlaufenden Massen mit 0,766 kg angenommen.

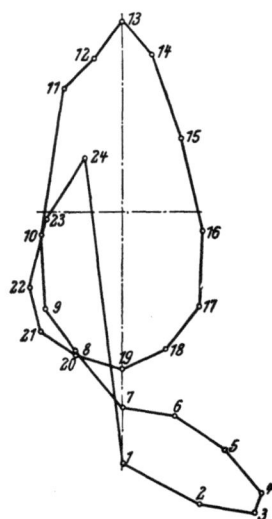

Abb. 697. Resultierende Zapfendrücke bei einer Packard-Maschine während eines Arbeitsspiels.

Durch Bohrungen der Zapfen und Arme schließt man auch die Pleuellager an die Öldruckanlage an. Hierbei muß man aber darauf achten, daß jedes Pleuellager nur aus einem bestimmten Hauptlager gespeist werden darf, wenn man einigermaßen sicher sein will, daß alle Pleuellager unter dem gleichen Öldruck arbeiten und auch gleich viel Öl erhalten. Beim Bohren der Ölkanäle in die Kurbelwelle muß man, wie schon auf S. 269 erwähnt, vermeiden, die Welle zu schwächen. Will man diese Gefahr vermeiden, so kann man auch besondere Ölfänger an den Kurbelarmen anbringen. Weniger zuverlässig scheint es, die Pleuelköpfe mit Rinnen auf der Oberseite zu versehen, die abtropfendes Öl auffangen und in die Pleuellager leiten.

Kolben- und Zylinder schützt man gegen zu starke Schmierung durch das von den Pleuelköpfen abgespritzte Öl am einfachsten durch Bleche, die das Kurbelgehäuse vom Zylinder trennen und nur einen Schlitz für die Pleuelstange frei lassen. Allerdings hat dieses Mittel auch Bedenken; denn es schließt nicht aus, daß die Zylinder und Kolben zu wenig Schmieröl erhalten und fressen, namentlich bei längerem Lauf mit großer Belastung. Wichtig ist ferner, daß der Ablauf des Öles von den Zylindergleitflächen durch die schon erwähnten, schräg ins Innere des Kolbens führenden Ablaufflächen unterstützt wird.

Die Wirksamkeit der Schmierung der Pleuellager auf dem beschriebenen Wege hängt offenbar davon ab, daß das Spiel in den Kurbellagern gleichmäßig und nicht zu groß ist; denn ist eines der Lager zu lose, so läuft unter Umständen die ganze umlaufende Ölmenge aus diesem Lager aus, ohne daß ein Überschuß für den Kurbelzapfen verbleibt. Allerdings sinkt dann auch der Überdruck im Ölverteilrohr. Dieser wird aber nicht immer sorgfältig beobachtet, so daß der Führer eines Kraftwagens in der Regel das Fressen der Kolben erst an der Überhitzung der Maschine, also wenn es zu spät ist, bemerkt.

Einen Versuch, diesen Fehler wenigstens teilweise zu beseitigen und dennoch mit selbsttätigem Ölumlauf zu arbeiten, hat die Wolseley Tool and Motor Car Company Birmingham unternommen, s. Abb. 698 und 699. Die Anlage dieser Maschine ist als eine vereinigte Tauch- und Umlaufschmierung zu bezeichnen. Die Ölpumpe a ist hier unmittelbar unterhalb der Steuerwelle angeordnet, von der sie durch ein Paar von Schraubenrädern *b* angetrieben wird, und durch ein Saugrohr *c* mit dem Ölsack des Kurbelgehäuses verbunden. Die Pumpe fördert das Öl nicht allein in die Tropfrohre *d* über den Kurbellagern, sondern speist auch eine Reihe von schmalen Öltrögen *e*, die in die untere Hälfte des Kurbelgehäuses mit eingegossen sind und in welche die Pleuelstangenköpfe mit Löffeln *f* eintauchen. Beim Versagen der Pumpe ist immer noch soviel Öl in den Trögen vorhanden, daß die Maschine in aller Ruhe zum Stillstand gebracht werden kann, zumal da sich das von den Stangenköpfen abspritzende Öl auch auf der Oberseite der Lager sammelt. Immerhin hat sich auch hier die Notwendigkeit herausgestellt, die Kolbenbahnen durch eingegossene Wände *g* im oberen Teil der Kurbelkammer gegen zu reichliche Schmierung zu schützen. Damit wird aber das ganze Kurbelgehäuse recht wenig zugänglich. Die Kolbenbolzen, die nicht ausgebohrt und daher auf das Öl angewiesen sind, das von unten her auf die Innenseiten der Kolben *h* abspritzt und von dort herabtropft, werden ungenügend geschmiert. Die Rippen auf der Innenseite der Kolbenböden, die das Abtropfen erleichtern sollen, können dem auch wenig abhelfen. Der Grundgedanke dieser Schmierung ist aber trotzdem nicht zu verwerfen. Er ist auch bei den neueren Maschinen mit Kolbenschiebersteuerung, Bauart Knight, angewendet, mit der weiteren Verbesserung, daß die Ölträger für die Stangenköpfe nicht fest eingegossen, sondern beweglich sind und mit steigender Drehzahl gesenkt werden können, damit nicht zuviel Öl verspritzt wird, s. Abb. 668, S. 325. Mitunter benutzt man zum Füllen der Öltröge nur das Öl, das von den Kurbelarmen auf die Innenwände des Gehäuses abspritzt, indem man es durch entsprechend geneigte Rinnen in die Öltröge ableitet.

Überhaupt mehren sich in neuester Zeit die Versuche, dem Zusammenhang, der bei einer Fahrzeugmaschine zwischen Leistung und Schmierölbedarf besteht, auch bei Umlauf-Schmiereinrichtungen Rechnung zu tragen. Die Beobachtung, daß namentlich längerer Leerlauf einer Maschine zuviel Öl auf die Laufflächen der Kolben gelangen läßt, wodurch die Zündkerzen leicht verölen, hat z. B. A. P. Brush zu dem Vorschlag[1]) veranlaßt, den Druck in der Ölverteilleitung vom Unterdruck im Vergaser abhängig zu machen und mit wachsender Leistung, also nicht mit steigender Drehzahl, zu steigern. Nach dem hierfür vorgeschlagenen Verfahren wird das Öl durch die in der ganzen Länge weit ausgebohrte Kurbelwelle ohne Zwischenschaltung des Ölverteilrohres in so großen Mengen durchgeleitet, daß die Zapfen wirksam gekühlt werden, s. Abb. 700; den Rücklauf des Öles in das Kurbelgehäuse drosselt aber ein in den Weg des Öles eingeschalteter Kolben um so stärker, je weiter man die Vergaserdrossel öffnet, je größer also die Leistung der Maschine ist. Mit zunehmender Maschinenleistung treten also zunehmende Ölmengen aus den Zapfenbohrungen auf die Laufflächen

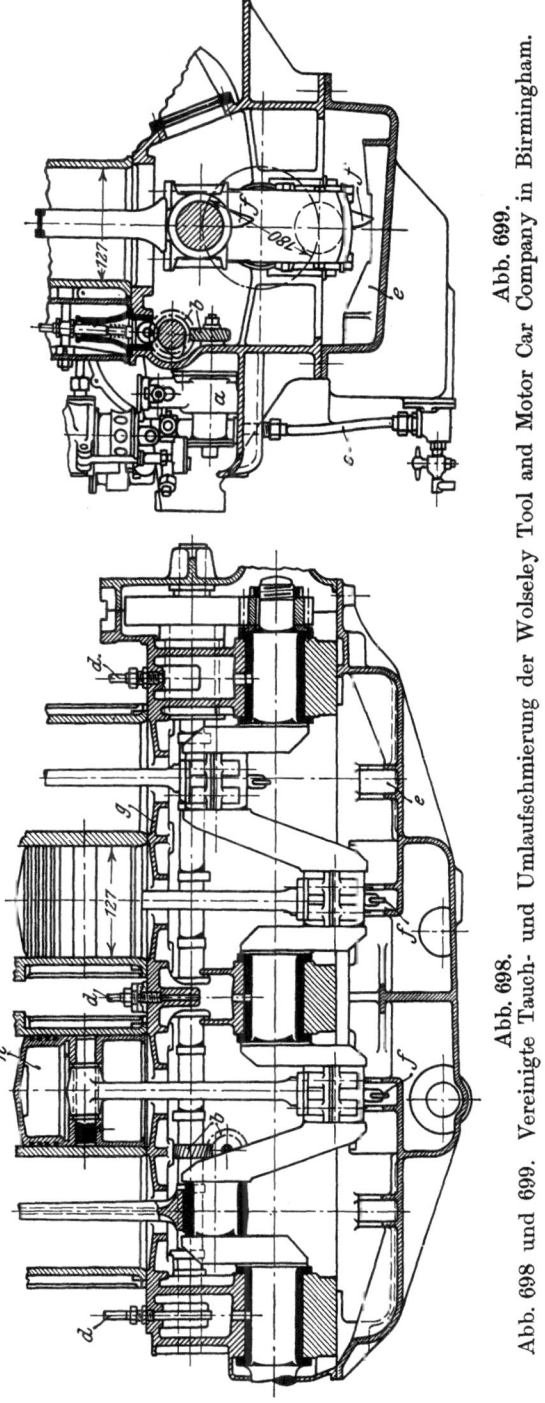

Abb. 699.

Abb. 698.

Abb. 698 und 699. Vereinigte Tauch- und Umlaufschmierung der Wolseley Tool and Motor Car Company in Birmingham.

[1]) Automot. Ind., 10. Juni 1920.

der Lager und von dort auf die Laufflächen der Kolben. Nach einem andern Vorschlag kann man auch den Unterdruck im Ansaugrohr der Maschine zum Regeln des Druckes in der Ölleitung verwenden.

Das Verfahren, die Bohrung der Kurbelwelle als einen Teil der Öldruckleitung zu verwenden, hat nebenbei noch den Vorteil, daß die Versorgung der Pleuellager mit Öl nicht mehr vom Öldruck in den Hauptlagern abhängt, der mit dem Spiel der Zapfen in diesen Lagern stark wechseln kann. Die Austro-Daimler-Werke, Wiener-Neustadt, wenden daher dieses Verfahren bei ihren Sechszylindermaschinen mit drei Hauptlagern mit Vorteil an.

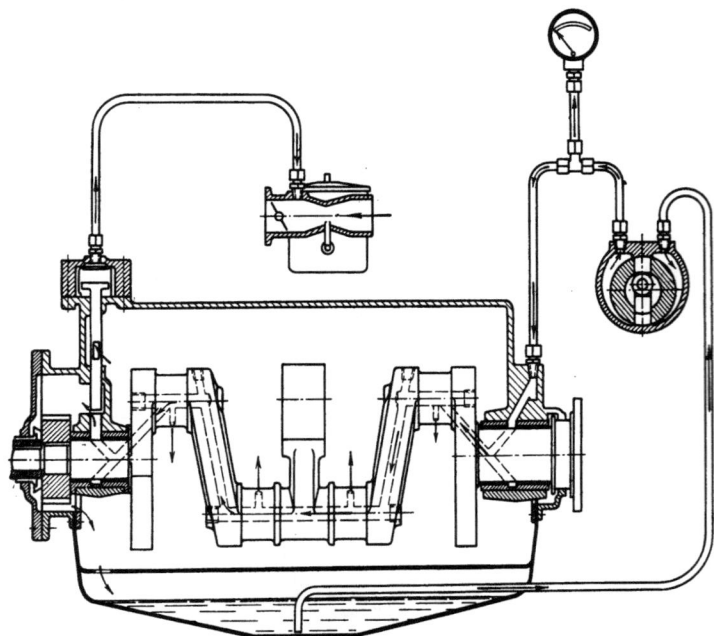

Abb. 700. Umlaufschmierung nach Brush.

Die Schmiereinrichtungen, die sich auf Grund umfangreicher Erfahrungen bei Flugmotoren bewährt haben, wo wegen des längeren Arbeitens unter voller Belastung besonders hohe Anforderungen an die Zuverlässigkeit der Versorgung aller Schmierstellen mit Öl gestellt werden, beruhen im wesentlichen ebenfalls auf dem Grundsatz des selbsttätigen Ölumlaufes. Während man bei Maschinen von kleinerer Leistung den für den Ölumlauf notwendigen Vorrat wie allgemein bei Wagenmaschinen im Kurbelgehäuse mitführt, wird bei den stärkeren Flugmotoren das ölfreie Kurbelgehäuse immer häufiger angewendet. Man ermöglicht so, den Ölvorrat in einem geeigneten Behälter abzukühlen und verhindert namentlich, daß bei sehr steilen Flügen das Öl im Gehäuse auf einer Seite zusammenläuft und gegebenenfalls die Ölumlaufpumpen trockengelegt werden. Gerade mit Rücksicht hierauf pflegt man bei Flugmotoren das Umlauföl nicht nur an der tiefsten Stelle, sondern auch am vorderen und hinteren Ende des Gehäuses abzusaugen.

Abb. 701 zeigt als Beispiel den Bau der Schmieranlage beim 300 PS-Flugmotor von Benz & Cie. Die an der tiefsten Stelle des Kurbelgehäuses sitzende dreifache Zahnradölpumpe besteht aus drei Pumpen, wovon die eine I das Öl aus einem Sammelbehälter über ein Sieb in eine außen am Gehäuse gelagerte Verteilleitung drückt, die mit den Lagern der Kurbelwelle verbunden ist. Aus den Hauptlagern fließt das Öl unter Druck durch Bohrungen der Kurbelwelle zu den Kurbelzapfen und weiter durch Rohre in den hohlen Pleuelstangen zu den Kolbenbolzen, die gebohrt sind und ihren Ölüberschuß an die Zylinderlaufflächen abgeben.

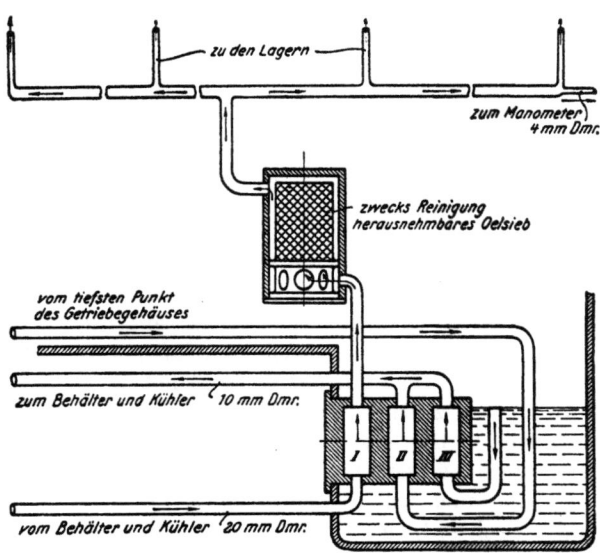

Abb. 701. Schmieranlage beim 300 PS-Benz-Flugmotor.

Zwei weitere Ölpumpen II und III entnehmen das verbrauchte Öl am vorderen und hinteren als Ölsumpf ausgebildeten Ende des Kurbelgehäuses und drücken es in den Ölbehälter zurück.

Für den Ölbehälter hat die Firma Benz & Cie. eine Bauart vorgeschlagen, Abb. 702 und 703, bei welcher die gewellte Außenwand einen Teil der Bekleidung des Flugzeugrumpfes bildet und daher vom Flugwind wirksam gekühlt wird. Das bei a eintretende Öl gelangt infolge einer Zwischenwand vorzugsweise in den Mantel b des Behälters, wo es kräftig gekühlt wird. Ist aber der Mantel gefüllt oder infolge zu großer Kälte durch erstarrtes Öl verlegt, so tritt das Öl durch den Überlauf c in das Innere des Behälters, von wo es durch die Öffnung d in die zur Ölpumpe führende Leitung e laufen kann. Der Behälter muß mit einer 5 cm weiten Entlüftöffnung versehen sein, die so angebracht ist, daß daraus weder beim Steigen noch beim steilen Gleitflug Öl austreten kann.

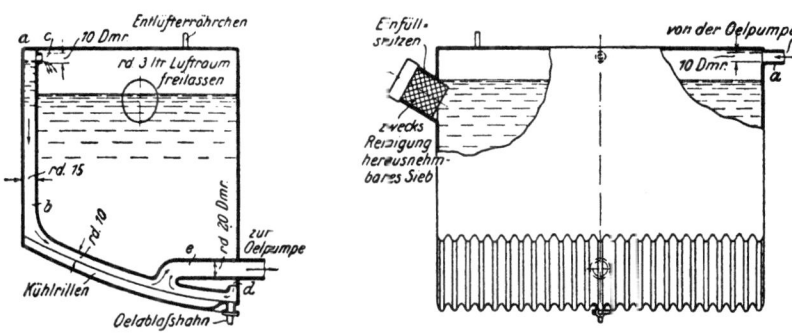

Abb. 702 und 703. Ölbehälter zum 300 PS-Benz-Flugmotor.

Die Wirksamkeit und Betriebssicherheit der Schmieranlage einer Fahrzeugmaschine ist heute noch in hohem Maß von der Sorgfalt abhängig, die beim Zusammenbau der Maschinen angewandt wird und die sich nur bis zu einem gewissen Grade durch weitgehende Genauigkeit der Bearbeitung ersetzen läßt. So ist z. B. das Spiel, das zwischen Zapfen und Lagerlauffläche eines gut eingeschabten Kurbelwellenlagers herrschen soll, bis heute noch immer vom Gefühl des Arbeiters abhängig. Allerdings hat man namentlich bei der amerikanischen Massenerzeugung von Kraftwagen schon wiederholt versucht, das Einschaben der Lager ganz zu vermeiden. Nach dem von Brush[1]) angegebenen Verfahren sollen z. B. Lager mit 0,05 bis 0,15 mm Spiel bei Regelung des Öldruckes laufen können, ohne daß sie klopfen.

Beachtenswerte Versuche über den Durchgang von Schmieröl durch das Lager einer Kurbelwelle hat ferner die Versuchsabteilung der amerikanischen Fliegertruppe in Mc Cook Field, Dayton, Ohio, angestellt[2]). Die Versuchseinrichtung hierfür, Abb. 704, besteht aus einem mit einer normalen Lagerschale ausgerüsteten Lagerkörper, in dem ein glatter, mit einer Längsbohrung von 31,75 mm Durchmesser versehener und durch einen 5 PS-Elektromotor angetriebener Zapfen von 66,7 mm Durchmesser (die Abmessungen entsprechen der Kurbelwelle des Liberty-Flugmotors) umläuft. Den vier Einlaßstellen a, b, c, d für das mittels Druckluft von 0,175 bis 7 at Überdruck eintretende Öl entsprechen Querbohrungen des Lagerzapfens, die das Öl in seiner Längsbohrung weiterleiten, und von hier aus gelangt das Öl durch einen Endstopfen zum Ab-

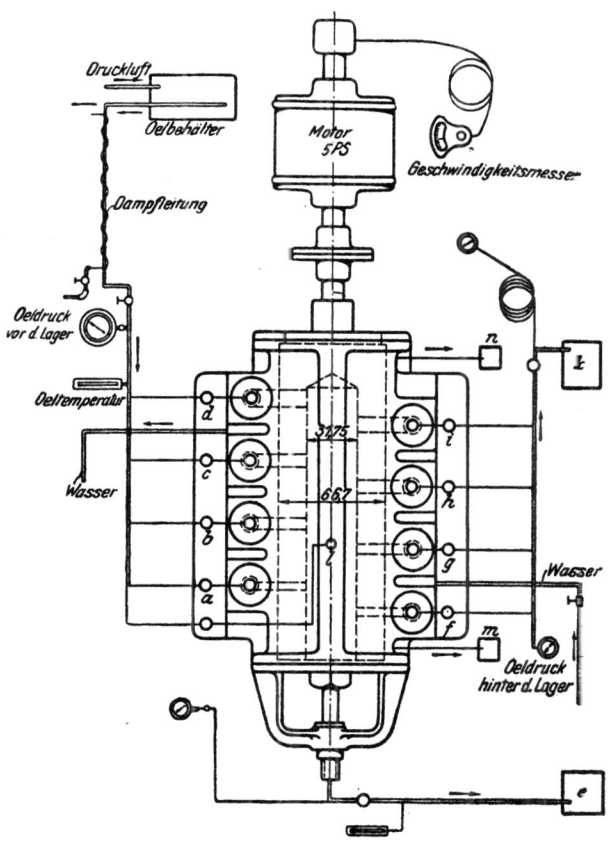

Abb. 704. Versuchsanlage zum Messen des Öldurchganges in einem Lager.

laufbehälter. Ebenso kann das Öl auf der andern Lagerseite durch die Auslaßstellen f, g, h, i zum Ablaufbehälter k fließen. Ein besonderer Einlauf l gestattet, das Öl auch von oben her

---
[1]) Automot. Ind., 10. Juni 1920.   [2]) Mech. Eng., April 1919.

ungefähr im ersten Drittel der Zapfenlänge in das Lager einzuführen, um den Durchgang längs des Zapfens zu messen. Die an den Lagerenden ablaufenden Ölmengen werden bei m und n aufgefangen. Der ganze Lagerkörper ist mit einem heizbaren Wassermantel versehen.

Aus den bisherigen Ergebnissen der Versuche mit dieser Einrichtung kann man entnehmen, daß die Menge des seitlich in das Lager eintretenden und durch die Zapfenbohrung ablaufenden Öles mit wachsender Drehzahl abnimmt, und zwar zwischen 250 und 1000 Uml/min in viel höherem Maß als zwischen 1000 und 2000 Uml/min, dagegen mit wachsendem Druck und wachsender Weite der Einlaßöffnung zunimmt. Auch die von der einen Seite eintretende und auf der anderen Seite austretende Ölmenge folgt einem ähnlichen Gesetz, obgleich hier nebenbei noch die Weite der Auslaßöffnung eine Rolle spielt.

Bei Versuchen mit ungebohrten Zapfen hat man ferner gefunden, daß die längs des Zapfens entweichende Ölmenge mit wachsendem Öldruck und wachsender Drehzahl zunimmt, mit wachsender Entfernung vom freien Lagerende, was ohnedies abnehmendem Öldruck entspricht, abnimmt, aber innerhalb der üblichen Grenzen des Zapfenspiels im Lager und bei den üblichen Drehzahlen und Öldrücken von der Größe des Lagerspiels wenig beeinflußt wird.

Der Öldruck im Innern des hohlen Lagerzapfens steigt mit wachsendem Öldruck an der Einlaufstelle und zunehmendem Durchmesser (nicht Querschnitt) der Einlauföffnung. Bei gleichbleibender Weite der Einlaufstelle wächst der Druckabfall nach dem Zapfeninnern mit zunehmender Drehzahl stärker, wenn der Öldruck an der Einlaufstelle hoch ist, als wenn er niedrig ist. Das Gleiche gilt annähernd bezüglich des Druckabfalls beim Öldurchgang von einer Seitenöffnung zur andern.

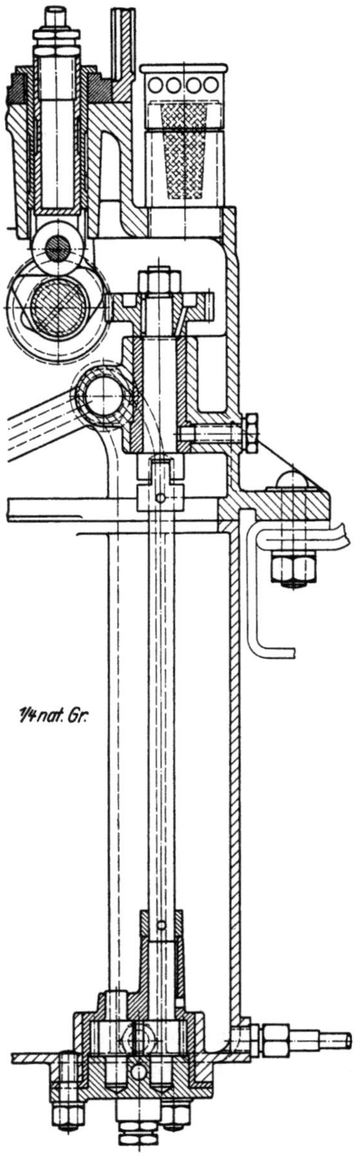

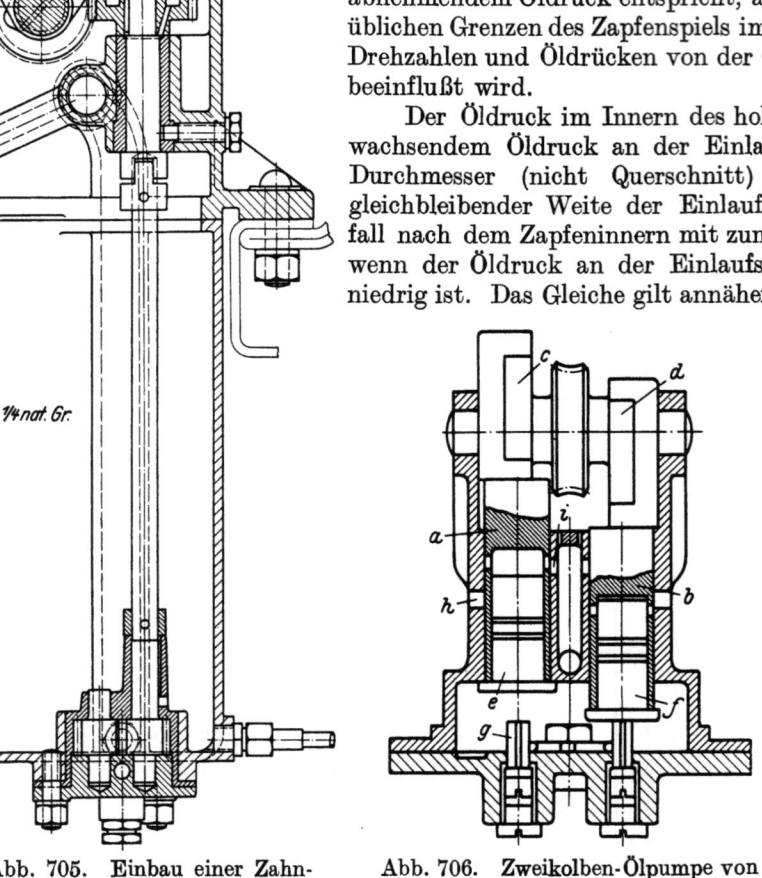

Abb. 705. Einbau einer Zahnrad-Ölpumpe.

Abb. 706. Zweikolben-Ölpumpe von Benz & Cie.

Große Sorgfalt erfordert ferner die Herstellung und Pflege der Ölleitungen. Soweit sie ins Gehäuse gebohrt sind, muß man darauf achten, daß sie nicht durch schwammige Gußstellen führen, wo Undichtheiten auftreten können. Rohrleitungen sollen nicht unter 6 mm Weite haben und aus möglichst wenigen Teilen bestehen, deren Verschraubungen sich im Betrieb lösen können. Feste Rohrverbindungen sollen nur durch Hartlötung hergestellt werden. Vor dem Zusammenbau der Maschine ist die ganze Rohrleitung mit Petroleum zu reinigen und auf Dichtheit zu prüfen. Damit keine zu hohen Drücke entstehen, wenn das Öl noch kalt und dickflüssig ist, versieht man jede Rohrleitung an geeigneter Stelle mit einem Überdruckventil, das auf 1,5 bis 2 at eingestellt wird.

Außerhalb des Kurbelgehäuses liegende Ölleitungen, namentlich Saugleitungen, müssen gegen zu starke Abkühlung, z. B. durch den Fahrwind bei Flugzeugen, gut geschützt werden, damit sie nicht einfrieren und die Schmierung versagt. An einer gut zugänglichen Stelle der Leitung, am besten unmittelbar vor dem Eintritt des Saugrohres in die Pumpe, ist ein möglichst groß bemessenes feinmaschiges Messingsieb anzuordnen, damit die feinen Metallteilchen, die das umlaufende Öl aus dem Lager und aus dem Gehäuse herausgespült hat, zurückgehalten werden.

Bei den Ölpumpen fällt in neuerer Zeit die Wahl immer häufiger zugunsten der Zahnradpumpen aus, die sich, wie Abb. 705 zeigt, äußerst bequem einbauen und antreiben lassen und deren Herstellung keinerlei übermäßige Ansprüche an Genauigkeit stellt. Wird in den Antrieb eine bewegliche Klauenkupplung eingeschaltet, deren Mitnehmerstift übermäßigen Beanspruchungen gegenüber als Abschersicherung wirkt, so brauchen auch die beiden Enden der Antriebswelle nicht allzu genau ausgerichtet zu werden.

Die Pumpe selbst besteht aus zwei Bronzezahnrädern, deren Zähne lose ineinandergreifen und an den Seitenflächen im Gehäuse gut abgedichtet sind. Diese Abdichtung muß, wenn sich die Räder abgenützt haben, durch Nachschleifen des Deckels wieder hergestellt werden. Die Förderung kommt dadurch zustande, daß das zulaufende Öl zwischen den Zähnen der Räder und den Gehäusewandungen eingeschlossen und über ein Druckventil fortgedrückt wird. Dieses Druckventil ist notwendig, damit sich bei Stillstand der Maschine nicht die ganze Ölleitung entleert und die Maschine beim Wiederingangsetzen Ölmangel erleidet. Nach den vorliegenden Erfahrungen reichen die Drücke, die man mit solchen Zahnradpumpen erzeugen kann, für alle Anforderungen des Maschinenbetriebes aus. Da der wirkliche Ölverbrauch einer Maschine nur höchstens 0,03 bis 0,04 kg/PS$_e$ h beträgt, so genügen auch verhältnismäßig kleine Pumpen vollkommen, um die notwendige Ölmenge, etwa das 20 bis 30fache des Verbrauches, in Umlauf zu bringen.

Eine einfache Zweikolbenpumpe für die Umlaufschmierung eines 150 PS-Flugmotors von Benz & Cie. zeigt die Abb. 706. Die beiden Kolben a und b erhalten ihren Antrieb von den um 180° gegeneinander versetzten Exzentern c und d, deren Welle mittels doppelten Schneckenvorgeleges von der Steuerwelle aus angetrieben wird. Die Kolben sind von unten her bis auf etwa $^2/_3$ ihrer Länge ausgebohrt und nehmen Schleppkolben e und f auf, deren Bewegung erst die Pumpwirkung hervorbringt.

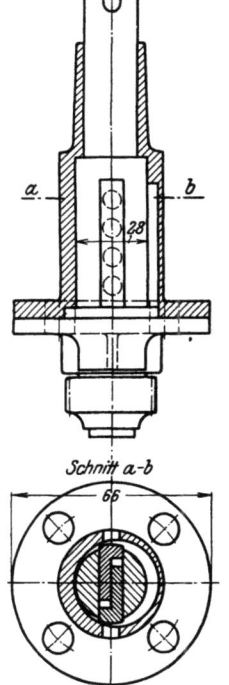

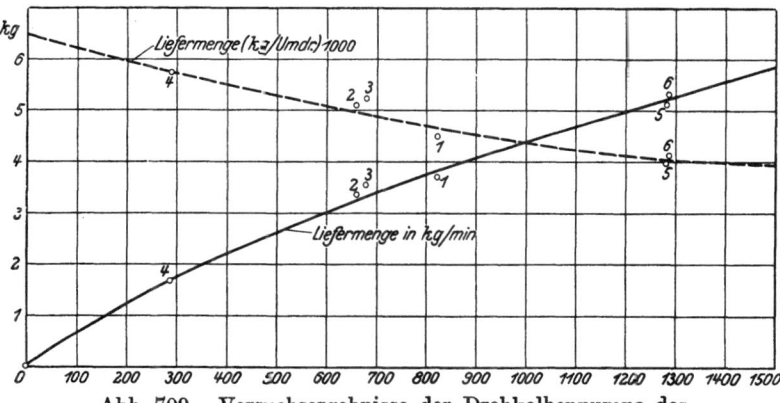

Abb. 707 u. 708. Drehkolben-Ölpumpe des Hispano-Suiza-Motors.

Abb. 709. Versuchsergebnisse der Drehkolbenpumpe des Hispano-Suiza-Motors.

In der tiefsten Stellung schlägt nämlich der Kolben mit dem Schleppkolben gegen einen festen Anschlag g, während der Schleppkolben beim Aufwärtsgang des Kolbens infolge seiner Reibung zunächst mitgenommen, dann aber mit seinem Flansch am Gehäuse zurückgehalten wird. Dabei zieht sich der Schleppkolben heraus und saugt durch die Öffnung h eine gewisse Ölmenge an, die beim folgenden Niedergang des Kolbens, nachdem die Öffnung h verschlossen worden ist, beim Eindringen des Schleppkolbens durch die Öffnung i in die Druckleitung verdrängt wird. Durch Verstellen des Anschlages g kann man die Fördermenge verändern.

Sehr einfach lassen sich auch Ölpumpen mit umlaufenden Kolben verwenden, weil sie unmittelbar an die treibende Welle angeschlossen werden können. Da sie von dem geförderten Öl geschmiert werden und der Gegendruck nicht hoch ist, lassen ihre Förderleistung und ihr Kraftverbrauch selbst nach längerer Betriebszeit kaum zu wünschen übrig. Als Beispiel einer solchen Pumpe ist in Abb. 707 und 708 die Ölpumpe des 220 PS-Hispano Suiza-Flugmotors wiedergegeben, die nach den in Abb. 709 dargestellten Versuchsergebnissen bei rd. 1300 Uml/min etwa 5,5 kg/min fördert und in außerordentlich einfacher Weise durch einen Schieber gesteuert wird, dessen zwei Teile mittels eingelegter Federn gegen den inneren Umfang des exzentrisch zur Achse des Drehkolbens ausgebohrten Gehäuses angedrückt wird.

An die Eigenschaften des Schmieröles für Fahrzeugmaschinen werden hohe Ansprüche gestellt. Nach den „Richtlinien für den Einkauf und die Prüfung von Schmiermitteln"[1]) soll der Flammpunkt nicht unter 185° C, der Stockpunkt im Sommer + 5° C, im Winter — 5° C und weniger, je nach dem Klima und dem Verwendungsort betragen. Für die Viskosität sind 4 bis 8 Englergrade bei 50° C vorgeschrieben, die sich bei Maschinen mit Luftkühlung oder sonst besonders hohen Betriebstemperaturen auf 8 bis 12 Englergrade bei 50° C steigern. Der Säuregehalt, bezogen auf Schwefelsäureanhydrid (SO_3) soll 0,07 v. H., der Asphaltgehalt, bezogen auf Hartasphalt 0,02 v. H., der Verdampfverlust nach zweistündigem Erhitzen auf 100° C 0,4 v. H., der Wassergehalt 0,05 v. H. und der Aschegehalt 0,05 v. H. nicht übersteigen.

Wegen seines besonders günstigen Verhaltens bei höheren Temperaturen verwendet man bei hochbeanspruchten Maschinen, namentlich auch bei Rennen, mit Vorliebe statt der bekannten Mineralöle Ricinusöl, das erst bei — 18° C erstarrt, sich nur schwer in Benzin löst, beim Verbrennen keine festen Rückstände bildet und bei höheren Temperaturen eine größere Viskosität aufweist. Besonders vorteilhaft ist auch die einheitliche Zusammensetzung des Öles, die Schwankungen in der Güte ausschließt. Gegenüber diesen Vorzügen ist der einzige wesentliche Nachteil, nämlich daß sich die Teile der Maschine nicht so leicht reinigen lassen und abgerieben oder mit heißer Lauge gewaschen werden müssen, von geringerer Bedeutung, als die Schwierigkeit, genügende Mengen zu beschaffen und der verhältnismäßig hohe Preis.

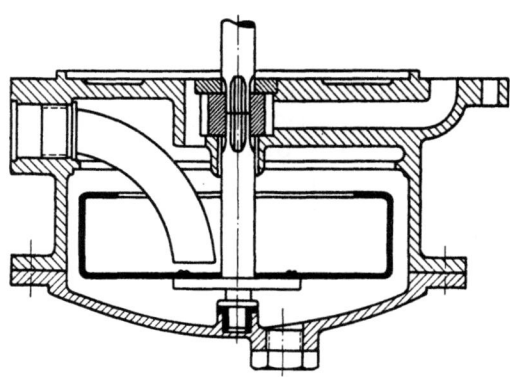

Abb. 710. Zentrifuge zum Reinigen von Umlauföl.

Als einen Mangel aller Schmiereinrichtungen mit selbsttätigem Ölumlauf hat man es immer angesehen, daß sich das Öl mit fortschreitender Betriebszeit der Maschine verschlechtert, die Maschine also mit immer schlechterem Öl geschmiert wird. Obgleich auch praktische Erfahrungen bewiesen haben, daß sich bei gleich guter Pflege Maschinen mit reiner Feinölschmierung weniger als Maschinen mit Umlaufschmierung abnützen, ist der Unterschied im allgemeinen doch nicht so groß, daß dadurch die großen Vorteile der Umlaufschmierung aufgewogen werden könnten.

Immerhin muß man bei Umlaufschmierung stets auf die allmähliche Verschlechterung des Öles achten und je nach der Art der Maschine nach je 1000 bis 2000 km Wegleistung den gesamten Ölvorrat erneuern, nachdem man das alte Öl abgelassen und die Maschine sauber durchgespült hat.

Zur Verschlechterung des Öles beim Umlauf in der Maschine tragen zweierlei Umstände bei:

a) Aufnahme von festen Verunreinigungen, z. B. feinen Metallspänen und namentlich Rußteilen, die von unvollkommener Verbrennung des Brennstoffes und des Öles herrühren. Der Eintritt solcher Verunreinigungen in den Ölumlauf läßt sich mit Hilfe der gebräuchlichen Siebe nur teilweise verhindern, weil man die Siebe nicht zu feinmaschig machen darf, wenn man nicht allzu häufigen Störungen infolge Verstopfens der Siebe ausgesetzt sein will.

Man hat daher auch schon vorgeschlagen[2]), diese Verunreinigungen mittels einer kleinen, von der Maschine angetriebenen Zentrifuge abzuscheiden, welche an geeigneter Stelle in den Ölumlauf eingeschaltet wird. Eine solche Vorrichtung, die von der amerikanischen Fliegertruppe erprobt wurde[3]), ist in Abb. 710 wiedergegeben. Die Vorrichtung ist im wesentlichen eine Schleudertrommel von rd. 38 mm Höhe und 130 mm Durchmesser, die in passender Weise statt des sonst üblichen Ölfilters in die Ölpumpe eingebaut werden kann und von deren Welle mit rd. 2500 Uml/min angetrieben wird, wenn die Maschine mit der Nenndrehzahl arbeitet. Das angesaugte Öl wird dann ausgeschleudert, bevor es zur Ölpumpe weiterfließt und läßt dabei in der Trommel die meisten festen Verunreinigungen zurück, da sie sich hinter dem vorstehenden oberen Rand der Trommel sammeln.

Zu berücksichtigen ist allerdings, daß die Schleudertrommel verhältnismäßig häufig entleert werden muß, wenn sie wirken soll, was eine Störung des Betriebes bedeutet und leicht vernachlässigt wird, zumal sogar die gewöhnlichen Ölsiebe nicht oft genug gereinigt werden; ferner kann

---

[1]) Verlag Stahleisen m. b. H., Düsseldorf.
[2]) D. R. P. Nr. 286868 von Michelmann, Mannheim.
[3]) Automot. Ind., 23. Sept. 1920.

der große Kraftbedarf der Schleudertrommel bei niedriger Öltemperatur Störungen und Brüche im Antrieb der Trommel zur Folge haben.

b) **Aufnahme flüssiger Brennstoffreste.** Der Einfluß der Art des Brennstoffes auf die Veränderungen der Schmierfähigkeit des Öles bei längerer Betriebsdauer, der namentlich in der neueren Zeit mit der steigenden Verwendung schwer verdampfbarer Brennstoffe an Bedeutung gewonnen hat, ist auf Veranlassung der amerikanischen Marine von W. F. Parish eingehend untersucht worden[1]). Beispielsweise haben Dauerversuche von je 5 Stunden mit einem Hall-Scott-Flugmotor, wobei stets die gleiche Art von Schmieröl, aber verschiedene Arten von Brennstoff benutzt und Proben des umlaufenden Öles nach Ablauf jeder Betriebsstunde entnommen und untersucht wurden, folgende Ergebnisse geliefert:

Brennstoff			Viskosität des Schmieröles			
Bezeichnung	Verdampfgrenzen		bei Beginn des Versuches	nach der ersten Betriebsstunde	nach der zweiten Betriebsstunde	bei Ende des Versuches
	Beginn °C	Ende °C				
Deutsches Fliegerbenzin	43	110	1700	1638	1652	1787
Französisches Fliegerbenzin ..	60	145	1700	1586	1610	1755
Amerik. Motorbootbenzin ...	57	196	1700	1530	1396	1564
Desgl. mit Zusatz.......	57	216	1700	1540	1420	1487

Die Angaben über die Viskosität sind mit dem Universal-Viskosimeter von Saybolt bestimmt.

Während also die Viskosität des Öles bei Betrieb mit den leicht flüchtigen deutschen und französischen Benzinsorten nach anfänglichem Sinken am Ende der ersten Betriebsstunde wieder steigt und am Ende des Versuches höher als am Beginn ist, nimmt die Viskosität des Öles bei Betrieb mit den schwereren amerikanischen Benzinsorten bis zum Ende der zweiten Betriebsstunde ab, und zwar in viel höherem Grade, und bleibt auch nach Beendigung der Versuche weit unter dem ursprünglichen Wert.

Allerdings geben diese Versuche noch keine Antwort auf die Frage, woher es kommt, daß die Viskosität des Öles nach den ersten Betriebsstunden wieder zunimmt, obgleich sich die **Schmierfähigkeit** des Öles mit fortschreitender Betriebsdauer ständig verschlechtert. Das hängt wahrscheinlich damit zusammen, daß die Viskosität allein kein Maß für die Schmierfähigkeit ist. Ebenso gibt der Bericht über diese Versuche keinen Weg an, um dem offenbar ungünstigen Einfluß schwer verdampfender Brennstoffe auf das Schmieröl abzuhelfen.

Den wichtigen Einfluß der Maschinenschmierung auf die Vorgänge während der Verbrennung im Zylinder zeigen endlich sehr umfangreiche Versuche, die A. Riedler im Auftrag der Luftabteilung des Kriegsministeriums ausgeführt hat[2]). Nach seiner Ansicht verlängert Schmieröl, das während des Arbeitshubes in den Verbrennungsraum eintritt, die Verbrennung über den ganzen Expansionshub und bis in den Auslaßhub hinein, selbst wenn das Brennstoffgemisch an sich schnell verbrennen könnte. Daraus erklärt Riedler manche Schwierigkeiten der Ruß- und Teerbildung sowie der Überhitzung der Kolben und Ventile, die beim Betrieb mit Benzol auftreten.

Zu erwähnen sind endlich die vielfachen Versuche, Mischungen von Öl und **Graphit**, namentlich solche mit künstlichem Flockengraphit nach dem Verfahren von Acheson[3]) zu verwenden. Nach den vorliegenden Erfahrungen muß aber vor allen solchen Mitteln bei Fahrzeugmaschinen gewarnt werden; denn die Betriebssicherheit dieser Maschinen hängt vor allem davon ab, daß der Umlauf des Öles in den teilweise sehr engen Kanälen gewahrt bleibt, der selbst durch geringe Ablagerungen von Graphit empfindlich gestört werden würde.

Kühlung.

Jede Verbrennungsmaschine muß gekühlt werden, damit keine Frühzündungen entstehen, die Zylinder durch übermäßige Erhitzung nicht leiden, die Schmierung des Kolbens überhaupt möglich ist und keine zu hohe Erwärmung des einströmenden Gemisches stattfindet, die bei gegebenen Zylinderabmessungen die erreichbare Höchstleistung herabsetzen würde. Die mit Rücksicht auf alle diese Umstände praktisch für zulässig erachtete Höchsttemperatur der Zylinderwandung von etwa 350° C tritt natürlich nur im obersten Teil des Hubraumes auf und

---

[1]) Mech. Engg., März 1920.
[2]) Versuche zur Feststellung der Verwendbarkeit von Benzol zum Betriebe von Flugmotoren. 1915.
[3]) Z. V. d. I. 1907, S. 1240.

nimmt nach dem offenen Zylinderende annähernd in der gleichen Weise wie die Temperatur der verbrannten Gase während des Ausdehnungshubes schnell ab.

Der Wärmeübergang beim Kühlen einer Fahrzeugmaschine verläuft in mehreren Stufen: Zunächst teilt sich die Wärme der heißen Verbrennungsgase der Schmierölschicht mit, welche die Laufbahn des Zylinders bedeckt, und von dieser geht sie erst auf die Wand des Zylinders über. Soweit es sich nicht um Laufflächen handelt, kann man annehmen, daß zwischen Metallwand und heißen Gasen eine Schicht von Ruß und Ölkohle, Reste früherer Verbrennungen, eingeschaltet ist. In der Metallwand wird dann die Wärme von der inneren nach der gekühlten äußeren Seite geleitet und dort entweder bei Maschinen mit Luftkühlung unmittelbar auf die Kühlluft oder bei Maschinen mit Wasserkühlung zuerst auf das umlaufende Kühlwasser, von diesem auf die Metallwände des Kühlers und erst von diesem auf die Kühlluft übertragen.

Da der Wärmeverlust, den die Notwendigkeit der Kühlung mit sich bringt, nicht vermieden werden kann, so muß man bestrebt sein, diese Wärme mit dem geringsten Aufwand an Leistung fortzuschaffen. Bei Maschinen für Motorboote, die über unbegrenzte Kühlwassermengen verfügen, braucht man also nur dafür zu sorgen, daß die Kühlwasserpumpe nicht zuviel Kraft verbraucht, bei Kraftfahrzeugen und insbesondere den Luftfahrzeugen, kommt ferner noch die Aufgabe hinzu, das erforderliche Wassergewicht, das auch das Gewicht des Kühlers bestimmt und dauernd mitgeführt werden muß, zu beschränken, damit kein zu großer Teil des Tragvermögens verlorengeht.

Leider sind die Gesetze, denen der Wärmeübergang bei den verschiedenen Stufen des Kühlvorganges unterworfen ist, trotz mancherlei wertvoller Ansätze noch nicht so geklärt, daß man feste Regeln für die Berechnung der Kühlanlage einer gegebenen Fahrzeugmaschine angeben könnte. Man muß sich noch vielfach mit Annahmen und Näherungswerten begnügen, so daß die Prüfung der Kühlanlage immer einen wichtigen Teil der bei jedem Fahrzeug notwendigen Probefahrt bildet.

In bezug auf die Wärmemenge Q in kcal/h, welche durch die Kühlung beseitigt werden muß, liegen die Verhältnisse bei den Fahrzeugmaschinen in mancher Hinsicht günstiger als bei ortsfesten Verbrennungsmaschinen ähnlicher Betriebsart. Der Anteil an der gesamten, in der Form von Brennstoff zugeführten Wärmemenge, der in nutzbare Arbeit umgewandelt werden kann, also der thermische Wirkungsgrad, kann bei den Fahrzeugmaschinen ebenfalls 25 v. H. und noch mehr erreichen. Die Kühlung wird ferner dadurch unterstützt, daß sich das Fahrzeug bewegt und die Zylinder einem bewegten, für Wärme sehr aufnahmefähigen Luftstrom ausgesetzt werden. Erschwerend wirkt dagegen, daß die Fahrzeugmaschine mit fortgesetzt schwankender Belastung arbeitet und hierbei — das ist das Wesentliche — infolge der Unvollkommenheit der Regelung im Mittel niemals den günstigen thermischen Wirkungsgrad erreicht, welchen man bei Dauerläufen auf dem Prüfstand mit gleichförmiger Belastung ermittelt. Auch bei solchen Versuchen ändert sich übrigens die Wärmeaufnahme durch das Kühlwasser bei einer gegebenen Maschine je nach Leistung und Drehzahl. Dazu kommt noch der große Einfluß, welchen die Bauart des Verdichtungsraumes auf diese Verhältnisse ausübt, wie man aus nachstehenden, den Versuchen von Riedler entnommenen Werten ersehen kann.

Wärmebilanz verschiedener Fahrzeugmaschinen.

Bauart	Drehzahl Uml./min.	Wärmeabgabe an			
		Kühlwasser v. H.	Auspuff v. H.	innere Reibung v. H.	Nutzleistung v. H.
20/30 PS-Renault	1132	35,8	35,6	7,8	20,8
16/40 PS-Mercedes-Knight .	1850	24,5	47,5	6,0	22,0
desgl.	1000	19,5	58,0	2,5	20,0
12/30 PS-Adler	1980	35,0	32,5	8,5	24,0
desgl.	1000	36,0	38,0	5,0	21,0
35 PS-Büssing	800	30,0	42,0	3,5	24,5
desgl.	1100	29,0	44,0	4,0	23,0

Diese Übersicht zeigt deutlich, daß bei Maschinen mit geschlossenem Verdichtungsraum (Schiebersteuerung, hängende Ventile) verhältnismäßig geringere Wärmemengen als bei Maschinen mit seitlichen Ventilen ins Kühlwasser übergehen. Während man bei den letzteren mit 35 bis 40 v. H. Kühlwasserverlust nehmen muß, sinkt dieser Verlust bei Maschinen mit Schiebersteuerung oder mit hängenden Ventilen auf etwa 25 bis 30 v. H. Noch wesentlich geringer sind verhältnismäßig die Wärmemengen, die bei Flugmotoren ins Kühlwasser übergehen, da diese durch den Schraubenwind sehr stark gekühlt werden. Aus Versuchen an einem 100 PS-Mercedes- und einem 110 PS-Benz-Flugmotor kann man berechnen, daß bei Betrieb mit Benzin und Benzol zwischen 15 und 20 v. H. der Brennstoffwärme im Kühlwasser nachzuweisen sind. Z. B. verbrauchte der Mercedes-Motor bei 1400 Uml/min 220 g/PS$_e$h Benzin, wobei 426 kcal/PS$_e$h vom Kühlwasser abgeführt wurden. Bei einem Verbrauch an Brennstoffwärme von 11000 · 0,22 = 2320 kcal/PS$_e$h entspricht somit die abgeführte Kühlwasserwärme 18,35 v. H. Beim Benz-Motor, der bei 1400 Uml/min 231 g/PS$_e$h an Benzin verbrauchte, betrug die Kühlwasserwärme 421 kcal/PS$_e$h oder 16,5 v. H. Bei Betrieb mit Benzol ergaben sich für den Mercedes-Motor der Verbrauch mit 244 g/PS$_e$ und die Kühlwasserwärme mit 450 kcal/PS$_e$h oder rd. 17,55 v. H. und beim Benz-Motor der Verbrauch mit 248 g/PS h und die Kühlwasserwärme mit 395 kcal PS$_e$h oder rd. 15,2 v. H. Allerdings nehmen die Werte der Kühlwasserwärme bei niedrigeren Drehzahlen, z. B. 1000 Uml/min um etwa 50 v. H. zu, das hat aber auf die Bemessung des Kühlers wenig Einfluß, weil dabei auch die Wärmemenge erheblich kleiner ist.

Nach Lanchester[1]) kann man annähernd den Arbeitswert der Kühlwasserwärme Q in PS aus dem Arbeitswert B des Brennstoffverbrauches nach folgender Gleichung berechnen:

$$Q = 0,1\, B + 2,54\, D.$$

Hierin ist D der Durchmesser des Zylinders in cm. Nach der gleichen Quelle soll der Kühlwasserverlust auch 1,2 PS/m², bezogen auf die gesamte Oberfläche der Wandungen der Zylinder und des Verdichtungsraumes betragen. Andere Fachleute schlagen vor, den Kühler so groß zu bemessen, daß er auf die zur Verfügung stehende Luft bei der gegebenen Geschwindigkeit eine der Bremsleistung gleichwertige Wärmemenge übertragen kann. In Wirklichkeit beträgt nach Versuchen von A. H. Gibson[2]) das Verhältnis zwischen der ins Kühlwasser übergehenden Wärme und dem Wärmewert der Nutzleistung bei Maschinen für Kraftwagen etwa 1,4 bis 1,5, bei Flugmotoren mit Wasserkühlung etwa 0,6 bis 0,9. Bei Flugmotoren mit Aluminiumzylindern und Luftkühlung hat man allerdings durch Benutzung des Flugwindes von rd. 100 km/h Geschwindigkeit das entsprechende Verhältnis bis auf rd. 1,1 steigern können.

Damit werden zugleich die Einschränkungen angedeutet, denen jede Kühlerberechnung unterliegt; denn es ist praktisch nicht möglich und auch unnötig, den Kühler so reichlich zu bemessen, daß er auch bei der langsamsten Fahrt mit voller Maschinenleistung ausreicht. Solche Fälle, die z. B. beim Hinauffahren auf eine sehr starke Steigung eintreten, sind in Wirklichkeit so selten, daß man sich dann mit der Speicherwirkung des im Kühler vorhandenen Wassers begnügen kann. Diese genügt in der Regel für einige Minuten, um das Kochen des Kühlers zu verhindern, und länger dauert es in der Regel auch nicht, bis man die Steigung überwunden hat.

Nach Pülz[3]) liefern Flugmotoren zwischen 350 und 400 kcal/PS$_e$h an das Kühlwasser ab, was bei einem Verbrauch von 230 g/PS$_e$h und bei einem Heizwert von 11000 kcal/kg etwa 14 bis 16 v. H. der gesamten verbrauchten Brennstoffwärme entsprechen würde.

Man würde zu ungünstig rechnen und zu praktisch unausführbaren Ergebnissen gelangen, wenn man die erforderliche Kühleinrichtung nach dem größten Wert der Kühlwärme und dem Höchstverbrauch an Brennstoff in der Zeiteinheit bemessen wollte. Denn die ungünstigen thermischen Wirkungsgrade ergeben sich zumeist dann, wenn die Maschine nicht mit voller Belastung arbeitet, während die günstigsten Wirkungsgrade besonders bei oder in der Nähe der Höchstleistung erreicht werden. Die durch die Kühlung abzuleitende Wärmemenge ist also trotzdem dann am größten, wenn, ungünstig gerechnet, 20 v. H. der Gesamtwärme in Nutzarbeit umgewandelt werden, und beträgt dann etwa 35 v. H. der Gesamtwärme. Der Rest entfällt auf Verluste durch die Auspuffgase und anderes. Ist G_B der Brennstoffverbrauch der Maschine in kg/PS$_e$h bei der Höchstleistung N_e und H_u der untere Heizwert des Brennstoffes, so erhält man die stündlich abzuleitende Wärmemenge ganz allgemein aus

$$Q = \alpha \cdot G_B \cdot N_e \cdot H_u.$$

Für $\alpha = 0,35$, $N_e = 30$ PS$_e$, $G_B = 0,30$ kg/PS$_e$h und $H_u = 11000$ kcal/kg ist

$$Q = 34650 \text{ kcal/h}.$$

Da der Wärmewert der abgegebenen Nutzarbeit

$$\frac{75 \cdot 3600 \cdot N_e}{424} = \eta_t \cdot G_B \cdot N_e \cdot H_u,$$

---

[1]) The Cylinder Cooling of Internal Combustion Engines. Proc. Inst. Automob. Eng. 1915/16.
[2]) Engg., 13. Febr. 1920
[3]) Kühlung und Kühler für Flugmotoren. Berlin: Rich. Carl Schmidt & Co., 1920.

worin η_t den thermischen Wirkungsgrad darstellt, so kann man, auch ohne den spezifischen Brennstoffverbrauch der Maschine zu kennen, die durch Kühlung zu beseitigende Wärmemenge in ein bestimmtes Verhältnis zur abgegebenen Nutzarbeit setzen

$$Q = k \cdot \frac{75 \cdot 3600}{424} \cdot N_e \text{ in kcal/h,}$$

wobei $\quad\quad\quad\quad k = \dfrac{\alpha}{\eta_t}.$

Nimmt man annähernd $k = 1{,}5$, so erhält man den schon von Güldner aufgestellten Ausdruck

$$Q = 1000 \, N_e,$$

worin N_e in PS_e einzusetzen ist. Aus den schon angegebenen Gründen empfiehlt es sich jedoch, wo immer die Verhältnisse es gestatten, mindestens mit

$$Q = 1200 \text{ bis } 1300 \, N_e \text{ in kcal/h}$$

zu rechnen.

Die Unterlagen zur Berechnung der Wärmemenge Q sind somit nicht sonderlich genau. Daraus allein erklärt sich auch schon, warum man sich heute bei den Kühleinrichtungen von Fahrzeugmaschinen noch fast ausschließlich mehr auf das Ausprobieren als auf das Berechnen verläßt, zumal da auch die Verfolgung der Wärmevorgänge beim eigentlichen Kühlvorgang nicht sehr einfach und wegen der fehlenden Wärmedurchgangs- und Wärmeleitungsziffern noch ganz unsicher ist.

Die Schwierigkeiten des ganzen Kühlproblems werden noch dadurch gesteigert, daß keine feststehenden Angaben über die günstigste Temperatur des Kühlwassers gemacht werden können. Planmäßige Versuche hierüber hat z. B. die amerikanische Fliegertruppe an einem Liberty-Flugmotor mit 12 Zylindern angestellt[1]). Ihre Ergebnisse sind in der nachstehenden Zahlentafel enthalten.

Versuche an einem Liberty-Flugmotor bei veränderlicher Kühlwassertemperatur.

Uml/min	Leistung mit Luftschraube bei					
	78° PS	78° v. H.	88° v. H.	65° v. H.	55° v. H.	42° v. H.
1200	150	100	99,25	100,25	101,06	101,72
1300	180	100	99,55	99,85	100,45	101,70
1400	230	100	99,70	100,0	100,30	101,58
1500	280	100	99,80	99,80	100,30	101,36
1600	340	100	99,70	100,40	100,60	101,30
1700	410	100	99,60	100,60	100,60	100,60
Uml/min	Brennstoffverbrauch bei					
	78° g/PS$_e$h	78° v. H.	88° v. H.	65° v. H.	55° v. H.	42° v. H.
1200	242	100	97	101,5	100	102,2
1300	233	100	98,2	97,2	98,8	101,3
1400	220	100	100	100	102,8	108
1500	216	100	99,4	103,2	102,2	104,2
1600	217	100	98,5	102,8	107	104
1700	226	100	100	100	101,8	102

Als günstigste Temperatur des Kühlwassers hat sich hiernach 78° C ergeben, wobei sich der geringe Abfall an Leistung und die geringe Zunahme an Brennstoffverbrauch bei 88° C gegenseitig ausgleichen. Allerdings gelten diese Werte nur für die bestimmte Maschinenbauart, die untersucht wurde; sie lassen sich also nicht ohne weiteres verallgemeinern, zumal nicht auf Wagenmaschinen übertragen, bei denen der Wärmeverlust durch die Windkühlung der Zylinder viel geringer ist. Daß die Leistung bei kälterem Kühlwasser bei niedrigeren Drehzahlen zunimmt, läßt sich aus der höheren Dichte der Füllung erklären. Man erkennt aber, daß dieser Einfluß der Kühlwassertemperatur bei höheren Drehzahlen nur sehr gering ist und durch die Nachteile des höheren Brennstoffverbrauches reichlich aufgewogen wird.

---

[1]) Automot. Ind., 20. April 1920.

Neuerdings hat Wawrzinick ausführliche Mitteilungen über Versuche mit verschiedenen Brennstoffen bei wechselnden Kühlwassertemperaturen bekanntgegeben[1]), denen als besonders kennzeichnendes Beispiel das Diagramm Abb. 711 entnommen ist. Aus den Ergebnissen dieser umfangreichen Versuche im Laboratorium der Techn. Hochschule Dresden ergibt sich, daß sich verschiedene Brennstoffe hinsichtlich des Einflusses veränderlicher Kühlwassertemperatur sehr verschieden verhalten und daß namentlich kleinere Maschinen von Änderungen der Kühlwassertemperatur weniger beeinflußt werden, weil sich in ihnen schneller ein Beharrungszustand einstellt.

Muß hiernach angenommen werden, daß es zweckmäßig ist, für jede besondere Maschinenbauart die günstigste Kühlwassertemperatur durch Versuche zu bestimmen, so tritt zu dieser Veränderlichen in der Art des Brennstoffes noch eine neue Veränderliche insofern hinzu, als Brennstoffe, die zu Selbstzündungen oder zum „Klopfen" neigen, unter sonst gleichen Verhältnissen keine so hohe Kühlwassertemperatur wie schwerere Brennstoffe zulassen. Man muß daher in der Regel noch unter der sonst zulässig scheinenden Grenze bleiben, wenn man Schwierigkeiten beim praktischen Betrieb vermeiden will.

Andererseits macht man die höhere Betriebstemperatur, welche die Zylinder bei höherer Kühlwassertemperatur erlangen, auch nutzbar, um den Betrieb mit schwer verdampfenden Brennstoffen zu erleichtern. Besonders weit gehen in dieser Hinsicht die Vorschläge, welche die Semmler-Motoren-Gesellschaft, Wiesbaden, in der Form der sogenannten Heißkühlung für Fahrzeugmaschinen gemacht hat.

Das Verfahren, das u. a. bei einem Adler-Lastkraftwagen praktisch angewendet worden ist, vgl. Abb. 172, S. 120, und dadurch ermöglichen soll, den Kraftwagen ausschließlich mit Phenolöl zu betreiben, geht darauf aus, das Kühlwasser bei jeder Belastung der Maschine auf Siedetemperatur zu erhalten und außerdem damit das Gemischrohr sowie den Vergaser zu beheizen. Der Brennstoff wird durch die Auspuffgase in einem besonderen Heizkörper angewärmt.

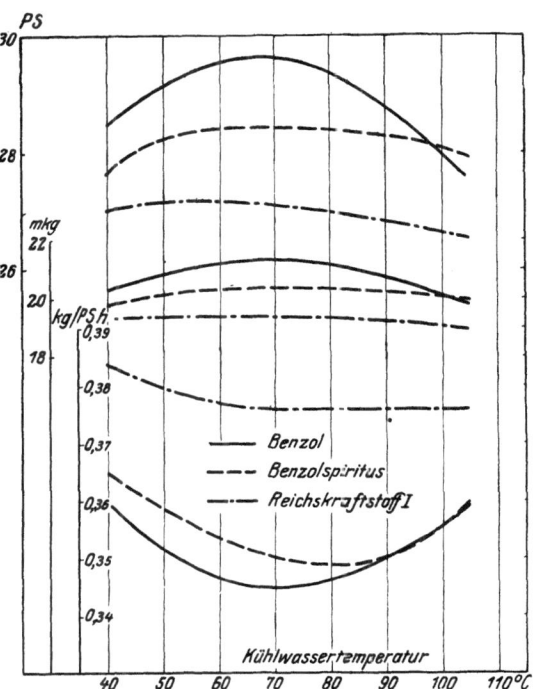

Abb. 711. Diagramm über den Einfluß veränderlicher Kühlwassertemperatur bei verschiedenen Brennstoffen, (oben: Leistungen, in der Mitte: Drehmoment, unten: Verbrauch).

Betriebsstörungen der Maschine infolge zu hoher Kühlwassertemperatur vermeidet man bei diesem Verfahren dadurch, daß man den entstehenden Dampf aus dem Kühlwasserkreislauf beseitigt und namentlich die Überhitzung und die Dampfbildung an solchen Stellen der Maschine verhindert, die besonders hoch erhitzt werden. Das sind besonders die dünnen Stege zwischen Zylindermantel und Ventilsitz, Abb. 712, unter denen zumeist das Kühlwasser ruht oder nur sehr langsam umläuft, so daß sich leicht Dampfbläschen ansetzen. Führt man aber das Kühlwasser durch Spritzrohre b gerade hier ein, so kann man diese Stellen besonders wirksam kühlen und den gesamten Wärmezustand der Maschine heraufsetzen, ohne daß hier gefährliche Überhitzungen auftreten.

Den Siedezustand des Kühlwassers bei allen Belastungen und Lufttemperaturen erreicht man hierbei dadurch, daß man zwischen die Leitung c, Abb. 713, von der Maschine zum Kühler p und die Saugleitung der Kühlwasserpumpe a eine Verbindung o einschaltet, die einen abgekürzten Kreislauf des Kühlwassers unter Umgehung des Kühlers ermöglicht. Dadurch wird beim Anlauf und bei niedriger Belastung der Maschine die Wärmeabgabe im Kühler vermieden. Dagegen gelangt der Dampf stets in den Kühler, und das Kondensat wird von der Umlaufpumpe abgesaugt. Außerdem leitet man nach Bedarf auch einen Teil des Wassers durch den Kühler, wodurch die Kondensattröpfchen, die in den engen Scheiden der gebräuchlichen Kühler leicht hängen bleiben, schneller mitgenommen werden. An der Abzweigstelle der Leitung o befindet sich zu diesem Zweck ein Regelventil q, das diese Leitung abschließt und einen Teil des Kühl-

---

[1]) Autotechn., 20. Oktober 1923.

wassers mit dem Dampf durch den Kühler leitet, wenn ein Überdruck im Dampfraum des Kühlers, der vollkommen geschlossen ist, auftritt. Im regelmäßigen Betrieb ist der Kühler zum größeren Teil mit Dampf gefüllt; da er somit einen wesentlich größeren Temperaturunterschied gegenüber der Außenluft hat, als gewöhnliche Fahrzeugkühler, so wird seine Kühlleistung auf etwa das Doppelte gesteigert, was für Maschinen von großer Leistung bei langsam fahrenden Schleppern, Pflügen usw. von Bedeutung ist.

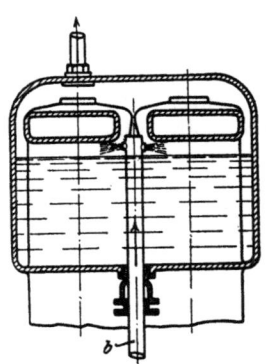

Abb. 712. Beseitigung der Dampfblasen zwischen Zylindermantel und Ventilsitz.

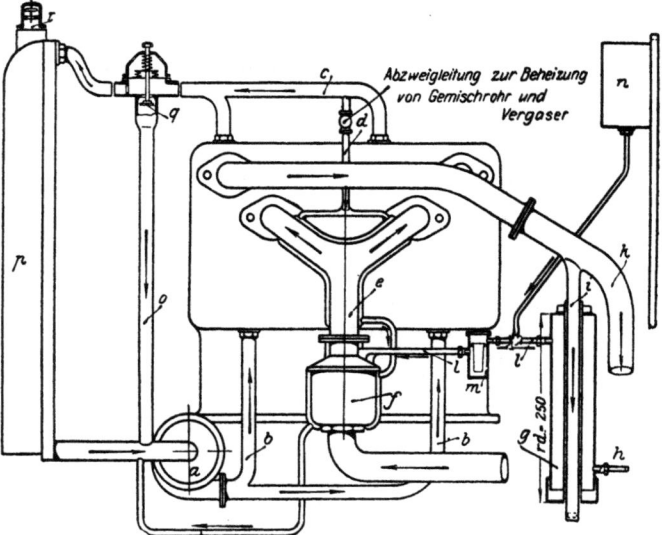

Abb. 713. Heißkühlanlage nach Semmler.

Die Luft, die bei Beginn des Betriebes im Kühler eingeschlossen ist, und die die Wirkungsweise des Regelventils stören würde, wird durch ein Ventil r beseitigt, das sich schließt, sobald der Kühler nur mehr Dampf enthält.

An den zum Kühler führenden Hauptstrang c der Kühlwasserleitung ist ein absperrbarer Zweig d angeschlossen, der das Gemischrohr e und das Schwimmergehäuse f des Vergasers heizt und in das Saugrohr der Umlaufpumpe mündet. Der Vorwärmer g, dem der Brennstoff bei h aus dem Hauptbehälter zufließt, ist klein bemessen, damit sich sein Inhalt beim Anfahren schnell erwärmt. Er wird von einer Abzweigung der Auspuffleitung k beheizt, damit die Wärmestöße bei schwankender Maschinenleistung schneller ausgeglichen werden. In die zum Vergaser führende Brennstoffleitung l, die ein Filter m enthält, kann man beim Anfahren einen Hilfsbrennstoffbehälter n mit Benzin, Benzol oder dgl. vom Führersitz aus einschalten.

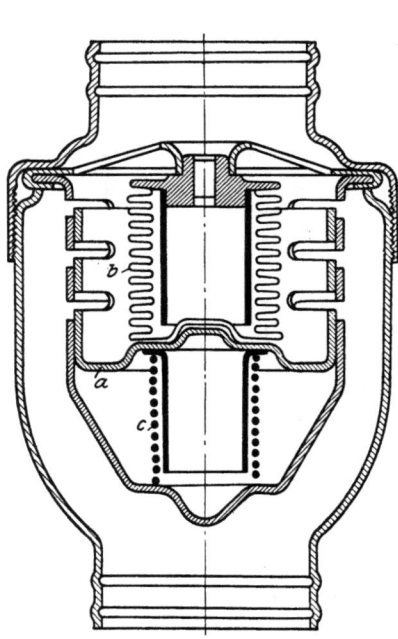

Abb. 714. Thermostat der Bishop & Babcock Co.

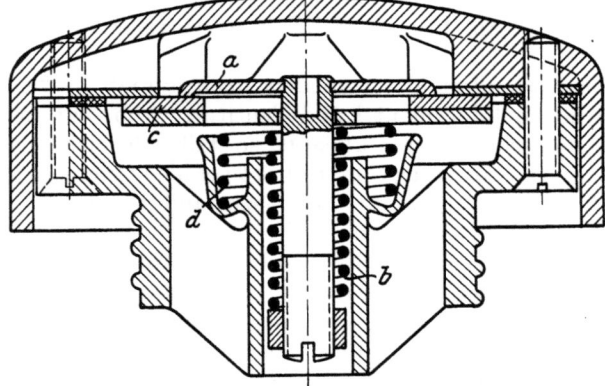

Abb. 715. Unter- und Überdruckventil für Flugzeugkühler nach Schütte-Lanz.

Aus der Erkenntnis, daß für jede Maschinenanlage eine bestimmte Temperatur des Kühlwassers am günstigsten ist, folgt das Bestreben, diese Temperatur durch Regelvorrichtungen bei allen Witterungsverhältnissen aufrecht zu erhalten. Diese Regelung kann nach zwei Richtungen hin erfolgen; entweder regelt man die Wärmeabfuhr aus dem Kühler oder man regelt die Wärmeabgabe des Kühlwassers im Kühler. In der ersten Richtung bewegen sich die bekannten Mittel zum Abdecken des Kühlers mit Lederhauben oder durch verstellbare Roll- oder Jalousievorhänge. Diese vermehren allerdings den Luftwiderstand des Kühlers, der aber nur bei Flugzeugen eine Rolle spielt und durch zylindrische Ausbildung des Vorhanges nach den Vorschlägen des Luftschiffbau Schütte-Lanz vermindert werden kann. Um die Wärmeabgabe des Kühlwassers im Kühler zu regeln, benützt man selbsttätige Ventile, die einen Teil des Kühlwassers unter Umgehung des Kühlers in die Saugleitung der Umlaufpumpe zurückführen und so bewirken, daß beim Anfahren oder bei sehr strenger Kälte verhältnismäßig schnell eine höhere Temperatur des Kühlwassers erreicht wird. Ein Beispiel dieser Regelart findet sich schon bei der weiter oben beschriebenen Heißkühlanlage nach Semmler. Anstatt durch den Überdruck, kann man das Umleitventil auch durch die Temperatur des Kühlwassers regeln, indem man sogenannte Thermostaten verwendet. Abb. 714 zeigt eine neuere Bauart solcher Thermostatenregler der Bishop & Babcock Co. in New York. Solange das Kühlwasser noch nicht die gewünschte Temperatur erreicht hat, bleibt der mit mehreren Steuerschlitzen versehene Rohrschieber a geschlossen, so daß das Kühlwasser im Wasserrohr über den Zylinderköpfen stehenbleibt. Erst wenn die Maschine genügend warm geworden ist, dehnt sich die mit einer leichtsiedenden Flüssigkeit gefüllte Thermostatkapsel b aus und öffnet die Schieberschlitze entgegen der Wirkung der Feder c, so daß das Wasser zum Kühler abfließen kann.

In die Praxis haben sich solche Regelvorrichtungen bis jetzt nicht sehr eingeführt, da ihre Wirkungsweise unter der starken Verunreinigung durch das Kühlwasser leidet. Außerdem bilden sie insofern eine gewisse Gefahr für den Kühler, als schon bei vorübergehender Ausschaltung des Kühlers aus dem Kreislauf der Kühler einfrieren und beschädigt werden kann.

Für Flugzeuge, die gegen Kühlwasserverluste durch Verdampfung, namentlich bei dem verminderten Luftdruck in großer Höhe, geschützt werden müssen, kann es mitunter wertvoll sein, die erreichbare höchste Kühlwassertemperatur über 100° C hinaus zu steigern, indem man den Kühler mittels eines regelbaren Überdruckventils abschließt. Damit dann bei nachfolgender Abkühlung des Kühlers kein Unterdruck darin auftritt, verbindet die Firma Luftschiffbau Schütte-Lanz dieses Überdruckventil noch mit einem selbsttätigen Unterdruckventil, s. Abb. 715. Das Doppelventil ist in der üblichen Kühlerverschraubung untergebracht und besteht aus dem Überdruckventil a mit Feder b sowie aus dem den Sitz dieses Ventiles bildenden Ring c mit Feder d, der Luft in den Kühler eintreten läßt.

Zum Kühlen der Zylinder einer Fahrzeugmaschine dient in letzter Linie immer die Luft, sei es, daß man die Zylinder selbst mit Luft bespült, welche die Wärme aufzunehmen hat (Luftkühlung), oder daß man die Zylinder mit Kühlmänteln versieht, in denen Wasser umläuft (Wasserkühlung). Damit sich das Wasser nicht zu stark erwärmt und verdampft, muß es in einer durch die Luft gekühlten Vorrichtung (Kühler) wieder abgekühlt werden, bevor es den neuen Kreislauf beginnt. Nur ortsfeste und Maschinen für Wasserfahrzeuge werden mit ständigem Zu- und Ablauf von frischem Kühlwasser arbeiten können.

Unmittelbare Kühlung.

Die Luftkühlung, oder, genauer gesagt, unmittelbare Luftkühlung, ist die ältere Form der Kühlung von Fahrzeugmaschinen und schon von Daimler versucht worden. Man rühmt ihr gelegentlich noch heute die große Einfachheit nach, weil sie keiner Pumpe mit Leitungen sowie keines Kühlers bedarf und nicht einfrieren und dadurch die Zylinder beschädigen kann; sie hat sich aber niemals umfangreicher Anwendung erfreuen können. Am wichtigsten ist noch ihre Verwendung bei den kleinen Maschinen von Motorfahrrädern, wo sie auch tatsächlich den Anforderungen des Betriebes zu genügen scheint. Abb. 716 bis 718, S. 352, zeigen die Einzelheiten einer Zweizylinder-Fahrradmaschine der Neckarsulmer Fahrradwerke A.-G. in Neckarsulm, die bei 52 mm Zylinderdurchmesser und 74 mm Hub bis zu 3,6 PS$_e$ leistet und als Vertreterin dieser Gruppe von Fahrzeugmaschinen an dieser Stelle kurz besprochen werden möge. Die Maschine wird mit den beiden unter 45° gegeneinandergestellten Zylindern in der Mittelöffnung des Rahmens so gelagert, daß neben dem aufrecht stehenden Zylinder noch eine allerdings weit hinausgeschobene und deshalb durch einen Zug von vier Stirnrädern angetriebene Zünddynamo untergebracht werden kann. Die kühlende Oberfläche der Zylinder, die an nähernd bis zum Hubende reicht, ist mit angegossenen Rippen versehen, die auch bei dem geneigten Zylinder wagerecht gestellt sind, damit die Luft während der Fahrt in allen Zwischenräumen strömen kann. Durch die Stellung der Zylinder gegeneinander wird erreicht, daß die den senkrechten Zylinder verlassende erhitzte Luft nicht — oder nur zum geringsten Teile — auf die Rippen des geneigten Zylinders auftrifft; damit wird ein Nachteil beseitigt, der der

Abb. 716.

Luftkühlung bei Maschinen mit mehreren stehenden Zylindern anhaftet. Nicht beseitigt wird allerdings der Übelstand, daß die von der Fahrtrichtung abgewendeten Zylinderseiten weniger gekühlt werden, als die in der Fahrtrichtung liegenden.

Die Kühlrippen erstrecken sich auch auf die seitlich angebauten Ventilgehäuse, in denen beide Ventile gesteuert werden, und zwar die Auspuffventile a durch einen gemeinsamen Steuerdaumen b auf der von der Kurbelwelle c im Verhältnis von 1:2 angetriebenen Steuerwelle d, die beiden oben liegenden Einströmventile e von zwei auf besonderen Wellen gelagerten Steuerdaumen f und g, deren Bewegungen durch Kugelstößel h auf die außen geführten Zugstangen i übertragen wird, s. a. Abb. 717 und 718.

In dem Kurbelgehäuse, das in der senkrechten Mittelebene geteilt ist und an 3 Stellen mit Hilfe von Klammern am Rahmen befestigt wird, greifen die beiden Pleuelstangen an einem gemeinsamen Kurbelzapfen an, der die Verbindung der beiden mit Gegengewichten versehenen und als Schwungräder ausgebildeten Kurbelscheiben bildet. Die beiden Teile der Kurbelwelle laufen in Gleitlagern, gegebenenfalls

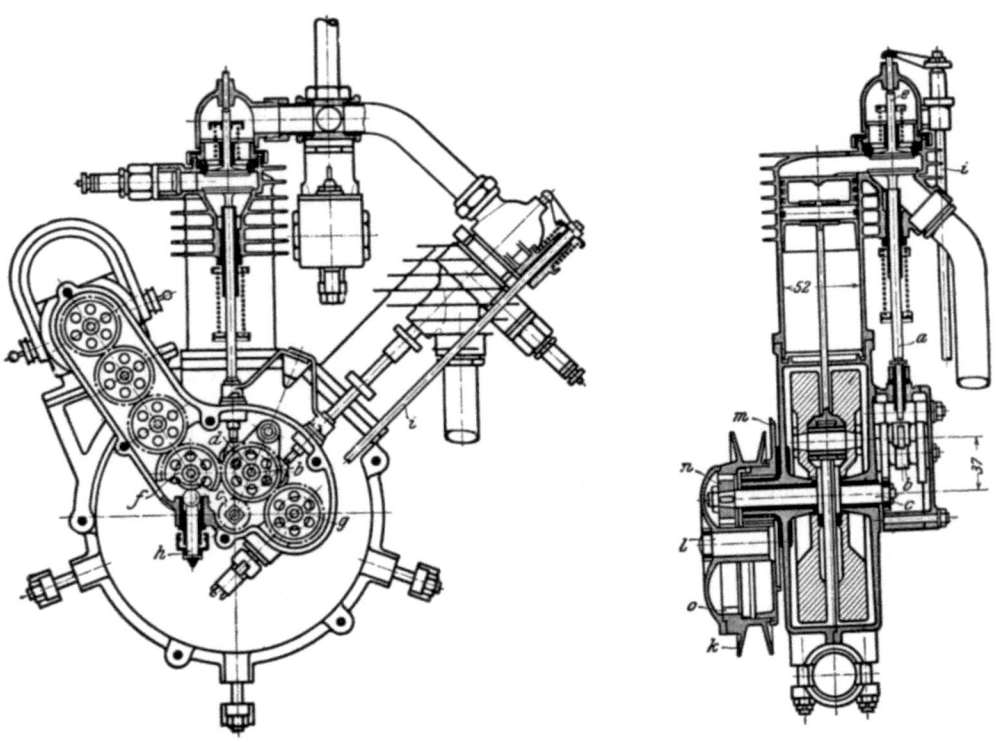

Abb. 717.   Abb. 718.

Abb. 716 bis 718. Zweizylinder-Fahrradmaschine mit Luftkühlung der Neckarsulmer Fahrradwerke A.-G. in Neckarsulm.

auch in Kugellagern. Die Kurbelscheiben verspritzen das in das Kurbelgehäuse eingefüllte Schmieröl, das von den Zylindern durch eingegossene Scheidewände ferngehalten wird. Die beschriebene Bauart des Kurbelgehäuses ist kennzeichnend für die meisten Fahrradmaschinen und das ist um so bemerkenswerter, als sie auch schon von Daimler eingeführt worden ist.

Als besonderes Merkmal der vorliegenden Maschine ist zu erwähnen, daß die Riemenscheibe k, die den Antrieb mittels Keilriemens aus Gummi auf das Hinterrad überträgt, nicht auf der Kurbelwelle, sondern auf einer Hilfswelle l sitzt und mit Zahnradübersetzung n, o bewegt wird. Sie läßt sich mit Hilfe des Hebels m um die Kurbelwelle schwenken, wobei der Riemen gespannt oder entspannt wird.

Bei größeren Zylinderabmessungen hat sich die Ableitung der Wärme der Zylinder unmittelbar durch Luft so schwierig erwiesen, daß man, von Ausnahmen abgesehen, fast allgemein zur Wasserkühlung übergegangen ist.

Abb. 719. Maschine mit Luftkühlung der Knox Automobile Co., Springfield, Mass.

Das liegt nicht allein an der Unmöglichkeit, die wärmeabgebende Oberfläche der Zylinder über ein gewisses Maß hinaus zu vergrößern, sondern auch an der geringen spezifischen Wärme der Luft und an dem Umstande, daß sich die Wärme nicht schnell genug über die ganze Oberfläche der Kühlrippen verteilt, wenn diese eine gewisse Länge überschreiten.

Ausnahmen auf dem Gebiete der Wagenmaschinen liegen insbesondere in den Vereinigten Staaten vor, wo eine Anzahl ganz angesehener Fabriken (z. B. The Franklin Manufacturing Co., Syracuse, N. Y., Knox Automobile Co., Springfield, Mass., u. a.) den Bau solcher Maschinen fast ausschließlich und mit gewissem Erfolge betreibt. Die bei uns ziemlich vernachlässigte Technik dieser Maschinen ist hier in mancher Beziehung auch gefördert worden, wenngleich damit wesentliche Fortschritte in der eigentlichen Frage der Luftkühlung nicht erreicht worden sind. Vielmehr beschränken sich diese Fortschritte auf die Ausbildung der Kühlflächen, z. B. auf den Ersatz der Rippen durch eingeschraubte Stachel, s. Abb. 719, oder eingegossene Kupferstifte, Stahlrippen usw. Auch hier hat man indessen bereits eingesehen, daß zu einer wirksamen Luftkühlung neben ausreichender Kühlfläche eine gewisse Mindestgeschwindigkeit der vorbeigeführten wärmeaufnehmenden Luft erforderlich ist, die, insbesondere bei langsamer

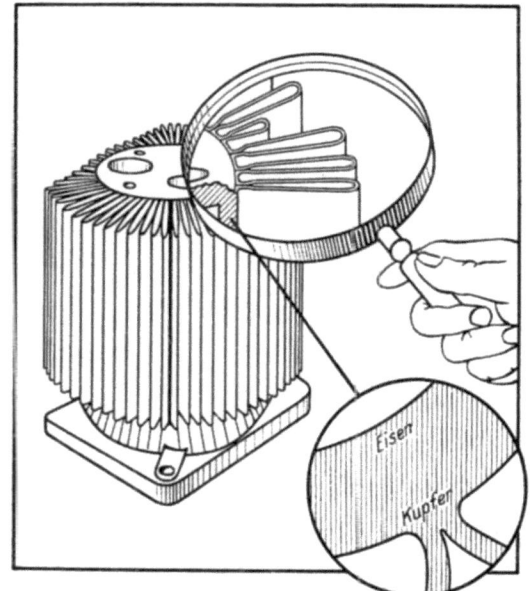

Abb. 720. Zylinder mit Luftkühlung der Chevrolet Motor Car Co.

Fahrt auf Steigungen, durch einen Ventilator erzeugt werden muß. Daneben hat man die zwangläufige Bewegung der Luft ausgenutzt, um eine bessere Kühlung der von dem ersten Zylinder verdeckten hinteren Zylinder zu erreichen, indem man besondere Luftleitungen und die Zylinder umgebende Luftmäntel einbaute. Der endgültige Erfolg dieser Verbesserungen ist aber bis jetzt ausgeblieben.

Als neueste Bauart dieser Gruppe sei die Maschine der Chevrolet Motor Car Co. erwähnt, bei welcher die Kühlrippen der Zylinder aus zusammengebogenen, mit den freien Enden in die Zylinderwand eingegossenen Kupferblechen bestehen, s. Abb. 720. Ein vorn an der Maschine angeordnetes Gebläse saugt die Kühlluft in die Hohlräume der Rippen von unten nach oben an. Dabei wird der Luftstrom über die Zylinderköpfe zum Gebläse geführt, so daß er auch die Ventile und ihre Federn kühlt.

Besondere Beachtung hat man ferner der unmittelbaren Luftkühlung seit jeher bei den Maschinen für Luftfahrzeuge entgegengebracht. Auch hier hatte sich zunächst die zwangläufige Führung des künstlich in Bewegung gesetzten Luftstromes als das Richtige erwiesen, obgleich die Zugänglichkeit der Teile der Maschine durch die Blechummantelungen leidet. Auch hinsichtlich der Betriebssicherheit hat z. B. die in Abb. 721 und 722 dargestellte Maschine von Louis Renault in Billancourt, die 8 Zylinder von 90 mm Durchmesser und 120 mm Hub hat, bei einer Prüfung durch die Commission Technique de l'Automobile Club de France durchaus befriedigt, da sie drei Stunden ohne Störung mit voller Belastung ausgehalten hat. Die Ergebnisse dieses Versuches waren:

Abb. 721.

Abb. 722.
Abb. 721 und 722. Luftschiffmaschine mit Luftkühlung von Louis Renault in Billancourt.

Zeit in Minuten nach Beginn	15	30	45	60	75	90	105	120	135	150	165	180
Uml/min	1830	1830	1833,2	1833,2	1833,2	1833,2	1840	1836,6	1836,6	1836,6	1843,2	1843,2
PS_e	61	61	60,3	60,3	60,3	60,3	60,3	60,3	60,3	60,3	60,9	60,2

Diese Gleichmäßigkeit im Verlauf der Bremsleistung ist für eine Maschine mit Luftkühlung besonders auffallend und darf als Beweis dafür gelten, daß keine Überhitzung der Zylinder innerhalb der drei Stunden eingetreten war. Allerdings ist die Leistung der Maschine wesentlich geringer ($p_e \sim 4{,}95$ at) als bei Maschinen mit Wasserkühlung. Aus den obigen Ergebnissen und den sonstigen Messungen an der Maschine sind folgende Angaben abgeleitet:

Dauer des Versuches	3 h
Mittlere Umlaufgeschwindigkeit	1835,8 Uml/min
Mittlere Bremsleistung	60,5 PS_e
Stündl. Gesamtverbrauch an Brennstoff	21,61 kg/h
Stündl. Gesamtverbrauch an Schmieröl	2,899 kg/h
Gewicht der Maschine mit Zubehörteilen	179,5 kg
Desgl. mit Betriebsstoff für eine Stunde	204,009 kg
Desgl. auf 1 PS_e	3,37 kg/PS_e
Desgl. ohne Betriebstoffe	2,96 kg/PS_e
Spezifischer Brennstoffverbrauch	0,357 kg/PS_e h
Spezifischer Schmierölverbrauch	0,048 kg/PS_e h.

In noch viel höherem Maße kommen die Vorteile der Luftkühlung bei den Maschinen mit umlaufenden Zylindern zur Geltung, weil hier die Einrichtungen für die Luftführung fortfallen können. Von diesen Maschinen hat vor allem diejenige der Société des Moteurs Gnôme in Paris Ausführungen in größerem Maßstab erlebt, und die Flugtechnik hat dieser Maschine viele von ihren ersten Erfolgen zu verdanken. Die ältere Maschine der Bauart Gnôme ist in den Abb. 723 und 724, S. 356, wiedergegeben. Sie hat 7 strahlig um einen gemeinsamen, feststehenden Kurbelzapfen angeordnete Zylinder von 105 mm Durchmesser und 110 mm Hub, die mit den scharfkantigen Kühlrippen aus Nickelstahl, und zwar aus dem Vollen herausgedreht werden. Durch die feststehende Kurbelwelle werden Brennstoff und Schmieröl zugeführt. Von den Pleuelstangen hat eine einen großen mit zwei Kugellaufringen versehenen Kurbelkopf, an dem die anderen Stangenköpfe drehbar sind. Die selbsttätigen Einlaßventile liegen in den Kolben, deren Abdichtung bereits auf S. 243 erwähnt ist, die Auspuffventile werden mit Druckstangen von einer gemeinsamen Daumenscheibe gesteuert und öffnen unmittelbar ins Freie.

Eine Maschine mit 7 Zylindern von 110 mm Durchmesser und 120 mm Hub lieferte im Laboratorium des Automobile Club de France bei zwei aufeinanderfolgenden Versuchen die nachstehenden Ergebnisse:

Versuch	Nr.	1	2
Dauer des Versuches	min	10	77
Mittlere Umlaufzahl	Uml/min	2354	2136
Mittlere Leistung	PS_e	34,2	25,3
Spez. Brennstoffverbrauch	kg/PS_eh	0,359	0,359
Spez. Schmierölverbrauch	kg/SP_eh	0,184	0,184
Gewicht mit Zubehör	kg	82	82
Gewicht mit Betriebstoffen für eine Stunde	kg	100,57	95,78
Desgl.	kg/PS_e	2,94	3,78

Der Krieg hat gerade die Entwicklung dieser Maschinenart lebhaft gefördert, weil sie sich wegen ihres geringen Einheitsgewichtes und ihrer kleinen Baulänge besonders gut für Kampfflugzeuge eignet, die schnell steigen und schnell wendig sein müssen. Das Ziel dieser Entwicklung war natürlich stets, das Einheitsgewicht zu vermindern und die Höchstleistung zu steigern. Um die Ladung der Zylinder zu verbessern, hat man die Kolbenventile zweckmäßiger ausgebildet oder, wie bei dem schon auf S. 275 dargestellten Umlaufmotor le Rhône beide Ventile auf den Zylinderkopf gesetzt.

Als sehr fruchtbar hat sich ferner der Gedanke erwiesen, den Leistungsverlust, welchen der Luftwiderstand des umlaufenden Zylindersterns bedingt, dadurch zu vermindern, daß man außer dem Zylinderstern auch die Kurbelwelle, und zwar im entgegengesetzten Sinn, umlaufen läßt. Bei gleicher Relativgeschwindigkeit von Zylinder und Kolben, also gleicher Zylinderleistung, macht dann die mit der Kurbelwelle verbundene Luftschraube nur halb so viele Umdrehungen wie beim Umlaufmotor mit feststehender Kurbelwelle, bei dem die Luftschraube mit dem Zylinderstern verbunden wird.

Dieser Gedanke ist beim 110 PS-Umlaufmotor der Siemens & Halske A.-G., Berlin, Abb. 725, mit gutem Erfolg verwirklicht. Die zwangläufige Gegendrehung von Zylinderstern und Kurbelwelle wird durch ein Kegelräder-Umlaufgetriebe erzeugt, dessen festgelagerte Sternräder a zum Antrieb der Ölpumpe und der Zünddynamo benützt werden. Von den Seiten-

356   Bauteile des Triebwerkes.

rädern b und c des Getriebes ist eines mit der Kurbelwelle d, das andere mit einem Flansch des umlaufenden Kurbelgehäuses e fest verbunden. Die Kurbelwelle ist im Kurbelzapfen geteilt. Ihre vom Antriebsende abgekehrte Hälfte dient, wie bei anderen Umlaufmotoren, als Ansaug-

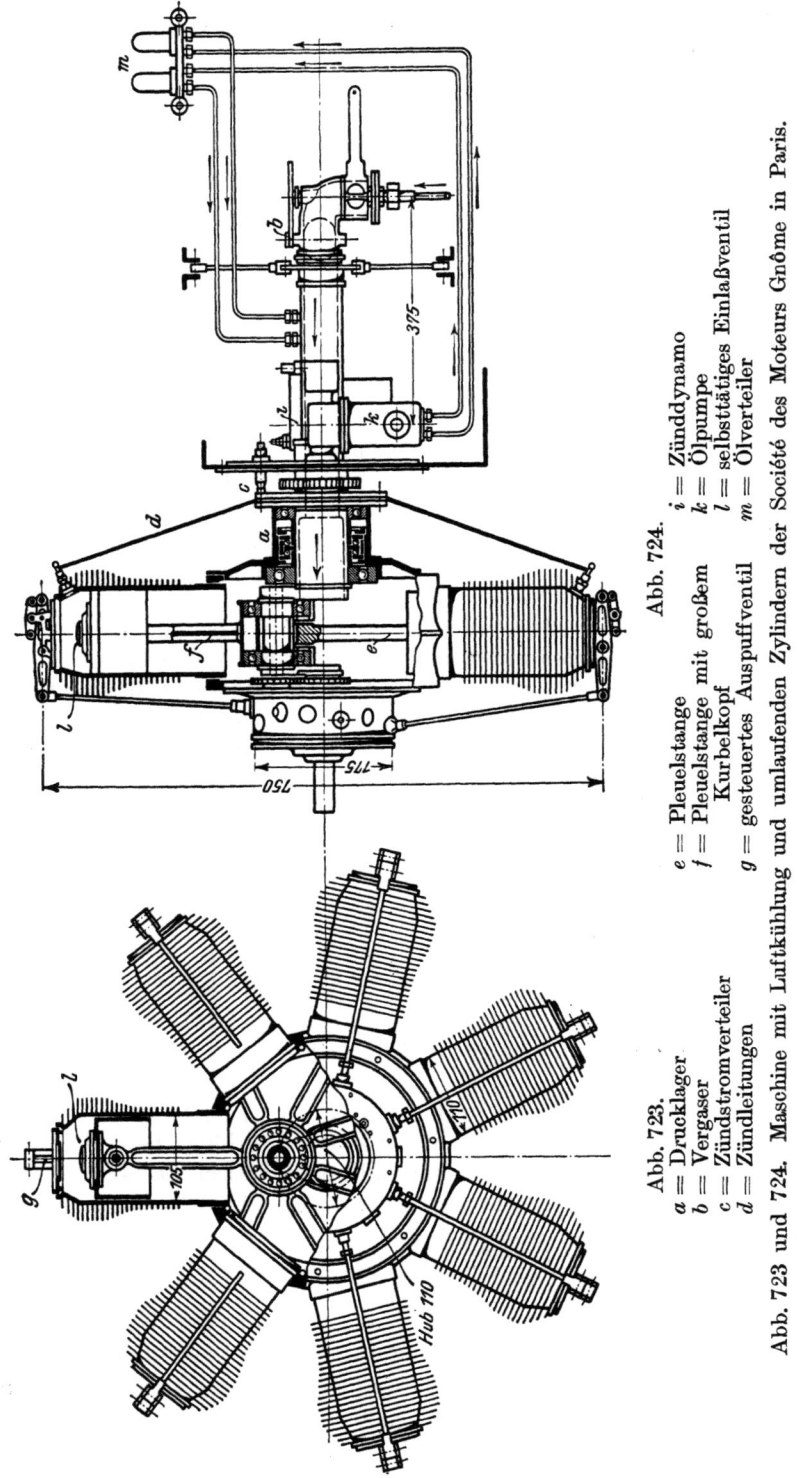

Abb. 723.
a = Drucklager
b = Vergaser
c = Zündstromverteiler
d = Zündleitungen

Abb. 724.
e = Pleuelstange
f = Pleuelstange mit großem Kurbelkopf
g = gesteuertes Auspuffventil
i = Zünddynamo
k = Ölpumpe
l = selbsttätiges Einlaßventil
m = Ölverteiler

Abb. 723 und 724. Maschine mit Luftkühlung und umlaufenden Zylindern der Société des Moteurs Gnôme in Paris.

leitung und ist gegen den mit dem Vergaser f verbundenen Teil der Leitung abgedichtet. Bemerkenswert ist namentlich auch die Bauart[1]) des Einlaßventils im Kolben, Abb. 726, dessen Teller a durch die Gegengewichte b ausgeglichen ist, so daß er sich unter dem Einfluß des Unter-

___
[1]) Ähnlich dem Motor der Gyro Motor Co., Washington, aber ganz ohne Federn.

drucks beim Ansaugen leicht öffnet, und durch einen Anschlagdaumen c bei der richtigen Hubstellung, die einem bestimmten Ausschlag der Pleuelstange d entspricht, ganz zwangläufig geschlossen wird. Man vermeidet hierdurch die häufigen Betriebsstörungen, die bei den selbsttätigen Kolbenventilen durch das Nachlassen oder Brechen der Ventilfedern in der Hitze eintreten.

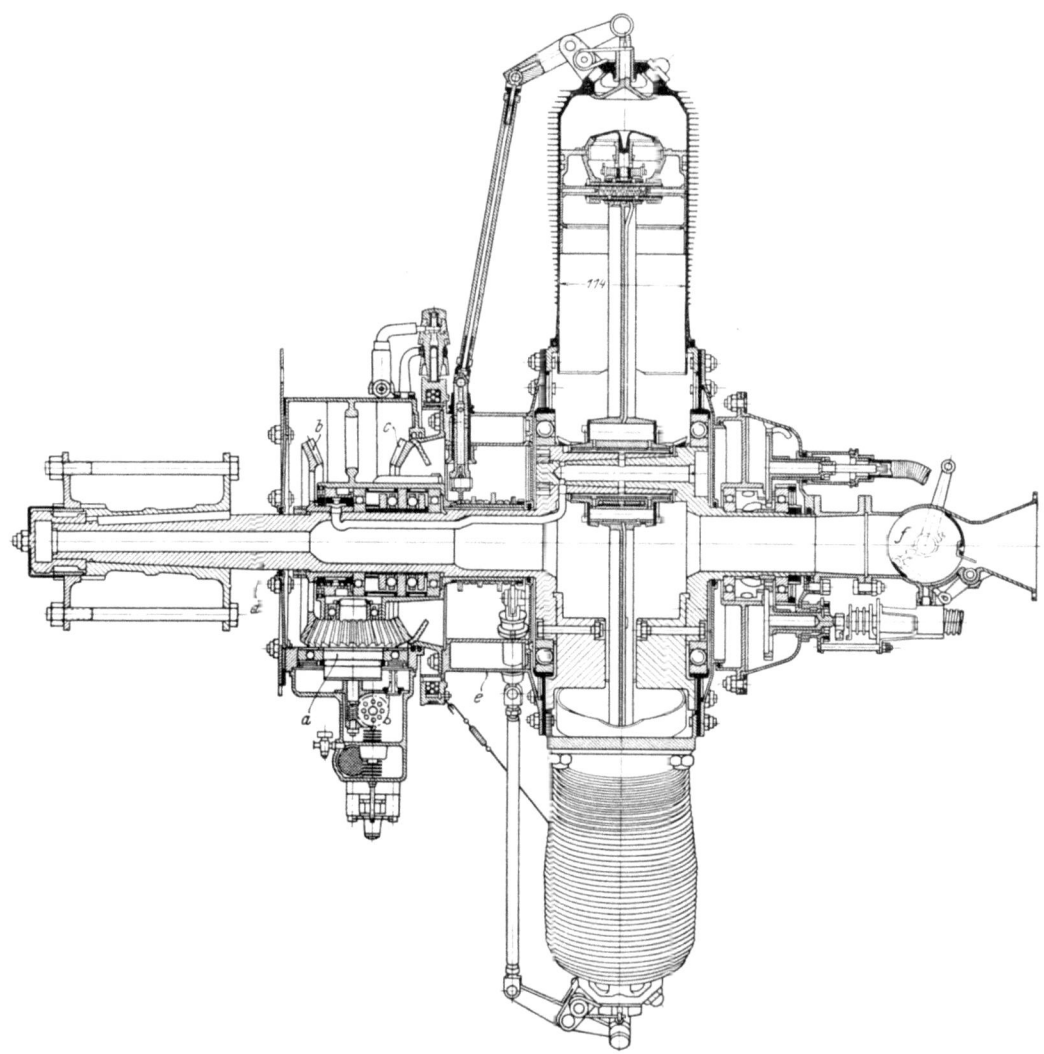

Abb. 725. 110 PS-Umlaufmotor von Siemens & Halske A.-G.

Bei späteren stärkeren Ausführungen dieses Flugmotors hat man im übrigen das Kolbenventil ganz aufgegeben und durch ein Zylinderkopfventil ersetzt. Nach Angaben von Schwager[1]) stellt dieser Motor auch gegenüber den neuesten ausländischen Umlaufmotoren einen Fortschritt dar, wie die nachstehende Zahlentafel zeigt:

Neuere Umlaufmotoren.

Bauart	Zylinderzahl	Drehzahl Uml/min	Nennleistung PS	Gewicht kg	Mittl. red. Leistung[2]) PS	Mittl. red. Einheitsgew. kg/PS
le Rhône	9	1200	110	147	109	1,35
Clerget-Humber	9	1200	130	177,5	123	1,44
le Rhône	11	1200	160	168,5	145	1,16
Siemens	11	900	160	194	202	0,96

[1]) Motorwagen 1919, S. 548.
[2]) Die mittlere reduzierte Leistung ist diejenige Leistung, welche der Flugmotor zwischen den üblichen Höhengrenzen 0 und 6500 m liefert. Diese ist bei Motoren mit Überverdichtung wesentlich höher als bei normal verdichtenden Motoren.

Außer bei den Umlaufmotoren hat ferner unmittelbare Kühlung immer auch bei den Standmotoren mit sternförmiger oder fächerförmiger Anordnung der Zylinder eine große Rolle gespielt, die durch den Flugwind sehr günstig beaufschlagt werden, so daß man auf die Kühlung durch die Umlaufbewegung verzichten kann. Auch bei diesen Maschinen liegt der Fortschritt der letzten Jahre in der Steigerung der Leistung im Verhältnis zum Gesamtgewicht. Die letzte Stufe ihrer Entwicklung haben diese Maschinen wohl in dem 450 PS-Jupiter-Flugmotor der Cosmos Engineering Co., London, Abb. 727, erreicht, einer Maschine mit 9 Stahlzylindern von 146 mm Durchmesser und 190,5 mm Hub, die bei amtlichen, von Beauftragten des englischen Luftministeriums durchgeführten Abnahmeversuchen mit einem Verdichtungsverhältnis 1:5 bei 1650 Uml/min 400 PS und bei 2000 Uml/min 500 PS geleistet hat. Die Zylinderköpfe sind hier aus Aluminium gegossen, und auch die Wärmeverhältnisse der Zylinder hofft man noch zu verbessern, indem man zu Mänteln aus Aluminium mit Kühlrippen und eingepreßten Laufbüchsen aus Stahl übergeht.

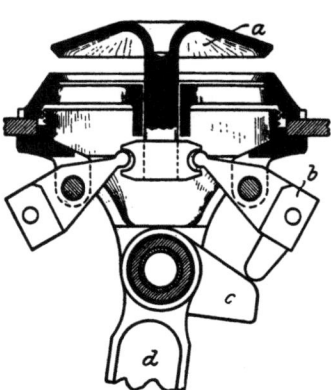

Abb. 726. Kolbenventil des Siemens-Umlaufmotors.

Das wesentlich Neuartige dieser Maschinen ist aber die Art der Gemischverteilung. Da man mehr als drei Zylinder nicht an einen Vergaser anschließen darf, wenn man verhindern will, daß die Ladung der Zylinder durch das Absaugen im benach-

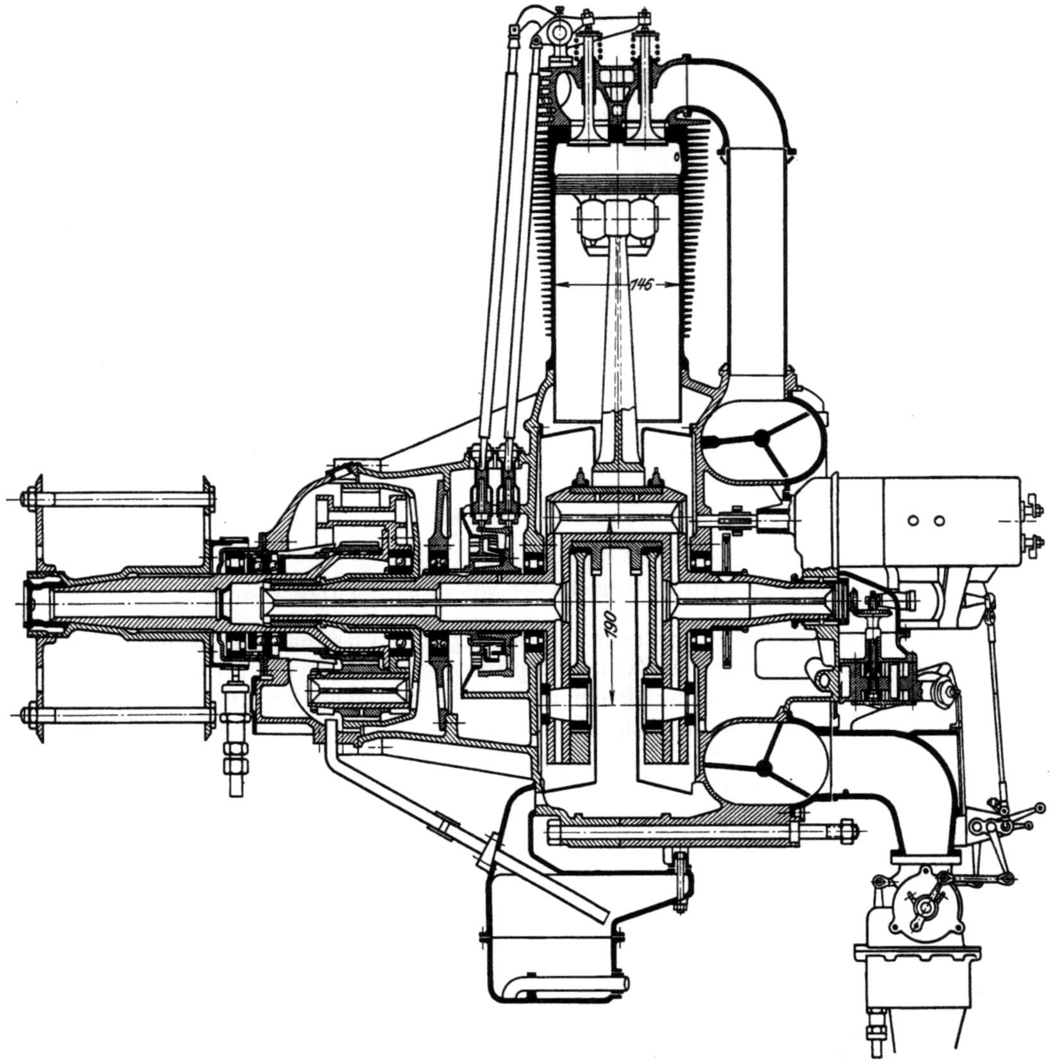

Abb. 727. 450 PS-Jupiter-Flugmotor der Cosmos-Engineering Co.

barten Zylinder beeinträchtigt wird, so hat man die vorliegende Maschine mit drei Vergasern ausgerüstet, die eine allen Zylindern gemeinsame Ringleitung speisen. In dieser Leitung sind mit Hilfe einer dreigängigen Schnecke aus Aluminium drei Gänge ausgespart, die mit je einem Vergaser in Verbindung stehen und zu den Ansaugleitungen von je drei Zylindern führen. Dadurch wird erreicht, daß die Gleichförmigkeit des Ganges der Maschine nicht gestört wird, wenn ein Vergaser infolge verstopfter Düse kein Gemisch liefert, und daß die Maschine mit einem einzigen Vergaser sehr gleichförmig arbeitet.

Die Berechnung der Kühlflächen und Luftgeschwindigkeiten für eine Maschine mit Luftkühlung läßt sich mit den heutigen Hilfsmitteln noch nicht genau durchführen, denn man kennt weder die Gesetze, wonach sich die im Zündraum frei werdende Wärme durch Strahlung und Leitung über die Oberfläche der Kühlrippen verteilt, noch die Grundlagen für den Wärmeübergang durch Strahlung und Leitung zwischen den Kühlrippen und der vorbeistreichenden Luft ausreichend genau. Wahrscheinlich gilt für diesen Übergang ein Gesetz von der Form

$$Q = F\left[\frac{\left(\frac{T_1}{100}\right)^4 - \left(\frac{T_2}{100}\right)^4}{\frac{1}{C_1} + \frac{1}{C_2} - \frac{1}{C}} + k(t_1' - t_2)\right],$$

wie es sich bei den Versuchen von Wamsler[1]) an Heizkörpern in ruhender Luft ergeben hat. Hierin stellt der erste Teil des Klammerausdruckes die durch Wärmestrahlung abgegebene, nach dem Stephanschen Gesetz berechnete Wärmemenge, und der zweite Teil die durch Wärmeleitung der Luft und Strömung abgegebene Wärmemenge dar. T_1 und T_2 bzw. t_1 und t_2 sind die absoluten und gewöhnlichen Temperaturen der wärmeabgebenden und wärmeaufnehmenden Körper, F die Oberfläche des wärmeabgebenden Körpers, C die Strahlungskonstante des absolut schwarzen Körpers, C_1 und C_2 die Strahlungskonstanten des wärmeabgebenden und wärmeaufnehmenden Körpers und k eine Wärmeleitungsziffer, die selbst wieder vom Temperaturgefälle und von den Abmessungen des wärmeabgebenden Körpers abhängig ist. Es liegt nahe, zu vermuten, daß die Werte von C_1 und k auch von der Luftgeschwindigkeit beeinflußt werden, so daß selbst angenäherte Zahlen hierfür vorläufig nicht angegeben werden können.

Neuere Versuche von Nusselt[2]), die sich allerdings nur auf Dampfrohre aus Kupfer von 4 bis 50 mm Durchmesser erstrecken, ergaben für die Wärmeübergangszahl in kcal/m²h für 1°C Temperaturgefälle

$$\alpha = 0,0670 \frac{\lambda_m}{d}\left(1273 + \frac{d w_0 \varrho_m}{\eta_m}\right)^{0,716}.$$

Hierin ist d der Rohrdurchmesser in m,
  λ_m die mittlere Wärmeleitzahl der Luft,
  w_0 die Windgeschwindigkeit in m/s,
  ϱ_m die mittlere Dichte (Masse der Raumeinheit) der Luft,
  η_m die mittlere Zähigkeit der Luft.

Am wertvollsten erscheinen aber die Angaben, die A. H. Gibson aus seinen schon erwähnten[3]) Versuchen abgeleitet hat. Danach beträgt die Wärmemenge in kcal, die von 1 m² Oberfläche eines mit Kupferkühlrippen versehenen Zylinders für 1°C Temperaturgefälle stündlich abgegeben wird,

$$s = 1\,600\,000 \left(0,0247 - 0,00125 \frac{l^{0,8}}{p^{0,4}}\right) v^{0,75}.$$

Hierin sind l und p Länge und größter Abstand der Kühlrippen in m, v die Windgeschwindigkeit in m/s. Als günstigsten Querschnitt der Kühlrippen, d. h. als Querschnitt, wobei die Kühlrippen bei gegebenem Gewicht die größte Wärmemenge abgeben, hat sich die Form mit schwach ausgehöhlten Seitenflächen ergeben, doch ist ihre Überlegenheit gegen die einfache Dreieckform nur gering. Im übrigen wird das günstigste Längenverhältnis der Rippen auch von der Wärmeleitzahl des Metalls und von der Windgeschwindigkeit beeinflußt. So sind die günstigsten Rippenabmessungen bei 1,75 m/s Geschwindigkeit für Rippen aus Aluminium, Stahl und Kupfer, deren Wärmeleitzahlen sich wie 0,38 : 0,10 : 0,90 verhalten, folgende:

---

[1]) Mitteilungen über Forschungsarbeit, Heft 98/99.
[2]) „Die Kühlung eines Zylinders durch einen senkrecht zur Achse strömenden Luftstrom." Gesundhtsing. 4. März 1922.
[3]) Engg., 13. Februar 1920.

Bodendicke .... cm	0,025	0,05	0,1	0,2	0,3	0,4	0,5
Länge der Kühlrippe aus Aluminium . . cm	—	—	2,0	2,9	3,5	4,1	4,5
Stahl . . . . „	—	—	1,1	1,5	1,8	2,1	2,3
Kupfer . . . „	1,6	2,3	3,3	4,8	—	—	—

Werden die Kühlrippen nach außen hin so verjüngt, daß ihre Spitzen $^1/_5$ der Bodendicke haben, so entsprechen den gleichen Bodendicken nur etwa 80 v. H. der angegebenen Längen, ihre Wärmeabgabe ist etwa 88 v. H. und ihr Gewicht 96 v. H. im Vergleich zu genau dreieckigen Rippen.

Da die Wärmeabgabe einer Kühlrippe von gegebenem Querschnitt nur mit der ersten Potenz der Länge, ihr Gewicht aber mit der zweiten Potenz der Länge zunimmt, ist es zweckmäßig, kurze, dünne Rippen zu verwenden. Allerdings ist die Rücksicht auf das Gewicht nicht die einzige, welche die Bauart der Kühlrippen bestimmt, auch die Versteifung der Zylinderwand durch die Rippen spielt z. B. bei den dünnen Stahlzylindern von Umlaufmotoren eine Rolle, während andrerseits bei gegossenen Zylindern die Rücksicht auf Gußschwierigkeiten die Vermehrung der Rippen begrenzt. Für solche Zylinder mit 100 bis 150 mm Durchmesser kann man als Mindestabstand der Kühlrippen 8 bis 9 mm und als kleinste Dicke am äußeren Rand 0,5 mm ansehen, während man bei Stahlzylindern, deren Kühlrippen aus dem Vollen gedreht werden, mit dem Rippenabstand bis auf 6 mm heruntergehen kann.

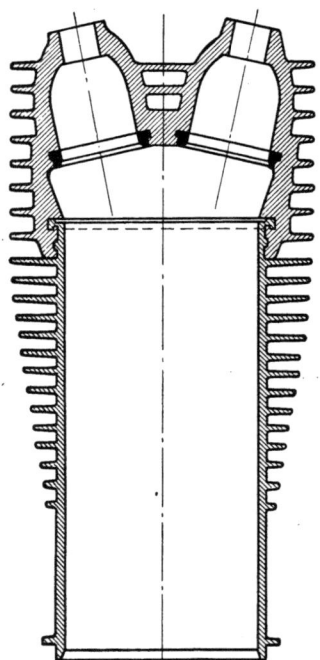

Abb. 728. Leichtmetall-Zylinder nach Gibson.

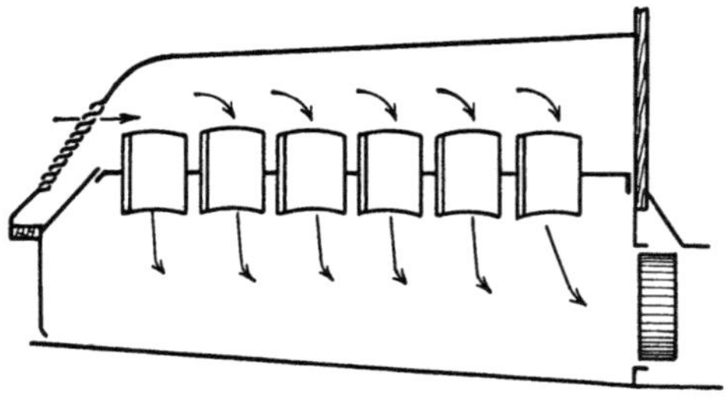

Abb. 729. Kühlung der Wagenmaschine durch den Fahrwind.

Besonders große Hoffnungen macht man sich bei Zylindern mit unmittelbarer Kühlung auf die Verwendung von Leichtlegierungen für den Aufbau von Zylindern. Soweit im Bericht von Gibson Erfahrungen hierüber vorliegen, scheint sich hierfür am besten die Bauart nach Abb. 728 zu eignen, wobei ein mit Kühlrippen versehener Zylinderschaft in den gleichfalls Kühlrippen tragenden und mit eingegossenen Ventilsitzen ausgerüsteten Zylinderkopf eingegossen oder eingeschraubt wird. Solche Zylinder haben sich bis zu rd. 150 mm gut bewährt. Dagegen hat sich bei Zylindern, die, ähnlich wie beim Hispano-Suiza-Motor, auf große Länge in Aluminiumgehäuse eingeschraubt waren, stets gezeigt, daß die Metallberührung zwischen Schaft und Gehäuse nicht durchweg gleichmäßig ist, so daß die Wärmeableitung leidet.

Die Wirksamkeit der unmittelbaren Kühlung hängt in hohem Maß von geeigneter Führung der Kühlluft ab. Bei Wagenmaschinen liegt es nahe, den Fahrwind für die Kühlung auszunützen und zu diesem Zweck die Luft am vorderen Ende der Motorhaube anzusaugen sowie den Ventilator mit dem Schwungrad der Maschine zu verbinden, s. Abb. 729. Die Liefermenge eines solchen Gebläses ist proportional der Drehzahl n. Um gleichbleibende Zylindertemperaturen zu erzielen, muß man die Windgeschwindigkeiten v so bemessen, daß $v^{0,73}$ oder $n^{0,62}$ stets proportional der abzuführenden Wärmemenge ist.

Trotz der vorhandenen Unterlagen bleibt beim Entwurf einer Maschine mit unmittelbarer Kühlung fast immer noch der beste Weg der, die Zylinder mit Kühlflächen zu versehen, soweit es nach der Bauart zulässig scheint, und beim Anstellen von Dauerversuchen auf dem Prüfstande die Ventilatorgeschwindigkeit zu bestimmen, bei welcher der Betrieb noch mit Sicherheit aufrechterhalten werden kann. Da der Kraftverbrauch des Ventilators von der Maschine geliefert werden muß, so fällt die Nutzleistung der Maschine, sobald die Ventilatorarbeit unnötig groß wird, während sie solange ansteigt, als die Betriebsbedingungen der Maschine durch die Verbesserung der Zylinderkühlung mit Hilfe des Ventilators verbessert werden. Hierin liegt ein Weg, um die günstigste Ventilatorgeschwindigkeit durch den Versuch zu bestimmen.

Mittelbare Kühlung.

Bei der mittelbaren Kühlung strömt durch die Mäntel, die etwa die Hälfte der Zylinder und die Zylinderköpfe vollständig umschließen, das Kühlwasser, das entweder durch eine Pumpe oder selbsttätig (Thermosyphonkühlung) in Umlauf versetzt wird. Sind die unterste oder Eintrittstemperatur τ_1 und die durch den Siedepunkt als äußerster Grenze bestimmte zulässige Höchsttemperatur τ_2 des Kühlwassers gegeben, was in der Regel der Fall ist, so kann im Beharrungszustand eine Wärmemenge

$$Q = c \cdot (\tau_2 - \tau_1) \cdot w \cdot 60 \text{ in kcal/h}$$

von der durchgeleiteten Kühlwassermenge w kg/min abgeführt werden, die gleich sein muß der Wärmemenge

$$Q = 1200 \text{ bis } 1300 \, N_e \text{ in kcal/h},$$

die auf den Kühlwasserverlust entfällt.

Setzt man einfach $c = 1$
und $Q = 1200 \, N_e$,
so ergibt sich der Kühlwasserbedarf der Maschine aus

$$w = \frac{20 \, N_e}{\tau_2 - \tau_1} \text{ in l/min oder kg/min}.$$

In der Regel muß man je nach der Wirkungsweise des Kühlers mit einer Erwärmung des Wassers um 10 bis 35° auskommen, um die ganze überschüssige Wärme abzuleiten. Danach ergibt sich $\frac{w}{N_e}$ zwischen 2 und 0,55 l/PS$_e$ min. Nach Pülz soll im Flugzeugkühler die Abkühlung des Wassers 5 bis 6° C nicht übersteigen, wozu bei einer Kühlwasserwärme von 425 kcal/PS$_e$h für 1 PS$_e$ eine spezifische Kühlwassermenge von 1,33 l/min erforderlich ist.

Bei ortfesten sowie bei Boot- und Schiffsmaschinen, wo man dauernd über frisches Kühlwasser in unbeschränkter Menge verfügt, kann man die Grenze für τ_2 etwas niedriger setzen. Gewöhnlich ist hier in die Pumpenleitung ein Drosselhahn eingebaut, den man so lange verstellt, bis das Kühlwasser mit etwa 70° abläuft. Die hierfür erforderliche Kühlwassermenge ist u. a. von der Anfangstemperatur, also von der Jahreszeit abhängig.

Die Übertragung der Wärme von den erhitzen Zylinderwänden auf das durch die Kühlmäntel fließende Wasser ist von dem jeweiligen Temperaturgefälle zwischen Zylinderwandung und Kühlwasser, von der gesamten bespülten Oberfläche F sowie von einer Wärmeübergangszahl abhängig, deren Wert sich mit der Wassergeschwindigkeit ändert. Die stündlich übertragene Wärmemenge muß im Beharrungszustande wieder dem oben ermittelten Werte von Q entsprechen. Somit ist

$$Q = \alpha \cdot F \cdot (t - \tau),$$

wenn man mit t die mittlere Temperatur der Zylinderwandung
und mit τ die mittlere Temperatur des Kühlwassers
bezeichnet.

Recht angenähert kann man

$$t = 350° \text{ C},$$

d. h. gleich der praktisch aus Rücksicht auf die Schmierung zulässigen Höchsttemperatur setzen. Dieser Wert nimmt bereits darauf Rücksicht, daß die mittlere Temperatur des Zylinders nicht 350° erreicht, weil sich der Zylinder in den drei auf den Expansionshub folgenden Hüben wieder abkühlt, daß aber andererseits die mittlere Temperatur des Verdichtungsraumes an die Grenze von 350° nicht gebunden ist. Da nun auch die mittlere Temperatur τ des Kühlwassers und die Wärmemenge Q bekannt sind, so gestattet diese Gleichung annähernd den Wert der Wärmeübergangszahl α für 1 m² Kühlfläche der Zylinder und 1° Temperaturgefälle zu berechnen, die unter gegebenen Verhältnissen erreicht werden muß.

Für diese Zahl gilt z. B. nach der Hütte[1]):

$$\alpha = 300 + 1800\sqrt{v}.$$

Kennt man daher α, so kann man hieraus die erforderliche Wassergeschwindigkeit in den Kühlmänteln und, da die Kühlwassermenge bekannt ist, auch den Querschnitt der Kühlmäntel berechnen.

Für eine Maschine mit vier Zylindern von je 100 mm Durchmesser und 130 mm Hub, die im Mittel $N_e = 40$ PS, leistet und deren wärmeabgebende Oberfläche bei allen vier Zylindern zusammengenommen $F = 1000$ cm² beträgt, sei z. B. der erforderliche Querschnitt der Kühlmäntel zu berechnen.

Zunächst ist die insgesamt zu beseitigende Wärmemenge
$$Q = 1200\,N_e = 48000 \text{ kcal/h}$$
und bei $\tau_2 - \tau_1 = 15^0$ C die erforderliche Kühlwassermenge
$$w = \frac{20}{15} N_e = 53{,}5 \text{ l/min.}$$

Nimmt man als mittlere Temperatur der Zylinderwand
$$t = 350^0$$
und als die mittlere Temperatur des Kühlwassers
$$\tau = 80^0 \quad (\tau_1 = 75^0, \quad \tau_2 = 85^0)$$
an, so ist nach obigem
$$\alpha = \frac{Q}{F \cdot (t-\tau)} = \frac{48000}{1000 \cdot 10^{-4} \cdot (350-80)} = \sim 1775 \text{ kcal/m}^2\text{h}$$
für 1^0 Temperaturunterschied.

Aus
$$v = \frac{(\alpha - 300)^2}{1800^2}$$
erhält man nach Einsetzen des Wertes für α
$$v = \frac{2170000}{3240000} = 0{,}67 \text{ m/s.}$$

Das ist allerdings eine Geschwindigkeit, die sich bei praktischen Ausführungen der Maschine nicht immer verwirklichen läßt.

Da die Kühlwassermenge
$$w = \frac{53{,}5}{60 \cdot 1000} \text{ m}^3/\text{s}$$
beträgt, so ist nach
$$w = f \cdot v$$
der erforderliche Querschnitt der Kühlmäntel
$$f = \frac{53{,}5}{60 \cdot 1000 \cdot 0{,}67} = 13{,}3 \text{ cm}^2.$$

Da dieser Querschnitt noch auf die Kühlmäntel von vier Zylindern zu verteilen wäre, so erkennt man schon, daß die Berechnung mit Hilfe der Wärmedurchgangszahl α nicht ohne weiteres zu praktisch brauchbaren Abmessungen führt. Man muß daher zumeist den umgekehrten Weg einschlagen und aus der wahrscheinlich herrschenden Wassergeschwindigkeit mittels der daraus folgenden Wärmedurchgangszahl α die notwendige Wassermenge bestimmen.

In jedem Fall bleibt der gefundene Wert nur eine Annäherung an die auszuführende Größe, da die Rechnung auf alle zufälligen Störungen des Wasserumlaufes oder des Wärmeüberganges keine Rücksicht nehmen kann. Erst der Dauerversuch auf dem Prüfstand und auf der Straße ergibt, ob die gewählten Abmessungen im praktischen Gebrauch auch unter allen Verhältnissen ausreichen.

Kühlwasser.

Bevor auf die übliche Ausführung der Kühleinrichtungen näher eingegangen wird, sind einige Bemerkungen über das Kühlwasser erforderlich. Daß man hierzu nach Möglichkeit weiches Wasser ohne Säuregehalt anwendet, um die Kühlmäntel wie den Kühler selbst vor kalkigen Ablagerungen und Anfressungen zu schützen, ist wohl selbstverständlich. Kann man wirklich einmal nicht vermeiden, daß ungeeignetes Wasser eingefüllt wird, so trachte man bei der nächsten Gelegenheit den ganzen Wasservorrat zu erneuern, denn Störungen an den Kühleinrichtungen gehören zu den unangenehmsten, die man auf der Fahrt erleiden kann. Da das Kühlwasser durch den Rost der Zylinder stets bald verschmutzt, so muß man es verhältnismäßig oft erneuern, wobei es sich empfiehlt, die Anlage gleichzeitig durchzuspülen, damit sich namentlich am Grunde der Kühlmäntel nicht zu viel Satz bildet.

Im Zusammenhang mit der schon erwähnten Heißkühlung hat man auch schon wiederholt erwogen, höhere Temperaturen des Kühlmittels als 100^0 C dadurch zu ermöglichen, daß man statt Wasser Öl zum Kühlen verwendet. Solche Versuche sind aber bis jetzt noch immer fehlgeschlagen. Das erklärt sich auch leicht, wenn man berücksichtigt, daß wegen der geringen spezifischen Wärme des Schmieröles von rd. 0,40 bedeutend größere Mengen in Umlauf gesetzt werden müssen, um eine bestimmte Wärmemenge in der Zeiteinheit abzuleiten, und daß, soweit man aus den vorliegenden Beobachtungen schließen kann, auch die Rückkühlung des Umlauföles schwierig, also das ausnutzbare Temperaturgefälle zwischen Eintritt- und Austrittstelle des Öles gering ist, weil die Wärme des Öles offenbar nicht so leicht wie die Wärme des Wassers auf Metallwände übergeht. Zu alledem kommt noch der hohe Kraftverbrauch des Ölumlaufes, namentlich beim Anfahren der kalten Maschine.

Dennoch darf man den Gedanken der Ölkühlung nicht vollkommen verwerfen. In der Form, daß man die Wärme aus den geschmierten Lagern mit Hilfe des Schmieröles schnell abführt, verdient dieser Gedanke sicher eine gewisse Beachtung, und bei manchen hochbeanspruchten, schnellaufenden Maschinen, z. B. Flugmotoren oder Maschinen mit Luftkühlung, könnte man durch besonders verstärkten Schmierölumlauf eine erhöhte Betriebssicherheit erreichen.

Bei der Anordnung der Kühlmäntel muß man, wie schon früher erwähnt, darauf sehen, daß sich keine toten Ecken bilden, die nicht nur für den Wärmeübergang wertlos, sondern auch deshalb gefährlich sind, weil sich hier besonders leicht Ablagerungen und Dampfblasen bilden. Wo infolge zu großer Querschnitte die Wassergeschwindigkeit zu gering wird und daher Dampfbildung droht, kann man durch Einlöten von Drosselblechen abhelfen, z. B. bei der Kühlung von Auspuffventilen von Flugmotoren. Jede Kühlanlage, die die Kühlpumpe mit den Leitungen zum Kühler und zu den Zylindermänteln umfaßt, soll so hergestellt sein, daß der ganze Wasservorrat an einer tiefsten Stelle mit Sicherheit abgelassen werden kann, und sich keine Säcke bilden, die einfrieren, wenn der betreffende Wagen längere Zeit im Froste stehen bleiben muß. Da das Ablassen des Wassers lange dauert und z. B. beim Versagen der Maschine inmitten einer Fahrt sehr unerwünscht ist, so pflegt man sich gegen das mit Recht gefürchtete Einfrieren der Kühlmäntel auch dadurch zu sichern, daß man dem Kühlwasser gewisse Stoffe zusetzt, die den Gefrierpunkt herabsetzen. Die Wirksamkeit einiger solcher Stoffe zeigt die nachstehende Zahlentafel. Am meisten bevorzugt wird zurzeit der Holzgeist, weil er die Kühlwasserleitungen nicht

Größe des Zusatzes in v. H.	Absol. Alkohol		Kochsalz		Holzgeist		Kalziumchlorid		Holzgeist-Glyzerin zu gleichen Teilen		Glyzerin	
	Gefrierpunkt °C	spez. Gew. d. Lösung	Gefrierpunkt °C	spez. Gew. d. Lösung	Gefrierpunkt °C	spez. Gew. d. Lösung	Gefrierpunkt °C	spez. Gew. d. Lösung	Gefrierpunkt °C	spez. Gew. d. Lösung	Gefrierpunkt °C	spez. Gew. d. Lösung
5	— 2,22	0,994	— 3,33	1,038	— 3,89	0,993	— 2,50	1,043	— 2,22	—	— 1,11	1,011
10	— 4,44	0,987	— 6,67	1,076	— 7,78	0,987	— 6,67	1,086	— 3,89	—	— 2,22	1,023
15	— 6,67	0,980	—10,00	1,114	—11,67	0,981	—12,22	1,129	— 6,67	—	— 3,89	1,034
20	— 9,16	0,974	—13,33	1,152	—15,56	0,975	—18,89	1,172	—10,00	—	— 5,56	1,046
25	—11,11	0,967	—17,78	1,190	—19,45	0,969	—28,89	1,215	—13,89	—	— 7,78	1,057
30	—13,61	0,960	—	—	—23,34	0,963	—	—	—20,56	—	— 9,44	1,069
35	—16,11	0,954	—	—	—27,23	0,957	—	—	—	—	—11,67	1,081
40	—18,33	0,947	—	—	—31,12	0,951	—	—	—	—	—13,89	1,093
45	—20,55	0,940	—	—	—	—	—	—	—	—	—16,67	1,105
50	—22,83	0,934	—	—	—	—	—	—	—	—	—20,00	1,171

angreift. Seine ungünstige Eigenschaft, leicht zu verdampfen, sucht man durch einen geringen Zusatz von Glyzerin etwas zu vermindern. Gegen den Zusatz von Salzen spricht der Umstand, daß diese auskristallisieren und allmählich die Leitungen und den Kühler überziehen, während Glyzerin, wenn es dem Wasser in größeren Mengen zugesetzt wird, die Kautschukrohre der Wasserleitungen angreift.

Die Abmessungen der Kühlwasserleitungen zwischen Umlaufpumpe und Maschine sowie zwischen der Maschine und dem Kühler können innerhalb sehr weiter Grenzen beliebig gewählt werden, da die Wassergeschwindigkeit, die in der Regel 2,5 bis 3,5 m/s beträgt, kaum beschränkt ist. Die Leitungen werden oft aus nahtlosem Kupferrohr (wahrscheinlich wegen der erhöhten Wärmeausstrahlung und wegen des guten Aussehens) gebogen und erhalten bei kleinen Maschinen nicht wesentlich unter 20 mm, bei größeren Maschinen 25 bis 30 mm l. W. Zwischen Pumpe und Maschine wird die Leitung in so viel Stränge verzweigt, als getrennte Zylinder bzw. Zylinderblöcke vorhanden sind, und mit jedem Strang wird die entsprechende Rohrverschraubung am Zylinder durch eine etwas nachgiebige Muffe verbunden. Der Anschluß der Kühlmäntel an die zum Kühler führende Leitung wird mit beweglichen Schlauchmuffen versehen, damit infolge der unvermeidlichen Verlagerungen der Maschine gegen den Kühler keine Brüche eintreten. Bei Flugmotoren mit einzeln stehenden Zylindern hat man sogar die Anschlüsse zwischen den Zylindern durch Gummiringe nachgiebig gemacht, weil man beobachtet hat, daß infolge der Durchbiegungen des Kurbelgehäuses kleine Schwingungen der Zylinderköpfe gegeneinander unvermeidlich sind. Es empfiehlt sich, insbesondere dort, wo mehr als zwei Abzweige vorhanden sind, die Leitungsquerschnitte auf möglichst gleiche Wassergeschwindigkeiten zu berechnen, sonst wird leicht der größte Teil des Kühlwassers durch die der Pumpe zunächst liegenden Zylinder getrieben, während sich die anderen Zylinder überhitzen. Große Sorgfalt erfordert die Abdichtung der Rohrverbindungen, da sonst auf der Druckseite Wasserverluste eintreten, auf der Saugseite, was noch gefährlicher werden kann, Luft in den Wasserumlauf eintritt und die Kühlwirkung schnell herabsetzt.

Ein genau geregelter Umlauf des Wassers innerhalb der Kühlmäntel ist überhaupt selten zu erreichen, da man die Zahl der Rohranschlüsse auf ein Mindestmaß beschränken muß. Man führt daher das Kühlwasser stets in der Nähe der durch Überhitzung am meisten gefährdeten Auspuffventile, d. h. an dem unteren Ende des Kühlmantels, auf der Auspuffseite der Maschine ein, weil man dann wenigstens sicher ist, daß an dieser gefährlichen Stelle ausreichende Wasserbewegung vorhanden ist. Zur Ableitung des heißen Kühlwassers eignet sich die höchste Stelle des Kühlmantels, die bei Zylinderpaaren in der Regel zwischen den beiden Zylindern liegt; diese Stelle soll so gewählt werden, daß etwa in den Kühlmänteln gebildeter Dampf mit Sicherheit in den Kühler entweichen kann, ohne in den Zylindern Dampfsäcke zu bilden. Aus dem gleichen Grund neigt man die Leitung zum Kühler stets etwas nach oben.

Die allgemeine Anordnung der Kühlleitungen wird im übrigen durch die Bauart der Maschine bestimmt. Sie soll gestatten, die üblichen Eingriffe an der Maschine ungehindert vorzunehmen und womöglich auch größere Ausbesserungen an der Maschine auszuführen, ohne die Verschraubungen lösen zu müssen. In dieser Hinsicht läßt sich an vorhandenen Maschinen mit einiger Erfahrung manches noch bessern.

Die Anlage der Leitungen wird wesentlich vereinfacht, wenn man die Zylinder in einem Block zusammengießt und deren Kühlmäntel zu einem zusammenhängenden Raum verbindet. Man führt dann das Kühlwasser an einer Ecke, z. B. vorn unten ein und an der entgegengesetzten Ecke, oben hinten, wieder ab, so daß im ganzen nur zwei Leitungsanschlüsse vorhanden sind. Auch hier könnte es aber vorteilhafter sein, das Wasser wenigstens an zwei getrennten Stellen zuzuführen, weil man dadurch den Umlauf besser sichern kann. Bei Flugzeugen werden durch unvermeidliche Erschütterungen und notwendigerweise hohe Wasser-

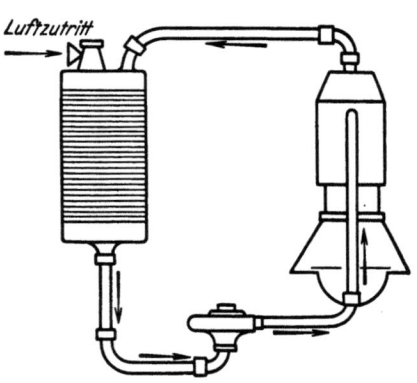

Abb. 730. Offener Kühlwasser-Kreislauf.

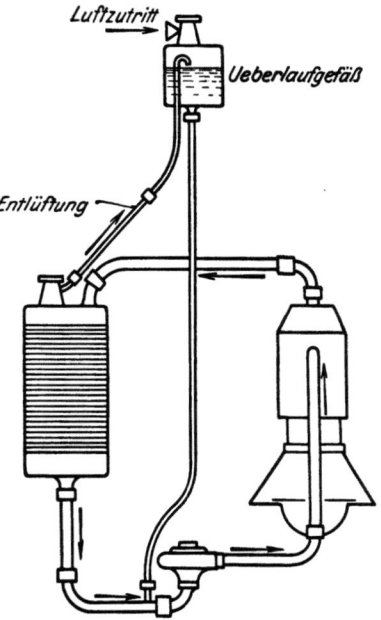

Abb. 731. Geschlossener Kühlwasser-Kreislauf.

geschwindigkeiten besondere Ansprüche an die Bauart der Leitungsanlage gestellt. Statt der auch bei Kraftwagen üblichen sogenannten „offenen" Anlage, Abb. 730, wobei die Außenluft frei in das Innere des Kühlers treten kann, bevorzugt man daher hier „geschlossene" Anlagen, Abb. 731; hier steht der Kühler dauernd unter dem hydrostatischen Druck des Überlaufgefäßes, in welches er sich mittels einer Leitung ständig entlüften kann und dessen Wasserdruck sich mittels einer zweiten Leitung auch der Saugseite der Umlaufpumpe mitteilt. Der Vorteil dieser Anlagen ist, daß die Pumpe das Wasser auch dann fördert, wenn es so heiß wird, daß es wegen des Dampfdruckes nicht mehr angesaugt werden könnte. Ferner wird, wenn das Kühlwasser zu heiß wird und Dampfblasen bildet, das von den Dampfblasen verdrängte Kühlwasser nicht herausgeworfen, sondern mittels des Überlaufgefäßes wieder in den Kreislauf eingeführt. Endlich sichert das Überlaufgefäß auch den Kühler gegen zu hohen Unterdruck, der z. B. bei großem Durchflußwiderstand des Kühlers infolge der Saugwirkung der Pumpe auftreten kann.

Umlaufpumpen.

Die Pumpen zur Erzeugung der Umlaufbewegung des Kühlwassers werden heute fast ausschließlich als Kreiselpumpen oder mindestens als Schleuderradpumpen mit Gehäusen aus Leichtlegierung und Laufrädern aus Bronze ausgeführt und unmittelbar von der Steuerwelle oder einer

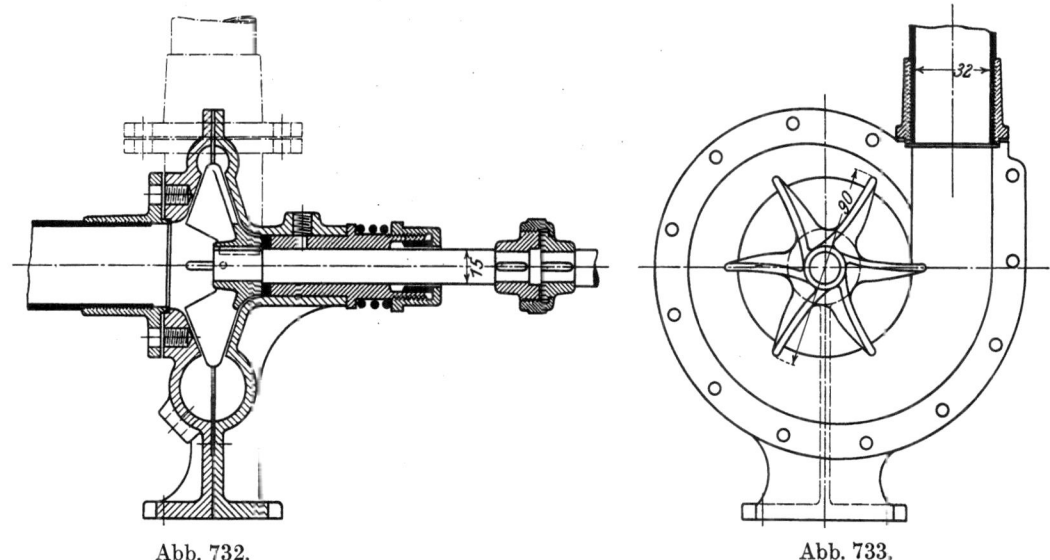

Abb. 732.   Abb. 733.
Abb. 732 und 733. Einfache Umlaufpumpe für Wasserkühlung.

ebenso schnell laufenden Hilfswelle angetrieben. Da die Fördermengen und die Gegendrücke stets sehr gering sind und man ferner die Pumpe immer derart anordnen kann, daß ihr das Kühlwasser mit Gefälle vom Kühler zuläuft, so wird der Ausbildung ihres Laufrades selten große Sorgfalt gewidmet. Schon die einfache Pumpe nach Abb. 732 und 733 genügt z. B. im allgemeinen den gestellten Anforderungen. Nur wenn sich einmal im Betrieb Schwierigkeiten mit einer vorhandenen Bauart einstellen, pflegt man aus Verlegenheit auf die bekannten Regeln des Kreiselpumpenbaues zurückzugreifen. Danach ist die theoretische Druckhöhe bei radial gerichteter relativer Eintrittsgeschwindigkeit v_e des Wassers

$$\mathfrak{H} = \frac{u_a^2 + v_a^2 - w_a^2}{2g}$$
$$= \frac{u_a^2 - u_a w_a \cos(180 - \alpha_a)}{g},$$

s. Abb. 734. Macht man ferner tg$(180 - \alpha_e) = \dfrac{v_e}{u_e}$, damit das

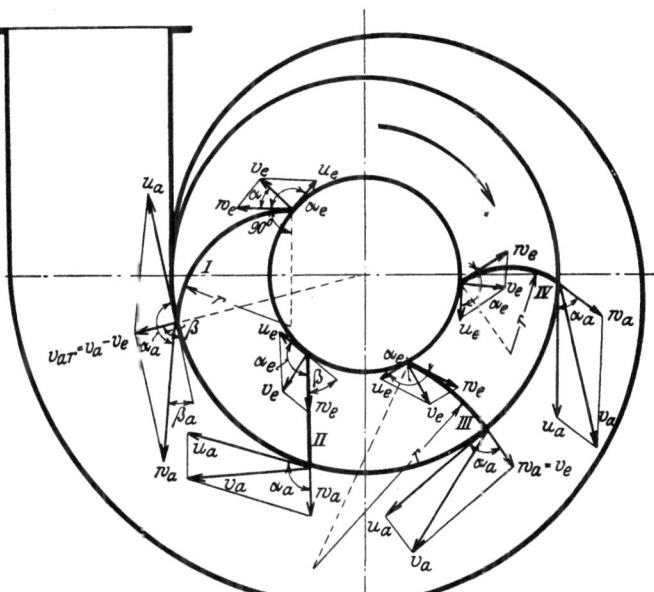

Abb. 734. Schema einer Kreiselpumpe.

Wasser stoßfrei eintritt, und $v_e = u_e$ tg (20 bis 40°), so sind alle Angaben für den Entwurf der Schaufelung vorhanden. Bei gegebener Förderhöhe H kann man aus

$$u_e = \frac{w_a \cos \alpha_a}{2} + \sqrt{\left(\frac{w_a \cos \alpha_a}{2}\right)^2 + g\mathfrak{H}}$$

die Umfangsgeschwindigkeit und damit den Laufraddurchmesser berechnen, wobei man $\mathfrak{H} = 1{,}5\,H$ setzen kann.

Ist w die Wassermenge in l/min, so erhält man den erforderlichen Rohrquerschnitt in m² aus

$$f = \frac{\pi d^2}{4} = \frac{w}{60\,000\,v},$$

wenn v die Wassergeschwindigkeit in m/s bezeichnet. Ist diese Größe gefunden, so macht man die Weite der Eintrittsöffnung des Laufrades wegen der Behinderung des Wassereintritts durch die Nabe 1,1 bis 1,4 d und den Außendurchmesser des Laufrades 2,2 bis 3,6 d, die lichte Breite der Eintrittsöffnung 0,24 bis 0,56 d, die lichte Breite am Austritt im Verhältnis der Eintritts- und Austrittsdurchmesser kleiner. Die Konstruktion des Spindelgehäuses muß darauf Rücksicht nehmen, daß der Auslaßquerschnitt mindestens die gleiche Weite wie der Saugquerschnitt haben soll.

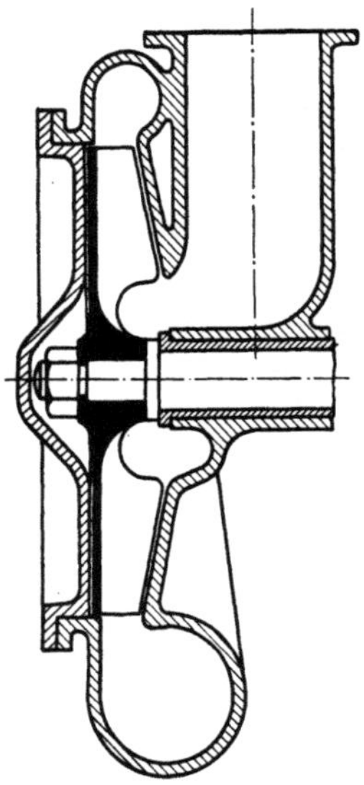

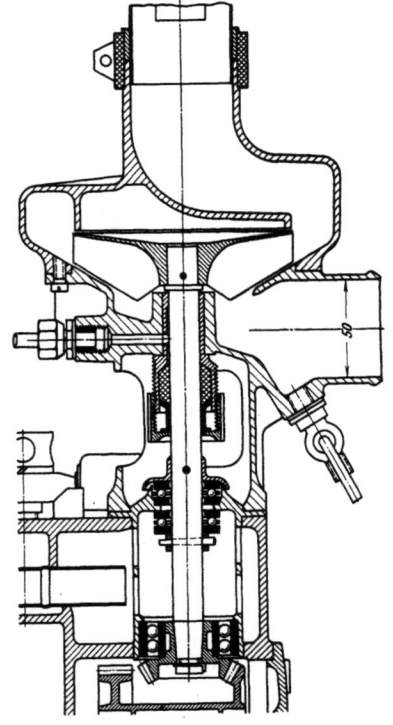

Als einfachste Bauart einer solchen Pumpe kann man die nach Abb. 735 bezeichnen. Saug- und Druckleitung schließen hier seitlich am Gehäuse an, das auch die Lagerung der Pumpenwelle aufnimmt, während sich der Deckel, der mit breiten Abdichtungsleisten versehen und mittels Stiftschrauben befestigt wird, möglichst dicht an die ebene Rückenfläche des Laufrades anschließt. Zur Vermeidung von Achsdrücken in der Pumpenwelle kann man das Laufrad mit einigen Bohrungen versehen, so daß auf seinen beiden Seiten gleicher Wasserdruck herrscht. Die Pumpenwelle muß in einer recht langen Bronzebüchse gelagert, mit starrem Fett geschmiert und mit einer leicht zugänglichen nachstellbaren Stopfbüchse versehen

Abb. 735. Einfachste Bauart der Kreiselpumpe.

Abb. 736. Antrieb der Wasserpumpe beim 200 PS-Benz-Flugmotor.

werden, damit hier keine Undichtheit auftritt. Vor Anordnungen, bei denen Wasser an der Pumpenwelle vorbei ins Kurbelgehäuse ablaufen und dadurch das Öl verschlechtern kann, muß dringend gewarnt werden. Zur Sicherung des Laufrades auf der Pumpenwelle dient ein durch die Nabe des Laufrades getriebener Kegeldorn oder ein Splint für die Mutter am Ende der Welle.

Abb. 736 zeigt den genannten Einbau des Pumpenantriebes beim 200 PS-Flugmotor von Benz & Cie., A.-G., Mannheim. Hier setzt sich das Gehäuse in eine zentral anschließende Druckleitung fort, was den Anschluß an die Zylinder vereinfacht. Das Laufrad sitzt hier unmittelbar auf dem Gewinde der Pumpenwelle, so daß die Mutter fortfällt und etwas Platz gespart wird.

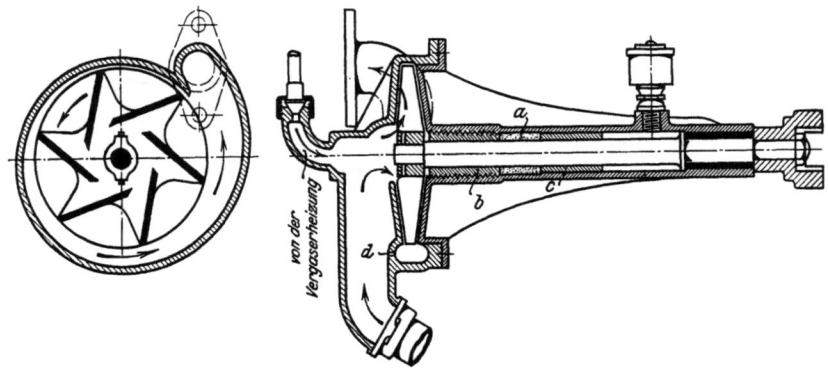

Abb. 737.   Abb. 738.
Abb. 737 und 738. Umlaufpumpe der Wolseley Tool and Motor Car Company.

Wesentlich einfachere Bauarten der Pumpenlaufräder weisen die Pumpen der Wolseley Tool and Motor Car Company, Abb. 737 und 738, und von Panhard & Levassor, Abb. 739 und 740, auf. Wie ersichtlich, ist bei der letzteren Pumpe das Laufrad aus einer Blechscheibe derart ausgestanzt, daß an beiden Seiten schaufelähnliche Lappen gebildet werden. Zweckmäßig erscheint die Wellenlagerung bei der Pumpe nach Abb. 737 und 738, wo der metal-

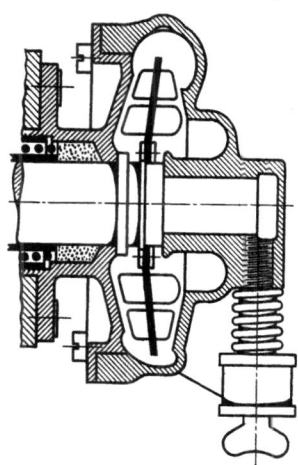

Abb. 739. Abb. 740.
Abb. 739 und 740. Umlaufpumpe von Panhard & Levassor.

lische Packungsstoff a zwischen zwei langen Laufbüchsen b und c angeordnet ist und vor die Büchse c Öl eingepreßt wird. Die Büchsen verhindern den Austritt von Wasser, aber auch die Verunreinigung des Kühlwassers durch das Schmiermittel. Eine Bohrung d im Pumpengehäuse ermöglicht, das Gehäuse vollständig zu entleeren, was sonst bei wagerechter Lage der Pumpenwelle nicht möglich wäre.

Daß man statt Kreiselpumpen oder einfache Schleuderpumpen auch solche mit turbinenähnlicher Wirkung verwenden kann, zeigt das in Abb. 741 wiedergegebene Beispiel. Diese Pumpe, die sich beim 300 PS-Flugmotor der Maybach-Motorenbau-G. m. b. H. gut bewährt hat, arbeitet mit einem feststehenden Kranz von Diffusorschaufeln, worin die dem Wasser im Laufrad mitgeteilte Geschwindigkeit in Druck umgesetzt wird. Einigermaßen gefährdet ist das Drucklager in der Nabe des Laufrades, da es durch das geförderte Wasser leicht angegriffen werden kann.

Daß man nach Möglichkeit vermeiden soll, die Welle durch das Pumpengehäuse hindurchzuführen, so daß sie auf beiden Seiten abgedichtet werden muß, ist selbstverständlich. Immerhin kommen aber Verstöße gegen diese Grundregel vor.

Der Antrieb der Kühlwasserpumpen muß ebenso wie derjenige der Ölpumpen nicht nur gegen geringe Ungenauigkeiten in der Wellenlage, sondern auch gegen Brüche durch Gegenstände, die sich im Laufrade festsetzen, gesichert werden. Am einfachsten wohl, indem man in die aus leicht beweglichen Klauen bestehende Wellenkupplung eine Bruchsicherung in der Form eines dünnen Stiftes oder einer Feder einsetzt. Der allenfalls ebenso bruchsichere Antrieb durch Reibräder ist als unzuverlässig nicht zu empfehlen[1].

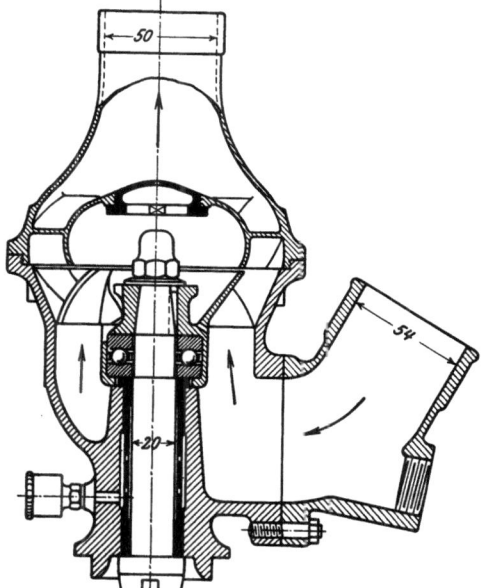

Abb. 741. Turbinenpumpe des Maybach-Flugmotors.

Kolbenpumpen werden beim Motorwagen als Kühlwasserpumpen selten verwendet, häufiger dagegen bei ortsfesten und Bootmaschinen, wo größere Kühlwassermengen in Betracht kommen und das Kühlwasser zumeist auf eine gewisse Höhe angesaugt werden muß.

---

[1] Eine große Anzahl von beweglichen Kleinkupplungen, die sich für den Pumpenantrieb und für den Antrieb von Zünddynamos eignen, hat O. Winkler in Dinglers polyt. Journal 1911, S. 631 u. 659 beschrieben.

Kühlung mit selbsttätigem Umlauf.

Über das Wesen der Kühlung mit selbsttätigem Wasserumlauf oder, wie sie von ihrem ersten und anfangs fast ausschließlichen Benutzer Louis Renault, Billancourt, genannt worden ist, Thermosyphonkühlung, sind, soweit die vorliegende Literatur erkennen läßt, noch ziemlich unzutreffende Annahmen verbreitet, obgleich die Verhältnisse gar nicht so verwickelt sind. Zunächst bleiben die Werte von Q (stündlich zu beseitigende Wärmemenge) und dementsprechend auch von w (umlaufende Wassermenge in l/min) ungeändert, da durch den selbsttätigen Kühlwasserumlauf keine Änderung in dem Übergang der Wärme von den Zylinderwandungen auf das Kühlwasser eintritt. Ebenso kann man auch an der Bestimmung der erforderlichen Wassergeschwindigkeit aus der Wärmeübergangszahl festhalten. Während aber die Wassergeschwindigkeit bei der Kühlung mit Umlaufpumpe durch die Pumpe selbst leicht geregelt werden kann, ist man bei der Kühlung mit selbsttätigem Umlauf in dieser Hinsicht an bestimmte Verhältnisse gebunden, die sich aus der Gesamtanordnung der Maschinenanlage ergeben.

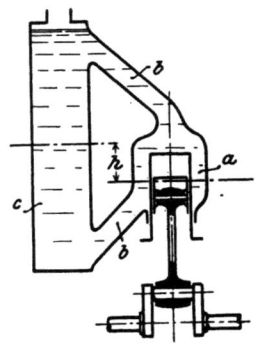

Abb. 742. Anordnung der Thermosyphonkühlung.

Auf die Berechnung lassen sich die Regeln für die Niederdruck-Warmwasserheizungen[1]) unmittelbar anwenden. Unter Bezugnahme hierauf hat man in Abb. 742 den Kühlmantel a der Maschine als Heizkessel, die Leitungen b als Rohrleitungen der Heizanlage und den Kühler c als Heizkörper anzusehen, der die Wärme abzugeben hat. Sind dann τ_1 und τ_2 die unterste und die höchste Wassertemperatur, w die umlaufende Wassermenge in kg/min, deren Dichte sich infolge der Temperaturveränderungen zwischen den Werten γ_1 und γ_2 ändert, so gilt für die stündlich abzuführende Wärmemenge

$$Q = 60\, w\, (\tau_2 - \tau_1).$$

Da nun das stündlich umlaufende Wassergewicht

$$60\, w = 3600 \cdot 1000 \cdot \frac{\pi d^2}{4} \cdot v \cdot \frac{\gamma_1 + \gamma_2}{2},$$

wenn d der Rohrdurchmesser in m
und v die Geschwindigkeit in m/s
ist, so folgt aus

$$Q = 3600 \cdot 1000 \cdot \frac{\pi d^2}{4} \cdot v \cdot \frac{\gamma_1 + \gamma_2}{2} \cdot (\tau_2 - \tau_1)$$

$$v = \frac{Q}{3600 \cdot 1000 \cdot \frac{\pi d^2}{4} \cdot \frac{\gamma_1 + \gamma_2}{2} \cdot (\tau_1 - \tau_2)}.$$

Die Bewegung des Wassers wird durch den Druckunterschied zwischen der wärmeren und der kälteren Wassersäule hervorgerufen. Dieser läßt sich durch die Höhe h einer Wassersäule ausdrücken und muß so groß sein, daß trotz der verschiedenen Bewegungswiderstände die erforderliche Geschwindigkeit auch tatsächlich erreicht wird. Im Beharrungszustande gilt daher die Gleichung

$$h\, (\gamma_2 - \gamma_1) = \frac{v^2}{2g} \cdot \frac{\gamma_1 + \gamma_2}{2} \left(\frac{\varrho}{d} l + \Sigma \xi \right).$$

In dieser Gleichung sind

h der Abstand von Mitte Kühler zu Mitte Kühlmantel der Maschine, siehe Abb. 742,

$$\varrho = 0{,}01439 + \frac{0{,}0094711}{\sqrt{v}} \quad \text{(nach Weisbach)}$$

und $\Sigma \xi$ die Summe der in der ganzen Anlage vorkommenden einmaligen Widerstände, für die zu setzen sind:

bei einem rechtwinkligen Knie	$\xi = 1{,}0$
bei einem Bogen	$\xi = 0{,}5$
bei einer großen Querschnitterweiterung (Anschluß an den Kühler oder Kühlmantel)	$\xi = 1{,}0$
bei kleinen Querschnitterweiterungen	$\xi = 0{,}0$

---

[1]) Vgl. Rietschel, Heiz- und Lüftanlagen, sowie Allg. Auto-Zg. vom 29. März 1907.

Bei der Anwendung dieser Regeln auf die vorliegenden Kühleinrichtungen hätte man demnach mit der berechneten Geschwindigkeit v aus der Formel für Q oder für v das zugehörige d zu berechnen und nachzuprüfen, ob sich der hiernach berechnete Wert von h durch die Bauart der Maschine erfüllen läßt. Da der Wert von h um so größer wird, je größer die Widerstände sind und je kleiner d ist, so trachtet man, die Leitungen zwischen Kühler und Kühlmantel möglichst weit und glatt zu machen. Vielfach schließt man daher die Maschine oben nicht mit einem verzweigten Rohr, sondern mit einer gegossenen Kappe an den Kühler an, die alle Teile des Kühlmantels gleichmäßig bedeckt. Aus Rücksicht auf die Wärmeübertragung soll jedoch die erforderliche Geschwindigkeit v, die man aus der Wärmedurchgangsziffer berechnet hat, stets eingehalten werden.

Die Wirkungsweise der Kühlung mit selbsttätigem Umlauf wird durch das Fahren auf Steigungen insofern beeinflußt, als sich hierbei die für die Umlaufgeschwindigkeit maßgebende Höhe h ändert. Liegt der Kühler in der Fahrtrichtung hinter der Maschine, Abb. 743, so wird h und auch der Mittelwert von h für alle getrennten Kühlmäntel um so kleiner, je steiler die Straße ansteigt, liegt der Kühler vor der Maschine, Abb. 744, so erhöht sich die Umlaufgeschwindigkeit des Kühlwassers mit wachsender Steigung. Bei der Berechnung muß der voraussichtliche mittlere Mindestwert berücksichtigt werden. Selbstverständlich ist es zweckmäßiger, den Kühler vor die Maschine zu legen, da erhöhter Wasserumlauf bei angestrengtem Betrieb der Maschine nur erwünscht sein kann. Daß trotzdem bei dem Renault-Wagen von der Anordnung des Kühlers hinter der Maschine bis heute nicht abgegangen ist, liegt wohl hauptsächlich an dem Streben, die kennzeichnende Form der Haube, s. Abb. 743, festzuhalten.

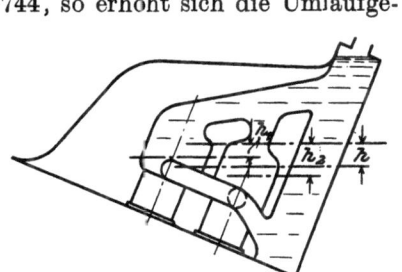
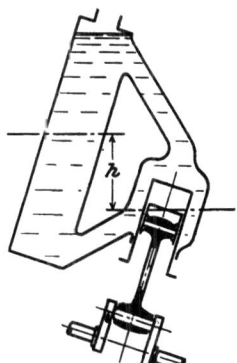

Abb. 743. Kühler hinter der Maschine. Abb. 744. Kühler vor der Maschine.
Abb. 743 und 744. Die Thermosyphonkühlung auf Steigungen.

Die Anwendung einer Kühlung mit selbsttätigem Wasserumlauf ist nur möglich, wenn die Kühlmäntel der Maschine um ein bestimmtes Maß h tiefer als der Kühler reichen. Da die Lage des Kühlers durch die Rahmenhöhe gegeben ist, so muß man die Maschine tieflegen, was bei vielen Wagen nicht zulässig ist, wenn man mit dem Gehäuse in sicherer Entfernung vom Boden bleiben will. In der Praxis zieht man ferner bei Kühlungen mit Umlaufpumpe in der Regel vor, die Wassergeschwindigkeiten viel höher zu machen als der Berechnung aus der Wärmedurchgangszahl α entspricht und daher mit verhältnismäßig engen Querschnitten der Kühlmäntel und schmalen Kühlern auszukommen, weil man dabei an Wagengewicht spart und außerdem die Kühlung für das Fahren auf Steigungen leistungsfähiger macht. Bei der Kühlung mit selbsttätigem Umlauf ist man jedoch hinsichtlich der Wassergeschwindigkeiten gebunden, die Querschnitte des Kühlmantels und der Leistungen müssen größer bemessen werden, und dies hat zur Folge, daß auch der mitzuführende Wasservorrat größer wird. Der einzige wirkliche Vorteil dieser Kühlung, nämlich keiner Pumpe zu bedürfen und unbedingt betriebssicher zu sein, wird hierdurch ziemlich aufgewogen, und das erklärt, warum dieses Verfahren trotz seiner Einfachheit noch keine größeren Fortschritte gemacht hat. Erst in der neueren Zeit haben sich die Anhänger dieser Kühlung gemehrt. Sie läßt sich nämlich besonders gut bei kleinen Motorwagen anwenden, wenn man beim Entwurf des Rahmens darauf Rücksicht nimmt, und außerdem hegt man jetzt Vorliebe für hohe Kühler, bei denen das notwendige Gefälle leichter gewonnen werden kann.

Die neuere Verbreitung der Kühlung mit selbsttätigem Umlauf hat auch der Umstand gefördert, daß man die elektrische Lichtmaschine bequemer an der Maschine unterbringen kann, wenn die Umlaufpumpe wegfällt.

Einer Betrachtung von G. Schwarz[1]), die sich auf eigene Versuche stützt, ist die in Abb. 745 wiedergegebene Darstellung der Vorgänge in einer Kühlanlage mit selbsttätigem Wasserumlauf entnommen. Die treibende Kraft des Wasserumlaufes wird hier dadurch ermittelt, daß man aus dem Verlauf der mit der Temperatur veränderlichen spezifischen Gewichte des Wassers im Kühler K und in den Kühlmänteln der Maschine M mittlere spezifische Gewichte γ_k im Kühler und γ_m in der Maschine bestimmt. Die Umlaufgeschwindigkeit v_w ist dann durch die Gleichung

$$H(\gamma_k - \gamma_m) = \frac{v_\omega^2}{2g} \cdot \frac{\gamma_k + \gamma_m}{2}(1 + \Sigma \xi)$$

---
[1]) Motorwagen 1919, S. 670.

gegeben, wobei angenommen ist, daß die dem Gewichtsunterschied zwischen Kühler und Maschine entsprechende Druckhöhe eine Masse vom mittleren spezifischen Gewicht $\frac{\gamma_k + \gamma_m}{2}$ zu beschleunigen hat. Da selbst bei großen Temperaturunterschieden in der Anlage von 40 bis 45° C der treibende Gewichtsunterschied äußerst gering, nämlich 0,005 kg/l, ist, so muß man bei solchen Anlagen genau darauf achten, daß die Wasserwiderstände gering bleiben und im Ge-

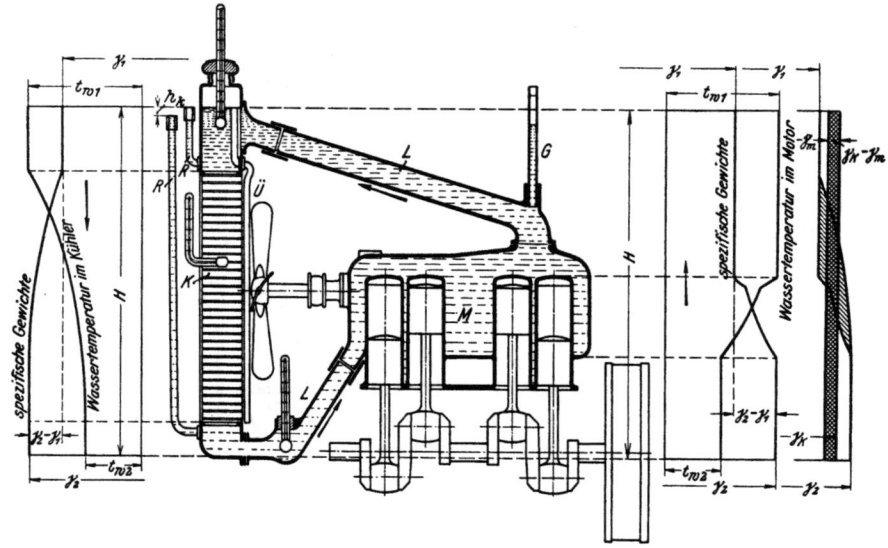

Abb. 745. Wärmevorgänge in einer Anlage mit selbsttätigem Kühlwasser-Umlauf.

brauch durch Ansetzen von Kesselstein, namentlich im Kühler, nicht zu sehr steigen. Widerstände von 14 bis 16 mm W.-S. können daher nur durch sehr reichlichen Wasservorrat oder, was häufiger geschieht, durch örtliche Dampfbildung überwunden werden, weil die Dampfblasen den Wasserumlauf beschleunigen.

Da die obere Grenze für die Temperatur des Kühlwassers die Siedetemperatur ist, so kann die Wirksamkeit der Kühlung bei der Kleinheit der in Betracht kommenden Kräfte auch durch abnehmenden Luftdruck erheblich beeinträchtigt werden.

Kühler.

Zum Übertragen der Wärme, die in den Zylindermänteln an das Wasser abgegeben worden ist, auf die Luft dient der Kühler, im allgemeinen ein aus zahlreichen Zellen bestehender, ständig mit frischer Luft bespülter Behälter, dessen Aufgabe darin besteht, das Wasser auf einer möglichst großen Oberfläche der Einwirkung von kühlenden Wänden auszusetzen. Seine ursprüngliche, von Panhard & Levassor herrührende Ausbildung als zusammenhängende Rippenrohrschlange, die wegen des großen Druckverlustes unvorteilhaft war, ist heute allgemein zugunsten jener Form aufgegeben worden, bei der viele parallele Wasserfäden gebildet werden. Je nachdem hierbei das Wasser durch enge Spalten zwischen wagerechten Röhrchen hindurchgeführt wird, die für den Luftdurchfluß dienen, oder durch senkrechte Rohre oder rohrähnliche Kanäle fließt, die von außen mit Luft bespült sind, kann man die heute üblichen Kühlerbauarten in solche mit Luftröhren und solche mit Wasserröhren unterscheiden; beide finden ausgedehnte Verwendung.

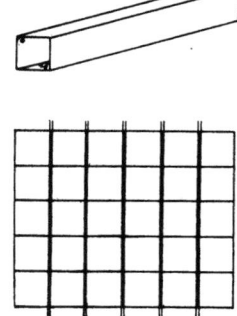

Abb. 746. Teile des Luftröhrenkühlers der Daimler-Motoren-Gesellschaft.

Luftröhrenkühler, Abb. 746, hat zuerst die Daimler-Motoren-Gesellschaft (Maybach) verwendet. Sie bestehen in der ursprünglichen Bauart aus einer großen Anzahl von quadratischen Messingröhrchen, die in der ersichtlichen Weise nebeneinandergelegt, durch etwa 0,5 mm dicke Messingdrähte an den Enden in Abstand gehalten und dann durch ein herumgelegtes Blech so abgeschlossen werden, daß, wenn die Rohrenden miteinander verlötet sind, zwischen den Rohren feine senkrechte Kanäle entstehen, die miteinander und mit den Wasserbehältern über und unter den Rohren Verbindung haben. Dadurch wird eine im Verhältnis zum Raumbedarf des Kühlers außerordentlich große vom Wasser berührte Oberfläche gewonnen, die von der Luft gut bespült werden kann. Diese Eigenschaft hat den Erfolg des unter der Bezeichnung „Bienenzellenkühler" bekannt gewordenen Kühlers der Daimler-Motoren-Gesellschaft begründet. Die neueren Weiterbildungen dieser Bauart haben diesen Erfolg nicht zu übertreffen vermocht. Sie gehen darauf aus, kleine Nachteile der beschriebenen Bauart, die von der Daimler-Motoren-Gesellschaft bis auf den heutigen Tag festgehalten worden ist, zu beseitigen. Zunächst hat man versucht, auch die wagerechten Rohrseiten durch Einlegen von Drähten zu Wasserkanälen auszubilden und so die Kühlfläche annähernd zu verdoppeln. Diese wagerechten Wasserzellen lassen sich aber schwer entwässern und neigen, weil in ihnen stets geringe Wassergeschwindigkeit herrscht, leicht dazu, sich mit abgelagertem Schlamm u. dgl. zu verstopfen. Infolgedessen ist man darauf verfallen, die Röhrchen mit sechskantigem Querschnitt so ineinander zu fügen, daß keine Fläche wagerecht liegt und auch runde Rohre zu verwenden. Statt die Abstände durch eingelegte Messingdrähte zu bestimmen, weitet man die Enden der Rohre mit Hilfe eines Dornes kegelig auf, oder man versieht die Rohre mit etwas verdickten Köpfen an den Enden, s. Abb. 747 und 748. Solche Kühler, die aus Aluminiumrohren zusammengesetzt waren, hat man vielfach für Flugzeuge verwendet.

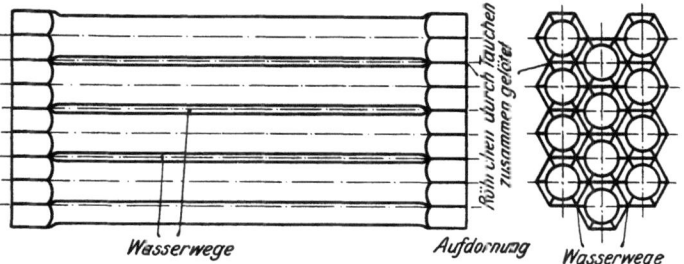

Abb. 747 und 748. Sechskantrohrkühler.

In neuerer Zeit hat man auch vielfach Luftröhrenkühler hergestellt, deren Luftkanäle nicht aus einzelnen Röhrchen sondern aus entsprechend gefalteten fortlaufenden Blechstreifen gebildet sind, s. Abb. 749 und 750. Durch geeignete Formgebung erreicht man so, daß der Kühler im Aussehen beinahe dem ursprünglichen Röhrenkühler gleicht, obgleich er eigentlich der neueren Ausführung des Wasserröhrenkühlers mit engen Lamellen entspricht.

Alle diese Verbesserungen haben aber das Hauptübel des Luftröhrenkühlers nicht beseitigt, das in der Lötung der Rohrenden oder der freien Blechkanten besteht. Von der Dichtheit dieser Lötung, die im allgemeinen so vorgenommen wird, daß man den fertig zusammengebauten Röhrenkörper mit den Endflächen kurze Zeit in ein flüssiges

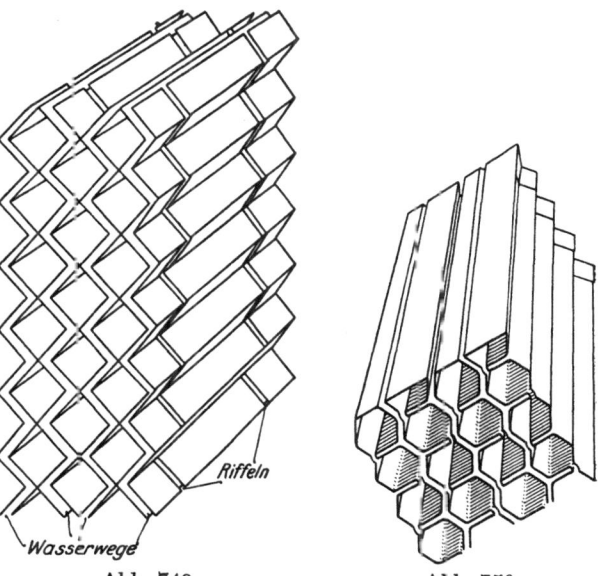

Abb. 749. Abb. 750.
Abb. 749 und 750. Luftröhrenkühler aus gefalteten Blechstreifen.

Zinnbad eintaucht, hängt die Wasserdichtheit des Kühlers ab. Da der Kühler stets an dem Vorderende des Wagens angeordnet wird, damit der Luftzutritt möglichst nicht gehindert wird, so läßt sich selten vermeiden, daß auch bei geringfügigen Zusammenstößen des Wagens in erster Linie der Kühler beschädigt wird und seinen Wasservorrat verliert. Aber auch im regelmäßigen Betrieb kann man geringe Undichtheiten solcher Kühler, die durch Wärmedehnungen und andere Formänderungen veranlaßt sein dürften, vielfach beobachten.

Wasserrohrkühler haben diesen Nachteil im allgemeinen nicht, weil die Rohre, in denen das Kühlwasser fließt, bei einem Zusammenstoß gelegentlich auch stark verbogen werden können, ohne zu brechen. Sie sind in bezug auf die wasserberührte Kühlfläche zwar nicht so vorteilhaft wie die Luftröhrenkühler, lassen sich aber, wie die Erfahrungen beweisen, ebenfalls mit gutem Erfolg anwenden. Die einfachste Bauart des Wasserrohrkühlers besteht aus einer Anzahl von glatten oder mit Kühlrippen versehenen Messing- oder Kupferrohren, die dicht in die Böden einer oberen und einer unteren Wasserkammer eingesetzt sind; Abb. 751 zeigt z. B. einen Kühler von Renault zugleich mit der Gesamtanordnung seiner Kühlung mit selbsttätigem Wasserumlauf. Die Kühlrippen auf den Rohren werden am einfachsten so hergestellt, daß man einen gegebenenfalls gekräuselten Blechstreifen schraubenförmig zusammenrollt und auf das Rohr aufschiebt. Da sie in dieser Form als wärmeabgebende Kühlflächen keinen großen Wert haben, verbindet sie Franz Sauerbier, Berlin, Abb. 752, dadurch metallisch mit dem Rohr, daß er das fertige Rippenrohr in ein Zinnbad taucht. Die Neue Automobil-Gesellschaft setzt bei ihrem Wasserrohrkühler, Abb. 754 und 755 alle sehr eng gehaltenen Rohre in einen zylindrischen Körper ein, der aus dem Gehäuse des Kühlers herausgezogen und

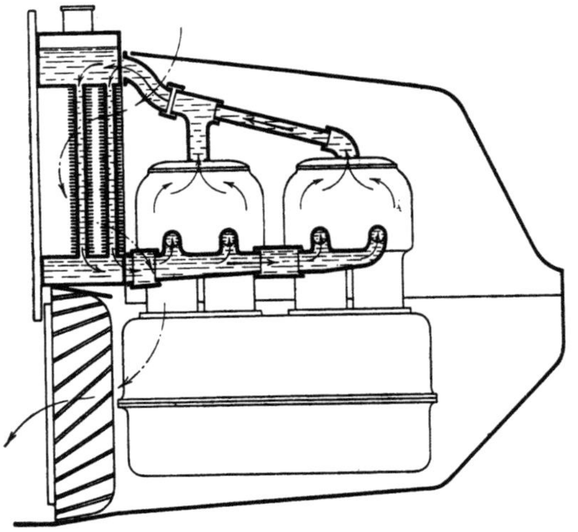

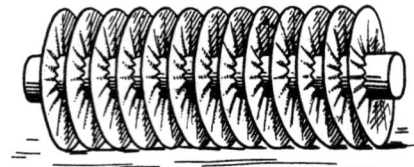

Abb. 751. Wasserröhrenkühler von Renault. Abb. 752. Kühlerrohr von Franz Sauerbier, Berlin.

daher bequem gereinigt werden kann. Gelegentlich benutzt man auch flachgedrückte Rohre in etwa 9 mm Mittenabstand an den Flachseiten. Solche Rohre sollen sich insofern wirksamer als runde Rohre erwiesen haben, als bei ihnen die Kühlfläche von $0{,}3 \text{ m}^2/\text{PS}_e$ auf $0{,}18 \text{ m}^2/\text{PS}_e$

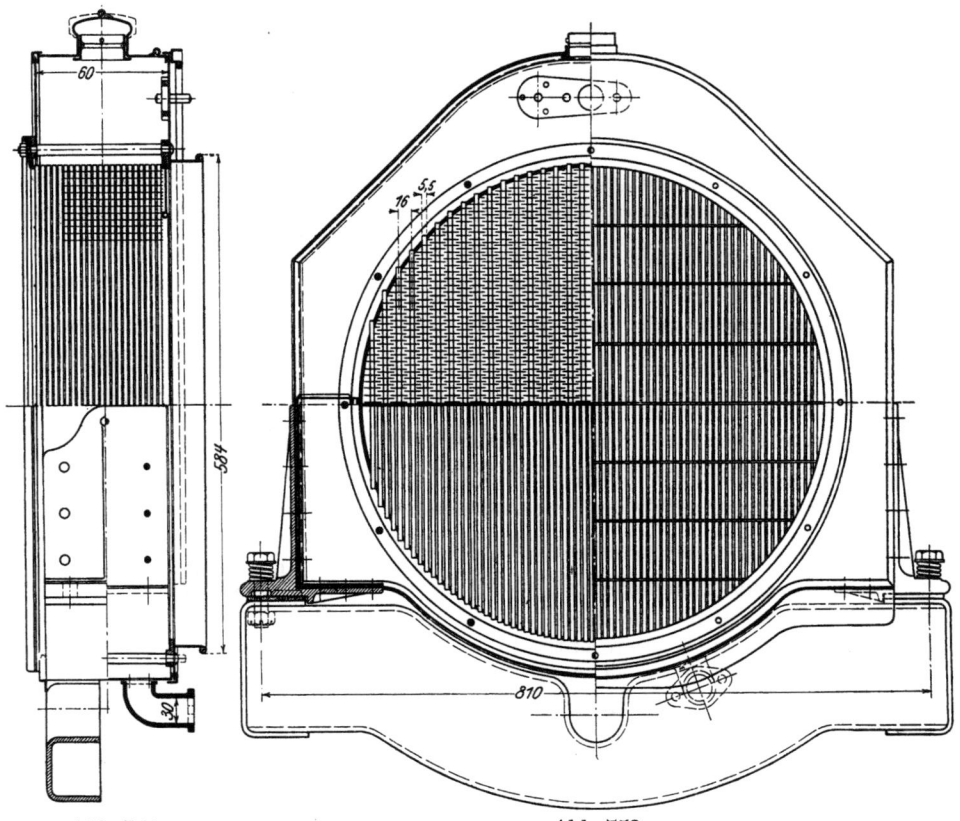

Abb. 754. Abb. 753.
Abb. 753 und 754. Röhrenkühler der Neuen Automobil-Gesellschaft.

herabgesetzt werden kann. Erwähnt sei noch die Bauart von Wasserrohrkühlern, die von der Pariser Omnibus-Gesellschaft benutzt wurde. Bei dieser bilden die Wasserröhren zu beiden Seiten des Ventilators zwei kreisförmig gekrümmte Bündel, durch welche die Kühlluft radial nach außen tritt[1].

---

[1] The Horseless Age. 6. Dezember 1911.

Die Mitte zwischen den beiden Hauptarten bilden die sogenannten Scheiden- oder Lamellen-Kühler; sie sind, wie schon oben erwähnt, eigentlich auch Wasserrohrkühler, jedoch mit dem Merkmal, daß die Wasserrohre verhältnismäßig schmale und längliche Querschnitte haben. Der Hauptzweck dieser Bauart dürfte wohl sein, Wasserrohre verwenden zu können und dennoch dem Aussehen der Daimler-Kühler, die als sehr geschmackvoll gelten, nahezukommen. Solche Kühler kann man z. B. nach Abb. 755 aus Rohren zusammensetzen, welche die ganze Tiefe des Kühlers einnehmen und in Ausschnitten von Querblechen durch Eintauchen in Zinn verlötet werden (Adlerwerke), oder sie lassen sich aus ⊔⊔-förmig oder anders gefalteten Blechen zusammensetzen, wobei die Zwischenräume zwischen je zwei benachbarten Blechen durch Verlöten der Stirnkanten zu Wasserrohren ausgebildet werden (Windhoff). Die Vorteile der Wasserrohrkühler gehen hierbei allerdings zum Teil verloren, weil die Wasserröhren leicht undicht werden können; allerdings bleibt die Zahl der Lötfugen kleiner als bei Luftröhrenkühlern.

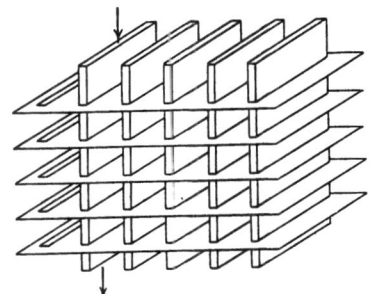

Abb. 755. Scheidenkühler.

Die neueren technischen Fortschritte im Kühlerbau verfolgen namentlich das Ziel, Betriebsstörungen des Kraftwagens bei Beschädigungen des Kühlers dadurch zu vermeiden, daß einzelne Kühlerabschnitte leicht absperrbar oder zum mindesten unterwegs ausschaltbar gemacht werden. Das kennzeichnende Beispiel dieser Ausbildung rührt von der Süddeutschen Kühlerfabrik, Feuerbach[1]), her und ist in einer Anwendung auf einen Lastkraftwagenkühler von H. Büssing, Braunschweig, in Abb. 756 bis 758 wiedergegeben. Das aus Stahlblech gepreßte Gehäuse des Kühlers, das federnd gegen die Rahmenträger und gegen die Spritzwand des Führersitzes verspannt wird, damit Verbiegungen des Rahmens keine Beanspruchungen im Kühler hervorrufen, ist auch durch einen Winkelring isoliert, auf den sich der vordere Rand der Blechhaube über der Maschine auflegt. Dadurch wird

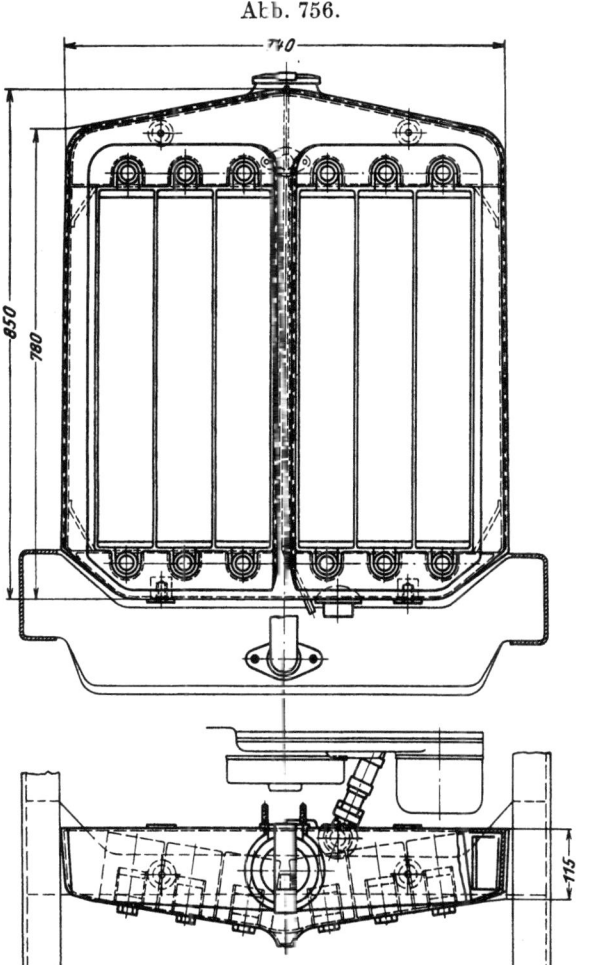

Abb. 756.

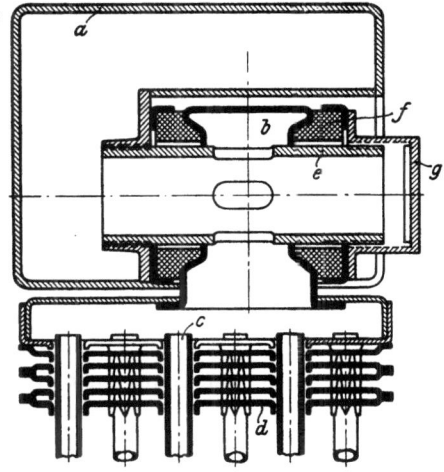

Abb. 757.   Abb. 758.

Abb. 756 bis 758. Elementen-Kühler der Süddeutschen-Kühlerfabrik.

der Kühler auch gegen die Verschiebungen gesichert, die bei scharfem Bremsen durch die Masse des Wagenaufbaues verursacht werden können.

[1]) D.R.P. 296342 und 313351.

In erkerähnlichen Ausnehmungen des Kühlergehäuses a, das den Wasserkasten des Kühlers bildet, werden nun einzelne Zellen eingeschraubt, die aus dem Blechkasten b mit anschließenden Wasserrohren c und Kühlblechen d bestehen und oben wie unten mittels der hohlen Gewindestutzen e, der wärmefesten Kautschukdichtungen f und der Überwurfmuttern g festgezogen werden. Wird eine dieser Zellen undicht, so kann man sie entfernen und die betreffenden Öffnungen verstopfen, ohne daß der Kühler betriebsunfähig wird. Daneben hat die Bauart den Vorzug, nur verhältnismäßig wenig Messing und wenige Lötverbindungen zu erfordern. In der Tat ist sie hauptsächlich aus dem Bedürfnis entstanden, den Verbrauch an Sparmetallen zu vermindern. Schwierigkeiten können nur durch Versagen der Dichtungsringe f entstehen, die leicht erhärten und daher in kürzeren Zeitabständen erneuert werden sollen.

Die gebräuchlichen Regeln für die Bemessung von Kühlern bei gegebener Leistung der Maschine gründen sich fast nur auf Betriebserfahrungen und werden zumeist in der Form gegeben, daß eine bestimmte Kühlfläche in m² für 1 PS Bremsleistung gefordert wird. Diese Erfahrungswerte müssen bei jeder Bauart des Kühlers und zumeist auch bei jeder neuen Wagenbauart festgestellt werden, da sie von dem Wert der Teile der Kühlfläche und von der ganzen Anordnung der Kühlanlage, ferner aber auch von Einzelteilen der Maschine usw. abhängig sind. Ähnlich verhält es sich mit Zahlen, die den Rauminhalt des Kühlers in Beziehung zu dem Zylinderinhalt der Maschine bringen wollen. Für Luftröhrenkühler sollen z. B. auf 1 cm³ Hubraum 4,25 bis 4,5 cm³ Rauminhalt des Kühlers erforderlich sein. Andere Normalien, wie z. B. die nachstehenden von Gebr. Windhoff, s. die Zahlentafel, sehen als Vergleichsmaß des Kühlers nicht seine kühlende Oberfläche, sondern seine Stirnfläche an.

Normalabmessungen von Kühlern von Gebr. Windhoff in Rheine i. W.

Für PS	oder für Gesamtinhalt der Zylinder in ccm	Kühlertiefe 60 mm		Kühlertiefe 90 mm		Kühlertiefe 60 mm		Kühlertiefe 60 mm	
		Stirnfläche qm	Gewicht rd. kg	Stirnfläche qm	Gewicht rd. kg	Stirnfläche qm	Gewicht rd. kg	Stirnfläche qm	Gewicht rd. kg
6	875	0,10	13,5	—	—	—	—	—	—
7	1050	0,12	15	—	—	—	—	—	—
8	1225	0,14	16,5	—	—	—	—	—	—
9	1400	0,16	18	—	—	—	—	—	—
10	1575	0,18	19,5	—	—	—	—	—	—
12	1750	0,20	20,5	0,15	19	—	—	—	—
14	2100	0,22	21,5	0,17	21	—	—	—	—
16	2450	0,25	23	0,19	23	0,17	23	—	—
18	2800	0,28	25	0,21	25	0,19	24	0,16	23
20	3150	0,32	26	0,23	26	0,20	25,5	0,18	23,5
22	3500	0,35	28	0,25	27	0,22	27	0,19	26
25	4025	—	—	0,28	29	0,24	28,75	0,20	27
28	4550	—	—	0,30	31	0,26	30	0,22	28
32	5250	—	—	0,33	32	0,28	31,5	0,24	29,5
38	6125	—	—	0,36	36	0,31	33	0,27	31,5
45	7000	—	—	—	—	0,35	36,5	0,29	36,5
50	7875	—	—	—	—	0,37	38	0,31	37,5
55	8750	—	—	—	—	0,39	40	0,33	40
54	10500	—	—	—	—	—	—	0,40	45,5
75	12250	—	—	—	—	—	—	0,47	51
85	14000	—	—	—	—	—	—	0,54	57,5
95	15750	—	—	—	—	—	—	0,60	64
105	17500	—	—	—	—	—	—	0,66	70

Berechnung der Kühlfläche.

Unterlagen für den Gang einer Berechnung der Kühlfläche liefert die Arbeit von v. Doblhoff[1]), wonach man unter gewissen Annahmen die erforderliche Stirnfläche eines Kühlers in m² mit Hilfe der Formel

$$F_{st} = \frac{\dfrac{1}{\varphi k} + \dfrac{1}{500 \, V_f \lambda \varrho}}{\dfrac{\vartheta_1 - \tau_1}{1000 \, N_e} - \dfrac{1}{2 \, W}}$$

berechnen kann. Die Annahmen, auf die sich diese Formel stützt, sind

---

[1]) Untersuchung von Automobil-Kühlern, Mitt. üb. Forschungsarb., Heft 93.

1. daß man in k nur die Wärmeübergangszahl vom Kühler auf die Luft und nicht eine Wärmedurchgangszahl für den ganzen Vorgang der Wärmeübertragung sehen darf, die sich eigentlich aus einem Wärmeübergang vom Wasser auf Metall, einem Durchgang der Wärme durch die Metallwand und einem Übergang vom Metall auf die Luft zusammensetzt. Diese Annahme ist zulässig, da der Fehler sehr gering wird. Setzt man z. B. in der bekannten Formel für die Wärmedurchgangsziffer

$$k = \frac{1}{\frac{1}{\alpha_1} + \frac{1}{\frac{\xi}{d}} + \frac{1}{\alpha_2}}$$

für die Wärmeübergangszahl von Wasser auf Metall

$$\alpha_1 = 4000; \quad \frac{1}{\alpha_1} = 0{,}00025,$$

für die Wärmeleitzahl bei Messing

$$\xi = 72 \text{ bis } 108$$

und die Wanddicke

$$d = 0{,}0001 \text{ bis } 0{,}0002 \text{ m},$$

im ungünstigsten Falle also

$$\frac{1}{\frac{\xi}{d}} = 0{,}0000028,$$

so kann man, da der Wert von k bis zu 110 betragen kann, in der Tat mit genügender Annäherung die Übergangszahl an die Luft $\alpha_2 = k$ setzen.

2. Die zweite Annahme, die gemacht werden muß, ist, daß sich die Temperatur der Luft im Kühler ebenso wie diejenige des Wassers in der Richtung der Strömung linear verändert, die Temperatur der Luft also zu- und diejenige des Wassers abnimmt.

In der oben angegebenen Formel stellt φ das der betreffenden Kühlerbauart eigentümliche Verhältnis zwischen der ganzen Kühlfläche und der Stirnfläche F_{st} dar. Da Versuche mit Rippenkühlern nicht vorliegen, so darf man zur Sicherheit die Rippenflächen nur mit der Hälfte in Ansatz bringen, dagegen die vom Wasser berührte Fläche voll rechnen.

Für einen Kühler mit runden Luftröhren ergibt sich $\varphi = 37$. Für einen Kühler mit flachgedrückten Wasserröhren $\varphi = 28$, ein Wert, der sich aber durch künstliches Vergrößern der Rohroberfläche oder durch Rippen erhöhen läßt.

Die ebenfalls in der Formel vorkommende Größe λ ist das der betreffenden Kühlerbauart eigentümliche Verhältnis zwischen dem kleinsten Querschnitt der Luftwege und der Stirnfläche oder die Luftdurchlässigkeit des Kühlers. Auch dieser Wert ist bei Kühlern mit Luftröhren günstiger ($\lambda = 0{,}628$) als bei solchen mit Wasserröhren ($\lambda = 0{,}429$). Die angegebenen Werte lassen sich bei Näherungsrechnungen unmittelbar verwenden, da sie für Kühler der gleichen Grundbauart nur wenig veränderlich sind. Scheidenkühler hat man hierbei je nach der Anordnung der Scheiden entweder in die Gruppe der Luftröhrenkühler oder in diejenige der Wasserrohrkühler zu rechnen.

Die Größe V_f stellt eine ideelle Fahrgeschwindigkeit in km/h dar, d. h. diejenige Fahrgeschwindigkeit, bei welcher der Kühler die gleiche Wärmemenge übertragen könnte, wenn er vollkommen frei aufgestellt wäre und ohne Ventilator arbeiten würde. Das Verhältnis zwischen V_f und der wirklichen Fahrgeschwindigkeit des Wagens wird von der Umlaufzahl und dem Ort der Aufstellung des Ventilators, von der Anordnung des Kühlers und dem Widerstand beeinflußt, den die hinter dem Kühler aufgestellte Maschine der durchstreichenden Luft bietet. Mit wachsender Fahrgeschwindigkeit nähert sich dieses Verhältnis immer mehr der Einheit, wie ja schon lange bekannt ist, daß der Ventilator bei großer Fahrgeschwindigkeit keinen Einfluß mehr hat.

In der Regel werden die Geschwindigkeiten der Ventilatoren mit etwa 2000 Uml/min gewählt. Für solche Verhältnisse kann man bei der üblichen Anordnung der Maschinenanlage bei der kleinsten in Betracht kommenden Geschwindigkeit für das Berganfahren (10 bis 15 km/h) V_f etwa 1,5 bis 2mal so groß wählen wie die Fahrgeschwindigkeit. Bei niedrigeren Umlaufzahlen des Ventilators (1000 bis 1200 Uml/min) soll für V_f höchstens das 1,2 bis 1,5fache der Fahrgeschwindigkeit eingesetzt werden.

Die Zahl ϱ trägt dem Umstande Rechnung, daß die Luftgeschwindigkeit vor und hinter dem Kühler wegen der Reibung im Kühler nicht gleich sein kann. ϱ ist, wie die Versuche beweisen, von der Fahrgeschwindigkeit unabhängig und als ein Festwert anzusehen, für dessen Größe lediglich die Bauart des Kühlers maßgebend ist. Bei Luftröhrenkühlern kann man, wenn man es nicht überhaupt vernachlässigt ($\varrho = 1$), ϱ etwa 0,9 setzen. Bei Wasserröhrenkühlern ist der Wert etwas ungünstiger, $\varrho = 0,8$. Sicher ist aber nicht, ob nicht andere Kühlerbauarten, z. B. solche mit vielen eng gestellten Rippen und kleinen Luftdurchlässigkeitsziffern, auch noch geringere Werte von ϱ liefern. Das läßt sich erst von Fall zu Fall auf Grund eines Versuches entscheiden.

Was endlich die Wärmedurchgangszahl k anbetrifft, so kann man diese am einfachsten aus dem Diagramm, Abb. 759, unmittelbar abnehmen, aus dem ihre Abhängigkeit von der ideellen Fahrgeschwindigkeit ersichtlich ist. Die Linie k_1 bezieht sich hierbei auf einen Luftröhrenkühler, während die Linien k_2 und k_3 an Wasserröhrenkühlern gewonnen sind. Es zeigt sich, daß in bezug auf die Werte von k die Wasserröhrenkühler überlegen sind, und diese Überlegenheit ist, wie ein Zahlenbeispiel weiter unten zeigt, von so großem Einfluß, daß unter sonst gleichen Verhältnissen solche Kühler in der Regel kleinere Stirnflächen als Luftröhrenkühler erfordern, trotzdem diese in bezug auf Luftdurchlässigkeit (λ) sowie auf das Verhältnis von Kühlfläche zu Stirnfläche (φ) vorteilhafter sind. Die Mehrzahl der Fabriken ist daher wohl aus diesem Grunde zu Kühlern mit Wasserrohren übergegangen, zumal da auch der Druckverlust im Wasserröhrenkühler wesentlich geringer als im Luftröhrenkühler ist.

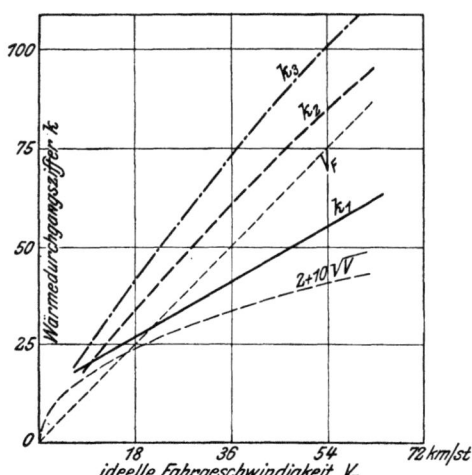

Abb. 759. Wärmedurchgangszahlen für Kühler.

Es zeigt sich ferner, daß der Wert von k in allen Fällen, wo es sich um höhere Fahrgeschwindigkeiten handelt, von der Zahl α_2 für den Wärmeübergang an Luft wesentlich abweicht. Unter der Annahme, daß die Luftgeschwindigkeit im Kühler mit der Fahrgeschwindigkeit übereinstimmt, also für $\varrho = 1$, ist in Abb. 759 der Verlauf der Werte von α_2, die sich aus der bekannten Formel[1])

$$\alpha_2 = 2 + 10\sqrt{v} \quad (v \text{ in m/s})$$

ergeben, eingetragen. An der Zulässigkeit der eingangs erwähnten Annahme, daß $k \sim = \alpha_2$ gesetzt werden kann, wird aber hierdurch dennoch nichts geändert, denn die Berechnung gilt für die ungünstigsten Verhältnisse, wo kleine Fahrgeschwindigkeiten in Frage kommen, und hierbei ist der Unterschied zwischen den Werten von k und α_2 nicht sehr groß.

Von den übrigen Größen, die in der Formel für die Kühlerstirnfläche Verwendung finden, sind

ϑ_1 die Eintrittstemperatur des Kühlwassers in °C (die höchste zulässige Wassertemperatur),

τ_1 die Eintrittstemperatur der Luft in °C,

$1000\,N_e$ die Wärmemenge in kcal/h, die stündlich abgeleitet werden muß (N_e in PS$_e$),

W die umlaufende Kühlwassermenge in kg/h.

Die Ableitung der Formel stützt sich darauf, daß man die mittlere Austrittstemperatur ϑ_2 des Kühlwassers mit Hilfe eines in das Ablaufwasser eintauchenden Thermometers und die mittlere Austrittstemperatur der Luft τ_2 dadurch annähernd beobachten kann, daß man die Mittelwerte der Ablesungen an vier über die ganze Höhe des Kühlers verteilten, untereinander angeordneten Thermometern bestimmt. Die Anfangstemperaturen ϑ_1 und τ_1 von Wasser und Luft sind als über die ganzen Eintrittsquerschnitte gleichmäßig verteilt anzusehen. Macht man nun weiter die schon erwähnten, durchaus gebräuchlichen Annahmen, daß die Temperaturzunahme der Luft und die Temperaturabnahme des Wassers geradlinig verläuft, so gelten unter Benutzung der Bezeichnungen c_w und c_l für die spezifischen Wärmen von Wasser und Luft sowie von W und L für die Wasser- und Luftmengen folgende Gleichungen für die übergehende Wärmemenge in kcal/h:

$$Q = W \cdot c_w \cdot (\vartheta_1 - \vartheta_2)$$
$$Q = L \cdot c_l \, (\tau_2 - \tau_1)$$
$$Q = F \cdot k \cdot (\vartheta_m - \tau_m) = F \cdot k \cdot \left(\frac{\vartheta_1 + \vartheta_2}{2} - \frac{\tau_1 + \tau_2}{2}\right).$$

---

[1]) z. B. Hütte, 18. Aufl., S. 275.

Berechnung der Kühlfläche.

Hierin sind F die gesamte Abkühlfläche des Kühlers

und k die entsprechende Wärmeübergangszahl.

Da
$$\vartheta_2 = \vartheta_1 - \frac{Q}{W \cdot c_w}$$

und
$$\tau_2 = \tau_1 + \frac{Q}{L \cdot c_l},$$

so ist auch

$$Q = F \cdot k \cdot \left(\frac{\vartheta_1 + \vartheta_1 - \dfrac{Q}{W \cdot c_w}}{2} - \frac{\tau_1 + \tau_1 + \dfrac{Q}{L \cdot c_l}}{2} \right)$$

$$\frac{Q}{F \cdot k} = \vartheta_1 - \tau_1 - \left(\frac{Q}{2 W \cdot c_w} + \frac{Q}{2 L \cdot c_l} \right)$$

$$Q = \frac{\vartheta_1 - \tau_1}{\dfrac{1}{F \cdot k} + \dfrac{1}{2 W \cdot c_w} + \dfrac{1}{2 L \cdot c_l}}.$$

Diese Gleichung besagt zunächst, daß bei unveränderten Wasser- und Luftmengen für einen gegebenen Kühler die abgegebene Wärmemenge proportional dem Unterschiede $\vartheta_1 - \tau_1$ der Eintrittstemperaturen von Wasser und Luft ist, eine sehr einfache Beziehung, die durch die Versuche gut bewiesen worden ist, und aus der man das Verhalten eines Kühlers unter geänderten Betriebsbedingungen ermitteln kann.

Für die Luftmenge L in m³/h kann man auf folgendem Wege einen anderen Ausdruck ableiten:

Querschnitt: $F_{st} \cdot \lambda$

Geschwindigkeit v_f (m/s) $\times \varrho \times 3600$, somit

$$L = F_{st} \cdot \lambda \cdot \varrho \cdot v_f \cdot 3600.$$

Setzt man ferner $c_l = 0{,}25$ für Luft von 60°, so wird

$$c_l \cdot L = 0{,}25 \cdot 3600 \cdot F_{st} \cdot \lambda \cdot \varrho \cdot v_f.$$

Endlich kann man setzen

$$F = F_{st} \cdot \varphi.$$

Die Gleichung für die Wärmemenge erhält dann die Form

$$Q = \frac{\vartheta_1 - \tau_1}{\dfrac{1}{F_{st}} \left(\dfrac{1}{\varphi k} + \dfrac{1}{1800 \lambda \cdot \varrho \cdot v_f} \right) + \dfrac{1}{2 W}}$$

und wenn man für $Q = 1000 N_e$

und für $v_f = \dfrac{V_f}{3{,}6}$ (V_f in km/h)

einführt und nach F_{st} auflöst, so erhält man den weiter oben angegebenen Ausdruck:

$$F_{st} = \frac{\dfrac{1}{\varphi \cdot k} + \dfrac{1}{500 \cdot V_f \cdot \lambda \cdot \varrho}}{\dfrac{\vartheta_1 - \tau_1}{1000 N_e} - \dfrac{1}{2 W}}.$$

Beispiel:

Für eine Maschine von $N_e = 20$ PS und eine Kühlwassermenge von $W = 1000$ kg/h sei zu prüfen, welche Kühlerbauart vorteilhafter ist. Die ideale Fahrgeschwindigkeit betrage $V_f = 36$ km/h, entsprechend einer Bergfahrt mit 18 km/h Geschwindigkeit und 1800 Uml/min des Ventilators. Das Temperaturgefälle ($\vartheta_1 = 85°$, $\tau_1 = 65°$) betrage $\vartheta_1 - \tau_1 = 20°$.

Für einen Wasserröhrenkühler wären dann auf Grund der obigen Angaben und von Abb. 759, S. 376, zu setzen:

$\lambda = 0{,}429$
$\varphi = 28$
$k = 65$
$\varrho = 0{,}8$

$$F_{st} = \frac{\dfrac{1}{28 \cdot 65} + \dfrac{1}{500 \cdot 36 \cdot 0{,}429 \cdot 0{,}8}}{\dfrac{20}{20 \cdot 1000} - \dfrac{1}{2 \cdot 1000}} = 1{,}42 \text{ m}^2.$$

Für einen Luftröhrenkühler hingegen:

$\lambda = 0{,}628$
$\varphi = 37$
$k = 40$
$\varrho \sim = 1$

$$F_{st} = \frac{\dfrac{1}{37 \cdot 40} + \dfrac{1}{500 \cdot 36 \cdot 0{,}628 \cdot 1}}{\dfrac{20}{20 \cdot 1000} - \dfrac{1}{2 \cdot 1000}} = 1{,}534 \text{ m}^2.$$

Pülz[1]), der gegen diese Art der Berechnung verschiedene Bedenken hat, insbesondere das Bedenken, daß auch k bei einem gegebenen System des Kühlers von der sonstigen Kühlerbauart und nicht nur von den Geschwindigkeiten der Luft und des Wassers abhängt, gründet die Berechnung der wirksamen Luftfläche auf die sogenannte Charakteristik des Kühlers, d. h. auf den Unterschied zwischen Austrittstemperatur ϑ_2 des Kühlwassers und Eintrittstemperatur τ_1 der Luft, der bei bestimmten Arten von Kühlern bekannte Größen hat und bei gleichbleibender Wärmeabgabe der Maschine für beliebige Luft- und Wassertemperaturen nur von der Luftgeschwindigkeit beeinflußt wird, wie Versuche im Windkanal bewiesen haben. Sind z. B.

die Lufttemperaturen $\tau_1 = 20^0$ C, und die Wassertemperaturen $\vartheta_1 = 80^0$ C,
$\tau_2 = 35^0$ C, $\vartheta_2 = 75^0$ C,

so beträgt die Charakteristik $J = 75 - 20 = 55^0$ C und man kann sagen, daß der Kühler reichlich bemessen ist, da $\tau_1 = 100 - J - (\vartheta_1 - \vartheta_2) = 40^0$ C
betragen könnte, bevor der Kühler ins Kochen käme.

Andererseits wäre bei $\tau_1 = -20^0$ C, und $\vartheta_1 = 60^0$ C,
$\tau_2 = -5^0$ C, $\vartheta_2 = 55^0$ C,
$J = 55 - (-20) = 75^0$ C,

der Kühler zu klein, da er nur bis zu einer Lufttemperatur
$\tau_1 = 100 - J - (\vartheta_1 - \vartheta_2) = 20^0$ C
ohne zu kochen genügen würde.

Die Beurteilung von Kühlern auf Grund der Charakteristik, die namentlich Dipl.-Ing. Seppeler eingeführt hat, hat den Vorteil, daß sich, zumal im Flugzeug, die beiden dafür notwendigen Temperaturen verhältnismäßig bequem messen lassen, und da man sie gegebenenfalls sogar selbsttätig aufzeichnen kann, so erhält man nach der Versuchsfahrt sofort ein Diagramm, woran man Veränderungen der Charakteristik verfolgen kann.

Um mit Hilfe dieser Größe bei gegebener Wärmeabgabe Q in kcal/h der Maschine die notwendige Kühlfläche zu berechnen, braucht man außer der Charakteristik nur die geforderte Abkühlung des Wassers anzunehmen, die durch die Erfahrung ungefähr bekannt ist.

Sind $J = \vartheta_2 - \tau_1 = 60^0$
und $\vartheta_1 - \vartheta_2 = 5^0$,

so kann man die mittlere Wassertemperatur $\vartheta = \dfrac{\vartheta_1 + \vartheta_2}{2}$ und daraus $\vartheta - \tau_1 = 62{,}5^0$ berechnen.

Die Kühlfläche ist dann $K = \dfrac{Q}{\alpha \, (\vartheta - \tau_1)}$ und, wie Nachrechnungen ausgeführter Kühler ergeben haben, bei einer mittleren Luftgeschwindigkeit von 140 km/h und bei einer Lufterwärmung im Kühler von $\tau_2 - \tau_1 = 20^0$ C

$$K = 0{,}000125 \, Q \text{ in m}^2.$$

Die so berechnete Kühlfläche muß in dem Verhältnis der mittelbaren zur unmittelbaren Kühlfläche, das durch die besondere Bauart bestimmt ist, vergrößert werden. Bei Messingkühlern ist die mittelbare Kühlfläche nur mit einem Drittel ihrer wirklichen Größe in Rechnung zu stellen.

Die Zahl $k = 0{,}000125$ bezeichnet Pülz als spezifische Kühlfläche in m²/kcalh. Ihre Abhängigkeit von der Luftgeschwindigkeit V in km/h wird durch die angenäherte Formel $k = \dfrac{20}{\sqrt{V}} - 0{,}44$ ausgedrückt, woraus sich k in cm²/kcalh ergibt.

Für	$v =$	40	50	60	100	120
ist	$k =$	2,724	2,388	2,143	1,560	1,385

---

[1]) Kühlung und Kühler für Flugzeugmotoren, Berlin 1920.

Alle diese Werte gelten aber nur so lange, als $\vartheta - \tau_1 = 62{,}5^0$ C bleibt. Ändern sich aber diese Verhältnisse, so kann man annehmen, daß k mit steigendem Wert von $\vartheta - \tau_1$ proportional abnimmt, also bei 140 km/h Luftgeschwindigkeit für $\vartheta - \tau_1 = 70^0$ C

$$k = \frac{1{,}25 \cdot 62{,}5}{70} = 1{,}1155 \text{ cm}^2/\text{kcalh}$$

beträgt.

Die angegebenen Werte von k gelten auch nur für geeignete Verhältnisse von Weite zu Länge der Luftwege, z. B. bei quadratischen Luftwegen für 8 mm Weite und 200 mm Länge oder für 6 mm Weite und 150 mm Länge. Runde Luftwege können, weil die toten Ecken entfallen, auch bei 8 mm Durchmesser trotz des geringen Querschnitts 200 mm Länge haben. Auch diese Werte sind übrigens von der Luftgeschwindigkeit abhängig und nehmen mit dieser proportional ab.

Die kleinste zulässige Stirnfläche F_{st} in m² kann man abschätzen, wenn man die Luftdurchlässigkeit des betreffenden Systems kennt, da die insgesamt übergehende Wärme

$$Q = F_{st} \lambda V c_2 (\tau_2 - \tau_1)$$

ist. Hierin sind c_2 die spezifische Wärme der Luft, während man für $\tau_2 - \tau_1$ etwa 20^0 C annehmen kann.

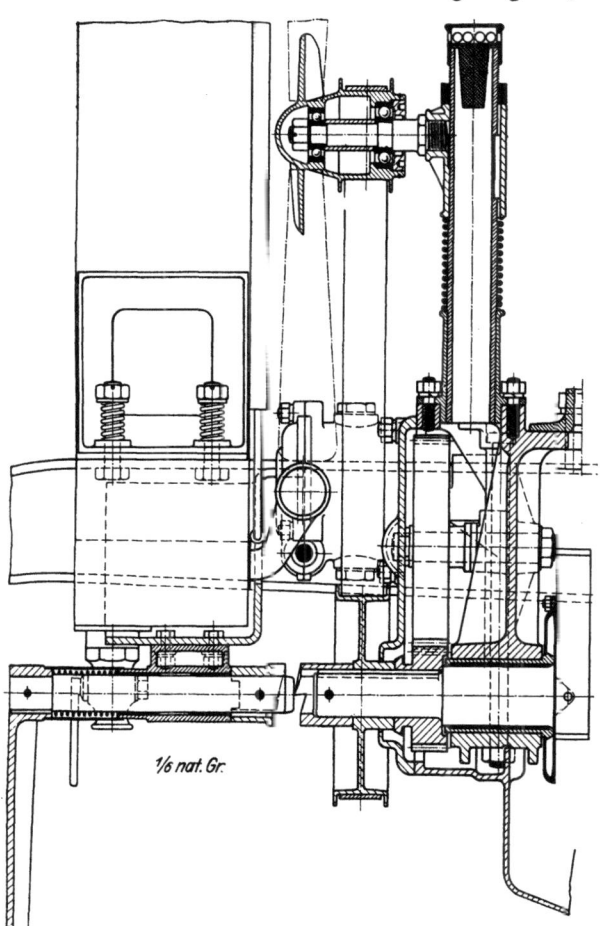

Abb. 760. Antrieb des Ventilators mittels Riemens.

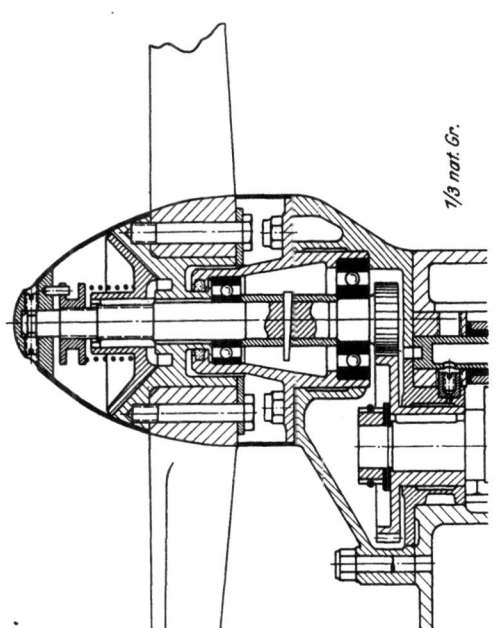

Abb. 761. Antrieb des Ventilators vom Ende der Steuerwelle.

Die vorstehenden Angaben machen allerdings den Entwurf des Kühlers immer noch von gewissen Annahmen abhängig, wozu man einiger Erfahrung bedarf, wenn man Fehlschläge vermeiden will. Immerhin sind die beschriebenen Rechnungen noch zuverlässiger und wenigstens für die Nachrechnung vorhandener Kühler brauchbarer, als etwa Faustformeln von der Art $K = 2{,}6\, N_e$ in cm² für Kraftwagen- oder $K = 1{,}53\, N_e$ für Flugzeugkühler, die in der Fachpresse zu finden sind.

Die bauliche Gestaltung des Kühlers bestimmt im wesentlichen auch die Form der Haube, welche die Maschine abdeckt und deren vorderen Abschluß der Kühler bildet. Man ist gewohnt, die Form des Kühlers als das Kennzeichen eines bestimmten Erzeugnisses anzusehen, wie auch jede Fabrik bestrebt ist, dem Kühler ihre eigene Form zu geben. Eine Zeitlang hat man, hauptsächlich um das schnittige Aussehen des Wagens zu belassen, die Kühlerkörper keilförmig gestaltet. Solche Kühlerkörper haben zwar größere Oberfläche als ebene, aber wegen der entsprechend geringeren durchströmenden Luftmenge trotzdem keine bessere Kühlwirkung. Man hat sie daher heute wieder aufgegeben. Das den Kühler umschließende Gehäuse soll aus möglichst kräftigem Blech hergestellt sein, damit es die winkelförmigen Laschen gut aufnehmen kann, mit denen der Kühler vorne auf dem Rahmen befestigt wird. Mitunter wird das Gehäuse auch gegossen und mit Kühlrippen versehen. Die Verbindung zwischen Kühler und Rahmen darf niemals starr sein, da die Längsträger des Wagens während der Fahrt unvermeidliche Verschiebungen gegeneinander erfahren. Damit kein Klappern der Verbindung eintritt, legt man zwischen Kühler und Rahmen kurze Schraubenfedern oder andere nachgiebige Mittel ein. Besser ist es, das Gehäuse des Kühlers mit ballig geformten Zapfen zu versehen, die in entsprechenden Lagern beschränkte Kugelbewegungen ausführen können. An der Rückseite des Kühlers wird eine Leiste für die Auflage der Haubenbleche angebracht, die zum Vermeiden des Klapperns mit Leder belegt wird. Bei Maschinen mit Thermosyphonkühlung pflegt man den Wasserinhalt des Kühlers durch ein an die Oberseite des Gehäuses unter der Haube angesetztes Erweiterungsgefäß zu vergrößern.

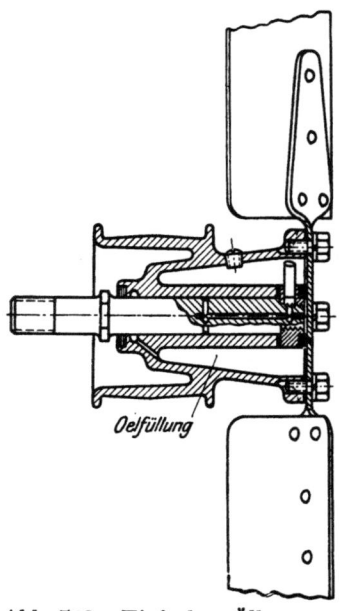

Abb. 762. Einfaches Ölkammerlager für den Ventilator.

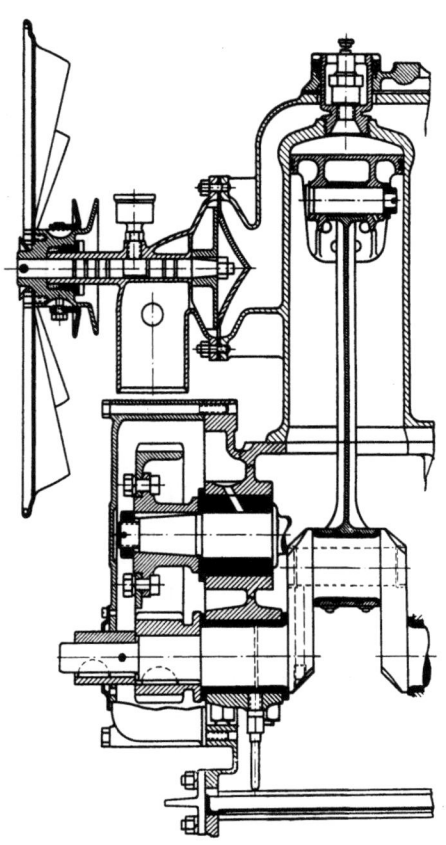

Abb. 763. Verbindung von Ventilator und Umlaufpumpe.

Für die Wirksamkeit des Kühlers ist, wie sich aus der Berechnung ergibt, das Vorhandensein des von der Maschine angetriebenen Ventilators Bedingung. Den Antrieb dieses Ventilators leitet man gewöhnlich mittels eines Riemens von einer Scheibe ab, die auf dem vorderen Ende der Kurbelwelle aufgekeilt ist, s. Abb. 760. Da der Riemen leicht schlaff wird und der Ventilatorantrieb dann versagen kann, hat man selbsttätige Spannvorrichtungen dafür vorgeschlagen; dabei wird die angetriebene Scheibe auf dem kürzeren Arm eines Winkelhebels gelagert, dessen längerer Arm durch eine Feder belastet ist. Sicherer sind jedenfalls starre Antriebe des Ventilators, sei es durch Zahnräder oder durch Zahnketten, die allerdings ziemlich viel Geräusch verursachen, oder durch Anordnung des Ventilators auf dem Ende der obenliegenden Steuerwelle, wie Abb. 761 zeigt.

Den Ventilator lagert man häufig noch mittels einer Paßfläche des vordersten Zylinders unmittelbar an der Maschine. Da dies aber z. B. bei Zusammenstößen zu schweren Schäden der Zylinder führen kann, empfiehlt es sich, eine besondere Stütze dafür zu verwenden, z. B. das Entlüfterrohr des Kurbelgehäuses in Abb. 760. Die Nabe des Ventilators lagert man zumeist auf Kugeln, die nur geringer Schmierung bedürfen. Ein einfaches Gleitlager mit Ölkammerschmierung für Lastkraftwagen zeigt Abb. 762.

Eine in England gebräuchliche Verbindung des Ventilatorantriebes mit dem Antrieb der Umlaufpumpe, Abb. 763, bietet zwar gewisse Vorteile hinsichtlich der Wasserführung und der Vereinfachung des Pumpenantriebes; ihr haftet aber der schon erwähnte Nachteil an, daß der Zylinder bei einem Stoß gegen den Ventilator stark gefährdet wird, zumal hier, wo der Lagerbock des Ventilators auch als Pumpenkörper ausgebildet werden muß. Auch daß das Lager der Pumpenwelle nicht von außen zugänglich ist und unübersehbare Schmiermittelmengen in das Kühlwasser gelangen können, ist ein Mangel dieser Bauart.

Der Ventilator wird heute noch vielfach aus einer Nabe und aus angenieteten Flügeln aus Aluminium- oder Stahlblech zusammengebaut. Bei den neueren sehr schnell laufenden Maschinen geht man aber immer mehr zu gegossenen Ventilatoren über, deren Flügel dann auch die

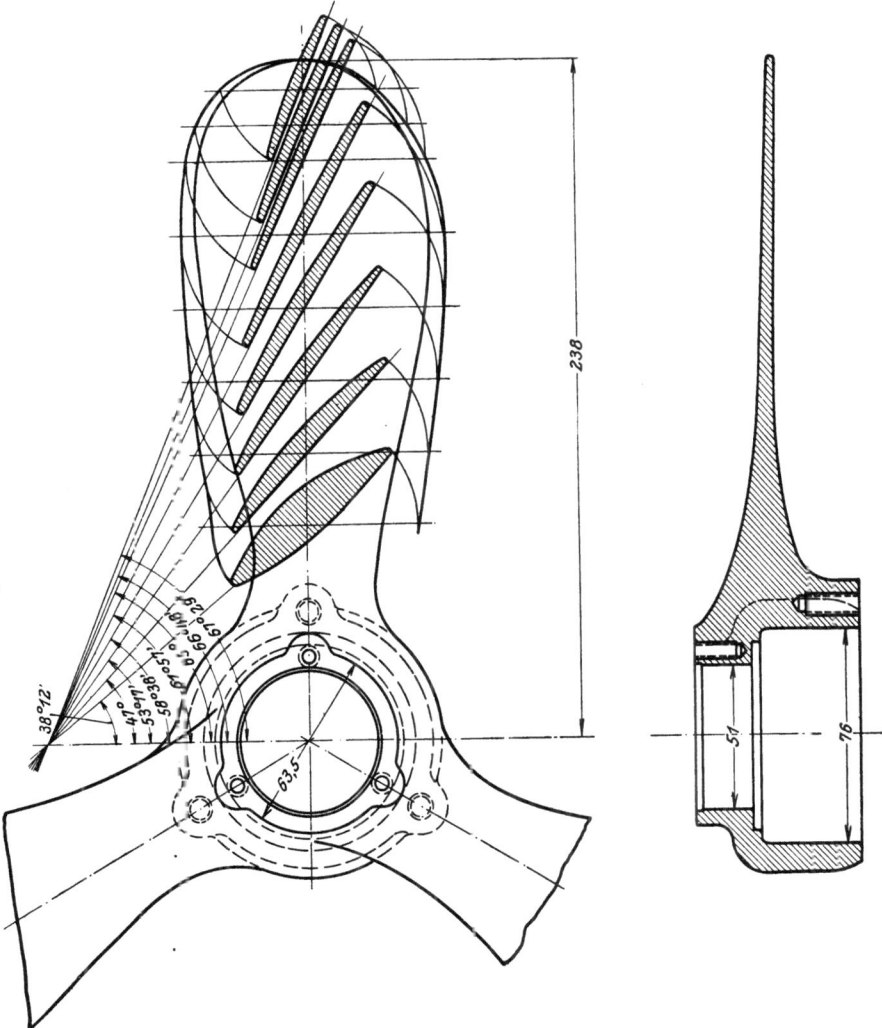

Abb. 764 und 765. Ventilator mit gegossenen Flügeln.

nach der Schraubentheorie günstigsten Querschnitte erhalten können. Einen Anhalt für den Entwurf bieten die Angaben über den Ventilator der Taft-Peirce Mfg. Co. in Woonsocket, R. I., die in Abb. 764 und 765 wiedergegeben sind.

Anlassen.

Innerhalb der bei Motorwagen in Betracht kommenden Abmessungen der Zylinder können die Maschinen ohne besondere Schwierigkeit mit Hilfe der bekannten Handkurbel, Abb. 766, angedreht werden. Die Kurbel ist mit zwei Klauenzähnen versehen und nimmt, wenn sie gegen die Maschine hin gedrückt und dann gedreht wird, entsprechende Zähne oder auch einfache runde Stifte mit, die auf einer Muffe auf der Verlängerung der Kurbelwelle sitzen. Im Ruhezustand muß die Kurbel durch eine Feder ausgerückt sein, die beim Andrehen zusammengedrückt wird. Die Nabe ist in einer geschmierten Hülse zu führen, die am Fahrzeugrahmen gelagert ist. Je nach der Größe des Wagens macht man die Kurbel von Mitte Nabe bis Mitte Griff 160 bis 240 mm lang. Die zulässige Länge wird dadurch begrenzt, daß man mit der Hand zwischen den vorstehenden Enden der Rahmenlängsträger bequem hindurchkommen muß. Der Griff an der Kurbel besteht aus Holz oder einem Messingrohr und muß leicht drehbar sein. Die Kurbel wird während der Fahrt durch eine Sperrung oder andere Mittel wagerecht oder senkrecht gehalten, damit sie nicht herunterhängt und irgendwo anstößt.

Größere Zylinderdurchmesser (etwa von 90 mm an) und namentlich höhere Verdichtungsverhältnisse machen Einrichtungen zum Vermindern der Verdichtung beim Andrehen erforderlich, damit das Andrehen nicht allzu beschwerlich wird. Solche sind in den Hähnen auf dem

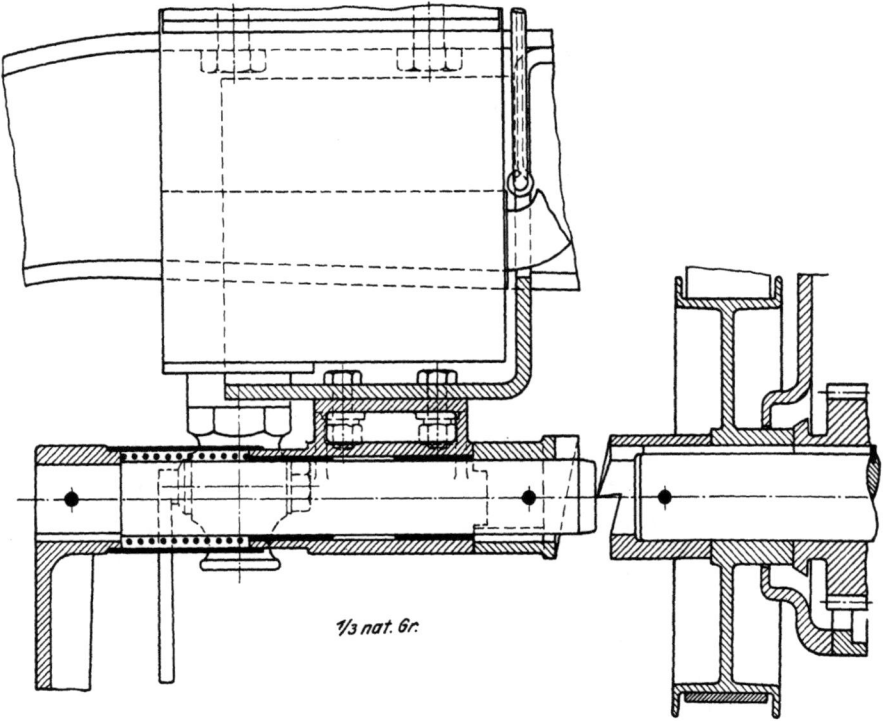

Abb. 766. Gewöhnliche Anordnung der Anlaßkurbel.

Verdichtungsraum, durch die man, wenn es nicht anders geht, auch etwas Benzin in die Zylinder eintropfen kann, um das Anspringen zu erleichtern, immer vorhanden, auch bei kleineren Ma-

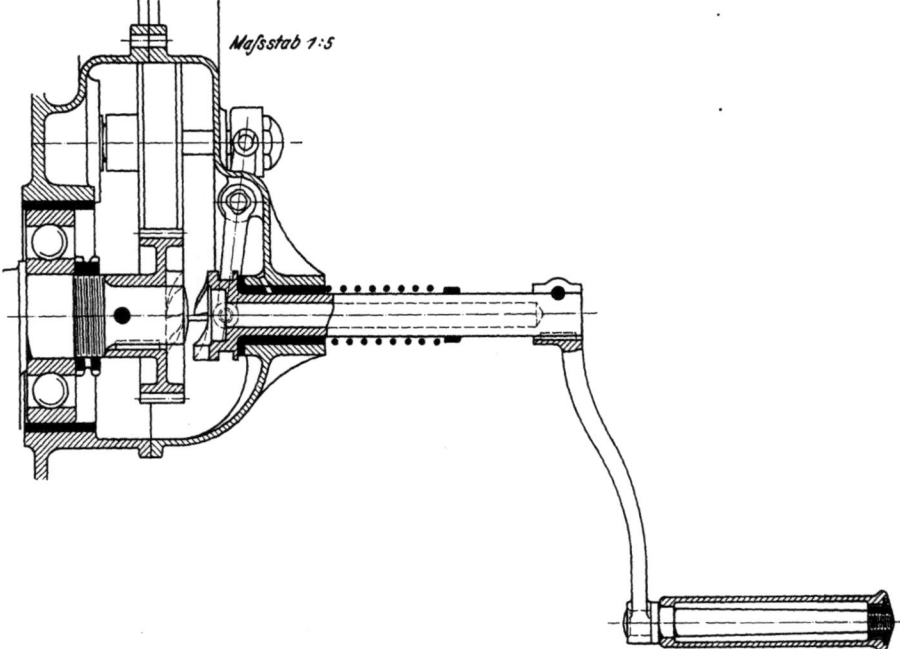

Abb. 767. Verschieben der Steuerwelle beim Eindrücken der Andrehkurbel.

schinen. Besondere Einrichtungen hierfür werden mit der Steuerung verbunden, wobei die Auspuffventile mit Hilfe besonderer, durch Verschieben der Steuerwelle zur Wirkung kommender Daumen verspätet geschlossen werden. Das Eindrücken der Andrehkurbel kann man mit dem

Verschieben der Steuerwelle auch zwangläufig verbinden, s. Abb. 767. Man erhält hierdurch die linke Hand frei, mit der man sonst den Hebel zum Verschieben der Steuerwelle festhalten müßte, so daß man sich mit der Hand auf den Rahmen stützen kann.

Die Form der Klauen auf der Nabe der Andrehkurbel bietet die Sicherheit, daß der Eingriff mit der Kurbelwelle selbsttätig gelöst wird, sobald diese beim Einsetzen der Zündungen schneller läuft, als die Kurbel gedreht werden kann. Einen Schutz gegen sehr heftige Rückschläge, die bei Frühzündung in einem Zylinder auftreten können, bietet sie allerdings nicht. Soll auch diese Gefahr ausgeschlossen werden, so muß die Kurbel nach der Art der Sicherheitskurbel der Gasmotoren-Fabrik Deutz mit zwei getrennten Sperrwerken versehen sein, s. Abb. 768 und 769. Die Kurbel ist in der bekannten Weise an der mit der Spindel a zusammenhängenden Nabe b mit Klauenzähnen versehen und nimmt beim Drehen im Sinne des Uhrzeigers den in das Ende der Kurbelwelle c gesteckten Bolzen d mit. Läuft die Kurbelwelle voraus, so löst sich diese Kupplung selbsttätig, indem die Kurbelnabe nach links herausgedrängt wird. Läuft dagegen die Kurbelwelle rückwärts, so wird hierbei die Nabe b durch die Klemmkugeln e mit der Muffe f gekuppelt, die lose auf der Spindel a sitzt und gegen Mitnahme in der Drehrichtung der Andrehkurbel durch den Bolzen g gesichert ist.

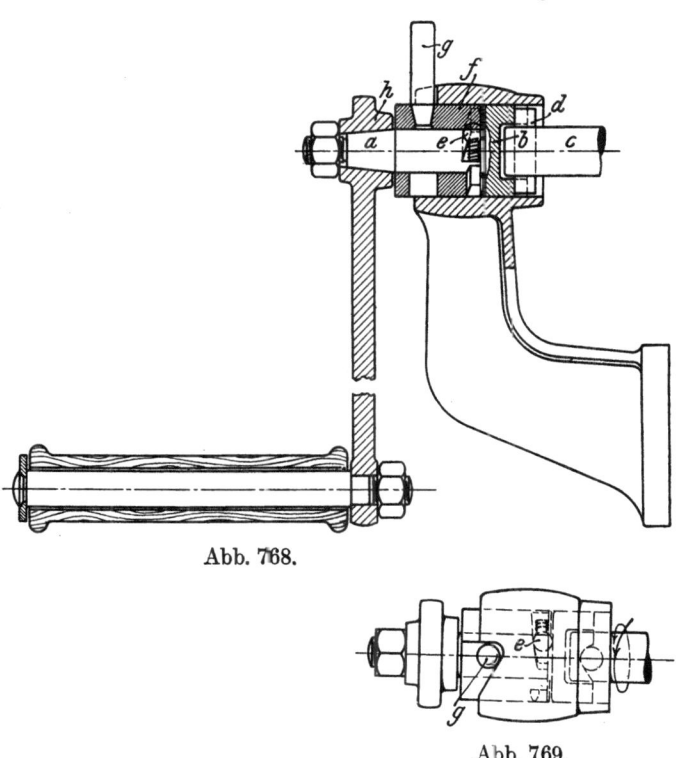

Abb. 768.

Abb. 769.

Abb. 768 und 769. Sicherheits-Andrehkurbel der Gasmotoren-Fabrik Deutz.

Bei der gewaltsamen Rückwärtsdrehung gleitet der Bolzen g aus seiner Vertiefung empor und die Muffe f nimmt die ganze Kurbel mit, deren Eingriff somit gelöst wird.

Abb. 770 zeigt, wie man die gleiche Aufgabe in allerdings weniger einfacher, aber noch zuverlässigerer Weise mittels einer zylindrischen Klemmfeder a und einer zwischen diese und die Andrehklaue b eingeschalteten Reibkupplung c lösen kann. Schlägt die Kurbelwelle d der Maschine beim Andrehen zurück, so überwindet die auf die Andrehklaue wirkende Kraft den Reibungswiderstand der Kupplung c, während die Scheibe e, die mit der Andrehkurbel fest verbunden ist, durch die zylindrisch geschlossene Feder a, die sich bei Linksdrehung aufwickelt und fest gegen den am Rahmen befestigten Lagerkörper f legt, zurückgehalten wird, so daß der Rückschlag nicht bis zur Hand des Andrehenden gelangt. Voraussetzung dieser Wirkungsweise ist aber, daß die Klemmfeder a ganz ohne Spiel arbeitet, was sich nur bei guter ständiger

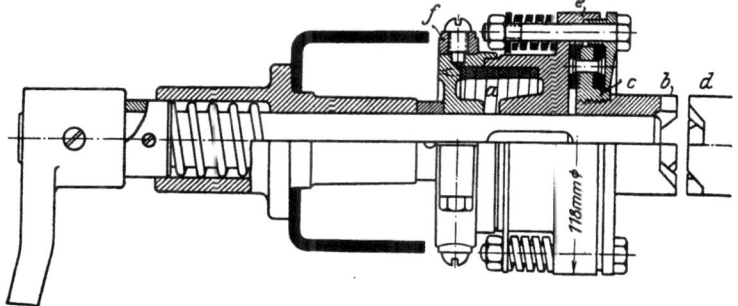

Abb. 770. Anlaßkurbel mit Klemmfeder.

Schmierung der Gleitflächen erreichen läßt. Bei Rechtsdrehung der Andrehkurbel nimmt die mit der Welle der Andrehkurbel verbundene Scheibe e die Andrehklaue b durch Vermittlung der Reibkupplung c mit, da sich die Klemmfeder a ein wenig zusammendreht und daher das Drehen der Scheibe e in keiner Weise behindert.

Ein großes Bedürfnis nach so weitgehender Sicherung des Fahrers beim Andrehen hat sich aber bis jetzt kaum fühlbar gemacht. Das liegt hauptsächlich daran, daß gefährliche Frühzündungen bei Wagenmaschinen seltener geworden sind. Allen Wagenführern wird eingeprägt, daß sie beim Andrehen den Verstellhebel der Zündung auf Spätzündung einstellen müssen; trotzdem könnte, z. B. infolge von glühend gebliebenen Kohlenstücken beim Andrehen nach einer kurzen Pause Frühzündung eintreten, allein ein solcher Fall liegt schon außerhalb des Bereiches der Wahrscheinlichkeit. Bei einigen Zündvorrichtungen wird übrigens ganz selbsttätig beim Andrehen auf Spätzündung eingestellt, so daß auch bei einem Versehen des Wagenführers Rückzündungen schwerer möglich sind.

Eine große Anzahl von Vorschlägen aus früherer Zeit, von denen einige auch noch bis auf den heutigen Tag ihren praktischen Wert behalten haben, betreffen das Erleichtern des Andrehens, namentlich bei größeren Maschinen für Lastkraftwagen oder Flugzeuge bei Betrieb mit schwereren Brennstoffen und bei kaltem, feuchtem Wetter. Ihrer Wirkungsweise nach kann man hier solche Einrichtungen unterscheiden, welche dazu dienen, die Bildung eines zündfähigen Gemisches in den Zylindern zu begünstigen, die also sicherer wirken, als das übliche Überschwemmen des Vergasers durch Tippen auf die Nadel des Schwimmergehäuses, und solche, welche einen kräftigeren Zündfunken liefern, als die übliche Zünddynamo bei langsamem Drehen der Andrehkurbel erzeugen kann.

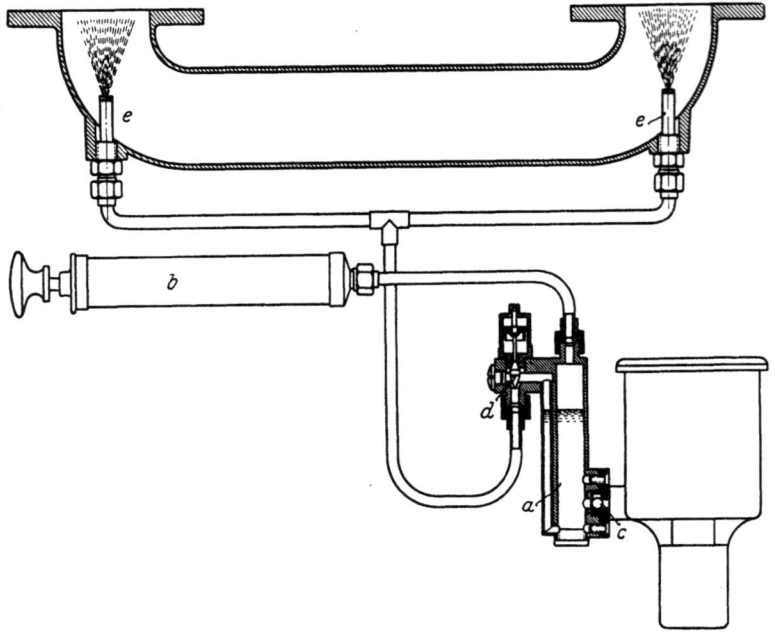

Abb. 771. Anlaß-Hilfsvergaser von Bosch.

Zur ersten Gruppe gehören die vielen Arten von Hilfsvergasern, die beim Andrehen geringe Mengen von flüssigem Brennstoff unmittelbar in die Ansaugleitung einführen, also, im Grunde genommen, nur das oft übliche Einspritzen von Brennstoff in die Zylinder ersetzen. Die Anordnung einer solchen Vorrichtung von Robert Bosch zeigt z. B. Abb. 771. An das Schwimmergehäuse des üblichen Vergasers ist eine Kammer a angeschlossen, die sich in der Ruhelage bis zum Stand des Brennstoffspiegels im Schwimmergehäuse mit Brennstoff füllt. Wird diese Kammer mittels der Handluftpumpe b unter Druck gesetzt, die am Spritzbrett oder vorn am Wagen angebracht werden kann, so schließt sich das Kugelventil c, während der Brennstoff über das kleine Kugelventil d in die am Saugrohr angebrachten Spritzdüsen e verdrängt wird. Das Ventil d verhindert, daß bei laufender Maschine durch den Unterdruck im Saugrohr unnötigerweise Brennstoff aus dem Schwimmergehäuse abgesaugt wird.

Solche Hilfsvergaser hat man namentlich bei größeren Maschinen, z. B. für Motorboote[1]) oder Luftschiffe wiederholt auch in der Weise ausgeführt, daß man mittels eines kleinen Hilfsvergasers brennbares Gemisch in den Zylinder einer Handpumpe ansaugt und dieses dann in den gerade in der Hubstellung befindlichen Zylinder der Maschine drückt. Die Maybach-Motorenbau-G. m. b. H. hat vorgeschlagen, diese Einrichtung so durchzubilden, daß man mittels der Handpumpe das brennbare Gemisch gleichzeitig durch alle Zylinder saugt, so daß daraus die verbrannten Gase schnell entfernt und alle Zylinder mit frischem Gemisch gefüllt werden, bevor man die Maschine andreht.

Die zweite Gruppe der in dieses Gebiet fallenden Vorrichtungen stellen die sogenannten Anlaßmagnetzünder dar, s. Abb. 772 und 773. Diese mit Handkurbel versehenen Magnetdynamos, die wie die üblichen Zünddynamos durch Unterbrechung des Ankerstromes bei jeder

---

[1]) Z. V. d. I. 1910, S. 1464; 1911, S. 1466.

Drehung der Ankerwelle zwei Hochspannungsstöße erzeugen, können am Spritzbrett vor dem Führersitz angebracht und in der dargestellten Weise mit der Andrehkurbel verbunden werden, so daß sie sich zugleich mit dieser drehen. Der vom Anlaßzünder gelieferte Strom wird dem Stromverteiler der für den gewöhnlichen Betrieb vorhandenen Magnetdynamo durch eine besondere Kohlenbürste zugeführt, so daß er die Zündung in der richtigen Reihenfolge der Zylinder

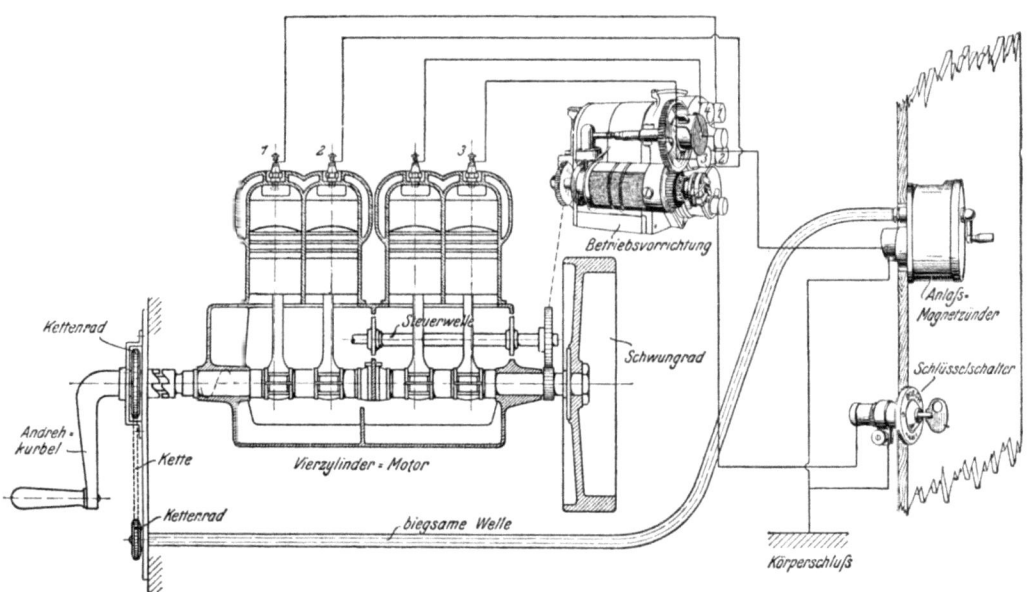

Abb. 772. Zündanlage mit Anlaßmagnetzünder.

unterstützt, wenn man an der Andrehkurbel dreht. Man kann diese Zündmaschine aber auch zum Ingangsetzen der Wagenmaschine benützen, wenn deren Zylinder noch vom voraufgegangenen Lauf her brennbares Gemisch enthalten oder durch langsames Drehen der Welle mit Gemisch gefüllt worden sind. In dieser Weise läßt man z. B. noch heute Flugmotoren an, indem man zuerst die Welle durch Anfassen an der Luftschraube einmal herumdreht und, nachdem die Mannschaft von der Schraube weggetreten ist, mittels der Handzündmaschine Funken in den Zylindern erzeugt. Ebenso kann man die Handzündmaschine auch in Verbindung mit irgendeinem der Hilfsvergaser benützen, die weiter oben beschrieben sind.

Seit einigen Jahren ist das Interesse für Vorrichtungen, die das Anlassen der Maschine vom Führersitz aus ermöglichen, sehr groß geworden. Man empfand plötzlich die Notwendigkeit, beim Versagen der Maschine absteigen und mitunter in recht beschwerlicher Weise die Andrehkurbel bedienen zu müssen, als sehr

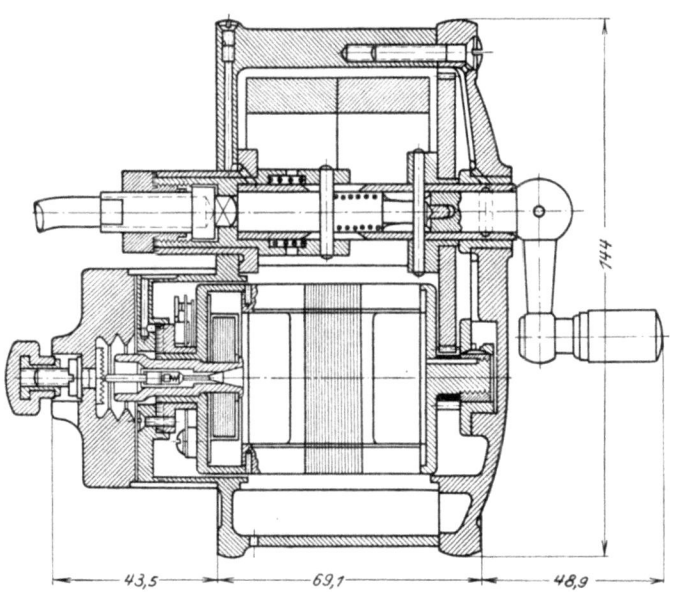

Abb. 773. Anlaßmagnetzünder.

unbequem und sann auf Abhilfe. Von den vielen Vorschlägen, die hierfür gemacht worden sind, hatte sich zuerst das Anlassen mit Druckluft als ausführbar erwiesen, wenngleich solche Einrichtungen heute überholt sein dürften. Das Wesen dieser Einrichtung mag an der Hand der Ausführung von A. Saurer in Arbon (Schweiz), S. 386, besprochen werden, die sich nur in den Einzelheiten der Steuerung von andern unterscheidet. Die Anlaßvorrichtung erfordert neben einem Druckluftbehälter einen Kompressor, Abb. 774 und 775, ein Steuergehäuse am Spritzbrett, Abb. 776 und 777, sowie eine besondere Steuerung an der Maschine, Abb. 778 und 779, ist also so verwickelt, daß der damit erzielte Vorteil recht klein erscheint. Der einfachwirkende Kompressor a, dessen Zylinder mit Kühlrippen versehen ist, wird von der Hauptwelle b des Wagens durch ein Rädervorgelege angetrieben, das man einrückt, indem man den Hebel c auf dem Führersitz aus der Mittelstellung II in die Lage I bringt. Der Kompressor för-

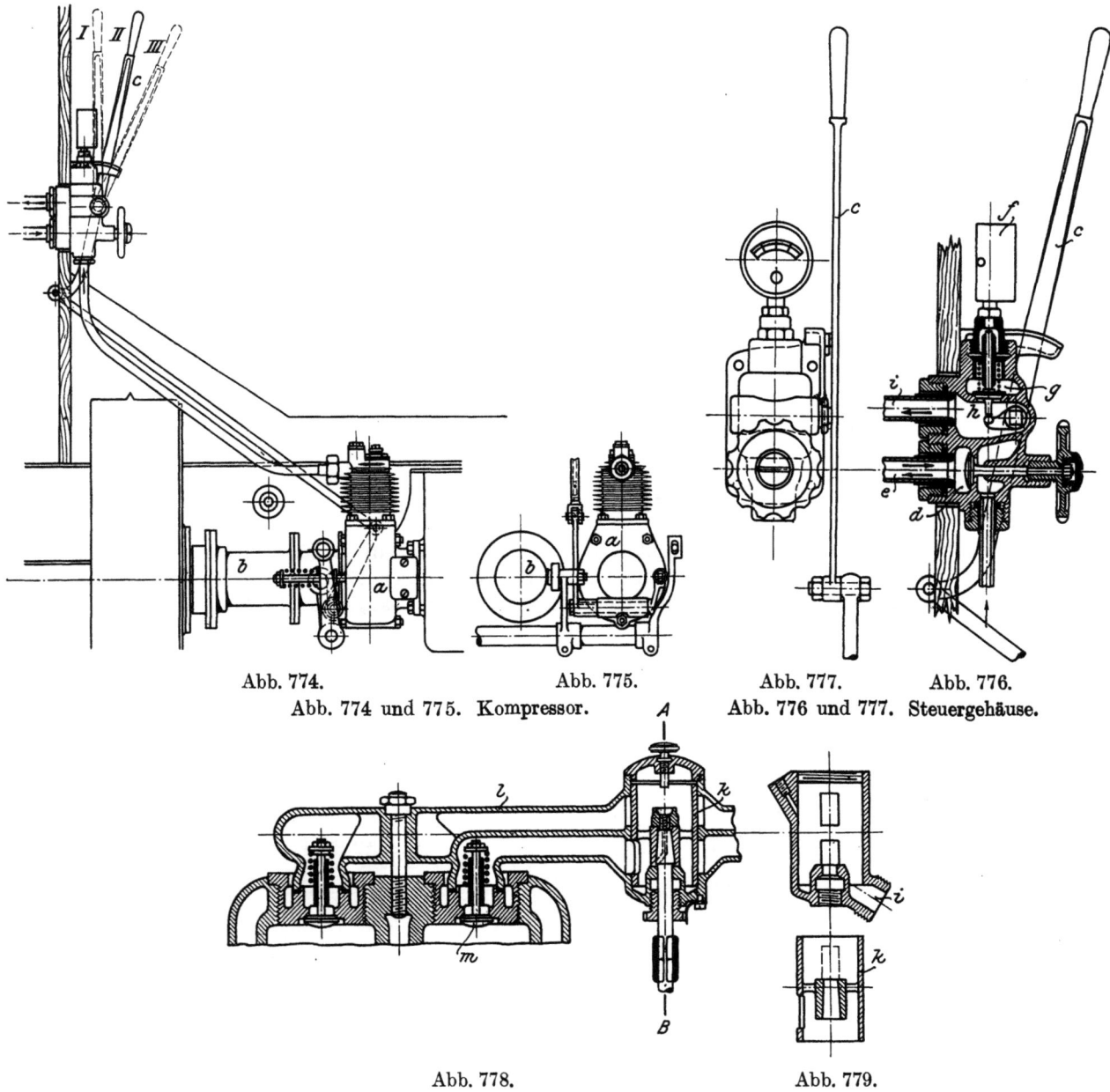

Abb. 774.   Abb. 775.   Abb. 777.   Abb. 776.
Abb. 774 und 775. Kompressor.   Abb. 776 und 777. Steuergehäuse.

Abb. 778.   Abb. 779.
Abb. 778 und 779. Steuerung an der Maschine.
Abb. 774 bis 779. Druckluft-Anlaßvorrichtung von A. Saurer in Arbon (Schweiz).

dert dann Druckluft durch das geöffnete Ventil d, Abb. 776, über die Leitung e in den Luftbehälter, der so lange aufgeladen wird, bis der Druck nicht mehr steigt. Der schädliche Raum des Kompressors ist so bemessen, daß beim Erreichen eines bestimmten Höchstdruckes nichts mehr gefördert wird. Das Manometer f zeigt diesen Druck an, da der Raum g mit dem Raum über dem Ventil d in Verbindung steht. Ist der Höchstdruck erreicht, so schließt man das Ventil d, damit der Kompressor entlastet wird, und schaltet den Kompressor aus. Um die Maschine in Gang zu setzen, öffnet man zunächst das Ventil d und sodann durch Umlegen des

Hebels c in die Stellung III das Ventil h, wodurch Druckluft über die Leitung i in das Steuergehäuse, Abb. 778 und 779, gelangt. Der hierin gelagerte, von der Steuerwelle durch Kegelräder und eine senkrechte Spindel in Umlauf versetzte Rohrschieber k läßt dann durch einen seiner Schlitze und den daran anschließenden Kanal des Verteilgehäuses l sowie durch eines der selbsttätigen Ventile m die Druckluft gerade in denjenigen Zylinder eintreten, welcher sich in der richtigen Hubstellung befindet. Erfahrungsmäßig reicht ein Druck von 3,5 at aus, um die Maschine soweit zu beschleunigen, daß sie sofort in regelmäßigen Gang kommt. Da der Luftbehälter bis zu 40 at aushalten kann, so läßt sich darin verhältnismäßig viel Luft aufspeichern und der Kompressor braucht nur selten in Tätigkeit gesetzt zu werden. Man kann die Druckluft auch zum Betriebe der Hupe und zum Aufpumpen der Luftreifen benutzen.

Abgesehen von der Notwendigkeit, einen besonderen Kompressor mitzuführen, der vom Wagen aus angetrieben wird und den man allenfalls auch durch eine Flasche mit hochverdichteter Luft ersetzen könnte, haben solche auf der Wirkung verdichteter Gase beruhende Anlasser den Mangel, daß die Anlaßventile auf den Zylindern verhältnismäßig leicht festbrennen und durch Hängenbleiben in ihren Führungen Undichtheiten verursachen können, so daß die Betriebssicherheit solcher Maschinen nicht immer befriedigt.

Dazu kommt, daß diese Art von Anlaßeinrichtungen durch die neuere Entwicklung der elektrischen Anlaßmaschinen an Bedeutung wesentlich verloren haben; denn diese gelten heute als sozusagen unentbehrlicher Teil der Ausrüstung eines Kraftwagens, nicht allein wegen ihrer hohen Betriebssicherheit, sondern auch wegen der Möglichkeit, solche Anlagen mit elektrischen Beleuchtungsanlagen, in neuester Zeit sogar auch mit der Zündeinrichtung für Kraftwagen zu verbinden. Nur ausnahmsweise, bei ganz billigen, kleinen Kraftfahrzeugen ist heute noch von andern als elektrischen Anlassern die Rede; gewöhnlich handelt es sich dann um mechanische Hilfsmittel, die dazu dienen, die Maschine vom Führersitz aus so schnell herumzudrehen, daß sie anspringt.

Grundsätzlich umfaßt jede elektrische Licht- und Anlaßeinrichtung für Kraftwagen folgende Hauptteile:

1. Einen Anlaß-Elektromotor von 0,6 PS Leistung für Maschinen bis zu 8 PS und von 1,2 PS Leistung für Maschinen bis zu 27 PS Leistung nach der Steuerformel, der mittels eines verschiebbaren Ritzels mit einer Verzahnung auf dem Umfang des Schwungrades in Eingriff gebracht werden kann und bei möglichst geringen Abmessungen möglichst viel Strom aufnehmen soll, damit er hohe Leistung entwickelt.

2. Einen ständig von der Wagenmaschine angetriebenen Stromerzeuger von 50 bis 130 W, der bei möglichst niedriger Drehzahl die zum Aufladen der Batterie notwendige Spannung erzeugen und dessen Spannung auch bei sehr schnell laufender Maschine nicht wesentlich über diese Grenze steigen soll.

3. Eine in der Regel aus 6 Zellen bestehende Akkumulatorenbatterie von 20 bis 100 Ah Kapazität, welche den Anlaßmotor sowie das Lichtnetz speist und vom Stromerzeuger dauernd aufgeladen wird.

Dazu kommen noch die erforderlichen selbsttätigen und nicht selbsttätigen Schaltgeräte.

Nach der Art ihres Aufbaues unterscheidet man hierbei:

a) Einmaschinenanlagen, bei denen die Aufgaben des Anlaßmotors und des Stromerzeugers einer und derselben elektrischen Maschine übertragen sind,

b) Zweimaschinenanlagen, deren Elektromotor nur zum Anlassen und deren Stromerzeuger nur zum Batterieladen verwendet wird,

c) Gemischte Anlagen, die wohl eine einheitliche elektrische Maschine, aber für das Anlassen und für das Laden nur verschiedene Teile dieser Maschine benützen. Zumeist hat diese Maschine eine einfache Feldwicklung und zwei Ankerwicklungen, wovon die eine aus wenigen dicken Windungen beim Anlassen, die andere aus vielen dünnen Windungen beim Laden in Wirkung tritt.

Die vielen Bauarten von elektrischen Licht- und Anlasseranlagen, die es heute schon gibt[1]), unterscheiden sich namentlich auch in der Art der Regelung des Stromerzeugers bei wechselnden Drehzahlen der Maschine. Am einfachsten hat es sich bisher erwiesen, gewöhnliche Nebenschlußdynamos zu verwenden, in deren Erregerstromkreis ein elektromagnetisch beeinflußter Widerstandsregler eingeschaltet ist. Solche Maschinen liefern die geforderte Ladespannung schon bei rd. 600 Uml/min, vgl. Abb. 780, und man kann hiernach und auf Grund der Forderung, daß der Stromerzeuger möglichst schon bei 15 km/h Fahrgeschwindigkeit des Kraftwagens

---

[1]) Vgl. z. B. Motorwagen 1920, S. 697.

die Ladespannung erreicht haben soll, das Übersetzungsverhältnis zwischen Wagenmaschine und Stromerzeuger derart bestimmen, daß die in der Regel 5000 Uml/min betragende zulässige Höchstdrehzahl des Stromerzeugers auch bei Vollgeschwindigkeit des Kraftwagens nicht überschritten wird. Der Spannungsregler und ein selbsttätiger Schalter, der den Rücktritt von Strom aus der Batterie in den zu langsam laufenden Stromerzeuger verhindert und nach völligem Aufladen der Batterie den Stromerzeuger zur Batterie parallel schaltet, so daß er das Lampennetz unmittelbar speisen kann, sind zweckmäßig in einem Anbau des Stromerzeugers untergebracht, wodurch der Einbau der Anlage in den Kraftwagen vereinfacht wird.

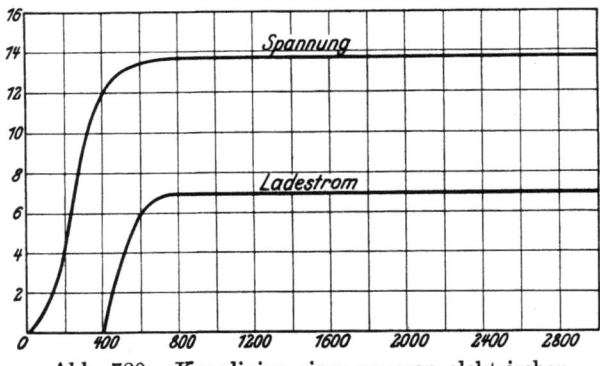

Abb. 780. Kennlinien einer neueren elektrischen Lichtmaschine.

Eine wichtige Voraussetzung für die Erzielung ausreichender Betriebssicherheit elektrischer Anlasser war ferner die lösbare Kupplung zwischen Elektromotor und Wagenmaschine. Nach vielen Versuchen mit Klemm- und anderen Kupplungen hat sich das verschiebbare Stirnrad heute als das zuverlässigste Mittel erwiesen, sei es allein oder in Verbindung mit dem verschiebbar angeordneten Anker des Elektromotors nach der Bauart von Rushmore. Damit diese Kupplung nicht versagt, muß man dabei beachten, daß sich während des Einrückens das Ritzel nur verhältnismäßig langsam drehen darf, damit die entsprechend abgerundeten Zähne in die Lücken des Schwungradzahnkranzes eintreten können und nicht Zahn auf Zahn schlägt. Man erreicht dies

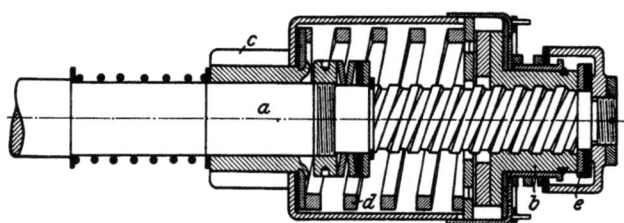

Abb. 781. Bendix-Antrieb für Anlaß-Elektromotoren.

dadurch, daß man den Anlaßstrom mit Hilfe von Vorschaltwiderständen während des Einrückens langsam steigert.

In den Vereinigten Staaten hat man für diesen Zweck seit einigen Jahren fast ohne Ausnahme den sogenannten Bendix-Antrieb, Abb. 781. Auf der mit Gewinde versehenen Welle a des Anlaßmotors ist die Mutter b angeordnet, mit der das Ritzel c fest gekuppelt ist. Durch eine Feder d wird die Mutter b schwach gebremst, so daß sie sich längs der Welle verschiebt, wenn man den Anlaßmotor in Gang setzt. Sobald jedoch die Zähne des Ritzels mit dem Zahnkranz des Schwungrades in Eingriff gelangen, wird die Mutter

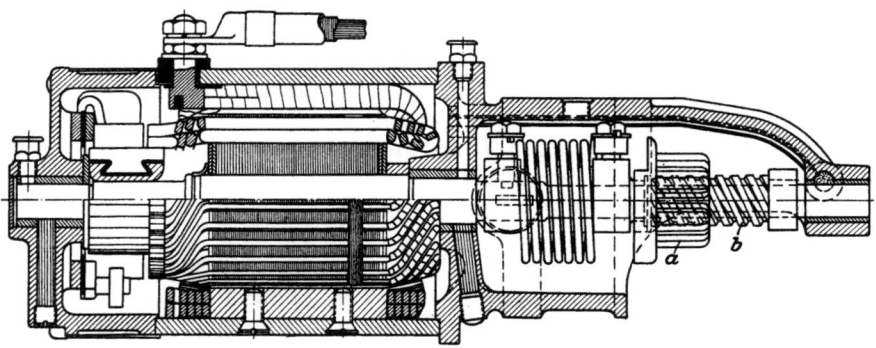

Abb. 782. Antrieb der General Electric Co. für Anlaß-Elektromotoren.

daran gehindert, sich mit der Motorwelle zu drehen und daher durch das Gewinde vorgeschoben, bis sie an den Stellring e gelangt. Von da ab laufen Mutter und Ritzel mit der Welle des Anlaßmotors wie ein Stück um. Wenn dann die Wagenmaschine anspringt und das Ritzel vom Schwungrad schneller als durch den Anlaßmotor gedreht wird, so schiebt sich die Mutter wieder auf dem Gewinde zurück und das Ritzel gelangt außer Eingriff. In ihrer Endlage muß die Mutter abgebremst werden, damit sie durch den Anprall nicht zurückgeschleudert wird und das Ritzel die Schwungradzähne abermals berührt.

Bei einer anderen Art dieser Kupplungen, Abb. 782, ist das Ritzel a auf einer Gewindehülse b geführt, so daß es sich langsam dreht, wenn man es mittels des Anlaß-Fußhebels mit dem

Zahnkranz des Schwungrades in Eingriff bringt. Eine Feder d zieht das Ritzel wieder zurück, sobald man nicht mehr auf den Fußhebel drückt.

Die Anlaßmotoren, die fast immer einfache Nebenschlußmaschinen sind, sollen möglichst geringen inneren Widerstand haben, damit der Anlasser bei kaltem Wetter, wo die Batteriespannung verhältnismäßig niedrig ist und die erforderliche Stromaufnahme des Motors bis auf 400 A steigen kann, nicht versagt. Bei so starker Stromentnahme sinkt die Spannung an den Motorklemmen auf 3,5 bis 4 V. Aus den Kennlinien des Anlaßmotors, s. Abb. 783 kann man leicht die erforderliche Räderübersetzung berechnen, wenn bestimmte Angaben über die Maschine vorliegen. Ist z. B. eine Sechszylindermaschine von 89 mm Zylinderdurchmesser und 133 mm Hub gegeben, deren Schwungradkranz 126 Zähne hat und die in warmem Zustand ein Drehmoment von 415 cmkg erfordert, so muß man damit rechnen, daß das Drehmoment bei kalter Witterung auf das Drei- bis Vierfache steigt und daß auch dann der Motor imstande sein muß, die Maschine mit mindestens 50 Uml/min anzudrehen. Nimmt man nun noch darauf Rücksicht, daß der Anlaßmotor möglichst mit der der Höchstleistung entsprechenden Drehzahl benutzt werden soll, so erhält man als Zähnezahl des Ritzels 9, d. h. bei 50 Uml/min der Maschine 700 Uml/min des Anlaßmotors. Bei dieser Drehzahl beträgt das Drehmoment 118,5 cmkg an der Welle des Anlaßmotors oder 118,5 · 14 = 1659 cmkg an der Welle der Maschine, was im allgemeinen auch für kaltes Wetter genügt,

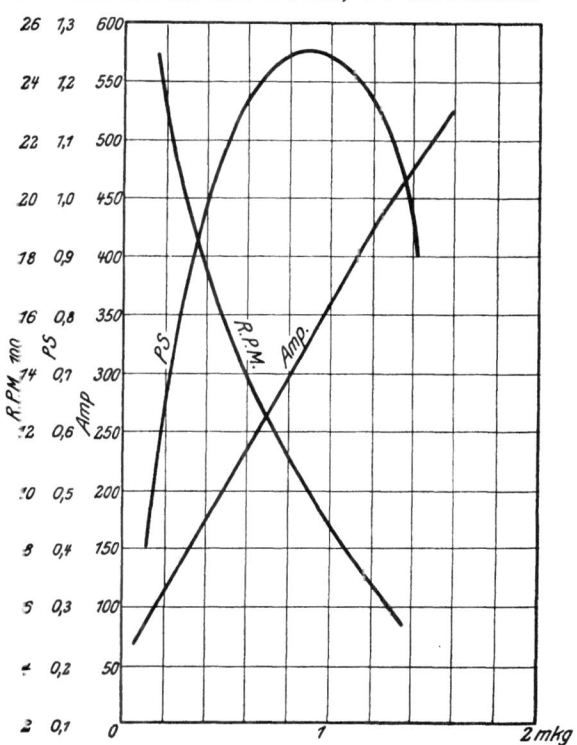

Abb. 783. Kennlinien eines Anlaß-Elektromotors. (R.P.M.-Umdrehungen in der Minute.)

während dem Drehmoment des Anlaßmotors etwa 400 A Stromaufnahme oder annähernd die Volleistung von 1,2 PS entspricht, wie die Kennlinien ergeben.

Der Anlaßmotor der R. Bosch A.-G., Abb. 784, vermeidet die stets mit gewissen Schwierigkeiten verknüpfte Einstellung der Ritzelkupplung dadurch, daß der Motoranker a verschiebbar angeordnet ist und beim Niederdrücken des Anlaßhebels durch eine Feder b langsam gedreht und vorgeschoben wird. Durch den ersten Kontakt des Anlaßschalters wird nämlich die Hilfswicklung im Feld des Motors stark erregt, während durch den Anker nur schwacher Strom fließt, da die Hilfswicklung hohen Widerstand hat. Der Anker wird daher wohl kräftig angezogen, aber nur langsam gedreht, damit der Eintritt des Ritzels c in die Verzahnung des Schwungrades erleichtert wird. Erst beim Weiter-

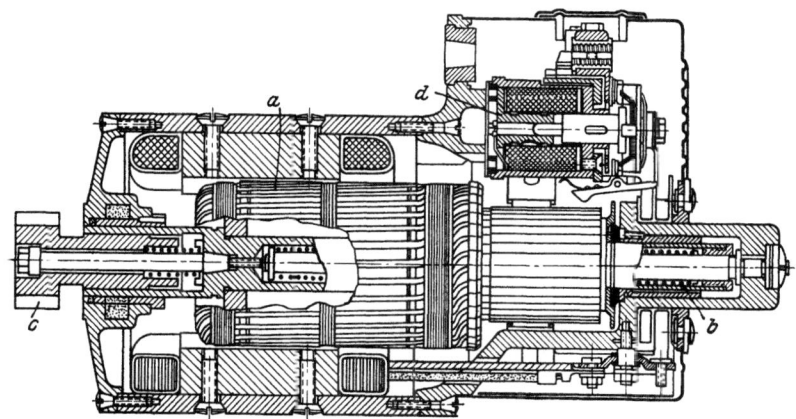

Abb. 784. Anlaß-Elektromotor nach Rushmore von Bosch.

bewegen des Anlaßhebels erhält auch der Anker des Anlaßmotors den vollen Strom, nachdem der elektromagnetische Schalter d die Hauptwicklung des Feldes eingeschaltet hat. Sobald die Wagenmaschine anspringt, und daher die Drehzahl des Anlaßmotors sehr hoch steigt, sinkt seine Stromaufnahme wieder nahezu auf Null herab, so daß die Feder die Wirkung des geschwächten Feldes überwinden und den Anker wieder zurückziehen kann.

Besondere Schaltungen sorgen dafür, daß man auch durch Niederdrücken des Anlaßhebels das Ritzel des Anlaßmotors nicht vorschieben kann, solange die Wagenmaschine läuft. Mit dem Anker des Anlaßmotors ist ferner das Ritzel nicht fest, sondern nachgiebig gekuppelt.

Schalldämpfer.

Der große Überdruck, womit die Auspuffgase aus dem Zylinder entweichen, macht Einrichtungen zum Dämpfen des Auspuffgeräusches zur unbedingten Notwendigkeit. Die Aufgabe des Auspufftopfes ist, durch Abkühlung und allmähliche Entspannung den Druck der Auspuffgase möglichst nahe an denjenigen der Außenluft heranzubringen. Ein Teil dieser Aufgabe wird schon durch die Auspuffleitung erfüllt, deren Querschnitt man zweckmäßig $1^1/_2$ mal so groß macht, wie den freien Querschnitt des Auspuffventils, und die man vielfach noch über den Auspufftopf hinaus durch die ganze Länge des Wagens führt, so daß ihre verhältnismäßig große Oberfläche reichlich Gelegenheit zur Abkühlung der Gase bietet. Im Auspufftopf schaltet man gewöhnlich mehrere Kammern mit großer Oberfläche und einem Vielfachen des Inhaltes eines Zylinders hintereinander, wobei die Querschnitte der Verbindungsöffnungen zwischen den

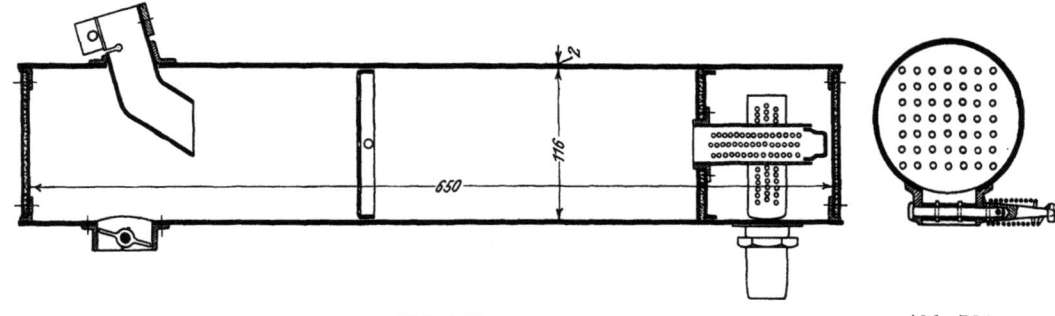

Abb. 785.   Abb. 786.
Abb. 785 und 786. Schalldämpfer der Adlerwerke.

Kammern entsprechend der Druckabnahme der Auspuffgase zunehmen. Auf diese Weise vermeidet man, daß die Maschinenleistung durch Gegendruck vermindert wird. Wie die tägliche Beobachtung im Straßenverkehr beweist, ist es bei Beobachtung dieser einfachen Regeln durchaus möglich, das Auspuffgeräusch, das früher mit dem Motorwagen unlösbar verknüpft schien, vollständig zu beseitigen, und wenn man heute so großes Gewicht auf geräuschlose Maschinensteuerungen legt, so beweist dies, daß man heute im Auspuff nicht mehr den geräuschvollsten Teil des Motorwagens zu erblicken braucht.

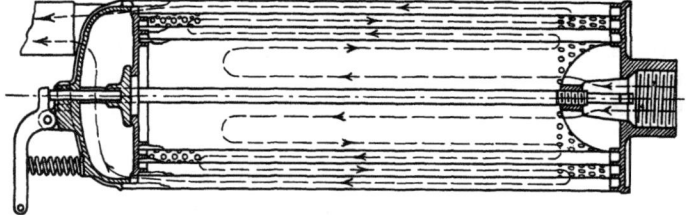

Abb. 787. Schalldämpfer aus konzentrischen Rohren.

Die bauliche Durchführung der angeführten allgemeinen Regeln ist auf zahlreiche Arten möglich. Während einzelne Fabriken den Auspufftopf durch eine Anzahl aufeinanderfolgender blasenartiger Erweiterungen der Auspuffleitung ersetzen, andere, noch einfacher, die Auspuffleitung auf ihrer ganzen Länge mit feinen Öffnungen versehen, wird doch bei der Mehrzahl der Gedanke der aufeinanderfolgenden großen Kammern als der beste angesehen. Bei dem Schalldämpfer der Adlerwerke, Abb. 785 und S. 786, strömen die Auspuffgase zunächst durch zwei große, durch einen gelochten Boden getrennte Kammern und sodann durch ein verhältnismäßig fein gelochtes Siebrohr in eine dritte Kammer, welche die

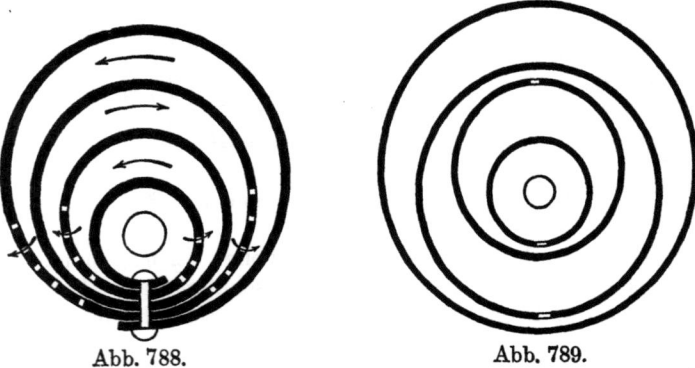

Abb. 788.   Abb. 789.
Abb. 788 und 789. Schalldämpfer aus exzentrischen Rohren.

Gase durch ein ähnliches, rechtwinklig zum ersten gestelltes Siebrohr wieder verlassen. Sehr einfach herzustellen sind Auspufftöpfe aus einer Reihe von konzentrisch ineinander gesteckten, an entgegengesetzten Enden gelochten Rohren, Abb. 787, die mit Hilfe einer durchgehenden Schraubenspindel zwischen zwei Böden festgehalten werden und zwischen denen die Gase abwechselnd in entgegengesetzten Richtungen hindurchgeführt werden, ähnlich einfach sind auch solche, bei denen die ineinandersteckenden Rohre exzentrisch liegen, Abb. 788 und 789, bei denen man also außer der erwähnten Zickzackführung auch noch eine Bewegung der Gase nach dem sich erweiternden Teil jeder Kammer hin erreichen kann. Bei amerikanischen Lastkraftwagen hat sich der in Abb. 790 u. 791 dargestellte Auspuffsammler der Powell Muffler Co., Utica, N. Y., bewährt, der aus gleichen, abwechselnd mit gelochtem Boden oder mit einer großen Mittelöffnung versehenen Pfannen zusammengebaut und mittels durchgehender Schrauben gehalten wird. Die angeführten Beispiele genügen, um einen Anhalt für die Vielmöglichkeit brauchbarer Lösungen zu gewinnen.

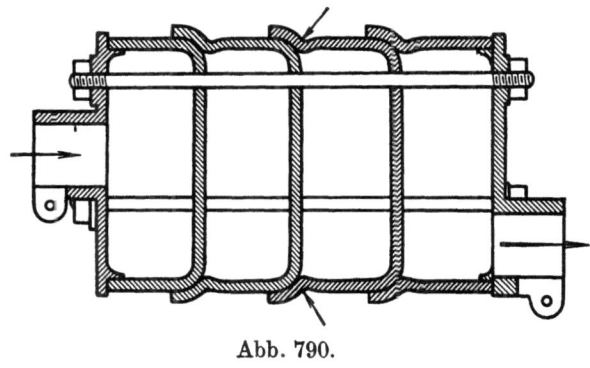

Abb. 790.

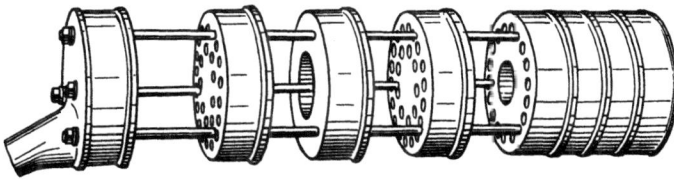

Abb. 791.
Abb. 790 und 791. Schalldämpfer der Powell Muffler Co.

Jede Auspuffleitung pflegt man mit einer Klappe oder einem Ventil zu versehen, wodurch die Gase ungedämpft austreten können. Der Gebrauch solcher Auspuffklappen in geschlossenen Ortschaften ist wegen des dann auftretenden starken Auspuffgeräusches verboten. Es empfiehlt sich, diese Klappe stets so anzuordnen, daß sie sich bei starkem Überdruck im Auspuff selbsttätig öffnet, weil man dann bei einer Explosion im Auspuff (dem bekannten „Knallen") vermeidet, daß der Auspufftopf gesprengt werden kann. Davon unabhängig soll das Blech, woraus der Topf genietet oder geschweißt wird, nicht zu schwach, sondern einigen Atmosphären Innendruck gewachsen sein.

Explosionen im Auspufftopf oder in der Auspuffleitung treten bei der Fahrt fast immer dann ein, wenn infolge Versagens von Zündungen unverbranntes Gemisch in die Auspuffleitung ausgestoßen wird. Das Gemisch entzündet sich dann an den heißen Rohrwandungen und verbrennt mit lebhaftem Knall. Solche Knalle sind wohl zu unterscheiden von den Rückzündungen im Vergaser, die bei Brennstoffmangel entstehen und die Folge von zu schleichender Verbrennung im Zylinder sind. Bei Maschinen für Luftschiffe muß man das Knallen mit besonderer Sorgfalt vermeiden, denn die aus dem Auspuff herausschlagende Flamme kann den ganzen Gasvorrat in Brand setzen. Hier wie namentlich auch bei den Maschinen für Motorboote versieht man die Auspuffsammler in der Regel auch mit Wassermänteln zum Zweck der schnelleren Abkühlung.

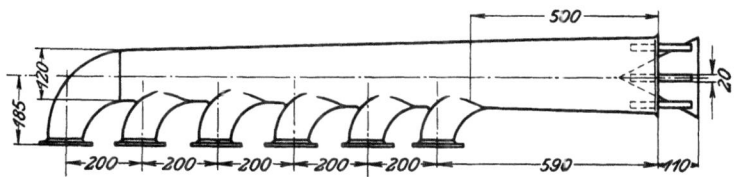

Abb. 792. Auspuffsammler für Flugmotoren.

Bei den Auspuffsammlern für Flugmotoren[1]) muß man neben geringem Gewicht, geringem Luftwiderstand und Betriebssicherheit auch noch geringen Austrittwiderstand der Gase anstreben und schädliche Rückwirkungen auf die Maschine verhindern. Dazu kommt noch, daß man auch die Hitze der Auspuffgase schnell dämpfen muß, damit der Sammler nicht dauernd glüht und in der Nacht weithin sichtbar wird. Zur Verminderung des Gewichts stellt man den Sammler aus Blech von 0,75 bis 1,25 mm her und schweißt die Einzelteile möglichst ohne Nietverbindungen aneinander, s. Abb. 792. Solche Auspuffsammler wiegen nicht mehr als 5 bis

---

[1]) Vgl. Dechamps und Kutzbach: Prüfung, Wertung und Weiterbildung von Flugmotoren. Berlin 1921.

10 kg oder rd. 2 v. H. des Maschinengewichtes. Bei der Befestigung des Sammlers an der Maschine muß man dem Sammler freie Ausdehnung unter dem Einfluß der starken Erhitzung ermöglichen, also namentlich auf die einzelnen Anschlußkrümmer lose aufgeschobene Flanschen verwenden, welche gegen die Flanschen der Zylinder festgezogen werden. Wo die Anschlußkrümmer größere Länge erhalten, vgl. Abb. 793, muß man den Sammler gegebenenfalls mit dem freien Ende noch gesondert befestigen, damit er nicht in stehende Schwingungen gerät und die Befestigungsbolzen mit der Zeit abbrechen. Wasserkühlung der Auspuffsammler ist bei Flugzeugen nicht zulässig, da sie das Flugzeuggewicht unnötig erhöhen würde. Gut bewährt hat sich die Verwendung zahlreicher Schlitze, die über die Oberfläche des Sammlers gleichmäßig verteilt sind, um zu verhindern, daß auch bei Betrieb der Maschine mit starkem Brennstoff- oder Ölüberschuß, also stark leuchtender Auspuffflamme, am Ende der Auspuffleitung noch sichtbare Flammen austreten.

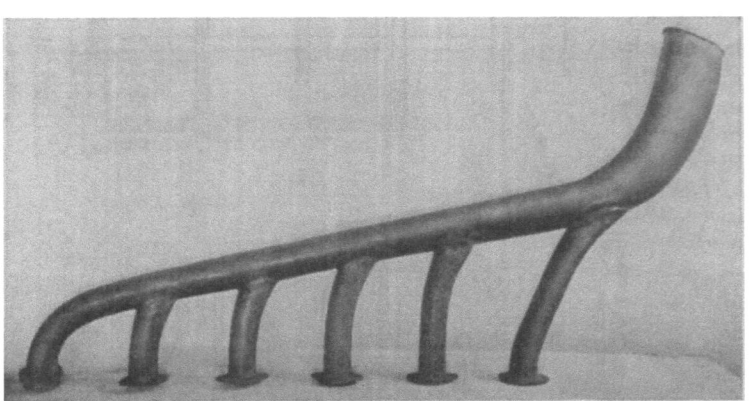

Abb. 793. Auspuffsammler mit langen Anschlußkrümmern.

Bei Flugzeugen mit sehr starker Motorenanlage ist ferner die Dämpfung des Schalles wichtig, den einerseits die mit deutlichem Knall aus dem Zylinder strömenden Auspuffgase und andererseits die Schwingungen der Blechwände des Auspuffsammlers erzeugen. Die erste Art von Geräuschen ähnelt einem Knattern, die zweite mehr einem Dröhnen. Man hat wiederholt angeregt, die Fortleitung solcher Geräusche nach außen dadurch zu verhindern, daß man die Energie der Schallwellen durch Interferenz aufzehrt. Bisher ist man jedoch über Einzelversuche dieser Art nicht hinausgekommen.

Auch mit der Verwertung der Auspuffwärme, namentlich zum Heizen geschlossener Wagenaufbauten, hat man sich bisher nur in wenigen Fällen befaßt, obgleich diese Frage recht aussichtsvoll wäre. Da die Auspuffgase infolge der ungenauen Regelung der Vergaser immer verhältnismäßig viel unverbrannte Brennstoffdämpfe und vor allem das überaus giftige Kohlenoxydgas enthalten, so muß man die Heizleitungen sehr vorsichtig verlegen, damit sie stets dicht bleiben und die Insassen des Wagens nicht durch den Geruch belästigen oder gar in Lebensgefahr bringen.

In Verbindung hiermit stehen auch die Bestrebungen, der Verschlechterung der Straßenluft durch den Geruch der Auspuffgase zu steuern. Da dieser in erster Linie auf unverbrannten Brennstoff zurückzuführen ist, so muß man anstreben, das Gemisch bei jeder Leistung der Maschine in solcher Zusammensetzung herzustellen, daß es vollständig verbrannt werden kann. Wie schon weiter oben erwähnt, hat man dieser Frage in den Vereinigten Staaten große Beachtung geschenkt. Von dem Ideal ist man allerdings bei den heutigen Vergaserbauarten noch weit entfernt. Versuche, die Gase dadurch geruchlos zu machen, daß man sie über gewisse Absorptionsmittel leitet, verdienen, selbst wenn sie von Erfolg begleitet wären, kaum wissenschaftliche Beachtung.

Allgemeine Anordnung der Zubehörteile.

Die mit der Maschine in Verbindung stehenden Zubehörteile, deren Aufgaben in den vorstehenden Abschnitten erörtert worden sind, müssen in dem verfügbaren beschränkten Raum, den die Haube bietet, übersichtlich und leicht zugänglich angeordnet werden. Da der Motorwagen vielfach von technisch wenig vorgebildeten Führern bedient werden muß, so ist auf die Erfüllung dieser eigentlich selbstverständlichen Forderung hier ganz besonderes Gewicht zu legen. Im allgemeinen muß man also trachten, den Vergaser, die Zünddynamo, die Kühlwasserpumpe, die Licht- und Anlaßmaschinen, sowie alle zur Maschine gehörigen Leitungen in dem vorhandenen Raum gleichmäßig zu verteilen und ihre Wirksamkeit durch ein Mindestmaß an Leitungen und Hebelwerk zu sichern. Gegenüber der Durchführung dieses Planes verhalten sich nun, auch wenn man sich ausschließlich auf Maschinen mit hintereinander stehenden Zylindern beschränkt, die Bauarten je nach Anordnung der Steuerung recht verschieden.

Maschinen mit einer einzigen Steuerwelle: Einström- und Auspuffventile liegen hier auf einer Maschinenseite, die Rohrkrümmer für die Zuführung des frischen Gases und für die Ableitung der Auspuffgase müssen also auf der Ventilseite der Maschine angebracht werden; damit man sich beim Anfassen der Steuerung, z. B. beim Einstellen des Ventilspiels, die Hände nicht unbedingt verbrennen muß, bringt man wenigstens den Auspuffkrümmer oben und das Einlaßrohr darunter an. Wird dann der Vergaser, wie es nahe liegt, in der Zweigstelle des zweiarmigen Einströmkrümmers angeordnet, so ist fast die ganze Ventilseite der Maschine mit Zubehörteilen verbaut, Abb. 794. Aus diesem Grunde scheint es zweckmäßig, die paarweise nebeneinanderliegenden Einlaßventile durch zwei eingegossene Krümmer an ein Ansaugrohr anzuschließen, das auf der entgegengesetzten Seite der Maschine liegt und an das man den Vergaser sehr bequem anbauen kann. Da auch die Lenksäule, von der aus man den Drosselschieber einstellt, auf dieser Seite liegt, so braucht dann das Stellwerk nicht wie bei anderen Maschinen zwischen den Zylinderpaaren hindurchgeführt zu werden. Diese Bauart eignet sich also sehr gut dafür, das Aussehen der Maschine zu vereinfachen; allerdings muß man die Einströmkanäle so bemessen, daß sie die Zylinderabstände nicht unnötig vergrößern.

Abb. 794. Anordnung der Zubehörteile bei einer Maschine der Adlerwerke.

Besonders einfach wirkt dann das Äußere solcher Maschinen, wenn man Thermosyphonkühlung anwenden und den Raum an den Seiten des Zylinderblocks ausschließlich für den Einbau von Zünddynamo und Licht- und Anlaßmaschine ausnützen kann, s. Abb. 795 und 796.

Für den Antrieb der Zünddynamo und gegebenenfalls der Kühlwasserpumpe läßt sich die Verwendung einer besonderen Hilfswelle schon deshalb nicht umgehen, weil die normale Zünddynamo bei Vierzylindermaschinen die gleiche Umlaufzahl haben muß wie die Kurbelwelle und weil auch bei der Umlaufpumpe höhere Umlaufzahlen zur Verminderung der Abmessungen sehr erwünscht sind. Sehr oft wird diese Hilfswelle quer vor die Maschine gelegt und durch Schraubenräder im Verhältnis von 1 : 2 von dem Ende der Steuerwelle angetrieben, Abb. 797. Man setzt dann die Kühlwasserpumpe auf die (linke) Ventilseite der Maschine, erhält also kurze Leitungen zum Kühler und zur Maschine, während die Lage der Zünddynamo auf der rechten Seite das Hebelwerk für die Verstellung des Zündzeitpunktes verkürzt und eine bequeme Anordnung der Zündleitungen gestattet. Beim Öffnen der Haube sind diese Teile bequem zugänglich, da sie ganz vorne liegen. Nicht so bequem ist die Anordnung der Teile, wenn man die Hilfswelle auf der Ventilseite parallel zur Steuerwelle legt. Der zwischen den Längsträgern des Wagens verfügbare Raum wird zwar gut ausgenützt, auch braucht man nur eine Seite der Haube zu öffnen, um zu beiden Teilen gelangen zu können, dagegen versperren die Kühlwasserleitungen, die unnötig lang sind, den Zugang zu der Steuerung. Die Anordnung wird geradezu unmöglich, wenn man nicht von oben her eingesetzte Ventile verwendet oder den Vergaser mit dem Ansaugrohr nicht auf andere Weise auf die gegenüberliegende Maschinenseite versetzen kann. Berücksichtigt man daß hierbei die rechte Seite fast unbenützt bleibt, so stellt sich unter Umständen eine Bauart, wobei die Hilfswelle auf der rechten Maschinenseite, sozusagen als zweite Steuerwelle gelagert wird, noch als die bessere Lösung dar. Man muß dann nur dafür sorgen, daß die Steuerung nicht schon durch den Vergaser mit Ansaugrohren und den Auspuffkrümmer unzugänglich gemacht wird. Wichtig ist ferner, daß man den Vergaser von der heißen Auspuffleitung und namentlich von dem Zünddynamo möglichst fernhalten muß, damit sich abtropfendes Benzin nicht leicht entzünden kann.

Maschinen mit zwei Steuerwellen: Vergaser mit Einströmleitungen auf der einen (rechten) und Auspuffkrümmer auf der anderen (linken) Seite der Maschine machen diesen Teil der Verteilung sehr bequem, und das ist der wesentliche Vorzug dieser Bauart. Dagegen kann man beim Antrieb von Zünddynamo und Kühlwasserpumpe auch hier nicht umhin, zu der einfachsten Lösung, der kurzen Hilfswelle zu greifen. Es liegt wohl nahe, Zünddynamo und Kühlwasserpumpe auf die Enden der Steuerwellen aufzusetzen. Hierfür sind aber (bei Vierzylindermaschinen) ihre Umlaufzahlen nicht hoch genug, man muß also schon wenigstens ein Vorgelege anwenden, wenn man sich mit den großen Abmessungen der Pumpe abfinden will. Soll ferner die Länge der Maschine nicht übermäßig groß werden, so muß man die Antriebzahnräder der Steuerwellen nach hinten legen, wo sie große Durchmesser erhalten, weil das Rad auf der Kurbelwelle nicht klein genug gemacht werden kann. Läßt man die Zahnräder vorne und versucht man die Pumpe und den Zünddynamo nach hinten zu legen, so erhält man schlecht zugängliche Anordnungen und lange Kühlleitungen. Man

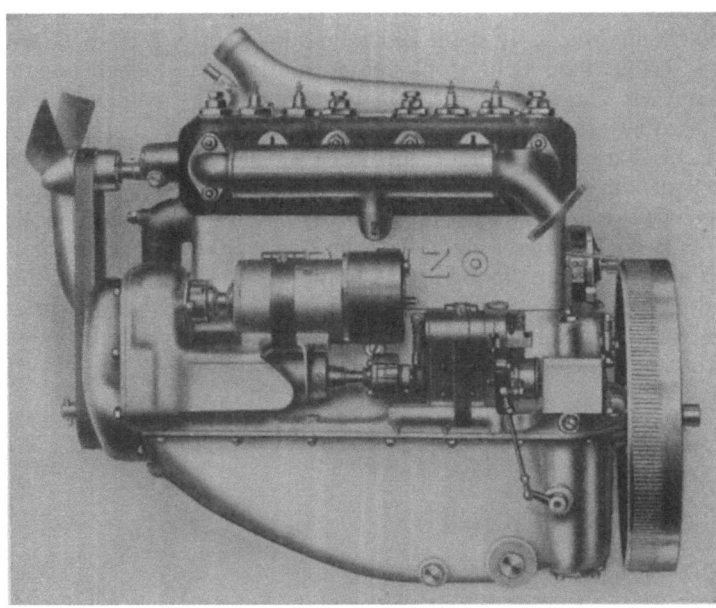

Abb. 795.

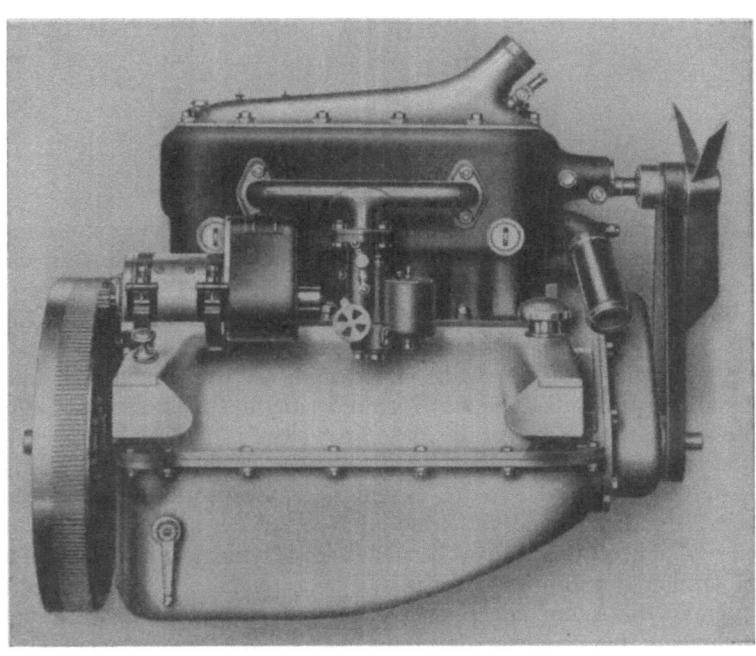

Abb. 796.
Abb. 795 und 796. 8/20 PS-Benz-Motor mit Thermosyphon-Kühlung.

kommt also schließlich dahin, die kurze Hilfswelle parallel zur Steuerwelle auf die Auslaßseite zu legen, zumal da man in der Breite zwischen den Wagenträgern nicht sehr beschränkt ist. Die

Zustellung des Hebelwerkes für die Verstellung des Zündpunktes bleibt aber auch dann noch sehr unbequem. Die obige Erörterung zeigt, wie wenig Vorteile die Steuerung mit zwei Wellen bietet, und daß man, wenn es die Anordnung der Rohrleitungen gestattet, auf alle Fälle davon Abstand nehmen soll.

Maschinen mit oben liegender Steuerwelle: Hier lassen sich die Vorteile, die für die Maschinen mit zwei Steuerwellen bezüglich des Vergasers und der Rohranschlüsse geltend gemacht worden sind, ebenfalls erreichen. Daß die Steuerung trotzdem unzugänglich bleibt, braucht nicht an den Leitungen, sondern nur an der Steuerwelle zu liegen. Unten herum bleibt der ganze Raum an den Zylindern für die Zünddynamo und die Pumpe frei, die man am einfachsten wohl wieder auf eine quer vor der Maschine liegende Welle setzen wird. Die Welle kann bequem von der senkrechten Kegelradwelle angetrieben werden, die zur Steuerwelle hinaufführt und die man aus den gleichen Gründen, die für die Steuerzahnräder gelten, stets am vorderen Maschinenende anordnet. Vergaser und Zünddynamo werden dann rechts, Auspuffkrümmer und Kühlwasserpumpe links von der Maschine liegen, wie es am bequemsten ist, s. Abb. 798.

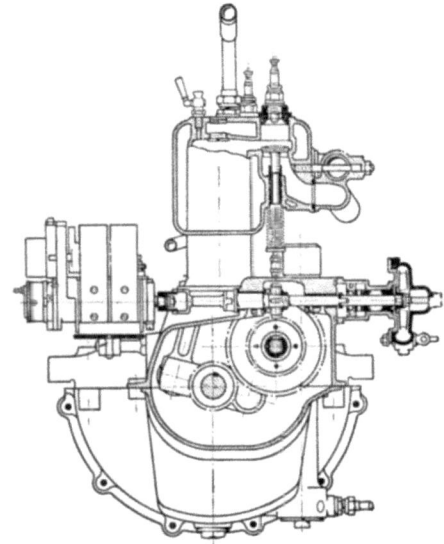

Abb. 797. Antrieb von Zünddynamo und Umlaufpumpe bei einer Maschine der Adlerwerke.

Sehr bequem ist bei solchen Maschinen, daß man mit dem vorderen Ende der Steuerwelle einen Ventilator, einen Hilfskompressor oder eine Lichtdynamo bequem kuppeln kann.

Die Schmierpumpe wird stets in das Kurbelgehäuse eingebaut und so angeordnet, daß man sie allenfalls herausnehmen und reinigen kann, ohne erst das Gehäuse zerlegen zu müssen.

Bei Flugmotoren sind in bezug auf die allgemeine Anordnung noch besondere Bedingungen zu erfüllen, weil die wichtigsten Zubehörteile am hinteren Ende der Maschine vom Platz des

Abb. 798. Anordnung der Zubehörteile bei oberliegender Steuerwelle.

Flugzeugführers aus zugänglich sein sollen. Demgemäß werden die Zündmagnete, die Umlaufpumpe, Brennstoffpumpe usw. nach Möglichkeit am hinteren Ende der Maschine angebracht, wie das Modell eines 200 PS-Motors von Benz & Cie., A.-G., Abb. 799, erkennen läßt. Die Abbildung

Abb. 799. Modell eines 200 PS-Benz-Flugmotors.

zeigt auch die Anordnung der Absaug- und Überlaufleitungen für die Schmieranlage, die Entlüftleitung für das über der Maschine angeordnete Kühlwasser-Sammelrohr sowie die Führung der Heizleitungen für die Vergaser, die einen Zweigstrom des Kühlwasserumlaufes erhalten.

Zweitaktmaschinen.

Der Wunsch, die gebräuchlichen Viertaktmaschinen bei Motorfahrzeugen durch Zweitaktmaschinen zu ersetzen, ist fast ebenso alt, wie die ganze neuere Motorfahrzeugtechnik. Immer wieder hat die Aussicht, die Zahl der Krafthübe im Verhältnis zur Viertaktmaschine verdoppeln und — vorausgesetzt, daß die Umlaufzahl gleich bleibt — das auf die Einheit der Leistung entfallende Gewicht wesentlich vermindern zu können, zu Versuchen dieser Art geführt. Für den Kraftwagen und für die Luftfahrt hat die Zweitaktmaschine trotzdem auch heute noch keine große praktische Bedeutung erlangt, und es scheint nicht, daß sich daran in absehbarer Zeit etwas ändern wird. Immerhin hat man auf diesem Gebiet in den letzten Jahren Fortschritte gemacht; namentlich verwendet man bei Krafträdern und kleinen Kraftwagen bereits vielfach Zweitaktmaschinen wegen ihrer großen baulichen Einfachheit. Wirkliche Bedeutung dürften sie aber doch erst gewinnen, wenn es gelingt, die Maschinen mit Brennstoffeinspritzung und Glühkopfzündung so durchzubilden, daß man sie auch für den leichten Kraftwagen verwenden kann.

Die erste brauchbare Anregung im Bau von Zweitaktmaschinen für den Fahrzeugantrieb scheint von Deutschland ausgegangen zu sein. Die in Abb. 800 und 801 wiedergegebene Zwillingsmaschine von Heinrich Söhnlein in Wiesbaden[1]) ergibt bei 180° Kurbelstellung zwei

---

[1]) Zeitschr. des Mitteleuropäischen Motorwagen-Vereins. 1903.

Krafthübe für jede Kurbelumdrehung, ist also, was Gleichförmigkeit des Umlaufes und Ausgleich aller Kräfte, einschließlich der Wirkungen der hin- und hergehenden Massen anbelangt, der Vierzylinder-Viertaktmaschine vollkommen gleichwertig. An Einfachheit ist sie ihr aber noch weit überlegen, denn gesteuerte Ventile für den Eintritt und Austritt aus den Zylindern

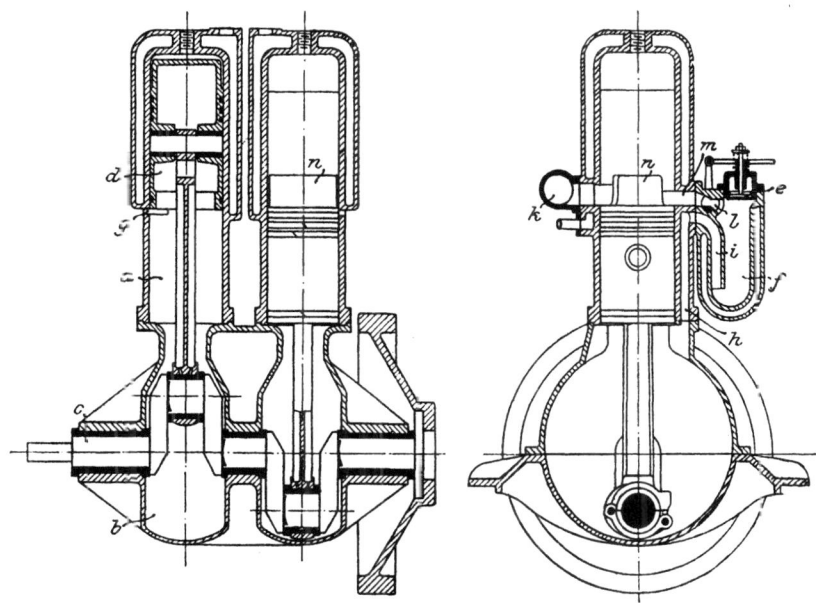

Abb. 800 und 801. Zwillingsmaschine von Heinrich Söhnlein, Wiesbaden.

sind hier überhaupt nicht vorhanden. Kennzeichnend für die Maschine ist die Anwendung der Kurbelkammer b als Pumpenraum für den entsprechenden Zylinder a. Die Lager der Welle sind zu diesem Zwecke gasdicht abgeschlossen. Der aufsteigende Kolben d erzeugt in der Kurbelkammer einen Unterdruck, wodurch das Ventil e geöffnet und Brennstoff in den als Vergaser dienenden Raum f angesaugt wird. Nach dem Freilegen der Öffnung g füllen sich die Kurbelkammer und die Leitungen h und i mit Luft von atmosphärischer Spannung. Geht dann der Kolben nieder, so wird die Luft zunächst etwas verdichtet und durch Hinüberdrücken von Luft in den Vergaserraum f brennbares Gemisch gebildet. Über dem Kolben hat gleichzeitig eine Verbrennung mit anschließender Entspannung stattgefunden. Die verbrannten Gase puffen, sobald der Kolben die Öffnung k freilegt, aus und werden von dem unmittelbar darauf durch die Öffnung m eintretenden, durch den Löffel n am Kolben nach oben abgelenkten frischen Gemisch allmählich verdrängt. Die Leistung kann mit Hilfe des Drosselhahnes durch Ändern der Ladung geregelt werden. Der Vergaserraum ist mit einem Heizmantel versehen, damit auch Spiritus oder Petroleum darin verdampft werden können.

Maschinen dieser Bauart hat man insbesondere in den Vereinigten Staaten, wo das Bedürfnis nach sehr billigen

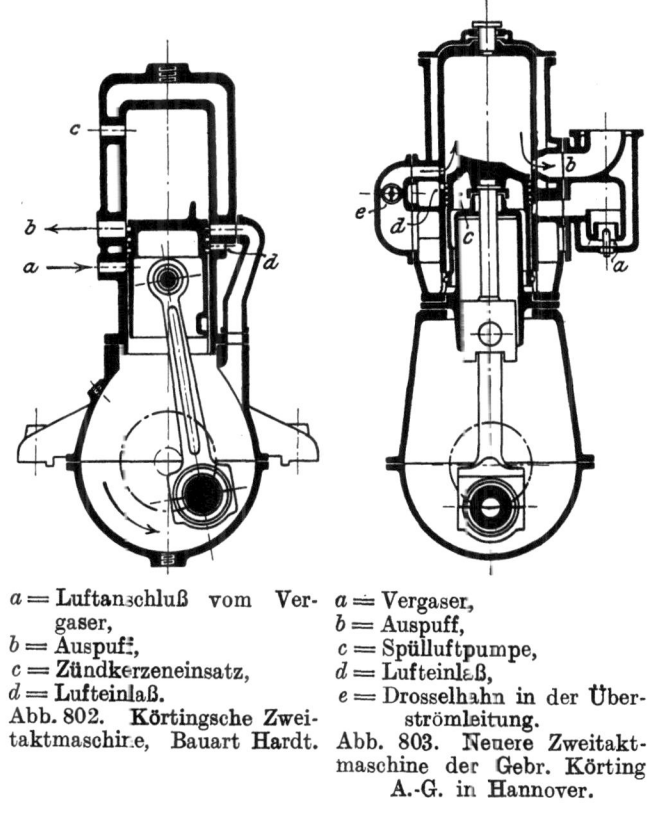

$a =$ Luftanschluß vom Vergaser,
$b =$ Auspuff,
$c =$ Zündkerzeneinsatz,
$d =$ Lufteinlaß.

Abb. 802. Körtingsche Zweitaktmaschine, Bauart Hardt.

$a =$ Vergaser,
$b =$ Auspuff,
$c =$ Spülluftpumpe,
$d =$ Lufteinlaß,
$e =$ Drosselhahn in der Überströmleitung.

Abb. 803. Neuere Zweitaktmaschine der Gebr. Körting A.-G. in Hannover.

Maschinen groß ist, vielfach ausgeführt. Man unterscheidet hier die mit Abb. 800 und 801 übereinstimmende Bauart (Zweischlitzmaschine) von derjenigen, bei welcher die Überströmöffnung von der Öffnung zum Vergaser getrennt ist (Dreischlitzmaschine), vgl. auch Abb. 802. Aber auch in Deutschland hat z. B. die Gebr. Körting A.-G. in Hannover auf eine ähnlich wirkende, eigentlich noch einfachere Bauart von Hardt, Abb. 802, viele und nicht ganz ohne Erfolg gebliebene Mühe verwendet. Die Maschine sollte mit Lampenpetroleum, das außerhalb der Zylinder verdampft wurde, betrieben und für Unterseeboote verwendet werden. Sie hat sich in dieser Form nicht bewährt[1]), weil sich die Petroleumdämpfe im Kurbelgehäuse mit dem verspritzten Schmieröl anreicherten, so daß die Zündkerzen verrußten und der Schmierölverbrauch unzulässig hoch wurde. Mit der abgeänderten Bauart, Abb. 803, die sich von der früheren dadurch unterscheidet, daß eine besondere, von dem Kurbelgehäuse getrennte Spülpumpe zwischen der Unterseite des Kolbens und der Kreuzkopfführung vorhanden ist, die aber auch ohne Steuerventile arbeitet, sollen gute Erfahrungen gemacht worden sein.

Zu ähnlichen Ergebnissen ist man auch in Frankreich gelangt. Die beiden einzigen Maschinen, die sich dem Wettbewerb 1907 des Automobile Club de France unterzogen, waren die Maschinen von Tony Huber-Peugeot und von Legros, beides Maschinen, die mit besonderen Pumpenräumen versehen sind[2]).

Über Erfahrungen mit Zweitaktmaschinen der in Rede stehenden Art lassen sich nur aus den Versuchsarbeiten von Prof. Watson und R. W. Fleming[3]), sowie von Scheit und Bobeth[4]) einige wichtige Aufschlüsse gewinnen. Aus den englischen Versuchen geht hervor, daß bei Geschwindigkeiten zwischen 600 und 1500 Uml/min zwischen 35 und 7 v.H.

---

[1]) Vgl. Norddeutsche Zeitschr. f. d. ges. techn. Industrie, 1. Febr. 1911.
[2]) Mém. Soc. Ing. Civ. France 1908.
[3]) Institution of Automobile Engineers, London 1910.
[4]) Vgl. Z. V. d. I. 1912, S. 862.

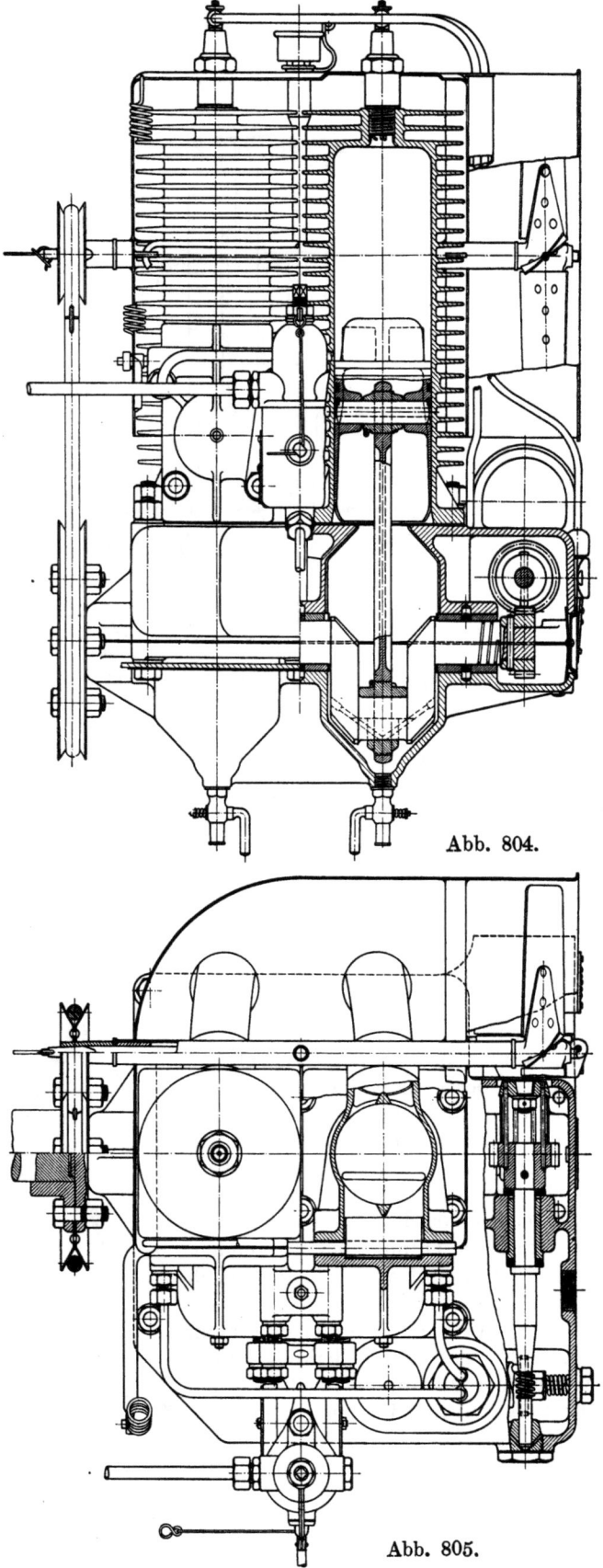

Abb. 804.

Abb. 805.

Abb. 804 bis 806. Zweitakt-Motor der Grade-Werke.

Zweitaktmaschinen. 399

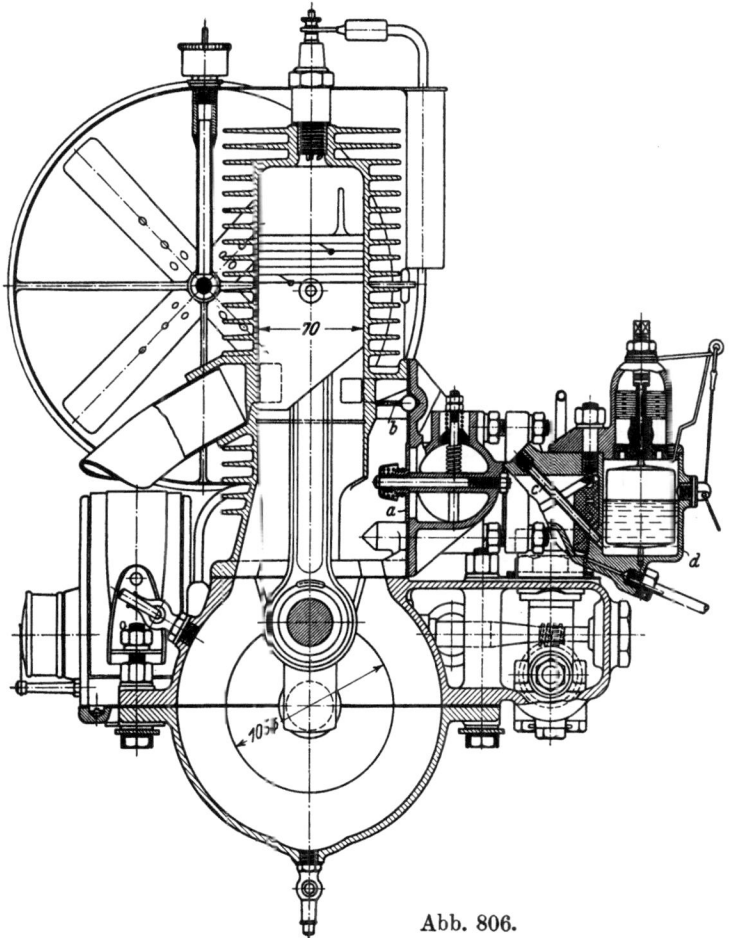

Abb. 806.

der angesaugten Ladung in den Auspuff gehen, und daß ferner der volumetrische Wirkungsgrad der Maschine innerhalb der gleichen Grenzen von 63 auf 38 v.H. fällt. Daraus allein erklärt sich der geringe mittlere Kolbendruck, der bei der besten Gemischzusammensetzung von etwa 4,4 at bei 600 Uml/min bis auf etwa 3,36 at bei 1500 Uml/min abnimmt. Daß unter diesen Umständen die Nutzleistung dieser Maschine auch im besten Falle hinter derjenigen einer Viertaktmaschine von gleichen Abmessungen zurückbleibt, trotzdem bei dieser nur halb soviel Krafthübe auftreten, überrascht nicht weiter. Die bei den genannten Versuchen benutzte Maschine mit einem Zylinder von rd. 82,5 mm Durchmesser und 82,5 mm Hub würde, wenn sie eine Viertaktmaschine gewesen wäre, nach der üblichen Leistungsformel, bei $p_e = 5,5$ at mittlerem Kolbendruck und $n = 1600$ Uml/min

$$\frac{5,5 \cdot 53,46 \cdot 0,0825 \cdot 1600}{2 \cdot 60 \cdot 75} = 4,32 \text{ PS}$$

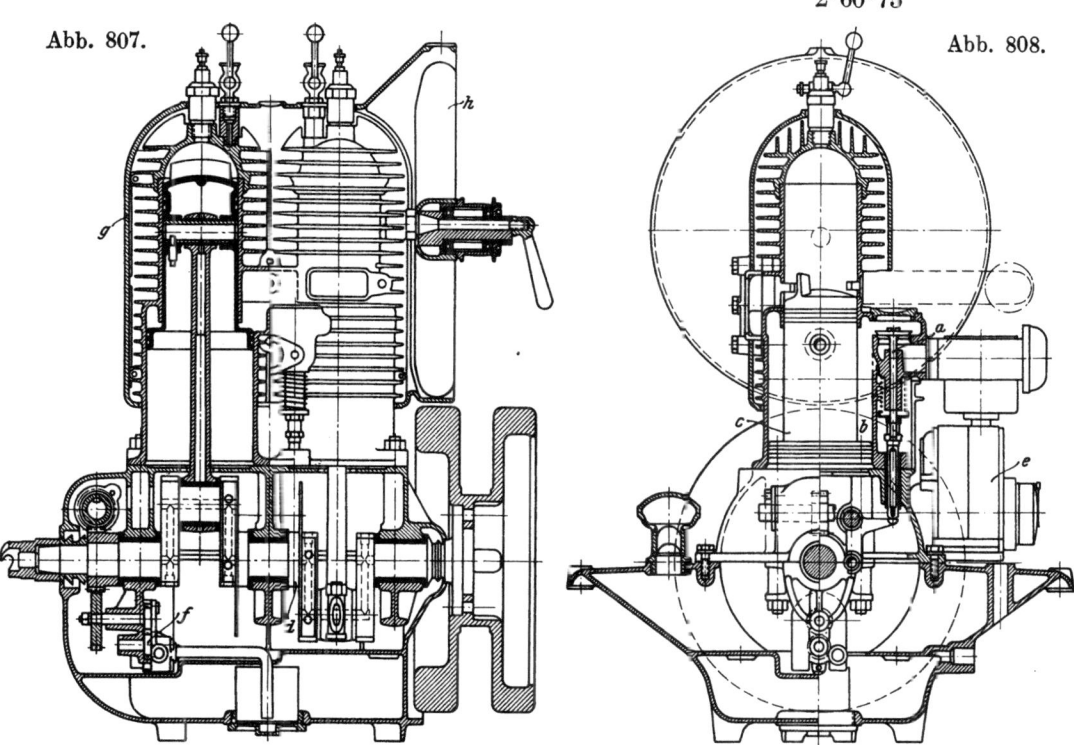

Abb. 807 und 808. Zweitakt-Motor von Paul Baer.

geleistet haben, während sie in Wirklichkeit als höchste Bremsleistung etwa 3,7 PS lieferte; erst nachdem man durch Ausfeilen der Kanalöffnungen die Drosselung des Gemisches vermindert hatte, stieg die Leistung auf rd. 4,5 PS.

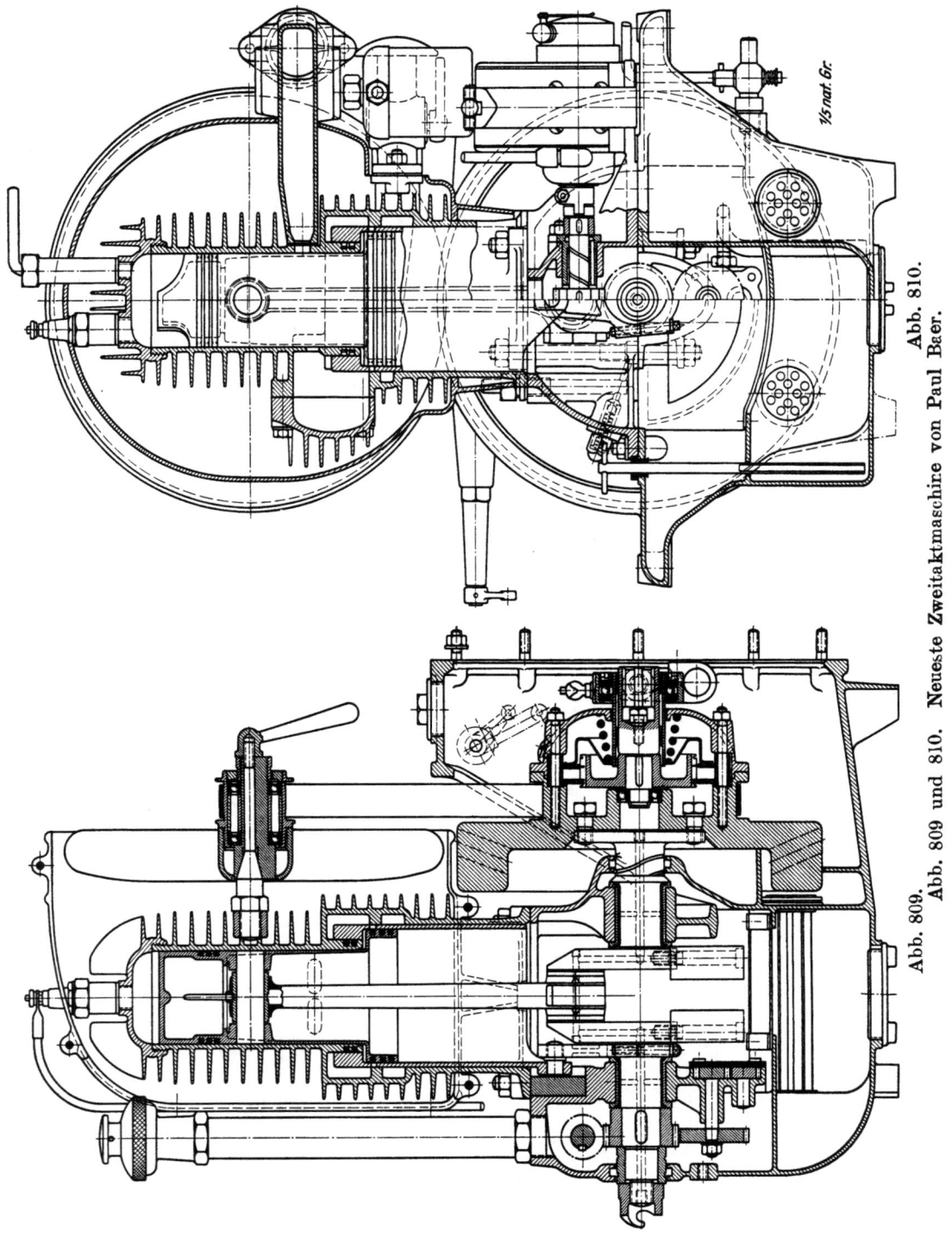

Abb. 809 und 810. Neueste Zweitaktmaschine von Paul Baer.

Die gleiche Erfahrung hat man auch bei den Versuchen des Automobile Club de France gemacht. Die Maschine von Tony Huber-Peugeot leistete bei Zylinderabmessungen von 140×140 mm und rd. 1400 Uml/min nur 12,86 PS, die Maschine von Legros bei Zylinderabmessungen von 100×120 mm und 970 Uml/min nur 12,25 PS_e, während sie als Viertaktmaschinen bedeutend höhere Leistungen erreicht haben würden.

Nach den Versuchen von Scheit und Bobeth im Maschinenlaboratorium der Technischen Hochschule Dresden betrug bei einem Ferro-Motor der Dreischlitzbauart der Liefergrad der

Zweitaktmaschinen.

Ladepumpe auf Grund von Messungen mit einer Luftuhr zwischen 600 und rd. 900 Uml/min etwa 0,8 bis 0,55 und die Leistung bei 800 Uml/min und einem Verdichtungsverhältnis von $\varepsilon = 4{,}35$ etwa $3{,}5\,PS_e$, was einem Mitteldruck von $p_e = 2{,}97$ at entspricht. Auch bei dieser Maschine bleibt also die Leistung, bezogen auf die Raumeinheit des Zylinders, weit gegenüber der Viertaktmaschine zurück.

Als Beispiel der wirklichen Ausführung ist in Abb. 804 bis 806 die neueste Bauart der Zweitaktmaschine der Grade-Werke A.-G. in Bork (Mark) dargestellt, eine der bekanntesten deutschen Zweitaktmaschinen für Kleinfahrzeuge, die mit Luftkühlung arbeitet und mit zwei hintereinander stehenden Zylindern von 70 mm Durchmesser und 105 mm Hub bei rd. 1600 Uml/min 16 PS leisten soll. Die Maschine entspricht der Zweischlitzbauart. Das den Einlaßschlitz steuernde Rückschlagventil a ist im unteren Teil des Zylinders angeordnet, während der Übertritt des vorverdichteten Gemisches in den Zylinder durch gesonderte Drosselklappen b geregelt werden kann. Beim Saughub fördert die von außen her leicht zugängliche Düse c aus dem Schwimmergehäuse d brennbares Gemisch in den Raum vor dem Rückschlagventil, wo gegebenenfalls noch Zusatzluft eintreten kann.

Bei der Maschine von Paul Baer, Berlin, Abb. 807 und 808, die auch mit Wasserkühlung ausgeführt wird, ist zwischen die Zylinder und den Vergaser kein Rückschlagventil, sondern ein gesteuertes Ventil a eingeschaltet, das lediglich den Eintritt in den Vorverdichter b regelt. Außerdem drückt die Ringfläche des Stufenkolbens c das verdichtete Gemisch in den benachbarten um 180° versetzten Arbeitszylinder, sobald dessen Kolben den Einlaßschlitz freigibt, so daß die beiden Zylinder einander gegenseitig mit Gemisch versorgen. Zum Antrieb der Steuerventile dienen Exzenter d in der Mitte der Kurbelwelle, von deren vorderem Ende der Antrieb des Zündmagneten e und der Umlaufschmierpumpe f abgenommen wird. Äußeres Kennzeichen der Maschine ist der gegossene Luftmantel g, dessen Öffnung der Ventilator h abschließt und der das glatte Aussehen der Maschine wesentlich verbessert. Die Maschine soll bei 70 mm Zylinderdurchmesser und 100 mm Hub rd. 10 PS Höchstleistung entwickeln und nicht mehr als rd. 65 kg wiegen. Mit Wasserkühlung erreicht sie bei 2400 Uml/min 13,8 PS Dauerleistung.

Bei der neuesten Bauart dieser Maschine, Abb. 809 und 810, hat man das Steuerventil des Vorverdichters durch einen Rohrschieber ersetzt, der mittels eines kurzen Exzenters angetrieben wird und Einlaß und Austritt des Gemisches steuert. Dadurch wird namentlich ermöglicht, beim Ansaugen von Gemisch große Querschnitte frei zu machen und bei hoher Drehzahl gute volumetrische Wirkungsgrade zu erzielen. Beachtenswert sind ferner die Ölkühlrohre im untern Teil des Kurbelgehäuses, durch die mittels des Schwungrades Luft gesaugt wird.

Anhang.

Gesetz über den Verkehr mit Kraftfahrzeugen.
Vom 3. Mai 1909.
I. Verkehrsvorschriften.

§ 1. Kraftfahrzeuge, die auf öffentlichen Wegen oder Plätzen in Betrieb gesetzt werden sollen, müssen von der zuständigen Behörde zum Verkehre zugelassen sein.

Als Kraftfahrzeuge im Sinne dieses Gesetzes gelten Wagen oder Fahrräder, welche durch Maschinenkraft bewegt werden, ohne an Bahngleise gebunden zu sein.

§ 2. Wer auf öffentlichen Wegen oder Plätzen ein Kraftfahrzeug führen will, bedarf der Erlaubnis der zuständigen Behörde. Die Erlaubnis gilt für das ganze Reich; sie ist zu erteilen, wenn der Nachsuchende seine Befähigung durch eine Prüfung dargetan hat und nicht Tatsachen vorliegen, die die Annahme rechtfertigen, daß er zum Führen von Kraftfahrzeugen ungeeignet ist.

Den Nachweis der Erlaubnis hat der Führer durch eine Bescheinigung (Führerschein) zu erbringen.

Die Befugnis der Ortspolizeibehörde, auf Grund des § 37 der Reichs-Gewerbeordnung weitergehende Anordnungen zu treffen, bleibt unberührt.

§ 3. Wer zum Zwecke der Ablegung der Prüfung (§ 2 Abs. 1 Satz 2) sich in der Führung von Kraftfahrzeugen übt, muß dabei auf öffentlichen Wegen oder Plätzen von einer mit dem Führerschein versehenen, durch die zuständige Behörde zur Ausbildung von Führern ermächtigten Person begleitet und beaufsichtigt sein. Das gleiche gilt für die Fahrten, die bei Ablegung der Prüfung vorgenommen werden.

Bei den Übungs- und Probefahrten, die gemäß der Vorschrift des Abs. 1 stattfinden, gilt im Sinne dieses Gesetzes der Begleiter als Führer des Kraftfahrzeugs.

§ 4. Werden Tatsachen festgestellt, welche die Annahme rechtfertigen, daß eine Person zum Führen von Kraftfahrzeugen ungeeignet ist, so kann ihr die Fahrerlaubnis dauernd oder für bestimmte Zeit durch die zuständige Verwaltungsbehörde entzogen werden; nach der Entziehung ist der Führerschein der Behörde abzuliefern.

Die Entziehung der Fahrerlaubnis ist für das ganze Reich wirksam.

§ 5. Gegen die Versagung der Fahrerlaubnis ist, wenn sie aus anderen Gründen als wegen ungenügenden Ergebnisses der Befähigungsprüfung erfolgt, der Rekurs zulässig. Das gleiche gilt von der Entziehung der Fahrerlaubnis; der Rekurs hat keine aufschiebende Wirkung.

---

[1]) Herrn Ministerialrat Pflug verdanke ich nachstehende Angabe über die Entwicklung der neueren Gesetzgebung auf dem Gebiete des Kraftverkehrs:

Das Gesetz über den Verkehr mit Kraftfahrzeugen vom 3. Mai 1909 (Reichsgesetzblatt Seite 437) ist abgeändert worden durch das Gesetz vom 23. Dezember 1922 (RGBl. 1923 I S. 1), die Verordnung vom 3. Oktober 1923 (RGBl. I S. 932), das Gesetz vom 21. Juli 1923 (RGBl. I S. 743) und die Verordnungen vom 5. Februar 1924 (RGBl. I S. 43) und 6. Februar 1924 (RGBl. I S. 42).

Die mit Gesetzeskraft erlassene Verordnung über Kraftfahrzeuglinien vom 24. Januar 1919 (RGBl. S. 97) ist unverändert.

Die Verordnung über Kraftfahrzeugverkehr vom 15. März 1923 (RGBl. I S. 175) ist abgeändert durch die Verordnung vom 18. April 1924 (RGBl. I S. 413).

Die Bekanntmachung über Kraftfahrzeugverkehr vom 15. März 1923 (Reichsministerialblatt S. 229) ist abgeändert durch die Gebührenordnung vom 21. Oktober 1923 (RMinBl. S. 1014) und durch die Gebührenordnung vom 5. September 1924 (RMinBl. S. 301), ferner durch die Bekanntmachungen vom 1. Juni 1923 (RMinBl. S. 440) und vom 5. Januar 1925 (RMinBl. S. 1).

Die Bekanntmachung über Scheinwerfer vom 29. August 1923 (RMinBl. S. 920) ist unverändert.

Die Verordung, betreffend die Ausbildung von Kraftfahrzeugführern, vom 1. März 1921 (RGBl. S. 212) ist durch die Verordnung vom 21. Oktober 1923 (RGBl. I S. 988) geändert.

Die Verordnung über den Beirat für das Kraftfahrwesen vom 11. Juli 1924 ist im RGBl. I S. 667 veröffentlicht.

Die Gebühren für behördliche Maßnahmen im Kraftfahrzeugverkehr sind geregelt durch die Verordnung vom 26. Mai 1924 (RMinBl. S. 191).

Das Internationale Abkommen über den Verkehr mit Kraftfahrzeugen vom 11. Oktober 1909 (RGBl. 1910 S. 603) ist bisher unverändert.

Die Verordnung über den internationalen Verkehr mit Kraftfahrzeugen vom 21. April 1910 (RGBl. S. 640) ist abgeändert durch die Verordnung vom 5. Oktober 1922 (RGBl. II S. 768), durch die Verordnung vom 15. März 1923 (RGBl. I S. 169), durch die Gebührenordnung vom 15. November 1923 (RMinBl. S. 1039) und die Bekanntmachung vom 20. September 1924 (RGBl. II S. 773).

Die Zuständigkeit der Behörden und das Verfahren bestimmen sich nach den Landesgesetzen und, soweit landesgesetzliche Vorschriften nicht vorhanden sind, nach den §§ 20, 21 der Reichs-Gewerbeordnung.

§ 6. Der Bundesrat erläßt:

1. die zur Ausführung der §§ 1 bis 5 erforderlichen Anordnungen sowie die Bestimmungen für die Zulassung der Führer ausländischer Kraftfahrzeuge;
2. die sonstigen zur Erhaltung der Ordnung und Sicherheit auf den öffentlichen Wegen oder Plätzen erforderlichen Anordnungen über den Verkehr mit Kraftfahrzeugen, insbesondere über die Prüfung und Kennzeichnung der Fahrzeuge und über das Verhalten der Führer.

Soweit auf Grund der Anordnungen des Bundesrats die Militär- und Postverwaltung Personen, die sie als Führer von Kraftfahrzeugen verwenden, die Erlaubnis versagt oder entzogen haben, finden die Vorschriften des § 5 keine Anwendung.

Soweit der Bundesrat Anordnungen gemäß Abs. 1 nicht erlassen hat, können solche durch die Landeszentralbehörden erlassen werden.

Die Anordnungen des Bundesrats sind durch das Reichs-Gesetzblatt zu veröffentlichen. Sie kommen in Bayern nach näherer Bestimmung des Bündnisvertrags vom 23. November 1870 (Bundes-Gesetzbl. 1871 S. 9) unter III §§ 4, 5, in Württemberg nach näherer Bestimmung des Bündnisvertrags vom 25. November 1870 (Bundes-Gesetzbl. 1870 S. 654) unter Artikel 2 Nr. 4 zur Anwendung.

II. Haftpflicht.

§ 7. Wird bei dem Betrieb eines Kraftfahrzeugs ein Mensch getötet, der Körper oder die Gesundheit eines Menschen verletzt, oder eine Sache beschädigt, so ist der Halter des Fahrzeugs verpflichtet, dem Verletzten den daraus entstehenden Schaden zu ersetzen.

Die Ersatzpflicht ist ausgeschlossen, wenn der Unfall durch ein unabwendbares Ereignis verursacht wird, das weder auf einen Fehler in der Beschaffenheit des Fahrzeugs noch auf einem Versagen seiner Vorrichtungen beruht. Als unabwendbar gilt ein Ereignis insbesondere dann, wenn es auf das Verhalten des Verletzten oder eines nicht bei dem Betriebe beschäftigten Dritten oder eines Tieres zurückzuführen ist und sowohl der Halter als der Führer des Fahrzeuges jede nach den Umständen des Falles gebotene Sorgfalt beobachtet hat.

Wird das Fahrzeug ohne Wissen und Willen des Fahrzeughalters von einem anderen in Betrieb gesetzt, so ist dieser an Stelle des Halters zum Ersatze des Schadens verpflichtet.

§ 8. Die Vorschriften des § 7 finden keine Anwendung.

1. wenn zur Zeit des Unfalls der Verletzte oder die beschädigte Sache durch das Fahrzeug befördert wurde oder der Verletzte bei dem Betriebe des Fahrzeugs tätig war;
2. wenn der Unfall durch ein Fahrzeug verursacht wurde, das nur zur Beförderung von Lasten dient und auf ebener Bahn eine auf 20 Kilometer begrenzte Geschwindigkeit in der Stunde nicht übersteigen kann.

§ 9. Hat bei der Entstehung des Schadens ein Verschulden des Verletzten mitgewirkt, so finden die Vorschriften des § 254 des Bürgerlichen Gesetzbuchs mit der Maßgabe Anwendung, daß im Falle der Beschädigung einer Sache das Verschulden desjenigen, welcher die tatsächliche Gewalt über die Sache ausübt, dem Verschulden des Verletzten gleichsteht.

§ 10. Im Falle der Tötung ist der Schadensersatz durch Ersatz der Kosten einer versuchten Heilung sowie des Vermögensnachteils zu leisten, den der Getötete dadurch erlitten hat, daß während der Krankheit seine Erwerbsfähigkeit aufgehoben oder gemindert oder eine Vermehrung seiner Bedürfnisse eingetreten war. Der Ersatzpflichtige hat außerdem die Kosten der Beerdigung demjenigen zu ersetzen, dem die Verpflichtung obliegt, diese Kosten zu tragen.

Stand der Getötete zur Zeit der Verletzung zu einem Dritten in einem Verhältnisse, vermöge dessen er diesem gegenüber kraft Gesetzes unterhaltspflichtig war oder unterhaltspflichtig werden konnte, und ist dem Dritten infolge der Tötung das Recht auf Unterhaltung entzogen, so hat der Ersatzpflichtige dem Dritten insoweit Schadensersatz zu leisten, als der Getötete während der mutmaßlichen Dauer seines Lebens zur Gewährung des Unterhalts verpflichtet gewesen sein würde. Die Ersatzpflicht tritt auch dann ein, wenn der Dritte zur Zeit der Verletzung erzeugt, aber noch nicht geboren war.

§ 11. Im Falle der Verletzung des Körpers oder der Gesundheit ist der Schadensersatz durch Ersatz der Kosten der Heilung sowie des Vermögensnachteils zu leisten, den der Verletzte dadurch erleidet, daß infolge der Verletzung zeitweise oder dauernd seine Erwerbsfähigkeit aufgehoben oder gemindert oder eine Vermehrung seiner Bedürfnisse eingetreten ist.

§ 12. Der Ersatzpflichtige haftet:

1. im Falle der Tötung oder Verletzung eines Menschen nur bis zu einem Kapitalbetrage von fünfzigtausend Mark oder bis zu einem Rentenbetrage von jährlich dreitausend Mark,
2. im Falle der Tötung oder Verletzung mehrerer Menschen durch dasselbe Ereignis, unbeschadet der in Nr. 1 bestimmten Grenze, nur bis zu einem Kapitalbetrage von insgesamt einhundertfünfzigtausend Mark oder bis zu einem Rentenbetrage von insgesamt neuntausend Mark,
3. im Falle der Sachbeschädigung, auch wenn durch dasselbe Ereignis mehrere Sachen beschädigt werden, nur bis zum Betrage von zehntausend Mark.

Übersteigen die Entschädigungen, die mehreren auf Grund desselben Ereignisses nach Abs. 1 Nr. 1, 3 zu leisten sind, insgesamt die in Nr. 2, 3 bezeichneten Höchstbeträge, so verringern sich die einzelnen Entschädigungen in dem Verhältnis, in welchem ihr Gesamtbetrag zu dem Höchstbetrage steht.

§ 13. Der Schadensersatz wegen Aufhebung oder Minderung der Erwerbsfähigkeit und wegen Vermehrung der Bedürfnisse des Verletzten sowie der nach § 10 Abs. 2 einem Dritten zu gewährende Schadensersatz ist für die Zukunft durch Entrichtung einer Geldrente zu leisten.

Die Vorschriften des § 843 Abs. 2 bis 4 des Bürgerlichen Gesetzbuchs und des § 708 Nr. 6 der Zivilprozeßordnung finden entsprechende Anwendung. Das gleiche gilt für die dem Verletzten zu entrichtende Geldrente von der Vorschrift des § 850 Abs. 3 und für die dem Dritten zu entrichtende Geldrente von der Vorschrift des § 850 Abs. 1 Nr. 2 der Zivilprozeßordnung.

Ist bei der Verurteilung des Verpflichteten zur Entrichtung einer Geldrente nicht auf Sicherheitsleistung erkannt worden, so kann der Berechtigte gleichwohl Sicherheitsleistung verlangen, wenn die Vermögensverhältnisse des Verpflichteten sich erheblich verschlechtert haben; unter der gleichen Voraussetzung kann er eine Erhöhung der in dem Urteile bestimmten Sicherheit verlangen.

§ 14. Die in den §§ 7 bis 13 bestimmten Ansprüche auf Schadensersatz verjähren in zwei Jahren von dem Zeitpunkt an, in welchem der Ersatzberechtigte von dem Schaden und von der Person des Ersatzpflichtigen Kenntnis erlangt, ohne Rücksicht auf diese Kenntnis in dreißig Jahren von dem Unfall an.

Schweben zwischen dem Ersatzpflichtigen und dem Ersatzberechtigten Verhandlungen über den zu leistenden Schadensersatz, so ist die Verjährung gehemmt, bis der eine oder der andere Teil die Fortsetzung der Verhandlungen verweigert.

Im übrigen finden die Vorschriften des Bürgerlichen Gesetzbuchs über die Verjährung Anwendung.

§ 15. Der Ersatzberechtigte verliert die ihm auf Grund der Vorschriften dieses Gesetzes zustehenden Rechte, wenn er nicht spätestens innerhalb zweier Monate, nachdem er von dem Schaden und der Person des Ersatzpflichtigen Kenntnis erhalten hat, dem Ersatzpflichtigen den Unfall anzeigt. Der Rechtsverlust tritt nicht ein, wenn die Anzeige infolge eines von dem Ersatzberechtigten nicht zu vertretenden Umstandes unterblieben ist oder der Ersatzpflichtige innerhalb der bezeichneten Frist auf andere Weise von dem Schaden Kenntnis erhalten hat.

§ 16. Unberührt bleiben die reichsgesetzlichen Vorschriften, nach welchen der Fahrzeughalter für den durch das Fahrzeug verursachten Schaden in weiterem Umfang als nach den Vorschriften dieses Gesetzes haftet oder nach welchem ein anderer für den Schaden verantwortlich ist.

§ 17. Wird ein Schaden durch mehrere Kraftfahrzeuge verursacht und sind die beteiligten Fahrzeughalter einem Dritten kraft Gesetzes zum Ersatze des Schadens verpflichtet, so hängt im Verhältnisse der Fahrzeughalter zueinander die Verpflichtung zum Ersatze sowie der Umfang des zu leistenden Ersatzes von den Umständen, insbesondere davon ab, inwieweit der Schaden vorwiegend von dem einen oder dem anderen Teile verursacht worden ist. Das gleiche gilt, wenn der Schaden von einem der beteiligten Fahrzeughalter entstanden ist, von der Haftpflicht, die für einen anderen von ihnen eintritt.

Die Vorschriften des Abs. 1 finden entsprechende Anwendung, wenn der Schaden durch ein Kraftfahrzeug und ein Tier oder durch ein Kraftfahrzeug und eine Eisenbahn verursacht wird.

§ 18. In den Fällen des § 7 Abs. 1 ist auch der Führer des Kraftfahrzeuges zum Ersatze des Schadens nach den Vorschriften der §§ 8 bis 15 verpflichtet. Die Ersatzpflicht ist ausgeschlossen, wenn der Schaden nicht durch ein Verschulden des Führers verursacht ist.

Die Vorschrift des § 16 findet entsprechende Anwendung.

Ist in den Fällen des § 17 auch der Führer des Fahrzeugs zum Ersatze des Schadens verpflichtet, so finden auf diese Verpflichtung in seinem Verhältnisse zu den Haltern und Führern der anderen beteiligten Fahrzeuge, zu dem Tierhalter oder Eisenbahnunternehmer die Vorschriften des § 17 entsprechende Anwendung.

§ 19. In bürgerlichen Rechtsstreitigkeiten, in welchen durch Klage oder Widerklage ein Anspruch auf Grund der Vorschriften dieses Gesetzes geltend gemacht ist, wird die Verhandlung und Entscheidung letzter Instanz im Sinne des § 8 des Einführungsgesetzes zum Gerichtsverfassungsgesetze dem Reichsgerichte zugewiesen.

§ 20. Für Klagen, die auf Grund dieses Gesetzes erhoben werden, ist auch das Gericht zuständig, in dessen Bezirke das schädigende Ereignis stattgefunden hat.

III. Strafvorschriften.

§ 21. Wer den zur Erhaltung der Ordnung und Sicherheit auf den öffentlichen Wegen oder Plätzen erlassenen polizeilichen Anordnungen über den Verkehr mit Kraftfahrzeugen zuwiderhandelt, wird mit Geldstrafe bis zu einhundertfünfzig Mark oder mit Haft bestraft.

§ 22. Der Führer eines Kraftfahrzeugs, der nach einem Unfalle (§ 7) es unternimmt, sich der Feststellung des Fahrzeugs und seiner Person durch die Flucht zu entziehen, wird mit Geldstrafe bis zu dreihundert Mark oder mit Gefängnis bis zu zwei Monaten bestraft. Er bleibt jedoch straflos, wenn er spätestens am nächstfolgenden Tage nach dem Unfall Anzeige bei einer inländischen Polizeibehörde erstattet und die Feststellung des Fahrzeugs und seiner Person bewirkt.

Verläßt der Führer des Kraftfahrzeuges eine bei dem Unfalle verletzte Person vorsätzlich in hilfloser Lage, so wird er mit Gefängnis bis zu sechs Monaten bestraft. Sind mildernde Umstände vorhanden, so kann auf Geldstrafe bis zu dreihundert Mark erkannt werden.

§ 23. Mit Geldstrafe bis zu dreihundert Mark oder mit Gefängnis bis zu zwei Monaten wird bestraft, wer auf öffentlichen Wegen oder Plätzen ein Kraftfahrzeug führt, das nicht von der zuständigen Behörde zum Verkehr zugelassen ist.

Die gleiche Strafe trifft den Halter eines nicht zum Verkehre zugelassenen Kraftfahrzeugs, wenn er vorsätzlich oder fahrlässig dessen Gebrauch auf öffentlichen Wegen oder Plätzen gestattet.

§ 24. Mit Geldstrafe bis zu dreihundert Mark oder mit Gefängnis bis zu zwei Monaten wird bestraft:
1. wer ein Kraftfahrzeug führt, ohne einen Führerschein zu besitzen;
2. wer ein Kraftfahrzeug führt, obwohl ihm die Fahrerlaubnis entzogen ist;
3. wer nicht seinen Führerschein der Behörde, die ihm die Fahrerlaubnis entzogen hat, auf ihr Verlangen abliefert.

Die gleiche Strafe trifft den Halter des Kraftfahrzeugs, wenn er vorsätzlich oder fahrlässig eine Person zur Führung des Fahrzeugs bestellt oder ermächtigt, die sich nicht durch einen Führerschein ausweisen kann oder der die Fahrerlaubnis entzogen ist.

§ 25. Wer in rechtswidriger Absicht
1. ein Kraftfahrzeug, für welches von der Polizeibehörde ein Kennzeichen nicht ausgegeben oder zugelassen worden ist, mit einem Zeichen versieht, welches geeignet ist, den Anschein der polizeilich angeordneten oder zugelassenen Kennzeichnung hervorzurufen,

2. ein Kraftfahrzeug mit einer anderen als der polizeilich für das Fahrzeug ausgegebenen oder zugelassenen Kennzeichnung versieht,

3. das an einem Kraftfahrzeuge gemäß polizeilicher Anordnung angebrachte Kennzeichen verändert, beseitigt, verdeckt oder sonst in seiner Erkennbarkeit beeinträchtigt,

wird, sofern nicht nach den Vorschriften des Strafgesetzbuches eine höhere Strafe verwirkt ist, mit Geldstrafe bis zu fünfhundert Mark oder mit Gefängnis bis zu drei Monaten bestraft.

Die gleiche Strafe trifft Personen, welche auf öffentlichen Wegen oder Plätzen von einem Kraftfahrzeuge Gebrauch machen, von dem sie wissen, daß die Kennzeichnung in der im Abs. 1 unter Nr. 1 bis 3 bezeichneten Art gefälscht, verfälscht oder unterdrückt worden ist.

§ 26. Dieses Gesetz tritt hinsichtlich der Vorschriften über die Haftpflicht — Teil II — mit dem 1. Juni 1909, im übrigen mit dem 1. April 1910 in Kraft.

Verordnung über Kraftfahrzeugverkehr.

Vom 15. März 1923.

A. Allgemeine Vorschriften.

§ 1. Als Kraftfahrzeuge (Kraftwagen oder Krafträder) im Sinne dieser Vorschriften gelten Landfahrzeuge, die durch Maschinenkraft bewegt werden, ohne an Bahngleise gebunden zu sein. Als Krafträder (Kraftzweiräder oder Kraftdreiräder) gelten Kraftfahrzeuge, die auf nicht mehr als drei Rädern laufen, wenn ihr Eigengewicht in betriebsfertigem Zustand 200 Kilogramm nicht übersteigt; Anhänger, Bei- oder Vorsteckwagen bleiben bei Festellung der Fahrzeugart außer Betracht. Als Krafträder gelten außerdem Kraftfahrzeuge mit zwei Laufrädern und zwei seitlichen Stützrädern ohne Anhänger, Bei- oder Vorsteckwagen, wenn ihr Eigengewicht in betriebsfertigem Zustand 300 Kilogramm nicht übersteigt. Als Kraftomnibusse gelten Personenkraftwagen mit mehr als acht Sitzplätzen (einschließlich Führersitz).

§ 2. Für den Verkehr mit Kraftfahrzeugen gelten sinngemäß die den Verkehr von Fuhrwerken oder von Fahrrädern auf öffentlichen Wegen und Plätzen allgemein regelnden Vorschriften, sofern nicht nachfolgend oder gemäß § 6 Abs. 3 des Gesetzes von der obersten Landesbehörde andere Bestimmungen getroffen werden.

Auf Kraftfahrzeuge, die für den öffentlichen Fuhrbetrieb verwendet werden, sowie auf die Führer dieser Fahrzeuge finden neben den nachstehenden Vorschriften die allgemeinen Bestimmungen über den Betrieb der Droschken, Omnibusse und sonstigen dem öffentlichen Transportgewebe dienenden Fuhrwerke Anwendung.

Die nachstehenden Vorschriften gelten nicht für Kleinkrafträder, Raupenkraftfahrzeuge, Dampfstraßenlokomotiven, Straßenwalzen, ferner solche Kraftfahrzeuge, deren betriebsfertiges Gewicht im beladenen oder unbeladenen Zustand 5 Tonnen übersteigt, sowie selbstfahrende Arbeits- und Werkzeugmaschinen zu landwirtschaftlichen oder gewerblichen Zwecken (z. B. Dampf-, Motorpflüge, Motorsägen). Kleinkrafträder sind Krafträder, deren nach der Steuerformel berechnete Nutzleistung bei einem Außendurchmesser der Radreifen von mehr als 40 Zentimeter $3/4$ Pferdestärke, bei kleinerem Außendurchmesser 1 Pferdestärke nicht übersteigt.

B. Das Kraftfahrzeug.

a) Beschaffenheit und Ausrüstung.

§ 3. Die Kraftfahrzeuge müssen verkehrssicher und insbesondere so gebaut, eingerichtet und ausgerüstet sein, daß Feuers- und Explosionsgefahr sowie jede vermeidbare Belästigung von Personen und Gefährdung von Fuhrwerken durch Geräusch, Rauch, Dampf oder üblen Geruch ausgeschlossen ist.

Die Radkränze müssen mit Gummi oder einem anderen elastischen Stoffe bereift sein und dürfen keine Unebenheiten besitzen, die geeignet sind, die Fahrbahn zu beschädigen.

§ 4. Jedes Fahrzeug muß versehen sein:

1. mit einer zuverlässigen Lenkvorrichtung, die gestattet, sicher und rasch auszuweichen; die zur Lenkung benutzten Wagenräder sollen nach beiden Seiten möglichst weit einschlagen, um kurz wenden zu können;

2. mit zwei voneinander unabhängigen Bremseinrichtungen, von denen jede auf die Wagenräder der gebremsten Achse gleichmäßig einwirkt; mindestens eine Bremseinrichtung muß unmittelbar auf die Hinterräder oder auf Bestandteile, die mit diesen Rädern fest verbunden sind, wirken; diese Bremse muß feststellbar sein. Jede Bremseinrichtung muß für sich geeignet sein, den Lauf des Fahrzeugs sofort zu hemmen und es auf die kürzeste Entfernung zum Stehen zu bringen;

3. mit einer zuverlässigen Vorrichtung, die beim Befahren von Steigungen die unbeabsichtigte Rückwärtsbewegung verhindert, sofern nicht eine der Bremsen diese Forderung erfüllt;

4. mit einer am Fahrzeug befestigten Huppe zum Abgeben von Warnungszeichen; falls die Huppe mehrtonig ist, müssen die verschiedenen Töne gleichzeitig in einem harmonischen Akkord anklingen; Huppen sind als vorschriftsmäßig anzusehen, wenn ein klarer, von Nebengeräuschen freier Ton oder Akkord durch Schwingungen von Metallzungen, Platten (Membranen) oder anderen Teilen erzeugt wird. An jedem Fahrzeug muß mindestens eine Huppe vorhanden sein, mit der auch bei stillstehendem Motor Warnungszeichen abgegeben werden können;

5. nach eingetretener Dunkelheit und bei starkem Nebel mit mindestens zwei in gleicher Höhe angebrachten, die seitliche Begrenzung des Fahrzeugs anzeigenden, hellbrennenden Laternen mit farblosem Glase, die den Lichtschein derart auf die Fahrbahn werfen, daß diese auf mindestens 20 Meter vor dem Fahrzeug von dem Führer übersehen werden kann. Übermäßig stark wirkende Scheinwerfer dürfen nicht verwendet werden;

6. mit einer Vorrichtung, die verhindert, daß das Fahrzeug von Unbefugten in Betrieb gesetzt werden kann.

Für Krafträder gelten nicht die Vorschriften über Feststellbarkeit der Bremse (Nr. 2) und Vorrichtungen zur Verhinderung der unbeabsichtigten Rückwärtsbewegung (Nr. 3) und der Inbetriebsetzung durch Unbefugte (Nr. 6); es genügt eine hellbrennende Laterne mit farblosem Glase (Nr. 5), ausgenommen, wenn ein

Kraftrad einen Beiwagen auf der linken Seite mitführt; eine auf das Wagenrad des Beiwagens einwirkende Bremse (Nr. 2) ist nicht erforderlich.

Jeder Kraftwagen, dessen Eigengewicht 350 Kilogramm übersteigt, muß so eingerichtet sein, daß er mittels der Maschine oder des Motors vom Führersitz aus in Rückwärtsgang gebracht werden kann.

Die Griffe zur Bedienung der Maschine oder des Motors und der im Abs. 1 bis 3 angeführten Einrichtungen müssen so angebracht sein, daß der Führer sie, ohne sein Augenmerk von der Fahrtrichtung abzulenken, leicht und auch im Dunkeln ohne Verwechselungsgefahr handhaben kann.

Jedes Kraftfahrzeug muß mit einem an einer sichtbaren Stelle des Fahrgestells angebrachten Schilde versehen sein, das die Firma, die das Fahrgestell hergestellt hat, die Fabriknummer des Fahrgestells, die Anzahl der Pferdestärken der Maschine oder des Motors (bei Krafträdern, Personenkraftwagen mit Ausnahme der Kraftomnibusse und bei Lastkraftwagen bis 2,5 Tonnen Eigengewicht auch die nach der Steuerformel berechnete Nutzleistung des Fahrzeugs) und das Eigengewicht des betriebsfertigen Fahrzeugs ergibt. Bei Kraftfahrzeugen, deren Gesamtgewicht (einschließlich Ladung) 5 Tonnen übersteigt, muß sich die Angabe auf dem Schilde auch auf die zulässige Belastung, auf die Achsdrucke und auf die Felgendrucke auf 1 Zentimeter Felgenbreite — Basis der Gummireifen — im beladenen Zustand erstrecken.

Bei einem Kraftfahrzeug im beladenen Zustand darf der Druck auf eine Achse 6 Tonnen und auf 1 Zentimeter Felgenbreite — Basis der Gummireifen — 150 Kilogramm nicht überschreiten.

Zum Abgeben von Warnungszeichen außerhalb geschlossener Ortsteile bestimmte Pfeifen (§ 19 Abs. 3) gelten als vorschriftsmäßig, wenn durch sie Pfiffe gleicher Tonhöhe in der Weise erzeugt werden, daß unter Druck stehende verbrannte Gase aus dem Zylinder oder der Auspuffleitung durch die Pfeife entweichen.

b) Antrag auf Zulassung eines Fahrzeugs.

§ 5. Wenn ein Kraftfahrzeug in Betrieb genommen werden soll, hat der Eigentümer bei der für seinen Wohnort zuständigen höheren Verwaltungsbehörde die Zulassung des Fahrzeugs schriftlich zu beantragen. Der Antrag muß enthalten:
1. Name und Wohnort des Eigentümers,
2. die Firma, die das Fahrgestell hergestellt hat, sowie die Fabriknummer des Fahrgestells,
3. die Bestimmung des Fahrzeugs (Personen- oder Lastfahrzeug),
4. die Art der Kraftquelle (Verbrennungsmaschine, Dampfmaschine, Elektromotor).
5. die Anzahl der Pferdestärken der Maschine oder des Motors (bei Krafträdern, Personenkraftwagen mit Ausnahme der Kraftomnibusse und bei Lastkraftwagen bis 2,5 Tonnen Eigengewicht auch die nach der Steuerformel berechnete Nutzleistung des Fahrzeugs),
6. das Eigengewicht des betriebsfertigen Fahrzeugs,
7. die zulässige Belastung (in Kilogramm oder Personen einschließlich Führer),
8. bei Fahrzeugen, deren Gesamtgewicht (einschließlich Ladung) 5 Tonnen übersteigt, die Achsdrucke und die Felgendrucke auf 1 Zentimeter Felgenbreite — Basis der Gummireifen — im beladenen Zustand.

Dem Antrag ist das Gutachten eines von der höheren Verwaltungsbehörde anerkannten Sachverständigen beizufügen, das die Richtigkeit der Angaben unter Nr. 4 bis 8 sowie ferner bestätigt, daß das Fahrzeug nach dieser Verordnung zu stellenden Anforderungen genügt. Hinsichtlich der Nr. 5 kann das Gutachten des Sachverständigen durch eine Bescheinigung der Firma ersetzt werden, die die Maschine oder den Motor hergestellt hat. Das Gutachten hat der Antragsteller auf seine Kosten zu beschaffen.

Die höhere Verwaltungsbehörde kann einer zuverlässigen ins Handelsregister eingetragenen Firma, zu deren Geschäftsbetrieb die Herstellung von Kraftfahrzeugen gehört, und deren Sitz sich im Bezirke der Behörde befindet, auf schriftlichen Antrag nach einer auf Kosten der Firma vorgenommenen Prüfung (Typenprüfung) widerruflich eine Bescheinigung darüber erteilen, daß eine von ihr fabrikmäßig gefertigte Gattung von Kraftfahrzeugen den Anforderungen dieser Verordnung genügt (Typenbescheinigung). Für im Ausland hergestellte Fahrzeuge kann eine solche Bescheinigung einer zuverlässigen ins Handelsregister eingetragenen Firma, zu deren Geschäftsbetriebe der Handel mit Kraftfahrzeugen gehört, und deren Sitz sich im Bezirke der Behörde befindet, auf schriftlichen Antrag ausgestellt werden, wenn der Nachweis erbracht wird, daß die Firma im Deutschen Reiche zum alleinigen Vertriebe von Kraftfahrzeugen der betreffenden Gattung berechtigt ist. Die Typenbescheinigung gilt fürs ganze Reich. Für ein Kraftfahrzeug einer solchen Gattung (Satz 1 und 2) kann die Firma zu einer amtlich beglaubigten Abschrift der Typenbescheinigung mit etwaigen Nachträgen unter laufender Nummer eine Ergänzungsbescheinigung ausstellen, die die Richtigkeit der im Abs. 1 unter Nr. 4 bis 8 vorgeschriebenen Angaben bestätigen muß. Eine solche Firmenbescheinigung (Abschrift der Typenbescheinigung nebst Ergänzungsbescheinigung) ersetzt das Gutachten des amtlich anerkannten Sachverständigen (§ 5 Abs. 2) in allen Fällen mit Ausnahme der des § 6 Abs. 3 Satz 2 und des § 28 Abs. 1 mit der Maßgabe, daß bei einem Eigengewichte des betriebsfertigen Fahrzeugs bis vier Tonnen für Kraftomnibusse, Lastkraftwagen sowie Zugmaschinen ohne Güterladeraum ein amtlicher Wiegeschein oder eine Bescheinigung über die unter behördlicher Überwachung vorgenommene Wägung beizufügen ist. Für ein Fahrzeug, das schon einmal zum Verkehr auf öffentlichen Wegen oder Plätzen zugelassen war, darf eine Firmenbescheinigung nur dann ausgestellt werden, wenn die Firma das Fahrzeug nochmals geprüft und sich von seiner vorschriftsmäßigen Beschaffenheit überzeugt hat; dies ist in der Bescheinigung zu vermerken. Über die mittels Firmenbescheinigung in den Verkehr gebrachten Fahrzeuge hat die Firma ein Verzeichnis zu führen und auf Verlangen den zuständigen Beamten vorzulegen. Firmenbescheinigungen können unter Mitverantwortung der Stammfirma — bei Fahrzeugen ausländischer Herstellung der Hauptvertretung im Sinne des Satzes 2 — auch von den Zweigniederlassungen, die dann gleichfalls zur Listenführung verpflichtet sind, ausgestellt werden. Im Falle des Widerrufs (Satz 1 und 2) verliert die Typenbescheinigung ihre Gültigkeit und ist nebst allen bereits gefertigten beglaubigten Abschriften der zuständigen höheren Verwaltungsbehörde abzuliefern, soweit die Abschriften nicht als Firmenbescheinigungen in den Verkehr gegeben worden sind.

Für die Prüfungen nach Abs. 2 und 3 gelten die Vorschriften einer „Anweisung über die Prüfung von Kraftfahrzeugen", die der Reichsverkehrsminister erläßt. Er hat davon dem Reichsrat unverzüglich Kenntnis zu geben; erhebt der Reichsrat innerhalb eines Monats Widerspruch, so hat der Reichsverkehrsminister die beanstandeten Vorschriften aufzuheben.

c) Zulassung zum Verkehr und Kennzeichnung.

§ 6. Die höhere Verwaltungsbehörde (§ 5 Abs. 1) entscheidet über den Antrag auf Zulassung des Kraftfahrzeugs zum Verkehr auf öffentlichen Wegen und Plätzen. Die Zulassung gilt für das ganze Reich.

Im Falle der Zulassung hat die höhere Verwaltungsbehörde das Kraftfahrzeug in eine Liste einzutragen, dem Fahrzeug ein polizeiliches Kennzeichen (§ 8) zuzuteilen und hiervon dem Antragsteller Mitteilung zu machen, sowie über die Zulassung und die Eintragung des Kraftfahrzeugs und die Zuteilung des Kennzeichens eine Bescheinigung auszufertigen. Die Aushändigung der Bescheinigung erfolgt durch die für den Ort, wo das Fahrzeug in Betrieb gesetzt werden soll, zuständige Polizeibehörde. Die Muster der Liste und der Bescheinigung schreibt der Reichsverkehrsminister vor.

Treten bei einem zum Verkehr auf öffentlichen Wegen und Plätzen bereits zugelassenen Kraftfahrzeug Änderungen ein, die eine Berichtigung der Liste und der Zulassungsbescheinigung erforderlich machen, so hat der Eigentümer unter Vorlegung der Zulassungsbescheinigung die Berichtigungen innerhalb 2 Wochen bei der zuständigen höheren Verwaltungsbehörde zu beantragen. Bei Änderung der Art der Kraftquelle, bei Einbau einer stärkeren Maschine oder eines stärkeren Motors, einer in ihrer Bauart oder Übersetzung veränderten Bremse oder Lenkvorrichtung bedarf es einer erneuten Zulassung, die der Eigentümer sofort unter Beifügung eines Gutachtens (§ 5 Abs. 2) bei der zuständigen höheren Verwaltungsbehörde zu beantragen hat.

Verlegt der Eigentümer eines Kraftfahrzeugs seinen Wohnort in den Bezirk einer anderen höheren Verwaltungsbehörde, so hat er bei dieser die erneute Zulassung des Fahrzeugs zu beantragen; der Beifügung des Gutachtens eines Sachverständigen (§ 5 Abs. 2, 3) bedarf es in diesem Falle nicht, wenn die bisherige Zulassungsbescheinigung vorgelegt wird. Bei Ausfertigung der neuen Zulassungsbescheinigung ist die bisherige einzuziehen.

Soll ein Kraftfahrzeug zum Verkehr auf öffentlichen Wegen und Plätzen nicht mehr verwendet werden, so hat der Eigentümer der zuständigen höheren Verwaltungsbehörde hiervon Mitteilung zu machen und ihr die Zulassungsbescheinigung sowie das Kennzeichen abzuliefern. Das Kennzeichen ist, sofern es nicht amtlich ausgegeben ist, nach Vernichtung des Dienststempels zurückzugeben. Unterbleibt die Ablieferung, so hat die höhere Verwaltungsbehörde die Zulassungsbescheinigung und das Kennzeichen einzuziehen oder, soweit die Einziehung des Kennzeichens nicht zulässig ist, den Dienststempel auf diesem augenfällig zu vernichten. In gleicher Weise ist auf Antrag der Steuerbehörde zu verfahren, wenn die Steuerkarte nicht rechtzeitig erneuert wird.

Geht ein zum Verkehr auf öffentlichen Wegen und Plätzen bereits zugelassenes Kraftfahrzeug auf einen anderen Eigentümer über, so hat dieser bei der für seinen Wohnort zuständigen höheren Verwaltungsbehörde die erneute Zulassung des Fahrzeugs zu beantragen; der Beifügung des Gutachtens eines Sachverständigen (§ 5 Abs. 2, 3) bedarf es in diesem Falle nicht, wenn die bisherige Zulassungsbescheinigung vorgelegt wird. Bei Ausfertigung der neuen Zulassungsbescheinigung ist die bisherige einzuziehen.

§ 7. Vorbehaltlich der Vorschrift im § 32 muß jedes auf öffentlichen Wegen und Plätzen verkehrende Kraftfahrzeug das polizeiliche Kennzeichen (§ 8) tragen.

§ 8. Das von der höheren Verwaltungsbehörde zuzuteilende Kennzeichen besteht aus einem (oder mehreren) Buchstaben (oder römischen Ziffern) zur Bezeichnung des Landes (oder engeren Verwaltungsbezirkes) und aus der Erkennungsnummer, unter der das Fahrzeug in die polizeiliche Liste (§ 6 Abs. 2) eingetragen ist. Die Verteilung der Kennzeichen innerhalb des Reichsgebiets erfolgt nach einem Plan „für die Kennzeichnung der Kraftfahrzeuge", den der Reichsverkehrsminister nach Anhörung der beteiligten obersten Landesbehörden aufstellt. Das Kennzeichen ist an der Vorderseite und an der Rückseite des Fahrzeugs nach außen hin an leicht sichtbarer Stelle anzubringen. Die Fläche des Kennzeichens muß zur Längsachse des Fahrzeugs senkrecht oder annähernd senkrecht stehen. Bei spitz zulaufenden Fahrzeugen kann jedoch das vordere und das hintere Kennzeichen durch je zwei Kennzeichen ersetzt werden, diese müssen beiderseits an jedem spitz zulaufenden Ende des Fahrzeugs auf Flächen angebracht sein, die zur Längsachse des Fahrzeugs schräg, zur Fahrbahn senkrecht oder annähernd senkrecht stehen.

Das vordere Kennzeichen ist in schwarzer Balkenschrift auf weißem, schwarzgerandetem Grunde auf die Wandung des Fahrzeugs oder auf eine rechteckige Tafel aufzumalen, die mit dem Fahrzeug durch Schrauben, Nieten oder Nägel fest zu verbinden ist. Die Buchstaben (oder die römischen Ziffern) und die Nummern müssen in eine Reihe gestellt und durch einen wagerechten Strich von einander getrennt werden. Die Abmessungen betragen: Randbreite mindestens 10 Millimeter, Schrifthöhe 75 Millimeter bei einer Strichstärke von 12 Millimeter, Abstand zwischen den einzelnen Zeichen und vom Rande 20 Millimeter, Stärke des Trennungsstrichs 12 Millimeter, Länge des Trennungsstrichs 25 Millimeter, Höhe der Tafel ausschließlich des Randes 115 Millimeter.

Bei dem an der Rückseite des Fahrzeugs mittels Schrauben, Nieten oder Nägel fest anzubringenden Kennzeichen sind die Buchstaben (römische Ziffern) und die Nummer auf einer viereckigen weißen, schwarzgerandeten Tafel in schwarzer Balkenschrift auszuführen. Die Tafel kann Bestandteil einer Laterne sein (vergleiche § 11). Die Nummer kann unter den Buchstaben (römischen Ziffern) oder, durch einen wagerechten Strich getrennt, dahinter stehen. Die Abmessungen betragen: Randbreite mindestens 10 Millimeter, Schrifthöhe 100 Millimeter bei einer Strichstärke von 15 Millimeter, Abstand zwischen den einzelnen Zeichen und vom Rande 20 Millimeter, Höhe der Tafel ausschließlich des Randes bei zweizeiligen Kennzeichen 260 Millimeter, bei einzeiligen Kennzeichen 140 Millimeter, ferner bei einzeiligen Kennzeichen Stärke des Trennungsstrichs 15 Millimeter, Länge des Trennungsstrichs 30 Millimeter. Das hintere Kennzeichen kann auch auf die Wandung des Fahrzeugs aufgemalt werden.

Kraftzweiräder sind von der Führung des hinteren Kennzeichens befreit. Bei ihnen genügt ein beiderseitig beschriebenes Kennzeichen, das an der Vorderseite in der Fahrtrichtung an leicht sichtbarer Stelle anzubringen ist. Das Kennzeichen ist in schwarzer Balkenschrift auf weißem, schwarzgerandetem Grunde auf eine rechteckige, an den Vorderecken leicht abgerundete Tafel aufzumalen, die mit dem Fahrzeug durch Schrauben, Nieten oder Nägel fest zu verbinden ist. Die Buchstaben (oder die römischen Ziffern) und die Nummer müssen in einer Reihe stehen und durch einen wagerechten Strich voneinander getrennt sein. Die Abmessungen betragen: Randbreite mindestens 8 Millimeter, Schrifthöhe 60 Millimeter bei einer Strichstärke von 10 Millimeter, Abstand zwischen den einzelnen Zeichen und vom Rande 12 Millimeter, Stärke des Trennungsstrichs

10 Millimeter, Länge des Trennungsstrichs 18 Millimeter, Höhe der Tafel ausschließlich des Randes 84 Millimeter.

Die Muster für die Kennzeichen schreibt der Reichsverkehrsminister vor.

§ 9. Die Kennzeichen müssen mit dem Dienststempel der Polizeibehörde (§ 6 Abs. 2 Satz 2) versehen sein. Zum Zwecke der Abstempelung des Kennzeichens hat die Polizeibehörde die Vorführung des Kraftfahrzeugs anzuordnen. Bevor sie die Abstempelung vornimmt, hat sie sich durch sorgfältige Prüfung davon zu überzeugen, daß das Fahrzeug insbesondere auch den Vorschriften der §§ 8, 10 und 11 entspricht.

§ 10. Die Kennzeichen dürfen nicht zum Umklappen eingerichtet sein; sie dürfen niemals verdeckt sein und müssen stets in lesbarem Zustand erhalten werden. Der untere Rand des vorderen Kennzeichens darf nicht weniger als 20 Zentimeter, der des hinteren nicht weniger als 45 Zentimeter vom Erdboden entfernt sein.

§ 11. Bei Dunkelheit und bei starkem Nebel sind hintere Kennzeichen so zu beleuchten, daß sie deutlich erkennbar sind. Beleuchtungsvorrichtungen dürfen die Kennzeichen von keiner Seite verdecken; Vorrichtungen zum Abstellen der Beleuchtung vom Sitze des Führers oder vom Innern des Wagens aus sind nur zulässig, wenn beim Abstellen gleichzeitig sämtliche Laternen (§ 4 Abs. 1 Nr. 5) verlöschen.

Bei Kraftzweirädern ist das an der Vorderseite angebrachte Kennzeichen während der Dunkelheit und bei starkem Nebel so zu beleuchten, daß es von beiden Seiten deutlich erkennbar ist.

§ 12. Ist der Dienststempel eines Kennzeichens unkenntlich geworden oder muß ein mit dem Dienststempel der Polizeibehörde versehenes Kennzeichen erneuert werden, so ist das Kraftfahrzeug wiederum entsprechend der Vorschrift im § 9 der Polizeibehörde vorzuführen; tritt die Notwendigkeit der Erneuerung an einem Orte ein, von dem aus die Polizeibehörde, die die erste Stempelung des Kennzeichens vorgenommen hatte, ohne Zeitverlust nicht erreicht werden kann, so ist das Fahrzeug der nächsten Polizeibehörde vorzuführen, die alsdann den Dienststempel zu erneuern oder das erneuerte Kennzeichen mit dem Dienststempel zu versehen und, daß dies geschehen, in der Zulassungsbescheinigung (§ 6 Abs. 2) ersichtlich zu machen hat.

§ 13. Die Anbringung verschiedener Kennzeichen ist unzulässig.

C. Der Führer des Kraftfahrzeugs.

a) Die Zulassung zum Führen.

§ 14. Wer auf öffentlichen Wegen und Plätzen ein Kraftfahrzeug führen will, bedarf der Erlaubnis der zuständigen höheren Verwaltungsbehörde. Die Erlaubnis gilt für das ganze Reich; sie ist zu erteilen, wenn der Nachsuchende seine Befähigung durch eine Prüfung dargetan hat und nicht Tatsachen vorliegen, die die Annahme rechtfertigen, daß er zum Führen von Kraftfahrzeugen ungeeignet ist.

Personen unter 18 Jahren ist das Führen von Kraftfahrzeugen, insbesondere auch von Krafträdern, nicht gestattet. Ausnahmen können von der höheren Verwaltungsbehörde mit Zustimmung des gesetzlichen Vertreters zugelassen werden.

Den Nachweis der Erlaubnis hat der Führer durch eine Bescheinigung (Führerschein) zu erbringen, deren Muster der Reichsverkehrsminster vorschreibt.

b) Besondere Pflichten des Führers.

§ 15. Der Führer hat den Führerschein (§ 14 Abs. 3) sowie die Bescheinigung über die Zulassung des Kraftfahrzeugs (§ 6 Abs. 2 und § 34 Abs. 1 und 2) bei der Benutzung des Fahrzeugs auf öffentlichen Wegen und Plätzen bei sich zu führen und auf Verlangen den zuständigen Beamten vorzuzeigen.

§ 16. Der Führer ist dafür verantwortlich, daß das Kraftfahrzeug mit den nach dieser Verordnung vorgeschriebenen Vermerken und polizeilichen Kennzeichen versehen ist, daß das Kennzeichen in vorgeschriebener Weise beleuchtet ist, daß die zulässige Belastung nicht überschritten wird und daß das Fahrzeug sich in verkehrssicherem Zustand (§§ 3, 4) befindet; er hat sich vor der Fahrt von dem Zustand des Fahrzeugs zu überzeugen.

§ 17. Der Führer ist zu besonderer Vorsicht in Leitung und Bedienung seines Fahrzeuges verpflichtet. Er darf von dem Fahrzeug nicht absteigen, solange es in Bewegung ist, und darf sich von ihm nicht entfernen, solange die Maschine oder der Motor läuft; auch muß er, falls er sich von dem Fahrzeug entfernt, die Vorrichtung (§ 4 Abs. 1 Nr. 6) in Wirksamkeit setzen, die verhindern soll, daß ein Unbefugter das Fahrzeug in Betrieb setzt.

Der Führer ist insbesondere verpflichtet, dafür Sorge zu tragen, daß eine nach der Beschaffenheit des Kraftfahrzeugs (§ 3 Abs. 1) vermeidbare Entwickelung von Geräusch, Rauch, Dampf oder üblem Geruch in keinem Falle eintritt.

Das Öffnen von Auspuffklappen innerhalb geschlossener Ortsteile ist verboten.

Stark wirkende Scheinwerfer müssen innerhalb beleuchteter Ortsteile, ausgenommen bei starkem Nebel, abgeblendet werden, ferner da, wo die Sicherheit des Verkehrs es erfordert, insbesondere beim Begegnen mit anderen Fahrzeugen. Der Reichsverkehrsminister bestimmt, welche Scheinwerfer als übermäßig stark wirkend und welche als stark wirkend gelten.

§ 18. Die Fahrgeschwindigkeit ist so einzurichten, daß der Führer in der Lage bleibt, seinen Verpflichtungen Genüge zu leisten.

Die höchstzulässige Fahrgeschwindigkeit beträgt bei Kraftfahrzeugen bis zu 5,5 Tonnen Gesamtgewicht innerhalb geschlossener Ortsteile 30 Kilometer in der Stunde; die höhere Verwaltungsbehörde kann Geschwindigkeiten bis zu 40 Kilometer zulassen. Bei Kraftfahrzeugen von mehr als 5,5 Tonnen Gesamtgewicht beträgt die höchstzulässige Fahrgeschwindigkeit 25 Kilometer, bei Mitführen von Anhängern innerhalb geschlossener Ortsteile 16 Kilometer in der Stunde.

Ist der Überblick über die Fahrbahn behindert, die Sicherheit des Fahrens durch die Beschaffenheit des Weges beeinträchtigt, oder herrscht lebhafter Verkehr, so muß so langsam gefahren werden, daß das Fahrzeug auf kürzeste Entfernung zum Stehen gebracht werden kann.

§ 19. Der Führer hat überall dort, wo es die Sicherheit des Verkehrs erfordert, durch deutlich hörbare Warnungszeichen rechtzeitig auf das Nahen des Kraftfahrzeugs aufmerksam zu machen.

Verordnung über Kraftfahrzeugverkehr.

Das Abgeben von Warnungszeichen ist sofort einzustellen, wenn Pferde oder andere Tiere dadurch unruhig oder scheu werden.

Innerhalb geschlossener Ortsteile dürfen nur kurze Warnungszeichen unter ausschließlicher Verwendung der im § 4 Abs. 1 Nr. 4 vorgeschriebenen Huppe abgegeben, außerhalb geschlossener Ortsteile darf auch eine Pfeife benutzt werden.

Das Abgeben langgezogener Warnungszeichen, die Ähnlichkeit mit Feuersignalen haben, und die Anbringung und Verwendung anderer als der im Abs. 3 genannten Signalinstrumente ist verboten.

§ 20. Merkt der Führer, daß ein Pferd oder sonst ein anderes Tier vor dem Kraftfahrzeuge scheut, oder daß sonst durch das Vorbeifahren mit dem Kraftfahrzeuge Menschen oder Tiere in Gefahr gebracht werden, so hat er langsam zu fahren sowie erforderlichenfalls anzuhalten und die Maschine oder den Motor außer Tätigkeit zu setzen.

Auf den Haltruf oder das Haltzeichen eines als solcher kenntlichen Polizeibeamten hat der Führer sofort anzuhalten. Zur Kenntlichmachung eines Polizeibeamten ist auch das Tragen einer Dienstmütze ausreichend.

§ 21. Beim Einbiegen in eine andere Straße ist nach rechts in kurzer Wendung, nach links in weitem Bogen zu fahren. Diese Vorschrift gilt entsprechend für das Durchfahren von scharfen oder unübersichtlichen Wegekrümmungen.

Der Führer hat entgegenkommenden Kraftfahrzeugen, Fuhrwerken, Reitern, Radfahrern, Viehtransporten oder dergleichen rechtzeitig und genügend nach rechts auszuweichen oder, falls dies die Umstände oder die Örtlichkeit nicht gestatten, so lange anzuhalten, bis die Bahn frei ist.

Das Vorbeifahren an eingeholten Kraftfahrzeugen, Fuhrwerken, Reitern, Radfahrern, Viehtransporten oder dergleichen hat auf der linken Seite zu erfolgen.

D. Die Benutzung öffentlicher Wege und Plätze.

§ 22. Das Fahren mit Kraftfahrzeugen ist nur auf Fahrwegen gestattet. Auf Radfahrwegen und auf Fußwegen, die für Fahrräder freigegeben sind, ist der Verkehr mit Kraftzweirädern mit besonderer polizeilicher Genehmigung zulässig.

§ 23. Die Polizeibehörden können durch allgemeine polizeiliche Vorschriften oder durch besondere für den einzelnen Fall getroffene polizeiliche Anordnungen, soweit der Zustand der Wege oder die Eigenart des Verkehrs insbesondere Rücksichten auf den Fußgängerverkehr es erfordern, den Verkehr mit Kraftfahrzeugen überhaupt oder mit einzelnen Arten auf bestimmten Wegen, Plätzen und Brücken verbieten oder beschränken. Für Wegestrecken, die dem Durchgangsverkehre dienen, steht diese Befugnis der obersten Landesbehörde zu; sie kann die Befugnis auf die höheren Verwaltungsbehörden übertragen.

Für Vorschriften und Anordnungen nach Abs. 1, die die Fahrgeschwindigkeit beschränken, ist unbeschadet der Bestimmung im Abs. 1 Satz 2 die höhere Verwaltungsbehörde zuständig; die Höchstgeschwindigkeit darf für Kraftfahrzeuge bis zu 5,5 Tonnen Gesamtgewicht auf weniger als 30 Kilometer in der Stunde festgesetzt werden. Vorschriften für den allgemeinen Fuhrwerksverkehr (§ 2 Abs. 1) bedürfen der Zustimmung der höheren Verwaltungsbehörde, wenn sie auch für Kraftfahrzeuge bis zu 5,5 Tonnen Gesamtgewicht gelten sollen und eine Höchstgeschwindigkeit von weniger als 30 Kilometer in der Stunde vorschreiben. Die Bestimmungen dieses Absatzes gelten nicht für Verkehrsbeschränkungen auf Brücken und Eisenbahnübergängen.

Die höhere Verwaltungsbehörde kann auch Vorschriften oder Anordnungen erlassen, durch die, abgesehen von dem Falle des Abs. 1, der Verkehr mit Kraftfahrzeugen für bestimmte Örtlichkeiten mit Rücksicht auf deren besondere Verhältnisse verboten oder beschränkt wird.

Auf Verbote oder Beschränkungen nach Abs. 1 bis 3 ist durch Warnungstafeln hinzuweisen.

§ 24. Das Wettfahren und die Veranstaltung von Wettfahrten auf öffentlichen Wegen und Plätzen sind verboten.

Für Zuverlässigkeitsfahrten und ähnliche Veranstaltungen zu Prüfungszwecken ist die Genehmigung der zuständigen Behörde erforderlich; soweit mit ihnen Geschwindigkeitsprüfungen verbunden sind, ist die Genehmigung der obersten Landesbehörde erforderlich, die im Einzelfalle die Bedingungen festsetzt.

E. Mitführen von Anhängern.

§ 25. Ein zum Verkehr auf öffentlichen Wegen oder Plätzen zugelassener Kraftwagen darf einen Anhängewagen nur unter folgenden Bedingungen mitführen:

1. das Gesamtgewicht (einschließlich Ladung) des Anhängewagens darf 7,5 Tonnen nicht überschreiten;
2. die Radkränze des Anhängewagens müssen mit Gummi oder einem anderen elastischen Stoffe bereift sein und dürfen keine Unebenheiten besitzen, die die Fahrbahn beschädigen könnten;
3. der Anhängewagen muß versehen sein:
   a) mit einer sicher wirkenden Bremse,
   b) mit einer zuverlässigen auf die Fahrbahn wirkenden Vorrichtung, die in Steigungen die unbeabsichtigte Rückwärtsbewegung verhindert (Bergstütze);
4. die Verbindung zwischen Anhängewagen und Kraftwagen muß so beschaffen sein, daß die Räder des Anhängewagens auch in Krümmungen möglichst auf den Spuren des Kraftwagens laufen;
5. der Anhängewagen muß von außen sichtbar ein mit Nieten befestigtes Schild haben, das in leicht lesbarer Schrift eine Unterscheidungsnummer, Eigengewicht, zulässige Nutzlast sowie Felgendruck auf 1 Zentimeter Felgenbreite — Basis der Gummireifen — im beladenen Zustand angibt.

Der Führer ist dafür verantwortlich, daß der Anhängewagen den Bedingungen des Abs. 1 entspricht und sich in verkehrssicherem Zustand befindet. Kann die Bremse nicht vom Führersitze des Kraftwagens aus bedient werden, so muß auf dem Anhängewagen ein Bremser mitfahren und eine Verständigung zwischen ihm und dem Führer möglich sein.

Die höhere Verwaltungsbehörde kann allgemein für ihren Bezirk von der Einhaltung der Bestimmung des Abs. 1 Nr. 3 Befreiung gewähren.

Das Mitführen von Anhängeachsen zur Lastenbeförderung und von mehr als einem Anhängewagen ist nur mit Erlaubnis der Polizeibehörde und nur für deren Bezirk zulässig; das gleiche gilt für das Mitführen eines Anhängewagens, wenn den Bedingungen im Abs. 1 Nr. 1, 3, 4 oder 5 nicht genügt ist. Der Erlaubnis der Polizeibehörde bedarf es nicht, soweit nur dem Erfordernisse des Abs. 1 Nr. 3 nicht genügt ist und die höhere Verwaltungsbehörde von der Befugnis, gemäß Abs. 3 Befreiung zu gewähren, Gebrauch gemacht hat. In Fällen polizeilicher Erlaubnis ist der Erlaubnisschein bei der Fahrt mitzuführen und den zuständigen Beamten auf Verlangen vorzuzeigen. Das Mitführen von Anhängeachsen zur Personenbeförderung kann von der höheren Verwaltungsbehörde für ihren Bezirk allgemein oder im Einzelfalle zugelassen werden.

Bei Mitführen von Anhängewagen oder -achsen muß außer dem vorderen Kennzeichen des § 8 Abs. 2 das Kennzeichen nach § 8 Abs. 3 entweder an der Rückseite des letzten Fahrzeugs oder auf beiden Seitenwänden des Kraftwagens angebracht sein. Im letzteren Falle muß bei Dunkelheit oder starkem Nebel eine Laterne weißes oder gelbes Licht nach hinten werfen; einer Beleuchtung der seitlichen Kennzeichen bedarf es nicht.

§ 26. Ein zum Verkehr auf öffentlichen Wegen oder Plätzen zugelassenes Kraftrad darf Anhänger, Bei- oder Vorsteckwagen nur mitführen, wenn deren Radkränze mit Gummi oder einem anderen elastischen Stoffe bereift sind und keine Unebenheiten besitzen, die die Fahrbahn beschädigen könnten; auch muß der Anhänger, Bei- oder Vorsteckwagen mit dem Kraftrad in zuverlässiger Weise gekuppelt sein.

Der Führer ist dafür verantwortlich, daß der Anhänger, Bei- oder Vorsteckwagen diesen Bedingungen entspricht und sich in verkehrssicherem Zustand befindet.

§ 27. Die Bestimmungen des § 25 finden mit Ausnahme der des Abs. 5 Satz 2, erster Halbsatz keine Anwendung auf angehängte Kraftfahrzeuge, die sich nicht mit eigener Kraft fortbewegen. Solche Schleppzüge müssen besonders vorsichtig fahren; geschleppte Kraftfahrzeuge müssen mit je einem Begleiter besetzt sein, der Bremsen und Lenkvorrichtung bedient.

F. Untersagung des Betriebs.

§ 28. Die Polizeibehörde kann jederzeit auf Kosten des Eigentümers eine Untersuchung darüber veranlassen, ob ein Kraftfahrzeug den nach Maßgabe dieser Verordnung zu stellenden Anforderungen entspricht.

Genügt ein Kraftfahrzeug diesen Anforderungen nicht, so kann seine Ausschließung vom Befahren der öffentlichen Wege und Plätze durch die höhere Verwaltungsbehörde verfügt werden.

§ 29. Werden Tatsachen festgestellt, die die Annahme rechtfertigen, daß eine Person zum Führen von Kraftfahrzeugen ungeeignet ist, so kann ihr die Fahrerlaubnis dauernd oder für bestimmte Zeit durch die für ihren Wohnort zuständige höhere Verwaltungsbehörde entzogen werden; nach der Entziehung ist der Führerschein der Behörde abzuliefern. Die Entziehung der Fahrerlaubnis ist für das ganze Reich wirksam. Im Falle der Entziehung der Fahrerlaubnis für bestimmte Zeit kann deren Wiedererteilung von der nochmaligen Ablegung einer Prüfung oder der Erfüllung sonstiger Bedingungen abhängig gemacht werden.

Personen, die nur während eines vorübergehenden Aufenthalts in dem Gebiete des Deutschen Reichs ein Kraftfahrzeug führen, kann aus Gründen, die nach Abs. 1 die Entziehung der Fahrerlaubnis rechtfertigen, die Führung des Kraftfahrzeugs durch Verfügung der zuständigen höheren Verwaltungsbehörde jederzeit untersagt werden. Die Untersagung ist für das ganze Reich wirksam.

G. Ausnahmen.

§ 30. Die höhere Verwaltungsbehörde kann für ihren Verwaltungsbezirk, in jedem Falle unter Vorbehalt des Widerrufs, für Lastkraftfahrzeuge auf Antrag des Eigentümers von der Vorschrift des § 3 Abs. 2 Befreiung gewähren. Sie hat in jedem Einzelfalle Bestimmungen über die zulässigen Geschwindigkeiten, den Verkehrsbereich und die Verkehrswege zu treffen und diese Bestimmungen in die Zulassungsbescheinigung einzutragen.

Die höchstzulässige Fahrgeschwindigkeit beträgt bei Verwendung nichtelastischer Bereifung

a) bei Lastkraftwagen mit einem Gesamtgewichte bis zu 5,5 Tonnen außerhalb geschlossener Ortsteile 15, innerhalb geschlossener Ortsteile 12 Kilometer in der Stunde;

b) bei Lastkraftwagen mit einem Gesamtgewichte von mehr als 5,5 Tonnen außerhalb geschlossener Ortsteile 12, innerhalb geschlossener Ortsteile 8 Kilometer in der Stunde.

Die Fahrgeschwindigkeit kann auf ein geringeres Maß festgesetzt werden.

Durch Vereinbarungen mit einer benachbarten Behörde kann der Verkehrsbereich auch auf deren Bezirk ausgedehnt werden.

Die Vorschriften im Abs. 1 bis 4 finden auf Anhängewagen hinsichtlich der Befreiung von der Vorschrift im § 25 Abs. 1 Nr. 2 mit der Maßgabe entsprechende Anwendung, daß von einem Lastkraftfahrzeuge nur ein mit nichtelastischer Bereifung versehener Anhängewagen mitgeführt werden darf und daß die zulässige Höchstgeschwindigkeit außerhalb geschlossener Ortsteile 12 Kilometer und innerhalb geschlossener Ortsteile 8 Kilometer in der Stunde beträgt.

§ 31. Als vorläufig zum Verkehr auf öffentlichen Wegen und Plätzen zugelassen gelten Kraftfahrzeuge während der durch den amtlich anerkannten Sachverständigen vorzunehmenden technischen Prüfung. Die Vorschrift in § 15 über die Mitführung der Zulassungsbescheinigung findet in diesen Fällen keine Anwendung.

Während der Prüfungsfahrten haben die Kraftfahrzeuge ein besonderes Kennzeichen (Probefahrtkennzeichen) zu führen, auf das die Bestimmungen im § 8 mit der Maßgabe Anwendung finden, daß die Erkennungsnummer aus einer Null (0) mit einer oder mehreren nachfolgenden Ziffern besteht, daß das Kennzeichen in roter Balkenschrift auf weißem, rotgerandetem Grunde herzustellen ist und daß von der festen Anbringung der Kennzeichen abgesehen werden kann. Derartige, mit dem Dienststempel der höheren Verwaltungsbehörde versehene Kennzeichen sind den amtlich anerkannten Sachverständigen (§ 5) zur Verwendung bei diesen Prüfungsfahrten zur Verfügung zu stellen.

§ 32. Von der Verpflichtung zur Führung des Kennzeichens (§ 7) sind befreit:
1. die Kraftfahrzeuge der Feuerwehren im Dienste,
2. die zu Zwecken der öffentlichen Straßenreinigung dienenden Kraftfahrzeuge.

§ 33. Von der Verpflichtung zur Führung eines gestempelten Kennzeichens sind befreit Kraftfahrzeuge, die auf der Fahrt zur Polizeibehörde zwecks Vorführung des Fahrzeugs und Abstempelung des Kennzeichens (§§ 6 und 9) öffentliche Wege und Plätze benutzen müssen. Als Ersatz für die fehlende Zulassungsbescheinigung und gleichzeitig als Ausweis für diese Fahrt dient die schriftliche Aufforderung der Polizeibehörde, das Fahrzeug vorzuführen.

§ 34. Soll ein Kraftfahrzeug zu Probefahrten auf öffentlichen Wegen oder Plätzen in Betrieb genommen werden, so hat der Eigentümer bei der für seinen Wohnort zuständigen höheren Verwaltungsbehörde die Zulassung nach §§ 5 und 6 zu bewirken. Ist die Notwendigkeit der Probefahrten nachgewiesen, so erhält der Antragsteller an Stelle der Zulassungsbescheinigung nach § 6 Abs. 2 eine besondere Zulassungsbescheinigung nach einem besonderen vom Reichsverkehrsminister vorgeschriebenen Muster mit kürzester Befristung je nach Lage des Falles und ein Kennzeichen nach § 31 Abs. 2. Für die Abstempelung gilt § 9 sinngemäß.

Kraftfahrzeugfabriken, Zweigniederlassungen von Kraftfahrzeugfabriken, Kraftfahrzeughändler und solche Gewerbebetriebe, die Zubehör- oder Bestandteile von Kraftfahrzeugen liefern oder Kraftfahrzeuge instandsetzen, erhalten, wenn sie zuverlässig sind, auf Antrag widerruflich im voraus ohne Vorlage eines Sachverständigengutachtens oder einer Ausfertigung der Typenbescheinigung (§ 5 Abs. 2 und 3) eine dem Umfang ihres Geschäftsbetriebs entsprechende Zahl von der höheren Verwaltungsbehörde vollzogener Zulassungsbescheinigungen nach vom Reichsverkehrsminister vorgeschriebenem Muster, in die sie selbst die Beschreibung des Fahrzeugs einzutragen haben, und eine entsprechende Anzahl Kennzeichen nach § 31 Abs. 2, die entweder für Kraftfahrzeuge jeder Art oder nur für Krafträder gelten, zu wiederkehrender Verwendung bei den einzelnen Kraftfahrzeugen; die Kennzeichen sind der Polizeibehörde zur Abstempelung vorzulegen; eine Vorführung des Fahrzeugs bei der Polizeibehörde (§ 9) ist nicht erforderlich. Für eine von einer Kraftfahrzeugfabrik auf Grund einer Typenbescheinigung gleichzeitig fertiggestellte Gruppe von Fahrzeugen kann auch eine gemeinsame Zulassungsbescheinigung nach Satz 1 ausgestellt werden, in die außer der Bezeichnung der Gattung die Fahrgestellnummern aller zu der Gruppe gehörenden Fahrzeuge eingetragen sind. Die Vorschriften des Satzes 1 gelten von Betrieben des Reichs und der Länder mit der Maßgabe, daß von der Feststellung, ob die im Satze 1 enthaltenen besonderen Voraussetzungen vorliegen, abzusehen ist.

Bei Probefahrten zur Prüfung der Verkehrssicherheit eines Fahrzeugs ist besonders vorsichtig zu verfahren (§ 18 Abs. 1); für solche Fahrten kann die höhere Verwaltungsbehörde bestimmte Wege vorschreiben. Wird eine Probefahrt über die Grenze des Reichsgebiets ausgedehnt, so sind Kennzeichen und Zulassungsbescheinigung vor Verlassen des Reichs dem deutschen Grenzzollamt abzuliefern. Bei Entziehung der Probefahrtkennzeichen durch die zuständige Verwaltungsbehörde oder bei Ablauf der in der Zulassungsbescheinigung vermerkten Frist sind Kennzeichen und alle erteilten Zulassungsbescheinigungen der Polizeibehörde unverzüglich abzuliefern. Unterbleibt die Ablieferung, so sind Kennzeichen und Zulassungsbescheinigungen einzuziehen; das Kennzeichen ist nach Vernichtung des Dienststempels in augenfälliger Weise unkenntlich zu machen, sofern es nicht amtlich ausgegeben ist.

Bei Verkauf eines Fahrzeugs ist die Ausstellung der Zulassungsbescheinigung und die Zuteilung des nunmehr endgültig zu führenden Kennzeichens unverzüglich bei der zuständigen höheren Verwaltungsbehörde (§ 5 Abs. 1) zu beantragen. War für das Fahrzeug eine Zulassungsbescheinigung nach Abs. 1 ausgestellt, so ist diese dem Antrag beizufügen; die höhere Verwaltungsbehörde sendet nach Zulassung des Fahrzeugs die Bescheinigung an die Behörde zurück, die sie ausgestellt hat. Dem Antrag auf endgültige Zulassung eines Fahrzeugs, für das eine Zulassungsbescheinigung nach Abs. 2 ausgestellt war, ist das Gutachten eines Sachverständigen oder die Ausfertigung der Typenbescheinigung (§ 5 Abs. 2 und 3) beizufügen.

Über die nach Abs. 2 ausgestellten Zulassungsbescheinigungen hat der Empfänger eine Liste mit Beschreibung der einzelnen Fahrzeuge und Angabe über den Verbleib der Zulassungsbescheinigungen zu führen; er hat diese nach Beendigung der Probefahrten, spätestens ein Jahr nach ihrer Ausstellung, unmittelbar der Behörde, die sie ausgestellt hat, abzuliefern; dies gilt auch für Zulassungsbescheinigungen nach Abs. 1, wenn sie nicht an andere höhere Verwaltungsbehörden eingereicht sind.

Über alle Probefahrten ist eine Liste zu führen, in die jede einzelne Benutzung eines Probefahrtkennzeichens unter genauer Bezeichnung des Wagens (Fabrikat, Fabriknummer des Fahrgestells und Motors) und Angabe des Führers, der Insassen, der Zeit der Abfahrt und Rückkehr, der Fahrstrecke und des Zweckes der Probefahrt einzutragen ist.

Die nach Abs. 5 und 6 zu führenden Listen sind den zuständigen Beamten auf Verlangen vorzuzeigen.

Bei Fahrzeugen, die auf Grund einer Zulassungsbescheinigung nach Abs. 2 mit einem vorläufigen Aufbau zu Probefahrten benutzt werden, darf auf dem Fabrikschild die Angabe des Eigengewichts (§ 4 Abs. 5) fehlen und auf der Zulassungsbescheinigung als Eigengewicht des betriebsfertigen Fahrzeugs das betriebsfertige Eigengewicht des Fahrgestells und als zulässige Belastung die Tragfähigkeit des Fahrgestells angegeben werden.

Die höhere Verwaltungsbehörde hat über die ausgegebenen Probefahrtkennzeichen eine Liste zu führen. Die Liste muß erkennen lassen, ob das einzelne Kennzeichen für Kraftfahrzeuge jeder Art oder nur für Krafträder gilt. Geht ein Probefahrtkennzeichen verloren, so hat die höhere Verwaltungsbehörde dem Empfangsberechtigten ein Probefahrtkennzeichen mit einer anderen Erkennungsnummer zuzuteilen; die bisherige Erkennungsnummer darf erst nach Ablauf von drei Jahren erneut ausgegeben werden.

Überführungsfahrten stehen den Probefahrten im Sinne vorstehender Vorschriften gleich. Als Überführungsfahrten gelten Fahrten, die bei Eigentumswechsel oder Wechsel des Wohnorts des Eigentümers lediglich der Verbringung des Fahrzeugs an den neuen Einstellungsort dienen. Bei Verkauf eines Fahrzeugs ins Ausland steht die Verbringung des Fahrzeugs an einen Grenzort der Verbringung an den neuen Einstellungsort gleich.

§ 35. Auf die Kraftfahrzeuge der Wehrmacht, der Reichspost und der staatlichen Polizei finden die Bestimmungen dieser Verordnung mit der Maßgabe Anwendung, daß die Fahrzeuge Warnungszeichen auch mit anderen als den im § 19 Abs. 3 genannten Signalinstrumenten abgeben dürfen und daß eine jederzeitige Untersuchung der Fahrzeuge der Wehrmacht und der Reichspost und die Ausschließung dieser Fahrzeuge durch die höhere Verwaltungsbehörde (§ 28) nicht zulässig ist.

Die Kraftfahrzeuge der Reichspost brauchen außerdem nicht mit einer Huppe zum Abgeben von Warnungszeichen (§ 4 Abs. 1 Nr. 4) versehen zu sein. Die für die Fuhrwerke der Reichspost nach Reichs- oder Landesgesetzen bestehenden Sonderrechte gelten auch für die Kraftfahrzeuge der Reichspost.

§ 36. Für die Erteilung der Erlaubnis zum Führen von Kraftfahrzeugen der Wehrmacht, der Reichspost und der staatlichen Polizei sowie für die Entziehung dieser Erlaubnis gelten die besonderen Vorschriften unter Ziffer VII der im § 14 Abs. 4 näher bezeichneten Anweisung.

§ 37. Kraftfahrzeuge der Feuerwehren im Dienste brauchen nicht mit einer Huppe zum Abgeben von Warnungszeichen versehen zu sein (§ 4 Abs. 1 Nr. 4) und dürfen Warnungszeichen auch mit anderen als den im § 19 Abs. 3 genannten Signalinstrumenten abgeben. Sie unterliegen nicht den Vorschriften über die einzuhaltende Fahrgeschwindigkeit (§ 18) und sind befreit von den Vorschriften über das Ausweichen, Anhalten und Vorbeifahren in den im § 21 Abs. 2 und 3 genannten Fällen; das gleiche gilt für im Dienste befindliche Kraftfahrzeuge der Wehrmacht und der staatlichen Polizei, wenn Gefahr im Verzug ist.

H. Schluß- und Übergangsbestimmungen.

§ 38. Welche Behörden unter der Bezeichnung „Polizeibehörde" und „höhere Verwaltungsbehörde" zu verstehen sind, bestimmt die oberste Landesbehörde.

Reichswehr- und Reichspostminister bestimmen je für ihren Dienstbereich die Dienststellen, welche die der höheren Verwaltungsbehörde zugewiesenen Befugnisse ausüben,

a) bei Prüfung, Zulassung und Kennzeichnung ihrer Kraftfahrzeuge, bei Entscheidung darüber, ob Anhängewagen mit Bremse und Bergstütze versehen sein müssen, bei Zulassung des Mitführens von Anhängeachsen zur Personenbeförderung und bei Erteilung der Erlaubnis zur Verwendung einer nicht elastischen Bereifung bei Anhängewagen, die für tierischen Zug eingerichtet sind (§ 5 Abs. 1 und 2, §§ 6 und 25, Abs. 3 und Abs. 4 Satz 4, § 30 Abs. 5, §§ 31 und 34 Abs. 1, 4 und 9, ferner § 34 Abs. 2 für ihre reichseigenen Betriebe);

b) bei Prüfung ihrer Kraftfahrzeugführer sowie Erteilung und Entziehung der Fahrerlaubnis (§§ 14, 29 Abs. 1 und Anlage);

c) bei Anerkennung von Angehörigen ihres Dienstbereichs als Sachverständige (§ 5 Abs. 2 und Ziffer II der nachfolgenden „Anweisung").

Die Mitwirkung der Polizeibehörde nach § 6 Abs. 2 Satz 2, §§ 9, 12, 33 und 34 unterbleibt in diesen Fällen, die in der Anlage vorgesehene braucht nicht stattzufinden.

Der Reichsverkehrsminister setzt mit Zustimmung des Reichsrats die Anforderungen fest, denen die von den höheren Verwaltungsbehörden anzuerkennenden Sachverständigen und die der Wehrmacht und Reichspost genügen müssen.

§ 39. Der Reichsverkehrsminister setzt die Gebühren fest, die den amtlich anerkannten Sachverständigen für die Prüfung von Kraftfahrzeugen (§ 5 Abs. 2 und 3) und Kraftfahrzeugführern (§ 14 Abs. 4) zustehen; er hat davon dem Reichsrat unverzüglich Kenntnis zu geben; erhebt der Reichsrat innerhalb eines Monats Widerspruch, so hat der Reichsverkehrsminister diese Gebühren aufzuheben und die bisherigen wieder in Kraft zu setzen.

Anweisung über die Prüfung der Führer von Kraftfahrzeugen.

I. Die Erlaubnis zum Führen eines Kraftfahrzeugs erteilt die für den Wohnort der betreffenden Person oder für den Ort, wo sie den Fahrdienst erlernt hat, zuständige höhere Verwaltungsbehörde. Der Antrag auf Erteilung der Erlaubnis ist an die zuständige Ortspolizeibehörde zu richten. Dem Antrag ist beizufügen:

1. ein Geburtsschein,

2. ein Zeugnis eines beamteten Arztes darüber, daß der Antragsteller keine körperlichen Mängel hat, die seine Fähigkeit beeinträchtigen können, ein Kraftfahrzeug sicher zu führen, insbesondere keine Mängel hinsichtlich des Seh- und Hörvermögens; dieses Zeugnis fällt bei Anträgen auf Erteilung der Erlaubnis zum Führen eines Kraftrads fort,

3. ein Lichtbild (Brustbild 6 × 8 Zentimeter groß, unaufgezogen), das auf der Rückseite mit der eigenhändigen Unterschrift des Antragstellers und des beamteten Arztes, dem Datum der Untersuchung und dem Dienststempel des Arztes versehen sein muß; Unterschrift des beamteten Arztes, Datum der Untersuchung und Dienststempel fallen bei Anträgen auf Erteilung der Erlaubnis zum Führen eines Kraftrads fort,

4. ein Nachweis darüber, daß er den Fahrdienst bei einer durch die zuständige höhere Verwaltungsbehörde zur Ausbildung von Führern ermächtigten Person oder Stelle (Fahrschule, Kraftfahrzeugfabrik) erlernt hat. Aus dem Nachweis muß die Dauer der praktischen Ausbildung im Fahren ersichtlich sein.

Die Ortsbehörde hat zu prüfen, ob gegen den Antragsteller Tatsachen vorliegen (z. B. schwere Eigentumsvergehen, Neigung zum Trunke oder zu Ausschreitungen, insbesondere zu Roheitsvergehen), die ihn als ungeeignet zum Führen eines Kraftfahrzeugs erscheinen lassen; nach Vornahme der Prüfung legt sie unter Mitteilung des Ergebnisses den Antrag mit seinen Anlagen der höheren Verwaltungsbehörde vor. Diese stellt zunächst durch Anfrage bei der für das Deutsche Reich bestehenden Sammelstelle für Nachrichten über Führer von Kraftfahrzeugen (Polizeipräsidium in Berlin) fest, was etwa über den Antragsteller dort bekannt ist. Ergeben die Feststellungen, daß er ungeeignet zum Führen eines Kraftfahrzeugs ist, so ist ihm die Erlaubnis zu versagen. Andernfalls übersendet die höhere Verwaltungsbehörde den Antrag nebst Anlagen dem amtlich anerkannten Sachverständigen (Ziffer II) zur Vornahme der Prüfung des Antragstellers über seine Befähigung zum Führen eines Kraftfahrzeugs. Der Antragsteller ist hiervon in Kenntnis zu setzen.

Für Reichs- oder Staatsbeamte, die als Führer von Kraftfahrzeugen verwendet werden sollen, kann der Antrag auf Erteilung der Erlaubnis zum Führen eines Kraftfahrzeugs von der vorgesetzten Behörde bei der Ortspolizeibehörde gestellt werden. Der Antrag muß die erforderlichen Angaben über den Personenbestand des Prüflings enthalten und von den unter Nr. 2 bis 4 bezeichneten Anlagen begleitet sein. Von einer Feststellung, ob gegen den Prüfling Tatsachen vorliegen, die ihn als ungeeignet zum Führen eines Kraftfahrzeugs erscheinen lassen, hat die Ortspolizeibehörde in solchen Fällen abzusehen.

II. Die Prüfungen erfolgen bei den durch die höheren Verwaltungsbehörden amtlich anerkannten Sachverständigen.

Die Sachverständigen bestimmen den Zeitpunkt für die Prüfung.

Der Prüfling hat ein Kraftfahrzeug der Betriebsart und Klasse, für dessen Führung er den Nachweis der Befähigung erbringen will für die Prüfung bereitzustellen. Das Fahrzeug muß, wenn die Witterungs- und Wegeverhältnisse dies notwendig erscheinen lassen, mit einem oder mehreren Gleitschutzreifen versehen sein.

III. Die Prüfung ist auf den Nachweis der Befähigung zum Führen bestimmter Betriebsarten und Klassen von Kraftfahrzeugen zu richten. Sie kann abgelegt werden für Kraftfahrzeuge mit Antrieb

durch Elektromotoren,
durch Verbrennungsmaschinen,
durch Dampfmaschinen,
durch sonstige Motoren

und zwar:

1. für Krafträder,
2. für Kraftwagen mit einem betriebsfertigen Eigengewichte von mehr als 2,5 Tonnen,
3. für Kraftwagen mit einem betriebsfertigen Eigengewichte bis zu 2,5 Tonnen
   a) bis zu 8 PS (Nutzleistung nach der Steuerformel berechnet),
   b) über 8 PS (Nutzleistung nach der Steuerformel berechnet).

Personen, die für eine Betriebsart und Klasse von Fahrzeugen den Nachweis der Befähigung erbracht haben, können die Erlaubnis zum Führen von Fahrzeugen einer anderen Betriebsart oder Klasse nur auf Grund einer besonderen Prüfung für diese Betriebsart und Klasse erhalten; jedoch schließt der Nachweis der Befähigung zum Führen eines Fahrzeugs der Klasse 3b den der Befähigung für die gleiche Betriebsart der Klasse 3a ein; auch kann eine Fahrerlaubnis für Fahrzeuge der Klasse 3b auf Fahrzeuge gleicher Betriebsart der Klasse 2 ohne besondere Prüfung ausgedehnt werden, wenn der Besitzer der Fahrerlaubnis nachweist, daß er Fahrzeuge der Klasse 3b ein Jahr lang geführt hat. Anträgen auf Erweiterung von Kraftradführerscheinen ist ein ärztliches Zeugnis beizufügen; dieses muß auch eine Erklärung darüber enthalten, daß dem beamteten Arzte die untersuchte Person bekannt ist oder daß er sich durch das Lichtbild des Führerscheins von ihrer Nämlichkeit überzeugt hat.

IV. Die Prüfung zerfällt in einen mündlichen und einen praktischen Teil.

1. Die mündliche Prüfung erstreckt sich auf

a) allgemeine Kenntnis der Hauptteile des vorgeführten Fahrzeugs, genaue Kenntnis der für die Beurteilung seiner Verkehrssicherheit in Betracht kommenden Teile (Lenkvorrichtung, Bremsen, Geschwindigkeitswechsel, Rücklauf und Radbereifung);

b) Verhalten in besonderen Fällen (z. B. bei Schleudern des Wagens, bei Feuersgefahr am Fahrzeug, Wassermangel bei Dampferzeugern);

c) Beurteilung der Verkehrssicherheit des Fahrzeugs vor Antritt der Fahrt;

d) Kenntnis der für den Führer eines Kraftfahrzeugs maßgebenden gesetzlichen und polizeilichen Vorschriften.

2. Die praktische Prüfung umfaßt:

a) Feststellung der Wirksamkeit der Bremsen und Lenkvorrichtungen, Ingangsetzen des Motors nach vorheriger Prüfung der Zündvorrichtungen und einfache Fahrübungen auf kurzer Strecke (z. B. Einhaltung einer gegebenen Fahrtrichtung, Ausweichen vor angedeuteten Hindernissen, schnelles Halten mit Benutzung der verschiedenen Bremsen, Rückwärtsfahren, Wenden mit und ohne Benutzung der Rückwärtsfahrt);

b) Probefahrt auf freier Strecke in mäßigem Verkehre mit Begegnen und Überholen von Fuhrwerk, Ausfahrt aus einem Grundstück, Einbiegen in Straßen, Anwendung des Warnungszeichens, Wechsel der Geschwindigkeit (wenn möglich auch in Steigungen und im Gefälle) unter Benutzung der verschiedenen zu Gebote stehenden Hilfsmittel, Handhabung der Bremsen unter verschiedenen Verhältnissen;

c) abschließende Prüfung in freier Fahrt, auch durch belebtere Verkehrsstraßen, in mindestens einstündiger Dauerfahrt unter Benutzung aller am Prüfungsort und in seiner näheren Umgebung zu Gebote stehenden Geländeverhältnisse.

Für die Führung von Krafträdern ist die Prüfung der Bauart des Fahrzeugs entsprechend zu gestalten. Nach dem Ermessen des Sachverständigen kann dabei die Dauer der unter 2c vorgeschriebenen freien Fahrt eingeschränkt werden.

Zur mündlichen Prüfung können mehrere Prüflinge gleichzeitig zugelassen werden. Der praktischen Prüfung für Kraftwagen ist jeder Prüfling einzeln zu unterziehen.

Die praktische Prüfung ist erst vorzunehmen, wenn der Prüfling die mündliche Prüfung bestanden hat. Zu der Prüfung gemäß 2c darf der Prüfling nur zugelassen werden, wenn er bei der Prüfung nach 2b volle Sicherheit, Ruhe und Gewandtheit gezeigt hat.

Bei den Fahrprüfungen für Kraftwagen (vgl. 2b und c) muß der prüfende Sachverständige auf dem Wagen Platz nehmen[1]). Er hat bei der Fahrt von Anweisungen soweit irgend möglich abzusehen und sein Augenmerk besonders darauf zu richten, ob der Prüfling die nötige Ruhe und Geistesgegenwart, einen sicheren Blick und Verständnis für die Bedürfnisse des öffentlichen Verkehrs zeigt, sowie ob er Entfernungen richtig abzuschätzen, die Gelände- und Verkehrsverhältnisse besonders beim Wechsel der Geschwindigkeit zu berücksichtigen und zu benutzen, die Bremsen richtig zu handhaben und Geräusch- und Geruchbelästigung nach Möglichkeit zu vermeiden versteht.

Wenn der Prüfling bereits im Besitze der Fahrerlaubnis für eine bestimmte Betriebsart und Klasse von Fahrzeugen ist und die Ausdehnung der Fahrerlaubnis auf eine andere Betriebsart oder Klasse wünscht, kann die mündliche und praktische Prüfung nach dem Ermessen des Sachverständigen abgekürzt werden.

V. Bei der Abnahme der Prüfungen ist besonders Gewicht auf die Fahrprüfungen zu legen; wenn der Prüfling bei diesen Unkenntnis oder Unsicherheit zeigt, ist die Prüfung abzubrechen. Die Prüfung ist nur dann als bestanden anzusehen, wenn der Prüfling in allen Gegenständen genügende Sachkenntnis bewiesen hat.

---

[1]) Bei Kraftfahrzeugen, die keinen geeigneten Platz bieten, darf von der Befolgung dieser Vorschrift abgesehen werden, sofern der Sachverständige sich auf andere Weise, z. B. durch Begleiten mit einem anderen Kraftfahrzeuge, von den Fähigkeiten Überzeugung verschaffen kann.

Über die zur Prüfung zugelassenen Personen und über das Ergebnis der Prüfung haben die amtlich anerkannten Sachverständigen ein Verzeichnis unter fortlaufender Nummer zu führen.

Nach Abschluß der Prüfung haben die Sachverständigen unter Rücksendung des Antrags und seiner Anlagen umgehend der höheren Verwaltungsbehörde über das Ergebnis zu berichten; hierbei ist die Nummer anzugeben, unter der die Eintragung in das Verzeichnis erfolgt ist.

Ist die Prüfung bestanden, so ist insbesondere anzugeben, für welche Betriebsart und Klasse von Fahrzeugen der Prüfling sie abgelegt hat.

VI. Ergibt der Bericht des Sachverständigen, daß der Antragsteller die Prüfung nicht bestanden hat, so ist die nachgesuchte Erlaubnis zum Führen eines Kraftfahrzeugs von der höheren Verwaltungsbehörde zu versagen. Auf Antrag des Prüflings kann jedoch die höher Verwaltungsbehörde ihre Entscheidung einstweilen aussetzen und die Zulassung zur Wiederholung der Prüfung bei demselben Sachverständigen in Aussicht stellen; die Wiederholung ist hierbei von dem Nachweis abhängig zu machen, daß der Prüfling in der Zwischenzeit weiteren gründlichen Unterricht genossen hat. Die Wiederzulassung darf keinesfalls vor Ablauf von vier Wochen erfolgen. Wenn sich ergeben hat, daß dem Prüfling die nötige Vorsicht, Ruhe und Geistesgegenwart fehlt, kann ausdrücklich eine längere Frist festgesetzt werden. Macht der Prüfling von der Wiederzulassung zur Prüfung innerhalb der von der höheren Verwaltungsbehörde festgesetzten Frist keinen Gebrauch, so ist ihm die Fahrerlaubnis zu versagen.

Ergibt der Bericht des Sachverständigen, daß der Antragsteller die Prüfung bestanden hat, so erteilt die höhere Verwaltungsbehörde dem Prüfling den Führerschein für die betreffende Betriebsart und Klasse von Fahrzeugen, sofern nicht besondere Gründe, die nicht bereits vor der Erteilung des Auftrags zur Vornahme der Prüfung gewürdigt worden sind, zur Versagung der beantragten Erlaubnis führen müssen. In Ausnahmefällen kann die höhere Verwaltungsbehörde einen Führerschein auch für die Führung eines einzelnen bestimmten Kraftfahrzeugs ausstellen, insbesondere wenn ein Kriegsverletzter ein Fahrzeug führen will, das der Körperbeschaffenheit durch besondere Einrichtungen angepaßt ist oder das er mit Hilfe eines Ersatzglieds sicher führen kann. In diesen Fällen sind Kennzeichen, Firma, die das Fahrgestell hergestellt hat, und Fabriknummer des Fahrgestells im Führerschein anzugeben.

Über die von ihr ausgestellten Führerscheine hat die höhere Verwaltungsbehörde eine Liste zu führen; die Nummer der Liste ist in dem Führerschein anzugeben.

Von jedem Falle der Versagung der Erlaubnis, der Aussetzung der Entscheidung oder der Erteilung eines Führerscheins hat die höhere Verwaltungsbehörde umgehend der Sammelstelle in Berlin Mitteilung zu machen. Das gleiche gilt in den Fällen des § 29 der Verordnung. In den Fällen der Versagung, Entziehung und Untersagung sind die Gründe kurz mitzuteilen.

VII. Für die Erteilung der Erlaubnis zum Führen von Kraftfahrzeugen der Wehrmacht und der Reichspost und für die Entziehung dieser Erlaubnis gilt folgendes:

Die Abhaltung der Führerprüfung sowie die Ausstellung des Führerscheins erfolgt durch die gemäß § 38 Abs. 2 der Verordnung bestimmten Dienststellen nach den Bestimmungen unter Ziffer I bis VI. Dabei kann bei Angehörigen der Wehrmacht der Geburtsschein (Ziffer I Abs. 1 Nr. 1) durch einen Stammrollenauszug ersetzt, von der Vorlage des Zeugnisses eines beamteten Arztes (Ziffer I Abs. 1 Nr. 2) abgesehen und das Lichtbild (Ziffer I Abs. 1 Nr. 3) nach der Prüfung vorgelegt werden. Die Vorschriften über die Beteiligung der Sammelstelle für Nachrichten über Führer von Kraftfahrzeugen (Ziffer I Abs. 2 und Ziffer VI Abs. 4) finden Anwendung. Die Erlaubnis beschränkt sich nicht auf die Führung von Kraftfahrzeugen der betreffenden Verwaltung; sie gilt nur für die Dauer des Dienstverhältnisses; dies ist auf dem Führerscheine zu vermerken. Bei Beendigung des Dienstverhältnisses wird der Schein eingezogen; auf Antrag ist dem Inhaber eine Bescheinigung zu erteilen, für welche Betriebsart und Klasse von Kraftfahrzeugen ihm die Erlaubnis erteilt war.

Wünscht ein früherer Inhaber eines von der Wehrmacht oder der Reichspost erteilten Führerscheins nach seinem Ausscheiden aus dem Dienstverhältnis einen Führerschein nach Ziffer VI für diejenige Betriebsart und Klasse von Fahrzeugen, zu deren Führung er nach der Bescheinigung (Abs. 2) berechtigt war, ohne nochmalige Ablegung einer Prüfung über seine Befähigung zum Führen eines Kraftfahrzeugs zu erhalten, so hat er einen Antrag unter Vorlegung dieser Bescheinigung, des ärztlichen Zeugnisses und des Lichtbilds (Ziffer I) innerhalb eines halben Jahres nach Beendigung seines Dienstverhältnisses bei der Ortspolizeibehörde seines Wohnsitzes oder Entlassungsorts zu stellen. Im übrigen regelt sich das Verfahren nach Ziffer I und IV.

Abs. 2 Satz 4 und 5 sowie Abs. 3 gelten auch für Führerscheine, die von einer als höhere Verwaltungsbehörde anerkannten Dienststelle der staatlichen Polizei erteilt sind.

Anweisung über die Prüfung von Kraftfahrzeugen.

I. Allgemeine Bestimmungen.

1. Bei der Beurteilung der Verkehrssicherheit eines Kraftfahrzeugs kommen nur die Teile in Betracht, deren Versagen an dem in Bewegung befindlichen Fahrzeug eine Gefahr für den öffentlichen Verkehr in sich schließt, nämlich Einrichtungen für Lenken, Bremsen, Verhinderung unbeabsichtigter Rückwärtsbewegung, Rückwärtsgang und Radkonstruktion. Diese Einrichtungen müssen unter allen Umständen so beschaffen sein, daß ihr Versagen bei sachgemäßer Unterhaltung und Bedienung nicht zu befürchten ist. Einrichtungen, deren Versagen nur den Antrieb des Fahrzeugs stört oder unmöglich macht (Störungen an der Maschine oder am Motor, an der Kupplung und dergleichen) kommen für die Prüfung nicht in Betracht.

2. Die Wahl der Materialien bleibt dem Fabrikanten unter eigener Verantwortlichkeit überlassen, jedoch müssen Vorderachsen, Lenkhebel und Lenkgestänge aus gezogenem oder geschmiedetem Material hergestellt werden. Die gewählten Abmessungen sind nur dann zu beanstanden, wenn sich bei der Prüfung bleibende Formveränderungen bemerkbar machen.

II. Feuers- und Explosionsgefahr.

1. Zur Vermeidung von Feuers- und Explosionsgefahr bei Fahrzeugen mit elektrischem Antrieb sind die unter Nr. XII besonders angegebenen Vorschriften für elektrisch betriebene Fahrzeuge zu beachten.

2. Bei Dampffahrzeugen muß die Kesselanlage, soweit dafür nicht von der zuständigen Behörde Ausnahmen zugelassen sind, den allgemeinen polizeilichen Bestimmungen über die Anordnung von Landdampfkesseln entsprechen. Ferner ist bei Verwendung fester Brennstoffe darauf zu achten, daß der Funkenauswurf verhindert wird. Endlich muß die Feuerstelle von allen brennbaren Teilen des Fahrzeugs genügend isoliert und der Aschenkasten so gebaut und angeordnet sein, daß keine glühenden Aschenteile herausfallen können.

2. Bei Fahrzeugen mit Verbrennungsmaschine sind zur Vermeidung von Feuers- und Explosionsgefahr folgende Vorschriften zu befolgen:

a) Behälter, die zur Aufnahme flüssigen Brennstoffs dienen, sind aus zähem, gegen Rost geschütztem Material herzustellen; Nähte müssen, sofern sie nicht durch Nietung und Lötung, Hartlötung oder Schweißung hergestellt sind, doppelt gefalzt und gelötet sein. Die Behälter sind mit einem hydraulischen Überdruck von 0,3 Atmosphären auf Dichthalten zu prüfen; ihr Einbau in die Fahrzeuge ist so auszuführen, daß sie möglichst gegen Stoß geschützt sind; der tiefste Punkt der Behälter und ihrer Armatur muß auch bei vollbelastetem Fahrzeug mindestens 15 Zentimeter über dem Boden liegen. Das Füllrohr ist durch ein auswechselbares feinmaschiges Drahtnetz gegen das Hindurchschlagen von Flammen zu sichern. Geschweißte Behälter müssen mit mindestens einem Schmelzpfropfen oder Sicherheitsventile versehen sein. Alle Armaturteile müssen mit dem Behälter außer durch Lötung noch durch Nieten oder Schrauben verbunden sein. An dem tiefsten Punkte des Behälters ist eine Ablaßvorrichtung anzubringen, so daß eine völlige Entleerung erfolgen kann. An Vorrichtungen zur Anzeige des Flüssigkeitsstandes muß mindestens der untere Anschluß an den Behälter absperrbar sein. Erfolgt die Zuführung des Brennstoffs durch den Druck der Auspuffgase, so ist ein Reduzierventil mit vorgeschaltetem Siebe in die Druckgasleistung einzubauen.

b) Die Zuflußrohrleitung zur Maschine ist sorgfältig zu befestigen und so zu verlegen, daß ein Ausgleich von Längenänderungen möglich ist. Die Verbindung einzelner Rohrstücke ist durch eine über beide Rohrenden geschraubte und verlötete Muffe oder durch eine Verschraubungsart mit metallischen Dichtungsflächen (Kegelnippel, Kugelnippel, gestauchte Rohrenden) herzustellen. In gleicher Weise ist die Befestigung der Rohre mit den Absperrvorrichtungen und Armaturteilen auszuführen, falls sie nicht hart eingelötet sind. Flanschverbindungen mit Stoffpackung sind unzulässig. Alle mit der Benzinleitung verlöteten Nippel müssen hart gelötet sein, während an den Brennstoffbehältern und ihren Armaturteilen, wenn die Lötung nur den Zweck hat, abzudichten, Weichlötung zulässig ist. In der Zuflußrohrleitung zur Maschine ist in der Nähe des Brennstoffbehälters eine Absperrvorrichtung einzuschalten; dieselbe muß von außen leicht zugänglich sein; bei Brennstofförderung durch Druckgase und Steigrohr genügt eine Einrichtung zum schnellen Ablassen des Druckes. Brennstoffleitung, Vergaser und Schwimmergehäuse sind so anzuordnen, daß etwa austretender Brennstoff nicht auf das Auspuffrohr, den Stromverteiler oder Magnetapparat tropfen kann; der aus dem Schwimmergehäuse und Vergaser etwa austretende Brennstoff ist unmittelbar ins Freie zu leiten.

c) Werden unterhalb des Wagens Schutzbleche angebracht, so muß die Beseitigung der sich in ihnen ansammelnden brennbaren Stoffe leicht möglich sein.

d) Die elektrischen Zündleitungen sind zu isolieren und so zu verlegen, daß Kurzschluß ausgeschlossen ist. Hochspannungsleitungen sind besonders sorgfältig zu verlegen. Glührohrzündung ist verboten.

III. Vermeidung von üblem Geruch, Rauch und Geräusch.

Die Verbrennung der Gase in der Maschine muß so vollkommen und die Ölzufuhr so eingerichtet sein, daß, abgesehen vom Anfahren nach längerem Stillstand, ein belästigender Rauch nicht entwickelt wird. Tauchschmierung ist zulässig, wenn eine Einrichtung zur Regelung des Ölstandes im Kurbelgehäuse vorhanden ist. Die Abführung der Verbrennungsgase bei Explosionsmaschinen und des Dampfes bei Dampfmaschinen hat unter Anwendung ausreichender schalldämpfender Mittel zu geschehen; Auspuffklappen oder andere Einrichtungen, die es ermöglichen, die Schalldämpfer in ihrer Wirkung abzuschwächen oder ganz auszuschalten, sind unstatthaft. Dampfkessel, die nicht mit Brennstoffen geheizt werden, die rauchlos verbrennen, sind mit ausreichenden, Rauch verhütenden Feuerungseinrichtungen zu versehen.

IV. Lenkvorrichtung.

1. Der Drehungswinkel der Lenkspindel soll der Geschwindigkeit des Fahrzeugs entsprechend möglichst gering sein.

2. Die Lenkvorrichtung muß so beschaffen sein, daß zu ihrer Bewegung und Festhaltung ein möglichst geringer Kraftaufwand ausreicht. Einfache Hebellenkvorrichtungen (auch Zahnstangenlenker und unmittelbar an einer Lenkspindel befestigte Hebel) sind nur bis zu einem Gewichte des betriebsfertigen Wagens von 350 Kilogramm zuzulassen[1]). Bei Fahrzeugen mit höherem Gewichte müssen Lenkvorrichtungen mit Zwischenübersetzung (Schnecke, Schraube oder dergleichen) verwendet werden, die keinesfalls erheblich unter der Grenze der Selbsthemmung liegen. Das Gehäuse der Lenkvorrichtung muß fest gelagert sein. Die Anordnung und Lage der von dem Lenkhebel zu den Lenkschenkeln führenden Schubstange muß derart sein, daß bei Durchfederung des Wagens kein unzulässiges Flattern der Vorderräder eintritt. Bei Schubstangen mit Stoßfängern müssen ausreichende Sicherungen dagegen vorhanden sein, daß ein Kugelzapfen aus der Stange herausspringt. Bei Verwendung von Kugelzapfen, insbesondere wenn sie hängend angebracht sind, muß dafür gesorgt werden, daß die Schubstange bei Verschleiß der Kugelpfannen oder Kugelzapfen nicht zu Boden fällt. Alle Bolzen des Lenkgestänges sind mit Kronenmutter und Splint oder gleichwertig gesicherten Muttern zu versehen. Außerhalb der Drehachse des Achsschenkels müssen alle Lenkungsteile, auch etwa mit denselben verbundene andere

---

[1]) Seit 1. März 1911 für dreirädrige Fahrzeuge bis zu 600 Kilogramm.

Organe (Elektromotoren), sofern sie nicht unmittelbar in das Rad eingebaut sind, mit ihrem tiefsten Punkte mindestens 15 Zentimeter über der Standfläche liegen und leicht zugänglich sein. Es darf also das hintere Gelenk der Schubstange nicht etwa durch ein vom Rahmen zum Trittbrett geführtes festes Blech oder dergleichen der Beobachtung entzogen werden; Lederkappen oder dergleichen zum Schutze der Gelenke sind zulässig.

V. Bremseinrichtungen.

1. Die Beurteilung der Bremswirkung muß dem sachverständigen Urteil des Prüfers überlassen bleiben[1].
2. Drahtseile für den Bremsausgleich müssen an den Biegungen über einen Radius von mindestens zehnfachem Seildurchmesser geführt werden. Bremse oder Gestänge müssen nachstellbar eingerichtet sein. Die Nachstellvorrichtung muß leicht zugänglich sein. Bremsvorrichtungen sind nur dann als voneinander unabhängig zu betrachten, wenn sie nicht von einem Gestänge abhängen. Bremsen sind durch Hand- oder Fußhebel zu betätigen; bei Fahrzeugen mit einem Eigengewichte von mehr als 6 Tonnen und bei Anhängewagen sind Spindelbremsen zulässig. Getriebebremsen müssen an einer solchen Stelle angebracht sein, daß sie auch bei Ausschaltung des Vorgeleges nicht unwirksam werden; bei Wagen von mehr als 2000 Kilogramm Eigengewicht sind sie mit Wasserkühlvorrichtung zu versehen. Elektrische Bremsen entsprechen nur dann den Vorschriften des § 4 Abs. 1 Nr. 2, wenn sie auf die Hinterräder wirken.

VI. Bergstützen usw.

Bergstützen müssen vom Führersitz aus bedient werden. Bergstützen sind in der Längsachse des Fahrzeugs oder symmetrisch zu ihr anzubringen und gegen Überklettern zu sichern.

VII. Huppen.

Als vorschriftsmäßige Huppen sind Signalinstrumente zu betrachten, bei denen der Ton durch Schwingungen von Metallzungen oder Platten (Membranen) jederzeit erzeugt werden kann.

VIII. Steuerformeln.

1. Bei Angaben der Steuerleistung ist die Nutzleistung des Fahrzeugs maßgebend. Die Berechnung erfolgt bei Viertakt-Verbrennungsmaschinen normaler Bauart nach der Formel $N = 0.3 \cdot i \cdot d^2 \cdot s$ worin N die Leistung in Pferdestärken, i die Zahl der Zylinder, d den Durchmesser der Zylinder im cm, s den Kolbenhub in m bedeutet.
2. Für Elektromobile ist die Nutzleistung neuer Fahrzeuge durch eine zweistündige Dauerbelastung des Motors im Versuchsraum zu ermitteln, wobei die nach den „Normalien für die Bewertung und Prüfung von elektrischen Maschinen und Transformatoren" des Verbandes deutscher Elektrotechniker ermittelte Temperaturzunahme der Wickelung die im § 19 daselbst angegebenen Grenzen weder überschreiten noch um mehr als $1/3$ unterschreiten darf. Von der hiernach ermittelten, dem Motor in Watt zugeführten Leistung sind bei Radnabenmotoren 10 Prozent, bei Motoren mit Vorgelege 30 Prozent in Abzug zu bringen, so daß sich die anzugebende Nutzleistung des Wagens berechnet: zu N in PS $= n \cdot \eta \dfrac{\text{Leistung in Watt}}{736}$, worin n die Zahl der Motoren, η den den obigen Abzügen entsprechenden Wirkungsgrad bedeuten, also 0,9 beziehungsweise 0,7.
3. Bei bereits im Gebrauche befindlichen Elektromobilen sind in der Regel die bisherigen Angaben, bei ausländischen Fahrzeugen die des Heimatzertifikats maßgebend. Im Zweifelsfall ist die Nutzleistung jedes Motors zu 2,5 PS anzunehmen.
4. Für Dampfmaschinen wird mit Rücksicht auf die große Verschiedenheit der Konstruktionen und Dampfspannungen davon Abstand genommen, eine Formel anzugeben, desgleichen für Zweitakt-Verbrennungsmaschinen[2] und für Viertakt-Verbrennungsmaschinen anormaler Bauart, z. B. solche mit gegenläufigen Kolben (System Gobron-Brillé). Der Prüfer hat bei solchen Fahrzeugen nach sachverständigem Ermessen die Leistung zu bestimmen. Falls ein Bremszeugnis über die Normalleistung des Motors vorliegt, sind für Getriebeverluste 25 Prozent in Abzug zu bringen; der so berechnete Wert ist als Nutzleistung des Fahrzeugs zu bezeichnen.

IX. Eigengewicht.

Bei der Nachprüfung des Eigengewichts des Fahrzeugs sind Abweichungen von den Angaben auf dem Schilde des Fahrzeugs insoweit zulässig, als sie durch die Mitführung der Vorräte an Betriebsstoffen (Benzin, Öl, Karbid, Kühlwasser usw.) bedingt werden. Die Nachprüfung hat durch Wägung des ganzen Fahrzeugs zu erfolgen.

X. Typenprüfung.

1. Für die Typenprüfung kommen nicht die Aufbauten (Karosserie), sondern nur das Fahrgestell in Betracht. Die Prüfung der Huppe und der Laternen fällt fort.
2. Bei Anträgen auf Typenprüfung ist dem zuständigen amtlich anerkannten Sachverständigen von dem Fabrikanten oder Händler in je dreifacher Ausfertigung eine Beschreibung, eine schematische Zeichnung des Fahrgestells mit dem in Betracht kommenden Motor und Triebwerk, Bremsen und Lenkvorrichtung vorzulegen. In der Beschreibung sind anzugeben:

---

[1] Die Angabe eines bestimmten Bremswegs für eine bestimmte Fahrgeschwindigkeit empfiehlt sich nicht wegen der Schwierigkeit der genauen Bestimmung der Fahrgeschwindigkeit, ferner wegen der Abhängigkeit von der Bodenbeschaffenheit, von der Art der Radbereifung, der Belastung und Gewichtsverteilung der Fahrzeuge.

[2] S. hierzu S. 173.

a) Firma, die das Fahrgestell herstellt,
b) Art des Fahrzeugs (Kraftwagen oder Kraftrad), Bestimmung des Fahrzeugs und Kennwort oder Unterscheidungszeichen für den Typ,
c) Art der Kraftquelle,
d) Bauart der Maschine oder des Motors (Viertakt oder Zweitakt, Verbundwirkung oder einfache Wirkung, Hauptschluß oder Nebenschluß usw.),
e) Angaben für die Berechnung der Maschinen- oder Motorleistung (Zylinderzahl, Bohrung, Kolbenhub, Volt, Ampère),
f) Angaben über Bauart und Größe des Dampferzeugers, Kesseldruck, Akkumulatorenbatterie,
g) Art der Kraftübertragung (Gelenkwelle, Kette, Reibradgetriebe usw.),
h) Bauart und Übersetzung der Lenkvorrichtung,
i) Art und Zahl der Bremsen, Hauptabmessungen und Übersetzungsverhältnis,
k) Einrichtungen zur Verhinderung der unbeabsichtigten Rückwärtsbewegung auf Steigungen,
l) betriebsfertiges Eigengewicht des Fahrgestells,
m) Tragfähigkeit des Fahrgestells in Kilogramm,
n) Leistung der Maschine oder des Motors,
o) für steuerpflichtige Fahrzeuge außerdem Leistung des Fahrzeugs an den Triebrädern, berechnet nach der Steuerformel.

3. Der Sachverständige hat zu prüfen, ob die Beschreibung und die Zeichnungen, soweit sie Eigenschaft des Typs betreffen (vergleiche 2 b bis k), mit der Ausführung übereinstimmen[1]), und nach praktischer Erprobung eines Fahrzeugs des Typs die mit Prüfungsvermerk versehene Zeichnung und Beschreibung der zuständigen höheren Verwaltungsbehörde mit einer Bescheinigung darüber vorzulegen, daß der Typ den polizeilichen Anforderungen entspricht. Wird dem Antrag auf Erteilung einer Typenbescheinigung entsprochen, so erlangt die Fabrik oder der Händler auf Grund dieser Bescheinigung die Genehmigung, Fahrzeuge, die mit diesem Typ übereinstimmen, mit eigener Bescheinigung in den Verkehr zu bringen. Mit der Bescheinigung der höheren Verwaltungsbehörde wird ein Stück der geprüften Zeichnung und Beschreibung durch Schnur und Siegel verbunden. Eine Abschrift der Bescheinigung ist mit einem Stücke der Beschreibung und Zeichnung dem zuständigen Sachverständigen von der genehmigenden Behörde zu übersenden.

4. In den von den höheren Verwaltungsbehörden zu erteilenden Typenbescheinigungen sind die obenerwähnten Angaben der Beschreibung und eine schematische Zeichnung des Fahrgestells als für den Typ maßgebend festzulegen.

5. Änderungen der vorstehenden, für die Typenbescheinigung maßgebenden Verhältnisse (vergleiche 2 b bis k) bedingen eine erneute Anzeige bei dem Sachverständigen und Prüfung. Der Sachverständige hat entweder eine Ergänzung der Typenbescheinigung zu bewirken oder den Antragsteller zur Einreichung der für die neue Typenprüfung erforderlichen Unterlagen zu veranlassen.

6. Wünscht ein Fabrikant oder Händler in ein Fahrgestell bestimmter Bauart Maschinen verschiedener Stärke einzubauen, so muß bei der Typenprüfung das Fahrgestell mit der stärksten vorkommenden Maschine vorgeführt werden. Auf Grund dieser Prüfung ist alsdann der Sachverständige berechtigt, auch für das gleiche Fahrgestell mit schwächeren Maschinen Typenzeugnisse auszustellen.

7. Bei Meinungsverschiedenheiten zwischen den Fabriken und den Händlern und den Sachverständigen über die Einwirkung von Abänderungen auf die Typengenehmigung entscheidet die zuständige höhere Verwaltungsbehörde.

XI. Ausführung der technischen Prüfung der Fahrzeuge.

1. Der Sachverständige hat sich zunächst am stillstehenden Fahrzeug davon zu überzeugen, ob es den vorstehenden Ausführungsbestimmungen entspricht. Bei Typenprüfungen hat der Sachverständige das Recht, in der Fabrik die für die Beurteilung der Verkehrsicherheit des Fahrzeugs wichtigen Teile auseinander nehmen zu lassen und zu untersuchen, sofern nicht gleiche Teile vorgelegt werden können; er hat festzustellen, ob die Ausführung des Fahrzeugs, soweit die unter Nr. X 2 b bis k angegebenen Eigenschaften des Typs in Frage kommen, mit den Zeichnungen und Beschreibungen übereinstimmt. Bei den Prüfungen am stehenden Fahrzeug ist zum Beispiel festzustellen, ob die Steuersäule fest gelagert ist, ob in den Ausgleichgelenken der Steuergestänge nicht zuviel Spiel ist, ob die Räder unbehindert ausschlagen, ob die Bremshebel genügend leicht gehen, ob in allen kraftschlüssigen Verbindungen des Bremsgestänges nicht zuviel Spiel vorhanden ist, ob die Bremse richtig eingestellt ist und gleichmäßig anliegt, ob die Nachstellvorrichtungen leicht zugänglich sind, ob die Griffe zur Bedienung der Maschine usw. so angebracht sind, daß der Führer sie leicht und ohne Verwechselungsgefahr handhaben kann, ob Benzinbehälter und Rohrleitung den Vorschriften entsprechen, usw.

2. Bei allen Prüfungen muß eine Probefahrt stattfinden; für die Erprobung der Bremsen ist es von größter Wichtigkeit, daß das Fahrzeug bei der Probefahrt möglichst voll beladen ist; Typenprüfungen sind stets mit voller Nutzlast oder einer dem größten Karosseriegewicht einschließlich der höchstzulässigen Personenzahl entsprechenden Belastung vorzunehmen. Die Prüfung hat so lange zu dauern, bis der Sachverständige die volle Überzeugung von der Verkehrsicherheit des Fahrzeugs bei verschiedenen Geschwindigkeiten gewinnt. Die Versuche werden sich im wesentlichen auf die Lenkung, die Wirksamkeit der Bremsen, die Verhinderung der unbeabsichtigten Rückwärtsbewegung in Steigungen und die Fähigkeit der Rückwärtsbewegung des Fahrzeugs erstrecken; außerdem ist die Geräusch- und Geruchlosigkeit festzustellen. Vorrichtungen zur Verhinderung unbeabsichtigter Rückwärtsbewegung auf Steigungen müssen sowohl bei beladenem wie bei unbeladenem Fahrzeug erprobt werden. Es sind geeignete, möglichst wenig verkehrsreiche Straßen und Wege, die Gelegenheit bieten, das Fahrzeug auch in Steigungen und Gefällstrecken sowie in Kurven zu erproben, für die Probefahrt auszuwählen. Bei den Versuchen ist die erforderliche Vorsicht zur Vermeidung von Unfällen und Beschädigungen des Fahrzeugs anzuwenden. Die Prüfung von Krafträdern ist in der Weise vorzunehmen, daß der Fahrer mit dem Rade nach Anweisung des Sachverständigen bei verschiedenen Geschwindigkeiten diejenigen Übungen ausführt, die geeignet erscheinen, die Lenkbarkeit und Bremssicherheit darzutun.

---

[1]) Bohrung und Kolbenhub müssen bei Typenprüfungen nachgemessen werden.

3. Bei Kraftwagen hat der Sachverständige, nachdem er durch einige Vorversuche die Überzeugung von der Verkehrssicherheit des Fahrzeugs erlangt hat, der Prüfung auf dem Fahrzeug selbst beizuwohnen[1]) und dem Führer, der die Berechtigung zum Fahren besitzen und sich bei schnellfahrenden Wagen über längere Fahrpraxis ausweisen muß, die erforderlichen Anweisungen zu geben. Nach der Probefahrt hat sich der Sachverständige davon zu überzeugen, daß keine dauernden Formveränderungen oder andere Veränderungen an Konstruktionsteilen eingetreten sind, die die Verkehrssicherheit gefährden können.

4. Bei Typenprüfungen sind nach befriedigendem Verlauf aller Prüfungen die dem Sachverständigen übergebenen Zeichnungen und Beschreibungen mit Prüfungsvermerk zu versehen.

XII. Vorschriften für elektrisch betriebene Kraftfahrzeuge.

1. Elektrische Maschinen.

Die elektrischen Maschinen sind so anzuordnen, das etwaige im Betrieb auftretende Feuererscheinungen keine Entzündung von brennbaren Stoffen hervorrufen können. In unmittelbarer Nähe der elektrischen Maschinen dürfen keine Rohrleitungen für brennbare Flüssigkeiten liegen.

2. Akkumulatoren.

Akkumulatorenzellen elektrischer Fahrzeuge können auf Holz aufgestellt werden, wobei eine einmalige Isolierung durch nicht Feuchtigkeit anziehende Zwischenlagen ausreicht. Soweit nur unterwiesenes Personal in Betracht kommt, braucht die Möglichkeit, daß eine Person Teile verschiedener Spannungen gleichzeitig berührt, nicht ausgeschlossen zu sein. Die Akkumulatoren dürfen den Fahrgästen nicht zugänglich sein. Es ist für ausreichende Lüftung zu sorgen. Als nicht Feuchtigkeit anziehende Zwischenlage gilt auch ein zweimaliger Lackanstrich des Holzes mit einem säurebeständigen Lack.

Zelluloid ist zur Verwendung für Kästen und außerhalb des Elektrolyten unzulässig.

3. Leitung.

Der Querschnitt aller Leitungen zwischen Stromquelle und Antriebsmotor ist nach der Normalstärke der vorgeschalteten Sicherung laut folgender Tabelle oder stärker zu bemessen:

Querschnitt in qmm:	Normalstärke der Sicherung in Amp:	Querschnitt in qmm:	Normalstärke der Sicherung in Amp.:
4	30	35	130
6	40	50	165
10	60	70	200
16	80	95	235
25	100	120	275

Drähte für Bremsstrom sind mindestens von gleicher Stärke wie die Fahrstromleitungen zu wählen.

Alle übrigen Leitungen dürfen im allgemeinen mit den in nachstehender Tabelle verzeichneten Stromstärken dauernd belastet werden:

Querschnitt in qmm:	Stromstärke in Amp.:	Querschnitt in qmm:	Stromstärke in Amp.:
0,75	6	25	80
1	6	35	100
1,5	10	50	126
2,5	15	70	160
4	20	95	190
6	25	120	225
10	35	150	260
16	60		

Blanke Leitungen sind zulässig, wenn sie sicher isoliert verlegt und gegen Berührung geschützt sind.

Isolierte Leitungen in Fahrzeugen müssen so geführt werden, daß ihre Isolierung nicht durch die Wärme benachbarter Widerstände oder Heizvorrichtungen gefährdet werden kann.

Die Verbindung der Fahr- und Bremsstromleitungen mit den Apparaten ist mittels Schrauben oder durch Lötung auszuführen.

Nebeneinander laufende isolierte Fahrstromleitungen müssen entweder zu Mehrfachleitungen mit einer gemeinsamen wasserdichten Schutzhülle zusammengefaßt werden derart, daß ein Verschieben und Reiben der Einzelleitungen vermieden wird (dabei ist die Isolierhülle an den Austrittsstellen gegen Wasser abzudichten), oder die Leitungen sind getrennt zu verlegen und, wo sie Platten, Wände oder Fußböden durchsetzen, durch Isoliermittel so zu schützen, daß sie sich an diesen Stellen nicht durchscheuern können.

In den Wagen dürfen isolierte Leitungen unmittelbar auf Holz verlegt und Holzleisten zu ihrer Verkleidung benutzt werden.

Leitungen, die einer Verbiegung oder Verdrehung ausgesetzt sind, müssen aus leicht biegsamen Seilen hergestellt und, soweit sie isoliert sind, wetterbeständig hergerichtet sein.

4. Sicherungen.

Jeder Motor muß eine Hauptabschmelzsicherung oder einen selbsttätigen Ausschalter haben. Jede Leitung, die keinen Fahrstrom führt, muß besonders gesichert sein. Bei solchen benzinelektrischen Fahrzeugen die ohne Betriebsbatterie arbeiten (Fahrzeuge mit elektrischer Kraftübertragung), sind jedoch in den Hauptleitungen keine Sicherungen erforderlich.

Vom Fahrstrom unabhängige Bremsleitungen dürfen keine Sicherungen enthalten.

---

[1]) Bei Kraftfahrzeugen, die keinen geeigneten Platz bieten, darf von der Befolgung dieser Vorschrift abgesehen werden, sofern der Sachverständige sich auf andere Weise die Überzeugung von der Verkehrssicherheit des Fahrzeugs verschaffen kann.

5. Ausschalter.

Es muß ein vom Führersitz aus bedienbarer Haupt- (Not-) Ausschalter vorhanden sein, der das Ausschalten des Fahrstromkreises unabhängig vom Fahrschalter gestattet. Der Notausschalter kann mit dem selbsttätigen Ausschalter (vergleiche unter 4) verbunden sein.

Vom Fahrstrom unabhängige Bremsstromkreise dürfen nur im Fahrschalter abschaltbar sein.

6. Lampen.

Lampenleitungen, die aus der Betriebsstromquelle gespeist werden, müssen mit einer wasserdichten Isolierhülle (Gummiaderleitung) versehen sein.

7. Freileitungen.

Für Freileitungen gelten die vom Verbande deutscher Elektrotechniker herausgegebenen Sicherheitsvorschriften für die Freileitungen von elektrischen Straßenbahnen.

XIV. Gebühren.

Für die Prüfung von Kraftfahrzeugen stehen den amtlich anerkannten Sachverständigen Gebühren nach folgender Gebührenordnung zu:

Nr.	Angabe des Prüfungsgeschäfts	Gebührensatz M.
I.	Für die Typenprüfung	
	a) eines Kraftwagens	100
	b) eines Kraftrads	50
II.	Für die Prüfung einzelner Kraftfahrzeuge:	
	1. am Wohnsitz des Sachverständigen	
	a) für einen Kraftwagen	20
	b) für ein Kraftrad	15
	2. außerhalb des Wohnsitzes des Sachverständigen	
	a) für einen Kraftwagen	25
	b) für ein Kraftrad	20
	3. für weitere an dem gleichen Tage geprüfte Kraftfahrzeuge desselben Eigentümers in dem nämlichen Gemeinde- oder Gutsbezirke	
	a) für jeden Kraftwagen	10
	b) für jedes Kraftrad	7.50

Im übrigen gelten folgende allgemeine Bestimmungen:

1. Reisekosten oder andere Entschädigungen stehen den Sachverständigen nicht zu.
2. Bei Typenprüfungen — Nr. I der Gebührenordnung — ist es gleichgültig, ob die Prüfung am Wohnsitz oder außerhalb des Wohnsitzes des Sachverständigen stattfindet, oder ob sie in einem oder mehreren Prüfungsterminen erledigt wird.
3. Kann die Prüfung eines einzelnen Kraftfahrzeugs ohne Verschulden des Sachverständigen an dem festgesetzten Tage nicht beendet werden, so sind die unter Nr. II 1 oder 2 der Gebührenordnung angegebenen Beträge fällig; für die Fortsetzung einer derart unterbrochenen Prüfung stehen dem Sachverständigen die Gebührensätze nach Nr. II 3 der Gebührenordnung mit der Maßgabe zu, daß bei einer Prüfung außerhalb des Wohnsitzes des Sachverständiger ein Zuschlag von 5 M. zur Erhebung gelangt.
4. Ist die Prüfung mehrer Kraftfahrzeuge desselben Eigentümers für einen Tag vereinbart und kann diese Prüfung ohne Verschulden des Sachverständigen an dem vereinbarten Tage nicht beendet werden, so finden für diese Berechnung der Gebühren die Vorschriften unter Nr. 3 der allgemeinen Bestimmungen entsprechende Anwendung.
5. Kann an einem vereinbarten Tage ohne Verschulden des Sachverständigen die Prüfung überhaupt nicht begonnen werden, so sind die unter Nr. II 1 oder 2 der Gebührenordnung für ein Kraftfahrzeug angegebenen Beträge fällig.

Aus der Groß-Berliner Polizeiverordnung über die Einrichtung von Kraftwagenräumen vom 17. April 1917.

§ 1. Die Einrichtung von Räumen zum Unterstellen von Kraftfahrzeugen bedarf der ortspolizeilichen Genehmigung. Für solche Räume gelten folgende Vorschriften:

1. Sie dürfen keine Öffnungen zur Straße haben, abgesehen von einer auf jedem Grundstück zulässigen ebenerdigen Einfahrt unmittelbar zu den Räumen, wenn diese nicht eine Zufahrt zum Hofe haben.
2. Ihr Fußboden muß in der Höhe der Oberfläche des Bürgersteiges oder des Hofes liegen, von dem sie ihre Zufahrt haben. Er muß unverbrennlich und ölfest sein, er muß in jedem Abteil ein allseitiges Gefälle nach einer muldenartigen Vertiefung unter dem Standplatz eines jeden Wagens oder nach einem von der Polizeiverwaltung zugelassenen Einlauf (Gully) haben und nach der Ausfahrt so angerampt sein, daß Brennstoffmengen nicht aus dem Raume fließen können.

3. Ihre Umfassungswände und Decken müssen feuerfest sein, ebenso die Scheidewände der einzelnen Abteile; sie dürfen keine Öffnungen nach anderen Räumen erhalten.

4. Ihre Fenster — auch solche in Türen — und Oberlichte sind aus feuersicherem Glas (z. B. Siemens-Drahtglas, Elektroglas, Mechano-, Solfac-, Galvanoglas) in Eisenrahmen so herzustellen, daß sie nicht geöffnet werden können.

5. Ihre Türen müssen nach außen aufschlagen, Schiebetüren sind zulässig, wenn sie eine nach außen aufschlagende Schlupftür haben, die das sichere Herauskommen aus dem Raume gewährleistet.

6. Wenn ihre Türen oder Fenster unter Räumen liegen, die zum dauernden Aufenthalt von Menschen dienen, muß die Wand des Kraftwagenraumes über ihnen mindestens 1 m hoch geschlossen bis zur Decke reichen. Was an diesem 1 m fehlt, ist durch einen an der Öffnung der Türen oder des Fensters anzubringenden feuerfesten Schutzstreifen zu ersetzen. Läßt sich dieser Anforderung nicht genügen, so ist über dem Fenster oder der Tür außen ein Gesimsvorsprung von mindestens 60 cm Ausladung oder ein 1 m ausladendes unverbrennliches Schutzdach außen herzustellen.

7. Sie müssen mit einer ausreichenden Entlüftung zur Abführung der am Fußboden lagernden Gase versehen sein.

8. Sie dürfen keine Feuerstätten enthalten. Eine Heizung ist nur gestattet, wenn bei ihr eine Entzündung der Gase ausgeschlossen ist (wie z. B. bei der Niederdruckdampf- oder Warmwasserheizung). Heizungsrohre und Heizungskörper sind durch Drahtgitter oder durchlochtes Eisenblech mit ausreichendem Abstand zu schützen.

9. Zu ihrer Beleuchtung dürfen nur unter Luftabschluß brennende elektrische Glühlampen mit dicht schließenden Überglocken dienen, auch die Außenbeleuchtung ist von den Wagenräumen dicht abzuschließen.

Steckdosen sind nur zulässig, wenn eine Funkenbildung ausgeschlossen ist [1]) und sie mindestens 1,50 m über dem Fußboden angebracht werden.

Der Wagenraum darf mit keinem anderen Beleuchtungskörper als mit elektrischen oder Sicherheitslampen nach Davyschem System betreten werden.

Das Anzünden von Feuer oder Licht, Anzünden und Auslöschen von Wagenlaternen, sowie Rauchen ist in den Räumen unzulässig; das Verbot ist an den Eingangstüren in augenfälliger Weise durch dauerhaften Anschlag bekanntzumachen.

10. Es dürfen weder gefüllte noch leere Gefäße für Benzin oder ähnliche Brennstoffe in ihnen aufgestellt, auch gebrauchte Putzlappen nicht aufbewahrt werden.

11. In einem Raum (Abteil) dürfen nicht mehr als drei Fahrzeuge eingestellt werden.

12. Für die Entwässerung sind die Vorschriften der städtischen Polizeiverwaltungen zu beachten.

§ 2. Für Werkstätten, die zum Betrieb der Kraftwagen gehören, gelten die Vorschriften des § 1 Ziffer 1 und 10 ebenfalls.

Kraftfahrzeuge dürfen bei ihrer Unterbringung in den Werkstätten keine brennbaren Betriebsstoffe mehr enthalten.

Diese Vorschrift ist in augenfälligem und dauerhaftem Anschlag an den Eingangstüren anzubringen.

§ 3. Sofern auf einem Grundstück mehr als vier Kraftfahrzeuge oder eine Bearbeitungswerkstatt untergebracht werden sollen, ist die Polizeibehörde berechtigt, weitergehende Forderungen für die Feuersicherheit und den Verkehr zu stellen.

§ 4. Ausnahmen von den Vorschriften des § 1 kann die Ortspolizeibehörde zulassen:

1. für Kraftwagenräume auf Grundstücken mit Einfamilienhäusern oder solchen Wohngebäuden, deren Bewohner die Kraftwagen lediglich zu ihrem eigenen Gebrauch benutzen;

2. wenn die Räume sich in eingeschossigen Baulichkeiten befinden, deren Umfassungswände mindestens 6 m von den Tür- und Fensteröffnungen der anderen Gebäude entfernt bleiben;

3. wenn es sich um Grundstücke oder Gebäude handelt, die lediglich dem Kraftwagenbetrieb dienen;

4. solange in den Räumen Kraftfahrzeuge ohne Verbrennungstriebwerk oder solche, bei denen das Gesamtfassungsvermögen der Betriebsstoffbehälter weniger als 15 kg beträgt, untergebracht werden.

§ 5. Die Feuerwachen der Berufsfeuerwehren fallen nicht unter diese Polizeiverordnung.

Einbürgerung des Lastkraftwagenbetriebes im Deutschen Reiche[2]).

A. Allgemeine Bestimmungen.

1. Zur Förderung des Lastkraftwagenbetriebes im Deutschen Reiche gewährt die Heeresverwaltung, soweit es die durch den Etat zur Verfügung gestellten Mittel gestatten, Unternehmern, die Lastzüge oder Lastkraftwagen unter den hier aufgestellten Bedingungen erwerben und in Betrieb nehmen, Subventionen.

Reichsbehörden und Behörden eines Bundesstaates sind von der Subventionsgewährung ausgeschlossen. Für das Königreich Bayern bestehen Sonderbestimmungen des Bayerischen Kriegsministeriums. Der Begriff „Deutsches Reich" ist in den nachfolgenden Bestimmungen ausschließlich des Königreichs Bayern verstanden.

2. Vorbedingungen für die Gewährung der Subventionen sind:

a) Der Unternehmer muß Reichsangehöriger sein, einen festen Wohnsitz im Deutschen Reiche haben oder bei nicht physischen Personen in ein deutsches Handelsregister eingetragen sein. In allen Fällen muß der Lastkraftwagenbetrieb innerhalb der Grenzen des Deutschen Reiches stattfinden.

Der Käufer muß ferner die genügende Gewähr bieten, daß die Fahrzeuge, solange sie staatlich unterstützt werden, in kriegsbrauchbarem Zustande erhalten bleiben und in diesem der Heeresverwaltung bei einer Mobilmachung übergeben werden.

b) Die Lastkraftwagen und Anhänger müssen den von der Heeresverwaltung aufgestellten militärischen und technischen Bedingungen — B — entsprechen; die Kraftwagen außerdem von Automobilfabriken gebaut sein, mit denen die Heeresverwaltung einen Subventionsvertrag abgeschlossen hat.

---

[1]) Wie z. B. bei den Systemen von Eicken (Berliner Omnibus Akt.-Ges.), des Elektrizitätswerks Südwest und der Bergmann Elektr. A.-G.
[2]) Vom 28. März 1913.

c) Über den Kauf muß ein Vertrag nach dem gegebenen Muster zwischen Automobilfabrik und Käufer abgeschlossen sein, der alle besonderen Verpflichtungen beider vertragschließenden Teile gegenüber der Heeresverwaltung als wesentlichen Bestandteil enthält. Dieser Vertrag unterliegt der Genehmigung der General-Inspektion des Militär-Verkehrswesens; die Genehmigung kann ohne Angabe von Gründen versagt werden.

Weitere Einzelheiten enthalten die Ausführungsvorschriften (C).

3. Die Subventionen bestehen:

a) in einer einmaligen Beschaffungsprämie,

in Höhe von 1800 M. für den Einzellastkraftwagen, in Höhe von 3000 M. für den Lastzug
als Gegenleistung dafür, daß der Wagen oder Zug den Bedingungen der Heeresverwaltung entspricht und die von dieser geforderten besonderen Ausrüstungsstücke und Ersatzteile aufweist.

b) in Betriebsprämien für das 2., 3., 4. und 5. Betriebsjahr

in Höhe von 800 M. für den Einzellastkraftwagen, in Höhe von 1200 M. für den Lastzug
als Gegenleistung für den höheren Betriebsaufwand, der durch die besonderen Forderungen der Heeresverwaltung bedingt ist.

Die Auszahlung der Prämien geschieht nur an den Eigentümer des Zuges oder Wagens; ihre Abtretung an dritte Personen ist der Heeresverwaltung gegenüber rechtsunwirksam.

Die Beschaffungsprämie wird nach Mitteilung der Inbetriebnahme des Zuges oder Wagens an die Versuchs-Abteilung des Militär-Verkehrswesens, die Betriebsprämie am Schluß des vollen Betriebsjahres, dieses gerechnet vom Tage der Inbetriebnahme ab, dem Eigentümer gezahlt.

4. Ein Weiterverkauf der subventionierten Züge oder Lastkraftwagen an Käufer, die den Vorbedingungen in Ziffer 2 entsprechen, ist gestattet, sofern die Käufer in die Verpflichtungen aus dem zwischen der Fabrik und dem ersten Erwerber geschlossenen Vertrage zugunsten der Heeresverwaltung eintreten, unter Zustimmung der Automobilfabrik und der General-Inspektion des Militär-Verkehrswesens.

Die Betriebsprämie wird in diesem Falle dem bezahlt, der am Fälligkeitstage Eigentümer des Zuges oder Lastkraftwagens ist.

Außerdem ist der Käufer berechtigt, mit dreimonatiger Kündigung von den Verpflichtungen gegen die Heeresverwaltung zurückzutreten, sofern er die Beschaffungsprämie an diese vollständig zurückzahlt. Die Betriebsprämie wird in diesem Falle entsprechend der Zeit, die in dem laufenden Betriebsjahre der Wagen oder der Zug in Betrieb gewesen ist, gezahlt.

5. Besondere Prämien, deren Höhe das Kriegsministerium festsetzt, können Personen oder Gesellschaften gewährt werden, die durch Anlage von größeren Reparaturwerkstätten und Materialiendepots die mit der Einbürgerung verfolgten militärischen Zwecke in besonderem Maße fördern.

6. Im Falle der Mobilmachung werden die subventionierten Lastkraftwagen und Anhänger von der Heeresverwaltung, soweit erforderlich, käuflich nach den Bestimmungen des Kriegsleistungsgesetzes erworben, wie dies im übrigen auch für jedes andere kriegsbrauchbare Kraftfahrzeug gilt.

7. Die Heeresverwaltung schließt nur mit den Automobilfabriken, denen sie die Subventionsberechtigung auf Grund von ihr erprobter Leistungen ausdrücklich zuerkannt hat, einen Vertrag ab.

Diese Subventionsberechtigung gilt bis zur nächsten Prüfungsfahrt, zu der der Fabrik von seiten der Heeresverwaltung eine Aufforderung zugeht.

Im allgemeinen findet in einem Subventionszeitraum von fünf Jahren eine planmäßige Prüfungsfahrt statt.

Außerplanmäßige Prüfungsfahrten einzelner Fabriken kann die Heeresverwaltung fordern, wenn:

a) die jährlichen Prüfungen durch die Beauftragten der Heeresverwaltung ein dauernd ungünstiges Urteil über die Erzeugnisse einer Fabrik ergeben haben, — die Subventionsberechtigung ist dann erneut dazutun;

b) eine Fabrik die Subventionsberechtigung erwerben will.

Jahreszeit, Dauer der Fahrt und Wahl der Fahrstraße unterliegen lediglich dem Ermessen der Heeresverwaltung, doch wird den Wünschen der Automobilindustrie nach Möglichkeit Rechnung getragen werden.

Die Kosten einer Prüfungsfahrt tragen die teilnehmenden Fabriken anteilmäßig nach näherer Bestimmung der Heeresverwaltung.

8. Für den Fall, daß die subventionierte Automobilfabrik oder der Käufer in Konkurs gerät, die Zahlungen einstellt oder den Geschäftsbetrieb aufgibt, hat der andere Teil seine Verpflichtungen gegen die Heeresverwaltung oder zu deren Gunsten auch fernerhin zu erfüllen.

Die Heeresverwaltung ist aber berechtigt, wenn der Käufer in Konkurs gerät, die weitere Zahlung der Betriebsprämie — auch für das laufende Jahr — zu verweigern und den Teil der Beschaffungsprämie, der auf den noch nicht verstrichenen Teil der auf fünf Jahre bemessenen Unterstützungszeit des Lastzuges oder Lastkraftwagens entfällt, von dem Käufer zurückzufordern.

Die Automobilfabrik haftet in diesem Fall für den Ausfall an der zum Konkurse anzumeldenden Rückforderung der Beschaffungsprämien.

9. Unternehmer, die subventionierte Lastkraftwagen oder Lastzüge zu erwerben wünschen, wenden sich zweckmäßig unmittelbar an eine der subventionierten Automobilfabriken, die öffentlich bekanntzugeben sind.

Auskunft in allen Angelegenheiten der Einbürgerung erteilt im übrigen die Versuchs-Abteilung des Militär-Verkehrswesens.

B. Bedingungen für den Bau von Armeelastzügen.

I. Armeelastzug.

1. Der Armeelastzug besteht aus einem Lastkraftwagen mit einem Anhänger. Der Zug muß im Inlande gebaut und von der Heeresverwaltung auf Grund eigener Erfahrungen als kriegsbrauchbar anerkannt sein.

2. Lastkraftwagen und Anhänger müssen den gesetzlichen und polizeilichen Bestimmungen entsprechen; § 8, 2 des Gesetzes über den Verkehr mit Kraftfahrzeugen vom 3.5.09 findet auf den Armeelastzug Anwendung.

3. Die Fahrzeuge müssen in allen Teilen nach Form, Güte des Materials, der Bearbeitung und Zusammensetzung dem neuesten Stande der Technik entsprechen und völlige Betriebssicherheit, auch im Winter, gewähren. Gleichartige Schrauben und Sicherungen sind erwünscht.

4. Der Lastkraftwagen soll imstande sein, mit 2 Mann Besatzung und voller Ausrüstung (Ziffer 58, 59a und b) mindestens 4000 kg Nutzlast und einen Anhänger mit 1 Mann Besatzung und Ausrüstung (Ziffer 80) und mit mindestens 2000 kg Nutzlast — mithin eine Gesamtnutzlast von mindestens 6000 kg — auf Straßen mit fester Decke zu befördern.

5. Der Lastzug muß auf festen Straßen alle vorkommenden Steigungen unter mittelgünstigen Verhältnissen bis 1:7 mit voller Last und Ausrüstung und beladenem und ausgerüstetem Anhänger befahren können.

6. Die Höchstgeschwindigkeit darf (auch unbeladen) in der Ebene 16 km/h nicht überschreiten.

II. Lastkraftwagen.

7. Alle Hauptteile des Fahrzeuges, wie Motor, Kupplung, Schaltung, Getriebe, usw. müssen übersichtlich und leicht zugänglich angeordnet sein.

8. Der Gang des Fahrzeuges muß möglichst geräuschlos sein.

9. Wagenuntergestell mit Rädern und der Oberbau (Wagenkasten mit Sitz für 3 Bedienungsmannschaften) sind entsprechend Zeichnnng Nr. 104 der Versuchsabteilung auszuführen. Doppelte Abfederung der Achsen ist erwünscht.

10. Das Gesamtgewicht des beladenen, betriebsfertigen und ausgerüsteten Lastkraftwagens (gefüllte Benzin- und Ölbehälter, gefüllter Kühler, Werkzeuge, Zubehör- und Ersatzteile (Ziffer 58, 59a und b), Gleitschutzketten, Wagenplan mit Spriegeln und Bedienungsmannschaften) darf keinesfalls 9000 kg, der Hinterachsdruck unter keinen Umständen 6000 kg überschreiten. Der Druck auf 1 cm Felgenbreite — Basis des Radkranzes — darf nicht mehr als 150 kg betragen.

11. Die Breite des gesamten Wagens darf an keiner Stelle 2 m, die Höhe 4 m nicht überschreiten.

12. Die Spurweite, von Mitte bis Mitte Hinterradbereifung gemessen, darf 155 cm nicht überschreiten.

13. Der Wagenkasten des Kraftwagens muß mindestens 6 m³ Rauminhalt besitzen. Seine größte Breite einschließlich der Beschläge darf höchstens 2 m, seine größte Länge höchstens 4 m betragen. Rück- und Seitenwände des Wagenkastens sind in Scharnieren, nach unten und außen klappbar, einzurichten.

Abnehmbare Aufsatzbretter oder Gitter zur Erreichung von 6 m³ Rauminhalt sind zulässig, jedoch muß der feste Wagenkasten mindestens 0,50 m Höhe haben.

Geschlossene Wagenkasten und besondere Einrichtungen, wie z. B. Kippvorrichtungen, können auf vorherigen Antrag bei der Versuchsabteilung des Militär-Verkehrswesens von Fall zu Fall zugelassen werden.

14. Zum Schutz der Nutzlast ist zum Überdecken des offenen Wagenkastens ein undurchlässiger Wagenplan mittels leichter, eiserner, abnehmbarer Spriegel vorzusehen und durch Ösen, Ringe, Ketten und Schloß verschließbar einzurichten. (Zu Ziffer 9—14 siehe Zeichnung Nr. 104 der Versuchs-Abteilung.)

15. Die Bedienungsmannschaft — drei bequeme Sitzplätze — soll durch geeignete Vorrichtung am Führersitz (festes oder Klappverdeck, Seitenwände; überdies Knieleder erwünscht) gegen die Witterung geschützt sein.

16. Zwischen Motorwagen und Anhänger ist zum Schutz des Bremsers des Anhängers ein abnehmbarer Staubschutz anzubringen, der Zubehörteil des Motorwagens ist.

17. Zwischen dem Sitz des Wagenführers und dem Bremsersitz des Anhängers ist eine gegenseitige zuverlässige Signalvorrichtung vorzusehen, die Zubehörteil des Motorwagens ist.

18. Jeder Teil des beladenen Wagens muß mindestens 28 cm über der Standfläche liegen, mit Ausnahme der innerhalb der Drehachse des Achsschenkels befindlichen oder unmittelbar in das Rad eingebauten Lenkungsteile.

19. Alle Lenkungsteile müssen leicht zugänglich sein.

Die Lenkverbindungstange der Vorderräder ist möglichst geschützt hinter der Vorderachse anzuordnen.

20. Der Vorrat an Brennstoff in den am Kraftwagen eingebauten explosions- und feuersicheren Behältern muß mindestens 200 l, der Vorrat an Öl mindestens 10 l betragen.

21. Der Brennstoffbehälter ist unter dem Sitze oder am hinteren Ende des Rahmens geschützt anzuordnen. Der Zufluß muß auch für Steigungen bis 1:7 gewährleistet sein. Der lichte Durchmesser des Füllstutzens soll 15 mm betragen. Die Brennstoffbehälter und Leitungen sind an den tiefsten Punkten mit Ablaßvorrichtungen und herausnehmbaren Reinigungssieben zu versehen.

Bei Beförderung des Brennstoffs zum Motor mittels Auspuffgasen ist das Einheitsdruckventil der Versuchs-Abteilung (Zeichnung Nr. 105) zu verwenden.

22. Der Auspuff ist so auszubilden, daß das Geräusch der Auspuffgase auf ein Mindestmaß beschränkt wird. Eine vom Führersitz aus zu betätigende Auspuffklappe, die möglichst nahe dem Motor liegen muß, ist so anzubringen, daß sie nur im Notfalle geöffnet werden kann. Das Rohrende des Auspuffs darf nicht nach der Seite oder nach unten gebogen sein, damit Staubentwicklung möglichst vermieden wird. Gleiches gilt für die Anordnung der Auspuffklappe.

23. Die Steuerung ist stoßfrei und nachstellbar auszubilden.

24. Die Bremsvorrichtungen des Motorwagens müssen sicheres Befahren aller vorkommenden Gefälle, auch mit Anhänger, gewährleisten. Getriebebremsen sind mit Wasserkühlung, Hinterradbremsen (Backeninnenbremsen) mit Ausgleich zu versehen. Bei Kettenantrieb des Wagens ist eine Bremstrommel mit einem Durchmesser von 450 mm und einer Breite von 80 mm zu verwenden.

25. Der Motorwagen muß mit einer durchgehenden Bremse für den Anhänger versehen sein. Zu diesem Zwecke ist auf dem Führersitze links vom Fahrer eine von Hand zu betätigende, genügend starke Spindelbremse einzubauen, an die ein in der Mittellinie des Motorwagens geführtes eisernes Zuggestänge (mit Kettenstücken, eingeschweißten Haken usw.) nach hinten anschließt. Drahtseile als Zuggestänge sind ausgeschlossen. Die Verbindung des durchgehenden Bremsgestänges am Motorwagen mit der Bremseinrichtung des Anhängers ist durch Kettenzwischenstücke leicht lösbar nach Zeichnung Nr. 106a der Versuchs-Abteilung auszuführen.

26. Das Fahrzeug ist mit einer gegen Überklettern gesicherten, besonders kräftigen Bergstütze, die auf die Fahrbahn wirkt, zu versehen (etwa wie Zeichnung Nr. 106a der Versuchs-Abteilung); der tiefste Punkt der hochgezogenen Bergstütze darf nicht unter die Hinterachse herunterreichen.

An der Spritzwand muß eine Vorrichtung mit Aufschrift vorhanden sein, welche die Stellung der Bergstütze (ob hochgezogen oder heruntergelassen) ersehen läßt.

Das Herunterlassen der Bergstütze des Anhängers muß sich in gleicher Weise wie die Bremsung des Anhängers vom Führersitz des Motorwagens aus mittels zum Anhänger führenden Drahtseilverbindung ermöglichen lassen (Zeichnung Nr. 106a der Versuchs-Abteilung).

27. Die Kupplung für den Anhänger muß bei beladenem Wagen etwa in Höhe von 30 cm gegen Zug und Druck gefedert im Rahmen des Motorwagens so weit nach hinten eingebaut sein, daß bei rechtwinkliger Stellung noch ein Abstand von ungefähr 30 cm zwischen Hinterwand des Kraftwagens und nächstem Teil des Anhängers vorhanden ist. Die Kupplungsvorrichtung ist nach Zeichnung Nr. 103 der Versuchs-Abteilung auszuführen, auch für die Motorwagen, die ohne Anhänger subventioniert werden.

28. Die Wendefähigkeit des Fahrzeuges muß das Befahren einer Krümmung von 6,5 m Halbmesser an den Innenrädern gestatten.

29. Die Räder müssen mit Vollgummi bereift und mit Vorrichtungen zum Anbringen von Kettenarmierungen als Gleitschutz versehen sein.

Die Herstellung der Räder soll in Stahl oder Stahlguß erfolgen.

Die Schmierung ist für Öl und Fett vorzusehen. (Große Ölkammern.)

Die Nabenverhältnisse, Laufzapfen nebst Zubehör, sowie die Gleitschutzvorrichtungen sind nach den Zeichnungen Nr. 101 und 102 der Versuchs-Abteilung auszubilden. Die Nabenkapseln sind gut zu sichern.

30. Abmessungen der Gummireifen.

A. Vorderräder.

Innerer Durchmesser . . . . . . 670 mm
Äußerer Durchmesser . . . . . . 830 mm
Profil . . . . 120 ,,

B. Hinterräder.

Zulässig sind Zwillings(doppel)reifen (Profil 2×140) oder Breitreifen (Profil 280 mm mit Mittelkerbe — Zeichnung Nr. 108 der Versuchs-Abteilung).

Innerer Durchmesser . . . . . . 850 mm
Äußerer Durchmesser . . 1030—1040 ,,
Profil . . . . . 2 × 140 mm oder 280 ,,

Die Verwendung von abnehmbaren Felgen ist gestattet, sowie auf Grund besonderer Genehmigung der Versuchs-Abteilung die Anwendung einer breiteren Bereifung. Das Aufbringen des vorgeschriebenen Reifenprofils muß aber unter allen Umständen möglich bleiben.

31. Als Gleitschutzketten sind die handelsüblichen, kurzgliedrigen Schiffsketten zu verwenden (d = 7 mm). Die Anzahl der Stifte für die Gleitschutzketten an den Antriebsrädern muß möglichst groß sein.

32. Vorn am Rahmen des Lastkraftwagens sind zwei Zughaken zu befestigen, an denen der ganze Zug geschleppt werden kann. Hinten am Rahmen sind Zughaken für starke Sicherheitsketten des Anhängers anzuordnen.

33. Hinten und an den Seiten des Wagens sind Auftritte mit Durchbrüchen zum Durchflechten von Stroh anzubringen.

Die Auftritte sind so weit unter den Wagenkasten zu setzen, daß ein vollständiges Herunterklappen der Wände möglich ist.

34. An Beleuchtung sind vorzusehen:

a) zwei große, nicht blendende Azetylen-Scheinwerfer mit großem, getrenntem Entwickler (Gabelweite der Laternenhalter 200 mm, Ösenweite 13 mm Durchmesser);

b) zwei Petroleumlaternen (Gabelweite der Laternenhalter 140 mm, Ösenweite 13 mm Durchmesser);

c) eine Petroleumlaterne (Transparentschlußlaterne) für Beleuchtung des hinteren polizeilichen Kennzeichens (Anbringung an der hinteren linken Seite).

35. Die tieftönende Huppe darf nicht auf dem Kotflügel angebracht sein.

36. Vor den Triebrädern sind breite Sandkästen aus starkem Eisenblech mit bequemer Füll- und Entnahmevorrichtung anzuordnen.

Ferner sind am Wagen (von außen leicht zugänglich und mit herunterklappbarem Deckel anzubringen:

a) Behälter für Aufnahme der Gleitschutzketten für die 4 Räder (Ziffer 59a);

b) die Werkzeugkästen (Ziffer 58 u. 59);

c) ein Gepäckkasten (Lichte Maße 930 × 270 × 390 mm).

Sämtliche Kasten müssen mit entsprechender Aufschrift versehen sein; die Behälter unter a) müssen am Boden Löcher zum Ablaufen von Schmelzwasser haben; die Kasten unter b), c) müssen wasser- und möglichst staubdicht und verschließbar sein.

37. Der Einbau eines Kilometerzählers ist erwünscht.

III. Motor.

38. Der Motor soll vor dem Führersitz unter einer verschließbaren Haube, die den Überblick über die Fahrbahn bis dicht vor dem Fahrzeug nicht behindert, angeordnet sein.

39. Bei normaler Umdrehungszahl muß der Motor mindestens 35 PS. an der Bremse aufweisen.

40. Es sind unverstellbare und plombierbare Vorrichtungen anzubringen, die verhindern, daß die Geschwindigkeit von 16 km/h überschritten werden kann. Diese Vorrichtungen dürfen nur auf den dritten und vierten Gang wirken.

41. Klappen im Kurbelgehäuse oder gleichwertige Anordnungen zur leichten Auswechslung der Pleuellager sind erwünscht. Kompressionshähne mit 1/4″ Glasgewindezapfen.

42. Der Vergaser muß die dauernde Verwendung von Benzol, Schwer- und Leichtbenzin, sowie von anderen gleichwertigen Betriebsstoffen, nach entsprechender Einstellung in einwandfreier Weise ermöglichen. Am tiefsten Punkt der Leitung ist ein Wassersack mit Ablaßhahn anzuordnen.

43. Für die Verwendung von schwer entzündbaren Brennstoffen, besonders für den Winterbetrieb, ist eine besondere Einrichtung vorzusehen.

44. Die Gaszufuhr muß durch einen auf dem Steuerrad angebrachten Handhebel zu regeln sein; außerdem ist ein die Gaszufuhr betätigender Fußhebel (Beschleuniger) einzubauen.

45. Die Zündung hat durch einen leicht auswechselbaren Magnetapparat mit normalen Hochspannungskerzen (Gewinde 18 mm Durchmesser, Steigung 1,5 mm, Gewindelänge 12 mm, Schaftlänge der Kerze 11 mm). zu erfolgen. Er muß verschließbar, staub- und wasserdicht untergebracht sein. Ein zweiter Magnetapparat ist als Ersatz beizugeben (Ziffer 59b).

46. Die Schmierung muß zwangläufig erfolgen, gut wirken, zuverlässig und vom Führersitz auch bei Nacht leicht zu beobachten sein; zur Kontrolle des Öles auch bei Dunkelheit ist eine kleine Laterne anzubringen. Die Flüssighaltung des Öles im Winterbetriebe muß gewährleistet sein.

47. Die Kühlvorrichtungen müssen selbst bei langandauernder, langsamer Fahrt in starken Steigungen ausreichen. Das Wasser darf nicht zum Kochen oder Überlaufen kommen. An allen tiefliegenden Punkten der Kühlvorrichtung sind Ablaßvorrichtungen anzubringen, die ein schnelles, völliges Ablassen des Kühlwassers gestatten. Die Kühlvorrichtungen müssen sich bei etwaigen Schäden feldmäßig leicht wiederherstellen lassen. Federnde Aufhängung des Kühlers ist erwünscht.

48. Der Antrieb des Ventilators muß unter allen Umständen sicher gewährleistet und nachstellbar sein. An der hinteren Kühlerwand sind Metallschutzringe oder eine gleichwertige Vorrichtung gegen das Anschlagen der Ventilatorflügel anzubringen.

IV. Kupplung, Schaltung, Getriebe.

49. Die Motorkupplung soll eine Konuskupplung mit haltbarem Belage sein, allmählich wirken und ein leichtes Auswechseln der abgenutzten oder beschädigten Teile ermöglichen.

50. Es muß die Möglichkeit bestehen, an einer Antriebswelle, welche die Tourenzahl des Motors besitzt, mindestens eine, besser zwei geteilte Riemenscheiben von je 300 mm Durchmesser und je 80 mm Breite anbringen zu können.

51. Die Schaltung ist als Kulissenschaltung mit sichtbarem Stempel der Gänge auszubilden.

52. Die Pedale für die Kupplung und Bremse sind mit Aufschrift zu versehen. Das Kupplungspedal soll links vom Bremspedal liegen. Pedal 1 und 2 kuppeln oder bremsen unabhängig voneinander.

53. Der Antrieb bleibt freigestellt. Bei Kettenantrieb ist die Einheitskette der Versuchs-Abteilung zu verwenden (t = 50,8).

54. Der Abstand von Mitte Hinterradbereifung bis Mitte Kettenrad soll hierbei 225 mm betragen. Zwischen Kettengetriebe und Felgenkranz sind Schutzbleche erwünscht, welche die Kette vor grobem Schmutz schützen und ein Hineinschlagen der Gleitschutzketten in das Kettengetriebe verhindern sollen. Geschlossene Kettenkästen (Ölkästen) sind gestattet, doch ist ihre Befestigung so zu bewerkstelligen, daß sie im Bedarfsfalle leicht abgenommen werden können. Zu Ziffer 53 u. 54 siehe Zeichnung 102 der Versuchs-Abteilung.

55. Das Kettenrad der Hinterräder erhält 36 Zähne.

56. Das Gewinde des Kettenspanners ist gegen Einrosten zu schützen.

V. Ausrüstung des Lastkraftwagens.

57. a) Gesetz über den Verkehr mit Kraftfahrzeugen vom 3. 2. 10 nebst Ausführungsbestimmungen.
b) Beschreibung mit Abbildungen und Anleitung für Behandlung und Instandsetzung.
c) Verzeichnis der Werkzeuge, Verzeichnis der Zubehörteile, Verzeichnis der Ersatzteile.

58. Werkzeuge, Zubehör- und Ersatzteile.

Das Fahrzeug ist mit denjenigen Werkzeugen, Zubehör- und Ersatzteilen auszurüsten, die von den Fabriken auch den nicht subventionierten Fahrzeugen mitgegeben werden.

59. Von der Heeresverwaltung werden, soweit unter I—IV noch nicht aufgeführt, außerdem gefordert:
a) Zubehörteile:
4 Satz Gleitschutzketten (je 1 Satz für jedes der 4 Räder, entsprechend der Zahl der Stifte an den Flegen (Ziffern 29 und 31),
je ein Kettenzwischenstück für die durchgehende Bremse und Bergstütze des Anhängers,
2 Hartholzbohlen (1 × 0,4 × 0,05 m) an den Enden zugespitzt,
1 Wassereimer aus Segeltuch,
1 Einfülltrichter mit Sieb (für Brennstoffe),
1 Trichter mit Sieb (für Öl),
1 großer Trichter mit Sieb (für Wasser),
1 Benzinbehälter (Inhalt für 10 l),
1 Petroleumbehälter (Inhalt für 5 l),
2 Ölbehälter (je 1 für dünnes und dickes Öl, Inhalt 2—3 l),
3 Spritzkannen (je 1 für Benzin, Öl, Petroleum),
1 Handölkanne (unter der Haube),
1 Büchse für Fett,
1 Büchse für Schmirgel,
1 Büchse für Karbid,
1 Büchse mit Schrauben, Muttern, Splinten usw.,
1 Reinigungspinsel,

1 Wuchtbaum
1 Kreuzhacke
1 Spaten (mit langem Stil) } am Wagen leicht zugänglich anzubringen.
1 Handbeil
1 Wagenwinde (7,5 t Tragfähigkeit)

b) Ersatzteile:
2 Ansaugventile } mit je 2 Federn,
2 Auspuffventile
1 vollständiger Satz Lager: mindestens 4 für Kolbenstangen und mindestens 3 für Kurbelwellen,
8 Kolbenringe,
1 Satz Packungen,
6 Staufferbüchsen verschiedener Größe,
1 Magnetapparat,
8 Hochspannungszündkerzen,
5 m Zündkabel, 4 Schrauben dazu,
1 Federbügel für Vorderfedern,
3 Felgenstifte für Gleitschutzketten,
4 Kettenglieder (2 gerade, 2 gekröpfte) } bei Ritzelantrieb 2 Ritzel, bei Kardanwagen 1 Satz
4 Kettengliederbolzen Kardansteine oder 1 Kreuzgelenk (Ziff. 53),
2 vollständige Ventilatorantriebe,
je 2 Bremsbacken oder Beläge für Getriebebremse und Hinterradbremse,
2 Beläge für Kupplungskonuse mit Nieten,
1 m Kühlleitungsschlauch (je ½ m, stark und schwach),
1 Satz (8 Stück) Stoßringe für die Wagenräder (2 hintere, 2 vordere für Achsstummel, 2 vordere, 2 hintere für Hinterachse).

Werkzeuge, Zubehör- und Ersatzteile sind in wasserdichten leicht zugänglichen und verschließbaren Kästen, und zwar in Fächern oder ledernen Taschen derart unterzubringen, daß jeder Gegenstand seinen besonderen Platz hat; Gegenstände, die leicht rosten, sind gut einzufetten, empfindliche Teile sind weich zu lagern.

VI. Anhänger.

60. Der Anhänger soll mit dem Lastkraftwagen den in der Form einheitlich durchgebildeten Lastzug bilden und muß Gummibereifung besitzen.

Er muß in allen Teilen so kräftig gebaut sein, daß er bei voller Belastung dauernd eine Höchstgeschwindigkeit von 16 km/h zuläßt.

61. Wagenuntergestell mit gummibereiften Rädern und Oberbau (Wagenkasten mit Bremsersitz für 1 Mann) sind entsprechend Zeichnung Nr. 106a der Versuchs-Abteilung auszuführen.

62. Am Untergestell ist möglichst kein Teil aus Holz herzustellen. Die Räder können aus Holz oder Stahl oder Stahlguß gefertigt werden. Der Rahmen des Aufbaues muß aus Profileisen bestehen; die Federböcke sind vorn und hinten aus Eisen herzustellen.

63. Das Drehgestell, das entweder aus Profileisen oder aus zähem Holz mit entsprechend starker Eisenarmierung gebaut sein soll, muß um 360° drehbar sein.

Im Ober- und Unterkranz des Drehgestells sind mehrere aufeinander passende Löcher anzubringen, durch die ein starker eiserner Bolzen gesteckt werden kann, damit das Drehgestell sich nicht bewegt, wenn der Anhänger vom Motorwagen auf eine kurze Strecke zurückgedrückt werden soll. Dieser Bolzen ist mit einer Splintkette am Wagen selbst zu befestigen.

64. Die Federung des Wagens muß so beschaffen sein, daß bei voller Beladung und 16 km Stundengeschwindigkeit kein Aufsetzen des Wagenkastens auf den Rädern stattfindet. Doppelte Abfederung ist erwünscht.

65. Das Eigengewicht des betriebsfertigen Anhängers darf mit Ausrüstung (Ziffer 80) unter keinen Umständen 2500 kg überschreiten.

Die Nutzlast muß mindestens 2000 kg betragen.

Das Gesamtgewicht (Eigengewicht, Nutzlast, vollständige Ausrüstung, Ziffer 80, und Bremser) darf bei gleichmäßiger Achsbelastung keinesfalls 7500 kg übersteigen.

Der Druck auf 1 cm Felgenbreite — Basis des Radkranzes — darf 150 kg nicht überschreiten.

Wird ein abweichender Oberbau (Ziffer 67, 2. Absatz) zugelassen, so kommt ein etwaiges höheres Gewicht dieses Oberbaues auf die Nutzlast in Anrechnung.

66. Die Breite des gesamten Anhängers darf an keiner Stelle 2 m überschreiten.

67. Der Wagenkasten des Anhängers muß mindestens 3 m³ Rauminhalt besitzen. Seine größte Breite einschließlich der Beschläge darf höchstens 2 m bei etwa 3,5 m Außenmaß der Wagenkastenlänge betragen. Rück- und Seitenwände des Wagenkastens (etwa 0,5 m hoch, entsprechend dem verlangten Rauminhalt von 3 m³) sind in Scharnieren, nach unten und außen klappbar, einzurichten.

Abnehmbare Aufsatzbretter oder Gitter auf dem Wagenkasten, besondere Kippvorrichtungen, sowie geschlossene Wagenkasten können auf vorherigen Antrag bei der Versuchs-Abteilung zugelassen werden.

68. Zum Schutze der Nutzlast ist zum Überdecken des offenen Wagenkastens ein undurchlässiger Wagenplan mittels leichter, abnehmbarer, eiserner Spriegel vorzusehen und durch Ösen, Ringe, Ketten und Schloß verschließbar einzurichten. Die Höhe des Wagenplans, vom Erdboden gemessen, muß unter 4 m bleiben; das gleiche gilt für den geschlossenen Wagenkasten (siehe Zeichnung Nr. 106a der Versuchs-Abteilung).

69. Der Bremser soll durch geeignete Vorrichtungen (festes oder Klappverdeck und Knieleder) gegen die Witterung geschützt sein.

70. Zum Schutze des Bremsers ist zwischen Anhänger und Motorwagen ein abnehmbarer Staubschutz anzubringen (Ziffer 16).

71. Vom Bremsersitz des Anhängers zum Kraftwagenführer muß eine gegenseitige zuverlässige Signalvorrichtung vorhanden sein (Ziffer 17).

72. Jeder Teil des beladenen Anhängers muß mindestens 28 cm über dem Erdboden liegen.

73. Die Bremse soll eine Spindelbremse sein und muß auf die Hinterräder als Backenaußenbremse mit einem Bremstrommeldurchmesser von 500 mm und einer Breite von 80 mm unbedingt zuverlässig wirken. Sie ist so einzurichten, daß sie sowohl vom Führersitz des Motorwagens, wie auch vom Bremsersitz des Anhängers aus sicher zu handhaben ist. Es darf jedoch keine besondere Einstellvorrichtung vorhanden sein, sondern die Bedienung muß jederzeit ganz unabhängig von einem der beiden Sitze aus erfolgen können.

Um die Bremse von beiden Sitzen aus bedienen zu können, ist von der Bremsvorrichtung des Motorwagens aus gemäß Ziffer 25 eine eiserne Zugstange nach der Hinterkante des Motorwagens durchzulegen, die mit der aus massivem Eisen gefertigten Bremszugstange des Anhängers gekuppelt wird. Drahtseile als Zuggestänge sind ausgeschlossen. Am vordersten Ende der Zugstange der Anhängerbremse sind zwei leicht lösbare Kettenstücke anzuschließen, von denen das eine zum Bremsbock des Anhängers, das andere nach dem Zuggestänge der Bremse am Motorwagen führt.

74. Eine starke Bergstütze (siehe Ziffer 26) muß vom Führersitz des Motorwagens aus mittels einer durch ein Kettenzwischenstück leicht zu kuppelnden Drahtseilverbindung betätigt werden können, doch muß die Bergstütze auch vom Anhänger aus hochgezogen und festgehakt werden können.

Der tiefste Punkt der hochgezogenen Bergstütze darf nicht unter die Hinterachse herunterreichen. (Zu Ziffer 73 und 74 siehe Zeichnung Nr. 106a der Versuchs-Abteilung.)

75. Die Kupplungsvorrichtung (Zuggabel aus massivem Eisen) muß bei beladenem Wagen etwa 0,80 m über der Standfläche liegen (Ziffer 27); außerdem sind noch zwei Sicherheitsketten anzuordnen. Die Kupplung muß das Befahren einer Krümmung von 6,50 m Halbmesser an den Innenrädern gestatten und es ermöglichen, daß die Räder des Anhängers auch in Krümmungen möglichst auf den Spuren der Räder des Kraftwagens laufen.

76. Die gummibereiften Räder müssen den gesetzlichen Bestimmungen entsprechen, gleiche Abmessungen besitzen und dauernd 16 km/h Geschwindigkeit aushalten können. Sie müssen einen Felgendurchmesser von 670 mm wie die Vorderräder des Motorwagens haben (Ziffer 30).

Achsschenkel und Naben müssen für alle 4 Räder gleich sein und sind nach der Zeichnung Nr. 107a der Versuchs-Abteilung auszubilden.

Für die Schmierung mit Öl und Fett sind große Kammern mit bequemer Nachfüllvorrichtung vorzusehen. Die Radkapseln sind gegen Lösen gut zu sichern.

77. Vorn am Drehgestell sind zwei Zughaken, an denen je eine starke Sicherheitskette (Ziffer 75) befestigt ist, anzuordnen; hinten an der Mitte des Rahmens ist ein starker Zughaken anzubringen.

78. Unterhalb des Bremsersitzes und hinten zu beiden Seiten des Wagens sind Auftritte mit Durchbrüchen zum Durchflechten von Stroh anzubringen. Diese Auftritte sind so weit unter den Wagenkasten zu setzen, daß ein vollständiges Herunterklappen der Wände möglich ist. Unter dem Bremsersitz ist ein seitlich aufschließbarer, wasserdichter Kasten für die Werkzeuge und Zubehörteile anzuordnen.

79. An der hinteren linken Seite des Anhängers ist eine Vorrichtung zum Befestigen der Schlußlaterne (Ziffer 34c) anzubringen.

VII. Ausrüstung des Anhängers
(soweit unter VI nicht aufgeführt).

4 Federbriden mit Muttern;
1 Satz (4 Stück) Stoßringe für die Achsen;
2 Bremsbacken;
1 Schlüssel für Radkapseln.

C. Ausführungs-Vorschriften.

1. Vor Abschluß der Kaufverträge haben die Automobilfabriken die Käufer darauf hinzuweisen, daß der Lastkraftwagenbetrieb durch Reichsgesetz und Ausführungsbestimmungen von Reichs-, Staats- und Kommunalbehörden geregelt ist. Es ist Sache der beiden vertragschließenden Parteien, zu prüfen, ob hiernach die Vorbedingungen für einen wirtschaftlichen Lastkraftwagenbetrieb gegeben sind. Die Heeresverwaltung kann diesen nur im Rahmen der gesetzlichen und sonstigen Bestimmungen fördern.

2. Außer den Vorbedingungen für den Erwerb — Allgemeine Bestimmungen, Ziffer 2 — gelten für den Käufer nachstehende Verpflichtungen:

a) Für Auftragsbestätigung, Kaufvertrag, Nationale und Tagebuch sind die Muster der Heeresverwaltung zu benutzen.

b) Die Kraftwagen sind in einem bedeckten, vor Frost schützenden Raume unterzubringen.

c) Kraftwagen und Anhänger sind gegen Brandschäden und Unfälle bei einer deutschen Gesellschaft in Höhe des Kaufpreises, einschließlich Beschaffungsprämie, zu versichern; die Versicherung ist unter Berücksichtigung der Wertverminderung 5 Jahre aufrechtzuerhalten.

Wird ein verunglückter Kraftwagen oder Anhänger nicht binnen 3 Monaten wieder kriegsbrauchbar hergestellt oder Ersatz innerhalb dieser Zeit nicht käuflich erworben, so muß die Beschaffungsprämie an die Heeresverwaltung zurückgezahlt werden.

Für den eingestellten Ersatz wird eine Beschaffungsprämie nicht gezahlt; die Betriebsprämien laufen unter denselben Bedingungen, wie zuvor weiter. Die Subventionsdauer eines neu erworbenen Kraftwagens gilt vom Tage der Einstellung ab.

Als Ersatz gelten nur Fahrzeuge, die den Bedingungen der Heeresverwaltung entsprechen und auf Grund derselben Bestimmungen, wie das verunglückte Fahrzeug, erworben sind.

Der Erwerb eines bereits subventioniert gewesenen Lastkraftwagens oder Zuges als Ersatz ist ausgeschlossen.

d) die Kraftwagen dürfen nur zu dem Zweck Verwendung finden, der im Nationale angegeben ist.

Von jedem Wechsel des Standortes und von jeder Beschädigung, die Kraftwagen oder Anhänger voraussichtlich auf länger als 14 Tage außer Betrieb setzt, ist die Versuchs-Abteilung des Militär-Verkehrswesens unmittelbar und sofort in Kenntnis zu setzen.

e) Die Vermietung der Kraftwagen oder Anhänger an Mieter, die die Vorbedingungen in Ziffer 2 der „Allgemeinen Bestimmungen" erfüllen, ist gestattet.

Der Vermieter bleibt jedoch auch während der Mietdauer der Heeresverwaltung gegenüber als Eigentümer der Fahrzeuge für die Erfüllung aller von ihm übernommenen Verpflichtungen allein haftbar.

Dies ist im Mietvertrag, der der Genehmigung der General-Inspektion des Militär-Verkehrswesens unterliegt, ausdrücklich zu erklären.

3. Die militärische Abnahme des erworbenen Lastkraftwagens findet in der Automobilfabrik durch einen Offizier der Versuchs-Abteilung statt. Sie kann nach Anordnung der Versuchs-Abteilung vor oder nach Genehmigung des Kaufvertrages durch die General-Inspektion des Militär-Verkehrswesens erfolgen, doch gilt sie als nicht geschehen, wenn die Genehmigung zum Kauf aus irgendwelchen Gründen versagt wird. Die gleichzeitige Abnahme mehrerer Fahrzeuge ist zulässig. In begründeten Einzelfällen kann nach dem Ermessen der Versuchs-Abteilung die Abnahme des Lastkraftwagens auch außerhalb der Automobilfabrik stattfinden. Die Mehrkosten gegen eine Abnahme in der Fabrik trägt in diesem Falle die letztere.

Ist ausnahmsweise die Inbetriebnahme des Lastkraftwagens vor der militärischen Abnahme erfolgt — wozu die Genehmigung der Versuchs-Abteilung erforderlich ist — so gilt als Beginn des militärischen Betriebsjahres der Tag der Abnahme. Hiernach regelt sich die Auszahlung der Prämien.

4. Die Abnahme von Lastkraftwagen muß mindestens acht Tage vor dem gewünschten Zeitpunkt von der Automobilfabrik bei der Versuchs-Abteilung beantragt werden; es sind in der Regel mindestens zwei Wagen zusammen anzumelden. In der Fabrik werden dann die Lastkraftwagen darauf geprüft, ob sie den Bedingungen der Heeresverwaltung entsprechen. Die Automobilfabrik hat bei der Abnahme allen auf diese bezüglichen Wünschen des abnehmenden Offiziers zu entsprechen.

Es unterliegt ausschließlich der Beurteilung der Heeresverwaltung, ob die Wagen als kriegsbrauchbar anzusehen sind.

Nach beendigter Abnahme wird der Lastkraftwagen mit den militärischen Abnahmezeichen versehen und das Nationale — Muster E. — in dreifacher Ausfertigung von der Fabrik und dem abnehmenden Offizier ausgefertigt und unterschrieben.

Die Abnahme der Anhänger findet in entsprechender Weise in der Fabrik, die sie hergestellt hat, oder auch nach Ermessen der Versuchs-Abteilung später im Betriebe statt.

D. Militärische Abnahmezeichen.

1. Jeder subventionierte Lastkraftwagen und Anhänger wird bei der militärischen Abnahme an seinen wichtigsten Teilen gestempelt und demnächst mit einem ebenfalls gestempelten Messingschild versehen.

2. Die Heeresverwaltung veranlaßt die Herstellung der Stempel und Schilder; letztere werden den Automobilfabriken gegen Erstattung der Kosten nach Abschluß des Subventionsvertrages in entsprechender Anzahl überwiesen.

Die Schilder tragen oben den Reichsadler; auf den unteren glatten Teil läßt die Automobilfabrik nachstehendes eingravieren:
    a) Fabrikname oder Zeichen (Mitte);
    b) Etatsjahr (linke Ecke);
    c) laufende Nummer in der Reihe der subventionierten Lastkraftwagen nach Angabe der Versuchs-Abteilung (rechte Ecke).

Das Schild für den Anhänger erhält dieselben Eingravierungen; der Nummer unter c wird ein großes A zugesetzt.

E. Nationale des subventionierten Lastkraftwagens.

Subventions-Nr. ....
Polizei-Nr. ....

$\frac{\text{mit}}{\text{ohne}}$ Anhänger

I. Allgemeine Angaben.

1. Fabrik:
2. Eigentümer:
Mieter:
3. Standort des Zuges (Ort, Kreis):
4. Abnahme durch den Vertreter der Heeresverwaltung: am   durch
5. Wagen soll Verwendung finden:
6. Eigengewicht (vollkommen betriebsfertig, einschließlich aller Werkzeuge, Ersatz- und Ausrüstungsstücke und gefüllter Wasser- Sand- und Betriebsstoffbehälter)   kg
7. Achsdruck (bei 4 t gleichmäßig verteilter Nutzlast)
  a) vorn: kg
  b) hinten: kg
8. Höchst-Nutzlast bei kriegsmäßiger Ausrüstung und 6000 kg Hinterachsdruck: kg
9. Radstand: m
10. Spurweite: m
11. Tiefster Punkt über der Standfläche: m
12. Größte Länge des Wagens: m
13. Größte Breite des Wagens: m
14. Größte Höhe des Wagens: m
15. Bemerkungen:

II. Motor.

1. Nummer und besondere Fabrikbezeichnung:
2. Hub: mm, Bohrung: mm
3. Leistung an der Bremse bei   Umdrehungen in der Minute   PS.
4. Art der Ventilanordnung:

5. Vergaser:
6. Zündung:
(Firma, Typenbezeichnung, Drehrichtung usw.):
7. Größte Vorzündung: mm
8. Mittlere Kolbengeschwindigkeit:
9. Art der Schmierung:
10. Durchschnittsverbrauch an $\frac{\text{Schwerbenzin}}{\text{Benzol}}$ für Brems-PS.-Stunde: kg
11. Kühlung:
12. Bemerkungen[1]):

III. Fahrgestell.

1. Rahmen: a) Art b) Nr.
2. Art der Kupplung:
3. Art der Kraftübertragung:
4. Übersetzungsverhältnisse der Wechselräder, Geschwindigkeit bei   Umdrehungen in der Minute.
 a) 1. Gang: km/h.
 b) 2.   „   km/h.
 c) 3.   „   km/h.
 d) 4.   „   km/h.
 e) Rückwärtsgang: km/h.
5. Schmierung des Getriebes:
6. Betriebsstoffbehälter faßt   reicht für   km
7. Ölvorräte am Motor:
8. Art und Maße der Bremsbacken 1:
    2:
9. Art der Federung (Maße):
10. Angaben über Bereifung, Maße vorn:
    hinten:
  Firma:
11. Bemerkungen:

IV. Aufbau.

1. Form:
2. Länge des Wagenkastens: m
3. Breite des Wagenkastens: m
4. Höhe des Wagenkastens: m
5. Inhalt des Wagenkastens: m³
6. Anstrich:
7. Besondere Ausrüstung:
8. Bemerkungen:

V. Gestempelte Teile.

Vorderachse, Hinterachse, Rahmen, Zylinder, Schwungrad.

VI. Abnahmebescheinigung.

Die nach den Bestimmungen der Heeresverwaltung geforderte Beschreibung, Anleitung für Instandsetzung und Behandlung, sowie Zubehör, Werkzeuge und Ersatzteile waren bei der Abnahme vorhanden. Beanstandungen waren   zu machen.

 . . . . . ., den 191

Der abnehmende Offizier: Die Automobilfabrik:
(Name und Dienstgrad)   (Unterschrift und Firmenstempel)

F. Nationale des Anhängers für den subventionierten Lastkraftwagen.

Subventions-Nr. . . . .
Polizei-Nr. . . . .

1. Herstellende Firma:
2. Abnahme a) Wo: b) Durch wen: c) Wann:
3. Eigengewicht: kg
4. Achsdruck bei 2 t Nutzlast: kg
5. Art der Räder:
6. Bereifung: a) Reifenmaße: b) Firma:
7. Höchst-Nutzlast nach Bauart: kg
8. Höchste zulässige Nutzlast auf Grund der Angaben 6a: kg
9. Art des Aufbaus:
10. Besondere Einrichtungen:
11. Gestempelte Teile: Beide Achsen.
12. Ausrüstung:
13. Bemerkungen:

Der Anhänger entsprach den Bedingungen.

 . . . . . ., den 191

Der abnehmende Offizier: Die herstellende Firma oder der Besitzer:
(Name und Dienstgrad)   (Unterschrift und Firmenstempel)

---

[1]) Hier ist alles aufzunehmen, was für die Bedienung oder Instandsetzung von Wert sein kann (z. B. Bedeutung der Einkerbungen auf dem Schwungrade usw.).

Einheitliche Bezeichnung von Kraftfahrzeugteilen[1]).

Allgemeines.

Als rechte Fahrzeugseite gilt die in der Fahrtrichtung rechtsliegende. Spurweite gleich Abstand zweier Räder (Radreifenmitte) derselben Achse am Boden gemessen. Achsstand gleich wagerechter Abstand von Vorder- und Hinterachse (Nabenmitte).

Fahrgestell- und Motornummer getrennt angeben.

Fahrgestell.

(Nicht Chassis; vollständiges Wagenuntergestell mit Motor.)

I. Motor.

a) Kurbelgehäuse und Zylinder mit Kurbeltrieb.

Zylinder (als Zylinder 1 gilt der vorderste in Fahrtrichtung).
Saugrohr (Verbindung von Zylinder und Vergaser; nicht Einlaßrohr, Ansaugrohr, Einsaugrohr, Saugkrümmer, Saugstutzen).
Auspuffsammelrohr (unmittelbar an Zylinder anschließendes Rohrstück, nicht Abgasrohr, Auspuffleitung, Auspuffkrümmer, Auspuffstutzen).
Zylinderdeckel (oben liegender Deckel mit Wasserleitungsanschluß).
Ventildeckel (über den Ventilen liegender Deckel).
Ventilverkleidung (seitlicher Ventilabschluß; nicht Ventildeckel).
Ventilverschraubung (Verschluß über stehenden Ventilen); unterscheiden für Saug- und Auslaßventile.
Ventilkorb (Einsatz für hängende Ventile).
Kurbelgehäuse (nicht Motorgehäuse); Unterteil und Oberteil unterscheiden.
Steuergehäusedeckel (nicht Räderschutzdeckel).
Schaulochdeckel, seitlicher Kurbelgehäusedeckel unterscheiden.
Entlüfter.
Zischhahn (nicht Kompressionshahn).
Kolbenbolzen (nicht Pleuelbolzen).
Pleuelstange (nicht Kolbenstange).
Kolbenbolzenbüchse (nicht Büchse im Pleuelstangenkopf, oberes Pleuellager).
Pleuelstangenlager (nicht unteres Pleuellager).
Kurbelwellenlager (nicht verwechseln mit Pleuelstangenlager); unterscheiden vorderes, mittleres, hinteres Kurbelwellenlager (nicht Schwungradwellenlager) oder erstes, zweites usw., wobei 1 das vorderste in Fahrtrichtung.

b) Steuerung.

Kurbelwellenrad und **Nockenwellenantriebsrad** unterscheiden.
Nockenwelle (nicht Steuerwelle); **Einlaß-** und **Auslaßnockenwelle** unterscheiden.
Einlaßventil (nicht Saugventil) und **Auslaßventil** (nicht Auspuffventil) unterscheiden.
Einlaßventilfeder und **Auslaßventilfeder**, falls verschieden, unterscheiden; **Ventilfederteller.**
Stößel, Stößelführung, Stößelrolle mit Bolzen unterscheiden.
Stößel (stehende Ventile) und **Anhubstange, Stoßstange** (oben hängende Ventile) unterscheiden.
Schwinghebel (nicht Balancier), **Schwinghebelständer.**
Verdichtungsminderer (nicht Dekompressor).

c) Antrieb des Magnets und der Kühlwasserpumpe.

Zahnrad auf Kurbel- bzw. Nockenwelle und Magnet- bzw. Pumpenwelle unterscheiden; Zugehörigkeit zu Magnet bzw. Pumpe jeweils angeben.

d) Vergaser.

Schwimmernadel (nicht Schwimmerstift).
Brennstoffreiniger (nicht Wasserabschneider, Schlammsack, Schlammhahn).

e) Schmieranlage.

Ölspritz- oder **Ölschleuderring** und **Ölfangring** unterscheiden.
Ölschauglas (nicht Ölkontrollglas).
Ölstandshahn, Ölablaßhahn, Ölablaßschraube.

f) Motorregelung.

Regler (nicht Regulator), **Reglergewicht, Reglerpendel** usw.

g) Magnet- und Leitungsanlage.

Magnet (nicht Magnetapparat, Zündapparat, Magneto); rechts- und linkslaufend, Name und besonderes Kennzeichen des Herstellers angeben.

h) Andrehvorrichtung und Ventilatorenantrieb.

Klaue der Kurbelwelle und Klaue der Andrehkurbel unterscheiden.
Riemenscheibe auf Kurbelwelle oder Nockenwelle und Ventilatorwelle unterscheiden.

---

[1]) Aufgestellt von der früheren „Verkehrstechnischen Prüfungs-Kommission".

i) Auspufftopf und Auspuffklappe.

Auspufftopf (nicht Schalltopf).

k) Brennstoffanlage.

Brennstoffbehälter (nicht Tank, Reservoir).
Haupt- und Hilfsbrennstoffbehälter unterscheiden.
Druckleitung (Rohr für Druckgas von der Auspuffleitung zum Brennstoffbehälter) und **Brennstoffleitung** (vom Brennstoffbehälter zum Vergaser) unterscheiden.
Füllschraube (nicht Behälterverschraubung) unterscheiden für Haupt- und Hilfsbrennstoffbehälter.

l) Kühlanlage.

Kühlerverschluß besteht aus **Kühlerstutzen** und **Kühlerfüllschraube** (nicht Kühlerverschraubung) bzw. **Kühlerdeckel**.

II. Kupplung.

a) Kupplungskörper.

Kupplungskonus, Kupplungskegel.
Kupplungsbelag, Kupplungsleder (nicht Kupplungsbandage).

b) Kupplungswelle.

Kupplungswelle bzw. **Kupplungsgelenkwelle** (nicht Kardanwelle), einzelne Teile genau unterscheiden.
Kupplungsgelenk (nicht Kardangelenk).

III. Getriebe.

a) Räderwerk.

Getriebekasten (nicht Zahnradkasten); Oberteil, Mittelteil, Unterteil und Deckel unterscheiden.
Hauptwelle, Nutenwelle, Schiebewelle.
Vorgelegewelle.
Rücklaufwelle.
Hilfswelle (bei zusätzlicher, ständig in Eingriff befindlicher Übersetzung).
Räder stets mit Angabe der zugehörigen Welle und näherer Bezeichnung der Übersetzung (Gang); **Schieberad** (nicht Wechselrad).

b) Verschiebevorrichtung.

Schaltwelle.
Schaltstange (nicht Verschiebestange).
Schaltgabel mit Angabe des Gangs.
Wechselschiene (Schaltstange und Schaltgabel in einem Stück) mit Angabe des Gangs.

c) Brems- und Schalthebel.

Schalthebel (nicht Geschwindigkeitshebel).
Schaltführung (nicht Kulisse).
Schaltbock zur Befestigung der Schaltführung.
Zahnbogen für Bremshebel (nicht Brems-Segment).

d) Getriebebremse.

Getriebebremse (nicht Fußbremse, Differentialbremse).
Getriebebremstrommel (nicht Getriebebremsscheibe), **Getriebebremsnocken** (nicht Getriebebremsdaumen), **Getriebebremsbacken, Getriebebremsband, Getriebebremsbackenbelag, Getriebebremsbandbelag.**

e) Kardangelenk (auf der Kardanwelle sitzende Gelenke).

IV. Fußhebelbrücke und Bremsausgleich.

Kupplungsfußhebel (nicht Kupplungspedal).
Bremsfußhebel (nicht Bremspedal).
Beschleunigerfußhebel (nicht Accelerator).
Ausgleichhebel (nicht Balancier).

V. Hinterachse mit Rädern. (Gelenkwellenantrieb).

a) Kardanwelle.

Kardanwelle (Übertragungswelle vom Getriebe zur Hinterachse).

b) Hinterachsgehäuse.

Hinterachsgehäuse, Hinterachstrichter, Hinterachsseitenrohr, Hinterachsbrücke (nicht Kardangehäuse); rechts und links, gegebenenfalls auch oben und unten unterscheiden.

c) Differential.

Kleines Differentialantriebskegelrad.
Großes Differentialantriebskegelrad (nicht Differentialtellerrad).
Differentialgehäuse (stets als Ganzes bestellen).
Differentialstern, Differentialkreuz, Differentialzwischenradwelle.
Differentialzwischenrad (auf dem Differentialstern sitzende kleine Kegelräder; nicht Trabant, Umlaufrad).

Differentialseitenrad (auf den Differentialwellen sitzende große Kegelräder).
Differentialseitenwelle (nicht Hinterradwelle; rechte und linke Seite unterscheiden).
Differentialbremse (auf der Kardanwelle oder den Differentialseitenwellen in der Nähe des Differentials sitzende Bremse).

d) Schubdruck und Drehmomentaufnahme.

Kardanrohr (die Kardanwelle umgebendes Stützrohr); **Schubbalken, Schubrohr, Dreieckstütze.**

e) Hinterräder.

Luftreifen (nicht Pneumatik) mit Angabe der Abmessungen.
Vollgummireifen (nicht Massivreifen) mit Angabe der Abmessungen.
Hinterradkapsel (außen liegende Kapsel, nicht Radmutter, Nabenmutter).
Achsmutter (Mutter auf der Hinterradseitenwelle); Links- und Rechtsgewinde unterscheiden.
Paßring (nicht Kompensationsring), **Ausgleichscheibe.**
Radmitnehmer.

f) Hinterradbremsen.

Hinterradbremse (nicht Handbremse).
Hinterradbremstrommel, Hinterradbremsnocken, Hinterradbremsbacken, Hinterradbremsband, Hinterradbremsbackenbelag, Hinterradbremsbandbelag.
Bei zwei Bremsen an jedem Hinterrad äußere und innere Bremse unterscheiden.

VI. Kettenvorgelege und Hinterachse mit Rädern (Kettenantrieb).

Kleines und **großes Kettenrad** unterscheiden.
Bei **Kettenbrücke, Differentialbrücke** einzelne Teile (Mittelstück, Seitenteil) unterscheiden.
Kettenspanner; einzelne Teile rechts und links unterscheiden.

VII. Vorderachse, Räder und Lenkgestänge.

a) Vorderachse, Achs- und Lenkschenkel.

Vorderachse, Vorderachsenmittelstück (Gabelachse oder Faustachse).
Vorderachsschenkel (nicht Achsstummel; Zapfen, auf welchen sich die Vorderräder drehen) für rechts und links unterscheiden.
Vorderradlenkzapfen (Zapfen, um welche die Vorderräder beim Lenken geschwenkt werden).
Lenkschenkel (Hebel, an welchen das Lenkgestänge angreift); rechts und links bzw. doppelt und einfach unterscheiden.

b) Vorderräder.

Luftreifen (nicht Pneumatik) mit Angabe der Abmessungen.
Vollgummireifen (nicht Massivreifen) mit Angabe der Abmessungen.
Vorderradkapsel (außen liegende Kapsel, nicht Radmutter, Nabenmutter).
Achsmutter (Mutter auf dem Achsschenkel); Links- und Rechtsgewinde unterscheiden.

c) Lenkgestänge.

Spurstange (nicht Verbindungsstange, Lenkstange, Querstange).
Lenkschubstange (nicht Stoßstange).

VIII. Lenkstock.

Lenkgehäuse (nicht Steuergehäuse).
Lenksäule (nicht Steuersäule).
Lenkstockspindel, Lenkstockschraube, Lenkstockmutter, Lenkstockschnecke, Lenkstocksegment (nicht Steuerspindel, Steuerschraube, Steuermutter, Steuerschnecke, Steuersegment).
Drosselspindel.
Zündspindel.
Lenkstockhebel (Hebel, an welchem die Lenkschubstange angreift; nicht Steuerhebel).
Lenkrad (nicht Steuerrad).
Zahnbogen für Zündhebel, für Gashebel (nicht Stellquadrant, Reguliersegment).

IX. Rahmen, Tragfedern usw.

a) Rahmen.

Rahmen (nackter, zusammengenieteter Rahmen mit Federböcken); Gegensatz **Wagengestell** (mit Achse und Rädern versehener Rahmen).
Hilfsrahmen (nicht falscher Rahmen, Zwischenrahmen).
Rechter und **linker Rahmenlängsträger** unterscheiden.
Querträger (nicht Traverse), je nach Lage vorn, hinten usw. unterscheiden.

b) Tragfedern.

Vorder- und **Hinterfeder** unterscheiden.
Federhand (offen oder geschlossen; am vorderen Ende eines Rahmenlängsträgers befestigtes Anschlußstück zum Aufhängen einer Feder).
Federarm (desgl. am hinteren Ende).
Federbock (Bock unter einem Rahmenlängsträger zum Aufhängen einer Feder; Vorder- und Hinterfederbock, rechts und links unterscheiden; nicht Federstütze).

Federlasche (am Ende einer Tragfeder angreifende Lasche); **Hängelasche,** am Federende hängende Lasche; **Stehlasche,** auf dem Federende stehende Lasche; **Steglasche, Doppellasche, S-Lasche,** je nach Laschenform.

Federbolzen (durch das Federauge durchgesteckter Bolzen); für Vorder- und Hinterfeder unterscheiden.

Federbüchse (Büchse zum Federbolzen).

Federklammer (seitlich angeordnete Klammer zum Zusammenhalten einiger Federblätter); für Vorder- und Hinterfeder unterscheiden.

Federbügel (nicht Federbride, Federband), schmale Bügel, von welchen je zwei Stück zum Befestigen der Feder auf einer Achse dienen; für Vorder- und Hinterfeder unterscheiden.

Federkappe, Federschuh (nicht Federbund), breites Befestigungsstück als Ersatz für zwei Federbügel; für Vorder- und Hinterfeder unterscheiden.

Federstift (nicht Federbolzen), Sicherung gegen Verschieben der Federblätter; für Vorder- und Hinterfeder unterscheiden.

Federsattel (auf der Hinterachse sitzendes Lager, auf welchem die Feder reitet).

c) Stirnwand.

Stirnwand (nicht Montagebrett, Spritzwand).

d) Motorhaube.

Motorhaube (nicht Kapuze, Schutzblech).

Motorhaubenschloß bei Vorhandensein eines Schlüssels, sonst **Motorhaubenverschluß.**

e) Blechschutz.

Motorunterschutz (unter dem Motor liegendes Schutzblech).

Kotflügel (nicht Kotschützer); vorderer und hinterer, rechter und linker Kotflügel unterscheiden.

f) Anhängerkupplung.

Anhängerkupplung (nicht Anhängevorrichtung).

Schlepphaken (am vorderen Wagenende angebrachter Haken).

Zughaken (am hinteren Wagenende angebrachter Haken).

g) Kühlerschutz.

Kühlerschutzbügel (vor dem Kühler angebracht).

Kühlerschutzring hinter dem Kühler angebracht gegen Beschädigung durch Ventilator).

Sachverzeichnis.

Abdichten v. Kurbelgehäuse 287
Abkühlung b. Verdampfen von Brennstoffen 77
Abmessungen der Fahrzeugmaschine, Berechnung 172
— nach v. Loewe 173
— nach Güldner 177
Abnehmbare Zylinderköpfe 197
Abreiß-Zündung 142
— Zündflansch 143
— Abreiß-Zündkerze v. Bosch 160
Adhäsion 23
— Anteil des Gesamtgewichtes 24
Adler, Vergaser 89
— geteilte Kurbelwelle 254
— Wälzhebelsteuerung 310
— Ölregler 337
— Auspufftopf 390
— Anordnung der Zubehörteile 393.
Aitchison, Ventilstahl 42
Aluminium, Legierungen 25
— Porosität 29
— Zylinder 198
— Kolben 240
— Pleuelstange 278
Amerikanische Zündmaschine 154
Analyse v. Benzin nach Neumann 46
Anhänger, gesetzl. Vorschrift. 409
— Subventions-Vorschriften 425
Anlassen, Steuerdaumen 303
— Kurbeln 382
— Sicherheitskurbel v. Deutz 383
— Hilfsvergaser v. Bosch 384
— Anlaßmagnetzünder 384
— mit Druckluft 385
— elektrisch 386
Ansaugen 216
Ansaugleitung, Heizkörper 116
— v. Bugatti 217
— nach Liberty f. Flugmotor 219
— v. Benz f. Flugmotor 219
— v. Singer 219
Antriebsvorgang bei Motorwagen 23
Arbeitsvorgänge im Motor 234
Argyll-Schiebermotor 326
Armeelastzug, Vorschriften 421
Arnoux-, Fahrwiderstand 15
— Unterbrecher f. Zündung 140
Atwater Kent, Unterbrecher f. Zündung 137
Audi-Werke, 22/55 PS-Maschine 203
Auspuff-Analyse nach Ostwald 48
— Vorgang bei Motoren 231
— durch Hilfsöffnung b. Franklin 232
— Rückwirkung b. Flugmotoren 233

Auspuffsammler v. Malliary 232
— v. Singer 233
— Schalldämpfer 390
Austro-Daimler, 17/60 PS-Maschine mit Aluminium-Zylinder 198
Azetylen als Motorbrennstoff 60

Baer, Zweitaktmaschine 400
Balachowski u. Caire, Naphthalinvergaser 62
Batterie-Kerzenzündung, alte v. Benz 135
— v. de Dion & Bouton 136
— Batterie-Abreißzündung 142
Bauarten von Motorwagen 10
Baustoffe für Motorwagen 18
— Stahl 34
— für Schrauben 39
— für Steuerwellen 39
— für Zapfen 39
— für Schmiedeteile 39
— für Vorderachse 40
— für Pleuelstange 40
— für Zylinder 40
— für Kurbelgehäuse 289
Baverey, Zenith-Vergaser 110
Bayer. Motoren-Werke, Mischvergaser f. schwere Brennstoffe 118
— Zweizylindermotor 184
Becker, Rollverluste 18
Behälter f. Brennstoff 131
— f. Öl v. Benz 341
Bellem u. Brégéras, Einspritzverfahren f. schwere Brennstoffe 121
Bendix-Antrieb f. Anlaß-Elektromotoren 388
Benz erster Motorwagen 7
— Brennstoffreiniger 130
— Brennstoffpumpe f. Flugmotoren 133
— Druckregler f. Brennstoffanlage 133
— alte Batterie-Kerzenzündung 135
— Maschine mit Zylinderpaaren 196
— 8/20 PS-Maschine 201
— 200 PS-Rennwagen-Maschine 202
— 150 PS-Flugmotor 208
— Zylinder f. 300 PS-Flugmotor 214
— Ansaugleitung f. Flugmotor 219
— Flugmotorenkolben 240
— Flugmotoren-Kurbelwelle 268
— Pleuelstangen f. Flugmotoren 271, 276
— Kurbelgehäuse 280

Benz Schwinghebel f. Vierventilmotoren 312
— Flugmotorenschmierung 340
— Ölbehälter 341
— Ölpumpe 342
— Wasserpumpe 366
— Anordnung der Zubehörteile b. 8/20 PS-Motor 394
— Modell eines 200 PS-Flugmotors 396
Benzin, Arten nach Schmitz 44
— Bestandteile nach Sorel 44
— Verdampfung, fraktionierte 45
— Analyse nach Neumann 46
— Ersatz 51
Benzol 54
— Vorschriften 55
— Handelsbezeichnungen 55
— Verdampfung 57
— Vergaser v. Daimler 90
Berechnung der Wagenleistung 25
— der Vergaser 123
— d. Hauptabmessungen der Maschine 172
— des Schwungradgewichtes 193
— des Zünddrucks 229
— der Kolbenbolzen 246
— der Kurbelwelle 256
— der Pleuelstange 272
— der Ventilabmessungen 294
— der Ventilfedern 317
— der Kühlfläche 359
— der Kühlwassermenge 362
— der Kühlung m. selbsttätigem Zulauf 368
— der Kühler v. Doblhoff 374
Bereifung, Fahrwiderstand 14
— Gleitschützer 24
Bergin-Verfahren 53
Bergmann, Sechszylindermaschine 212
Bergstütze, Vorschriften 416
Berliet, Regelung 332
Beschleunigung d. Steuerventile 305
Bezeichnungen f. Kraftfahrzeugteile 429
Bishop & Babcock Co., Thermostat für Kühlwasserregelung 350
Bismarckhütte, Stähle 38
Blech, Unterteil f. Kurbelgehäuse 284
Bobeth, Rollverluste 18
Bosch, Magnetzündung 143
— Hochspannungs-Lichtbogenzündung 144
— Zündkerzen 158
— Abreiß-Zündkerze 160
— Zweifunkenzündung 170
— Ölpumpe 334
— Anlaß-Hilfsvergaser 384

Sachverzeichnis.

Bosch, Anlaß-Magnetzünder 384
— Rushmore-Anlaßmotor 389
Brasier-Vergaser 86
— Maschine mit versetzten Zylindern 190
Bremse, Vorschriften 416
Brennstoffanlage für Fahrzeuge 131
— Behälter 131
— Druckminderventil 132
— von Benz 133
— Druckregler von Benz 133
Brennstoffe f. Motorwagen 44
— Heizwerte 67
— Dampfspannungen 69
— Verdampfgeschwindigkeit 77
— Zündfähigkeit 79
— Betrieb m. schweren Brennstoffen 113
— Kühlwasser-Temperatur 349
Brennstoffpumpe nach Bellem & Brégéras 122
— v. Benz f. Flugmotoren 133
Brennstoffreiniger, Benz 128
— Ehrich & Graetz 128
Brennstoffsauger v. Pallas 134
Brennstoffventil nach Bellem & Brégéras 122.
Brennstoffzeiger v. Daimler 135
Briggs & Stratton, mechanischer Unterbrecher f. Zündung 137 [86
Britannia-Engg. Co., Vergaser
Bronze-Aluminium-Legierungen 30
— Phosphor-, für Lagerschalen 32
— für Zahnräder 32
— Rübel-, von Skoda-Werke 32
Brush, Umlaufschmierung 339
Büssing, Lastkraftwagenmaschine 205
— Wärmebilanz 231
— Kolbenbolzenbefestigung 248
— Kurbelwelle 268
Bugatti-Vergaser 92
— Ansaugleitung 217
— Ventilsteuerung 313

Chevrolet Motor Car Co., Luftkühlung 353
Clapeyron, Berechnung d. Kurbelwelle 257
Claudel, Vergaser 112
Cosmos, Flugmotor m. Luftkühlung 358
Crack-Verfahren 52.

Daag, Schnellastkraftwagen, Rollverluste 18
Daimler, Gottlieb 6
— erste Wagenmaschine 6
— erstes Motorzweirad 7
— Vergaser 90
— Vergaser f. Benzol 90
— Lastkraftwagenmaschine 204
— Lastkraftwagenzylinder 211
— Gebläsemotor 225
— Flugmotorenkolben 240
— Kolbenbolzenbefestigung 249
— Rollenlagerung f. Flugmotor 253
— Pleuelstange 271
— Kurbelgehäuse 282
— Regler f. Lastkraftwagen 328
— Ölregler 337
— Luftröhrenkühler 370

Dampfspannungen von flüssigen Brennstoffen 69
Daumen f. Steuerung 300
Desaxieren d. Zylinder 190
Deutz-Oberursel, Fahrzeugmaschine mit Rollenlagerung 256
— Sicherheits-Andrehkurbel 383
de Dion & Bouton, Vergaser 114
— alte Batterie-Kerzenzündung 136
— mechanische Unterbrecher sf. Zündung 136
— Umlaufschmierung 337
v. Doblhoff, Berechnung d. Kühler 374
Doppelventile 297
Doppelzündung 151
Drehvorrichtungen f. Ventile 290
Drucklager f. Kurbelgehäuse 278
Druckluft-Anlaßvorrichtung v. Saurer 385
Druckminderventil f. Brennstoffanlage 132
Druckschwankungen im Vergaser 106
Düsen, Versuche von Rummel 94
— v. Tice 10
— v. Brewer 105
— amerikanische 106
— Normalien 131
Duralumin von Wilm 31
Durana-Metall 33
DWF, Kugellagerung f. Kurbelwelle 253
Dynamik der Fahrzeugmaschine 182

Ehrich & Graetz, Brennstoffreiniger 130
Einheitsbezeichnungen f. Kraftfahrzeugteile 429
Einspritzverfahren f. schwere Brennstoffe 121
Eisemann, Zündmaschine 150
— Selbsteinstellung des Zündzeitpunktes 167
Elektr. Anlasser 387
— Bendix-Antrieb 388
— Antrieb der General Electric Co. 388
— Rushmore-Anlaßmotor 389
Elektr. Kraftwagen, Vorschriften 418
Elektroden f. Zündkerzen 159, 160
Elektron-Metall von Griesheim 30
Elementen-Kühler v. Südd. Kühlerfabrik 373
Entlüfter f. Kurbelgehäuse 289
Ernst, Thermokrat-Zündung 120
Ersatz für Nickelstahl 38
— von Benzin 51   [298
Esnault-Pelterie, Doppelventil
Ewerding, Nickelstahl 36
Explosionsgefahr bei Kraftfahrzeugen 415

Fahrradmaschine, Bayer. Motoren-Werke 184
— Neckarsulmer Fahrradwerke 352
Fahrwiderstand nach Anoux 13
— nach Müller 14
— verschiedener Bereifungen 14
— nach Michelin 15

Fahrwiderstand nach Kenelly 19
— auf Steigungen 20
Fahrzeugfabrik Eisenach, Vergaser 86
— Leichtmetall-Pleuelstange 278
Fahrzeug-Verbrennungsmaschine 171
— Berechnung der Hauptabmessungen 172
— Steuerformel 172
— Berechnung nach v. Loewe 173
— Kennlinie 174
— Berechnung nach Güldner 177
— Einfluß der Luftdichte 178
— Kolbengeschwindigkeit 180
— Zylinderzahl 180
— Dynamik 182
— Seitliche Kolbendrücke 189
— Zylinderanordnung 194
— Zylinderbauart 209
— Arbeitsvorgänge 233
— Ventileinstellung 235
— Triebwerkteile 237
Farcot, Doppelventil 298
Federn f. Ventile 317
Feuergefahr b. Kraftfahrzeugen 415
Fiat, Vergaser 116
Flugmotoren-Vergaser, für Umlaufmotoren 98
— Schiske 98
— v. Maybach 98
— Brennstoffpumpe v. Benz 133
— Zündanlage des Liberty-Flugmotors 138
— Gewichte 195
— 150 PS von Benz 209
— Zylinder nach Hispano-Suiza 212
— Zylinder nach Liberty 213
— Zylinder nach Benz 214
— Zylinder nach Maybach 214
— Ansaugleitung nach Liberty 219
— Ansaugleitung v. Benz 219
— Auspuff-Rückwirkung 233
— Kolben v. Benz u. Daimler 240
— Kolben nach Liberty 246
— Rollenlagerungen 253
— Kurbelwellen 268
— Pleuelstangen 271, 275
— Kurbelgehäuse 280
— Vierventil-Bauart 294
— Steuerung nach Hispano-Suiza 312
— Steuerwelle nach Liberty 312
— Schmierung v. Benz 340
— Kühlwasser-Temperatur 398
— v. Gnôme 355
— v. Siemens 355
— v. Cosmos 358
— Wasserpumpen 366
— Auspuffsammler 391
— Anordnung der Zubehörteile 395
Förderung auf Straßen 11
Franklin Mfg. Co., Aluminium-Pleuelstangen 32
— Auspuff durch Hilfsöffnung 232
Französische Zündkerze 158
Führer v. Kraftfahrzeugen 408
Führerprüfung 412
Führung der Ventilspindel 300
Funkenstrecken, Vorschalt- 141

Gaggenau, Vergaser 89
Garagen, Vorschriften 419

Sachverzeichnis.

Gardner, Schwingungsdämpfer 266
Gasgeschwindigkeit in den Ventilen 291
Gawron, Unterbrecher f. Zündung 140
Gebläsemotor v. Daimler 225
Gegengewichte f. Kurbelwelle 263
General Electric Co., Antrieb f. Anlaß-Elektromotoren 388
Gesetz über Kraftfahrzeugverkehr 402
Gewicht des Schwungrades 193
— von Flugmotoren 195 [360
Gibson, Leichtmetall-Zylinder
Gill & Aveling, Veränderliche Verdichtung 227
Gillet-Lehmann, Luftregler 99
Gleitschützer für Radreifen 24
Gleitwiderstand auf Straßen 23
Gnôme, Kolbenringe 243
— Flugmotor m. Luftkühlung 355
Grade, Zweitaktmaschine 399
Graetz, s. Ehrich & Graetz
Grätzin-Vergaser v. Löffler 111
Griesheim, Elektron-Metall 30
Güldner, Berechnung der Abmessungen der Fahrzeugmaschine 177
Guillet, Nickelstahl 35
Gußeisen für Zylinder 28

Haber, Versuche mit Azetylen 60
Hängende Ventilanordnung 201, 206
Härten v. Kurbelwellen 269
Haftpflicht 402
Handelsbezeichnungen f. Benzol 55
Hardt, Zweitaktmaschine 397
Heeres-Lastkraftwagen, Vorschriften 421
Heißkühlung 119, 350
Heizung für Vergaser 113
Heizwerte von Brennstoffen 67
Hilfszündung f. Betrieb mit schweren Brennstoffen 120
Hinterachsgehäuse, Stahlgußzusammensetzung 32
Hispano-Suiza, Flugmotor, Zylinder 212
— Kurbelwelle 268
— Pleuelstange 276
— Steuerwelle 312
— Ölpumpe 343 [140
Hochfrequenz-Zündung v. Lodge
Höhe, Einfluß auf die Leistung der Maschine 178
Höhenmotor, Berechnung 223
Höhenvergaser 101
Holley, Vergaser f. Petroleum 116
Horch, Zündkerze 158
Huppe, Vorschriften 416

Jaray, Wagenform 22
Indizieren der Arbeitsvorgänge 215

Kardanantrieb, Normalbauart 8
Kenelly, Fahrwiderstand 19
Kennlinie der Fahrzeugmaschine 174
Kettenantrieb, Normalbauart 9
— der Steuerwelle 314
— Spannvorrichtung 315
Klopfen der Fahrzeugmaschine 64

Knox Automobile Co, Maschine mit Luftkühlung 353
Körting, Zweitaktmaschine 397
Kolben 237
— s. Flugmotoren v. Benz und Daimler 240
— aus Aluminium 240
Kolbenbolzen, Stahl 41
— Berechnung 246
— Befestigung 248
Kolbendrücke, seitliche 189
Kolbengeschwindigkeit der Fahrzeugmaschinen 180
Kolbenringe 243
— nach Gnôme 243
— Normalien 244
— v. Wasson 246
— Verteilung 246
Kolbenschiebersteuerung 321
Kraftfahrzeug-Gesetz 401
Kraftfahrzeug-Verordnung 405
Krebs, Vergaser 85
Krefelder, Stähle 37
Kreiselpumpe f. Kühlwasser 365
Kreislauf des Kühlwassers 364
Kritische Drehzahl v. Kurbelwellen 264
Krupp, Stähle 37
Kühlmantel f. Zylinder 214.
Kühlung, Heißkühlung 119, 350
— zwischen den Zylindern 193
— Wärmeverlust 346
— günstigste Wassertemperatur 348
— Regelung 350
— Luftkühlung 351
— Wasserkühlung 361
— Kühlmittel 362
— Pumpen 365
— m. selbsttätigem Umlauf 368
— Kühler 370
— Ventilator 380
Kugellagerungen f. Kurbelwelle 250
— v. MAN-Saurer 252
— v. DWF 253
Kupplung f. Zündmaschinen 164
Kurbel z. Andrehen 382
Kurbelgehäuse 279
— Festigkeit 280
— Drucklager 276
— Teilfuge 284
— Blech-Unterteil 284
— Abdichtungen 287
— Entlüfter 289
Kurbeltrieb, versetzter 190
Kurbelwelle, Stahl 41
— auf 2 Lagern 199, 250
— Bauart 249
— nach Riedler 250
— m. Kugellagern 250
— geteilte 254
— Berechnung 256
— Gegengewichte 263
— v. Peerless 263
— v. Rolls-Royce 263
— kritische Drehzahl 264
— Fehler beim Bohren 269
— Härten 269
— Druckverteilung am Zapfen bei Packard 338
Kutzbach, Überwachung der Verbrennung im Motor 51

Lager, Weißmetall 33
— Öldurchgang 341
Lagerbock f. Zündmaschinen 164
Lagerschalen, Phosphorbronze 32
— f. Kurbelwellen 270
Lanchester, Vergaser 81
— Schwingungsdämpfer 266
— Pleuelstange 275
Lastkraftwagen, Maschinen von Daimler und Büssing 204
— Zylinder v. Liberty u. Daimler 211.
— Subventions-Vorschriften 420
Leitner-Lucas, Zündmaschine 157
Lenkung, Vorschriften 415
Leuchtgas als Motorbrennstoff 61
Liberty, Flugmotor, Zündanlage 138
— Stahlzylinder 213
— Ansaugleitung 219
— Kolben aus Aluminium 246
— Pleuelstange 276
— Kurbelgehäuse 281
— Lastkraftwagen, Zylinder 211
Lichtbogen-Zündung 144
Lodge, Hochfrequenz-Zündung 140
Löffler, Grätzin-Vergaser 111
v. Loewe, Berechnung der Abmessungen der Fahrzeugmaschinen 173
Longmuir, Nickelstahl 35
Longuemarre, Vergaser 89
Luftdichte, Einfluß auf d. Leistung d. Maschine 178
Luftdüse, Hintereinanderschaltung bei Vergasern 113
Luftkühlung 351
— d. Neckarsulmer Fahrradwerke 352
— d. Knox Automobile Co. 353
— d. Chevrolet Motor Car Co. 353
— v. Renault 354
— v. Gnôme 355
— v. Siemens & Halske 355
— v. Cosmos 358
Luftregler v. Gillet-Lehmann 99
Luftröhrenkühler v. Daimler 370
Luftschiffmaschine v. Renault 354
Luftvorwärmung für Vergaser 113
Luftwiderstand 21
Lutz, Anteil des Gesamtgewichts an der Adhäsion 24

Magnet-Zündung v. Bosch 143
— z. Anlassen 384
Malliary, Auspuffsammler 232
MAN-Saurer, Kugellagerung f. Kurbelwelle 252
Markus, Wagenmaschine 7
Maybach-Vergaser 81, 98
— Flugmotorenzylinder 214
— Überbemessener Motor 225
— Kurbelwelle 263
— Pleuelstange 272
— Wasserpumpe 367
Mea, Zündmaschine 155
Michelin, Fahrwiderstand 15
Midgley & Boyd, Versuche über Klopfen 64
Militär-Lastkraftwagen, Vorschriften 421
Minerva, Schiebermotor 323

Mischungsverhältnis, günstigstes 123
— Versuche von Ricardo 124
— Versuche von Tice 124
— u. Zündgeschwindigkeit 168
Mischvergaser f. schwere Brennstoffe 118
Mittelbare Kühlung 361
Molybdän-Stahl 36
Motorrad, erstes von Daimler 7
Müller, Fahrwiderstand 14

NAG, Vergaser 88
— Stößel 309
— Wasserröhrenkühler 372
Naphthalin als Motorbrennstoff 61
— Vergaser von Balachowski & Caire 62
Napier, Rollenlagerung f. Flugmotor 253
Natalit als Motorbrennstoff 59
Nickelstahl als Baustoff 34
— nach Thallner 34
— nach Longmuir 35
— nach Guillet 35
— nach Everding 36
— von Krupp 37
— von Krefeld 37
— von Bismarckhütte 38
— nach Revillon 38
— Ersatz 40
— für Kurbelwelle 41
— für Kolbenbolzen 41
— für Zahnräder 41
— für Rahmen 42
— für Ventile 42
Normalbauarten von Motorwagen 8
Normalien, Weißmetall-Legierungen 34
— Motorbenzol 55
— f. Vergaser 126
— f. Düsen 131
— f. Zündkerzen 160
— f. Lagerböcke v. Zündmaschinen 164
— für Kolbenringe 244
— f. Ventile 296
— f. Kühler v. Windhoff 374

Oakland, Kurbelgehäuse 280
Oberflächenvergaser 80
Oberursel, Fahrzeugmaschine m. Rollenlagerung 256
Oel, Eigenschaften 344 [344
— Reinigung mittels Zentrifuge
Ölbehälter v. Benz 341
Ölpumpe v. Bosch 334
— Einbau 342
— v. Benz 342
— v. Hispano-Suiza 343
Ölregler v. Adler 337
— v. Daimler 337
Ostwald, Auspuff-Analyse 48

Paarweise zusammengegossene Zylinder v. Benz 196
Pabst, Selbsttätig umlaufendes Ventil 297
Packard, Druckverteilung a. d. Kurbelwelle 338
Pallas, Vergaser 111, 128
— Normalien 126
— Brennstoffsauger 134

Panhard, Schiebermotor 322
— Regler 331
— Wasserpumpe 367
Parsons, Doppelventil 298
Peerless, Kurbelwelle 263
Petroleumvergaser von Holley 116
Phosphorbronze für Lagerschalen 32
Pipe, Doppelventil 298
Pittler, Zündmaschine 156
Pleuelstange, Aluminium 32, 278
— Stahl 40
— Hauptverhältnisse 270
— v. Daimler 271
— f. Flugmotoren 271
— Berechnung 272
— v. Lanchester 275
— Prüfung 279
Porosität von Aluminiumguß 29
Powell Muffler Co., Auspuffsammler 391
Progreß, Vergaser 81
Protos, Zylinderblock 209
Prüfen v. Pleuelstangen 279
Prüfvorschriften f. Zündkerzen 159
— für Kraftfahrzeuge 417
Pumpe, f. Brennstoff nach Bellem & Brégéras 122
— f. Brennstoff v. Flugmotoren von Benz 133
— f. Öl v. Bosch 333
— f. Öl v. Benz 342
— f. Öl v. Hispano-Suiza 343
— f. Kühlwasser 365
— f. Kühlwasser f. Benz-Flugmotor 366
— f. Kühlwasser v. Wolseley 366
— f. Kühlwasser v. Panhard & Levassor 367
— f. Kühlwasser f. Maybach-Flugmotor 367

Rahmen, Stahl 42
Rateau, Multiplikatordüse 113
Rautenbach, Silumin 29
Regelung der Maschine 327
— d. Vomag-Lastkraftwagens 327
— d. Daimler-Motoren-Gesellschaft 308
— v. Panhard 331
— v. Berliet 332
— v. Saurer 333
Renault, Motor, Wärmebilanz 230
— Luftkühlung 354
— Kühlung m. selbsttätigem Umlauf 368
— Wasserröhrenkühler 372
Résal, Rollwiderstand 11
Revillon, Zahnräderstähle 38
le Rhône, Vergaser 97
— Flugmotor 275
Ricardo, Versuche über günstigstes Mischungsverhältnis 124
— Verdichtungsversuche 222
— Ventilkammer 299
Riedler, Messung des Rollwiderstandes 19
— Kurbelwelle 250
Rohr f. Kühler v. Sauerbier 372
Rohstoffverbrauch von Motorwagen 5
Rollason, Sechstaktmotor 232

Rollenlagerung b. Kurbelwellen 253
Rolls-Royce, Kurbelwelle 263
— Pleuelstange 276
Rollwiderstand auf Straßen 11
— nach Résal 11
— nach Watson 11
— nach Bobeth 18
— nach Becker 18
— bei Daag-Schnellastkraftwagen 18
— Messung nach Riedler 19
Rübel-Bronze v. Skoda-Werke 32
Rummel, Düsenversuche 94
Rumpler, Tropfenwagen 22
Rushmore, Anlaß-Elektromotor 389

Sauerbier, Kühlerrohr 372
Sauger f. Brennstoff v. Pallas 134
Saurer, Kugellagerung f. Kurbelwelle 252
— Regelung f. Lastkraftwagen 333
— Druckluft-Anlaßvorrichtung 385
Schalldämpfer 390
— v. Adler 390
— v. Powell Muffler Co. 391
— f. Flugmotoren 391
Schiebermotoren 321
— v. Panhard 322
— v. Minerva 323
— Vergleich mit Ventilmotor 326
— v. Argyll 326
Schiske, Vergaser 98
Schmiedeteile, Stahl 39
Schmierung, Ölverschlechterung 63
— f. Pleuelstangen 275
— Tauchschmierung 333
— Umlaufschmierung 335
— Ölregler 337
— v. Wolseley 338
— v. Brush 339
— f. Flugmotoren v. Benz 340
— Öldurchgang bei Lagern 341
— Ölreinigung 344
Schmitz, Benzinarten 44
Schnellastkraftwagen, Daag, Rollverluste 18
Schrauben, Stahl 39
— f. Pleuelstangen 274
Schütte-Lanz, Unter- und Überdruckventil f. Flugzeugkühler 350
Schwarz, Wärmevorgang in einer Kühlanlage 369
Schwimmergehäuse f. Vergaser 128
Schwinghebel f. Vierventilmotoren v. Benz 312
Schwingungsdämpfer 266
Schwungradgewicht 193
Scott-Robinson, Vergaser 97
Sechstaktmotor, Rollason 232
Selbstzündung bei der ersten Daimler-Maschine 7
Semmler, Heißkühlung 119, 350
Siemens, Vergaser 98
— Zylinderblock 209
— Flugmotor mit Luftkühlung 355
— Kolbenventil 358
Silizium von Rautenbach 29
Singer, Ansaugleitung 219

Singer, Auspuffsammler 233
Skoda-Werke, Rübel-Bronze 32
Söhnlein, Zweitaktmaschine 397
Sorel, Benzin-Bestandteile 44
Spannvorrichtung f. Steuerketten 315
Spiel d. Ventilsteuerung 307
Spiritus als Motorbrennstoff 58
Spritzvergaser 81
Stahl für Motorwagen 34
— für Zündkerzenelektroden 160
— für Zylinder 213
Stahlguß für Hinterachsgehäuse 28
-Statistik d. deutschen Motorwagen 1
— d. französischen Motorwagen 3
— d. amerikanischen Motorwagen 4
— d. Weltbestandes an Motorwagen 4
— d. Benzinerzeugung 51
Steigung, Widerstand 20
Sternmotoren, Zündfolge 237
Steuerdaumen 300
Steuerformel 172
— Vorschriften 416
Steuerung, verdeckte 199
— Zeuner-Diagramm 235
— Bauteile 290
— Steuerdaumen 300
— Spiel 307
— Wälzhebel d. Adlerwerke 310
Steuerventile, Anordnung 199
— Einstellung 235
— Spiel 307
— versetzte 310
Steuerwelle, Stahl 39
— Steuerdaumen 308
— Abmessungen 309
— d. Hispano-Suiza-Flugmotors 312
— d. Liberty-Flugmotors 312
— v. Bugatti 313
— Antriebsketten 314
— Antrieb f. stehende Welle 316
— Ventilfedern 317
— m. Kolbenschiebern 321
Stewart, Vergaser 128
Steyr, Sechszylindermaschine 256
Stößel 309
— der NAG 309
Stratton s. Briggs
Subventions-Vorschriften f. Lastkraftwagen 420
Südd. Kühlerfabrik, Elementenkühler 373

Tartrais, Zweitaktmaschine 122
Tauchschmierung 333
Teilfuge d. Kurbelgehäuses 234
Temperatureinfluß im Vergaser 107
Thallner, Nickelstahl 34
Thermokrat-Zündung nach Ernst 120
Thermostat der Bishop & Babcock Co. 350
Thermosyphon-Kühlung 368
Tice, Versuche über günstigstes Mischungsverhältnis 124
Treiböle f. Motoren 62
— Verschlechterung des Schmieröles 63

Triebwerkteile v. Fahrzeugmaschinen 237
Tropfenwagen nach Rumpler 22
Tropenprüfung 417
Typenzahl von Motorwagen 5
Überbemessung b. Motoren 224
Überwachung der Verbrennung im Motor 47
— nach Ostwald 48
— nach Kutzbach 51
Umlaufmotoren, Vergaser 98
— Zylinderanordnung 195
— Pleuelstange le Rhône 275
— v. Gnôme 356
— v. Siemens 357
Umlaufschmierung 335
— von de Dion 337
— von Brush 339
Ungleichförmigkeitsgrad v. Fahrzeugmaschinen 193
Unmittelbare Kühlung 351
Unterberg & Helmle, Antrieb für Zündmaschinen 155
Unterbrecher f. Zündung v. de Dion & Bouton 136
— v. Briggs & Stratton 137
— v. Atwater Kent 137
— d. Liberty-Flugmotors 139
— v. Arnoux & Guerre 140
— v. Gawron 140
Upton, Vorzündung 169

Ventil, Stahl 42, 297
— nach Aitchison 42
— Brennstoffventil nach Bellem & Brégéras 122
— Druckminderventil f. Brennstoffanlage 132
— Druckregler f. Brennstoffanlage v. Benz 133
— Anordnung am Zylinder 199
— hängende Anordnung 202, 206
— Einstellung bei Fahrzeugmaschinen 235
— Berechnung 291
— Normalien 296
— Drehvorrichtungen 297
— Doppelventile 297
— Führung 300, 310
— Beschleunigungen 305
— Spiel 307
— Federn 317
— Kolbenventil v. Siemens 358
Ventilator f. Kühler 380
Veränderliche Verdichtung nach Gill & Aveling 227
Verbrennung im Motor, Überwachung 47
Verdampfung, fraktionierte 45
— von Benzol 57
— im Vergaser 113
Verdichten 220
Vergaser f. Naphthalin v. Balachowski & Caire 62
— v. Lanchester 81
— v. Progreß 81
— v. Maybach 81, 98
— v. Krebs 85
— v. Britannia Engg. Co 86
— v. Windhoff 86
— v. Brasier 86
— v. Fahrzeugfabrik Eisenach 86
— v. Wolseley 86, 115
— v. NAG 88

Vergaser v. Adler 89, 99
— v. Longuemarre 89
— v. Gaggenau 89
— v. Daimler 90
— v. Daimler f. Benzol 90
— v. Bugatti 92
— v. Scott-Robinson 97
— v. le Rhône 98
— v. Siemens 98
— v. Schiske 98
— Druckschwankungen 106
— Temperatureinfluß 107
— Zerstäubung 109
— v. Baverey, Zenith 110, 113
— v. Pallas 111, 128
— v. Löffler, Grätzin 111
— v. Claudel 112
— Hintereinanderschalten von Luftdüsen 113
— Verdampfung 113
— Vorwärmung 113
— de Dion & Bouton 114
— Wagerechter von Fiat 116
— f. Petroleum von Holley 116
— d. Bayer. Motoren-Werke 118
— Berechnung 123
— Normalien von Pallas 126
— Schwimmergehäuse 128
— v. Stewart 128
— f. Gebläsemotoren v. Zenith 226
— Hilfsvergaser z. Anlassen v. Bosch 384
Verordnung über Kraftfahrzeugverkehr 405
Verteilung d. Kolbenringe 246
Vierventilbauarten 292
— Schwinghebel v. Benz 312
Völker & Prügel, Zündkerze 158
Vomag, Lastkraftwagen, Regelung 327
Vorderachse, Stahl 40
Vorschalt-Funkenstrecken 141
Vorschriften für Motorenbenzol 55
Vorwärmung für Vergaser 113
Vorzündung nach Upton 169

Wälzhebelsteuerung d. Adlerwerke 310
Wärmebilanz, Motoren von Renault u. Büssing 230, 346
Wagenform, Luftwiderstand 21
— nach Rumpler 22
— nach Jaray 22
Wagenleistung, Berechnung 25
Wagerecht-Vergaser von Fiat 116
Wandstärke der Zylinder 209
Wasserkühlung 361
Wasserpumpen 365
Wasserröhrenkühler v. Renault 372
— v. NAG 372
Wasson, Kolbenringe 246
Watson, Rollwiderstand 11
Weißhaar, Hubraumberechnung 223
Weißmetall f. Lager 33
— Normalisierte Legierungen 34
Wilm, Duralumin 31
Windhoff, Vergaser 86
— Kühler-Normalien 374
Witherbee Igniter Co., Zündmaschine 154
Wolseley, Vergaser 86, 115
— Schmierung 338
— Wasserpumpe 366

Zahnräder, Bronzezusammensetzung 32
— Stahl nach Revillon 38
— Nickelstahl 41
Zapfen, Stahl 39
Zenith-Vergaser v. Baverey 110, 113
— f. Gebläsemotoren 226
Zentrifuge f. Ölreinigung 344
Zerstäubung im Vergaser 109
Zeuner-Diagramm f. Steuerung 235
Zubehörteile 392
Zünddruck, Berechnung 229
Zündfähigkeit v. Brennstoffen 79
Zündfolge in Viertaktmaschinen 216
Zündgeschwindigkeit 168
Zündkerzen 157
— v. Horch 158
— v. Völker & Prügel 158
— v. Bosch 158
— Französische 158
— Elektroden 159, 160
— Prüfvorschriften 159
— Normalabmessungen 160
— Abreiß-Zündkerze v. Bosch 160
Zündung, Hilfszündung f. schwere Brennstoffe 120

Zündung, alte v. Benz 135
— alte v. de Dion & Bouton 136
— mechanische Unterbrecher 136
— Hochfrequenz nach Lodge 140
— Vorschalt-Funkenstrecken 141
— Batterie-Abreißzündung 142
— mit Magnet-Dynamo v. Bosch 143
— Hochspannungs-Lichtbogenzündung 144
— Eisemann-Zündmaschine 150
— Doppelzündung 151
— Zündmaschine der Witherbee Igniter Co. 154
— Neuere amerikanische Zündmaschine 154
— Antrieb v. Unterberg & Helmle 155
— Mea-Zündmaschine 155
— Pittler-Zündmaschine 156
— Leitner-Lucas-Zündmaschine 157
— Bau v. Zündmaschinen 161
— Kupplung f. Zündmaschinen 164
— Normale Lagerböcke f. Zündmaschinen 164
— Zweifunkenzündung v. Bosch 170
Zündzeitpunkt 165

Zündzeitpunkt, Selbsteinstellung v. Eisemann 167
— Einfluß auf die Leistung 229
— Anlaßmagnet 384
Zulassung v. Kraftfahrzeugen 406
Zweitaktmaschine nach Tartrais 122
— v. Söhnlein 397
— v. Hardt 397
— v. Körting 397
— v. Grade 399
— v. Baer 400
Zwischenheizung für Vergaser 114
Zylinderzahl d. Fahrzeugmaschinen 180
Zylinder, Gußeisenzusammensetzung 28
— Stahl 40
— Anordnung 194
— Bauart 209
— v. Siemens 209
— f. Lastkraftwagen v. Liberty u. Daimler 211
— f. Flugmotoren 212
— aus Stahl 213
— Kühlmantel 214
— Arbeitsvorgänge 215
— Ventilkammer 299
— aus Leichtmetall nach Gibson 360

Verlag von Julius Springer in Berlin W 9

Das Entwerfen und Berechnen der Verbrennungskraftmaschinen und Kraftgas-Anlagen. Von Maschinenbaudirektor Dr.-Ing. e. h. **Hugo Güldner**, Aschaffenburg. Dritte, neubearbeitete und bedeutend erweiterte Auflage. Mit 1282 Textfiguren, 35 Konstruktionstafeln und 200 Zahlentafeln. (809 S.) Dritter, unveränderter Neudruck. 1922. Gebunden 42 Goldmark

---

Untersuchungen über den Einfluß der Betriebswärme auf die Steuerungseingriffe der Verbrennungsmaschinen. Von Dr.-Ing. **C. H. Güldner.** Mit 51 Abbildungen im Text und 5 Diagrammtafeln. (128 S.) 1924.
5.10 Goldmark; gebunden 6 Goldmark

Bau und Berechnung der Verbrennungskraftmaschinen. Eine Einführung. Von **Franz Seufert,** Studienrat a. D., Oberingenieur für Wärmewirtschaft. Dritte, verbesserte Auflage. Mit 94 Textabbildungen und 2 Tafeln. (128 S.) 1922.
2.50 Goldmark

Ölmaschinen. Wissenschaftliche und praktische Grundlagen für Bau und Betrieb der Verbrennungsmaschinen. Von Prof. **St. Löffler**, Berlin und Prof. **A. Riedler**, Berlin. Mit 288 Textabbildungen. (532 S.) 1916. Unveränderter Neudruck. 1922.
Gebunden 18 Goldmark

Ölmaschinen, ihre theoretischen Grundlagen und deren Anwendung auf den Betrieb unter besonderer Berücksichtigung von Schiffsbetrieben. Von Marine-Oberingenieur a. D. **Max Wilh. Gerhards.** Zweite, vermehrte und verbesserte Auflage. Mit 77 Textfiguren. (168 S.) 1921
Gebunden 5.80 Goldmark

Schiffs-Ölmaschinen. Ein Handbuch zur Einführung in die Praxis des Schiffsölmaschinenbetriebes. Von Direktor Dipl.-Ing. Dr. **Wm. Scholz**, Hamburg. Dritte, verbesserte und erweiterte Auflage. Mit 188 Textabbildungen und 1 Tafel. (276 S.) 1924.
Gebunden 13.50 Goldmark

Schnellaufende Dieselmaschinen. Beschreibungen, Erfahrungen, Berechnung, Konstruktion und Betrieb. Von Marinebaurat Prof. Dr.-Ing. **O. Föppl**, Braunschweig, Oberingenieur Dr.-Ing. **H. Strombeck**, Leunawerke und Prof. Dr. techn. **L. Ebermann**, Lemberg. Dritte, ergänzte Auflage. Mit 148 Textabbildungen und 8 Tafeln, darunter Zusammenstellungen von Maschinen von A E G., Benz, Daimler, Danziger Werft, Deutz, Germaniawerft, Görlitzer M.-A., Körting und MAN Augsburg. (246 S.) 1925.
Gebunden 11.40 Goldmark

Betrieb und Bedienung von ortsfesten Viertakt-Dieselmaschinen. Von Dipl.-Ing. **Arthur Balog** und Werkführer **Salomon Sygall.** Mit 58 Textfiguren und 8 Tafeln. (121 S.) 1920.
4 Goldmark

Außergewöhnliche Druck- und Temperatursteigerungen bei Dieselmotoren. Eine Untersuchung. Von Dr.-Ing. **R. Colell.** Mit 26 Textfiguren. (74 S.) 1921.
2.40 Goldmark

Skizzen von Gas- und Ölmaschinen. Zusammengestellt von Prof. **R. Schöttler**, Braunschweig. (Aus Schöttler, „Die Gasmaschine", 5. Auflage, und anderen Werken.) Vierte, neubearbeitete Auflage. (44 S.) 1924
2.70 Goldmark

Verlag von Julius Springer in Berlin W 9

Die Treibmittel der Kraftfahrzeuge. Von **Ed. Donath** und **A. Gröger**, Professoren an der Deutschen Franz-Joseph-Technischen Hochschule in Brünn. Mit 7 Textfiguren. (176 S.) 1917.
6.60 Goldmark

Die wirtschaftliche Bedeutung der flüssigen Treibstoffe. Von Dr. **Peter Reichenheim**. Mit einer Kurve. (85 S.) 1922.
2.40 Goldmark

Die Ölfeuerungstechnik. Von Dr.-Ing. **O. A. Essich**. Zweite, vermehrte und verbesserte Auflage. Mit 209 Textabbildungen. (116 S.) 1921.
4 Goldmark

Die flüssigen Brennstoffe, ihre Gewinnung, Eigenschaften und Untersuchung. Von **L. Schmitz**. Dritte, neubearbeitete und erweiterte Auflage von Dipl.-Ing. Dr. **J. Follmann**. Mit 59 Abbildungen im Text. (215 S.) 1923.
Gebunden 7.50 Goldmark

Die Grundgesetze der Wärmeleitung und des Wärmeüberganges. Ein Lehrbuch für Praxis und technische Forschung. Von Oberingenieur Dr.-Ing. **Heinrich Gröber**. Mit 78 Textfiguren. (279 S.) 1921.
9 Goldmark

Die Wärmeübertragung. Auf Grund der neuesten Versuche für den praktischen Gebrauch zusammengestellt von Dipl.-Ing. **M. ten Bosch**, Zürich. Mit 46 Textabbildungen. (127 S.) 1922.
5 Goldmark

Technische Thermodynamik. Von Prof. Dipl.-Ing. **W. Schüle**.
Erster Band: **Die für den Maschinenbau wichtigsten Lehren nebst technischen Anwendungen.** Vierte, neubearbeitete Auflage. Mit 225 Textfiguren und 7 Tafeln. (569 S.) 1921. Berichtigter Neudruck. 1923.
Gebunden 18 Goldmark
Zweiter Band: **Höhere Thermodynamik** mit Einschluß der chemischen Zustandsänderungen nebst ausgewählten Abschnitten aus dem Gesamtgebiet der technischen Anwendungen. Vierte, erweiterte Auflage. Mit 228 Textfiguren und 5 Tafeln. (527 S.) 1923.
Gebunden 18 Goldmark

C. W. Kreidel's Verlag in München

Das Automobil, sein Bau und sein Betrieb. Nachschlagebuch für die Praxis. Von Doz. Dipl.-Ing. Frhr. **Löw von und zu Steinfurth**, Darmstadt. Fünfte, umgearbeitete Auflage. Mit 414 Abbildungen im Text. (381 S.) 1924.
Gebunden 8.40 Goldmark

Neuere Vergaser und Hilfsvorrichtungen für den Kraftwagenbetrieb mit verschiedenen Brennstoffen. Nachschlagebuch für die Praxis von Doz. Dipl.-Ing. Frhr. **Löw von und zu Steinfurth**, Darmstadt. Zweite, wesentlich erweiterte Auflage. Mit 71 Abbildungen und 28 Tabellen im Text. (96 S.) 1920.
2.50 Goldmark

Kraftwagenbetrieb mit Inlandsbrennstoffen. Von Doz. Dipl.-Ing. Frh. **Löw von und zu Steinfurth**. Mit 19 Figuren und 40 Tabellen. (78 S.) 1916.
1.80 Goldmark

Kleinigkeiten zur Verbesserung des Automobils. Ein Leitfaden für Automobilisten und Fabrikanten. Von Doz. Dipl.-Ing. Frhr. **Löw von und zu Steinfurth**. Mit 60 Abbildungen. (64 S.) 1914.
1.60 Goldmark

Die neuesten Forderungen bei dem Bau und der Ausrüstung von Automobilen. Ein Leitfaden für Automobilisten. Von Doz. Dipl.-Ing. Frhr. **Löw von und zu Steinfurth**. Mit 37 Abbildungen. (79 S.) 1911.
1.30 Goldmark

Maschinentechnisches Versuchswesen. Von Prof. Dr.-Ing. **A. Gramberg.**
- Band I: **Technische Messungen bei Maschinenuntersuchungen und zur Betriebskontrolle.** Zum Gebrauch an Maschinenlaboratorien und in der Praxis. Fünfte, vielfach erweiterte und umgearbeitete Auflage. Mit 326 Figuren im Text. (577 S.) 1923. Gebunden 18 Goldmark
- Band II: **Maschinenuntersuchungen und das Verhalten der Maschinen im Betriebe.** Ein Handbuch für Betriebsleiter, ein Leitfaden zum Gebrauch bei Abnahmeversuchen und für den Unterricht an Maschinenlaboratorien. Dritte, verbesserte Auflage. Mit 327 Figuren im Text und auf 2 Tafeln. (619 S.) 1924. Gebunden 20 Goldmark

Technische Untersuchungsmethoden zur Betriebskontrolle insbesondere zur Kontrolle des Dampfbetriebes. Zugleich ein Leitfaden für die Übungen in den Maschinenbaulaboratorien technischer Lehranstalten. Von Oberlehrer Prof. **Julius Brand,** Elberfeld. Mit einigen Beiträgen von Dipl.-Ing. Oberlehrer Robert Heermann. Vierte, verbesserte Auflage. Mit 277 Textabbildungen, 1 lithographischen Tafel und zahlreichen Tabellen. (385 S.) 1921.
Gebunden 12 Goldmark

Regelung der Kraftmaschinen. Berechnung und Konstruktion der Schwungräder, des Massenausgleichs und der Kraftmaschinenregler in elementarer Behandlung. Von Hofrat Prof. Dr.-Ing. **Max Tolle,** Karlsruhe. Dritte, verbesserte und vermehrte Auflage. Mit 532 Textfiguren und 24 Tafeln. (902 S.) 1921. Gebunden 33.50 Goldmark

Der Regelvorgang bei Kraftmaschinen auf Grund von Versuchen an Exzenterreglern. Von Prof. Dr.-Ing. **A. Watzinger,** Trondhjem, und Dipl.-Ing. **Leif J. Hanssen,** Trondhjem. Mit 82 Abbildungen. (92 S.) 1923. 7 Goldmark; gebunden 8 Goldmark

Die Berechnung der Drehschwingungen und ihre Anwendung im Maschinenbau. Von **Heinrich Holzer,** Oberingenieur der Maschinenfabrik Augsburg-Nürnberg. Mit vielen praktischen Beispielen und 48 Textfiguren. (204 S.) 1921. 8 Goldmark; gebunden 9 Goldmark

Drehschwingungen in Kolbenmaschinenanlagen und das Gesetz ihres Ausgleichs. Von Dr.-Ing. **Hans Wydler,** Kiel. Mit einem Nachwort: Betrachtungen über die Eigenschwingungen reibungsfreier Systeme von Prof. Dr.-Ing. Guido Zerkowitz, München. Mit 46 Textfiguren. (106 S.) 1922. 6 Goldmark

Technische Schwingungslehre. Ein Handbuch für Ingenieure, Physiker und Mathematiker bei der Untersuchung der in der Technik angewendeten periodischen Vorgänge. Von Privatdozent Dipl.-Ing. Dr. **Wilhelm Hort,** Berlin. Zweite, völlig umgearbeitete Auflage. Mit 423 Textfiguren. (836 S.) 1922. Gebunden 24 Goldmark

Anleitung zur Berechnung einer Dampfmaschine. Ein Hilfsbuch für den Unterricht im Entwerfen von Dampfmaschinen. Von Geh. Hofrat Prof. **R. Graßmann,** Regierungsbaumeister a. D., Karlsruhe i. B. Vierte, umgearbeitete und stark erweiterte Auflage. Mit 25 Anhängen, 471 Figuren und 2 Tafeln. (658 S.) 1924. Gebunden 28 Goldmark

Die Kondensation bei Dampfkraftmaschinen einschließlich Korrosion der Kondensatorrohre, Rückkühlung des Kühlwassers, Entölung und Abwärmeverwertung. Von Oberingenieur Dr.-Ing. **K. Hoefer,** Berlin. Mit 443 Abbildungen im Text. (453 S.) 1925.
Gebunden 22.50 Goldmark

Die Steuerungen der Dampfmaschinen. Von Prof. **Heinrich Dubbel,** Ingenieur. Dritte, umgearbeitete und erweiterte Auflage. Mit 515 Textabbildungen. (399 S.) 1923.
Gebunden 10 Goldmark

Kolbendampfmaschinen und Dampfturbinen. Ein Lehr- und Handbuch für Studierende und Konstrukteure. Von Prof. **Heinrich Dubbel,** Ingenieur. Sechste, vermehrte und verbesserte Auflage. Mit 566 Textfiguren. (530 S.) 1923. Gebunden 14 Goldmark

Dampf- und Gasturbinen. Mit einem Anhang über die Aussichten der Wärmekraftmaschinen. Von Prof. Dr. phil. Dr.-Ing. **A. Stodola**, Zürich. Sechste Auflage. Unveränderter Abdruck der V. Auflage. Mit einem Nachtrag nebst Entropietafel für hohe Drücke und B^1T-Tafel zur Ermittelung des Rauminhaltes. Mit 1138 Textabbildungen und 13 Tafeln. (1158 S.) 1924. Gebunden 50 Goldmark

Nachtrag zur fünften Auflage von Stodolas Dampf- und Gasturbinen nebst Entropietafel für hohe Drücke und B^1T-Tafel zur Ermittelung des Rauminhaltes. Mit 37 Abbildungen und 2 Tafeln. (32 S.) 1924. 3 Goldmark

Dieser der 6. Auflage angefügte Nachtrag ist auch als Sonderausgabe einzeln zu beziehen, um den Besitzern der 5. Auflage des Hauptwerkes die Möglichkeit einer Ergänzung auf den Stand der 6. Auflage zu bieten.

Der Einfluß der rückgewinnbaren Verlustwärme des Hochdruckteils auf den Dampfverbrauch der Dampfturbinen. Von Privatdozent Dr.-Ing. **Georg Forner**, Berlin. Mit 10 Textabbildungen und 8 Zahlentafeln. (36 S.) 1922. 1.50 Goldmark

Die Dampfkessel nebst ihren Zubehörteilen und Hilfseinrichtungen. Ein Hand- und Lehrbuch zum praktischen Gebrauch für Ingenieure, Kesselbesitzer und Studierende. Von Regierungsbaumeister Professor **R. Spalckhaver**, Altona a. E. und **Fr. Schneiders** †, Ingenieur, M.-Gladbach (Rhld.). Zweite, verbesserte Auflage unter Mitarbeit von Dipl.-Ing. **A. Rüster**, Oberingenieur. Mit 810 Abbildungen im Text. (489 S.) 1924. Gebunden 40.50 Goldmark

F. Tetzner, Die Dampfkessel. Lehr- und Handbuch für Studierende Technischer Hochschulen, Schüler Höherer Maschinenbauschulen und Techniken, sowie für Ingenieure und Techniker. Siebente, erweiterte Auflage von **O. Heinrich**, Studienrat an der Beuthschule zu Berlin. Mit 467 Textabbildungen und 14 Tafeln. (422 S.) 1923. Gebunden 10 Goldmark

Handbuch der Feuerungstechnik und des Dampfkesselbetriebes mit einem Anhange über allgemeine Wärmetechnik. Von Dr.-Ing. **Georg Herberg**, Stuttgart. Dritte, verbesserte Auflage. Mit 62 Textabbildungen, 91 Zahlentafeln sowie 48 Rechnungsbeispielen. (350 S.) 1922. Gebunden 11 Goldmark

Die Leistungssteigerung von Großdampfkesseln. Eine Untersuchung über die Verbesserung von Leistung und Wirtschaftlichkeit und über neuere Bestrebungen im Dampfkesselbau. Von Dr.-Ing. **Friedrich Münzinger**. Mit 173 Textabbildungen. (174 S.) 1922. 4 Goldmark; gebunden 6 Goldmark

Höchstdruckdampf. Eine Untersuchung über die wirtschaftlichen und technischen Aussichten der Erzeugung und Verwertung von Dampf sehr hoher Spannung in Großbetrieben. Von Dr.-Ing. **Friedrich Münzinger**. Mit 120 Textabbildungen. (150 S.) 1924. 7.20 Goldmark, gebunden 8.70 Goldmark

Wahl, Projektierung und Betrieb von Kraftanlagen. Ein Hilfsbuch für Ingenieure, Betriebsleiter, Fabrikbesitzer. Von Dipl.-Ing. **Friedrich Barth**. Vierte, umgearbeitete und erweiterte Auflage. Mit 161 Figuren im Text und auf 3 Tafeln. (537 S.) 1925. Gebunden 16 Goldmark

Taschenbuch für den Maschinenbau. Bearbeitet von Fachleuten. Herausgegeben von Prof. **Heinrich Dubbel**, Ingenieur, Berlin. Vierte, erweiterte und verbesserte Auflage. Mit 2786 Textfiguren. In zwei Bänden. (1739 S.) 1924. Gebunden 18 Goldmark

Freytags Hilfsbuch für den Maschinenbau für Maschineningenieure sowie für den Unterricht an Technischen Lehranstalten. Siebente, vollständig neubearbeitete Auflage. Unter Mitarbeit von Fachleuten herausgegeben von Prof. **P. Gerlach**. Mit 2484 in den Text gedruckten Abbildungen, 1 farbigen Tafel und 3 Konstruktionstafeln. (1502 S.) 1924. Gebunden 17.40 Goldmark

MIX
Papier aus verantwortungsvollen Quellen
Paper from responsible sources
FSC® C105338

If you have any concerns about our products,
you can contact us on
ProductSafety@springernature.com

In case Publisher is established outside the EU,
the EU authorized representative is:
**Springer Nature Customer Service Center GmbH
Europaplatz 3, 69115 Heidelberg, Germany**

Printed by Libri Plureos GmbH
in Hamburg, Germany